绿色航空技术创新与发展
——中欧携手应对未来挑战

Innovation and Development of Green Aviation Technology

——China and EU Join Hands to Face Future Challenges

孙侠生◎主　编

郑　耀　黄文超　益小苏　张国庆◎副主编

航空工业出版社

北　京

内 容 提 要

绿色航空已经成为世界航空业关注的焦点。本书主要总结中欧航空科技合作研究类项目DRAGY、IMAGE、ECO-COMPASS和EMUSIC等绿色航空技术研究成果。内容涵盖过去15年间中欧民用航空科技合作的总体情况，以及在减阻、降噪、绿色材料和先进制造等绿色航空技术领域最新的研究进展和取得的主要合作成果。

出版本书主要是向中方学术界、工业界、研究机构和政府部门中的专业人士，以及对中欧航空科技合作感兴趣的相关人士，介绍中欧民用航空科技合作的模式和体会，共享中欧合作交流研究成果，引导中方更多的优势科研力量参与其中，共同推动我国绿色航空技术的创新发展。

图书在版编目（ＣＩＰ）数据

绿色航空技术创新与发展 / 孙侠生主编. －－北京：
航空工业出版社，2020. 11
　ISBN 978-7-5165-2403-9

Ⅰ. ①绿…　Ⅱ. ①孙…　Ⅲ. ①航空 – 无污染技术 – 研
究 – 中国　Ⅳ. ①V1

中国版本图书馆 CIP 数据核字（2020）第 205287 号

绿色航空技术创新与发展
——中欧携手应对未来挑战
Lüse Hangkong Jishu Chuangxin yu Fazhan
——Zhong'ou Xieshou Yingdui Weilai Tiaozhan

航空工业出版社出版发行
（北京市朝阳区京顺路 5 号曙光大厦 C 座四层　100028）
发行部电话：010-85672663　010-85672683

北京富泰印刷有限责任公司印刷　　　　　全国各地新华书店经售
2020 年 11 月第 1 版　　　　　　　　　2020 年 11 月第 1 次印刷
开本：787×1092　1/16　　　　　　　　字数：1293 千字
印张：48.25　　　　　　　　　　　　　定价：268.00 元

　　未来 20 年，世界航空客运周转量将以 GDP 增速的近 2 倍持续增长，全球航空业面临安全压力陡增、环保标准提高、乘客要求攀升等技术和管理全方位的挑战。绿色环保发展已成为全球发展的趋势和要求，低碳、环保的呼声越来越高，减排节能、应对全球气候变暖，已成为全世界共同努力的目标。2009 年国际航空运输协会（IATA）提出二氧化碳减排路线图，即与 2005 年水平相比，2020 年前燃油效率年均提高 1.5%，2020 年达到碳中和，2050 年航空运输碳排放减少 50%。中国和欧洲如何共同应对这一挑战，并在未来 20 年甚至更长远的时间保证民用航空更安全、更绿色和更高效的发展，是中欧双方共同关注的问题。

　　为携手应对人类生存的共同挑战和顺应全球化的发展潮流，中欧双方政府早在 15 年前就已达成共识并采取了行动。基于中欧科技合作协定，欧盟政府于 2005 年批复了首个中欧民用航空科技合作交流平台项目。自此，双方科研人员拥有了一个稳定且高效的交流平台，使中欧民用航空科技合作走上了"快车道"。通过这一航空科学技术合作平台，双方科技人员进行定期的学术交流，并在绿色航空的重点领域共同孕育了多个造福人类的合作项目，培养了一批具有创新精神的国际化人才，在助力中欧民用航空科技发展的同时，也为世界航空技术的进步做出了贡献。

　　作为国家级科研事业单位，中国航空研究院受国家工业和信息化部委托，支撑双方政府开展民用航空科技合作的相关工作，是中国－欧盟科技合作的中方国家联系点单位。在过去的十余年，中国航空研究院始终致力于扩大并深化中欧民用航空科技交流与合作，通过发展战略研究与决策咨询，支撑并维护合作机制的日常运转，助力中欧科技创新合作模式从原来的"自下而上"提出合作建议，发展为基于未来发展需求的"自顶向下"科学论证的新高度，推动合作项目的质量和数量双提升，使中欧航空科技合作迈上新台阶，对提升我国航空科技领域的基础和前沿技术研究水平做出了积极贡献。

在推进中欧民用航空科技合作的进程中，基于中欧交流平台"绿色航空国际网络"（GReener Aeronautics International Networking，GRAIN）项目成果，中欧双方提出并共同开展了 DRAGY（减阻）、IMAGE（噪声）、ECO-COMPASS（绿色材料）和 EMUSIC（先进制造）等国际性的专项技术合作研究项目。本书将分篇就每个项目的主要研究成果进行展示，希望通过知识共享，使我国更广大的科研人员可以共享中欧航空科技合作的成果。

作为中欧民用航空科技合作的亲历者和推动者，我对本册书籍的问世感到由衷的喜悦，相信本册图书能够成为具有参考和实用价值的航空科技书籍，有利于我国民用航空科技相关领域的研究水平提升和影响力扩展。

张航国

2020 年 10 月

航空制造业和民用航空业近几十年得到了蓬勃发展，极大地改变了人员、科技、物资的全球流动模式，推动了世界经济的发展，改变了人们的生活和工作方式，是世界加速全球化发展的重要推动因素之一。然而，日益庞大的飞行机队和快速增长的航空飞行频次，需要消耗大量的化石燃料并在高空中排放，对气候变化有着独特的影响；飞机起降产生的噪声污染也越来越严重，影响了机场附近人们的生活。人们希望航空沿着绿色方向发展，减少对气候及环境变化的负面影响。无论是国际民航组织，还是中国民航部门，都提出了更严苛的碳氧化物、氮氧化物、硫氧化物排放限制，以及航空噪声标准。毫无疑问，绿色航空技术已成为未来民用航空研究发展的重点。

航空制造业和航空运输业都是高度全球化的产业，为了应对全球气候及环境问题的挑战，需要航空科技界的国际合作，中欧民用航空科技政府间合作机制正是在此背景下逐步建立起来的。自 2005 年开始正式启动中欧民用航空科技的政府间合作以来，在中欧双方政府的支持下，双方科技界和工业界积极参与、联合推动，中欧双方先后共同开展了 5 个技术交流平台项目（AEROCHINA、AEROCHINA2、GRAIN、GRAIN2、INNOVATE-ICARe），以及 8 个专项技术合作研究项目（MARS、COLTS、DRAGY、IMAGE、ECO-COMPASS、EMUSIC、ALTERNATE 和 GREAT）。通过这些项目的顺利开展和实施，中方参研单位及专家学者与欧洲同行共同研究绿色航空技术，携手应对未来挑战。本书主要总结了中欧航空科技合作专项技术研究项目 DRAGY、IMAGE、ECO-COMPASS 和 EMUSIC 的研究成果。对中欧民用航空科技合作历程进行回顾与展望，较全面地介绍了中欧民用航空科技合作的实施背景与取得的主要成果。同时，分四个篇章从技术角度总结凝练了中欧双方专家在流动控制、航空噪声、新型航空复合材料、增材制造等技术领域的研究进展和技术发展展望，集中呈现了中欧政府间框架下民用航空科技合作的部分成果。

2020 年初，突如其来的 COVID-19 疫情重创了全球航空业，将给航空业造成多大的持续冲击至今无法预估，并面临着前所未有的挑战。展望未来，对航空绿色化发展的需求不会改变，绿色航空技术仍将是未来发展的主题和重点。未来民用航空业面临新的困难和挑战，需要更加广泛、更加深入的国际合作来应对，中欧民用航空科技政府间合作也将迎来新的机遇和更大的发展空间。

中欧航空科技合作经历了从无到有的发展历程，管理逐步规范、机制日臻完善。相信在双方良好的合作基础和共同需求的牵引下，中欧航空科技合作一定会迈上新台阶，取得更多的新成果。

2020 年 9 月

第三篇　绿色及多功能复合材料航空应用技术

第四篇　金属构件近净成形高效率制造技术

中欧民用航空科技合作回顾与展望

孙侠生[1]，华俊[1]，王元元[2]，李慧熹[1]

1. 中国航空研究院，北京 100029
2. 中国航空工业发展研究中心，北京 100029

0 引言

中欧航空科技合作背景源于 1998 年中国与欧盟签署的《中国 – 欧盟科技合作协定》以及 2004 年双方续签的协定，欧盟框架计划（FP）开始向中国全面开放。欧盟框架计划的研究领域范围非常广泛，涉及健康、食品 / 农业 / 生物技术、信息 / 通信技术、纳米科学 / 纳米技术 / 材料 / 新产品技术、能源、环境（含气候变化）、交通（含航空）、社会经济科学 / 人文、安全、空间等 10 个领域，航空隶属其中的交通领域。

2005 年 10 月，在双方政府的推动下，欧盟委员会正式批复中欧航空科技合作首个交流平台项目"促进中欧在航空多物理建模、仿真、试验和设计方法的科技合作"（AEROCHINA）立项。该项目旨在促进中欧在航空多物理建模、仿真、试验和设计领域的科技合作，中方牵头单位是西安航空计算技术研究所（ACTRI），欧方牵头单位是西班牙工程数值方法国际研究中心（CIMNE）。2017 年在巴塞罗那组织召开的项目结题会议作为重要活动被纳入 2006—2007 年中欧科学与技术年（China–EU Science & Technology，CESTY）有力地推动了中欧航空领域的技术合作。

作为交流平台项目，AEROCHINA 以推动形成实质性合作项目为主要目标。通过该平台，双方成功地组织了多次开放式短期课程和研讨会，在技术和管理两方面达成了多项重要共识，互相了解了对方在相关方面的共同技能、经验和能力，识别出在航空领域单物理和多物理问题，同时逐步确立了合作理念"相互理解，求同存异，确保互利共赢"，也为延续的 AEROCHINA2 项目打下了良好的基础。经过 AEROCHINA 和 AEROCHINA2 平台项目交流，直接促成了两个中欧航空科技专项技术合作项目"基于雷诺应力控制的流动分离和减阻研究"（MARS）和"航空用大型钛合金结构件精铸技术"（COLTS）2010 年在中欧同时立项，这两个项目已于 2014 年圆满结题。

通过绿色航空国际论坛网络项目（GRAIN）的交流，促成"基于湍流边界层流动控制的减阻技术"（DRAGY），"降低飞机噪声源及其辐射的创新方法与技术研究"（IMAGE），"航空用生物质与多功能复合材料及其制件的开发与应用技术研究"（ECO-COMPASS）和"增材制造、近净成形热等静压及精密铸造高效率制造技术"（EMUSIC）等研究项目在中欧同时立项，并于 2019 年相继结题。基于前述项目的成功经验，通过绿色航空国际网络第二期项目（GRAIN2）促成中欧双方在"绿色航空替代燃料的更安全和更有效的认证"（Alternate）和"基于四维航迹的绿色空中交通运行技术"（GREaT）两个项目于 2018 年在中欧同时立项，其中前 4 个项目已于 2019 年相继顺利结题。

在双方政府、科研人员的合力推动下，时至今日，中欧双方仍基于"安全航空、绿色航空、智慧航空"等共同的发展愿景，按照中欧 iCARE/INNOVATE 平台项目最新的交流成果，按照"公众关切、技术可行、互有意愿"等原则，联合论证并提出未来应围绕飞行器平台、动力、系统、材料和结构、运营、监管6个研究领域，开展更广泛、更深入的科研技术合作，为推动世界民用航空技术的发展做出贡献。

1 航空多物理领域技术合作

1.1 AEROCHINA 项目（2005—2007）

AEROCHINA 的英文名称为 "Promoting Scientific Cooperation between Europe and China in the Field of Multi-physics Modeling, Simulation, Experimentation and Design Methods in Aeronautics)"，是中欧首个航空科技领域的合作项目，由欧盟出资属于欧盟框架计划"特别支持行动"（Specific Support Action，SSA）类项目，项目研制周期18个月，中欧双方各有12个实体单位40余位专家参加，西安航空计算技术研究所（ACTRI）和西班牙数值模拟仿真中心（CIMNE）是中欧双方的牵头协调单位。该项目是中国航空界参与的第一个欧盟框架计划项目，旨在为中欧双方科研人员建立技术合作交流平台，促进中欧航空企业、高校和研究机构之间，在求解航空多物理问题的数学建模、计算机仿真和代码确认、实验测试和设计方法等领域的科技交流与合作，进一步寻求能够深化研究的技术类项目合作。

AEROCHINA 的主要里程碑节点包括：2005 年 10 月 21 日，在北京召开的 AEROCHINA 正式开题会议（Kick-off）（见图 1）；2006 年 10 月 16—18 日，在西安举办的 AEROCHINA 中欧联合开放式学术研讨会暨项目中期会议（M12），会议主题是"航空航天领域的建模、仿真、试验和设计：新的方法、工具和多物理挑战"；2007 年 4 月 25—27 日，在西班牙巴塞罗那举行的 AEROCHINA 欧中联合开放式工作会议暨项目结题会议（M18），会议的主题是："航空航天领域的建模、仿真、试验和设计：算例研究和挑战"。其中，在巴塞罗那举办的结题会议被纳入 2006—2007 年中欧科学与技术年（CESTY）的主要活动，有力推动了双方在航空领域的合作和交流。

AEROCHINA 体现了多物理、多学科、多层面、多方式的交流与合作，中欧双方各自凝聚了业内实力最强、业务娴熟的技术专家。AEROCHINA 架起了中欧航空科技专家交流的桥梁，让中方首次认知欧盟框架计划、欧盟航空愿景，特别是与绿色航空相关的 6 个极具挑战的环境指标；通过 18 个月努力，双方在主动流动控制技术、气动弹性预测技术、飞行力学耦合问题、噪声预测和控制技术、气动燃烧问题、风洞试验新技术，以及气动热力学问题等方面提出并达成多项合作意向，从生疏到相识，为后续中欧航空科技合作不断深化开了个好头。AEROCHINA 项目的成功实施，也为我国民用航空工业通过欧盟框架计划，在各专业领域全面开展对欧科技合作拉开了序幕。

1.2 AEROCHINA 2 项目（2007—2009）

AEROCHINA2 是 AEROCHINA 的延续，研究周期为 24 个月。该项目由中国航空研究院（CAE）和 CIMNE 共同组织，孙侠生、牛文生为项目中方协调人。中方参加单位从 AEROCHINA 项目的 12 家扩充到 17 家单位，项目继续推动中欧之间多物理领域的知识和数据交流，分享共同的研究成果，减少产品的研发成本和时间，增加中国和欧盟在航空领域的竞争能力。合作领域与方向涉及：航空声学、振动与噪声、控制、智能技术、流动控制、结冰／除冰／防冰、多物理设计优化以及结构和材料等。

图1　AEROCHINA 项目开题会议（2005 年，北京）

　　AEROCHINA2 的主要里程碑节点包括：2007 年 10 月在南京召开项目开题会；2009 年 3 月 30 日—4 月 2 日，在哈尔滨召开的第二届中欧航空多学科研讨会（暨 M16 会议）及 RTD 领域合作会议（见图 2），2009 年 9 月 21—23 日在布鲁塞尔召开的项目结题会议。

图2　中国航空研究院孙侠生博士和西班牙工程数值研究中心 Jacques Periaux 教授共同担任 AEROCHINA2 的科研协调员（2009 年，哈尔滨）

　　在 AEROCHINA2 结题验收（M24）会议上，与会代表围绕气动声学和噪声、流动控制、多学科设计优化和代码验证、气动弹性／结构和材料、推进技术和气动热，以及高性能计算等 6 个多学科方向和主题交流了 39 个报告，较全面地展示了中欧双方在相关领域的最新技术成果。与前两届研讨会相比，本届会议上交流的报告主题更加集中，绝大部分报告都尽可能贴近有可能在下一步即将开展的中欧航空合作新项目，尽可能地全面展示各参研单位在该类项目的可能贡献和能力。欧盟项目官员 Dietrich Knoerzer 博士对整个项目的完成情况进行了总结，充分肯定了中欧双方参研单位在 AEROCHINA2 项目进行的工作和所做出的努力。中国与欧洲的航空多学科领域的专家、教授通过积极、务实的交流和讨论，为进一步深化合作和落实新合作项目夯实了基础。

会上，双方还回顾了中欧在航空领域的合作进展情况，围绕中欧航空行业的合作模式以及下一步联合开展的合作项目进行了讨论。双方一致同意在气动噪声、流动控制以及材料等三个学科领域，采用共同出资、共同商讨研究内容，以及按各自的项目申报程序进行评审的模式，联合推动确立实质性研究项目。

基于 AEROCHINA 和 AEROCHINA2 的研讨交流技术成果，经过多轮评审，两个实质性技术合作项目："基于雷诺应力控制的流动分离和减阻研究"（MARS）和"航空用大型钛合金结构件精铸技术"（COLTS）最终得到了欧盟科研与创新总署和国家工信部的批准与资助。2010年 10 月 25—27 日双方在南京召开了第一批中欧航空科技合作研究项目 MARS 和 COLTS 的联合启动会议，表明中欧航空科技合作从平台交流进入实质性的技术合作（见图 3）。

图 3　第一批中欧航空科技合作项目启动会议（2010 年，南京）

2 绿色航空国际论坛网络技术合作交流

2.1　GRAIN 项目（GRAIN，2010—2012）

GRAIN 项目即绿色航空国际网络（GReener aeronautics international networking，GRAIN）是一个为期 24 个月（2010 年 10 月—2012 年 9 月）由中欧政府共同出资的平台交流项目，属于欧盟框架计划的 CSA(协调支持行动类项目)。GRAIN 项目可看作是 AEROCHINA 和 AEROCHINA2 技术交流与合作基础上的延续，GRAIN 的绝大多数专家也参与了前面两项平台项目，在技术水平和语言能力方面具备了良好的合作前提和基础。GRAIN 项目聚集了中方 14 家、欧方 16 家科研机构共同合作，一起探讨航空科技未来发展趋势，并产生新的联合研究项目建议书，参与下一步中欧联合资助项目的招标。①项目重点探讨应对绿色航空挑战的飞机和发动机技术的建模、试验、模拟、控制和优化技术的未来合作。②主要目标包括开展研究减排、减阻、降噪、绿色材料和高性能计算的研讨和交流，确定和评估为实现欧盟 2020 年愿景环境目标所需的分布式并行环境下的仿真方法和工具，以更深入地了解和尽量减少飞机 / 发动机设计对环境和噪声的影响，并将这些影响降低到最小。

比较 AEROCHINA 和 AEROCHINA 2 项目，GRAIN 项目设立了 5 个 KGT 工作包，分别是：

KGT1 重点是发动机减少排放技术。具体技术问题包括：航空发动机的污染排放标准、航空发动机的污染排放特性及控制措施、低污染燃烧技术，以及中国低污染燃烧技术的研究概况。

KGT2 重点关注飞机减阻技术。具体技术问题包括：飞机层流机翼设计和层流边界层控制技术调研、飞行器减阻优化设计、湍流减阻理论和应用研究、三维边界层中横流驻波的稳定性分析基础研究，以及面向工程实际应用的层流机翼设计研究。

KGT3 重点关注飞机及发动机降噪技术。具体技术问题包括：飞机噪声先进测试技术、发动机噪声测试及控制技术、飞机噪声烦恼度的理论建模技术、线化欧拉方程（LEE）源项构造技术、针对高阶间断有限元法的网格分区并行计算技术，以及发动机排气的微喷射流降噪技术研究。

KGT4 重点关注绿色材料技术。具体技术问题包括：力学性能模拟、天然纤维、材料降噪、材料回收性质，以及材料高性能化模拟等研究。

KGT5 重点是提高性能计算技术。具体技术问题包括：高性能计算硬件平台建设和高性能计算软件开发，基于 GPU 的高性能计算研究，可压缩湍流直接数值模拟和流动控制的高精度数值方法，高效、高质量的动网格算法、实现及应用，面向减阻平行计算的相关研究，MPI/OpenMP 多级并行模式在混合网格求解器方面的应用。

GRAIN 项目的节点包括 2010 年 10 月在南京组织召开的开题会议，2012 年 3 月在北京召开 2012 绿色航空开放式国际学术会议暨中欧官方会议（见图 4），2012 年 10 月在巴塞罗那组织召开的绿色航空国际学术论坛暨项目结题会议等。由中欧双方专家分别围绕噪声预测、推进技术研发、高性能计算、智能结构等主题做了特邀报告，其中，在 2012 年 3 月 26—28 日召开的里程碑节点会议上，由双方参研团队专家代表围绕项目关注的 6 个关键绿色技术（KGT）专题交流了 18 个专题报告。工业界、学术界代表在主席台与现场会议代表就"未来绿色技术挑战——研究和工业应用展望"进行互动式交流，探讨了未来绿色航空技术应关注的重点，为提出联合议题提供了新思路。

图 4　中欧绿色航空开放式国际学术会议（2012 年，北京）

GRAIN 项目取得的主要成果包括：对可用于绿色航空的新技术进行了研讨，并评估其成熟度、效益和应用前景；对新的大规模计算工具和方法进行了确认，评估了其可信度；建立了更环保的飞

机 / 发动机的发展战略;对绿色航空的候选技术进行多学科评估;促成了 DRAGY、IMAGE、ECO-COMPASS 和 EMUSIC 4 个实质性技术合作研究项目。

2.2 GRAIN2 项目(2013—2016)

GRAIN2 项目是 GRAIN 的后延项目。GRAIN2 的主要目的仍是通过搭建中欧绿色航空科技合作交流平台,及时掌握国际航空科技最新发展动态,确认并评估可用于未来飞行器设计的减排、减阻、降噪、健康监测,以及自动导航等绿色航空新技术、新材料;同时推进中欧高水平科研机构知名专家的合作与交流,在绿色航空技术领域继续形成具有发展前景的实质性合作研究项目,为满足中国航空工业中长期科技发展中有关民用飞机性能提升、环保和安全性的战略目标,以及欧盟 2050 远景规划中制定的绿色航空环保目标奠定基础。根据合作内容的增加,合作团队也在 GRAIN 基础上,进一步扩大,欧方实际参研单位 21 家、中方实际参研单位 23 家。

GRAIN2 项目采用 GRAIN 项目相似的组织模式,进一步强化了 KET 的专业作用。GRAIN2 项目设立了 4 个关键绿色航空技术(KGT)工作包:

KGT1 是推进相关的绿色技术,涉及推进技术和新能源两方面。在推进技术方面包括:低压涡轮(LPT)空气动力学和传热、涡轮机械部件的多学科设计和优化。在航空新能源方面,重点是更安全、更高效的航空替代燃料认证(AAF)。

KGT2 是机体飞行物理技术。涉及降噪减阻等,其中,在降噪方面,主要研究用于分析噪声生成和传播的高级试验和数值方法,创新的噪声控制 / 降低技术,低噪声概念和安装效果评估技术。

KGT3 是绿色材料和结构技术。材料方面,研究方向包括智能结构和材料、生物材料、复合材料技术、金属合金、表面涂层等。结构方面,专注智能结构及健康监测,其中,健康监测重点研究飞机结构、设备、系统等相关的实时监控、诊断、评估、预警和处理。

KGT4:是导航和空中交通管理(CNS/ATM)技术。具体涉及更环保的飞行轨迹操作、协作网络管理等技术。

GRAIN2 项目的标志性节点包括:2013 年 10 月在杭州召开的可持续发展开放式学术论坛暨 GRAIN2 项目开题会议(见图 5),2015 年 5 月 5—8 日在西安召开中欧绿色航空应对全球挑战开放式学术论坛暨 GRAIN2 项目中期评估会议。在 GRAIN2 中期评估会议上,来自中国、英国、法国、德国、西班牙、比利时、瑞典、荷兰等国家的 24 个部门、科研机构和大学的 120 余名代表参加了会议,共发表 17 篇大会演讲、31 篇分会报告。

2016 年 4 月在布鲁塞尔召开的中欧绿色航空开放式学术论坛及官方验收会等(见图 6)。在 GRAIN2 结题会上,来自工业和学术界特邀专家代表围绕航空可持续发展主题做了主题演讲,重点探讨了现阶段存在的主要差距和未来绿色科技的努力方向。来自 GRAIN2 项目参研单位的 42 名代表按照项目确立的 4 个关键绿色技术方向、8 个不同绿色技术专题(包括推进、新能源、气动、降噪、材料、健康监测、导航和空中管理等)做了学术研究报告,重点围绕未来绿色技术发展路线展开了研讨。在圆桌会议环节,重点围绕"建立成功的中欧绿色空中运输合作框架"主题进行了热烈讨论,并就未来发展趋势、实现途径,以及未来中欧开展双边技术合作的重点方向和可行性达成了共识。

图 5　中欧航空可持续发展开放式学术论坛暨 GRAIN2 项目开题会议（2013 年，杭州）

图 6　GRAIN2 项目结题会议（2016 年，布鲁塞尔）

在 GRAIN2 项目结题会议上，基于前期论证成果，双方一致认为，GRAIN2 项目取得的系列成果为后续推进合作奠定了良好基础，应持续推进建立类似交流平台项目；同时，前期已经开题的 4 个中欧联合招标项目（DRAGY、IMAGE、ECO–COMPASS 和 EMUSIC）目前进展顺利，为后续实质性技术合作提供了范本，基于 GRAIN2 技术交流研讨成果，在广泛征集双方意见的基础上产生新的联合招标项目，2019 年成功立项的联合研究项目（Alternate 和 GREaT）。

3　专项科研技术合作

3.1　第一批实质性研究项目

包括基于雷诺应力控制的流动分离和减阻研究（MARS），以及航空用大型钛合金结构件精铸技术（COLTS）两个项目。

3.1.1 MARS（2010—2014）

MARS（manipulation of Reynolds stress for separation control and drag reduction）项目的牵头单位是航空工业空气动力研究院（ARI）和西班牙工程数值方法目标研究中心（CIMNE）。主要目标：掌握流动控制对雷诺应力特性的控制机理，探索有效的流动分离控制和减阻方法；建立流动控制基础研究试验数据集；建立基于雷诺应力控制的流动控制试验技术、数值模拟技术、优化设计和数据处理方法；为流动控制技术未来工程应用提出建议。通过研究，项目团队在新型流动控制装置研发、表面摩擦应力测量技术、基于POD的相位平均技术、流动控制机理分析计算工具等方面取得了显著的进步。标志性成果包括：

（1）利用管内非线性气体振荡原理，研制了经过非线性整流效应，可在后台阶模型上角开缝处形成强烈的零质量射流的新型合成射流装置；研制了基于洛伦兹力的展向涡流发生器。试验验证表明研发的流动控制装置可有效地改变雷诺应力分布，对剪切层有很强的控制性。

（2）发展了基于荧光油膜测量模型的全局摩擦应力测量技术，并将曲面映射原理引入到荧光油流摩擦力场测量技术中，实现了曲面全局摩擦力场测量，该项技术已经成功应用于后台阶平面和翼型曲面摩擦力测量中。

（3）建立了高可信度流动控制基础试验数据集。中方设计的新型合成射流流动控制装置和试验模型已在德国航空航天研究院（DLR）的低速风洞开展联合试验研究工作（见图7），获得了流动控制对雷诺应力三维分布影响规律。

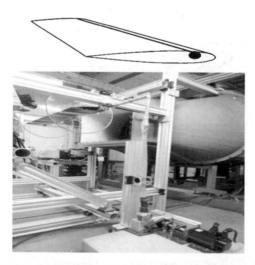

图7　中德 NACA0015 翼型流动控制模型联合试验研究

（4）发展了基于 POD 的相位平均技术，获得了雷诺应力分布规律、发展过程和流动控制机理。采用本征正交分解（POD）技术对复杂的瞬态流场海量数据进行正交分解和重构，提取剪切层中的大涡结构。明确了流动控制扰动的能量转移过程中，雷诺应力演化的原因、过程和所起的作用（见图 8）。

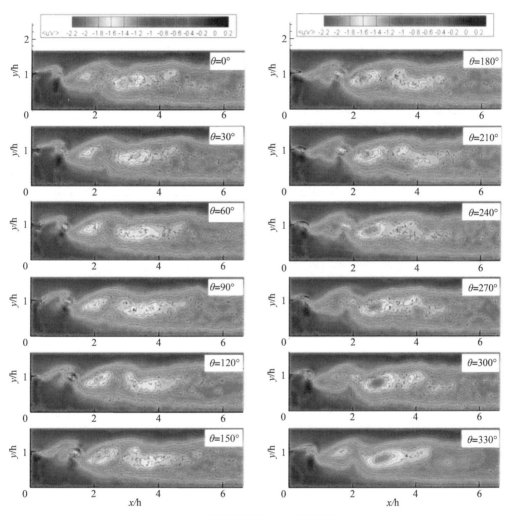

图 8　不同相位雷诺切应力分布和发展过程

（5）发展了流动控制机理分析计算工具。结合 DES 类方法的特点，构造了相匹配的空间离散格式，能够根据流场特点调整格式耗散，建立了可接受尺度的湍流模拟方法。获得的非定常流场信息，速度型和雷诺应力与实验吻合较好，可用于流动控制雷诺应力计算分析。

（6）通过计算揭示了后台阶流动由剪切层模态和涡脱落模态及其相互作用为主导。后台阶流动属于固定分离位置的分离流动，流动主要包括 K–H 不稳定性、涡配对和 step 等模态。减小流动分离，主动控制的频率应不高于 step 模态频率，最佳频率为 step 模态频率，与中欧联合后台阶试验结果一致

（见图 9）。

（7）发展了基于实验数据循环迭代更新代理模型的新型优化设计策略，构建了基于风洞试验的流动控制优化系统。应用于后台阶流动控制优化试验研究，获得合成射流最优解。

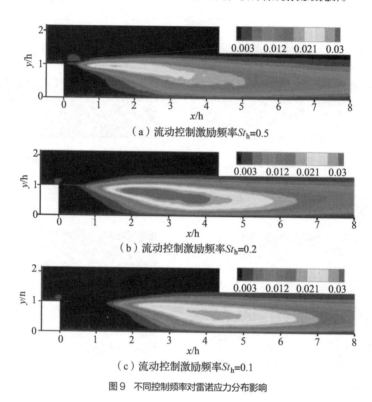

（a）流动控制激励频率St_h=0.5

（b）流动控制激励频率St_h=0.2

（c）流动控制激励频率St_h=0.1

图 9　不同控制频率对雷诺应力分布影响

3.1.2　COLTS（2010—2014）

COLTS（Casting of Large Titanium Structures）项目牵头单位是：北京航空材料研究院和伯明翰大学。项目以飞机机体接头和发动机中介机匣以及航天筒形铸件、方框形铸件为研究对象，重点开展大型复杂薄壁结构件钛合金铸造成形、热等静压、无损检测等技术研究，突破大型钛合金铸件整体成形、形状尺寸控制、内外部质量控制等关键技术，研制出优质无缺陷的大型钛合金铸件，通过对铸件的评价及应用研究，确定该类构件的设计和应用技术规范，提高大型钛合金铸件的技术成熟度，促进大型钛合金铸件在航空航天行业中的越来越广泛应用，为实现航空航天用发动机和飞行器减重、降低制造成本、节省能耗和减少排放的目标提供技术支撑。项目取得的标志性成果包括：

（1）大型钛合金铸件完整浇注成形技术。针对航空、航天钛合金铸件尺寸大、壁薄（最大尺寸 1000mm 左右，最小壁厚 2.5mm，90% 以上是薄壁结构）等特点，采用计算机模拟进行浇注系统、浇注工艺方案设计和优化，经过多次浇注成形试验，实现了飞机舱门、十字接头、发动机中介机匣和航空用圆筒形、方框形铸件的完整成形，并通过后续优化减少了集中缩孔等内部缺陷，（见图 10）。

（2）大型钛合金铸件尺寸精度及变形控制技术。针对钛合金熔模精密铸造工艺环节较多，尤其是热工艺过程多的特点，自行设计组模和涂料工装，减少蜡模和铸件变形；设计热等静压、补焊、热处理工装和模具，减少铸件变形量。通过三维扫描测量等手段，结合计算机模拟研究，实现了飞机舱门、十字接头、中介机匣、圆筒形和方框形铸件的尺寸超差、变形位置较准确的定位，为未来研究大型钛合金铸件尺寸精度及变形控制技术奠定了基础。铸件表面粗糙度达到了6.3μm。

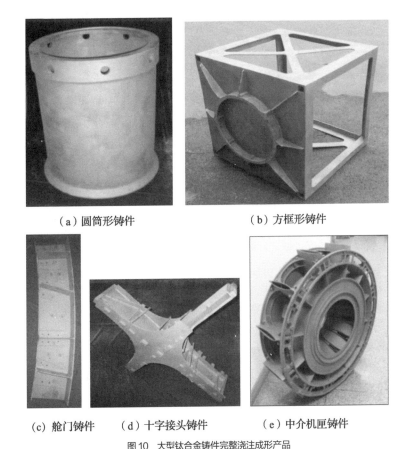

（a）圆筒形铸件　　　　（b）方框形铸件

（c）舱门铸件　　（d）十字接头铸件　　（e）中介机匣铸件

图10　大型钛合金铸件完整浇注成形产品

（3）大型熔模激光快速成形制备技术。采用多激光束负载均衡扫描控制方法及扫描图形边界随机扰动拼接方法，基于数值模拟方法优化设计的多层可调式预热装置，以及基于区域自适应切片的预热温度场模糊控制方法，引入大型复杂零件的多适应性制造工艺，进行大型熔模精度控制，结合熔模强度改进研究，初步实现了大型熔模0.1%精度控制。

（4）框梁类机体钛合金铸件电子束整体焊接技术。针对具有大尺寸、大弧度、薄壁多筋等特点的钛合金框梁类铸件，设计了专门的焊接接口设计与焊接方案，形成了精铸钛合金电子束焊接变形控制技术，电子束焊缝质量达到空客公司A级标准。

3.2 第二批实质性研究项目

该项目包括减阻（DRAGY）、噪声（IMAGE）、绿色材料（ECO-COMPASS）、绿色航空国际网络（GRAIN）4 个项目。鉴于这 4 个项目后面章节有专门的介绍，此处予以简述。

3.2.1 DRAGY 项目

DRAGY 项目针对未来飞行器研制在经济性和环保性方面的需求，着重研究主动和被动的流动控制技术，通过改变湍流边界层内引起阻力的流场结构，以实现湍流减阻的目的。同时，通过利用新的算法和高效利用大规模计算资源，提升了对流动控制技术本身及其与湍流边界层相互作用的物理机制的理解，最大效率地实现流动控制减阻。通过结合模拟，物理分析和微小作动器等技术的研究，为显著减阻提供了一个新的机遇，从而提高未来飞行器的燃油效率。

DRAGY 项目的标志性成果包括：①发展了高精度高保真的直接数值模拟方法，对直沟槽流动控制进行了亿万级网格的大规模并行计算，有力地证实了沟槽控制在平板湍流减阻上的有效性，揭示了沟槽作用于近壁区流向涡的抬升和抑制机制；②评估了沟槽、合成射流、等离子体和微吹气 4 种流动控制手段的减阻效果和应用风险。

3.2.2 IMAGE 项目

IMAGE 项目重点针对飞机主要噪声源开展噪声产生机理研究，以起落架噪声、机翼噪声、发动机风扇噪声，以及机翼与发动机安装效应为研究对象，开展了等离子体、湍流网、新型声衬及声学优化设计等创新降噪方法研究，探索了未来实现飞机噪声进一步降低的技术途径。在项目研究中，采用试验和数值仿真方法，通过双方参研单位分析和试验手段对比，以及相关数据相互验证，掌握了飞机机体和发动机主要噪声源的产生、传播规律和噪声辐射特性；基本摸清了创新性降噪方法所适用的范围。通过合作，增强了在飞机噪声研究领域双方进一步合作研究的信心，为未来飞机噪声控制目标实现提供更高技术成熟度（TRL）打下坚实基础。

IMAGE 项目的标志性成果包括：①成功发展了航空发动机进排气管道单音噪声与宽频噪声管道声模态的高精度辨识方法和相应的试验测试系统；②成功研制了用于排气道声衬声学性能研究的排气道噪声试验平台，实现了对排气道声衬降噪的精细化研究，关键技术指标世界领先；③采用自主发展的高精度喷流噪声数值模拟工具（谱差分 +LES）数值模拟研究了不同喷流 - 机翼相对位置下的非定常流场及气动声场，分析了喷流机翼 / 安装效应噪声的产生机理及影响因素；④针对简化翼增升装置模型等离子体降噪研究，研究了表面介质阻挡放电、湍流网、无缝声衬和轴向分段式声衬等减阻效果。

3.2.3 ECO-COMPASS 项目

ECO-COMPASS 项目以"生物质绿色复合材料"和"功能化结构复合材料"为基础和主线，研究开发了新型的航空复合材料系列（绿色蜂窝、生物质树脂与预浸料、蜂窝夹芯结构，以及结构导电复合材料、结构阻尼复合材料等），以典型飞机次结构件（飞机壁板、升降舵、发动机房）及内饰结构件为应用牵引，研究开发相应的设计与制造技术，积累数据和应用经验，积极推动这些新型复合材料在航空结构制件上的演示验证，将材料的技术成熟度从现有的 1~2 级提升到3~4 级。

ECO-COMPASS 项目的标志性成果包括：①研究开发了新型的航空复合材料系列（绿色蜂窝、生物质树脂与预浸料、蜂窝夹芯结构，以及结构导电复合材料、结构阻尼复合材料等）；②以典型飞机次结构件（飞机壁板、升降舵、发动机房）及内饰结构件为应用牵引，研究开发了相应的设计与制造技术，推动上述新型复合材料在航空结构制件上的演示验证，将材料的技术成熟度从现有的 1~2 级提升到 3~4 级。项目突破了新一代飞机结构–导电复合材料关键技术，得到空客公司的高度评价，成果已推广成为中国企业与空客公司的新合作项目。

3.2.4 EMUSIC 项目

EMUSIC 项目针对增材制造（AM）、近净成形热等静压（NNSHIP）及精密铸造（IC）三个技术领域进行研究，采用复杂模型和先进设备对工艺进行优化，采用优化后的工艺路径制造选择的展示样件，对比三种不同工艺路径展示样件性能和成本，开发出航空航天飞行器需要的先进制造技术，为民用航空部件高效率制造技术的应用奠定基础。项目主要研究内容包括增材制造技术研究、粉末近净成形热等静压技术、精密铸造技术、数值模拟技术、展示样件工业评估等内容。

EMUSIC 项目的主要成果已应用于相关科研生产中。罗罗压气机匣的研究成果作为中欧航空科技合作项目的亮点之一，展现了北京航空材料研究院在铸造钛合金技术和生产能力在全球的领先地位，该成果应用于罗罗公司与北京航空材料研究院开展多种型号商用航空发动机机匣及连接件的研发，促使北京航空材料研究院于 2018 年正式成为罗罗公司的供应商。未来双方将争取进一步合作，以罗罗未来新一代航空发动机钛合金铸件需求为目标，为世界新一代发动机早日应用奠定基础。

4 持续推动绿色航空技术合作是我们的共同愿望

未来 20 年，世界航空客运周转量将以 GDP 增速的近 2 倍持续增长，全球航空业面临安全压力陡增、环保标准提高、乘客要求攀升等技术和管理全方位的挑战。亚太地区，尤其是中国，将是未来最具增长潜力的民用航空市场，国际航空运输协会（IATA）预测中国 2022 年将超过美国成为全球最大航空市场；欧盟近年来不断加强各方优势资源的聚合提升，积极推进欧洲一体化和单一天空计划，预计其飞行总量将在 2050 年达到 2500 万架次，为 2017 年的近 3 倍。中欧双方在解决空地拥堵问题、保持高水平航空标准、积极推进创新和数字化战略投资等方面具有一致诉求。

持续推进民用航空科技合作，是中欧政府和科学家的共同愿望。基于前期交流平台项目的合作经验，2017 年 10 月，中欧双方正式启动新一轮的战略合作。围绕先进飞行器、推进系统，机载系统，绿色航空结构和材料，空中交通管理，安全、安保和运营 6 个领域，中欧组建了覆盖面更广的高水平专家团队，成员来自飞机、发动机、机载制造商，航空科研机构，高等院校，中小企业及产业协会，行业管理机构等。经过多轮联合论证，在相继召开的三次中欧专家组全体会议上联合提出了 18 项合作议题，计划提交欧盟政府审议。这些合作议题覆盖了从飞行器平台、动力、系统、材料到运营、空管、安全监管等民用航空的方方面面，很大程度上代表了民用航空科技的发展趋势和方向（见图 11）。

图 11　未来民用航空科技发展可能的应用场景

4.1　未来飞行器领域（Future Aircraft Technology）

（1）基于湍流边界层和流动分离控制的减阻降噪若干关键技术

减阻和降噪是大型民机设计的长期目标。中欧已成功合作三个相关项目，对一批先进流动控制器件（包括沟槽，等离子体，各种类型的微射流、移动壁、声衬等）开展了数值和试验研究，但距离工程实用仍有许多问题亟待解决，如高雷诺数湍流边界层减阻控制、气动激励噪声特性及其控制、新型高性能计算机效能挖掘等问题。

（2）基于深度学习的 CFD 技术和空气动力学优化设计

提高 CFD 计算精度、降低 CFD 计算成本、提高基于 CFD 优化的工程适用性和效率是飞机优化设计中亟待解决的问题之一。将深度神经网络和深度学习技术引入湍流模型构建、试验和模拟数据融合、代理模型构建、流场特征提取等方面是很有前景的发展方向。

（3）飞机尾流的气动机理与飞行影响评估和飞行安全预测

大型客机起降时产生的尾涡是限制机场容限的最重要因素。欧盟 WakeNet 项目所发展的尾涡控制技术距离工业化应用还有一定差距。需要进一步对不同类型远场尾迹的动力学和不稳定特性进行系统研究，并提出一种加速典型商用飞机远场尾迹衰减的可行办法。

4.2　未来推进系统领域（Future Propulsion Technology）

（1）混合电推进系统关键技术与验证

2019 年的巴黎航展宣告了电动飞机时代的来临。电动 / 混合动力推进系统是电动飞机的核心。相比传统燃油动力而言，人们对电推进系统的研究还处于初级阶段，急需开展系统建模仿真工具、高效高功率密度电机以及控制系统、混合动力系统能量管理控制策略等方面的系统性研究。

（2）能源和存储系统关键技术

未来的纯电动飞机能否成为现实主要依赖于能源和存储技术的发展。现有锂离子电池能量密度仅为 150~250W·h/kg（用于全电支线飞机至少需 1800W·h/kg）。因此，需要开展燃料电池、锂空气、锂硫黄等新兴能源存储技术及其相应的热管理、安全性设计等问题研究。

（3）绿色航空能源及其适用的航空发动机关键技术

国际航空界对生物燃料有巨大需求。少量航班已开始使用生物燃料，少数几种制备方法也获得了认证，但成本偏高、对粮食作物产生不利影响、对发动机影响不明确等问题仍然没有很好地得到解决。急需进一步开展生物燃料最佳生物质来源研究，生物燃料对发动机工作影响研究，以及评估生物燃料的全生命周期（全寿命周期）碳减排。

4.3　先进机载系统领域（Advance Airborne Systems）

（1）多模智能导航及机载、地基通信技术

卫星导航是未来机载导航的主流技术。多系统卫星导航在可用卫星数量、定位连续性和可靠性、定位精度等方面都优于单一系统的卫星导航，是未来发展的必然趋势。但是，如何让机载系统与各种导航源一起工作，并满足规定的完好性风险及其相关的告警限制和告警时间，仍需开展多星座卫星导航完好性检测技术、基于多模式 GNSS 精度的智能导航优化技术和针对多模导航传感器信息的数据融合技术等研究。

（2）基于无线与电源线的机载网络

飞机上的线束是飞机重量[①]的重要组成部分之一（A380 上线束重量达 5.7t）。采用机载无线或电源线载波网络具有简化布线设计、降低维护费用、降低飞机重量等优势。RTCA 和 EUROCAE 已经发布机载无线操作标准的首份草案。在无线网络大规模应用前，仍需解决与已有飞机射频系统共存、对抗干扰的韧性、对抗外部干扰威胁等问题。对于电源线载波通信网络，欧盟 TAUPE 项目虽已开展部分研究，后续还需对飞机电源线分配网络的建模，电源线网络中已调信号传输、衰减、干扰、冲激脉冲压制的效果，载波信号发送器和接收器的接口设计等开展深入研究。

（3）个人自主飞行器管理与控制技术

随着空域的逐步开放，越来越多的个人飞行器将进入民用市场，飞行员短缺问题会更加明显。因此，提高飞行器自主飞行能力势在必行。然而，开放的空域、不完整的信息和未知的决策边界会增加飞行任务处理和系统运行的不确定性。同时，受限于机载计算平台的体积、重量和功耗，人工智能算法的实施和部署也存在一定的难度。本方向的研究将产生一系列智能算法和相应的技术规范 /标准，支持个人飞行器更加灵活有效地使用空域。

4.4　绿色航空结构和材料领域（Green Aviation Material，Structure and Manufacturing Technologies）

（1）绿色与多功能航空复合材料技术

植物纤维和生物质树脂等可再生型绿色复合材料的研究已进行多年，但其结构力学性能和稳定性仍制约其在飞机上应用。另外，现有的飞机复合材料结构为了获得安全可靠的电气环境，必须额外构建电网络系统以达到防雷击要求，这进一步增加了飞机重量。因此，研究导电 - 结构一体化的复合材料被提上议事日程。此外，应用复合材料的飞机由于其价格昂贵、具有一定的污染性，现

---

① 本书重量均为质量（mass）的概念，其法定单位为千克（kg）。

在急需开展碳纤维回收技术研究，同时，还应针对选定的飞机复合材料制件开展全寿命周期评估。

（2）新型航空材料的测试、表征与仿真及虚拟测试

新的航空材料从设计到认证、应用往往需要较长的时间和较高的成本。本方向主要目标是开发新的表征技术和虚拟设计概念，以减少生物质复合材料应用的成本和风险。目标是降低 25% 的成本，将经过验证的虚拟设计模型转换为用户友好的平台，服务航空材料研发企业。

（3）智能结构健康监测技术

结构健康监测（SHM）可提高飞机检测的可靠性并降低维护成本。虽然 SHM 的研究已经开展了几十年，但与成功的工程应用仍然存在一定差距。如 SHM 对飞机结构损伤容限设计的影响研究较少，各个层级的验证严重不足，数据分析和决策高度依赖人的经验等，需要针对这些问题继续开展深入研究。

4.5 空中交通管理领域（ATM）

（1）基于智能传感器的空中交通管理性能实时评估

空中流量的增加给空管系统带来巨大压力，提高空中流量实时监测和空管系统绩效评估能力变得至关重要。目前，受限于监测的数据范围、实时性、协同决策能力等问题，基于空中流量监测的空管系统绩效和安全性能评估作用有限。随着智能传感器的出现，构建自测试、自验证和自适应的实时绩效评估系统成为可能，这将为理解、预测和管控航空安全风险、提高运行效率发挥重要作用。

（2）面向编队运行的航空器四维航迹/航迹簇管理

除了提高空中交通管理水平，建立新的运行概念也是应对未来空管挑战的一种必要手段。受军用飞机的飞行编队及鸟类等动物的编队飞行启发，通过民用飞机编队智能动态组建进一步增强四维轨迹，可实现在高度拥堵的空域中优化运行，将 CNS 无线电频率的使用降到最低。需要开展机载航迹预测、冲突探测和解脱、新数据链通信等技术研究。

（3）高性能和高预测性的机场运行协同管理

目前，机场协同决策系统（A-CDM）的应用大大提高了航路网络或空中交通流量管理的可预测性。为进一步提高机场运行效率、可预测性、安全性/安保等方面性能，引入对机场空侧和陆侧信息集成度更高的全面机场管理（TAM）是未来的发展趋势。同时，探索机器学习、人工智能等在 TAM 的应用，或将进一步提高基于绩效的机场协同管理水平。

4.6 安全、安保和运营领域（Aircraft Safety，Security and Operations）

（1）结冰条件、效果及安全评估方法

过冷大水滴（SLD）结冰条件下飞行风险是航空安全的一个挑战。2015 年，EASA 和 FAA 发布针对 SLD 的新飞机结冰适航条款。目前针对该适航条款的研究还不充分，全面的符合性验证方法还未获得。还需开展不同粒径分布 SLD 影响、结冰的典型特征、SLD 结冰机理等研究，完善结冰风险评估方法以及飞行中结冰防护新概念。

（2）下一代先进航空电子设备安全评估理论与方法

随着计算技术和信息技术的发展，飞机机载系统的范围和深度已显著扩大，系统复杂程度不断提高的同时也引入了新的安全风险。现有手段和标准无法对其进行安全性评估，需要新的安全性分析理论和方法。此外，复杂系统下故障传播机制也是一个需要解决的问题。欧盟 SCARLETT 项目已

经初步研究了可重构的分布式 IMA 平台概念，后续仍需对资源共享特性导致的失效、资源深度耦合导致系统故障检测困难、逻辑映射复杂导致系统安全分析困难等问题开展深入研究。

（3）无人机、交通管理和空域一体化

随着民用无人机产业在世界范围内迅速发展，航空主管部门在保障航空运行安全、防范黑飞、制定完整的无人机安全标准等方面面临新的挑战。欧洲通过无人系统规则制定联合体（JARUS）开展了大量的标准制定工作，中国民航局也成立民用无人机管理领导小组，开展了空中交通管制、无人机运行、适航标准、人员执照等方面的研究。后续双方可联合开展基于运行风险的无人机安全标准、支持空域运行的无人机空中交通管理系统等研究。

5. 结束语

中欧航空科技合作经历了从无到有、从少到多、从小到大、地位趋于平等、管理逐渐规范、机制逐步完善的发展历程。如今，面对世界民用航空发展新的机遇和挑战，双方进一步面向未来从战略层面提出新的合作主题，合作的系统性和前瞻性均达到了新的高度。总结中欧航空科技合作，主要包括：创造氛围（Creating Atmosphere）、出台政策（Creating Policies）、提供支持（Providing Support）、创造激励（Making Incentives），不难得出以下基本结论：

第一，中欧双方的共同需求为合作奠定了基础。欧盟在 2020 愿景和 2050 展望中都将满足社会发展和市场需求、降低航空对环境的影响、保持航空运输安全等作为重要目标，这与我们的民用航空工业发展规划是一致的，找到双方需求的契合点是良好合作的基础并可实现双赢。

第二，中欧政府的支持是形成长效合作机制的根本保障。中欧航空科技合作建立在政府科技合作的大框架下，即所谓的"政府搭台，专家唱戏"。通过政府出资、定期组织并亲自参与指导大规模、系统性的专家交流活动，中欧双方才逐渐形成了"共同论证、共同选题、共同发布、共同申报、共同评审、同步立项、对等资助、共同管理、共同验收、成果共享"的科技合作最佳实践模式，进而固化成为中欧双方长期稳定的航空科技合作机制。

第三，高水平的专家队伍是促成长期合作的重要因素。参与中欧航空科技交流平台项目的专家都是来自双方企业、高校、科研机构的行业顶尖人才，高水平的专业素养、国际化的开放视野为加深双方互信、促成实际合作发挥了重要作用。专家交流不仅促成了政府间航空科技合作项目，还拓展了中欧企业、高校、科研机构间的合作空间。作为中欧政府间航空科技合作的中方牵头组织单位——中国航空研究院（CAE）在此过程中也深化了与欧洲国家级研究院的双边合作（德国 DLR、法国 ONERA、荷兰 NLR、意大利 CIRA 等）。

第四，开放的平台和科学的项目组织模式是确保项目取得成功的关键。交流平台通过提出共同话题，召开开放式研讨会，对于形成共同感兴趣的合作主题发挥了重要作用。技术研究项目实施中，通过事先约定知识产权确保成果合理共享，通过科学设置研究内容和分工提高合作效果，如针对共同研究对象分别采用不同方法研究，方便后期有针对性地交流。

第五，中欧航空科技合作前景光明。中欧航空科技合作已经走过 15 年的发展历程，双方建立了互信，实现了双赢。作为世界主要经济体，中欧在"后疫情时代"拥有广泛合作空间，双方不仅可以加强经贸合作，拉动世界经济复苏，在发展航空高技术等方面也大有可为。按照习近平总书记讲的，在"后疫情时代"中欧关系将迈向更高水平，我们要在危机中育新机、于变局中开新局，努力开创中欧航空合作新局面。

致谢

中欧航空科技合作得到了双方政府、科研、学术和工业界的支持与广泛参与。据不完全统计，参与交流平台项目的机构共有 40 多家，参与合作研究项目的实体共有 30 多家，参与人员既有院士、型号总师、国家级特聘专家，也有企业总师、科研机构技术负责人和高校学术带头人等技术专家。在此，向携手应对未来绿色航空挑战的中欧双方各位领导、专家、学者和同仁表示最诚挚的谢意！

参 考 文 献

［1］孙侠生，王元元.欧盟框架计划航空研发项目特点分析及启示［J］.航空科学技术，2019（6）：1–9.

［2］Flight path 2050 – Europe's Vision for Aviation［R］. European Commission ACARE，2011（in English）.

［3］IATA. Aircraft Technology Roadmap to 2050，https://www.iata.org/en/publications/technology–roadmap.

［4］中国航空工业发展研究中心.民用飞机中国市场预测年报（2018—2037）［R］.2018.11.6.

［5］全球航空业发展中值得关注的若干问题.中国民航网.2018. http://caacnews.com.cn/1/88/201811/t20181115_1260738.html.

第一篇　飞机流动控制机理与减阻技术

　　本篇基于湍流边界层的流动控制和减阻技术项目（DRAGY），介绍了在中欧航空科技合作框架下，各种主/被动流动控制手段用于湍流边界层摩擦阻力调控的最新成果，汇集了众多知名学者对湍流边界层减阻关键技术及其重要科学问题的独特见解。

　　这些研究成果提升了我国在流动控制基础研究方面的技术水平，促进了中欧双方在民用飞机研究领域的合作，为流动控制机理与减阻技术在航空应用提供了重要的理论与技术支撑。

基于湍流边界层流动控制的
减阻技术：DRAGY 项目回顾

郑耀[1]，符松[2]，邹建锋[1]，张阳[1]

1. 浙江大学航空航天学院，浙江杭州 310027
2. 清华大学航天航空学院，北京 100084

1 项目概述

1.1 任务来源

在中欧航空科技合作协议的框架下，DRAGY 项目的中方各参研单位和欧盟相关单位针对基于湍流边界层流动控制的减阻技术进行了多次沟通与协调，共同确定了研究内容。2015 年 6 月，本项目通过了中欧联合专家组的评审，明确了项目的研究内容和实施方式。本项目主要研究主动和被动的流动控制技术，通过改变湍流边界层内的流场结构，实现湍流减阻。在项目具体实施过程中：①中欧双方针对相同的研究内容同步开展研究工作，研究经费由双方各自承担，成果共享；②双方成员在充分沟通和理解的基础上，借助互联网技术和项目数据库，实现资源共享（试验方法、测量技术、分析手段、研究成果、数据结果和研究报告等）；③双方互派人员参与对方的实验和计算工作，实现研究方法和研究结论的联合分析和综合对比；④开展定期学术交流，并积极通过互联网、视频会议等形式进行有效沟通及定期信息通报等。

商用飞机的飞行高度一般在对流顶层（10km）之上，其排放的污染物不会像在较低高度那样快速地扩散，这是商用飞机对环境产生不利影响的一个重要原因。因此，大型城市周边密集的空中交通，会不可避免地恶化现有的空气污染问题。根据目前的预测，在未来二十年内，全球的空中交通将以每年 5%~7% 的速度剧增。假如保持目前的飞机设计和制造技术水平不变，未来空中交通的持续发展将会导致每年 5%~7% 的大气污染增加。可见，发展具有更优空气动力学设计的飞机对未来的商用飞机减排至关重要（如图 1 所示流动控制的概念设计）。

二氧化碳排放与飞行中燃料的消耗总量直接相关，而燃料消耗量的大小取决于飞机所受的飞行阻力。因此，为了满足未来商用飞机二氧化碳减排的目标，需要跨越式减少飞机飞行的巡航阻力。湍流边界层控制的进一步探索和应用对飞机减阻有很大的帮助，并有利于实现 2020 年 ACARE 设立的环境目标："将每公里载客所产生的二氧化碳排放量减少 50%"，"将 NO_x 的排放量减少 80%" 及 "将飞机噪声减少 50%"。飞机的油耗、阻力和重量直接关系到 CO_2 和 NO_x 的大气排放量。大量数值和实验研究已经表明了移动壁和体积力控制方法能够有效地减小飞机阻力，湍流摩阻的降低裕度甚至可以大于 40%。然而，关于控制效率方面的研究目前还很少见，先进驱动技术应用方面的研究也需要继续加强。此外，利用低雷诺数的结果外插得到高雷诺数下的结果还具有很大的不确定性，尤其

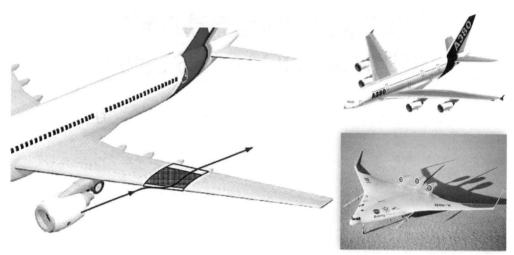

图1 流动控制的概念设计（左：机翼表面；右：未来在飞机上的实际应用）

是尚不明确当雷诺数增加时减阻效果如何变化。为了设计更有效的流动控制装置，需要了解湍流边界层内外层之间的相互作用机理及其随着雷诺数增大如何变化的规律。该项目旨在加强对能够改变边界层流动并实现减阻目的的流动控制装置的工作机制的理解（飞机减阻潜力如图2所示）。

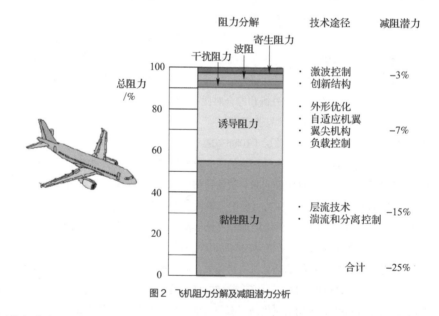

图2 飞机阻力分解及减阻潜力分析

国外在湍流边界层的流动控制机理和减阻技术研究方面开展了大量前期的研究工作，主要涉及湍流边界层流动的数值仿真和风洞试验测量技术、吹吸气流动控制技术、等离子流动控制设备等方面的研究。目前，湍流边界层主动控制减阻技术还未在飞机上实现成功应用，技术成熟度指数（TRL）只有 TRL=1 级的水平。我国对用于飞机减阻的湍流边界层流动控制的研究从 20 世纪 70 年代就开始了，但是研究工作大都是对国际先进技术的跟踪，而且在机理、测试技术、数值计算方面与国外先进水平存在一定的差距。因此，针对我国民用飞机性能提升、环保和安全性的战略目标，面对未来激烈的国际竞争，同欧洲航空先进国家合作进行深层次的湍流减阻机理和主动控制技术研究，掌握航空的前沿技术，可为我国高性能大型民机设计提供技术储备。

1.2 研究目标和研究内容

通过项目的实施，运用高性能高可信度的数值模拟方法和高精度实验测量技术，提升对流动控制技术及其与湍流边界层相互作用物理机制的理解水平，通过改变湍流边界层内引起阻力的流场结构，研究主动和被动流动控制技术，力求高效率地实现流动控制减阻，提高未来飞机的燃油效率，减少二氧化碳和氮氧化物排放。重点关注以下 5 个方面的研究工作：

（1）研究和选取最有效的湍流表面摩擦力主动抑制方案；

（2）发展高可靠数值分析工具，以进行湍流减阻技术的定量研究；

（3）优化算法效率和发展高性能计算技术；

（4）发展湍流边界层流动结构的高精度测量技术；

（5）涡轮机械中的湍流掺混和流动控制研究。

同时，在项目的实施过程中，还将充分发挥中欧双方在研究和技术方面的交流合作潜力，在减阻技术领域让中国 / 欧盟、学术界 / 企业界互惠互利，提升我国在流动控制基础研究方面的技术水平，促进中欧双方在民用飞机流动控制技术研究领域的交流与合作。

1.3 研究周期

本项目作为中欧联合开展的航空基础技术合作研究项目，整个项目的研究周期与实施计划由双方参研成员共同制定。项目研究周期从 2016 年至 2019 年，共 36 个月。

1.4 组织分工

本项目中方牵头责任单位为浙江大学，参研单位共 12 家，分别为清华大学、西北工业大学、北京大学、南京航空航天大学、北京航空航天大学、西安交通大学、中国商飞上海飞机设计研究院、中国航发商用航空发动机有限责任公司、航空工业西安航空计算技术研究所、中国航发四川燃气涡轮研究院、航空工业第一飞机设计研究院、航空工业气动力研究院等，共同完成本项目研究工作的开展和实施。

欧方牵头责任单位为 CIMNE（工程数值方法国际研究中心）和 UPM（西班牙马德里理工大学），参研单位共 10 家，分别是 USFD（英国谢菲尔德大学）、DLR（德国航空航天研究院）、ONERA（法国国家航空航天研究院）、CNRS–PPRIME（法国国家科学研究院 PPRIME 研究所）、ICL（英国伦敦帝国理工学院）、CHALMERS（瑞典查尔姆斯理工大学）、POLIMI（意大利米兰大学）、AGI（空客创新集团）、AIRBUS（空客公司）、DASSAV（达索飞机制造公司）。

为顺利完成研究任务，达到预期研究目标，中欧合作双方共同制定了合理的项目组织形式，一致以"机理研究→技术演示→工业评估"的思路开展研究，采用理论分析、数值模拟与实验验证相结合的方法，通过对关键技术难点的重点攻关，研究基于湍流边界层流动控制的减阻技术及其应用。

图 3 给出项目总体技术思路和方案。以形成工业实用的湍流减阻方案和应用前景评估报告为主要工作目标，在发展高可靠数值分析工具（研究内容 2）、发展高性能计算技术（研究内容 3）和高精度测量技术（研究内容 4）的基础上，深入认识和剖析湍流边界层中流动结构与摩擦阻力特征之间的关联信息，根据湍流边界层减阻控制不同机理和流动控制器件类型，将湍流表面摩擦力主动抑

制方案优选（研究内容1）的工作具体细化为专题1（内层流动控制机理研究）和专题2（外层流动控制机理研究）的研究。

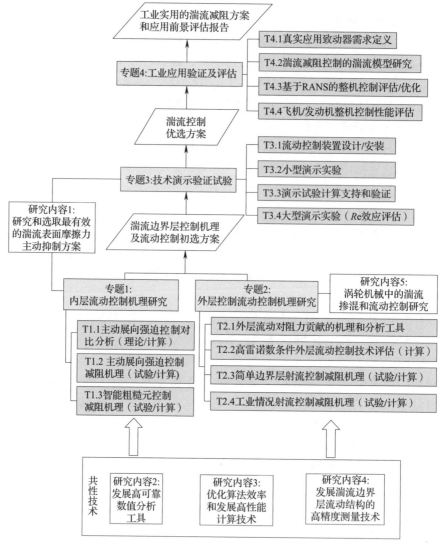

图3　项目总体技术思路和方案

专题1专注于湍流减阻的内层流动控制技术，重点针对等离子体、沟槽和非轴对称端壁等典型的主动展向强迫控制技术，采用数值计算和试验等手段，开展流动控制机理的研究，并发展新型的流动控制技术（如智能粗糙元技术）。相关研究工作包括：①用于湍流减阻的主动展向强迫技术的比较分析，及最优性能策略的确定；②展向强迫技术的致动器和试验方案；③用于展向强迫控制的智能粗糙元及减阻控制机理。专题2则专注于湍流减阻的外层流动控制技术，重点针对近年来逐步兴起的新型射流减阻概念（如零质量射流）。相关研究工作包括：①外层流动对阻力贡献的物理分析；②高雷诺数下减阻概念的评估；③简单边界层中射流装置的研究；④工业相关情况下流动控制射流装置的研究。

通过上述两个专题研究，最终将得到湍流边界层减阻控制的新机理，并形成湍流边界层控制初选方案。从而通过开展专题 3（技术演示验证试验）的研究，形成优选的湍流边界层控制方案。与专题 1、专题 2 专注流动控制机理不同，专题 3 专注于对湍流边界层减阻控制概念进行试验验证，并通过大型试验进行工业级的初步应用评估，为专题 4（工业应用验证及评估）提供依据。相关研究工作包括：①湍流边界层减阻流动控制器件设计、安装和试验；②小型技术演示试验；③演示试验计算支持（用于流动控制器件参数设计、优化）和对比验证；④大型技术演示试验（工业级试验及流动控制器件的尺度效应评估）。

最后，通过专题 4（工业应用验证及评估）的研究，形成实用的湍流边界层减阻评估策略（含评估准则、评估方法和评估模型等）及优选流动控制方案的应用前景评估报告。相关研究工作包括：①面向工业应用的流动控制器件需求定义（即工业应用评估的规范或准则）；②基于 RANS 技术的评估方法及模型；③基于 RANS 的飞机 / 发动机湍流减阻设计评估及优化；④飞机 / 发动机湍流减阻设计综合（多学科）评估。

此外，在具体工作中，针对项目以国际合作为背景、参研单位多、需要协调沟通的事务多等特点，本项目以下述 5 个工作包（WP）的形式开展相关研究工作，每个工作包都设置了相应的中方和欧方负责单位和负责人（见表 1）：

（1）WP1——管理、数据工具、宣传和沟通；

（2）WP2——内层流动控制机理研究（专题 1）；

（3）WP3——外层流动控制机理研究（专题 2）；

（4）WP4——技术演示验证试验（专题 3）；

（5）WP5——工业应用验证及评估（专题 4）。

表 1 工作包的中方和欧方负责单位

工作包	欧方负责单位	中方负责单位
WP1	CIMNE UPM	浙江大学 清华大学
WP2	POLIMI	清华大学
WP3	ICL	西北工业大学
WP4	DLR CNRS-PPRIME	北京航空航天大学 北京大学
WP5	AGI	中国商飞上海飞机设计研究院 中国航发商用航空发动机有限责任公司

其中，WP1 负责整个项目的协调、管理和顶层策划，同时解决任务发布和开发策略。WP2~WP5 都是技术工作包，对应本项目的 4 个技术研究课题。本项目的主要技术研究工作被安排在 WP2~WP4 三个工作包（研究课题）中，而 WP5 则通过工业技术评估和结果评估来保证研究的创新性和潜在工业应用。上述 5 个工作包的相互关系如图 4 所示。

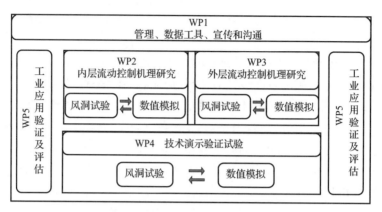

图4 工作包（研究专题）的相互关系示意图

WP4 旨在基于 WP2 和 WP3 提供的大量计算和实验结果，借助时间解析立体粒子成像试验（PIV）、高分辨率多脉冲全析粒子成像试验（Tomo–PIV）等试验测量技术，开展技术演示试验以验证湍流边界层结构的流动控制效果，优选出两种最具前景的流动控制技术。

最后，优选出的流动控制技术将被应用于飞机全机及部件（发动机和机翼）的减阻，并通过建立适当的低阶评估方法和模型，在全机层面上评估各种减阻技术的性能和综合效益差异。

2 研究工作完成情况

2.1 项目总体完成情况

在中欧双方项目责任单位的组织与协调下，中欧双方对未来飞机的经济性和环保性需求进行了广泛调研，对基于湍流边界层流动控制技术的可行性和实用性进行了深入探讨。在此基础上，对各类流动控制手段以及开展流动控制机理研究所需的高精度数值模拟技术和试验测量技术进行了深入探索，充分挖掘了各参研单位的前期科研积累和优势，顺利完成本项目各个子专题的研究任务，达成项目的预期研究目标。

本项目针对飞机的减阻需求，根据"机理研究→技术演示→工业评估"的思路，通过内层流动控制机理研究、外层流动控制机理研究、技术演示验证试验以及工业应用验证及评估等技术专题的研究，重点解决了湍流表面摩擦阻力主动抑制技术、适于湍流减阻技术定量研究的高可靠数值分析技术、减阻控制装置的数值模拟、边界层外层壁面和（或）近壁面区域流场扰动机理的分析、射流与沟槽壁面湍流减阻技术、叶栅非轴对称端壁造型技术等核心关键技术和方法，最终运用高性能高可信度的数值模拟方法和高精度试验测量技术，提升了对流动控制技术及其与湍流边界层相互作用物理机制的理解水平，通过改变湍流边界层内引起阻力的流场结构，研究了主动和被动流动控制技术，力求高效率地实现流动控制减阻。

项目主要研究成果包括试验平台、测量设备、计算程序和研究报告等类别，顺利达到了项目任务书设定的在试验装置研制、数值模拟软件开发和研究论文（报告）写作发表等方面的技术指标。

2.2 项目研究主要内容完成情况

专题1：内层流动控制（WP2）机理研究

专题1关注于湍流平板边界层流场中的内层控制减阻，包含了主动壁面流动控制技术减阻的比较和最佳减阻策略的确定，对表面强迫技术的激励器开展设计和试验研究，以及由表面强迫所启发的表面粗糙度设计。项目开展至今，分别对多个近壁面流动控制手段（等离子体、沟槽、合成射流、吹气等）进行了前期的研究对比，对主动控制手段设计了不同的控制方案并进行参数优化，在表面沟槽方面也开始进行了多种方案研究以及试验材料的前期制备工作。具体工作罗列如下：

（1）研究了用于曲线沟槽的自动网格生成器，发展了高精度高保真的直接数值模拟方法，对直沟槽流动控制进行了亿万级网格的大规模并行计算，有力地证实了沟槽控制在平板湍流减阻上的有效性，揭示了沟槽作用于近壁区流向涡的抬升和抑制机制。并对多种不同沟槽弯曲幅度和波长情况进行了对比性能分析。与此同时，发展了三种不同的沟槽制备方案，搭建了平板试验台，为后续风洞试验研究做好了准备（见图5~图7）。

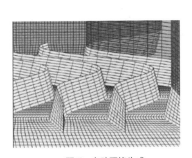

图5　自动网格生成

图6　"天河二号"超级计算机

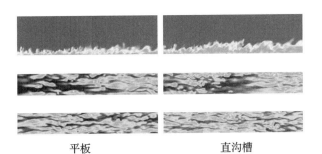

平板　　　　　　　　　　　　直沟槽

图7　带沟槽近壁面湍流结构

（2）建立了一个完善的基于 DBD 等离子体激励器的体积力数学模型，实现了非定常下等离子体激励的翼型绕流数值模拟计算，通过与低速风洞试验结果进行对比，一方面佐证了体积力模型的可靠性，另一方面由激励区下游局部摩擦阻力减小，从原理上验证了等离子体技术在湍流边界层减阻的可行性（见图8、图9）。

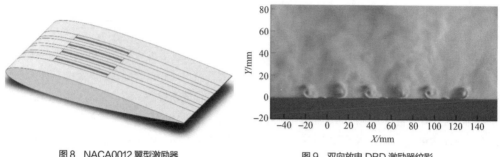

图 8   NACA0012 翼型激励器

图 9   双向放电 DBD 激励器纹影

（3）通过 CFD 计算和试验研究了微吹气对边界层的影响和控制。同时，使用拟谱方法分析了槽道流动，并计算了带有壁射流的槽道流动控制。试验测试了高载荷叶栅，同时验证了相应的轴对称计算模型。通过对叶栅的参数化，对高载荷叶栅建立了优化模型（见图 10~图 12）。

图 10   微吹气平板

图 11   测试级联

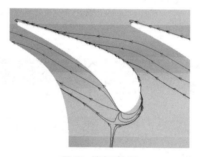

图 12   流向二次涡

专题 2：外层流动控制（WP3）机理研究

专题 2 主要关注湍流平板边界层流场中的外层大尺度结构与对数层和缓冲层中的小尺度结构之间的相互关系和作用。因而，该专题包括了外层流场对阻力贡献的物理分析、高雷诺数下减阻概念的评估、射流激励器在简单边界层和槽道流中以及在工业相关的场景中的流动控制研究。总体而言，该专题各主要参与单位在实验方案、数值模拟求解器、数值分析工具等方面均取得了一定成果。下面简要介绍各主要参与单位的研究进展（见图 13~图 17）。

（1）针对合成射流阵列控制技术，实施了大量的风洞试验，为多个合成射流阵列的试验研究做前期准备工作。该射流阵列中的每个射流孔有循环运动的活塞驱动，并能够被单独控制。该阵列是一个复杂的系统，在散热等方面依然在完善当中。但系统配置完善之后，其将被放入一个具有相对薄而高雷诺数的边界层流场当中，从而产生可控的外区流场结构，继而使用 3D–PIV 技术对流场进行细致测量。

（2）揭示了边界层内大尺度结构与近壁区小尺度结构间的关系，对高雷诺数下 DNS 数据进行分析，运用本征正交分解（POD）和动力学模态分解（DMD）

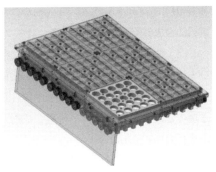

图 13 合成射流阵列

分析了非优化周期 T^+=200 和优化周期 T^+=100 两种情况，获得流场中不同波长的模态云图，有效区分和描述了内外层结构。

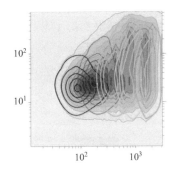

图 14 模态分解技术

图 15 DNS 结果的模态分析

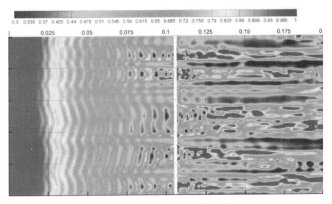

图 16 平板边界层内的低速条带图

（3）对槽道流边界层进行了 DNS 数值模拟，专注于狭缝定常、非定常、吹气、吹 / 吸气等控制手段的对比研究，计算了自由流马赫数 0.8 条件下几种不同雷诺数的流动情况，获得了不同控制手段对壁面摩擦系数的分布影响，并使用 DMD 进行模态分解，研究控制手段对各主要模态的影响。

（4）研究射流控制在边界层以及在工业相关流体中的效果。在发展数据统计分析工具（如 POD

和 DMD）的基础上，将其应用到简单边界层和三维机翼的合成射流激励器中。

（5）使用高保真湍流方法如 DNS 和混合 RANS–LES 对主动流动控制进行数值研究。目前已经使用 DNS 对发展中槽道流进行了数值计算，后续将使用这些方法对高雷诺数情况下带有合成射流控制的流动进行内外区流场研究。

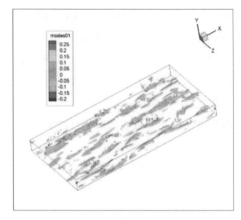

图 17　带吹气的槽道流模态结构

专题 3：技术演示验证试验

专题 3 为选择最有希望的控制技术的技术展示部分，该专题目前主要以准备工业展示的设备和材料为任务内容，在这些方面取得了一定进展。为湍流边界层流动建立了基本的试验框架，包括风洞设备以及热线测量设备等，例如，在浙江大学玉泉校区航空航天学院低湍流度静声风洞中搭建了湍流边界层流动的基本试验台架，试验段尺寸为 1.2m（宽）× 1.2m（高）× 3.5m（长），风洞收缩比为 14.8，试验段风速范围 5~74m/s，风洞入口安装有 10 层阻尼网，使试验段中心的湍流度保持为 0.04%~0.05%。提供了三种可行的沟槽薄膜制备方法（高精度 3D 打印、热辊压技术、沟槽结构 PVC 制模，见图 18~图 20）。研制了一种压电片激励器并用 IDDES 进行了数值模拟研究。

图18　沟槽的高精度 3D 打印

图19　热辊压技术

专题 4：工业应用验证及评估

专题 4 关注流动控制技术的工业应用的可能性，开展了应用验证和评估工作。

（1）确定了湍流减阻方案的多学科评估方法。飞机的总体设计是一个多学科相互耦合的复杂系统工程，因而任何一项减阻技术在飞机上的工业应用需要采用多学科总体评估方法，涉及飞机的阻力、重量、机构复杂性等多重因素的影响，与此同时，减阻方法的收益与代价、安全性等因素也制约着这项技术的推广应用。

图20　沟槽结构 PVC 制模

（2）工业评估了沟槽、合成射流、等离子体和微吹气 4 种流动控制手段。例如，使用沟槽减阻的失效风险主要来源于沟槽本身，减阻肋条一般是通过薄膜粘贴在飞机表面。由于材料本身的强度、刚度不够高，在飞机表面的耐磨性能和抗冲击性能较差，不能适应长时间飞行的需求。

（3）对比分析了标模不带小肋和机身带小肋的减阻性能差异。采用机身贴小肋薄膜技术，重点关注不同雷诺数下小肋减阻效果。数值和试验结果表明，沟槽在减小表面摩擦减阻的同时，一定程度上能够提高飞机的升阻比。这从全机层面进一步证实了沟槽减阻的有效性（图 21）。

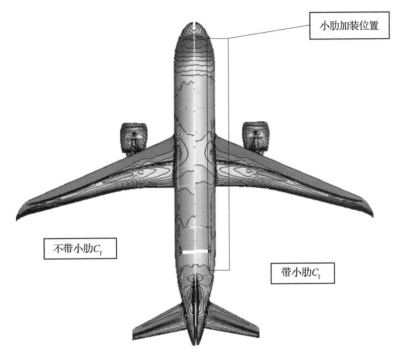

图 21 对比小肋减阻的全机摩擦阻力分布

3 组织管理情况

3.1 协作情况

在项目执行过程中，项目团队频繁组织各种类型的网络交流和视频会议，每 6 个月组织一次项目进展会议（轮流在中国和欧洲召开），紧密跟踪各参研单位的工作进展，发现并及时解决存在的问题，确保项目的顺利进行和研究目标的最终达成。期间作为课题牵头单位的浙江大学主要负责安排了：①各参研单位的任务分工；②计算模型和几何参数的设置和覆盖范围；③流动控制装置及试验测量参数的设置和覆盖范围；④直接数值模拟与测量试验的对比验证；⑤流动控制激励器的放大试验；⑥工程应用单位的应用评估。

工程应用单位的应用评估等需要多方协调并配合完成，即充分发挥各参研单位的技术优势和任务独立性，又强调各家参研单位之间进行关键技术研究时有一定的交叉覆盖，以确保各部分研究内容的高效完成及整体研究目标的顺利实现。

通过中欧合作，进一步了解欧洲在流动控制减阻技术领域的技术能力；运用高性能高可信度的数值模拟方法和高精度测量技术，提升对流动控制技术及其与湍流边界层相互作用物理机制的理解水平，通过改变湍流边界层内引起阻力的流场结构，研究主动和被动流动控制技术，力求高效率地实现流动控制减阻，提高未来飞机的燃油效率，减少二氧化碳和氮氧化物排放。

3.2 组织管理方式和措施

项目执行方面，为顺利完成研究任务，达到预期研究目标，制定了合理的项目组织形式，以"机理研究→技术演示→工业评估"的思路开展研究，采用理论分析、数值模拟与试验验证相结合的方法，通过对关键技术难点的重点攻关，研究基于湍流边界层流动控制的减阻技术及其应用。在项目具体执行过程中，即充分发挥各参研单位的技术优势和任务独立性，又强调各家参研单位之间进行关键技术研究时有一定的交叉覆盖，以确保各部分研究内容的高效完成及整体研究目标的顺利实现。经费制度方面，在任务执行过程中，各单位严格按照相关财务政策和规定对该任务专项经费进行管理。

3.3 项目成果

项目主要研究成果包括试验平台、测量设备、计算程序和研究报告等类别，研究达成的相关技术指标均在一定程度上超出了预先期望值。具体完成了技术报告 11 份、样机 11 个、软件 3 套、数据库 1 个。同时有已发表、待发表学术论文 28 篇，已授权或受理发明专利 16 项，已授权实用新型专利 5 项。

3.4 结论性意见

DRAGY 项目将湍流边界层减阻控制作为明确目标，探求切实可行的减阻控制手段及其内在减阻机理。将湍流边界层流动控制手段分为边界层内层控制和外层控制两个方面，并将任务逐一分配至各单位完成。重要研究结论总结如下：

（1）在内层控制方面，选择等离子体激励控制器作为一种研究手段，参与单位有西北工业大学、北京大学和航空工业西安航空计算技术研究所。主要在等离子体激励控制方面做了试验和数值计算研究，侧重于探究湍流表面摩擦减阻的内在机理和试验手段的实现过程，并将其应用于机翼上进行可行性论证，认定等离子体激励控制作为一种驱动外力，在部分区域可达到减阻效果，作用于减阻流动控制是可行的。

（2）与等离子体激励控制不同，沟槽是一种被动控制手段，不需要额外驱动力的加入，因而能量效率方面比主动控制要高。浙江大学、北京航空航天大学和清华大学在此方面做了大量的试验和数值计算工作。在试验方面侧重于 $Re_\tau=2000$ 情况下平板流动沟槽减阻机理的研究，试验平板尺寸 $400cm \times 100cm$，沟槽 $s^+=12$，其最大减阻效果达到 11.15%；在计算方面，对不同 Re_τ 下沟槽减阻过程进行了高精度 DNS 计算，最大 Re_τ 达到 1200，$s^+=34$，网格计算量达到 2 亿规模，建立了可供参考的 DNS 数据库。8.26% 的减阻率验证了沟槽减阻在来流速度 $U_\infty=239m/s$ 工况下的实际可行性。与此同时，通过大量数据分析揭示了沟槽在影响湍流拟序结构演化过程中所发挥的几种作用，阐述了沟槽减阻机理的几种可能性，相关结果分析有助于更好地理解内层控制对于湍流减阻的重要意义。此外，北京航空航天大学在大风洞中对 $Re_\tau=5000$ 情况下不同沟槽构型的湍流减阻进行了试验研究，直沟槽和曲线沟槽都能得到很好的减阻效果，但曲线沟槽减阻效果更好。

（3）在外层控制方面，选择合成射流作为一种主要的主动控制手段来研究，参与单位有浙江大学、南京航空航天大学和西北工业大学。采用光滑平板 DNS 数据作为分析目标，揭示了外层结构对内层结构的影响，包括"足印"（footprint）和"调制"（modulation）两部分，从而影响湍流黏性层内阻力的变化，这为湍流减阻外层结构控制提供了一种新思路。浙江大学和西北工业大学分别在试验方面做了验证工作，单点测量最大减阻率达到 10.5%，但德国航空航天研究院试验得到的减阻率只有 3%，且有很大的不确定性。南京航空航天大学在狭缝吹气方面做了数值验证工作，当喷流温度为来流温度的 1.465 倍时，减阻率达到了 11.7%。

（4）此外，在内层控制微孔吹气方面，北京航空航天大学做了大量试验研究，发现微吹控制只能对平板湍流边界层近壁区产生影响，而无法贯穿整个湍流边界层，其影响的主要作用是抬升了近壁区的流动结构，增厚了黏性底层，从而产生了减阻效果。浙江大学和北京航空航天大学在数值计算方面探究了微孔吹气减阻方案的可行性，并对不同吹气温度下减阻效果进行了对比，发现一定条件下，提高微吹气温度有助于减小表面摩擦阻力，从而提高减阻率。

（5）在工业评估和应用方面，西安交通大学、中国商飞上海飞机设计研究院、中国航发商用航空发动机有限责任公司、航空工业西安航空计算技术研究所、中国航发四川燃气涡轮研究院、航空工业第一飞机设计研究院对飞机应用级工况下减阻效果进行了评估，具体工作主要体现在工业应用 RANS 模型修改、发动机叶栅流动控制、大飞机减阻技术（包括技术可行性、操作可行性、应用可行性等）的工业评估。

3.5 欧盟项目评审报告

在欧盟方面的项目评审报告中，在"总体评价"方面，指出该项目在执行期间已完全按期实现了既定的目标，取得了优异成果，产生了显著的直接或潜在的影响。并在"一般性意见"方面对项目的成果进行了深入分析和评价。

评审报告指出，通过应用本项目推荐的减阻技术，在长航程飞行任务中燃料消耗可以降低 6.5% 的最大目标，在短航程飞行任务中燃料消耗最多能减少 5.9%。该项目的宣传影响范围很广，发表了多达 16 篇的期刊文章，并组织了多次世界各地相关领域专家参加的技术研讨会。评审报告特别指出了本项目促进了波浪纹沟槽、展向壁运动、流向壁运动、射流和等离子激励等多项用于湍流控制和表面摩擦减阻的主动 / 被动流动控制创新技术的发展。

4 经验、问题和建议

4.1 主要经验和体会

本项目参研单位较多，共 12 家高校和科研单位协同配合共同达成项目预期的研究内容和研究目标。在项目执行过程中，为顺利完成研究任务，达到预期研究目标，制定了合理的项目组织形式，以"机理研究→技术演示→工业评估"的思路开展研究，采用理论分析、数值模拟与试验验证相结合的方法，通过对关键技术难点的重点攻关，研究基于湍流边界层流动控制的减阻技术及其应用。获得的主要经验和体会有：

（1）做好统筹。作为牵头单位，在项目前期需要对项目的整体研究任务和总体研究目标了然于胸，并根据科学研究的逻辑将项目任务分解成独立却有机联系的若干子专题。项目执行过程中，要做好项目执行情况和状态的实时监控监督，确保课题任务的顺利实施。

（2）发挥长处。通过深入调研，充分了解各参研单位在研究基础、技术积累和软硬件条件等各方面的特点和优势，结合课题各子专题的研究任务属性，合理安排好各参研单位的研究内容和交叉覆盖程度。

（3）明确任务。项目执行前期要充分明确各参研单位各自的具体研究子任务、成果形式和技术指标，明确设定好成果目标的提交节点，并在执行过程中做好监督和督促工作。

（4）关注进展和节点。涉及多家参研单位的项目，由于研究内容繁多，加上地域空间的限制，导致了牵头单位在项目管理方面的难度很大。因此，根据项目执行情况需要经常性举办课题进展报告会议，及时发现课题执行过程中存在的问题和难题，并加以解决。

4.2　存在的主要问题及改进措施

作为中欧航空科技合作项目里的重要一部分，在项目执行前期，与欧方科研人员的交流沟通还没有很好地开展起来。之后，借助电子邮件和网络视频等通信手段，中欧双方科研人员在课题研究进展和共享方面保证了良好的一致性。

4.3　对后续研究工作的意见和建议

目前，通过项目研究，课题组成员对若干优秀主被动流动控制减阻机构的物理机理有了良好深入的认知，相关工程单位对减阻机构的有效性也做了细致评估。后续，相关减阻机构将被用于飞行演示试验以检测其在实际工程中的应用可能性。

参 考 文 献

［1］Adel Abbas, Gabriel Bugeda, Esteban Ferrer et al. Drag Reduction via Turbulent Boundary Layer Flow Control［J］. Science China Technological Sciences, 2017, 60（9）: 1281–1290.

［2］Li Binghua, Jesús Garicano–Mena, Zheng Yao, et al. Dynamic Mode Decomposition Analysis of Spatially Agglomerated Flow Databases［J］. Energies, 2020, 13（9）: 13092134.

［3］Li Bing–Hua, Huang Xian–Wen, Zheng Yao, et al. Performance of Flapping Airfoil Propulsion with LBM Method and DMD Analysis［J］. Modern Physics Letters B, 2018, 32（12–13）: 1840024.

［4］Wang Zhefu, Wang Liang, Fu Song. Control of Stationary Crossflow Modes in Swept Hiemenz Flows with Dielectric Barrier Discharge Plasma Actuators［J］. Physics of Fluids, 2017, 29（9）: 094105.

［5］Huang Yi, Fu Song. Spanwise Traveling Wave of Wall Blowing and Suction Control in Turbulent Channel Flow［C］//Asia–Pacific International Symposium on Aerospace Technology（APISAT 2018）. Chengdu, China, 2018.

［6］Wang Zhefu, Wang Liang, Fu Song. Sensitivity Analysis of Crossflow Boundary Layer and Transition Delay Using Plasma Actuator［C］//8th AIAA Flow Control Conference, AIAA Aviation Forum, AIAA 2016–3933.

［7］Wu Bin, Gao Chao, Liu Feng, et al. Reduction of Turbulent Boundary Layer Drag through Dielectric–Barrier–Discharge Plasma Actuation Based on The Spalding Formula［J］. Plasma Science and Technology, 2019, 21（4）: 045501.

［8］Xiao Ming. Actuation–Locating in Flow Control, In: Fluid–Structure–Sound Interactions and Control, Lecture Notes in Mechanical Engineering, Springer, Berlin, Heidelberg, 2016.

［9］Zhang Wen, Liu Peiqing, Guo Hao. Correlation–Based Transition Model for Swept–Wing Flow Using the Cross–Flow Reynolds Number［J］. Journal of Aircraft, 2017, 54（1）: 359–366.

［10］Zhang Wen，Liu Peiqing，Guo Hao，et al. Detecting the Chaotic Nature in a Transitional Boundary Layer Using Symbolic Information−Theory Quantifiers［J］. Physical Review E，2007，96：052215.

［11］Zhang Wen，Liu Peiqing，Guo Hao. Conditional Sampling and Wavelet Analysis in the Early Stage of Step−Generated Transition，AIAA Journal［J］. 2018，56（6）：2471−2477.

［12］Zhang Wen，Liu Peiqing，Guo Hao，et al. Multi−Scale Entropy Analysis and Conditional Sampling of the Velocity Increment in a Transitional Boundary Layer［J］. Communications in Nonlinear Science and Numerical Simulation，2019，67：303−313.

［13］Song Liming，Guo Zhendong，Li Jun，et al. Optimization and Knowledge Discovery of a Three−Dimensional Parameterized Vane with Nonaxisymmetric Endwall［J］. Journal of Propulsion and Power，2018，34（1）：234−246.

［14］Liu Zhansheng，Yang Xing，Gao Chun，et al. Aero−Thermal Coupled Design Optimization of the Non−Axisymmetric Endwall for a Gas Turbine Blade［C］//ASME Paper GT2018−76594，2018.

［15］Guo Zhendong，Song Liming，Park Chanyoung，et al. Analysis of Dataset Selection for Multi−Fidelity Surrogates for a Turbine Problem［J］. Structural and Multidisciplinary Optimization，2018，57（6）：2127−2142.

［16］Guo Zhendong，Bu Hongyan，Song Liming，et al. Experimental Test of a 3D Parameterized Vane Cascade with Non−Axisymmetric Endwall［J］. Aerospace Science and Technology，2019，85：429−442.

［17］郭振东，张伟麟，李琛玺，等. 非轴对称端壁与叶片联合成型气动优化实验验证［J］. 工程热物理学报，2016，37（7）：1416−1421.

［18］郭振东，宋立明，孙皓，等. 非轴对称端壁与三维叶片联合成型气动设计优化［J］. 工程热物理学报，2016，37（2）：285−289.

［19］范云涛，张阳，叶志贤，等. 微吹气对湍流平板边界层流动特性的影响及其减阻机理分析［J］. 航空学报，2020，41（10）：123814.

［20］李立. 民用飞机减阻设计的关键数值支撑技术及发展［M］// 大型客机减阻机理及方法研究. 上海：上海交通大学出版社，2018.

吹气控制湍流边界层减阻技术实验研究

刘沛清[1]，郑耀[2]，郭昊[1]，叶志贤[2]，李玉龙[1]，张阳[2]，邹建锋[2]

1. 北京航空航天大学航空科学与工程学院，北京 100083
2. 浙江大学航空航天学院，浙江杭州 310027

1 研究背景

随着计算流体力学（CFD）技术的发展，使用 CFD 研究吹气流动控制已经较为完备，并取得了较多的研究成果，为了精确计算出控制前后流动的变化，研究者多采用 DNS（直接数值模拟）的方法进行研究。Park 等[1]采用 DNS 的方法研究了均匀吹气对湍流边界层的影响，并对控制前后的各类基本物理量进行统计分析。研究发现，均匀吹气后在吹气口下游会有一段站位出现一定的速度型亏损产生减阻，并且伴随着脉动速度的"双峰结构"，这是吹气产生的抬升效果。而在远下游区域，由于吹气的作用使得雷诺应力大幅增加并出现增阻。与此同时基于涡动力学方程分析了吹气对涡量演化的影响，研究发现拟序结构在吹气后得到了增强。相似的数值计算研究 Y.Sumitani 等[2]也曾展开，他们关注的是壁面射流与吸气对湍流边界层的影响。研究发现吹气刺激了拟序结构的产生，并且导致雷诺应力的重分布。最近的有关吹气计算的系统研究结果是 Yukinori Kametani[3]在 2011 年完成，研究计算了空间发展模式湍流在壁面全吹与全吸状况下的控制结果（这便是 CFD 计算的优势，全吹全吸在 CFD 中较为容易实现，但是实验中实现却并非一件易事），对计算结果分析发现，吹气使得边界层变厚，形状因子 H 值明显增大，吹气后 H 值随着流向发展处于增加的状态。这些结论得到了实验结果的证实，如 Schoenherr[4]，随后他们通过 FIK 分解[5]发现影响摩擦阻力系数的关键因素为平均对流项。

在实验研究方面，吹气控制的研究也较为完备，从均匀吹气到周期吹气再到壁面合成射流都已较为丰富。如 L.Keirsbulck[6]等分析了槽道湍流吹气控制后雷诺应力张量的变化，他们得出结论认为吹气使得流动近壁面的各向异性减弱，转而趋向于各向同性，随着吹气量的增大，壁面法向的积分尺度也在相应减小。相似的结论也出现在 Guo[7]及 Krogstad[8]等人的研究成果中。Guo 等考察了合成射流作用在湍流边界层前后尺度与标度律的变化，实验数据分析显示，射流作用使得吹气处湍流边界层中的耗散尺度增强，剪切尺度缩短，积分尺度减小，也就是说流动趋于各向同性，这与 L.Keirsbulck 等人的结论不谋而合。而 Krogstad 等人通过对壁面射流前后的各向异性矩阵分析后认为，射流后 Taylor 微尺度与混合长尺度都相应减小，且随着吹气率越大，尺度的改变也越大。以上介绍的实验研究进展多集中于湍流尺度的分析。更多的分析为吹气前后拟序结构的改变。如 Mouloud Haddad 等人[9]进行了槽道湍流中吹气控制的实验，并分析了基本统计量与湍流结构的变化。他们的实验显示随着吹气率的增大，湍流边界层的形状因子 H 也随之增大，使用 Mult_Level 猝发检测显示，猝发事件持续时间在吹气前后并无明显的改变，但是流动的平均猝发频率却明显增大。而 Tardu[10] 研究的为周期性非定常吹气，Tardu 通过相速度分解的方法分析后认为，周期性吹气减阻的关键在于吹气的相位，吹气后近壁面区会产生长达 40 个无量纲长度的再层流化区，正是层流化导致了吹气口下游一段距离内出现减阻现象，但是另一方面，层流流动段处于湍流流动背景中是不稳定的，失稳的层流区会在接下来的流向站位迅速诱导出展向涡，从而导致此区域的增阻现象。随后 Tardu[11] 继续研究了吹气频率与流动控制效果的关系，此次实验使用的为非对称吹气波形，研究发现相对对称波形，非对称吹气波形可以得到更大的减阻效果，减阻效率提升了 40%，非对称的周期性吹气控制具有更好的应用前景。

2 吹气控制实验研究

按照 DRAGY 项目任务安排，分别对微吹气和狭缝吹气两种吹气方式下减阻效果进行了实验研究。为分析不同雷诺数下的减阻效果及机理，本实验给出了两个来流速度的结果。

实验平板简图如图 1 所示，整块实验平板由 9 块光滑木质生态板拼接而成，使用金属支架对木质平板进行支撑，保证整个木板的平整。整块模板长 10.60m，宽 2.0m，厚 0.02m，平板水平固定与风洞试验段距下壁面 450mm 高度处，前缘为圆弧倒角，平板表面十分光滑，有利于对湍流边界层中黏性底层的速度测量。测量站位在距离平板前缘 8800mm 位置，即在吹气区下游位置，来流速度分别为 3.5m/s 和 10.5m/s。

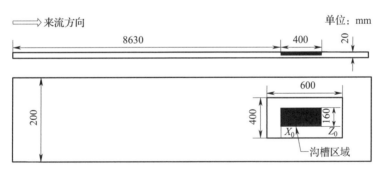

图 1 实验平板简图

不同吹气系数下的湍流边界层平均速度型如图 2 所示。其中左图来流速度为 3.5m/s，右图来流速度为 10.5m/s，黑色点为不吹气时速度曲线，白色点为不同吹气系数下的速度曲线，均用无控状态下的 u_τ 进行无量纲化。两个来流速度下吹气量不变，来流速度为 3.5m/s 时吹气系数分别为 0.00496、0.00744 和 0.00991，来流速度为 10.5m/s 时吹气系数分别为 0.00174、0.00248 和 0.00331，对数律曲线也在图中与无控状态下速度曲线进行了对比，可以看出重合很大，其中 $u^+=2.4\ln y^++5.1$。

如图 2 所示，当不吹气时，两组数据的边界层对数区速度分布符合经典对数律分布。随着吹气系数增加，与不吹气相比，近壁区速度均有所亏损，且亏损量随着吹气系数增大而增大，微吹控制导致来流速度亏损说明了在同一高度吹气后来流速度减小，从而黏性底层的速度梯度减小，使得壁面摩擦阻力减小，从图中还可以看出，虽然两组数据的来流速度不同，但在不同吹气量下速度亏损区基本不变，均在 $y^+<300$ 范围内，吹气前后尾迹区的数据重合，因此本文研究范围主要在边界层内部。

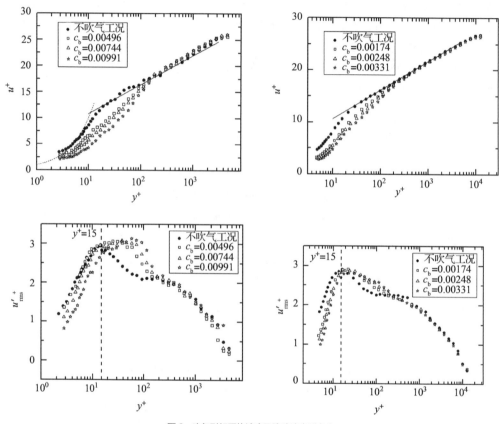

图2　吹气引起平均速度及脉动速度型变化

脉动速度也由无控下的摩擦速度无量纲化。可以看出在近壁区（$y^+<15$ 左右）吹气后的脉动速度有所减小，吹气量越大，减小越多，相反地，在 $y^+>15$ 的区域脉动速度随吹气量增大而增大，在不同来流速度下该变化趋势相同，这种变化趋势与 Kornilov 的研究一致，相当于吹气导致了湍流脉动向远离壁面方向移动。

给出了两个来流速度下黏性底层在不同吹气系数下的速度分布，如图3所示。可以看出，近壁区的速度测点呈明显的线性关系，说明本实验中热线探头已经进入湍流边界层黏性底层，通过线性拟合得到黏性底层中时均速度 U 和壁面高度 y 的斜率，从而计算出减阻。得出的减阻率如图4所示。可以看出，在不同来流速度下，减阻率随吹气系数基本都呈现单调递增变化，由于实验条件限制，吹气量最大只能达到 $0.0739\mathrm{kg}/(\mathrm{s}\cdot\mathrm{m}^2)$，若继续增大吹气量，根据其线性变化趋势可推测出可以达到更大的减阻效率。

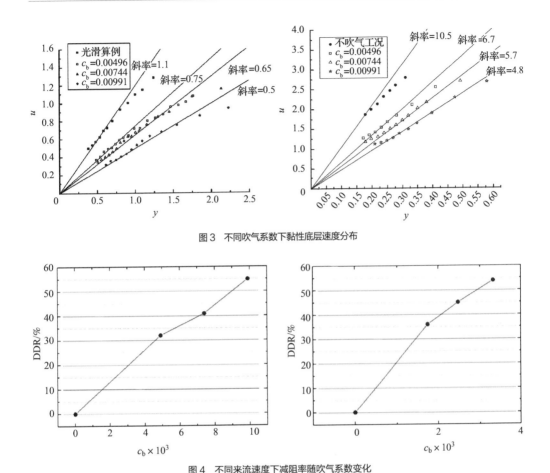

图3 不同吹气系数下黏性底层速度分布

图4 不同来流速度下减阻率随吹气系数变化

能谱曲线反映了不同尺度脉动被激发的程度，也表示不同尺度结构的分布情况，是对流场的能量关于尺度的分布进行细致的刻画。不同雷诺数下吹气前后不同高度位置一维能谱如图5和图6所示。图中实线表示不吹气下的能谱，虚线表示同一法向位置在最大吹气量（两组数据分别为c_b=0.00331和c_b=0.00991）下的能谱图。由于能谱曲线表示的是各尺度的湍流结构的脉动强度，因此能谱曲线高低与脉动速度大小有关，由本文第一小节可知，在近壁区（y^+<15）附近随着吹气系数增大，脉动速度减小，但是在过渡区随着吹气系数增大脉动速度增加，转折点在y^+=15附近，并且吹气影响范围最大不超过y^+<400的区域，因此本文选取了四个典型位置的能谱数据进行分析，分别在近壁区（y^+=8）、过渡区（y^+=15）及两个对数区位置（y^+=70和y^+=400）。可以看出，在近壁区（y^+=8）吹气后的能谱低于无控状态下能谱，说明吹气后湍动能减小，而在对数区（y^+=70）吹气后的能谱高于无控状态下的能谱，说明吹气后湍动能变大，但在y^+=70和y^+=400的位置施加吹气控制前后能谱基本重叠，这是由于微吹控制导致近壁区脉动速度减小，过渡区脉动速度增大，这与前述吹气前后脉动速度变化规律一致。能谱曲线的横坐标为频率，表示的是湍流中各个尺度的流动结构的脉动频率，低频脉动对应大尺度结构，且大尺度结构所含能量较高，因此频率越低说明流动结构越大，对应能谱越大；小尺度结构的脉动频率很高，但是小尺度结构含

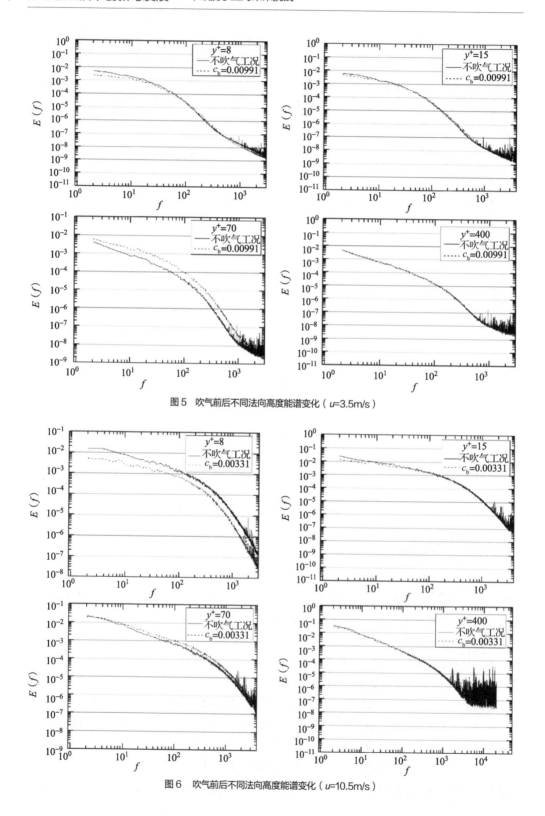

图5　吹气前后不同法向高度能谱变化（u=3.5m/s）

图6　吹气前后不同法向高度能谱变化（u=10.5m/s）

能较小，因此频率越高说明流动结构越小，对应的能谱越小。能谱曲线可以展现出全频率段的流动结构的含能大小，因此可以分析施加微吹控制对整个频率范围的湍流结构所产生的影响。从图中可以看出在近壁区，吹气后整个频率范围内的能谱降低，而能谱的形状与无控状态下无异，特别是它没有特定频率段的变化，如在高频区出现凸起或者凹陷；相反地，在对数区，施加吹气控制后能谱在整个频率范围内都有增大，而能谱的形状同样没有变化，因此从能谱分布的结果来看，施加微吹控制并没有改变湍流结构分布规律，只是整体抬升了平板湍流边界层近壁区的流动结构。

定义湍流结构的三种主要尺度，分别为积分尺度 L_0、剪切尺度 L_s 和耗散尺度 η，现对施加吹气控制前后的三种特征尺度变化进行了分析，图中所有特征尺度均使用摩擦速度和运动黏性系数进行了无量纲化。图 7 和图 8 分别表示不同来流速度下三种特征尺度随无量纲高度变化曲线。其中第一幅图为无控状态下三种特征尺度的变化趋势，可以看出，随着壁面高度的增加，积分尺度、剪切尺度和耗散尺度均有所增加，积分尺度量级最大，耗散尺度量级最小，剪切尺度属于中间量级。到了边界层外区三种尺度均有所减小。其他三幅图分别展示了施加微吹控制后积分尺度、剪切尺度和耗散尺度的变化。当来流速度为 10.5m/s 时，对于积分尺度来说，施加微吹控制明显引起了积分尺度的减小，但减小的程度随着吹气系数增加并无明显规律性；对于剪切尺度来说，施加微吹控制也减小了剪切尺度，并且随着吹气系数增加越多，剪切尺度减小越多，这一点与积分尺度变化不同；对于耗散尺度来说，施加微吹控制也减小了耗散尺度，但是其随吹气系数增加而减小的变化规律也并不明显。当来流速度为 3.5m/s 时，首先来看无控状态下的特征尺度分布，可以发现，相比于 10.5m/s 的来流速度，3.5m/s 的来流速度的湍流积分尺度要小一个量级，剪切尺度两者相差不大，而耗散尺度低速情况下却比高速情况要大一个量级。其他随无量纲高度变化的规律两者也均相同。当来流速度较小时，所产生的平板湍流边界层脉动速度较小，则其所含能量就较小，而积分尺度刻画的就是湍流边界层中大尺度的含能结构，因此当来流速度较小时，积分尺度就较小。而当来流速度较小的时候，其所含能量较小，由湍流的能量级串理论可知，总能量小则无法维持大涡破碎成更小的涡，而是能量会被稍大的涡提前耗散掉，该涡的尺度为耗散尺度，因此来流速度小的时候耗散尺度大。再看施加微吹控制对低速情况下特征尺度带来的影响，由图可以看出，对于积分尺度，微吹控制引起了积分尺度的减小，但和高速情况下相同，随着吹气系数增加，积分尺度减小程度并无规律；对于剪切尺度而言，微吹引起了剪切尺度的减小，并且吹气系数越大，剪切尺度减小越多；对于耗散尺度来说，微吹控制也同样引起了耗散尺度的无规律减小。总体来看，在不同来流速度下施加微吹控制所引起的三种特征尺度变化趋势一致，均有所减小，而且吹气影响范围也均在 $y^+<400$ 范围内，这与前述关于吹气对时均流场、脉动流场及能谱等的影响范围一致。但积分尺度和耗散尺度的减小和吹气系数并无明显规律，这可能是由实验测量误差所引起。总的来说，施加微吹控制会引起湍流结构特征尺度的减小，与前面所介绍的吹气引起的脉动场即能谱变化规律结合来看，可以认为，微吹控制引起了平板湍流边界层近壁区湍流结构的抬升，即将近壁区小尺度结构抬高，从而引起了相同无量纲高度下特征尺度的减小。

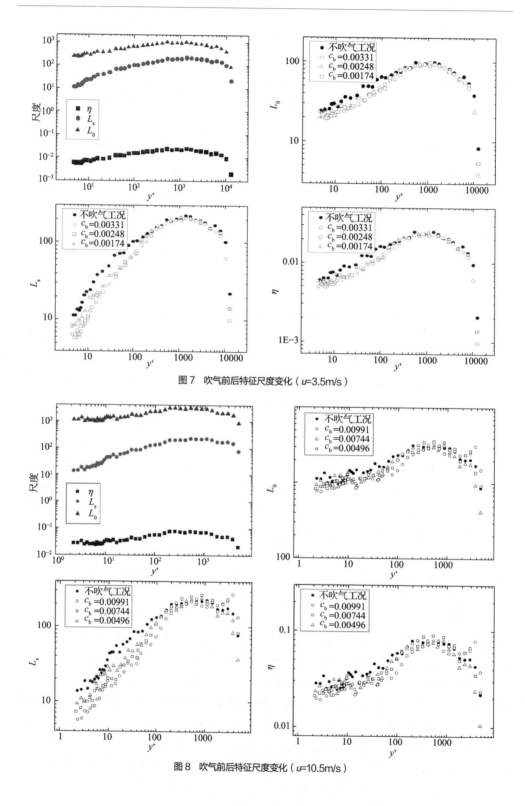

图7 吹气前后特征尺度变化（u=3.5m/s）

图8 吹气前后特征尺度变化（u=10.5m/s）

3 狭缝吹气控制实验研究

狭缝主要位于平板后缘 8600mm 位置，测量站位主要是狭缝后缘 x^+_1=93、x^+_2=187、x^+_3=280、x^+_4=373、x^+_5=467 和 x^+_6=933 等流向位置。狭缝的宽度为 2mm，展向长度为 300mm。狭缝吹气实验是恒定流量，流量为 Q=1.2m³/h。因为狭缝吹气测量位于相逢后缘的平板位置，所以摩擦速度 U_τ 直接通过 Clauser 作图法确定，不需要像沟槽一样虚拟零点。下面分析定常吹气控制对湍流边界层不同流向位置的时均统计量的影响。

图 9 为定常吹气控制下流向 x^+=93、187、280、373、467、933 等位置的平均速度型分布，并与无控时的实验数据进行对比。平均速度型是用平板的摩擦速度进行无量纲化的。对比无控速度型，我们可以看出：①在缓冲区域和黏性底层，有明显的速度亏损效果，这是减阻现象的表现，施加狭缝吹气控制之后近壁区时均速度减小，速度梯度减小，进而壁面的剪切应力减小，达到减阻的目的。②观察流向 6 个站位可以发现控制之后的边界层外区和平板数据的边界层外区基本上完全重合，说明狭缝吹气只影响了平板湍流边界层内区，并未穿透边界层，对湍流边界层外区产生影响。③在靠近狭缝的位置，速度梯度亏损比较明显。随着往后缘发展，在 x^+=467 的位置速度亏损随区域向边界层外区发展。继续向后缘发展，在 x^+=933 的位置控制前后的边界层几乎完全重合，狭缝吹气的

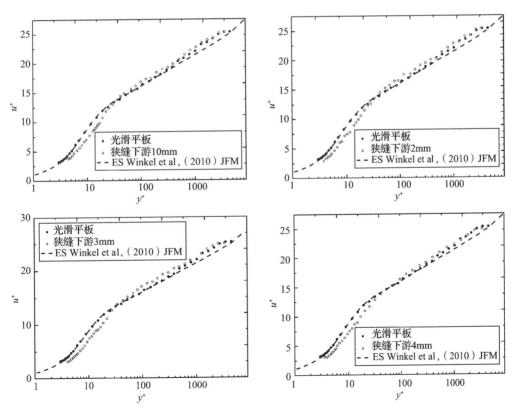

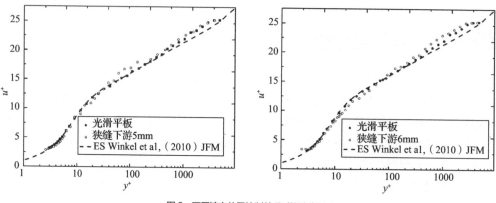

图9 不同流向位置控制前后时均速度型

影响基本消失，在 Park.J[5] 等人的直接数值模拟中也有类似的结果。所以，狭缝吹气控制减小近壁面速度梯度，达到减阻目的。Park.J[5] 等人的直接数值模拟结果也表示吹气使得流向涡结构被抬升，近壁面的拟序结构与壁面的相互作用变弱，抑制近壁区拟序结构的自维持机制，从而达到减阻的目的。

图10为定常吹气控制下流向 x^+=93、187、280、373、467、933 等位置的脉动速度型分布，并与无控时的实验数据进行对比。对比无控脉动速度型，我们可以看出：①在近壁面区域脉动速度减小，随着远离壁面脉动速度增大。说明狭缝吹气使近壁面区域的涡结构抬升，速度梯度减小，同时脉动也有所减小。随着远离壁面，吹气对流场注入能量使脉动速度增大。②从脉动速度型图中还可以看出，离狭缝最近的测量点的最大速度脉动几乎没有增大，说明狭缝吹气的能量流体还没有扩散开来，随着向后缘发展脉动增大。③随着向狭缝后缘不断发展，在 x^+=467 的位置近壁区脉动减小现象减弱，但是最大脉动速度增大现象不变；而在 x^+=933 的位置控制后的脉动速度型与平板湍流脉动速度型基本重合。说明狭缝吹气沿流向的区域大约为1000个壁面单位，这个影响区域可能与吹气率有关。综上所述，狭缝吹气使得流向涡结构托起，导致近壁面区域脉动减小，远离壁面区域脉动增大。

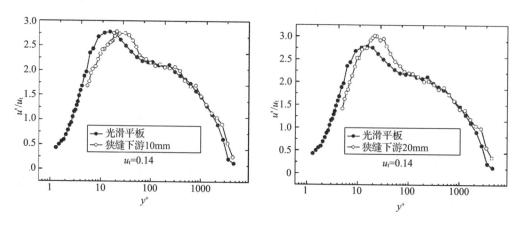

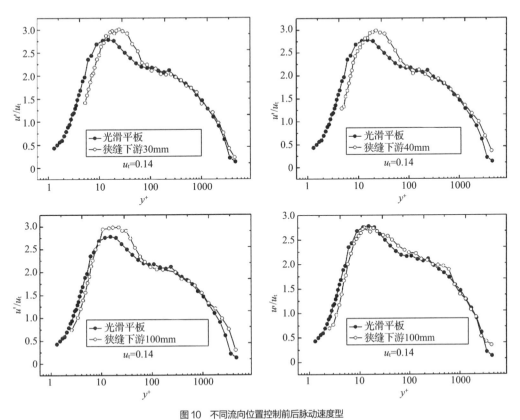

图10 不同流向位置控制前后脉动速度型

4 合成射流阵列控制实验研究

实验用平板由4块亚克力板拼接而成，实验平台总长4m、宽1m，铝合金框架支撑亚克力板使其连接处平整并保证水平。同时为避免壁面效应对流场的影响，平台两侧安装高为20cm的竖直亚克力板以隔绝平板边缘效应。实验平台后缘安装有倾角可调的尾板使平台处于零压力梯度状态，楔形前缘正对来流方向并粘贴宽40mm的金刚砂带及拌线用于人工转捩。坐标系设置为右手坐标系，原点位于前缘线与对称面的交点，x轴沿流向，y轴沿法向，z轴为展向，实验模型如图11所示。

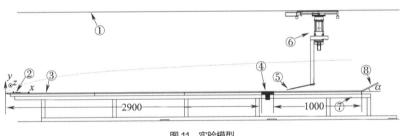

图11 实验模型

合成射流阵列如图 12 所示，阵列盖板长 500mm、宽 100mm，5 个扬声器均匀安装在盖板下，每个扬声器对应两个狭缝出口，狭缝的间距为 42mm，槽缝长 30mm、宽 2mm，激励器狭缝中心到平板前缘的距离为 2950mm，实验中使用热线风速仪测量激励器下游流向及展向共 6 个位置，距离狭缝中心距离 x 分别为 5mm、25mm、50mm。使用距离 x=5mm 不加激励控制的黏性尺度 v/u_τ 做无量纲化（$x^+=xv/u_\tau$），得到对应的无量纲距离 x^+ 为 66、333、666，为方便叙述，将测量点做图 13 中的编号，A 为激励器出口正下游，M 为激励器出口中间位置下游，其中 off 为不开激励器的状态，on 为激励器开启状态。

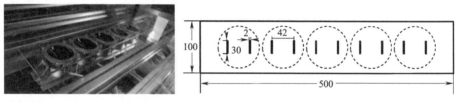

图 12　合成射流阵列布置及出口示意图

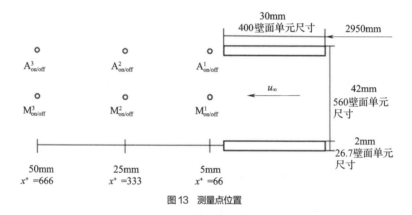

图 13　测量点位置

安装合成射流阵列后，在激励器阵列无控和引入激励后各测量位置的平均速度曲线 y^+–u^+ 对比如图 14 所示，其中实心点为无控状态，空心点为引入激励，虚线为未设置激励器阵列时光滑平板数据曲线，用以对照。

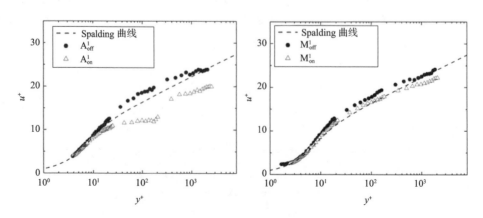

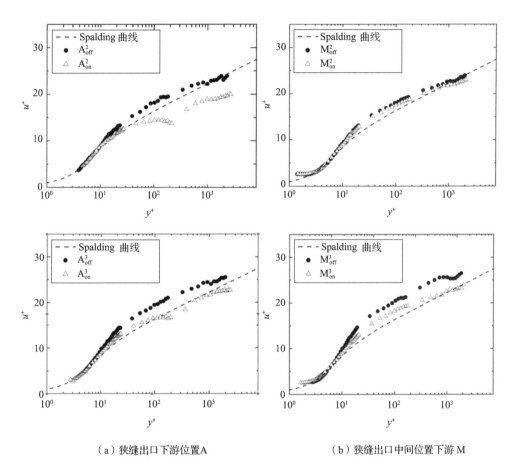

（a）狭缝出口下游位置A　　　　　　　　（b）狭缝出口中间位置下游 M

图14　各测量点的时均速度曲线

对于狭缝出口正下游（A）位置，安装有合成射流激励器后的无控状态，线性区仍然存在，但对数区速度有轻微上升，分析原因为合成射流出口狭缝的存在对流场的干扰，使湍流边界层对数的涡结构下降，高流速区域下移。在引入激励后，边界层的线性区仍符合边界层公式，但在对数区及外区速度明显下降，且在 $y^+ \approx 300$（$y \approx 20\text{mm}$）处出现明显拐点，即此时合成射流的影响主要作用于此区域，并一直延续到边界层外区，合成射流的引入，增加了边界层厚度。

对于狭缝出口中间位置下游（M）平均速度剖面，在施加激励后，对数区速度有所下降，但不出现狭缝下游的拐点位置，说明激励器对狭缝之间的下游影响较弱，且随着下游距离远离狭缝，对数区及外区速度下降更为明显，说明狭缝出口产生的合成射流随着下游距离的增加，影响在展向扩散。

图15为合成射流阵列无控和引入激励后各测量点位置的脉动速度 $y^+\text{-}u_{\text{rms}}^+$ 曲线对比，竖直虚线为 y^+=15 位置，用以对照经典湍流模型。

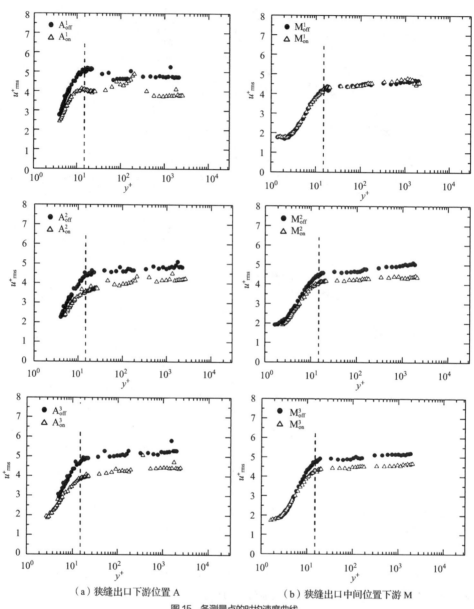

（a）狭缝出口下游位置 A　　　　　（b）狭缝出口中间位置下游 M

图 15　各测量点的时均速度曲线

　　由图可知，对于狭缝出口正下游（A）的脉动速度，不引入合成射流激励，其整体脉动量高于经典湍流，A^1 在 y^+=15 处呈现出一个微弱的峰值，但其余点均未在 y^+=15 处表现出峰值。在对数区，各测量点也没有表现出经典湍流中脉动速度下降的特点，高脉动速度一直延伸到外区。引入合成射流激励后，脉动速度型整体有所下降，但在 $y^+ \approx 300$ 附近表现出局部上升。同样，高脉动速度也一直延伸到外区。对于开槽出口中间位置下游（M）的脉动速度，无控状态下脉动速度仍然表现出上升，且影响到很远的区域。在施加了激励的状态下，脉动速度整体下降，且没有在 $y^+ \approx 300$ 表现出局部上升。

　　激励器狭缝阵列设置后，湍流边界层流场的脉动速度信息不再符合经典湍流，高脉动速度在较大范围内出现，湍流结构边界更加复杂。

　　对于此合成射流阵列，在合成射流激励器阵列安装后，各个测量点无控状态和加激励控制后的近壁区速度 y^+-u^+ 分布如图 16 所示，由图可知，边界层速度分布呈现出较好的线性规律，可对近壁区域的平均速度进行线性拟合，图中的斜线为使用符合线性区特征的数据点拟合得出的线性趋势。合成射流作用前后拟合出的直线斜率不同，表明合成射流具有一定的减阻效果。

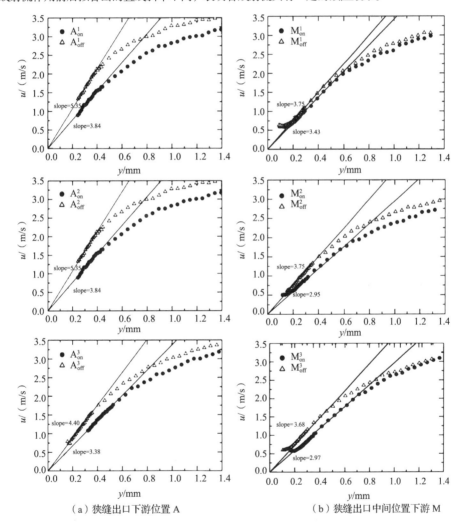

（a）狭缝出口下游位置 A　　　　　　　（b）狭缝出口中间位置下游 M

图16　各个测量点线性区斜率对比

　　从合成射流扰动对平板湍流边界层时均流场的影响可知，合成射流激励具有一定的减阻效果，且显然合成射流是在湍流边界层中引入一个高频周期性扰动。图 17 为最靠近合成射流狭缝出口阵列的测量点 A1，M1 的自相关系数对比，其中实线为无控状态，虚线为施加激励的状态。从图可以看出，A1 引入激励后，出现了周期性结构，且频率为 90Hz，说明激励器的作用在该点 y^+=5 的位置有

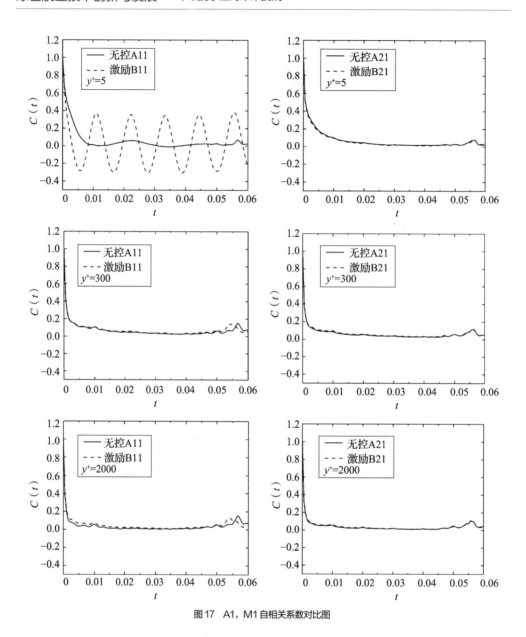

图17 A1，M1自相关系数对比图

明显体现。而在 y^+=300 和 y^+=200 处，自相关系数无明显变化。对于 M1 点，在引入激励前后，y^+=5、y^+=300、y^+=2000 处自相关系数均未出现明显变化。从自相关系数的角度分析，合成射流激励器没有将其作用效果延伸到此位置。

图 18 为 A1，M1 测量点的能谱曲线图，其中实线表示无控状态，虚线表示施加激励的状态。由图可知，A1 引入激励后，在 f=90Hz 处出现了一个明显的峰值，即激励器 90Hz 的作用在 y^+=5 的位置有明显体现。同时激励器的作用使得能谱曲线整体抬高，合成射流激励器有非常强的作用效果。在 y^+=300 和 y^+=2000 处，激励器没有明显改变能谱曲线，也未出现 f=90Hz 的峰值位置。对于 M1 点，

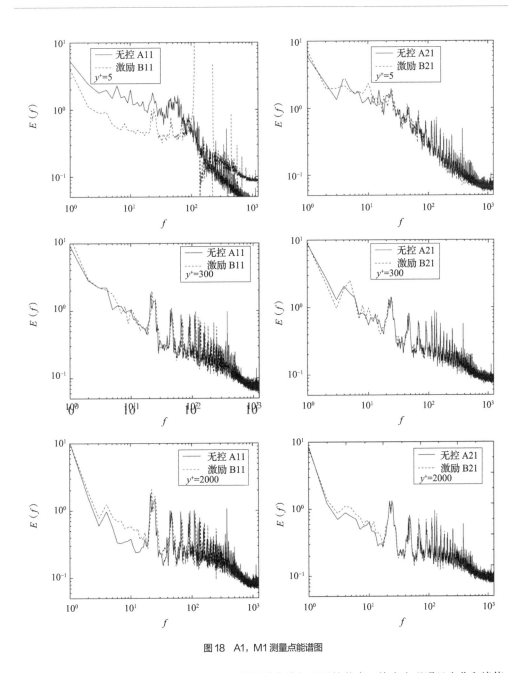

图18　A1，M1测量点能谱图

在引入激励前后，$y^+=5$、$y^+=300$ 和 $y^+=2000$ 处其能谱曲线相比无控状态，均未出现明显变化和峰值。从能谱曲线的变化可看出，激励器的作用主要出现在对数区范围内。

5　结论

（1）施加狭缝吹气控制之后近壁区时均速度减小，速度梯度减小，进而壁面的剪切应力减小，达到减阻的目的。与此同时，狭缝吹气使得流向涡结构托起，导致近壁面区域脉动减小，远离壁面区域脉动增大。

（2）合成射流激励器阵列的狭缝出口设置，会改变湍流流场的部分特性，具体体现为对数区的时均速度和脉动速度上升，即狭缝出口会提高边界层；引入合成射流激励后，湍流边界层内的时均速度和脉动速度分布均有所下降，增厚了黏性底层，使壁面摩擦阻力有所降低。

参 考 文 献

［1］Park Y S, Park S H, Sung H J. Measurement of local forcing on a turbulent boundary layer using PIV［J］. Experiments in fluids, 2003, 34（6）: 697–707.

［2］Sumitani Y, Kasagi N. Direct numerical simulation of turbulent transport with uniform wall injection and suction［J］. Aiaa Journal, 1995, 33（33）: 1220–1228.

［3］Kametani, Yukinori, Fukagata, et al. Direct numerical simulation of spatially developing turbulent boundary layers with uniform blowing or suction［J］. Journal of Fluid Mechanics, 2011, 681（4）: 154–172.

［4］Schoenherr, Ernest K. On the resistance of flat surfaces moving through a fluid［D］. WO, 1999.

［5］Fukagata K, Iwamoto K, Kasagi N. Contribution of Reynolds stress distribution to the skin friction in wall–bounded flows［J］. Physics of Fluids, 2002, 14（11）: L73–L76.

［6］Keirsbulck L, Labraga L, Haddad M. Influence of blowing on the anisotropy of the Reynolds stress tensor in a turbulent channel flow［J］. Experiments in Fluids, 2006, 40（4）: 654–662.

［7］Guo H, Huang Q M, Liu P Q, et al. Influence of localized unsteady ejection on the scaling laws and intermittency in a turbulent boundary layer flow［J］. Experiments in Fluids, 2015, 56（8）: 1–9.

［8］Krogstad P Å, Kourakine A. Some effects of localized injection on the turbulence structure in a boundary layer［J］. Physics of Fluids, 2000, 12（11）: 2990–2999.

［9］Haddad M, Labraga L, Keirsbulck L. Effects of blowing through a porous strip in a turbulent channel flow［J］. Experimental Thermal & Fluid Science, 2007, 31（8）: 1021–1032.

［10］Tardu S F. Active control of near–wall turbulence by local oscillating blowing［J］. Journal of Fluid Mechanics, 2001, 439, 217–253.

［11］Tardu S F, Doche O. Active control of the turbulent drag by a localized periodical blowing dissymmetric in time［J］. Experiments in fluids, 2009, 47（1）: 19–26.

基于流向狭缝阵列的湍流边界层
局部吹／吸气减阻控制研究

余洪洲，唐智礼

南京航空航天大学航空学院，江苏南京 210016

1 研究背景

关于湍流边界层内基于吹／吸气控制的减阻研究已经经历了 20 多年的时间，最早是 1995 年由 NASA 率先开展的。他们对微吹气技术（MBT）的减阻效果进行了测试，在完全发展的湍流区的壁面上设置密集的小孔，通过小孔向流场中吹气，最终发现该方法的最大减阻率超过了 50%[1]。这个结果引起了许多人的重视，于是随后出现了许多关于微吹气技术的研究[2-4]，其研究结果表明，该方法确实具有较好的减阻效果。

不同于微吹气技术的全局吹气控制方式，还有许多关于局部吹／吸气控制的湍流减阻研究，其中最具有代表性的也是研究较多的便是基于展向狭缝的局部吹／吸气控制，即在完全发展的湍流区域设置一条展向狭缝，然后通过狭缝对流场注入气体或者吸出流场中的气体实现对湍流边界层的减阻控制。Sano 等[5] 模拟了基于展向狭缝的定常吹／吸气控制对湍流边界层的影响，发现定常吹气使得狭缝下游的平均阻力下降，但湍流强度和雷诺切应力增强，而定常吸气控制情况下结果恰好相反，其下游平均阻力上升，同时湍流强度和雷诺切应力变弱。Park 等[6] 对基于展向狭缝的局部定常吹／吸气湍流边界层模拟的结果显示，局部定常吹气控制使得狭缝下游阻力和湍流强度均增加，而吸气控制使得狭缝下游阻力和湍流强度均减小。另外，Kim 等[7] 模拟了基于展向狭缝的定常吹气与非定常吹气控制方式对湍流边界层的影响，其结果显示无论是定常吹气还是非定常吹气控制，狭缝附近的阻力均减小，并且定常吹气相较于非定常吹气减阻效果更好。Park 等[8] 对周期吹／吸气减阻控制方法进行了研究，观察到控制区下游的展向涡增加，认为控制区下游阻力下降是由于展向涡对下游流场的干扰引起的。后来，Segawa 等[9] 希望通过对壁面上展向均匀排布的圆孔进行交替吹／吸气来影响湍流边界层，在他们的实验中，最终得到的减阻率达到了 30%。

基于上述讨论不难发现，对于局部吹／吸气控制的湍流减阻研究，尽管人们已经做了许多尝试和研究，但依旧没有一个统一的结论，因此关于这部分的研究有必要继续进行并深入。另外，不同于以往基于展向狭缝或者展向排布的圆孔的吹／吸气控制，本文给出了一种新颖的局部吹／吸气湍流减阻控制方式，该控制方法具有降低湍流阻力的效果，并且目前还较少有关于此湍流减阻控制方法的研究。

2 狭缝吹气数值计算

本文的主要工作是采用直接数值模拟的方法在完全发展的湍流区域设置展向排布的流向狭缝阵列，通过狭缝对流场进行吹/吸气，影响流场下游的湍流流动，从而达到减阻的目的。同时本文以无控制的自由切变湍流边界层的壁面平均阻力为参考，对比研究了不同吹/吸气流量以及不同吹/吸气频率的减阻效果，发现定常吹气方式的减阻效果较好，最大减阻效率在30%左右。最后，本文分析了基于流向狭缝阵列的局部定常吹气控制方式的减阻机理。

2.1 算例验证

为了验证本文计算程序的正确性，对平板湍流边界层进行直接数值模拟，图1给出平板的计算域模型示意图，其中 x 方向为流向，y 方向为法向，z 方向为展向。

算例模拟半无限长平板边界层，来流马赫数 Ma_∞=0.5，基于入口处边界层位移厚度的雷诺数 Re_{δ^*}=1000，具体参数由表1给出。表中 x_{in} 代表计算域入口处与平板前缘的距离，λ_x, λ_z 分别代表流向和展向的T–S波长，L_x, L_y, L_z 分别表示

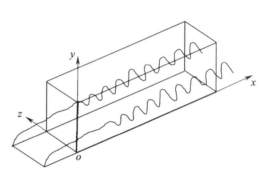

图1 平板边界层计算域

计算域在流向、法向和展向的长度，其中 L_{yin} 和 L_{yout} 分别为计算域入口和出口处的法向高度。本算例中入口处边界层位移厚度 δ_{in}^*=8.046 × 10^{-5}m。

表1 平板边界层模拟流动参数表

M_∞	0.5	A_{2d}	0.03
$Re_{\delta_{in}}$	1000	A_{3d}	0.01
Pr	0.7	λ_x	$21\delta_{in}^*$
x_{in}	$300.79\delta_{in}^*$	λ_z	$11\delta_{in}^*$
T_∞	273K	L_x	$798\delta_{in}^*$
ω	0.114027	L_{yin}	$40\delta_{in}^*$
α_{2d}	$0.2992-5.0959\times10^{-3}i$	L_{yout}	$76.45\delta_{in}^*$
β	±0.5712	L_z	$22\delta_{in}^*$

在充分发展的湍流区域统计一个T–S波周期的平均流向速度，然后再沿展向取平均，得到时间和空间的平均流向速度，接着利用黏性尺度 δ_v 和摩擦速度 u_τ 分别对法向高度 y 和流向平均速度 u 进行无量纲化，得到无量纲平均流向速度 u^+ 和法向无量纲高度 y^+。给出流向位置 x=$750\delta_{in}^*$ 处 u^+ 在 y^+ 的对数坐标下的分布曲线如图2所示，从图中可以看出本文DNS计算出的曲线在黏性底层和对数层分布满足线性率和对数率。

2.2 吹/吸气控制模型

在完全发展的湍流区域设置展向均匀排布的流向狭缝阵列，利用局部吹/吸气控制降低狭缝区域下游的平板壁面摩擦阻力，图3是本文采用的湍流控制模型俯视图。整个平板长度为38个T–S流向波长（$800\delta_{in}^*$），展向长度为两个T–S波展向波长（$22\delta_{in}^*$）。图中流体由左向右发展，在转捩完

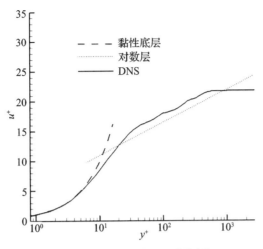

图2 对数坐标下湍流边界层平均速度型

成之后的湍流区域（距离平板入口 $274\delta_{in}^{*}$ 处）设置展向均匀分布的流向狭缝，狭缝长度为 $16.6\delta_{in}^{*}$，宽度为 $0.344\delta_{in}^{*}$，相邻狭缝之间的展向间距为 $3.09\delta_{in}^{*}$。

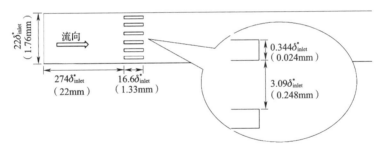

图3 展向均匀分布的流向狭缝阵列控制模型

为了说明本文流向狭缝阵列前缘起始位置处的流动已经转捩完成，有必要给出该位置处的流向无量纲速度 u^{+} 在 y^{+} 的对数坐标下的分布曲线，即图4。可见控制装置所处位置的流向平均速度型曲线已经具备了典型的湍流速度分布特质，曲线在黏性底层具备很好的线性率，同时在对数层也能很好地满足对数率，这充分说明了此处的流动已经发展为湍流。

2.3 壁面非定常吹 / 吸气边界

为了验证非定常吹 / 吸气边界的效果，这里以周期性交替吹 / 吸气作为验证算例，即展向相邻狭缝之间给定的质量流量大小相同、符号相反，两者相位差为 π。给出周期性交替吹 / 吸气的控制参数如表2所示。

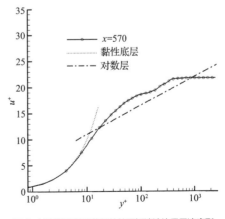

图4 控制装置设置位置处的平板湍流边界层速度型

表 2　壁面周期性交替吹 / 吸气边界控制参数设置

$\dot{m}$	u_w	w_w	T_w
$0.1 \times \sin^{①}$（$2n\pi/1000$）	0	0	0.99
$-0.1 \times \sin$（$2n\pi/1000$）	0	0	0.99

给出引入周期性交替吹 / 吸气边界后相邻狭缝处流动参数随时间的变化曲线如图 5 所示。（a）中两条曲线分别为相邻狭缝边界法向速度随迭代步的变化曲线，其值在 ±0.1 范围内大致呈正弦变化。（b）中两条曲线分别为相邻狭缝边界密度随迭代步的变化曲线，其值在 1 左右准正弦变化。

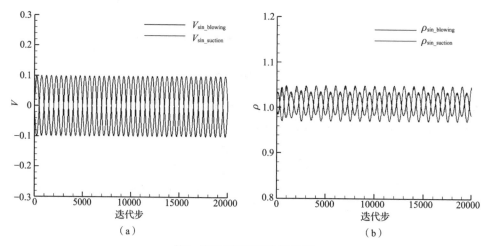

（a）　　　　　　　　　　　　　　（b）

图 5　壁面狭缝非定常吹气流动参数

2.4　定常交替吹 / 吸气（SABS）控制

本节主要讨论基于流向狭缝阵列的定常交替吹 / 吸气（下面简称 SABS）控制的减阻效果以及不同质量流量对减阻效果和控制区域下游流动的影响。SABS 是指展向每个吹 / 吸气狭缝温度相同，相邻狭缝吹 / 吸气方向相反，形成一种展向交替的吹 / 吸气控制方式。表 3 为在湍流区中引入流向狭缝阵列后，选取不同强度质量流量的 SABS 控制下，狭缝处流动参数以及下游减阻率统计表。其中阻力系数的计算，采用以来流值为量纲的变量表示，得到

$$C_f = \frac{2\mu}{Re_{\delta_{in}^*}} \frac{\partial U}{\partial y} \cdot \frac{\partial U}{\partial y}$$

表 3　采用 SABS 控制时流动参数及减阻率

$\dot{m}$	ρ_w	u_w	v_w	w_w	p_w	T_w	DR
0.5	0.98	0	±0.5	0	2.80	0.99	10.1%
0.1	1.01	0	±0.1	0	2.85	0.99	5.4%

---

① 1in（英寸）≈ 2.54cm。

表3（续）

$\dot{m}$	ρ_w	u_w	v_w	w_w	ρ_w	T_w	DR
0.01	1.01	0	±0.01	0	2.85	0.99	4.0%
0.001	1.01	0	±0.001	0	2.84	0.99	3.1%
0	0.97	0	0	0	2.86	1.04	0

图6为不同质量流量SABS控制的壁面平均阻力随流向位置变化的曲线。不难发现，SABS控制使得狭缝区域下游的壁面摩擦阻力降低，其减阻率与狭缝处质量流量成正关系。当质量流量 $\dot{m}=0.5$ 时，控制区域下游减阻率达到10.1%，而质量流量 $\dot{m}=0.1$ 时，减阻效果已经大打折扣，只有5.4%。另外当质量流量 $\dot{m} \leqslant 0.1$ 时（$\dot{m}=0.001$ 和 $\dot{m}=0.01$），减阻率与质量流量几乎保持对数关系（见图7）。

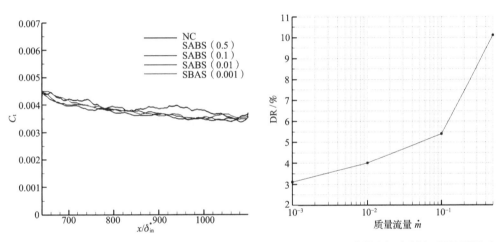

图6 采用SABS时狭缝区域下游平均阻力曲线　　图7 采用SABS控制时减阻率狭缝与质量流量的关系

图8为流向位置 $x=799.2\delta^*_{in}$ 处不同质量流量SABS控制和无控制状态下无量纲平均流向速度 u^+ 随法向无量纲高度 y^+ 的变化曲线。图中SABS在边界层外对应 $u^+ = u/u_\tau = u\sqrt{\rho/\tau_w}$ 增大，平均流速 u 相等，故 τ_w 减小，即阻力下降。对应图7相应流向位置4种不同质量流量均使得当地平均摩阻下降，与速度型曲线结果相符。总体上，SABS控制对黏性底层的影响较小，但会使得流向平均速度在 $y^+>10$ 范围内先增大（$10<y^+<50$）再减小最后再增大（$y^+>300$），其中使得无量纲平均流向速度减小的区域根据质量流量不同其范围也会不同，其范围大小大致上与质量流量成正关系。

进一步地，为了研究SABS控制对流场产生的影响，有必要给出控制区域下游的涡结构显示图。本文采用压力局部极小值方法（λ_2 方法）显示流场涡结构。图9给出了不同质量流量SABS控制的狭缝区域及其下游一段距离内（$x=574\delta^*_{in}\sim730\delta^*_{in}$）的 λ_2 等值面图，图中等值面均选取 $\lambda_2=-0.0002$。图中数字标号对应相同质量流量不同流向位置处的 λ_2 等值面图。"1"对应流向位置为 $x=574\delta^*_{in}\sim591\delta^*_{in}$，"2"对应紧挨着控制装置下游的流向位置 $x=600\delta^*_{in}\sim640\delta^*_{in}$，"3"对应距离控制装置较远的下游位置 $x=690\delta^*_{in}\sim730\delta^*_{in}$。字母标号"a"~"e"分别表示不同质量流量SABS

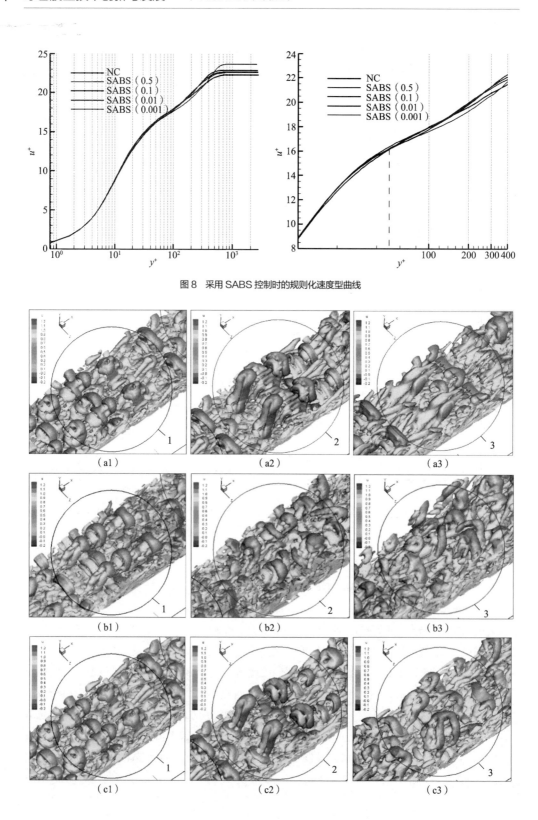

图 8 采用 SABS 控制时的规则化速度型曲线

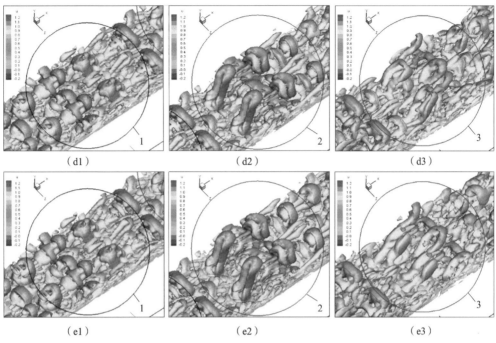

图 9　采用 SABS 控制时不同质量流量对涡结构的影响

对应的涡结构图，依次为 $\dot{m}=0$（无控制）、$\dot{m}=0.5$、$\dot{m}=0.1$、$\dot{m}=0.01$ 和 $\dot{m}=0.001$（比如 a1 对应不加控制情况下流向位置为 $x=574\delta_{in}^{*}\sim591\delta_{in}^{*}$ 的涡结构图，a2 对应无控制情况下流向位置为 $x=600\delta_{in}^{*}\sim640\delta_{in}^{*}$ 的涡结构图，b1 对应质量流量 $\dot{m}=0.5$ 的流向位置涡 $x=574\delta_{in}^{*}\sim591\delta_{in}^{*}$ 处的涡结构图）。图中，SABS 质量流量为 0.5 时的狭缝区域（$x=574\delta_{in}^{*}\sim591\delta_{in}^{*}$）的涡结构与无控制情况相比略有抬升，但是涡结构没有被破坏，依然可以清晰看见涡头和涡腿；而当质量流量取 0.1 或者更小的时候，SABS 无法影响到外层的涡结构，因此 SABS 控制狭缝区域上方的涡结构看不出明显变化。另外，由于质量流量为 0.5 的狭缝区域的涡结构已经受到影响发生了明显的变化，故其下游涡结构相较于无控制状态发生了更加明显的变化，已经几乎看不出同无控制状态下涡结构的相似之处；而对于质量流量为 0.1 或者更小质量流量的控制，其紧挨着控制区的下游（$x=600\delta_{in}^{*}\sim640\delta_{in}^{*}$）涡结构变化依然不明显，其变化主要发生在距离控制区更远的下游（$x=690\delta_{in}^{*}\sim730\delta_{in}^{*}$）。可以看出质量流量较大的 SABS 的涡结构变化相对来说会更加剧烈。概言之，质量流量越大的 SABS 其涡结构变化出现得越提前也越明显；质量流量小的 SABS 控制影响的法向距离较小，其涡结构发生变化的区域出现在更下游的地方，因为其对涡结构的影响是一个持续积累的过程，即随着流动的发展由靠近壁面的底层区域逐渐影响到外层区域。

条带结构是湍流边界层重要的拟序结构之一，其形成主要是由于湍流边界层内上扬下扫运动引起的，其中上扬运动形成低速条带，而下扫运动形成高速条带，可以说条带结构也能从一定程度上反映湍流边界层内的猝发活动。图 10 反映了不同质量流量 SABS 控制对应狭缝区域及其下游一定距离内的条带分布情况。图中条带结构均取自距离壁面法向高度 y^+=20 平面，（a）~（e）分别对应质量流量为 0、0.5、0.1、0.01 和 0.001 的 SABS 控制的条带，方框区域为流向狭缝阵列所在位置。可以看到在不加任何控制情况下，平板法向截面分布的条带是展向对称的，而加上质量流量大于等于来流 10% 的 SABS 控制后，狭缝处条带被扰乱，并且其下游的条带也变得杂乱无序。在 SABS 质量流量小于等于来流 1% 情况下，狭缝处的条带没有受到明显的影响，但是其下游条带依然被扰乱，只是条带被扰乱发生区域并不是紧接着控制区域的，而是与狭缝有一定距离，并且质量流量越小，这个距离就越远。

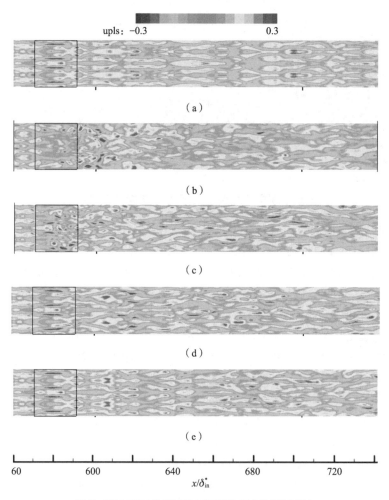

图 10　采用 SABS 控制时不同质量流量对处条带结构的影响

图 11 给出了定常交替吹 / 吸气（SABS）控制和无控制状态下，雷诺切应力与壁面法向距离的关系曲线。从图中可以看到，加入 SABS 控制后，y^+<100 范围内的由流向和法向脉动速度构成的雷诺切应力明显降低，并且狭缝处给定的质量流量越大，对应雷诺切应力项（$-\overline{u'v'}$）的峰值越低。质量流量 $\dot{m}$ ≤ 0.1 的 SABS 控制在 y^+>100 范围内 $-\overline{u'v'}$ 增大，且与质量流量成正关系，而在 y^+>300 范围内

$-\overline{u'v'}$ 减小，且与质量流量成反关系。对于质量流量为 $\dot{m}=0.5$ 时，由于吹气效应太强，$-\overline{u'v'}$ 在 $y^+>100$ 范围内均增大。另外，SABS 控制对应的含有展向脉动速度部分的雷诺切应力项（ $-\overline{u'w'}$ 、$-\overline{v'w'}$ ）发生了明显的变化，展向脉动相对于无控制状态要剧烈得多，并且其变化幅度大致上与质量流量成正关系。总之，根据本文结果显示，SABS 控制会使得边界层内原本相对平静的展向脉动变得剧烈起来，同时可以明显减小 $y^+<100$ 范围内的 $-\overline{u'v'}$，可以有效抑制上扬下扫运动，从而减弱湍流猝发强度，减小由上扬下扫带来的壁面摩擦阻力。

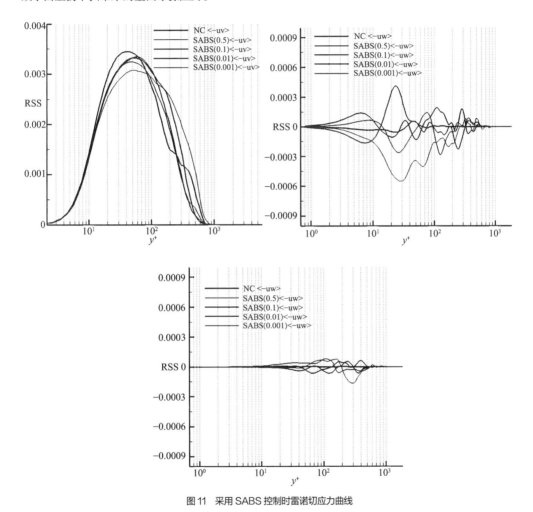

图 11 采用 SABS 控制时雷诺切应力曲线

通过脉动速度均方根，我们可以更直观地看到某一方向脉动速度的变化情况。图 12 为三个方向的脉动速度均方根图。从图中可以明显看到，SABS 控制对应流向脉动速度和法向脉动速度相对于无控制情况明显下降，并且其下降程度与质量流量成正关系，唯一需要特殊说明的是由于质量流量 $\dot{m}=0.5$ 的吹气效应太强，使得 $y^+>100$ 范围内流向和法向脉动速度均增大。不同质量流量的 SABS 控制对于展向脉动速度的影响是一致的，均会使展向脉动明显加剧，且其加剧程度与质量流量成正关系。

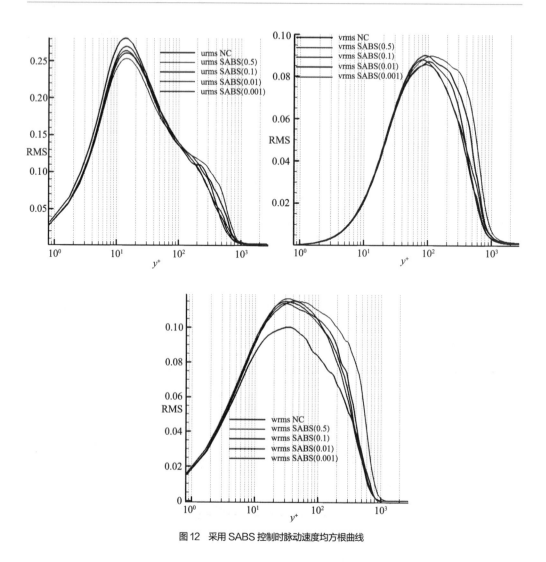

图12 采用 SABS 控制时脉动速度均方根曲线

3 主要结论

基于本文数值模拟结果，对于流向狭缝阵列定常交替吹 / 吸气控制（SABS）方法，给出下列结论：

（1）SABS 控制减阻效果与狭缝处吹吸质量流量有很大关系，质量流量越大（本文最大质量流量取 0.5 倍来流值），减阻效果越好。

（2）SABS 控制质量流量比较大时（如本文选取来流值的 50%），狭缝区域及其下游的涡结构发生明显变化，涡结构对称性遭到破坏；质量流量较小时（小于等于来流值 10%），涡结构受到的影响没有即刻表现出来，但是其下游可以观察到涡结构的明显变化。

（3）由于条带结构是流向涡运动留下的"轨迹"，因此其变化情况基本与涡结构相对应。SABS 控制狭缝处给定的质量流量较大时（大于来流值 10%），其下游的条带变得杂乱无序，失去对称性；

对于质量流量较小情况，狭缝附近的条带没有受到明显的影响，但是其下游条带依然被扰乱，只是被扰乱发生区域与狭缝有一定距离，并且质量流量越小，这个距离就越远。

（4）SABS 控制使得 $y^+<100$ 范围内雷诺切应力项 $-\overline{u'v'}$ 明显减小，与此同时会使得边界层内原本相对平静的展向脉动变得剧烈许多。SABS 控制可以有效抑制上扬下扫运动，从而减弱湍流猝发强度，减小湍流边界层内上扬下扫运动带来的壁面高摩阻。

参 考 文 献

［1］Hwang D. Review of Research into the Concept of the Micro-blowing Technique for Turbulent Skin Friction Reduction ［J］. Progress in Aerospace Sciences，2004，40（8）：559-575.

［2］Hwang D. A Proof of Concept Experiment for Reducing Skin Friction by Using a Micro-blowing Technique ［J］. AIAA Meeting Papers，1997：546-557.

［3］Kornilov V I，Boiko A V. Efficiency of Air Micro-blowing Through Microperforated Wall for Flat Plate Drag Reduction ［J］. AIAA Journal，2015，50（3）：724-732.

［4］Hwang D，Biesiadny T. Experimental Evaluation of Penalty Associated with Micro-blowing for Reducing Skin Friction ［J］. AIAA Meeting Papers，1997：677-686.

［5］Sano M，Hirayama N. Turbulent Boundary Layers with Injection and Suction Through a Slit. I-Mean and Turbulence Characteristics ［J］. Jsme International Journal，1985，28：807-814.

［6］Park J，Choi H. Effects of Uniform Blowing or Suction from a Spanwise slot on a turbulent boundary layer flow ［J］. Physics of Fluids，1999，11（10）：3095-3105.

［7］Kim K，Sung H J. Effects of Periodic Blowing from Spanwise Slot on a Turbulent Boundary Layer ［J］. AIAA Journal，2003，41（10）：1916-1924.

［8］Park Y S，Park S H，Sung H J. Influence of Periodic Blowing and Suction on a Turbulent Boundary Layer ［J］. Journal of the Korean Society of Visualization，2003. 1（1）：64-74.

［9］Segawa T，Li F C，Yoshida H，Murakami K，et al. Spanwise Oscillating Excitation for Turbulence Drag Reduction Using Alternative Suction and Blowing ［J］. AIAA Meeting Papers，2005：488-501.

等离子体控制湍流边界层减阻技术实验研究

高超[1]，武斌[1]，周超[2]

1. 西北工业大学航空学院，陕西西安 710072
2. 北京大学工学院，北京 100871

1 研究背景

近些年，随着等离子体流动控制技术的发展，其在减少湍流边界层摩擦阻力方面表现出了巨大的潜力。其作为一个比较新的流动控制概念，有着部件简单、设置灵活、控制方式多样等特点，得到越来越多的关注。一般而言流体的阻力主要来源于边界层，等离子体激励可以在一定程度上推迟层流到湍流的转捩、改变湍流边界层拟序结构、降低湍流边界层的湍流度，这些措施对于减小流动阻力起到了重要作用，基于近些年等离子体气动激励在减阻方面展现出的巨大潜力[1]。

最早研究大气辉光等离子体放电并应用在流动控制中的是美国田纳西大学 Roth 团队，他们发现了等离子在多个流动问题的作用潜力，包括等离子体隐身、等离子体边界层减阻、等离子体边界层转捩控制以及等离子体除冰等方面[2, 3]；针对等离子体减阻的研究，Roth 发现等离子激励时可以向边界层内注入静电力引起的动量，从而降低边界层的湍流度，抑制湍流的发展及大尺度涡的生成，达到减小飞行器阻力、消除飞机翼面湍流边界层的负面影响、同时可以抑制气动噪声的目的；Roth 团队还研究了沿平板模型流向布置等离子体激励器和沿平板模型展向布置阵列等离子体激励器对流场的作用区别[4, 5]，相关实验分别在层流边界层、转捩和完全湍流边界层条件下进行；研究发现沿流向布置的对称等离子体激励器放电时，平板模型的阻力会明显增加，而沿展向布置阵列等离子体激励器放电时，平板模型则产生相反的推力；烟流流场及时均速度场的分析也表明，等离子体流动控制的机理是基于体积力引起的涡结构变化和额外的动量输入结果。

Thomas 等基于等离子体气动激励特性，重点关注了飞机起落架降噪和减阻的问题[6]，通过在简化后的起落架模型表面布置多级等离子体激励器并施加定常放电激励，得出了在特定位置加载等离子体激励可以减小起落架引起的阻力，改变旋涡脱落频率，降低气动噪声，同时也发现阻力减小的数值与雷诺数成反比。

阻力主要来源于边界层，推迟层流边界层向湍流边界层的转捩、降低湍流边界层的湍流度等措施都能有效地减小阻力。达姆斯塔特大学的 Duchmann、Kurz 和 Tropea 等，在滑翔机飞行试验 38m/s 的自由来流条件下，应用介质阻挡放电等离子体激励成功推迟了层流边界层向湍流边界层的转捩[7, 8]；激励器布置在翼型前缘，当施加等离子体激励诱导体积力进行扰动时，抑制了 T-S 波增长，转捩位置也推迟了 3% 弦长。Tropea 团队进一步地研究中，采用了混合流动控制策略，使激励电参数随着环境湿度、温度及密度自适应变化，成功推迟转捩 5% 弦长[9]。

2 NF-6 高速连续式风洞等离子体流动控制的实验测量平台

该湍流边界层等离子减阻实验平台基于西工大翼型叶栅实验室的 NF-6 高速连续式风洞设计。该风洞是我国第一座增压连续回流式跨声速翼型风洞，通过两台 AV90-2 两级轴流压气机，驱动气流在风洞内高速流动。该轴流压气机由两级动叶和三级静叶组成，压气机入口流量的控制通过调整压气机转速及静叶角度实现。风洞来流马赫数控制范围为 0.15~1.10，同时洞体内的气压可以由外部大型气罐从常压增压至 0.55×10^5Pa，以此来实现雷诺数的精确控制。风洞的二维试验段可用于翼型静态实验和动态实验，尺寸为 800mm × 400 mm × 3000mm（高 × 宽 × 长），实验段中尾耙安装在翼型的下游，距离翼型后缘 245mm 处。风洞试验段在全部马赫数下的流场品质达到国军标先进指标。NF-6 风洞的整体结构如图 1 和图 2 所示。

为了满足高速风洞试验要求，研究等离子体激励对翼型表面不同位置减阻的控制效果，采用了三层聚酰亚胺膜绝缘后的全钢制 NACA0012 翼型，模型弦长 c=200mm，展长 l=400mm，根据等离子体激励器布置方式的不同，分别沿翼型展向布置了多组激励器模型，在激励器后方布置柔性热膜微机电传感器来实现对模型上表面摩擦阻力的测量，具体结构如图 3 所示。

根据实验需求在聚酰亚胺膜绝缘后的全钢制 NACA0012 翼型上表面弦长 5%~40% 的位置，沿展向布置了 2~6 组等离子体激励器。激励器的电极由两个 3M1181 型铜箔胶带制作而成，裸露电极宽度为 2mm，隐藏电极宽度为 4mm，电极间距为 0mm，电极厚度为 0.04mm。在翼型表面安装完隐藏电极后，选择了 5 层 Kapton 绝缘胶带作为介电层包裹整个翼型，然后在介电层表面安装暴露电极，5 层 Kapton 的厚度为 0.2mm，介电层耐击穿电压大于 20kV。在翼型的弦向，电极布置的有效放电长度为 60mm，翼型实验模型如图 4 所示。同时为了保证翼型实验在湍流环境下完成，在翼型弦长 1%~2% 的位置，布置了一组宽为 2mm 的精钢砂粗糙带使其整个贯穿翼型的展长，保证流动的二维性。

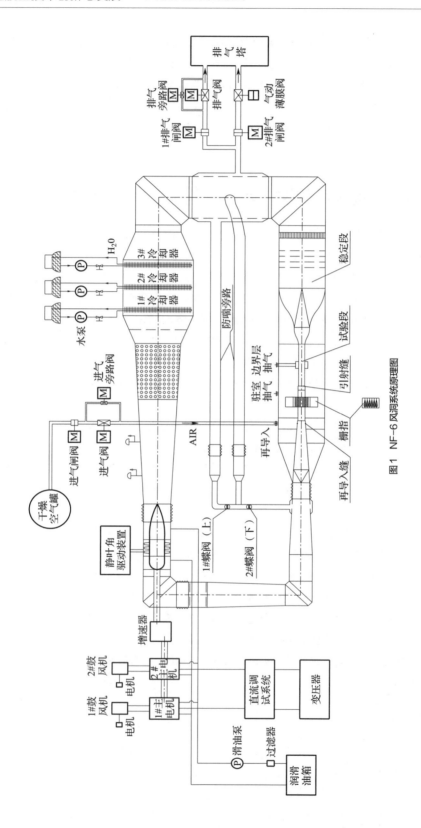

图1 NF-6风洞系统原理图

图2 NF-6 风洞的整体结构

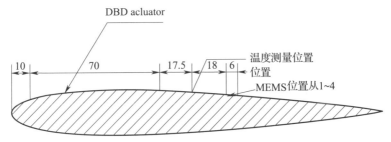

图3 NACA0012 翼型实验模型结构

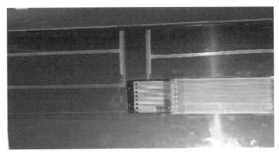

图4 NACA0012 翼型实验模型结构

3 两种等离子体激励器流动测试实验

3.1 双级 DBD 激励器翼型模实验（展长方向，弦长 5%~40% 布置）

双级等离子体激励器沿展长方向安装在聚酰亚胺膜绝缘后的全钢制 NACA0012 翼型上表面弦长 5%~40% 的位置，具体结构如图5 所示。裸露电极宽度为2mm，隐藏电极宽度为4mm，电极间距为0mm，电极厚度为0.04mm。在翼型的弦向，电极布置的有效放电长度为60mm，两组激励器之间的间距为40mm，其在实验段内的安装情况如图6 所示。

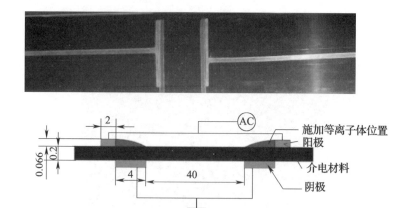

图 5　模型上的等离子体激励器结构

图 6　模型在风洞试验段内的安装

如图 7 所示，当激励器加载高频高压电时，隐藏电极上方空气被瞬间电离，产生等离子辉光放电，并且诱导出沿展向传播的射流或诱导涡。对于激励区域后方模型上表面摩擦阻力的测量，通过布置柔性热膜切应力微机电传感器来实现，传感器采用阵列结构的热膜切应力传感器，如图 8 所示。由于放电会产生一定的热量，所以在激励区域后方 17.5mm 处，安装了相应的温度修正单元，以增加表面摩擦阻力测量的可靠性。距离激励区域最近的传感器测量位置位于其后方 41.5mm 处，每个传感器间隔 6mm，依次沿弦长方向排开。

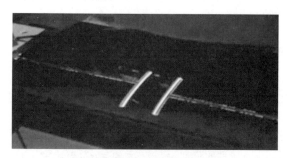

图 7　双级激励器在模型表面放电情况

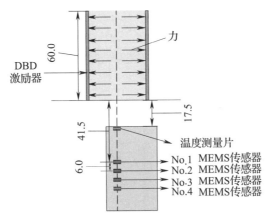

图 8 柔性热膜传感器的安装结构

等离子体产生的热量引起的温度变化会对热膜传感器测量敏感单元的电阻值产生干扰，引起测量误差，需要对传感器温度干扰进行修正。在恒流式测量中，热膜传感器输出电压信号 E_w 与切应力 τ 成反比关系，如下式

$$E_W = \left(1 + \frac{\dfrac{I^2 R_{20} \alpha_{20}}{B}}{\dfrac{A - I^2 R_{20} \alpha_{20}}{B} + \tau^n}\right) I R_\alpha$$

修正温度时，把传感器输出电压 E_w 换算到以 21℃ 为参照温度的输出电压 E_{21}，即

$$E_w = E_{wr} \left[1 + \alpha_{ar} \left(T_a - T_{ar}\right)\right]$$

图 9 是不同脉冲放电频率下，温度修正单元测量得到的激励前后温度差 ΔT 随来流马赫数 Ma 的变化，等离子体产生的温度差 $\Delta T = T_{plasma\,on} - T_{plasma\,off}$。

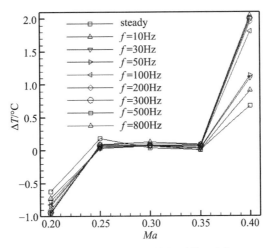

图 9 不同脉冲放电频率马赫数的温度差 ΔT 变化

测量时分别选取了距离激励区域 Δx=35.5mm，41.5mm，47.5mm，53.5mm 的 4 个位置，分别测量加载等离子体激励时，该处翼型表面的切应力大小，如图 10 所示。实验测量结果表明，随着等离子体放电脉冲频率的增加，减阻效果逐渐变好；但随着传感器与激励器之间的距离 Δx 增加，减阻效果并没有呈现规律性变化。

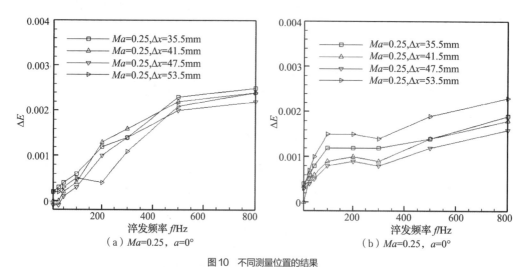

（a）Ma=0.25，a=0° （b）Ma=0.25，a=0°

图 10 不同测量位置的结果

3.2 多级 DBD 激励器翼型模实验（展长方向，弦长 5%~40% 布置）

多级等离子体激励器沿展长方向安装在聚酰亚胺膜绝缘后的全钢制 NACA0012 翼型上表面弦长 5%~40% 的位置，结构如图 11 所示。裸露电极宽度为 2mm，隐藏电极宽度为 4mm，电极间距为 0mm，电极厚度为 0.04mm。在翼型的弦向，电极布置的有效放电长度为 60mm，6 组激励器之间的间距为 10mm，实验段内的安装情况如图 12 所示。

图 11 多级模型等离子体激励器布置

如图 13 所示，加载高频高压电时，隐藏电极上方产生等离子辉光放电，诱导出沿展向传播的射流或诱导涡。对于激励区域后方模型上表面摩擦阻力的测量，通过布置柔性热膜剪切应力微机电传感器来实现，传感器具体位置如图 14 所示。由于放电会产生一定的热量，所以在激励区域后方 10mm 处，布置了相应的温度修正单元。设定翼型模型中线为展长 z 方向坐标原点，翼型最前沿为弦

图 12　多级模型在风洞试验段内的安装

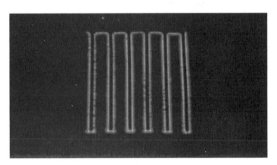

图 13　多级激励器在模型表面放电情况

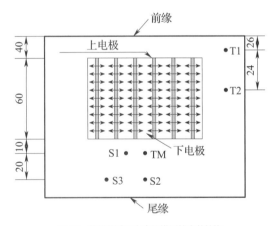

图 14　热膜传感器在多级模型的安装结构

长 x 方向坐标原点。温度传感器 TM 布置在 $x/c=55\%$，$z/c=0$ 的位置，选取的三个切应力传感器为 S1、S2、S3，S1 测量位置为：$x/c=55\%$，$z/c=-5\%$；S2 测量位置为：$x/c=65\%$，$z/c=0\%$；S3 测量位置为：$x/c=65\%$，$z/c=-10\%$。同时设置了两个传感器 T1 和 T2 来验证实验环境是完全发展的湍流边界层，T1 位置为 $x/c=13\%$，$z/c=50\%$，T2 位置为 $x/c=25\%$，$z/c=50\%$。

完成了在高速条件（$Ma=0.3\sim0.5$）下，采用流体壁面切应力测试仪及其配套的柔性热膜微机电传感器，研究展向 DBD 等离子体激励器对湍流边界层控制效果，并研究电压和脉冲频率对控制效果的影响。结果表明在不同激励电参数条件下，激励器下游 30mm 处切应力传感器测量得到的切应力变化不同。

（1）随着脉冲频率的增加，切应力变大，减阻效果变差。表 1 和图 15 给出 V_{p-p}=8.0kV 时，减阻效果随脉冲频率的变化。

表 1 减阻效果随脉冲频率的变化

放电状态	Ma=0.3	Ma=0.4	Ma=0.5
10	-0.0815	-0.1680	-0.1319
30	-0.0840	-0.1537	-0.1353
50	-0.0808	-0.1490	-0.1196
70	-0.0741	-0.1378	-0.1319
100	-0.1014	-0.1275	-0.1266
200	-0.1303	-0.1400	-0.1301
300	-0.1467	-0.1531	-0.1278
500	-0.1721	-0.1666	-0.1341
800	-0.2339	-0.2125	-0.1789
STEADY	-0.0486	-0.1798	-0.1340

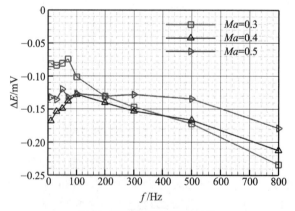

图 15 减阻效果随脉冲频率的变化

（2）随着峰峰电压 V_{p-p} 增大，对减阻效果没有明显影响。表 2 和图 16 给出 Ma=0.4 时，减阻效果随峰峰电压 V_{p-p} 的变化。

表 2　减阻效果随峰峰电压 V_{p-p} 的变化

放电状态	V_{p-p}=6.9kV	V_{p-p}=7.6kV	V_{p-p}=8.0kV
10	−0.1603	−0.0860	−0.1680
30	−0.1609	−0.0959	−0.1537
50	−0.1522	−0.1035	−0.1490
70	−0.1522	−0.1245	−0.1378
100	−0.1475	−0.1047	−0.1275
200	−0.1215	−0.1410	−0.1400
300	−0.1262	−0.1422	−0.1531
500	−0.1475	−0.1437	−0.1666
800	−0.1580	−0.1928	−0.2125
STEADY	−0.2003	−0.1072	−0.1798

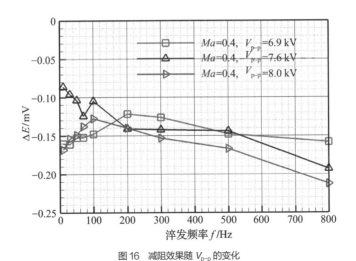

图 16　减阻效果随 V_{p-p} 的变化

4　等离子体发生器的优化设计

等离子体发生器的设计是该项目实验研究的重点，早期研究中已经设计了单电极等离子体发生器并用于实验研究，后期研究中将通过改变交流电源、电极大小等因素设计不同的等离子体发生器，并从中寻优。此外，还可以考虑采用双电极等离子体发生器，以期实现流动控制的最优化。

4.1　双向放电等离子体激励器

双向可控放电的等离子体激励器，包含两个暴露电极和一个隐藏电极。暴露电极布置在前置隐藏电极和后置隐藏电极之间。暴露电极和封装电极的宽度分别为 5mm 和 10mm，它们之间没有留任何间隙，等离子体激励器具体结构如图17所示。介质阻挡层使用了三层3M5413HD型的Kapton聚酰亚胺胶带将隐藏电极与暴露电极隔开，每层厚度为0.07mm，介电击穿电压为7500V。电极的材料为0.04mm厚的3M1181型铜箔，其电极的有效展长与实验平板模型宽度一致，为200mm。由于采用的是双向可控放电的DBD激励器，当在暴露电极和后置隐藏电极之间加载高电压时，沿来流方向将会产生诱导的等离子体射流。相反，若在暴露电极和前置隐藏电极间加载高电压，放电诱导的等离子体射流方向将会与来流方向相反。图18是双向放电等离子体激励器前置隐藏电极和后置隐藏电极同时加载高压放电时的纹影效果图。

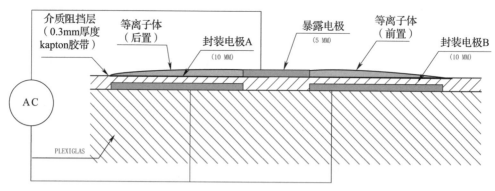

图17　双向介质阻挡放电激励器

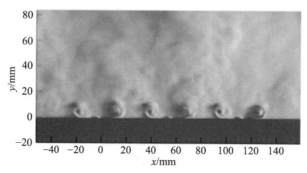

图18　双向放电DBD激励器纹影

4.2　新型丝状暴露电极等离子体激励器

这种新型等离子体激励器由丝状暴露电极、隐藏电极以及绝缘层组成，新型丝状暴露电极采用超细金属丝（如不锈钢、钨、钼、镍铬合金、肽等金属丝），超细金属丝根据不同需要可选取不同直径的金属丝，一般情况下选取直径为0.02~0.3mm的金属丝作为等离子体DBD激励器的暴露电极，如图19所示。

与现有的等离子体激励器相比，新型等离子体DBD激励器放电均匀，几乎不影响模型表面外形。实验中，丝状暴露电极，采用直径为0.08mm镍铬合金丝；介电层选用三层聚酰亚胺薄膜；隐藏电极与传统DBD等离子体激励器下电极相同，采用导电性能良好的铜箔。这种新型等离子体激励器与传统等离子体激励器放电相比，激励器放电更为均匀，未出现丝状放电，其寿命会更长。

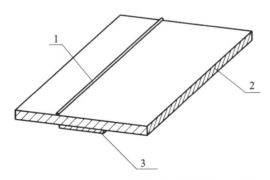

图 19　新型丝状暴露电极介质阻挡等离子体激励器构造示意图

1—丝状金属上电极；2—绝缘介电层；3—金属薄膜下电极

4.3　多级双极性等离子体激励器

双极性等离子体激励器的电极在工作工程中同时充当暴露电极和隐藏电极的角色，进行能量的发射和接受，按照双极性电极的功能特点，定义双极性电极的暴露电极为发射极，隐藏电极为接受极。

图 20 给出了双极性等离子体激励器结构示意图。双极性电极由性能良好的绝缘材料和导电材料组成，电极的尺寸：长、宽、高为 X、Y、Z，根据不同的要求可选取不同的尺寸。双极性电极导电部分的宽度与电极宽度相同为 Y，在电极导电部分前端被厚度为 k、宽度为 y 的绝缘材料覆盖，绝缘材料的厚度 k 与所加电压成正比。被绝缘材料覆盖的部分 y 组成双极性电极的接受极（负极），而裸露的部分 $Y-y$ 组成了双极性电极的发射极（正极）。导电材料选取导电性能优越抗氧化能力强的材料，可选用铬铜或铜钨合金，材料边角为圆滑过渡以防出现尖端放电现象。绝缘材料的材质具有高绝缘性、耐高温并具有较高的抗击穿性能。绝缘材料与金属材料的结合面要黏接牢靠，避免出现黏缝隙。

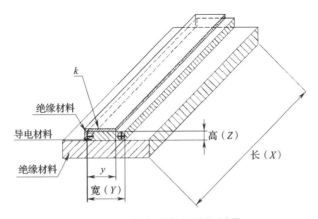

图 20　DBD 等离子体激励器结构示意图

图 21 给出了双极性等离子体激励器的工作示意图。其中，N 级双极性等离子体激励电极按照特定的参数布置于绝缘材料上，高频高压电源的火线和零线施加于第 1 级和最末 1 级电极。当接通电

源时在合适的频率和电压下辉光放电在第1#发射极（正极）和第1#接受极（负极）之间产生，相应地在此时空气被电离产生等离子体，等离子体在电压的作用下向第2级运动，在此过程中带动附近的空气产生了对空气的控制效果。由于等离子体的电学特性，电流由第1级的正极传导至第2级的负极，第2级的负极和正极是内部导通的，此时在第2级的正极和第3极的负极存在电压，同样地放电激励过程再次在第2级的正极和第3级的负极产生。随着等离子体的产生和电流的传播，同样地放电激励过程不断进行直至电量耗散至低于等离子体激发电压。在此过程中每一次的辉光放电不仅是等离子体对大气流动进行控制的过程，它同时也是能量进行传播的过程。由于能量在每个电极对传播时都会有能量消耗，所以这个过程不可能无限制进行下去，当能量不足时，不会继续产生放电。

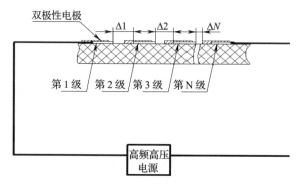

图21 双极性等离子体激励器工作示意图

双极性等离子体激励电极改变了电极作用，更大程度地发挥了等离子体本身的特点。它在放电过程中充分发挥和利用等离子的导电性和流动特性，使单个电极具有了发射等离子体和接受能量的作用，不仅进行了大气的激励作用而且完成了能量的传输。

5 结论

（1）应用等离子体流动控制技术，研究了其在湍流边界层减阻的作用。设计了一种光滑的平板模型以它为实验对象，并在其上布置了双向放电的DBD等离子体激励器。通过恒温热线风速仪测量得到了湍流边界层的速度分布，并基于湍流边界层的Spalding壁面律公式拟合了实验测量边界层速度分布数据，得到了定量的湍流边界层摩擦阻力数值。比较有、无等离子体激励的速度分布，发现施加等离子体激励时，在激励器下游测量位置发生速度亏损，湍流边界层减阻2%~8%，表明DBD等离子体激励可以有效减小湍流边界层内的摩擦阻力。

（2）采用聚酰亚胺膜全钢制翼型模型绝缘化技术、导线多层电磁屏蔽技术，探索出了一套等离子体流动控制在钢制高速风洞中的实验方法。同时，应用柔性微机电切应力传感器，实现了正弦交流电源等离子体激励条件，在来流马赫数为0.2~0.4时，零升迎角的NACA0012翼型表面切应力的测量研究，发现了激励区域下游壁面，局部摩擦阻力减小，总体阻力增加。

（3）等离子体放电激励可以减少下游壁面的当地摩擦阻力并增加了该区域的湍流度。原因可能是放电的等离子体激励器会产生靠壁面的射流或产生不同尺度的诱导涡，通过抬升流向涡减少或抑制壁面结构再生过程，从而抑制了湍流的猝发现象。在等离子体激励扰动之后，包括内层的缓冲层区域和对数层区域在内的近壁面区域，其脉动速度相比无激励时降低。而在对数层之外的区域中，脉动速度则略微增加。壁面附近的脉动速度的降低可能是由壁面附近的逆序结构抬升引起的。而许多减阻的研究表明，逆序结构的抬升会导致逆序结构和壁面的相互作用减弱，这可能是等离子体激励引起激励器下游壁面摩擦阻力减小的一个因素。通过边界层速度场数据拟合，可以得出平板模型湍流边界层的局部区域中布置 DBD 等离子体激励器，减阻率可以达到约 2%~8%。但是实验和计算结果也表明，湍流边界层中不是激励区域后方的所有位置当地摩擦阻力都会降低，在很多区域当地摩擦阻力相反是增加的。同时翼型绕流的仿真结果也说明，积分整个等离子体激励后方的监测区域，发现该区域总的阻力系数增加了 4%~5%。

参 考 文 献

［1］Corke T，Thomas F. Active and passive turbulent boundary-layer drag reduction［J］. AIAA Journal，2018，56（10）：3835-3847.

［2］Roth J，Sherman D，Wilkinson S. Boundary layer flow control with a one atmosphere uniform glow discharge［C］//36th AIAA Aerospace Sciences Meeting and Exhibit，1998：328.

［3］Roth J，Sherman D，Wilkinson S. Electrohydrodynamic flow control with a glow discharge surface plasma［J］. AIAA Journal，2000，38（7）：1166-1172.

［4］Roth J，Madhan R，Yadav M，et al. Flow field measurements of paraelectric，peristaltic，and combined plasma actuators based on the one atmosphere uniform glow discharge plasma［C］//42nd AIAA Aerospace Sciences Meeting and Exhibit，2004，p845.

［5］Roth J，Dai X，Rahel J，et al. The physics and phenomenology of paraelectric one atmosphere uniform glow discharge plasma（OAUGDP）actuators for aerodynamic flow control［C］//43rd AIAA Aerospace Sciences Meeting and Exhibit，2005：781.

［6］Thomas F，Kozlov A，Corke T. Plasma actuators for landing gear noise reduction［C］//11th AIAA/CEAS Aeroacoustics Conference，2005：3010.

［7］Duchmann A，Bernhard S，Philip M，et al. In-flight transition delay with DBD plasma actuators［C］//51st AIAA Aerospace Sciences Meeting including the New Horizons Forum and Aerospace Exposition，2013：900.

［8］Duchmann A，Simon B，Tropea C，et al. Dielectric barrier discharge plasma actuators for in-flight transition delay［J］. AIAA Journal，2014，52（2）：358-367.

［9］Kurz A，Simon B，Tropea C，et al. Active wave cancelation using plasma actuators in flight，AIAA-2014-1249［C］//52nd Aerospace Sciences Meeting，2014：1249.

沟槽减阻流动控制全机外形数值模拟研究

邓一菊, 赵轲, 廉佳

航空工业第一飞机设计研究院, 陕西西安 710089

0 引言

增升减阻一直以来都是飞机设计师的终极目标, 为了实现这一目标, 首先是采用先进的气动布局和对飞机进行精细的气动设计, 由于现有飞机设计技术和飞机布局的日渐成熟, 从设计方面进行减阻和增升日益困难。为了进一步提高飞机的飞行效率, 人们提出和研究了多种基于流动控制方法的减阻措施, 包括层流流动控制、主动流动控制、湍流边界层控制技术等。

沟槽壁面湍流边界层流动控制方法是一种高效、简易的被动流动控制减阻措施, 该技术是沟槽面减阻技术, 是通过在物体表面分布一系列具有一定规则形状、尺寸、排列有序的微型凸起或凹槽以改变边界层近壁区湍流相关结构而达到减阻目的。早在 20 世纪 70、80 年代, NASA 的 Walsh & Weinstein 等[1]就针对沟槽减阻的流动控制机理开展了深入研究, Bechert[2]等进一步开展了相关实验研究, 结果表明 V 形沟槽的减阻效果最高可达 6%~8%, 这对于航空等相关领域无疑是非常具有吸引力的。接着人们进一步开展了 DNS、LES 等数值模拟工作, 进一步揭示了沟槽减阻的微观机制, 推动了该技术的进一步成熟[3]。20 世纪 80 年代, 德国飞机制造商采用沟槽的飞机机身, 使飞机节省燃料 8%; 空中客车公司将 A320 试验机约 70% 的表面积贴上条纹沟槽薄膜, 达到了节油 1%~2% 的效果[4]。

然而迄今为止针对全机等复杂外形的沟槽减阻模拟鲜有研究, 这是由于直接进行沟槽模拟计算量太大, 模拟尺度差异过大, 因此现有方法无法全面地模拟和分析该技术在全机和工程复杂环境的效果, 无法真正地评估该技术的整体效果, 鉴于此本文采用数值方法模拟和研究了沟槽壁面湍流边界层流动控制技术在飞机上的应用。

1 基于 RANS 方法的沟槽模型

高效可靠的沟槽壁面湍流边界层的减阻数值模拟技术是本文研究的基础, 鉴于此采用参考文献[5]计算模型。沟槽的最直接作用是使原始流动的速度型产生偏移, 亦即使得壁面对数律产生一个常数

$$U^+ = \frac{1}{k}\log(y^+) + B - \Delta U^+ \tag{1}$$

式中, 上标 + 表示以壁面变量定义的无量纲量; k 为卡门常数 0.41; 常数 B 是用来测量壁面对速度型

的影响量，对于光滑壁面一般取 5；ΔU^+ 为沟槽导致的速度型的偏移量，研究发现，当 ΔU^+ 取负值时将会使摩阻减小。

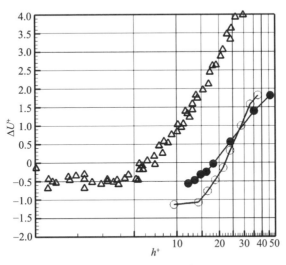

图 1　沟槽对速度型的影响

由于关系式（1）同样也能够反映壁面粗糙度对湍流流动速度型的影响，因此这就为沟槽数值模拟和壁面粗糙度模拟直接建立了紧密的联系。

通常对于 RNAS 方程，一般采用修改湍流模型边界条件来模拟粗糙度，最为知名的是 Wilcox 提出的针对 KW 方程的粗糙度边界条件模型[6]，此模型与 Nikuradse 的试验数据吻合得非常好[7]。Saffman 提出了如下的粗糙度模型[8]

$$\omega = \frac{\rho u_\tau^2}{\mu} - S_R(k_S^+) = \frac{\tau_w}{\mu} - S_R(k_S^+) \tag{2}$$

式中，ρ 为密度；$u_\tau = \sqrt{\tau_w/\rho}$ 为摩擦速度。基于方程（2），Wilcox 根据 Nikuradse 的试验数据提出了如下的粗糙度函数公式

$$S_R = \begin{cases} (50/k_S^+)^2 & k_S^+ < 25 \\ 100/k_S^+ & k_S^+ \geqslant 25 \end{cases} \tag{3}$$

B. Mele 等经过研究分析对比参考文献[9]，提出了如下的沟槽模型

$$S_R = \frac{C_1}{(l_g^+ - C_2)^2 n + C_3} \tag{4}$$

式中，$l_g^+ = \sqrt{A_g^+}$ 为无量纲沟槽尺度；A_g^+ 为无量纲沟槽截面面积，可用于模拟任意外形的沟槽。根据 Mayoral 的研究，l_g^+ 更能反映沟槽的作用。经过数值试验与风洞试验对比标定，式（4）中 $C_1 = 2.5 \times 10^8$，$C_2 = 10.5$，$C_3 = 1.0 \times 10^{-3}$，$n = 3$。对于对称 V 形沟槽，如 Walsh 提到的 3M 公司制造的沟槽，具有如下的换算：

$$s^+ = h^+ = \sqrt{2} l_g^+ \tag{5}$$

2 沟槽模型算例验证

为了验证本文的计算方法，首先对 NACA0012 翼型进行了数值模拟，计算状态为 $Ma=0.1$，$Re=10^6$。图 2 给出了本文计算所采用的网格，网格为 C 形拓扑，共 8 万单元。

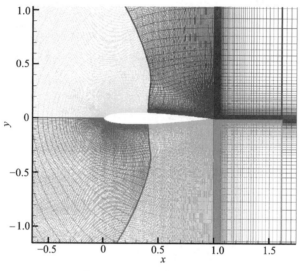

图2 NACA0012 计算所用网格

在参考的实验中[10, 11]，翼型的 12% 到 96% 的弦长位置安装了 3M 公司制造的对称 V 形沟槽，实验中沟槽的高度为 0.152mm，以保证 h^+ 的变化在最优区间（10~14），数值计算采用了与试验完全一致的参数设置。

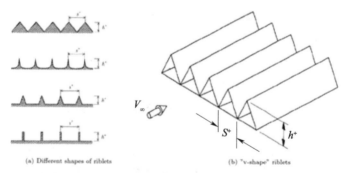

(a) Different shapes of riblets   (b) "v-shape" riblets

图3 V 形沟槽示意图

图 4 给出了整体减阻效果试验和计算结果的对比，可见计算结果趋势与试验一致，同时减阻效果也是非常明显，图 5 给出了摩擦阻力的减阻效果，计算结果介于两组试验之间，表明本文方法能够适用于沟槽减阻流动控制的数值评估。

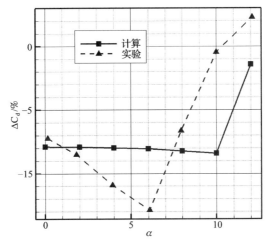

图 4　沟槽减阻数值结果与实验对比

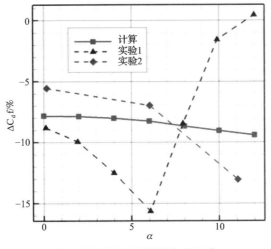

图 5　沟槽减阻摩阻减阻效果与实验对比

3 沟槽减阻整机性能评估

通过前面的工作，我们构建了一个高效可靠的沟槽表面减阻数值模拟平台，参照空中客车 A320 沟槽面减阻布局设计，我们针对 CRM 翼－身－尾组合体标模[12,13]开展了复杂外形沟槽减阻数值模拟，旨在评估沟槽减阻在全机状态下的效能。

根据 CRM 飞机的设计状态，确定了数值模拟的状态，$Ma=0.85$，$Re=35 \times 10^6$，这一计算状态为民航客机的典型飞行状态，属于高雷诺数高马赫数状态，能够如实地反映流动控制的效果。计算参考面积为 383.69m²，参考弦长为 7m，采用半模计算。本次计算在机身、机翼和尾翼上均布置了沟槽，沟槽的无量纲高度为 $l_g^+ = \sqrt{A_g^+} = 10.5$。

图6给出了本文计算分析所采用的计算网格，网格为多块对接结构网格，共计400个网格块，总计1600万网格单元，为了保证附面层计算精度，边界层布置了41个网格点，第一层网格距离为0.001mm，有效地满足高雷诺数计算的 y^+ 要求。

图6　计算网格

首先计算分析了 C_L=0.5 的状态，此状态为设计巡航点，控制前后的气动特性参数对比如表1所示，可见在相同的升力下，飞机阻力下降12counts[①]，下降5%，其中摩阻减小8counts、压阻减小4counts，低头力矩系数增加0.003，几乎不变。

表1　巡航状态控制前后气动参数对比

	C_d	C_{dp}	C_{dv}	C_m
沟槽关闭	0.0227	0.0133	0.0094	−0.043
沟槽开启	0.0215	0.0129	0.0086	−0.046

为了进一步分析沟槽减阻的机理和细节，分析对比了控制前后的飞机表面压力分布和摩阻分布，如图7和图8所示，控制后，压力分布参数没有明显的变化，而摩阻变化比较明显，摩阻量值明显减小，高摩阻区域的面积也减小，这也是沟槽减阻的直接效果。

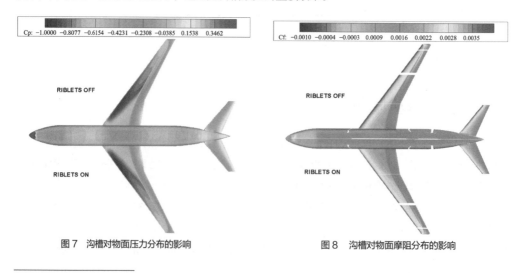

图7　沟槽对物面压力分布的影响　　　　图8　沟槽对物面摩阻分布的影响

---

① 　1counts=0.0001。

最后，我们计算了巡航马赫数下的整体气动特性曲线的影响，如图9~图12所示，沟槽装置可以使飞机升力系数增加，阻力系数减小10counts左右，升阻比提高1个以上，力矩曲线影响很小。可见沟槽减阻的效果是非常明显的，能够大幅提高飞机的气动效率，值得进一步地深入研究和推广。

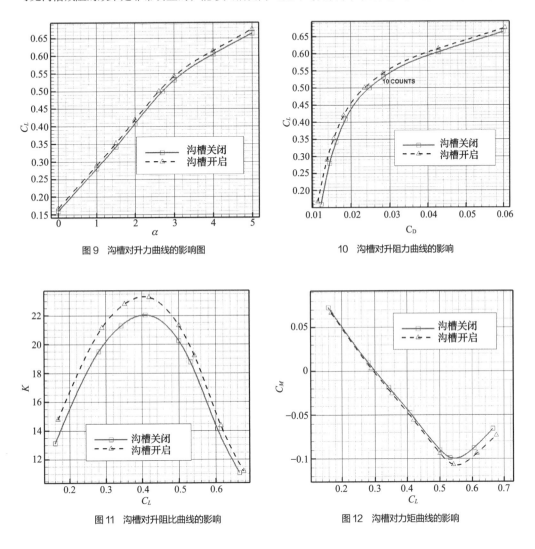

图9　沟槽对升力曲线的影响图　　　　　　　10　沟槽对升阻力曲线的影响

图11　沟槽对升阻比曲线的影响　　　　　　图12　沟槽对力矩曲线的影响

4 结论

采用数值模拟方法研究沟槽对飞机湍流边界层流动控制的作用效果，经过对比验证，表明：

（1）本文建立的数值模拟方法能够有效地模拟沟槽壁面对翼型、飞机流场和气动参数的影响。

（2）本文算例表明沟槽减阻对复杂外形具有很好的减阻效果，升力提高，阻力减小10counts，达到5%，非常具有实用价值，主要减阻机制为减小湍流摩阻，对压力分布几乎没有影响。

（3）下一步工作需要进一步深入研究影响沟槽减阻应用的关键因素，评估其可行性。

参 考 文 献

［1］Walsh M J, Weinstein L M. Drag and heat-transfer characteristics of small longitudinally ribbed surfaces［J］. AIAA Journal, 1979, 17（7）: 770-771.

［2］Bechert D W, Bruse M, Hage W, et al. Experiments on drag-reducing surfaces and their optimization with an adjustable geometry［J］. Journal of fluid mechanics, 1997（338）: 59-87.

［3］Viswanath P R. Aircraft viscous drag reduction using riblets［J］. Progress in Aerospace Sciences, 2002, 38（6-7）: 571-600.

［4］Walsh M J. Viscous drag reduction in boundary layers［J］. Progress in astronautics and aeronautics, 1990（123）: 203-261.

［5］White F M, Corfield I. Viscous fluid flow［M］. New York: McGraw-Hill, 2006.

［6］Wilcox D C. Turbulence modeling for CFD［M］. La Canada, CA: DCW industries, 1998.

［7］Nikuradse J. Laws of flow in rough pipes［M］. Washington: National Advisory Committee for Aeronautics, 1950.

［8］Saffman P G. A model for inhomogeneous turbulent flow［J］. Proceedings of the Royal Society of London. A. Mathematical and Physical Sciences, 1970, 317（1530）: 417-433.

［9］Mele B, Tognaccini R, Catalano P. Performance Assessment of a Transonic Wing-Body Configuration with Riblets Installed［J］. Journal of Aircraft, 2016, 53（1）: 129-140.

［10］Sundaram S, Viswanath P R, Rudrakumar S. Viscous drag reduction using riblets on NACA 0012 airfoil to moderate incidence［J］. AIAA Journal, 1996, 34（4）: 676-682.

［11］Subashchandar N, Rajeev K, Sundaram S. Drag reduction due to riblets on NACA 0012 airfoil at higher angles of attack ［J］. National Aerospace Laboratories Report PD-EA-9504, India, 1995.

［12］Levy D, Laflin K, Vassberg J, et al. Summary of data from the fifth AIAA CFD drag prediction workshop［C］// 51st AIAA Aerospace Sciences Meeting including the New Horizons Forum and Aerospace Exposition, 2013: 46.

［13］Rivers M, Dittberner A. Experimental investigations of the nasa common research model in the nasa langley national transonic facility and nasa ames 11-ft transonic wind tunnel［C］//49th AIAA aerospace sciences meeting including the new horizons forum and aerospace exposition, 2011: 1126.

沟槽流动控制湍流边界层
减阻技术实验研究

郑耀[1]，刘沛清[2]，叶志贤[1]，郭昊[2]，张阳[1]，李玉龙[2]，邹建锋[1]

1. 浙江大学航空航天学院，浙江杭州 310027
2. 北京航空航天大学航空科学与工程学院，北京 100083

1 研究背景

根据 DRAGY 项目任务安排，在沟槽被动控制方面做了一些实验方面的研究，以探索沟槽控制减阻的实际可应用性。对湍流减阻的研究可追溯至 20 世纪 30 年代，直到 60 年代中期，人们认为光滑表面的阻力最小，减阻的主要方式还是减小表面粗糙度。而 20 世纪 70 年代 NASA 兰利研究中心发现具有顺流向微小沟槽的表面能有效地降低壁面摩阻，突破了表面越光滑阻力越小的传统思维方式，沟槽壁面减阻就成为湍流减阻技术中的研究焦点。沟槽壁面减阻是湍流边界层流动控制减阻的内容之一，是通过在光滑表面加工或直接黏附一定尺度的细小沟槽而达到减小湍流阻力的一种技术。NASA 兰利研究中心的 Walsh 等进行的沟槽壁面减阻试验研究指出：无量纲高度与无量纲间距分别小于 25 和 30 的对称 V 形沟槽面有比较好的减阻效果[1-4]。Bacher 和 Smith[5] 通过测量流速分布，利用边界层动量积分公式得到 25% 的减阻效果。采用同样的方法，Gallagher 和 Thomas[6] 的研究结果表明只在沟槽板的后半部分阻力有所减小，但总的阻力几乎不变。Park 和 Wallace[7] 用热线风速仪详细测量了沟槽内的流向速度场，通过对沟槽壁面摩擦切应力的积分，得到了大约 4% 的减阻效果。DW Bechert[8] 对高度可调的细薄肋形沟槽面进行研究并获得 9.9% 的减阻效果，从而认为具有适当高横比的细薄肋形沟槽面才是最佳减阻几何形状。但是由于细薄肋形沟槽制造工艺复杂，大部分针对沟槽面减阻技术的研究仍然集中在传统的对称 V 形沟槽表面上。

沟槽壁面减阻技术也已应用于飞行器、流动驱动设备等方面。如空客公司在 A320 试验机 70% 的表面贴上沟槽面薄膜，获得了节油 1%~2% 的效果；泳衣业制造商澳大利亚 Speedo 公司研制开发的"FAST－SKIN"系列泳衣，可以把水的阻力减少 3%；德国 KSB 泵阀公司在多级泵的叶片表面加工成一定形状的沟槽后综合效率提高了 1.5% 等。

对沟槽壁面减阻技术及其机理的研究已经持续了近 50 年，但由于沟槽尺度较小及测量精度等条件限制，目前还无法获取沟槽表面边界层内的微观流场结构，致使难以发现和验证沟槽表面减阻的微观机理，使学术界对其机理和与影响因素之间相互关系的认识仍存在分歧。Choi[9] 等认为沟槽结构限制了流向涡的展向运动，弱化了壁面湍流猝发的强度和持续时间，从而减少了摩擦阻力。胡海豹[10] 等认为脊状表面黏性底层厚度比光滑表面要厚得多，近壁区的低速条带使得外部高速流体从低速条带上流动，避免了与固体壁面直接接触，导致阻力减小。

目前对于曲形沟槽的减阻研究较少，国外 Peet 和 Sagaut[11]通过大涡模拟，得到了同等条件下正弦形沟槽有 7.4% 减阻效果的结论，与直沟槽 5.4% 的减阻效果相比提升了近 50%。Miki[12]设计了一个 Z 形的沟槽，沟槽的侧向间距呈线性方向扩张和收缩，最终得到了 9% 的最大总减阻率，其中包括表面摩阻减少 23%，而压阻增加 14%。M. Sasamori[13]等利用 PIV 测量正弦形沟槽的减阻效果，得到的最大减阻率为 11.7%。Wolfram 等[14]认为相较于直沟槽，曲形沟槽结构可使边界层底层产生规律的展向运动，类似于平板展向振动对湍流结构的影响，诱导边界层的展向速度分布从无序到有序，使得湍流猝发事件的频率和强度都得以减小，从而达到比直沟槽更好的减阻效果。

2 风洞及实验平板

本实验在浙江大学玉泉校区航空航天学院低湍流度静声风洞中完成，该风洞为开口式风洞，实验段尺寸为 1.2m（宽）×1.2m（高）×3.5m（长），风洞收缩比为 14.8，实验段风速范围为 5~74 m/s，风洞入口安装有 10 层阻尼网，使实验段中心的湍流度保持在 0.04%~0.05%，风洞进出口均设置消声器，扩散段、动力段等都采用消声壁设计以降低工作噪声，风洞图如图 1 所示。

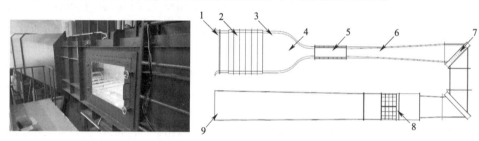

图 1　风洞实验段及结构示意图

1—风洞入口；2—阻尼网；3—稳定段；4—收缩段；5—实验段；6—扩展段；7—转角段；8—动力段；9—风洞出口

平板实验平台由亚克力板搭成，平台的尺寸为：长 4000mm × 宽 1000mm × 厚 8mm。前缘有一定倾角，正对来流方向，并在前缘安装拌线及粗糙带以加快湍流形成，模型迎角为 0°，尾部安装有可调角度斜板以保证上表面压力梯度为零。实验平台模型如图 2 所示。

图 2　风洞测试平板示意图

测试使用的沟槽平板同为亚克力材料，其截面为底 s 和高 h 均为 0.5 mm 的等腰三角形，由数控车床铣削加工而成，共制备了 4 块 50 cm × 50 cm 沟槽平板，分别为直沟槽板一块，波长 λ 为 30 mm、振幅 A 分别为 1mm、2mm、3mm 的正弦形沟槽板三块，如图 3 和表 1 所示。

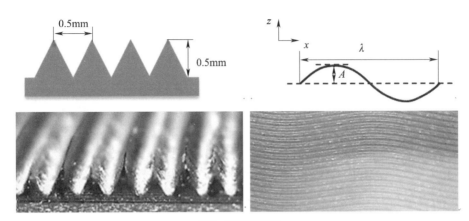

图 3　沟槽平板模型

表 1　测试平板编号

序号	振幅
#1	一（光滑）
#2	一（直沟槽）
#3	1 mm
#4	2 mm
#5	3 mm

实验测量仪器为丹麦 Dantec 公司的恒温热线风速仪，使用探头为 55P15 型一维边界层探头，如图 4 所示。实验中，沟槽槽道沿流向放置，来流速度为 6m/s，热线风速仪的测量位置为沟槽结构板的中心处，距实验平板前缘 275cm，并使用数字式显微镜监控调节热线探头的初始高度，使其保持水平并尽可能接近平板。设定热线风速仪的采集频率为 200kHz，壁面附近以 0.01mm 间隔移动，远离壁面后以 0.05mm、1mm、10mm 的大间隔抬升探头，每个高度位置的采集时间为 60s，即每一个测量点采集 12 000 000 组样本，以降低来流速度波动对平均速度的影响。

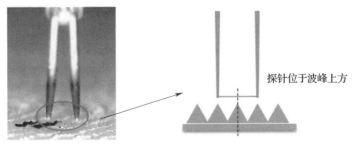

图 4　热线探头测量平板附近速度示意图

3 实验结果及分析

3.1 数据处理

一般认为湍流边界层可分为内区与外区，内区可分为：黏性底层、过渡区（或缓冲区）、和对数律区；边界层外层则分为速度亏损律层和黏性上层。为了比较不同条件下沟槽结构的减阻效果，需要通过热线测量出的不同壁面高度的平均速度分布计算出阻力评价指标。

黏性底层是最靠近壁面的薄层，该层内分子黏性的影响起主导作用，湍流脉动可忽略，流体的黏性应力远大于雷诺应力。设壁面切应力为 τ_w，定义壁面摩擦速度 $u_\tau=\sqrt{\tau_w/\rho}$，使用壁面摩擦速度和流体黏度进行参数的无量纲化，得到距离壁面高度 $y^+=yu_\tau/v$，速度 $u^+=U/u_\tau$，在线性底层中

$$y^+=u^+$$

则存在有下列关系

$$\frac{U}{u_\tau}=\frac{yu_\tau}{v}$$

壁面切应力可表示为

$$\tau_w=\rho u_\tau^2$$

定义减阻率（Drag Reduction Rate，DDR）为

$$\mathrm{DRR}=\frac{\tau-\tau_0}{\tau_0}\times 100\%=\frac{\dfrac{\rho\left(u_\tau^2-u_{\tau0}^2\right)}{v}}{\dfrac{\rho u_{\tau0}^2}{v}}=\frac{k-k_0}{\tau_0}$$

其中，$k=u_\tau^2/v$ 表示湍流边界层黏性底层平均速度随距离壁面的高度所线性变化的斜率，该公式表明减阻率可只由黏性底层速度随高度变化的斜率得出。

各沟槽平板的测量记录见表 2。

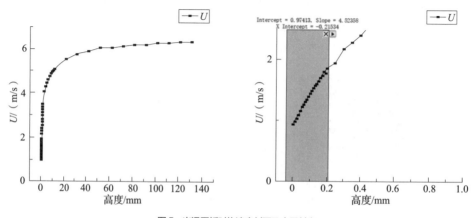

图5　光滑平板时均速度剖面及底层斜率

表2 各平板斜率、壁面摩擦速度、阻力系数、减阻率

平板	k	u_τ	阻力系数	减阻率/%
光滑	5.79890	0.292956857	0.004767984	—
直沟槽	5.21575	0.277836463	0.004288506	10.05622
3mm 曲沟槽	5.49739	0.285239149	0.004520076	5.19943
2mm 曲沟槽	4.93899	0.270364665	0.004060947	14.82885
1mm 曲沟槽	4.42380	0.255875438	0.003637347	23.71312

对比计算结果可以发现，在减阻效果上 1mm 曲形沟槽强于 2mm 曲形沟槽，2mm 曲形沟槽强于直沟槽，而 3mm 曲形沟槽减阻效果最差。利用计算过程中得到的壁面摩擦速度 u_τ，对速度和高度等基本量进行无量纲处理，光滑平板的时均速度剖面如图 6（带空心圆圈的线），可以看到在不同位置，速度与高度满足不同的关系。在黏性底层区，满足线性关系。在对数区，满足对数关系。

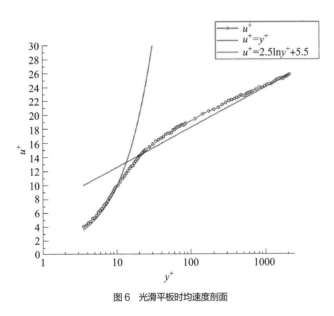

图 6 光滑平板时均速度剖面

用相同的办法得到沟槽平板的时均速度剖面曲线，将横坐标设置为对数形式，将五组平板得到的曲线放在一起对比，如图 7 和图 8 所示。可以看出，减阻效果越好的平板，对数区越高，黏性底层区，也就是线性段的区域越厚。在相同高度处，速度也就越快；在脉动速度型图中，光滑平板与沟槽平板并无太大区别，说明沟槽的存在并不会明显影响脉动速度。

3.2 统计量分析

偏斜因子（Skewness），又称扭率，反应随机变量概率密度函数本身的不确定性；平坦因子（Flatness），反应其随机变量的间歇性。

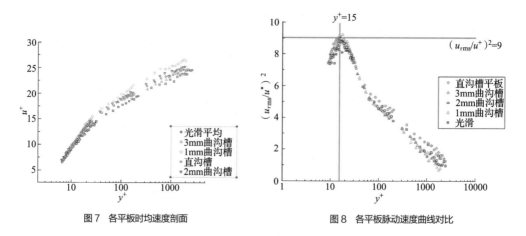

图7　各平板时均速度剖面　　　　　　　　图8　各平板脉动速度曲线对比

偏斜因子为脉动速度的 3 阶统计矩，表示了湍流脉动速度概率密度分布的偏斜程度，充分发展的各项同性湍流速度的概率密度分布为正态分布，则其偏斜因子等于 0，若偏斜因子 $S>0$，说明速度分布向右偏离了正态分布，若偏斜因子 $S<0$，则说明速度分布向左偏离了正态分布

$$S = \frac{<u'^3>}{(<u'^2>)^{3/2}} = \frac{\frac{1}{N}\sum_{i=1}^{N}u_i'^3}{\left(\frac{1}{N}\sum_{i=1}^{N}u_i'^2\right)^{\frac{2}{3}}}$$

平坦因子为脉动速度的 4 阶统计矩，表现了湍流脉动速度的间歇性。平坦因子 K 大于 3，表示湍流速度分布的中间大小的速度概率升高，两边大小的速度概率则下降，即速度的概率密度分布图变瘦和变高了，若平坦因子 $K<3$，则说明湍流速度分布的中间大小的速度概率减小，而分布在两边的速度概率增大，速度的概率密度分布曲线变矮和变胖了。

$$K = \frac{<u'^4>}{(<u'^2>)^2} = \frac{\frac{1}{N}\sum_{i=1}^{N}u_i'^4}{\left(\frac{1}{N}\sum_{i=1}^{N}u_i'^2\right)^2}$$

由于沟槽主要影响的是黏性底层区的流动，因此放大接近平板的黏性底层区的数据。从对比图中，可以看到在近壁区，沟槽平板比光滑平板的偏斜因子大，结果也比较明显。而平坦因子同样是沟槽平板较大，但并不明显（见图 9 和图 10）。

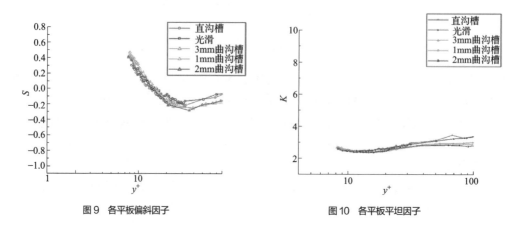

图9　各平板偏斜因子　　　　　　　　　图10　各平板平坦因子

3.3 不同站位流场对比

沟槽测量站位主要是狭缝后缘 x^+_1=280、x^+_2=467、x^+_3=933 和 x^+_4=1400　4 个流向位置。因为探丝宽为 1.25mm，沟槽尺寸为 1.6mm，两者大小相当，所以在沟槽表面测量时，探头并不能进入谷底测量。摩擦速度 u_τ 是通过 Clauser 作图法确定的。因为沟槽装置是无法确定流向速度型的零点位置的，所以拟合 u_τ 时是虚拟了一个零点位置。其实前辈们已经对沟槽有了充分的研究，他们认为沟槽控制的流向速度型的零点不应该是沟底或者尖峰的位置，应该根据沟槽的形状不同拟合出一个虚拟的零点位置。如 Choi 与 Moin 在他们的 DNS 研究中选用壁面摩擦阻力与脉动值峰值无量纲坐标估计出虚拟零点。他们分析指出，要想估计出合理的虚拟零点必须有充足的壁面流场数据，对于实验研究是很难得到沟槽壁面详细的流场数据的。Hooshmand 等使用先拟合标准速度型、再校正黏性底层速度型的方法计算平均速度型，这样的操作十分复杂。Bacher 等直接通过拟合标准速度型，观察其前后的变化，分析控制前后对平板湍流边界层的影响。本文因为实验条件的限制，处理方法同 Bacher 类似，使用平均速度型直接拟合。下面是沟槽控制对湍流边界层不同流向位置的时均统计量的影响。

图 11 为沟槽被动控制前后的不同无量纲形式下的平均速度型。黑色圆点代表无扰动实验数据，其他颜色的圆点表示沟槽控制沿流向的实验结果。控制前后的相关边界层参数如表 3 所示，来流速度统一为 3.5m/s，沟槽沿流向的摩擦速度 u_τ 基本不变，边界层厚度有所增大，但是因为边界层外区数据测量不充足，此变化不是非常肯定。图 11（a）的横坐标为 y/δ，其中 y 为垂直于平板的法向高度，δ 为边界层厚度；纵坐标为 U/U_∞，U_∞ 为来流速度。比较控制前后的边界层外区基本一致，说明沟槽控制对边界外区几乎没有影响，沟槽是通过控制内区流动达到减阻效果的。图 11（b）是用平板的 u_τ 进行横纵坐标的无量纲化的，对比控制前后变化，可以看出在近壁面出现了微小的速度亏损，速度亏损表明了减阻效果：速度亏损意味着距离平板同一高度下时均速度变小，也就是近壁面的速度梯度减小，所以相应的壁面摩擦力减小。从图 11（b）中还可以看出，沿流向沟槽控制的速度亏损基本一致，说明其减阻效果沿流向没有明显变化，也说明测量区域为沟槽控制发展的完全区域。

表 3　控制前后湍流边界层的基本参数对比

流向位置 （x^+）	$U_\infty/$ m·s^{-1}	$u_\tau/$m·s^{-1}	$\delta/$mm	$\delta^*_0/$mm	$\theta_0/$mm	H	Re_τ	Re_θ
平板	3.5	0.140	334	37.88	29.92	1.27	3117	7081
280	3.5	0.131	373	39.59	31.65	1.25	3183	7490
467	3.5	0.131	376	35.06	27.56	1.27	2634	6412
933	3.5	0.130	374	41.54	33.02	1.26	3191	7771
1400	3.5	0.130	377	36.37	28.79	1.26	2910	6852

图 12 为各流向位置控制前后的脉动速度的对比，图 12（a）是用平板的 u_τ 进行横纵坐标的无量纲化的，可以看到，在近壁面区域内脉动速度有明显的减小，而外区没有明显的变化，说明沟槽控制减小了近壁面流向涡的脉动，这种结果与大量的减阻实验有着相似效果。近壁区脉动速度的减小，可能是沟槽的存在抬升了流向涡结构，减小了高速流体对壁面的剪切作用。图 12（b）是用的各组实验自己的 u_τ 进行横纵坐标的无量纲化的，可以看到，在近壁区，速度脉动基本上重合，这说明沟槽的存在并没有改变湍流边界层的统计规律，还是以一个壁面的形式与流体的相互作用。

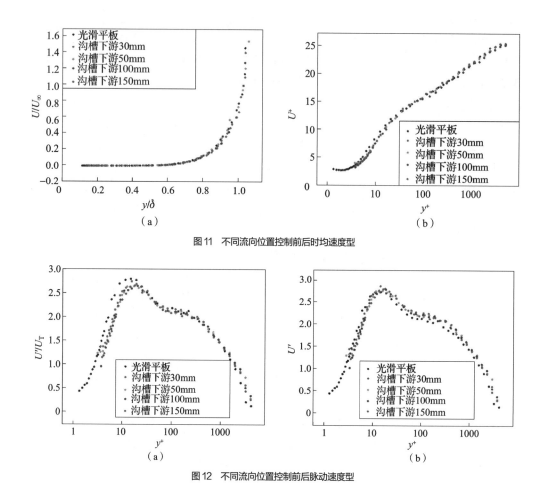

图11 不同流向位置控制前后时均速度型

图12 不同流向位置控制前后脉动速度型

能谱曲线反应了不同尺度脉动被激发的程度，也表示不同尺度结构的分布情况，是对流场的能量关于尺度的分布进行细致的刻画，对自相关函数进行傅里叶变换可以得到速度脉动的能谱曲线。图13为沟槽沿壁面法向方向 y^+=5、y^+=15、y^+=30位置的能谱。图中黑色实线为平板湍流边界层能谱曲线，虚线分别为沟槽控制不同流向位置能谱曲线，比较三个不同位置可以看出在近壁面黏性底层流体能量总体上减少，能量减少集中在中低频频率部分。而在 y^+=15 和 y^+=30 位置，能量分布基本上没有变化。能量在近壁面减小的现象与速度脉动减弱的现象一致，能谱曲线反映了沟槽控制后减小了近壁面的流体的能量，随着远离壁面沟槽控制的作用减小，能量减小作用也逐渐消失。

图14为沟槽控制流向4个站位的偏斜因子和平坦因子与平板做对比，从图中可以看出，在近壁面 y^+<10 的区域，偏斜因子和平坦因子有略微增大，其他区域基本没有影响。与Choi、Moin等通过直接数值模拟的结果相一致，他们指出沟槽减阻控制的高阶统计量只在近壁面（黏性区）有影响，其他区域不受影响。沟槽的存在抑制近壁面脉动速度，减小近壁面速度梯度，使得近壁面流场的各向异性增强，导致偏斜因子和平坦因子增大。

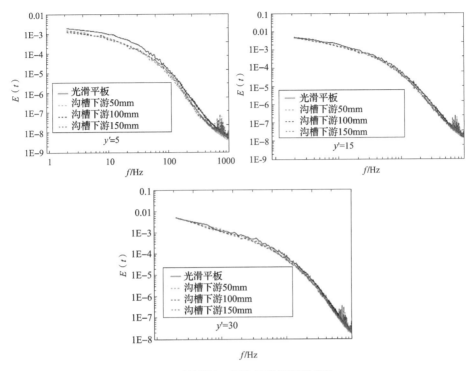

图13 沟槽控制下不同高度下的能谱对比分析

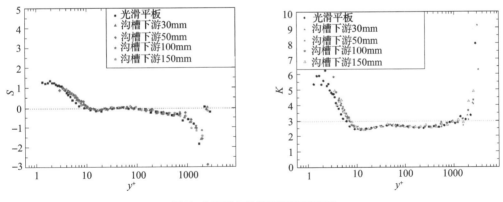

图14 沟槽控制下的偏斜因子和平坦因子

4 沟槽减阻实验结论

通过热线风速仪在风洞中测量了平板湍流边界层内的速度信号,从而探究曲形沟槽对于流动的影响效果,并归纳出以下结论:

(1)沟槽平板能够增加黏性底层的厚度,抬升整体的壁面律,减小阻力。

(2)在合适的几何尺寸下,其他条件相同时,曲形沟槽能够产生比直沟槽更佳的减阻效果,但当沟槽振幅较大时减阻效果下降；曲形沟槽相较于直沟槽，在靠近壁面处有着更小的偏斜因子，更大的平坦因子；曲形沟槽相较于直沟槽，在靠近壁面处，降低了短时间间隔的相关性，而增加了长时间间隔的相关性。在相同高度处，几何尺寸适宜时，带沟槽的平板相较于光滑平板能谱曲线下移，曲形沟槽平板相较于直沟槽平板能谱曲线下移。

（3）沟槽控制对流动的影响非常小，只对边界层内区的黏性底层以及缓冲区有影响，而对边界层的外区基本没有影响。从平均速度型上看，沟槽控制后近壁面有一定的速度亏损，此速度亏损意味着近壁面速度梯度减小，是减阻的有效证明，因为沟槽沿流向是均匀布置的，其减阻效果基本一致。脉动速度型在近壁面脉动速度的减小，也反映了沟槽控制是通过减小近壁面速度脉动造成速度亏损的。

参 考 文 献

［1］Walsh M J. Riblets as a viscous drag reduction technique［J］. AIAA Journal, 1983, 21（4）: 485–486.

［2］Walsh M. Turbulent boundary layer drag reduction using riblets［C］//20th Aerospace Sciences Meeting, 1982: 169.

［3］Walsh M, Lindemann A. Optimization and application of riblets for turbulent drag reduction［C］//22nd Aerospace Sciences Meeting, 1984: 347.

［4］Hefner J N, Bushnell D M, Walsh M J. Research on non–planar wall geometries for turbulence control and skin–friction reduction［J］. 1983.

［5］Bacher E, Smith C. A combined visualization–anemometry study of the turbulent drag reducing mechanisms of triangular micro–groove surface modifications［C］//Shear Flow Control Conference, 1985: 548.

［6］Gallagher J, Thomas A. Turbulent boundary layer characteristics over streamwise grooves［C］//2nd Applied aerodynamics conference, 1984: 2185.

［7］Park S R, Wallace J M. Flow alteration and drag reduction by riblets in a turbulent boundary layer［J］. AIAA Journal, 1994, 32（1）: 31–38.

［8］Berchert D W, Bruse M, Hage W, et al. Experiments on drag reducing surfaces and their optimization with an adjustable geometry［J］. Journal of Fluid Mechanics, 1997, 338: 59–87.

［9］Choi K S. Near–wall structure of a turbulent boundary layer with riblets［J］. Journal of Fluid Mechanics, 1989, 208（6）: 417–458.

［10］胡海豹, 黄桥高, 刘占一, 等. 脊状表面减阻机理研究［J］. 摩擦学学报, 2010, 30（1）: 32–37.

［11］Peet Y, Sagaut P, Charron Y. Turbulent drag reduction using sinusoidal riblets with triangular cross–section［C］//38th Fluid Dynamics Conference and Exhibit, 2008: 3745.

［12］Miki H, Iwamoto K, Murata A. PIV Analysis on a 3–Dimensional Riblet for Drag Reduction［J］. Nihon Kikai Gakkai Ronbunshu B Hen/transactions of the Japan Society of Mechanical Engineers Part B, 2011, 77（782）: 1892–1903.

［13］Sasamori M, Mamori H, Iwamoto K, et al. Experimental study on drag–reduction effect due to sinusoidal riblets in turbulent channel flow［J］. Experiments in Fluids, 2014, 55（10）: 1828.

［14］Kramer F, Grüneberger R, Thiele F, et al. Wavy riblets for turbulent drag reduction［C］//5th Flow Control Conference. 2010: 4583.

［15］Clauser F H. The turbulent boundary layer［M］. Advances in Applied Mechanics, Elsevier, 1956, 4: 1–51.

［16］Kendall A, Koochesfahani M. A method for estimating wall friction in turbulent wall–bounded flows［J］. Experiments in Fluids, 2008, 44（5）: 773–780.

［17］Spalding D B. A single formula for the "Law of the Wall"［J］. Transaction of the ASME Journal of Applied Mechanics, 1961, 28（3）: 455.

［18］章梓雄，董曾南 . 黏性流体力学［M］. 北京：清华大学出版社，1998，352–375.

［19］郭昊 . 非定常吹气扰动对平板湍流边界层影响的实验研究［C］// 中国力学学会流体力学专业委员会 . 第八届全国流体力学学术会议论文摘要集，中国力学学会流体力学专业委员会，2014.

［20］王晋军，兰世隆，苗福友 . 沟槽面湍流边界层减阻特性研究［J］. 中国造船，2001（04）: 4–8.

沟槽控制的湍流平板边界层
流场特性数值分析

郑耀[1]，符松[2]，张阳[1]，王义乾[2]，叶志贤[1]，黄懿[2]，邹建锋[1]

1. 浙江大学航空航天学院，浙江杭州 310027
2. 清华大学航天航空学院，北京 100084

1 研究背景

　　根据 DRAGY 项目任务安排，在沟槽被动控制方面做了数值方面的研究，以探索沟槽减阻控制的可行性。沟槽作为一种被动流动控制技术，在 20 世纪 80 年代便开始登上流动控制的舞台，并且在航空器上进行过飞行试验[1]。NASA 的 Walsh[2-3] 做了大量的开拓性研究。如 Walsh[2] 试验了多种形状下沟槽的流动特性，他发现沟槽的减阻性能与无量纲几何量有关，最优构型为展向宽度无量纲量 s^+=15，且这个值对 Re 的变化并不敏感。Bushnell[4] 进一步研究了压力梯度以及沟槽安装角对沟槽控制的影响，研究发现压力梯度对沟槽的减阻效果有明显的影响，在逆压梯度的环境下沟槽的减阻效果能达到最佳，另一方，安装角确实是一个重要的影响因素，当安装角 θ 为 25°~30°时，沟槽的减阻效果几乎消失，而当安装角为 90°时，沟槽的减阻效果可以到达最大。可见沟槽流动控制的减阻效果受多种因素的影响，而且存在相互耦合，是一个复杂的力学过程。

　　对于沟槽减阻的机理，一般认为存在两种观点，观点一：壁面沟槽结构可以抬升流向涡，从而减弱流向涡与沟槽的作用以达到减阻的目的；观点二：在沟槽流动中湍流的展向流动与流向流动起始位置存在差别，沟槽的存在阻碍了展向流动的展开，抑制了湍流的掺混效果从而产生减阻[5]。对于这两种观点，不同的研究者使用不同的方法进行了研究。Lee[6] 使用流动显示技术进行了一次著名的实验。流动显示发现，当沟槽处于减阻状态时，流向涡处于抬升状态，而当沟槽处于增阻时，流向涡明显掉落到沟槽谷底与壁面产生作用，因此 Lee 认为沟槽的减阻作用在于合适宽度的沟槽可以抬升流向涡，避免流向涡与壁面接触，从而达到减阻的目的。这是对第一种观点的有力支持。而 Choi 等[7] 对流过沟槽表面的湍流进行了 DNS 研究，计算中主要使用了浸没边界法模拟沟槽面，通过计算他们发现，添加沟槽后，湍流的展向脉动的确减弱了，这是第二种观点成立的一个表现。为了澄清争议，Samuel Martin 等[8] 使用 Fluent 商用软件对不同工况进行了大规模的计算，计算时采用大涡模拟计算方法，以求分析出真正的减阻机理。经过计算对比他们发现，展向尺寸 s 越小，沟槽本身对流向涡的抬升作用则越明显，只是由于 s 如果过小，沟槽浸润面积过大才导致减阻不明显。另外，通过改变沟槽宽度 s 与高度 h，在计算中确实发现展向脉动速度 w' 的改变，但是 w' 的改变趋势与沟槽的减阻趋势并不相同，也就意味着展向流动的减弱只是流向涡抬升作用效果的一种表现，而并非减阻机理本身，因此作者更倾向于第一种流动机理的观点。

值得说明的是，沟槽流动控制本身具有仿生的意味。如参考文献［9］通过对鸟的羽毛进行仿生，生产出类似沟槽的机构，取得了 16% 的减阻效果。Samuel 和 Bhushan[8] 也认为沟槽是对鲨鱼皮的一种仿生研究。需要强调的是，无论是鸟的羽毛还是鲨鱼皮，其表面的结构是三维的而非多数沟槽减阻研究的二维形态。因此一些学者尝试着进行了三维沟槽减阻的研究。如 Kramer 等[10] 使用流向为三角函数形的沟槽进行实验，并且将沟槽的这种结构类比于主动控制中的振动壁面。研究改变三角函数的振幅与波长并不比二维沟槽有明显优势，反而在一些工况下出现减阻效率降低的趋势。由此可见三维流动有其特殊的复杂性。最近的研究[11] 也发现，通过对真实鲨鱼皮外形，而非简化的沟槽外形进行直接数值模拟，可以看到比二维沟槽更加强烈的二次流，同时湍流的脉动在某种程度上得到了加强。三维结构流动本身可能是增阻的。这表明真实沟槽表面的流动确实存在极大的复杂性，远非之前认识的那么笼统与简单。

2 沟槽被动控制数值计算

2.1 光滑平板算例验证

在数值计算中，通过求解三维直角坐标系下可压缩 N–S 方程，对空间发展的平板湍流边界层进行直接数值模拟。DNS 求解器采用中国科学院力学所李新亮博士开发的 Hoam–OpenCFD 软件，对流项离散采用 7 阶精度迎风差分格式，扩散项采用 8 阶精度中心差分格式，并在时间项处理上运用三阶 TVD 型龙格 – 库塔方法进行推进。在该算例中，除特别说明外，所有物理量均采用相应自由来流参数（ρ_∞，u_∞，T_∞）进行无量纲化（符号 ∞ 为自由来流），特征长度为 1in。

该基本算例为自由来流马赫数为 0.7，进口雷诺数为 50000/in。整个计算区域由入口和出口边界、一个上边界、一个壁面边界和两个展向边界限定，如图 1 所示。坐标 x、y 和 z 分别对应于流向、壁面法向和展向三个方向。对固体壁面施加无滑移等温条件，即流向速度 $u=0$，法向速度 $v=0$，展向速度 $w=0$，壁面温度 $T_w=1.098$。上边界和出口边界设置为无反射条件，在展向方向上为周期边界条件。三维计算域大小为 $30 \leqslant x \leqslant 42$、$0 \leqslant y \leqslant 0.65$ 和 $0 \leqslant z \leqslant 1.57$。计算网格在 x、z 方向上分

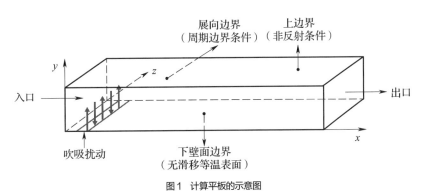

图1 计算平板的示意图

布均匀，网格点数 N_x=1000、N_z=320，且沿着壁面法向方向，网格尺寸呈指数规律增长，以保证壁面附近足够的网格精度。三个方向的壁面网格分辨率分别达到 Δx^+=20.26、Δy_w^+=1.01、Δz^+=10.13，其中 "+" 符号表示以壁面黏性尺度无量纲化（$y^+=yu_\tau/\nu$，u_τ 表示摩擦速度，ν 表示运动黏度）。具体参数列于表 1。

表 1　计算参数

参数	符号	数值
自由来流马赫数	Ma_∞	0.7
自由来流雷诺数	Re_∞	50000
计算域	(x, y, z)	$([30, 42], [0, 0.65], [0, 1.57])$
网格点数	$N_x \times N_y \times N_z$	$1000 \times 100 \times 320$
网格间距	$\Delta x^+ \times \Delta y^+ \times \Delta z^+$	$20.26 \times 1.01 \times 10.13$
壁面温度	T_w	1.098

为了加速层流—湍流转捩过程，在图 1 中靠近进口区域采用局部交替吹吸气（B/S）控制[12]，壁面法向扰动速度分量定义为

$$v(x, z, t) = Au_\infty f(x) g(z) h(t), \quad x_a \leq x \leq x_b$$

式中，$f(x)$、$g(z)$、$h(t)$ 分别表示流向和展向两个方向以及时间控制的函数

$$f(x) = 4\sin\left[2\pi \frac{(x - x_a)}{(x_b - x_a)}\right] \frac{(1 - \cos\theta)}{\sqrt{27}}$$

$$g(z) = \sum_{l=1}^{l_{max}} z_l \sin\left[2\pi l\left(\frac{z}{l_z} + \phi_l\right)\right]$$

$$\sum_{l=1}^{l_{max}} z_l = 1, \quad Z_l = 1.25 Z_{l+1}$$

$$h(t) = \sum_{l=1}^{m_{max}} \sin(\beta t + 2\pi\phi_m) T_m$$

$$\sum_{m=1}^{m_{max}} T_m = 1, \quad T_m = 1.25 T_{m+1}$$

式中，扰动振幅 A 取为 0.12；坐标 x_a 和 x_b 分别是局部吹吸区的起点和终点；l_z 是吹吸区的展向长度；干扰频率 β 为 75000Hz；随机数 ϕ_l 和 ϕ_m 的范围是 0～1。

在气流达到统计平稳状态后，计算时空湍流的统计量。图 2 为 y^+=3.11 的黏性底层中湍流结构的空间分布。虚线框表示带 B/S 的转捩控制区域。需要强调的是，这里 B/S 控制的目的与后面研究的微吹气控制目的不同，这里只是为了加速湍流转捩。三个时刻的法向速度分量 v 在 B/S 区域内周期性演化如图 2 所示。在 B/S 控制下游逐渐出现一些条纹结构，猝发了流动的不稳定，预示着入口层流受到吹吸气扰动正在发生转捩。图 3 显示了 u' 的瞬时能谱沿 x 方向的变化。高、低波数 kx 分别代

表小尺度和大尺度的脉动结构（波长为 $1/kx$）。在 B/S 区域（$x=30\sim32$），由于吹吸气控制（扰动最大幅值 $v_{max}=0.12$）引入了许多大尺度结构，因此低波数扰动（$kx=2,4$）能量占主导部分；随着转捩的发展（$x=32\sim34$），高波数的扰动被激发，小尺度运动逐渐增强；在 $x>34$ 区域，各种尺度的波动结构和能量分量达到相同的量级，最终形成宽带谱。这表明该流动已发展为多尺度湍流边界层流动。

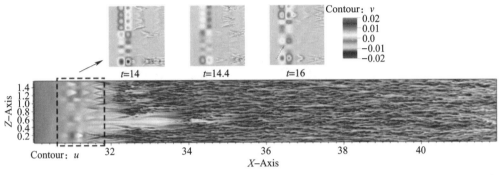

图 2　$y^+=3.11$ 处 x-z 平面的速度云图

　　湍流强度沿壁面法向方向的分布如图 4 所示。在近壁区，流向湍流脉动占主导地位，法向方向的脉动最弱，突出了湍流的各向异性。逐渐远离壁面，各速度分量的均方根值趋于均匀，表明边界层外层湍流的脉动趋于各向同性。当前计算结果与实验数据符合较好[13]，这表明当前的数值方法和计算模型可以准确地预测湍流结构的脉动信息。

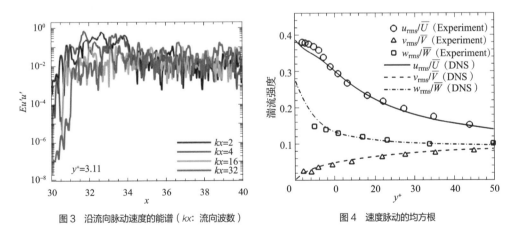

图 3　沿流向脉动速度的能谱（kx: 流向波数）　　　　　图 4　速度脉动的均方根

　　图 5 显示了三个时刻湍流相干结构的演化过程，其特征用速度梯度张量的二阶不变量 Q_2 来表示。由于入口 B/S 扰动，下游开始形成一系列的流向涡和发卡涡结构。在初始阶段，发卡涡流被周围层流包围，因此它们被限制在一个小的局部区域。但由于湍流脉动与周围层流的相互耦合，会使剪切层非常不稳定[14]，因而层流开始失去稳定性，并且在发卡涡流的影响下，流向和展向不稳定区域的面积也在逐渐增加，最终导致了下游区域大面积发卡湍流涡结构的形成，这与 Head & Bandyopadhyay[15] 的流动可视化结果一致。

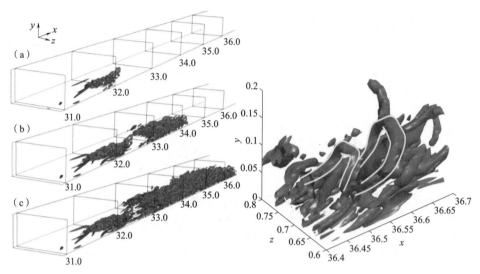

图5　在 t=2.5，5，7.5 时刻 Q_2=10 的涡结构（右图进行了局部放大）

2.2　V 形沟槽仿真

与光滑平板的几何构型一样，在湍流发展区放置展向周期性沟槽，沟槽的形状为等腰 V 形，为了节省计算量，V 形沟槽置于展向中心区域分布，个数为 12 个，且 $h^+ \approx 17$、$s^+ \approx 34$，如图 6 所示。采用光滑平板流动 T=100T_0 时流场解作为沟槽平板的初始解，其他计算条件与光滑平板一样。由于亚声速流动在沟槽起始的凸起位置可能会形成较大的压差阻力，因而沟槽高度在入口处采用抛物线平滑过渡，使得流动能平缓地进入沟槽区域。

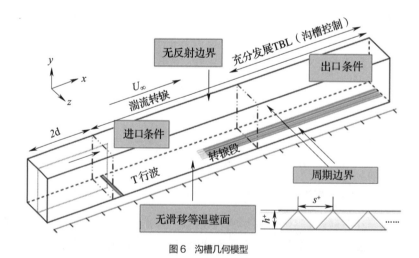

图6　沟槽几何模型

受限于当前计算机水平和经济成本的约束，想要得到高湍流雷诺数的湍流流动十分困难。一方面流动发展的时空尺度要足够长，这使得流动能得到充分发展；另一方面网格精度要足够细小，以至于能捕捉到非常细小的涡结构。与光滑平板算例不同的是，计算域的流向长度增加了 2.5 倍，壁面法向长度也增加为原来的 2 倍，沟槽区域采用局部加密处理，三角形沟槽的每条边上布置 12 个节点，这样总的计算网格规模达到 $2338 \times 160 \times 499$。

如图 7 所示，给出了 $t=33.6$ 时刻 $z=0.65$ 处 $x-y$ 截面的密度分布云图。可以看出在进口处吹 / 吸气扰动使得入口层流开始逐渐转捩。在 $x=6.5 \sim 22$ 是湍流发展区域，随着计算时间推进，湍流得到充分发展。沟槽布置在 $x=22 \sim 26$ 区域，这样空间发展湍流经过沟槽时会产生作用。从直观上看，流动越往下游发展，湍流发展越充分。图 8 中给出了三维流向涡结构的可视化，发卡涡头部从近壁面区抬起离开壁面，进入更高速度的流层，在高速流和剪切流作用下拉伸。由于发卡涡头部的平均流向速度快于发卡涡脚的速度，使得发卡涡在上层高速流作用下进一步拉伸，从而在下游诱导出更多小尺度的发卡涡结构，形成发卡涡串。发卡涡串相互缠绕和扭曲在一块，并随着时空不断地向下游演化。

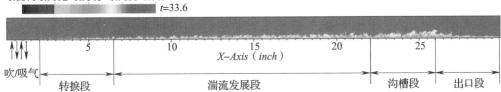

图 7 沟槽控制平板流场密度云图（$x-y$ 平面）

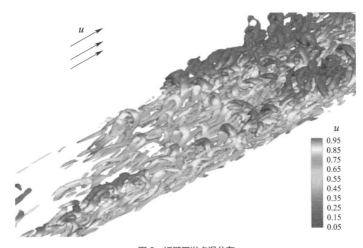

图 8 近壁区发卡涡分布

图 9 给出了沟槽区域流向平均速度的分布曲线，$<x, t>$ 表示同时在流向位置和时间上作平均处理，valley 表示沟槽波谷位置，tip 表示沟槽波峰位置。从图中可以看出，在近壁面区域，流向速度梯度从波谷到波峰逐渐增加，这样使得波谷附近的壁面摩擦阻力减小，而在波峰附近的阻力却增加。在逐渐远离壁面区域（$y/\delta>0.1$），平均流向速度曲线基本重合，但仍有微小差异。在相同 y 位置高度，沟槽波谷位置对应的流向速度最大。同样，图 10 给出了沟槽区域 4 个位置点上的瞬时速度型 u^+-y^+ 分布。图中还给出了光滑平板湍流速度型曲线，用

黑色实线标示。两条虚线分别是对数率：$u^+ = (1/0.41) \ln(y^+) + 0.51$ 和壁面率：$u^+ = y^+$。从图中可以对比看出，在波谷位置，对数区内速度分布被整体抬升，而在波峰位置，其速度分布比光滑平板算例有所下降。这说明并不是整个沟槽结构内所有区域均呈现减阻或增阻的效果，在波谷位置附近仅能起到减阻效果，反而在波峰位置附近壁面摩擦阻力是增大的。

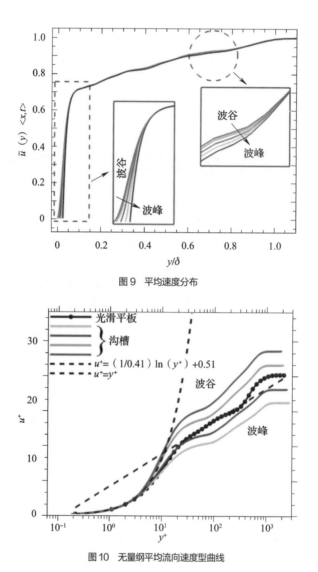

图9　平均速度分布

图10　无量纲平均流向速度型曲线

图11所示为光滑壁面和沟槽壁面区域的摩擦阻力分布云图（上：沟槽算例；下：光滑平板算例）。阻力计算采用壁面速度梯度的形式，所有的物理量均采用来流参数无量纲。红色代表沟槽波峰区域，壁面摩擦阻力相对较大，蓝色代表沟槽波谷位置，阻力较小。而在两者之间的某一区域范围内，其阻力大小与光滑平板算例大致相似。在光滑平板算例中，整个壁表面的阻力分布并不均匀，

而在沟槽算例中，摩擦阻力分布在展向 z 方向呈现周期性条纹状，并朝流向方向有序延伸。通过积分运算，整个沟槽产生的减阻率为 DR=8.26%。

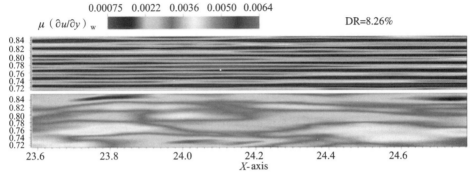

图 11　壁面摩擦阻力分布

图 12 给出了整个流场流向平均速度等值面分布，其中 y^+ 计算取沟槽波谷位置处的黏性尺度无量纲化。可以发现，在黏性底层 y^+=2.1 和缓冲区（y^+=7.3）内，沟槽区的流向速度分布相比光滑区域均匀，周期性沟槽将来流隔离成一条条的带状结构，这样使得边界层内层流动更加有序。在对数区（y^+=15），光滑区域的速度等值面紊乱状态进一步加大，而沟槽区速度等值面也开始逐渐失稳，但混乱程度没有光滑区域显著。在 y^+=64，速度等值面在展向和流向方向完全失稳，但在沟槽部分区域依然可以看到有序的带状结构。这说明周期性沟槽的作用使得近壁面区域湍流流动，沿着沟槽扩展的方向，趋于有序状态，扮演着"整流"的角色。

图 12　流向速度等值面分布

图 13 中给出了 y^+=7.3 位置流向速度脉动分布，从图中可以直观看出，在边界层内层区域出现了低速条带，这是流向涡的痕迹。由于此时位置接近对数层区域，因而条纹结构已经开始出现扭曲。而在沟槽区域，狭小的沟槽通道将这些低速条带分割成一条一条的细长结构，排列十分整齐有序。这进一步证实了沟槽所起的整流作用。与此同时，从速度脉动大小也可以发现，沟槽区内

细长条纹在流向方向发展并不均匀，由此可见，湍流拟序结构在单一沟槽通道内仍会不断的演化发展。

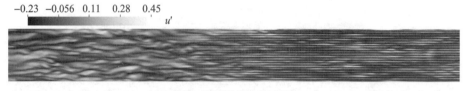

图13　流向脉动速度（y^+=7.3）

图14给出了光滑平板和沟槽平板算例在y-z截面速度矢量分布对比图。可以看出在沟槽上方（y, z）=（0.04, 0.75）和（0.04, 0.85）处，存在旋向相反的一对涡结构，这对涡旋对壁面附近分别产生了下扫作用，但下扫的流体矢量并不能深入至沟槽内部，其作用范围只能影响到沟槽波峰上端区域（这一点在（0.015, 0.85）波峰附近最为显著）。而在右图光滑平板湍流流动中，在紧贴壁面（0.008, 0.86）附近，涡旋运动产生的上抛和下扫作用直接影响到了壁面黏性底层，这导致壁面附近的速度矢量梯度变化较大，直接带来较大的摩擦阻力。从图15中也可以直观地看出，正负脉动的涡量紧贴着壁面附近运动，其结构尺寸相对较小，而对于沟槽算例来说，脉动涡结构尺度相对较大，这是由于脉动涡量遇到沟槽波峰尖点碰撞后，并不能立马破碎成较小尺度的空间涡旋，进而在横向方向运动，并不断累积形成了相对较大尺度的空间涡结构。由此可见，合适尺度的空间沟槽对于近壁涡结构会起到"屏障"作用，直接削弱了流向涡对壁面附近产生的上抛和下扫作用。

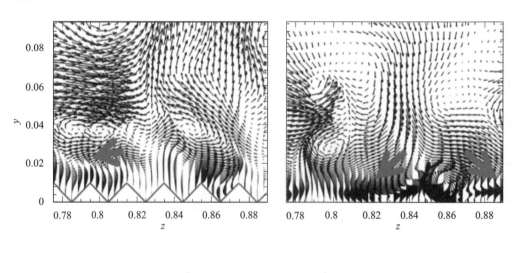

图14　沟槽附近速度矢量分布

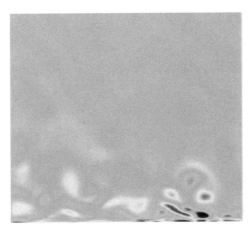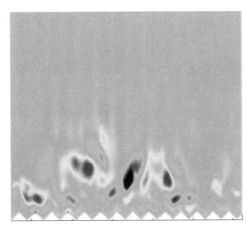

图15　流向速度展向分布云图

2.3　几种沟槽构型对比

通过研究壁面小肋的突出高度（protrusion height）概念，对比了三角形、正弦形、抛物线形、曲线形小肋这几种构型减阻效果的差异。根据 García-Mavoral & Jiménez[16] 的研究假设，突出高度描述了小肋对近壁面流向涡展向运动的抑制效果，并且和最大减阻率之间具有以下关系

$$\mathrm{DR_{max}} \approx \frac{\mu_0}{(2C_{\mathrm{f}0})^{-1/2} + (2\kappa)^{-1}} \frac{\Delta h}{l_{\mathrm{g}}}$$

式中：$C_{\mathrm{f}0}$ 是无控制下的阻力系数；κ=0.4 是常数；Δh 是突出高度；l_{g} 是沟槽包围的面积，由沟槽形状决定；μ_0=0.6, 0.785 是常数，可以取这两个值，代表了该沟槽形状下可能达到的减阻率范围。

这个公式表明：最大减阻率和突出高度基本呈线性关系，突出高度越大，减阻效果越好。

本文比较了 4 种不同形状的小肋，分别是传统的三角形小肋，以及抛物线形，正弦形小肋，以及我们提出的新型曲线形小肋（见图16）。

其中新型的曲线形小肋是由两个三次多项式光滑连接，即

$$y_{00}(x) = \begin{cases} a\dfrac{\gamma}{2\pi^2}x^3 - \dfrac{A\gamma}{\pi}x^2, 0 \leqslant x < \dfrac{\pi}{2} \\ b\dfrac{\gamma}{2\pi^2}(x-\pi)^3 + \dfrac{B\gamma}{\pi}(x-\pi)^2 - 2\pi\gamma, \ \dfrac{\pi}{2} \leqslant x \leqslant \pi \\ \text{与}(0,\pi)\text{上函数关于直线 } x = \pi \text{ 对称，如果 } \pi < x \leqslant 2\pi \end{cases}$$

式中，γ 代表小肋的高宽比；选取 A=25，B=1.6 以使沟槽在顶部曲率半径较小，而谷底曲率半径较大。

要求两个三次多项式所带表的曲线光滑连接，数值求解得到：a=100.6970，b=-1.4793。以上四种形状的突出高度经计算如图17所示。

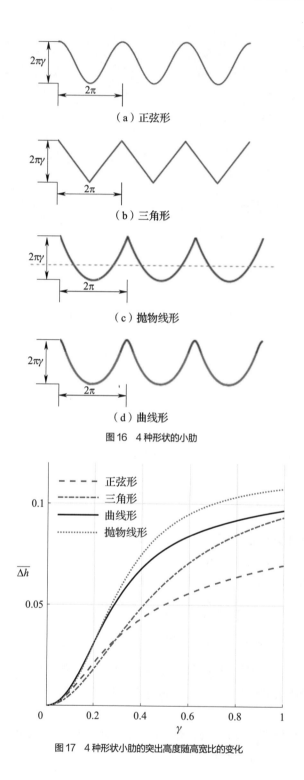

（a）正弦形

（b）三角形

（c）抛物线形

（d）曲线形

图16　4种形状的小肋

图17　4种形状小肋的突出高度随高宽比的变化

在突出高度的概念下，4 种形状的小肋的最大减阻率效果从优到劣是抛物线形、三角形、曲线形、正弦形。也就是通常所认为的顶端越尖锐，减阻效果越好。但是在加工以及使用过程中，三角形和抛物线形小肋的尖锐顶端将无法避免地被磨损，磨损后的减阻效果将受到一定的影响。在有顶端磨损情况下，不同形状的小肋减阻效果损失如表 2 所示。

表 2　沟槽顶端带有磨损时突出高度变化

突出高度	三角形	曲线形	抛物线形
无磨损时	0.0609	0.0776	0.0871
有磨损时	0.0543	0.0739	0.0698
变化率	10.8%	4.8%	19.9%

所以新型的曲线形小肋在 4 种小肋中，具有相对较高的减阻率潜能，同时在有顶端磨损的情况下，它的减阻率损失是最小的，仅有约 5% 的减阻率损失。综合考虑下，曲线形小肋可能是一种更加适合生产和实际运用的小肋构型。

将上述提到的新型的曲线形小肋布置在壁面处，对湍流边界层进行控制，数值计算的基本流参数如表 3 所示。

表 3　直接数值模拟主要计算参数

Ma_∞	Re	x_{in}	L_x	L_y	$L_{z_{in}}$	T_w	T_∞
0.5	1000	300.79δ_{in}	798.03δ_{in}	22δ_{in}	40δ_{in}	273.15K	273.15K

计算域流向总共 32 倍二维 TS 波波长，上游两个波长为平板，一个波长从平板光滑过渡到小肋，之后 29 个波长全为小肋。这里我们比较了保持长宽比 γ=0.5 时，两种宽度下（算例 1: $s^+ \approx 60$，算例 2: $s^+ \approx 20$）的小肋减阻效果，如表 4 和图 18 所示。

表 4　曲面沟槽算例

算例	s^+	N_{rib}	l_y	N_y	展向格式
参考算例	\\	\\	228δ_{in}	512	FFT
算例 1	61.1	16	22δ_{in}	512	FFT
算例 2	20.4	24	11δ_{in}	384	紧致差分

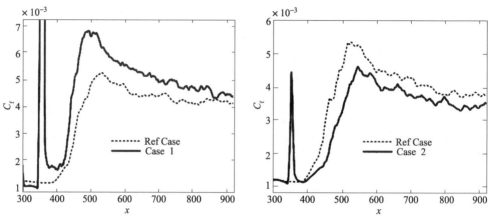

图18 算例1（左图）和算例2（右图）阻力随流向位置的变化图

对于算例1来说，小肋宽度较大（$s^+ \approx 60$），它的效果是提前了转捩，并且使湍流段增阻；而算例2的小肋宽度较小（$s^+ \approx 20$），它的效果是推迟了转捩，并且使湍流段减阻，湍流段减阻率约为7.8%。

选取瞬时流场的流向截面（见图19、图20），可以看到在算例1中，有一些涡进入了小肋的波谷区域；而算例2中，流向涡基本被阻挡在小肋上方。流线图同样清晰地表现了的这种现象。流向涡被完全阻挡在外，就削弱了流向涡与壁面的相互作用，从而获得减阻效果。

从湍流剪应力$-\overline{u'v'}$来看（见图21），在算例1中，顶端出现了切应力的极值区域，并且这一部分的切应力$\overline{u'v'}>0$是一个高阻力区域；而在算例2中，在沟槽上方的切应力分布基本均匀。这一事实说明了小肋顶端是高阻力区域，若高宽比保持一定情况下（$\gamma=0.5$），小肋越宽（也就是小肋越高），将使得顶端流向速度较高的区域接触，同时也增大了此处流向涡的下扫和壁面的接触面积，

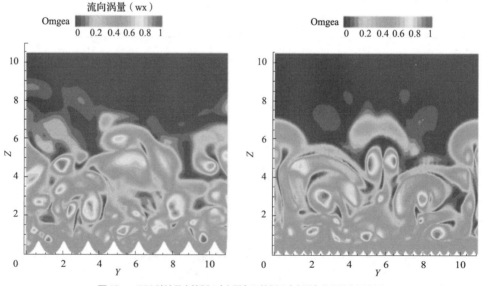

图19 $x=700$ 湍流段中算例1（左图）和算例2（右图）的涡结构示意图

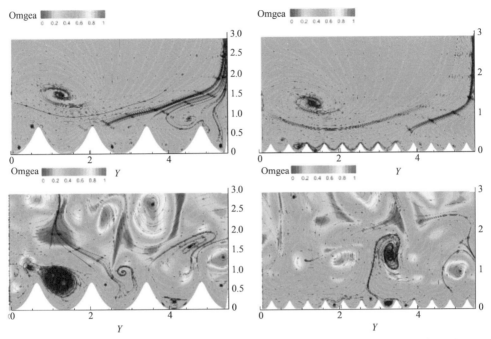

图 20　算例 1（左二图）和算例 2（右二图）在 $x=390$（转捩段，上二图）和 $x=420$（湍流段，下二图）的流线图

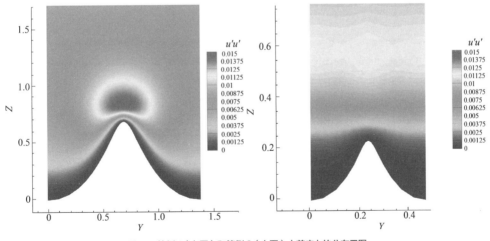

图 21　算例 1（左图）和算例 2（右图）中剪应力的分布云图

从而使得这一区域增阻明显，也是最终增阻的主要原因。而在算例 2 中，小肋基本处于黏性底层，它使得切应力 $\overline{u'v'}$ 减小，湍流受到抑制，获得减阻。另外，我们将前文中提到的曲线形小肋的突出高度带入到 Garciá–Mavoral & Jiménez 等提出的经验公式中，得到了预测的减阻率大约在 6.8%～8.0%，而实际我们计算得到的减阻率 7.8% 基本处于这样一个预测区间内，说明了合理性。

综上，我们提出的新型（曲线形）小肋结构，它具有相对较高的突出高度和实际减阻率（7.8%），同时根据突出高度的概念，这种新型的小肋在具有顶端磨损的情况下性能损失较小，从这两个方面来看，它都优于传统的三角形小肋，也许是未来小肋减阻结构的设计方向。

3 结论

本文着重跟踪国内外沟槽减阻相关技术的发展，进一步证实沟槽减阻技术在平板湍流边界层流动控制方面的减阻效果，同时对壁面摩擦力减小的机理和对湍流边界层拟序结构的影响进行深入分析，这样对认识理解湍流边界层减阻控制具有重要意义。

（1）完成了沟槽控制平板湍流空间发展边界层的直接数值模拟，最大湍流雷诺数 Re_τ 为1253，无量纲 V 形沟槽尺寸 $h^+ \approx 17$，$s^+ \approx 34$，计算网格规模达到 2 亿节点。DNS 结果表明并不是在沟槽结构任何位置都可达到减阻效果，在沟槽波谷处局部减阻率最大，波峰处反而阻力有所增加，这使得整个平板沟槽减阻率达到 8.26%，有力地证实了沟槽减阻在数值上的可行性。

（2）通过 DNS 数据分析发现沟槽在影响湍流拟序结构演化过程中发挥着多重作用。一方面，周期性沟槽的作用使得近壁面区域湍流流动，沿着沟槽扩展的方向，趋于有序状态，扮演着"整流"的角色。另一方面，合适尺度的空间沟槽对于近壁涡结构会起到"屏障"作用，直接削弱了流向涡对壁面附近产生的上抛和下扫作用，这有效地抑制了近壁区湍流脉动强度。

（3）曲线形沟槽减阻效果相较 V 形沟槽来说更佳，可以通过对沟槽构型设计达到最佳的减阻效果。

参 考 文 献

［1］Szodruch J. Viscous drag reduction on transport aircraft［C］//29th Aerospace Sciences Meeting，1991：685.

［2］Walsh M，Lindemann A. Optimization and application of riblets for turbulent drag reduction［C］// 22nd aerospace sciences meeting. 1984：347.

［3］Walsh M J. Drag characteristics of V-groove and transverse curvature riblets［J］. 1980.

［4］Bushnell，Dennis M.，and Jerry N. Hefner，eds. Viscous drag reduction in boundary layers［M］. American Institute of Aeronautics and Astronautics，1990.

［5］García-Mayoral R，Jiménez J. Hydrodynamic stability and breakdown of the viscous regime over riblets［J］. Journal of Fluid Mechanics，2011，678（4）：317-347.

［6］Lee S J，Lee S H. Flow field analysis of a turbulent boundary layer over a riblet surface［J］. Experiments in Fluids，2001，30（2）：153-166.

［7］Choi H，Moin P，Kim J. Direct numerical simulation of turbulent flow over riblets［J］. Journal of Fluid Mechanics，1993，255（-1）：503-539.

［8］Martin S，Bhushan B. Fluid flow analysis of a shark-inspired microstructure［J］. Journal of fluid mechanics，2014，756：5.

［9］Chen H W，Rao F G，Zhang D Y，et al. Drag reduction study about bird feather herringbone riblets［C］//Applied Mechanics and Materials. Trans Tech Publications Ltd，2014，461：201-205.

［10］Kramer F，Grüneberger R，Thiele F，et al. Wavy riblets for turbulent drag reduction［C］//5th Flow Control Conference. 2010：4583.

［11］Boomsma A，Sotiropoulos F. Direct numerical simulation of sharkskin denticles in turbulent channel flow ［J］. Physics of Fluids，2016，28（3）：59–87.

［12］Pirozzoli S，Grasso F. Direct numerical simulations of isotropic compressible turbulence：influence of com-pressibility on dynamics and structures ［J］. Physics of Fluids，2004，16（12）：4386–4407.

［13］Karlsson R I，Johansson T G. LDV measurements of higher order moments of velocity fluctuations in a turbulent boundary layer ［C］//3rd International Symposium on Applications of Laser Anemometry to Fluid Mechanics，1986，12–1.

［14］Zhou J，Adrian R J，Balachandar S，et al. Mechanisms for generating coherent packets of hairpin vortices in channel flow ［J］. Journal of fluid mechanics，1999，387：353–396.

［15］Head M R，Bandyopadhyay P. New aspects of turbulent boundary–layer structure ［J］. Journal of Fluid Mechanics，1981，107：297–338.

［16］Garćla–Mayoral R，Jiménez J. Drag reduction by riblets ［J］. Philosophical Transactions of the Royal Society A：Mathe-matical，Physical and Engineering Sciences，2011，369（1940）：1412–1427.

合成射流用于湍流边界层减阻控制实验研究

高正红[1]，郑耀[2]，李栋[1]，叶志贤[2]，张阳[2]，马睿[1]，陆连山[1]，钱战森[3]，李周复[3]，鲁丹[3]

1. 西北工业大学航空学院，陕西西安 710072
2. 浙江大学航空航天学院，浙江杭州 310027
3. 中国航空工业空气动力研究院，辽宁沈阳 110034

1 研究背景

根据 DRAGY 项目的安排，实验研究了合成射流这一主动控制技术，用以探究平板湍流边界层阻力特性的变化。使用各种激励器对湍流进行主动流动控制是近年来流体力学领域中最具挑战性的课题之一。在湍流结构中，近壁流向涡由于剪切输运过程产生流向条带，流向条带由于失稳产生流向涡，两个过程形成一种自维持的循环，而流向涡会诱导湍流猝发并产生雷诺应力。过去的数十年间，人们为了抑制近壁相干结构并达到减小湍流边界层摩擦阻力的目的，提出了各种方法[1-2]。其中包括被动流动控制，如沟槽壁面[3-5]、大涡破碎器[6-7]和柔性壁面[8-9]。在主动流动控制中，各种类型的激励器被广泛研究，并在应用上分为分离控制和减阻控制两大类。在减阻控制中，定常/非定常吹/吸气及合成射流可以抑制流向涡的形成，从而达到减小摩擦阻力的效果[10-11]。

Park 和 Choi 等[12] 使用 DNS 方法计算了流向开槽的定常吹气对流场的影响，发现吹气可以抬升近壁区流向涡，减弱其与流向条带的相互作用并达到减阻的效果。实际应用非定常吹/吸气干扰流场也在实验中被证明具有减阻效果[13-15]，周期激励产生的流向涡在近壁区产生了反向流动，使得当地的壁面速度梯度减小。Gadel，Kerho 等[16-17] 应用非定常吹气抑制流向条带，最大局部减阻效果达到了 40%。

定常/非定常吹/吸气最主要的缺点是需要提供外部气源，而合成射流不需要在流场中注入质量，不同于定常或非定常吹/吸气装置而不需要安装额外的结构提供气流源来支持吹/吸气。并且合成射流在一些特定的操作情况下可以产生流向的相干涡结构，更有利于与湍流边界层中的流向条带和流向涡相互作用。Lorkowski 等[18] 使用单个合成射流激励器在流场中引入小尺度扰动，并分析其对湍流边界层的影响，结果发现引入的扰动虽然没有改变近壁相干结构的传导速度，但是一定程度地抬升了相干结构，这也是减阻的一个特征。Lee 等[19] 通过 DNS 方法计算了合成射流阵列对湍流边界层的影响，其中阵列是流向开槽的 4 出口阵列，由一个膜片提供振动激励。虽然该研究没有得出减阻的效果，但是为合成射流阵列影响湍流边界层中近壁相干结构的机理提供了有价值的参考。Rathnasingham 等[20, 21] 使用三出口的合成射流阵列干扰边界层流动，并使用迭代的方法优化参数，最终得到了流向脉动速度减小 30%、壁面压力脉动减小 15% 和净减阻 7% 的效果。

2 合成射流减阻实验研究一：浙江大学风洞

2.1 风洞及实验平板

本实验在浙江大学玉泉校区航空航天学院低湍流度静声风洞中完成，该风洞为开口式风洞，实验段尺寸为1.2m（宽）×1.2m（高）×3.5m（长），风洞收缩比为14.8，实验段风速范围5~74m/s，风洞入口安装有10层阻尼网，使实验段中心的湍流度保持为0.04%~0.05%，风洞进出口均设置消声器，扩散段、动力段等都采用消声壁设计以降低工作噪声，风洞如图1所示。

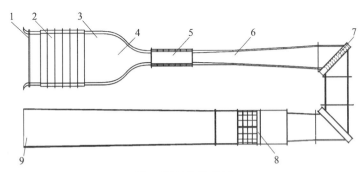

图1 风洞实验段示意图

1—风洞入口；2—阻尼网；3—稳定段；4—收缩段；5—实验段；6—扩展段；7—转角段；8—动力段；9—风洞出口

平板实验平台由亚克力板搭成，平台的尺寸为：长4000mm×宽1000mm×厚8mm。前缘有一定倾角，正对来流方向，并在前缘贴上100mm长的金刚砂用于人工转捩，模型迎角为0°。实验平台模型如图2所示，取前缘与对称面的焦点为坐标原点，设右手坐标系，各坐标轴指向如图所示，激励器狭缝中心到平板前缘的距离为3050mm。

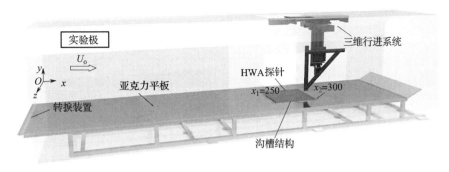

图2 风洞测试平板示意图

2.2 激励器

测试使用激励器如图3所示。单缝出口合成射流激励器由作动器、空腔及出口盖板组成，作动器与空腔间配合密封圈以螺栓连接，出口盖板与空腔黏合。作动器为SONY "40W，4Ω" 规格的扬声器，扬声器振动盆为硬质树脂材料，在接入激励信号后振动盆整体上下运动；空腔为直径64mm的圆柱腔体，内腔高8mm；出口盖板由厚2mm的有机玻璃板激光雕刻而成，单缝出口为20mm×2.25mm的矩形，激励器的出口盖板、空腔与作动器为纵向层叠结构，总高度65mm。

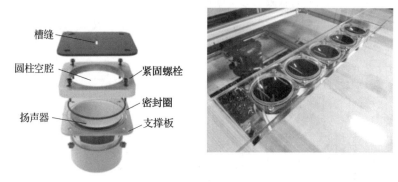

图3　激励器（上）与阵列（下）

合成射流激励器阵列长500mm×宽100mm×厚8mm，5个扬声器均匀分布，两个槽缝间距42mm，槽缝长度30mm、宽度2mm。在距出口上方5mm处测量出口速度，最大速度接近15m/s。测量时选择沿来流方向距激励器中心点下游分别为28mm、100mm、227mm、300mm 4个x轴站位进行测量，并在每个x轴站位分别测量两槽缝之间和正对狭缝下游两个点，为方便叙述，将各个测量点的编号列于表1，其中无量纲距离用距离为28mm时的边界层位移厚度4.75mm进行无量纲化得到。

表1　测量点编号

距离 / mm	无量纲距离	编号	
28	5.9	槽缝之间无扰动	A_{10}
		槽缝之间有扰动	A_{11}
		槽缝下游无扰动	A_{20}
		槽缝下游有扰动	A_{21}
100	21.1	槽缝之间无扰动	B_{10}
		槽缝之间有扰动	B_{11}
		槽缝下游无扰动	B_{20}
		槽缝下游有扰动	B_{21}

表1（续）

距离 / mm	无量纲距离	编号	
227	47.8	槽缝之间无扰动	C_{10}
		槽缝之间有扰动	C_{11}
		槽缝下游无扰动	C_{20}
		槽缝下游有扰动	C_{21}
300	63.2	槽缝之间无扰动	D_{10}
		槽缝之间有扰动	D_{11}
		槽缝下游无扰动	D_{20}
		槽缝下游有扰动	D_{21}

2.3 减阻效果分析

由于 Spalding 公式[22]可以覆盖黏性底层和对数区的速度分布，可以利用更多的数据点，故本文选用 Spalding 公式进行数据拟合，公式如下

$$y^+ = u^+ + e^{-\kappa B}\left[e^{\kappa u^+} - 1 - \kappa u^+ - \frac{(\kappa u^+)^2}{2} - \frac{(\kappa u^+)^3}{6} \right]$$

$$y^+ = \frac{(y+y_0)u_\tau}{\nu}, \quad u^+ = \frac{u}{u_\tau}$$

式中，y 为测量时距离平板的高度；y_0 为虚拟原点，即热线探头与壁面间的距离；u 为时均速度；u_τ 为摩擦速度；ν 为运动黏度；κ 为卡门常数；B 为积分常数，其值与边界条件和雷诺数有关[23]。

对表1中各个编号所对应的实验工况分别拟合 Spalding 曲线，并允许 u_τ 变化以便量化减阻效果，得到的参数数据如表2所示。表中 κ 为卡门常数，拟合得到的数值与理论值 0.4~0.41 之间符合。B 的值与文献所用的 5~5.5 相差较大，但考虑到本实验的边界条件与其他论文中的实验相差较大，且 B 的数值稳定，故 B 的取值可以认为是合理的。注意到 A_{20} 和 A_{21} 所对应的 B 为 10，明显小于其他各个测量点，分析可知由于 A_{20} 和 A_{21} 处于在槽缝下游 28mm 处，十分接近槽缝，而开槽对边界条件的影响很大，故 B 的减小与事实相符。y_0 有微小波动是因测量时为保护探头，使探头每次不完全贴近壁面造成的误差，操作时控制在 1~2mm 左右，这也与拟合出的数据相符。在后续对数据分析中，用空心圆圈代表不加扰动，实心圆圈代表加入抗动。

为方便从图像上定性比较，保持各个测量点 u_τ 不变，拟合后的速度分布如图4和图5所示，可以看出，加入扰动后各个站位均出现了不同程度的速度亏损，因为保持 u_τ 不变，而同一 y^+ 下 u^+ 变小表明加入扰动后时均速度减小，故可知 u_τ 减小，即有减阻效果。从狭缝中间4个流向站位来看，A_{11} 的速度亏损最明显，之后亏损幅度总体呈现减弱趋势，观察狭缝下游的4个流向站位可以得到同

样的结果。横向对比槽缝之间和槽缝下游的点，可以看出槽缝中间的减阻效果更加明显，在无量纲距离为47.8时 C_{11} 仍有较为明显的减阻效果，而 C_{21} 已经基本没有速度亏损，到了无量纲距离为63.2时，两者都基本没有速度亏损。

表2 Spalding 曲线拟合参数

编号	κ	B	y_0/m	$u_\tau/(m/s)$
A_{10}		16	0.0008	0.4440
A_{11}			0.0000	0.4200
A_{20}		10	0.0010	0.5200
A_{21}			0.0001	0.5100
B_{10}		19	0.0014	0.3930
B_{11}			0.0009	0.3850
B_{20}		20	0.0019	0.3834
B_{21}	0.4		0.0029	0.3796
C_{10}		19	0.0010	0.3914
C_{11}			0.0006	0.3914
C_{20}		20	0.0014	0.3822
C_{21}			0.0005	0.3837
D_{10}		19	0.0007	0.4000
D_{11}			0.0009	0.3950
D_{20}		20	0.0010	0.3833
D_{21}			0.0008	0.3749

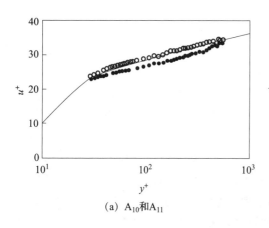

（a）A_{10}和A_{11}

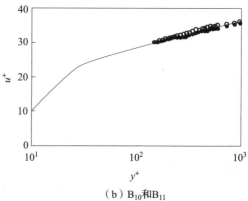

（b）B_{10}和B_{11}

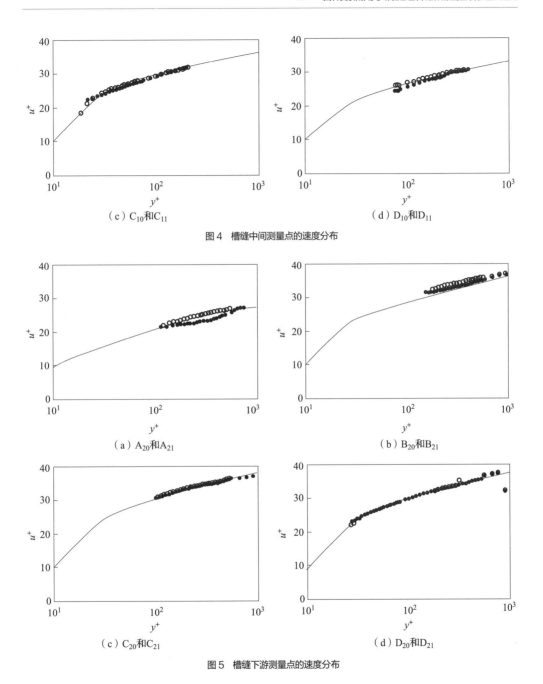

（c）C₁₀和C₁₁ （d）D₁₀和D₁₁

图 4　槽缝中间测量点的速度分布

（a）A₂₀和A₂₁ （b）B₂₀和B₂₁

（c）C₂₀和C₂₁ （d）D₂₀和D₂₁

图 5　槽缝下游测量点的速度分布

　　为定量观察减阻效果，取表 2 中 u_τ 数据，通过关系式 $u_\tau = \sqrt{\tau_w/\rho}$，$\tau_w = 0.5\rho U_\infty^2 C_{fx}$，得到加扰动时的局部摩擦阻力系数 C_{fx}，并用相应无扰动时 C_{fx} 进行无量纲化，结果如图 6 所示。

　　可以看出，槽缝中间的减阻效果总体要优于槽缝下游。最大减阻效果出现 A_{11} 处，为 10.5%。但是考虑到合成射流阵列的结构，槽缝引起的扰动应是与槽缝形状类似的涡结构，故从射流涡与近壁区相干结构相互作用从而减阻的角度，直接处在槽缝下游的 A_{21} 才应该是减阻效果最为明显的测量点，而 A_{11} 由于处在射流涡之间，并且距离槽缝较近，射流涡在 A_{11} 的作用不如 A_{21} 强烈。出现这样结果的具体原因还需要进一步探讨，但可以得出的结论是，该类型的合成射流阵列具有一定的减阻效果。

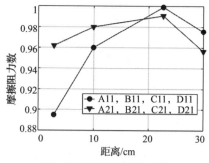

图 6　各个流向站位摩擦阻力系数

2.4　统计特性分析

各个测量点的自相关系数如图 7 和图 8 所示。槽缝正对下游流向位置 28mm 和 100mm 处表现出周期性振荡现象，而在槽缝中间下游的位置，加控后曲线并未表现出明显的振荡现象。这主要是因为在槽缝正对下游的位置，激励器引入的周期性干扰较为强烈，而随着流向位置的远离，这种扰动的作用逐渐衰减。同时可以看出，加控后近壁区自相关系数在流向方向靠近槽缝时呈减小趋势，而在远离槽缝则稍稍增大，通过分析可知，自相关系数与流动结构尺度有着一定的联系，而自相关系数在近壁区减小可知该处流动结构变小，联系之前的结论，黏性底层增厚导致边界层结构抬升是湍流减阻的普遍现象，这与之前证明的减阻结论不符。经过分析，认为是与来流方向垂直的激励器扰动在一定程度上"打乱"了近壁区的流动结构，而越接近槽缝，这种扰动作用越明显，而远离槽缝后，流动结构又逐渐稳定，呈现黏性底层略微加厚现象，即得到减阻结果。展向比较槽缝正下游与槽缝间下游的对应自相关曲线，可以发现靠近槽缝时，槽缝正下游由激励器引入的扰动较为强烈，而逐渐远离槽缝后，两者之间的差别逐渐减小，可以看出在 300mm 位置，两者同时表现出几乎不受激励器的干扰。分析可得槽缝带入流场的扰动在流向与展向向外均呈现减弱趋势。

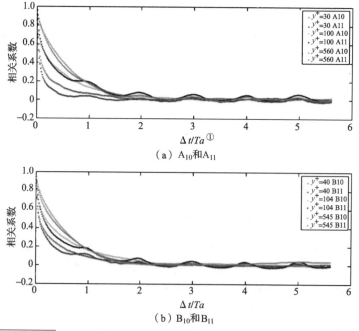

（a）A_{10} 和 A_{11}

（b）B_{10} 和 B_{11}

---

① Ta 为激励周期。

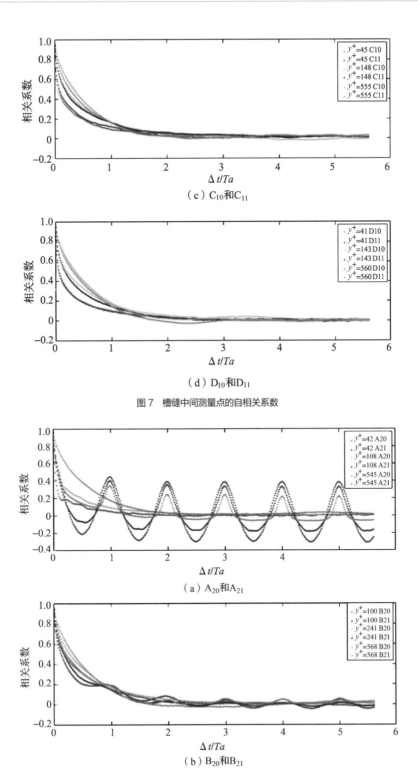

（c）C_{10}和C_{11}

（d）D_{10}和D_{11}

图7　槽缝中间测量点的自相关系数

（a）A_{20}和A_{21}

（b）B_{20}和B_{21}

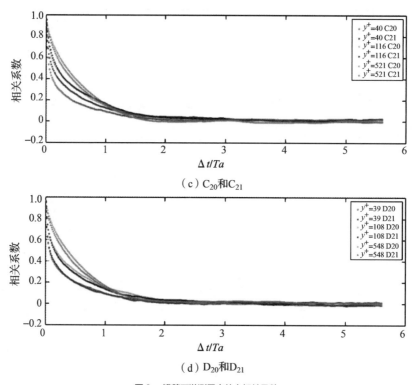

（c）C_{20}和C_{21}

（d）D_{20}和D_{21}

图8　槽缝下游测量点的自相关函数

3　合成射流减阻实验研究二：西北工业大学风洞

3.1　风洞及实验平板

　　课题组风洞是一座小型下吹式风洞。风洞示意图如图9所示。风洞运行由一部变频电机控制，电机工作频率10~50Hz，电机带动风洞入口处风机转动，空气被吸入风洞，经静流段、阻尼段、收缩段到达实验段。静流段、阻尼段、收缩段平直部分的总长为1366mm，收缩段收缩部分的长度为770mm。从收缩段出口至风洞出口，该部分总长4500mm，其横截面为720mm（宽）×200 mm（高）的矩形。核心实验区距收缩段出口1500mm，其长度为1000mm。风洞左右侧壁以及下壁是有机玻璃板，上壁为钢板，实验段上方安装有一套三维移测架，钢板上开有675mm（流向）×220mm（展向）的矩形测量窗口，以供热线探杆由上至下伸入风洞并能够随移测架自由移动。风洞稳定风速为7~20m/s，风速控制精度0.1m/s，稳定风速下的风洞背景湍流度不超过0.5%。

　　合成射流模块由两部分组成，即上部的盖板和下部的方形空腔。合成射流模块上部的盖板为边长为100mm的正方形，盖板上分布着规模为10行×19列的射流小孔阵列，分布如图10和图11所示，每一个小孔的直径均为0.5mm，在每一行中两相邻小孔的圆心之间的距离为h_0=5mm，在每一列中两相邻小孔的圆心之间的距离为d_0=5mm，那么h_0/d_0=10。合成射流模块下部的方形空腔深度为55mm，

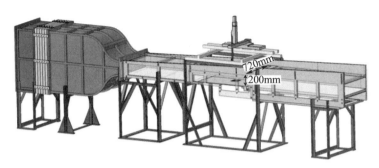

图 9 风洞示意图

在空腔下部 4 个不同的方向开有相同直径的孔，用于连接导气管，导气管与外部的合成射流激励器相连接。为了使空腔内的空气流动更均匀，在空腔中部填充有 25mm 厚的海绵，并在海绵上方铺有两层金属丝网。

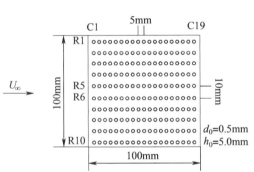

图 10 合成射流模块盖板示意图（左）和实物图（右）

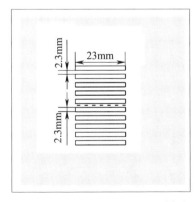

图 11 吹气狭缝盖板

3.2 实验结果及分析

狭缝主要位于平板后缘 8600mm 位置，测量站位主要是狭缝后缘 $x^+_1=93$、$x^+_2=187$、$x^+_3=280$、

x^+_4=373、x^+_5=467 和 x^+_6=933 等六个流向位置。狭缝的宽度为 2mm、展向长度为 300mm。狭缝吹气实验是恒定流量，流量为：Q=1.2m³/h。因为狭缝吹气测量位于狭缝后缘的平板位置，所以摩擦速度直接通过 Clauser 作图法确定，不需要像沟槽一样虚拟零点。下面分析定常吹气控制对湍流边界层不同流向位置的时均统计量的影响。

图 12 为定常吹气控制下流向 x^+=93、187、280、373、467、933 等位置的平均速度型分布，并与无控时的实验数据进行对比。平均速度型是用平板的摩擦速度进行无量纲化。对比无控速度型，我们可以看出：①在缓冲区域和黏性底层，有明显的速度亏损效果，这是减阻现象的表现，施加狭缝吹气控制之后近壁区时均速度减小，速度梯度减小，进而壁面的切应力减小，达到减阻的目的。②观察流向 6 个站位可以发现控制之后的边界层外区和平板数据的边界层外区基本上完全重合，说明狭缝吹气只影响了平板湍流边界层内区，并未穿透边界层，对湍流边界层外区产生影响。③在靠近狭缝的位置，速度梯度亏损比较明显。随着往后缘发展，在 x^+=467 的位置速度亏损随区域向边界层外区发展。继续向后缘发展，在 x^+=933 的位置控制前后的边界层几乎完全重合，狭缝吹气的影响基本消失。所以，狭缝吹气控制减小近壁面速度梯度，达到减阻目的。吹气使得流向涡结构被抬升，近壁面的拟序结构与壁面的相互作用变弱，抑制近壁区拟序结构的自维持机制，从而达到减阻的目的。

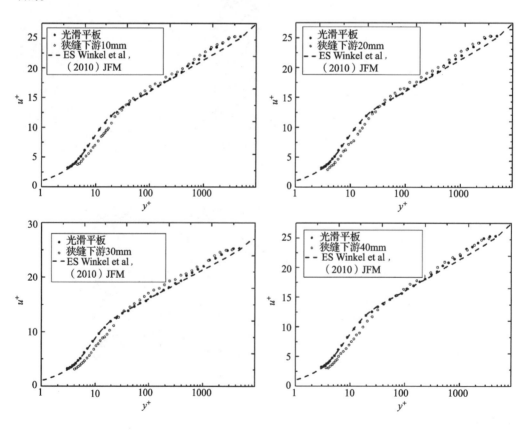

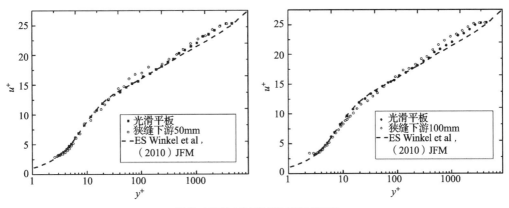

图 12　不同流向位置控制前后时均速度型

图 13 为定常吹气控制下流向 x^+=93、187、280、373、467、933 等位置的脉动速度型分布，并与无控时的实验数据进行对比。对比无控脉动速度型，我们可以看出：①在近壁面区域脉动速度减小，随着远离壁面脉动速度增大。说明狭缝吹气使得近壁面区域的涡结构抬升，速度梯度减小，同时脉动也有所减小。随着远离壁面，吹气对流场注入能量使得脉动速度增大。②从脉动速度型图中还可以看出，离狭缝最近的测量点的最大速度脉动几乎没有怎大，说明狭缝吹气的能量流体还没有扩散开来，随着向后缘发展脉动增大。③随着向狭缝后缘不断发展，在 x^+=467 的位置近壁区脉动减小现象减弱，但是最大脉动速度增大现象不变；而在 x^+=933 的位置控制后的脉动速度型与平板湍流脉动速度型基本重合。说明狭缝吹气沿流向的区域大约为 1000 个壁面单位，这个影响区域可能与吹气率有关。综上所述，狭缝吹气使得流向涡结构托起，导致近壁面区域脉动减小，远离壁面区域脉动增大。

图 14 为吹气控制前后不同流向位置的平坦和偏斜因子的变化。黑色点表示平板湍流边界层的数据，其他色彩点表示狭缝吹气控制后的数据。偏斜因子和平坦因子分别是平板湍流边界层的三阶矩和四阶矩。

偏斜因子表示信号分布的相对偏斜程度，越远离零位置线其概率密度分布越偏离高斯分布。从图中可以看出：①在狭缝吹气控制使得近壁面区域流动的偏斜因子增大，近似向远离壁面的方向移动，说明狭缝吹气把近壁面的拟序结构抬升远离壁面。②随着沿狭缝下游不断发展，狭缝的抬升作

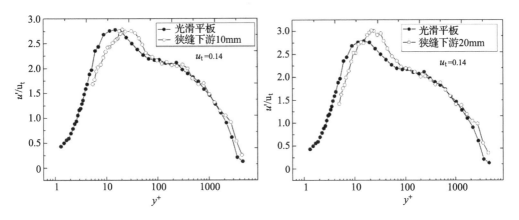

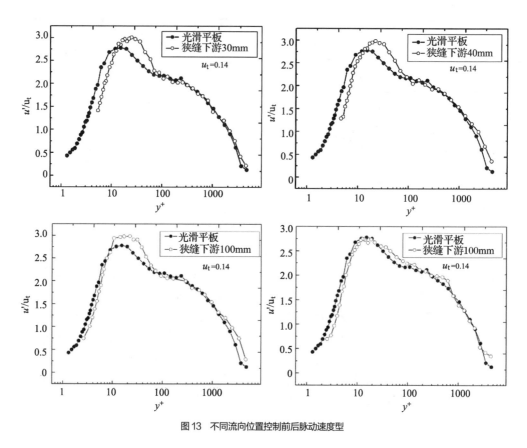

图13 不同流向位置控制前后脉动速度型

用逐渐减小，其偏斜因子也逐渐接近平板湍流边界层的偏斜因子。③控制后的边界层的偏斜因子和平板的几乎一致，说明狭缝吹气并没有影响到边界层外区，没有穿透边界层。

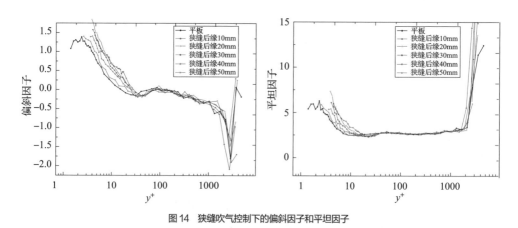

图14 狭缝吹气控制下的偏斜因子和平坦因子

平坦因子用于度量曲线相对于高斯分布的接近程度，当平坦因子 $k=3$ 时，则表示信号的概率密度函数曲线恰好满足高斯分布，信号是完全的随机信号；当平坦因子 k 不等于 3 时，则表示信号不是完全的随机信号，是具有间歇性的。当平坦因子 $k>3$ 时，则表示信号的概率密度函数曲线中部升得很高，而在两侧下降较快；当平坦因子 $k<3$ 时，则表示信号的概率密度函数曲线中部下降得低，而在两侧上升较慢。从图中可以看出：①同偏斜因子一样，在狭缝吹气控制使得近壁面区域流动的平坦因子增大，近似向远离壁面的方向移动，再次说明狭缝吹气把近壁面的拟序结构抬升远离壁面。②随着沿狭缝下游不断发展，狭缝的抬升作用逐渐减小，其平坦因子也逐渐接近平板湍流边界层的平坦因子。③从平坦因子的角度再次证明狭缝吹气并没有影响到边界层外区。

4 主要结论

（1）合成射流阵列在湍流边界层中引入周期扰动，引起近壁区速度亏损和脉动速度的改变，抬升了近壁区拟序结构，减弱其与壁面的相互作用，具有局部减阻效果，最大减阻 10.5%。

（2）自相关系数反映了合成射流阵列扰动沿流向和展向的发展趋势。槽缝中间下游和槽缝正对下游的扰动随着与槽缝距离的增加而衰减，而相同 x 轴站位处正对下游的扰动要强于槽缝中间下游的扰动。

（3）虽然槽缝正对下游的扰动要强于中间，但最大减阻效果出现在 A_{11} 点处，其具体原因的解释需要之后的研究进一步分析合成射流阵列扰动下的流场结构。

参 考 文 献

［1］Gad-el-Hak M. Flow control: passive, active, and reactive flow management［M］. Cambridge University Press, 2007.

［2］Choi K S. Turbulent drag-reduction mechanisms: strategies for turbulence management［M］//Turbulence Structure and Modulation. Springer, Vienna, 2001: 161-212.

［3］Walsh M, Lindemann A. Optimization and application of riblets for turbulent drag reduction［C］//22nd Aerospace Sciences Meeting, 1984: 347.

［4］Choi K S. Near-wall structure of a turbulent boundary layer with riblets［J］. Journal of Fluid Mechanics, 1989, 208: 417-458.

［5］Merigaud E, Anselmet F, Fulachier L, et al. Reduction of parasitic effects related to the turbulent boundary layer on the fuselage using slot suction. In: Choi, K.-S., Prasad, K.K., Truong, T.V. (Eds.), Emerging Techniques in Drag Reduction. Mechanical Engineering Publications Ltd., London and Bury St. Edmunds, 1996: 263-280.

［6］Bertelrud A, Truong T, Avellan F. Drag reduction in turbulent boundary layers using ribbons［C］//9th Atmospheric Flight Mechanics Conference, 1982: 1370.

［7］Plesniak M W, Nagib H M. Net drag reduction in turbulent boundary layers resulting from optimized manipulation［C］// 1985 AIAA Shear Flow Control Conference. 1985.

［8］Choi K S, Yang X, Clayton B R, et al. Turbulent drag reduction using compliant surfaces［J］. Proceedings of the Royal Society of London. Series A: Mathematical, Physical and Engineering Sciences, 1997, 453 (1965): 2229-2240.

［9］Gad-el-Hak M. Compliant coatings for drag reduction［J］. Progress in Aerospace Sciences, 2002, 38 (1): 77-99.

［10］Gad-el-Hak M, Blackwelder R F. Selective suction for controlling bursting events in a boundary layer［J］. AIAA

Journal, 1989, 27（3）：308–314.

［11］Myose R Y, Blackwelder R F. Control of streamwise vortices using selective suction ［J］. AIAA Journal, 1995, 33（6）：1076–1080.

［12］Park J, Choi H. Effects of uniform blowing or suction from a spanwise slot on a turbulent boundary layer ［J］. Physics of Fluids, 1999, 11（10）：3095–3105

［13］Park S H, Lee I, Sung H J. Effect of local forcing on a turbulent boundary layer［J］. Experiments in Fluids, 2001, 31（4）：384–393.

［14］Park Y S, Park S H, Sung H J. Measurement of local forcing on a turbulent boundary layer using PIV ［J］. Experiments in fluids, 2003, 34（6）：697–707.

［15］Tardu S F. Active control of near–wall turbulence by local oscillating blowing ［J］. Journal of Fluid Mechanics, 2001, 439：217.

［16］Gadel—Hak M, Blackwelder R F. Selective suction for controlling bursting events in a boundary layer ［J］. AIAA Journal, 1989, 27（3）：308–314.

［17］Kerho M. Active reduction of skin friction drag using low–speed streak control ［C］//40th AIAA Aerospace Sciences Meeting & Exhibit, 2002：271.

［18］Lorkowski T, Rathnasingham R, Breuer K, et al. Small–scale forcing of a turbulent boundary layer ［C］//4th Shear Flow Control Conference, 1997：1792.

［19］Lee C, Goldstein D. DNS of micro jets for turbulent boundary layer control ［C］//39th Aerospace Sciences Meeting and Exhibit, 2001：1013.

［20］Rathnasingham R, Breuer K S. System identification and control of a turbulent boundary layer ［J］. Physics of Fluids, 1997, 9（7）：1867–1869.

［21］Rathnasingham R, Breuer K S. Active control of turbulent boundary layers ［J］. Journal of Fluid Mechanics, 2003, 495：209.

［22］Spalding D B. A single formula for the law of the wall ［J］. Journal of Applied Mechanics, 1961, 28（3）：455–458.

［23］郭昊. 非定常吹气扰动对平板湍流边界层影响的实验研究 ［C］// 中国力学学会流体力学专业委员会. 第八届全国流体力学学术会议论文摘要集, 中国力学学会流体力学专业委员会, 2014.

射流及等离子体控制用于
湍流边界层减阻的数值研究

李立，田增冬，成水燕

航空工业西安航空计算技术研究所，陕西西安 710065

0 引言

　　研制更安全、更经济、更环保、更舒适的飞机是民用飞机研制永远追求的发展主题和目标。而减阻即是实现上述目标的最主要方面。按照飞机阻力构成，阻力主要分为压差阻力和摩擦阻力，其中，摩擦阻力占到总阻力的 50% 以上。因此，瞄准减小摩擦阻力，即使是实现部分目标，也可对飞机的燃油经济性、环保性等指标产生重要影响。

　　摩擦阻力，一般又称为黏性阻力，是由于空气黏性与生俱来，其与边界层的状态（层流或湍流），以及边界层与飞机表面的相互作用密切相关。目前，针对降低黏性阻力，主要有两种思路。一种思路是通过推迟转捩，尽可能多地保持层流流动，对应措施是采用层流或混合层流技术。其他方法还包括采用分布式粗糙元技术。另一种思路是在发生湍流的区域，采取措施使湍流流动区域的局部阻力尽可能降低，对应措施包括安装大涡破碎装置、凹槽（肋条）、涡流发生器等被动控制装置，或者采用射流、移动壁面、等离子体、主动涡流发生器等主动控制措施。近期关于湍流边界层减阻控制的研究表明[1, 2]，结合对湍流边界层结构的控制，采用新颖的主动控制技术，（局部）减阻率甚至可达到 40% 以上。

　　然而，要建立工程可实用的黏性阻力减阻技术，特别是基于湍流边界层控制（turbulence boundary layer control，TBLC）的减阻技术，目前尚存在诸多困难。主要原因还是在机理层面就存在诸多认识不清的问题。实际上，由于大型飞机所涉及的流动大部分都是高雷诺数流动，因而普遍表现出复杂的湍流流动特性。特别是，许多在低雷诺数条件下能够保持的流动特征，在高雷诺数条件下很难维持。这就导致很多在实验室条件下发展的 TBLC 减阻技术，很难直接应用到高雷诺数条件下。

　　同时，雷诺数的提高，也导致研究成本的急剧增加。要准确了解控制前后湍流边界层特征的变化，必须发展配套的精细试验或计算技术。本文着重研究基于数值计算进行湍流边界层减阻控制的相关方法和技术。为此，着眼于射流和等离子控制，采用精细数值计算，开展了该两类技术用于湍流边界层及减阻控制的数值研究，并利用预乘能谱、动态模分解等工具开展了较初步的减阻机理分析研究，目的在于结合所承担的中欧流动控制专项技术合作项目，提供有价值的参考，并为相关技术探索提供理论和数据支持。

1 基于外层射流控制的湍流边界层控制及减阻研究

1.1 模型问题

以经典的零压梯度湍流平板边界层为基准研究对象，自由来流速度 U_∞ =1.047m/s，入口边界层厚度为 δ =0.058m。控制策略采用一组展向排布的射流控制阵列，如图1所示，即沿展向在中央位置一字排布6个合成射流激励器，形成合成射流阵列。其中，激励器喷口中心位置位于 x=0.6m 的位置，喷口缝道宽度为 h=0.002m，长度为 L=0.05m，喷口孔缝间距 d=0.012m。合成射流（阵列）激励器的基本参数如下：按统一方式喷射，最大振幅固定为 $0.5U_\infty$，射流频率固定为20Hz。不难分析，按照这种排布方式，将在展向形成周期性的驻波，有利于对湍流边界层的横向涡结构进行控制。

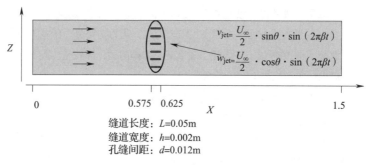

缝道长度：L=0.05m
缝道宽度：h=0.002m
孔缝间距：d=0.012m

图1 射流控制装置布置图

为了对比建立有效的控制策略，具体计算试验中，通过调整参数，形成三种不同的控制策略，分别称为 V 控制、W 控制和 VW 控制。V 控制即法向控制，这时合成射流阵列的所有喷口周期性施加法向速度控制（垂直 90° 射出）。W 控制即展向控制，这时合成射流阵列的所有喷口周期性施加展向速度控制。这种情况，等价于展向振动壁面的情况。VW 控制，即同时在展向和法向方向施加速度控制（斜向 45° 射出）。

1.2 数值研究方法

利用湍流边界层控制（TBLC）实现减阻，尤其在高雷诺数条件下，是一种相对前沿和新的技术。对该类技术的探索，依赖于对湍流边界层结构的认知。因而，从数值模拟及机理研究角度，很大程度上依赖于利用大规模计算对湍流边界层的精细模拟。

传统用于湍流边界层精细模拟的方法主要包括直接数值模拟（DNS）方法、大涡模拟（LES）方法。其中，DNS 方法是机理探索研究的理想方法，但存在严重的计算效率问题，一般适用于简单构型及较低雷诺数计算。计算量稍小的 LES 方法，按照人们对计算机运算速度和容量的增长速度的预计，要到 2070 年左右才有可能达到工程可实用的地步。在本文基于外层射流控制的 TBLC 及减阻技术研究中，考虑到主要关心外层结构的精细模拟和控制，提出采用壁面模化的大涡模拟（wall modeled Large Eddy Simulation, WMLES）方法用于湍流边界层精细模拟，并应用到射流控制湍流边界层减阻的研究中。

WMLES 方法本质上是一种 LES/RANS 混合方法，被看作是面向下一代工业应用的 CFD 方法。基本思路是，在湍流边界层的黏性子层内采用普朗特混合长度模型简化计算，而在其他区域利用 LES 进行计算。事实上，湍流边界层中，近壁面湍流长度尺度按壁面距离线性增长，导致近壁面区域出现越来越小的涡；由于分子黏性限制，该现象在黏性子层会受到抑制，因而，当雷诺数 Re 增加时，黏性子层变薄，涡结构会越来越小。WMLES 方法正是利用边界层的这一特点，简化计算。本文 WMLES 方法的具体模型公式如下

$$\nu_t = f_D \min\left(\left(\kappa y\right)^2, \left(C_{\text{SMAG}}\Delta\right)^2\right)S \tag{1}$$

式中：$\kappa = 0.41$ 为卡尔曼常数；y 为长度尺度；Δ 为过滤尺度；C_{SMAG} 为常数，一般取 0.02。

为了利用上述模型方程，得到可靠的数值模拟结果。笔者所在课题组在有关项目研究中，持续开展了系列化工作。包括：①在空间离散方面，为了避免过大的数值耗散污染流场，专门研究了数值耗散的抑制问题，进一步发展了自适应低耗散 AUSM+ 格式[3]；②在时间推进方面，完善了二阶精度 BDF 格式，研究了在时间准确性计算中如何利用进一步提高时间精度的方法；③在人工合成湍流入口条件的生成方面，研究了多种能产生人工合成湍流入口条件的策略，以改善人工合成湍流入口条件的生成品质。此外，还结合具体案例的实践，建立了 WMLES 计算的一般性建议及实践指南，包括：对壁面限制湍流，计算网格需要一定的分辨率；影响 LES 计算成功的关键因素包括需要恰当的流场模拟范围、需要恰当的初始条件和湍流入口条件，并且计算中，数值格式的耗散控制是关键等。这些实践经验都对指导开展 LES/RANS 方法的计算研究具有借鉴意义。

在本文 WMLES 计算中，不作特殊说明，均采用迎风偏置的低耗散 AUSM+（即 SLAU）格式进行空间离散，采用二阶精度的双时间步隐式方法进行时间推进。图 2 给出利用该计算策略得到的经典逆压梯度平板算例[4]的典型结果。可以看到，WMLES 给出的流场结构相当精细，且摩阻系数计算结果与文献直接数值模拟（DNS）结果基本一致。

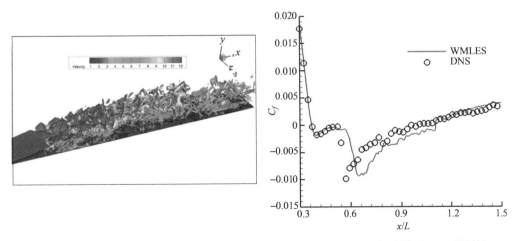

图 2　逆压梯度平板算例 WMLES 计算典型结果（左：某时刻涡量等值面；右：摩擦阻力系数结果与 DNS 的比较）

图 3 进一步给出了该算例典型站位处的时间平均流向速度剖面与 DNS 计算结果的比较，可以清晰地看到，两者吻合总体较好，结合摩阻系数结果，表明 WMLES 方法可用于近壁湍流边界层的模拟。

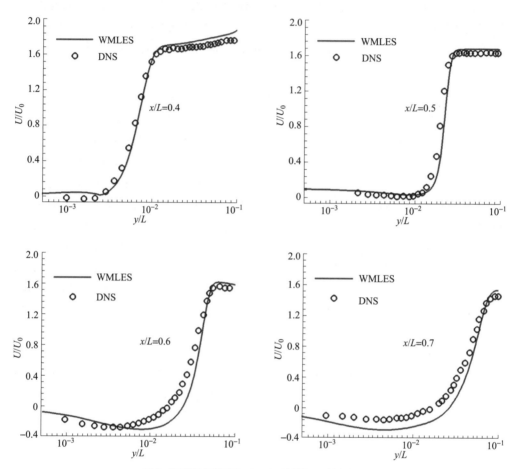

图 3　逆压梯度平板算例 WMLES 计算的不同站位速度型

1.3　计算结果及分析

为了研究得到不同雷诺数下外层射流控制的减阻规律，具体考察了两种不同雷诺数工况。工况 1 对应 $Re_\tau=470$ 的低雷诺数状态，工况 2 对应 $Re_\tau=4700$ 的中高雷诺数状态。

图 4 给出低雷诺数 $Re_\tau=470$ 条件下，WMLES 计算得到的平板边界层典型流场及速度剖面结果。可以看出，WMLES 给出的边界层湍流结构非常清晰，且典型站位平均速度剖面与理论解非常吻合，表明，湍流平板边界层得到充分发展，可以作为下一步开展射流控制的基础。

基于低雷诺数 $Re_\tau=470$ 工况，首先开展了三种不同控制策略（即 V 控制、W 控制及 VW 控制）下减阻增益的对比研究（见图 5）。

图 5 给出了计算得到的不同控制策略下合成射流阵列下游的时均摩阻系数分布。可以明显看到，

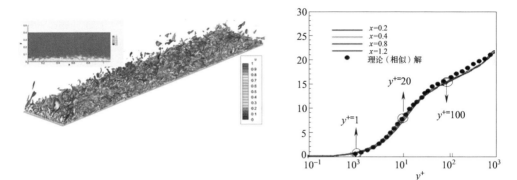

图 4　Re_τ=470 工况下，平板边界层算例 WMLES 计算典型结果
（左：某时刻涡量等值面；右：典型站位平均速度剖面）

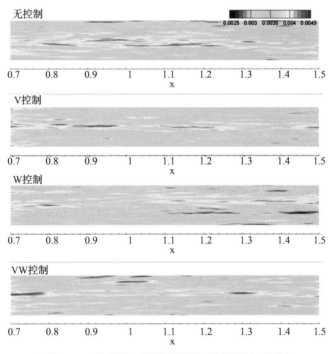

图 5　Re_τ=470 工况下，不同控制策略的时均摩擦阻力系数分布

施加控制后，合成射流阵列下游均不同程度出现低阻区。通过采用进一步取展向平均的方法，图 6 给出了不同控制情况得到的当地摩阻减阻率分布曲线。这里，当地摩阻减阻率定义为

$$\Delta C_{\mathrm{fw}}\% = (C_{\mathrm{fw}} - C_{\mathrm{fw,base}})/C_{\mathrm{fw,base}} \times 100\% \tag{2}$$

式中，$C_{\mathrm{fw,base}}$ 为无控制的基准流动当地摩阻系数。

从图 5 可以看出，VW 控制首先得到减阻增益，但到某一站位后，出现增阻；而 V 控制和 W 控制在下游区域均得到减阻增益，当地摩阻减阻率为 2% ～ 3%。

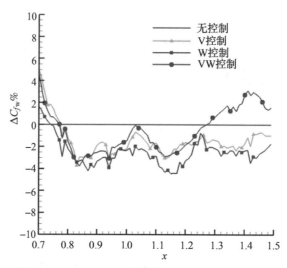

图6 Re_τ=470工况下，不同控制策略得到的当地摩阻减阻率分布

基于上述认识，针对工况2（即 Re_τ=4700下的中高雷诺数状态），开展了采用 V 控制策略进行减阻控制的研究。由图7给出的控制前后，平均摩擦阻力系数分布云图对比，可以看出，施加 V 控制后，射流控制阵列下游产生明显的低阻区。由图8给出的当地减阻率分布曲线，可进一步看出，与低雷诺数工况相比，在高雷诺数下得到更高的减阻收益，当地摩阻减阻率达到5%~6%，其收益相当可观。

为了从机理层面理解和分析产生上述显著减阻增益的原因，针对 Re_τ=4700工况，采用预乘能谱方法对流场结构进行了分析。图9给出在典型站位（x=0.8m），控制前后近壁面区域流向、法向和展向脉动速度均方根的变化。图10进一步给出流向速度预乘能谱 $k_z Ek_{uu}/u_\tau^2$ 在控制前、后的变化，其中左图为基准流动，右图为控制流动。

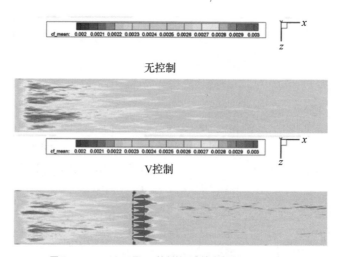

图7 Re_τ=4700工况下，控制前后当地摩阻减阻率分布对比

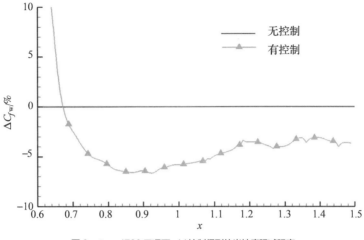

图8　Re_τ=4700 工况下，∨ 控制得到的当地摩阻减阻率

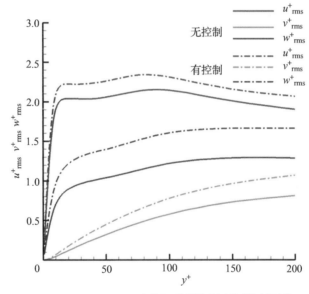

图9　Re_τ=4700 工况下，平板边界层控制前后速度脉动均方根变化

由图 10 可知，对于无控制流动，出现了只有在高雷诺数情况下才会出现的双峰结构，表明本文选择模型问题的雷诺数已足够高。从图中可以看到，对无控制流动，第一个峰值位于近壁区域 y^+=15 附近，体现的是近壁面的周期性高低速条带间的黏性尺度的能量；而第二个峰值出现在 y^+=200 附近，体现的是外层的大尺度结构的能量。在施加控制后，第一个峰值位置明显上移，且量值变大。

实际上，由图 9 可知，施加控制后，脉动速度均方根有一个明显的抬升，说明流动控制增加了流场的脉动。而由图 10 可知，流动控制在边界层内使得能量峰值有一定偏移，且显著增强了湍流的大尺度结构。在流动控制前，流场脉动主要体现为由波数在 150 ~ 200 的小尺度结构产生的；但在流动控制后，流场脉动明显体现为由波数在 300 ~ 1000 的小尺度结构和大尺度结构混合。

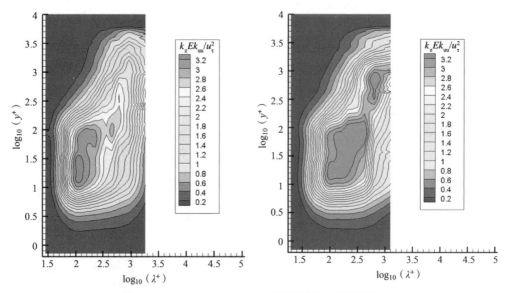

图10　Re_{τ}=4700 工况下，x/c=0.8 站位处流向速度预乘能谱分布

由此，不难分析，通过在平板湍流边界层外层注入能量，在边界层厚度几乎不变的情况下，将显著增强大尺度结构的作用。通过大尺度结构对小尺度结构产生调制，可能是外层射流控制减阻的重要原因。

2　基于等离子控制的减阻研究

2.1　模型问题

研究模型为 NACA0012 平直机翼模型。采用这一模型的主要原因是，由于 NACA0012 平直机翼的基础翼型是对称翼型，在 0°迎角时阻力的贡献主要来源于摩擦阻力。因此，通过这个模型，可以确认等离子体控制能否用于减小摩擦阻力。

具体计算中，NACA0012 平直机翼的弦长为 200mm，展长为 100mm。来流马赫数 Ma_{∞}=0.3，单位雷诺数为 Re_{∞}=6.63×10^6。

等离子激励器布置方案如下：

（1）方案 1（等间距展向排布方式）：在保证每组裸露电极之间间距为 10mm 的前提下，选定 2 组（记为 N2_D10）、4 组（记为 N4_D10）和 6 组（记为 N6_D10）电极等 3 组激励器；

（2）方案 2（变间距展向排布方式）：基于 4 组裸露电极的模型，选用电极间距分别为 10mm（记为 N4_D10）、15mm（记为 N4_D15）和 20mm（记为 N4_D20）等 3 组激励器。

其中，方案 1 的主要目的在于研究电极组数对流场阻力的影响；而方案 2 的主要目的在于研究电极间距对流场阻力的影响。具体激励器布置中，每组裸露电极布置于翼型上壁面站位 x=40～100mm 处，每组电极长 60mm，宽 2mm，以保持与项目中试验布置保持一致。图 11 展示了一组典型的激励器排布方式，即模型 N4_D10。

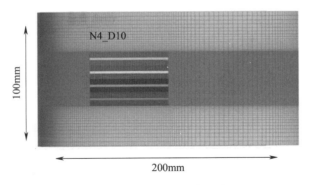

图 11　N4_D10 等离子激励器模型示意图

2.2　数值研究方法

有很多种方法可以实现等离子体激励器仿真或模拟，包括唯象模型方法、集总电路模型方法、物理原理耦合求解方法以及粒子群 – 蒙特卡罗模拟方法等[5]。其中，唯象模型方法是目前最常用的方法。

唯象模型的主要优势是，可以通过修正宏观上的几个参数，绕过微观上还未弄清楚的问题，来实现相对准确的等离子体流动控制模拟。缺点是，模型参数的修正需要基础试验数据的支持。本文模拟中，采用近年来逐步得到认可的 Susen 体积力唯象模型[6-7]。

利用 Susen 体积力模型实现等离子体控制模拟的过程包括两个关键环节：①通过求解电荷、电势的位势方程，获得体积力（图 12）；②求解耦合了体积力的流场控制方程，得到控制流场。

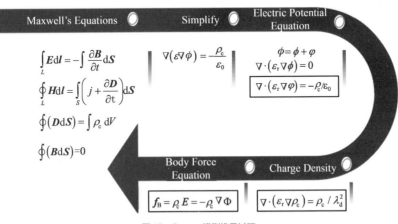

图 12　Susen 模型推导过程

为了对 Susen 体积力模型进行验证，图 13 展示了利用 Susen 体积力模型计算等离子激励平板算例得到的典型结果。其中，图左为等离子激励器诱导的电势分布结果；图右为相应的体积力分布结果。两者均与预期一致，证实了所建立等离子激励器模拟方法的有效性。

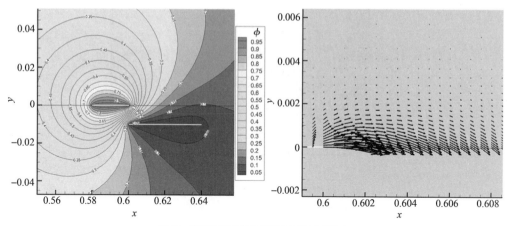

图 13　等离子激励器诱导的典型电势及体积分布

2.3　计算结果及分析

针对本模型问题，定义减阻率为

$$\mathrm{DRR} = (C_{d,\,\mathrm{plasma\_off}} - C_d)\, / \, C_{d,\,\mathrm{plasma\_off}} \times 100\% \tag{3}$$

式中，$C_{d,\,\mathrm{plasma\_off}}$ 为激励器关闭时得到的阻力系数。

同时，为了细致分析等离子体激励器对阻力的影响，进一步将阻力系数分解为压强诱导的阻力系数（即压差阻力 $C_{d,\,\mathrm{p}}$）和黏性诱导的阻力系数（即黏性阻力 $C_{d,\,\mathrm{v}}$）。

表 1 首先给出定常激励下，由不同激励器模型计算得到的减阻量的比较。从表 1 中数据可以看出，在定常激励下，整体呈增阻趋势，并且随着激励器个数增加，增加的阻力越明显。从压差阻力和黏性阻力的占比看，增阻主要是由压差阻力造成的。在表 1 的不同激励器模型中，N4_D10 模型的压差阻力增阻量最大，达到 9.64%。

表 1　定常激励下，不同激励器模型计算得到的减阻量比较

激励器	C_d	DRR	$C_{d,\,\mathrm{p}}$	DRR	$C_{d,\,\mathrm{v}}$	DRR
N2_D10	0.01088900	−0.38%	0.00218764	−0.42%	0.00870127	−0.37%
N4_D10	0.01111650	−2.48%	0.00238858	−9.64%	0.00872801	−0.68%
N6_D10	0.01109400	−2.27%	0.00236424	−8.53%	0.00872963	−0.69%
无控制	0.01084800		0.00217852		0.00866944	

图 14 进一步给出了定常激励下 NACA0012 翼型上壁面的摩擦阻力系数分布云图，可以看到，裸露电极上摩擦阻力较之等离子关闭时显著增大，并且向下游延伸，逐渐减小，然而，埋藏电极之间的摩擦阻力较之等离子体关闭时略微减小。

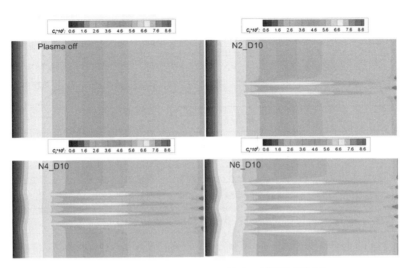

图 14　定常激励下 NACA0012 翼型上壁面摩擦阻力系数分布

为此，基于 N6_D10 模型，进一步考察了非定常激励下激励器间的阻力的减小量。计算中，占空比 τ =0.5，放电频率分别为 f =50Hz 和 500Hz。并且，选取 NACA0012 翼型上表面 P1(110，9.905，0)，P2（110，9.905，10)，P3（120，9.132，0)，P4（120，9.132，15)，P5（130，8.272，0)，P6（130，8.272，20)，P7（150，6.3415，0)，P8（150，6.3415，30）8 个试验监测点作为减阻量的监控点。

图 15 给出了放电频率 f =50Hz、500Hz 时监测点 P3 的流向切应力随时间变化的曲线，从图 15 中可以看出两点信息：①非定常激励下，流场呈现出良好的周期性；②约为 5 个脉冲周期后流场趋于稳定。

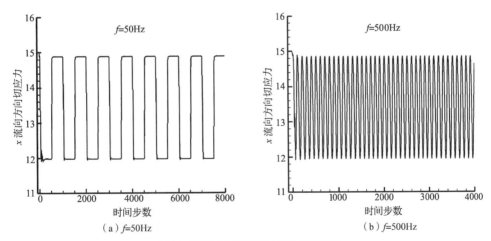

（a）f=50Hz　　　　　　　　　　　（b）f=500Hz

图 15　监测点 P3 流向切应力随时间变化曲线

表 2 给出了两种放电频率 f =50Hz、500Hz 下，8 个监测点 P1 ~ P8 的流向壁面应力的比较，可以看出，两种频率下监测点 P4 的阻力系数明显增大，其中 f =50Hz 时增大 16.05%，f =500Hz 时增大 17.70%，然而其余 7 个监测点较之等离子体关闭时则有明显的阻力减小，其中 P7 时减阻效果最为明显。这表明，在适当条件下，采用非定常等离子体控制将产生显著的减阻增益。

表 2　非定常激励下，监测点处减阻量比较

监测点	Plasma Off	f=50Hz	DRR	f=500Hz	DRR
P1	24.244352	20.517980	15.37%	20.555386	15.22 %
P2	24.249228	20.523487	15.36%	20.560690	15.21%
P3	23.047969	19.160921	16.87%	19.225518	16.58%
P4	23.043943	26.743389	−16.05%	27.122325	−17.70%
P5	21.867110	17.887960	18.19%	17.965448	17.84%
P6	21.867052	17.940084	17.96%	18.016392	17.61%
P7	19.506824	15.605426	20.00%	15.656147	19.74%
P8	19.502130	16.600298	14.88%	16.672895	14.50%

3　主要结论

（1）发展了一种新的 WMLES 模型，并建立了多种可用于射流控制模拟的策略和方法，在此基础上，形成了一套具备高精度射流控制模拟功能的流动控制分析程序，成功应用到逆压梯度平板边界层及零压梯度平板边界层的精细模拟。

（2）在流动控制技术及机理研究方面，提出采用合成射流（阵列）对湍流边界层进行外层控制，通过合理的射流装置布置及控制策略，在高雷诺数（Re_τ=4700）条件下，得到 5% ~ 6% 的平均减阻率。

（3）基于先进的 Susen 体积力模型方法，建立了可靠的等离子数值模拟方法并基于平板算例，完成了计算方法验证。发现等离子激励在湍流边界层的减阻研究中，存在一定的潜力，采用非定常激励，能够实现显著的局部区域当地摩擦阻力降低。但要实现总体大幅的减阻，还需要进一步研究其对湍流边界层结构的深层作用机理。

参 考 文 献

［1］Quadrio M，Ricco P. Critical assessment of turbulent drag reduction through spanwise wall oscillations［J］. Journal of Fluid Mechanics，2004，521：251-271.

［2］Valero E，Abbas A，Ferrer E. Drag Reduction technology review［C］. 2nd GRAIN2 open workshop on "Greening Aviation – A Global Challenge"，Xi' an，China，May 5th–8th，2015.

［3］李立，麻蓉，梁益华. 一类全速域低耗散 AUSM+ 格式的构造及性能分析［C］. 全国计算流体力学会议论文集，2014.

［4］Wissink J，Rodi W. Direct numerical simulations of transitional flow in turbo–machinery［J］. Joural of turbo–machinary，2016，128：668-678.

［5］Suzen Y, Huang G, Ashpis D. Numerical Simulations of Flow Separation Control in Low-Pressure Turbines Using Plasma Actuators［J］. AIAA 2007-937, 2007.

［6］Likhanskii A, Shneider M, Macheret S, et al. Modeling of Interaction Between Weakly Ionized Near-Surface Plasmas and Gas Flow［J］. AIAA 2006-1204, 2006.

［7］Taku Nonomura. Control Mechanism of Plasma Actuator for Separated Flow around NACA0015 at Reynolds Number 63, 000 -Separation Bubble Related Mechanisms［J］. AIAA 2013-0853, 2013.

基于非轴对称端壁造型流动控制技术的 发动机涡轮叶栅优化设计

丰镇平，宋立明，郭振东，卜红岩

西安交通大学能源与动力工程学院，陕西西安 710049

1 项目概述

1.1 研究背景

随着现代航空发动机涡轮向大功率、高负荷方向的发展，其内部的气动损失逐渐增加，损失机理也愈加复杂。航空发动机涡轮叶栅通道中存在多种流动损失，如型面损失、尾迹损失、二次流损失等[1]。在上述气动损失中，二次流损失占有非常高的比重。据 Sharma 和 Butler 的研究[2]，二次流损失通常占叶栅通道总气动损失的 30% ~ 50%。因此，寻求新型的流动控制手段，对叶栅通道中的二次流强度进行抑制，从而降低二次流损失，对于提升航空发动机涡轮效率，降低发动机油耗，提高航空发动机技术经济性至关重要。非轴对称端壁造型作为一种新型的流动控制手段，能够减小叶栅通道中的横向压力梯度，从而抑制二次流。最新研究表明，将非轴对称端壁造型与叶身造型相结合能够进一步减小叶栅气动损失。

计算流体力学（computational fluid dynamics，CFD）方法作为一种高效经济的研究手段，在非轴对称端壁造型的研究中得到了广泛的应用。然而现有的 CFD 方法在预测叶栅通道二次流时尚存在误差，基于 CFD 方法的非轴对称端壁设计与优化，必须经过实验验证以证明其正确性与有效性。

基于上述背景，本项目针对非轴对称端壁与叶身联合造型的参数化方法及设计优化方法开展了研究，在此基础上搭建了非轴对称端壁与叶身联合造型测试实验台，通过实验验证了整个设计优化体系的正确性和有效性，为绿色高效航空发动机的涡轮设计提供了相应的基础数据和技术支撑。

1.2 国内外研究情况及最新进展

非轴对称端壁造型作为一种新型流动控制手段在近年来逐渐受到较多的关注[3-6]。非轴对称端壁造型最早由 Rose 等于 1994 年提出[7]，旨在通过减小叶栅通道中横向压力梯度来抑制二次流。2001 年 Rose 等报道了将非轴对称端壁造型应用于 Rolls-Royce Trent 500 发动机上的研究结果，使效率提升了 0.9%[8]，从而进一步证明了非轴对称端壁造型在削弱二次流、减小二次流损失上的有效性。2014 年 Lyall 等[9] 在高负荷低压涡轮叶栅动叶端上应用了非轴对称端壁造型，此端壁造型在抑制二次流上展现出优异的性能。此外，Germain 等[10] 于 2010 年的研究表明，对于小展弦比叶栅，非轴对称端壁造型在抑制二次流的同时还能够减小型面损失。最近，Bath 大学 Jones 等[11]设计搭建了单级涡轮试验台，研究了轮缘密封泄漏流作用下非轴对称端壁造型对级气动性能的影响机制。美国空军研究实验室 Jacob 等利用 Bezier 控制曲线对一高负荷低压涡轮开展了非轴对称端壁造型研究，数值分析与实验验证均表明，非轴对称端壁造型通过抑制高负荷低压涡轮中的通道涡，能够显著降低二次流损失[12]。

为了进一步提升叶栅的气动性能，Negal 等[13]提出将非轴对称端壁造型与三维叶栅造型相结合，从而提高叶栅造型的自由度。Bagshaw[14]等将非轴对称端壁造型与前缘修型相结合，在低速风洞中进行了平面叶栅吹风实验，验证了端壁与叶栅联合造型的有效性。非轴对称端壁造型也可以与叶栅三维积叠造型相结合，Poehler[15]等将这种联合造型应用于 1.5 级涡轮的造型优化。尽管二次流损失有所增加，优化后的涡轮级多变效率仍提高了 0.479%，其原因在于联合造型调整了二次流涡系结构，使得静叶出口气流更加均匀。Song 等[3]也采用了类似的参数化造型方法，将非轴对称端壁造型与二维截面型线调整、叶身三维复合式倾斜相结合，成功开展了一高负荷小展弦比叶栅的气动优化与实验验证。

另外，Ingram 等[16]在进行 Durham 叶栅的非轴对称端壁设计时发现，CFD 方法在预测二次流损失时存在误差。CFD 结果表明，经过非轴对称端壁造型的叶栅相对原始叶栅气动损失降低，而实验结果表明非轴对称端壁设计的气动损失增加。这种 CFD 结果与实验结果的不一致说明，现有的 CFD 方法对叶栅二次流损失的预测尚不完善，基于 CFD 的非轴对称端壁设计与优化必须与实验验证相结合，以证明其正确性和有效性。

在非轴对称端壁与叶身联合造型的实验研究当中，多利用五孔探针在叶栅出口截面进行测量，如通过测量总压损失系数[13, 17, 18]、出口气流角分布[13, 18]等来确定叶栅通道中高损失的区域。然而，五孔探针测量范围仅限于叶栅出口截面，因此文献中对叶栅通道内部二次流迁移规律[9]的实验数据较少。为了充分理解非轴对称端壁与叶身联合造型叶栅通道内部二次流流动规律，同时校验基于 CFD 的联合造型设计与优化的正确性与有效性，亟待对叶栅通道内部流场展开测量工作[19-20]。近年来，一些非接触式测量手段，包括激光多普勒测速（laser doppler velocimetry, LDV）[21]和粒子图像测速（particle image velocimetry, PIV）[22-24]等逐渐应用到了二次流流场的测量当中。Chang 等[21]利用 LDV 和 PIV 测试系统在平板模型上测量了雷诺数 400～11000 下马蹄涡的定常形态和周期性震荡规律，其测试结果表明，边界层厚度对马蹄涡的演化影响非常显著。Praisner 等[22]利用 PIV 技术对一对称翼型的马蹄涡结构及端壁传热性能进行了测量，获取了马蹄涡的瞬态和时均流动特性，分析了马蹄涡影响下端壁的传热性能。基于改进的 PIV 技术，Wang 等[25]利用远场显微镜测量了叶栅通道中瞬态二次流，其高解析度的结果清晰地显示了马蹄涡吸力面分支绕通道涡旋转运动的轨迹。通过与不同湍流模型的 CFD 预测结果进行对比，发现 SST $k-\omega$ 湍流模型的计算结果与实验更为接近，而 $k-\varepsilon$ 湍流模型的计算结果与实验结果相差较大。如上所述，已发表的文献多针对简化模型进行测量，而对真实叶栅特别是非轴对称端壁造型叶栅中的二次流测量较少涉及。

1.3 研究目标及研究内容

以风洞试验为基础，结合 CFD 分析手段，对非轴对称端壁造型这一新型流动控制技术进行深入的研究，揭示非轴对称端壁造型技术对叶栅气动性能影响的机理，为高效实现叶栅流动控制和降低气动损失提供支撑。

（1）完善非轴对称端壁叶栅吹风实验台，开展轴对称端壁和非轴对称端壁叶栅吹风实验，结合 CFD 分析技术，研究非轴对称端壁造型对典型高负荷叶栅流场的影响规律。

（2）研发适用于高负荷叶栅的非轴对称端壁设计优化方法，并对典型高负荷叶栅进行非轴对称端壁设计优化。

（3）提供非轴对称端壁造型实验数据，验证湍流模型在发动机的应用。

（4）通过提供非轴对称端壁造型数据，协助中航商发公司完成非轴对称端壁造型设计优化。

（5）为提升航空驱动技术就绪指标（技术成熟度）TRL（technology readiness level）提供技术支撑。

2 解决的关键技术及技术途径

2.1 理论方法与技术要点

提出环形叶栅非轴对称端壁造型方法，利用实验和数值分析手段研究非轴对称端壁减小二次流损失的机理。

基于双控制型线法以及非均匀 B 样条曲线曲面造型技术，提出了如图 1 所示的非轴对称端壁及叶片的参数化造型方法，实现了非轴对称端壁与叶片型线的参数化造型。在此基础上，耦合差分进化算法与多点 EGO 算法，搭建了非轴对称端壁自动设计优化平台，如图 2 所示。

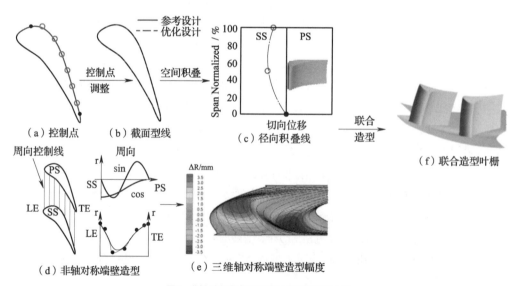

图1 非轴对称端壁与叶身联合造型参数化方法

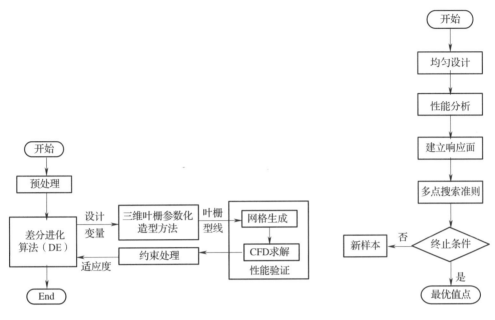

（a）基于差分进化算法的优化平台 （b）多点EGO算法

图2 非轴对称端壁自动设计优化平台

2.2 技术途径

利用提出的非轴对称端壁及叶片参数化造型方法，实现了非轴对称端壁与叶片型线的联合造型。在此基础上，耦合差分进化算法与多点 EGO 算法，搭建了非轴对称端壁设计优化平台，对参数化造型的非轴对称端壁与叶片型线进行了气动设计优化。进一步，搭建了环形叶栅吹风实验台，对优化后得到的非轴对称端壁进行了实验测量，以验证非轴对称端壁造型的正确性与有效性。图3给出了环形叶栅吹风实验台的示意图，该实验平台包括叶片表面静压测量系统，五孔探针测试系统与 PIV 测试系统三部分，能够对叶片表面，叶栅出口流场与叶栅通道内部流场进行测量。

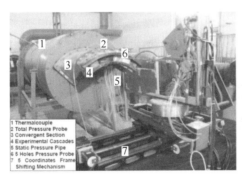

（a）五孔探针测试系统

（b）PIV测试系统

图3 环形叶栅吹风实验台

2.3　设计计算和实验结果

基于非轴对称端壁设计优化平台，对一典型的小展弦比叶栅开展了非轴对称端壁与叶片型线设计优化。图4给出了原始叶栅与优化叶栅的端壁造型示意图，优化叶栅端壁在靠近吸力面侧略微内凹，在靠近压力面侧略微外凸。非轴对称端壁造型区域集中在吸力面喉部附近，最大的造型幅度为4mm，相当于8%叶高。

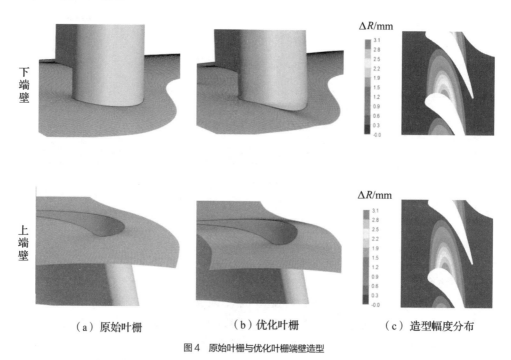

（a）原始叶栅　　　　　　（b）优化叶栅　　　　　　（c）造型幅度分布

图4　原始叶栅与优化叶栅端壁造型

图5对原始叶栅与优化叶栅截面型线、三维积叠方式及三维叶型进行了对比。从图5中可以看出，优化叶栅对叶型喉部型线进行了微调，叶片在径向积叠上向吸力面侧有一定弯曲，呈现反弯结构。

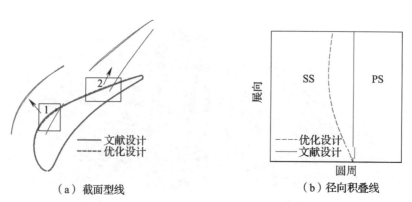

（a）截面型线　　　　　　　　　　（b）径向积叠线

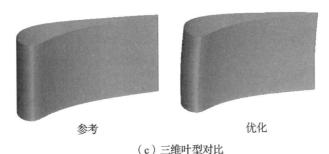

参考 优化

（c）三维叶型对比

图5 原始叶栅与优化叶栅叶型对比

图6给出了优化前后叶片表面静压分布与极限流线的对比。由静压分布云图可知，优化后喉部附近型线得到调整，扩压区的逆压梯度降低。从叶片表面极限流线可知，随着逆压梯度降低，叶片表面涡流减小，因而型面损失减小。此外，从静压分布云图还可以看出，叶片积叠方式的调整也减小了叶栅通道内部的径向压力梯度，有利于削弱二次流。从叶片中后部表面分离线也可以看出，在调整后的径向压力梯度影响下，通道涡更加靠近下端壁，其影响范围得到削弱。

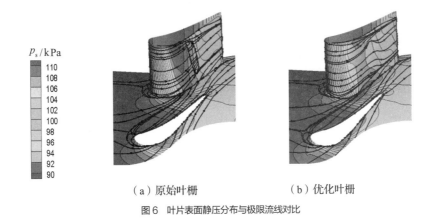

（a）原始叶栅 （b）优化叶栅

图6 叶片表面静压分布与极限流线对比

图7对比了原始叶栅和优化叶栅上端壁面静压分布与极限流线。由极限流线可知，优化后马蹄涡吸力面分支耗散加快，强度得到削弱（A点）。在20%～60% Cax区域，叶栅通道中横向压力梯度减小，马蹄涡压力面分支及通道涡向吸力面迁移距离变长（B点）。总体上，非轴对称端壁造型使得端区附近二次流发展受到抑制。

图8给出了叶片表面熵值分布、中叶展熵分布和近尾缘处轴向涡量分布云图。经过优化，叶片表面喉部附近高熵区域明显减小，中叶展处熵值减小，表明叶栅型面损失降低。同时，喉部下游靠近上下端壁处受二次流影响区域熵值明显减小，近叶栅出口处的轴向涡量分布更加靠近端壁，表明二次流强度得到削弱，影响范围减小。

图9给出了叶栅出口总压恢复系数沿径向的分布，与前面分析一致，叶栅型面损失明显降低，由于二次流更加靠近端壁，其影响范围减小。

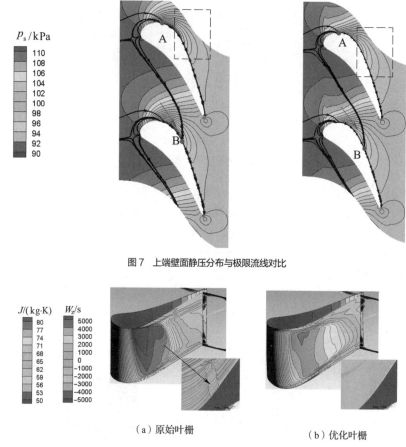

图7　上端壁面静压分布与极限流线对比

图8　叶片表面熵分布与轴向涡量分布

（a）原始叶栅　　　　　　　（b）优化叶栅

在上述基于 CFD 的非轴对称端壁设计优化与流动分析工作的基础上，开展了叶栅吹风实验，以验证非轴对称端壁造型技术的正确性和有效性。图 10 给出了数值计算与实验测量得到的叶片表面静压系数，可见数值结果与实验数据吻合良好，经过优化，吸力面压力略有提升，叶栅 60%Cax[①] 以后的逆压梯度降低，叶栅整体横向压力梯度降低。在 90% 叶高，优化叶栅在前缘附近（20%Cax 前）吸力面压力提升，气流得到加速，有利于抑制二次流的发展。

图 11 给出了数值计算与实验测量得到的叶栅出口总压恢复系数与气流角分布，可见数值

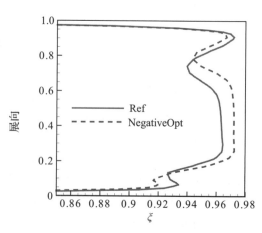

图9　叶栅出口周向平均总压恢复系数分布

———————

① Cax 为轴向弦长。

计算与实验数据在趋势上吻合良好。与数值分析的结论一致，优化后叶栅的型面损失明显减小，二次流向端壁附近移动，其影响范围减小。优化后，叶栅出口气流角相比原始叶栅沿叶高分布更加均匀。

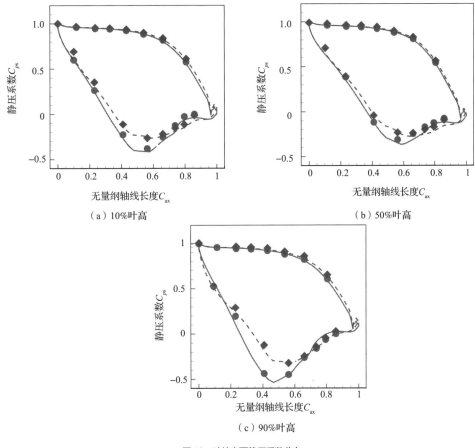

（a）10%叶高　　　　　　　　（b）50%叶高

（c）90%叶高

图 10　叶片表面静压系数分布

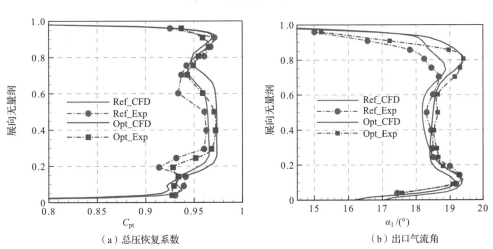

（a）总压恢复系数　　　　　　　（b）出口气流角

图 11　叶栅出口总压恢复系数与气流角分布

图 12 对比了优化前后叶栅出口距尾缘轴向距离 20mm 处截面总压系数云图，可见优化叶栅二次流涡核更加靠近上下端壁，中叶展附近型面损失明显减小。

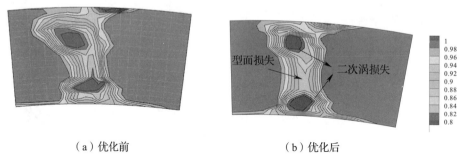

（a）优化前 　　　　　　　　　（b）优化后

图12　叶栅出口总压恢复系数分布

图 13 给出了 PIV 测量得到的沿流向各截面二次流矢量与流线图，其中横坐标表示叶片型线法线方向，纵坐标表示叶高方向。观察二次流沿流向的变化规律可知，通道涡（PV）在向下游发展时逐渐增强。在横向压力梯度的作用下，原始和优化叶栅的马蹄涡压力面分支（HV_p）和通道涡（PV）逐渐向吸力面迁移，这与以往经验吻合较好，从而验证了 PIV 测量的正确性。对比各截面二次涡发展，可以看出优化叶栅二次涡涡核尺寸相对参考叶栅更小，位置更靠近端壁，这与五孔探针测量结果是一致的。综合上述分析，本项目开发的非轴对称端壁造型设计优化系统的正确性和有效性得到了验证。

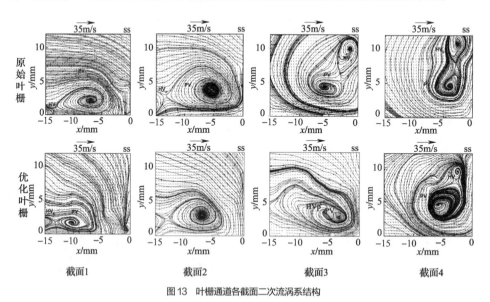

截面1 　　　　　　截面2 　　　　　　截面3 　　　　　　截面4

图13　叶栅通道各截面二次流涡系结构

3　主要结论

基于双控制型线法及非均匀 B 样条曲线曲面造型技术，提出了非轴对称端壁及叶片参数化造型方法。耦合参数化造型方法、自适应差分进化算法、多点 EGO 算法及 CFD 求解技术，构建了适用于高负荷小展弦比叶栅的非轴对称端壁设计优化平台。在此平台上针对一典型小展弦比叶栅开展了非轴对称端壁与叶片型线联合造型优化，通过详细的流场分析阐明了非轴对称端壁控制叶栅二次流，降低二次流损失的机理。在此基础上搭建了扇形叶栅实验台，通过叶片表面静压测量、出口截面五孔探针测量及通道内部各截面 PIV 测量验证了上述分析的准确性，证明了整个非轴对称端壁设计优化系统的正确性和有效性。综合数值分析与实验测量结果，获得以下主要结论：

（1）以总压恢复系数最高为目标，对质量流量和出口气流角进行约束，完成了小展弦比叶栅的非轴对称端壁与叶片气动优化。在数值优化中，叶栅的总压恢复系数提高了 0.41%。

（2）在数值优化的基础上，开展了实验研究，利用五孔探针测量了叶栅出口总压恢复系数分布。测量结果表明优化叶栅的总压恢复系数相比原始叶栅提升了 0.47%，非轴对称端壁造型设计优化的正确性与有效性得到了验证。

（3）基于数值与实验数据进行了详细的流场分析，揭示了非轴对称端壁与叶片联合造型控制叶栅二次流的机理。通过非轴对称端壁与叶片联合造型，叶栅喉部后的逆压梯度降低，叶栅型面损失降低；同时，通过非轴对称端壁与叶片联合造型，叶栅内横向压力梯度减小，二次流强度减弱；叶栅的反弯调整了径向压力梯度，使得二次涡更靠近端壁，其影响范围减小，二次流损失减小。

参 考 文 献

［1］Denton J D. Loss mechanisms in turbomachines［C］. ASME 1993 International Gas Turbine and Aeroengine Congress and Exposition, 1993.

［2］Sharma O P, Butler T L. Predictions of endwall losses and secondary flows in axial flow turbine cascades［J］. ASME Journal of Turbomachinery, 1987, 109（2）：229–236.

［3］Song L, Guo Z, Li J, et al. Optimization and knowledge discovery of a three–dimensional parameterized vane with nonaxisymmetric endwall［J］. AIAA Journal of Propulsion and Power, 2017, 34（1）：234–246.

［4］Turgut Ö H, Camci C. A nonaxisymmetric endwall design approach and its computational assessment in the NGV of an HP turbine stage［J］. Aerospace Science and Technology, 2015, 47：456–466.

［5］Luo J, Liu F, McBean I. Turbine blade row optimization through endwall contouring by an adjoint method［J］. AIAA Journal of Propulsion and Power, 2014, 31（2）：505–518.

［6］Liu H, Li D, Lu B, et al. Endwall secondary flow control in a high speed compressor cascade with vortex generator jets［C］. ASME Turbo Expo 2016：Turbomachinery Technical Conference and Exposition, 2016.

［7］Rose M G. Non–axisymmetric endwall profiling in the HP NGV's of an axial flow gas turbine［C］. ASME 1994 international gas turbine and aeroengine congress and exposition, 1994.

［8］Brennan G, Harvey N W, Rose M G, et al. Improving the efficiency of the Trent 500 HP turbine using non–axisymmetric end walls：Part 1 — turbine design［C］. ASME Turbo Expo 2001：Power for Land, Sea, and Air, 2001.

［9］Lyall M E, King P I, Clark J P, et al. Endwall loss reduction of high lift low pressure turbine airfoils using profile contouring — Part I：airfoil design［J］. ASME Journal of Turbomachinery, 2014, 136（8）：081005.

［10］Germain T, Nagel M, Raab I, et al. Improving efficiency of a high work turbine using nonaxisymmetric endwalls — Part I: endwall design and performance ［J］. ASME Journal of Turbomachinery, 2010, 132（2）: 021007.

［11］Jones R, Pountney O, Cleton B, et al. An advanced single-stage turbine facility for investigating non-axisymmetric contoured endwalls in the presence of purge flow ［C］. Proceedings of the ASME Turbo Expo 2019: Turbine Technical Conference and Exposition, 2019: GT2019-90377.

［12］Dickel J A, Marks C, Clark J, et al. Non-axisymmetric endwall contouring of front-loaded high-lift low pressure turbines ［C］. 2018 AIAA Aerospace Sciences Meeting, 2018: 2125.

［13］Nagel M G, Baier R D. Experimentally verified numerical optimization of a three-dimensional parametrized turbine vane with nonaxisymmetric end walls ［J］. ASME Journal of turbomachinery, 2005, 127（2）: 380-387.

［14］Bagshaw D A, Ingram G L, Gregory-Smith D G, et al. The design of three-dimensional turbine blades combined with profiled endwalls ［J］. Proceedings of the IMechE. Part A: Journal of Power and Energy, 2008, 222（1）: 93-102.

［15］Poehler T, Niewoehner J, Jeschke P, et al. Investigation of nonaxisymmetric endwall contouring and three-dimensional airfoil design in a 1.5-Stage axial turbine — Part I: design and novel numerical analysis method ［J］. ASME Journal of Turbomachinery, 2015, 137（8）: 081009.

［16］Ingram G, Gregory-Smith D, Harvey N. Investigation of a novel secondary flow feature in a turbine cascade with end wall profiling ［C］. ASME Turbo Expo 2004: Power for Land, Sea, and Air, 2004: 1199-1209.

［17］Schüpbach P, Abhari R S, Rose M G, et al. Improving efficiency of a high work turbine using nonaxisymmetric endwalls — Part II: time-resolved flow physics ［J］. ASME Journal of Turbomachinery, 2010, 132（2）: 021008.

［18］Niewoehner J, Poehler T, Jeschke P, et al. Investigation of nonaxisymmetric endwall contouring and three-dimensional airfoil design in a 1.5 stage axial turbine — Part II: experimental validation ［J］. ASME Journal of Turbomachinery, 2015, 137（8）: 081010.

［19］Torre D, V á zquez R, de la Rosa Blanco E, et al. A new alternative for reduction in secondary flows in low pressure turbines ［J］. ASME Journal of Turbomachinery, 2011, 133（1）: 011029.

［20］Langston L S. Secondary flows in axial turbines — A review ［J］. Annals of the New York Academy of Sciences, 2001, 934（1）: 11-26.

［21］Lin C, Chiu P H, Shieh S J. Characteristics of horseshoe vortex system near a vertical plate—base plate juncture ［J］. Experimental Thermal and Fluid Science, 2002, 27（1）: 25-46.

［22］Praisner T J, Smith C R. The dynamics of the horseshoe vortex and associated endwall heat transfer — Part I: temporal behavior ［J］. ASME Journal of Turbomachinery, 2006, 128（4）: 747-754.

［23］Konrath R, Klein C, Schröder A. PSP and PIV investigations on the VFE-2 configuration in sub-and transonic flow ［J］. Aerospace Science and Technology, 2013, 24（1）: 22-31.

［24］Ukai T, Zare-Behtash H, Erdem E, et al. Effectiveness of jet location on mixing characteristics inside a cavity in supersonic flow ［J］. Experimental Thermal and Fluid Science, 2014, 52: 59-67.

［25］Wang S, Sun H, Di J, et al. High-resolution measurement and analysis of the transient secondary flow field in a turbine cascade ［J］. Proceedings of the IMechE. Part A: Journal of Power and Energy, 2014, 228（7）: 799-812.

流动控制装置应用前景分析和发展

张淼，张美红，赵旸

商用飞机公司上海飞机设计研究院，上海 201210

1 项目概述

1.1 项目背景

减阻增升一直以来都是航空科技的重心和焦点，对于大型飞机，其绕流状态为湍流流动，摩擦阻力占总阻力的一半左右，是最具减阻潜力的一项内容，因此人们对减小摩擦阻力一直都非常痴迷和关注，目前最有效的方法是层流技术和湍流减阻技术，鉴于层流技术在失速和其他方面的限制，湍流减阻成为近期可用的最具潜力的减阻技术。通过对湍流研究的深入开展，尤其是湍流相干结构的发现、湍流流动作用机理研究的突破，使得湍流边界层减阻技术进一步成熟和完善，从而有效减小湍流摩擦阻力，使得飞机性能大幅提升。美国、欧盟等航空强国和联盟均开展了机理研究、工程应用研究、飞行试验和风洞试验等工作，取得了很大的进展。本课题正是基于以上背景开展机理研究、工程应用研究、型号应用评估等工作，研究手段涵盖理论分析、数值模拟和风洞试验等技术。

1.2 国内外研究情况及最新进展

1.2.1 小肋减阻简述

对湍流减阻的研究可追溯到 20 世纪 30 年代，直到 60 年代中期，人们认为光滑表面的阻力最小，减阻的主要方式还是减小表面粗糙度。而 20 世纪 70 年代 NASA 兰利研究中心发现具有顺流向微小沟槽的表面能有效地降低壁面摩阻，突破了表面越光滑阻力越小的传统思维方式，沟槽壁面减阻就成为湍流减阻技术中的研究焦点。沟槽壁面减阻是湍流边界层流动控制减阻的内容之一，是通过在光滑表面加工或直接黏附一定尺度的细小沟槽而达到减小湍流阻力的一种技术。NASA 兰利研究中心的 Walsh 等进行的沟槽壁面减阻试验研究指出，无量纲高度与无量纲间距分别小于 25 和 30 的对称 V 型沟槽面有比较好的减阻效果[1-4]。Bacher 和 Smith[5]通过测量流速分布，利用边界层动量积分公式得到 25% 的减阻效果。采用同样的方法，Gallagher 和 Thomas[6]的研究结果表明只在沟槽板的后半部分阻力有所减小，但总的阻力几乎不变。Park 和 Wallace[7]用热线风速仪详细测量了沟槽内的流向速度场，通过对沟槽壁面摩擦切应力的积分，得到了大约 4% 的减阻效果。D.W.Bechert[8]对高度可调的细薄肋形沟槽面进行研究并获得 9.9% 的减阻效果，从而认为具有适当高横比的细薄肋形沟槽面才是最佳减阻几何形状。但是由于细薄肋形沟槽制造工艺复杂，大部分针对沟槽面减阻技术的研究仍然集中在传统的对称 V 形沟槽表面上。

对沟槽壁面减阻技术及其机理的研究已经持续了近 50 年，但由于沟槽尺度较小及测量精度等条件限制，目前还无法获取沟槽表面边界层内的微观流场结构，致使难以发现和验证沟槽表面减阻的微观机理，使得学术界对其机理和与影响因素之间相互关系的认识仍存在分歧。Bacher[5] 认为二次涡削弱了与低速条带相联系的流向涡对的强度，抑制了流向涡对在展向聚集低速流体的能力，使得低速条带保留在沟槽内并减少了低速条带的不稳定性，削弱了低速条带向外的喷射过程。Walsh、Gallagher、Bechert 等[8] 认为沟槽内绝大多数流动受到黏性阻滞，在边界层流动中相当于增加了黏性底层的厚度，减小了壁面边界层内的平均速度梯度，导致阻力减小。Choi[9] 等认为沟槽结构限制了流向涡的展向运动，弱化了壁面湍流猝发的强度和持续时间，从而减少了摩擦阻力。胡海豹[10] 等认为脊状表面黏性底层厚度比光滑表面要厚得多，近壁区的低速条带使得外部高速流体从低速条带上流动，避免了与固体壁面直接接触，导致阻力减小。

1.2.2 微吹气方法简述

为了减小湍流摩擦阻力，研究者提出了许多控制方法。按照是否存在外界的能量注入来划分，这些方法可以分为被动控制方法（无能量注入）和主动控制方法（有能量注入），吹气控制是一种通过穿过壁面吹气，以实现对湍流的控制方式。与吹气相对应，还存在吸气控制的方式。在研究中发现虽然在较大强度的吸气下湍流边界层会发生"再层流化"，但是在较小强度的吸气控制下，壁面摩擦阻力将会增加，这对于减阻控制来说是不利的。有大量的数值计算和实验研究表明，吹气控制能有效减小壁面摩擦阻力，有研究表明吹气能实现 70% 的减阻。

在 0.24atm[①] 大气压力下，实验发现[11]，在小孔吹气率为 0.205kg/（m²·s）和马赫数为 0.3 的条件下，实验获得了 60% 的减阻效率；而在马赫数 0.7 条件下仅达到 28% 的减阻效率。当气孔中吹气的速度越大时，MBT 平板表面摩擦阻力系数越小；在相同的吹气速度下，来流的马赫数越大，平板摩擦系数减小的越不明显。

研究表明[12]，孔板表面孔的分布结构以及孔的角度对减阻效率影响不大。吹气之后降低了平板表面的流速，减小了切应力，在接近平板表面超声速工况下的流速减小比亚声速减小幅度要大得多，这可能是 MBT 在超声速流动中比在亚声速流动中减少更多的表面摩擦的原因。

采用垂直于壁面的速度分量吹气可以抑制相干结构的下扫运动[13]，从而减小摩擦，研究穿孔壁面吹气对边界层性能影响的典型模型需要多个参数，其中包括孔板形状和图案（交错排列或对齐）、孔板直径和孔板与法线的夹角、孔隙度（孔截面积占平板面积的百分比），以及壁厚与直径的比值，即纵横比。

研究结果表明，采用微吹气技术，可使机舱部分表面摩擦阻力降低 50%~70%。这些减阻水平可以在相对较低的气孔注入流量下实现。在吹气系数为 0.002 或更小的情况下，获得了最大的表面摩擦减阻水平。实验还发现，微吹气和边界层的作用发生在层流内层和缓冲层附近。当未吹气的穿孔平板在实验条件下比实心平板大得多的时候，可以通过从气孔中吹气的方法减小其表面摩擦力，但是需要大量的吹气来降低这种摩擦，所以这些穿孔平板不能够用于实际的摩擦减阻，且雷诺数降低能够提供更好的摩擦减阻效果。在高吹气的情况下，平板的阻力会有所增加。如果将微吹气置于边界层分离附近，则在分离前可能无法穿越机舱逆压力梯度区域，导致机舱的压差阻力增大。即使

---

① 1atm（标准大气压）=101.325kPa。

未达到分离状态，边界层增厚也会对翼型或机舱的压力阻力产生不利影响。在一定的条件下，阻力甚至随着吹气的速率增大而增大。在湍流边界层中，对近壁面结构的扰动在一定条件下可以增强混合和增加表面摩擦。这可能是由于在这一区域增强混合或动量输运，从而增加表面摩擦阻力。实验发现吹气流最大的穿透点为 $y^+=15$ 附近的壁面处，十分靠近壁面，因此作者采用了表面摩擦减阻机理。射流与层流下层低速条带相互作用的性质，可能导致壁面摩擦减小，也可能导致近壁面混合增强，同时壁面摩擦增加。在本实验中观察到阻力的降低和增加[14]。

通过数值模拟的方法研究微吹气技术。研究发现，在总的孔截面和总的平板表面的面积比例不变时，随着分布孔子区域的增加，摩擦阻力趋于一个稳定的值。在最大吹气速率的条件下，达到了 $45\% \sim 47\%$ 的减阻效率[15]。微吹气对下游区域的影响比上游区域的影响更为明显，且随着吹气强度的增大，这种影响进一步增强。

1.2.3 合成射流方法简述

使用各种激励器对湍流进行主动流动控制是近年来流体力学领域中最具挑战性的课题之一。在湍流结构中，近壁流向涡由于剪切输运过程产生流向条带，流向条带由于失稳产生流向涡，两个过程形成一种自维持的循环，而流向涡会诱导湍流猝发并产生雷诺应力。过去的数十年间，人们为了抑制近壁相干结构并达到减小湍流边界层摩擦阻力的目的，提出了各种方法[16-17]。其中包括被动流动控制，如沟槽壁面[18-20]、大涡破碎器[21-22]和柔性壁面[23-24]。在主动流动控制中，各种类型的激励器被广泛研究，并在应用上分为分离控制和减阻控制两大类。在减阻控制中，定常／非定常吹／吸气及合成射流可以抑制流向涡的形成从而达到减小摩擦阻力的效果[25-26]。

Park 和 Choi 等[27]使用 DNS 方法计算了流向开槽的定常吹气对流场的影响，发现吹气可以抬升近壁区流向涡，减弱其与流向条带的相互作用并达到减阻的效果。实际应用非定常吹／吸气干扰流场也在实验中被证明具有减阻效果[28-30]，周期激励产生的流向涡在近壁区产生了反向流动，使得当地的壁面速度梯度减小。Kerho 等[31-32]应用非定常吹气抑制流向条带，最大局部减阻效果达到了 40%。

定常／非定常吹／吸气最主要的缺点是需要提供外部气源，而合成射流不需要在流场中注入质量，不同于定常或非定常吹／吸气装置而不需要安装额外的结构提供气流源来支持吹／吸气。并且合成射流在一些特定的操作情况下可以产生流向的相干涡结构，更有利于与湍流边界层中的流向条带和流向涡相互作用。Lorkowski 等[33]使用单个合成射流激励器在流场中引入小尺度扰动，并分析其对湍流边界层的影响，结果发现引入的扰动虽然没有改变近壁相干结构的传导速度，但是一定程度地抬升了相干结构，这也是减阻的一个特征。Lee 等[34]通过 DNS 方法计算了合成射流阵列对湍流边界层的影响，其中阵列是流向开槽的 4 出口阵列，由一个膜片提供振动激励。虽然该研究没有得出减阻的效果，但是为合成射流阵列影响湍流边界层中近壁相干结构的机理提供了有价值的参考。Rathnasingham 等[35-36]使用三出口的合成射流阵列干扰边界层流动，并使用迭代的方法优化参数，最终得到了流向脉动速度减小 30%、壁面压力脉动减小 15% 和净减阻 7% 的效果。

1.2.4 等离子方法简述

找到有效减少湍流边界层阻力的策略是非常困难的，目前一些不同的策略一定程度实现了湍流边界层中的表面摩擦阻力有效减小，包括等离子体减阻；在通过壁面设计沟槽的小肋减阻；通过改变物面边界条件或者物面曲率形成被动控制或主动控制；微吹气、合成射流控制；在湍流边界层的外层布置涡流发生器或大涡破碎装置以改变湍流结构减阻。在这些湍流边界层减阻策略中，大部分的研究尚处于机理探索阶段，且有些策略的缺点也是显而易见的，例如，装置不可修改的，难以加工的，或者需要外部压缩空气源。等离子体减阻作为一个比较新的概念，以其部件简单，设置灵活，控制方式多样等特点，得到越来越多的关注。

等离子体流动控制技术是基于等离子体激励器的空气动力学流动控制技术，激励器的工作原理是在正负电极上施加高压电压信号，使得不对称电极之间形成低温等离子体。来自电极周围空气分子被电离，并通过电场加速作用，产生诱导的离子风，使电场的能量转化为电离粒子的分子的动能以及热能，达到影响流动运动特性的目的。相比于其他传统的流动控制方式，等离子具有瞬时响应、可适用性强，作用方式多样等特点，这使其成为了空气动力学领域的一个创新研究方向，以及可能取得重大突破的潜力技术。

项目研究中基于低速风洞试验，应用了等离子体流动控制技术进行了湍流边界层减阻的研究。实验中设计并加工了适用于低速风洞的光滑平板模型，模型中后部沿弦向布置了多组 DBD 等离子体激励器模型，分别采用定常连续放电激励和非定常脉冲放电激励对下游湍流边界层进行流动控制。测量时采用恒温热线风速仪测得到湍流边界层的速度分布，并基于对数律公式拟合了湍流边界层的摩擦速度，无量纲化后的边界层速度分布与 Spalding 湍流边界层壁面律进行了对比，并定量计算了壁面的摩擦阻力，同时比较了等离子体激励前后测量位置的摩擦阻力，并分析了等离子体定常连续激励和非定常脉冲激励可能的减阻原理和机理。

2 达到的技术指标

2.1 小肋减阻结果

根据实验数据，小肋减阻最高达到 11.15%，并得到以下结论：

（1）沟槽平板能够增加黏性底层的厚度，抬升整体的壁面律，减小阻力。

（2）在合适的几何尺寸下，其他条件相同时，曲形沟槽能够产生比直沟槽更佳的减阻效果，但当沟槽振幅较大时减阻效果下降。

（3）曲形沟槽相较于直沟槽，在靠近壁面处，降低了短时间间隔的相关性，而增加了长时间间隔的相关性。

（4）在相同高度处，几何尺寸适宜时，带沟槽的平板相较于光滑平板能谱曲线下移，曲形沟槽平板相较于直沟槽平板能谱曲线下移。

2.2 微吹气减阻结果

微吹控制对时均流场、脉动流场、能谱、结构尺度的影响主要表现在以下两个方面：

（1）微吹控制会导致平板湍流边界层时均流场的近壁区发生速度亏损，且亏损量随着吹气系数增大而增大，速度亏损摩阻减小的表现，速度亏损使得近壁区速度梯度降低，从而使摩擦速度减小。

（2）微吹控制对脉动流场的影响与时均流场不同，在近壁区，微吹控制会导致脉动速度的减小，而在过渡区和对数区，微吹控制会使湍流脉动速度增加，该变化也是随着吹气系数增大而增大。研究表明，微吹控制只能对平板湍流边界层近壁区产生影响，而无法贯穿整个湍流边界层，其影响的主要作用是抬升了近壁区的流动结构，增厚了黏性底层，从而产生了减阻效果。

2.3 合成射流减阻结果

合成射流不是一个有效降低湍流边界层表面摩擦力的控制方法。合成射流控制可以影响到湍流边界层的外层，但是对内层的平均速度型影响不大。并且，在合成射流阵列下游两孔之间的站位，合成射流控制对湍流边界层有较为明显的增阻。

2.4 等离子减阻结果

在低湍流风洞试验中，有部分区域有明显效果，在 NF-6 试验中，第一个实验，随着频率增加，等离子减阻效果也在逐步变好；当迎角增加，减阻效果在减弱；但是第二个实验有增阻的情况。

3 湍流减阻方案评估

3.1 减阻方法的多学科评估方法研究

减阻方法的总体多学科评估拟采用多因素的综合权衡分析方法。将减阻方法的应用涉及到飞机的阻力、重量、结构实现、机构复杂性、系统可实现性等因素作为评估的基础因素，适当给定合理的权衡因子或折算成某一目标参数值，从而形成综合评估方法；然后在多因素中结合型号设计经验筛选有限主要影响因素，调整相应的权衡因子，并折算成某一目标值，给出突出有限目标或因素的评估方法。并应用该评估方法对现有飞机方案进行对比分析评估，确定其有效性。

3.2 减阻方法的收益及代价评估

综合整理减阻措施各项代价与收益，研究合理的折算方法，对减阻方法的收益及代价进行分析和评估。基于飞机总体设计方法的参数指标的关联性，评估在大型客机上应用减阻方法与在成本、重量、结构、机构复杂性、维护性等方面的代价，分析其失效安全性，对技术成熟度进行评价。将减阻措施的代价与收益进行合理的分类与归并，将其折算成为阻力，或升阻比、重量等性能指标，给出不同减阻措施的性能指标改变量，为飞机概念设计阶段提供参考。

3.3 减阻方法的安全性与失效安全性评估

综合考虑减阻措施的机构、结构与原理，评估其给飞机飞行安全造成的影响，如电源、管路等存在的安全隐患，给失速特性、操稳特性造成的影响等。从确保安全的角度对减阻措施的使用规范和使用范围提出限定。分析减阻措施完全或部分失效时对升力/阻力/力矩的影响范围和承担、分析其失效安全性。

3.4 减阻方法选取和使用建议

整理上述研究成果，针对各减阻实施方案，通过积累大量的边界状态下的数值评估及试验验证数据，分析其实际应用当中的安全性和可靠性，针对各减阻方案提出使用要求与约束，对减阻设计给出指导。

3.5 小肋使用评估

小肋（小肋）减阻技术一般是在飞行器表面铺设微小的肋条结构，肋条截面可以为三角形、刀片形、扇形等，肋齿间距和高度为 $0.02 \sim 0.1\text{mm}$，其主要机理为减小航空飞行器表面的摩擦力。摩擦阻力的大小几乎全由边界层的状态（层流、转捩状态或湍流）决定，在亚声速或超声速飞行中不会有较大变化。而对于航空飞行器边界层，湍流为其普遍状态，相对于其他流动状态所引起的摩擦阻力也最大。表面铺设小肋正是通过控制飞行器表面湍流产生来实现减阻的。在实验室条件下（ Re_τ =2000），减阻效果可以达到 5%～10%。

小肋本身一般由肋条薄膜的制备技术主要包括 PDMS-Si Mold 沟槽薄膜制备技术、仿鲨鱼皮沟槽薄膜制备技术制造。在小肋制造中，能够覆盖任意表面的薄膜主要是聚氨酯树脂材料，一般在关键部位如机身、机翼等部位覆盖，增加总重有限。

使用小肋减阻的失效风险主要来源于小肋本身，减阻肋条一般是通过薄膜粘贴在飞行器表面，如图 1 所示。由于材料本身的强度、刚度不够高，在飞行器表面的耐磨性能和抗冲击性能较差，不能适应长时间飞行的需求。尤其是在风沙等外部环境侵扰下，薄膜材料容易受到风沙、昆虫等损坏，但由于薄膜不易撕下和重新粘贴，导致损坏后的维护时间过长，飞行任务受到较大的限制。

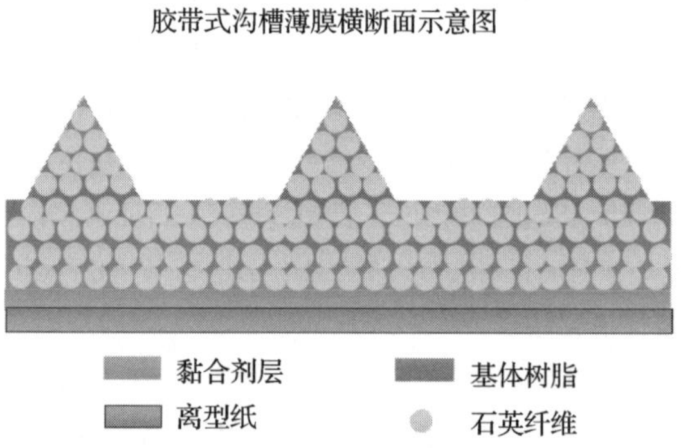

胶带式沟槽薄膜横断面示意图

▨ 黏合剂层		▨ 基体树脂	
▨ 离型纸		◯ 石英纤维	

图1　薄膜铺层示意图

由于大型客机尺寸较大，飞行速度高，相应的飞行雷诺数较高，湍流流动结构的尺寸与雷诺数成反比，因此其湍流流涡结构更小，为了控制这些细小的湍流旋涡，需要的小肋尺寸更小，可能达到几十微米的量级。

3.6 微吹气使用评估

微吹气技术是在飞机机翼等表面做出小孔深宽比超过 4 的薄板，使用真空泵与布置管路进行减阻的方法。图 2 为微穿孔板实物。微吹气本身效果较为明显，在实验室条件下，最好状况甚至可以减阻超过 50%。

微吹气技术需要在现有飞机系统中，增加全机吹 / 吸气管线与真空泵，增加了全机系统复杂度，增加了飞行安全风险以及减阻失效风险，全机管线排布复杂度增加，以及全机空重增加，影响飞机航程，维护性降低；在巡航状态下，真空泵需要很高的功率维持表面微吹气流速和流量以维持减阻效果。由此全机降低阻力带来的能耗降低与飞机全寿命吹 / 吸气系统增加能耗相比，全

图2　微穿孔板实物图

航路减阻与降低能耗成本过高、甚至得不偿失。

3.7 合成射流使用评估

图 3 为合成射流激励器与阵列，合成射流方法在工业应用中在机翼等关键部位打孔后需要安装专用电气管线和吹气管线，以及吹气设施，整体工艺复杂；由于是对外层边界层作用，总重量增加较吹 / 吸气更多；较大的总重量使得油耗增加，而本身消耗的能量并不少，与减少阻力带来的总能耗相比，增益并不多。不建议使用。

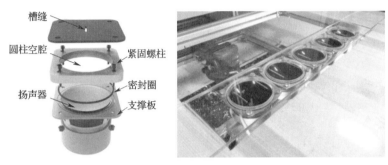

图 3　激励器与阵列

3.8 等离子方法使用评估

等离子作动器需要专用电气管线，加上等离子作动器本身，需要增加一定重量，有一定减阻效果，需要输入大量能量，需要增加电路管线，整体装备有一定重量，需要和油耗做充分评估。目前看来效果有限，有增阻的情况。使用时增加一定量油耗与重量。失效情况下，表面孔洞会增加阻力，增加油耗。图 4 为等离子激励器。

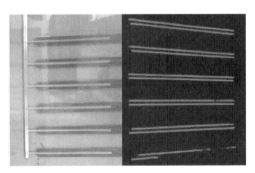

图 4　等离子激励器

4 湍流减阻的模拟与试验

根据以上分析，我们采用小肋减阻方案，进行数值模拟与试验，进行湍流减阻分析。

4.1 小肋减阻的计算设置

小肋减阻的湍流模型采用 k–SST 模型和 k–g 模型两种湍流模型进行计算。它们均是由 k–ε 两方程模式推导而来。

其中对于小肋的数值模拟采用通过更改近壁面速度型来实现减阻，例如改变边界层对数律的卡门常数 κ_a。

$$U^+ = \frac{1}{\kappa_a}\log(y^+) + B - \Delta U^+$$

对于 $k-\omega$ 两方程湍流模型中的 ω 方程，Wilcox 建议光滑壁面黏性底层边界条件为线性关系，同时 Wilcox 也指出当更改该边界条件时，$k-\omega$ 方程可以用于模拟粗糙壁面。

本文所采用的 ω 方程壁面边界条件由 Saffman 提出，具体形式如下

$$\omega = \frac{\rho u_\tau^2}{\mu} \cdot S_R(k_S^+) = \frac{\tau_w}{\mu} \cdot S_R(k_S^+)$$

其中，ρ 是密度，μ 是摩擦速度，T_w 指壁面切应力，μ 为〔动力〕黏性系数。其中的计算公式如下

$$S_R = \frac{C_1}{(l_g^+ - C_2)^{2n} + C_3}$$

其中，C_1，C_2，C_3 为常数项，表示小肋的相关参数，其中 l_g^+ 为小肋的截切面积，由小肋的肋高和肋宽决定，见图 5。

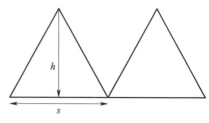

图 5　小肋参数

4.2　小肋减阻湍流转捩设置

利用 k–SST 模型。它们均是由 $k-\varepsilon$ 两方程模式推导而来。在雷诺平均方程中，对于雷诺应力的封闭，绝大多数两方程湍流模式均采用了 Boussinesq 假设

$$-\rho\overline{u_i' u_j'} = \mu_t\left[\left(\frac{\partial u_i}{\partial x_j} + \frac{\partial u_j}{\partial x_i}\right) - \frac{2}{3}\frac{\partial u_k}{\partial x_k}\delta_{ij}\right] - \frac{2}{3}\rho k\delta_{ij}$$

其中，μ_t 是黏性系数。被广泛采用的湍动能 k 输运方程为

$$\frac{\partial(\rho k)}{\partial t} + \frac{\partial(\rho u_i k)}{\partial x_i} = \frac{\partial}{\partial x_i}\left[\left(\mu_l + \frac{\mu_t}{\sigma_k}\right)\frac{\partial k}{\partial x_i}\right] + P_k - \rho\varepsilon$$

$$P_k = -\rho\overline{u_j' u_a'}\frac{\partial\overline{u_j}}{\partial x_a}$$

其中 P_k 是生成项，ε 湍流耗散，μ_i，μ_t 和分别为层流和湍流黏性系数。在使用固定转捩技术时，设置层流区域，令该区域 $P_k=0$，k 方程的生成项定为 0，即没有湍动能的产生，认为该区域处于层流状态。在求解器中设置每个 Block 中层流区域范围即可。

4.3　上海飞机设计研究院标模计算情况

选取采用机身小肋的减阻方式作为计算的对象，计算了某标模不带小肋减阻、机身带小肋的减阻性能。在定升力系数下计算，关注机身摩擦阻力；并重点研究了机身带小肋减阻时雷诺数的影响。

标模采用下单翼、翼吊发动机、低平尾正常布局，不带滑轨，在翼梢加入了融合式翼梢减阻装置，见图6；通过在机身处带有小肋的位置切分 Block 设置边界条件来模拟小肋，见图7。

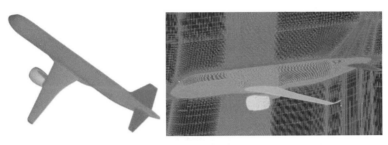

图6　标模整机计算模型

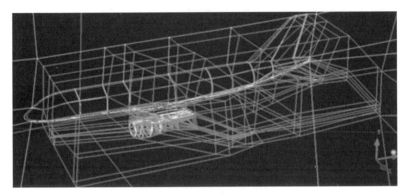

图7　整机带小肋 Block 划分

标模的网格详细布置见表1，远场延伸至212倍参考弦长，y^+ 为1.5，机翼弦向网格点数129个，展向161个，网格总数1700万。

表1　标模计算网格布置

远场	网格增长率 /%	y^+	机翼弦向网格点数	机翼展向网格点数	网格总数
212cref	1.2	≈ 1.5（dn=0.01mm）	129	161	1700万

采用机身贴小肋减阻技术。其中对于小肋部分，贴附小肋薄膜从机头前缘6.6m开始，一直到机头前缘24.6m，总共贴附长度18m，小肋宽27.3μm，高20.3μm，见图8。

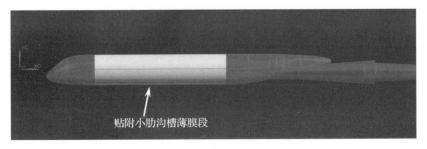

贴附小肋沟槽薄膜段

图8　实验小肋

表2中是使用小肋时的减阻效果,可以发现小肋减阻具有最优的工作雷诺数,计算发现 $Re=5.6\times10^6$ 时小肋减阻 2.2counts,效果最明显。

表2　不同雷诺数下定升力计算小肋减阻效果

单位弦长雷诺数（×10⁶）	迎角 /(°)	减阻 / counts
7.00	2.38	1.9
5.60	2.42	2.2
4.00	2.46	0.9
2.00	2.85	0.6

图9为不带小肋（左）与带小肋（右）整机的计算 C_f 图,可以通过 C_f 的等值线图观察到加装小肋的作用。

图9　带（不带）小肋整机 C_f

4.4　小肋减阻标模风洞试验验证

依然使用图7的机身,制作模型,并采用机身贴小肋减阻技术。其中对于小肋部分,以 Ma0.7 为小肋设计点,贴附小肋薄膜从机头前缘 6.6m 开始,一直到机头前缘 24.6m,总共贴附长度 18m,小肋宽 27.3μm,高 20.3μm。表3和表4是在机身上贴上光膜和小肋膜的试验结果对比。CDF 为测力天平扣除模型底阻后的阻力系数。Ma =0.6 条件下采用光滑薄膜和小肋薄膜的机身模型 CDF 对比,可以看出，采用小肋薄膜后，机身模型在小迎角情况下（–2°～+2°）阻力有比较显著的下降，最大减阻量级为2%左右，但当迎角增加时，阻力又超过了光滑薄膜。同样地，Ma =0.7 条件下采用光滑薄膜和小肋薄膜的机身模型 CDF 对比，可以看出，采用小肋薄膜后，机身模型在小迎角情况下（–2°～+4°）阻力有比较显著的下降，最大减阻量级为2%左右，但当迎角增加时，阻力还是超过了光滑薄膜。

根据小肋薄膜顺流向贴附的方式可以推断，小肋沟槽薄膜在完全顺流向或者与来流夹角较小的情况下其对湍流的抑制作用是比较明显的，减阻效果也比较明显，但当与来流夹角增大后，其沟槽截面带来的压差阻力将逐渐增加，最终影响到整体减阻效果。

表3　Ma 0.6 来流条件下的光膜测力与小肋膜测力差量结果

ALPHA	△CD	△CDF
–4	0.00209	0.00608
–2	0.00198	–0.00136
0	–0.00169	–0.00157
1	–0.00001	–0.00364
2	0.00054	–0.00119
4	0.00172	0.00111
6	0.00132	0.00123
8	0.00154	0.00254

表4　Ma 0.7 来流条件下的光膜测力与小肋膜测力差量结果

ALPHA	△CD	△CDF
–4	–0.00264	0.00205
–2	–0.00018	–0.00024
0	–0.00412	–0.00433
1	–0.00165	–0.00152
2	–0.00209	–0.00498
4	–0.00580	–0.00487
6	0.00147	–0.00014
8	–0.00010	–0.00033

5 结论

根据试验数据与评估，根据民航工业生产的实际情况，小肋减阻最适合目前工业应用，有以下几个好处：

（1）使用能耗低。

（2）总重量小。

（3）维护方便。

（4）设计生产流程简易。

在未来的民航飞机生产中，建议使用小肋减阻方式，以减少油耗，增加航程。

参 考 文 献

［1］Walsh M J. Riblets as a viscous drag reduction technique［J］. AIAA Journal, 1983, 21（4）：485–486.

［2］Walsh M J. Turbulent boundary layer drag reduction Using riblets［R］. AIAA–82–0169, 1982.

［3］Walsh M J, Lindemann A M. Optimization and application of riblets for turbulent drag reduction［R］. AIAA–84–0347, 1984.

［4］Hefner J N, Bushnel D M, Walsh M J. Research on non–planar wall geometries for turbulence control and skin–friction reduction.8th U.S. –FRG DEA–Meeting, Viscous and interacting flow field effects Gottingen, 1983.

［5］Bacher E V, Smith C R. A combined visualization–anemometry study of the turbulent drag reducing mechanisms of triangular micro–groove surface modifications［R］. AIAA–85–0548, 1985.

［6］Gallagher, Thomas A S W. Turbulent boundary layer characteristics over streamwise grooves［R］. AIAA–84–2185, 1984.

［7］Park S R, Wallace J M. Flow alteration and drag reduction by riblets in a turbulent boundary layer［J］. AIAA Journal, 1994, 32（1）：31–38.

［8］Berchert D W, Bruse M, Hage W, et a1. Experiments on drag reducing surfaces and their optimization with an adjustable geometry［J］. Journal of Fluid Mechanics, 1997, 338：59–87.

［9］Chol K S. Near–wall structure of a turbulent boundary layer with riblets［J］. Journal of Fluid Mechanics, 1989, 208（6）：417–458.

［10］胡海豹，黄桥高，刘占一，等. 脊状表面减阻机理研究［J］.摩擦学学报, 2010, 30（1）：32–37.

［11］Hwang D. A proof of concept experiment for reducing skin friction by using a micro–blowing technique［C］//35th Aerospace Sciences Meeting and Exhibit. 1997：546.

［12］Hwang D. An experimental study of turbulent skin friction reduction in supersonic flow using a microblowing technique［C］//38th Aerospace Sciences Meeting and Exhibit. 1999：545.

［13］Kornilov V I. Current state and prospects of researches on the control of turbulent boundary layer by air blowing［J］. Progress in Aerospace Sciences, 2015, 76：1–23.

［14］Tillman T, Hwang D. Drag reduction on a large–scale nacelle using a micro–blowing technique［C］//37th Aerospace Sciences Meeting and Exhibit. 1999：130.

［15］Bazovkin A V, Kovenya V M, Kornilov V I, et al. Effect of micro–blowing of a gas from the surface of a flat plate on its drag［J］. Journal of Applied Mechanics & Technical Physics, 2012, 53（4）：490–499.

［16］Gad–el–Hak M. Flow control：passive, active, and reactive flow management［M］. Cambridge university press, 2007.

［17］Choi K S. Turbulent drag–reduction mechanisms：strategies for turbulence management［M］//Turbulence Structure and Modulation. Springer, Vienna, 2001：161–212.

［18］Walsh M, Lindemann A. Optimization and application of riblets for turbulent drag reduction［C］//22nd aerospace sciences meeting. 1984：347.

［19］Choi K S. Near-wall structure of a turbulent boundary layer with riblets［J］. Journal of fluid mechanics, 1989, 208：417-458.

［20］Merigaud E, Anselmet F, Fulachier L, et al. Reduction of parasitic effects related to the turbulent boundary layer on the fuselage using slot suction. In：Choi K S, Prasad K K, Truong T V（Eds.）, Emerging Techniques in Drag Reduction［J］. Mechanical Engineering Publications Ltd., London and Bury St. Edmunds, 1996：263-280.

［21］Bertelrud A, Truong T, Avellan F. Drag reduction in turbulent boundary layers using ribbons［C］//9th Atmospheric Flight Mechanics Conference. 1982：1370.

［22］Plesniak M W, Nagib H M. Net drag reduction in turbulent boundary layers resulting from optimized manipulation ［C］//1985 AIAA Shear Flow Control Conference. 1985.

［23］Choi K S, Yang X, Clayton B R, et al. Turbulent drag reduction using compliant surfaces［J］. Proceedings of the Royal Society of London. Series A：Mathematical, Physical and Engineering Sciences, 1997, 453（1965）：2229-2240.

［24］Gad-el-Hak M. Compliant coatings for drag reduction［J］. Progress in Aerospace Sciences, 2002, 38（1）：77-99.

［25］Gad-el-Hak M, Blackwelder R F. Selective suction for controlling bursting events in a boundary layer［J］. AIAA Journal, 1989, 27（3）：308-314.

［26］Myose R Y, Blackwelder R F. Control of streamwise vortices using selective suction［J］. AIAA journal, 1995, 33 （6）：1076-1080.

［27］Park J, Choi H. Effects of uniform blowing or suction from a spanwise slot on a turbulent boundary layer［J］. Physics of Fluids, 1999, 11（10）：3095-3105.

［28］Park S H, Lee I, Sung H J. Effect of local forcing on a turbulent boundary layer［J］. Experiments in Fluids, 2001, 31（4）：384-393.

［29］Park Y S, Park S H, Sung H J. Measurement of local forcing on a turbulent boundary layer using PIV［J］. Experiments in fluids, 2003, 34（6）：697-707.

［30］Tardu S F. Active control of near-wall turbulence by local oscillating blowing［J］. Journal of Fluid Mechanics, 2001, 439：217.

［31］Gad-el-Hak M, Blackwelder R F. Selective suction for controlling bursting events in a boundary layer［J］. AIAA Journal, 1989, 27（3）：308-314.

［32］Kerho M. Active reduction of skin friction drag using low-speed streak control［C］//40th AIAA Aerospace Sciences Meeting & Exhibit. 2002：271.

［33］Lorkowski T, Rathnasingham R, Breuer K, et al. Small-scale forcing of a turbulent boundary layer［C］//4th Shear Flow Control Conference. 1997：1792.

［34］Lee C, Goldstein D. DNS of micro jets for turbulent boundary layer control［C］//39th Aerospace Sciences Meeting and Exhibi. 2001：1013.

［35］Rathnasingham R, Breuer K S. System identification and control of a turbulent boundary layer［J］. Physics of Fluids, 1997, 9（7）：1867-1869.

［36］Rathnasingham R, Breuer K S. Active control of turbulent boundary layers［J］. Journal of Fluid Mechanics, 2003, 495：209-233.

压气机叶顶喷气与抽吸
设计规律分析

郝玉扬，安利平，曹志鹏

中国航发四川燃气涡轮研究院，四川成都 610500

0 引言

现代高推重比航空发动机要求压气机具有更高的级负荷，同时必须保证压气机具有足够的稳定裕度。压气机在满足高负荷设计要求的同时，常常无法保证足够的稳定裕度，大大增加了压气机失速或喘振的风险。叶顶喷气是一种提升压气机稳定裕度的有效手段，它利用高能喷射流抑制压气机的叶顶堵塞，降低压气机叶顶负荷，从而达到提升压气机稳定裕度的目的。

本文针对叶顶喷气与抽吸技术在压气机上的应用问题，开展叶顶喷气与抽吸对高负荷压气机流场细节及压气机特性影响的三维数值仿真分析研究，通过模拟不同喷气及抽吸条件下的压气机流场特性，揭示叶顶喷气及抽吸对压气机的影响规律，初步探索压气机叶顶喷气与抽吸的设计技术。

1 研究背景

近 20 年来，国内外针对叶顶喷气展开了广泛的数值及实验研究。1989—1994 年间，Freeman 等[1] 在 Rolls-Royce Viper 发动机（见图 1）上验证了自适应流通机匣处理主动控制方案的可行性，通过对不同失速级的主动控制，在所有转速下实现了对压气机稳定裕度的有效提升。如图 2 所示，自适应流通机匣处理由抽吸段、桥路及喷气段组成[2]。2000 年后，对自适应流通机匣处理的研究重点主要集中在对喷气和抽吸的作用规律上。

1.1 叶顶喷气

喷气量是决定喷气作用效果的一个关键参数，如何利用最少的喷气量实现最大的扩稳效果，是叶顶喷气研究的重点。Suder[3] 等使用压气机堵塞流量的 2% 的喷气量，在设计转速下使压气机的流量裕度提升了 6%。但是，该研究中的喷嘴深入流道，这在叶顶喷气的工程应用中是不现实的。Strazisar[2] 等，针对同一台压气机测试了自适应流通机匣处理（见图 2）的扩稳效果。结果表明，使用压气机流量的 0.9% 的喷气量，在 70% 和 100% 转速下分别提升压气机流量裕度 6% 和 2%。Hiller 等[4] 在多级环境中的实验研究表明，至少使用压气机流量的 2% 才能达到提升多级压气机稳定裕度的目的，此时喷气的扩稳机理包含喷气流对级间匹配的影响。考虑到实际应用中的气源来自

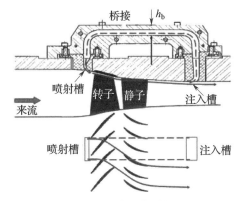

图 1　Viper 发动机的主动控制系统

图 2　自适应流通机匣处理

于压气机后面级，过大的喷气量会导致压气机效率的较大下降，因而喷气量需要控制在一定的范围内[5]。

喷气速度是影响喷气效果的另一个重要因素。目前的研究表明，喷嘴处于堵塞状态时，较高的喷气速度对压气机稳定裕度的提升较为有利[2,4]。Khaleghi 等对全环形喷嘴的数值研究表明，当喷嘴处于堵塞状态时喷气效果最好。另外，Hiller 等[4]认为提升喷气速度比提高喷气量更为有效。

喷气角度对压气机叶顶进口迎角有重要的影响，对于最佳喷气角度的确定，目前有两种看法。参考文献 [3]、[6] 和 [7] 研究认为，沿轴向喷气时获得的裕度提升最大。而且，不同的喷气速度对于最佳喷气角度的确定没有影响[7]。而参考文献 [8] 和 [9] 研究认为，喷气方向的给定应使得在相对坐标系下，流动沿着叶顶前缘中弧线方向。上述两种要求在参考文献 [10] 中同时得到满足。

喷嘴数目和喷嘴宽度决定喷气的周向覆盖比例。喷嘴数目一般为 3～12 个，其周向覆盖比例随着压气机特性的不同会有很大变化。当喷嘴数目较少时，需要保证足够的周向覆盖比例，才能达到压气机扩稳的要求[3]。Weigl 等[11] 和 Dobrzynski 等[12] 研究发现，将喷嘴数目减半即减少一半的周向覆盖比例时，对压气机稳定裕度的提升没有影响。但是，该结论中没有考虑喷嘴数量变化引起的喷气流与压气机间非定常作用的改变。Matzgeller 等[13] 认为喷嘴数量变化引起的非定常效应不可忽略，这种非定常效应对压气机内流动的径向和轴向匹配具有较大影响。在他们的 PIV 实验测量中，通过监测叶顶泄漏涡的位置研究叶顶喷气的非定常影响，认为压气机通道中的流动对进口条件改变的非定常适应是压气机性能获得提升的主要原因。

从公开的文献来看，目前对于喷气周向覆盖的研究中，喷嘴的数量均发生了变化，这就可能导致喷嘴数量变化引起的非定常因素被忽略。因而对于喷气周向覆盖的研究需要除去其他喷嘴几何因素变化的影响，获取单一几何变量下的喷气的最佳周向覆盖比例。在对喷气速度的研究上，多数研究默认喷气速度越大越好，而且在喷气速度的影响规律的研究中，往往通过添加源项的方式改变喷气速度，忽略了不同喷气速度下喷嘴几何特性的影响。因而，在真实喷嘴几何下，喷气速度的影响规律也亟待研究。

1.2　叶顶抽吸

叶顶抽吸也称端壁抽吸，通过抽吸端壁区域的低能流体达到抑制叶顶分离，提升压气机稳定裕度的目的。目前，对叶顶抽吸的研究相对较少，本文认为叶顶抽吸主要可分为两个方向：一是叶顶抽吸作为一种单独的流动控制手段，研究其对压气机性能和稳定裕度的影响；二是叶顶抽吸仅作为叶顶喷气的气源，获得足够的抽吸量和总压是其设计的关键。

Hathaway[10]等对一低速风扇转子进行的数值研究表明，抽吸位置、抽吸口形状和抽吸量对稳定裕度有较大影响，并将"最佳"抽吸结构与"最佳"喷气结构组合形成自适应流动机匣处理。该研究没有分析各抽吸参数对压气机稳定裕度的影响机理，也没有考虑喷气作用可能导致的抽吸规律的变化。Rolls-Royce[15]公司通过单通道定常数值方法，针对转子、静子机匣处的端壁边界层抽吸进行了数值研究。在对转子叶顶的抽吸中，抽吸槽1mm宽，大约相当于叶顶弦长的1.5%，抽吸流量为进口总流量的1%。进行抽吸时，位于抽吸槽前面流体的轴向速度得到了显著的提升，进气角明显减小，端壁抽吸影响到了整个叶顶通道，回流区的面积显著减小。对静子的抽吸采取了两种方案，不同的抽吸孔形状对抽吸效果的影响很大（见图3）。其中，沿静子吸力面进行抽吸（抽吸量占总流量的3%）可有效减小角区分离，降低流动损失和近机匣壁面气流的过偏转。

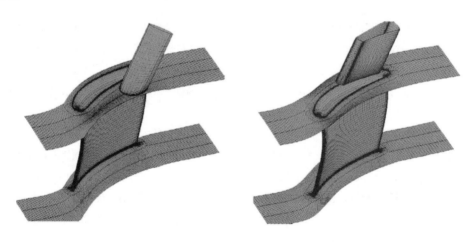

（a）Circular OT　　　　　　　　　　　　　　　　　（b）Tailorde OT

图3　Rolls-Royce 静子抽吸方案设计

Whittle Laboratory[7]针对一低速压气机开展了自适应流通机匣处理的研究（见图4），在转子叶顶的抽吸方面，实验研究了抽吸孔形状，抽吸的周向位置，抽吸切向角度对抽吸流量的影响。最终抽吸位置选在30%～40%弦长之间，在此位置可以保证近失速点的抽吸量是设计点的1倍。抽吸切向角对抽吸量影响较小，在-20°时设计点的抽吸量最小。抽吸孔形状分为椭圆，拉长的椭圆和狭长的周向缝。研究测试表明不同抽吸孔形状对抽吸量的影响很小，因而选择维护性能较好的椭圆形抽吸孔。

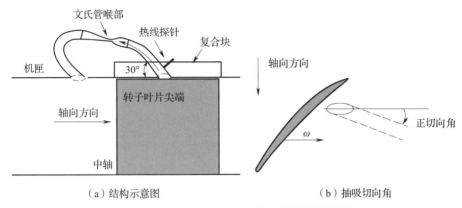

（a）结构示意图　　　　　　　　　　　（b）抽吸切向角

图4　Whittle Laboratory 自适应流通机匣处理的设计

2 压气机叶顶喷气与抽吸技术

2.1 建立叶尖射流喷嘴几何模型

为适应自适应流通机匣处理结构的需要，喷嘴的设计型线由图5给出。喷嘴由吸力面（SS）和压力面（PS）构成，其中吸力面由两段型线组成，arc1为喷嘴的实际作用段，保证气流的贴壁流动，arc2为与桥路的连接段（圆弧），与arc1在（0，R_1）处相切，且$R_2=2R_1$。图中各符号含义如下：h：喉部高度；w：出口宽度；V：出口气流速度；β：吸力面与子午面的几何切角；τ：压气机叶顶间隙；L：喷嘴距离叶顶前缘的距离。

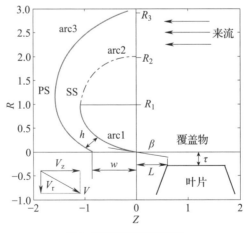

图5　喷嘴二维子午面示意图

对上述各几何参数进行研究后，取最优的喷嘴型线设计对其气动性能进行数值计算。首先固定喷嘴的吸力面型线，无单位参考$R_1=1$，改变喉部宽度h，获得不同喉部高度下的喷嘴特性（见图6）。当喷嘴喉部高度小于0.6时，喷嘴均可获得较好气动性能，调整喉部高度可达到不同的喷气量需求。当喉部高度大于0.6时，喷嘴的气动性能急剧变差。

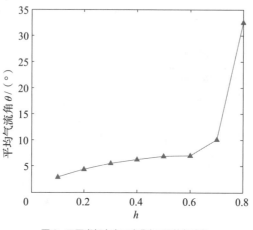

图6 不同喉部高度下喷嘴出口平均气流角

2.2 完成对压气机叶尖喷气规律的研究

2.2.1 喷嘴周向覆盖比例的影响

不同周向覆盖比例（CCP）的喷气模型的几何结构由图7给出，所有研究模型均沿周向布置6个喷嘴，喷嘴沿周向均匀分布，调整各个喷嘴的周向覆盖宽度，可得到叶顶喷气不同的周向覆盖比例。

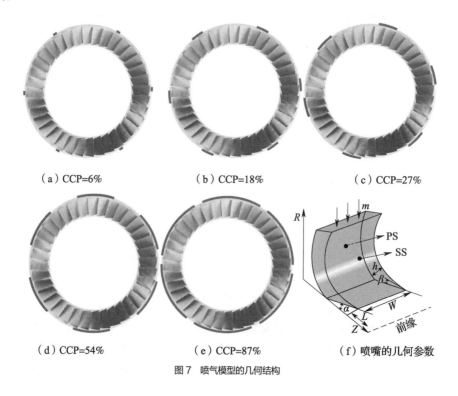

（a）CCP=6%　　　　　　（b）CCP=18%　　　　　　（c）CCP=27%

（d）CCP=54%　　　　　　（e）CCP=87%　　　　　　（f）喷嘴的几何参数

图7 喷气模型的几何结构

图8给出了喷气作用下压气机在整个流量范围内的压比特性和效率特性，为清晰起见，图8中仅给出了两个周向覆盖比例的全工况特性。从图8中可知，喷气后，在整个流量工况范围内，压气机的压比有了一定的提升，效率几乎不变。同时，叶顶喷气显著提升了压气机的稳定工作范围。

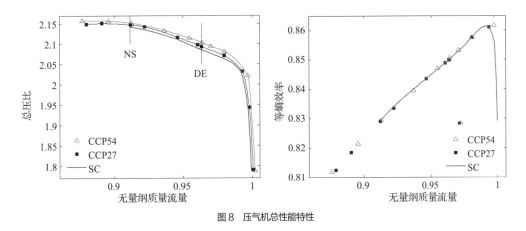

图8 压气机总性能特性

图9给出了压气机压比、效率的相对变化和稳定裕度改进量随叶顶喷气周向覆盖比例的变化情况。通过图9（a）可以看出，压气机在设计点（DE）和近失速点（NS）的压比随着叶顶喷气周向覆盖比例的增加而线性增加，压气机的效率几乎保持不变。由图9（b）可知，当叶顶喷气的周向覆盖比例小于27%时，压气机稳定裕度改进量随周向覆盖比例的增加而线性增加；当周向覆盖比例大于27%时，增加喷气的周向覆盖比例对稳定裕度改进量的提升效果非常小。由于喷气量随着叶顶喷气周向覆盖比例的增加而线性增加，考虑到对喷气量的限制要求，对于本文的研究模型，叶顶喷气的最佳周向覆盖比例为27%。

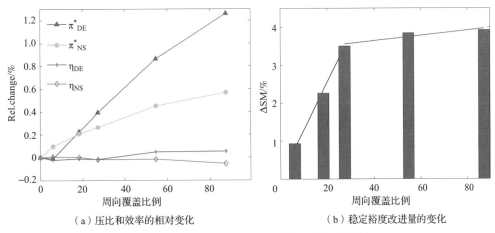

（a）压比和效率的相对变化　　　　　　（b）稳定裕度改进量的变化

图9 叶顶喷气周向覆盖比例对压气机性能和稳定裕度的影响

2.2.2　喷嘴喉部高度的影响

图10给出了两种喉部高度时的总性能与实壁机匣的对比。从图10中可知，将喷嘴喉部高度由

2倍叶顶间隙提升至4倍叶顶间隙可进一步提升压气机的稳定工作范围，但对压气机的总压比和效率影响并不大。

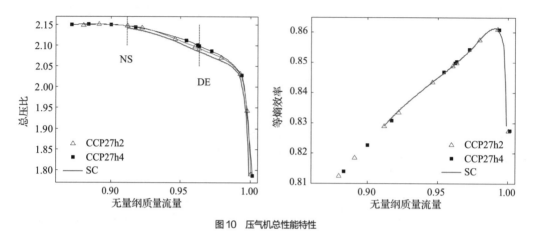

图10　压气机总性能特性

图11为喷嘴喉部高度对压气机稳定裕度的影响。由图11可知，将喷嘴的喉部高度由2倍叶顶间隙增加至4倍叶顶间隙时，压气机的稳定裕度有了明显的提升；但将喉部高度进一步增大至6倍叶顶间隙时，虽然此时喷气量增加，但压气机的稳定裕度不升反降。对于喉部高度的选取，应根据具体的扩稳需求和喷气量而定。

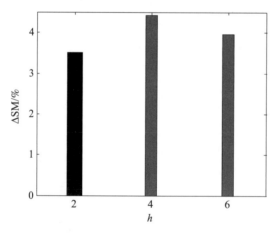

图11　喷嘴喉部高度对稳定裕度的影响

2.2.3　喷气速度的影响

喷气速度由喷嘴进口总压、喷嘴出口静压以及流道损失决定，在叶顶喷气的实际应用中，喷气速度的调整只能通过改变喷嘴的进口总压实现。图12给出了稳定裕度改进量随喷嘴进口总压的变化，其中喷嘴进口总压由标准大气压无量纲化。从图12中可以看出，随着喷嘴进口总压的增加，压气机的稳定裕度逐渐增加。当喷嘴进口总压达到2倍标准大气压时，压气机的稳定裕度达到最大值。当喷嘴进口总压进一步增加时，压气机的稳定裕度反而会下降。由于喷气的气源一般来自于压气机的后面级，喷嘴进口总压越大，对压气机造成的能量损耗与流量损失也越大。因而，对于压气机的稳定裕度而言，喷气速度并不是越大越好。

图 13 为不同喷嘴进口总压对压气机总性能的影响，图 13 中给出了喷嘴进口无量纲总压分别为 1.65 和 2 下的压气机性能曲线。由图 13 可知，改变喷嘴进口总压对压气机的总压比影响很小，对设计点的效率影响也不大。但在远离设计点的小流量工况点时，过大的喷嘴进口总压会降低压气机的效率。

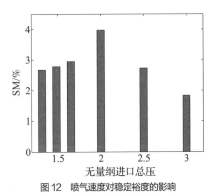

图 12　喷气速度对稳定裕度的影响

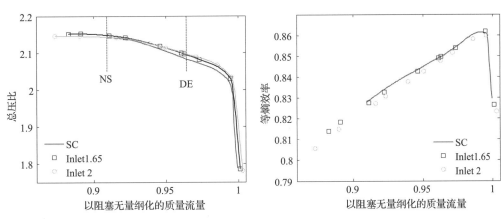

图 13　喷气速度对压气机性能的影响

从以上分析可知，喷气速度并不是越大越好，在一定范围内提升喷气速度有利于压气机稳定裕度的改进。对于本文研究的模型，喷嘴进口总压不能超过 2atm。

2.2.4　不同失速类型下的喷气作用规律

本文计算了 Rotor37 在 60% 设计转速时叶顶喷气的扩稳效果，在该转速下压气机表现为叶顶堵塞失速。给定喷嘴的喉部高度 $h=4\tau$ ，喷嘴进口总压为 167168Pa。图 14 给出了实壁机匣与叶顶喷气

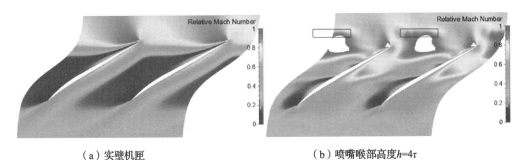

（a）实壁机匣　　　　　　　　　（b）喷嘴喉部高度 $h=4\tau$

图 14　近失速点叶顶相对马赫数分布

在近失速点的叶顶相对马赫数分布。从实壁机匣的叶顶流场来看，压气机发生典型的叶顶过载失速，叶顶吸力面附面层产生严重的分离，分离的边界层堵塞叶顶通道诱发压气机失速。采用叶顶喷气后，高能的喷射流降低了叶顶迎角，叶顶附面层分离得到了有效的抑制。

经计算，消耗的喷气量为实壁机匣失速流量的3.4%时，压气机稳定裕度提升10.1%。这说明，叶顶喷气对不同类型的失速均有一定的抑制作用。然而，在压气机的转速较低时，单级所产生的压升无法满足叶顶喷气所需的总压升，需要从压气机后面引气以保证喷气流的有效作用。

2.3 完成叶顶抽吸的设计规律的研究

2.3.1 抽吸口的几何设计

对于抽吸口的设计，首先需要进行二维型线的设计。图15（a）给出了抽吸口的二维型线图。抽吸口主要由抽吸吸力面（BS）和抽吸压力面（BP）组成。抽吸吸力面继承喷嘴吸力面型线的设计，研究表明该型线不仅在喷嘴中可以保证喷气流贴近壁面，而且在抽吸口中可以减小流动的分离。抽吸压力面采用控制喉部宽度的方法来构造，其控制规律由式（1）确定

$$\frac{h_2}{h_1} = c \tag{1}$$

式中，c 为可变常数。其他截面的喉部高度随抽吸吸力面的弧长呈线性变化，本文称其为可变喉部设计。抽吸的轴向切角 γ 和周向切角 χ 可变。

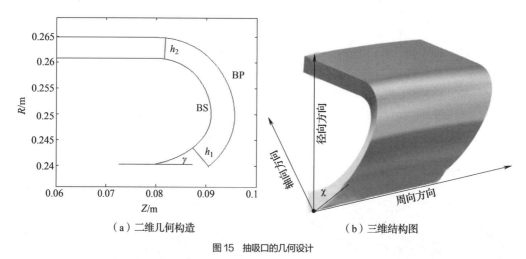

（a）二维几何构造　　　　　（b）三维结构图

图15　抽吸口的几何设计

图16给出 c 值对抽吸口效率和抽吸流量的影响，抽吸口效率定义为抽吸管路的总压恢复系数。从图16中可以看出，当 c 值为0.8时，抽吸效率和抽吸流量达到最大值，说明对于抽吸压力面的设计存在最佳的 c 值。对于下文中抽吸口的设计，c 值均取0.8。

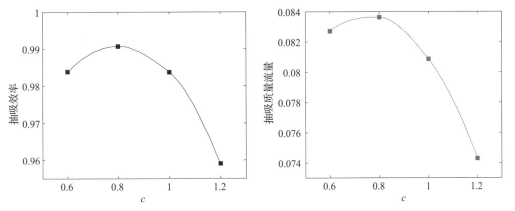

图16 不同 c 值对抽吸口气动性能的影响

2.3.2 转子后抽吸的设计规律

对于转子后抽吸规律的研究主要从以下三个方面展开，分别为抽吸角度、抽吸位置和抽吸口形状。抽吸位置均选择在转子叶顶尾缘之后，分别位于转子尾缘后 $z_1=7\%$ 、$z_2=28\%$ 和 $z_3=57\%$ 叶顶轴向弦长（cax）。由于转子后的流动带有很大的周向速度，因而对于转子尾缘后的抽吸主要研究周向切角 χ 的影响，χ 分别取 $0°$ 、$20°$ 和 $40°$ ，均顺转子转动的方向倾斜，如图 17 所示。

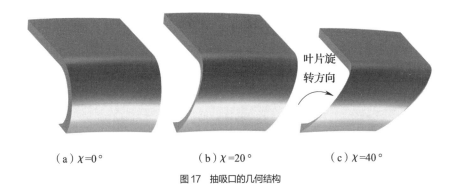

（a）$\chi=0°$ （b）$\chi=20°$ （c）$\chi=40°$

图17 抽吸口的几何结构

研究表明，在转子后进行抽吸，抽吸位置应该尽量远离转子尾缘，并需要带有一定的抽吸角度才能保证具备一定的抽吸量和抽吸出口总压。但是，从转子后的抽吸数据也可以看到，即便抽吸位置距离转子尾缘较远时，抽吸出口的总压也是相对较小的，无法满足较高喷气速度的要求。因而，下文将探索在静子后抽吸的设计规律。

2.4 完成对自适应流通机匣处理的初步验证

据前文对叶顶喷气、叶顶抽吸气动特性的研究，本节对自适应流通机匣处理进行初步验证。验证对象选取 NASA Rotor37 和某高亚声转子。图18 给出了两种转子的自适应流通机匣处理的几何模型。

对 Rotor37 自适应流通机匣处理的几何设计如下：喷嘴喉部高度 $h=4\tau$ ，位于转子叶顶前缘之前 20% 叶顶轴向弦长，喷嘴数量为 6，周向覆盖比例为 27%；抽吸口位于转子后 57% 叶顶轴向弦长，抽吸角度 γ 为 10°；桥路采用线性桥路。对于该模型采用六通道非定常数值模拟，图 19 给出 Rotor37 实壁机匣和自适应流通机匣处理总性能特性的对比，图 19 中包含了三种转速，分别为 100%、80% 和 60% 设计转速。

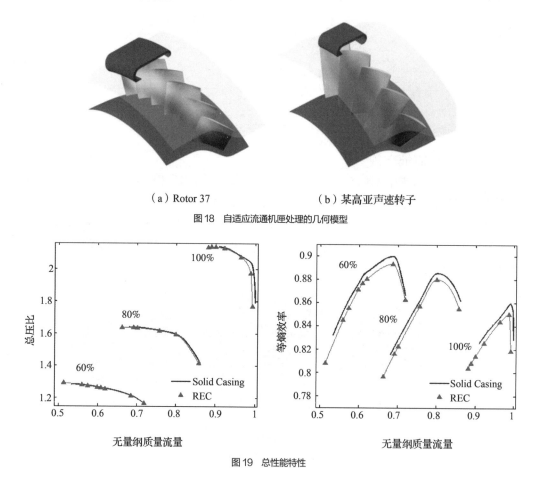

（a）Rotor 37   （b）某高亚声速转子

图 18　自适应流通机匣处理的几何模型

图 19　总性能特性

从图 19 可知，采用自适应流通机匣处理后，压气机的压比变化不大，等熵效率略有下降，在 100% 转速下，设计点的效率下降了 0.4%。在 100%、80% 和 60% 设计转速下，采用自适应流通机匣处理后压气机稳定裕度分别提升 3.1%、2.6% 和 3.5%，此时通过自适应流通机匣处理的循环流量分别为各转速近失速点流量的 0.7%、0.9% 和 0.9%。

对于某高亚声转子自适应流通机匣处理的几何设计参数同 Rotor37 一致，对于该模型采用五通道非定常数值模拟，图 20 给出该转子实壁机匣的总性能特性和采用自适应流通机匣处理后的近失速点。初步设计的自适应机匣处理在抽吸气流量小于 1% 的情况下使压气机设计转速的稳定裕度提高 3.1%，中、低转速下稳定裕度提高 7%。

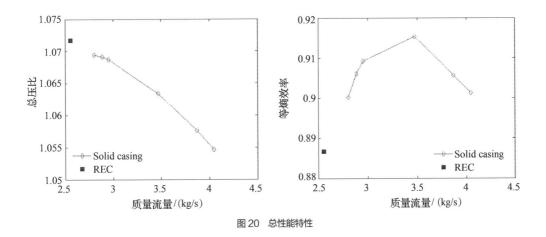

图20 总性能特性

3 结论

（1）在喷气规律的进一步探索中，主要研究喷嘴几何尺寸（包括喷嘴的周向覆盖比例和喉部高度）、喷气速度和喷气温度对压气机气动性能和稳定裕度的影响规律及影响机理，得到了联系稳定裕度改进量和喷气参数的设计准则。

随着喷嘴周向覆盖比例的增加，压气机的压比提升，效率几乎不变。当叶顶喷气的周向覆盖比例小于27%时，压气机稳定裕度改进量随周向覆盖比例的增加而线性增加；当周向覆盖比例大于27%时，增加喷气的周向覆盖比例对稳定裕度改进量的提升很小；喷嘴喉部高度对压气机性能的影响不大。将喷嘴喉部高度由2倍叶顶间隙提升至4倍叶顶间隙可进一步提升压气机的稳定工作范围，但将喉部高度进一步增大至6倍叶顶间隙时，压气机的稳定裕度降低；当喷嘴进口总压小于2倍标准大气压时，随着喷气速度的增加，压气机的稳定裕度逐渐增加；超出此范围后，压气机的稳定裕度逐渐降低。喷嘴进口总压不能超过2atm；喷气温度对压气机稳定裕度和效率的影响较小，但过高的喷气温度会降低压气机的总压比，与实壁机匣持平。

（2）针对叶顶抽吸的设计规律，首先研究了抽吸口的最优几何设计，然后针对转子后抽吸和静子后抽吸两种情况开展了抽吸规律的研究，主要研究了抽吸位置、抽吸角度和抽吸口的几何形状对抽吸性能的影响。

在转子后抽吸时，抽吸位置应该尽量远离转子尾缘，并需要带有一定的抽吸角度（周向切角）才能具备一定的抽吸量和抽吸出口总压。相比于狭长的抽吸口，抽吸口接近方形时利于抽吸效率的提高。转子后抽吸获得的抽吸量和抽吸出口总压有限，一般无法满足较高的喷气速度的需求。

（3）针对叶顶堵塞失速，自适应流通机匣处理在设计转速下可将压气机的稳定裕度提升3.1%，在非设计转速下，稳定裕度提升8.1%，使用的循环流量不超过压气机近失速流量的1%。

参 考 文 献

[1] Freeman C, Wilson A G, Day I J, et al. Experiments in Active Control of Stall on an Aero engine Gas Turbine [J]. Journal of Turbomachinery, 1998,120: 637-646.

[2] Strazisar A J, Bright M M, Thorp S, et al. Compressor stall control through endwall recirculation [R]. ASME Paper GT2004-54295, 2004.

[3] Suder K L, Hathaway M D, Thorp S A, Compressor stability enhancement using discrete tip injection [R]. ASME Paper 2000-GT-650, 2000.

[4] Hiller S J, Matzgeller R, Horn W. Stability enhancement of a multistage compressor by air injection [J]. Journal of Turbomachinery, 2011, 133（3）: 031009-1 ～ 031009-7.

[5] Dobrzynski B, Saathoff H, Kosyna G, et al. Active flow control in a single-stage axial compressor using tip injection and endwall boundary layer removal [R]. ASME Paper GT2008-50214, 2008.

[6] Strazisar A J, Bright M M, Thorp S, et al. Compressor stall control through endwall recirculation [R]. ASME Paper GT2004-54295, 2004.

[7] Weichert S, Day I, Freeman C. Self-regulating casing treatment for axial compressor stability enhancement [R]. ASME Paper GT2011-46042, 2011.

[8] Cassina G, Beheshti B H, Kammerer A, et al. Parametric study of tip injection in an axial flow compressor stage [R]. ASME Paper GT2007-27403, 2007.

[9] Khaleghi H, Teixeira J A, Tousi A M, et al. Parametric Study of Injection Angle Effects on Stability of Transonic Axial Compressors [J]. Journal of propulsion and power, 2008, 24（5）: 1100-1106.

[10] Hathaway M D. Self-recirculating casing treatment concept for enhanced compressor performance [R]. ASME Paper GT2002-30368, 2002.

[11] Weigl H J, Paduano J D, Frechette L G, et al. Active stabilization of rotating stall and surge in a transonic single-stage axial compressor [J]. Journal of Turbomachinery, 1998, 120: 625-636.

[12] Dobrzynski B, Saathoff H, Kosyna G. Active flow control in a single-stage axial compressor using tip injection and endwall boundary layer removal [R]. ASME Paper GT2008-50214, 2008.

[13] Matzgeller R Pichler R. Modeling of discrete tip injection in a two-dimensional streamline curvature method [R]. ASME Paper GT2012-69554, 2012.

[14] Matzgeller R, Voges M, Schroll M. Investigation of unsteady compressor flow structure with tip injection using particle image velocimetry [R]. ASME Paper GT2011-45281, 2011.

[15] Gummer V, Goller M, Swoboda M. Numerical Investigation of End Wall Boundary Layer Removal on Highly Loaded Axial Compressor Blade Rows [J]. Journal of Turbomachiner, 2008, 130: 011015-1 ～ 011015-9.

应用先进测量技术的流动控制方法研究

高超[1]，高正红[1,]，郑耀[2]，刘沛清[3]，周超[4]，叶志贤[2]，李栋[1]，郭昊[3]，武斌[1]，

张阳[2]，马睿[1]，李玉龙[3]，陆连山[1]

1. 西北工业大学航空学院，陕西西安 710072
2. 浙江大学航空航天学院，浙江杭州 310027
3. 北京航空航天大学航空科学与工程学院，北京 100083
4. 北京大学工学院，北京 100871

1 研究背景

　　一般来说，流体黏性阻力主要包括两个部分：层流的阻力和湍流的阻力，而通常湍流的阻力是层流阻力的 6~7 倍。研究表明，在飞行器巡航条件下，其阻力的主要来源是湍流边界层的表面摩擦阻力，约为总阻力的 50%[1-2]。在减小黏性阻力方面，主要的出发点是基于层流减阻和基于湍流减阻。因为只要不发生分离，层流引起的黏性摩擦阻力比湍流引起的摩擦阻力要小，所以，在外形设计中尽可能保持绕物体外形流动为层流，或者通过控制延迟转捩的发生从而扩大层流区域。然而，在高雷诺数流场中，湍流是不可避免的，因此，湍流减阻的研究非常重要，也是湍流研究的一个热点。但是找到有效的湍流边界层减阻的措施是一项非常困难的任务。目前，一些不同的策略一定程度实现了湍流边界层中的表面摩擦阻力有效减小，包括等离子体减阻；通过壁面设计沟槽的小肋减阻[3]；通过改变物面边界条件或者物面曲率形成被动控制或主动控制[4]；微吹气、合成射流控制[5]；在湍流边界层的外层布置涡流激励器或大涡破碎装置以改变湍流结构减阻[6]；在这些湍流边界层减阻策略中，大部分的研究尚处于机理探索阶段，且有些策略的缺点也是显而易见的，例如，装置不可修改的、难以加工的，或者需要外部压缩空气源。

　　使用各种激励器对湍流进行主动流动控制是近年来流体力学领域中最具挑战性的课题之一。在湍流结构中，近壁流向涡由于剪切输运过程产生流向条带，流向条带由于失稳产生流向涡，两个过程形成一种自维持的循环，而流向涡会诱导湍流猝发并产生雷诺应力。过去的数十年间，人们为了抑制近壁相干结构并达到减小湍流边界层摩擦阻力的目的，提出了各种方法[7-8]。其中，包括被动流动控制，如沟槽壁面[9-11]、大涡破碎器[12-13]和柔性壁面[14-15]。在主动流动控制中，各种类型的激励器被广泛研究，并在应用上分为分离控制和减阻控制两大类。在减阻控制中，定常/非定常吹吸气及合成射流可以抑制流向涡的形成从而达到减小摩擦阻力的效果[16-17]。

② 风洞试验平台

2.1 后台阶低速风洞等离子体流动控制的实验测量平台

该湍流边界层等离子体减阻实验平台基于西工大翼型叶栅实验室的后台阶低速风洞设计。后台阶风洞是一个小型的低速风洞，风洞的流入速度精确控制在 0 ~ 18m/s 之间。风洞试验段的几何尺寸分别为宽 0.72m，高 0.2m，长 1.2m。三维的移动测量系统安装在实验段的上方，且移动精度高达 0.02mm，在该机构上可以安装热线风速仪系统，以测量流场中速度场的分布和流量的大小。后台阶风洞的整体架构，如图 1 所示。

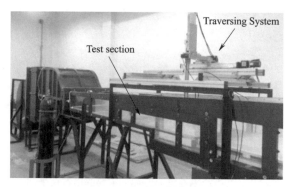

图 1　后台阶风洞实验段

基于该风洞设计了一个表面光滑的平板模型作为实验对象，其长度为 1200mm，宽度为 200mm。由于需要在平板模型上布置等离子体激励器，在保证模型在风洞试验中的稳定性和强度的同时，要保证模型的绝缘性，所以平板模型的材料选用了 12mm 厚的有机玻璃板。在平板模型的前缘设计时，考虑到模型在实验段对流场的影响，我们设计了长度为 120mm，且具有改进的超椭圆几何形状的前缘外形，以减小模型对来流流场的干扰。改进的超椭圆几何外形可以消除前缘和平板之间的曲率的不连续性，具体的外形几何参数由下式给出

$$\left[1-\frac{x}{\mathrm{AR}\times b_\mathrm{h}}\right]^{m(x)}+\left[\frac{y}{b_\mathrm{h}}\right]^{n}=1 \tag{1}$$

$$m(x)=2+\left[\frac{x}{\mathrm{AR}\times b_\mathrm{h}}\right]^{2} \tag{2}$$

式中，AR 表示椭圆的长宽比，上表面椭圆曲线的 AR 为 34.3，而下表面椭圆曲线的 AR 为 14.1。b_h 代表椭圆厚度一半的值。改进的超椭圆几何形状的前缘外形轮廓如图 2 所示。

图 3 是低速风洞平板模型的整体结构图。除了前缘的超椭圆几何外形设计，平板模型的后缘设计为襟翼的结构，使用特殊的阻尼器与平板的后部连接，可以在 –60° ~ 60° 之间改变其俯仰角。这种设计是为了通过后缘的角度变化来调整有来流情况下平板模型前部和后部的压力差，以消除在实验

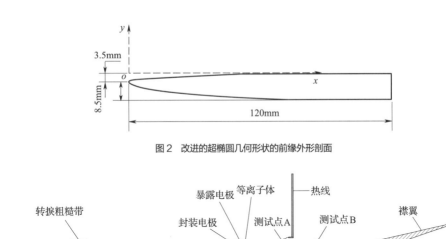

图 2　改进的超椭圆几何形状的前缘外形剖面

图 3　低速风洞平板实验模型

摩擦阻力的测量过程中压差阻力带来的干扰。此外由于受到风洞试验段长度的影响，模型的设计长度只有 1200mm，在这个距离内无法保证来流能在平板上发生自然转捩，从层流边界层转变为完全发展的湍流边界层。为了确保在进行实验测量时，平板表面的来流已经是湍流，边界层是完全发展的湍流边界层，紧挨着前缘后方的位置，布置了由金刚砂制成的粗糙带，对来流进行固定转捩。粗糙带的高度会影响平板模型局部区域的压力分布，高度过低不能使转捩过程在粗糙带位置完成，高度过高又会使压力分布产生过大变化，同时带来附加阻力。一般对零来流湍流度的情况，粗糙带立刻引起完全湍流的判据为 $V_\infty h/v$ =850。实验来流速度计划设定在 15m/s 左右，所以经过计算以及实验经验，选用的粗糙带的高度和宽度分别为 0.7mm 和 10mm。

等离子体激励器采用双向放电的 DBD 等离子体激励器来探究其在湍流边界层中的减阻效果。假定坐标原点 0 设置在平板模型前缘的最前方，且实验中介质阻挡放电激励器设置在平板模型的中间。激励器包含 2 个暴露电极和 1 个隐藏电极。暴露电极布置在前置隐藏电极和后置隐藏电极之间，整个电极组位于距离前缘 465mm 至 480mm 的位置。暴露电极和封装电极的宽度分别为 5mm 和 10mm，它们之间没有留任何间隙，等离子体激励器具体结构如图 4 所示。

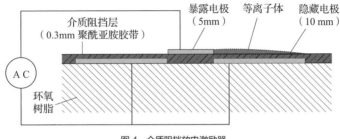

图 4　介质阻挡放电激励器

介质阻挡层使用了三层 3M5413HD 型的聚酰亚胺胶带将隐藏电极与暴露电极隔开，每层厚度为 0.07mm，介电击穿电压为 7500V，其材料性能如表 1 所示。电极的材料为 0.04mm 厚的 3M1181 型铜箔，其电极的有效展长与实验平板模型宽度一致为 200mm。由于采用的是 DBD 等离子激励器，当在暴露电极和隐藏电极之间加载连续的正弦波高电压时，沿来流方向将会产生诱导的等离子体射流，如图 5 所示；当在暴露电极和隐藏电极间加载脉冲波型高电压时，会根据脉冲频率产生沿流向的诱导涡，如图 6 所示。

表 1　单层聚酰亚胺膜性能

性能	参数
厚度 /mm	0.07
耐温 /℃	260
介电击穿电压 / V	7500
绝缘电阻 / MΩ	1×10^6
断裂强度 /（N/10mm）	53
断裂延伸率 / %	55
电解腐蚀系数	1.0
对钢的黏附力 /（N / 10mm）	2.8

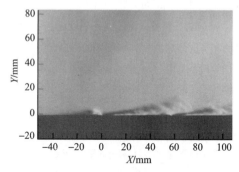

图 5　激励器定常连续放电纹影图

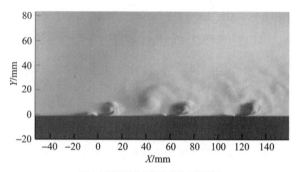

图 6　激励器非定常脉冲放电纹影图

2.2 低湍度风洞等离子体流动控制的实验测量平台

该湍流边界层等离子体减阻实验平台基于西北工业大学翼型叶栅实验室的低湍流度风洞设计。低湍流度风洞是一个大型的低速风洞，具有单独的三维实验段和串列的二维、三维实验段布局，风洞二维实验段的湍流度为 0.02%，风洞的流入速度精确控制在 3～75m/s 之间。风洞实验段的几何尺寸分别为宽 0.4m，高 1.0m，长 3.0m。三维的移动测量系统安装在实验段的上方，且移动精度高达 0.02mm，在该机构上可以安装热线风速仪系统，以测量流场中速度场的分布和流量的大小。低湍流度风洞的整体架构，如图 7 所示。

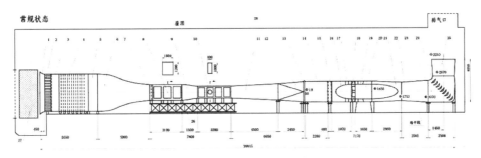

图 7 低湍流度风洞示意图

1—喇叭口；2—蜂窝组网；3—加长段；4—阻尼组网；5—人孔段；6—第一收缩段；7—湍流格栅；
8—三维实验段；9—第二收缩段；10—二维实验段；11—扩张段；12—方圆过渡段；13—柔性减振带；
14—过渡段；15—整流消声网格；16—过渡连接段；17—预扭导流片；18—风扇；19—止旋导流片；
20—直流电动机整流罩；21—缩扩调节段；22—尾扩段；23—拐弯段；24—导流片；25—排气段；
26—支撑系统；27—进气室及进气网窗；28—扩张段（仅使用三维实验段）

基于该风洞设计了一个有机玻璃材质的表面光滑的平板模型作为实验对象，其长度为 1500mm，宽度为 400mm，厚度为 14mm，如图 8 所示。为了确保在进行实验测量时，平板表面的来流已经是湍流，边界层是完全发展的湍流边界层，紧挨着前缘后方的位置，布置了由金刚砂制成的粗糙带，对来流进行固定转捩。实验模型水平安装在低湍流度风洞的实验段内，如图 9 所示。

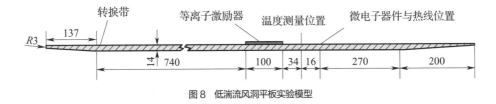

图 8 低湍流风洞平板实验模型

2.3 低湍流度静声风洞

浙江大学玉泉校区航空航天学院低湍流度静声风洞中完成，该风洞为开口式风洞，实验段尺寸为 1.2 m（宽）× 1.2 m（高）× 3.5 m（长），风洞收缩比为 14.8，实验段风速范围 5～74 m/s，风洞入口安装有 10 层阻尼网，使实验段中心的湍流度保持 0.04%～0.05%，风洞进出口均设置消声器，扩散段、动力段等都采用消声壁设计以降低工作噪声，风洞如图 10 所示。

图9 平板模型在实验段内的安装

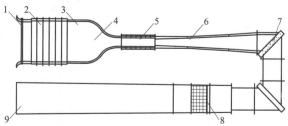

图10 风洞实验段及结构示意图

1—风洞入口；2—阻尼网；3—稳定段；4—收缩段；5—实验段；
6—扩展段；7—转角段；8—动力段；9—风洞出口

平板实验平台由亚克力板搭成，平台的尺寸为：长4000mm×宽1000mm×厚8mm。前缘有一定倾角，正对来流方向，并在前缘安装拌线及粗糙带以加快湍流形成，模型迎角为0°，尾部安装有可调角度斜板以保证上表面压力梯度为零。实验平台模型如图11所示。

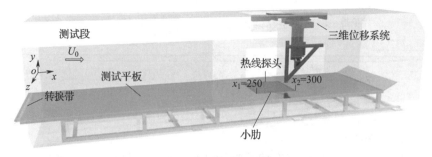

图11 风洞测试平板示意图

2.4 小型下吹式风洞

该风洞是一座小型下吹式风洞。风洞示意图如图12所示。风洞运行由一部变频电机控制，电机工作频率10~50Hz，电机带动风洞入口处风机转动，空气被吸入风洞，经静流段、阻尼段、收缩段到达实验段。静流段、阻尼段、收缩段平直部分的总长为1366mm，收缩段收缩部分的长度为770mm。从收缩段出口至风洞出口，该部分总长4500mm，其横截面为720mm（宽）×200mm（高）的矩形。核心实验区距收缩段出口1500mm，其长度为1000mm。风洞左右侧壁以及下壁是有机玻璃板，上壁为钢板，实验段上方安装有一套三维移测架，钢板上开有675mm（流向）×220mm（展向）的矩形测量窗口，以供热线探杆由上至下伸入风洞并能够随移测架自由移动。风洞稳定风速为7~20m/s，风速控制精度0.1m/s，稳定风速下的风洞背景湍流度不超过0.5%。

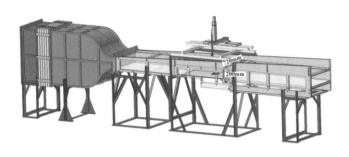

图12　风洞结构图

2.5　低速直流吸气式闭口风洞

该风洞为中国水利水电科学研究院北京大兴试验基地的环境测试风洞。此风洞为低速直流吸气式闭口风洞，风洞总体长度为343.66m；有效实验段长度为11m；最大高度为5.5m；风洞实验段的两侧装有便于观测的有机玻璃。实验段前段过流断面尺寸为高2m，宽2m；实验段后端过流断面尺寸为高2.1m，宽2.1m；风洞能够提供的速度范围是0.5~30m/s，风速调节灵敏方便。为了提高风洞的质量，风洞的进气端装有蜂窝器和滤网，气体湍流度为1%。风洞外景和尺寸如图13所示。

实验平板模型如图14所示，整块实验平板由9块光滑木质生态板拼接而成，使用金属支架对木质平板进行支撑，保证整个木板的平整。整块模板长10.60m，宽2.0m，厚0.02m，平板水平固定与风洞实验段距下壁面450mm高度处，前缘为圆弧倒角，平板表面十分光滑，有利于对湍流边界层中黏性底层的速度测量。在实验区域用一块长600mm，宽400mm的铝板代替木质平板，铝板中央放置实验所用的沟槽板，沟槽板距离平板前缘8630mm处。安装完后的实物图如图15所示。

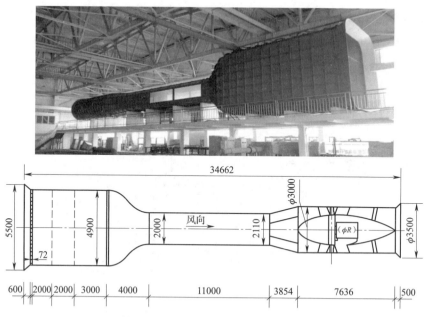

图13 低速直流吸气式闭口风洞外景和尺寸图

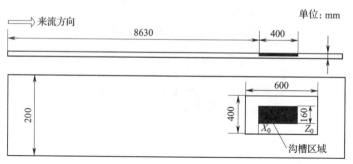

图14 实验平板简图

图15 实验平板实物图

3 流动控制装置

3.1 沟槽结构

测试使用的沟槽平板同为亚克力材料，其截面为底 s 和高 h 均为 0.5mm 的等腰三角形，由数控车床铣削加工而成。共制备了 4 块 50cm×50cm 沟槽平板，分别为：直沟槽板一块；波长 λ 为 30mm，振幅 A 分别为 1mm、2mm、3mm 的正弦形沟槽板三块。

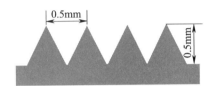

图 16 沟槽板横截面

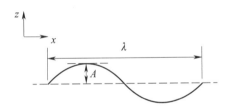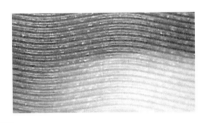

图 17 曲形沟槽板

3.2 合成射流激励器

合成射流模块由两部分组成，即上部的盖板和下部的方形空腔。合成射流模块上部的盖板为边长为 100mm 的正方形，盖板上分布着规模为 10 行 ×19 列的射流小孔阵列，分布如图 18 所示，每一个小孔的直径均为 0.5mm，在每一行中两相邻小孔的圆心之间的距离为 h_o=5mm，在每一列中两相邻小孔的圆心之间的距离为 d_o=5mm，那么 h_o / d_o=10。合成射流模块下部的方形空腔深度为 55mm，在空腔下部 4 个不同的方向开有相同直径的孔，用于连接导气管，导气管与外部的合成射流激励器相连接。为了使空腔内的空气流动更均匀，在空腔中部填充有 25mm 厚的海绵，并在海绵上方铺有两层金属丝网，如图 18 所示。

合成射流激励器主要由信号发生器，功率放大器和扬声器组成。此外，还有一个示波器监视扬声器的输入信号。设备的实物图如图 19 所示，合成射流激励器的工作流程如图 20 所示。

恒压供气系统用于稳定、持续地为吹气模块供气。系统以空气压缩机作为气源，通过多级减压阀稳定压力以及调整压力，图 21 为供气系统实物图。供气管路首尾端球阀用于供气系统的快速启闭。单个气源三联件包括空气过滤器、减压阀和油雾器，两级气源三联件可对空气压缩机输出气体进行过滤和稳压。三联件下游的减压阀用于调整供气压力，通过压力表对供气压力进行监控。截止阀可按实验需求调整供气流量。

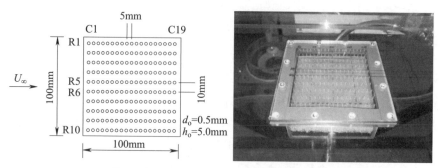

图18　合成射流模块盖板示意图（左）和实物图（右）

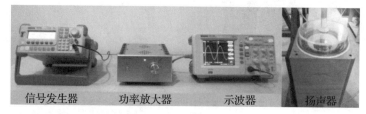

图19　合成射流激励器实物图

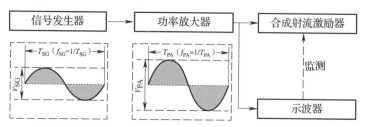

图20　合成射流激励器工作流程图

图21　供气系统实物图

4　测量设备

4.1　基于热线风速的边界层摩擦阻力测量技术

热线测速技术是一种非常重要的测量流体速度与方向的技术，为流体速度的测量做出了巨大的贡献，通常按照热线热平衡原理可以分为恒流风速计和恒温风速计。实验中使用的是 Dantec Dynamics 公司生产的 StreamLine 恒温热线热膜风速仪，如图 22 所示。

热线风速仪器测量速度的基本原理是热平衡原理，流场中风速的变化使加热电流的细金属丝的温度产生变化，相当于一个温敏电阻，从而使相应的电信号产生变化；在没有其他形式的热量交换条件下，热线产生的热量与耗散的热量相等，所以加热电流产生的热量应等于热线与周围介质的热交换。根据 King 公式可以近似地得到换热表面的努塞尔数与雷诺数之间的关系，进一步可以计算出热线处介质流速的矢量。

为了测量边界层中速度型的分布，恒温热线风速仪的探杆选择了 L 形的探杆，探头选择了 120° 的边界层探头，如图 23 所示。探杆固定于风洞的移测机构支架的安装滑块上，垂直于平板模型。热线的测量位置选择在风洞中心线上，可以尽可能减小风洞侧壁约束对边界层测量的影响。

图 22　StreamLine 恒温热线风速仪系统

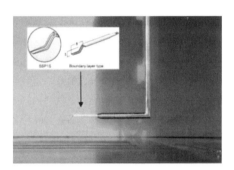
图 23　边界层探头及 L 形探杆

4.2　基于柔性热膜微机电传感器的壁面切应力测量技术

随着微机电系统（micro electro–mechanical system，MEMS）技术的进步，使得壁面切应力的精确测量成为可能。基于 MEMS 技术的柔性热膜切应力传感器具有空间分辨率高、可柔性化、时间分辨率高、流场干扰小等优点。实验中我们应用了西北工业大学微系统实验室所研发的柔性热膜微机电传感器，如图 24 所示。该柔性热膜微机电传感器厚度小，敏感单元尺寸小，空间分辨率高，可柔性变形，可用于不同的测量对象，且测量属于间接测量，具有传统传感器所无法比拟的优点。

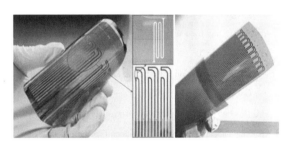
图 24　柔性热膜微机电传感器

根据驱动类型不同，热膜切应力测量系统可分为两大类：恒流驱动式和恒温驱动式测量系统。驱动模式不同，传感器的工作状态也不相同，对应的系统输出特性也有显著差异。实验中采用恒流驱动模式，热膜微机电传感器置于流场中，流过传感器敏感单元的电流保持恒定，热敏感单元被电流加热，电阻值增大，两端电压升高。增大输入切应力，敏感单元的热耗散会随着壁面切应力增大而增强，进而减小传感器敏感单元的工作温度，降低敏感单元的阻值。此时，传感器敏感单元两端输出电压减小，从而建立传感器敏感单元输出电压与壁面切应力的函数关系。

参 考 文 献

［1］ Kline S J, Reynolds W C, Schraub F A, et al. The structure of turbulent boundary layers ［J］. Journal of Fluid Mechanics, 1967, 30（4）: 741–773.

［2］ Brown G L, Thomas A S W. Large structure in a turbulent boundary layer ［J］. Physics of Fluids, 1977, 20（10）: S243–S252.

［3］ Wassen E, Kramer F, Thiele F, et al. Turbulent drag reduction by oscillating riblets ［C］//4th Flow Control Conference, 2008, p4204.

［4］ Henoch C, Krupenkin T, Kolodner P, et al. Turbulent drag reduction using superhydrophobic surfaces ［C］//3rd AIAA Flow Control Conference, 2006, p3192.

［5］ Spinosa E, Zhong S. Reduction of skin friction drag in a turbulent boundary layer using circular synthetic jets ［C］//55th AIAA Aerospace Sciences Meeting, 2017, p0324.

［6］ Kim J S, Hwang J, Yoon M, et al. Influence of a large–eddy breakup device on the frictional drag in a turbulent boundary layer ［J］. Physics of Fluids, 2017, 29（6）: 065103.

［7］ Hak M. Gad–el: Flow control: passive, active, and reactive flow management ［M］. 2000.

［8］ Choi K S. Turbulent drag–reduction mechanisms: strategies for turbulence management ［M］//Turbulence Structure and Modulation. Springer, Vienna, 2001, p161–212.

［9］ Walsh M, Lindemann A. Optimization and application of riblets for turbulent drag reduction ［C］//22nd aerospace sciences meeting, 1984, p347.

［10］ Choi K S. Near–wall structure of a turbulent boundary layer with riblets ［J］. Journal of fluid mechanics, 1989, 208: 417–458.

［11］ Merigaud E. Reduction of parasitic effects related to the turbulent boundary layer on the fuselage using slot suction ［J］. Emerging Techniques in Drag Reduction, 1996.

［12］ Bertelrud A, Truong T, Avellan F. Drag reduction in turbulent boundary layers using ribbons ［C］//9th Atmospheric Flight Mechanics Conference, 1982, p1370.

［13］ Plesniak M W, Nagib H M. Net drag reduction in turbulent boundary layers resulting from optimized manipulation ［C］//1985 AIAA Shear Flow Control Conference, 1985.

［14］ Choi K S, Yang X, Clayton B R, et al. Turbulent drag reduction using compliant surfaces ［J］. Proceedings of the Royal Society of London. Series A: Mathematical, Physical and Engineering Sciences, 1997, 453（1965）: 2229–2240.

［15］ Gad–el–Hak M. Compliant coatings for drag reduction ［J］. Progress in Aerospace Sciences, 2002, 38（1）: 77–99.

［16］ Gad–el–Hak M, Blackwelder R F. Selective suction for controlling bursting events in a boundary layer ［J］. AIAA Journal, 1989, 27（3）: 308–314.

［17］ Myose R Y, Blackwelder R F. Control of streamwise vortices using selective suction ［J］. AIAA Journal, 1995, 33（6）: 1076–1080.

微吹气控制湍流边界层减阻
技术数值模拟

兰世隆[1]，郑耀[2]，张劲柏[1]，张阳[2]，李泽华[1]，叶志贤[2]，邹建锋[2]

1. 北京航空航天大学航空科学与工程学院，北京 100083
2. 浙江大学航空航天学院，浙江杭州 310027

1 不可压槽道流

1.1 计算模型

根据 DRAGY 项目任务安排，对微孔吹气减阻技术在槽道流和平板流方面都做了数值计算的研究工作。不可压槽道湍流流动采用直接数值模拟，描述槽道流动使用不可压流动的 NS 方程 Lamb 形式。使用分步时间推进格式，将 Lamb 方程拆分成对流项、压力项和扩散项，并依次推进。使用伪谱法进行空间离散，经过谱空间变换后导数项可转换为乘积，在谱空间内运用快速 Fourier 变换。首先考虑流向和展向的空间离散，针对这两个方向，由于湍流均匀各向同性，可做均匀离散化处理，使用 Fourier 级数做展开，计算域从物理空间投射到 Fourier 空间。针对法向空间，考虑法向速度脉动变化不均匀性，以及法向计算域从 –1 变化到 1，使用 Chebyshev 多项式做展开，设置相应配点后可实现法向近壁面区域网格加密。槽道采用定流量方法驱动，因此计算过程中必须保证流量守恒，每次时间推进计算完成后需要进行流量守恒修正，保证消除每次离散后产生的误差流量。关于吹 / 吸气条件的加入，也需要满足槽道流量守恒。

考虑了两个雷诺数（Re_τ=180/590，基于槽道流量的平均流速 U_m 和槽道半高 δ 的雷诺数分别为 2800/11000）的槽道湍流，先计算了无控制的基本流动，然后计算了不同吹气分数和不同吹气排布方式的流动情形。

在 Re_τ=180 槽道中，流向网格分辨率为 $\Delta x \approx 2\eta$，网格分辨率接近 1.5η，精确度较高；展向网格分辨率为 $\Delta z \approx 1.5\eta$，此时计算精度完全达到直接数值模拟的计算要求；法向网格最大分辨率为 $\Delta y_c^+ \approx 1.4$，在槽道法向中心位置。需要注意的是，在 Re_τ=590 槽道中，流向和展向计算域相较于 Re_τ=180 槽道的计算域都分别减半，原因是此时雷诺数较高，如若使用 $4\pi \times 2\pi$ 则网格量要求过大，将需要达到 10^9 的计算网格量，本次研究因为时间和资源的限制，无法进行如此大规模的计算。因此，针对此雷诺数的槽道湍流，在保证计算域能够实现一个大涡流动的前提下，使用 $2\pi \times \pi$ 计算域。流向网格分辨率为 $\Delta x \approx 6\eta$，展向网格分辨率为 $\Delta z \approx 3\eta$，法向网格最大分辨率为 $\Delta yc^+ \approx 3$，在槽道法向中心位置。对于此时高雷诺数下槽道流动，流向和展向的网格分辨率都超过 1.5η，但是仍然在 10η 范围内，能够满足谱方法计算要求。计算网格参数可见表1。表格中网格单元大小用基于摩擦速度的内尺度归一化 Δy_c 是指槽道中心处的网格单元大小。大部分计算是在北京航空航天大学国家计算流体力学实验室中进行，计算代码由 Fortran 编写，使用实验室 CPU 并行机进行计算。Re_τ=180 槽道使用 32 个内核并行计算，无量纲计算步长设置为 10^{-3}，为保证单次算例运行三次以上通场时间，计算时长大约为 60h。Re_τ=590 槽道使用 64 个内核并行计算，无量纲计算步长设置为 5×10^{-4}，同样为保证单次算例进行三次以上通场时间，计算时长大约为 120h。另外，有一部分计算是在超算天津中心完成的。

表1　计算网格参数

Re_τ Nom.	Re τ Actuai	L_x	L_z	$N_x \times N_y \times N_z$	Δx^+	Δz^+	Δy_c^+
180	181.81	4π	2π	$384 \times 257 \times 256$	5.9	4.4	1.4
590	585.97	2π	π	$384 \times 385 \times 384$	9.5	4.7	3

1.2　计算方法的验证

对于无控制的基本流动，文献中已有经典的结果可以用来验证本文的计算方法。本文考虑了两个雷诺数（Re_τ=180/590）的槽道湍流，因此，验证工作也包括了两个雷诺数的结果。图1是平均流向速度型，与 Kim[1] 和 Moser[2] 的结果进行比对，雷诺数增大，对数区增大，都符合经典壁面律，两个雷诺数的结果都与上述文献的结果符合得很好。图2雷诺应力和黏性应力在壁面法向上的分布，分别用各自的摩擦速度无量纲化，可以看到当雷诺数由 180 增大到 590，雷诺应力在总应力中所占比例也增加了，与文献结果也符合得很好。这表明我们的计算方法正确，所用网格大小和分辨率也合适。

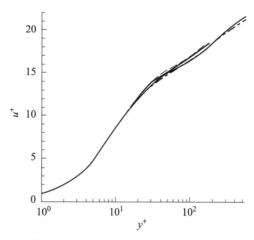

图1　槽道基本流动的平均流向速度型及与文献结果的比较。其中，红色实线，Re_τ=590；蓝色实线，Re_τ=180；黑色虚线，Kim（Re_τ=180）；绿色虚线，Moser（Re_τ=590）

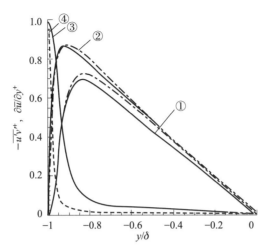

图2 雷诺应力和黏性应力在壁面法向上的分布，实线①，雷诺应力（Re_τ=180）；
虚线②，雷诺应力（Re_τ=590）；实线③，黏性应力（Re_τ=180）；虚线④，黏性应力（Re_τ=590）；
黑色长短虚线，Kim[1] 和 Moser[2]。这里 y/δ =−1 为槽道壁面，y/δ =0 处为槽道半高，即槽道中心线

1.3 均匀吹气的算例

在槽道壁面，每个壁面网格点都施加均匀一致的法向吹气速度，就是所谓的均匀吹气。首先给出不同吹气分数下的减阻率（见表2和表3）。这里，吹气分数 F 是壁面法向吹气速度与槽道平均流速的比值，减阻率是无控制壁面上摩阻系数 C_{f0} 与吹气时摩阻系数 C_f 之差与无控制壁面上摩阻系数 C_{f0} 的比值，即（$C_{f0}-C_f$）/C_{f0}。这里摩阻系数图3是均匀吹气壁面摩阻系数 C_f 随吹气分数 F 的变化，图3中包含了不可压的两个雷诺数 Re_τ=180/590 的结果以及可压的 Re_τ=174，马赫数 Ma=0.8 的结果，在 Hwang 的实验[3-5]中通常微吹气分数 F<0.005。可以看到，在 F<0.005，摩阻系数近似随吹气分数线性变化。

表2 不同吹气分数下吹气壁面上的减阻率（Re_τ=180，Ma=0）

吹气分数	F=0	F=0.001	F=0.0015	F=0.002	F=0.005	F=0.01	F=0.015
摩阻系数	0.00843	0.007354	0.00715	0.00660	0.00506	0.0044	0.00204
减阻率	—	12.8%	15.2%	21.7%	40%	47.8%	75.8%

表3 不同吹气数下吹气壁面上的减阻率（Re_τ=590，Ma=0）

吹气分数	F=0	F=0.0015	F=0.015
摩阻系数	0.00567	0.00455	0.00071
减阻率	—	19.7%	87.4%

图3表明在同一吹气分数下，Ma=0.8 的减阻率比不可压的结果略差。在吹气分数 F<0.002 时，减阻率与吹气分数近似成正比关系。当 F>0.002 时，减阻率随吹气分数增加，但增加的速率低于 F<0.002 的情形，可推测当 F<0.002 时有更高的能量效率。从图3中还可以看出，在同样的吹气分数下，雷诺数增大，减阻率也略有增大。在 Hwang 的实验[3-5]中，有一个型号是 NASA−PN2 的微孔板，孔隙率23%，Re=1.62×10⁶/m，当 F=0.002 时，减阻率可达30%，F=0.005 时，减阻率可达60%，

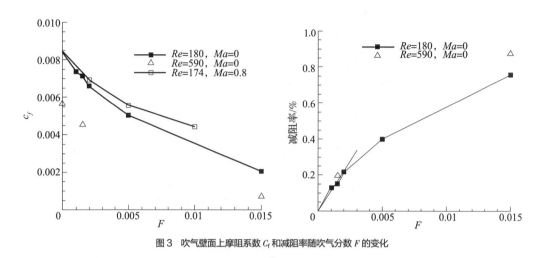

图 3 吹气壁面上摩阻系数 c_f 和减阻率随吹气分数 F 的变化

明显高于我们算例中的减阻率。这表明随着雷诺数增大（至少 Re_τ 从 180 到 3000 左右），减阻率也会增大。值得注意的是，对于实际的微孔板，当雷诺数增大，孔径相对于湍流边界层厚度增大，等效于壁面粗糙度增大，从而导致不吹气的微孔板上的摩阻系数增加。另外，当 $F>0.005$，减阻率基本不再增大，我们算例的减阻率仍继续增大，其中的原因我们推测是 Hwang 的实验中风洞试验段截面积小，加装实验平板后有一些堵塞效应，吹气分数增大了会影响实验平板上的流向压强梯度。最后要注意的是，对于槽道流动施加控制的情形，为了保证流量不变，一个壁面上吹气，另一个壁面上则吸气，减阻发生在吹气壁面上，而在吸气壁面上摩阻是增加的，通常两个壁面上摩阻之和大于无控制的基本流动两个壁面上的总摩阻。下面讨论减阻率时，只考虑吹气壁面上的结果。

下面主要针对不可压槽道湍流均匀吹气的结果进行分析讨论。图 4 是均匀吹气与无控制基本流动平均速度型的比较，各条曲线分别用各自的摩擦速度无量纲，其中均匀吹气的两条曲线分别用各

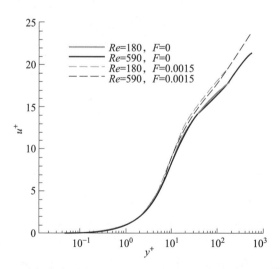

图 4 平均速度型（流向速度 u 与法向坐标 y 都用各自的壁面黏性尺度无量纲）

自吹气壁面的摩擦速度无量纲。两条虚线是均匀吹气的结果，可见均匀吹气后速度型在非常接近壁面的黏性底层区域，基本满足 $u^+=y^+$，在过渡区之上似乎还可以近似成对数分布，但不满足经典的对数律，斜率有较大差异。图5也是均匀吹气壁面上平均速度型与无控制基本流动的比较，流向速度型统一用基本流动的基于流量的平均速度归一化，法向坐标 y 用槽道半高来归一化，这样可以比较各算例速度的相对大小，从图5可以看到，在吹气壁面附近，平均流向速度相比各自的基本流动都减小了，这也表征了吹气壁面上摩擦阻力减小的结果。

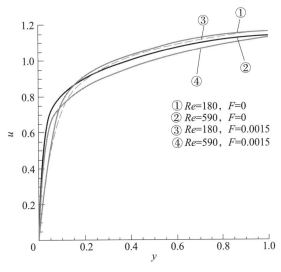

图5　平均速度型（流向速度型统一用基本流的平均速度归一化，法向坐标 y 用槽道半高 δ 来归一化，
这里 $y=0$ 处为吹气壁面，$y=1$ 处为槽道中心线，即半高处）

图6是槽道流动 $Re_\tau=180$，速度3个方向的脉动均方根，红线为 U_{rms}，蓝线为 W_{rms}，绿线为 V_{rms}，其中实线为无控制基本流动的结果，虚线为吹气壁面（吹气分数 $F=0.0015$）上方的结果。由

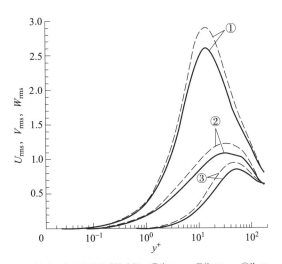

图6　槽道流动 $Re_\tau=180$，速度三个方向的脉动均方根，①为 U_{rms}，②为 W_{rms}，③为 V_{rms}，其中实线为无控制
基本流动的结果，虚线为吹气壁面（吹气分数 $F=0.0015$）上方的结果

图 6 可见，吹气使壁面上方三个方向的速度脉动都增强了。图 7 是槽道流动 Re_τ=180 的雷诺切应力 $<u'\,v'>$ 在壁面法向的分布，其中实线为无控制基本流动的结果，虚线为吹气壁面（吹气分数 F=0.0015）上方的结果，可见吹气也使雷诺切应力 $<u'\,v'>$ 增加。图 8 是槽道流动 Re_τ=590 时速度三个方向的脉动均方根，可见吹气壁面上方直到槽道中心线处，三个方向的速度脉动均方根都增大了。图 9 是 Re_τ=590 的雷诺切应力 $<u'\,v'>$ 在壁面法向的分布，与 Re_τ=180 类似，吹气也使雷诺切应力 $<u'\,v'>$ 增加。综合 Re_τ=180/590 的速度脉动均方根和雷诺切应力的结果，可推断吹气使湍流脉动增强。

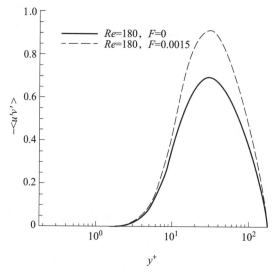

图 7　槽道流动 Re_τ=180，雷诺切应力 $<u'\,v'>$，其中实线为无控制基本流动的结果，
虚线为吹气壁面（吹气分数 F=0.0015）上方的结果

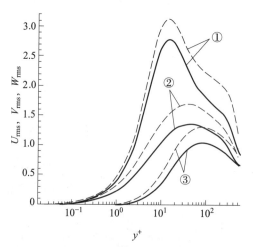

图 8　槽道流动 Re_τ=590，速度三个方向的脉动均方根，①为 U_{rms}，②为 W_{rms}，③为 V_{rms}，其中实线为无控制基本
流动的结果，虚线为吹气壁面（吹气分数 F=0.0015）上方的结果

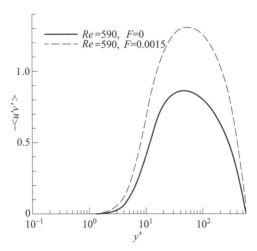

图9 槽道流动 Re_τ=590，雷诺切应力 $<u'\,v'>$，其中实线为无控制基本流动的结果，
虚线为吹气壁面（吹气分数 F=0.0015）上方的结果

图10是基本流瞬时流动结构图和壁面均匀微吹/吸瞬时流动结构图，流动参数为 Re_τ=180，Ma=0.2，F=0.005。流动结构提取的方法采用 Q 准则，阈值取为1.5。下壁面云图为瞬时壁面摩擦阻力系数的分布云图。从图10中可以看出，槽道基本流的流动结构关于中心面对称，在上下壁面附近有序存在，而在吸气的上壁面一侧，流动结构几近消失，下壁面的微吹气使得流动结构更加混乱复杂，这与之前通过雷诺应力以及速度脉动均方根得出的结论，即微吹气使壁面上方湍流强度增加一致。而通过下壁面的摩擦阻力系数分布云图又可以看出，在使用相同的色度划分后，微吹壁面的摩擦阻力系数普遍偏低，这显示微吹一侧壁面有减阻效果。

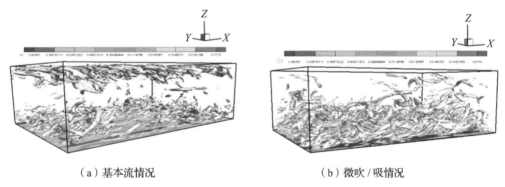

（a）基本流情况　　　　　　　　　　（b）微吹/吸情况

图10　瞬时流动结构 Q=1.5；下壁面吹气，上壁面吸气

2 平板微吹气减阻技术

亚声速可压缩平板湍流流动 Ma=0.7，在不可渗透光滑平板的中间区域开有一排排微吹气孔，以 32×32 阵列交错排列，微吹孔的直径远小于边界层厚度。主要强调的是，Ma0.7工况的选择是为了与已有的试验数据相对应。

2.1 问题描述

在当前物理问题设计中，三维光滑平板的流向长度 x、法向高度 y 和展向宽度 z 分别对应于（30，42）×（0，0.65）×（0，1.57），无量纲特征长度 L_∞ 为 1in。这样的几何参数与 Ying Z 和 Xin–Liang Li[6] 的设计基本一致，如图 11 所示。

（1）自由来流空气初始条件：

U_∞ =237.7m/s（声速 c =339.67m/s，Ma=0.7）；

T_∞ =288.15K；

ρ_∞ =0.1484kg/m³；

$Re_\infty = \dfrac{\rho_\infty U_\infty L_\infty}{\mu_\infty} = 50000 / \mathrm{in}$（$\mu_\infty$ 是当前条件下空气的动力黏度）

T_w=1.098T_∞（T_w 是壁温）。

（2）微孔吹气气体仍采用空气作为介质，气流从微孔表面法向喷射入主流之中，但相对主流状态来说，其质量流量比较小，这也是考虑流动控制能量效率问题，同时当射流较大时可能会引起流动分离，从而导致表面摩擦力增大，这也是不被期望的情况。ρ_J 和 V_J 分别是射流的密度和速度，定义微孔吹气系数 F

$$F = \rho_J V / \rho_\infty U_\infty = 0.0015$$

$$\rho_J = 1.2 \rho_\infty$$

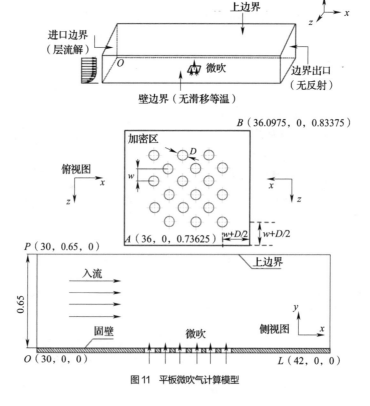

图 11 平板微吹气计算模型

如表4所示，一共设置三个算例，case1是基本算例，对应不带微吹气的光滑平板流动；case2~3是微吹气控制下的平板流动，对应不同微吹气体温度250K和270K，这也是为了探索微吹气温度对减阻效果的影响。

表4　微吹气温度（T_{J}）

微吹气	Case1	Case2	Case3
温度 / K	smooth flat	250	270
黏度 /（Pa·s）	——	1.59E-5	1.69E-5

（3）微吹气孔径的选择参照 NASA-PN2 试验多孔板，孔直径 D =0.0065，以 32×32 阵列交错排列，相邻两孔之间的间距 W= 0.013，这样保证孔隙率为 23%。

对于没有微吹气控制的光滑平板湍流流动，采用流向和展向方向均匀分布的网格，对应网格尺寸 Δx=0.012m，Δz=0.005m，壁面法向方向采用指数规律增长的加密网格，第一层网格尺寸 Δy_{min}=0.00012m，增长率 r =1.02，x、y、z 三个方向的整体网格节点数为 $1000 \times 100 \times 320$。基于边界层流场的解析情况，网格分辨率达到 Δx^+=20.26，Δy_{w}^+=1.01 和 Δz^+=10.13，"+"表示采用壁面黏性尺度 v_{w}/u_τ 无量纲化，v_{w} 是气体动力黏性，u_τ 是壁面摩擦速度，且满足 $u_\tau = \sqrt{\tau_{\mathrm{w}}/\rho_{\mathrm{w}}}$，$\tau_{\mathrm{w}} = \mu_{\mathrm{w}} \partial / \partial y|_{\mathrm{w}}$.

对于微吹气孔区域，需要进行网格局部加密处理，每个孔径上布置 8 个单元节点，并且加密的区域从最外层孔向外扩展 $W+D/2$ 距离，以此获得更细小的湍流结构。总的计算网格增加到 $1232 \times 100 \times 416$。采用 2-D 光滑平板层流数值解对整个计算域流场进行初始化，上边界和出口边界均为无反射边界条件，在展向 z 方向设置为周期性边界条件，下边界为等温无滑移平板壁面。在实际试验中，微射流往往采用一个与平板垂直的微孔通道喷射出，但在本数值模拟中进行了模型简化，不考虑微通道的影响，将微吹气射流直接设置为进口边界条件，因而可以减少网格计算规模。

2.2　数值结果分析与讨论

定义动量边界层雷诺数 $Re_\theta = \rho_\infty u_\infty \delta_\theta / \mu_\infty$，其中 δ_θ 表示动量边界层损失厚度。如图 12（a）给出了微吹气控制下三种情况的动量雷诺数沿流向的增长规律对比，可以看出施加微吹气控制后，动量边界层厚度逐渐增加，并且在控制区域前后动量雷诺数变化存在一小段过渡阶段。随着吹气温度的上升，动量边界层厚度进一步增加，这表明边界层内的黏性动量损失由于吹气温度的影响得到了增加。形状因子 H_{12} 代表了边界层位移厚度 δ_d 和动量损失厚度 δ_θ 的比值，是边界层内速度分布形状参数，其分布如图 12（b）所示。在微吹气控制下 H_{12} 值明显增大，而在控制区域下游，形状因子逐渐减小，直至恢复到与无控制平板边界层相同大小。H 值越大，说明边界层内速度分布越呈现凹形状；而 H 越小则说明速度分布越饱满。因此可以得出，微吹气作用使得边界层速度型面越发不饱满（less filled）。与此同时，吹气温度升高加重了这种效应，其形状因子的最大变化率达到 30%。

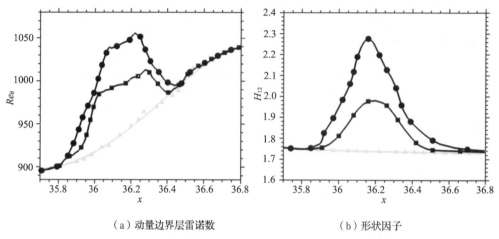

（a）动量边界层雷诺数　　　　　　　　　　（b）形状因子

注：三角形灰色实线：无控制光滑平板算例；正方形黑色实线：微吹气温度 T_J=250K 算例；圆形黑色实线：
微吹气温度 T_J=270K 算例。

图12　不同微吹气温度下湍流边界层空间演化

壁面摩阻系数定义为 $c_f = \tau_w / (\rho_\infty u_\infty^2 / 2)$，其中 τ_w 表示壁面摩擦切应力。图13（a）给出了光滑平板表面摩阻系数沿流向分布，并与文献 DNS 数据对比情况。光滑平板经历从层流转捩成湍流过程中，表面摩擦阻力逐渐上升，当发展成充分湍流后，摩阻系数沿着流向缓慢下降。壁湍流摩擦阻力系数与经验公式基本吻合，低于 Wu 和 Moin 的 DNS 数据，这是由于本算例流向网格尺度 Δx^+ 大于 Wu 和 Moin 的设计，两者摩阻系数误差在 3% 以内。图13（b）对比了三种工况下摩阻系数的变化，发现微吹气控制减小了表面摩擦阻力，其局部最大减阻率超过 40%，并且吹气温度上升会进一步增大减阻效果。此外，微吹气产生的减阻影响并不仅仅局限于控制区域，还会向下游延伸一段距离，以此壁表面摩擦阻力才逐渐恢复到与光滑平板相同的状态。

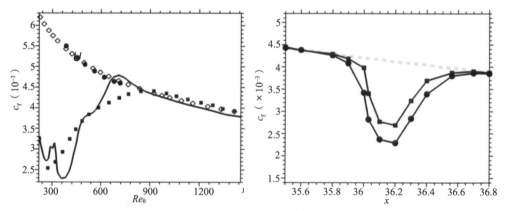

注：（a）黑实线：无控制基本算例；正方形：Wu 和 Moin[7]；圆形：Komminaho 和 Skote[8]；
菱形：$c_f = 0.024 Re_\theta^{-0.25}$；（b）灰色虚线：无控制基本算例；正方形黑色实线：
微吹气温度 T_J=250K 算例；圆形黑色实线：微吹气温度 T_J=270K 算例。

图13　不同微吹气温度下局部表面摩擦系数分布

图 14 对比了两种微吹气温度工况下温度时均流场分布云图，由于时均量在交错的微孔阵列展向 z 方向做过统计平均，因而温度时均统计量最小值并不等于原始的微吹射流温度。从流场可以看出，由于壁面温度（T_w=1.098）大于自由流温度（T_∞=1.0），因而在壁面附近形成了很薄的温度边界层。温度边界层在控制区域遭到微吹射流的破坏，一方面微吹气体温度低于壁面和主流温度，使得控制区温度边界层底层出现了大片低温区，该区域与周围高温的气体产生热交换；另一方面微吹气的作用使得边界层内自由流三个方向动量重新分配，法向动量的增强使得边界层低温气流向下游正法向方向偏转。与此同时，提高微吹气体温度，可以扩大低温区域面积，并使得低温气体的偏转角更大。如图 15 给出了光滑无控制基本算例（三角形灰色）和两种微吹气温度控制算例（正方形和圆形实线）的流场温度型分布 $\Phi=(T_w-T)/(T_w-T_\infty)$。在 $y_0^+ < 100$ 边界层内，时均温度曲线出现了一个极大值点和一个极小值点，即边界层内温度沿着壁面法向方向呈现先下降然后上升趋势。如此上下波动的温度场分布正是受高温壁面 T_w> 自由来流 T_∞> 多孔微射流 T_J 关系影响的结果。当 $y_0^+ \geq 200$，三种情况下温度均趋于稳定，它们的温度边界层厚度大致相等。根据 Sutherland 法则，由边界层内温度分布可以得出气体分子的动力黏度 μ 分布，如图 16 所示。很显然，由于较低的吹气气体温度，微吹控制区域的气体分子黏度低于控制前后区域，低黏度的气体分子在微吹气作用下向外喷射，形成了一个低黏性的近壁流场，这对壁表面摩擦阻力的减少起到了促进作用。

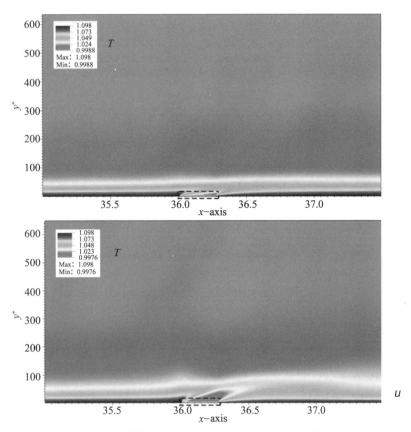

图14　温度平均场可视化云图（左边：T_J=250K；右边：T_J=270K）

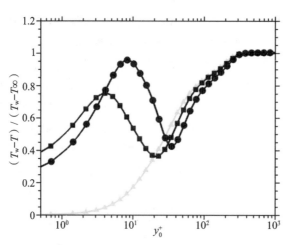

图15 壁面附近 x=36.17 处平均温度场分布（灰色线：基本算例；正方形黑色实线：T_J=250K；圆形黑色实线：T_J=270K）

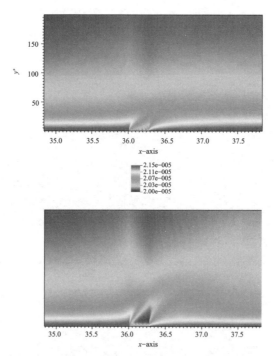

图16 分子动力黏度在壁面附近分布（左：T_J=250K；右：T_J=270K）

3 主要结论

（1）采用微吹气控制手段，可以有效地减小湍流平板壁面的摩擦阻力，局部最大摩擦减阻率接近50%，结论与国外试验结果一致。

（2）微吹气使得边界层流场速度型的对数区整体上移，黏性底层厚度增加，边界层内动量损失减小，进而导致线性黏性底层速度梯度较小，因而壁面表面摩擦力较小。

（3）此外，对比不同吹气温度下，湍流壁面的减阻效果发现，提高微吹气体温度，虽然使得边界层内层的峰值脉动强度增大，但线性黏性底层厚度进一步增大，从而使得减阻效果变大。因而提高微吹气体温度可以作为改善减阻效果的一种手段。

参 考 文 献

［1］Kim J，Moin P，Moser R. Turbulence statistics in fully developed channel flow at low Reynolds number ［J］. Journal of Fluid Mechanics，1987，177（177）：133–166.

［2］Moser，et al. Direct numerical simulation of turbulent channel flow up to $Re\tau$ =590 ［J］. Physics of Fluids，2014，11（4）：943–945

［3］Hwang D P. A proof of concept experiment for reducing skin friction by using a micro–blowing technique ［R］. AIAA paper 1997 – 0546，1997.

［4］Hwang D P. Experimental evaluation of penalty associated with micro–blowing for reducing skin friction ［R］. AIAA paper 1998 – 677，1998.

［5］Hwang D P. Review of research into the concept of the micro–blowing technique for turbulent skin friction reduction ［J］. Progress in Aerospace Science，2004，40（8）：559 – 575.

［6］Ying Z，Xin–Liang L，De–Xun F，et al. Coherent struc–tures in transition of a flat–plate boundary layer at Ma= 0.7 ［J］. Chinese Physics Letters，2007，24（1）：147.

［7］Wu X，Moin P. Transitional and turbulent boundary layer with heat transfer ［J］. Physics of Fluids，2010，22（8）：085105.

［8］komminaho J，Skote M. Reynolds Stress Budgets in Couette and Boundary Layer Flows ［J］. Flow，Turbulence and Combustion，2002，68：167–192.

湍流边界层减阻技术
在压气机部件上的应用研究

樊琳，杨俊，曹传军，陈云永

中国航发商用航空发动机有限责任公司，上海 200241

0 引言

随着民用飞机市场竞争日趋白热化和人们对民用飞机环保要求的提高，需要持续探索使民用飞机更经济、更环保的技术与理论。对于飞机，需要减小阻力，而对于飞机发动机，则是提升性能的同时减小耗油率。为此，提升飞机发动机压缩系统的效率是非常关键的。

在发动机压缩部件中，为了达到更高的推重比，设计追求更高的气动负荷，从而导致压缩部件的近端壁区域易于出现流动分离，通常称为角区分离，引起较大的流动损失，制约效率的提升。作为压气机，即发动机压缩部件，端区流动控制的手段之一，压气机端壁造型技术在优化近端壁流动、控制高负荷压气机角区分离方面发挥重要作用。过去 20 年间，德国宇航院[1, 2]、德国 Darmstadt 大学[3, 4]以及英国罗罗公司[5, 6]等，先后借助数值计算或实验的方式对端壁造型问题开展研究。

公开发表的研究文献显示：端壁造型的设计方法可大致归类为优化造型与经验式造型两类[7]，且优化造型比经验式造型更受设计者青睐。这是由压气机的扩压通道中发生的角区分离现象及其复杂特性所致。一般在气动领域所说的流动分离控制可归结为对固壁表面流向压力梯度的控制和对边界层分布的调整，在厚度方向多用无限大假设，是一类二维问题。但角区分离却额外涉及环壁边界层内低速流动的横向运动与堆积，因此比二维意义下的流动分离更加难以捉摸（见图 1 说明）。

在压气机通道中，端壁造型的一个"凸起"或"凹陷"会同时引发横向与流向压力梯度的改变（如图 2 所示）。因此，设计端壁造型需要在流向压力梯度与横向压力梯度的控制中进行小心而微妙的权衡。事实上，多年来的研究成果并未在如何有效控制角区分离这一方面达成共识[7]，也未得到系统的端壁造型设计经验。这样一来，由于设计经验的缺乏，端壁造型通常需要依赖数学优化理论保证其有效性。所以，尽管借助数学方法的优化造型远比经验式造型耗费计算资源，但仍是设计者的首选思路。

对于压气机端壁造型而言，完备的研究必须通过实验检验其优化设计体系的实用价值与结论的正确性。因此，我们首先通过环形叶栅试验验证了数值模拟方法，而后通过平面叶栅和单级压气机试验，观察了端壁造型对近端壁区域的流动控制机理，验证了抑制流动分离从而减小流动损失的作用。

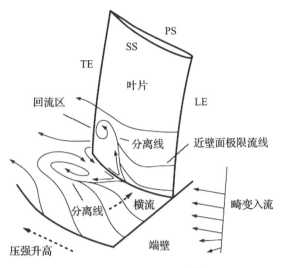

图1　角区分离的典型拓扑[5]

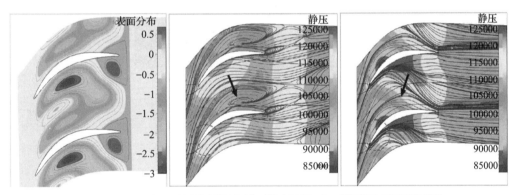

图2　端壁造型对压力及近端壁流动的影响（左：造型面云图；中：未造型压力云图近壁面流动；
右：造型后压力云图与近壁面流动）[3]

1 环形叶栅试验

本次试验用到的环形叶栅吹风试验台如图3所示，隶属于哈尔滨工业大学能源学院气体动力研究中心，图4中是试验件局部。试验采用的气源为沈阳鼓风机厂生产的GM鼓风机，风机功率为1000kW，风机最大压力为0.22MPa，最大流量为10.5kg/s。风机导管出口连接扩张段和稳压箱，稳压箱直径 ϕ 800mm，内装三道阻尼网和一道蜂窝器，其出口与环形叶栅试验器相连接。

风扇环形叶栅试验件的主要测量位置如图4所示。1号测量站采集支板中央主流区的总压、静压，以此计算IGV前方来流马赫数，作为判断试验工况的依据。2～4号测量站为径向参数测量站，其中2号测量站距离进口导流叶片（IGV）根部前缘0.010m（25%IGV弦长），3号测量站距离被测试验件叶片根部前缘 0.010m，4 号测量站距离被测试验件叶片根部尾缘 0.020m，即距离尾缘约 28% 弦长，试验时在 4 号测量站还将在周向旋转，采集至少超过一个栅距范围的气流数据。

图 3　环形叶栅吹风试验台

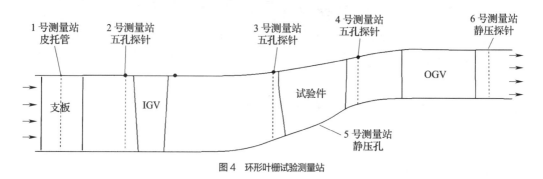

图 4　环形叶栅试验测量站

2 数值计算方法验证

按试验测试条件，开展了全三维定常 CFD 数值模拟，并与试验实测流场进行对比分析。图 5 给出了 4 号测量站的总压损失系数和偏转角的云图对比，左侧为试验值，右侧为数值计算结果。对比发现，数值计算和试验虽然具体的数值略有不同，但整体的分布情况非常接近，高损失区域分布的位置非常接近。这表明对于环形叶栅试验件，在叶栅尾迹中靠近叶根壁面处存在一个高损失处，并且试验与数值模拟都准确地捕捉到了此流动结构。同样，也说明采用 RANS 方法，是能够准确描述叶栅中的流动细节与高损失流动结构的。

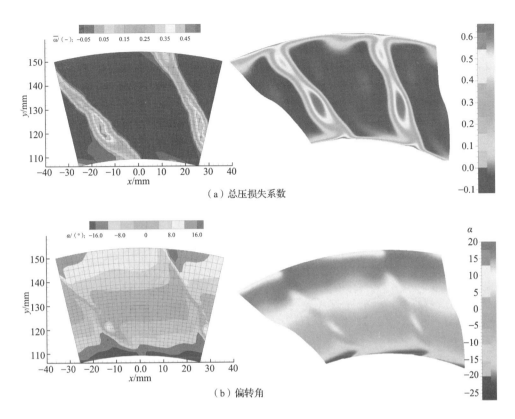

（a）总压损失系数

（b）偏转角

图5　4#测量站参数分布对比

3 基于环形叶栅的端壁造型设计

　　基于环形叶栅试验测量条件，通过 RANS 数值计算开展端壁造型的数值优化设计。如图 6 所示，叶栅叶根壁面由 5 条流向曲线进行控制。考虑模拟对象为风扇叶片，其轮毂具有足够的轴向范围，为了更好地控制近端壁区域的流动，端壁造型区域从前缘向上游延伸 30% 弦长，从尾缘向下游延伸 20% 弦长。通过 DOE 生成样本空间，然后通过神经网络代理模型方法，使用多目标遗传算法进行优化设计，完成了端壁造型的设计，如图 7 中的端壁造型的径向位置变化分布所示。

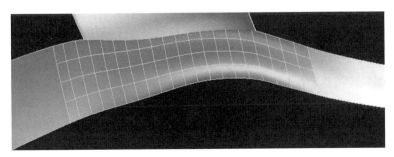

图6　端壁造型参数化方法

通过RANS数值计算方法，如图7所示，考察了所优化设计获得的端壁造型对流场的改善作用。从图7可以观察到，端壁造型对叶栅尾迹近端壁处的高损失区产生了一定的抑制作用。然而，如表1中所列出的流场参数变化情况，端壁造型对损失的减小量较小，仅达到了1.4%的总压损失减小量。

端壁造型型面相对原型的径向位置变化分布

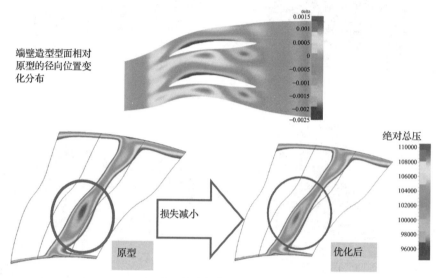

图7　端壁造型与流场改善情况

表1　端壁造型对流场参数的影响

	入口马赫数	质量流量	σ	ω
基准值	0.39937	8.2907	0.96002	0.047127
改进值	0.39979	8.2979	0.96025	0.046467（−1.4%）

对于以上端壁造型的数值计算评估结果，认为现有的叶栅试验测量手段不能可靠地捕捉到损失减小效果。因此，后续没有再在环形叶栅上开展带端壁造型的试验测试。

4　平面叶栅试验及数值验证

鉴于环形叶栅所模化的风扇是采用常规负荷水平设计的，因此后续更换了模化对象，针对某型采用较高负荷水平设计的风扇来开展模化设计与端壁造型研究。由于新叶栅设计方案如采用环形叶栅，无法找到满足试验流量的试验台。所以，针对新的高负荷风扇，采用平面叶栅的方案进行模化设计，改为在平面叶栅试验平台上开展端壁造型技术研究。

如图8中所示，根据高负荷风扇叶片根部的全三维RANS数值计算结果，针对风扇根部的三维流场与根部叶型的负荷分布形式，完成了平面叶栅的模化设计。同时，根据平面叶栅的设计工况条件，完成了相应的端壁造型优化设计，获得了一个端壁造型型面。

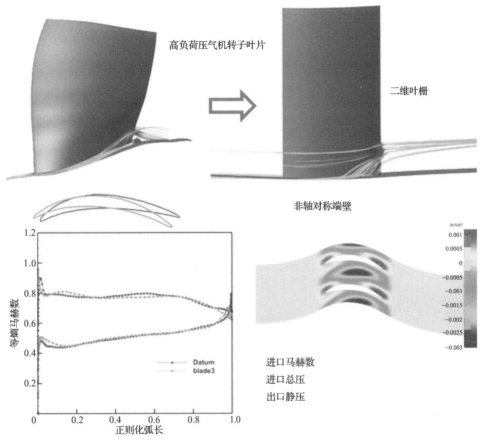

图8 高负荷风扇的平面叶栅模化设计

如图9和图10所示，将端壁造型依次应用于叶栅的单个端壁与两个端壁都取得了明显的总压损失减小收益。当NAE应用于单侧时，总压损失减小了2.4%，而应用于两个端壁时，总压损失减小达到了4.8%。

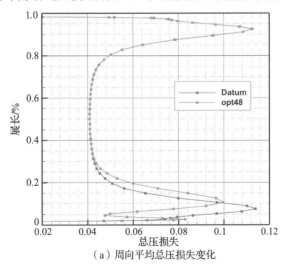

（a）周向平均总压损失变化

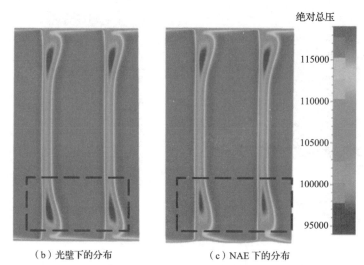

（b）光壁下的分布　　　　　（c）NAE下的分布

图9　叶栅中单侧端壁造型应用的总压损失变化

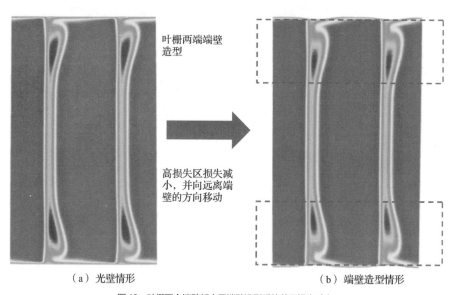

（a）光壁情形　　　　　　　　　　　　　　（b）端壁造型情形

图10　叶栅两个端壁都应用端壁造型后的总压损失减小

5　试验设备及测试方法

　　同样地，与环形叶栅的测试内容相似，在光壁及端壁造型条件下分别开展平面叶栅吹风试验研究。平面叶栅试验台如图11所示，此试验台隶属于上海交通大学航空航天学院航空宇航推进系。本次试验的平面叶栅包含光壁原型（ORI）及优化改型（OPT）叶栅，进气条件和叶栅安装角由模化设计给定。试验气源由罗茨鼓风机提供，其设计流量（进口）为343m³/min，压升68.6kPa。风机导

图11 平面叶栅试验台

管出口连接扩张段和稳压箱，稳压箱直径 ϕ800mm，内装三道阻尼网和一道蜂窝器，稳压箱后通过一个收敛段形成 800mm×100mm 的出口尺寸，与平面叶栅试验段相连接。试验时，使用总压探针测量叶栅进口稳压段总压，使用壁面静压孔测量叶栅进口及叶片表面的静压，使用热电阻测量稳压段来流总温，使用五孔气动探针测量叶栅出口截面的总压、静压及气流角分布，5孔探针安装在由计算机控制、步进电机驱动的位移机构上。

在试验中，保证了光壁与带端壁造型机匣情形下，叶栅的进口条件是一致的。试验测量表明（见图12），端壁造型在减小叶栅中高损失区的总压损失的同时，还使其位置向远离端壁的方向发生了位移。这与全三维 RANS 数值计算所预测的结果是相符的，验证了所设计的端壁造型对流场的改善作用。

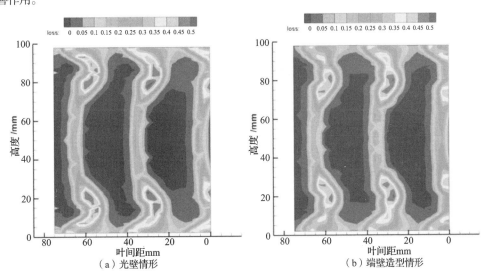

（a）光壁情形　　　　　　　　　　（b）端壁造型情形

图12 叶栅出口总压损失分布测量结果

通过一轮环形叶栅试验与一轮平面叶栅试验，验证了针对风扇模化设计的叶栅，全三维 RANS 计算可以获得正确的流场预测结果，试验与计算都表明叶栅出口存在一个高损失区。

基于全三维 RANS 计算，通过数值优化方法，通过参数化的端壁形状调整，可以实现对端壁造型的优化设计。针对采用常规负荷的风扇模化叶栅试验件，端壁造型难以取得可观的流场改善作用，总压损失减小程度较小，难以保证试验测试能够捕捉到流场的变化。这是因为此叶栅中不存在明显的角区分离，总压损失并不明显。而后续通过针对高负荷风扇模化设计的平面叶栅，由于负荷较高，光壁条件下存在角区分离，总压损失较大，这使得端壁造型的应用产生了可观的流场改善作用。全三维 RANS 数值计算与试验测试都观察到了明显的流场改善作用。端壁造型不仅减小了高损失区的总压损失，还使得高损失区域向远离端壁的方向产生了位移。

6 单级压气机试验

针对端壁造型在真实压气机中的应用，基于某型多级高性能高压压气机的后面级设计，模化设计了一个单级试验压气机的高负荷静子。并针对此静子叶片，开展端壁造型技术研究。

图 13 是单级轴流压气机试验台，为西北工业大学动力与能源工程学院单级高速轴流压气机试验台。主要由电动机、增速器、扭力测功器、实验段（包括进气部分）及排气段共 5 部分组成。动力是由一台 315kW 的直流变速电动机提供，其额定转速为 10000r/min。

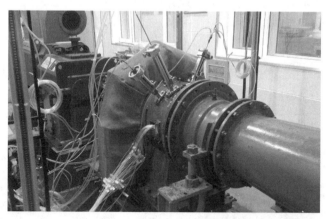

图13　单级轴流压气机试验台

图 14 给出了试验段剖面。所用转子是高亚声转子，其外壁和内壁的直径，在进口和出口处均相等。静子偏转角较小，但端区的稠度约为 0.60，因此端区静子仍具有较高的负载。静子轴向弦长沿叶高方向均匀分布，不带有掠型，与转子叶片轴向间距约为一倍转子叶尖弦长，并在全叶高范围内将气流在出口截面附近偏转至轴向。转子与子叶片的主要结构参数和设计条件下的性能参数如表 2 所示。转子至静子之间存在一个高度为 5% 叶高的级间斜台，环形通道面积变小，气流经过微幅加速后进入静子部分。

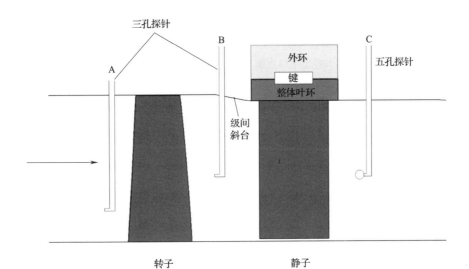

图 14 压气机与探针布置

表 2 转子参数

参数	转子	静子
叶片数	30	19
叶顶直径 /mm	298	293
轮毂比	0.61	0.61
转子顶部 / 静子叶根间隙 /mm	0.28	1
平均展弦比	1.94	1.94
叶顶稠度	0.96	0.60

在进行端壁造型设计时，端壁造型面作用范围限制于前缘与尾缘额线之间。本次实验中的端壁造型结构设计结合了数值计算，由优化造型程序设计得到，图 15 对比了原型与优化造型后得到的静子端壁造型。

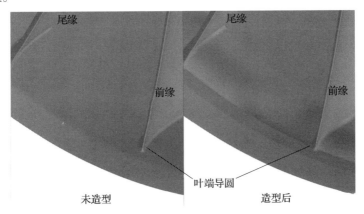

图 15 未造型端壁与造型后端壁面

前文图给出了内流场压力测量的方法。分别在转子叶尖上游 0.2 轴向弦长、转子下游 0.9% 轴向弦长及静子尾缘下游 0.42 轴向弦长的位置分布有测量站点，编号 A、B、C。其中 A、B 两个站点均采用三孔总压探针，C 站考虑到静子出口可能存在的径向流动，采用了五孔压力探针。考虑到静子出口的尾迹影响，实际测量时需采集一个通道周向范围内的静压数据。因此静子出口特定径向位置的平均压力由周向测点压力求出，而级参数则由所有测量点位压力的求平均值算出。

压气机的效率通过测量压气机扭矩获得，流量点测量采用孔板流量计，之后按照校准数据计算得出。通过调节排气节气门，录取完整压气机特性线，包括不稳定边界在内的工况点不少于 7 点。通过微调节气门逼喘，失稳发生前的最后一个稳定流量点即为压气机的近失速点流量。

7 端壁造型效果的数值与实验验证

本节主要论述了压气机端壁造型的实验结果，并通过实验的方式验证优化造型设计体系在高负荷压气机中的适用性。为了更加直接地可视化压气机内部流场，特别使用实验结果对压气机的数值计算进行校准，这样经过校准后的数值计算结果将更加清楚地反映出三维流场发生的变化。计算域包含单通道的压气机级，转静子之间采用掺混面转静交界面。转子域网格超过 130 万，静子域网格总量超过 100 万，近壁面网格 y^+ 平均值在 10 以下。流场计算使用 EURANUS 求解定常下的 RANS 方程组。湍流模型采用一方程 S-A 模型，空间的离散格式选用 Jameson 的有限体积中心格式，时间推进采用四步四阶的龙格-库塔格式。在靠近稳定边界的位置以 100Pa 为增幅提升出口背压，直至数值计算无法获得收敛解，此时判定压气机发生失稳。失稳前能够计算收敛的最后一个工作点则为数值计算获得的近失速点。

7.1 特性影响

图 16 给出了压气机在设计转速下的数值计算与实验结果。取 m=5.0kg/s 为大流量典型工况，根据实验结果，端壁造型对该点的效率提升大约为 0.5%，压比基本未发生变化；但在小流量范围，造型后效率与压比均比造型前有所下降，流量裕度下降 0.98%。相比于实验数据，数值计算的效率、压比整体偏低。在大流量点附近，计算预测得到的造型前、造型后性能相对偏差与实验结果一致；然而在小流量点附近，数值计算并未像实验那样如实地反映出造型对流场带来的负面影响。根据多数已有的研究成果，相比于大流量工况，数值计算更难准确求解接近失速工况下的大分离、强涡旋现象。这有可能是在小流量工况下数值计算与实验出现明显偏差的原因。

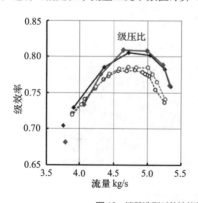
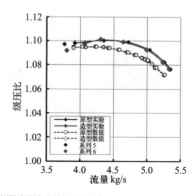

图 16　端壁造型对总性能的影响（最左侧散点代表实验近失速点）

7.2 详细流场结果

在大流量点，端壁造型有效改善了压气机效率。图17给出了大流量点下静子损失系数沿径向的分布情况。其中损失系数定义方式为

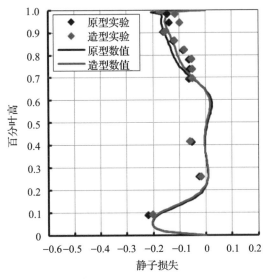

图17 大流量点静子损失系数分布

$$\text{Loss} = \frac{pt_2 - pt_1}{pt_1 - p_1}$$

式中，下标1代表静子进口；2代表静子出口；式中分子、分母均为同叶高下的进出口参数。

在大流量点，端壁造型对于端区损失的控制效果比较明显：根据实验数据得出，近端壁区域（80%叶高至叶顶），损失系数下降约12%。自叶根至70%叶高的范围内，端壁造型基本没有发挥出其效果；总压损失的减小主要集中在90%叶高至叶顶的区域。图18给出了静子出口截面的二维损失分布，与角区分离相关的高损失区主要分布于临近叶尖的尾迹部分。造型后核心损失略有增加，但是高损失区域的整体面积减小。这显示造型可能起到了控制角区分离发展范围的作用。相比于实验，数值计算在叶中区域对损失欠预估，在端区却预测得到了更高的损失系数。图18中的损失分布显示：计算预测的端壁造型对损失的抑制效果比真实情况下更加显著。与未进行端壁造型的算例相比，端壁造型后带来的损失系数变化趋势与实验结果基本相符。这说明在分析趋势变化上，大流量点附近的数值计算可以提供足够的精度并用以研究角区分离受端壁造型的影响。

因此，图19给出了计算得到的叶端区域三维流场，机匣端壁面云图为静压云图，红色半透明区域表示轴向反流的区域，可借此观测到分离区的变化。相比于造型前，造型后静子叶顶的吸力面角区分离得到显著抑制。端壁造型对于二次流动的控制主要体现在吸力面角区叶中区域（以红色虚线标出），该区域的端壁面向上显著凸起，呈现局部压力极小，因此局部端壁二次流被压往吸力面角区，并沿流向冲击从尾缘发展而来的反流，这使得尾缘附近的反向流动无法顺利延伸至前缘角区，因此极大地推迟了角区分离的发生位置。

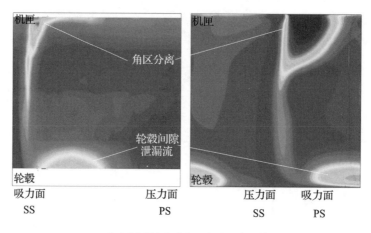

（a）原型端壁（左：实验；右：数值）

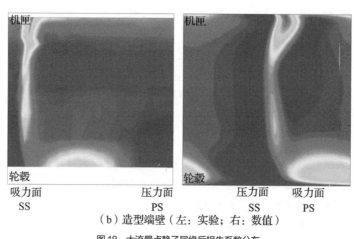

（b）造型端壁（左：实验；右：数值）

图18　大流量点静子尾缘后损失系数分布

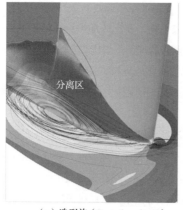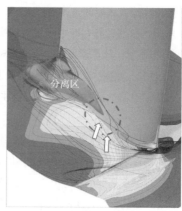

（a）造型前（Smooth endwall）　　　　（b）造型后（Endwall profiled）

图19　大流量点端壁造型对角区分离的作用

8 结论

通过环形叶栅试验，验证了全三维定常数值模拟方法能够捕捉叶栅中的详细流动结构，但采用常规气动负荷设计的叶栅中无明显角区分离，端壁造型带来的损失减小不明显。

针对采用高气动负荷设计的平面叶栅，基于数值优化完成了端壁造型设计，通过数值与试验测量，验证了端壁造型方法，对于有明显角区分离的叶栅，端壁造型能够有效地抑制角区分离，改善流动，减小总压损失。

在单级轴流压气机试验中，针对高负荷静子叶片，完成了静子机匣的端壁造型优化设计。根据试验结果，针对轴流压气机的端壁造型优化设计在大流量点附近的效率提升大约为 0.5%，近端壁区域（80% 叶高至叶顶），损失系数下降约 12%；自叶根至 70% 叶高的范围内，端壁造型基本没有发挥出其效果；总压损失的减小的集中区域在 90% 叶高至叶顶区间。通过对比，数值计算均如实反映出端壁造型对流场的作用机理；数值计算对总性能的预测偏差主要是源于其对于多种作用力影响力的计算偏差所致。在大流量点，端壁造型对于角区分离的控制机制主要通过在减小吸力面角区叶中区域压力，从而在局部驱动端壁二次流压制来自尾缘的反流动来实现。

经过本研究，端壁造型设计技术在高负荷压气机中的适用性得到了验证。

致谢

本文研究内容分别依托两项中国航发商用航空发动机有限责任公司发起和参与的基础研究项目完成。其中，叶栅试验研究依托上海交通大学滕金芳教授团队完成，单级轴流压气机试验研究由西北工业大学楚武利教授团队完成。在此表示感谢。

参 考 文 献

［1］Dorfner C，Hergt A，Nicke E，et al. Advanced Nonaxisymmetric End wall Contouring for Axial Compressors by Generating an Aerodynamic Separator– Part I: Principal Cascade Design and Compressor Application ［J］. ASME Journal of Turbomachinery，2011，133: 021026-1 ~ 021026-6.

［2］Hergt A，Dorfner C，Steinert W，et al. Advanced Nonaxisymmetric End wall Contouring for Axial Compressors by Generating an Aerodynamic Separator– Part II: Experimental and Numerical Cascade Investigation ［J］. ASME Journal of Turbomachinery，2011，133.

［3］Reising S，Schiffer H. Non–Axisymmetric End wall Profiling in Transonic Compressors. Part I: Improving the Static Pressure Recovery at Off–Design Conditions by Sequential Hub and Shroud End wall Profiling ［R］. ASME paper GT2011-59133，2009.

［4］Reising S，Schiffer H. Non–Axisymmetric End wall Profiling in Transonic Compressors. Part II: Design Study of a Transonic Compressor Rotor Using Non–Axisymmetric End walls – Optimization Strategies and Performance ［R］. ASME paper GT2011-59134，2009.

［5］ Harvry N W.Some Effects of Non-Axisymmetric End wall Profiling on Axial Flow Compressor Aerodynamics. Part I：Linear Cascade Investigation ［R］. ASME paper GT2008-50990，2008.

［6］ Harvry N W，Offord T P. Some Effects of Non-Axisymmetric End wall Profiling on Axial Flow Compressor Aerodynamics. Part II：Multi-Stage HPC CFD Study ［R］. ASME paper GT2008-50991，2008.

［7］ Li X J, Chu W L, Wu Y H.Numerical Investigation of Inlet Boundary Layer Skew in Axial-Flow Compressor Cascade and the Corresponding Non-Axisymmetric End wall Profiling ［J］. Proceedings of the Institution of Mechanical Engineers，Part A：Journal of Power and Energy published online，2014，228：638-656.

第二篇　飞机噪声机理与降噪技术

　　本篇对飞机机体和发动机降噪技术创新方法和数值仿真技术项目（IMAGE）的研究成果进行了介绍，包括增升装置、起落架、发动机噪声及喷流/机翼安装效应在内的飞机主要噪声源，发展了噪声数值模拟方法、试验测试方法及部分优化设计方法。对等离子体降噪、湍流网降噪、声衬降噪等创新性降噪技术进行了系统研究。在大量数值模拟、试验测试数据的基础上，对噪声产生机理、传播特性、辐射特性和降噪机制进行了对比及分析，为降噪技术发展提供原理和方法。

　　我国民机降噪设计已经解决了从无到有的问题，正在走向成熟完善阶段。未来应加速降噪技术研发，促使低成本高效降噪技术实现应用，提升我国民用飞机的噪声性能。

IMAGE 项目技术创新与成果

黄文超[1]，彭夏辉[2]，李卓瀚[1]

1. 中国飞机强度研究所，陕西西安 710065
2. 查尔姆斯理工大学，瑞典哥德堡 41296

0 引言

降低飞机噪声源及其辐射的创新方法与技术研究（innovative methodologies and technologies for reducing aircraft noise generation and emission 简称 IMAGE 项目）是瞄准降低机体和发动机噪声的创新性降噪技术，由中欧双方包含高校、研究院所及工业方在内的综合性研究团队共同开展的基础技术研究，以发展与之相关的分析、优化方法和试验技术，为未来潜在的工业应用提供技术支持。

飞机起落架（lomding geom，LG）和增升装置（high lift，HL）是飞机机体的主要噪声源，机体噪声与发动机噪声是飞行器噪声的主要分量。如图 1 所示，在过去的 50 年间，随着发动机技术的快速发展，尤其是自 1970 年后大涵道比发动机的发展，飞机的噪声辐射也大幅降低[1-3]。

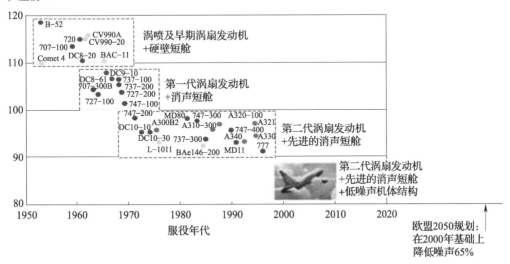

图1 1950—2020 年期间飞机有效感觉噪声级的下降和不同阶段出现的关键降噪技术

研究表明，风扇和喷流是飞机起飞过程中远场噪声的主要噪声源，着陆过程中的主要噪声源是机体噪声[4]。图 2 展示了运用传声器阵列技术得到的典型双发商用飞机在增升襟翼打开情况下的主要噪声源分布情况。由图可以看出，起落架和增升装置，以及发动机喷流/机体干涉噪声是机体噪声的主要来源[5-7]。

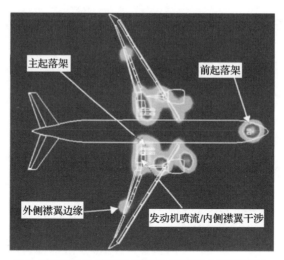

图2　典型双发商用飞机在增升襟翼打开情况下的主要噪声源分布

鉴于此，IMAGE 项目选取起落架和增升装置，以及发动机风扇和喷流作为主要研究对象，对飞机主要噪声源的产生机理、传播规律和辐射特性，以及降低此类噪声的创新性方法所基于的原理和效果进行研究。此外，IMAGE 项目还对由于发动机喷流／机体安装效应所引起的干涉噪声问题进行探索。

1 研究构型及噪声控制方法

基于发动机和机体噪声抑制研究的技术基础，以及本项目各参研单位在该领域的研究工作，IMAGE 项目的具体研究目标是：

（1）探讨能够有效地抑制机体和发动机噪声产生和传播的创新技术和策略；

（2）理解掌握上述噪声抑制技术背后的物理机制；

（3）改进发展航空声学测量技术和数值仿真方法；

（4）通过探索低噪声设计（或构型），提出未来进一步降低噪声的技术，并通过对气动力特性、载荷和成本方面的评估，探讨未来在航空设计中的应用；

（5）加强欧盟与中国在处理有关飞机噪声问题中的合作与相互理解。

IMAGE 项目的主要任务是深入理解具有潜在应用价值的噪声控制方法并对其进行建模分析和试验验证，这将有力促进该领域的技术进步，为航空工业提供可靠的新的噪声优化方法和工具。

为此，IMAGE 项目将飞机的主要噪声源分为机体噪声和发动机噪声分别进行研究。机体噪声主要针对起落架和增升装置这两类结构，它们是飞机在着陆过程中的主要声源。发动机噪声主要研究风扇和喷流／机翼干涉效应，这两类结构是发动机远场辐射噪声的主要声源。

IMAGE 项目瞄准一些具有潜力的主、被动降噪技术：如等离子体作动器、湍流网和短舱声衬等进行研究，旨在进一步提高其技术成熟度，促进其在机体和发动机降噪中的应用。

IMAGE 项目选取以下 4 种基本构型进行研究（如图 3 所示）。首先研究这 4 类结构代表的机体噪声和发动机噪声产生和传播问题的物理机制，进而研究数种噪声控制方法对噪声产生和传播带来的影响，最后通过优化进一步改进上述噪声控制方法的效果。这些基本构型包括：

（1）串列圆柱；

（2）简化机翼模型；

（3）发动机风扇管道；

（4）发动机喷流 / 机翼。

（a）串列圆柱结构和噪声控制方法
（湍流网和等离子体作动器）

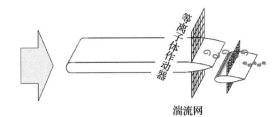

（b）机翼结构和噪声控制方法
（湍流网和等离子体作动器）

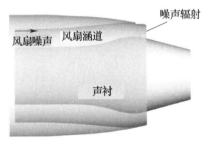

（c）涵道、风扇后传噪声与吸声结构
（短舱声衬）

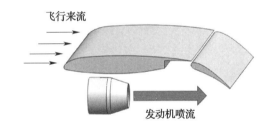

（d）简化发动机喷流/机翼构型
（喷流/机翼干涉低噪声设计）

图3　IMAGE 项目中描述机体和发动机噪声问题的基本构型与主要控制方法

4 种基本构型分别代表起落架、增升装置、发动机风扇及发动机喷流与机翼干涉噪声。其中简化机翼构型由两段翼结构组成，分别代表缝翼—机翼，或机翼—襟翼。发动机喷流 / 机翼构型代表机翼与喷流干涉的特征。

本项目主要采用数值仿真和物理实验的手段开展研究。首先，进一步发展了实验技术和数值分析方法，进而通过气动声学优化实现了对降噪技术的提升，最后由工业方参研单位对研究成果进行了系统性评估。

2　数值仿真和试验

IMAGE 项目以飞机主要噪声源：起落架、增升装置、发动机风扇噪声，以及喷流 / 增升装置干涉噪声为主要研究对象，通过数值仿真与实验对飞机主要噪声源的产生机理、传播规律和辐射特性及其控制方法进行研究。本文以下4节将对4种典型飞机噪声源在噪声抑制方面的技术创新进行概要描述，详细研究可参见后续相关论文。

2.1 串列圆柱（简化起落架结构）的仿真与试验

起落架是飞机的主要噪声源之一。在气动声学领域，从起落架气动噪声的产生机理出发，将复杂的起落架结构简化为串列圆柱是研究该类问题的主要构型。本项目注重于两种创新的气动噪声控制方法，即等离子体作动器和湍流网，通过数值仿真和试验探究两种噪声控制方法的机理和降噪效果。

2.1.1 串列圆柱基本构型定义

串列圆柱直径 D 为40mm，串列圆柱在风洞出口位置的布置如图4所示。串列圆柱展向长度为400mm，展径比 L/D=10；风洞的高度为100mm，宽度280mm，以圆柱的直径为特征尺寸长度，风洞塞阻比为14%，来流湍流度0.2%。圆柱安装在上下端板上，端板的长度为750mm，宽度为380mm，试验针对圆柱间距对流场和声场的影响进行研究，串列圆柱之间的间距为1.435D、2.0D、2.4D、3.0D、3.7D 和4.0D。第一个串列远处距离风洞出口距离为5D。试验最大来流速度64m/s，雷诺数为 1.66×10^5。

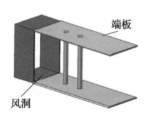
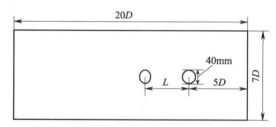

图4　串列圆柱算例示意图

2.1.2 串列圆柱数值仿真

各参研单位采用不同的求解器，不同的网格生成策略和湍流模拟方法，对定义相同的串列圆柱进行求解，所采用的方法和网格信息见表1。

表1　串列双圆柱算例的数值方法和网格信息

参研单位	数值方法	求解器	网格类型	展向网格点 / 展向长度	总网格点
Chalmers	LES-RANS 混合方法 / 声比拟	StarCCM+	结构	90/3D	16M
CIMNE	LES- VMS/ 声比拟	FEMUSS	非结构	40/3D	11M
NUMECA	RANS-LES 混合方法 / 自适应谱重构	FINE™	结构	120/4D	9.4M
ONERA	Zonal-DES/FW-H	FUNk	笛卡儿	120/4D	16M
UPM	RANS-LES/FW-H	StarCCM+	笛卡儿	../3D	0.6M~8.7M
强度所	LES/CAA	Fluent	结构	—	27.6M
清华大学	IDDES/FW-H	UNITs	结构	190/3D	21M

图 5 为两圆柱表面的压力系数（C_p）和其脉动的均方根的对比（C_p，RMS）。对于前圆柱表面的压力系数，所有参研单位的计算结果相近，且与试验符合良好。对于后圆柱，计算结果与试验存在一定的差别，这可能是因为试验中后圆柱前缘仍有层流区域，而计算中的流动状态为湍流。对于压力脉动结果，所有计算与试验形状相似，但幅值存在一定的差别，这是由于不同的网格和湍流模化方式造成的。据其他文献介绍，湍流脉动对于物理和数值耗散非常敏感，甚至对于同一网格，同一湍流模拟方法，不同的求解器仍会造成一定的结果差别。

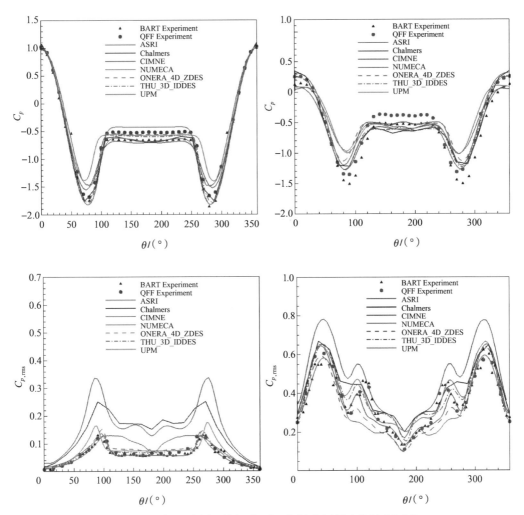

图5　前（左）、后（右）圆柱表面的压力系数（上）和其脉动（下）的均方根

为研究等离子体对串列双圆柱的降噪效果，多家单位参与了等离子体数值模拟。等离子体模型、最大电压和风速以及安装位置如表 2 所示。

所有参研单位的计算结果都表明，等离子体延缓了剪切层的失稳和前圆柱的涡脱。圆柱表面压力系数脉动的均方根值如图 6 所示。等离子体降低了后圆柱表面的压力脉动，但是对前圆柱表面影响较小。从前圆柱峰值的最大位置可以明显看出，等离子体抑制了前圆柱边界层的分离，造成了分离点位置后移。

表2 等离子在串列双圆柱中的应用

参研单位	等离子体模型	最大电压 /kV	风速 /（m/s）	安装位置
强度所	Suzen and Huang	25	10, 16, 30, 64	前圆柱 70°~90°
CIMNE	Shyy	10, 20	64	前圆柱 90°, 110°
Chalmers	Suzen and Huang	20	64	前圆柱 90°~110°；后圆柱 90°
UPM	Greenblatt（2012）	10, 12	64	前圆柱 90°, 100°, 110°

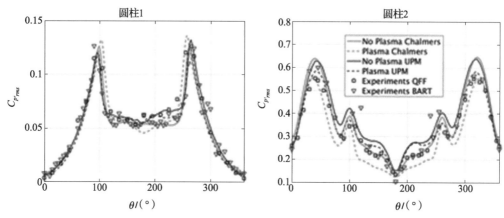

图6 各参研单位等离子体控制前后圆柱表面压力脉动的对比

湍流网的模拟方法和几何参数列于表3。其中，ONERA 采用直接数值模拟（direct numericat scmntortie，DNS）或者大涡模拟（large eddy sommlotion，LES）计算了一个或者 4 个湍流网单元的流动，如图 7 所示。

表3 湍流网在串列双圆柱中的应用

参研单位	湍流网模化策略	开孔率（β）	湍流网形状
ONERA	浸润边界法	0.49, 0.66, 0.79	平面
清华大学	阻尼性的体积力	0.49, 0.66, 0.79	平面

湍流网对远场总声压级的影响如图8所示。研究结果表明，如果采用合适的开孔率及安装位置，湍流网将是一个非常具有前景的降噪手段。ONERA 和清华大学的结果均与试验相符，并给出了与试验相近的参数影响分析结果。

2.1.3 串列圆柱降噪试验

针对串列圆柱，IMAGE 项目开展了基于等离子体作动器和基于湍流网的两种降噪试验研究。

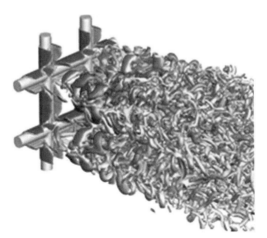

图 7　流动流过 4 个湍流网单元的 Q 的等值面（ONERA）

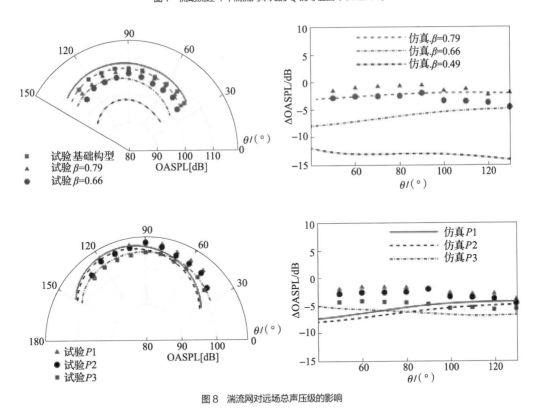

图 8　湍流网对远场总声压级的影响

对于基于等离子体作动器，首先要选择合适的等离子体粘贴位置。由于基于等离子体的串列圆柱噪声控制的机理是在圆柱表面产生诱导速度，将分离气流重新附着在圆柱的表面，以减少甚至消除 Kelvin-Helmholtz 不稳定波的产生，达到流动控制进而实现噪声控制的目的。因此，串列圆柱的流动控制，需要将等离子体粘贴在气流转捩区域，分离点之前。试验首先采用油流法，获取了圆柱表面的转捩线，获得了气流沿圆柱展向分离线的位置，然后严格按照分离线位置对等离子体进行粘贴，如图 9 所示。

图 10 是 16m/s 来流下，远场噪声频谱对比曲线，由图可以看出，峰值噪声有所降低，峰值频率向高频移动。供电电压增大，有利于降噪峰值噪声。30kV 供电时，下游 130° 降噪量为 3.7dB。等离子体的供电激励频率是 5000Hz，在该频率下产生了等离子体的电离频率噪声，而且随着供电电压的升高，电离噪声的幅值也会随着增加。

图 9 等离子体粘贴位置

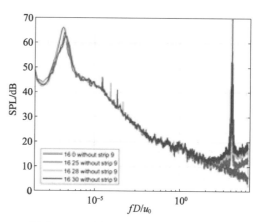

图 10 16m/s 来流噪声频谱对比曲线（测量点 9）

对于基于湍流网的串列圆柱降噪试验，湍流网安装如图 11 所示，金属丝两端采用拉杆拉紧，丝网横穿上下端板，丝网的宽度为 1.5D 的圆柱直径，不会增加喷口的阻塞比。湍流网的安装位置如图 12 所示，安装位置包括 5 个单独位置和 6 种组合位置，总共 11 个安装位置。

图 11 湍流网安装图

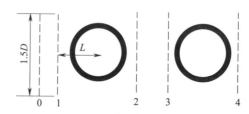

图 12 湍流网的安装位置

组合 2 的金属丝网均安装在圆柱下游 1D 的位置。图 13 是下游 120° 噪声频谱对比曲线，湍流网有效地降低了峰值噪声幅，并降低了宽频噪声。湍流网 2 和湍流网 3 的降噪效果基本一致，降低金属丝网的穿孔率，并未明显改善降噪效果。图 14 是远场噪声指向性对比曲线，由图可以看出，位置 6 的总声压级降噪效果显著，金属丝网 1 最大降噪在下游 130°，降噪 4.5dB；金属丝网 2 实现最大降噪量达 7dB；金属丝网 3 最大降噪量为 8dB。

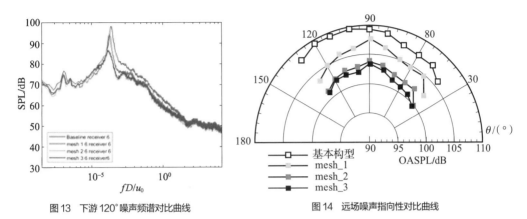

图 13 下游 120° 噪声频谱对比曲线　　　　图 14 远场噪声指向性对比曲线

2.1.4 小结

本项目将起落架简化为串列圆柱，研究了等离子体作动器和湍流网两种装置对其气动噪声的降噪作用。试验研究表明，合理地布置湍流网位置可以有效降低其气动噪声，最大降噪效果可达 8dB 以上；等离子体作动器只在来流速度较低时有降噪效果，约 4dB。项目还发展了等离子体驱动器和湍流网的建模技术，通过与试验结果的对比，证明了湍流网是更有潜力的噪声控制方法。

2.2 机翼结构（简化增升装置）的仿真与试验

对简化增升装置的研究主要是为了模拟机翼的尾缘噪声，探索等离子体或者湍流网对该类噪声的控制效果。研究模型由主翼和襟翼两部分组成。该简化机翼外形足够简单，便于数值模拟和试验研究，同时又具有典型声源特性。

2.2.1 简化增升装置基本构型定义

简化增升装置模型的示意图及其尺寸如图 15 所示。该模型是由两个 NACA0012 翼型组成，主翼在最大厚度处截开并延长至 600mm，襟翼弦长 100mm。襟翼头部位于主翼后缘下游 20mm、下方 15mm 处。

图 15 简化机翼模型的示意图和详细尺度

在试验中，等离子体由如图 16 所示的介质阻挡放电作动器产生。该基于表面 DBD 的驱动器由两个电极构成，电极平齐安装在介电层的两侧。

等离子体作动器安装位置如图 17 所示，等离子体作动器安装在襟翼压力面 $0.55C{\sim}0.6C$ 位置。两个粗糙的胶带（12mm 宽，140μm 厚）安装在等离子体作动器两侧。

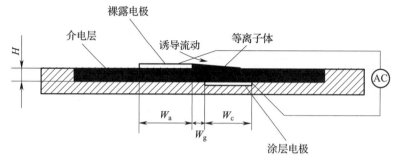

图16　等离子体作动器示意

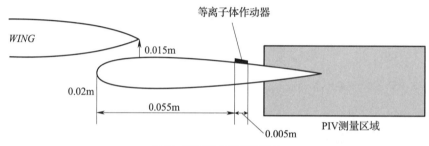

图17　等离子体作动器安装位置

阻尼网及其安装位置的示意图如图18所示。阻尼网安装在主翼和襟翼的尾缘，距离主翼尾缘的距离为20~50mm，−80~−50mm。该阻尼网的几何参数如表4所示，分别命名为A、B、C。

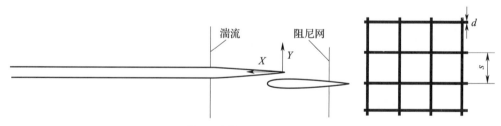

图18　湍流阻尼网及其安装位置

表4　阻尼网参数

命名	丝线直径 /mm	丝线距离 /mm	开孔率
A	1.19	6.35	0.66
B	0.58	2.12	0.53
C	0.10	0.21	0.27

2.2.2　简化增升装置的数值仿真

各参研单位采用不同的求解器，不同的网格生成策略和湍流模拟方法。简化机翼算例的求解方法和网格信息见表5。

228

表5 简化机翼算例的数值方法和网格信息

参研单位	数值方法	求解器	网格类型	展向网格点/展向长度	总网格点
Chalmers	LES-RANS 混合方法/声比拟	StarCCM+	结构	…/$1C_{flap}$	50M
CIMNE	LES- VMS/声比拟	FEMUSS	非结构	40/…	33M
NUMECA	RANS/自适应谱重构	FINE™	非结构	$2D$	0.3M
UPM	RANS-LES/FW-H	StarCCM+	笛卡儿	../$2C_{flap}$	—
一飞院	LES and FW-H method	Fluent	结构	81/$0.5C_{flap}$	16M

图 19 为不同参研单位间的瞬时涡量对比。各参研单位均计算得到了主翼和襟翼尾迹的湍流脉动。

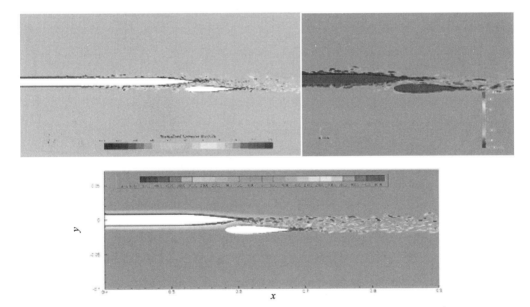

图 19 瞬时展向涡量的对比（从左到右，从上到下分别为 Chalmers，CIMNE 和一飞院）

图 20 为各参研单位在主翼和襟翼上的平均压力系数的对比。对于主翼，Chalmers，CIMNE，NUMECA 和一飞院的计算结果非常相近，且与试验符合良好。UPM 压力系数的峰值的估计偏低。对于襟翼表面，除了 CIMNE 外，所有参研单位的计算结果相近，且与试验符合良好。

图 21 为主翼和襟翼表面的压力系数脉动的均方根。由于算例的脉动均由湍流边界层的脉动产生，解析如此高雷诺数的边界层是非常有挑战性的。故各参研单位的结果具有一定的分散性。

为研究等离子体对简化增升装置的降噪作用，参研单位在等离子体模化的基础上将其应用到简化机翼模型中，等离子体模型及其相关参数如表6所示。

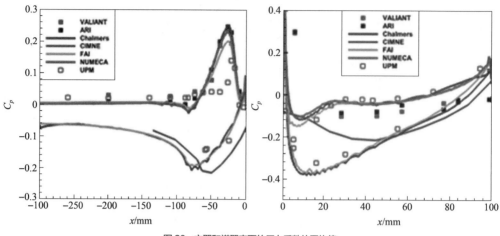

图 20 主翼和襟翼表面的压力系数的平均值

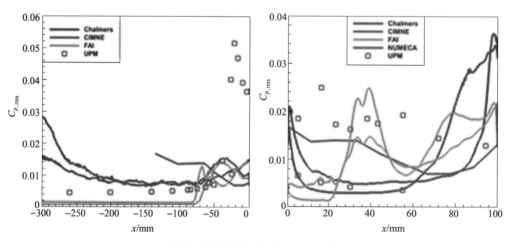

图 21 主翼和襟翼压力系数脉动的均方根

表 6 等离子体在简化机翼中的应用

参研单位	等离子体模型	最大电压 /kV	风速 / (m/s)	安装位置
Chalmers	Suzen and Huang	5，20	50	—
CIMNE	Shyy	20，40	50	襟翼 X=0.019m
UPM	Greenblatt (2012)	70	50	襟翼 X=0.01m，0.055m

等离子体对流动的影响如图 22 所示。所有计算结果均表明，等离子体延缓了流动在襟翼的再附着（re-attach）。

图 23 展示了等离子体对简化机翼模型远场噪声的影响。Chalmers 的计算中等离子体降低了远场噪声约 1.5dB，主要在低频部分，而且最大电压对远场噪声的降低无影响。CIMNE 完成的三个算例中远场噪声相似，也说明了该流速下等离子体基本无降噪效果。

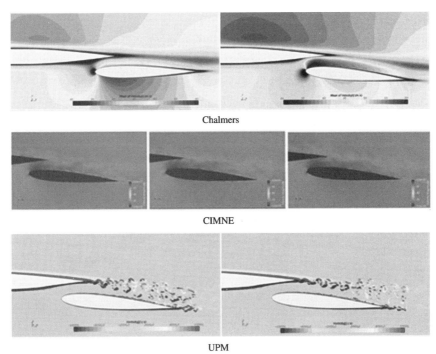

图 22　等离子体对流动的影响

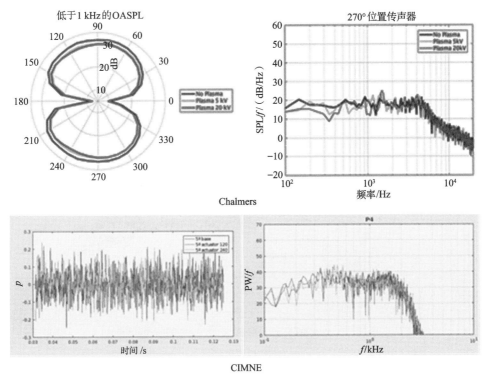

图 23　等离子体对远场噪声的影响

2.2.3 简化增升装置降噪试验

针对简化增升装置的等离子体降噪试验研究主要针对襟翼偏角为 5°、风速为 50m/s 的状态。根据基本构型的定义，当襟翼偏角为 5°时，噪声测量结果会产生比较明显的纯音。从图 24 中可以看出，PA01 放电参数下，在 3000~4000Hz 频段内的纯音被有效消除。基本构型时 3070Hz（第一纯音）处的纯音被有效消除，降噪量为 16.24dB，3820Hz 纯音处降噪量为 18.27dB，总声压级降噪量为 3.6dB。

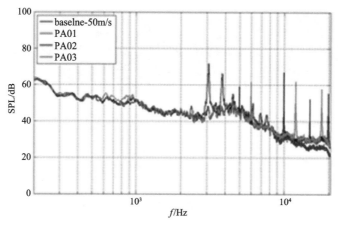

图 24 三种放电参数频谱对比

针对简化增升装置的湍流网作用下的降噪试验，图 25 给出了湍流网在不同位置时的降噪效果对比，从图中可以看出，在中频段，湍流网 A 在 W3 位置和湍流网 B 在 W3 位置降噪效果无明显差别，但在高频段，湍流网 A 会产生较大噪声。湍流网 A 和湍流网 B 在 W4 位置在中频段降噪效果相当，但相比于 W3 位置，降噪效果略差，在高频段湍流网 A 和湍流网 B 产生的额外噪声较低，与基本构型相当。

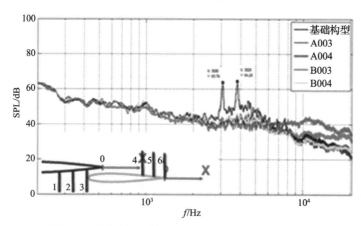

图 25 不同湍流网在不同位置降噪效果对比（远场 90°角位置频谱）

2.2.4 小结

本项目将增升装置简化为多段翼，研究了等离子体驱动器和湍流网两种装置对其气动的降噪作用。试验研究表明，等离子体驱动器的降噪效果可达 6dB 以上；合理地布置湍流网位置可以有效降低其气动噪声，最大降噪效果可达 10dB 以上。项目也通过数值仿真方法研究了多段翼气动噪声机理及控制，数值仿真结果与试验结果吻合良好。项目发展的降噪装置建模技术也应用到了该研究构型上。

2.3 声衬（简化涵道及风扇后传噪声）的仿真与试验

2.3.1 声衬声阻抗提取技术

BUAA 声阻抗提取在矩形流管上进行，其中声衬试样安装在中间管段的一侧管道壁面上，管内气流切向流过声衬表面，测量传声器（Mic）阵列平齐安装于与声衬试样相对的壁面上。所采用的直接提取法引入了电磁学研究中一种重要的分析方法——Prony 法，用于模态分解，得出各前传或后传模态的波数以提取声阻抗，如图 26 所示。

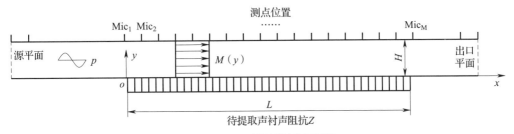

图 26　直接提取法的流管试验台示意图

图 27 为基于模态匹配方式的阻抗提取试验管道示意图。声源产生入射平面波，并在 $Z=0$ 时散射为反射波和透射波。在管道中传播的波在 $Z=L$ 处进一步散射为反射波和透射波。传输的波在测试装置的出口侧进一步反射。在 $Z=0$ 和 $Z=L$ 时声压和轴向速度连续。通过最小化"成本函数"来找寻阻抗，该成本函数包括在 4 个传声器位置的实测压力与模拟压力之间的差异。

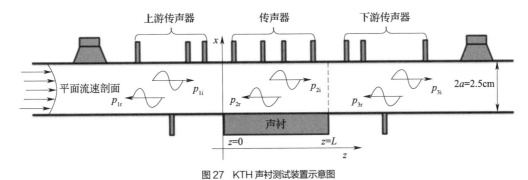

图 27　KTH 声衬测试装置示意图

图 28 显示了 KTH 和 BUAA 阻抗测量结果的比较。可以看出存在差异。特别是在 942Hz 和马赫数为 0.08 时，BUAA 测得的声阻抗为 1.469–0.163i，这与 1.05–0.36i 的最佳阻抗相当接近。但是，KTH 结果为 1.55–1.30i，声阻与 BUAA 结果相近，但声抗值要低得多。具有"小负值"的 BUAA 结果与最佳声抗相符，说明声衬已达到共振状态，因此能够在 942Hz 附近产生最大吸收量。

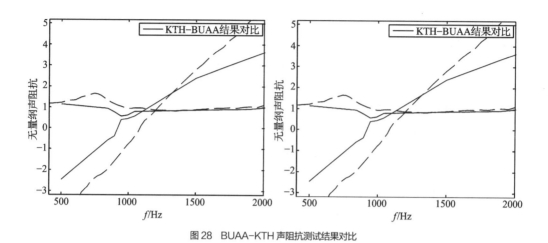

图28　BUAA-KTH声阻抗测试结果对比

2.3.2　进气道声衬降噪试验

进气道声衬包括均布式声衬和分段式声衬两种，如图29所示。两个声衬长度完全相同，轴向长度500mm，声衬内径保持与风扇进气管道内径一致，为500mm，分段式声衬包括5段。

（a）均布式声衬　　　　　（b）分段式声衬

图29　新型吸声衬垫

进气道风扇是一个单级轴流式压气机，如图30所示。进气道风扇安装于半消声室。如图31所示。进气道声辐射在半消声室内测量。16个传声器分布在以进气道为中心的1/4圆弧上，圆弧半径为5m，传声器间距为6°。

在进气道声衬降噪试验中，2973r/min下的1BPF为声衬的设计频率，（1，0）模态为声衬的设计模态。图32为远场24°测点测量得到的声压级频谱。试验结果表明，在设计频率（1BPF）附近频率范围（1000~2500Hz）具有明显的消声效果。相比较而言，分段式声衬具有更好的消声效果。

图33~图35分别为1BPF、2BPF、3BPF下远场指向性测量结果。可以看出在1BPF下，不同测点下都具有很好的消声效果，尤其在低角度下（18°附近）具有最为明显的降噪效果，而该角度正好对应较低阶声模态的幅值，与设计工况是对应的。

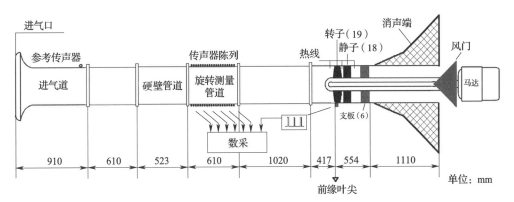

图 30 进气道风扇设置概略图

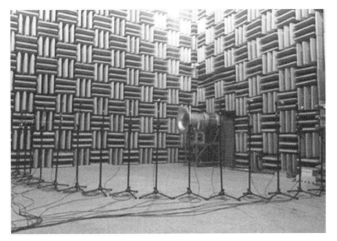

图 31 进气道在半消声室内的布置

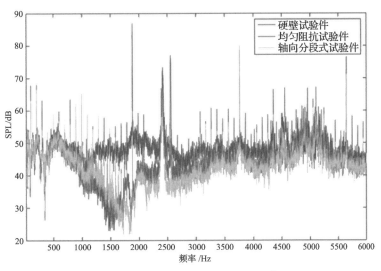

图 32 远场 24° 测点测量得到的声压级频谱

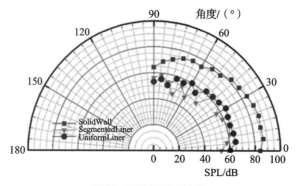

图33　1BPF 下远场指向性

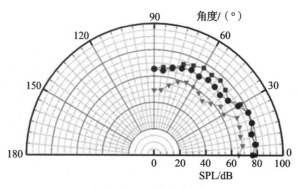

图34　2BPF 下远场指向性

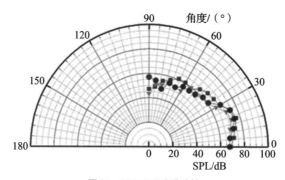

图35　3BPF 下远场指向性

2.3.3　排气道声衬降噪试验

排气道试验件为两件环形复材声衬（经典构型、内壁面穿孔）和两件与声衬等长度的固壁段。两件声衬试验件的有效长度分别为350mm、90mm，内径均为350mm（与试验台涵道等径），面板厚度、孔径、穿孔率、蜂窝性高度等参数完全相同。声衬试验件见图36。声衬试验件在设计点工况（3000Hz，声模态阶数（8，0），入射声压级127dB，$Ma0.3$）下的声阻抗值为（0.27-0.01j）。

（a）90mm 声衬　　　　　　　　（b）350mm 声衬

图 36　声衬试验件

如图 37 所示，排气道声学试验装置按气流方向分别为：转接段、流场测量段、旋转声模态发生段、导流段、声衬上游声模态测量段、固壁段（声衬段）、声衬下游声模态测量段、排气口以及中心内锥。

图 37　试验测试现场

为评估排气道声衬的降噪效果，图 38 给出了 3000Hz、各个流速下两种声衬的插入损失。

从中可以看出：

（1）两种声衬试验件都具有比较好的消声效果，在（4，0）阶声模态上的降噪效果超过 10dB，在（8，0）阶声模态的降噪效果超过 34dB。

（2）流速对声衬试验件的降噪效果有明显影响。

（3）长度较长的声衬试验件具有更好的消声效果。

2.3.4　进气道声衬优化

进气道声衬优化设置方式如图 39 所示，管道尺寸大小与进气道试验装置相同，均匀声衬长500mm，入射声波为 NPU 风扇的叶片一阶通过频率，同时也是优化的目标频率，声功率积分面用来计算通过声衬之后声波的声功率级，从而确定最优壁面阻抗。

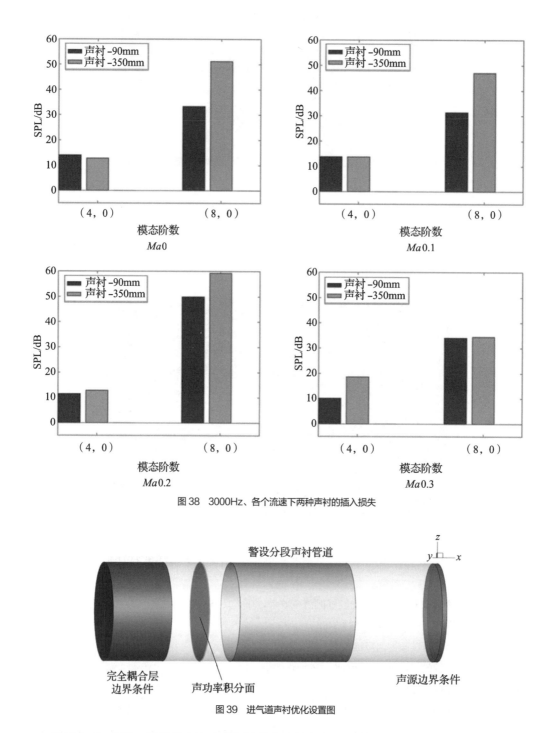

图 38　3000Hz、各个流速下两种声衬的插入损失

图 39　进气道声衬优化设置图

结果如表 7 所示，可以看出流动对声衬降噪量的影响很微弱，这主要是因为流速很低，为 $Ma=0.08$，相较于 KTH 的 Cremer 方法优化的结果，CFDB 可再提升 6dB 的降噪量。

表7　最优声衬声阻抗及声功率级降噪效果

项目	声功率级衰减量 ΔLP/dB	声衬	
		声阻 $R[\rho0c]$	声抗 $X[\rho0c]$
KTH 数值结果	-27.9	1.050	-0.360
CFDB 有流结果	-33.7	0.874	-0.578
CFDB 无流结果	-33.6	0.842	-0.522

2.3.5　排气道声衬优化

整个试验喷管结构示意如图40所示。试验方案是基于喷管的后半段开展的，模型包括声源面、出口导流叶片、声衬以及出口结构。

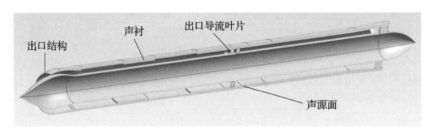

图40　试验喷管结构示意

声源面作为声激励及管道均匀流动的入口，声场及流场输入参数如表8所示。

表8　声场及流场输入参数

频率 /Hz	3000
模态	(8，0)
声源位置流场马赫数	0.3

2.3.6　小结

本项目对声衬阻抗优化及实际降噪效果进行了验证。在声衬的研制过程中，首先需要根据声衬实际的应用环境通过数值计算的方式确定最优声阻抗边界，进而通过优化声衬的结构参数达到目标声阻抗。本项目基于阻抗提取、阻抗优化及结构参数优化等技术发展的进气道和排气道声衬在设计工况下可分别实现最大近24dB及超过50dB的降噪量，实现了既定研制目标，为后续应用提供了有力的数据支撑。

2.4　机翼/喷流结构（简化发动机喷流效应）的仿真与试验

发动机喷流是飞机起降时的重要噪声源。近年来，随着发动机涵道比越来越大，为保证发动机与地面的距离，发动机与机翼的距离越来越近。机翼和喷流的相互干涉会极大地增加低频噪声。IMAGE 项目发展了合适的数值仿真及试验研究方法，能够对常规翼吊结构下的喷流/机翼构型的噪声机理进行研究，并对几何参数的影响进行了探索。

2.4.1 简化机翼/喷流安装效应研究构型定义

喷流噪声安装效应模型主要由喷管和简化机翼模型两部分组成,机翼模型与喷口结构关系如图 41 所示,其中喷管出口直径为 25.4mm（1D），简化机翼模型是弦长为 127mm（5D）的 NACA0012 翼型。本项目中共研究了图中 9 个安装位置的安装效应。

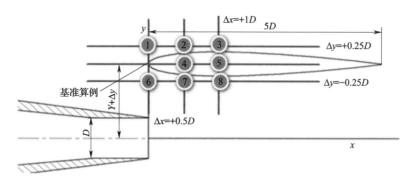

图 41　简化机翼/喷流安装效应算例设置

2.4.2 简化机翼/喷流安装效应数值仿真

本项目中主要研究了静止状态和飞行状态下流向位置和垂向相对位置分别对噪声产生的影响。

LES 求解方法计算的静态射流在 xy 平面上的瞬时压力场如图 42 和图 43 所示。可以看到机翼的径向位置的噪声水平随着射流和机翼之间的间隙距离增加而降低,机翼的轴向位置随着机翼向下游移动,噪声水平会增加。

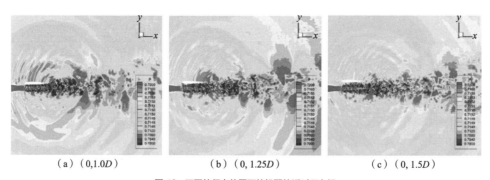

（a）（0,1.0D）　　　　　　（b）（0,1.25D）　　　　　　（c）（0,1.5D）

图 42　不同的径向位置下的机翼的瞬时压力场

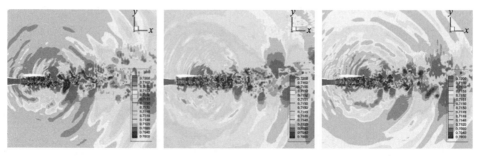

图 43　不同轴向位置下的机翼的瞬时压力场

远场噪声的指向性如图 44 所示，OASPL 在所有观测角度均与间隙距离成反比地减小。图 44（a）显示，当机翼向下游移动时，各角度的 OASPL 都会增加。

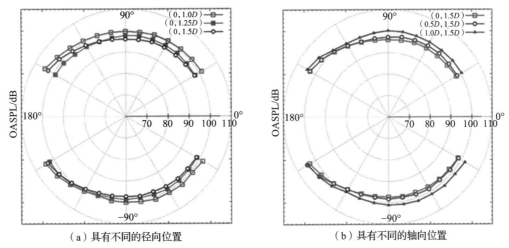

（a）具有不同的径向位置　　　　　　　　（b）具有不同的轴向位置

图 44　远场噪声的 OASPL

在马赫数为 0.2 时，对于不同机翼位置的情况，xy 平面中 z 方向的涡量如图 45 所示。喷流和机翼之间的相互作用如图 45（a）所示，其中间隙距离较小。

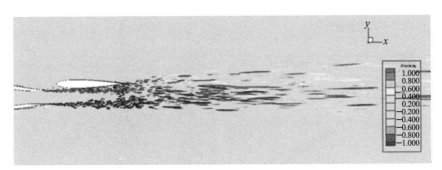

（a）机翼前缘的位置为（1.0D，1.0D）

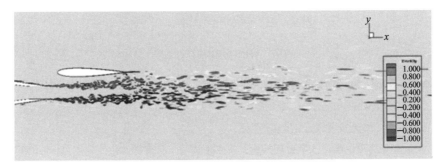

（b）机翼前缘的位置为（1.0D，1.5D）

图 45　xy 平面中 z 方向的涡度的轮廓，具有不同的机翼径向位置

利用 FW-H 积分计算远离喷嘴中心的 71D 处的远场噪声。远场噪声的 OASPL 如图 46 所示。对比试验数据可知，对于具有飞行速度的射流，大多数指向角下的噪声水平降低。

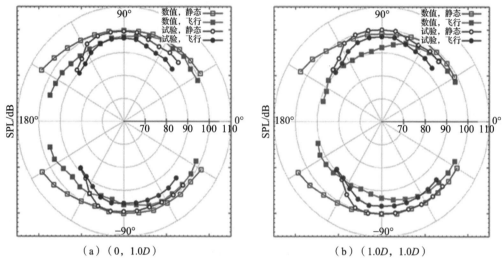

图46　r/D=71 时的噪声的 OASPL，即飞行的影响

为研究喷流/机翼垂向相对位置对噪声的影响，如图 47 给出了不同辐射角度的远场声压级。从图中可以明显看出，机翼遮挡了向上辐射的高频噪声。低频噪声也显著增加，该低频噪声的增加是由机翼与喷流之间的干涉造成的。

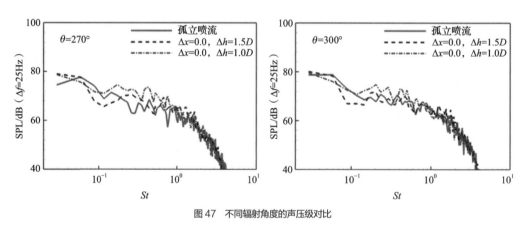

图47　不同辐射角度的声压级对比

图 48（St 是斯特劳哈尔数）给出了不同辐射角度下的声压级的变化。从图中可以看出，在这三个算例中，流向距离对噪声的结果影响不大。

2.4.3　简化机翼/喷流安装效应试验研究

试验采用模型为喷流噪声安装效应模型，主要由喷管（含支撑和供气管路）、简化机翼模型、气源三部分组成，如图 49 所示。

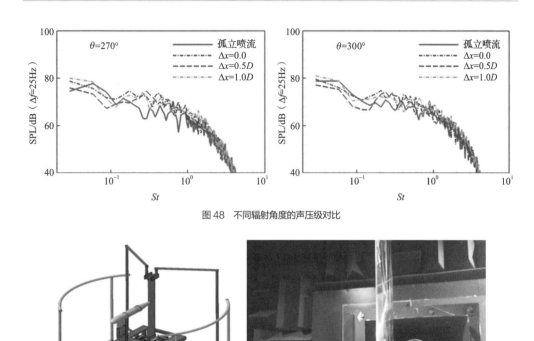

图 48　不同辐射角度的声压级对比

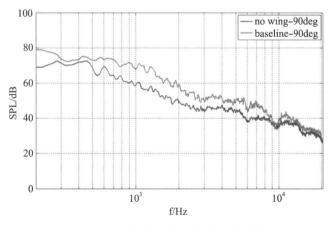

图 49　安装效应试验装置

　　本项目中分别研究了无喷流（仅有飞行状态下的背景噪声）及有喷流和飞行效应状态下的简化机翼不同位置时对喷流噪声的影响。基准位置 90° 指向角的频谱如图 50 所示，可以看出，有机翼状态比无机翼状态的噪声水平总体高约 10dB。在低频段，风洞背景噪声使得有飞行效应时低频噪声增加，在中高频段，由于飞行效应的影响，总体噪声水平有所下降。

图 50　基准位置有无机翼时 90° 方向角位置频谱对比

2.4.4 简化机翼/喷流安装效应仿真与试验对比

图 51 为指向角为 90° 时本项目的计算结果与 NASA 试验结果的对比。本项目计算结果与试验吻合良好，FW-H 积分面处的网格越密，所解析到的高频脉动的频率越高。

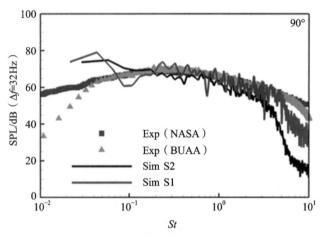

图 51 单独喷管 90° 位置的辐射噪声

图 52 为算例 8 的总声压级和不同辐射角度下的噪声谱与试验数据的对比。由于下游收集器的影响，试验测量得到的噪声幅值较低。在上游或者 90° 辐射角附近，数值计算与试验结果吻合良好。对于噪声谱，S2 积分面的结果与试验吻合得较好。

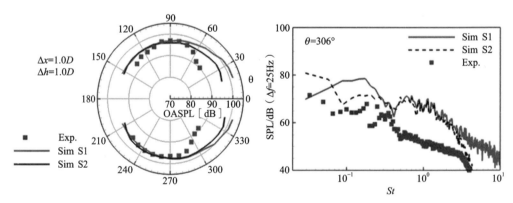

图 52 算例 8 的总声压级与不同辐射角度下的噪声谱与试验的对比

2.4.5 小结

本项目分别以 LES 和 IDDES 及试验方法研究了喷流/机翼安装效应的非定常流场和噪声辐射特性。给出了有飞行效应下喷流/机翼安装效应的非定常流场，并通过 FW-H 积分计算了远场噪声。计算出的噪声频谱与中频范围内飞行效应喷流噪声试验结果吻合良好。研究了机翼和喷管之间垂向位置和流向位置的影响。在垂向距离为 1.5D 时干涉噪声较弱，机翼的作用主要体现为遮挡效应；当垂向距离缩小为 1.0D，干涉作用增强，遮挡效应保持不变。

3 结论

IMAGE 项目通过中欧合作，瞄准飞机主要声源，针对 4 种典型研究构型，采用数值模拟和试验方法，深入探讨了飞机机体和发动机主要噪声源的产生机理、传播规律和辐射特性，发展了能有效抑制机体和发动机噪声产生与传播的创新性噪声控制技术和策略，掌握了降噪方法所基于的原理，为未来航空工业噪声控制技术应用奠定了技术基础。

项目针对不同研究构型，对等离子体作动器、湍流网及声衬等降噪技术背后的物理机制和效果进行了研究。项目改进并发展了一系列航空声学测量技术和数值仿真方法，通过探索低噪声设计（或构型），提出了未来进一步降低噪声的技术。项目还针对所研发的各种降噪技术，探讨了未来在航空设计中应用的可能性，专门设计并完成了技术评估报告及最佳实践指南。

IMAGE 项目完成了既定研究目标，具体分为以下 5 个方面：第一，探讨了能够有效地抑制机体和发动机噪声产生和传播的创新技术和策略；第二，理解并掌握了上述噪声抑制技术背后的物理机制；第三，改进并发展了航空声学测量技术和数值仿真方法；第四，通过探索低噪声设计（或构型），提出了未来进一步降低噪声的技术，并通过对气动力特性、载荷和成本方面的评估，探讨了未来在航空设计中的应用；第五，加强了欧盟与中国在处理有关飞机噪声问题中的合作与相互理解。本项目深入研究了具有潜在应用价值的噪声控制方法并对其进行建模分析，有力地促进了该领域的技术进步，项目获得的技术成果为航空声学领域的发展提供了可靠的新的噪声优化方法和工具。

本项目通过研究，达到了既定技术指标。对于串列圆柱算例，采用 DBD 等离子体作为降噪策略，峰值频率处的最大噪声降低为 3.7dB；试验研究的两种类型的噪声控制方法等离子体作动器和湍流网降噪量最大为 8dB；项目发展的一段式进气道声衬和分段进气道声衬能够将远场测得的 1BPF 噪声分别降低 20dB 及 25dB，而两个排气道声衬都能有效降低所有切口的声功率，在声模态的 PWL 中分别实现了 50dB 和 38dB 的降噪量；使用高精度 CAA 计算工具，对噪声进行了预测，计算结果与试验值吻合，同时根据 IMAGE 项目中提供的优化声衬阻抗，对其中一个转速条件下的声衬降噪效果进行了评估，预测结果与试验值一致；以升阻比为约束，以降低远场噪声总声压级最大值为目标进行降噪优化，与基准构型相比，两种优化构型升阻比分别增加了 4.32% 及 −0.39%，噪声分别降低了 1.51dB 及 2.03dB，达到了在气动力损失不超过 1% 的情况下降噪 2dB 的技术指标。

除此之外，本项目在项目管理等方面也取得了显著成果，项目创新性地从工业界的角度总结了 IMAGE 技术的技术评估结论，该评估报告的目的不是给出某项技术的好坏，而是给工业界建立一个宏观的技术状态来描述工业界跟基础研究之间的技术发展的位置关系，也为后续开展基础预研提供相关依据；最佳实践和指南已在 IMAGE 项目的框架内详细阐述。所有参研单位都提供了在各自开展的试验和数值仿真方面成熟经验的反馈，并为今后的研究工作提供了有价值的知识库。

参 考 文 献

［1］Wang M. Wing effect on jet noise propagation. 6th Aeroacoustics Conference，Aeroacoustics Conferences，Hartford，CT，

USA，AIAA paper 1980–1047.

［2］Ffowcs Williams，J E，Hawkings D L. Sound Generated by Turbulence and Surfaces in Arbitrary Motion ［J］. Philosophical Transactions of the Royal Society，1969，A264（1151）：321–342.

［3］Spalart P R. Detached–eddy simulation ［J］. Annual review of fluid mechanics，2009（41）：181–202. doi：10.1146/ annurev.fluid.010908.165130.

［4］Langtry R B，Larssen J V，Winkler C M，et al. Acoustic Prediction of Rudimentary Landing Gear Experiment using Unstructured Finite Volume Methods，Flow，Turbulence and Combustion（Special Issue ETMM9），2014.

［5］Peng S H，Tysell L，Yao H D，et al. CAA analysis of a wing section with flap side–edges based on hybrid RANS–LES computation ［C］. AIAA Paper 2015–2839，21st AIAA/CEAS Aeroacoustics Conference，AIAA Aviation 2015，Dallas，USA，22–26 June 2015.

［6］Jing X，Peng S，Wang L，et al. Investigation of Straightforward Impedance Eduction in the Presence of Shear Flow ［J］. Journal of Sound and Vibration，2015（335）：89–104.

［7］Yan Q，Huang W，Xue D. Hybrid numerical method for fan noise propagation simulation andreduction assessment ［C］. GRAIN2 Open Forum & short course，CIRA，Capua，Italy 1st–4th July 2014.

创新性噪声控制与实验
测量技术研究进展

——等离子体作动器、湍流网与声衬
在飞机噪声控制中的实验研究

燕群[1]，李卓瀚[1]，薛东文[1]，刘兴强[1]，杨嘉丰[1]，乔渭阳[2]，景晓东[3]

Hans Boden[4]，Johan Kok[5]，Ulf Michel[6]，Christophe Scham[7]

1. 中国飞机强度研究所，陕西西安 710065

2. 西北工业大学，陕西西安 710068

3. 北京航空航天大学，北京 100191

4. KTH Royal Institute of Technology, SE-100 44 Stockholm, Sweden

5. NLR-Royal Netherlands Aerospace Centre, P. O. Box 90502, Netherlands

6. CFD Software Entwicklungs-und Forschungsgesellschaft mbH, 14163 Berlin

7. von Karman Institute for Fluid Dynamics, 1640 Sint-Genesius-Rode, Belgium

0 引言

近年来，噪声水平已成为评价飞行器性能的重要指标，飞行器的舱内外噪声水平分别与适航取证和市场竞争力密切关联。国际民航组织近期颁布了新的噪声认定标准、欧洲在其规划中对民用飞机未来噪声水平提出了要求。未来飞行器的设计要满足适航条例，增强竞争力，必须对噪声控制措施开展创新性的研究。针对未来民用飞行器噪声控制技术的需求，"降低飞机噪声源及其辐射的创新方法与技术研究项目"（简称 IMAGE 项目）的第二工作包重点对噪声产生及传播和噪声控制技术的机理和效果进行深入的实验研究，同时建立实验数据库，用于验证项目中其他工作包所发展的 CFD/CAA 仿真计算方法的准确性，第二工作包的研究内容主要包括以下两个方面。

第一，发展创新的实验测量技术。研究发展更先进的、可以用于验证噪声控制技术的实验技术，包括新型波束成形（Beam forming）方法、新型管道模态分解（mode decomposition）方法及壁面声阻抗测量（Impedance Eduction）方法等。

第二，实验验证降噪技术的效果。应用本工作包所发展出的实验测量技术进行实验，形成实验数据库，并用于验证 IMAGE 项目中其他工作包发展的 CFD/CAA 仿真计算方法。基于本项目中形成的先进实验测量技术，对三种基本研究构型（简化起落架串列圆柱模型、简化机翼模型及简化发动机风扇涵道模型）在无降噪措施以及在有等离子体作动器、湍流网及声衬等措施后噪声的抑制作用进行实验验证。

1 实验测量技术

第二工作包的第一项研究任务是对噪声实验测量技术进行研究与发展：进一步提升已有实验测量技术的灵敏度和分辨率，用于识别机体或发动机主要噪声源的位置与强度，辨识发动机风扇造成的旋转声模态特性，提取短舱表面关键部位的声阻抗特性。进一步提升已有测量技术的灵敏度和分辨率也有助于更深刻地理解等离子体作动器、湍流网和声衬结构对流场、声源强度和分布影响的内在机理。本章主要介绍 IMAGE 项目中所发展的先进气动噪声测量技术。

1.1 基于波束成形方法的声源识别技术

在风洞或飞行试验当中，获取主要噪声源的位置和强度以及关键频谱特性是开展降噪研究的重要前提。经过过去一段时间的发展，已经形成了基于传声器阵列波束成形的声源识别方法与相关技术。但在风洞或飞行测试中，还存在波束成形工具的灵敏度及信噪比不够高等问题，以至于在某些特定实验中无法分辨出主要目标噪声源和其他混杂噪声源相互间的强度和空间位置关系。为了解决这样的问题，目前主流的研究方向是通过改进数据处理算法来提升阵列技术对噪声源识别的空间分辨率、信号灵敏度及信噪比。本节对在 IMAGE 项目当中，西北工业大学（简称为 NPU）发展的 Clean-SC 算法和冯·卡门流体力学研究所（简称 VKI）发展的广义逆波束成形（Generalized Inverse Beamforming）的波束成形技术进行总结。

1.1.1 使用 Clean-SC 方法改善麦克风阵列信号源识别灵敏度及信噪比

传统波束成形的性能在很大程度上取决于阵列的形状设计和数据处理方法。反方法的发展使得声源识别的结果精度有了较大幅度的提升，使用反卷积算法虽然可以从传声器阵列测量中获得更高分辨率的声源图，但受到传统波束成形算法的局限，仍然存在空间分辨率受限、旁瓣水平高的问题。随后人们发展了多种新的反卷积方法以降低旁瓣、改善声源成像图的质量。1974 年，Högbom 发展了针对射电天文学的 CLEAN-PSF 算法，Sijtsma 在 CLEAN-PSF 算法的基础上，成功发展了适用于气动噪声测试的 CLEAN-SC 算法。由于 CLEAN-SC 算法能够极大抑制旁瓣，大大提高声源成像图质量，随后在气动噪声测试中得到了广泛应用。

在本项目的研究当中，NPU 通过应用 Clean-SC 方法，提升了麦克风阵列抑制及消除背景噪声的能力，并增加了对风洞的喷流剪切层校正的能力，大幅提升了该项技术的工程实用性。为了和国内外其他课题组的研究成果进行更广泛的对比，图 1 给出了 NPU 与其他研究机构不同算法对比的结果，如阿德莱德大学（UniA）的 CLEAN-SC、DAMAS 算法，勃兰登堡工业大学（BTU）的正交波束成形（orthogonal beamforming，ORTH）方法，荷兰 PSA3 公司的 CLEAN-SC 算法、代尔夫特大学（TUD）的全局优化（global optimization，GO）算法等。从图 1 可以看出，本项目中发展的 CLEAN-SC 算法在宽广的频率范围内具有良好的精度，误差小于 0.5dB，在频率高于 3000Hz 的范围内，算法误差小于 0.2dB。

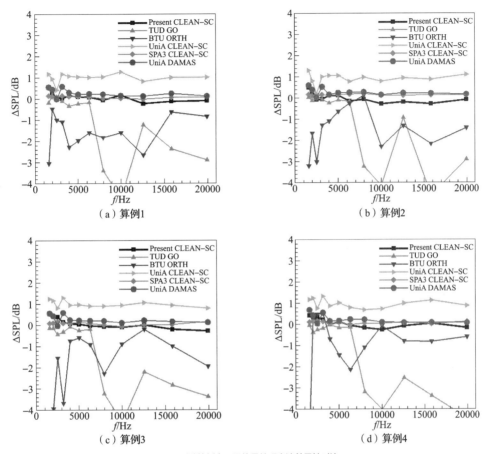

（a）算例1　　　　（b）算例2

（c）算例3　　　　（d）算例4

图1　测试算例中不同信号处理方法差异性对比

在本项目的研究中，还进一步用 NPU 搭载了改进 Clean-SC 算法的多臂式麦克风阵列测试了简化模型的实际声源分布特性，对未采用噪声控制措施及采用噪声控制措施前后两种实验工况中，主要噪声源位置和强度的变化进行了详细测试，如图2所示。

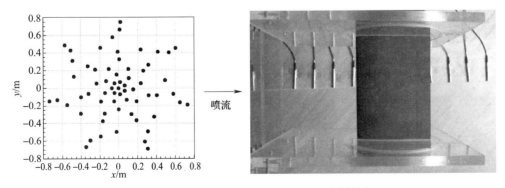

图2　改进的二维麦克风阵列以及在简化机翼噪声测试中的应用

1.1.2 通过广义逆波束成形方法提升阵列分辨率

在本项目的研究当中，VKI 开发了一种新的波束成形算法，称为广义逆波束成形（GIBF）方法。对于空间中存在的某噪声源（可以是单极子源和多极子源等），通过构建并求解从源点到麦克风位置间的传递函数矩阵便可得出源的分布结果。目前该项技术能够有效识别出相干和不相干的空间多点分布式噪声源。并且相比经典的反方法，还具有高分辨率和计算成本合理等优势。在这种新的方法中，通道间测试信号的互谱矩阵被分解成若干本征结构，阵列的整体响应由本征模态表示，每个本征模态都与源的相干性和空间分布有关。另外，当传递函数矩阵是病态的情况下，可以使用诸如 Tikhonovs 等的正则化技术进行处理，如此可以提升当发生诸如通道失谐、声源部分遮蔽或传感器损坏等非设计现象时阵列的整体表现。为了进一步提升对噪声源的空间分辨率，研究中使用了迭代重新加权最小二乘（IRLS）算法将 L1 范数最小化，将欠定问题转换为过定问题，以提高分辨率并减少计算时间。

在图 3 中，对比了使用 CB（经典波束成形）和 GIBF 算法对同一空间声源进行定位的输出结果。已知声源位于阵列中心前方，具有单极子辐射特性，持续发出 3kHz 频率的纯音噪声。从结果对比图可以看出，GIBF 方法相较于 CB 方法，在空间分辨率和阵列信噪比等关键参数表现上有明显的提高。同时 GIBF 方法的另一项重大改进是：对于经典 CB 方法而言，分辨率是频率的函数，也就意味着一旦阵列设计完成，针对不同频率的分辨率也就定下而不能再更改。而在 GIBF 方法中，因为分辨率还是迭代次数的函数，所以用户可以根据使用需求，人为地选择迭代次数从而提升或减低分辨率，这样就可以避免了重新设计阵列的繁琐工作。

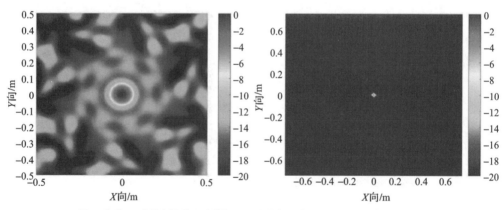

图 3　经典 CB 方法（左侧）和改进的 GIBF 方法（右侧）对同一个单极子源的识别结果

1.1.3 小结

本项目中，中欧双方的代表单位分别发展了基于波束成形的传声器阵列噪声源识别技术，通过应用新的数据处理方法，提升了阵列空间分辨率、主瓣/旁瓣信噪比等关键性能指标。这些新发展出来的方法，在本项目后续的实验研究当中也获得了充分的应用，对几种简化模型的基础构型和附加了降噪措施之后的构型进行了测试。

1.2 管道声模态分解技术

随着现代涡扇发动机转子静子干涉纯音噪声的显著降低，湍流宽频噪声现在已经变成了商用高涵道比发动机噪声的主要分量和研究对象。由于湍流噪声很复杂并且缺乏深入的研究基础，其产生机理以及辐射模态与湍流源之间的统计关系尚不十分清楚，需要进一步的研究。湍流宽频噪声的特点是频率宽、模态丰富，同时其在转静子部件间和短舱中传播时，由于声模态散射作用，会离散或生成新的模态，从而影响最终辐射出涵道的噪声总体特性。因此强烈需要可以对模态特性进行分析的技术手段开展研究，同时这样的技术手段必须能够将复杂的声场分解成多个模态的组合来研究湍流宽频噪声的产生机理和传播规律，这也是 IMAGE 项目中开展此项技术研究的目的和主要思路。

管道声模态分解技术是一种通过测量管道内空间多点噪声值与相互关系，通过数学物理运算分解出管道内声模态组合模式和各自幅值的技术。在具体实施过程中，假定管道特征函数和特征值是已知的，首先通过安装在旋转机构或固定测量段的传感器来获得管道内声压及相位分布关系，然后通过建立声压与模态幅值之间的模态矩阵计算出模态分布和功率关系。其中模态幅值和在关键界面处的散射关系等详细信息可用于指导声衬等降噪技术的发展和改进。

在本项目的研究中，NPU 和中国飞机强度研究所（简称 ASRI）分别开发的模态分解技术（modal decomposition method，MDM）成功识别了风扇的宽频声模态及纯音声模态。通过成功分离并识别出管道内的入射声模态和反射声模态，分析得出了单频噪声声场结构以及宽频噪声声场相关特征。同时利用管道模态分解技术深入了解了叶轮机械湍流宽频噪声机理，并指导了项目中进排气道声衬的模态匹配设计。本节对本项目发展的三种模态分解测量技术与特性进行介绍。

1.2.1　模态分解技术

管道内的声场可用无限多个声模态的叠加来表示。对于管道内的风扇噪声，其激励模态主要取决于风扇的转静干涉等作用。对于其发出的单频噪声，声模态主要可以通过分析风扇本身特性来进行关联与研究；对于更为复杂的宽频噪声，唯一可能性是通过平均值和空间互相关关系进行统计性的描述。通过使用参考传声器，利用随机数据统计平均的概念，可以在理论上分析出圆柱形有流管道中的声波传播方程，这种方法称为参考传声器法模态分解技术（RC–MDM）。相对于参考传声器模态分解技术，互相关模态分解技术（CC–MDM）通过增加在机匣壁面布置成一定空间规律的传声器，测量不同传声器之间的互相关函数将宽频噪声声功率分解到了各个模态上，该分析需要所有传声器在有限时间内同时测量声压数据，可以在一定频率范围内给出模态分解信息。瞬时法模态分解技术（Inst–MDM）除了将管道内传播的宽频噪声分解为多个声模态，还可以通过分析围绕管道周向间隔分布的传声器的瞬时输出结果，获得模态系数的瞬时值并加权组合出声模态结果，因此相较前两种方法，瞬时法模态分解技术还可以研究模态散射或组合过程中的更为详细的时间历程。

1.2.2　管道声模态的测量应用与结果

为了详细研究进气道风扇构型中宽频声模态的产生和传播，验证宽频声模态测量技术的可用性，IMAGE 项目中设计使用了一台单级轴流式压气机来开展研究。该单级轴流式压气机的主要构成和安装半消声室后的照片如图 4 所示。

在随后的研究中，利用发展的模态分解技术测量分析了进气入口段典型的宽频噪声声功率谱，结果如图 5 所示。在不同频率，分解的宽频噪声声功率谱（PWL）显示出与声压谱（SPL）相同的特性。两组结果都出现了一系列峰值，这些峰值频率以及相互之间的间隔接近叶轮机固有频率阶数（EO=49.6Hz，100% 设计速度）及固有频率的谐频。当减小质量流量时，其中部分尖峰会稍微改变，因此推断本宽频模态分解技术也成功识别出了叶轮机中的机械振动噪声。

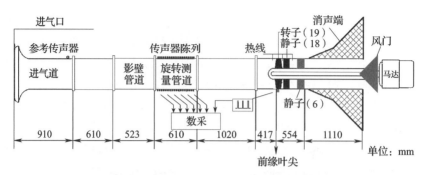

图4 单级轴流式压气机设计概图与安装消声室后的照片

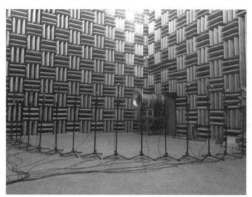

图5 所有压力传感器测得的宽频声功率谱和平均声压谱的比较

为了进一步分析更为关心的 BPF 处单频声模态识别测量结果，课题组进一步使用参考传声器方法计算出了声模态的分布特性，如图 6 所示，其中横坐标为周向模态阶数，纵坐标为声功率级。在 BPF 处，管道内总共通了 8 个模态，其中周向模态数有四个，径向模态数有两个。由参考信号 ref#1 计算的顺流和逆流传播的模态幅值与由 ref#2 计算的结果具有很高的一致性，说明本方法对参考传声器的布置位置有很高的鲁棒性。进一步分析模态结果，逆流传播的（1，0）模态是管道内的主导模态，具体表现为声功率级结果比其他模态高至少8dB。通过和描述叶轮机声模态的 Tyler & Sofrin 的理论解对比，发现结果一致，也证明了本方法的正确性。

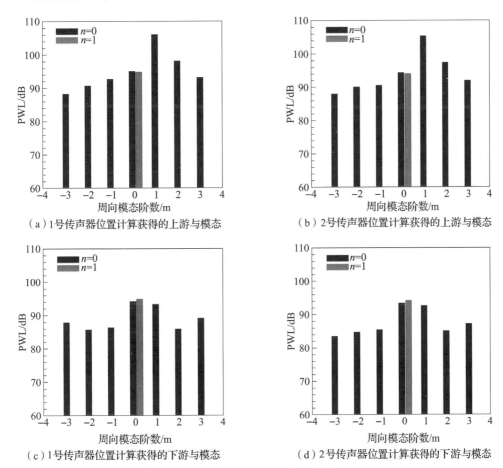

（a）1号传声器位置计算获得的上游与模态　　　　（b）2号传声器位置计算获得的上游与模态

（c）1号传声器位置计算获得的下游与模态　　　　（d）2号传声器位置计算获得的下游与模态

图6　BPF 处单音噪声模态识别测量结果

随后研究进一步深入，图 7 显示了不同转速下的管道内宽频模态分布特性。在宽频模态分布结果中，叶片通过频率（BPF）及其谐波的纯音噪声明显。在 400Hz 以下，风扇噪声主要以平面波为主，当模态截通时，声场噪声以 1500Hz 以上的高阶模态波为主，同时可以看到在 1500Hz 以上的 0 阶模态附近的高阶模态呈基本对称分布，即正反旋模态的强度基本相当。因为图中上游模态波的声功率整体高于下游模态波的声功率，为了便于显示，下游声功率图例参考值比上游低 10dB。

1.2.3　小结

本项目成功开发了三种可用于分析发动机管道声学模态的模态分解技术，三种模态分解技术均采用管内传声器阵列为主要测量设备。在本项目研究中，为了验证模态分解技术，设计研制了一个单级轴流风扇实验器，使用旋转机匣式轴向传声器阵列和光电脉冲传感器等进行测量和分析，并在 ASRI 的半消声环境中进行了详细的测试。结果表明，本项目研究中开发的模态分解技术通过了实验

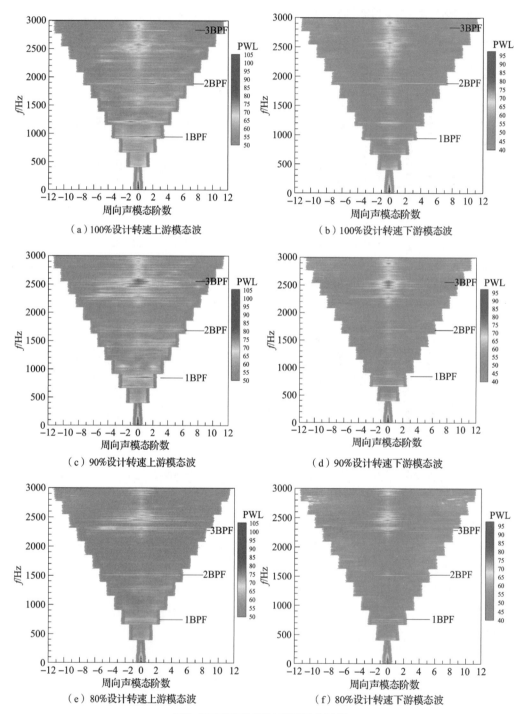

（a）100%设计转速上游模态波

（b）100%设计转速下游模态波

（c）90%设计转速上游模态波

（d）90%设计转速下游模态波

（e）80%设计转速上游模态波

（f）80%设计转速下游模态波

图7 不同转速下的管道内宽频模态分布特性

验证，能够成功分离和识别单级轴流风扇实验器内的宽频噪声模态，并获得了各模态的定量声辐射结果，为后续开展声衬设计研究提供了重要数据。

1.3 声阻抗提取技术

航空发动机噪声是大型客机的主要噪声源，而声衬是控制发动机噪声向外辐射的不可或缺的重要手段。声衬一般是指敷设于发动机短舱进气道、外涵排气道和内涵排气道的壁面，利用亥姆霍兹共振原理吸收特定频率的声波的降噪结构。随着商用航空发动机的涵道比不断增大，其喷流速度显著降低，从而使得宽频风扇噪声成为了发动机噪声的主要成分；同时涵道比的增大使得进排气道相对更加短粗，声波与壁面声衬"相遇"吸收的机会更少。上述两个特点都不利于声衬发挥吸声性能，所以这对未来大涵道比发动机短舱和进排气道声衬的设计提出了新的要求。声阻抗是描述降噪材料/结构吸收、反射声波的重要参数，同时声阻抗也是分析敷设声衬后降噪能力和有效吸声频段的关键参考物理量，还是进行声传播数值仿真必不可少的声学边界条件。所以对于声衬设计而言，发展一种可靠的声阻抗模型是保证设计成功的重要前提。

航空发动机在实际工作时，声衬在不同切向流速、不同声压级下的声阻抗频谱由声衬的几何参数直接决定，但声衬还处于高速切流、高声压级甚至高温的复杂工况下，其原本的共振式吸声原理会受多重因素的影响，这时很难使用解析形式的模型描述声衬的吸声机理，采用集总参数法建立半经验声阻抗模型便成了主要的手段。如何快速准确地通过实验确定声衬在不同工况下的声阻抗是验证声衬设计、进行短舱声学设计和改进声阻抗模型的关键所在。国内外目前虽然有若干种声衬阻抗实验提取方法，但未开展过对统一阻抗试验件的对比测试研究，以至于各种实验提取方法的适用范围和实验细节上仍有不确定性。为此 IMAGE 项目中北京航空航天大学（简称 BUAA）和瑞典皇家理工学院（简称 KTH）分别使用了其所开发并已经成熟的方法，对由中国飞机强度研究所统一设计制造的标准声衬进行了声衬声阻抗对比测量，以期给出两种实验技术的适用范围和实验细节建议。

1.3.1 直接提取法

图 8 展示了在 IMAGE 项目中 BUAA 设计研制的流管实验台。被测声衬位于管道的中部，声衬的穿孔板一侧齐平安装于管道下壁面。上游声源和下游声源均由 4 个扬声器组成，扬声器的驱动信号经由功率放大器产生。上游和下游两端均安装有消声端，以提升流管中的声学品质。扬声器可以在 0.05~3.0kHz 的频率范围内产生最高 140dB 的单频声波。

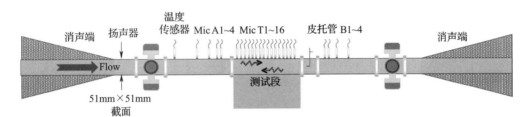

图 8　BUAA 流体与声学工程实验室的流道示意图

流管的上壁面齐平安装有 24 个传声器（Mic），其中的 16 个（T1–16）位于测试声衬的正上方，以测量由于声衬衰减而产生的流向声压分布。声衬入口处的传声器（T1）还用于提供相位参考并监测入射声压级，上游的 4 个传声器（A1~4）用于将上游刚壁管道中的声场分解为前传和后传模态，以便确定源平面上的边界条件。同样，4 个下传声器（B1~4）用于确定出口平面上的边界条件。直接提取法仅使用 T1~16 的信号作为输入，需要时可将源平面和出射平面上测得的边界条件用于声场的数值模拟。所有传声器都在平面波管中进行了校准，以最大程度地减小相位和幅度误差。传声器信号通过多通道设备进行采集。每个通道的声幅和相位可通过与在声衬入口处传声器测量值做互谱分析来得到。

气流由离心式鼓风机提供，流道带有金属丝网气流稳定器和消音段。使用可以扫描的皮托管装置在管道横截面上进行运动，测量二维剖面上的流动分布，并由此计算平均速度。正常运行时，管内最大平均马赫数为 0.25。x 坐标沿管道的轴向设置，其原点位于被测声衬的前缘，而 y 坐标垂直于声衬表面。

在数据分析与处理方面，根据有流管道声传播原理，无论管中为均匀流动还是剪切流动，声场都可以分解为一系列声学模态，因此沿管道传播的声压可以表示为带衰减波动的叠加（Jing，Peng 和 Sun，2008 年；Jing，Peng，Wang，Sun，2015 年）。可以通过 Prony 方法或其变体（如 K–T 算法）来分解提取，y 方向上的波数可以根据频散关系给出，最终未知的试验件阻抗可以用 y 方向的特征值方程求出。

原则上，使用 Prony 方法所分解出的每个波数都可用于求解未知阻抗。但是，选择使用管中起主导作用的模态才是最合理可行的方案，因为相比于其他模态，主导模态具有更高的信噪比从而更容易被捕捉到。BUAA 发展的这种方法规避了对流道中声场的完整计算，从而大大降低了测试成本。

1.3.2　对流 Helmholtz 方程—模态匹配阻抗提取法

图 9 为 IMAGE 项目中 KTH 使用的流管实验装置。上游声源和下游声源均由电动扬声器产生，下游安装有无反射消声端。声源模块可在 0.05~2.0kHz 的频率范围内产生高达 130dB 的单频声波。管道上壁面总共有 16 个齐平安装的传声器，其中 10 个位于被测声衬的正上方，以测量由于声衬衰减而产生的流向声压分布，刚壁道中安装有 6 个传声器，分别位于上游和下游部分（每侧三个）。声衬安装段的 10 个传声器可用直接提取法测量声衬阻抗，而上游和下游部分的传声器用模态匹配方法进行测量与分析。所有传声器均在平面波管中进行了校准，以最大程度地减小它们的相位和幅度误差。传声器信号通过 HP–VXI 多通道设备进行采集。

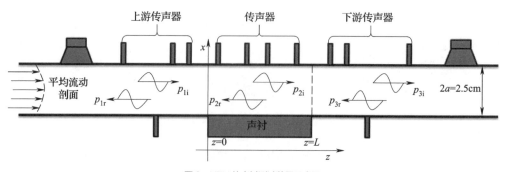

图 9　KTH 的声衬测试装置示意图

气流由空压机提供，使用消声室作为声学末端。通过横贯管道中心的皮托管测量流动分布，并据此可以计算出平均速度。在正常条件下，此装置的最大平均马赫数为 0.22。

在正常设计下，被测频率都在管道的截止频率之下，因此理论上进入到声衬测试段管道的只有平面波，并在出口管道段中有反射。管道中其他位置处的高阶模态（主要在声衬与管壁的阻抗间断之间产生）虽然随轴向距离呈指数衰减，但是其对声衬测试的影响必须加以考虑。

在数据分析与处理方面，除了与 BUAA 相同的直接提取法，还使用了模态匹配方法来解算阻抗。模态匹配方法经过多年发展，可以通过计算在管道尺寸不连续或边界条件不连续时界面处的模态之间如何转化和分散能量关系，可靠地反解算出管道内的阻抗。对于如图 9 所示的试验装置，只要管道中的三个区域的尺寸和阻抗是确定且不变的，并且在中间管道中的声衬为局域反应声衬，则可以用模态匹配方法来确定目标声衬（试验件段）的阻抗。在两个阻抗不连续壁面之间的界面处（$z=0$ 和 $z=L$）由于阻抗的突变，会在这两个界面处产生新的波和模态，三个区域内的传声器负责测量各自区域内的入射波和反射波。在测试的同时，还需要构建一个与测试装置声学特性一致的数值模型，将测量值与模拟值间的差异构造为"成本函数"，并通过改变数值模型计算中的采用的阻抗进行多次迭代计算，直至该"成本函数"为最小。此时认为求解得到的阻抗与测试阻抗一致，也即测得了目标声衬的阻抗。

1.3.3 阻抗测量结果

图 10 展示了 ASRI 为 BUAA 开展试验所设计制造的平板声衬标准样本，该样本长 400mm，宽 51mm。ASRI 为 KTH 开展试验所设计制造的平板声衬标准样本具有同样的阻抗和声学参数（孔径、腔深、穿孔率和壁厚），但由于 KTH 的实验台与 BUAA 在设计尺寸上有所区别，所以为其设计制造的声衬长为 560mm，宽为 120.4mm。

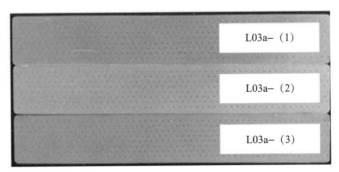

L03a-（1）

L03a-（2）

L03a-（3）

图 10　平板声衬标准样板

图 11 显示了 BUAA 的测试结果，其中 R 和 X 分别代表声阻和声抗，三个同阻抗样件的阻抗测试值展现了极佳的重复性，代表着样件的设计与制造有着极高的一致性。在无流条件下和当马赫数增加到 0.16 时，实验精确捕捉到了 942Hz 设计点和 3000Hz 处反共振峰处阻抗的变化规律。但是，KTH 对三个不同样件的比较显示出较大的差异。考虑到两个研究单位应用了同一批次采用同种工艺的试验件，加工工艺、材料等完全相同，由于试验件制造问题导致的测量误差可能性较低。主要差异应该来自双方采用的试验设备和数据分析方法不同。

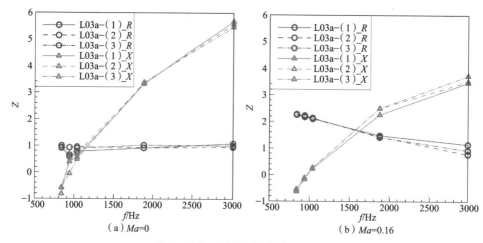

图11　BUAA 三个样件之间的测量阻抗比较

图 12 显示了 KTH 和 BUAA 对标准平板声衬阻抗测量结果的比较，可以看出结果存在差异。特别是在 942Hz 和马赫数为 0.08（与设计点使用条件相匹配）时，在 BUAA 测得的声阻抗为 1.05–0.55i，这与 1.05–0.36i 的设计值相当接近。KTH 测试在此点的结果为 1.42–0.46i，其声抗与 BUAA 结果相近，但声阻值要高于目标值 0.4。BUAA 结果中声抗略小于 0，与最佳声抗经验准则相符，说明声衬已达到共振状态，因此能够在 942Hz 附近产生最大吸收量。测量的声阻与最优声阻几乎具有完全相同的值。KTH 测得的声阻比最佳声阻略大，声衬的声阻的增加将导致峰值降低的减少，但是能带来有效吸收带宽的增加。这可能是有益的，因为更宽的吸收带宽有利于降低整体 SPL。总体来讲，两个研究单位测试结果都是可接受的。对比双方的实验，更先进的直接提取方法其精度和重复性都高于模态匹配方法的结果。

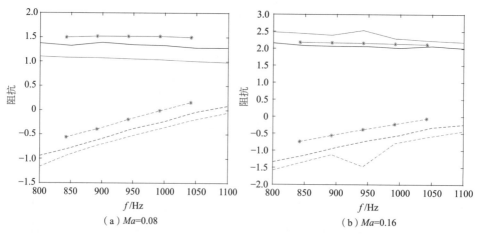

图12　KTH（黑色）和 BUAA（红色）对进气道声衬测量阻抗比较

图 13 显示了 KTH 和 BUAA 对另一组排气道声衬阻抗测量结果的比较，可以看出结果存在差异。特别是在 3000Hz 的设计点附近时，在 BUAA 测得的声阻抗为 0.13–0.18i，KTH 测试结果为 0.098–

0.07i，二者均与 0.27–0.01i 的最佳阻抗相当接近。1300Hz 以下，尤其是声阻，BUAA 与 KTH 测量得到的声阻抗存在较大差异。可以看得出来，KTH 在该范围内的声阻抗出现明显跳跃，与声衬的阻抗分布规律不符，表明其测试方法存在一定的测量误差。

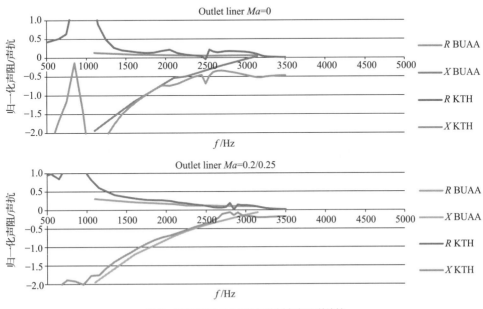

图 13　KTH 和 BUAA 对排气道声衬测量阻抗比较

1.3.4　小结

在 IMAGE 项目中，出于对比分析不同测试方法精度和重复性的目的，BUAA 和 KTH 使用各自的实验装置，对同批、共目标值的试验件进行了测试。结果表明，对于进气道声衬，BUAA 实验提取到的声阻抗为 1.059–0.552i，非常接近所设计的声阻抗 1.05–0.36i。而 KTH 测量结果有稍大差异，但工程上仍可接受，主要原因大致来自试验设备和数据分析方法本身。对于排气道声衬，两个研究单位在设计点上的测量结果与目标值一致性非常好。但 KTH 在 1300Hz 以下的测量区间内测量得到的阻抗存在明显跳跃，与声衬的阻抗分布规律不符，表明其测试方法存在一定的测量误差。

▊2▊　噪声控制技术

IMAGE 项目提出了三种瞄准未来飞行器降噪的技术措施：等离子体作动器、湍流网和创新声衬。在项目安排的实验研究环节，等离子体作动器应用于串列圆柱和简化机翼的降噪研究，湍流网应用于串列圆柱和简化机翼降噪研究，创新声衬主要应用于发动机涵道降噪研究。

2.1　基于等离子体作动器的噪声控制技术

等离子体流动控制是利用等离子体作动器产生的电磁力作用或是气体放电的过程对周围气体中温度、压力的变化对流场进行控制的一种技术，其具有响应快、可调控频带宽等优势。在等离子体流动控制技术中，介质阻挡放电（DBD）有制造成本低、运行成本低、可靠性高、故障率低等优势。因此在 IMAGE 项目中主要选取了介质阻挡放电（DBD）型作动器开展研究。

介质阻挡放电的作动器一般由两个电极组成，它们平行地安装在一个电介质层的两面。通过在电极两侧施加高频（可达上千赫［兹］）和高电压（可达上千伏［特］），或者通过重复短时脉冲来生成等离子体，如图 14 所示。单个电子从电场获得到的能量直接相关于数个特征参量（电压值、频率、占空比等），大量电子获得的能量则足以通过动量或能量转移来实现宏观尺度的流动控制。

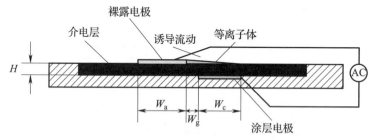

图 14 DBD 等离子体发生器

2.1.1 等离子体作动器在串列圆柱降噪实验中的应用和效果

DBD 等离子体作动器可以产生的诱导速度较小，根据 Suzen 的等离子体体积力模型的计算，在 25kV、6300Hz 的供电条件下，最大诱导速度只有 10m/s 左右。所以在被试物体表面的流动速度远大于等离子体作动器能提供的最大诱导速度时，其对流动控制和降噪的效果会大幅下降。为了获得良好的降噪效果，就要求在设计实验前首先要选择合适的等离子电极位置，方能达到以"较小的诱导速度取得较明显的流动改变和降噪"的目的。

在串列圆柱等离子体作动器流动控制实验中，主要降噪机理是通过等离子体作动器在圆柱表面的特定位置产生诱导速度，将分离的气流重新附着回圆柱的表面，减少甚至消除 Kelvin–Helmholtz 不稳定涡体的产生，从而降低下游圆柱受到的冲击，达到流动控制和降噪的目的。如图 15 所示，串列圆柱的流动控制，需要将等离子体作动器设置在气流转掠区域附近、分离点之前，此时方可达到最大的控制效能。为此，实验首先采用油流法，获取了圆柱表面的转掠线位置，作为安装等离子体作动器的参考。

在后续等离子体控制串列圆柱噪声的实验中，测试了 4 种来流速度的工况，包括 10m/s、16m/s、30m/s 和 64m/s。为确保实验中使用的有机玻璃在承受高电压时不会破裂，等离子体的放电电压小于 30kV，图 16 是不同来流条件下远场噪声的频谱对比曲线。从实测结果可以看出，等离子体作动器在低流速下具有明显的降噪效果，具体表现为对峰值噪声有 3~4dB 左右的抑制，同时由于作动器对流动的加速作用会将峰值频率向高频移动。但由于 DBD 等离子的诱导速度低，随着来流速度的增大，降噪效果逐渐减弱。当来流速度高于 30m/s 时，DBD 等离子降噪效果已经变得十分有限。最后由于等离子体作动器的激励方式，会在高频（3kHz）处产生新的噪声源。在后续的研究中，如何通过改进电极和放电方式来增强诱导速度，并降低这种二次声源的强度都是值得深入的方向。

图 15　等离子体作动器安装位置

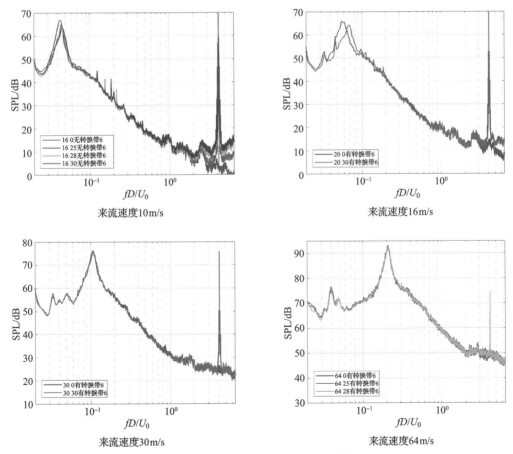

图 16　不同速度下的串列圆柱降噪效果对比曲线

2.1.2 等离子体作动器在简化增升装置降噪实验中的应用和效果

在简化增升装置实验中，也采用 DBD 作动器进行噪声控制。整套实验系统由示波器、调压器、毫秒等离子体发生器、高压探头和 DBD 电极组成。在实验过程中，等离子体发生器放电形式为正弦波，DBD 电极在实验件中的位置见图 17。与串列圆柱类似，在简化机翼的实验中，出于对诱导速度上限的考虑，DBD 电极在襟翼上位置设置在气流转掠点附近，以期达到最佳的控制效能。

在随后的实验研究中，等离子体降噪主要针对襟翼偏角为 5°、风速为 50m/s 时的状态。选该工况的主要原因是对于基本构型（未采用降噪措施的构型），当襟翼偏角为 5° 时，由于气流分离会产生比较明显的纯音噪声，而这正是等离子体作动器易于控制的噪声特性。如图 18 所示，以 90° 极方向角位置布放的传声器测试值为参考，在简化增升装置研究中，

图 17　DBD 电极在简化襟翼上的安装位置

等离子体对纯音噪声的最大降噪量可达 18.27dB，总声压级降噪量可达 3.2dB。

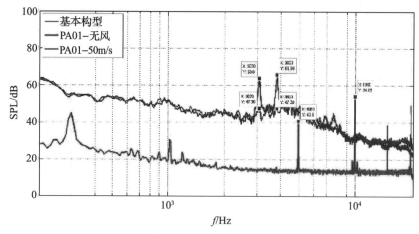

图 18　几种放电参数降噪效果对比

在 IMAGE 项目中关于等离子体作动器的另一项创新研究，是对等离子体体积力矢量方向的影响进行了研究。一般认为，体积力的方向与流动方向一致时可以达到降噪的目的，以往的研究也多集中于此。在本项目中，通过改变电极方向，使体积力的方向与流动方向相反时，观测到了更高的降噪效果。如表 1 所示，在相同电压和来流条件下，仅改变放电方向，在不同频率下可以获得 3~5dB 降噪量的提升。而都在正向放电的设置时，依靠改变电压参数获得的降噪量提升不明显。

表1 不同供电设置中降噪量的对比

降噪效果对比	PA01 反向放电	新 PA01 正向放电	新 PA02 正向放电
△SPL@3080Hz/dB	16.24	13.58	13.15
△SPL@3830Hz/dB	18.27	13.36	12.63

2.1.3 小结

IMAGE 项目中开展了介质阻挡放电（DBD）等离子体作动器在串列圆柱与简化机翼噪声控制中应用实验研究，等离子体作动器在以上两个构型上均表现出了明显的降噪效果。

对于串列圆柱，等离子的主要作用是在圆柱表面特定位置产生诱导，将分离气流重新附着在圆柱的表面，减少甚至消除不稳定涡体的产生，达到流动控制和降噪目的。但限于 DBD 产生的诱导速度较低，作动器只在低流速下表现出了明显的降噪效果。未来的研究方向主要集中于通过改进电极与放电方式提高诱导速度，以达到在更宽的流速范围内的降噪应用。

对于简化机翼，选择了具有明显纯音噪声的工况，并利用等离子体进行噪声控制。研究创新性的发现，等离子体作动器在正/反向放电时均有明显的降噪效果，而反向放电表现出的降噪效果更加显著。目前对反向放电的理论研究较少，对于其降噪机理也是进一步的研究方向。

2.2 基于湍流网的噪声控制技术

过去 10 年的众多项目中，应用湍流网来抑制气动噪声的产生已经被证明是一种非常有应用前景的技术手段。欧盟在 SILENCER 项目中，首次在真实起落架上进行了湍流网应用的实验研究；在 TIMPAN 项目中，通过实验证明了湍流网应用于简化起落架模型结构上能够取得明显的降噪效果。相比之下，国内在湍流网对气动噪声控制的研究相对较少。前期研究表明，从对湍流作用的角度来看，网中的金属丝起到将上游的流动进行梳理的作用，将来流中大尺度的涡结构切割破裂，在下游产生一系列薄剪切层和小尺度脱落涡。

在 IMAGE 项目中，需要对湍流网进行精细化建模，详细研究湍流网对气流的梳理切割作用，以及不同穿孔率、单胞尺寸和来流湍度对其降低噪声的影响。为此在本工作包中，设计了对应的实验，将不同形状的湍流网用于简化结构实验。通过实验，测量湍流网对噪声特性的改变，验证其他工作包中的精细化建模计算的准确性，共同阐明湍流网对平均流和对湍流结构的控制作用，以及对机体噪声源抑制中的主要机理。

2.2.1 湍流网在串列圆柱降噪中的应用和效果

在串列圆柱降噪实验研究中，在前、后两个圆柱的前后不同位置共计设置了三种不同穿孔率的金属丝网。通过前后位置的变化和组合，共计有 11 种安装位置设定，通过实验详细对比研究了不同安装位置或组合对噪声的影响。湍流网的安装与实验现场图如图 19 所示，具体实验中，金属丝两端采用拉杆拉紧，丝网横穿上下端板，丝网的总宽度为 1.5 倍圆柱直径。

通过对比研究，得出了一系列结论：在上游圆柱前安装湍流网会显著降低噪声，同时进一步增加穿孔率，降噪量有所增加；在下游圆柱前安装湍流网，可以将上游圆柱的脱落涡进一步击碎为更小尺度的涡，从而降低冲击在下游圆柱上的强度，达到降噪的目的；通过进一步分析，认为上游圆柱的脱落涡强度决定了串列圆柱噪声的幅值大小，在其上游安装丝网可以通过黏性作用改变脱落涡的尺度并降低强度，所以降噪效果显著；使用穿孔率较低的丝网，可以提高流阻，进而降低圆柱周围的流速，也能使得产生的纯音噪声幅值和频率均有下降。通过实验对比，发现在前圆柱前后附近适当位置同时安装湍流网的构型（如图20所示）的降噪量最大，图21给出了该构型远场90°位置的噪声频谱变化结果。

图 19　串列圆柱湍流网降噪实验现场图

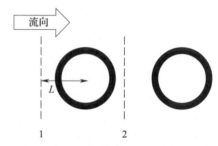

图 20　降噪量最大构型的示意图

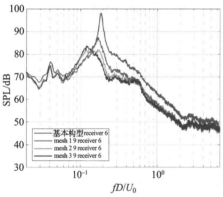

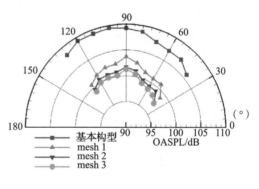

图 21　最大降噪构型实验结果

2.2.2　湍流网在简化增升装置降噪中的应用和效果

前期研究表明，两段翼式增升装置主要噪声机理为尾缘发声。因此考虑在主翼和襟翼的气流分离区附近安装湍流网，将可以利用湍流网的流阻特性和能够改变脱落涡尺度的特性，降低两段翼式增升装置的噪声。

在本实验研究中，如图22所示，将湍流网主要布置在主翼（1～3）和襟翼（4～6）靠近后缘的分离区附近，并按一定间隔设置了不同的具体位置，以研究对噪声的影响。

在随后的实验研究中，主要通过远场频谱和总声压级的变化来评估不同安装位置和不同网参数对噪声的影响。通过对比研究，认为在图22标示的3和4位置处安装湍流网的降噪效果最为明显，在几乎所有的指向角下都有明显的总噪声值下降，不同指向角的总声压级下降量可达 8~15dB。而其他的湍流网安装位置因距离翼面气流分离区的空间距离更远，对流动的有利控制效果过弱，从而降噪效果较小。

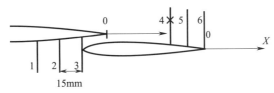

图 22　主翼和襟翼上湍流网布置位置

研究中还对比了不同空隙率的湍流网（在图 23 和图 24 中都分别记为 A 和 B）对噪声频谱的影响。虽然在位置 3 和 4 处安装不同湍流网后，噪声的总值变化不大，但不同空隙率的湍流网对不同频率区段的降噪特性仍有差别。使用空隙率较大、更稀疏的湍流网可以更明显地降低中低频噪声，但会增加高频噪声；使用空隙率较小、更细密的湍流网可以更明显地降低高频噪声，但对中低频噪声抑制效果不明显。

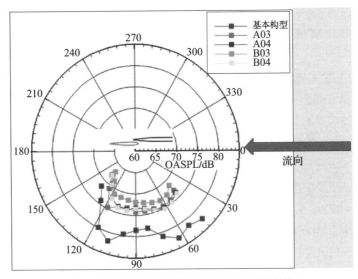

图 23　湍流网在基准构型和其他构型的 OASPL 指向性结果

2.2.3　小结

在 IMAGE 项目中开展了湍流网在串列圆柱与简化增升装置噪声控制中的实验研究。湍流网在上述两个研究构型上均测得了明显的降噪效果。

对于串列圆柱，上游圆柱的脱落涡的强度和波数确定了串列圆柱的噪声的幅值和特征频率，湍流网可以增加气流流阻，改善上游圆柱的气流分离，因此降噪效果显著；采用双网结构围绕在上游圆柱附近时，降噪效果最好，最大峰值降噪可以达到 18dB；降噪效果也与湍流网的穿孔率有关；选择高流阻的湍流网也可以通过降低圆柱周围的流速达到有效降低噪声的目标。

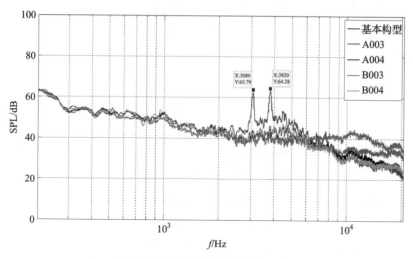

图 24　不同湍流网在不同位置降噪效果对比

对于简化机翼，湍流网的降噪效果主要和安装位置有关，在主翼或襟翼上安装湍流网时，安装位置越靠近流动分离区降噪效果越明显，不同指向角的总声压级下降量可达 8～15dB。使用不同空隙率的湍流网，运用其不同流阻特性和脱落涡尺度特性，可以对不同频率区段的降噪特性进行细节调控。

2.3　基于声衬阻抗的短舱降噪技术

目前航空发动机涵道壁面的消声处理主要采用各种声衬，其物理本质是基于 Helmholtz 谐振器原理的局域共振谐调吸声体。通常，此类结构由多孔面板、蜂窝芯、微孔隔板及背板组成。常规声衬结构在窄带噪声降低上有明显效果，但在较宽的带宽上的衰减效果就比较有限。已有的两种用于拓宽衰减带宽的简单方法（一种是采用体材料代替蜂窝结构，另一种是增加采用蜂窝和多孔隔片的层数）的作用也很有限。在 IMAGE 项目中，采用不同于以上两种技术思路的创新多段式的声衬设计，以进一步提高吸声能力，拓宽吸声频带。

2.3.1　声衬在进气道中的应用与效果

在本技术方向的研究中，使用单级压气机实验台作为研究对象，通过详细测试获得了其关键声模态信息，并选取其中关键的模态作为控制对象，分别使用均匀阻抗设计和分段式阻抗设计研制了两种声衬，如图 25 所示。两个声衬长度完全相同，声衬内径保持与风扇进气管道内径一致。均匀阻抗设计出的声衬主要参数如表 2 所示。分段式阻抗设计声衬由 5 段不同阻抗段组成，其不同段的结构设计参数如表 3 所示。

在随后的研究中，使用了与 1.2 节研究同样的实验装置和数据分析方法。图 26 和图 27 给出了在设计条件下，两种声衬在 24° 指向角处的频谱。可以发现，两种声衬均有效地降低了 1BPF 附近频段的噪声。而分段式声衬无论对 1BPF 纯音噪声，还是附近宽频噪声的降噪幅度或有效带宽上的表现均更好，甚至兼顾到了 2BPF 附近的噪声。这都表明分段式声衬可以更好地吸收噪声。

图25 均布式阻抗声衬（左）和创新型分段式声衬（右）

表2 均布式声衬结构参数

参数	值
面板厚度	1.2mm
孔径	1.2mm
穿孔率	47.6%
蜂窝性高度	24mm

表3 分段式声衬结构参数

声衬段号	面板厚度 /mm	孔径 /mm	穿孔率 /%	蜂窝高度 /mm
1	1.1	1.1	8	50
2	1.1	1.1	2.5	16
3	1.1	1.1	2.1	27
4	1.1	1.1	2.5	12
5	1.1	1.1	13	50

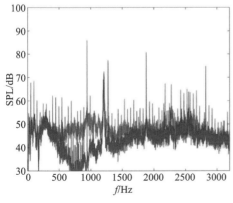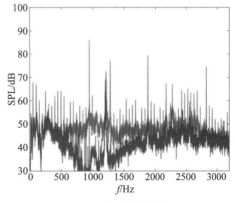

图26 均布式声衬频谱　　　　　　图27 分段式声衬频谱

对远场指向性结果的分析进一步印证上述结论。图 28～图 30 显示了在 1BPF、2BPF 和 3BPF 处两种声衬的远场指向性对比结果。可以发现，两个声衬都能有效降低 1BPF 处的噪声。均布式声衬在远场中每个指向角测量点的降噪量都接近 20dB，而轴向分段式声衬的降噪量又进一步提高了约 5dB。在 2BPF 处，均布式声衬只在 30°～66° 范围内展现出了明显的降噪效果，而分段声衬在整个角度范围内具有明显的降噪效果，降噪可达 10dB 以上。在 3BPF 处，两种声衬的降噪能力均有限。在接近 90° 时，均布式声衬在高指向角的声压级甚至会增高，这主要是由阻抗界面引起的模态散射引起的。

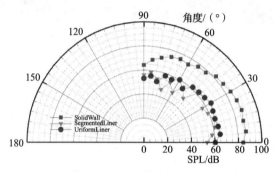

图 28　1BPF 时声衬的降噪效果

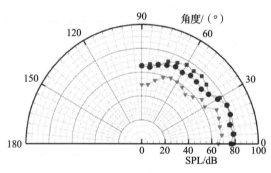

图 29　2BPF 下声衬的降噪效果

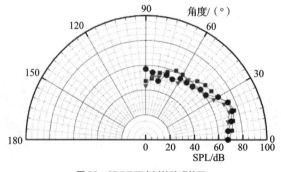

图 30　3BPF 下声衬的降噪效果

2.3.2 声衬在排气道中的应用与效果

在前一节的研究中，两种声衬均为等长的实验件。通过改变阻抗的分布特性可以增加消声效果。为了进一步模拟未来发动机长径比变小、声衬相对变短所带来的影响，并提出响应的策略，项目组又继续开展了进一步的研究。

在实验研究中，设计了两件声衬实验件，内径均为 350mm（与实验台涵道等径），有效长度分别为 350mm、90mm。声衬实验件的设计点工况为：3000Hz，声模态阶数（8，0），入射声压级 127dB，均匀流速 $Ma0.3$。经过优化设计，得出该工况下的最优声阻抗值为（0.27–0.01i）。进一步深入设计，获得面板厚度、孔径（圆孔）、穿孔率（等边三角形布置）、蜂窝性高度等参数，如表 4 所示。最终研制的声衬实验件见图 31。为了避免实验件长度变化对实验器总长带来不利影响，实验中为 90mm 声衬配合使用了一段长度为 260mm 的固壁段，如图 31（a）所示。通过如此措施，两种实验件安装在实验器上后，实验器总体长度和声波传播长度未发生改变，有利于分析对比长短声衬消声效果差异性产生的机理。

表 4　声衬基本结构参数

参数	参数值
面板厚度	1.2mm
孔径	1.2mm
穿孔率	47.6%
蜂窝芯高度	24mm

（a）90mm长声衬　　　　　　　　（b）350mm长声衬

图 31　两种不同长度的声衬实验件

为了详细研究两种声衬对模态抑制和散射的作用，ASRI 专门设计研制了带流动的模态发生器实验台。实验台主要通过声模态发生器产生纯度极高的目标声模态，通过声衬上下游都布置有的声模态测量段详细测量进入声衬的声模态，以及经过声衬衰减和散射后模态的变化量。最后基于此变化量评估声衬的消声能力。同时为了描述长短两种声衬的远场噪声抑制能力，还使用了指向性测试阵列进行实验。ASRI 专门设计研制了带流动的模态发生器实验台，如图 32 所示。

图 32　带流动的模态发生器实验台

表 5 显示了两个声衬在其设计点频率处所有声学模态的降噪效果的比较。深色条表示声衬安装段上游也即是进入声衬的声模态，浅色条表示下游也即经过声衬衰减和散射后的声模态。两种色条的差值关系即是声衬的声模态衰减特性结果。

表 5　两种声衬的降噪性能

声衬长度 /mm	Acoustic mode in duct
90	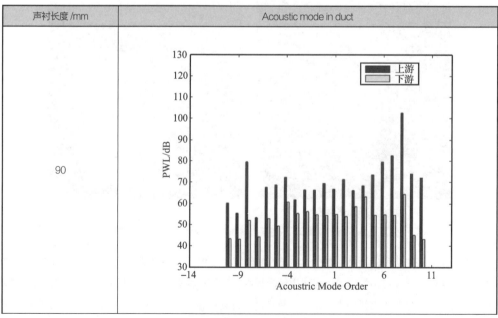

表5（续）

声衬长度 /mm	Acoustic mode in duct
350	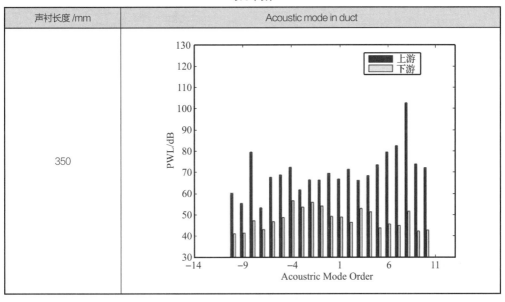

可以从表5看出：两个声衬均有效降低所有入射声模态的声功率；对于长度为350mm的声衬，模态降噪量可达50dB。经过声衬衰减后，下游的声模态以（−4，0）为主，（−3，0）、（−2，0）和（−1，0）模态的声功率也较高，这使得远场主瓣的特性变弱。对于长度为90mm的声衬，模态降噪效果为38dB。经过声衬衰减后，下游的声模态主要包括（8，0）和（−4，0）、（4，0）等。

图33给出了远场指向性的测试结果。当测试段安装刚性壁面时，远场指向性（蓝色）基本上表明声压级随辐射角的增加而增加，这是因为所加载的声模态（8，0）是3000Hz和流速Ma0.3时可以截通的最高阶模态。理论上高指向角方向上的声压级会受到辐射模态的影响而较高，低指向角方向上的声压级则较低。当测试段安装了两种不同的声衬后，声衬的降噪效果明显，特别是在中高指向角区域（60°~120°），两个声衬的降噪均超过15dB。声衬（90mm）在120°附近的吸声效果可以达到30dB或更高。在辐射角范围（30°~54°）内，也具有比较明显的降噪效果，降噪幅度大于5dB。

综合全部指向角区间的结果，可以认为在设计频率和流速条件下，长350mm的声衬和90mm长的声衬所展现出来的降噪性能之间的差异并不明显。在一般适航噪声关注的30°~90°辐射范围内，两者性能相对接近。在更高但无关的96°~120°辐射角区间内，两个声衬的降噪能力虽然有差别，但此区间内降噪能力的进一步改进对飞机整体噪声的下降意义并不大，相反地，更长的声衬反而会付出更高的重量和成本代价。

这样的实验验证表明，当这种均布式声衬的物理长度达到一定的长度／波数比极限后，进一步增加物理长度多带来的效费比再次提升非常有限。考虑到未来民用航空发动机的长径比会进一步变小，未来声衬技术的改进发展需要运用"增加波导长度但同时不改变物理长度"的思想进行声衬设计改进创新。在本文2.3.1节总结的研究已经表明，基于此思想研制的创新多段式声衬相比经典的均布式声衬，能再提供约5dB的降噪量提升，但其物理长度没有变化，重量没有显著的增加。

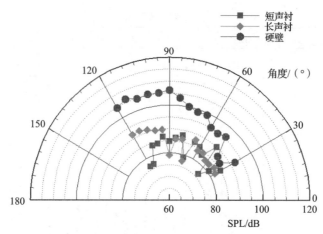

图33　设计频率下两种声衬的远场指向性结果对比

2.3.3　小结

针对未来航空发动机短舱声衬的发展趋势，IMAGE 项目详细研究了阻抗边界条件对涵道内声传播的影响。分别使用单级压气机和模态发生器作为声源，研究了阻抗边界条件对涵道内多个模态叠加和高纯度单音模态的衰减特性。创新性地研究了多段式的声衬设计，在不增加实际物理长度的前提下，通过更好的模态匹配设计和间断反射波的思想，进一步提高吸声能力，拓宽了吸声频带。

3　结论

在 IMAGE 项目中，开展了创新性噪声控制实验技术研究，定量评估并记录了噪声控制方法（等离子体、湍流网及短舱声衬）对起落架、增升装置及发动机风扇等三种主要噪声源的降噪效果。根据实验测试结果，各种测量技术和噪声控制技术的研究结论如下。

（1）第二工作包中中欧双方代表单位通过引入新的数据处理方法、提升实验细节设计等方式，进一步提升了已有实验测量技术的灵敏度和分辨率，改进了传声器阵列技术对识别机体或发动机主要噪声源位置的分辨率和精度，提升了宽频声模态分解技术的泛用性，改善了短舱声衬声阻抗提取技术的精确度。使用提升后的测量技术，对等离子体作动器、湍流网和声衬结构对流场、声源强度和分布影响的内在机理进行了详细研究，在本项目中产生了一系列新的噪声实验和降噪实验数据，与欧方提供的以往项目的实验数据一起进行了重新记录及整合，建立了国内首个飞机主要噪声源典型算例的实验数据集，供中欧所有参研单位使用，在国际上产生了较强的影响力。

（2）对于代表简化起落架的串列圆柱案例，采用 DBD 等离子体可以降低关键特征频率的噪声。当放电电压增加时，在一定的入口速度下，涡脱落导致的噪声频率下的声压级幅值明显减小。受限于等离子体作动器能够提供的诱导速度有限，当来流速度大于 30m/s 时，DBD 等离子体作动器的噪声控制效果十分有限。实验结果表明，在不同速度下，可测得的峰值频率处的最大噪声量为 3.7dB。

（3）对于代表机翼的简化增升装置案例，等离子体作动器及湍流网两种方法均在单频降噪方面实现了明显的降噪。实验研究了等离子体作动器的多个放电参数和噪声控制效果间的关系。设计得当时，关键测量位置上的总噪声级降低了 4.3dB，在流入方向 45° 处最大降噪量达到 6.6dB。对于湍流网噪声控制研究表明，当湍流网设置在流动分离点附近时，关键测量位置上的总噪声级降低了 7.8dB，在 45° 的位置产生最大降噪量 11.1dB。通过改变湍流网的空隙率还可以对不同频段的降噪量进行细节调控。

（4）对于用于控制发动机噪声的短舱声衬技术，经过阻抗匹配和梯度优化，可以对单一噪声模态提供至少 35dB 以上的衰减能力。据此技术思想研制的均布式进气道声衬通过合理的数学优化和工程迭代设计，可以在目标频率处提供不小于 20dB 的降噪能力。当这种均布式进气道声衬的物理长度达到一定的长度／波数比后，进一步增加物理长度多带来的效费比再次提升非常有限。考虑到未来民用航空发动机的长径比会进一步变小，需要运用"增加波导长度但同时不改变物理长度"的思想进行声衬设计改进创新。为此研制的创新的多段式声衬相比经典的均布式声衬，能再提供约 5dB 的降噪量提升。

综上所述，在 IMAGE 项目中，针对典型模型设计，实施的噪声控制技术效果显著。通过实验验证，认为本项目发展的噪声控制技术实现了既定设计目标，并在进一步的工业应用中显示出了可观的潜力。

参 考 文 献

［1］Bolleter U，Chanaud R C. Propagation of fan noise in cylindrical ducts［J］. The Journal of the Acoustical Society of America，1970，49（3）：627–638.

［2］Bolleter U，Cohen R，Wang J. Design consideration for an in–duct sound power measuring system［J］. Journal of Sound Vibration，1973，28（4）：669–685.

［3］Davis I，Bennett G J. Spatial noise source identification of tonal noise in turbomachinery using the coherence function on a modal basis［C］. 17th AIAA/CEAS Aeroacoustics Conference，Portland，Oregon，2011，AIAA–2011–2825.

［4］Dean P D. An in situ method of wall acoustic impedance measurement in flow ducts［J］. J. Sound Vib，1974，34（1）：97–130.

［5］Deane E，Joseph P. Parametric investigation of the broadband noise due to rotor–stator interaction［C］. 14th AIAA/CEAS Aeroacoustics Conference，5–7 May 2008，Vancouver，British Columbia Canada，AIAA–2008–2841.

［6］Doak P E. Excitation，transmission and radiation of sound from source distribution in hard–walled ducts of finite length（I）：the effects of duct cross–section geometry and source distribution space–time pattern［J］. Journal of Sound and Vibration，1973，31（1）：1–72.

［7］Dougherty R P. Phased array beamforming for aeroacoustics［R］. America：AIAA Professional Development Short Curse，1999.

［8］Enghardt L，Neuhaus L，Lowis C. Broadband sound power determination in flow ducts［C］. 10th AIAA/CEAS Aeroacoustics Conference，AIAA–2004–2940.

［9］Goldstein M E. Aeroacoustics［M］. McGraw–Hill International Book Company，New York，USA，1976.

［10］Grosche F. A body for location in a fluid［R］. United Kingdom Patent No. 1541108, 1975.

［11］Horne C, Hayes J, AJaeger S M, et al.Effects of distributed source coherence on the response of phased arrays［C］. America: AIAA, 2000, AIAA-2000-1935.

［12］Humphreys W M, Brooks T F, Hunter W W, et al.Design and Use of Microphone Directional Arrays for Aeroacoustic Measurements［C］. America: AIAA, 1998, AIAA-1998-0471.

［13］ISO/DIS 5136 1999 Determination of sound power radiated into a duct by fans and other air moving devices- in-duct method. International Organisation for Standardization, Geneva, Switzerland, Layout for a Draft International Standard［R］.

［14］Jing X, Peng S, Sun X. A Straightforward Method for Wall Impedance Eduction in a Flow Duct［J］. The Journal of the Acoustical Society of America, 2008, 124（1）: 227-234.

［15］Jürgens W, Pardowitz B, Enghardt L, et al. Separation of broadband noise sources in aeroengine ducts with respect to modal decomposition［C］. 17th AIAA/CEAS Aeroacoustics Conference, 5-8 June 2011, Portland, Oregon. AIAA-2011-2879.

［16］Lowis R. In-Duct Measurement Techniques for the Characterisation of Broadband Aero-engine Noise［D］, ISVR, University of Southampton, 2007.

［17］Mueller, Thomas, Aeroacoustic Measurements［M］. Springer, 2002.

［18］Mugridge B D. The measurement of spinning acoustic modes generated in an axial flow fan［J］. Journal of Sound and Vibration, 1969, 10（2）: 227-246.

［19］Myers M K. On the Acoustic Boundary Condition in the Presence of Flow［J］, Journal of Sound and Vibration, 1980, 71（3）: 429-434.

［20］Neise W, Arnold F. On sound power determination in flow ducts［J］. Journal of Sound and Vibration, 2001, 244（3）: 481-503.

［21］Neise W, Michel U. Aerodynamic noise of turbomachines［R］. DLR Internal Report 22314-94/B5. 1994.

［22］Qiao Weiyang, Tong Fan, Ji Liang, et al. Separation and Quantification of Airfoil Leading-edge and Trailing-edge Noise Source with Microphone Array［C］. To be published in 2018 AIAA/CEAS Conference.

［23］Renou Y, Aurégan Y. Failure of the Ingard-Myers boundary condition for a lined duct: An experimental investigation［J］. Journal of the Acoustical Society of America, 2011, 130（1）: 52-60.

［24］Schlinker R H, Amiet R K. Shear layer refraction and scattering of sound［C］. America: AIAA, 1980, AIAA 1980-973.

［25］Sijtsma P. CLEAN based on spatial source coherence［R］. Germany: NLR, 2007, TP-2007-345.

［26］Sijtsma P. Using phased array beamforming to identify broadband noise sources in a turbofan engine［J］. Aeroacoustics 2011, 9（3）: 357-374.

［27］Traub P, Kennepohl F, Heinig K. Active control of fan noise from high-bypass ratio aeroengines: a numerical study［J］. The Aeronautical Journal, 2001（105）: 627-631.

［28］Zhou L, Bodén H. Effect of Viscosity on Impedance Eduction and Validation［C］. AIAA-2015-2227（2015a）.

噪声产生、传播与控制的 CFD/CAA 分析

——IMAGE 项目 WP3 简介

肖志祥，朱文庆，符松

清华大学航天航空学院，北京 100084

0 引言

近年来，噪声水平已成为评价航空器性能的重要指标，关乎到适航取证和市场竞争力。国际民航组织新的噪声认定标准、欧盟的"Flightpath 2050"等规章中，均对噪声水平做了严格的规定。为了满足新的适航条例，增强市场竞争力，必须探索创新型的噪声控制措施。

等离子体、阻尼网和新型声衬是非常具有潜力的噪声控制手段，已得到风洞试验和飞行试验的确认。在 IMAGE 项目中，主要对这三类噪声控制措施进行了风洞验证。为揭示噪声控制机理，推进这三类噪声控制方案的工程应用，发展相应的数值模拟方法是非常必要的。下面简要介绍这三类噪声控制方案的数值模化方法研究现状。

目前，对等离子体的数值模化通常分为两类[1]：一类是考虑每一个物理过程的机理模型；另一类是只考虑等离子体宏观影响的唯象简化模型。

机理模型需要针对从空气电离到动量传导的每一个物理过程进行建模，求解多组分输运方程、电场泊松方程和流场纳维–斯托克斯（N–S）方程。Boeuf 等[2]采用电子–离子两组分模型模拟介质阻挡等离子体激发器放电过程，通过计算带电离子的电场力得到了 DBD 对流体产生的作用力。随后又将不带电的中性离子纳入考虑范围，解析了带电离子和中性离子之间的动量传输过程[3]。Nishida 等[4-5]也求解了不同构型下的电离和气动激励过程。虽然机理模型能够给出体积力产生的详细物理过程，但其计算量巨大，难以满足工程需要。

简化模型无须求解组分输运过程，只是给出一个等离子体或电场的分布。目前已有数种简化模型被提出并得到应用，如 Shyy 等[6]提出的模型假设电场线性分布在两个电极之间，且忽略体积力随时间的变化，极大地简化了 DBD 激发器产生等离子体并与中性离子相互作用的过程，在流动控制领域得到广泛的应用[7, 8]。Orlov 等[9-11]将 DBD 的电流环路简化成一个电路系统，该电路系统包含若干形式相同的支路系统，每一个支路系统对应两片电极之间一处特定的空间。这样，在已知两片电极电压随时间变化规律的情况下，就能求解电场及体积力的分布。Suzen 等[12, 13]基于实验的观察[14]，假设覆盖在电极上的电介质表面电荷分布为半个高斯函数的形式，再通过求解泊松方程即可得到激发器作用于流体上的体积力分布。Ibrahim 等[15]采用这一模型模拟了由 DBD 激发器驱动的槽道流动，与实验结果吻合；Eltaweel 等[16]应用该模型控制串列双圆

柱噪声。

阻尼网可以降低上游流动的不均匀性和湍流度，改善流动品质，作为流动控制措施已经在风洞或者管道流动中得到广泛应用。但由于其外形复杂，单元众多，数值预测的研究较少，Murayama 等[17]对安装穿孔导流板的主起落架进行了数值模拟，解析了导流板的几何外形，采用基于玻尔兹曼方程的非常大涡模拟（LBM–VLES）模拟近场声源，以减低对边界层网格的数目需求；噪声传播过程采用求解 FW–H 方程。在日本的 FQUROH 项目中，Murayama 等[18]应用相同的方法对"Hisho"实验机的主起落架进行了数值模拟，并考虑了"2016 构型"和"2017 构型"中的穿孔导流板，计算网格量达到了 2.5 亿。

阻尼网复杂多尺度的外形对直接解析方法造成巨大的挑战，为提高计算效率，人们开始使用数值模型来代替阻尼网，节约计算资源。Okolo 等[19-20]在流场中阻尼网所在位置设置虚拟区域，在该区域上添加体积力源项来代替阻尼网的作用。其控制对象为工形梁，计算得到的远场噪声降低，但并未对模化方法和流场改变做详细描述，也缺乏严谨的验证工作和降噪机理的探讨。

发动机短舱管道的内壁面铺设声衬是目前最有效的抑制风扇前传声与后传声的方法之一。风扇产生的噪声经前短舱和后短舱向外传播时将与声衬发生相互作用，声能量最终被转化为热能耗散掉。复杂流动和几何结构下对声衬吸声性能的准确模拟是声衬优化设计的关键技术之一。由于声衬结构复杂，工程上通常采用阻抗边界条件描述声衬的吸声特性。研究者提出了多种时域声阻抗边界条件，如 Tam & Auriault[21]，Özyörük & Long[22]，Fung 等[23]，Reymen 等[24]，Li 等[25]，Dragna 等[26]，Zhong 等[27]。

尽管已有学者对等离子体、阻尼网和声衬三类噪声控制方法进行了数值研究，但仍存在一定的缺陷，需要进一步的发展和完善。IMAGE 项目致力于探索、发展和持续改进这三类具有潜力的降噪技术，发展数值方法对飞机主要噪声源噪声的产生、传播和控制过程进行模拟，项目关注的主要对象是机体噪声和发动机噪声。

然而，真实的飞机起落架、增升装置等部件的外形非常复杂，对流动机理的理解和数值方法的发展均造成挑战。因此，在 IMAGE 项目中，采用简化模型来模化飞机噪声的主要产生机理。其中，串列双圆柱可以模化起落架中不同尺度的圆柱形部件相互干涉的噪声；简化机翼模型可以用于模化增升装置噪声；风扇进气道和出口喷管可以用于模化风扇前传和后传噪声的传播。

本文安排如下：第一节介绍串列双圆柱、简化机翼和风扇管道这三个简化模型；第二节简要介绍 IMAGE 项目各参研单位所使用的数值计算方法；第三节介绍有代表性的计算结果，包含无控制和控制；最后对主要工作进行总结。

1 算例定义

IMAGE 项目中采用三个基本算例对创新型的降噪方案进行评估，分别为串列双圆柱模型、简化机翼模型和风扇管道模型，其中风扇管道模型又可分为进气道模型和出口喷管模型。下面将对这些模型进行介绍。

1.1 串列双圆柱模型

串列双圆柱是非常经典的机体噪声源，代表了上游尾迹和下游物体干涉噪声的产生机理，可以代表起落架中轴、支柱、大量的油线等各种尺度的圆柱形结构的尾迹相互干涉产生噪声的过程。该简化构型已在很多国际合作中被作为标准测试算例使用，如欧盟第七框架 ATAAC（advanced turbulence simulation for aerodynamic application challenges）项目[28]，美国航空航天学会的 BANC（benchmark problems for airframe noise computation）等[29]。

在 IMAGE 项目中，该构型的噪声及其控制是在中国飞机强度研究所（aircraft strength research institute，ASRI）完成的。图 1 给出串列双圆柱的示意图，两圆柱直径为 40mm，展向长度为 400mm，两圆柱圆心间距为 3.7D。监测点 S_A 和 S_B 分别位于前圆柱 135° 和后圆柱 45° 的位置，用于揭示流动的频谱特征。实验段风速为 64m/s，基于圆柱直径的雷诺数为 1.66×10^5。

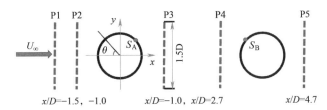

图 1　串列双圆柱模型示意图（虚线代表阻尼网的安装位置）

本算例分别采用等离子体和阻尼网进行控制，实验中等离子体由 DBD 激励器产生，主要作用在前后圆柱表面上靠近分离点的位置，通过控制圆柱分离区来控制远场噪声。在计算中，各参研单位等离子体的安装位置在前圆柱 70°～110° 之间，最大电压在 10～25kV。

阻尼网的安装位置也在图 1 中列出。实验中，共测试了三个阻尼网和 5 个安装位置，三个阻尼网的几何参数见表 1。所有阻尼网为平面形状，在 y 方向的高度为 1.5D，展向长度为 10D，展向的顶端拉紧并固定于风洞洞壁。对于单层阻尼网，一共测试了 5 个安装位置，分别标记为 P1，P2，P3，P4 和 P5。

表 1　阻尼网的几何参数

阻尼网编号	丝线直径 /mm	丝线间距 /mm	开孔率
阻尼网 1	0.35	3.15	0.79
阻尼网 2	0.23	1.23	0.66
阻尼网 3	0.19	0.63	0.49

1.2 简化机翼模型

简化机翼模型主要是为了模化机翼的尾缘噪声，由两个部分组成：主翼和襟翼。主翼上下表面的边界层在尾缘处汇聚形成尾迹，从而产生尾缘噪声；而该尾迹与下游襟翼干涉也会形成新的噪声源。该简化机翼保留了主要的噪声产生机理，外形又足够简单，便于数值模化工作。该简化机翼模型已在欧盟的 VALIANT（VALidation and Improvement of Airframe Noise prediction Tools）项目中作为算例使用[30]。

该简化机翼模型的示意图及其放大图如图 2 所示。该模型由两个 NACA0012 翼型组成，主翼在最大厚度处截开并延长至 600mm，襟翼弦长 100mm。襟翼头部位于主翼尾缘下游 20mm、下方 15mm 处。在要求所有参研单位都需要计算（强制）的算例中，来流速度为 50m/s，襟翼角度为 0°。

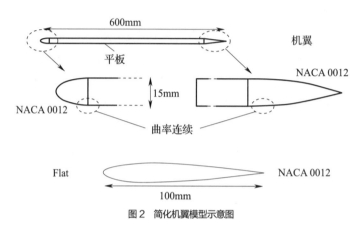

图 2　简化机翼模型示意图

主要采用等离子体进行控制，DBD 激发器安装位置如图 3 所示，在襟翼吸力面 0.55～0.6C 位置。

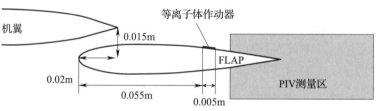

图 3　等离子体激发器安装位置示意图

1.3　风扇进气道和出口喷管

风扇进气道模型，来自西北工业大学（Northwestern Polytechnical University，NPU）涡轮机械空气动力学和声学实验室，如图 4 所示。压气机的设计转速为 3000r/min，设计质量流量为 6.38kg/s，管道内平均流速为 26.5m/s。转子有 19 个叶片，静子有 18 个叶片，叶型采用 NACA0065。风扇管道的直径为 500mm，风扇级轮毂的直径为 285mm，轮毂比为 0.57。在风扇转子前面安装了一个直径为 285mm 的半圆形整流罩。压气机的总增压比为 1.02，叶尖间隙为 0.6mm。

管道壁面布置麦克风阵列用于测量风扇声模态，整个装置放置在半消声室中，包含了远场指向性测量装置。共计 16 只传声器均匀布置，以管道入口为中心，半径为 5m，距离地面高度为 1.63m。

出口喷管对应的设备是 ASRI-nozzle，是一个单涵道的排气流道。涵道内直径 0.26m，外直径 0.35m，来流速度 100m/s。用声模态发生器形成声源，形成的最大周向模态阶数 ±10。图 5 是实验设备的概略图，指向性测量半径 1m，分布范围为 0°～120°，均布 16 个传声器。远场模态测量环半径 1m。

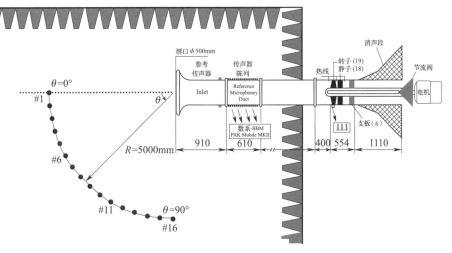

图 4　风扇进气道装置示意图

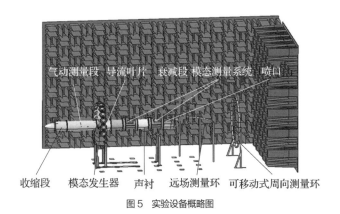

图 5　实验设备概略图

2 计算方法

　　IMAGE 项目需计算噪声的产生、传播和控制过程，涉及到内流和外流，需要针对不同的构型采用不同的湍流模拟方法、噪声传播方法和控制措施的模拟方法。由于篇幅有限，现对 IMAGE 项目中所使用的计算方法做简要介绍。

2.1　先进的近场湍流模拟方法

　　获得可靠的近场湍流流场信息，是得到准确远场噪声的基础。湍流模拟方法的选择需要考虑到所模拟的对象和计算目的，权衡计算资源和计算精度。

　　串列双圆柱中包含大尺度的非定常流动现象，传统的 RANS（Reynolds-Averaged Navier-Stokes equations）或 Unsteady RANS 方法无能力获得准确的湍流信息，必须使用涡解析方法。DES（Detached Eddy Simulation）类混合方法有效结合 RANS 高效率和 LES（Large Eddy Simulation）高精度的特点，能够权衡计算精度和计算效率，故在 IMAGE 项目组中得到广泛的应用，如 UPM（Universidad Politécnica de Madrid）采用 DES 方法，ONERA（Office National d'Etudes et de Recherches Aérospatiales）采用 ZDES（Zonal DES）方法[33]，NUMECA（Numeca International）采用 DDES（Delayed DES）方法，ASRI、Chalmers（Chalmers Tekniska Högskolan）和 THU（Tsinghua University）均采用 IDDES（Improved DDES）方法。DES、DDES 及 IDDES 的构造思路和详细公式可参见参考文献［31］。

简化机翼模型的主要噪声源为起源于边界层的小尺度湍流结构，因此，需要模拟湍流边界层的发展、混合及其与下游襟翼的干涉。不仅需要先进的湍流模拟方法，也需要高精度、低耗散格式。IMAGE 项目多采用涡解析方法，如 Chalmers 使用 IDDES 方法，FAI（First Aircraft Institute）采用 LES 方法等。

风扇进气道和出口喷管模型中对流场的求解是为了获得平均流场，方便进行声传播过程的计算，故使用 RANS 方法进行定常求解，如 BUAA（Beihang University）、ASRI 等。

2.2　噪声传播计算方法

串列双圆柱，简化机翼模型为外流流动，一般地，噪声测量点与起落架的距离远大于起落架尺寸，直接采用 CFD（computational fluid dynamics）方法计算远场噪声对计算资源的需求是巨大的；因此，目前的研究多采用 CFD/FW-H（Ffowcs Williams and Hawkings）耦合方法计算噪声，即使用 CFD 计算近场噪声源流动；求解 FW-H 方程计算噪声的传播过程。

风扇进气道和出口喷管模型为内流问题，需要考虑声衬和壁面反射等。BUAA、CFDB 和 BATRI 均采用时域线性欧拉方程计算管道内的声传播；采用 FW-H 方程计算从管道到远场的辐射过程。NUMECA 则采用频域方法，使用 FEM 计算管道内的噪声传播，使用 BEM 计算从管道到远场的辐射。

2.3　控制措施模化方法

等离子体的物理过程包含了电离、带电离子在电场中的运动和多组分流动等复杂的物理现象，直接解析这些物理过程是非常昂贵的。阻尼网和声衬中，则涉及复杂多尺度的外形，解析它们的外形对网格生成和计算资源都是重大的挑战。因此，需要发展它们的模化方法。

IMAGE 项目中，没有发展新的等离子体模型，主要采用现有模型，扩宽它们的适用范围，评估它们的表现。ASRI 和 Chalmers 采用了 Suzen[12] 的模型，CIMNE 采用 Shyy[6] 模型，UPM 采用 Greenblatt 提出的模型[32]。

ONERA 采用 DNS（Direct Numerical Simulation）计算了一个或者 4 个简化阻尼网单元的流动（见图 6）。对不同迎角下的湍流进行分析，得到了阻尼网模型。该模型中将阻尼网自身产生的湍流模化为涡黏系数，通过黏性来影响宏观流动，具体的模化思路，参见参考文献［33］。清华大学（THU）则基于已有的实验数据提出阻尼网模型，该模型中包含了阻尼网的阻力系数和速度折射，并能隐式包含阻尼网对上游湍流的影响。模型的详细信息参见参考文献［34］。

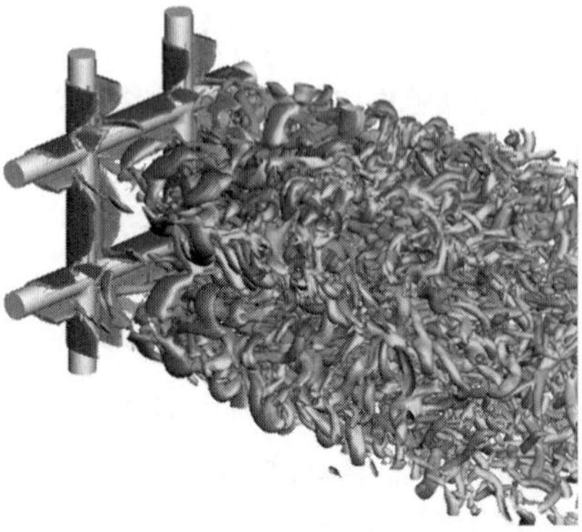

图 6　阻尼网简化单元尾迹的 Q 等值面图（ONERA）

BUAA 改进了现有的时域阻抗边界条件，扩展了其在宽频噪声方面的应用。Helmholtz 共鸣腔（EHR）模型中模型参数与声衬几何参数相关联，但这个模型仅适用于频域下的周期性声抗声衬；多极点宽频阻抗模型更加通用，但其并不直接与几何参数关联。BUAA 发展的改进的多极点阻抗模型能够克服两种模型的限制。该模型在频域上的阻抗值与真实值的比较如图 7 所示，该模型能够在时域内模化从频率为 0 到任意上限的阻抗值，且已经在 CFDB 和 NLR 的计算程序中实现。

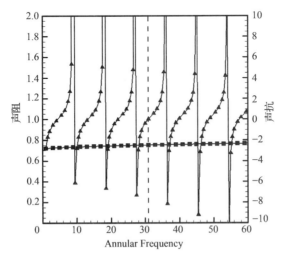

图 7　改进的多极点模型（线）与声衬阻抗值（符号）的比较（BUAA）

3 计算结果

本节将分不同算例介绍 IMAGE 项目中主要的计算结果，包含无控制算例和有控制算例。

3.1 串列双圆柱

3.1.1 基本算例计算结果

串列双圆柱的噪声主要来自于圆柱表面，因此揭示噪声控制机理必不可少。图 8 显示了两圆柱表面的压力系数（C_p）和其脉动均方根的对比（$C_{p,rms}$）。对于前圆柱表面的 C_p，所有参研单位的计算结果相近，且与实验符合良好。对于后圆柱，计算结果与实验存在一定的差别，这可能是因为实验中后圆柱前缘仍有层流区域，而计算中的流动状态为湍流。对于 $C_{p,rms}$，所有计算结果与实验结果形状相似，但幅值存在一定的差别，这是由不同的网格和湍流模化方法造成的，湍流脉动对于物理和数值耗散非常敏感。对于同一网格、同一湍流模拟方法，不同的求解器仍会造成一定差别[28]。

图 9 给出了远场噪声功率谱的对比。各参研单位的无量纲涡脱频率在 0.20（UPM）和 0.27（Chalmers）之间。ASRI 的实验值为 0.19，NASA 的 BART（BasicAerodynamicReasearchTunnel）和 QFF（QuietFlowFacility）中的实验值分别为 0.231 和 0.235。依赖于流动状态，不同实验之间也存在较

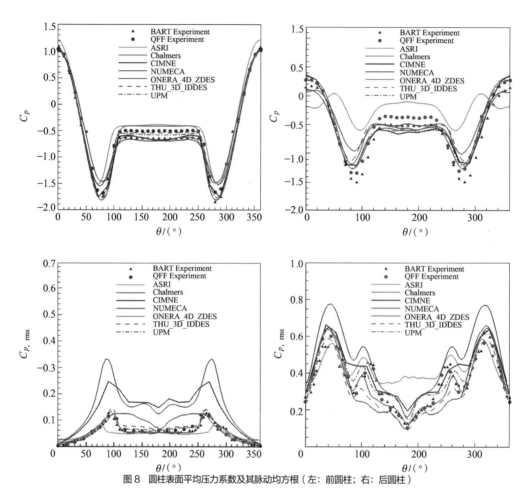

图8　圆柱表面平均压力系数及其脉动均方根（左：前圆柱；右：后圆柱）

大差别。各参研单位由于计算网格和湍流模拟方法的不同，主导频率存在误差也算合理。远场噪声幅值具有更大分散性，这很可能是不同参研单位采用不同的展向长度造成的。清华大学和 Chalmers 采用相同的展向长度（3D）得到了相近的噪声谱，ONERA 和 NUMECA 用相同的展向长度（4D）也得到了相似的结果。

尽管计算网格、湍流模拟方法、求解器等均不相同，但是各参研单位均得到了可靠的近场流动和远场噪声结果。

3.1.2　等离子体控制

图 10 给出了等离子体控制前后展向瞬时涡量的对比。等离子体影响了前圆柱剪切层的发展，减小了前圆柱的分离区。

图 11 给出 ASRI 计算的等离子体控制前后两圆柱表面 $C_{p,\mathrm{rms}}$ 的对比，来流速度为 10m/s。前圆柱表面的 $C_{p,\mathrm{rms}}$ 峰值向下游移动，从 80° 移到 110° 附近，表明等离子体延缓了前圆柱分离；但对前圆柱表面的 $C_{p,\mathrm{rms}}$ 幅值无明显影响。等离子体极大地降低了后圆柱的 $C_{p,\mathrm{rms}}$ 值，其峰值从 0.66 降低到 0.45。

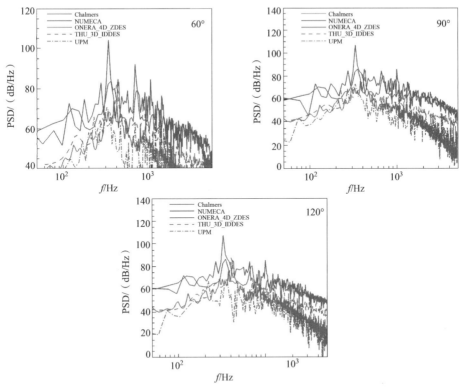

图 9 三个辐射角度下的远场噪声功率谱的对比（R=37.5D）

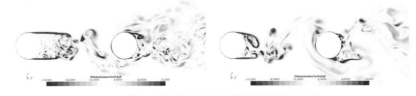

图 10 等离子体控制前后展向瞬时涡量的对比（UPM）

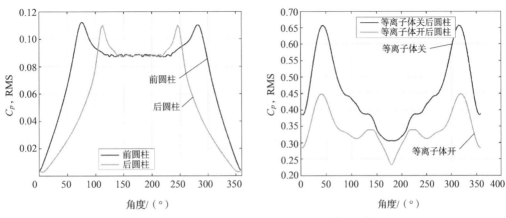

图 11 等离子体控制前后圆柱表面 $C_{p,\mathrm{rms}}$ 的对比（ASRI）

图 12 给出了来流速度为 10m/s 和 64m/s 时等离子体对远场噪声的控制效果。当来流速度为 10m/s 时，等离子体能够降低全角度内的噪声，最大降噪量为 8.2dB；当流速增加到 64m/s，等离子体无降噪效果。

CIMNE、Chalmers 和 UPM 的计算结果与 ASRI 结果相似。

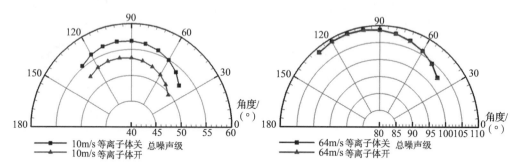

图 12　等离子体控制前后远场噪声的指向性分布（ASRI）

3.1.3　阻尼网控制

ONERA 和 THU 均对阻尼网进行数值模化，并探索其对串列双圆柱的控制效果。尽管两参研单位模化思路不同，但模型表现极为相似，因此，此处以 THU 的计算结果为例，说明阻尼网的控制效果。

图 13 给出了不同安装位置下瞬时展向涡量的对比（阻尼网开孔率为 0.66）。P1 和 P2 中的阻尼网均位于前圆柱之前，它们表现出非常相似的流动特征；而 P3 位于前圆柱分离区之内，它削弱了流过它的剪切层及其下游的涡量。这意味着 P3 位置的阻尼网削弱了前圆柱尾迹中的涡。

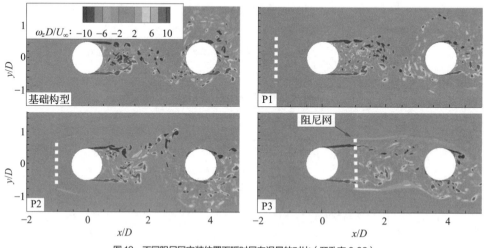

图 13　不同阻尼网安装位置下瞬时展向涡量的对比（开孔率 0.66）

图 14 给出了阻尼网不同安装位置对两圆柱表面的 $C_{p,\mathrm{rms}}$ 的影响。P1 和 P2 得到了非常相近的结果；而 P3 极大地改变了 $C_{p,\mathrm{rms}}$ 的分布。首先，P3 中前圆柱的 $C_{p,\mathrm{rms}}$ 值得到极大的降低，其峰值从无控制算例的 0.10 降低到 0.06。然后，后圆柱上 $C_{p,\mathrm{rms}}$ 在 45° 和 315° 上的峰值得到了极大的削弱，而

在 110° 和 250° 位置处的峰值并未改变。第一个峰值（45° 和 315°）是由前圆柱尾迹的撞击产生；第二个峰值（110° 和 250°）是由后圆柱自身的分离和涡脱产生，该证据也说明了 P3 位置的阻尼网抑制了前圆柱的尾迹。

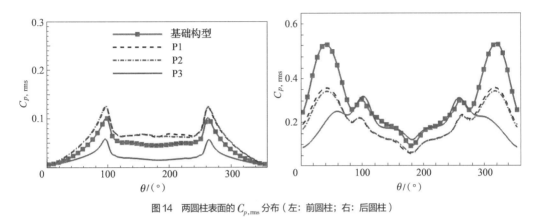

图 14　两圆柱表面的 $C_{p,\mathrm{rms}}$ 分布（左：前圆柱；右：后圆柱）

此外，我们还应该注意到，P1 和 P2 通过降低到达速度同时降低了后圆柱上全角度内的 $C_{p,\mathrm{rms}}$；P3 通过抑制前圆柱尾迹，只降低了第一个峰值附近及其上游的 $C_{p,\mathrm{rms}}$。

图 15　给出了监测点 S_A 和 S_B 的频谱特征。功率谱幅值的相对大小与 $C_{p,\mathrm{rms}}$ 的相对关系相同，此处重点分析它们的频率特点。P1、P2 和 P3 三个算例给出的无量纲主导频率分别为 0.18、0.19 和 0.17。P1 和 P2 均通过降低流动速度，降低了涡脱频率；P3 中主导频率的降低，则是由阻尼网抑制前圆柱的涡脱引起的。

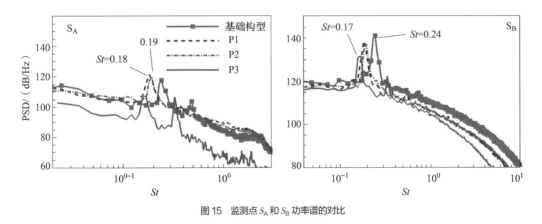

图 15　监测点 S_A 和 S_B 功率谱的对比

图 16 比较了三个辐射角度下（$\theta = 60°$、90° 和 120°）计算和 ASRI 实验的功率谱的对比。P1 和 P2 算例的远场噪声仍然极为相似，且与实验相符；而在 P3 位置，除了幅值相符外，此时的无量纲主导频谱与实验同为 0.17。

远场总声压级 OASPL 和其降低量 ΔOASPL 的对比如图 17 所示。P1 与 P2 在指向性上极为相似，但 P1 略大于 P2，最大差别 0.9dB，与实验的趋势相同。P3 在指向性上和幅值上均与 ASRI 实验相同。

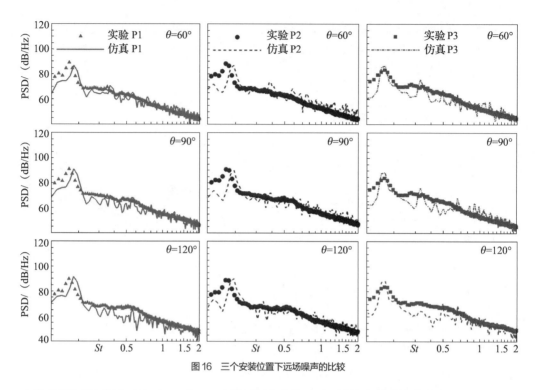

图 16　三个安装位置下远场噪声的比较

在噪声最大的辐射角度上（120°），三个阻尼网安装位置下，计算中得到的降噪量分别为 4.2dB、4.8dB 和 6.7dB；相比下，ASRI 实验中的降噪量分别为 2.7dB、3.6dB 和 5.6dB。虽然在幅值上，阻尼网模型与实验存在差距，但安装位置对降噪量的影响趋势与实验相同。

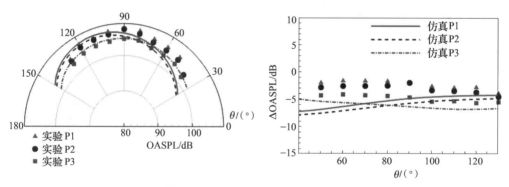

图 17　远场总声压级和其降低量与实验的对比

3.2　简化机翼

3.2.1　基本无控算例

图 18 给出了 Chalmers 的计算中的瞬时展向涡量。计算获得了大量的小尺度结构，特别是主翼后半部分的边界层湍流是被解析的。图中清晰地展示了边界层的发展，上下边界层混合所形成的尾迹和主翼尾迹与襟翼之间的干涉。

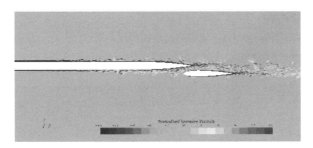

图18 瞬时展向涡量云图（Chalmers）

图 19 展示了各参研单位在主翼和襟翼上的平均压力系数的对比。对于主翼，Chalmers、CIMNE、NUMECA 和一飞院的计算结果非常相近，且与实验符合良好。UPM 低估了压力系数的峰值。对于襟翼表面，除了 CIMNE 外，所有参研单位的计算结果相近，且与实验符合良好。

图 20 显示了不同辐射角度下的噪声功率谱的对比。气动院的实验结果具有非常高的低频幅值，这个低频可能是由噪声测量室的尺寸太小造成的，计算中则无此现象。各参研单位的结果具有相似的形状，幅值的差别是由展向长度的差别造成的。

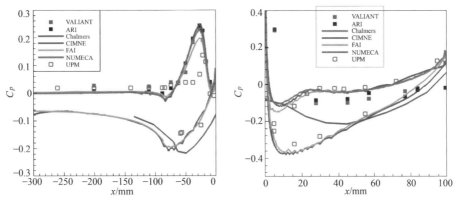

图19 主翼和襟翼表面的平均压力系数分布

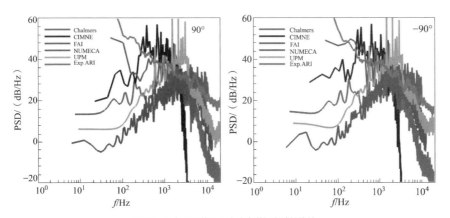

图20 正负 90° 位置噪声功率谱与实验的比较

3.2.2 等离子体控制效果

图 21 给出了 UPM 的计算中等离子体控制前后瞬时展向涡量的对比。从图中可以看出，等离子体延缓了主翼尾迹在襟翼上的再附。

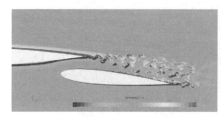

图 21 等离子体控制前后瞬时展向涡量的对比

图 22 展示了等离子体对简化机翼模型远场噪声的影响（Chalmers 结果），等离子体降低了远场噪声约 1.5dB，主要在低频部分，而且最大电压对远场噪声的降低无影响。

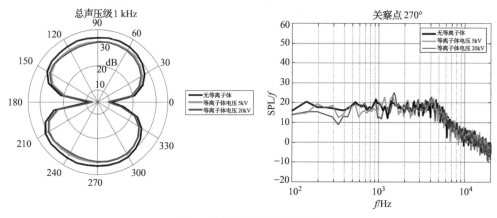

图 22 等离子体对远场噪声的影响

针对本算例，无单位从事阻尼网控制噪声的研究。

3.3 风扇进气道和出口喷管模型

3.3.1 CAA 计算方法的验证

图 23 给出了第一个 BPF 噪声的计算与实验的比较。第二个构型（Exp2）相比第一个构型（Exp1）具有更长的进气道，所以其宽频成分增加，总的噪声辐射降低。为了比较两个构型下的噪声特点，将第二个构型中的结果向上平移 7dB。此外，图中的 ULD 表示模态测量阵列安装于声衬的下游；ULU 表示安装于声衬的上游。

硬壁面计算中，CFDB 和 BUAA 的计算结果与实验的误差落在 5dB 之内；在包含声衬的计算中，计算误差在 10dB 以内。而在 NUMECA 的计算中，硬壁面情况下比实验值高约 5dB，在包含声衬的情况下，比实验值低 10dB。硬壁面情况下的差别，可能是计算方法的差别造成的。而包含声衬的情况下，CFDB 和 BUAA 采用的是 Cremer 的阻抗值；NUMECA 则采用的是 CFDB 优化过后的阻抗值，所以得到了更低的远场噪声。

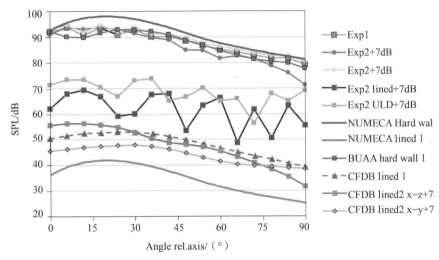

图23 风扇进气道中计算与实验的远场噪声的比较

图 24 给出了出口喷管中 $m=8$ 模态声压的分布。从图中可以看出，向侧边辐射的噪声主要来自 3000Hz 频率处的声波与喷管几何形状的干涉。

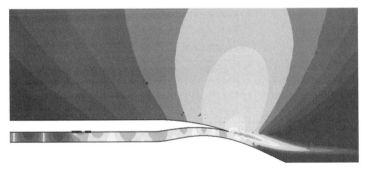

图24 $m=8$ 模态的声压场（NLR）

图 25 给出了出口喷管算例中计算与实验值的比较。在硬壁面的计算中，大于 70° 的方向上与实验符合良好。在小于 70° 的方向上，计算值低于实验值。这是因为在计算中只包含了 $m=8$ 的模态；然而在实验中包含更多的模态，如在轴线方向辐射效率最高的 0 阶模态。声衬对高阶螺旋模态（$m=8$）的降噪效果是显著的，能够降低该模态声压级 25dB；然而对轴对称模态（$m=0$）只降低 2dB。

风扇进气道和出口喷管模型的计算表明了 IMAGE 项目中所发展或使用的 CAA 计算方法是可靠的。

3.3.2 声衬优化

IMAGE 项目中，CFDB 将针对进气道模型和出口喷管模型优化声衬。他们基于 EHR 模型的阻抗，采用伴随梯度方法进行优化。从一个单一的阻抗值开始，在噪声传播的计算中，首先确定 EHR 模型中 5 个未知量的梯度，然后使用梯度确定下一步的优化值。

ACAE 则只针对出口喷管模型进行优化，采用基于频域方法的商业工具。首先计算 500 个阻抗值下的噪声辐射，然后基于现有结果，插值出最优的阻抗值。

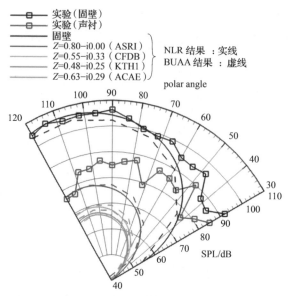

图25 出口喷管算例中实验与计算值的比较（NLR）

表2给出了CFDB和ACAE优化后声阻抗值的对比，尽管采用的优化方法不同，优化结果却极为相近。优化后的声衬极大地改善了原始声衬的表现。

表2 出口喷管模型中优化后的阻抗值的对比

单位	声阻 R（$\rho_0 c$）	声抗 X（$\rho_0 c$）
ACAE	0.59	-0.23
CFDB	0.54	-0.33

图26给出了BASTRI（beijing aeronautical scienceand technology research instituteof commercial aircraft corporationof china, Ltd.）的计算中，优化后的声衬（优化值来于CFDB）对风扇进气道远场噪声的降噪效果。从图中可以看出有无声衬情况下的计算结果均与实验吻合良好，声衬能够极大地降低远场辐射噪声，降噪量超过30dB。

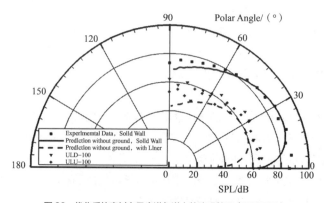

图26 优化后的声衬在风扇进气道上的降噪效果（BASTRI）

4 结论

本文介绍了 IMAGE 项目中三种噪声控制措施：等离子体、阻尼网和声衬的数值模化和应用的研究概况，控制对象为串列双圆柱、简化机翼、风扇进气道和喷管。

对于主要结论，总结如下。

对于无控制算例，所有参研单位的计算均获得了可靠的噪声源，与实验结果吻合良好。但由于不同的计算网格、求解器和湍流模拟方法，计算存在一定的分散度。

等离子体的模化重现了实验结果。在串列双圆柱算例中，当来流速度较小时，降噪效果明显，可达 8.2dB；但随着来流速度的增加，其降噪效果减弱；来流速度为 64m/s 时，基本无降噪效果。对于简化机翼，来流速度为 50m/s 时，等离子体同样对噪声无明显控制效果。

IMAGE 项目所发展的阻尼网模型计算结果与实验符合良好，参数影响也与实验趋势相符，说明了阻尼网模型的可靠性。从计算结果来看，在 120° 辐射角处，对于开孔率 0.66，P1、P2 和 P3 三个阻尼网位置的降噪量分别为 4.2dB、4.8dB 和 6.7dB；而实验中的降噪量分别为 2.7dB、3.6dB 和 5.6dB。实验和计算均证明，阻尼网是非常有潜力的噪声控制手段。

IMAGE 项目中所发展的高精度 CAA 计算方法，能够准确预测风扇进气道和出口喷管噪声，在主要传播角度上，计算结果与试验值吻合较好。同时 IMAGE 项目对声衬进行了优化，优化后的声衬对特定模态噪声的降噪量能够达到 30dB。

参 考 文 献

［1］王哲夫. 介质阻挡放电等离子体激发器在流动减阻中的应用研究［D］. 北京：清华大学，2018.

［2］Boeuf J P，Lagmich Y，Unfer T，et al. Electrohydrodynamic force in dielectric barrier discharge plasma actuators ［J］. Journal of Physics D：Applied Physics，2007，40（3）：652–662.

［3］Boeuf J P，Lagmich Y，Pitchford L C. Contribution of positive and negative ions to the electrohydrodynamic force in a dielectric barrier discharge plasma actuator operating in air ［J］. Journal of Applied Physics，2009，106（2）：023115.

［4］Nishida H，Nonomura T，Abe T. Numerical study on spanwise nonuniformity in body–force field of dielectric–barrier–discharge plasma actuator ［J］. AIAA Journal，2016，54（2）：659–669.

［5］Nishida H，Abe T. Numerical analysis of plasma evolution on dielectric barrier discharge plasma actuator ［J］. Journal of Applied Physics，2011，110（1）：013302.

［6］Shyy W，Jayaraman B，Andersson A. Modeling of glow discharge–induced fluid dynamics ［J］. Journal of Applied Physics，2002，92（11）：6434–6443.

［7］Li Z，Hu B，Lan S，et al. Control of turbulent channel flow using a plasma–based body force ［J］. Computers & Fluids，2015，119：26–36.

［8］Rizzetta D P，Visbal M R. Numerical investigation of plasma–based control for low Reynolds number airfoil flows ［J］. AIAA Journal，2011，49（2）：411–425.

［9］Orlov D M，Corke T C，Patel M. Electric circuit model for aerodynamic plasma actuator ［M］. AIAA paper 2006–1206，

2006.

[10] Corke T C，Post M L，Orlov D M. Single dielectric barrier discharge plasma enhanced aerodynamics：physics，modeling and applications［J］. Experiments in Fluids，2008，46（1）：1–26.

[11] Mertz B E，Corke T C. Single dielectric barrier discharge plasma actuator modelling and validation［J］. Journal of Fluid Mechanics，2011（699）：557–583.

[12] Suzen Y，Huang G，Jacob J，et al. Fluid dynamics and co–located conferences：Numerical simulations of flow separation of plasma based flow control applications［M］. Toronto，Ontario，Canada：American Institute of Aeronautics and Astronautics，2005.

[13] Suzen Y，Huang G，Ashpis D. Aerospace sciences meetings：Numerical simulations of flow separation control in low pressure turbines using plasma actuators［M］. Reno，Nevada，USA：American Institute of Aeronautics and Astronautics，2007.

[14] Enloe C L，McLaughlin T，Font G I，et al. Parameterization of temporal structure in the single dielectric barrier aerodynamic plasma actuator［J］. AIAA Journal，2006，44（6）：1127–1136.

[15] Ibrahim I，Skote M. Simulating plasma actuators in a channel flow configuration by utilizing the modified suzen–huang model［J］. Computers & Fluids，2014（99）：144–155.

[16] Eltaweel A，Wang M，Kim D，et al. Numerical investigation of tandem cylinder noise reduction using plasma–based flow control［J］. Journal of Fluid Mechanics，2014（756）：422–451.

[17] Murayama M，Yokokawa Y，Yamamoto K，et al. Computational study of low–noise fairings around tire–axle region of a two–wheel main landing gear［J］. Computers & Fluids，2013（85）：114–124.

[18] Murayama M，Takaishi T，Ito Y，et al. Numerical simulation of main landing gear noise reduction in FQUROH Flight demonstration［M］. AIAA Scitech 2019 Forum，San Diego，California，January 7–11，AIAA paper 2019–1836，2019.

[19] Okolo P N，Zhao K，Kennedy J，et al. Mesh screen application for noise reduction of landing gear strut［M］. 22nd AIAA/CEAS Aeroacoutics Conference，Lyon，France，May 30 – June 1，AIAA paper 2016–2845，2016.

[20] Okolo P N，Zhao K，Kennedy J，et al. Numerical modeling of wire screens for flow and noise control［M］. 23rd AIAA/CEAS Aeroacoustics Conference，Denver，Colorado，June 5–9，AIAA paper 2017–3700，2017.

[21] Tam C K W，Auriault L. Time–domain impedance boundary conditions for computational aeroacoustics［J］. AIAA Journal，1996，34（5）：917–923.

[22] Özyör ü k Y，Long L N. A Time–Domain Implementation of Surface Acoustic Impedance Condition with and Without Flow ［J］. Journal of Computational Acoustics，1997，05（03）：277–296.

[23] Fung K Y，Ju H，Tallapragada B，Impedance and Its Time–Domain Extensions［J］. AIAA Journal，2000. 38（1）：30–38.

[24] Reymen. Y，Baelmans M，Desmet W. Efficient Implementation of Tam and Auriault's Time–Domain Impedance Boundary Condition［J］. AIAA Journal，2008. 46（9）：2368–2376.

[25] Li X Y，Li X D，Tam C K W. Improved multipole broadband time–domain impedance boundary condition［J］. AIAA Journal，2012. 50（4）：980–984.

[26] Dragna D，Pineau P，Blanc–Benon B. A generalized recursive convolution method for time–domain propagation in porous media［J］. The Journal of the Acoustical Society of America，2015，138（2）：1030–1042.

［27］Zhong S，Zhang X，Huang X. A controllable canonical form implementation of time domain impedance boundary conditions for broadband aeroacoustic computation［J］. Journal of Computational Physics，2016，313：713–725.

［28］Schwamborn D，Strelets M. ATAAC – An EU–project dedicated to hybrid RANS/LES methods［M］. in：Fu Song（Ed.）Progress in Hybrid RANS–LES Modelling，Springer，Berlin，2012：59–75.

［29］Lockard D P. Summary of the tandem cylinder solutions from the benchmark problems for airframe noise computations–I workshop［M］. 49th AIAA Aerospace Sciences Meeting Including the New Horizons Forum and Aerospace Exposition，Orlando，FL，Janary 4–7，AIAA paper 2011–353，2011.

［30］Schram C，et al. VALidation and Improvement of Airframe Noise prediction Tools（VALIANT）［R］. Final Publishable Summary Report，2013.

［31］朱文庆.阻尼网的数值模化及其降噪应用［D］.北京：清华大学，2020.

［32］Greenblatt D，Schneider T，Schule C Y. Mechanism of flow separation control using plasma actuation［J］. Physics of Fluids，2012，24（7）：077102.

［33］Terracol M，Manoha E. Development of a wire mesh screen model for unsteady simulation of noise reduction devices with application to the tandem cylinder configuration［M］. 2018 AIAA/CEAS Aeroacoustics Conference，Atlanta，Georgia，June 25–29，AIAA paper 2018–3473，2018.

［34］Zhu W Q，Xiao Z X，Fu S. Numerical modelling screen for flow and noise control around tandem cylinders［J］. AIAA Journal，2020. doi：10.2514/1.J058636.

低噪声构型与安装效应研究

李晓东[1]，高军辉[1]，乔渭阳[2]，符松[3]，肖志祥[3]，杨国伟[4]，孙振旭[4]，徐希海[5]，陈伟杰[2]，
仝帆[2]，王良锋[2]，同航[2]，朱文庆[3]，鞠胜军[4]

1. 北京航空航天大学能源与动力工程学院，北京 100191
2. 西北工业大学动力与能源学院，陕西西安 710072
3. 清华大学航天航空学院，北京 100091
4. 中国科学院力学研究所，北京 100080
5. 北京航空航天大学航空科学与工程学院，北京 100191

0 引言

众所周知，低噪声、超安静航空发动机设计理论和技术是当代航空工业热点和前沿研究方向。在民用航空领域，飞机的"适航性、舒适性、环保性与经济性"等多个指标的实现，都有赖于低噪声航空发动机设计技术的进步和发展；在军用飞机领域，大型运输机、预警机以及电子战飞机等特殊机种对驾驶舱和座舱等舱内噪声环境的高要求、减缓和解决机体声疲劳问题，以及特种飞机声学隐身需求等，也都有赖于低噪声航空发动机设计和研制。

在经过过去几十年降噪设计技术的重要发展之后，航空发动机噪声辐射已经显著降低，但是，目前进一步降低航空发动机噪声遇到了理论和技术瓶颈，造成这一瓶颈的原因在于，对于单音噪声等发动机重要噪声源实现了有效控制之后，叶轮机湍流宽频噪声已经成为航空发动机主要噪声源，而由于航空发动机内部湍流脉动以及湍流与叶片干涉产生的宽频噪声源机理复杂，噪声辐射与湍流、非定常流等复杂流体力学问题相互交织、互相影响，使得对发动机湍流宽频噪声的控制非常困难，目前还严重缺乏对湍流宽频噪声的有效控制方法。因此，不断探索和发展具有创新性的湍流宽频噪声的降噪设计理论，成为当前气动声学理论的重要发展方向。

作为气动声学领域一个重要的研究对象，有关叶片前缘/尾缘湍流宽频噪声的声学原理和基本理论在过去几十年里获得了重要的发展，Amiet[1, 2]、Ffowcs Williams[3]、Brooks[4]、Howe[5]等许多著名气动声学科学家都做出了经典性的重要研究成果，他们深刻揭示了叶片前缘/尾缘湍流噪声的基本规律和物理机制，获得了关于叶片前缘/尾缘湍流噪声的一般控制方程。但是，非常遗憾的是，有效降低和控制航空叶轮机叶片前缘/尾缘湍流噪声的方法并不容易获得。一方面，航空发动机工作原理决定了这种声源无法避免（发动机内部始终存在湍流与叶片前缘/尾缘的相互干涉），很难找到像降低单音噪声那样通过采用简单叶片数选择实现"模态截止"的方法降低湍流宽频噪声；另一方面，只要采用传统构型叶片，就很难找到既能保证良好气动性能又能有效降低前缘/尾缘湍流噪声的设计方法。

近年来，基于仿生学原理的降噪设计概念的出现，为降低航空叶轮机湍流宽频噪声提供了新的研究思路，获得了当代气动声学领域广泛的重视和发展。众所周知，在自然界中，许多动物已经经过了几百万年以至上千万年的生存竞争和进化，为了生存的需要，许多飞行类动物和鱼类形成了一些特殊的、超群的飞行/游动本领，这些特殊的飞行/游动本领包含着丰富多彩的对流动的控制原理。例如，大多数鸟类，包括白天活动的猫头鹰，飞行时羽毛拍打空气都会发出"嗖嗖"的声响，而夜行猫头鹰是一个例外，它的翅膀和羽毛有消声作用，飞起来悄无声息，显得神秘莫测。这类猫头鹰在白天、黑夜特别是在黄昏时从 3~6m 高度的栖息处急速地俯冲向猎物，能够保持身体的平衡并且不发出任何可能导致猎物逃跑的声响（寂静飞行，fly silently）。通过对动物界中这一特殊"寂静飞行"本领进行深入细致的观察，研究其基本原理，并把这些原理应用到低噪声飞行器设计中去，就构成了气动声学领域特有的仿生学降噪研究方向。

对于现代商用飞机，试验测试（Langtry[6]）表明起落架、高升力装置，以及发动机喷流/机翼干涉效应是机体噪声源中最重要的部分。在超高涵道比涡扇发动机中，发动机被迫靠近机翼，从而产生一些耦合效应和额外的安装噪声。为了研究发动机喷气/机翼的安装效应噪声，研究者们开展了一系列参数化研究。Way[7]、Stevens[8] 和 Wang[9] 研究了大型和全尺寸模型的机翼下安装效果。然而，这些试验都是在没有背景流动的静态条件下进行的。20 世纪 90 年代末，波音公司在波音低速气动声学设施（LSAF）中开展了一系列试验（Shivashankara[10]、Bhat[11]），分别采用远场传声器阵列技术定位噪声源和测试远场噪声。这些研究对比分析了孤立射流和安装射流，并研究了机翼几何形状、发动机俯仰角、发动机与机翼的相对位置和襟翼角度对喷流/机翼安装效应噪声的影响。

IMAGE 项目正是在上述研究背景下所提出的，其目的就是以实现"绿色航空"概念为主要目标，通过研究基于仿生学原理的航空叶轮机降噪创新理论和创新方法，突破航空发动机湍流宽频噪声降噪理论和技术的瓶颈，从源头上减少航空发动机的噪声排放，加快绿色技术在飞机和航空发动机上的应用。

1 基于仿生学的航空叶轮机降噪技术

1.1 波浪前缘对圆柱湍流—叶片干涉噪声的影响规律

波浪前缘幅值和周期以及来流速度和迎角均会对波浪前缘的降噪效果产生影响。波浪前缘幅值和周期是影响降噪量非常重要的参数，而来流速度和迎角对降噪的影响相对要弱很多。IMAGE 项目重点研究了波浪前缘幅值和周期对降噪量的影响，波浪前缘结构如图 1 所示，图 1（a）是波浪前缘参数的示意图，图中还标明了波浪前缘波峰（peak）、波丘（hill）和波谷（trough）位置，图 1（b）是波浪前缘叶片在不同截面处的叶片示意图。

波浪前缘幅值和周期都是影响降噪的重要参数，幅值越大、周期越小，降噪效果越好，这意味着幅值与周期的比值 A/W 可能是影响降噪的重要参数。为了探索降噪量与 A/W 的关系，图 2 给出了 40m/s 和 60m/s 速度下，总声压级降噪量与波浪前缘幅值与周期比 A/W 的关系，图中还给出了不同迎角下的结果。从图 2（a）可以看出，在不同的迎角下，总声压级降噪量均随 A/W 的增大呈现明显的增大趋势。当 A/W<2 时，总声压级降噪量随 A/W 的增大迅速增大，当 A/W>2 时，总声压级降噪

量随 *A/W* 的增大缓慢增大。值得注意的是，*A/W*<2 的离散点系列主要由幅值不同、周期相同的波浪前缘结果构成，而 *A/W*>2 的离散点系列主要由周期不同、幅值相同的波浪前缘结果构成。图 2 中以 *A/W*=2 为界的两个区域，总声压级降噪量随 *A/W* 增大而增大的斜率不同，这意味着总声压级降噪量对波浪前缘幅值的变化更为敏感。此外，对于 *A/W*<6 的大多数波浪前缘结构，迎角对降噪量的影响很小。从图 2（b）可以看出，在更高的 60m/s 速度下，总声压级降噪量随 *A/W* 的变化趋势与 40m/s 速度下类似，但是迎角对降噪的影响进一步减小。

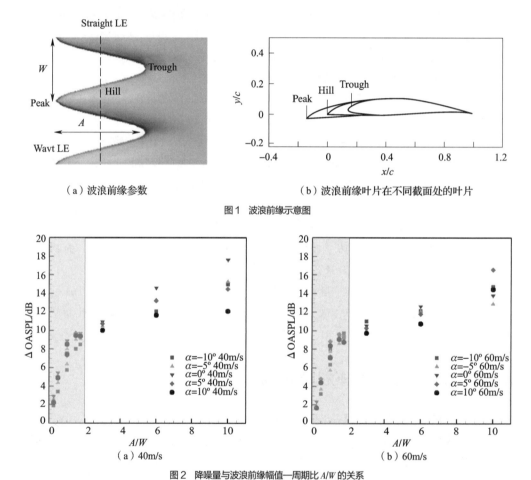

（a）波浪前缘参数　　　　　　　　　　（b）波浪前缘叶片在不同截面处的叶片

图 1　波浪前缘示意图

（a）40m/s　　　　　　　　　　　　（b）60m/s

图 2　降噪量与波浪前缘幅值—周期比 *A/W* 的关系

　　从上面的讨论可以看出，*A/W* 是影响降噪非常重要的参数，但 *A/W* 参数能否作为唯一的波浪前缘结构参数而完全决定降噪量还未知。为此，图 3 给出了波浪前缘幅值—周期比 *A/W* 下的降噪量对比，图中给出了 *A/W*=1 的 A20W20 和 A30W30 波浪前缘叶片在不同迎角和速度下的总声压级降噪量对比。可以发现，在不同的工况下，A30W30 波浪前缘叶片的降噪效果均优于 A20W20 波浪前缘叶片。这说明，尽管 *A/W* 参数非常重要，但其不能够作为唯一的波浪前缘结构参数而完全决定降噪量。在相同的幅值—周期比 *A/W* 下，更大尺寸的波浪前缘结构能够取得更好的降噪效果。

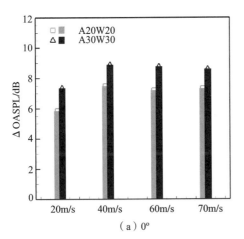 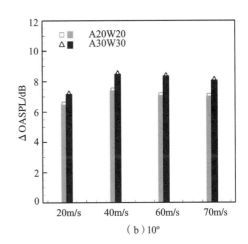

图 3　波浪前缘幅值—周期比 A/W 下的总声压级降噪量对比

图 4 给出了对于典型的 A30W20 波浪前缘结构，总声压级降噪量随迎角和速度变化的云图，从图中可以看出，在大部分迎角范围内，波浪前缘的降噪效果基本相同，只是在低速、负迎角时，降噪量有所下降。如 20m/s 速度时，A30W20 波浪前缘在 –10°、0°、10° 迎角下的总声压级降噪量分别为 3.7dB、7.7dB、7.5dB。总体而言，在实验所测量的范围内，迎角和速度对降噪量的影响并不明显。

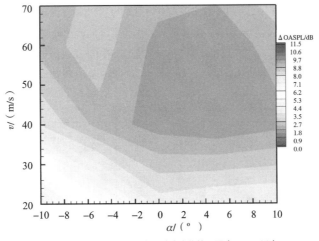

图 4　声压级降噪量随迎角和速度变化的云图（A30W20）

1.2　波浪前缘对格栅湍流—叶片干涉噪声的影响规律

圆柱湍流—叶片干涉情况下的研究已经表明，波浪前缘幅值与周期的比值 A/W 是影响降噪的重要参数。为了考察在格栅湍流—叶片干涉情况下，该参数对降噪的影响，图 5 给出了 40m/s 和 60m/s 速度下，总声压级降噪量与波浪前缘幅值—周期比 A/W 的关系，从图 5（a）可以看出，在不同的湍流格栅情况下，总声压级降噪量均随 A/W 的增大首先快速增大（A/W<2 时），然后再缓慢增大（A/W>2 时），这与圆柱湍流—叶片干涉情况下的结论相同，这同样意味着对于格栅湍流—叶片干涉情况，总声压级降噪量对波浪前缘幅值更为敏感。此外，对于 A/W<6 的大多数波浪前缘结构，不

同的湍流格栅对总声压级降噪量的影响很小。从图 5（b）可以看出，在更高的 60m/s 速度下，总声压级降噪量随 A/W 的变化趋势与 40m/s 速度下类似，湍流格栅对总声压级降噪量的影响几乎可以忽略不计。

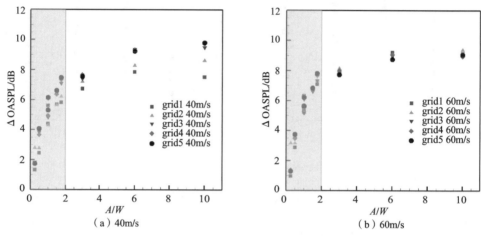

图5　总声压级降噪量与波浪前缘幅值—周期比 A/W 的关系

　　图 6 给出了 A/W=1 的 A20W20 和 A30W30 波浪前缘叶片在不同湍流格栅和速度下的总声压级降噪量对比。在不同的工况下，A30W30 波浪前缘叶片的降噪效果均优于 A20W20 波浪前缘叶片约 1dB。这说明，尽管 A/W 参数非常重要，但其不能够作为唯一的波浪前缘结构参数而完全决定降噪量。在相同的幅值—周期比 A/W 下，更大尺寸的波浪前缘结构能够取得更好的降噪效果。这些结论与圆柱湍流—叶片干涉情况下的结论完全一致，这进一步说明本文得到的波浪前缘结构参数对降噪的影响规律具有一定的通用性。

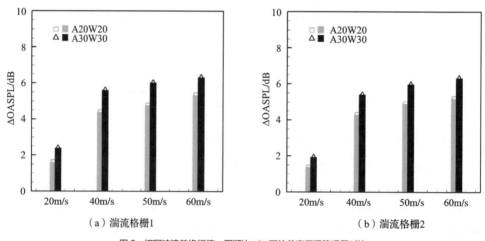

图6　相同波浪前缘幅值—周期比 A/W 下的总声压级降噪量对比

　　图 7 给出了对于典型的 A30W20 波浪前缘结构，总声压级降噪量随迎角和速度变化的云图，从图中可以看出，迎角和速度对降噪量有较大的影响。低速、负迎角下波浪前缘对格栅湍流—

叶片干涉噪声的降噪效果较差，甚至有可能增大噪声，但是在高速、正迎角下，波浪前缘对格栅湍流—叶片干涉噪声的降噪效果很明显。如 20m/s、−10° 迎角时，A30W20 波浪前缘甚至增大了噪声总声压级约 1.6dB，而 60m/s、10° 迎角时，A30W20 波浪前缘可以降低噪声总声压级约 9.6dB。

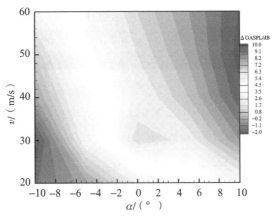

图 7　总声压级降噪量随迎角和速度变化的云图（A30W20）

1.3　降低尾缘噪声的优化的锯齿形尾缘构型实验研究

叶片尾缘噪声实验采用 NACA−0012 为基础翼型，叶片弦长 c=0.15m，沿展向方向将叶片后掠了 30°（如图 8（a）所示）。整个实验件是可拆装的，叶片主体的尾缘部分是开槽的，不同尺寸的尾缘构型（0.5mm 不锈钢薄片）可以很容易地插入其中，且尾缘部分与叶片主体配合很好，不会出现在气流下机械振动的情况，充分保证了实验测量结果的合理性（见图 8（b））。为了可以系统地参数化研究尾缘锯齿的降噪效果及规律，除了常规尾缘，如图 9 所示，本实验一共设计了 11 种不同的锯齿尾缘（其中 10 个是保证锯齿平行于气流方向的，而另外一个锯齿是垂直于叶片尾缘的）以及一种新型"熨斗型"仿生学尾缘。实验中分别测量了来流速度从 40m/s 到 70m/s 等 4 种不同的速度，基于该叶片弦长的雷诺数范围是 400000 ~ 700000。

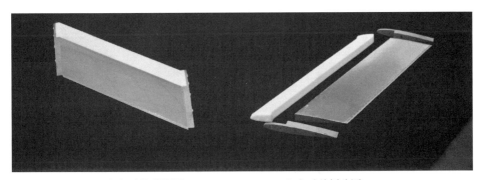

（a）叶片整体图　　　　　　（b）叶片拆分图

图 8　实验叶片示意图

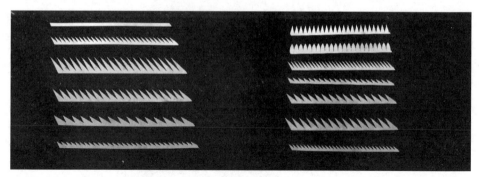

图9 尾缘锯齿实验件

为了更全面、更直观地衡量尾缘锯齿对整个频率范围内气动噪声的降噪效果，图10展示了不同速度下、不同长度的尾缘锯齿的总声压级降噪量 ΔOASPL。从图中可以清楚地发现，锯齿长度越

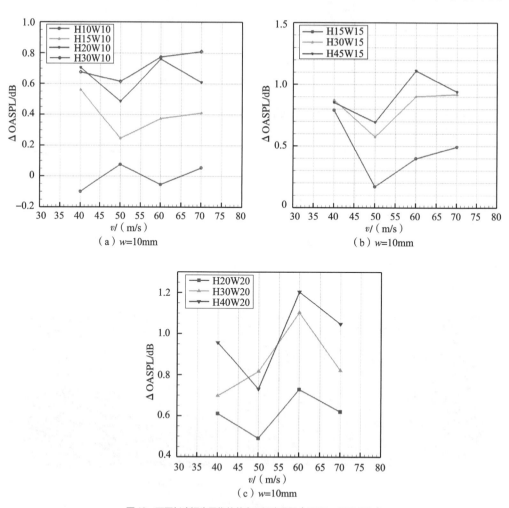

图10 不同长度锯齿尾缘的总声压级降噪量（1600～10000Hz）

长，其在整个频率区间内的总声压级降噪量越大。但是不同尺寸的锯齿随来流速度变化的降噪趋势却不尽相同。当锯齿长度过小时，其可能会增加低速条件下叶片尾缘噪声的总声压级（如 v=40m/s 时的 H10W10）。不过，从图 10 中我们发现，所研究的尾缘锯齿的最大降噪量为 1.2dB（v=60m/s，H40W20）。可能是由于叶片后掠本来就能产生不错的降噪效果，所以锯齿尾缘的降噪"加成"并不明显。但是，对于大多数尺寸的锯齿来说，其依然可以起到降噪效果，表明"后掠＋锯齿"的设计应该不会出现"1+1<1"（相互抑制）的作用——证明混合设计方案在叶片尾缘噪声降噪上的可行性。

图 11 给出了不同周期的锯齿、在不同来流速度下的总声压级降噪量，以便更为直观地衡量在所有频率范围内的总降噪效果。可以得到：当 $2h$=30mm 时，w=10mm 的最"窄"尾缘锯齿在 4 个速度下的降噪量均是最差的，而 w=15mm 及 w=20mm 的尾缘锯齿的降噪效果在不同速度下优劣不一。在 40m/s 和 70m/s 时，H30W15 的降噪效果更为出色，分别达到 0.88dB、0.92dB。在 50m/s 及 60m/s 时，H30W20 的降噪效果更好，即 0.82dB、1.10dB。与锯齿长度的影响情况类似，不同的锯齿周期随气流速度的降噪趋势依旧不太清晰，仍需要更多速度条件下的实验数据来支撑。与前人结果对比后，我们猜测：后掠叶片所造成的叶片表面展向流动对尾缘锯齿的降噪趋势会造成明显影响，增加了不同速度下总降噪量的波动。

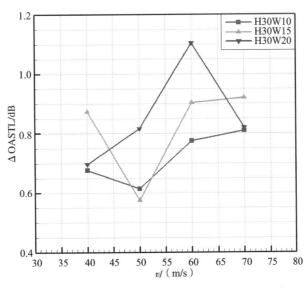

图 11　不同周期锯齿尾缘的总声压级降噪量（1600～10000Hz）

2 喷流／机翼安装效应噪声数值模拟与分析

喷流是商业飞机起飞时的重要噪声源。近年来，随着发动机涵道比越来越大，为保证发动机与地面的距离，发动机与机翼的距离越来越近。机翼处于发动机喷流的压力场之中，会对喷流声源和噪声传播造成重要的改变，机翼和喷流的相互干涉会极大地增加低频噪声。IMAGE 项目中采用高精度的数值模拟方法，研究分析了喷流／机翼安装效应噪声的特性及规律。

数值仿真的对象为常规翼吊式结构下的喷流／机翼模型，如图12所示。该喷管为收缩喷管，喷管出口直径 D 为25.4mm，喷流出口马赫数为0.9，翼型弦长 c 为127mm，厚度为15.24mm。喷管出口距机翼头部的流向距离 Δx 分别为0、0.5D 和1.0D；喷管中心线距离机翼头部的径向 Δh 分别为1.0D、1.25D 和1.5D。一共有9个状态，其中基准算例（baseline）为（Δx，Δh）＝（0，1.25）D，其余状态分别命名为1～8。

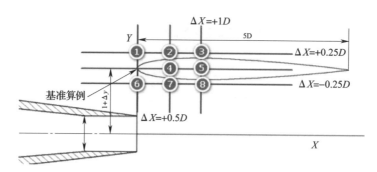

图12　常规翼吊式结构下的喷流／机翼模型

2.1　数值计算方法、计算网格及边界条件

由于喷流与飞行速度之间通常存在速度差，会形成剪切层和混合层，它们失稳后形成的噪声带宽较大。因此，要精确预测近场流动和远场噪声，势必要求采用近流场解析方法，如 LES、DNS 等；而远声场则通常采用声比拟方法，如求解 FW-H 方程。对喷流／机翼安装效应噪声数值中，我们分别使用了大涡模拟（LES）求解方法和延迟脱落涡模拟（IDDES）方法来计算声源场，使用可穿透的 FW-H 方程来计算远场噪声。

喷流／机翼外形的计算网格如图13所示。计算域为 $-19 < x/D < 80$，$-50 < y/D < 50$，$-50 < z/D < 50$。机翼下方的流向网格为均布，平均网格尺度为0.028D，环向的网格点数为120。对于5个计算算例，网格单元数在2400万—3000万之间。喷流与机翼距离最近的情况下，网格数目为2400万；距离最远的情况下，网格数为3000万。

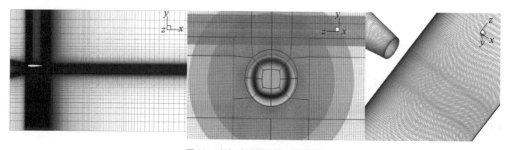

图13　喷流／机翼构型的计算网格

计算边界与验证算例类似。喷管和机翼表面为无滑移壁面。喷管入口为总温总压条件，总压为1.69atm，总温为288.15K。喷管外的出口为均匀来流，其余边界均为无反射边界。

2.2 喷流／机翼安装效应噪声数值模拟研究

用 FW-H 积分法计算的 60D 远场噪声谱绘制在图 14～图 16。数值结果与北航的实验数据进行了比较。此处显示 2 个观察角度（上游方向为 0°）的结果，分别为 90° 和 150°。在所有这些图中，观察者的正角代表射流和机翼上方的位置，而负角代表机翼下方的位置。

图 14 显示了将位于（0，1.5D）的喷流／机翼安装效应数值模拟结果在 60D 远场噪声频谱与频率小于 30kHz 的实验数据非常吻合。正确预测了安装效应噪声对远场噪声的影响。机翼下方（−90° 和 −150°）的噪声水平比机翼上方（90° 和 150°）的噪声水平大得多，尤其是在观察者角度为 90° 时。这意味着安装的 NACA0012 机翼对边线噪声的影响要大于下游。

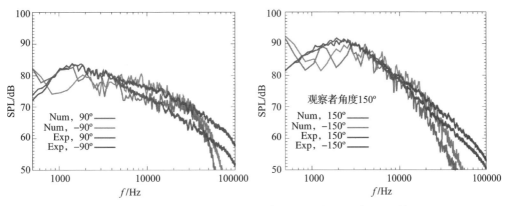

图 14 射流／机翼相互作用的远场噪声频谱（$r/D = 60$，机翼位置（0，1.5D））

在（0.5，1.5D）处的机翼结果绘制在图 15，在图 15 中将预测结果与实验数据进行比较，得出的结论与实验结果非常相似。图 16 显示了机翼和射流之间的间隙最小情况的结果。150° 的计算结果与实验数据吻合良好。但是在 90° 观察角下，预测结果与高频范围内的实验值有偏差。还可以发现，在这种情况下，机翼上方和下方的下游噪声频谱（150°）之间的差异比具有较大间隙距离的情况要明显，如图 16 所示。这意味着通过减小间隙距离，机翼对下游噪声频谱的影响更强。

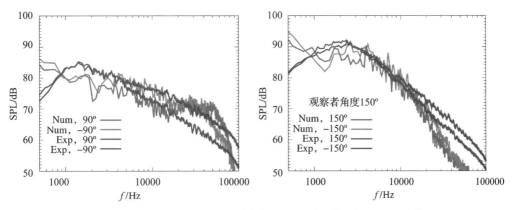

图 15 射流／机翼相互作用的远场噪声谱（$r/D = 60$，机翼位置（0.5D，1.5D））

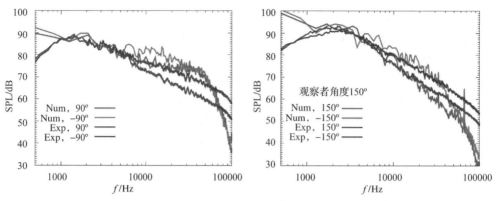

图16 射流/机翼相互作用的远场噪声谱（$r/D = 60$，机翼位置（$1.0D$, $1.0D$））

2.3 径向位置变化对安装效应噪声的影响

喷流/机翼安装效应噪声在 xy 平面上的瞬时压力场如图 17 所示。机翼的径向位置对瞬时压力场的影响如图 17 所示。可以清楚地观察到从射流沿上游和下游方向发出的辐射声波。射流和机翼之间的间隙最小时，可在图 17（a）观察到从机翼后缘产生的强烈噪声。因此，喷气机与机翼后缘具有很强的相互作用，并产生强烈的噪声。在图 17（b）和（c）中由于间隙较大，因此噪声明显较弱。

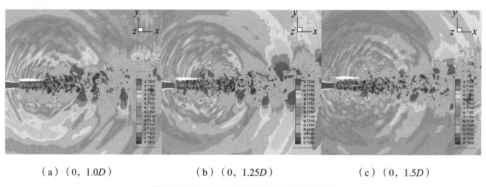

（a）（0, $1.0D$）　　　　　（b）（0, $1.25D$）　　　　　（c）（0, $1.5D$）

图17 不同的径向位置下的机翼的瞬时压力场

图 18 显示了 xy 平面上绘制 z 方向涡量图。在图 18 中机翼的 x 流向位置固定为 0，并且机翼的 y 位置更改。图 18（a）可以很明显地看出，射流的涡量与飞机中的机翼有相互作用。随着机翼和射流之间的间隙增加，相互作用变得越来越弱。

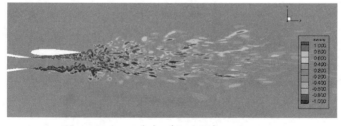

（a）（0, $1.0D$）

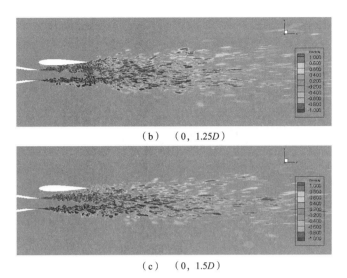

（b）（0，1.25D）

（c）（0，1.5D）

图18　x平面中z涡度的轮廓，机翼径向位置的影响

机翼的径向位置对远场噪声频谱的影响如图19所示。噪声水平随着射流和机翼之间的间隙距离增加而降低。对于90°和150°的观察者角度以及机翼上方和下方的位置都是如此。对于机翼上方的点，径向位置对噪声谱的影响大于机翼下方的点，这在图19（a）和（c）中有所体现。

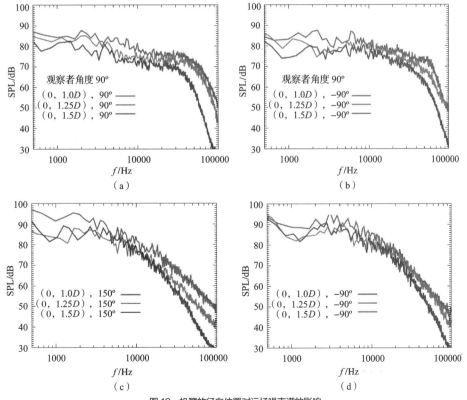

（a）

（b）

（c）

（d）

图19　机翼的径向位置对远场噪声谱的影响

2.4 流向位置变化对安装效应噪声的影响

机翼的流向位置对瞬时压力场的影响如图20所示，其中机翼的 y 位置固定为 $1.25D$，流向位置从0到 $1.0D$ 变化。图20（c）可以观察到更强的噪声，因为机翼的后缘穿透了喷射流。还可以观察到，在机翼下方的一侧，尤其是在下游方向，发出了较强的噪声。

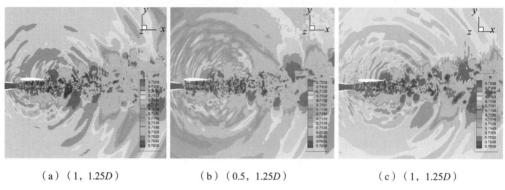

（a）（1，$1.25D$）　　　　（b）（0.5，$1.25D$）　　　　（c）（1，$1.25D$）

图20　不同流向位置下的机翼的瞬时压力场

图21显示了机翼的流向位置对流场的影响。机翼的 y 位置固定为 $1.25D$，流向位置从0更改为 $1.0D$。当机翼向下游移动时，可以观察到更强的喷流/机翼相互作用。机翼的流向位置对噪声谱的影响如图22所示，结果表明，固定径向位置时，通过将机翼向下游移动，噪声水平会增加。

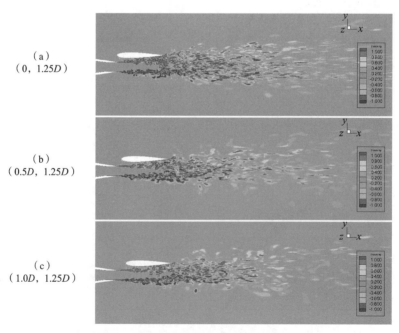

（a）
（0，$1.25D$）

（b）
（$0.5D$，$1.25D$）

（c）
（$1.0D$，$1.25D$）

图21　x 平面中 z 涡度的轮廓，机翼流向位置的影响

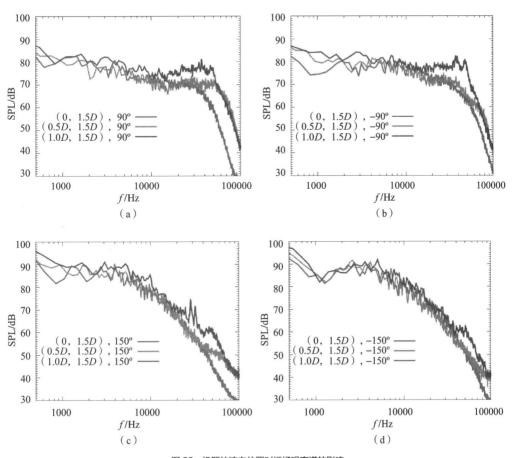

图22 机翼的流向位置对远场噪声谱的影响

3 增升装置构型的气动/气动噪声特性优化研究

3.1 优化策略

增升装置降噪优化针对基准构型进行，优化目标为降噪同时保持气动力，为便于优化，降噪目标将针对远场噪声总声压级的最大值进行，对基准构型而言，该值为71.99dB。降噪约束将针对构型的升阻比进行，基准构型升阻比为31.79。优化变量为襟翼位置及襟翼偏角，优化流程如图23所示。

整个流程包括以下内容：

（1）采用试验设计方法科学选取样本点。

（2）采用高精度数值方法对样本点进行气动噪声计算。

（3）利用样本点高精度计算的输入参数（样本点位置及偏角参数）和输出参数（噪声数据及气动力数据）建立替代模型。

（4）以替代模型为快速计算模型，进行优化计算。

（5）对优化结果采用高精度数值方法进行校核计算。

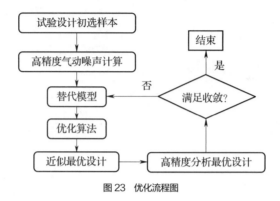

图 23   优化流程图

其中，流程中所用的混合 RANS/LES +FW–H 高精度方程数值方法，已经得到风洞试验验证。

3.2   试验设计方法选取样本点

试验设计（design of experiments，DOE）方法是有关如何科学合理地安排试验的数学方法，它是以概率论和数理统计为理论基础，经济地、科学地安排试验的一项技术，它是研究和处理多因子与响应变量关系的一种科学方法，它通过合理地挑选试验条件，安排试验，并通过对试验数据的分析，从而找出总体最优的改进方案。通过引入试验设计方法，可以对设计空间进行探索。

优化设计中常用的试验设计方法有全因子试验设计、正交数组试验设计、拉丁超立方设计、最优拉丁超立方设计等。

本文中所采用的试验设计方法为优化拉丁超立方设计方法。拉丁超立方是点的散布和均匀间距折中的满空间设计方法。在拉丁超立方设计中，每个因子有与设计中存在的试验一样多的水平，从因子的下限到上限被均匀隔开。拉丁超立方方法选择点来最大化设计点之间的最小距离，但有一个约束，这个约束保持因子水平间等距。优化拉丁超立方方法改进了随机拉丁超立方方法中可能存在的试验点分布不均匀的缺陷，采用该方法后，将为 DOE 后处理提供更为精确的数据信息，且采用优化拉丁超立方方法选取的样本点数据构建的替代模型将更加准确。

采用优化拉丁超立方方法生成的样本点如图 24 所示。样本点共 19 个，且随机均匀分布在所给优化变量范围内。

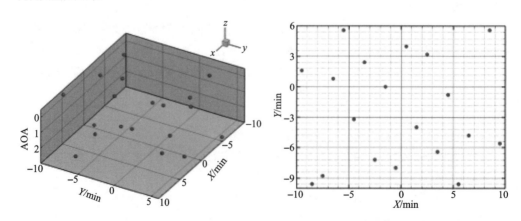

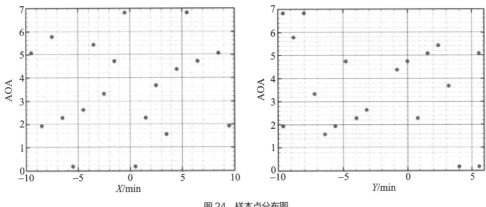

图 24　样本点分布图

　　所有样本点下的几何构型如图 25 所示，可以看出，样本点的几何构型分布广泛，进一步说明了优化拉丁超立方方法选取样本点的合理性。

图 25　样本点几何构型

3.3　样本点高精度数值模拟

　　样本点的网格策略与基准构型一致，网格量完全相同。不同的是，由于部分样本点襟翼与主翼距离较近，边界层难以保证 3mm 的 O 形网格高度，视具体构型有所缩减。计算方法及计算状态也与基准构型完全一致。图 26 给出了部分样本点充分发展后的非定常流场（7500 步，0.15s）时的瞬时涡量图。在主翼及襟翼后缘区域能观察到清晰的涡结构。

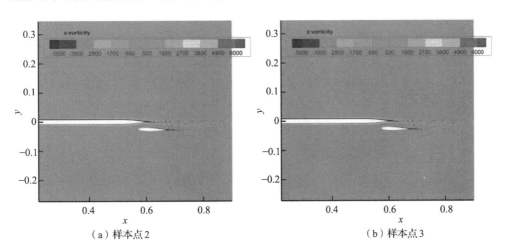

（a）样本点 2　　　　　　　　　　　　　　（b）样本点 3

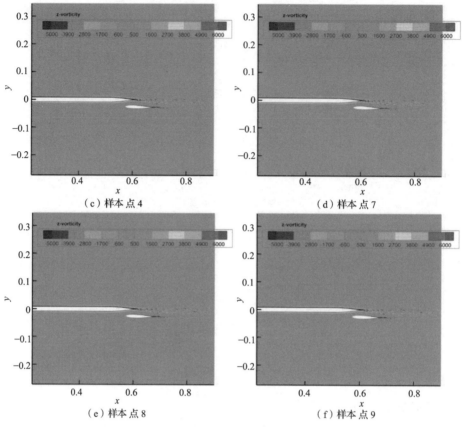

（c）样本点4   （d）样本点7

（e）样本点8   （f）样本点9

图26　部分样本点瞬时涡量图（0.15s）

所有样本点的远场噪声指向性数据如图27所示，其中Base为基准构型数据。所有样本点的远场噪声总声压级均在69～75dB。

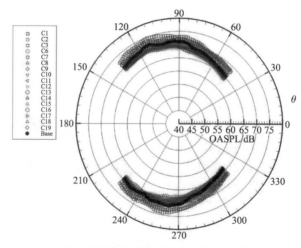

图27　所有样本点与基准构型远场噪声指向性对比

图 28 给出了所有算例各变量与升阻比及远场噪声总声压级最大值的散点图，由于并未控制单一变量，从图中难以得出明确的各变量的影响规律，但仍能观察到部分变化趋势：在所给的优化变量范围内，升阻比与襟翼偏角之间有着强烈的线性关系，而受襟翼位置影响不大；远场总声压级与襟翼偏角呈正相关，即襟翼偏角大时其噪声水平往往较大。

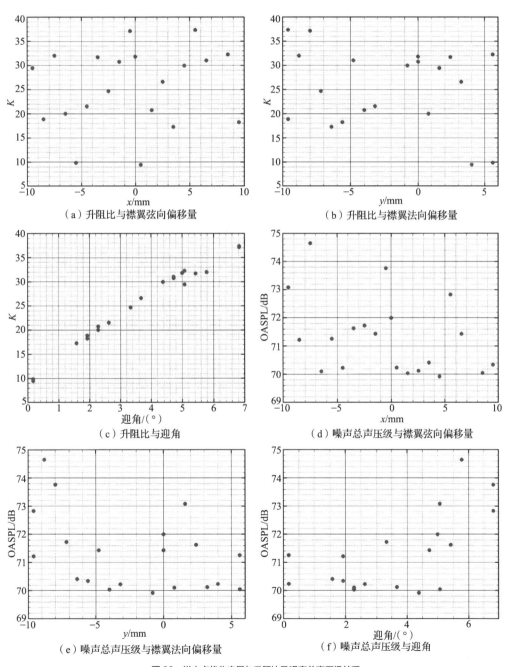

（a）升阻比与襟翼弦向偏移量　　　　　　　（b）升阻比与襟翼法向偏移量

（c）升阻比与迎角　　　　　　　　　（d）噪声总声压级与襟翼弦向偏移量

（e）噪声总声压级与襟翼法向偏移量　　　　　（f）噪声总声压级与迎角

图 28　样本点优化变量与升阻比及噪声总声压级关系

为便于观察规律，选取部分样本点进行两两对比分析。图29及图30分别给出了样本点2（c2）及样本点3（c3）的几何构型及远场噪声指向性对比（灰色为c2，黑色为c3）。两构型襟翼前缘位置近似，偏角分别为1.925°及5.775°。可以看出，襟翼偏角大的样本点3的远场噪声总声压级明显高于样本点2的相应值，其总声压级最大值分别为71.22dB及74.64dB。

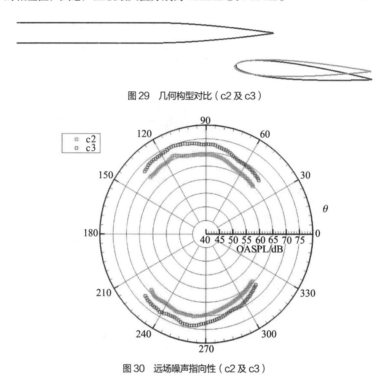

图29　几何构型对比（c2及c3）

图30　远场噪声指向性（c2及c3）

图31给出了样本点5（c5）及样本点11（c11）的几何构型对比。两构型襟翼偏角均为0.175°，襟翼前缘位置不同，相对于样本点11，样本点5主翼与襟翼之间缝道更窄，其远场噪声水平也更大，如图32所示。

图31　几何构型对比（c5及c11）

图33给出了样本点1（c1）及样本点18（c18）的几何构型对比。两构型襟翼偏角均为5.075°，襟翼前缘位置不同。相对于样本点1，样本点18襟翼右移同时上移，其缝道长度变短，其远场噪声水平也小，如图34所示。

3.4　降噪优化

常用的优化搜索算法主要分为三类：基于梯度的优化算法，如拟牛顿法、Adjoint方法、自动微分算法等；非梯度优化算法，如搜索算法、遗传算法（Genetic Algorithm，GA）等；基于代理模型的

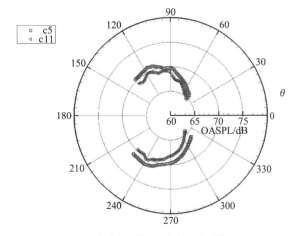

图 32　远场噪声指向性（c5 及 c11）

图 33　几何构型对比（c1 及 c18）

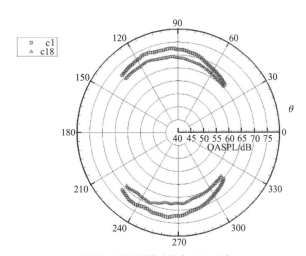

图 34　远场噪声指向性（c1 及 c18）

优化算法，如 Kriging 代理模型、径向基函数（radial basis function，RBF）、人工神经网络（artificial neural network，ANN）等。其中，采用代理模型建立优化变量与目标函数间的关系以替代原有的高精度计算方法能大大提高计算效率，同时保持一定的精度，因而应用广泛。

本研究的降噪优化即在样本点计算结果基础上采用基于代理模型的优化算法进行，分别采用了 Kriging 代理模型及径向基函数（RBF）进行优化。优化约束为升阻比，目标为降低远场噪声总声压级。采用 Kriging 代理模型及径向基函数（RBF）得到的优化结果有着一些共同的特征：襟翼偏角尽可能地接近 5°（基准构型），这是为了尽可能保持升阻比；襟翼位置则需后移同时上移，即在减小

313

缝道的同时仍需保持升阻比。

为验证优化结果，从 Kriging 代理模型及径向基函数（RBF）得到的优化结果中分别随机选取一个优化坐标点对其进行校核，网格策略及网格量与样本点一致，计算方法仍为定常时采用 $k\text{-}\omega$ SST 湍流模型，非定常时采用混合 RANS/LES 模型，声场计算采用 FW–H 方程。

所选优化点如表 1 及图 35 所示，其中③为基准构型，①为 Opt 1，②为 Opt 2。

表1　优化点坐标

Case	$x\_$flap /mm	$y\_$flap /mm	迎角 / (°)
Opt 1	9.32891	3.47848	5.19913
Opt 2	9.89807	1.51034	4.84525

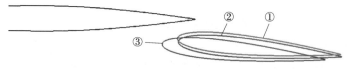

图35　优化构型与基准构型对比

校核所得的优化点升阻比分别为 33.16 及 31.67，与基准构型（31.79）相比分别增加了 4.32% 及 –0.39%。

优化前后远场噪声指向性如图 36 所示，相对于基准构型，优化后远场噪声总声压级明显降低，两个优化点远场噪声总声压级最大值分别为 70.30dB 及 69.96dB，相对于基准构型（71.99dB）分别降低了 1.51dB 及 2.03dB。

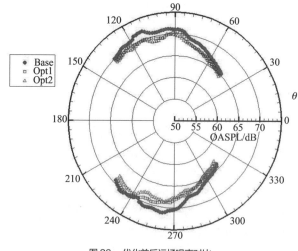

图36　优化前后远场噪声对比

4 结论

IMAGE 项目针对航空涡轮机、喷流 / 机翼安装效应以及增升装置开展了一系列低噪声设计研究，具体结论如下。

（1）波浪前缘幅值与周期的比值 A/W 是影响降噪的重要参数，总声压级降噪量随 A/W 的增大而增大。当 $A/W<2$ 时，总声压级降噪量随 A/W 的增大迅速增大，当 $A/W>2$ 时，总声压级降噪量随 A/W 的增大缓慢增大。相比于波浪前缘周期，总声压级降噪量对波浪前缘幅值的变化更为敏感。A/W 值最大的波浪前缘（$A/W=10$）可以最多降低圆柱湍流—叶片干涉噪声总声压级约 17.7dB。尽管 A/W 参数非常重要，但其不能够作为唯一的波浪前缘结构参数而完全决定降噪量。在相同的 A/W 下，更大尺寸的波浪前缘结构能够取得更好的降噪效果。

（2）来流速度和迎角对波浪前缘降低格栅湍流—叶片干涉噪声有重要影响，在低速负迎角情况下，波浪前缘降噪效果差，而在高速正迎角下，波浪前缘降噪效果好。此外，对于实验测量中的不同湍流格栅，湍流格栅尺寸的不同不会显著影响波浪前缘周期和幅值对降噪的影响规律，也不会显著影响给定波浪前缘结构对总声压级的降噪量。可见，项目得到的降噪量随波浪前缘幅值、周期的变化规律具有一定的通用性，这对于工程上的降噪具有重要意义。

（3）与实验结果的对比表明，数值模拟表明准确计算了喷流 / 机翼安装效应噪声对远场噪声的影响。机翼下方（–90°和–150°）的噪声水平比机翼上方（90°和150°）的噪声水平大得多，尤其是在观察者角度为90°时。这意味着安装的 NACA0012 机翼对边线噪声的影响要大于下游。且喷流 / 机翼径向距离越大，喷流 / 机翼的干涉效应越弱，安装效应噪声越小，同时对喷流高频噪声反射效应也较小。喷流 / 机翼流向距离越大，喷流 / 机翼的干涉效应越强，安装效应噪声越大，同时对喷流高频噪声反射效应也越大。

（4）增升装置构型的气动 / 气动噪声特性优化表明，在所给的优化变量范围内，升阻比与襟翼偏角之间有着强烈的线性关系，而受襟翼位置影响不大；远场总声压级与襟翼偏角呈正相关，即襟翼偏角大时其噪声水平往往较大。以升阻比为约束，以降低远场噪声总声压级最大值为目标进行降噪优化。与基准构型相比，两种优化构型升阻比分别增加了 4.32% 及 –0.39%，噪声分别降低了1.51dB 及 2.03dB，达到了在气动力损失不超过 1% 的情况下降噪 2dB 的技术指标。

致谢

感谢中欧合作项目"降低飞机噪声源及辐射的创新方法与技术研究"（MJ–2015–H–F–105）对本研究的资助。

参 考 文 献

［1］ Amiet R. Noise due to turbulent flow past a trailing edge. Journal of Sound and Vibration，1976，47（3）：387–393.

［2］ Amiet R. "A note on edge noise theories." Journal of Sound and Vibration，1981，78（4）：485–488.

［3］ Ffowcs Williams，J E，Hawkings D L. Sound Generation by Turbulence and Surface in Arbitrary Motion. Philosophical Transaction of the Royal Society of London，Series A，Mathematical and Physical Sciences，1969（264）：321–342.

［4］ Brooks T，Hodgson T. Trailing edge noise prediction from measured surface pressures Journal of Sound and Vibration，1981，78（2）：69–117.

［5］Howe M S. Trailing edge noise at low mach numbers. Journal of Sound and Vibration，1999，225（2）：211–238.

［6］Langtry R B，Larssen J V，Winkler C M，et al. DDES and Acoustic Prediction of Rudimentary Landing Gear Experiment Using Unstructured Finite Volume Methods. Flow Turbulence and Combustion 91（3）：717–745·October 2013.

［7］Way D，Turner B. Model tests demonstrating under–wing installation effects on engine exhaust noise. 6th Aeroacoustics Conference，Hartford，CT，U.S.A. AIAA paper 1980–1048.

［8］Stevens R，Bryce W，Szewczyk V. Model and full–scale studies of the exhaust noise from a bypass engine in flight. 8th Aeroacoustics Conference，Aeroacoustics Conferences，Atlanta，GA，U.S.A.，AIAA paper 1983–751.

［9］Wang M. Wing effect on jet noise propagation. 6th Aeroacoustics Conference，Aeroacoustics Conferences，Hartford，CT，U.S.A AIAA paper 1980–1047.

［10］Shivashankara B N，Johnson D P，Cuthbertson R D. Installation effects on counter rotating propeller noise. Aeroacoustics Conference，13th，Tallahassee，FL，Oct. 22–24，AIAA paper 1990–4023.

［11］Bhat T，Blackner A. Installed jet noise prediction model for coaxial jets. 36th AIAA Aerospace Sciences Meeting and Exhibit，Aerospace Sciences Meetings，Reno，NV，U.S.A. AIAA paper1998–79.

串列圆柱流动－噪声特性与先进抑制技术研究

刘兴强[1]，黄文超[1]，王鑫[1]，延浩[1]，李红丽[1]，朱文庆[2]

1. 中国飞机强度研究所，陕西西安 710065
2. 清华大学航天航空学院，北京 100084

0 引言

安装干涉噪声是飞机主要的噪声源之一，这种多构件干涉的噪声产生机理复杂，控制难度大，给研究带来很大的困扰。中欧国际合作项目"IMAGE"从飞机典型的噪声源入手，选取了串列圆柱作为安装干涉噪声的研究对象，串列圆柱可以作为起落架、风扇转静干涉噪声等的简化模型。IMAGE 研究了其流动和噪声的机理，并探索了具有应用价值的先进流动和噪声控制方法。

串列圆柱的流动问题，研究的时间已经很长。20 世纪 30 年代，Bermann 和 Herrnstein 首次对串列圆柱的流动结构进行研究[1]，Alam、Moriya 等揭示了不同圆柱间距下串列圆柱的流动形态[2, 3]。串列圆柱不同的流动形态诱导了很多有趣的物理现象，包括了噪声、传热、涡激振等。随着航空噪声被日益关注，飞机上类串列圆柱结构的噪声问题，开始被研究。2010 年，第一届机体噪声标准问题（BANC–I）中 NASA 将串列圆柱作为 Benchmark 问题之一[4-6]，旨在为数值计算提供可靠的验证数据。2014 年，中欧国际合作项目"降低飞机噪声源及其辐射的创新方法和技术研究"（IMAGE）也开展了串列圆柱的相关研究，研究重点除去验证数据外，还有创新的、有潜力的降噪方法，即等离子体和湍流网。

DBD 等离子体通过高压电离空气，诱导产生压力和诱导速度来控制流场。DBD 等离子体具有极薄、不会改变结构的气动外形、质量轻、反应迅速、精确控制等优点，是流动和噪声控制的一个研究热点。2009 年欧洲英法德意等欧盟国家联合制订了"PLASMAERO"研究规划，用以研究等离子体气动力学问题[7]。2003 年，Post 等[8] 进行了许多 DBD 等离子体激励器控制翼型流动分离的实验，获得了非常好的效果。Thomas[9] 试验研究了 DBD 等离子体激励器对钝头体流动的控制效果，4m/s来流下，圆柱扰流现象得到有效抑制。国内，空军工程大学等离子体国家重点实验室的李应红等[10]进行了利用脉冲等离子体激励器控制翼型流动分离的实验。国内外，等离子流动控制的研究非常多，这里不再赘述。IMAGE 项目中，中国飞机强度研究所开展了基于等离子体的串列圆柱噪声控制，并基于 Suzen 体积力模型，采用数值方法模拟了等离子体对串列圆柱流动和噪声的影响。欧方 UPM 等也开展了等离子体的数值模拟方法研究。

湍流网降噪是将金属丝网结构安装在主要的噪声源之前，相较于传统的不可渗透的整流装置，湍流网的流阻小，不会诱导产生高速气流带来新的噪声和安全问题。湍流网在风洞中经常使用，主要是改气流的湍流度[11-12]。欧盟的项目"Technologies to IMProve Airframe Noise"中，采用湍流网结构控制起落架噪声，起落架获得了3EPNdB的降噪量，典型的杆件结构获得了20dB左右的降噪量[13-14]，Okolo等[14-16]结合试验开发了湍流网的数值模型。清华大学朱文庆等在"IMAGE"项目中发展了湍流网计算数值模型，与试验结果十分吻合，可以有效地指导流动和噪声控制。

本文的内容是中国飞机强度研究所在中欧国际合作"IMAGE"项目中开展工作的剪影，研究方法和成果为减低飞机噪声提供参考和技术支撑。

1 串列圆柱噪声特性

首先，将ASRI的试验数据与NASA的试验数据进行了比对，验证了试验的有效和可靠性。而后，研究了不同圆柱间距和来流速度对串列圆柱流动和噪声的影响，给出了串列圆柱诱导噪声的基本特性。

1.1 基础流动–噪声试验

试验在中国飞机强度研究所航空声学与振动航空科技重点实验室的声学风洞中进行。实验室容积144m³，长6m，宽4m，高6m；风洞入口尺寸280mm×400mm，最大速度0.25Ma；实验室介质频率70~20000Hz。圆柱材质为有机玻璃，直径40mm，展向长400mm，壁厚2.5mm；圆柱的上下两端采用端板固定，与风洞口齐平安装，如图1所示。远场测量点的半径1.5m，以上游圆柱的质心为原点；10个传声器分布在测量圆环上，从上游40°到下游130°，传声器间隔10°。由于圆柱的特征尺寸较小，试验雷诺数低，为了使上游圆柱的气流充分分离，在上游圆柱安装转捩带。转捩带采用70目的金刚砂制作，宽度为3mm，厚度0.25mm。安装在上游圆柱50°~60°之间及其对称侧的位置。图2是转捩带在上游圆柱引起的流场的转捩和分离状态（其中，Ts代表转捩带的位置，T气流转捩线，S气流分离线）。左侧图片是中国飞机强度研究所试验结果，右侧是NASA的试验结果，两者的转捩线和分离点的位置基本一致。

图1　串列圆柱吹风试验图

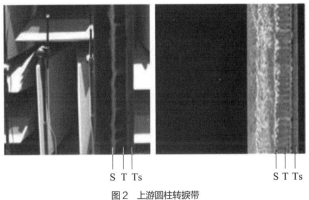

图2 上游圆柱转捩带

图3是安装转捩带与否及背景噪声频谱的对比曲线，①曲线为安装了转捩带，②为未安装转捩带，③为背景噪声。可以看出，安装转捩带后，脱落噪声频率变得尖锐高耸，说明上游圆柱的湍流边界层不稳定性发展充分。脱落频率噪声高出背景噪声40dB，符合气动噪声试验高于背景噪声10dB的测试要求。

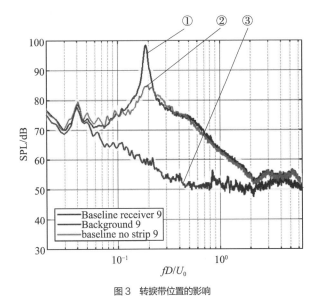

图3 转捩带位置的影响

将无量纲试验结果（圆柱压力系数）与NASA的串列圆柱Benchmark试验进行对比，如图4和图5所示。图4是圆柱展向中间界面的时均压力系数曲线，两个试验十分吻合；图5是脉动压力均方根系数对比曲线，上游圆柱的峰值的位置有些差别，NASA分离的位置在90°左右；强度所得分离位置在70°~80°之间。造成这一现象的原因，可能与转捩带的类型有关。下游圆柱均存在两个尖峰，第一个尖峰在45°左右及其对称位置。上游圆柱的脱落气流在下游圆柱的该点产生冲击。第二个尖峰在120°左右及其对称位置，是下游圆柱气流二次脱落的位置。

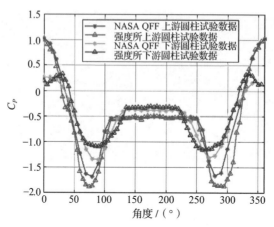

图 4　圆柱展向压力系数对比曲线图

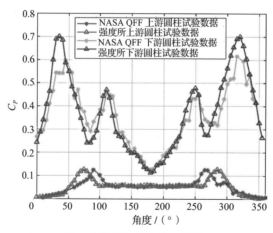

图 5　圆柱脉动压力均方根系数曲线

　　图 6 是 NASA Benchmark 试验相同位置的噪声频谱对比曲线，分离频率基本一致，但幅值较 NASA 的结果低 2 ~ 3dB；NASA 的频谱曲线中出现了二、三阶频率的脱落噪声，ASRI 的试验结果未能观测到，造成这一现象的原因较多，可能是来流湍度较大，圆柱沿展向的流动分布不均衡；或者是转捩带粘贴的对称性相对于 NASA 较差，没有做到严格对称，相对较弱的分离频率难以体现。就目前的试验数据上，很难提供造成这种现象的全面的分析判据，有待进一步开展研究。图 7 是远场噪声总声压级指向性曲线，噪声指向下游 130° 左右的方位。NASA 的远场噪声上游的噪声相对较低，偶极子指向性更加明显。

1.2　圆柱间距和来流速度对噪声特性的影响

　　圆柱不同的间距对流场和噪声产生较大的影响，对 6 种不同间距的串列圆柱开展了试验，间距包括 1.435D、2.0D、2.4D、3.0D、3.7D、4.0D。图 8 是远场不同圆柱间距的噪声频谱对比曲线。

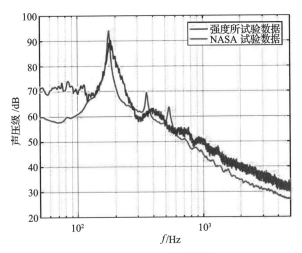

图 6　远场 90° 噪声频谱曲线图

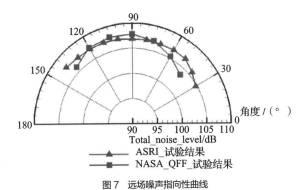

图 7　远场噪声指向性曲线

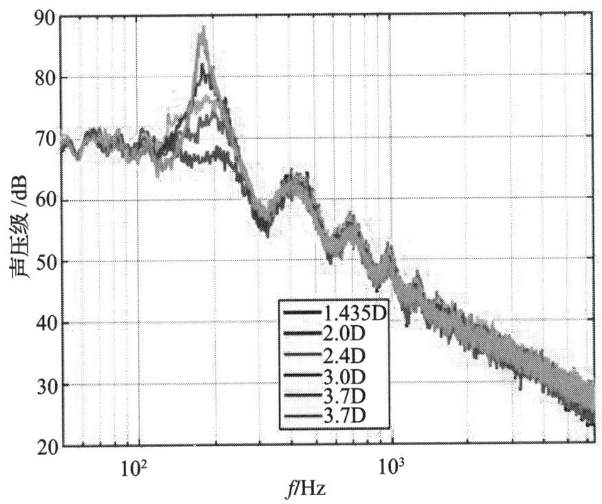

图 8　远场 90° 点噪声频谱对比曲线

为了确定不同间距串列圆柱主要噪声源的位置，试验采用 24 通道、双螺旋臂阵列进行了声源定位，边界层传播修正基于 Aiemt 方法，波束成形基于 CLEAN-SC 算法。试验结果如图 9 所示，圆柱间距小于 2.4D 时，主要噪声源集中在上游圆柱附近。随着圆柱间距的增大，脱落频率噪声越发显著，声源的位置向下游移动，3.0D 和 3.7D 的噪声源在下游圆柱附近。圆柱间距进一步增大，峰值噪声有所减弱，声源重新向上游圆柱移动。

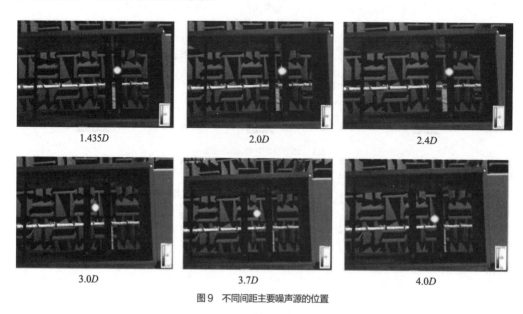

图 9 不同间距主要噪声源的位置

来流速度对串列圆柱的脱落频率有直接的影响，试验还开展了 4 个不同的来流速度的试验，包括 30m/s、44m/s、50m/s 和 70m/s。图 10（a）是速度对噪声频谱的影响对比曲线，来流速度与分离频率成正比，不同流速的分离斯特劳哈尔数 Sr 基本一致，0.21 左右。图 10（b）是无量纲的速度的立

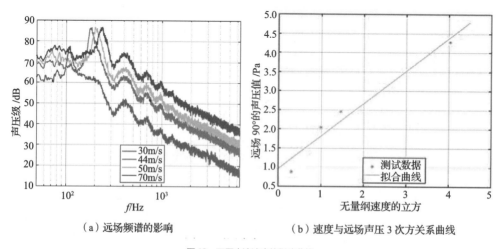

（a）远场频谱的影响　　　　　　　　　（b）速度与远场声压 3 次方关系曲线

图 10 不同来流速度的影响曲线

方和声压级的拟合曲线，远场声压与来流速度的 3 次方成正比，声功率与来流无量纲速度的 6 次方成比例，说明串列圆柱噪声是典型的偶极子声源。

2 先进噪声抑制技术

为了有效地控制串列圆柱噪声，选取了两种先进的流动－噪声控制方法：等离子体和湍流网。采用试验和数值仿真相结合的方法，对两种措施的降噪机理和效果进行了评估。

2.1 DBD 等离子体

DBD 等离子本身的诱导速度较低，为了提高其流动噪声的控制效果，必须首先确定上游圆柱气流转捩和分离的位置，将等离子体产生的体积力弥补气流分离的逆压梯度，从而达到控制分离降低噪声的目的。试验采用油流法获取了圆柱表面的转捩线和气流沿圆柱展向分离线的位置。等离子体粘贴在分离线之前的气流转捩区域，如图 11 所示。电极条的宽度为 5mm，电极条沿环向的间距为 1mm。等离子体的供电电压为 25kV（峰峰值），供电频率 6300Hz，正弦波供电，圆柱介电常数 3.4。风洞的吹风速度为 10m/s、16m/s、30m/s 和 64m/s。

安装位置

等离子体
诱导电极

图 11　等离子体安装位置

等离子体诱导电压较高，给试验的测量造成较大的限制，采用数值方法对流动控制机理展开研究。等离子体数值模型采用 Suzen 提出的体积力模型，通过净电荷密度与电场强度的乘积算出体积力，然后将此力作为源项引入 N–S 方程，在忽略电磁场力的假设下，单位体积的体积力可表示为

$$f_B = \rho_C E$$

式中：f_B 为体积力；ρ_C 为电荷密度；E 为电场强度。

等离子体计算的相关参数与试验保持一致。由于等离子体的激励频率远远高于圆柱脱落涡的频率 6300Hz>>300Hz，Suzen–Huang 模型将等离子体作用作为一种稳态作用力，忽略等离子体的振荡作用。图 12 是计算得到的等离子体关闭和开启对上游圆柱分离的影响。等离子体开启后，上游圆柱的分离剪切层向圆柱内侧收敛，分离点向下游移动；分离涡的大小和强度都减弱。

图 13 是圆柱表面脉动压力系数均方根值对比曲线，对比可以看出，上游圆柱等离子体开启后，脉动压力峰值点向圆柱下游移动，脉动压力的均方根幅值也相对有所减小；随着来流速度的增加，等离子体对气流分离点的延迟作用减弱，30m/s 和 64m/s 时分离点的位置基本与未开启等离子体位置一致。下游圆柱脉动压力均方根值系数的峰值代表了上游脱落涡对下游的撞击位置，等离子体对冲击位置的

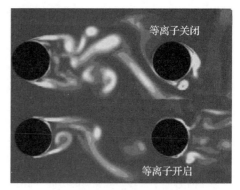

图12 涡量对比云图

影响较小；当来流速度为 10m/s 时，远场气流速度与等离子体诱导速度相当，上游圆柱尾流对下游圆柱的冲击得到非常好的抑制；随着气流速度增大，冲击抑制效果逐渐减弱。

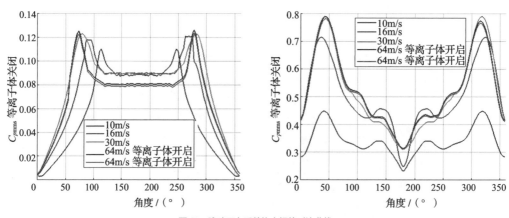

图13 脉动压力系数均方根值对比曲线

图 14 是远场 90° 测量点的噪声频谱对比曲线，试验没有 10m/s 的来流工况，只有数值仿真结果。其他工况，计算结果与试验结果吻合较好，如表 1 所示。随着速度的增加，降噪量明显降低。等离子体的噪声抑制，存在一定的作用边界。纯音噪声的降噪量与相对速度如图 15 所示。所谓的相对声压，就是指纯音峰值降低量对应的声压（p_1/p_2）相对量；相对速度，指等离子诱导最大速度与远场来流速度之比。纯音降噪量与相对速度成二次函数关系，相对速度越大，纯音降噪量越大。但相对速度等于 0.28 时，降噪量为 0dB，即 $p_1/p_2=1.0$。

2.2 湍流网

湍流网流动 – 噪声控制试验选取了三种不同穿孔率的金属网，如图 16 所示，穿孔率分别是 0.79、0.66 和 0.49。试验中湍流网的安装位置工况有 11 种，其中安装在上游圆柱附近噪声的抑制效果最好，如图 17 所示，最大峰值降噪量为 18dB；远场噪声的指向性也发生了一定的变化，上游圆柱周围安装湍流网后，噪声指向 90° 方向。

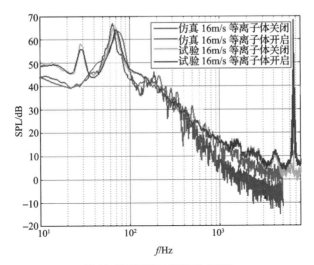

图 14　试验远场噪声频谱对比曲线图

表 1　峰值噪声的频率与幅值对比表（dB）

工况	参数	10m/s	16m/s	30m/s	64m/s
试验	脱落涡频 St	—	0.191	0.20	0.192
	幅值 /dB	—	66.3	77.6	97.4
	降噪 /dB	—	3.3	0.2	0.0
计算	脱落涡频 St	0.186	0.187	0.189	0.188
	幅值 /dB	52.2	67.1	78.2	99.6
	降噪 /dB	8.2	3.5	0.2	−0.5

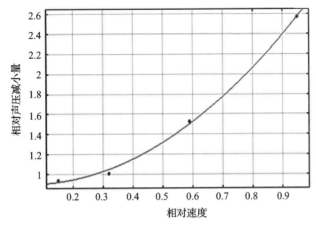

图 15　相对速度与降噪量的关系曲线

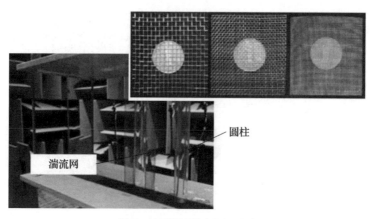

图 16 基于湍流网的降噪吹风试验

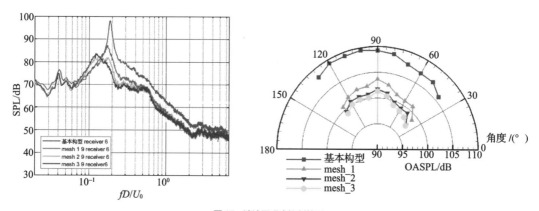

图 17 湍流网噪声抑制效果

IMAGE 项目中清华大学肖志祥、朱文庆发展了湍流网数值模型[17]，用于研究湍流网的流动和噪声抑制机理。数值模拟湍流网的位置如图 18 所示，与试验保持一致。上游圆柱安装湍流网后，上游圆柱的气流分离强度变弱，分离流对下游圆柱的冲击也明显减弱；随着穿孔率的增加，流动抑制效果越加明显。湍流网流动控制机理如图 19 所示。

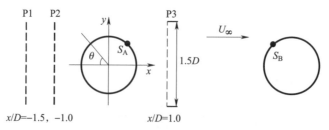

图 18 数值模拟湍流网的位置

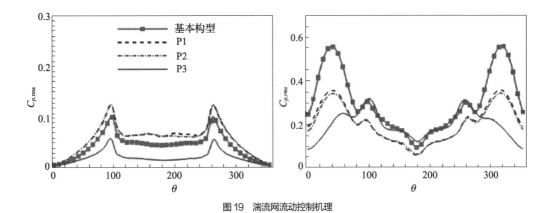

图19 湍流网流动控制机理

3 结论

本文针对串列圆柱采用试验和数值仿真技术相结合的方法，开展了流动 – 噪声特性研究和先进控制方法的研究，得到以下结论。

（1）低速下，串列圆柱的流动 – 噪声是典型的偶极子噪声。圆柱的间距对流动 – 噪声特性有明显的影响：圆柱间距为 1.435D 和 2.0D 时，双圆柱流动可以当作一个整体，第二阶脱落较明显；随着圆柱间距的增大，第二阶频率噪声减弱，第一阶噪声逐渐显现，当间距为 3.7D 时噪声最为强烈。

（2）将等离子体安装在上游圆柱气流分离线附近，其产生的诱导气流可以有效地抑制气流分离，减少噪声的产生；由于 DBD 等离子体的气流诱导速度较低，其噪声抑制能力与来流相对速度成二次函数关系；在现有的试验条件下，诱导速度和来流速度之比为 0.28 时，降噪失效，即来流速度为 32m/s 左右。

（3）湍流网可以增加气流流阻，改善上游圆柱的气流分离。采用双网结构围绕在上游圆柱附近时，降噪效果最好，最大峰值降噪量可以达到 18dB；降噪效果也与湍流网的穿孔率有关，选择适当穿孔率的湍流网有利于降低噪声。

串列圆柱是机体安装干涉噪声的简化模型，研究成果可以为降低机体噪声提供参考和技术支撑。

参 考 文 献

［1］Biermann D，Herrnstein W H. The interference between struts in various combinations［R］. NACA Report No. 468，1934.

［2］Alam M M，Moriya M，Takai K，et al. Fluctuating Fluid Forces acting on Two Circular Cylinders in a Tandem Arrangement at a Subcritical Reynolds Number［J］. J.Wind Eng. Ind. Aerodyn，2003，91：13 9154.

［4］Lockard D P. Summary of the Tandem Cylinder Solutions from the Benchmark Problems for 19 Airframe Noise Computations–I Workshop［C］. 49th AIAA Aerospace Sciences Meeting Including 20 the New Horizons Forum and Aerospace Exposition，Orlando，FL；United States，4–7 Jan，2011. 21 AIAA paper 2011–353，doi：10.2514/6.2011–

353

[5] Brès G A, Freed D, Wessels M, et al. Flow and noise predictions for the tandem cylinder aeroacoustic benchmark [J]. Physics of Fluids Vol. 24, No. 3, 2012, p. 14 036101.

[6] Discussion Group on Benchmark Experiments and Computations for Airframe Noise. URL: https://info.aiaa.org/tac/ASG/FDTC/DG/BECAN.aspx[cited December 2010].

[7] 李应红, 吴云. 等离子体流动控制技术研究进展 [J]. 空军工程大学学报 (自然科学版), 2012, 13 (3): 1-5.

[8] Post M L, Corke T C. Separation control on high angle of attack airfoil using plasma actuators [J]. AIAA journal, 2004, 42 (11): 2177-2184.

[9] Thomas F O, Kozlov A, Corke T C. Plasma actuators for cylinder flow control and noise reduction [J]. AIAA journal, 2008, 46 (8): 1921-1931. 2005, 3010.

[10] 李应红, 梁华, 马清源, 等. 脉冲等离子体气动激励抑制翼型吸力面流动分离的实验 [J]. 航空学报, 2008, 29 (6): 1429-1435.

[11] Andrzej K, Joanna L. Experimental and modelling study on flow resistance of wire 19 gauzes [J]. Chemical Engineering and Processing: Process Intensification 2009, 48 (3): 20, 816-822.

[12] Middelstädt F, Gerstmann J. Numerical Investigations on Fluid Flow through Metal 1 Screens [C]. 5th European Conference for Aeronautics and Space Sciences (EUCASS), Munich, 2 Germany, July, 2013.

[13] Smith M, Chow L, Molin N. Control Of Landing Gear Noise Using Meshes [C]. 16th 7 AIAA/CEAS Aeroacoustics Conference, Stockholm, Sweden, June, 2010. AIAA paper 2010-8 3974, doi: 10.2514/6.2010-3974.

[14] Oerlemans S, Sandu C, Molin N, et al. Reduction of Landing Gear Noise Using Meshes [C]. 16th AIAA/CEAS Aeroacoustics Conference, Stockholm, Sweden, June, 2010. AIAA 11 paper 2010-3972, doi: 10.2514/6.2010-3972.

[15] Okolo P N, Zhao K, Kennedy J, et al. Numerical Modeling of Wire Screens 10 for Flow and Noise Control [C]. 23rd AIAA/CEAS Aeroacoustics Conference, Denver, Colorado, 11 June, 2017. AIAA paper 2017-3700

[16] Terracol M, Manoha E. Development of a Wire Mesh Screen Model for Unsteady 13 Simulation of Noise Reduction Devices, with Application to the Tandem Cylinder 14 Configuration [C]. 2018 AIAA/CEAS Aeroacoustics Conference, Atlanta, Georgia, June, 2018. 15 AIAA paper 2018-3473, doi: 10.2514/6.2018-3473.

[17] Zhu W Q, Xiao Z X, Fu S. Numerical modelling screen for flow and noise control around tandem cylinder [J]. AIAA Journal, 2020. doi: 10.2514/1.J058636.

分段式声衬降噪性能试验方法研究

李卓瀚[1]，薛东文[1]，杨嘉丰[1]，同航[2]

1. 中国飞机强度研究所，陕西西安 710065
2. 西北工业大学，陕西西安 710072

0 引言

目前航空发动机涵道壁面的消声处理主要采用各种声衬，其物理本质是基于 Helmholtz 谐振器原理的局域共振调谐吸声体。随着发动机涵道比的不断增大，风扇噪声在发动机噪声所占比例越来越大，同时风扇直径的增大也导致短舱进气道声衬的有效安装面积比进一步减小，因此提高单位面积声衬降噪性能是必要的。

通常，声衬结构由多孔面板、蜂窝芯、微孔隔板及背板组成。常规声衬结构虽然在窄带噪声降低上有明显效果，但在较宽的带宽上的衰减效果就比较有限。金属泡沫声衬因其内部的诸多不规则的空隙为宽频吸声提供了可能，但难点在于其声学建模。发动机短舱声衬声阻抗非均匀布局的概念最初由 GE 的 Mani 在 20 世纪 80 年代提出，他通过试验研究发现，周向分区域布置不同阻抗的声衬相比统一阻抗的声衬能够显著提升短舱的降噪能力[1]。20 世纪 90 年代，Howe 应用解析方法对比了均布式声阻抗声衬、轴向非均布声阻抗声衬、周向非均布声阻抗声衬及空间非均布声阻抗声衬，研究结果表明，空间非均布声阻抗声衬相比均布式声阻抗声衬有最大降噪量[2]，但受限于当时的数值仿真及实验方法，在其解析方法中做出了许多假设，使得其研究结论的可靠性有限。

发动机的风扇噪声以管道压力模态的形式沿管道向外传播，并在管道出口向外辐射[3]。根据声源频率特性的不同，由风扇产生的噪声通常分为宽频噪声和纯音噪声两种[4-5]。纯音噪声是由风扇转子和静子干涉产生的，其频谱特性由风扇叶片通过频率的谐波能量确定；而宽频噪声是紊流和自由涡脱落产生的。目前，国内外学者针对风扇噪声传播特性和控制机理开展了许多相关研究。Achunche 等[6]通过径向模态等能量分布假设预测不同转速工况的风扇前传噪声，发现当转子叶尖速度为亚声速时，预测的叶片通过频率（blade passing frequency，BPF）纯音噪声与实际测试结果趋势基本一致。在此基础上，Schuster 等[7]通过实验数据进一步验证了等能量假设的有效性，并利用该假设进行声源的径向模态分解，进一步运用于双自由度无缝声衬优化设计。许坤波、仝帆、徐珺等[11-13]较为系统地研究了不同参数对风扇噪声传播特性和声衬吸声性能的影响。可以看到试验研究在获取真实发动机风扇的模态传播特性，进而设计有效的风扇噪声抑制措施方面是十分必要的。

本文为研究 IMAGE 项目中经过优化设计的均布式和分段式声衬在实验室环境下的降噪性能，首先对使用的声衬降噪性能试验研究流程进行简单介绍，然后对本次试验所使用的管道内声模态解耦方法进行介绍，最后给实验室环境下均布式及分段式声衬的降噪性能的对比及降噪量。

1 消声短舱声衬降噪性能试验

对于声衬降噪性能研究，主要研究流程如图 1 所示，首先针对声衬工作环境提出声衬优化设计指标，其次根据优化设计指标设计合理的声衬声阻抗；然后根据声阻抗设计满足阻抗参数的平板声衬样件并对平板声衬阻抗进行测试，验证声衬结构参数是否满足阻抗设计；验证该设计方法后设计并制造环形声衬，最后对环形声衬降噪性能进行测试。

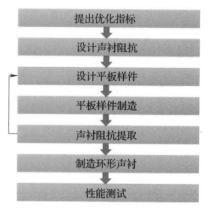

图 1　声衬降噪性能研究整体流程

1.1 研究对象

本文的研究对象包括均布式声衬和分段式声衬两种，如图 2 所示。两个声衬长度完全相同，轴向长度 500mm，声衬内径保持与风扇进气管道内径一致，为 500mm。均布式声衬主要涉及参数如表 1 所示。分段式声衬包括 5 段，其不同段的声场结构设计参数如表 2 所示。

（a）均布式声衬

（b）分段式声衬

图 2　消声短舱声衬

表1 均布式声衬结构参数

序号	参数	值	序号	参数	值
1	面板厚度	1.2mm	3	穿孔率	47.6%
2	孔径	1.2mm	4	蜂窝性高度	24mm

表2 分段式声衬结构参数

序号	面板厚度 / mm	孔径 / mm	穿孔率 / %	蜂窝性高度 / mm
1	1.1	1.1	8	50
2	1.1	1.1	2.5	16
3	1.1	1.1	2.1	27
4	1.1	1.1	2.5	12
5	1.1	1.1	13	50

1.2 环形声衬道降噪性能试验平台

本文使用的试验设施为压气机试验台，其结构及安装如图3所示，主要结构由入口整流段、声衬安装段、传声器阵列测量段、风扇压气机、支撑结构及消声段等组成。声衬安装段上游及下游为可替换的等长固壁段及传声器阵列测量段，试验过程中通过互换固壁段及传声器阵列测量段的安装位置实现对声衬安装段上游及下游管道模态的测量。通过测量声衬安装段的管道模态，可以得到风扇噪声在经过声衬前后的变化情况，进而分析声衬的降噪性能。

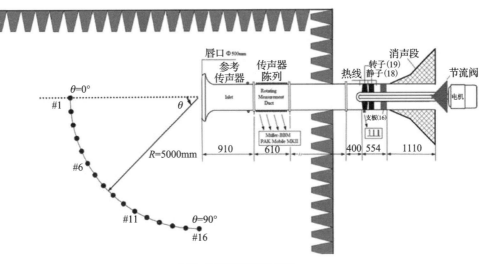

图3 进气道风扇设置概略图

传声器阵列测量段是一个可旋转的模态测量装置，其结构如图4所示。模态测量装置由两列沿流向等间距分布的传声器组成，每列安装14个传声器，间距24mm。两列传声器在周向的角度间隔为180°，即沿周向对称分布，这样做的好处是可以同时通过两列传声器对各自180°半区进行测量，节省测量时间。

图4 声模态测试段

试验台在入口侧有一个带有喇叭口喷嘴的短管道部分，入口管道中没有整流装置。其进气道风扇是一个单级轴流式压气机，它由一级转子及一级静子组成，图5给出了进气道风扇的转子和静子。转子及静子叶片数分别为19个和18个，可实现2679~2973r/min的转速变化。出口管道配有消声端。专门选择特定的静子叶片数量，使得叶片通过频率（BPF）处的转子/静子作用单音处于截通状态。其设计旨在捕捉轴流风机中低频范围内相关的声学特征。

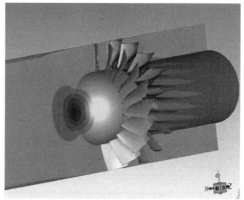

图5 进气道风扇转子和静子叶片

进气道风扇设备的转速和流量可调。转速通过电动马达实现调整，流量通过涵道尾部的节流阀调整。进气道风扇的设计参数如表3所示。

表3 进气道风扇设计参数

设计参数	量值	设计参数	量值
转速/（r/min）	2973	转子叶顶间隙/mm	0.6
流量/（kg/s）	6.38	机匣直径/mm	500
转子叶片数	19	轮毂直径/mm	285
静子叶片数	18	轮毂比	0.57
总压比	1.02	叶型	NACA 65

1.3 测试工况

本次试验主要研究复材声衬典型件在若干频率下的消声性能，重点关注不同流动速度、频率对消声效果的影响。试验项目如表4所示。根据不同转速工况，分别分析不同声衬在转速下前三阶叶片通过频率下，声衬上游、下游的管道声模态分布，并以此得出声衬在不同转速、不同噪声频率、不同流速下的降噪效果。

表4　测试工况

转速 / (r/min)	流量 / (kg/s)	总压比
2385	5.173639	1.0125
2679	5.857534	1.01497
2973	6.299464	1.0187

② 管道内模态分解

假定短舱内的空气不可压缩，等熵流动，并且忽略温度梯度；轴向和周向平均速度分布以及管道截面形状在轴向方向保持不变；没有径向速度分布；周向和轴向流速不随时间发生变化；介质的温度和密度在空间和时间上不变。圆形 / 环形管道内声学传播方程可以写成[14]

$$\frac{1}{c^2}\frac{\mathrm{d}^2 p}{\mathrm{d}t^2}-\frac{\partial^2 p}{\partial x^2}-\frac{1}{r}\frac{\partial}{\partial r}\left(r\frac{\partial p}{\partial r}\right)-\frac{1}{r^2}\frac{\partial^2 p}{\partial \theta^2}=0$$

式中，$\mathrm{d}p/\mathrm{d}t$ 为对流导数运算；c 为声速；t 为时间；p 为声压；x 为管道轴向坐标；r 为管道径向坐标；θ 为周向坐标。

当进行轴对称管道位置声模态解耦时需要应用管道内的声传播方程的解析解，这里进行简单描述。对于声场在圆柱或环形的硬壁管道内传播，上式可以得到一种数值解，对于某个频率可以由模态波的线性叠加得到

$$p(x,r,\theta,t)=\sum_{m=-\infty}^{+\infty}\sum_{n=0}^{+\infty}\left(A_{mn}^{+}\mathrm{e}^{-\mathrm{i}k_{mn}^{+}x}+A_{mn}^{-}\mathrm{e}^{-\mathrm{i}k_{mn}^{-}x}\right)f_{mn}(r)\,\mathrm{e}^{\mathrm{i}m\theta}\mathrm{e}^{\mathrm{i}\omega t}$$

$$k_{mn}^{+}=k\frac{-M_x\pm\alpha_{mn}}{\beta^2},\quad \alpha_{mn}=\sqrt{1-\left(\frac{\beta\,\sigma_{mn}}{kR}\right)^2},\quad \beta=\sqrt{1-Ma_x{}^2}$$

$$f_{mn}(r)=\frac{1}{\sqrt{\Gamma_{mn}}}\left[J_m\left(\sigma_{mn}\frac{r}{R}\right)+Q_{mn}Y_m\left(\sigma_{mn}\frac{r}{R}\right)\right]$$

式中，m 为周向声模态阶数；n 为径向声模态阶数；ω 为角频率；r/R 为无量纲半径；Ma_x 为气流轴向马赫数；A_{mn}^{+} 为顺流和逆流传播的模态波幅值；k_{mn}^{+} 为顺流和逆流传播的模态轴向波数；k 为波数；f_{mn} 为模态形状函数，需要用到一阶和二阶 Bessel 函数，即 J_m 和 Y_m，并用到圆柱硬壁管道的特征值 σ_{mn}，对于非环形管道 Q_{mn} 为 0。

数值计算可以给出进、出口截面上声模态的分布，但对于涵道内部，尤其是阻抗交界面上的分布没有提供。需要通过网格节点上的声压及声速度解耦声模态幅值。声速度可表示为

$$u_{m,n}^{\pm} = \frac{\xi_{m,n}^{\pm} P_{m,n}}{c_0 \rho_0}$$

式中

$$\xi_{m,n}^{\pm} = \frac{k_{m,n}^{\pm} P_{m,n}}{k - k_{m,n}^{\pm} Ma_x}$$

结合上述两式即可反向求解不同管道截面、不同声模态的模态系数。此研究采用参考传声器法模态分解技术（RC-MDM）和互相关模态分解技术（CC-MDM）两种模态分解技术对环形声衬降噪性能试验平台进行模态分解。需要指出的是，对于每一个声模态阶数（m，n）对应 4 个管道内传播的声模态（平面波对应两个声模态），即顺流方向传播声模态、逆流方向传播声模态、顺时针旋转声模态和逆时针旋转声模态。当管道内截通的声模态个数较多时，上述两式组成的线性方程组相当庞大。

以频率为自变量的模态传播函数的传播模态和模态阶数（m，n）的数目如图 6 所示。实线为截通模态的总数，短虚线为传播模态波的最大周向模态数，用于确定每个环在固定轴向位置处的所需传感器的最小数量，以分解模态波并保证准确。长虚线为传播模态波的最大径向模态数，其所需的轴向环数应至少是管道中传输的径向波数的两倍。可以看出，在 941.5Hz 下，截通的最大周向模态阶数为三，最大径向模态阶数为一，不考虑传播方向的情况下可传播声模态个数共有 8 个。

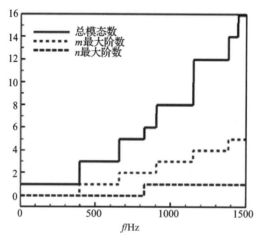

图 6　以频率为自变量的模态传播函数的传播模态和模态阶数

为验证所使用的管道模态分解技术，对比了同一工况下的模态分解结果与试验测试得到的声功率特性。图 7 为使用 RC-MDM 和 CC-MDM 计算得到的管道声功率与传声器阵列测试结果的比较，其中 RC-MDM 用 RC 表示，CC-MDM 用 CC 表示，试验测量得到的所有传感器位置上平均的声压级则用 SPL of raw dota 表示。可以看出两种模态分解技术得到的宽频声功率谱特性与试验结果类似，区别只在于幅值。考虑到模态分解技术的目的是辨识管道模态，幅值的差异对模态分解结果不构成影响。因此两种模态分解技术在宽频噪声分量的分解结果都是合理的。

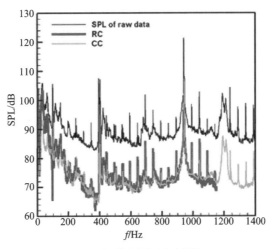

图7 典型的宽频噪声声功率谱

根据下面的等式，可以计算以频率为函数的传播模态的总数和最大模态阶数（m, n）。模态分析到频率为3000Hz，其中110个模态可以在管道中上下传播，最大周向模态阶数为$m=\pm 12$，最大径向阶数为$n=4$。

$$f_{c,mn} = \frac{\sigma_{mn}}{2\pi R} c \sqrt{1-Ma^2}$$

模态截通特性如图8的右图所示，其中详细描述了每个新的截通周向模态阶数和径向模态阶数。

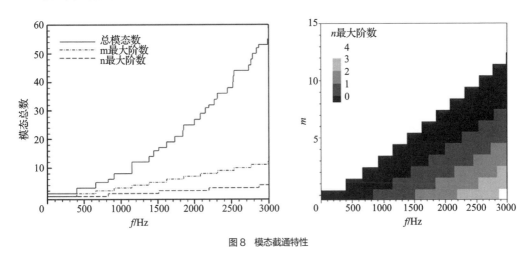

图8 模态截通特性

当计算模态切断功能时，重要的是确定管道内模态分解的频率限制。根据参考文献［18］和［40］，应使用以下指南确认频率上限。

（1）关于模态控制，为了避免"混叠"和"溢出"，每个环的传感器数量至少是周向模态的一定数量，即

$$N_\theta \geqslant 2 \times m_{max}$$

式中：m_{max}——最大周向模态阶数。

（2）用于模态分析的必要环数 N_x 的条件由下式给出：$N_x \geqslant n_{max}$，其中 n_{max} 是相应频率处的最大径向模态阶数。考虑到上行和下行模态波，必要的环数 N_x 定义为

$$N_x \geqslant 2 \times n_{max}$$

当需要识别上游和下游模态波时，需要加倍。

（3）在宽频模态分解方法中，方程式中的自由度是传播模态数的3倍，也就是说

$$N_p = N_x N_\theta \geqslant 3 \times N_{mode}$$

在这些理论指导下，宽频模态分解可以确定达到 3.0kHz。

3 声衬降噪性能

3.1 声衬声模态声功率级的降噪量

对三种不同转速的试验工况，对比分析了均布式和分段式声衬在转速下前三阶叶片通过频率下模态，并以此得出声衬在不同转速、不同噪声频率、不同流速下的降噪效果。

3.1.1 2973r/min 下模态测量分析

2973r/min 下 1BPF 为声衬的设计频率，（1，0）模态为声衬的设计模态。声衬在该频率和模态下应有明显的消声效果。

图 9~图 11 为该转速下、不同叶片通过频率下，管道内测量得到的声模态分布。其中黑色矩形柱代表固壁下的测量，灰色矩形柱代表声衬上游（声传播方向）下的测量，白色色矩形柱代表声衬下游（声传播方向）下的测量。

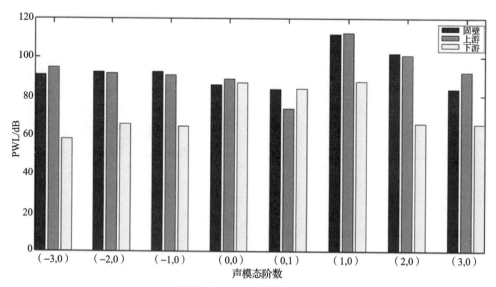

图9　1BPF 下不同声模态的分布

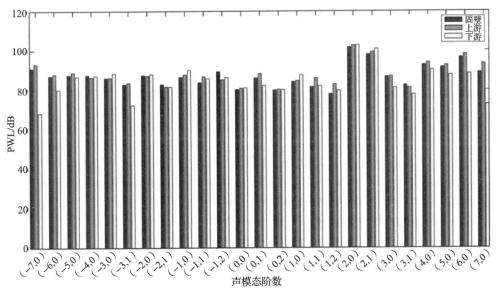

图10　2BPF 下不同声模态的分布

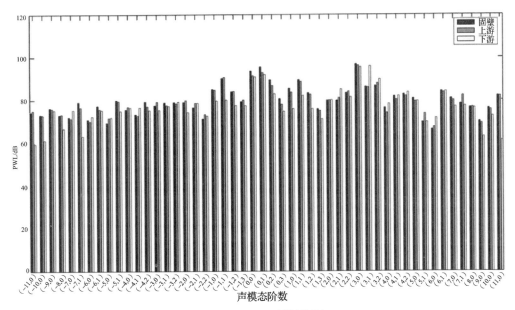

图11　3BPF 下不同声模态的分布

可以看出在设计工况下，声衬具有显著的降噪效果，降低（1，0）声模态的声功率级达到24.3dB。在平面波下具有最小的消声效果，随着模态阶数的升高，声衬的降噪能力有所提升。声衬对高阶声模态具有更好的消声效果，试验结果与经验相符。对于个别模态，如（±3，0），安装声衬以后，靠近声源一侧的模态测量装置测到的声功率反而升高，这主要是由声模态在阻抗交界面上反射引起的。

对于该转速下的 2BPF 的降噪效果进行分析。可以看出该频率下的（1，0）阶声模态并没有显著的降噪效果，甚至声功率有所提升。这里的原因：一方面是该转速对应的噪声频率已经偏离声衬设计频率，这是引起降噪量变化的主要原因；另一方面，可能是高阶声模态在阻抗交界面的模态散射，散射向低阶声模态。在这个转速下，对于刚接通的最高阶周向声模态（−7，0）、（7，0），声衬具有显著降噪效果。再次证明了声衬对高阶声模态的降噪效果。从结果中还可以得出，对于径向的高阶声模态，如（0，1）相比于（0，0），高阶径向声模态也具有更高的降噪量。

对于该转速下的 3BPF，由于截通声模态个数大大增加，声模态在阻抗交界面上的散射非常复杂，精细地分析各个模态的降噪效果并不容易。仍能分析出，对于刚接通的最高阶周向声模态（−11，0）、（11，0）等，声衬具有显著降噪效果。

3.1.2 2679r/min 下模态测量分析

图 12 ~ 图 14 分布为该转速下、不同叶片通过频率下，管道内测量得到的声模态分布。其中黑色矩形柱代表固壁下的测量，灰色矩形柱代表声衬上游（声传播方向）下的测量，白色矩形柱代表声衬下游（声传播方向）下的测量。

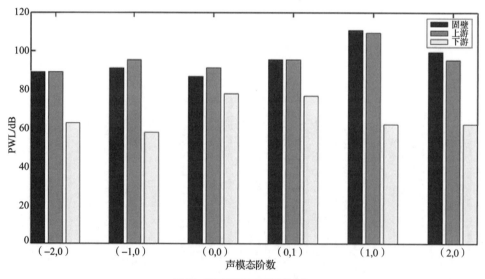

图 12 1BPF 下不同声模态的分布

在 2679r/min 转速下，1BPF 的（1，0）阶声模态的降噪效果非常明显，降低声功率级接近 50dB。主要原因在于：该转速的 1BPF 非常接近设计工况的 1BPF，频率上的接近结合模态阶数相同，促使该模态的降噪效果显著；而且，可能声衬的结构参数对应的、在该流速下的声阻抗也非常接近其最优声阻抗，最终导致了明显的降噪效果。

2BPF 下的模态分布特性与 2973r/min 下 2BPF 下的模态分布特性近似。

3BPF 下的模态分布特性与 2973r/min 下 3BPF 下的模态分布特性近似。

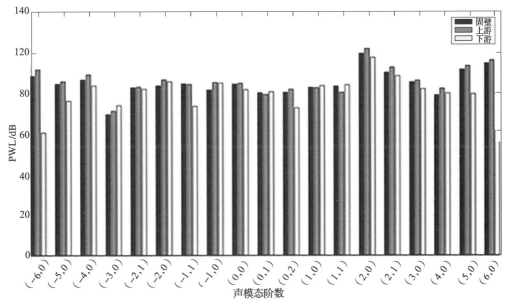

图 13　2BPF 下不同声模态的分布

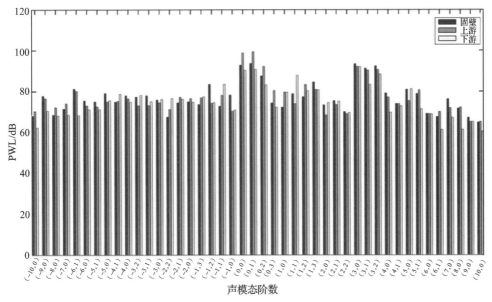

图 14　3BPF 下不同声模态的分布

3.1.3　2385r/min 下模态测量分析

图 15 ~ 图 17 分布为该转速下、不同叶片通过频率下，管道内测量得到的声模态分布。其中黑色矩形柱代表固壁下的测量，灰色矩形柱代表声衬上游（声传播方向）下的测量，白色矩形柱代表声衬下游（声传播方向）下的测量。

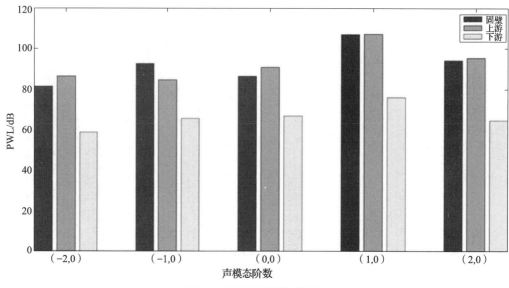

图15　1BPF下不同声模态的分布

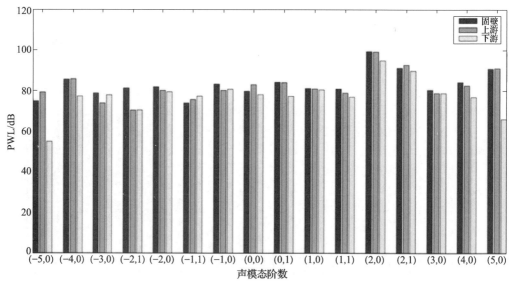

图16　2BPF下不同声模态的分布

在2385r/min转速下，1BPF的（1，0）阶声模态的降噪效果非常明显，降低声功率级接近31dB。主要原因在于：该转速的1BPF非常接近设计工况的1BPF，频率上的接近结合模态阶数相同，促使该模态的降噪效果显著；声衬的结构参数对应的、在该流速下的声阻抗也非常接近其最优声阻抗，最终导致了明显的降噪效果。

2BPF下的模态分布特性与2973r/min下2BPF下的模态分布特性近似。

3BPF下的模态分布特性与2973r/min下3BPF下的模态分布特性近似。

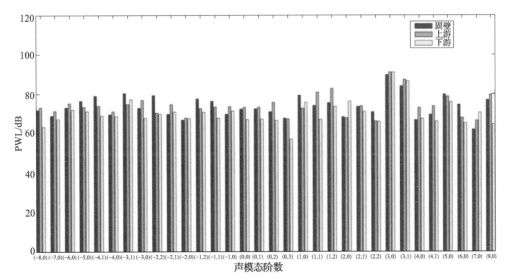

图17　3BPF下不同声模态的分布

3.2　远场指向性分析

对三种不同转速的试验工况，分别分析不同声衬在转速下前三阶叶片通过频率下远场频谱和指向性分布，并以此得出声衬在不同转速、不同噪声频率、不同流速下的降噪效果。

3.2.1　2973r/min 下远场指向性测量分析

2973r/min 下 1BPF 为声衬的设计频率，（1，0）模态为声衬的设计模态。声衬在该频率和模态下应有明显的消声效果。

图 18 为远场 30° 测点测量得到的声压级频谱。可以看出在设计频率（1BPF）附近频率范围（1000～2500Hz）都具有明显的消声效果。相比较而言，分段式声衬具有更好的降噪效果。

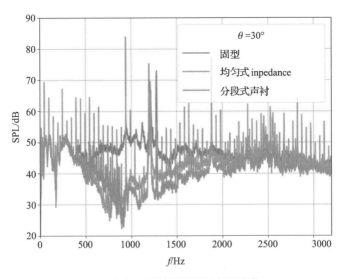

图18　远场 30° 测点测量得到的声压级频谱

图19～图21分别为1BPF、2BPF、3BPF下远场指向性测量结果。可以看出在1BPF下，不同测点下都具有很好的消声效果，尤其在低角度下（18°附近）具有最为明显的降噪效果，而该角度正好对应较低阶声模态的幅值，与设计工况是对应的。分段式声衬具有更为明显的降噪效果。

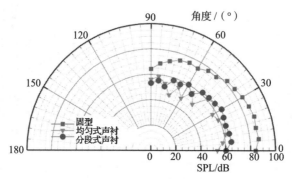

图19 1BPF下远场指向性

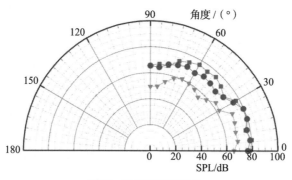

图20 2BPF下远场指向性

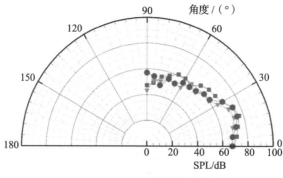

图21 3BPF下远场指向性

随着频率的升高，不同频率下的降噪量明显降低，这也与频谱观测的结果是对应的。在2BPF下，均布式声衬的降噪量主要体现在60°附近，即对高阶声模态具有降噪作用；对于分段式声衬，在全角度范围内仍有5～10dB的降噪量。对比模态测量结果，即在高频下，对高阶声模态的降噪量更为显著，两种测量结果吻合。在3BPF下，由于该频率远离设计频率，从频谱图中也可反映出，两种声衬的降噪效果有限，大概为2.5~5dB之间，分段式声衬仍然相比均布式声衬有更大的降噪量。在90°附近，由于声衬的模态散射作用使得高阶模态的声功率级反而增加。

3.2.2　2697r/min下远场指向性测量分析

图22为远场24°测点测量得到的声压级频谱。可以看出在设计频率（1BPF）附近频率范围（500~1500Hz）都具有明显的消声效果。分段式声衬的降噪频率范围更宽，上限频率超过2BPF。

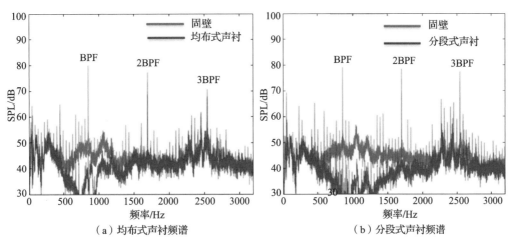

（a）均布式声衬频谱　　　　　　　　　（b）分段式声衬频谱

图22　远场24°测点测量得到的声压级频谱

图23~图25分别为1BPF、2BPF、3BPF下远场指向性测量结果。可以看出在1BPF下，不同测点下都具有很好的消声效果，尤其在低角度下（18°附近）具有最为明显的降噪效果，而该角度正好对应较低阶声模态的幅值，与设计工况是对应的。甚至可以发现，该转速下，在1BPF下的降噪量高于2973r/min下1BPF的降噪量，与模态测量结果的结论相符。在1BPF下，全角度范围内分段式声衬的降噪量较均布式声衬低，主要原因是分段式声衬在低频范围内的降噪效果不足。

近设计频率，其降噪效果的优势体现出来，在全角度范围内，降噪量相比均布式声衬提升5~10dB。回想模态测量结果，即在高频下，对高阶声模态的降噪量更为显著。两种测量结果是吻合

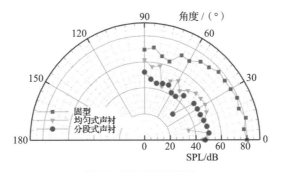

图23　1BPF下远场指向性

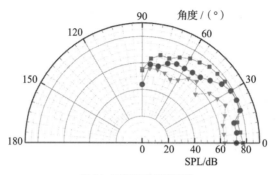

图 24　2BPF 下远场指向性

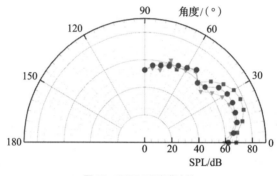

图 25　3BPF 下远场指向性

的。在 3BPF 下，降噪效果主要体现在 0°～50° 之间，均布式声衬的降噪量约为 5dB，分段式声衬的降噪量再提升 2～4dB。

3.2.3　2385r/min 下远场指向性测量分析

图 26～图 28 分别为 1BPF、2BPF、3BPF 下远场指向性测量结果。可以看出在 1BPF 下，不同测点下都具有很好的消声效果，两种声衬在各角度下的降噪量均超过 10dB，这一现象与设计工况（2973r/min）有所不同，可以看出均布式声衬在不同测点位置可以实现最大近 20dB 的降噪量。因为 2385r/min 工况的 1BPF 低于设计工况，因此在低频区域分段式声衬降噪效果不如均布式声衬。在 2BPF 时，分段式声衬的降噪性能优于均布式声衬，可以看到分段式声衬在 2BPF 时在各角度下的降

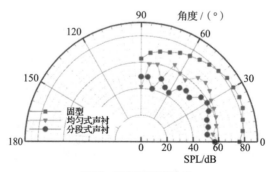

图 26　1BPF 下远场指向性

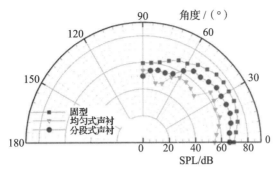

图27 2BPF下远场指向性

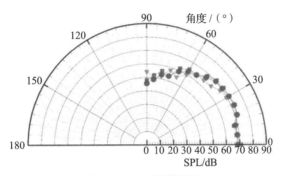

图28 3BPF下远场指向性

噪量均优于均布式声衬10dB左右。在3BPF下，两种声衬的降噪效果明显下降，这说明当声衬工作频率远离设计工况时，其降噪效果十分有限。

4 结论

试验研究了分段式消声短舱的降噪性能试验方法。针对航空发动机风扇进气道特点，依靠单级轴流式风扇压气机试验平台，分别通过管道模态分析及远场指向性分析研究了均布式及分段式缩比进气道声衬的降噪性能。得出的主要结论如下。

（1）在设计工况附近时，均布式声衬和分段式声衬均具有显著的降噪效果，均布式声衬在低频处的降噪性能优于分段式声衬，分段式声衬的宽频降噪性能优于均布式声衬。

（2）在设计工况下，分段式声模态声功率级的降噪量达到24.3dB；从远场指向性结果看，设计频率的降噪量达到23dB，设计工况下声衬具有显著的降噪效果。

（3）声衬对不同的声模态降噪量显著不同，声衬除了在设计模态上有显著降噪效果外，在高阶声模态上也有明显的降噪效果。

（4）通过试验，观测到了发动机涵道内阻抗交界面上发生的模态散射作用。这导致部分向下游传播的声模态的声功率级有所提升。

（5）偏离设计频率越远，声衬降噪性能显著下降。

致谢

本文所开展的研究工作是在中欧航空科技合作项目"降低飞机噪声源及其辐射的创新方法与技术研究"（IMAGE，668971–IMAGE–H2020–MG–2015）的资助下完成的，在此感谢本项目与本研究相关参研单位在研究过程中给予的帮助与指导。

参 考 文 献

［1］Mani R. General Electric Co. Acoustic duct with peripherally segmented acoustic treatment：3937590 ［P］. 1976–10–10.

［2］Howe M S. The attenuation of sound in a randomly lined duct［J］. Journal of Sound and Vibration，1983，87（1）：83–103.

［3］Blacodon D，Lewy S. Spinning Mode Analysis of the Acoustic Field Generated by a Turboshaft Engine［J］. Journal of Aircraft，1992，29（6）：1073–1079.

［4］乔渭阳. 航空发动机气动声学［M］. 北京：北京航空航天大学出版社，2010.

［5］王良锋，乔渭阳，纪良，等. 风扇进口噪声预测模型的改进［J］. 推进技术，2015，36（2）：226–231.

［6］Achunche I，Astley J，Sugimoto R，et al. Prediction of Forward Fan Noise Propagation and Radiation from Intakes［R］. AIAA 2009–3239.

［7］Schuster B，Lieber L，Vavalle A. Optimization of a Seamless Inlet Liner Using an Empirically Validated Prediction Method［R］. AIAA 2010–3824.

［8］季川子，宋文滨. 基于时域 LEE 方法的发动机进气道声衬降噪优化［J］. 科学技术与工程，2014，14（4）：143–149.

［9］Sun X，Wang X，Du L，et al. A New Model for the Prediction of Turbofan Noise with the Effect of Locally and Non–Locally Reacting Liners［J］. Journal of Sound & Vibration，2008，316（1）：50–68.

［10］李志彬，王叙理，王晓宇，等. 基于传递单元方法的局域反应声衬设计与实验研究［J］. 航空学报，2018，39（8）.

［11］许坤波，乔渭阳，霍施宇，等. 风扇单音噪声模态识别及其误差传递特性研究［J］. 推进技术，2018，39（1）：185–195.

［12］仝帆，乔渭阳，王良锋，等. 风扇湍流宽频噪声特性的数值计算分析［J］. 航空动力学报，2015，30（2）：455–462.

［13］徐珺，李晓东. 高声强下多狭缝共振腔的吸声性能［J］. 航空动力学报，2016，31（3）：548–554.

［14］薛东文，燕群，黄文超. 短舱进气道声衬的多模态非均匀分布局优化设计［J］. 计算机仿真，2019，036（008）61–65，81.

基于线性传声器阵列方法的
叶片声源识别研究

卯鲁秦[1]，向康深[1]，仝帆[2]，纪良[3]，乔渭阳[1]

1. 西北工业大学动力与能源学院，陕西西安 710072
2. 中国空气动力研究与发展中心，四川绵阳 621000
3. 中国航发商用航空发动机有限责任公司，上海 200241

0 引言

众所周知，随着航空工业的发展，降低机翼或叶轮机叶片前缘（LE）和尾缘（TE）产生的湍流宽频噪声已成为一项重要的工业需求，这也是航空声学中最具挑战性的问题之一[1]。作为典型的空气动力学噪声源，尾缘噪声已得到了广泛研究。应用 Curle[2] 理论，会在无限长平板的情况下高估边缘噪声，在半无限硬壁表面低估噪声。Ffowcs Williams 和 Hall[3] 的相关研究为尾缘噪声研究扫清理论障碍。通过对格林函数与 Lighthill 声学类比方程求解发现，湍流经过尾缘产生的远场声强随来流速度变化而改变，与来流速度 5 次方成正比。Ffowcs Williams 和 Hall 之后，很多人开始研究边缘噪声，试图预测这种噪声，例如，Crighton & Leppington[4]、Crighton[5]、Chandiramani[6]、Levine[7]、Howe[8, 9, 13]、Chase[10, 11]，Davis[12]。基于上述理论研究，Brooks 等[14, 15] 对尾缘噪声进行了相关实验，Amiet[16, 17] 和 Howe[18] 对其进行了建模。

1930 年以来，湍流边界层 – 尾缘噪声的降噪得到了广泛关注[19]。一直以来，猫头鹰安静飞行的能力是探索超安静飞机和燃气轮机噪声问题解决方案的灵感来源[20, 21]。受此启发，Bohn、Khorrami 和 Sarradj[22-24] 等研究了多孔材料的降噪效果。Finez[25] 等的研究表明锯齿结构可以有效降噪。Howe[26, 27] 提出了另一个降噪理念，波数垂直于尾缘的阵风与尾缘干涉辐射噪声的效率要高于倾斜阵风的噪声辐射效率，而锯齿形尾缘由于构成了倾斜尾缘结构，因此具有降噪能力。基于这种分析，Howe 给出了尾缘锯齿降噪的预测模型，并将尾缘锯齿的降噪量与锯齿间距 λ 和锯齿深度 $2h$ 等参数关联起来。对于锯齿状尾缘，当 $\omega h/U \gg 1$ 时，降噪效果约为 $10 \times 1g\ (1+\ (4h/\lambda\ )^2)\ (dB)$。基于这一理论，很多人通过实验验证了锯齿尾缘的降噪效果[28, 29]。

然而，目前已有关于前缘、尾缘噪声的相关理论不能满足减小涡轮机械湍流宽带噪声相关需求。Howe[30] 的理论模型高估了在某些频率下锯齿尾缘的降噪水平，低估了其他频率范围内锯齿尾缘的降噪效果。由于真实叶片载荷分布较为复杂，叶片迎角改变使得飞机机翼和叶轮机叶片气流流动和声学机理比半无限平面更为复杂。当叶片弦长过小时，实际叶片的前缘尾缘流动之间关系更为复杂[30]。真实叶片上，前缘噪声与尾缘噪声常常同时出现，声源之间距离较短。为进一步了解前缘尾缘噪声产生机理，探究翼型和叶片湍流噪声降噪方法，需要在实验中对前缘尾缘噪声进行识别分离。

由于大多数气动性能测试在开式风洞中进行，常常伴随着强烈的背景噪声，这会影响前缘尾缘噪声辐射。因而，识别分离前缘尾缘噪声是获取航空气动噪声的关键。

传声器阵列声学波束成形技术是探究流场噪声的有效方法。该技术已广泛用于航空领域，以研究和表征气动噪声。传统波束成形的性能在很大程度上取决于阵列形状设计和软件。反方法的发展使得声源识别成为可能[31-35]，使用反卷积算法可以从传声器阵列测量中获得更高分辨率的声源图。为解决传统波束成形算法空间分辨率受限、旁瓣水平高的问题。人们发展了各种反卷积方法以降低旁瓣，改善声源成像图的质量。1974 年，Högbom 发展了针对射电天文学的 CLEAN-PSF 算法，Sijtsma 在 CLEAN-PSF 算法的基础上，成功发展了适用于气动噪声测试的 CLEAN-SC 算法。由于 CLEAN-SC 算法能够极大抑制旁瓣，大大提高声源成像图质量，在气动噪声测试中得到了广泛应用[36]。

本文在开式风洞中，使用基于 CLEAN-SC 算法的 31 路传声器阵列对尾缘锯齿降噪结构进行声源识别。其中，采用 Sarradj 提出的标准测试算例对 CLEAN-SC 算法进行评估。实验对象为 NACA65（12）-10 叶片，叶片弦长为 150mm，展长为 300mm。来流速度 U = 20m/s 至 70m/s（基于叶片弦长的雷诺数为 200000 ~ 700000），测量了基准叶片与锯齿尾缘叶片的尾缘噪声，参数化研究了锯齿幅值与波长对降噪效果的影响

1 阵列算法评估

采用 Sarradj 提出的两个标准测试算例对 CLEAN-SC 算法进行考核和验证。4 个单极子声源分别位于边长为 0.2m 的正方形的 4 个角上，位置坐标分别为 $\xi_0 =$（0.1m，-0.1m，0.75m），$\xi_1 =$（-0.1m，-0.1m，0.75m），$\xi_2 =$（-0.1m，0.1m，0.75m），$\xi_3 =$（0.1m，0.1m，0.75m）。如图 1 所示，传声器阵列是 64 个传声器组成的七臂螺旋平面阵列，阵列孔径大约为 1.5m。在第一个算例中，4 个声源强度相同。第二个算例中，4 个声源噪声强度不同，一个声源比最强的声源低 6dB，另外两个声源分别比最强的声源低 12dB 和 18dB。

两个测试算例中，4 个噪声源用白噪声模拟生成。第二个测试算例的目的是测试传声器阵列数据处理算法在强声源存在的情况下能否依然准确分辨出较弱的声源，这个测试算例相比第一个测试算例难度更大。

Sarradj[37] 等指出，对于每个信号源，应均使用具有正态分布的独立随机数发生器。因此，在每个传声器上的各个声源的贡献是不相关的。为了获得传声器信号，首先将声源信号延迟适当的时间，之后将其叠加到每个单独的传声器上，再以 51.2kHz 的速率采样。实验测试中，采样频率为 32768Hz，采样时间为 15s，传声器阵列数据处理中 FFT 点数为 1024 点，采用 Hanning 窗分段多次平均，不同数据段重叠率为 50%。

1.1 测试算例 1 结果分析

图 2 是测试算例 1 中采用 CLEAN-SC 算法得到的不同频率下的声源分布图。从图中可以看出 CLEAN-SC 算法不仅能够准确捕捉到声源位置，并且可以得到干净的声源成像图。

图 3 给出了测试算例 1 中 4 个声源（source 0 ~ 3）的识别结果与标准数据的对比，从图中可以看出，本文采用的 CLEAN-SC 算法能够准确识别出四个声源的量级大小。

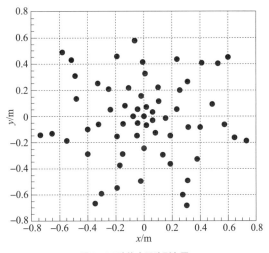

图1 64路传声器阵列布置

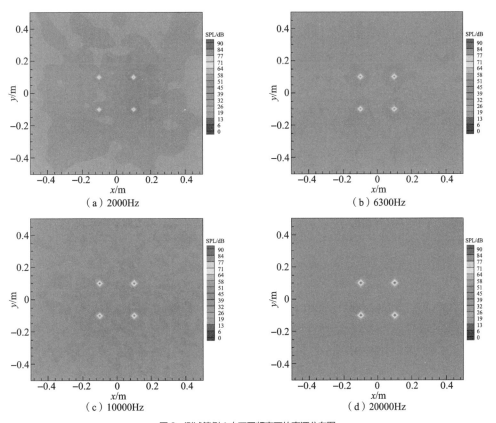

（a）2000Hz （b）6300Hz

（c）10000Hz （d）20000Hz

图2 测试算例1中不同频率下的声源分布图

图4中给出了CLEAN-SC算法结果和标准数据的差值，其中为了进行更广泛的对比，图中还给出了其他机构不同算法的结果，如阿德莱德大学（UniA）的CLEAN-SC、DAMAS算法，勃兰登堡工

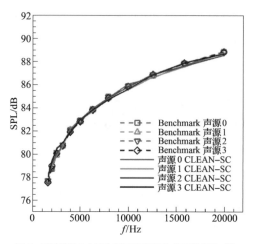

图 3　测试算例 1 中四个声源识别结果与标准数据的对比

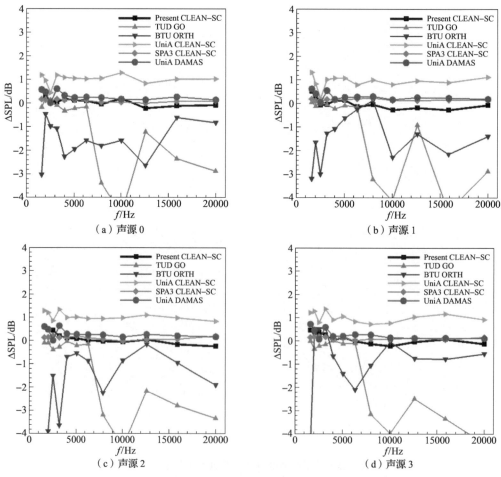

（a）声源 0　　　　　　　　　　　（b）声源 1

（c）声源 2　　　　　　　　　　　（d）声源 3

图 4　测试算例 1 中 4 个声源识别结果与标准数据及其他方法的对比

业大学（BTU）的正交波束成形（orthogonal beamforming, ORTH）方法，荷兰 PSA3 公司的 CLEAN-SC 算法，代尔夫特大学（TUD）的全局优化（global optimization, GO）算法[37]。从图 4 可以看出，本文采用的 CLEAN-SC 算法在宽广的频率范围内具有良好的精度，误差小于 0.5dB，在频率高于 3000Hz 的范围，算法误差小于 0.2dB。

1.2 测试算例 2 结果分析

图 5 是测试算例 2 中采用 CLEAN-SC 算法得到的不同频率下的声源分布图，从图 5 可以看出，对于测试算例 2 中这种复杂的声源，CLEAN-SC 算法依然能够准确识别出噪声源的位置并得出干净的声源图像。

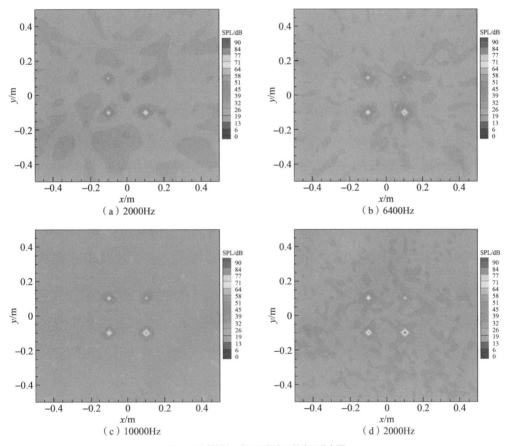

图 5　测试算例 2 中不同频率下的声源分布图

图 6 给出了测试算例 2 中 4 个声源的识别结果与标准数据的对比，从图中可以看出，本文采用的 CLEAN-SC 算法在复杂声源情况下依然能够准确识别出 4 个声源的量级大小，尽管这 4 个声源强度相差最多达 18dB（这意味着能量相差 63 倍）。

此外，为了更加细致地考核 CLEAN-SC 算法的精度，图 7 中给出了 CLEAN-SC 算法结果和标准数据的差值，同时也给出了其他机构算法的结果。对比图 4 和图 7 可以看出，相比于简单的四个等强度声源的识别，四个非等强度的复杂声源的准确识别对算法的要求更高，尤其是对最弱声源（声

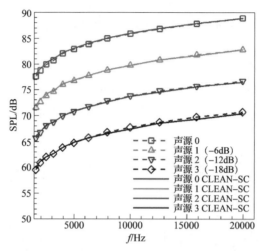

图6 测试算例2中四个声源识别结果与标准数据的对比

源3（-18dB））的准确识别具有很大的挑战性。从图7中可以看出，随着声源强度的减小，对其幅值进行准确识别的难度越来越大。对于强度最弱的声源3，对比的几种算法中，仅有SPA3公司的CLEAN-SC算法和本文的CLEAN-SC算法依然能达到很高的精度，具有很好的鲁棒性，在3000Hz以上频率误差小于0.2dB。阿德莱德大学的CLEAN-SC算法尽管在算例1中误差均在1dB以内，但在更加复杂的算例2中，其计算误差明显增大，对于最弱的声源3，其误差可达3dB。这也说明，尽管CLEAN-SC算法早已被提出，但是对其正确应用以达到最佳效果仍需要特别关注，这也充分验证了Sarradj等人工作的重要性。

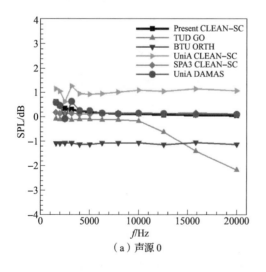

（a）声源0

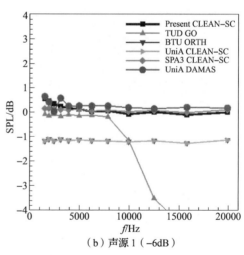

（b）声源1（-6dB）

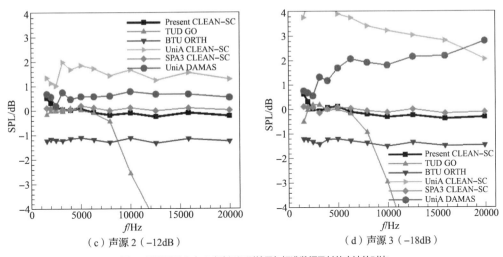

（c）声源 2（-12dB）　　　　　　（d）声源 3（-18dB）

图 7　测试算例 2 中 4 个声源识别结果与标准数据及其他方法的对比

2 前缘尾缘噪声识别

2.1 实验设置

实验在西北工业大学叶轮机气动力学与气动声学实验室（TAAL）的开式射流风洞进行。该低速风洞主要由气源离心压缩机、扩压段、整流段和收敛段组成。风洞来流由一台 20kW 交流变频电机驱动的离心式压缩机提供，外界大气经离心式压缩机驱动进入风洞管道，经由扩压段管道进入整流段，整流段内有一道蜂窝整流器和两道网格整流器，气流被整流后，经收敛段加速，由矩形射流出口射出，风洞矩形射流出口尺寸为 300mm×90mm。测试段如图 8 所示。风洞的最大气流流量为 1.5kg/s，对应的最大风洞出口马赫数小于 0.3，实验中通过变频器调节离心式压缩机的转速以改变风洞出口的射流速度。该低速射流风洞出口的湍流度小于 1%。

实验以 NACA65（12）-10 孤立叶片为研究对象，叶片弦长 c=150mm，叶片展长 L=300mm。如图 8（a）所示，叶片放置于风洞矩形射流核心区，叶片两端由亚克力板固定，其可调迎角范围为 -5°~5°。如图 8（b）所示，本文采用 31 个传声器构成的非等间距线性传声器阵列对叶片噪声进行测量。阵列总长度为 1.72m，阵列位于叶片正下方 0.69m 处。阵列中相邻传声器的最大间距为 0.15m，最小间距为 0.035m。所有传声器都安装在一个硬质反射表面上，以此来提高整个频谱上采集到的声压级，入射波和反射波的干涉可以提高两倍的声压级（6dB）。为了消除室内开式风洞试验的背景噪声，本次实验中采用了针对混响和剪切层影响的修正方法[38]。

声场测量采用 BSWA 公司的 MPA401 型号 1/4in 预极化自由场传声器。该传声器在自由声场中的有效测量频率范围为 20Hz~20kHz，允许测量的最大声压级是 168dB，工作温度范围为 -50~+110°C，环境温度系数为 0.01dB/K。数据采集系统为 Müeller BBM MKⅡ采集器，最大可同步采集 32 路传声器信号，最大采样频率可达 102.4kHz，系统通过以太网与移动计算机相连。在开始测量之前，通过使用 1000Hz 单频标准声源对传声器进行校准。

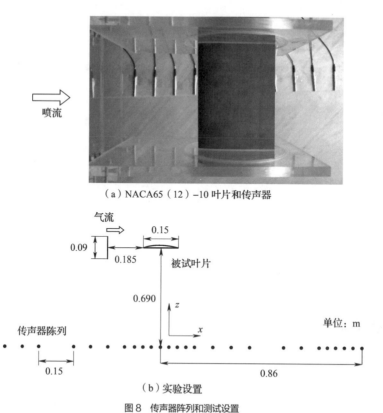

（a）NACA65（12）-10 叶片和传声器

（b）实验设置

图8　传声器阵列和测试设置

2.2　前后缘声源识别结果

在不同来流速度和攻角下，测量了 NACA65（12）-10 叶片前缘与尾缘噪声。选取来流流速为 U=20m/s、40m/s、60m/s 和 70m/s，基于叶片弦长的雷诺数分别为 $2 \times 10^5 \sim 7 \times 10^5$。图 9（a）展示了波束成形结果。从图中可以看出，使用本文阵列测量方法可以获得"干净"的声源识别结果。风洞噪声、叶片前缘噪声、叶片尾缘噪声被清晰地分辨出来。

为了进一步探究叶片前缘噪声和尾缘噪声之间的相关性，使用 CLEAN-PSF 算法对前缘噪声和尾缘噪声进行了识别，并将结果与之前算法结果进行比较。如图 9（b）所示，两种算法获得的结果略有不同。

图 10 是使用 CLEAN-PSF 算法与 CLEAN-SC 算法的结果比较。从图中可知，CLEAN-PSF 算法结果的旁瓣较多，在风洞噪声源附近的 x=-0.32m 和 x=-0.18m 处，有两个明显的旁瓣。相比 CLEAN-PSF 算法，CLEAN-SC 算法的旁瓣明显较少。图 10（a）和图 10（b）进一步比较显示，使用 PSF 算法比 SC 算法识别的声源噪声高约 2dB。

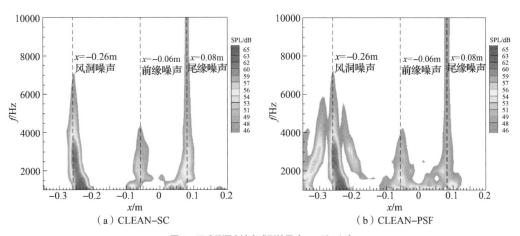

（a）CLEAN-SC　　　　　　　　　　　　　　（b）CLEAN-PSF

图9　开式风洞中波束成形结果（$U = 40\text{m/s}$）

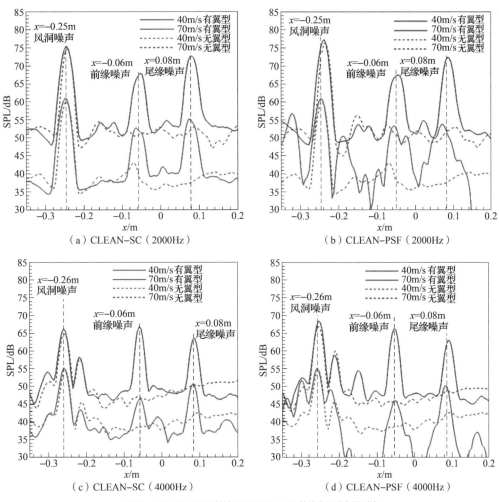

（a）CLEAN-SC（2000Hz）　　　　　　　　　　（b）CLEAN-PSF（2000Hz）

（c）CLEAN-SC（4000Hz）　　　　　　　　　　（d）CLEAN-PSF（4000Hz）

图10　CLEAN-PSF 算法和 CLEAN-SC 算法声源分布图对比

3 基于线性传声器阵列的尾缘噪声识别研究

3.1 尾缘锯齿结构

使用相同的线性阵列对 NACA65（12）–10 叶片锯齿尾缘结构进行实验。为了参数化研究锯齿结构对降噪效果的影响，除传统的尾缘锯齿外，还设计并测试了 12 种不同的锯齿尾缘叶片，如图 11（a）所示。表 1 给出了所有锯齿尾缘结构设计参数，其中 c 为叶片弦长，图 11（b）给出了锯齿幅值（$2h$）和锯齿波长（w）的定义。

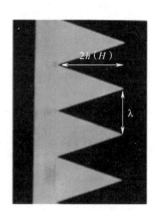

（a）锯齿尾缘叶片　　　　　　　　　　　　（b）锯齿尾缘参数定义

图 11　锯齿尾缘叶片与参数定义

表 1　锯齿尾缘结构设计参数

序号	名称	$2h$/mm	$2h/\bar{c}$	λ/mm	$\lambda/\bar{c}$	λ/h
0	基本构型	0	0	—	—	—
1	H5λ3	5	0.033	3	0.02	1.2
2	H10λ3	10	0.067	3	0.02	0.6
3	H15λ3	15	0.100	3	0.02	0.4
4	H20λ3	20	0.133	3	0.02	0.3
5	H25λ3	25	0.167	3	0.02	0.24
6	H30λ3	30	0.200	3	0.02	0.20
7	H40λ3	40	0.267	3	0.02	0.15
8	H30λ1.5	30	0.200	1.5	0.01	0.10
9	H30λ5	30	0.200	5	0.03	0.33
10	H30λ10	30	0.200	10	0.07	0.67
11	H30λ15	30	0.200	15	0.10	1.00
12	H30λ30	30	0.200	30	0.20	2.00

3.2 实验结果与分析

3.2.1 锯齿幅值对降噪效果的影响

首先，研究了尾缘锯齿幅值对尾缘噪声的影响。图 12 展示了来流流速为 40m/s、锯齿波长为 $\lambda=3mm$ 时，不同尾缘锯齿幅值下的声源识别图。从图中可以看出，尾缘锯齿可以显著降低尾缘噪声。从图 12（b）中可以看出，锯齿尾缘对于高频噪声具有明显的降噪效果。

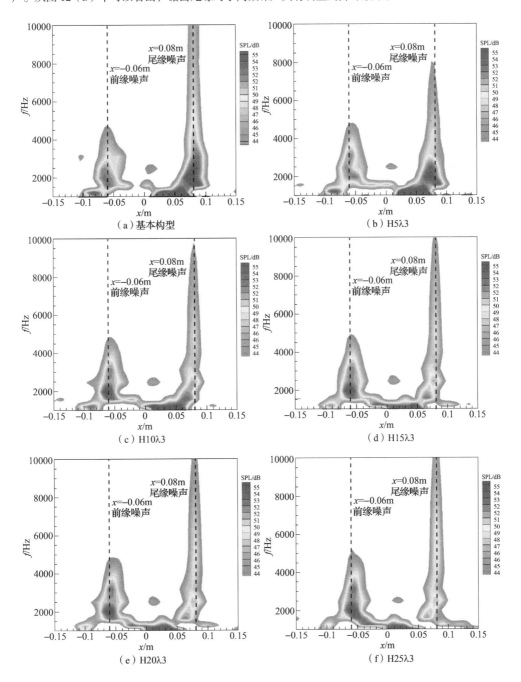

（a）基本构型

（b）H5λ3

（c）H10λ3

（d）H15λ3

（e）H20λ3

（f）H25λ3

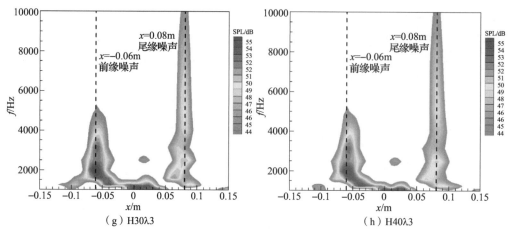

（g）H30λ3   （h）H40λ3

图12　不同锯齿幅值叶片声源分布（40m/s，迎角0°）

　　为了更精确地表示叶片湍流干涉噪声大小，在一定空间范围内对叶片噪声进行叠加与平均来计算干涉噪声的声压级。本文对噪声声压级计算公式如下

$$L_{\mathrm{LE}} = 10\lg\left(\frac{\sum\limits_{n=N_{\min}}^{N_{\max}} 10^{0.1L_n}}{N_{\max} - N_{\min} + 1}\right)$$

式中，L_n 是位置 n 处的声压级；$N_{\min}=1$；$N_{\max}$ 是扫描区域中采样点的总数。

　　图13给出了20m/s、40m/s、60m/s、70m/s 4个速度下，保持3mm尾缘锯齿波长不变，不同尾缘锯齿幅值叶片尾缘噪声的三分之一倍频程频谱。从图13可以看出，尾缘锯齿能够有效降低叶片的尾缘噪声，在20m/s速度下，不同长度的尾缘锯齿之间的降噪效果差异不大，在8000Hz以下的宽广频率范围，能够降低噪声4～5dB。在40m/s时，除了H5λ3锯齿以外，其他长度的尾缘锯齿降噪效果差异不大，在5000Hz以下，能够显著降低叶片尾缘噪声，但在5000Hz以上，降噪效果明显变弱。H5λ3锯齿则在低频下降噪量较少，随着频率增大，降噪量增大。然而，随着速度进一步增大，在

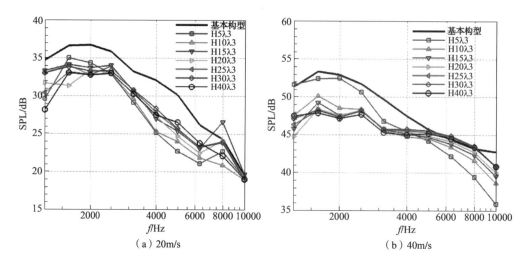

（a）20m/s   （b）40m/s

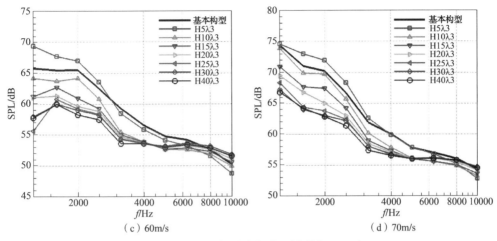

图 13 不同尾缘锯齿幅值叶片尾缘噪声频谱（λ=3mm）

60m/s 和 70m/s 时，不同长度尾缘锯齿的降噪效果差异越来越明显，H5λ3 锯齿甚至增大了低频范围内的噪声，随着锯齿长度增大，降噪量增大。

3.2.2 尾缘锯齿波长对降噪效果的影响

为了详细对比不同尾缘锯齿波长叶片的噪声，图 14 给出了 20m/s、40m/s、60m/s、70m/s 4 个速度下，不同尾缘锯齿波长叶片尾缘噪声的三分之一倍频程频谱。从图 14 可以看出，尾缘锯齿能够有效降低叶片的尾缘噪声，在 20m/s 速度下，不同波长的尾缘锯齿均能够在关心的整个频率范围（1250 ~ 10000Hz）降低叶片尾缘噪声，且 H30λ1.5 锯齿降噪效果最好，在宽广的频率范围内能够降噪 3 ~ 4dB。然而在 10000Hz 附近的高频区域，所有锯齿的降噪效果均非常有限。在 40m/s 时，不同波长的尾缘锯齿在 4000Hz 以下均能够降低尾缘噪声，不同波长的尾缘锯齿降噪效果差异在 2 ~ 3dB，在 4000Hz 以上，H30λ5 锯齿甚至增大了尾缘噪声。随着速度进一步增大，在 60m/s 和 70m/s 时，不同波长尾缘锯齿的降噪效果差异越来越明显，波长最小的 H30λ1.5 锯齿此时降噪效果最差，反而是 H30λ10 锯齿降噪效果最好。

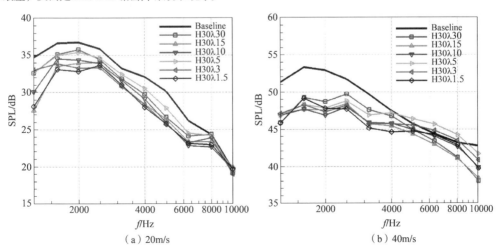

（a）20m/s

（b）40m/s

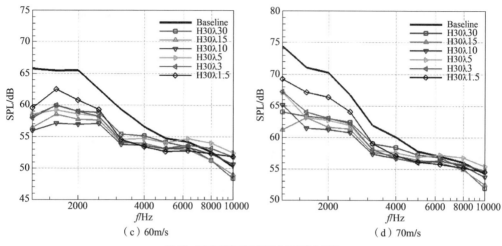

图14 不同尾缘锯齿周期叶片尾缘噪声频谱

4 结论

本文以 NACA65（12）-10 为研究对象，在开式风洞环境下，使用基于 CLEAN-SC 算法的声源识别技术，研究了锯齿尾缘结构对叶片降噪效果的影响，得到了 NACA65（12）-10 叶片声源识别图像。基于此项研究，得到如下结论。

（1）根据 Sarradj 标准测试算例对本文的 CLEAN-SC 算法进行考核验证。尽管 CLEAN-SC 算法早已被提出，但是对其正确应用以达到最佳效果仍需要特别关注。评估结果显示，本文基于 CLEAN-SC 算法的阵列数据处理程序具有较好的精度，其在较宽的频率范围内误差小于 0.5dB。

（2）本文对叶片前缘与尾缘噪声进行识别，结果显示，CLEAN-PSF 算法比 CLEAN-SC 算法识别的声源噪声高约 2dB。因此，使用线性阵列识别声源时，需要考虑声源之间的相互干涉。

（3）使用锯齿尾缘可以有效降低叶片尾缘噪声。其中锯齿的幅值和波长对降噪效果有着显著影响。来流流速和叶片迎角也会影响锯齿尾缘的降噪效果。为了获得较大的降噪量，应根据实际工作条件和气流参数设计对应的锯齿尾缘。

参 考 文 献

[1] Gliebe P R. Observations on Fan Rotor Broadband Noise Characteristics. 10th AIAA/CEAS Aeroacoustics Conference Proceedings, No. 2004-2909, AIAA, Manchester, England, 2004.

[2] Curle N. The influence of solid boundaries upon aerodynamic sound. Proc. Roy. Soc.（London）A321, 1955: 505-514.

[3] Ffowcs Williams J E, Hall L H. Aerodynamic sound generation by turbulent flow in the vicinity of a scattering half plane[J]. Fluid Mech, 1970: 40, 4, 657-670.

［4］Crighton D G，Leppington F G. Scattering of aerodynamic noise by a semi-infinite compliant plate ［J］. Fluid Mechanics，1970：43，721-736.

［5］Crighton D G. Radiation from vortex filament motion near a half plane ［J］. Fluid Mechanics，1972：51，2，357-362.

［6］Chandiramani K L. Diffraction of evanescent waves，with application to aerodynamically scattered sound and radiation from unbaffled plates ［J］. of the Acoustic Society of America，1974：55，1，19-29.

［7］Levine H. Acoustical diffraction radiation. Philips Research Report，1975：30，240-276.

［8］Howe M S. The generation of sound by aerodynamic sources in an inhomogeneous steady flow ［J］. Fluid Mechanics，1975：67，3，597-610.

［9］Howe M S. The influence of vortex shedding on the generation of sound by convected turbulence ［J］. Fluid Mechanics，1976：76，4，710-740.

［10］Chase D M. Sound radiated by turbulent flow off a rigid half-plane as obtained from a wavevector spectrum of hydrodynamic pressure ［J］. of the Acoustic Society of America，1972：52，3，1011-1023.

［11］Chase D M. Noise radiated from an edge in turbulent flow. AIAA［J］. 1975：13，8，1041-1047.

［12］Davis S S. Theory of discrete vortex noise. AIAA［J］. 1975：13，3，375-380.

［13］Howe M S. A review of the theory of trailing edge noise. J. Sound and Vibration，1978：61，3，437-465.

［14］Marcolini M，Brooks T，Pope D. Airfoil self-noise and prediction. NASA RP-1218，1989.

［15］Brooks T，Hodgson T. Trailing edge noise prediction from measured surface pressures. Journal of Sound and Vibration，1981，78（2）：69-117.

［16］Amiet R. Noise due to turbulent flow past a trailing edge. Journal of Sound and Vibration，1976，47（3）：387-393.

［17］Amiet R. A note on edge noise theories. Journal of Sound and Vibration，1981，78（4）：485-488.

［18］Howe M S. Trailing edge noise at low mach numbers. Journal of Sound and Vibration，1999，225（2）：211-238.

［19］Adams H. Patent Application for a Noiseless device. No. US2071012A，field 22 Feb，1937.

［20］Graham R. The silent flight of owls. Roy. Aero. Soc. J，1934（286）：837-843.

［21］Lilley G M. A study of the silent flight of the owl. 4th AIAA/CEAS Aeroacoustics Conference，No.1998-2340，AIAA，Toulouse，France，1998.

［22］Bohn A. Edge noise attenuation by porous edge extensions. 14th AIAA Aerospace Sciences Meeting，No. 76-80，Washington，DC，1976.

［23］Khorrami M，Choudhari M. Application of passive porous treatment to slat trailing edge noise. NASA TM-212416，2003.

［24］Sarradj E，Geyer T. Noise generation by porous airfoils. 13th AIAA/CEAS Aeroacoustics Conference，No. 2007-3719，Rome，Italy，2007.

［25］Finez A，Jondeau E，Roger M，et al Broadband noise reduction with trailingedge brushes，16th AIAA/CEAS Aeroacoustics Conference Proceedings，No. 2010-3980，Stockholm，Sweden，2010.

［26］Howe M S. Aerodynamic noise of a serrated trailing edge. Journal of Fluid and Structures，1991，5（1）：3-45.

［27］Howe M S. Noise produced by a sawtooth trailing edge，J. Acoust. Soc. Am，1991，90（1）：482-487.

［28］Oerlemans S，Fisher M，Maeder T，et al. Reduction of wind turbine noise using optimized airfoils and trailing-edge serrations. NLR-TP-2009-401，2009.

［29］Gruber M，Joseph P F，Chong T P. Experimental Investigation of Airfoil Self Noise and Turbulent Wake Reduction by the Use of Trailing Edge Serrations. 16th AIAA/CEAS Aeroacoustic Conference，No.2010-3803，Stockholm，Sweden，

2010.

［30］Ji Liang. Experimental and numerical study on mechanism and suppression method of turbo-machinery broadband noise［D］. Ph.D thesis, Northwestern Polytechnical University, 2016.

［31］Michel U. History of acoustic beamforming. Berlin Beamforming Conference（BeBeC）, 21-22, Nov, 2006.

［32］Venkatesh S R, Polak D R, Narayanan S. Beamforming algorithm for distributed source localization and its application to jet noise. AIAA Journal, 2003, 41（7）: 1238-1246.

［33］Lowis C, Joseph P. A focused beamformer technique for separating rotor and stator-based broadband sources. 12th AIAA/ CEAS Aeroacoustics Conference, No. 2006-2710, 2006.

［34］Brooks T F, Humphreys W M. A deconvolution approach for the mapping of acoustic sources（DAMAS）determined from phased microphone arrays. Journal of Sound and Vibration, 2006（294）: 856-879.

［35］Brooks T F, Humphreys W M, Plassman G E. DAMAS processing for a phased array study in the NASA Langley jet noise laboratory. 16th AIAA/CEAS Aeroacoustics Conference, No. 2010-3780, 2010.

［36］Sijtsma P. CLEAN based on spatial source coherence. International journal of aeroacoustics, 2007（6）: 357-374.

［37］Sarradj E, Herold G, Sijtsma P, et al. A microphone array method benchmarking exercise using synthesized input data［C］. 23rd Aiaa/ceas Aeroacoustics Conference, Aiaa Aviation Forum. 2017, AIAA 2017-3719.

［38］Qiao W Yang, Ji L, Tong F, et al. Separation and Quantification of Airfoil Le- and Te-Noise Source with Microphone Array, 2018 Berlin Beamforming Conference, BeBeC2018 D-14, March 5-8, Berliin, Germany.

风扇进口管道湍流宽频噪声
模态实验研究

同航[1]，王良锋[2]，许坤波[3]，卯鲁秦[1]，乔渭阳[1]

1. 西北工业大学动力与能源学院，陕西西安 710129
2. 中国空气动力研究与发展中心高速空气动力研究所，四川绵阳 621000
3. 南京工程学院机械工程学院，江苏南京 211167

0 引言

商用飞机的噪声问题始终是社会关注的焦点，其中航空发动机噪声在大多数飞行状态下都是其主要的噪声源。航空发动机噪声包括单音噪声（如转子自噪声蜂鸣声和转静干涉噪声）和宽频噪声[1]。

随着相对容易控制的航空叶轮机单音噪声源和喷流噪声源已经有了有效的控制措施，湍流宽频噪声逐渐成为发动机主要噪声源，特别是处于湍流流场中高速旋转的叶轮机叶片产生的宽频噪声[2]。Tyler 和 Sofrin[3] 管道声模态理论指出，管道内声场可以看成是无穷个模态波的叠加。叶轮机管道尺寸的增加，伴随着越来越多的模态处于"截通"状态。根据 Nyqust[4] 采样定理，为了避免声模态分解过程中信号失真，传声器数量必须为相应频率下对应声模态最高阶数的两倍，这意味着随着声模态数的增加，传感器数量将显著增加。众所周知，随着声波频率的增加，风扇管道中处于"截通"状态的模态数将显著增加。相对于飞机噪声所关注高达 10kHz 的噪声频率范围，风扇管道内处于"截通"状态的模态数量更是高达数百个，这意味着在风扇管道声学测试过程中需要大量传声器用于声模态分解。

为了减少模态测量过程中传声器的使用数量，同时拓宽模态识别频率范围，国外有诸多学者将可以周向旋转的传声器阵列用于管道声模态测量研究之中。在模态识别的实验测试中，Enghardt[5]、Sutliff[6]、Dahl[7]、Heidelberg[8] 使用了旋转耙式阵列对管道内声场进行了测量，但是这种方法存在一个明显的缺陷：放置于管道截面内的旋转耙本身会产生尾迹，该速度亏损会与原始的风扇管道流场进行干涉，进而污染了真实的风扇管道声场结构。Zillmann[9] 和 Tapken[10] 使用可周向旋转的轴向阵列对超大涵道比的风扇单音噪声进行了测量，紧接着两种实验测量方法都被用于测量冷流下的低压涡轮的单音噪声，实验结果表明径向耙和轴向传感器阵列都可以准确测量出主导单音的相对大小，更重要的是两种方法都可以准确捕捉不同工况下单音噪声的变化趋势，两种测量方法得到的涡轮单音噪声和总声功率结果都有很好的一致性。Spitalny & Tapken[11] 通过将标准的模态本征函数和由数值模拟计算出的模态本征函数应用于实验测量的声场数据中，进一步研究了流体边界层对指定模态波的影响。

对于单音噪声，模态波与声源相关并且它们自身也彼此相关，国外对管道内单音噪声声场的测量技术也已经较为成熟。对于宽频噪声，因为声波能量通过不同的模态传播，短时间内的空间点对点的相关性很难在实验中捕捉，而且由于湍流结构中包含了不同尺度且随机脉动的湍流涡，湍流噪声表现为随机宽频噪声的特点，因此唯一可行的模拟管道内宽频噪声的方法是通过统计平均和空间互相关。德国航空航天研究院（DLR）的 Enghardt[12] 教授于 2004 年首次提出基于管道内声模态分解技术的发动机湍流宽频噪声源研究的新思想。这种方法基于两个测点的宽频信号相关性研究[13, 14]，通过阵列测量信号与固定位置处参考信号的相干分析获得气流管道内向前和向后传播声波的模态波，进而获得了管道内向前向后传播的声功率。该方法能够对发动机管道内声功率进行准确测量[15, 16]。并通过相关函数方法成功地将风扇宽频噪声与模拟宽频噪声进行了分离[17-19]。但是由于湍流噪声十分复杂，湍流噪声产生机理以及宽频噪声声模态与湍流源之间的统计关系也没有很好解释，仍需要展开大量的实验研究对风扇管道湍流宽频噪声模态识别方法进行优化。

　　本文建立了三种宽频噪声管道声模态识别方法，以西北工业大学涡轮机械空气动力学与声学实验室（TAAL, NPU）的一台单级轴流风扇气动 – 声学综合实验台为实验对象展开了一系列实验研究。实验中利用固定传声器阵列对风扇进口管道内声场进行了同步信号采集，利用声压信号的相关函数研究了湍流宽频噪声的模态相关性，对比了三种宽频噪声模态识别方法的差异。最后利用旋转传声器阵列对风扇进口管道的声场进行了多周向位置测量，进而利用互相关法模态分解方法对 0 ~ 3000Hz 频率范围内的风扇进口管道的声场进行了宽频噪声模态分解与识别，成功地拓宽了频率测量范围，并有效分离出向前和向后传播声波的声功率。

1 试验台及测试系统

1.1 单级轴流风扇气动 – 声学综合试验台

　　单级轴流风扇（NPU-Fan）气动 – 声学综合试验台如图 1 所示，可以分成 8 个部分：1—进口整流段；2—静压孔；3—声学测量段；4—硬壁管道；5—风扇级；6—总压探针；7—排气消声管道；8—节流锥。其中静压孔和风扇级出口总压探针用于风扇级气动性能测量，声学测量段用于采集风扇进口辐射声压级进而用于管道噪声研究，节流锥用于调节试验台出口通流面积进而调节风扇工作状态和管道内气流马赫数。

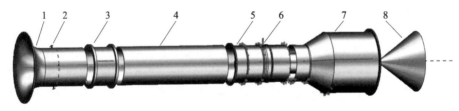

图 1　NPU Fan 气动 – 声学性能试验台示意图

　　风扇级通过功率为 18.5kW 的交流变频电机驱动。风扇的设计参数如表 1 所示，风扇级由 19 个转子叶片和 18 个静子叶片组成，额定设计转速为 2973r/min，设计流量为 6.3kg/s，在测量中通过改变转速和节流比对多个工况下的单级轴流风扇实验台进口噪声进行了详细的测试分析研究。

表1　NPU-fan 设计参数

设计参数	量值
转速 /（r/min）	2973
流量 /（kg/s）	5.30
转子叶片数	19
静子叶片数	18
总压比	1.0187
转子叶尖间隙 /mm	0.6
外径 /mm	500
内径 /mm	285
轮毂比	0.57
叶型	NACA 65

1.2　传声器阵列

如图2所示，在 NPU-Fan 进口道安装了固定传声器阵列以及旋转传声器阵列。

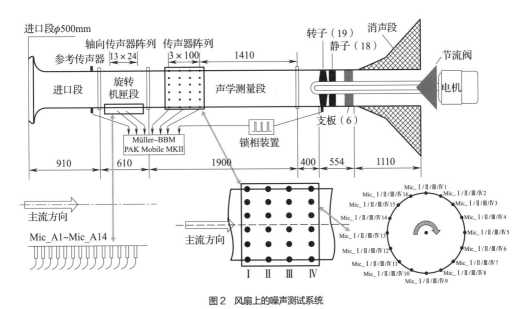

图2　风扇上的噪声测试系统

1.2.1　固定传声器阵列

首先，本研究中使用设置了一个固定传声器阵列。如图2所示，该阵列包含 4×16 个声压测孔位置。轴向相邻声压孔之间间距为 100mm。传声器测孔的轴向位置定义为：第 I 行、第 II 行、第

Ⅲ 行和第 Ⅳ 行。每一行传声器测孔的轴向位置定义为 1，2，…，15，16，传声器测孔等角度间隔，相邻测孔间距为 24°。在使用固定传声器阵列时将传声器固定在相应测孔内，并将其余测孔封闭。

1.2.2 旋转传声器阵列

旋转传声器阵列由两个轴向间距为 180° 的线性阵列构成，每个线性阵列包含 14 个传声器，相邻传声器之间的间距为 24mm。该旋转传声器阵列安装在风机转子前 2.3m 处。如图 2 所示，两个线性阵列分别标记为 A 行和 B 行，每一行的传声器分别标记为 Mic_A1、Mic_A2…旋转传声器阵列以步进电机控制的 6° 步长旋转，旋转传声器阵列完成一圈的声压采集可测量 60×14=840 个声压信号。在步进电机每完成一个旋转步长后，通过固定在风扇轴上的光电元件的脉冲信号触发传声器测量系统的记录并同步声压相位信号。

1.2.3 声学数据采集系统

管道声场测量方法和远场噪声测量方法都是用传声器来采集声压信号，传声器是一种将声压信号按一定比例转换成电压信号的声学测量元件。在噪声测试领域常用的传声器主要包含三类：电容式传声器、电动式传声器和驻极体传声器。其中电容式传声器具有灵敏度高、频率响应平直、固有噪声小、受电磁场和外界振动影响小等显著特点，目前多用于声学精密测量。电容式传感器是由固定电极（后板）和膜片构成一个电容，将一个极化电压加到电容的固定电极上，当声音传入时，振膜随声波的运动发生振动，此时振膜与固定电极间的电容量也随声音而发生变化，极板上的电荷量也会发生变化，变化的电荷流过外负载电阻，在负载电阻上就会产生一个与声波同规律的电压降，从而实现了声能—电能的转换。

声学测量实验采用了声望声电（BSWA）公司生产的 1/4in 预极化自由场传声器。该传声器的有效频率范围为 20Hz~20kHz，最大可测量 168dB 的声压信号，工作温度范围为 −50~+110℃，环境温度系数为 0.01dB/K，环境压力系数为 −10⁻⁵dB/Pa。BSWA 传声器为电容式传声器，在 50Hz~20kHz 的频率范围内稳定性很好。在进行现场测量时，传声器的灵敏度等性能指标会随环境温度、湿度、气压等参数的变化而在其出厂指标附近波动。因此，为了能够准确测量声压，对传声器进行实时标定校准就非常有必要。本文采用声级校准器在每次测量开始前对所有通道的传声器进行实时标定，所用的校准器能够在 1000Hz 产生稳定的 114dB 声压信号，通过校准准确度可以达到 ±0.3dB。

2 理论背景

2.1 流动管道内声传播的理论

圆形/环形管道声学理论模型的推导是在以下假定条件下进行的：①不可压缩介质，等熵流动，并且忽略温度梯度；②轴向和周向平均速度分布以及管道截面形状在轴向方向保持不变；③没有径向速度分布；④周向和轴向流速不随时间发生变化；⑤介质的温度和密度在空间和时间上都是不变的。基于上述假设条件，在圆柱坐标系下，圆形/环形管道内声波传播方程可以写成[20]

$$\frac{1}{c_0^2}\left(\frac{D}{Dt}\right)^2 p - \Delta p = 0 \tag{1}$$

式中，p 是声压；c_0 是当地声速；$\dfrac{D}{Dt}$ 是圆柱坐标系下的随流导数；Δ 是圆柱坐标系下的拉普拉斯算子。

对于圆形／环形硬壁管道内的声场而言，声波方程的解由不同模态波线性叠加而成

$$p(x,r,\theta) = \sum_{m=-\infty}^{\infty} \sum_{n=0}^{\infty} \left(P_{mn}^{+}e^{-i\gamma_{mn}^{+}x} + P_{mn}^{-}e^{-i\gamma_{mn}^{-}x}\right) \Psi_m(\kappa_{mn}r)\, e^{im\theta} \tag{2}$$

$$\Psi_m(\kappa_{mn}r) = A \cdot J_m(\kappa_{mn}r) + BY_m(\kappa_{mn}r) \tag{3}$$

$$\gamma_{mn}^{\pm} = \frac{1}{1-Ma^2}\left(\frac{Ma \cdot \omega}{c_0} \mp k_{mn}\right) \tag{4}$$

$$k_{mn} = \sqrt{\left(\frac{\omega}{c_0}\right)^2 - (1-Ma^2)\kappa_{mn}^2} \tag{5}$$

式中，x 是主流方向坐标；$\gamma_{mn}^{\pm}$ 是轴向波数；"+"号表示顺流传播方向；"−"号表示逆流传播方向；Ma 是主流马赫数；m，n 分别是周向模态阶数和径向模态阶数；J_m，Y_m 分别是 m 阶第一类和第二类贝塞尔函数；κ_{mn} 是管道模态特征值，它是通过求解下面超定方程得到的

$$\begin{vmatrix} J_m'(\kappa_{mn}r_{\mathrm{H}}) & Y_m'(\kappa_{mn}r_{\mathrm{H}}) \\ J_m'(\kappa_{mn}r_{\mathrm{D}}) & Y_m'(\kappa_{mn}r_{\mathrm{D}}) \end{vmatrix} = 0 \tag{6}$$

式中，r_{D}，r_{H}——管道机匣半径和轮毂半径。

2.2 模态截通函数

Tyler 和 Sofrin[3] 指出，当轴向波数 $\gamma_{m,n}^{\pm}$ 是实数时，模态波（m，n）表现出传播特性，即该模态被"截通"（cut–on），该模态波将沿轴向无衰减地传播；而当轴向波数 $\gamma_{m,n}^{\pm}$ 是复数时，该模态波幅值沿轴向是指数衰减的特性，即模态波（m，n）被"截止"（cut–off）。

$$\left(\frac{\omega}{c_0}\right)^2 - (1-Ma^2)\kappa_{mn}^2 = 0 \tag{7}$$

$$f_c = \frac{\kappa_{mn}}{2\pi R}c_0 \sqrt{1-Ma^2} \tag{8}$$

当声波频率大于 f_c 时，该模态处于"截通"状态；当声波频率小于 f_c 时，该模态处于"截止"状态。

2.3 宽频噪声模态识别测量方法

由式（2）可知，管道声场由无数个模态波线性叠加而成，其中包括周向声模态和径向声模态。当只分析周向声模态时，可以写成

$$p(x,r,\theta) = \sum_{m=-\infty}^{\infty} P_m(x,r)\, e^{im\theta} \tag{9}$$

式中

$$P_m = \sum_{n=0}^{\infty} \left(P_{mn}^{+}e^{-i\gamma_{mn}^{+}x} + P_{mn}^{-}e^{-i\gamma_{mn}^{-}x}\right)\Psi_m(\kappa_{mn}r) \tag{10}$$

2.3.1 瞬时法模态分解方法

根据傅里叶变换基本公式，可以得到管道声场方程在时域上的表达式

$$p(t;x,r,\theta) = \int p(\omega;x,r,\theta)\,\mathrm{e}^{-\mathrm{i}\omega t}\mathrm{d}t = \int\Big(\sum_{m=-\infty}^{\infty}P_m(\omega;x,r)\,\mathrm{e}^{\mathrm{i}m\theta}\Big)\mathrm{e}^{-\mathrm{i}\omega t}\mathrm{d}t \tag{11}$$

$$= \sum_{m=-\infty}^{\infty}\Big(\int P_m(\omega;x,r)\,\mathrm{e}^{-\mathrm{i}\omega t}\mathrm{d}t\Big)\mathrm{e}^{\mathrm{i}m\theta} = \sum_{m=-\infty}^{\infty}P_m(t;x,r)\,\mathrm{e}^{\mathrm{i}m\theta}$$

由式（11）可以得到管道周向声模态振幅在时域上的计算公式

$$P_m(t;x,r) = \frac{1}{K}\sum_{k=1}^{K}p(t;x,r,\theta_k)\,\mathrm{e}^{-\mathrm{i}m\theta_k} \tag{12}$$

式中，K 是管道周向传声器的个数。根据前面周向管道声模态实验测量方法的分析可知，周向传声器个数 $K>2|M|$，其中 M 是处于"截通"状态的最大周向模态阶数。

由式（12）就可以得到不同时刻周向模态为 m 的复数振幅，对其进行傅里叶变换就可以得到不同频率下周向模态 m 对应的复数振幅 $P_m(\omega;x,r)$。需要指出的是，通常情况下，$P_m(t;x,r)$ 是复数，它并不是关于频率的对称函数。在这种情况下，计算 $P_m(\omega;x,r)$ 的常用方法就是将其分成实部和虚部两部分，即

$$P_m(t;x,r) = P_m^{\mathrm{R}}(t;x,r)+\mathrm{i}P_m^{\mathrm{I}}(t;x,r) \tag{13}$$

根据傅里叶变换特性，可以得到

$$P_m(\omega;x,r) = P_m^{\mathrm{R}}(\omega;x,r)+\mathrm{i}P_m^{\mathrm{I}}(\omega;x,r) \tag{14}$$

其中

$$P_m^{\mathrm{R}}(\omega;x,r) = P_m^{RA}(\omega;x,r)+\mathrm{i}P_m^{RB}(\omega;x,r) \tag{15}$$

$$P_m^{\mathrm{I}}(\omega;x,r) = P_m^{IA}(\omega;x,r)+\mathrm{i}P_m^{IB}(\omega;x,r) \tag{16}$$

由此可以得到不同空间位置上周向模态振幅的互相关函数 $P_m(\omega;x_p,r_p)\cdot P_m^*(\omega;x_q,r_q)$。

$P_m(\omega;x,r)$ 中包括 m 阶周向模态对应的所有"截通"的径向模态。因此，不同空间位置上周向模态的互相关函数可以写成

$$<P_m(\omega;x_p,r_p)\cdot P_m^*(\omega;x_q,r_q)>=$$
$$<\Big(\sum_{n=0}^{N}(P_{mn}^+\mathrm{e}^{-\mathrm{i}\gamma_{mn}^+x_p}+P_{mn}^-\mathrm{e}^{-\mathrm{i}\gamma_{mn}^-x_p})\Psi_m(\kappa_{mn}r_p)\Big)\cdot\Big(\sum_{n=0}^{N}(P_{mn}^+\mathrm{e}^{-\mathrm{i}\gamma_{mn}^+x_q}+P_{mn}^-\mathrm{e}^{-\mathrm{i}\gamma_{mn}^-x_q})\Psi_m(\kappa_{mn}r_p)\Big)^*>=$$
$$<\Big(\sum_{n=0}^{N}P_{mn}^+\mathrm{e}^{-\mathrm{i}\gamma_{mn}^+x_p}\Psi_m(\kappa_{mn}r_p)\Big)\cdot\Big(\sum_{n=0}^{N}P_{mn}^+\mathrm{e}^{-\mathrm{i}\gamma_{mn}^+x_q}\Psi_m(\kappa_{mn}r_q)\Big)^*+$$
$$\Big(\sum_{n=0}^{N}P_{mn}^+\mathrm{e}^{-\mathrm{i}\gamma_{mn}^+x_p}\Psi_m(\kappa_{mn}r_p)\Big)\cdot\Big(\sum_{n=0}^{N}P_{mn}^-\mathrm{e}^{-\mathrm{i}\gamma_{mn}^-x_q}\Psi_m(\kappa_{mn}r_q)\Big)^*+ \tag{17}$$
$$\Big(\sum_{n=0}^{N}P_{mn}^-\mathrm{e}^{-\mathrm{i}\gamma_{mn}^-x_p}\Psi_m(\kappa_{mn}r_p)\Big)\cdot\Big(\sum_{n=0}^{N}P_{mn}^+\mathrm{e}^{-\mathrm{i}\gamma_{mn}^+x_q}\Psi_m(\kappa_{mn}r_q)\Big)^*+$$
$$\Big(\sum_{n=0}^{N}P_{mn}^-\mathrm{e}^{-\mathrm{i}\gamma_{mn}^-x_p}\Psi_m(\kappa_{mn}r_p)\Big)\cdot\Big(\sum_{n=0}^{N}P_{mn}^-\mathrm{e}^{-\mathrm{i}\gamma_{mn}^-x_q}\Psi_m(\kappa_{mn}r_q)\Big)^*>$$

从式（17）可以看到，方程中的未知数不仅包括不同模态幅值的平方 $|P_{mn}^+|^2$ 和 $|P_{mn}^-|^2$，即模态幅值的自相关函数；还包括不同模态振幅之间的互相关项 $P_{mn}^+(P_{mn}^-)^*$、$P_{mn}^-(P_{mn}^+)^*$、$P_{mn1}^+(P_{mn2}^+)^*$、

$P_{mn1}^{+}(P_{mn2}^{-})^{*}$，一共 $4(N+1)^2$ 个未知数。为了能够求解得到这些未知数，需要沿不同轴向位置（即不同 x 值）或者不同半径位置（即不同 r 值）布置周向传声器阵列。如前面单音噪声径向模态分解方法所述，为了能够对最大阶数为 N 的径向模态进行准确分解，至少需要 $2N$ 圈周向传声器阵列，如果要想对反射模态波和入射模态波进行分离，周向传声器阵列在轴向上的圈数加倍，即至少需要 $4N$ 圈传声器阵列。

由于本文用于径向模态识别测量的是管道壁面传声器阵列，传声器阵列所处的径向位置都是机匣位置，另外，径向模态分解都是在某个频率下进行的，因此，式（17）中可以省略径向位置 r 和频率 ω 这两个变量，最后可以简化为

$$
\begin{aligned}
<P_m(x_p) \cdot P_m^*(x_q)> = \\
< \Big(\sum_{n=0}^{N} (P_{mn}^{+} e^{-i\gamma_{mn}^{+}x_p} + P_{mn}^{-} e^{-i\gamma_{mn}^{-}x_p}) \Psi_{mn} \Big) \cdot \Big(\sum_{n=0}^{N} (P_{mn}^{+} e^{-i\gamma_{mn}^{+}x_q} + P_{mn}^{-} e^{-i\gamma_{mn}^{-}x_q}) \Psi_{mn} \Big) * > = \\
< \Big(\sum_{n=0}^{N} P_{mn}^{+} e^{-i\gamma_{mn}^{+}x_p} \Psi_{mn} \Big) \cdot \Big(\sum_{n=0}^{N} P_{mn}^{+} e^{-i\gamma_{mn}^{+}x_q} \Psi_{mn} \Big)^{*} + \Big(\sum_{n=0}^{N} P_{mn}^{+} e^{-i\gamma_{mn}^{+}x_p} \Psi_{mn} \Big) \cdot \Big(\sum_{n=0}^{N} P_{mn}^{-} e^{-i\gamma_{mn}^{-}x_q} \Psi_{mn} \Big)^{*} + \\
\Big(\sum_{n=0}^{N} P_{mn}^{-} e^{-i\gamma_{mn}^{-}x_p} \Psi_{mn} \Big) \cdot \Big(\sum_{n=0}^{N} P_{mn}^{+} e^{-i\gamma_{mn}^{+}x_q} \Psi_{mn} \Big)^{*} + \Big(\sum_{n=0}^{N} P_{mn}^{-} e^{-i\gamma_{mn}^{-}x_p} \Psi_{mn} \Big) \cdot \Big(\sum_{n=0}^{N} P_{mn}^{-} e^{-i\gamma_{mn}^{-}x_q} \Psi_{mn} \Big)^{*} >
\end{aligned}
\tag{18}
$$

$4N$ 个不同轴向位置的周向传声器阵列可以得到 $4N$ 个 $P_m(x_p)$，$p=1, 2, \cdots, 4N$，对不同轴向位置得到的周向模态振幅之间取互相关，即 $P_m(x_p) \cdot P_m^*(x_q)$（其中 $p=1, 2, \cdots, 4N$，$q=1, 2, \cdots, 4N$），利用式可以分别得到这些互相关函数的表达式，最后可以得到由 $16N^2$ 个方程组成的方程组，写成矩阵形式为

$$
AX = B
\tag{19}
$$

式中，A 是系数矩阵；X 是需要求解得到的模态相关函数；B 是不同轴向位置周向模态幅值之间的互相关函数。其具体的表达式为

$$
A = \begin{bmatrix}
\Psi_{m0}\Psi_{m0} e^{-i\gamma_{m0}^{+}x_1 + i\gamma_{m0}^{+}x_1} & \cdots & \Psi_{ms}\Psi_{ml} e^{-i\gamma_{ms}^{+}x_1 + i\gamma_{ml}^{-}x_1} & \cdots & \Psi_{mN}\Psi_{mN} e^{-i\gamma_{mN}^{-}x_1 + i\gamma_{mN}^{-}x_1} \\
\Psi_{m0}\Psi_{m0} e^{-i\gamma_{m0}^{+}x_1 + i\gamma_{m0}^{+}x_2} & \cdots & \Psi_{ms}\Psi_{ml} e^{-i\gamma_{ms}^{+}x_1 + i\gamma_{ml}^{-}x_2} & \cdots & \Psi_{mN}\Psi_{mN} e^{-i\gamma_{mN}^{-}x_1 + i\gamma_{mN}^{-}x_2} \\
\vdots & \ddots & \vdots & \ddots & \vdots \\
\Psi_{m0}\Psi_{m0} e^{-i\gamma_{m0}^{+}x_p + i\gamma_{m0}^{+}x_1} & \cdots & \Psi_{ms}\Psi_{ml} e^{-i\gamma_{ms}^{+}x_p + i\gamma_{ml}^{-}x_1} & \cdots & \Psi_{mN}\Psi_{mN} e^{-i\gamma_{mN}^{-}x_p + i\gamma_{mN}^{-}x_1} \\
\Psi_{m0}\Psi_{m0} e^{-i\gamma_{m0}^{+}x_p + i\gamma_{m0}^{+}x_2} & \cdots & \Psi_{ms}\Psi_{ml} e^{-i\gamma_{ms}^{+}x_p + i\gamma_{ml}^{-}x_2} & \cdots & \Psi_{mN}\Psi_{mN} e^{-i\gamma_{mN}^{-}x_p + i\gamma_{mN}^{-}x_2} \\
\vdots & \ddots & \vdots & \ddots & \vdots \\
\Psi_{m0}\Psi_{m0} e^{-i\gamma_{m0}^{+}x_{4N} + i\gamma_{m0}^{+}x_{4N-1}} & \cdots & \Psi_{ms}\Psi_{ml} e^{-i\gamma_{ms}^{+}x_{4N} + i\gamma_{ml}^{-}x_{4N-1}} & \cdots & \Psi_{mN}\Psi_{mN} e^{-i\gamma_{mN}^{-}x_{4N} + i\gamma_{mN}^{-}x_{4N-1}} \\
\Psi_{m0}\Psi_{m0} e^{-i\gamma_{m0}^{+}x_{4N} + i\gamma_{m0}^{+}x_{4N}} & \cdots & \Psi_{ms}\Psi_{ml} e^{-i\gamma_{ms}^{+}x_{4N} + i\gamma_{ml}^{-}x_{4N}} & \cdots & \Psi_{mN}\Psi_{mN} e^{-i\gamma_{mN}^{-}x_{4N} + i\gamma_{mN}^{-}x_{4N-1}}
\end{bmatrix}
\tag{20}
$$

$$X = \begin{pmatrix} P_{m0}^+ \cdot (P_{m0}^+)^* \\ P_{m0}^+ \cdot (P_{m0}^-)^* \\ \vdots \\ P_{ms}^+ \cdot (P_{ml}^+)^* \\ P_{ms}^+ \cdot (P_{ml}^-)^* \\ \vdots \\ P_{mN}^- \cdot (P_{mN}^+)^* \\ P_{mN}^- \cdot (P_{mN}^-)^* \end{pmatrix} \quad B = \begin{pmatrix} P_m(x_1) \cdot P_m^*(x_1) \\ P_m(x_1) \cdot P_m^*(x_2) \\ \vdots \\ P_m(x_p) \cdot P_m^*(x_1) \\ P_m(x_p) \cdot P_m^*(x_2) \\ \vdots \\ P_m(x_N) \cdot P_m^*(x_{N-1}) \\ P_m(x_N) \cdot P_m^*(x_N) \end{pmatrix} \tag{21}$$

通过求解矩阵方程，就可以计算得到 $P_{mn}^+ \cdot (P_{mn}^+)^*$ 和 $P_{mn}^- \cdot (P_{mn}^-)^*$，即我们所要得到的模态振幅的平方。通常情况下，矩阵方程中方程个数大于未知数个数，在求解矩阵方程时通常使用最小二乘拟合法，这种求解方法会避免奇异矩阵求解困难的问题，也会提高求解精度。

2.3.2 互相关法模态分解方法

假设需要分解的最大周向模态阶数为 M，需要分解的最大径向模态阶数为 N，则根据前面所述，如果要将入射模态波和反射入射波都分离开，至少需要在 $4N$ 个轴向位置布置周向传声器阵列，每个周向传声器阵列至少需要 $2M+1$ 个传声器。

根据式（18），可以得到不同位置传声器信号的互相关函数为

$$C_{p,q}(\omega, \theta_{pu}, \theta_{qv}, x_p, x_q, r_p = r_q) = p(\omega, \theta_{pu}, x_p) \cdot p^*(\omega, \theta_{qv}, x_q)$$
$$= \left(\sum_{m=-M}^{M} P_m(\omega, x_p) e^{im\theta_{pu}} \right) \cdot \left(\sum_{m=-M}^{M} P_m(\omega, x_q) e^{im\theta_{qv}} \right)^* \tag{22}$$
$$= \sum_{m=-M}^{M} \sum_{l=-M}^{M} (P_m(\omega, x_p) \cdot P_l^*(\omega, x_q)) e^{im\theta_{pu} - il\theta_{qv}}$$

式中，$u, v = 0, 1, \cdots, K-1$。由于模态分解是在固定频率下进行的，因此，可以省略式中的频率变量 ω，最终简化为

$$p(\theta_{pu}, x_p) \cdot p^*(\theta_{qv}, x_q) = \sum_{m=-M}^{M} \sum_{l=-M}^{M} (P_m(x_p) \cdot P_l^*(x_q)) e^{im\theta_{pu} - il\theta_{qv}} \tag{23}$$

由式（23）可以看出，其中不仅包括各个周向模态的自相关函数 $P_m(x_p) \cdot P_m^*(x_q)$，还包括不同周向模态之间的互相关函数 $P_m(x_p) \cdot P_l^*(x_q)$。为了消除这些互相关项，设定 $\theta_{qv} = \theta_{pu} - \alpha$，在保证 α 恒定情况下将式（23）在整个 θ_{pu} 取值范围内积分并进行平均，可以得到

$$<p(\theta_{pu}, x_p) \cdot p^*(\theta_{pu} - \alpha, x_q)> =$$
$$\frac{1}{2\pi} \int_0^{2\pi} (p(\theta_{pu}, x_p) \cdot p^*(\theta_{pu} - \alpha, x_q)) d\theta_{pu} =$$
$$\frac{1}{2\pi} \int_0^{2\pi} \left(\sum_{m=-M}^{M} \sum_{l=-M}^{M} (P_m(x_p) \cdot P_l^*(x_q)) e^{im\theta_{pu} - il(\theta_{pu} - \alpha)} \right) d\theta_{pu} = \tag{24}$$
$$\sum_{m=-M}^{M} (P_m(x_p) \cdot P_m^*(x_q)) e^{im\alpha}$$

使用实验所用的传声器阵列，假设周向传声器阵列包括 K 个传声器（$K>2M$），轴向包括 D 圈传声器（$D \geqslant 4N$），则 $\theta_{pu} = 2u\pi/K$（其中 $u=0, 1, \cdots, K-1$）。在这种情况下，由式（24）可以得到

$$\sum_{m=-M}^{M} \left(P_m(x_p) \cdot P_m^*(x_q) \right) e^{im\alpha} = \frac{1}{K} \sum_{u=0}^{K-1} \left(p\left(\frac{2u\pi}{K}, x_p \right) \cdot p^* \left(\frac{2u\pi}{K} - \alpha, x_q \right) \right) \tag{25}$$

为了能够计算获得$P_m(x_p) \cdot P_m^*(x_q)$，需要选择一系列不同的$\alpha$值，组成方程个数大于$2M+1$的方程组。使用实验所用的管道壁面传声器阵列，可以取$\alpha = 2k\pi/K$（其中$k=0,1,\cdots,K-1$），这样就可以计算得到$P_m(x_p) \cdot P_m^*(x_q)$。

得到不同轴向位置周向模态的互相关函数后，就可以使用径向模态分解方法得到不同径向模态的振幅。由于互相关法中的径向模态分解方法与瞬时法中的径向模态分解方法一样，这里就不再详细介绍。

2.3.3 参考传声器法模态分解方法

从上述两种宽频噪声模态分解方法中可以看出，由于宽频噪声声模态之间的相关性，导致模态分解过程中出现许多不同模态之间的互相关项。当管道内模态数量较多时，这些互相关项会大大增加未知数个数，导致系数矩阵过大，最终使得方程组求解非常困难。而对由不相关的声源形成的声场而言，不同声模态之间是互不相关的，这种情况下就可以忽略不同模态之间的互相关项，这样可以大大简化模态分解过程。

参考传声器模态分解方法的前提就是假设宽频噪声不同模态之间是完全不相关的，通过引入参考传声器信号来降低干扰信号对模态分解结果的影响。假设参考传声器的信号为$p(\theta_0, x_0)$，则由式（23）可以得到参考传声器声压信号与传声器阵列中各个传声器声压信号的互相关函数为

$$p(\theta_{pk}, x_p) \cdot p^*(\theta_0, x_0) = \sum_{m=-M}^{M} \sum_{l=-M}^{M} \left(P_m(x_p) \cdot P_l^*(x_0) \right) e^{im\theta_{pk} - il\theta_0} \tag{26}$$

由于参考传声器法的前提假设为不同模态之间是互不相关的，因此，式（26）中不同周向模态的相关项为零，去除这些交叉项，式（26）可以写成

$$p(\theta_{pk}, x_p) \cdot p^*(\theta_0, x_0) = \sum_{m=-M}^{M} \left(P_m(x_p) \cdot P_m^*(x_0) \right) e^{im(\theta_{pk} - \theta_0)} \tag{27}$$

使用实验所用的传声器阵列，假设周向传声器阵列包括K个传声器（$K>2M$），轴向包括D圈传声器（$D \geq 4N$），则$\theta_{pk} = 2k\pi/K$（其中$k=0,1,\cdots,K-1$），根据式（27）就可以得到方程组

$$\begin{cases} \sum_{m=-M}^{M} \left(P_m(x_p) \cdot P_m^*(x_0) \right) e^{im(0-\theta_0)} = p(0, x_p) \cdot p^*(\theta_0, x_0) \\ \sum_{m=-M}^{M} \left(P_m(x_p) \cdot P_m^*(x_0) \right) e^{im\left(\frac{2\pi}{K} - \theta_0\right)} = p\left(\frac{2\pi}{K}, x_p \right) \cdot p^*(\theta_0, x_0) \\ \qquad\qquad\qquad\qquad \vdots \\ \sum_{m=-M}^{M} \left(P_m(x_p) \cdot P_m^*(x_0) \right) e^{im\left(\frac{(K-1)\cdot 2\pi}{K} - \theta_0\right)} = p\left(\frac{(K-1)\cdot 2\pi}{K}, x_p \right) \cdot p^*(\theta_0, x_0) \end{cases} \tag{28}$$

求解方程组就可以得到$P_m(x_p) \cdot P_m^*(x_0)$。下面将基于计算得到的$P_m(x_p) \cdot P_m^*(x_0)$进行径向模态分解。由式（28）可以得到

$$< P_m(x_p) \cdot P_m^*(x_0) > = < \left(\sum_{n=0}^{N} \left(P_{mn}^+ e^{i\gamma_{mn}^+ x_p} + P_{mn}^- e^{i\gamma_{mn}^- x_p} \right) \Psi_{mn} \right) \cdot \left(\sum_{n=0}^{N} \left(P_{mn}^+ e^{i\gamma_{mn}^+ x_0} + P_{mn}^- e^{i\gamma_{mn}^- x_0} \right) \Psi_{mn} \right)^* >$$

$$\tag{29}$$

由于不同模态之间是互不相关的，式（29）中的不同径向模态之间交叉项为零，这样，式（29）可以写成

$$
\begin{aligned}
&<P_m(x_p) \cdot P_m^*(x_0)> = \\
&<\Big(\sum_{n=0}^{N}(P_{mn}^+ e^{-i\gamma_{mn}^+ x_p}+P_{mn}^- e^{-i\gamma_{mn}^- x_p})(P_{mn}^+ e^{-i\gamma_{mn}^+ x_0}+P_{mn}^- e^{-i\gamma_{mn}^- x_0})^* \Psi_{mn}^2\Big)> = \\
&<\Big(\sum_{n=0}^{N}(P_{mn}^+(P_{mn}^+)^* e^{-i\gamma_{mn}^+ x_p+i\gamma_{mn}^+ x_0}\Psi_{mn}^2\Big)>+<\Big(\sum_{n=0}^{N}(P_{mn}^+(P_{mn}^-)^* e^{-i\gamma_{mn}^+ x_p+i\gamma_{mn}^- x_0})\Psi_{mn}^2\Big)>+ \\
&<\Big(\sum_{n=0}^{N}(P_{mn}^-(P_{mn}^+)^* e^{-i\gamma_{mn}^- x_p+i\gamma_{mn}^+ x_0}\Psi_{mn}^2\Big)>+<\Big(\sum_{n=0}^{N}(P_{mn}^-(P_{mn}^-)^* e^{-i\gamma_{mn}^- x_p+i\gamma_{mn}^- x_0})\Psi_{mn}^2\Big)>
\end{aligned} \tag{30}
$$

由于我们的目的是求解计算得到不同的模态幅值 $P_{mn}^+(P_{mn}^+)^*$ 和 $P_{mn}^-(P_{mn}^-)^*$，因此，为了减少未知数的个数，假设：$\gamma_{mn}^a = \dfrac{\gamma_{mn}^+ + \gamma_{mn}^-}{2}$ 和 $\gamma_{mn}^b = \dfrac{\gamma_{mn}^+ - \gamma_{mn}^-}{2}$。这样，式（30）就可以写成

$$
\begin{aligned}
&<P_m(x_p) \cdot P_m^*(x_0)> = \\
&<\Big(\sum_{n=0}^{N}(P_{mn}^+ e^{-i\gamma_{mn}^+ x_p}+P_{mn}^- e^{-i\gamma_{mn}^- x_p})(P_{mn}^+ e^{-i\gamma_{mn}^+ x_0}+P_{mn}^- e^{-i\gamma_{mn}^- x_0})^* \Psi_{mn}^2\Big)> = \\
&<\Big(\sum_{n=0}^{N}(P_{mn}^+(P_{mn}^+)^* e^{-i\gamma_{mn}^+ x_p+i\gamma_{mn}^+ x_0})\Psi_{mn}^2\Big)>+<\Big(\sum_{n=0}^{N}(P_{mn}^+(P_{mn}^-)^* e^{-i\gamma_{mn}^a(x_p-x_0)-i\gamma_{mn}^b(x_p+x_0)}\Psi_{mn}^2\Big)>+ \\
&<\Big(\sum_{n=0}^{N}(P_{mn}^-(P_{mn}^+)^* e^{-i\gamma_{mn}^a(x_p-x_0)+i\gamma_{mn}^b(x_p+x_0)}\Psi_{mn}^2\Big)>+<\Big(\sum_{n=0}^{N}(P_{mn}^-(P_{mn}^-)^* e^{-i\gamma_{mn}^- x_p+i\gamma_{mn}^- x_0})\Psi_{mn}^2\Big)> = \\
&<\Big(\sum_{n=0}^{N}(P_{mn}^+(P_{mn}^+)^* e^{-i\gamma_{mn}^+ x_p+i\gamma_{mn}^+ x_0})\Psi_{mn}^2\Big)>+<\Big(\sum_{n=0}^{N}(P_{mn}^-(P_{mn}^-)^* e^{-i\gamma_{mn}^- x_p+i\gamma_{mn}^- x_0})\Psi_{mn}^2\Big)>+ \\
&<\Big(\sum_{n=0}^{N}\Psi_{mn}^2 e^{-i\gamma_{mn}^a(x_p-x_0)}\big[(P_{mn}^+(P_{mn}^-)^* e^{-i\gamma_{mn}^b(x_p+x_0)})+(P_{mn}^-(P_{mn}^+)^* e^{i\gamma_{mn}^b(x_p+x_0)})\big]\Big)> = \\
&<\Big(\sum_{n=0}^{N}(P_{mn}^+(P_{mn}^+)^* e^{-i\gamma_{mn}^+ x_p+i\gamma_{mn}^+ x_0})\Psi_{mn}^2\Big)>+<\Big(\sum_{n=0}^{N}(P_{mn}^-(P_{mn}^-)^* e^{-i\gamma_{mn}^- x_p+i\gamma_{mn}^- x_0})\Psi_{mn}^2\Big)>+ \\
&<2\Big(\sum_{n=0}^{N}\Psi_{mn}^2 e^{-i\gamma_{mn}^a(x_p-x_0)}X_{mn}\Big)>
\end{aligned} \tag{31}
$$

式中，$X_{mn}=\mathrm{Re}\{P_{mn}^+ P_{mn}^- e^{-i\gamma_{mn}^b(x_p+x_0)}\}$。这样，每个式中需要求解的未知数个数是 $3(N+1)$ 个。

使用不同轴向位置的管道壁面传声器阵列与参考传声器信号进行互相关处理，可以得到 D 个如式（31）的方程，按照最小二乘拟合法的要求，至少需要保证 $D>3(N+1)$。将 D 个方程组成的方程组写成矩阵形式

$$
\begin{bmatrix}
A_{10}^+ & \cdots & A_{1N}^+ & A_{10}^- & \cdots & A_{1N}^- & C_{10} & \cdots & C_{1N} \\
A_{20}^+ & \cdots & A_{2N}^+ & A_{20}^- & \cdots & A_{2N}^- & C_{20} & \cdots & C_{2N} \\
\vdots & \ddots & \vdots & \vdots & & \vdots & \vdots & \ddots & \vdots \\
A_{p0}^+ & \cdots & A_{pN}^+ & A_{p0}^- & \cdots & A_{pN}^- & C_{p0} & \cdots & C_{DN} \\
\vdots & \ddots & \vdots & \vdots & & \vdots & \vdots & \ddots & \vdots \\
A_{D0}^+ & \cdots & A_{DN}^+ & A_{D0}^- & \cdots & A_{DN}^- & C_{D0} & \cdots & C_{DN}
\end{bmatrix} \cdot
\begin{bmatrix}
P_{m0}^+(P_{m0}^+)^* \\
\vdots \\
P_{mN}^+(P_{mN}^+)^* \\
P_{m0}^-(P_{m0}^-)^* \\
\vdots \\
P_{mN}^-(P_{mN}^-)^* \\
X_{m0} \\
\vdots \\
X_{mN}
\end{bmatrix} =
\begin{bmatrix}
P_m(x_1)P_m^*(x_0) \\
P_m(x_2)P_m^*(x_0) \\
\vdots \\
P_m(x_p)P_m^*(x_0) \\
\vdots \\
P_m(x_D)P_m^*(x_0)
\end{bmatrix} \tag{32}
$$

其中

$$A_{pn}^{\pm} = \varPsi_{mn}^2 \mathrm{e}^{-\gamma_{mn}^{\pm} x_p + \gamma_{mn}^{\pm} x_0} \tag{33}$$

$$C_{pn} = 2\varPsi_{mn}^2 \mathrm{e}^{-i\gamma_{mn}^a(x_p - x_0)} \tag{34}$$

求解方程就可以得到所要计算获得的模态幅值 $P_{mn}^+ (P_{mn}^+)^*$ 和 $P_{mn}^- (P_{mn}^-)^*$。

2.4 宽频噪声管道声场相关性分析方法

对比以上所述三种模态分解方法可知，当管道内宽频噪声不同声模态之间互不相关时，采用参考传声器法可以大大简化宽频噪声的模态分解过程。互相关模态分解方法和瞬时模态分解方法尽管可以计算得到不同模态之间的相关信息，从原理上来说可以更为准确地得到不同模态的幅值，但是由于未知数更多，大大增加了计算量，特别是当管道内处于截通状态的模态个数很多时，计算量会急剧增大。因此，从互相关模态分解方法提出以来，研究人员就开始对宽频噪声管道声模态的相关性进行分析，希望能够迅速准确地评估宽频噪声模态之间的相关性，进而为选择宽频噪声模态分解方法提供参考。

根据式（29），可以得到两个不同周向位置声压信号的互相关函数

$$C(\omega; \theta_1, \theta_2) = \sum_{m=-M}^{M} \sum_{l=-M}^{M} (P_m \cdot P_l^*) \mathrm{e}^{im\theta_1 - il\theta_2} = \\ \sum_{m=-M}^{M} \sum_{l=-M}^{M} (P_m \cdot P_l^*) \mathrm{e}^{i(m-l)\theta_2 + im\alpha} \tag{35}$$

式中，$\alpha = \theta_1 - \theta_2$。

从式（35）可以看出，两个不同周向位置声压信号的互相关函数主要与周向位置及夹角 α 有关。如果不同周向声模态之间是互不相关的，则对于不同的周向模态 $m \neq l$，$P_m \cdot P_l^* = 0$。在这种情况下，不同周向位置声压信号互相关函数就只与 α 有关。这与 Michalke[21] 提出的相关性分析方法是相符的。

取 $\alpha = 0$，式（35）就成为某个周向位置处声压信号的自相关函数或者功率谱密度，即

$$C(\omega; \theta) = \sum_{m=-M}^{M} \sum_{l=-M}^{M} (P_m \cdot P_l^*) \mathrm{e}^{i(m-l)\theta} \tag{36}$$

从上式可以看出，自相关函数与周向位置 θ 有关。如果不同周向模态是互不相关的，则对于不同的周向模态 $m \neq l$，$P_m \cdot P_l^* = 0$。在这种情况下，周向位置声压信号的自相关函数就与周向位置 θ 无关。基于管道声场结构的这一特点，Kerschen[22] 提出了用于分析宽频噪声管道声模态相关性的方法：如果管道壁面声压功率谱密度与周向位置无关，则不同周向声模态之间是互不相关的。Kerschen 指出这种方法是评估管道内不同周向声模态之间相关性的最简单也是最有普遍意义的方法。我们将这种方法称为 Kerschen 管道声模态相关性分析方法。但是在实际情况下，传声器测量得到的信号通常会受到当地湍流压力脉动的影响，Kerschen 提出的相关性判断方法不能将这一影响因素排除。为了尽量降低当地湍流压力脉动对声压信号的影响，Michalke[13] 建议使用三个不同空间位置处的（用1、2、3 表示三个位置）传声器声压信号的互相关函数来判定管道内声场的相关性。假设三个传声器位置距离足够远，三个位置处的湍流压力脉动仅仅影响对应位置的传声器信号，对其他两个位置

的传声器信号没有影响。使用 C_{12}、C_{23} 和 C_{13} 分别表示三个不同位置处传声器信号的互相关函数，ψ_{12}、ψ_{23} 和 ψ_{13} 分别表示对应互相关函数的相位，定义：

$$C_{123} = C_{12} \cdot C_{23}/C_{13} = \frac{|C_{12}||C_{23}|}{|C_{13}|}e^{i\Delta\psi} \qquad (37)$$

式中，$\Delta\psi = \psi_{12} + \psi_{23} - \psi_{13}$。

如果管道内声模态之间是完全相关的，根据式（36）和式（37）可以得到 $C_{123}=C_{22}$，其中，C_{22} 是位置 2 处的声压信号的自相关函数，此时 $\Delta\psi=0$，C_{123} 是实数。这种情况下，使用式可以得到不同位置处声压的自相关函数或者功率谱密度，而且其中去除了当地湍流压力脉动的影响；反之，如果管道内声模态之间是互不相关的，则 $\Delta\psi \neq 0$，C_{123} 是复数。我们将这种方法称为 Michalke 管道声模态相关性分析方法。本文将分别使用 Kerschen 和 Michalke 的管道声模态分析方法来分析管道内声场结构的相关性。

另外，基于 Kerschen 提出的周向声模态相关性分析方法，结合管道声学基本理论，还可以用类似的方法来分析径向模态的相关性。由管道声模态理论可以得到特定轴向位置上的周向模态自相关函数：

$$P_m(x) \cdot P_m^*(x) = \sum_{n=0}^{N}\sum_{s=0}^{N} \Psi_{mn}\Psi_{ms}[P_{mn}^+(P_{ms}^+)^* e^{i(-\gamma_{mn}^+ + \gamma_{ms}^+)x}] + \sum_{n=0}^{N}\sum_{s=0}^{N} \Psi_{mn}\Psi_{ms}[P_{mn}^+(P_{ms}^-)^* e^{i(-\gamma_{mn}^+ + \gamma_{ms}^-)x}] +$$
$$\sum_{n=0}^{N}\sum_{s=0}^{N} \Psi_{mn}\Psi_{ms}[P_{mn}^-(P_{ms}^+)^* e^{i(-\gamma_{mn}^- + \gamma_{ms}^+)x}] + \sum_{n=0}^{N}\sum_{s=0}^{N} \Psi_{mn}\Psi_{ms}[P_{mn}^-(P_{ms}^-)^* e^{i(-\gamma_{mn}^- + \gamma_{ms}^-)x}]$$

$$(38)$$

如果不同径向模态之间互不相关，则式（38）中的互相关项为零，$P_m(x) \cdot P_m^*(x)$ 与轴向位置无关，反之，$P_m(x) \cdot P_m^*(x)$ 沿轴向方向是变化的。使用这种方法可以迅速判断管道径向模态的相关性。

3 实验结果与分析

3.1 管道声模态相关性

对风扇管道宽频噪声模态识别测量之前，首先要分析风扇宽频噪声管道声场的相关性，根据声场相关性选择合适的宽频噪声模态分解方法，最终准确地对风扇宽频噪声管道声模态进行实验测量。这一部分使用 Kerschen 方法和 Michalke 方法分别对 NPU-Fan 进口宽频噪声管道声场的相关性进行分析。

Kerschen 方法指出，如果声压强度与周向位置无关，则不同周向声模态之间是互不相关的。为了全面分析 NPU-Fan 的声源相关性，这里将对比分析四个轴向位置处不同周向位置的声压级。图 3 给出了 100% 设计转速下不同周向位置声压级的对比结果。其中 $\Delta SPL=SPL_k - SPL_1$（$k=2, 3, \cdots, 8$）。可以看出，在 0～1000Hz 频域范围内，不同周向位置声压信号功率谱密度差异基本上都在 ±3dB 范围内，说明 NPU-Fan 宽频噪声不同周向声模态之间相关性很小，差异最大的主要出现在 50Hz 及其倍频上，这些频率与电机的旋转频谱吻合，这可能是电机振动引起的。

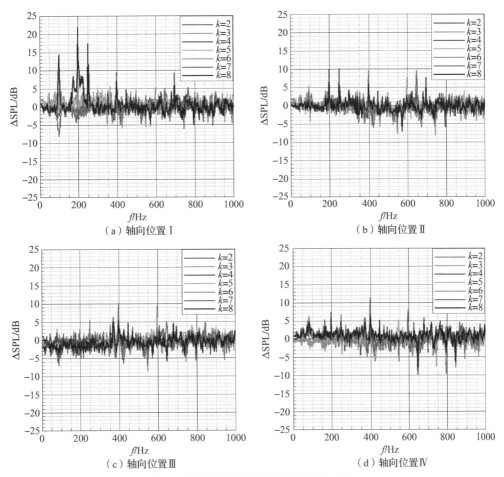

图3 不同周向位置声压信号功率谱密度的对比结果

利用 Kerschen 方法只能用来分析不同周向模态的相关性，在宽频噪声模态分解过程中还存在不同径向模态之间的相关项，为此，还需要分析不同径向模态的相关性。根据式（38）可知，如果不同径向模态互不相关，$P_m(x) \cdot P_m^*(x)$ 与轴向位置无关，反之，$P_m(x) \cdot P_m^*(x)$ 沿轴向方向是变化的。图4给出了不同周向模态（m=−3，−2，…，2，3）幅值沿轴向的变化趋势，其中 $\Delta SPL=SPL_p-SPL_1$，p=II，III，IV。

可以看出，当周向模态处于"截止"状态或者接近"截止"状态时，其幅值沿轴向变化剧烈，这与管道声传播理论是相符的；而当模态处于"截通"状态时，宽频噪声模态幅值沿轴向基本上保持不变，但是这并不能说明不同模态之间是互不相关的，因为在 0～1000Hz 频率范围内，对于 |m|>0 的周向模态而言，只有 n=0 阶径向模态处于"截通"状态，不存在多个径向模态互相叠加的情况。从图4（g）中可以看出，当 n=1 阶径向模态"截通"之后，m=0 对应的模态幅值沿轴向变化可以达到 10dB 以上，这与管道声传播理论也是相符的，同时也说明轴流风扇宽频噪声不同模态之间存在一定的相关性，使用参考传声器法用于宽频噪声的模态分解存在一定的不合理性。

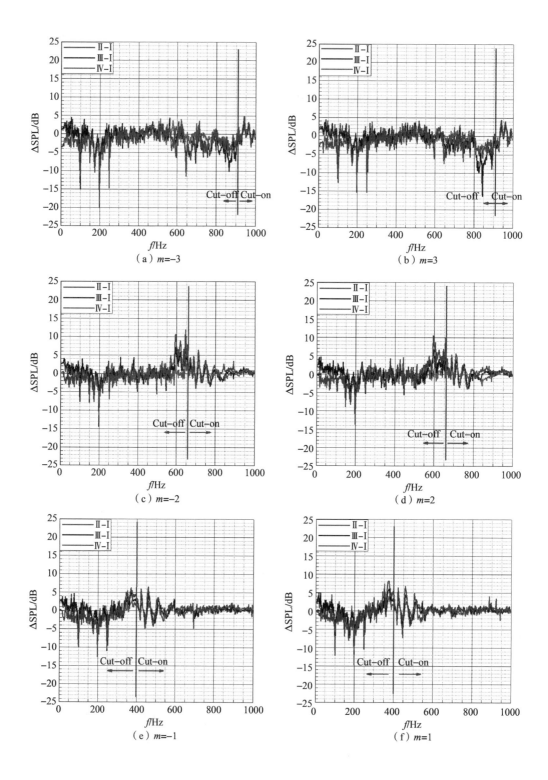

（a）$m=-3$

（b）$m=3$

（c）$m=-2$

（d）$m=2$

（e）$m=-1$

（f）$m=1$

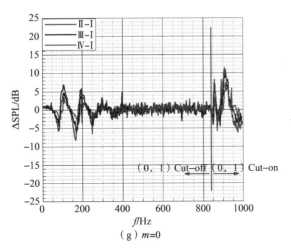

（g）m=0

图4 不同轴向位置周向模态幅值功率谱密度的变化趋势

由于 Kerschen 方法只能用来分析管道内不同模态波之间的相关性，而管道内声场由无数个声模态线性叠加而成，因此，该方法不能简单明了地体现管道内声场的相关性；另外，管道内声场测量容易受到当地湍流脉动的影响，为了降低当地湍流脉动对声场测量结果的影响，Michalke 提出采用三个不同位置处的传声器信号，对其进行互相关处理来判断声场相关性，如果声场完全相关，则由式（37）得到的 C_{123} 是实数，否则 C_{123} 是复数。

图5 给出了使用不同传声器组合得到的 C_{123} 相位 $\Delta\psi$，如果 $\Delta\psi=0$，则声场是完全相关的，否则，管道内声场是不相关的。

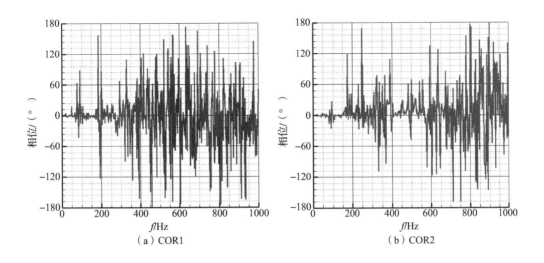

（a）COR1　　　　　　　　　　　　（b）COR2

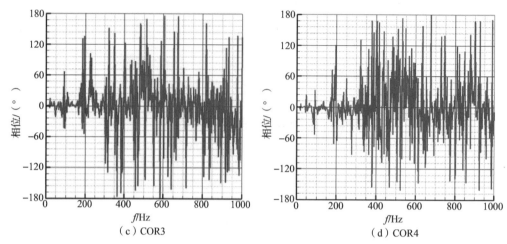

（c）COR3 （d）COR4

图5　不同传声器组合得到的 C_{123} 相位信息

传声器组合方式如表2所示。

表2　传声器组合方式

标记号	传声器组合
COR1	Mic_I1，Mic_II7，Mic_III13
COR2	Mic_II3，Mic_III9，Mic_IV15
COR3	Mic_I9，Mic_II15，Mic_IV5
COR4	Mic_I5，Mic_III11，Mic_IV1

可以看出，在150~1000Hz的频率范围内 $\Delta\psi$ 都剧烈变化，说明在这个频域内NPU-Fan宽频噪声之间的声场基本上是不相关的；但是在0~50Hz频率范围内，$\Delta\psi$ 接近0，说明这个频域内的声场具有很强的相关性，使用参考传声器法有可能会引起较大的偏差。

3.2　宽频噪声模态分解方法的考核验证

根据管道声模态传播理论可知，不同频率下处于"截通"状态的模态阶数不同，因此，可以将NPU-Fan宽频噪声周向模态分解结果与模态传播理论进行对比，分析宽频噪声周向模态实验结果是否与理论分析结果吻合，以此来对三种宽频噪声模态分解方法进行考核验证。图6给出了NPU-Fan在100%设计转速下宽频噪声周向模态分解结果，选择的轴向测量位置是I位置，图中还标出了不同周向模态阶数的"截止"频率。

从图6可以看出，在0~400Hz，只有 $m=0$ 阶周向模态处于"截通"状态，其幅值也远远大于其他高阶模态；当频率大于400Hz时，|m|=1开始表现出传播特性，在400~660Hz频率范围内，其幅值明显大于其他模态幅值；当频率大于660Hz时，|m|=2开始表现出传播特性，在660~910Hz频率范围内，|m|=2的幅值明显大于其他模态幅值；当频率大于910Hz时，|m|=3开始表现出传播特性，其幅值显著增大，但是受1BPF下周向模态 $m=1$ 的影响，|m|=3的模态幅值直到频率大于950Hz后才

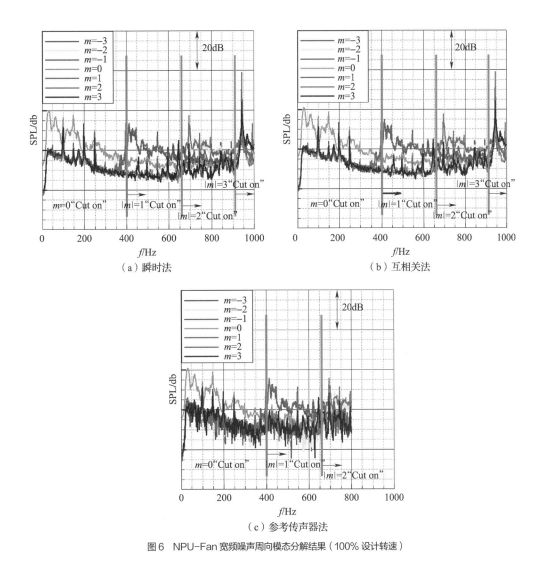

（a）瞬时法　　　　　　　　　　　　　（b）互相关法

（c）参考传声器法

图6　NPU-Fan 宽频噪声周向模态分解结果（100% 设计转速）

明显大于其他模态幅值。由此可知，三种宽频噪声模态分解方法的周向模态分解结果与管道模态传播理论都是吻合的，说明瞬时法、互相关法和参考传声器法都能对宽频噪声周向模态进行准确的识别测量。

3.3　宽频噪声声功率级频谱

瞬时法模态分解方法要求所有信号采集的同步性，因而在频率测量范围较大时需要极大数目的传声器对管道内声信号进行采集。对比互相关模态分解法与参考传声器模态分解法后，可以了解到互相关模态分解法由于可以考虑到不同模态之间的相关性，从而相对参考传声器模态分解法有一定的优势。因而在 NPU-Fan 进行声功率级测量中，使用了旋转传声器阵列以及互相关模态分解法。

图7给出了三个风扇转速下旋转传声器阵列识别测量出的风扇管道入射和反射声波的声功率结果，其中横坐标表示的频率范围都设为 0 ~ 3000Hz，纵坐标表示的声功率级范围设为 40 ~ 110dB。

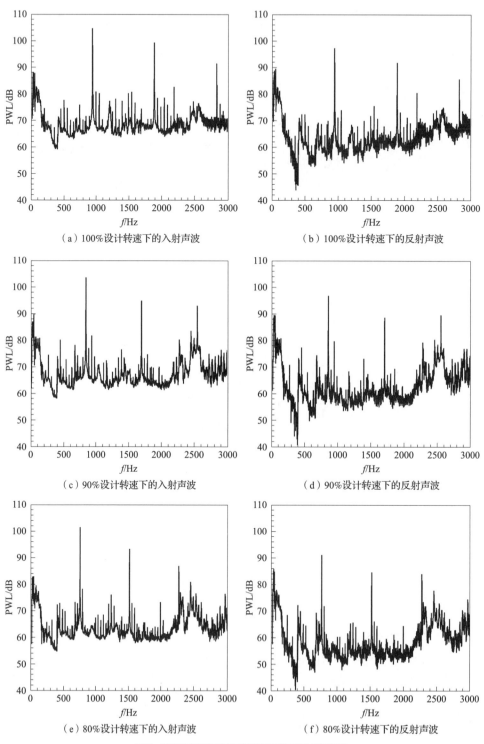

（a）100%设计转速下的入射声波

（b）100%设计转速下的反射声波

（c）90%设计转速下的入射声波

（d）90%设计转速下的反射声波

（e）80%设计转速下的入射声波

（f）80%设计转速下的反射声波

图7　旋转传声器阵列测量出的宽频噪声声功率级结果

图中可以清晰看到转子通过频率及其谐频处的单音，除了 BPF 处的峰值外，频谱中还有其他峰值。这些单音在采集的原始声压信号中就是存在的，经过分析可知这些单音是管道内部的机械单音。总的来看随着风扇转速增大，风扇管道宽频噪声的声功率级结果也随之增大。在 400Hz 附近，不同风扇转速下的宽频噪声声功率结果都出现了跃升，这是因为该频率处截通了第一个非平面波模态（$\pm1,0$）。相应地，在其他模态的截通频率处也有类似现象。风扇管道声功率结果中，逆流声波（入射声波）要比顺流声波（反射声波）能量更高，两者最大相差 10dB。也就是说风扇噪声源辐射出的声波经过管道壁面以及外界环境反射与入射声波能量相差很大，在宽频噪声管道模态识别研究中，可以忽略这些反射模态，在模态识别中仅考虑入射声波。相比于入射声波，反射声波的声功率结果振荡的幅度更大，但都是围绕一个确定值上下振荡。假设反射系数为常数，设为 $R_c = 0.3$，那么反射波与入射波相比应该相差 $10 \times \log_{10}(R_c^2) = -10.4$dB，这与实验测试结果相一致。入射声波比反射声波高出 10dB，这个能量差仅是单级轴流风扇管道宽频噪声的测试结果，如果要给出普适的结论，还需要对多种实验对象进行测试。当频率接近 2500Hz 时，入射声波和反射声波的分辨效果变得很差，这是因为该频率处，旋转传声器阵列构建的系数矩阵条件突然增大。当频率增大时，随着模态截通比的增大，模态的轴向波数变得非常接近，此时需要布置更多的测点才能进行准确识别测量。

图 8 给出了 100%、90% 和 80% 设计转速下旋转轴向传声器阵列识别出的入射和反射模态声功率级分布云图。为了分析研究不同周向模态声功率级的频谱变化特性，图中横坐标设置为周向模态阶数 m，范围为 $-12 \sim +12$，纵坐标设置为频率，范围选定为 $0 \sim 3000$Hz。为了更清晰展示入射和反射声波功率级结果，入射声波的图例范围设置为 $40 \sim 80$dB，而反射声波设置的值要整体低 5dB，范围变成 $35 \sim 75$dB。

如图 8 所示，在设计转速时，1BPF 和 2BPF 单音都清晰可见。在整个频率范围内每个截通模态都携带能量，而且声功率主要集中于 $-6 \sim +6$ 周向模态。在反射声波中依然可以看到 1BPF 和 2BPF 单音，不同的是风扇管道内部的主导模态已经不是转静干涉模态，而变成了 $m=0$ 模态。在整个频率范围内，模态声功率主要集中于 $-2 \sim +2$ 周向模态，而且近似以 $m=0$ 模态为中心对称分布。风扇转速为 90% 设计转速时，1BPF 和 2BPF 单音都清晰可见，与 100% 设计转速不同的是，在低频范围内（1500Hz 以内）声波能量主要集中于正转模态，即周向阶数 $m>0$ 的模态。在反射声波中依然可以看到 1BPF 和 2BPF 单音，模态声功率在整个频率范围内主要集中于 $-2 \sim +2$ 周向模态，而且近似以 $m=0$ 模态为中心对称分布。风扇转速为 80% 设计转速时，入射声波中 1BPF 和 2BPF 处声功率相对于前两个转速结果明显变低。与 90% 设计转速的声功率结果相同，1500Hz 以内的声波能量主要集中于 $m>0$ 模态。反射声波的能量相对变得更低，BPF 处的反射声波已降低到与其他模态噪声量级相同，在整个频率范围内，反射声波的能量主要集中在 $m=0$ 模态。

综合来说，风扇宽频噪声管道模态声功率级随着转速的增大而变大。其中入射声波的能量主要集中于 $-6 \sim +6$ 模态，在 1500Hz 内正转模态（$m>0$）携带的能量相对更高。反射声波的声功率整体比入射声波低 10dB，模态声功率在整个频率范围内主要集中于 $-2 \sim +2$ 周向模态，而且近似以 $m=0$ 模态为中心对称分布，随着风扇转速降低，反射声波中的 BPF 单音分量逐渐消失。

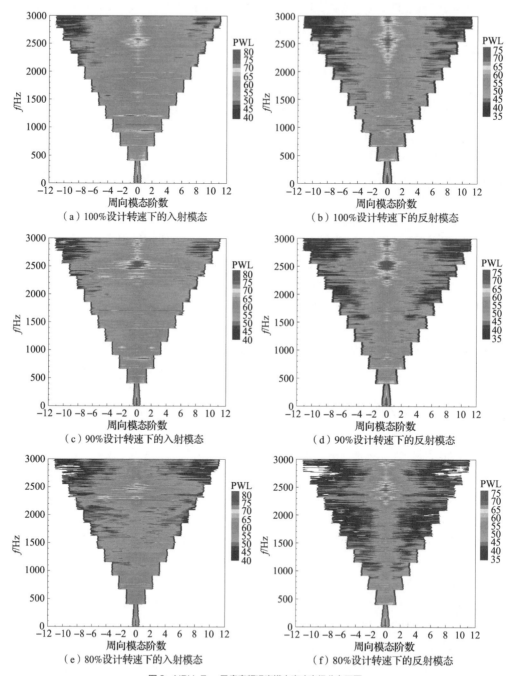

（a）100%设计转速下的入射模态

（b）100%设计转速下的反射模态

（c）90%设计转速下的入射模态

（d）90%设计转速下的反射模态

（e）80%设计转速下的入射模态

（f）80%设计转速下的反射模态

图8 NPU-Fan 风扇宽频噪声模态声功率级分布云图

4 结论

本文以建立大涵道比涡扇发动机风扇噪声管道声模态识别方法为主要目标，建立了三种新型模态识别方法，进一步发展了宽频噪声模态识别测量技术。同时，搭建了固定传声器阵列和旋转传声器阵列这两种传声器阵列，基于此开展了一系列研究，并得到如下结论。

（1）本文利用固定传声器阵列对风扇进口管道内声场进行了同步信号采集，利用声压信号的相关函数研究了湍流宽频噪声的模态相关性。研究表明：在 0~1000Hz 频率内，风扇进口不同周向位置处的声压信号功率谱密度差异约为 ±3dB。这表明，对于宽频噪声，不同风机进口周向模态之间的相关性很小。研究同样表明：当模态从截止状态转变为截通状态时，模态振幅变化很大，因此轴流风扇宽频噪声不同模态之间存在一定的相关性，因而参考传声器法会有一定的误差。

（2）在声场相关性研究中：对于 NPU-Fan，在 150~1000Hz 的频率范围内 $\Delta\psi$ 都剧烈变化，说明在这个频域内 NPU-Fan 宽频噪声之间的声场基本上是不相关的；但是在 0~50Hz 频率范围内，$\Delta\psi$ 接近 0，说明这个频域内的声场具有很强的相关性。

（3）本文对三种宽频噪声模态分解方法进行了对比，结果表明：三种宽频噪声模态分解方法的周向模态分解结果与管道模态传播理论都是吻合的，瞬时法、互相关法和参考传声器法都能对宽频噪声周向模态进行准确的识别测量。

（4）由于瞬时法模态分解法强调各声压信号的同时性，参考传声器法因模态相关性有一定的不合理之处。本文利用旋转传声器阵列以及互相关法对 0~3000Hz 频率范围内，NPU-fan 进口管道湍流宽频噪声模态进行了识别。与固定传声器相比，旋转传声器阵列所需的测点个数大幅度减少，这种优势在中高频管道噪声测量中尤为明显。

（5）通过旋转传声器阵列以及互相关法，可以有效拓宽模态识别频率范围，同时可以有效分离风扇进气管道内向前和向后传播的声功率。

参 考 文 献

［1］乔渭阳. 航空发动机气动声学［M］. 北京航空航天大学出版社，2010：1-8.

［2］Enghardt L，Holewa A，Tapken U. Comparison of dif-ferent analysis techniques to decompose a broad-band ducted sound field in its mode constituents［C］. 13th AIAA/CEAS Aeroacoustics Conference，21-23 May 2007，Rome，Italy，No. AIAA 2007-3520，2007.

［3］Tyler J M，Sofrin T G. Axial Flow Compressor Noise Studies［J］. Transactions of the Society of Auto-motive Engineers，1962（70）：309-332.

［4］Munjal M L. Acoustics of Ducts and Mufflers with Application to Exhaust and Ventilation System Design［M］. John Wiley & Sons，1987.

［5］Enghardt L，Tapken U，Neise W，et al. Turbine blade / vane interaction noise：acoustic mode mode analysis using in-duct sensor rakes［C］. 7th AIAA / CEAS Aeroacoustic Conference，May 2001，Maastricht，Netherlands，AIAA-

2001-2153.

［6］Sutliff D L. Rotating turbofan duct mode measurement system［R］. NASA-TM-213828，2005.

［7］Dahl M D，Hixon R，Sutliff D L. Further development of rotating rake mode measurement data analysis［C］. 19th AIAA/CEAS Aeroacoustics Conference. AIAA-2013-2246，2013.

［8］Heidelberg L，Hall D G. Inlet acoustic mode measurements using a continuously rotating rake［J］. AIAA Journal of Aircraft，32（4），1996.

［9］Zillmann J，Tapken U. Tonal noise radiation from UHBR fan- active control of radiation characteristic［C］. 15th AIAA/CEAS Aeroacoustics Conference. AIAA-2009-3226，2009.

［10］Tapken U，Raitor T，Enghardt L. Tonal noise radiation from an UHBR fan- optimized in-duct radial mode analysis［C］. 15th AIAA/CEAS Aeroacoustics Conference. AIAA-2009-3288，2009.

［11］Spitalny M，Tapken U. Radial mode analysis of ducted sound fields with sensor rakes and wall flush sensor arrays under consideration of a radial flow profile［C］. 22nd AIAA/CEAS Aeroacoustics Conference，Lyon，France. June，2016. 2016-3037.

［12］Enghardt L，Lowis C. Broadband Sound Power Determination in Flow Ducts［C］. 10th AIAA/CEAS Aeroacoustics Conference，Manchester，GREAT BRITAIN，May，2004.2004-2940.

［13］Michalke，Arnold F，Holste F. On the coherence of the sound field in a circular duct with uniform mean flow［J］. Journal of Sound and Vibration，1996，190（2）：261-271.

［14］Chung J Y. Rejection of flownoiseusing a coherence function method［J］. Journal of the Acoustical Society of America，1977，62（2）：338-395.

［15］Enghardt L，Moreau A，Tapken U，et al. Radial Mode Decomposition in the Outlet of a LP Turbine-Estimation of the Relative Importance of Broadband Noise［C］. 15th AIAA/CEAS Aeroacoustics Conference Miami，Florida，May 2009，2009-3286.

［16］Moreau A，Enghardt L. Ranking of fan broadband noise sources based on an experimental parametric study［C］. 15th AIAA/CEAS Aeroacoustics Conference，Miami，Florida，May 2009，2009-3222.

［17］Tapken U，Enghardt L. Optimization of sensor arrays for radial mode analysis in flow ducts［C］//12th AIAA/CEAS Aeroacoustics Conference，Cambridge，Massachusetts，May 2006，2006-2638.

［18］Jürgens W，Tapken U，Pardowitz B，et al. Technique to Analyze Characteristics of Turbomachinery Broadband Noise Sources［C］//16th AIAA/CEAS Aeroacoustic Conference，Stockholm，Sweden，June. 2010：7-9.

［19］Jürgens W，Pardowitz B，Tapken U，et al. Separation of Broadband Noise Sources in Aeroengine Ducts with Respect to Modal Decomposition［C］//17th AIAA/CEAS Aeroacoustics Conference（32nd AIAA Aeroacoustics Conference），Portland，Oregon. 2011.

［20］Munjal M L. Acoustics of Ducts and Mufflers with Application to Exhaust and Ventilation System Design［M］. John Wiley & Sons，1987.

［21］Michalke A. An Expasion Scheme for the Noise for Circular Jets［J］. Zeitschrift für Flugwissenchaften，20：229-237.

［22］Kerschen E J，Johnston J P. A Modal Separation Measurement Technique for Broadband Noise Propagating Inside Circular Ducts［J］. Journal of Sound and Vibration，1981，76（4）：499-515.

波浪前缘降低后掠叶片湍流干涉宽频噪声的数值模拟研究

向康深[1]，郭鑫[1]，陈伟杰[2]，段文华[1]，乔渭阳[1]

1. 西北工业大学动力与能源学院，陕西西安 710072
2. 香港科技大学

0 引言

降低机翼或涡轮机械叶片的后缘（troiling edge，TE）和前缘（leading edge，LE）产生的湍流宽频噪声是一项重要的工业需求，并且很可能是航空声学中最具挑战性的问题之一。尤其是来流湍流和叶片前缘的相互作用而产生的叶片湍流干涉（blode turbnlene interatin，BTI）噪声是涡轮风扇、风力涡轮机、通风系统、高升力设备、螺旋桨等噪声的重要来源。已经发现，当来流湍流强度足够高时，BTI 噪声可能是主要声源[1]。在现代高涵道比涡扇发动机的出口导向叶片前缘处经常发生 BTI 噪声。

为了实现未来超静音飞行的梦想，以仿生方法进行噪声控制为核心的"仿生学"，受到了前所未有的关注，并得到了广泛的研究。向自然学习可以帮助提供新的空气动力学噪声控制思想，并已成为一个新的充满活力的空气动力学噪声控制领域。波浪前缘（wavy leading edge，WLE）或锯齿前缘最初是由猫头鹰的锯齿状前缘翅膀和座头鲸启发而来的，现已被认为是增强升力、减少阻力和降低噪声的改进方法[2-5]。WLE 成为许多研究的重点，以探讨它们在改善空气动力学性能和降低噪声方面的益处。大多数研究表明，WLE 可以延缓失速的发生，增加失速后的升力，降低失速后的阻力并减少层流分离气泡，而这可能会降低失速前的气动性能[6-8]。

除了气动性能方面的研究，近年来许多研究专注于 WLE 对 BTI 降噪量的影响[9-16]。Clair[19] 等实验和数值研究了 WLE 对翼型 – 湍流干涉噪声的影响，表明降噪量为 3 ~ 4dB。Lau[20-23] 等数值研究了 WLE 对翼型 – 突风干涉噪声（AGI）的影响，发现 WLE 峰谷幅度（A）与突风的纵向波长（λ_g）的比值是降低 AGI 噪声的重要因素。Kim[24] 等对 WLE 的降噪机制进行了数值研究，获得了有价值的结果。Mathews 和 Peake[25] 和 Lyu[26] 等还针对 WLE 降噪进行了理论分析。Chaitanya[27] 等对平板和 NACA–65（12）10 翼型前缘锯齿的幅度和波长与降噪效果之间的灵敏度进行了详细的参数研究，并研究了湍流积分长度对降噪效果的影响。Biedermann[28] 等提出了一种统计经验模型来预测 WLE 翼型产生的噪声。Turner and Kim[29] 在平板上对 WLE 的气动声源机理进行了数值研究，确定了 WLE 周围形成了马蹄形式的二次涡流结构。Aguilera[30] 等利用计算气动声学（CAA）方法研究了各向异性湍流与波浪前缘 NACA0012 翼型的相互干涉。Reboul[31] 等使用合成湍流对锯齿状 OGV 宽频噪声的降噪效果进行了 CAA 预测。据报道，总声功率级降低了 1.9dB[31]。最近，西北工业大学（NPU）的陈伟杰等进行了一系列有关 WLE 降低宽频噪声的实验和数值模拟研究[32-36]。

尽管该领域发展迅速，但对波浪前缘降噪机制的理解仍不完善。对于以上大多数研究工作，大多数研究集中在二维翼型和二维流动的平板上。以前的大多数研究都使用了均质各向同性和网格生成的湍流。据作者所知，Tong[37] 和 Reboul[38] 等最近才研究得出使用波浪前缘可降低风扇噪声。（实际上，简化的近似二维流动模拟方法仍在这些研究中使用[37]。）此外，仅由 Chen[33, 34] 和 tong[35] 等在研究前缘噪声才引入各向异性湍流。众所周知，涡轮机叶片周围的流动具有很强的 3 维流动特性。可以预期，在假设 2 维流动翼型的情况下，涡轮机械 WLE 叶片的流动和声学机理比现有理论更为复杂。在本文工作中，使用模拟叶片周围三维流动特性后的后掠叶片来研究 WLE 对 BTI 的降噪机制。各向异性来流湍流是使用圆柱尾迹产生的，该尾迹位于后掠叶片前方。

1 数值方法

本文采用一种经过验证的计算流体力学（CFD）/声学类比混合方法来计算后掠叶片的 BTI 噪声[33-35, 39]。首先，最重要的是使用 CFD 方法获得叶片表面的压力波动以及后掠叶片的噪声源。接下来，在频域内对压力脉动进行快速傅里叶变换（FFT）而得到噪声源。最后，将频域中的噪声源与 FW-H 方程耦合，以获得 BTI 的声功率级。

1.1 流场数值方法

本文模拟可用来捕获 BTI 噪声源的宽频性质，通常采用直接数值模拟（DNS）或 LES 模拟宽频噪声。本文采用 LES 计算流场。

在 LES 中，根据不同特性，对大尺度流动和小尺度流动进行不同的处理。一般而言，大尺度流动包含总脉动动能的主要部分，该部分可表征流动特征和驱动流动的物理机制。大尺度流动对边界条件很敏感并且是各向异性的。[40] 相反，小尺度流动仅包含总动能的百分之几，对平均流体运动的影响很小，其主要功能是黏性耗散。在 LES 中，直接解决了大型三维非定常湍流运动，而较小尺度运动的影响则通过亚网格尺度（SGS）应力模型建模。

在本文中，使用商用求解器 CFX[41] 来计算流场。数值模拟采用了动态 Smagorinsky-Lilly 模型[42]，其模型可以根据求解湍流速度场获得的信息自动调整模型系数与流动类型相匹配。Winkler[43] 和作者先前的研究[39] 证明了该模型可取得令人满意的结果。

1.2 远场噪声预测

远场噪声预测方法基于 Goldstein 方程[44]。下面介绍固体边界情况下控制声波产生的基本方程式[44]

$$c_0^2 \rho'(\vec{x}, t) = \int_{-T}^{T} \int_{A(\tau)} \rho_0 V_N' \frac{DG}{D\tau} dA(\vec{y}) d\tau + \int_{-T}^{T} \int_{A(\tau)} f_i \frac{\partial G}{\partial y_i} dA(\vec{y}) d\tau + \int_{-T}^{T} \int_{v(\tau)} T_{ij}' \frac{\partial^2 G}{\partial y_i \partial y_j} d\vec{y} d\tau$$

$$(1)$$

式中，c_0 是声速；ρ' 是声密度扰动，当距声源足够远时，$c_0^2 \rho'$ 等于声压 p'；τ 是声源时间（迟滞时间）；V_N' 是表面垂直于流体本身的速度。

和声学风洞试验的大多数情况相同，当来流马赫数较小且固体表面保持静止时，可以忽略式（1）右边的第一项和第三项。因此，式（1）可以简化为

$$p'(\vec{x},\ t) = \int_{-T}^{T} \int_{A(\tau)} f_i \frac{\partial G}{\partial y_i} \mathrm{d}A(\vec{y}) \mathrm{d}\tau \tag{2}$$

式中，G 是代表自由空间、运动介质、时间依赖的格林函数。

$$G = \frac{\delta(t - \tau - \sigma/c_0)}{4\pi S} \tag{3}$$

S 是振幅半径

$$S = \sqrt{(x_1 - y_1)^2 + \beta^2 \left[(x_2 - y_2)^2 + (x_3 - y_3)^2 \right]} \tag{4}$$

σ 相位半径，且 $\beta^2 = 1 - M^2$

$$\sigma = \frac{M(x_1 - y_1) + S}{\beta^2} \tag{5}$$

$$M = U_0/c_0 \tag{6}$$

关于噪声预测方法的更多详细信息，请参见参考文献［39］。为清楚起见，本文仅给出远场声压的最终表达式，如下所示

$$p(x,\ \omega) = \sum_m \sum_n p_{mn}(\omega) \Psi_{mn}(\kappa_{mn} r) \mathrm{e}^{(im\phi - i\gamma_{nm} x_1)} \tag{7}$$

2 模型和数值设置

2.1 模型

本文数值模拟对象为由 NACA0012 翼型构造的后掠角为 30° 的后掠叶片。该后掠叶片的弦长为 150mm，展长为 300mm。

为了研究 WLE 对叶片 – 湍流干涉噪声（BTI）的影响，设计了带波浪前缘的后掠叶片，如图 1 所示。该图还给出了波峰、波丘和波谷位置。WLE（在图 1 中定义为波浪 LE）的平均前缘（LE）线与直前缘（（strainhf leading edge，SLE）在图 1 中定义为基准线 LE）的 LE 一致，因此波浪后掠叶片的平均弦长和与来流直接接触面积均与 SLE 叶片相同。WLE 叶片呈正弦曲线形式，振幅为 A，波长为 W，平均弦长为 c，如图 1（a）所示。应该注意的是，图 1 中的波形是通过将振幅为 A、波长为 W 的正弦线投影到垂直于沿叶片的流动方向而获得的。因此，波长 W 垂直于来流方向。通过波的波峰和波谷点的正弦曲线的对称线与气流的流动方向平行。WLE 叶片的弦长与展长方向坐标 z 的形式为

$$c(z) = \bar{c} + \frac{A}{2} \cdot \cos\left(\frac{2\pi z}{W}\right) \tag{8}$$

根据等式（9）对基准后掠叶片的坐标在噪声区域进行调整。噪声附近的 x 坐标与 WLE 叶片的展向弦长一致地伸展或收缩，而其他方向的坐标保持不变

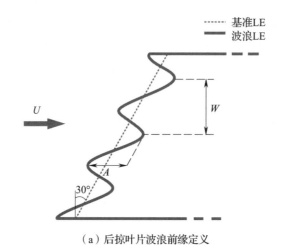

（a）后掠叶片波浪前缘定义

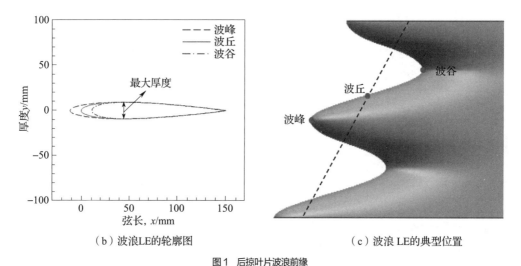

（b）波浪LE的轮廓图　　　　　　　　　　（c）波浪LE的典型位置

图1　后掠叶片波浪前缘

$$\begin{cases} x' = \begin{cases} \dfrac{x}{x_{max}}[x_{max} + (c(z) - \overline{c})] - [c(z) - \overline{c}] + z \cdot \tan\!\varLambda, & x < x_{max} \\ x + z \cdot \tan\!\varLambda, & x \geqslant x_{max} \end{cases} \\ y' = y \end{cases} \tag{9}$$

式（9）中，带有上标 $'$ 的参数指的是改进后的叶片，下标"max"是指最大厚度位置处的参数，$\varLambda$ 是叶片的后掠角。

2.2　流动装置

本文基于圆柱 – 叶片流动装置进行数值模拟，其中 SLE 和 WLE 后掠叶片位于圆柱下游，以研究 WLE 对 BTI 噪声的影响。圆柱流动通常用于模拟涡轮机械叶片的尾迹湍流。圆柱下游由以卡门涡街为主的各向异性湍流组成，这与在涡轮机械中观察到的现象非常相似。本数值模拟的波浪性叶片的振幅 A 为平均弦长的 15%，波长 W 为平均弦长的 10%，后掠角为 30°。

如图 2 所示，将与后掠叶片相同后掠角为 30° 的圆柱体放置在后掠叶片的上游，以模拟湍流和后掠叶片的干涉作用。圆柱体的横截面直径 d=10mm，并位于后掠叶片前缘上游（约 0.67 倍叶片弦长）L=100mm 处。流动方向表示 x 轴，横向方向表示 y 轴，翼展方向表示 z 轴。流场边界包括进口边界（实线部分）和出口边界（虚线部分）。外部流场是圆形区域，以叶片的最大厚度中心为原点，半径为叶片弦长的 20 倍（R=20c）。考虑到 WLE 情况下网格细化的要求和有限的计算资源，本文选择的缩小化的叶片展长为两倍叶片弦长（2c），以减小网格大小和计算时间，并且该叶片展长对应于 WLE 的两个波长。

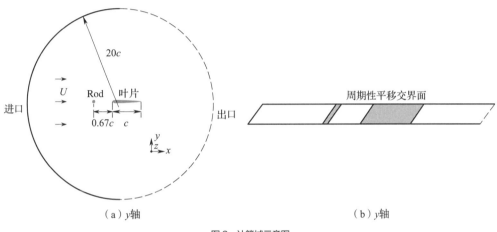

图 2　计算域示意图

计算域在翼展方向同样后掠 30°，以确保翼展方向两端的几何结构相同。在扩展表面位置处施加周期性平移交接面很方便，因此整个模型可视为扩展到无限长。这样，容易在翼展方向两端位置处施加周期性平移界面，这种选择与先前研究一致。当涉及到翼展方向上的边界条件时，通常包括滑移条件、对称条件和周期性条件。对于自由滑移条件，平行于壁面的速度分量是一个有限值（已计算），但垂直于壁面的速度和壁面剪应力都应设置为零。滑移条件仅影响边界附近。对称条件强加了约束，以映射边界任一侧流动，而垂直于对称边界的速度和垂直于边界的标量变量梯度都设置为零。对于周期性条件，两个周期性平面的所有流场物理量都完全相关，这意味着周期性条件对流场施加了更多约束。Boudet[45] 等指出滑移条件在物理上更具相关性，可以更好地与实验进行比较。同时，Kato[46] 等指出，滑移条件存在争议。本文的周期性边界条件是沿翼展方向施加的，这在其他文献中得到了广泛使用，并已被证明是一个合适的选择。由于本文主要目的是探索 WLE 的降噪效果和机理，因此不再详细讨论以前的数值研究。

2.3　计算网格

图 3 显示了圆柱和翼型周围的计算网格。进口边界和出口边界的远场均是圆形的。采用 4 层 "O" 形网格拓扑结构，分别控制边界区域和叶片表面附近区域。为了减少边界反射，在远离叶片和圆柱体的远场边界区域中拉伸网格。为了更好地获得流动细节，对叶片和圆柱壁面附近的网格进行了细化。

叶片周围的网格如图3（b）所示，叶片表面附近采用C形网格拓扑。为了方便地控制网格质量，在叶片外部生成了三层网格控制曲线，使得靠近叶片表面的网格为三层嵌套结构。圆柱体周围的O网格结构也嵌套了三层网格。为了更精确地捕获卡门涡街，圆柱尾流区域中的最大网格间距为0.45mm，叶片表面上的最大网格间距为0.88mm，叶片周围的节点数约为500，圆柱周围节点数约为240，延伸到网格的节点数为49，网格节点总数约为540万。

对于WLE叶片，在扩展方向上细化了网格，并增加了圆柱体尾流区域中的网格节点数，以确保最大网格间距仍为0.45mm。为了更仔细地捕获波浪前缘处的流场信息并确保网格质量，翼展方向的网格节点数增加到53个，节点总数增加到640万。图3（c）显示了波浪前缘的表面网格。

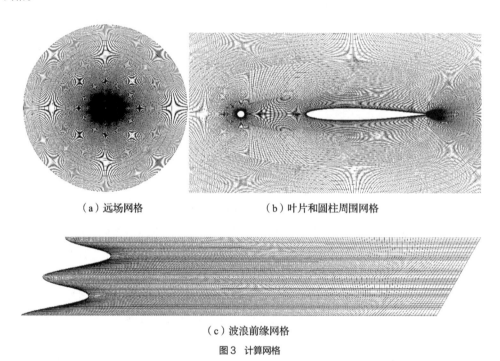

（a）远场网格　　　　　　　　　　（b）叶片和圆柱周围网格

（c）波浪前缘网格

图3　计算网格

图4显示了沿流向和壁面法线方向的无因次网格尺寸分布。可以看出，在翼型的大部分表面上，壁面法向方向的网格无量纲尺寸 $\Delta y^+<1$，流向方向的网格无量纲尺寸 $\Delta x^+<100$，这与Wagner的建议一致。此外，作者先前对类似装置的仿真表明，$x\text{-}y$ 平面上的网格大小已足够。

2.4　数值设置和边界条件

本文使用的边界条件设置如下：速度设置为进口边界，流向为 x 轴正方向，流速 $U=40\text{m/s}$，基于叶片弦长的雷诺数 $Re=4\times10^5$。将出口边界设置为自由边界，出口静压为标准大气压 $p=101325\text{Pa}$，温度 $T=288\text{K}$。将翼展方向两侧的边界设置为可平移的周期性边界。将圆柱表面和叶片表面设置为无滑移绝热壁面。

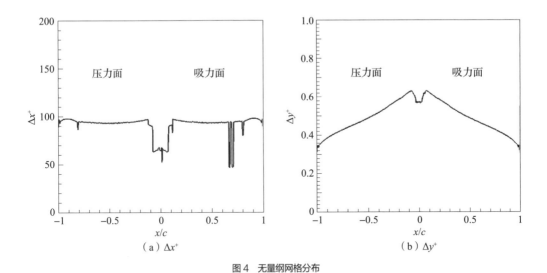

（a）Δx^+ （b）Δy^+

图4　无量纲网格分布

　　首先，使用稳态 RANS 计算，并将稳态 RANS 计算结果用作 LES 计算的初始场。LES 计算收敛后，进一步处理并计算所需的流场信息，并通过 FW-H 方法获得叶片表面压力脉动的远场噪声信息。远场声接收点所在平面为中间翼展平面，如图 5 所示。接收点位于叶片最大厚度位置的中心和半径为 2m 的圆上。叶片弦长方向在 0° 位置，每两个接收点之间的方位角相差为 10°，接收点总数共 36 个。

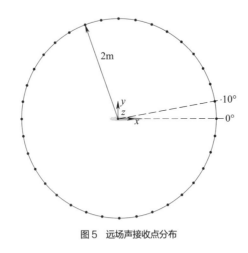

图5　远场声接收点分布

3 WLE 对后掠叶片气动性能的影响和降噪分析

3.1　WLE 后掠叶片的气动性能分析

　　使用升力系数 C_L、阻力系数 C_D 和展向压力系数 C_S 评估后掠叶片的气动性能，其定义为

$$C_L = \frac{F_y}{\frac{1}{2}\rho_0 U^2 S} \tag{10}$$

$$C_D = \frac{F_x}{\frac{1}{2}\rho_0 U^2 S} \tag{11}$$

$$C_S = \frac{F_z}{\frac{1}{2}\rho_0 U^2 S} \tag{12}$$

式中，F_x、F_y 和 F_z 分别是沿 x、y 和 z 方向翼型上的作用力；S 是叶片的投影面积。

SLE 后掠叶片和 WLE 后掠叶片的升力系数的时间历程表示在图 6 中。可以看出，WLE 可以显著减少升力系数的波动，而平均升力系数的变化不会太大。由于本文研究的叶片是 NACA0012 对称翼型，因此升力系数在零值附近波动。为了更清楚地量化差异，图 7（a）、图 7（b）、图 7（c）分别给出了升力系数、阻力系数和展向压力系数的平均值和均方根（RMS）值。

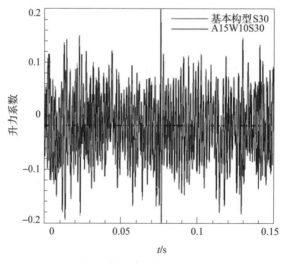

图 6　翼型升力系数的时间历程

从图 7 可以看出，对于后掠叶片，WLE 可能会稍微影响叶片的升力系数，同时将叶片的平均阻力系数降低 46.7%。这表明波浪前缘可以减少阻力。同时，升力系数和阻力系数的波动分别减少21.2% 和 8.3%。由于叶片上的升力和阻力的波动，叶片周围气流辐射出的流动辐射噪声通常包括升力噪声和阻力噪声。升力系数和阻力系数波动的减小表明 WLE 的结构可以降低叶片的气动噪声。但是，WLE 的存在可以极大增加叶片翼展方向上的压力约 247.1%，同时将翼展方向压力的均方根值提高约52.4%。

图 8 比较了 SLE 叶片和 WLE 叶片的升力系数、阻力系数和展向压力系数脉动引起的功率谱密度（spectrum densihy，PSD）。图中可以观察到圆柱脱落涡频率和其一次谐波频率。从图 8（a）可以看出，SLE 和 WLE 叶片波动升力系数的功率谱特征频率与圆柱脱落涡的斯特劳哈尔数数（Strouhal）相同，这表明升力在脱落涡的影响下呈周期性的脉动。WLE 不仅降低了

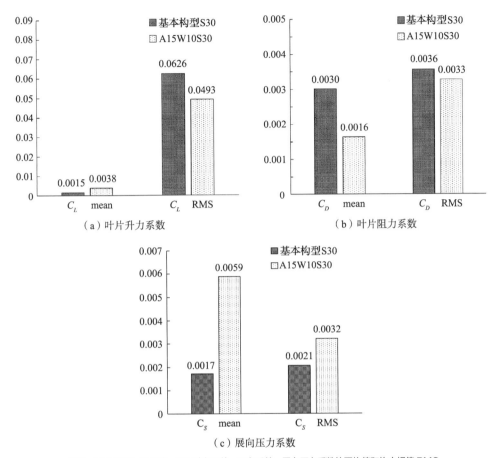

（a）叶片升力系数　　　　　　　　　　　（b）叶片阻力系数

（c）展向压力系数

图 7　SLE 和 WLE 比较：翼型升力系数、阻力系数、展向压力系数的平均值和均方根值 RMS

脱落涡频率下波动升力的功率谱密度，而且降低了其他宽频范围内的功率谱密度。图 8（b）和图 8（c）表明，阻力脉动和展向压力脉动的特征频率是脱落涡频率的一次谐波频率。这是因为卡门涡街中的两个相对旋涡在作用于叶片时会对叶片的阻力和展向压力产生相同的影响，因此其波动频率是脱落涡频率的两倍（即一次谐波频率）。从图 8（b）可以看出，WLE 还可以减小所有频率范围内的阻力波动。如图 8（c）所示，如预期的那样，波浪前缘叶片不仅可以降低特征频率下展向压力的功率谱密度，而且可以提高所有频率下展向压力的 PSD。

3.2　WLE 后掠叶片气动声学性能分析

图 9 比较了 SLE 叶片和 WLE 叶片的气动声学性能。图 9（a）显示了距离 R=2.0、与翼型中心成 90° 位置处的声压级结果。0° 表示下游方向（正 x 方向），180° 表示上游方向（负 x 方向），而 90° 表示相对于叶片表面的上行方向（y 正方向）。从图 9（a）可以发现，噪声能量主要集中在接近卡门涡街特征频率的中低频范围。WLE 不会改变上游卡门涡街的特征频率，也不会降低该特征频率的噪声。但是，WLE 可以降低其他频率下的叶片 – 湍流干涉噪声。从图 9（a）可以看出，WLE 可以显著降低宽频噪声声压级，特别是 St>0.2 的频率范围内的噪声。

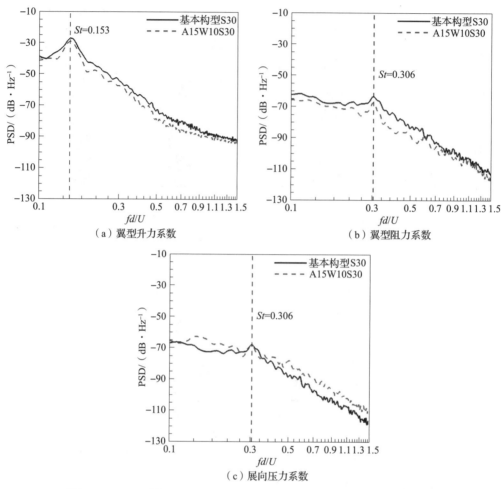

图8　SLE 和 WLE 比较：翼型升力系数脉动、阻力系数脉动和展向压力系数脉动引起的 PSD

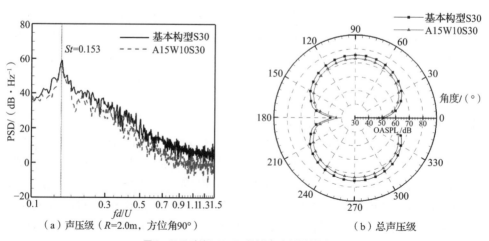

图9　SLE 叶片和 WLE 叶片的气动声学性能比较

图 9（b）显示了 $St=0.2 \sim 1.5$ 范围内计算得到的总声压级（orerau sourel pressare level，OASPL）的结果。从图 9（b）可以看出，后掠叶片产生的叶片 – 湍流干涉噪声指向性呈偶极子指向性形式的 8 字形，最大 OASPL 在 90° 和 270° 方向，而最小 OASPL 在 0° 和 180° 方向。WLE 对 BTI 噪声指向性的形状影响很小。观察到在各个方位角上 OASPL 均显著降低。可以发现，OASPL 在 0° 和 180° 方向降低约 3.4dB，而在 90° 和 270° 方向降低约 2.4dB。与预测相同，带波浪前缘三维后掠叶片的 BTI 噪声声压级的降低量不如二维叶片显著。正如先前的研究工作（tong 等，见图 12），对于二维直叶片，使用波浪前缘可平均降低声压级 9.5dB。

3.3 流场特征分析

叶片表面的时均压力分布如图 10 所示（由于研究对象为对称叶片，叶片迎角为 0°，所以叶片两侧流场的统计特性相同）。从图 10 可以看出，波浪前缘明显改变了展向压力分布。SLE 叶片的平均压力沿展向均匀分布，并且在 WLE 叶片的波谷下游位置处，观察到展向压力分布具有周期性。还可以看到，前缘上的最大压力位置不是在波峰尖端，而是在波浪前缘的短侧波丘，这是相对后掠叶片的正向来流对波浪短侧波丘冲击作用的结果。

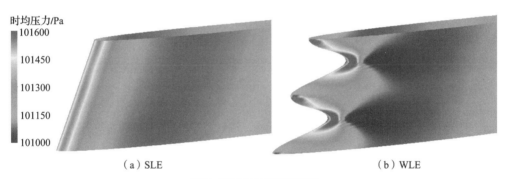

（a）SLE   （b）WLE

图 10　翼型吸力面时均压力分布

图 11 比较了叶片时均压力系数分布。其中压力系数 C_p 定义为

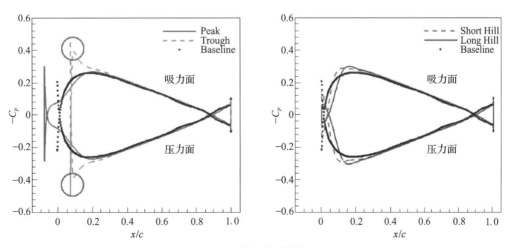

图 11　时均压力系数分布

$$C_p = \frac{p - p_0}{\frac{1}{2}\rho_0 U^2} \tag{13}$$

可以看出，WLE 对压力系数分布有一定影响，但是这种影响仅限于 $x/c=0.3$ 的上游区域。在 $x/c=0.3$ 的下游区域，波浪前缘对压力系数的影响可以忽略不计。对于 WLE 叶片，$x/c=0.3$ 上游的压力系数分布在四个不同的展向位置（即波峰、波谷、短侧波丘和长侧波丘），有所不同。一个重要的特征是从波峰到波谷，叶片表面压力系数发生越来越多的骤然变化。可以看出，沿着 WLE 叶片前缘的翼展方向存在一定的压力梯度，这很可能会引起强烈的展向流动。此外，在波谷位置附近观察到压力系数的局部最小值，该最小值在图中标记为小圆圈区域。该局部压力最小值对前缘附近的流动特性有影响。如圆圈所示，可以清楚地发现此处的流动压力梯度非常大，并且可以预测到该区域中一定具有很强的流动特性。

图 12 显示了 SLE 叶片和 WLE 叶片沿叶片表面的壁面切应力的时均展向分量分布。对于 SLE 叶片，沿前缘壁面切应力的平均展向分量最为突出。与 SLE 叶片相比，WLE 叶片沿前缘，尤其是在波浪前缘的长侧波丘位置，平均壁面切应力显著降低。在波谷的下游，观察到一个平均壁面切应力较低的区域，如图 12（b）所示。波谷的两侧都存在正、负切应力，并且在波谷下游存在负切应力区。这些结果表明在波谷处有一些横向的二次流动结构，这对叶片前缘到中间区域之间的切应力有影响。

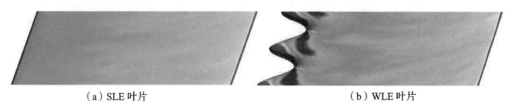

（a）SLE 叶片　　　　　　　　　　　　　　　　（b）WLE 叶片

图 12　壁面切应力的时均展向分量分布

图 13 显示了 SLE 叶片和 WLE 叶片壁面切应力的时均流向分量分布。可以看出，对于 SLE 叶片，流向切应力均匀分布，并且流向切应力在前缘处有最大值。对于 WLE 叶片，流向切应力沿展向是周期性分布的。波峰和波谷处的流向切应力要高于其他位置，并且波浪长侧波丘处的流向切应力低于短侧波丘处的流向切应力。WLE 叶片的前缘位置具有很宽范围的低切应力分布区。由于流向切应力与叶片摩擦阻力密切相关，因此可以预测，波浪前缘可以有效地减小叶片阻力。

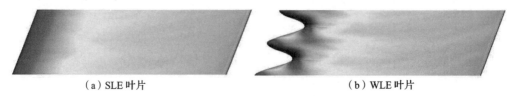

（a）SLE 叶片　　　　　　　　　　　　　　　　（b）WLE 叶片

图 13　壁面切应力的时均流向分量分布

为了进一步研究降噪机制，图 14 比较了叶片表面壁面压力波动振幅。从图 14 可以看出，SLE 叶片前缘的压力波动最大，并且沿展向均匀分布。这表明前缘是压力波动的主要区域和主要声源区域。WLE 叶片上的压力波动在前缘区域最大，并且沿展向周期性变化。最大压力波动位于波谷位置，波峰、短侧波丘和长侧波丘上的压力波动依次减小。与 SLE 叶片相比，WLE 叶片上的压力波动仅在波谷位置较大，而在所有其他位置较小。可以得出结论，WLE 叶片表面的压力波动明显减弱，相应的叶片升力和阻力脉动减小，这是使用波浪前缘来降噪的主要原因之一。

（a）SLE 叶片　　　　　　　　　　　　　　　　（b）WLE 叶片

图 14　叶片表面的壁面压力脉动比较

4 结论

LES / FW-H 混合声模拟方法被应用于研究波浪前缘对后掠叶片 – 湍流干涉噪声的影响。使用位于后掠叶片前部的圆柱产生后掠叶片来流中的各向异性湍流。后掠叶片的弦长为 150mm，展宽为 300mm。自由流速度为 40m / s，迎角为 0°，相应的基于叶片弦长和基于圆柱直径的雷诺数分别约为 400000 和 26000。本文设计了一个振幅为 15mm（0.1c）、波长 W 为 10mm（0.67c）的正弦波 WLE 来降低 BTI 噪声。本文的主要结论如下。

（1）波浪前缘可以大大减少后掠叶片的升力系数和阻力系数的波动，而平均升力系数的变化不会太大。研究发现，升力系数和阻力系数的波动可以分别减少 21.2% 和 8.3%。升力系数和阻力系数波动的减小表明波浪前缘可以减少后掠叶片的气动噪声。但是，波浪前缘的存在会将后掠叶片上的展向应力大大增加 247.1%，同时将展向应力的均方根值提高了约 52.4%。

（2）波浪前缘不仅降低了脱落涡频率下升力脉动和阻力脉动的功率谱密度，而且降低了其他宽频范围的功率谱密度。阻力脉动和展向应力的特征频率均为脱落涡频率的一次谐波频率。这是因为卡门涡街中的两个相对的旋涡在作用于叶片时会对叶片的阻力和展向应力产生相同的影响，因此波动频率是脱落涡频率的两倍。

（3）WLE 显著改变了展向压力和展向剪切应力分布。WLE 叶片的前缘位置具有很宽范围的低剪切应力区。与 SLE 叶片相比，WLE 叶片上的压力波动仅在波谷位置较大，而在其他所有位置较小。可以得出结论，WLE 叶片表面的压力波动明显减弱，相应的叶片升力和阻力脉动减小。这是使用波浪前缘降噪的主要原因之一。

（4）当来流湍流各向异性时，波浪前缘可以大大降低 BTI 噪声。使用波浪前缘可以减轻所有方位角的噪声辐射，而不会显著改变噪声的指向性。WLE 对 BTI 噪声 OASPL 的降噪量约为 2.4 ~ 3.4dB。不出所料，WLE 对三维后掠叶片的 BTI 噪声声压级的降噪效果不如二维叶片的显著。

参 考 文 献

［1］Oerlemans S.Wind Tunnel Aeroacoustic Tests of Six Airfoils for Use on Small Wind Turbines. Rept. SR–500–35339, NREL, Golden, CO, 2004.

［2］Soderman P T. Aerodynamic Effects of Leading–edge Serrations on a Two–dimensional Airfoil, NASA–TM–X–2643, 1972, p. A–3706.

［3］Soderman P T. Leading Edge Serrations Which Reduce the Noise of Low–speed Rotors, NASA TN D–7371, 1973.

［4］Hersh A S, Soderman P T, Hayden R E. Investigation of acoustic effects of leading–edge serrations on airfoils, J. Aircraft 11（4）（1974）197–202.

［5］Fish F E, Battle J M. Hydrodynamic Design of the Humpback Whale Flipper. Journal of Morphology, 1995, 225（1）: 51–60. doi: 10.1002/（ISSN）1097–4687.

［6］Miklosovic D S, Murray M M, Howle L E, et al. Leading–Edge Tubercles Delay Stall on Humpback Whale（Megaptera Novaeangliae）Flippers. Physics of Fluids, 2004, 16（5）: L39–L42. doi: 10.1063/1.1688341.

［7］Miklosovic D S, Murray M M, Howle L E, Experimental Evaluation of Sinusoidal Leading Edges, Journal of Aircraft, 2007, 44（4）: 1404–1408. doi: 10.2514/1.30303.

［8］Johari H, Henoch C, Custodio D, Levshin A, Effects of Leading–Edge Protuberances on Airfoil Performance. AIAA Journal, 2007, 45（11）: 2634–2642. doi: 10.2514/1.28497.

［9］Stanway M J, Hydrodynamic Effects of Leading–Edge Tubercles on Control Surfaces and in Flapping Foil Propulsion. Ph.D. Dissertation, Massachusetts Inst. of Technology, Cambridge, MA, 2008.

［10］Van Nierop E, Alben S, Brenner M. "How Bumps on Whale Flippers Delay Stall: An Aerodynamic Model," Physical Review Letters, 2008, 100（5）: 1–4. doi: 10.1103/PhysRevLett.100.054502.

［11］Pedro H T C, Kobayashi M H. Numerical Study of Stall Delay on Humpback Whale Flippers, 46th AIAA Aerospace Sciences Meeting and Exhibit, AIAA Paper 2008–584, 2008.

［12］Hansen K L, Kelso R M, Dally B B. Performance Variations of Leading–Edge Tubercles for Distinct Airfoil Profiles, AIAA Journal, 2011, 49（1）: 185–194. doi: 10.2514/1.J050631.

［13］Yoon H S, Hung P A, Jung J H, et al. Effect of the Wavy Leading Edge on Hydrodynamic Characteristics for Flow Around Low Aspect RatioWing Computers and Fluids, 2011, 49（11）: 276–289. doi: 10.1016/j.compfluid.2011.06.010.

［14］Weber P W, Howle L E, Murray M M, et al. Computational Evaluation of the Performance of Lifting Surfaces with Leading–Edge Protuberances, Journal of Aircraft, 2011, 48（2）: 591–600. doi: 10.2514/1.C031163.

［15］Favier J, Pinelli A, Piomelli U. Control of the Separated Flow Around an Airfoil Using aWavy Leading Edge Inspired by Humpback Whale Flippers, Comptes Rendus Mecanique, 2012, 340（1–2）: 107–114. doi: 10.1016/j.crme.2011.11.004.

［16］Zhang M M, Wang G F, Xu J Z, Aerodynamic Control of Low–Reynolds–Number Airfoil with Leading–Edge Protuberances, AIAA Journal, 2013, 51（18）: 1960–1971. doi: 10.2514/1.J052319.

［17］Zhang X W, Zhou C Y, Zhang T, et al. Numerical Study on Effect of Leading–Edge Tubercles, Aircraft

Engineering and Aerospace Technology，2013，85（4）：247-257. doi：10.1108/AEAT-Feb-2012-0027.

［18］Karthikeyan N，Sudhakar S，Suriyanarayanan P. Experimental Studies on the Effect of Leading Edge Tubercles on Laminar Separation Bubble. 52nd Aerospace Sciences Meeting，AIAA Paper 2014-1279，2014.

［19］Clair V，Polacsek C，Garrec T Le，et al. Experimental and numerical investigation of turbulence-airfoil noise reduction using wavy edges，AIAA J. 51（11）（2013）2695e2713.

［20］Lau A S H，Haeri S，Kim J W，The effect of wavy leading edges on aerofoil-gust interaction noise，J. Sound Vib. 332（24）（2013）6234e6253.

［21］Chong T P，Vathylakis A，McEwen A，et al. Aeroacoustic and aerodynamic performances of an aerofoil subjected to sinusoidal leading edges，in：21st AIAA/CEAS Aeroacoustics Conference，Dallas，June 2015. AIAA paper 2015e2200.

［22］Narayanan S，Chaitanya P，Haeri S，et al. Airfoil noise reductions through leading edge serrations，Phys. Fluids 27（2）（2015）25109e25117.

［23］Chaitanya P，Narayanan S，Joseph P，et al. Broadband noise reduction through leading edge serrations on realistic aerofoils，in：21st AIAA/CEAS Aeroacoustics Conference，Dallas，June 2015. AIAA paper 2015e2202.

［24］Kim J W，Haeri S，Joseph P F，On the reduction of aerofoil-turbulence interaction noise associated with wavy leading edges，J. Fluid Mech. 792（2016）526e552.

［25］Mathews J，Peake N，Noise generation by turbulence interacting with an aerofoil with a serrated leading edge，in：21st AIAA/CEAS Aeroacoustics Conference，Dallas，June 2015. AIAA Paper 2015e2204.

［26］Lyu B，Azarpeyvand M，Sinayoko S. Noise prediction for serrated leading-edges，in：22nd AIAA/CEAS Aeroacoustics Conference，Lyon，France，May 2016. AIAA Paper 2016e2740.

［27］Chaitanya P，Joseph P，Narayanan S，et al. Performance and mechanism of sinusoidal leading edge serrations for the reduction of turbulenceeaerofoil interaction noise，J. Fluid Mech. 818（2017）435e464.

［28］Biedermann T M，Chong T P，Kameier F，et al. Statisticalempirical modeling of airfoil noise subjected to leading-edge serrations，AIAA J. 55（9）（2017）3128e3142.

［29］Turner J M，Kim J W，Aeroacoustic source mechanisms of a wavy leading edge undergoing vortical disturbances，J. Fluid Mech. 811（2017）582e611.

［30］Aguilera F G，Gill J，Angland D，et al. Wavy leading edge airfoils interacting with anisotropic turbulence，in：23rd AIAA/CEAS Aeroacoustics Conference，Denver，Colorado，5-9 June 2017. AIAA paper 2017e3370.

［31］Reboul G，Cader A，Polacsek C，et al. CAA prediction of rotor-stator interaction using synthetic turbulence：application to a low-noise serrated OGV，in：23rd AIAA/CEAS Aeroacoustics Conference，Denver，Colorado，5-9 June 2017. AIAA paper 2017e3714.

［32］Chen W J，Wang X N，Qiao W Y，et al. Rod-airfoil interaction noise reduction using leading edge serrations，in：21st AIAA/CEAS Aeroacoustics Conference，，Dallas，TX，22-26 June 2015. AIAA paper 2015-3264.

［33］Chen W J，Qiao W Y，Tong F，et al. Experimental investigation of wavy leading edges on rod-aerofoil interaction noise. Journal of Sound and Vibration，422，2018：409-431.

［34］Chen W J，Qiao W Y，Tong F，et al. Numerical investigation of wavy leading edges on rod-airfoil interaction noise. AIAA Journal，56（7），2018：2553-2567.

［35］Tong F，Qiao W Y，Chen W J，et al. Numerical analysis of broadband noise reduction with wavy leading edge

［J］.Chinese Journal of Aeronautics，2018，31（07）：1489–1505.

［36］Turner J M，Kim J W. Aeroacoustic source mechanisms of a wavy leading edge undergoing vortical disturbances. J Fluid Mech，2017，811（1）：582–611.

［37］Tong F，Qiao W Y，Xu K B，Liangfeng Wang，Weijie Chen，Xunnian Wang. On the study of wavy leading–edge vanes to achieve low fan interaction noise［J］. Journal of Sound and Vibration，2018，419：200–226.

［38］Reboul G，Cader A，Polacsek C，et al. CAA prediction of rotor–stator interaction using synthetic turbulence： application to a low–noise serrated OGV，in：23rd AIAA/CEAS Aeroacoustics Conference，Denver，Colorado，5–9 June 2017. AIAA paper 2017e3714.

［39］Tong F，Qiao W Y，Chen W J，et al. Broadband noise prediction using large eddy simulation and a frequency domain method［J］. Applied Acoustics，2017，117：94–105.

［40］Wagner C D，Hüttl T，Sagaut P. Large–eddy simulation for acoustics. 1st edition. Cambridge：Cambridge University Press；2012. p. 90.

［41］ANSYS C F X. Reference guide，release 14.0. ANSYS Inc.；2011.

［42］Germano M，Piomelli U，Moin P，et al. A dynamic subgrid–scale eddy viscosity model. Physics of Fluids 1991，A3（7）： 1760–1765.

［43］Winkler J，Moreau S，Carolus T. Large–eddy simulation and trailing–edge noise prediction of an airfoil with boundary–layer tripping. AIAA–2009–3197，2009.

［44］Goldstein M E. Unified approach to aerodynamic sound generation in the presence of solid boundaries. J Acoust Soc Am 1974，56：497–509.

［45］Boudet J，Grosjean N，Jacob M C. Wake–Airfoil Interaction as Broadband Noise Source：A Large–Eddy Simulation Study，International Journal of Aeroacoustics，Vol. 4，Nos. 1–2，2005，pp. 93–115. doi：10.1260/ 1475472053730093

［46］Kato C，Lida A，Takano Y，et al. Numerical Prediction of Aerodynamic Noise Radiated from Low Mach Number Turbulent Wake，31st Aerospace Sciences Meeting & Exhibit，AIAA Paper 1993–0145，1993.

交界面通量重构技术在全三维风扇前传声高精度数值模拟中的应用

韩硕[1]，陈超[2]，高军辉[1]，李晓东[1]

1. 北京航空航天大学能源与动力工程学院，北京 100191
2. 北京航空航天大学航空科学与工程学院，北京 100191

0 引言

随着人们对于商用民机舒适度的要求不断提高，人们的环保意识不断加强，飞机噪声越来越受到各个国家和组织的重视。不断严苛的噪声适航标准对飞机和发动机制造商的噪声控制技术提出了更高的要求。

飞机噪声属于气动噪声的一种，主要分成飞机机体噪声和航空发动机噪声。航空发动机的噪声主要包含风扇噪声、核心机噪声、喷流噪声和压气机涡轮噪声。随着商用发动机涵道比不断增大，风扇直径也逐渐增加，风扇叶尖的切向速度也在不断增大，这是风扇噪声成为大涵道比发动机主要气动噪声源的原因。风扇噪声是飞机起飞和降落过程中的主要噪声源，其传播途径分为前传和后传两种。风扇和压气机的噪声通过进气口向前方传播并辐射到远场，风扇噪声亦通过短舱出口在剪切层的作用下向后辐射。

航空发动机噪声预测的一个重要手段是对其气动声学现象作数值模拟，针对适航标准做出相应的噪声等级评估。早在 20 世纪 90 年代，Tam 和 Webb[1] 发现了使用高效的、低频散低耗散的计算气动声学的必要性，这使得计算气动声学（computational atro-acoustics，CAA）CAA 成为一门独立于计算流体力学（computational fluid dynamics，CFD）的学科，其发展的 DRP（Dispersion-Relation-Preserving）格式方案具有高效并行性能好的特点，为许多研究和工业代码奠定了基础。Ashcroft 和 Zhang[2] 在 Hixon[3] 的工作基础上提出一种低耗散低频散的高阶紧致格式，此格式被应用于二维半维和三维的风扇噪声进排气问题。李晓东等[4] 采用三维轴对称线化 Euler 方程求解包含流动的轴对称管道声传播过程，平均流动对模态声波的截止/传播和声波传播转弯平面起到重要作用。Li 和 Thiele[5] 将 Tam 和 Auriault[6] 的单频和宽带时域阻抗边界条件扩展到包含平均流动对流效应，改进的时域边界条件可用于滑移和剪切平均流动剖面。李晓东和李小艳[7] 基于扩展的 Helmholtz 共振腔阻抗模型，提出了一种新型多自由度宽频阻抗模型。李旦望和李晓东等[8] 研究了一种用于抑制不稳定波的有限时间跨度的宽频带声源波包技术和源滤波技术，采用求解线化 Euler 方程的数值结果与解析解非常吻合。Huynh[9] 提出了通量重构方法，对于一维问题，这种方法相当于求解交界面不连续的片状多项式的导数，通过修正函数修正两个单元交界面上通量的不连续，从而可以直接得到通量的导数。当选取恰当的修正函数时，通量重构方法恢复成间断伽辽金方法、谱差分方法和谱体积法，其具有形式简单、计算经济性的优势。高军辉[10]基于 Huynh 的通量重构方法，提出了交界面通量重构方法。这种方法将每一块网格边界的不同通量通过重构成为一个公共通量，从而为各网格自块内部格点提供边界条件，这样就使得相邻网格块能够交换信息且相邻网格块仅共用一个交界面，避免使用重叠网格，提高了计算效率。

本文利用数值模拟的方法，研究交界面通量重构方法对于声传播问题的适用性，推导适用于该交界面通量重构方法的各数值方法，采用测试算例验证推导得到的数值方法的正确性，选取真实发动机作为研究对象，数值模拟该发动机风扇前传噪声现象，并分析地面效应和定常非平均流动对声场辐射特性的影响。

1 数学模型与数值模拟方法

1.1 数学模型

Navier–Stokes（N–S）方程是一个能够描述多种流体流动包括声学问题的数学模型。气动声学的一个关注点是声音在一些黏性和热传导非常小的介质中传播，如空气或水中的传播现象。此时扰动量的梯度远小于扰动量本身，故黏性和热传导可以被忽略[11]。对于一些分贝数不太大的声音，物理量的扰动量相对于平均物理量本身很小，小到足以忽略扰动量二阶及以上的量。当流动同时满足声音对主流动的反馈不明显的假设时，线化 Euler 方程就能够刻画声音传播的过程。本文中使用的具有通量形式的线化 Euler 方程，具有如下形式

$$\frac{\partial \boldsymbol{u}'}{\partial t} + \frac{\partial \boldsymbol{F}_j'(\boldsymbol{u}')}{\partial x_j} + \boldsymbol{D}(\boldsymbol{u}') = 0$$

其中

$$\boldsymbol{u}' = \begin{bmatrix} \rho' \\ \rho_0 u' \\ \rho_0 v' \\ \rho_0 w' \\ p' \end{bmatrix}, \quad \boldsymbol{F}_j'(\boldsymbol{u}') = \begin{bmatrix} \rho_0 u_j' + u_{j0}\rho' \\ \rho_0 u_{j0}u' + \delta_{1j}p' \\ \rho_0 u_{j0}v' + \delta_{2j}p' \\ \rho_0 u_{j0}w' + \delta_{3j}p' \\ u_{j0}p' + \gamma p_0 u_j' \end{bmatrix}, \quad \boldsymbol{D}(\boldsymbol{u}') = \begin{bmatrix} 0 \\ \rho_0 u_j'\dfrac{\partial u_0}{\partial x_j} - \dfrac{\rho'}{\rho_0}\dfrac{\partial p_0}{\partial x} \\ \rho_0 u_j'\dfrac{\partial v_0}{\partial x_j} - \dfrac{\rho'}{\rho_0}\dfrac{\partial p_0}{\partial y} \\ \rho_0 u_j'\dfrac{\partial w_0}{\partial x_j} - \dfrac{\rho'}{\rho_0}\dfrac{\partial p_0}{\partial z} \\ (\gamma-1)\left(p'\dfrac{\partial u_{j0}}{\partial x_j} - u_j'\dfrac{\partial p_0}{\partial x_j}\right) \end{bmatrix}$$

第一项代表守恒量，也就是待求的各个扰动量；第二项代表了沿笛卡儿坐标中三个方向的通量，在本文中，交界面上的通量会通过交界面通量重构方法重构达到物理信息传递的作用。第三项为时间平均流动的影响，包含了各个时间平均的物理量和其空间导数项，如遇见流动较为缓慢或者梯度较小的情况，可以忽略不计。

1.2 数值模拟方法

1.2.1 空间离散格式

本文的空间差分格式采用有限差分格式，其必须具有正确捕捉声音传播过程的能力，需要该格式具有低频散低耗散的特性。故本文使用的空间离散格式是频散相关保持（dispersion-relation-preserving，DRP）格式[1]。DRP 格式是 7 点的显式中心差分格式，具有四阶精度。7 点中心差分格式具有以下形式

$$\left(\frac{\partial f}{\partial x}\right)_l = \frac{1}{\Delta x} \sum_{j=-3}^{3} a_j f_{l+j}$$

式中，l 为网格的第 1 个节点，即当前位置。DRP 格式具有精度高、低频散低耗散的优势，能够用较少的格点捕捉一个波长，较精准地计算声波传播的过程。

1.2.2 时间推进格式

时间推进格式亦需要保持低频散低耗散的特性。本文所采用的时间推进格式为显示龙格－库塔时间推进格式。将线化 Euler 方程空间离散后得到的半离散方程具有如下形式

$$\frac{\partial \boldsymbol{u}'}{\partial t} = \boldsymbol{F}(\boldsymbol{u}')$$

式中，$\boldsymbol{u}'$ 为随时间变化的待求量，为了求解不同时刻的 $\boldsymbol{u}'$，需要对方程右侧作时间积分。本文中采用一种 2-N 存储低频散低耗散的龙格－库塔时间积分格式[12]，其具有以下形式

$$\left.\begin{array}{l} \boldsymbol{k}_i = \alpha_i \boldsymbol{k}_{i-1} + \Delta t \cdot F(t^{i-1}, \boldsymbol{u}^{i-1}) \\ \boldsymbol{u}^i = \boldsymbol{u}^{i-1} + \beta_i \boldsymbol{k}_i \end{array}\right\}, \quad i = 1, K, p$$

$$\boldsymbol{u}^0 = \boldsymbol{u}^{n-1}, \ \boldsymbol{u}^n = \boldsymbol{u}^p, \ t_i = t^{n-1} + hc_i$$

与经典龙格－库塔方法不同，这种低存储的格式在计算每一个时间积分时不必存储所有的中间步，仅需要存储当前中间步和前一个中间步，这大大地减少了计算存储空间，并适当地提高了数值模拟的效率。本文采用 5/6 步交替的龙格－库塔时间积分，为了满足数值模拟的稳定性，时间步长需要满足对应的 CFL 稳定条件，为了保证整场的时间一致性，需要根据最小的网格尺度确定统一的时间步长。

1.2.3 空间滤波技术

本文的数值模拟采用 Bogey 等[13, 14]提出的选择性滤波技术，该技术能抑制数值伪波的增长，且对感兴趣频率的声波产生非常小的影响，从而保证计算过程的稳定性和结果的正确性。本文采用的滤波格式模板如图 1 所示，共有两种格式。

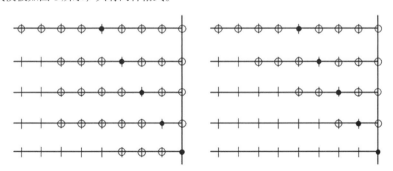

图 1　空间滤波格式模板

偏侧滤波格式的耗散相对中心格式更大，在交界面附近使用偏侧格式能够更好地抑制数值伪波的增长，具有较好的稳定性；边界全部采用中心格式的模板，耗散更小，对感兴趣波数的声波耗散更小。同时滤波强度的空间分布对计算结果的影响较大，故需要对稳定性和正确性作平衡，根据算例的具体情况选择滤波格式和滤波强度分布。

1.2.4 交界面通量重构方法

在真实发动机的数值模拟当中，为了处理复杂几何形状，高阶有限差分格式需要配合重叠网格一起使用。然而，重叠网格的生成和相邻网格之间的信息交换是比较困难的，尤其是在需要插值的非点对点重叠网格的情况。交界面通量重构方法可以应用于多块结构网格下的高阶有限差分数值模拟，其数学模型是 Navier–Stokes 方程和 Euler 方程，本文将此方法拓展应用于线化 Euler 方程。

交界面通量重构方法的思想来自通量重构方法，方法的主要特点是通量仅仅在各个单元内部的层面上连续，而在单元交界面之间是不连续的。在有限差分的数值模拟过程中，在网格块交界面的通量要求是连续的，同时对于结构网格质量的较高要求，使得高阶有限差分方法难应用于几何复杂的实际问题之中。如果采用通量重构方法中通量在单元内连续的思想，将高阶有限差分方法中的网格块之间通量连续的要求降低为仅在网格块内通量连续，而交界面的公共通量使用黎曼解算子重构得到，这就是交界面通量重构方法的基本思想。

以三维守恒形式的线化 Euler 方程为例，其在一般笛卡儿坐标系下具有如下形式

$$\frac{\partial \boldsymbol{u}}{\partial t} + \frac{\partial \boldsymbol{F}(\boldsymbol{u})}{\partial \xi} + \frac{\partial \boldsymbol{G}(\boldsymbol{u})}{\partial \eta} + \frac{\partial \boldsymbol{H}(\boldsymbol{u})}{\partial \zeta} + \boldsymbol{D} \cdot \boldsymbol{u} = 0$$

式中，$\boldsymbol{u}$ 为守恒量；$\boldsymbol{F}$、$\boldsymbol{G}$、$\boldsymbol{H}$ 分别为 ξ、η、ζ 方向的非黏性通量；$\boldsymbol{D} \cdot \boldsymbol{u}$ 为非均匀主流项。在两块相邻网格块的交界面处，交界面通量重构方法仅需要一层网格重叠即可，通量在各自网格块内是连续的，但是在网格块之间的交界面处是不连续的，守恒量和通量在网格块交界面附近的分布见图 2。

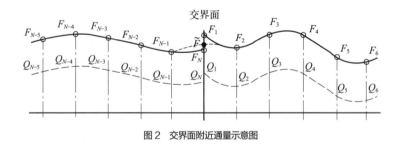

图 2　交界面附近通量示意图

对于非黏性通量，交界面处的公共通量采用黎曼解算子求解以保证守恒和稳定性。线化 Euler 方程的交界面通量通常采用 Lax–Friedrichs 数值通量求解。应用交界面通量重构方法的步骤为：①求解每块网格中每个网格点的守恒量；②用各个网格点的守恒量分别求解各个方向的非黏性通量；③使用黎曼解算子求解交界面处的公共通量。对于三维问题，在每个网格点均有三个方向的通量，垂直于交界面方向的通量采用黎曼解算子求解，另外两个方向采用算术平均求解。

在声学数值模拟当中，频散相关保持格式是一种常用的高阶有限差分格式。根据渐进稳定性分析的结果[10]，7点中心格式搭配在网格块边界使用的7点偏侧格式的DRP格式是不稳定的。为了满足其稳定性，需要在网格块边界采用三阶精度的4点偏侧格式和四阶精度的5点偏侧格式，这个格式称为"DRP-7544"，格式模版示意如图3所示。

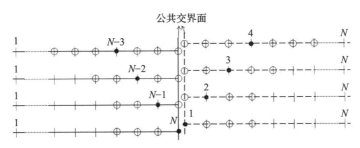

图3 格式模板

对应的偏侧格式系数如下

$$\left(\frac{\partial u}{\partial x}\right)_0 = \frac{1}{\Delta x}\left(-\frac{11}{6} \cdot u_0 + 3 \cdot u_1 - \frac{3}{2} \cdot u_2 + \frac{1}{3} \cdot u_3\right)$$

$$\left(\frac{\partial u}{\partial x}\right)_1 = \frac{1}{\Delta x}\left(-\frac{1}{3} \cdot u_0 - \frac{1}{2} \cdot u_1 + u_2 - \frac{1}{6} \cdot u_3\right)$$

$$\left(\frac{\partial u}{\partial x}\right)_2 = \frac{1}{\Delta x}\left(\frac{1}{12} \cdot u_0 - \frac{2}{3} \cdot u_1 + \frac{2}{3}u_3 - \frac{1}{12} \cdot u_4\right)$$

值得注意的是，这些空间偏差分格式会导致交换边界的精度降低，故需要提高网格的分辨率以弥补精度降低对数值结果的影响。

1.3 交界面通量重构方法匹配使用

1.3.1 完全耦合层匹配技术

完全耦合层边界为声场计算域提供了精确和稳定的无反射边界条件，保证计算域内的相关信息无反射地传出，并不引入无关的信息进入计算域内。为了将完全耦合层匹配技术与交界面通量重构技术配合使用，需要将基于线化Euler方程的PML区域主控方程改写为通量的形式，此通量不仅包含了物理量，同时包含了PML中用到的吸收系数和辅助变量，下面给出该形式的PML区域主控方程

$$\frac{\partial u'}{\partial t} + \frac{\partial\{A \cdot [u' + (\sigma_y + \sigma_z) \cdot q_1 + \sigma_y \cdot \sigma_z \cdot q_2]\}}{\partial y} + \frac{\partial\{B \cdot [u' + (\sigma_x + \sigma_z) \cdot q_1 + \sigma_x \cdot \sigma_z \cdot q_2]\}}{\partial x}$$

$$\frac{\partial\{C \cdot [u' + (\sigma_x + \sigma_y) \cdot q_1 + \sigma_x \cdot \sigma_y \cdot q_2]\}}{\partial z} + (\sigma_x + \sigma_y + \sigma_z) \cdot (-\gamma q_1 + u')$$

$$(\sigma_x \cdot \sigma_y + \sigma_x \cdot \sigma_z + \sigma_y \cdot \sigma_z) \cdot (-\gamma q_2 + q_1) + \sigma_x \cdot \sigma_y \cdot \sigma_z \cdot (-\gamma q_3 + q_2)$$

$$\beta_z \cdot C \cdot [\sigma_z \cdot (-\gamma q_1 + u') + (\sigma_x \cdot \sigma_z + \sigma_y \cdot \sigma_z) \cdot (-\gamma q_2 + q_1)$$

$$\sigma_x \cdot \sigma_y \cdot \sigma_z \cdot (-\gamma q_3 + q_2)] + D \cdot [(-\gamma q_1 + u') + (\sigma_x + \sigma_y + \sigma_z) \cdot (-\gamma q_2 + q_1)$$

$$(\sigma_x \cdot \sigma_y + \sigma_x \cdot \sigma_z + \sigma_y \cdot \sigma_z) \cdot (-\gamma q_3 + q_2)] = 0$$

$$\frac{\partial \boldsymbol{q}_1}{\partial t} = -\gamma \boldsymbol{q}_1 + \boldsymbol{u}'$$

$$\frac{\partial \boldsymbol{q}_2}{\partial t} = -\gamma \boldsymbol{q}_2 + \boldsymbol{q}_1$$

$$\frac{\partial \boldsymbol{q}_3}{\partial t} = -\gamma \boldsymbol{q}_3 + \boldsymbol{q}_2$$

式中，σ_x、σ_y、σ_z 分别为 x、y、z 三个方向的吸收系数，根据 Hu[15] 和本文的经验，吸收系数具有以下表达式：

$$\sigma = \frac{2.0}{\Delta} \cdot \left(\frac{x - x_{\text{PML}}}{d}\right)^2$$

式中，Δ 为 PML 区域网格尺度；x_{PML} 为 PML 区域边界；d 为 PML 区域宽度。值得注意的是，辅助变量 $\boldsymbol{q}_3$ 仅仅出现在时间平均流动中三个吸收系数不全为零的区域。在本文中，具有这个性质的 PML 区域均位于相对于声源较远而且平均流动及其梯度皆较小的区域，此项的值小到可以忽略，故本文所使用的 PML 区域主控方程中不包含辅助变量 $\boldsymbol{q}_3$ 的项。

1.3.2 近似数值通量

在交界面通量重构方法中，由于需要交换物理信息网格块边界上的物理量是不连续的，通量在交界面上没有唯一的定义。因此，需要引入有限体积方法中常用的近似黎曼解算子来定义交换界面的公共通量。Lax-Friedrichs 数值通量构造简单，计算量最小，同时适用于线性问题，故本文采用 Lax-Friedrichs 近似数值通量求解声传播问题。适用于交界面通量重构方法的 Lax-Friedrichs 近似数值通量具有以下形式

$$(\boldsymbol{n} \cdot \boldsymbol{F}_{\text{PML}})_i = \boldsymbol{A}_n \cdot [\boldsymbol{u}' + (\sigma_j + \sigma_k) \cdot \boldsymbol{q}_1 + \sigma_j \sigma_k \cdot \boldsymbol{q}_2]$$

式中，i、j、k 分别代表 x、y、z 三个方向。上述交界面法向矩阵 $\boldsymbol{A}_n$ 具有统一的表达形式，具体如下

$$\boldsymbol{A}_n = \begin{bmatrix} u_n & n_1 & n_2 & n_3 & 0 \\ 0 & u_n & 0 & 0 & n_1 \\ 0 & 0 & u_n & 0 & n_2 \\ 0 & 0 & 0 & u_n & n_3 \\ 0 & \dfrac{n_1 \cdot \gamma p_0}{\rho_0} & \dfrac{n_2 \cdot \gamma p_0}{\rho_0} & \dfrac{n_3 \cdot \gamma p_0}{\rho_0} & u_n \end{bmatrix}$$

1.3.3 固壁边界条件

在计算气动声学中，固壁边界条件应用于短舱壁面和远场地面，短舱的唇口形状决定了管道内声波的辐射方向和强度，地面的反射对远场的指向性影响较大，故稳定且准确的固壁边界条件是非常必要的。计算气动声学中常用的两种壁面边界条件为 Tam 和 Dong 提出的鬼点法[16] 和壁面压力修正方法。本文采用壁面压力修正方法实现壁面边界条件。

对于线化 Euler 方程，固壁边界需要满足滑移边界条件，即法向速度为零

$$v_n = 0$$

壁面边界条件可以表示为法向速度 $v_n(t)$ 的时间导数的条件。将此条件应用于动量方程组即可得到压力扰动梯度与法向速度的关系，进而可以修正壁面的压力扰动。压力扰动的修正

值为

$$p'_{\text{wall}} = - \frac{1}{\sum\limits_{d=1}^{D} \sum\limits_{l=1}^{D} n_d \xi_d^1 \cdot a_l^{n,\,m}} \cdot \left[\begin{array}{l} \left(\dfrac{\partial (\rho_0 \cdot u_n{'})}{\partial t} + f_n(\rho_0,\ \boldsymbol{u}_0,\ p_0,\ \rho',\ \boldsymbol{u}',\ \cdots,\ ) \right) \\ + \sum\limits_{d=1}^{D} \sum\limits_{l=1}^{D} \left(n_d \xi_d^1 \cdot \sum\limits_{j=n+1}^{m+n-1} a_j^{n,\,m} \cdot p_j{'} \right) \end{array} \right]$$

2 数值模拟方法的验证

2.1 一维声波熵波传播算例

这一部分是针对该方法应用于线化 Euler 方程的可行性，以及 Lax–Friedrichs 数值通量在此方法的适用情况的测试。在这里选择最简单的均匀流动下的一维熵波和声波传播问题，计算域为 $[-80,\ 80]$，将其分为两部分，$[-80,\ 0]$ 和 $[0,\ 80]$，在 $x=0$ 处使用通量重构的方式求解，计算域两个边界处使用无反射边界条件。初始波形的形式如下

$$r = 1.0 \times e^{-\ln(2) \cdot \left(\frac{x-(-10)}{4} \right)^2} + 1.0 \times e^{\ln(2) \cdot \left(\frac{x-(-10)}{2} \right)^2}$$

$$p = 1.0 \times e^{\ln(2) \cdot \left(\frac{x-(-10)}{2} \right)^2},\ u = 0$$

图 4 分别为给出初始时刻和 $t=40$ 时刻压力扰动和速度扰动的分布曲线图：

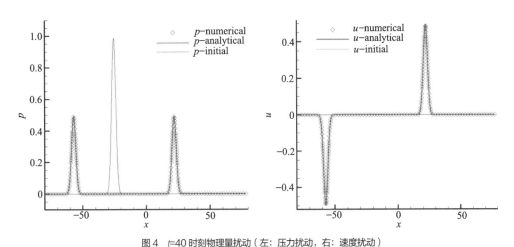

图4　$t=40$ 时刻物理量扰动（左：压力扰动，右：速度扰动）

可以看出，各个物理量与解析解吻合得非常好，此一维算例验证了交界面通量重构方法对线化 Euler 方程的良好的适用性，该方法配合稳定的偏侧空间差分格式和适用于线化 Euler 方程的 Lax–Friedrichs 数值通量，可以正确地模拟声波和熵波在一维传播的过程。

2.2 初始声波圆柱声散射算例

此算例为第二届计算气动声学大会（Second Computational Aeroacoustics Workshop）标准算例的二维圆柱声散射问题，用来测试固壁边界条件。计算域示意图。

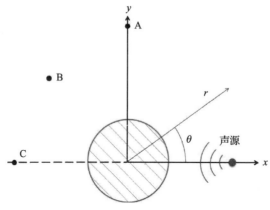

图 5   圆柱声散射算例示意图

中间圆柱的半径为 0.5，声源位于圆柱右侧，在 t=0，u=v=0 的条件下具有高斯分布的初值

$$p' = \exp\left[-\ln2\left(\frac{(x-4)^2+y^2}{(0.2)^2}\right)\right]$$

需要提取三个位置 A（r=5，θ=90°），B（r=5，θ=135°）和 C（r=5，θ=180°）在 T=6~10 声压随时间的变化曲线。

图 6 给出了 T=5 和 T=8 时刻的声压云图，可以看出初始声波的传播过程，以及声波传播到圆柱后的反射声波。圆柱声散射问题具有解析解，下面将数值模拟的结果与解析解对比，如图 7 所示，三个位置的声压信号均与解析解符合良好。交界面通量重构方法仍能够正确地捕捉声波在该位置附近的传播，表明该方法对于非光滑网格线和复杂几何具有较强的处理能力。

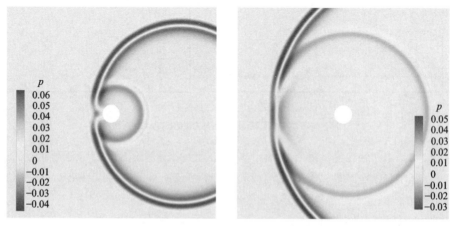

图 6   时刻 T=5（左）和时刻 T=8（右）声压云图

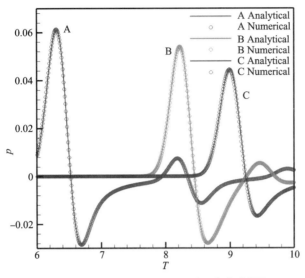

图7 T=5 和 T=8 时刻位置 A，B，C 声压随时间变化图

3 全三维发动机风扇前传噪声数值模拟

3.1 研究对象

本算例研究对象为 NPU-Fan，来源于中欧合作项目 IMAGE 工作包 3 中的 TC-03B 算例。NPU-Fan 是中国西北工业大学（Northwestern Polytechnical University，NPU）涡轮机械空气动力学和声学实验室的高负荷单级轴流压气机。图 8 为 NPU-Fan 风扇示意图，压气机的设计转速为 3000r/min，设计质量流量为 6.38kg/s，管道内平均流速为 26.5m/s。转子有 19 个叶片，静子有 18 个叶片，叶型采用 NACA0065。风扇管道的直径为 500mm，风扇级轮毂的直径为 285mm，轮毂比为 0.57。在风扇转子前面安装了一个直径为 285mm 的半圆形整流罩。压气机的总增压比为 1.02，叶尖间隙为 0.6mm。

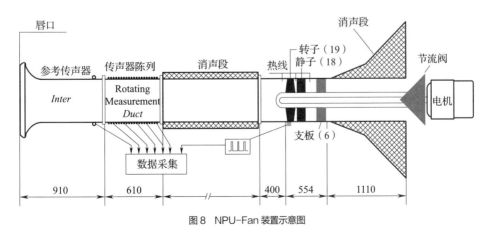

图8 NPU-Fan 装置示意图

管道壁面布置麦克风阵列用于测量风扇声模态，整个装置放置在半消声室中，包含了远场指向性测量装置，指向性测量传声器分布范围 0°~90°，共计 16 只传声器均匀布置，以管道入口为中心，半径为 5m，距离地面高度为 1.63m。图 9 为管道声模态分解的结果，一阶叶片通过频率为 942.2Hz，对应的主要声模态为（1，0）。

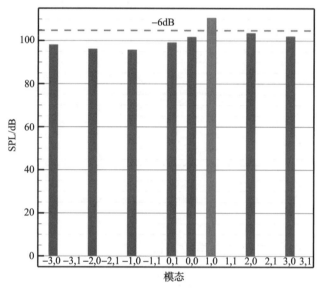

图 9　实验管道声模态结果

本文计算的 NPU-Fan 风扇前传声过程包含时间平均流动的影响。此定常流场由本课题组刘济洲提供，作为本次计算的背景流场。计算结果得到的风扇级增压比为 1.0214，接近设计值 1.02，管道内流动平均马赫数为 0.6901，与设计值 0.069 非常接近。图 10 为管道入口唇缘附近沿高度方向的速度大小分布。图 11 虚线所示为管道出口平面内速度幅值等值线。可以从两图中看出，由于地面的存在，流动不满足轴对称特征。由于管道入口唇缘是声波从管道向自由空间传播的区域，因此其曲率和流动状态对确定远场声学特性是非常重要的。该区域的流场的不对称性将潜在地改变管道的声散射并改变远场中声能量的空间分布。

3.2　计算设置

根据 NPU-fan 的试验测试方案，设计本文数值模拟的计算域，并确定计算设置。图 12 和图 13 分别展示了过管道轴线垂直平面和水平面的计算域。计算域需要包含管道的形状。由于管壁较薄，若要分辨管道入口边缘的声辐射，需要非常细密的网格识别管壁厚度和唇缘的曲率，能够分辨管壁厚度的网格尺度过小，且由于本文采用的是均匀时间步长的推进格式，若此处网格尺度太小，则全场的时间步长亦会很小，考虑到计算时间成本，同时唇缘本身的曲率导致采用结构化网格的分块策略较复杂，难以保证局部的网格质量，故本文将唇口光滑地过渡到后方，如点线所示。本文采用的 CFD 定常流场结果同样使用这种计算域设计方式。计算域下方需要包含半消声室的地面，远场需要包含试验中的各个测点。为了保证测点提取的声压数据准确，需要远场与各个测点保持一定的距离。

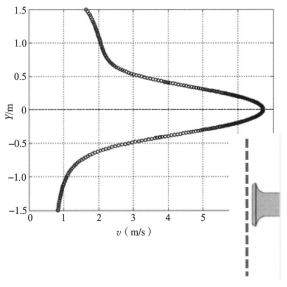

图 10　管道入口截面速度剖面

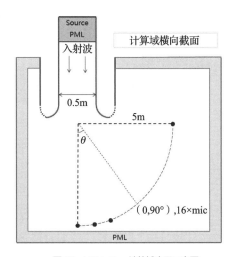

图 11　管道入口截面速度等值线

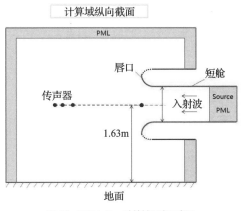

图 12　NPU-Fan 计算域垂直示意图

图 13　NPU-Fan 计算域水平示意图

　　在计算设置方面，管道出口采用 20 层网格的完全耦合层匹配技术（perfectly matched loyer，PML）的无反射边界条件，并在管道出口引入基于理论解的管道声模态作为声源，采用一阶叶片通过频率 942.2Hz 下的主要声模态，声压级约为 110dB。在管道内壁、管道入口唇缘、唇口过渡段和地面采用滑移壁面条件。远场采用无反射边界条件。在与试验中 16 只传声器相同的位置采集声压的时间信号。在网格块之间的交换边界采用交界面通量重构方法交换声场信息。为了抑制数值伪波，确保长时间数值模拟稳定性，需要使用人工选择性空间滤波，此算例采用在网格块边界附近使用偏侧滤波格式的模版。

3.3 网格设计

本文采用结构化网格求解 NPU-Fan 的风扇前传噪声问题。网格的质量好坏将直接决定数值模拟的结果是否正确。NPU-Fan 的几何构型较复杂，管道为圆形，同时管道入口为圆弧形的唇口，为了适用于 PML 边界条件，在远场无反射区域的网格要正交，壁面网格不但要求正交性好，还需要适当的伸缩比例和网格尺度以识别管道内流动边界层对声传播的影响。这就对网格的划分提出了比较高的要求。同时结构化网格要求正交性和光顺性好，伸缩比例适中。

本文的声学计算网格采用商业软件 ICEMCFD 划分。首先是网格分块策略。如图 14 所示，圆形管道内采用 O 形网格划分比较妥当，可以避免直接沿轴线剖分产生的轴线奇点问题。管道唇口采用圆弧过渡，需要使用 C 形网格以保证壁面附近的网格线与管道型线正交。圆弧过渡延伸段同样为圆形，为了让网格线在计算域边缘变成正交网格适用 PML 边界条件，需要再次使用 O 网格。这样使得 O 网格在 xy 平面内嵌套，同时需要在中间插入一个 C 形网格以适应管道入口的圆弧。

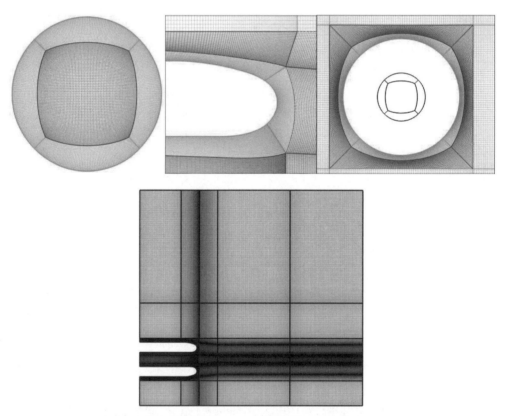

图 14　网格拓扑与网格线（上左：管道内，上中：管道唇口，上右：管道外壁，下：轴线截面）

划分计算域拓扑后需要设置网格尺度。在靠近壁面的地方各个物理量的梯度较大，需要使用适当的网格尺度加以分辨。在管道内壁面第一层网格为 2.6mm，在壁面附近采用 12 层网格用来识别壁面附近的剪切流动。在远场，需要根据声源的波长和空间离散格式的分辨率来确定网格尺度。网格

块内部和交换边界的网格尺度

$$\Delta_{\mathrm{Wall}} = 2.6\mathrm{mm}, \quad 边界层上 12 个点$$

$$f = 942.2\mathrm{Hz}, \quad \lambda = \frac{c}{f} = 360.8\mathrm{mm}$$

$$\Delta_{\mathrm{Inner}}(\mathrm{PPW} = 7) = \frac{\lambda}{7 \times \sqrt{3}} = 29.7\mathrm{mm}$$

$$\Delta_{\mathrm{Boundary}}(\mathrm{PPW} = 12) = \frac{\lambda}{12 \times \sqrt{3}} = 17.3\mathrm{mm}$$

采用以上方式划分得到 NPU-Fan 声学计算网格，总网格量为 76660569。

3.4 结果分析与讨论

本文采用 56 个核心并行计算 NPU-Fan 前传声过程，计算时间大约 170h。算例分为包含定常背景流动和无定常背景流动。图 15 给出包含定常背景流动的声压在部分计算域内分布图。

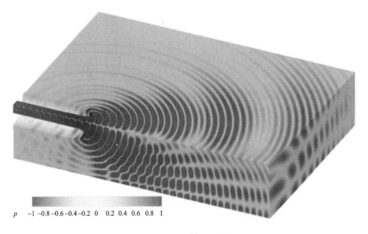

p   -1 -0.8 -0.6 -0.4 -0.2 0   0.2 0.4 0.6 0.8 1

图 15 瞬时声压云图

从上述云图可以看出，此时刻的结果能够保证声波传播出管道口并向远场辐射，传播到地面反射的部分与直接传播的部分干涉并传播至测点位置，表明此时刻的计算结果已经发展充分，可以提取各个测点的声压时域信号。

下面讨论定常流动和地面效应对 NPU-Fan 风扇前传噪声的影响，图 16 为未包含地面和非均匀流动的声压云图，图 17 为包含地面无定常流动的声压云图，图 18 包含地面和定常流动的声压云图。

当定常非均匀流动存在时，由于管道内的主流方向和风扇噪声的传播方向相反，包含平均流动的声波轴向波数更大，因此具有更多的波峰波谷。从三个垂直面声压云图来看，声波到达管道入口唇缘时，沿着唇口传播并向外辐射，向上传播的声波几乎看不到干涉，同时可以看到由地面效应引起的 5 个明显的指向性传播方向。而向地面传播的声波的现象则不同，声波传播到地面后引起的反射，与直接传播到地面附近的上游声波发生干涉，并且干涉的范围非常大，高度超过了轴线位置，而且影响的范围到达了测量远场指向性的位置。从水平面的云图可以看出，由于地面的存在，声波

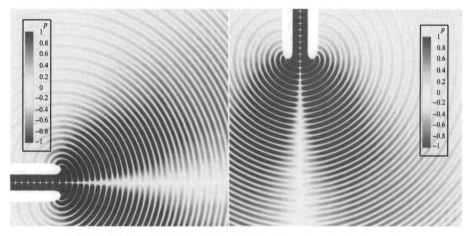

图 16　未包含地面和非均匀流动的声压云图（左：轴线垂直面，右：轴线水平面）

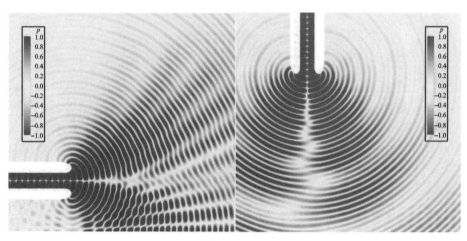

图 17　包含地面无定常流动的声压云图（左：轴线垂直面，右：轴线水平面）

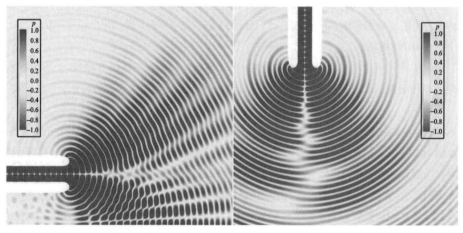

图 18　包含地面和定常流动的声压云图（左：轴线垂直面，右：轴线水平面）

在距离管道入口较远处出现了声压强度较小的区域，可能的原因是地面的反射声波传播到此平面时的相位和直接传播到此位置的声波的相位接近相反，抵消了部分声压，这一解释可以从未包含地面的水平图中得到印证。而管道进口附近由于声波辐射角度不够大，地面反射的声波不会与这一区域的声波发生干涉，不会产生声波强度相抵消的情况。值得注意的是，声波在管道入口唇缘附近和远场的声传播的云图差别微小，这是由于定常流动在这些位置的速度非常低，物理量的梯度也几乎没有贡献，对于声传播方向和强度的影响非常有限。

接下来对 NPU-fan 的远场指向性作分析。提取未包含地面和定常流动、包含地面未包含定常流动和同时包含地面和定常流动的结果，将各个测点的声压信号转化为声压级，与实验数据对比。远场指向性如图 19 所示。

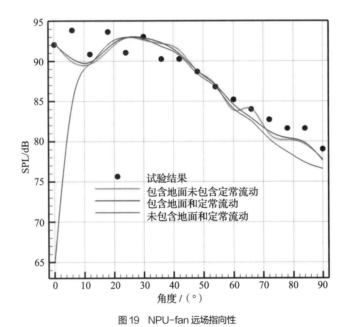

图 19　NPU-fan 远场指向性

从三条计算曲线和实验数据的对比中可以看出，其中包含地面的两条计算曲线的走势与实验测得声压级分布基本相同，而包含定常流动的曲线总体上更加贴近实验结果，可以认为本次风扇前传噪声数值模拟基本抓住了风扇管道的几何形状、地面效应和定常非均匀流动等因素对风扇噪声传播的影响。对于靠近轴线的部分，从上文的云图可以看出，该模态声波几乎沿着唇缘运动并向外辐射，几乎不会传播到轴线附近，轴线附近的声压基本由地面反射声波贡献，这可以从不包含地面和包含地面的两条曲线中看出，地面反射对唇缘平面附近位置测点的声压级有一定的贡献。数值模拟的声压级比较靠近实验结果，但并未抓住轴线附近声压级的变化规律，可能的原因是实验测量的是全部声模态叠加后的声场，而本次数值模拟采用单模态声源，由于不同模态声波在唇口附近的辐射角度不同，传播到地面的角度也不同，在轴线附近会产生比较复杂的干涉现象，可能会形成如实验数据所示的声压级分布。靠近附近的测点与实验结果相差较大，可能是由于在数值模拟的过程中为了保证整体网格量和网格质量，忽略了对唇口边缘厚度的分辨，唇口的厚度很薄，更容易发生声散射，对该位置附近的声压级分布会产生较大的影响。

4 结论

本文采用数值模拟的方法，研究交界面通量重构方法对于声传播问题的适用性，推导适用于该交界面通量重构方法的各个数值方法，采用测试算例验证推导得到的数值方法的正确性，选取真实发动机作为研究对象，数值模拟该发动机风扇前传噪声现象，并分析地面效应和定常非均匀流动对声场辐射特性的影响。具体结论如下。

（1）根据交界面通量重构方法的特点，对部分数值模拟方法作了推导并得到新形式，完全耦合层匹配技术、近似数值通量、固壁边界条件等计算气动声学方法在理论上均能与交界面通量重构方法配合使用，同时保持了对应方法的功能和特点。

（2）采用一维熵波声波传播算例和初始声波圆柱声散射问题，验证适用于交界面通量重构方法的各个数值模拟方法的正确性。这些验证算例证明了交界面通量重构方法的一套高精度数值模拟技术能够准确地描述声波传播过程。

（3）对包含地面和定常流动的 NPU-Fan 风扇前传噪声进行了全三维数值模拟。采用本文发展的基于交界面通量重构方法的线化 Euler 方程计算气动声学程序求解 NPU-Fan 风扇前传噪声过程。声场远场指向性与实验基本吻合，基本抓住了发动机几何形状、地面效应和定常非均匀流动对风扇噪声传播过程的影响。接近轴线和管道入口平面附近的测点与实验数据差距较大，轴线附近的结果差异可能与数值模拟中声模态不足有关，管道入口平面附近的测点的差异主要是计算网格未识别唇口边缘厚度导致的。地面反射对风扇前传噪声的影响显著，干涉区域高过了轴线，并影响到远场的指向性测点位置。由于 NPU-Fan 的管道流速较慢，整个计算域的流速都比较低，流动梯度也很小，从指向性上可以看出非均匀流动使得接近轴线和管道入口平面附近的测点的声压级更接近实验数据，但难以更进一步地展现定常非均匀流动对声传播特性的影响。

致谢

感谢中欧航空科技合作项目"降低飞机噪声源及辐射的创新方法与技术研究"（IMAGE，668971-IMAGE-H2020-MG-2015）对本研究的资助。

参 考 文 献

［1］Tam C K W, Webb J C. Dispersion-Relation-Preserving Finite Difference Schemes for Computational Acoustics［J］. Journal of Computational Physics，1993，107（2）：262-281.

［2］Ashcroft G, Zhang X. Optimized Prefactored Compact Schemes［J］. Journal of Computational Physics，2003，190（2）：459-477.

［3］Hixon R. A New Class of Compact Schemes［A］. AIAA Paper，1998-367

［4］Li X D, Schemel C, Michel U, et al. Azimuthal Sound Mode Propagation in Axisymmetric Flow Ducts［J］. AIAA

Journal，2004，42（10）：2019-2027.

［5］ Li X D，Thiele F. Numerical Computation of Sound Propagation in Lined Ducts by Time-Domain Impedance Boundary Conditions［A］. AIAA Paper，2004-2902.

［6］ Tam C K W，Auriault L. Time-Domain Impedance Boundary Conditions for Computational Aeroacoustics［J］. AIAA Journal，1996，34（5）：917-923.

［7］ 李晓东，李小艳. 适用于时域计算的多自由度宽频阻抗模型研究［J］. 声学学报，2011（5）：496-505.

［8］ Li D W，Li X D，Li X Y，et al. Suppression of Instability Waves in Numerical Simulations of Sound Propagation From Aft Ducts［J］. Journal of Engineering Thermophysics，2012，33（4）：587-590.

［9］ Huynh H T. A Flux Reconstruction Approach to High-Order Schemes Including Discontinuous Galerkin Methods［A］. AIAA Paper，2007-4079.

［10］ Gao J H. A Block Interface Flux Reconstruction Method for Numerical Simulation with High Order Finite Difference Scheme［J］. Journal of Computational Physics，2013，241（5）：1-17.

［11］ Goldstein M E. Aeroacoustics［M］. New York：McGraw-Hill International Book Company，1976：67-119.

［12］ Stanescu D，Habashi W G. 2N-Storage Low Dissipation and Dispersion Runge-Kutta Schemes for Computational Acoustics［J］. Journal of Computational Physics，1998，143（2）：674-681.

［13］ Bogey C，Bailly C. A Family of Low Dispersive and Low dissipative Explicit Schemes for Flow and Noise Computations ［J］. Journal of Computational Physics，2004，194（1）：194-214.

［14］ Berland J，Bogey C，Bailly C，et al. High-Order Low Dispersive and Low Dissipative Explicit Schemes for Multiple-Scale and Boundary Problems［J］. Journal of Computational Physics，2007，224（2）：637-662.

［15］ Hu F Q. A Perfectly Matched Layer Absorbing Boundary Condition for LEE with a Non-Uniform Mean Flow［J］. Journal of Computational Physics，2005，208（2）：469-492.

［16］ Tam C K W，Dong T Z. Wall Boundary Conditions for High-Order Finite Difference Schemes in Computational Aeroacoustics［J］. Theoretical and Computational Fluid Dynamics，1994，6（6）：303-322.

增升装置气动噪声控制方法
风洞试验研究

包安宇，丁存伟，周国成，陈宝

航空工业空气动力研究院，黑龙江哈尔滨 150001

0 引言

　　发动机噪声和机体噪声是现代民机最为主要的两个声源，随着高涵道比发动机的应用，在着陆阶段，现代民机的发动机噪声已经降低到和机体噪声同等量级。机体噪声主要包含缝翼噪声、机翼后缘噪声、襟翼侧缘噪声等。本文主要针对简化增升装置模型机翼后缘噪声，研究其气动和噪声特性，并采用等离子体主动降噪措施和湍流网被动降噪措施进行降噪研究，取得了较为明显的效果。

1 试验模型、设备及条件

1.1 模型简介

　　本次试验采用的简化增升装置模型来源于欧盟 VALIANT 项目（VAlidation and improvement of airframe noise prediction tools）中的第二个构型——主翼＋襟翼构型。该模型由弦长为 600mm 的主翼和弦长为 100mm 的襟翼构成，主翼由厚度为 15mm 的 NACA0012 翼型在最大厚度位置截断并拉伸至 600mm 而来，襟翼是弦长为 100mm 的 NACA0012 翼型，以主翼尾缘为坐标原点，襟翼前缘点的坐标为（–20，–15）mm，如图 1 所示。在 VALIANT 项目的基础上，增加了 5° 偏角构型作为噪声控制目标构型，襟翼偏角旋转中心为襟翼前缘点，如图 2 所示。

1.2 0.5m 航空声学风洞

　　本次试验在气动院 0.5m 航空声学风洞中进行，有开口、闭口试验段和消声室，如图 3 所示，风洞试验段轴线标高 1.515m，开口试验段尺寸 0.5m（宽）×0.375m（高）×1.575m（长），试验段中心距离试验段喷口 0.43m，风速范围 20～85m/s。试验段外围为消声室，消声室净空间 3.25m（宽）×2.263m（高）×3.125m（长）。消声室 6 个壁面均铺设由多孔材料制成的吸声尖劈。0.5m 航空声学风洞消声室内部视图见图 4。消声室自由场截止频率为 200Hz。风洞性能参数见表 1。图 5 给出了不同风速下 0.5m 航空声学风洞的背景噪声频谱。

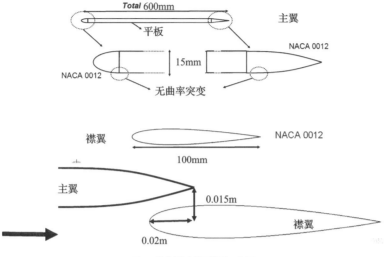

图1 简化增升装置模型示意图

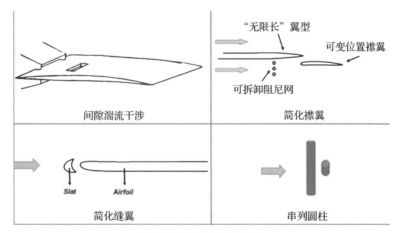

图2 VALIANT 中的 4 个构型

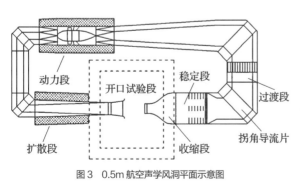

图3 0.5m 航空声学风洞平面示意图

图4 0.5m 航空声学风洞消声室内部视图

表1 0.5m航空声学风洞性能参数

试验段尺寸	0.5m（宽）×0.375m（高）
风速	85m/s（开口），100m/s（闭口）
消声室	4m（宽）×2.6m（高）×3.9m（长）
背景噪声	74.8dB（A）（80m/s风速，距离风洞中心线1.5m处）
湍流度	0.002
风速不确定度	≤0.18m/s

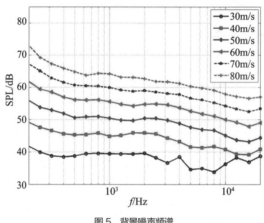

图5 背景噪声频谱

1.3 测量装置

本次试验用到的测量装置包括：8400测压系统、高速PIV、热线风速仪、63通道传声器相位阵列、远场指向性阵列。

1.3.1 测压系统及测压点

试验测压采用8400静压采集系统，该系统为美国PSI公司生产的压力测量系统，主要包括系统处理器（SP）、光线接口单元（FIU）、扫描阀数字化接口单元（SDI）、扫描阀接口单元（SBU）、压力校准单元（PCU）和压力扫描阀（ESP）等组成单元，如图6所示。

图6 8400处理器

参考图 7 中的坐标系，静压测量点坐标如表 2 所示。静压测量点位置示意图如图 8 所示。

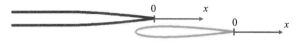

图 7　静压测量参考坐标原点

表 2　静压测量点

主翼			襟翼		
X/mm	Z/mm	上/下翼面	X/mm	Z/mm	上/下翼面
-10	-2	上	-5, 5	0	下
-10	0	上	-28	0	下
-10	3	上	-45	0	下
-10	13	上	-57	0	下
-17	0	上	-70	0	下
-22	0	上	-77	0	下
-27	0	上	-84	-8	下
-38	0	上	-84	0	下
-50	0	上	-84	2	下
-62	0	上	-84	3	下
-74	0	上	-90	0	下
-84	0	上	-95	0	下
-88	0	上	-99	0	下
-110	0	上	-45	0	上
-140	0	上	-70	0	上
-200	0	上	-84	0	上
-260	0	上	-95	0	上
-25	0	下			
-56, 5	0	下			
-58, 5	0	下			

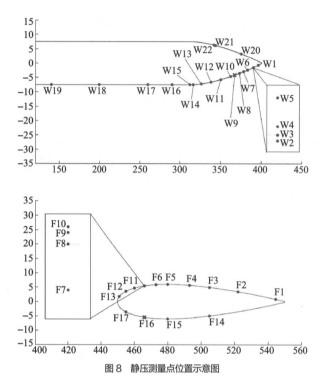

图8 静压测量点位置示意图

1.3.2 热线风速仪

本次试验采用 Dantec 公司的热线风速仪进行速度测量，整个系统由热线探头、校准设备、L形支杆、采集设备和数据处理设备构成。本次试验采用 55P61 二维探头，如图 9 所示。

参考图 7 中的坐标原点，热线测量点如表 3 所示，热线测量的速度分量 U 及 V 示意如图 10 所示。

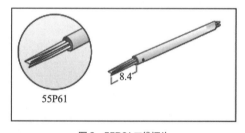

图9 55P61 二维探头

表3 热线测量点位置

位置	坐标 /mm	上 / 下翼面
主翼	-300	上 & 下
	-200	上 & 下
	-100	上 & 下
	-75	上 & 下
	-35	上 & 下
襟翼	10	上 & 下
	-70	上 & 下
	-50	上 & 下
	-30	上 & 下
	-10	上 & 下

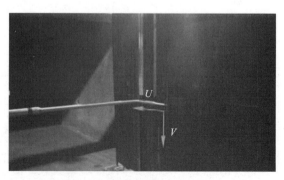

图10 热线测量的速度分量 U 和 V 示意图

1.3.3 高速粒子图像测速（PIV）系统

高速 PIV（particle image velocimetry，PIV）系统由高频激光器、高速相机、脉冲信号发生器、同步器和冷却机组成，如图 11 所示。

图 11 高速 PIV 试验现场图

1.3.4 噪声采集系统

试验采用基于 PXIe 总线的数据采集系统。如图 12（a）所示，系统由 NI PXI 1075 系列机箱及 PXI–4498 多通道数据采集卡组成，其采样率最高可达 200kHz。数据传输速率比常规的仪器接口总线 GPIB 和 VXI 高得多。PXIe 本地传输的信号范围从高速 TTL 信号到高达 42V 的模拟信号。PXIe110MHz 系统时钟被分配到系统中的所有外设模板，用于测控系统的多模块同步。试验数据由软件 NI Labview Signal Express 声学模块进行处理。图 12（b）为数据采集软件工作界面，设置采样率为 40960Hz，采样块数为 50，每块采样点数为 4096。

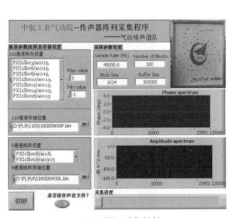

（a）PXIe 多通道数据采集器 　　　　　　　　（b）数据采集软件

图 12 噪声采集系统

　　试验采用 B&K4954 电容传声器，传声器直径 1/4in，动态范围为 14.6～146dB，最大输入声压级为 146dB。测量频率范围为 6.3～20000Hz。近场声源定位采用 63 通道相位阵列（见图 13），阵列直径 1m，共有 9 条旋臂，每条旋臂上布置 7 个 B&K4954 传声器，适用于开口试验段。阵列布置在距流场中心 1.5m，阵列面与流场方向平行。相位阵列中心指向风洞中心，与风洞水线等高。传声器表面安装防风球。远场指向性测量采用半径为 1.8m 的弧形阵列，远场指向性阵列圆心位于主翼中心位置。指向角范围 45°～135°，角度间隔 9°，远场指向性阵列架表面采用吸声海绵包裹，传声器表面安装防风球（见图 14）。

图 13　63 通道传声器相位阵列

图 14　远场弧形指向性阵列

1.4 等离子体系统

在本次试验过程中，采用 ms-DBD 针对襟翼 5°偏角状态进行噪声控制，整套试验系统由示波器、调压器、等离子体作动器（见图 15）、高压探头和 DBD 电极组成，试验过程中，等离子体作动器放电形式为正弦波，DBD 电极位置和详细参数见表 4。共研究了 5 组放电参数下的控制效果，放电参数见表 5。等离子体位置及粘贴如图 16～图 17 所示。

图 15 等离子体作动器

表 4 等离子体几何参数

名称	值 /mm
覆盖电极，W_c	10
裸露电极，W_a	5
间隙，W_g	0
绝缘层厚度，H	0.5
等离子体位置	距离襟翼前缘 19

表 5 等离子体放电参数

编号	峰－峰值电压 /kV	放电频率 /kHz	放电方向
PA01	8	4.98	反
PA02	12	4.98	反
PA03	8	6	反
newPA01	8	4.98	正
newPA02	6	4.98	正
注："反"表示诱导流动方向和气流方向相反，"正"表示诱导流动方向和气流方向一致。			

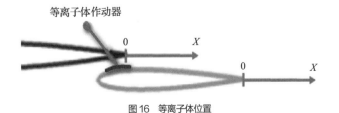

图 16 等离子体位置

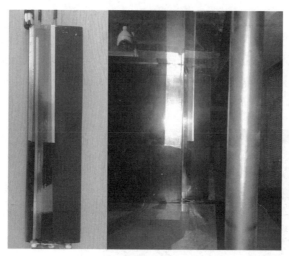

图17 等离子体粘贴

1.5 湍流网

本次试验主要研究两种不同尺寸的湍流网的降噪效果。湍流网宽100mm，高度375mm，如图18所示，分别命名为A、B（见图19（a）、（b））。具体几何参数见表6，湍流网位置见图20。

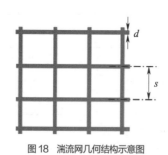

图18 湍流网几何结构示意图

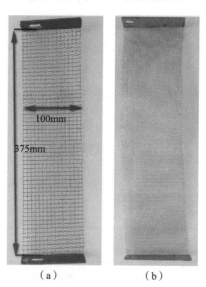

（a） （b）

图19 湍流网实物图

表6 湍流网几何参数

命名	丝径，d/mm	间距，s/mm	穿孔率
A	1.19	6.35	0.66
B	0.58	2.12	0.53

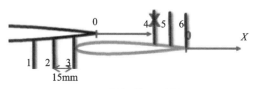

图 20　湍流网位置示意图

2 试验结果

2.1 测压结果

测压结果经过处理后显示主翼压力面和襟翼吸力面的 C_p 分布结果，C_p 按照公式 $C_p = \dfrac{p - p_\infty}{\rho U_0^2/2}$ 进行计算，其中 p_∞ 取大气压。风速 30~70m/s，襟翼偏角 0°、2.5° 和 5° 的测压结果如图 21 和图 22 所示。其中 0° 测压结果与 VALIANT 项目的结果进行了对比（见图 23 和图 24），吻合较好。

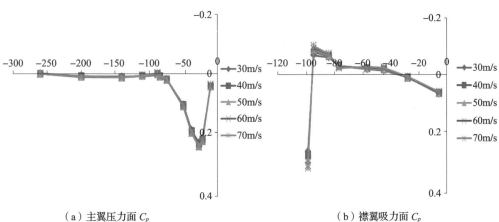

（a）主翼压力面 C_p　　　　　　　　　（b）襟翼吸力面 C_p

图 21　襟翼 0° 偏角下测压结果

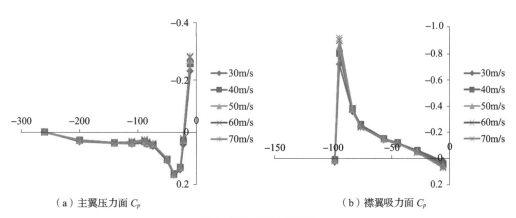

（a）主翼压力面 C_p　　　　　　　　　（b）襟翼吸力面 C_p

图 22　襟翼 5° 偏角下测压结果

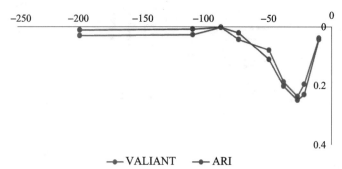

图 23　气动院和 VALIANT 项目 50m/s 风速下主翼压力面 C_p 对比

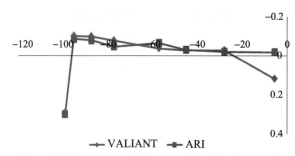

图 24　气动院和 VALIANT 项目 50m/s 风速下襟翼吸力面 C_p 对比

2.2　热线结果

针对襟翼偏角为 0°、风速为 50m/s 状态进行热线测量，试验时，热线探头沿流向对准来流方向、垂直物面方向移动。本次试验采用的 55P61 探头为二维探头，测量流向速度分量和展向速度分量。热线采集频率为 2kHz，采样时间 1.024s。热线测量点位置见表 7。热线测量得到 U 和 V 方向的平均值和均方根。具体测量结果见表 8（U：上翼面；M：主翼；L：下翼面；F：襟翼；后面数字代表距离部分尾缘距离）。

表 7　主翼上热线测量结果

占位	距物面高度	$U_{Mean}/$（m/s）	U_{RMS}	$V_{Mean}/$（m/s）	V_{RMS}
UM-300	5	48.486	1.603	0.497	1.366
	10	50.353	0.34	-0.389	0.088
	15	50.395	0.307	-0.78	0.069
	25	50.341	0.441	-0.469	0.076
	35	50.33	0.429	-0.725	0.079
UM-300	45	50.304	0.446	-0.429	0.076
	65	50.284	0.434	0.04	0.091
	85	50.244	0.441	-0.048	0.118
	105	50.239	0.514	1.163	0.161

表7（续）

占位	距物面高度	U_{Mean}/（m/s）	U_{RMS}	V_{Mean}/（m/s）	V_{RMS}
LM-300	10	49.273	0.604	−1.297	0.605
	15	49.662	0.169	−1.188	0.064
	20	49.508	0.184	−0.305	0.066
	25	49.526	0.166	0.168	0.057
	30	49.749	0.143	−0.008	0.057
	40	49.538	0.209	−0.251	0.058

襟翼上热线测量结果如表8所示。

表8　襟翼上热线测量结果

占位	距物面高度	U_{Mean}/（m/s）	U_{RMS}	V_{Mean}/（m/s）	V_{RMS}
UF10	5	31.143	2.555	2.158	2.757
	10	33.39	3.191	0.652	2.289
	15	30.374	2.606	1.564	1.916
	20	36.388	3.886	0.905	2.319
	25	44.715	2.448	0.52	1.595
	35	47.961	1.373	−0.148	0.245
	45	48.401	1.164	−0.524	0.244
	55	48.528	1.271	0.868	0.302
	75	48.875	1.466	−0.687	0.311
	95	49.21	1.214	0.38	0.44
LF10	5	31.419	2.789	1.631	2.78
	7	41.1	3.05	2.533	2.48
	10	47.046	0.655	−0.247	0.458
	15	47.653	0.436	−0.448	0.117
	20	48.089	0.39	0.345	0.113
	25	48.511	0.435	−0.084	0.107
	35	49.064	0.525	−0.373	0.106
	45	49.249	0.561	−0.36	0.125
	65	49.432	0.507	−0.16	0.104
	85	49.6	0.616	−0.886	0.152
	105	49.593	0.632	−0.926	0.165

2.3 高速 PIV 结果

高速 PIV 测量主要针对风速 50m/s、襟翼偏角 0° 和 5° 状态，采样率 3000Hz，采样时间 0.5s，如图 25 ~ 图 27 所示。

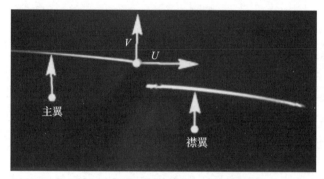

图 25 高速 PIV 原始图像和 U、V 及坐标原点

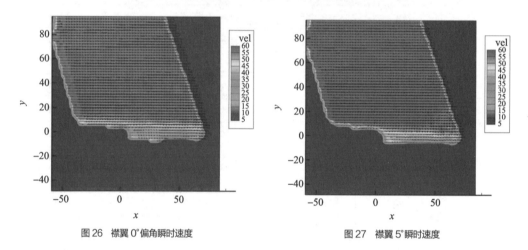

图 26 襟翼 0° 偏角瞬时速度 　　　　　　　　图 27 襟翼 5° 瞬时速度

2.4 噪声测量结果

图 28 给出了襟翼偏角为 0° 时 30 ~ 70m/s 风速下弧形阵列上 90° 指向角位置的频谱。

图 29 给出了襟翼偏角为 5° 时风速 50m/s 状态下，90° 极方向角处的远场噪声频谱。从图中可以看出，当襟翼偏角为 5° 时，存在频率分别为 3080Hz 和 3830Hz 的两个纯音。后续噪声控制也将主要针对这两个纯音进行。

63 通道麦克风相位阵中心对准主翼中心位置，采用传统波束成形技术对襟翼 0° 偏角 50m/s 风速状态进行声源定位，考虑剪切层修正。定位结果显示声源主要位于襟翼后缘。

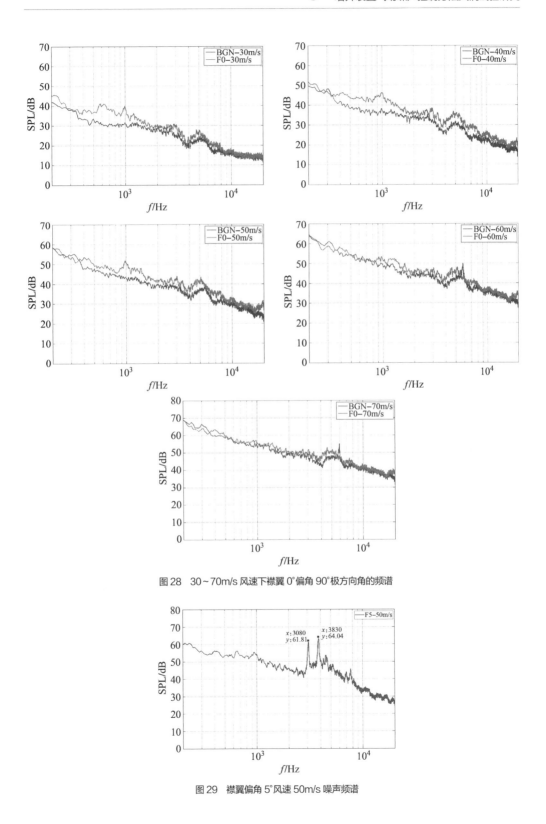

图28 30~70m/s 风速下襟翼 0°偏角 90°极方向角的频谱

图29 襟翼偏角 5°风速 50m/s 噪声频谱

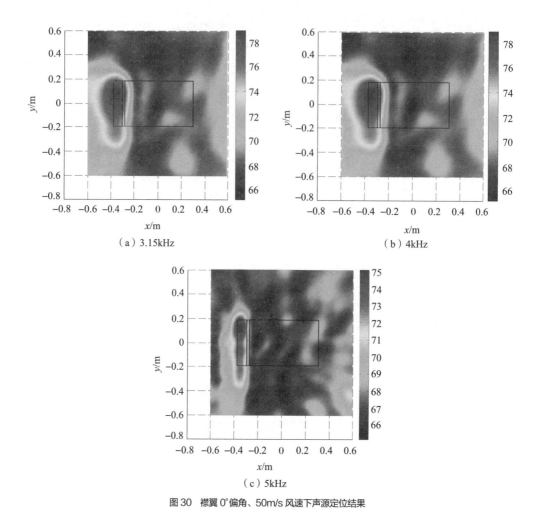

（a）3.15kHz

（b）4kHz

（c）5kHz

图30 襟翼0°偏角、50m/s风速下声源定位结果

2.5 等离子降噪结果

DBD等离子体电极位置见图16和放电参数见表4和表5，等离子体放电降噪效果以90°极方向角位置为参考。具体降噪效果见图31。

图31中（a）~（c）为等离子反向放电降噪结果，比较可知（a）降噪效果最好，因此选取（a）的放电参数进行正向放电降噪研究，与（d）和（e）进行对比。可得到表9。

2.6 湍流网降噪结果

两种湍流网A和B在3和4位置的降噪效果对比见图32。

湍流网纯音处降噪量对比如图33所示。

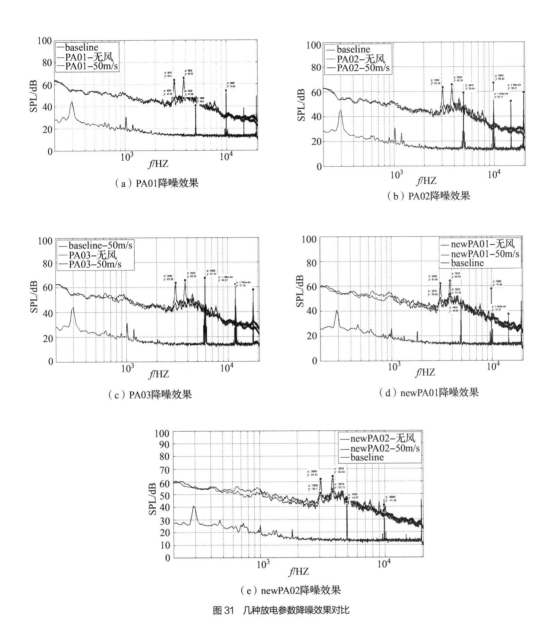

（a）PA01降噪效果

（b）PA02降噪效果

（c）PA03降噪效果

（d）newPA01降噪效果

（e）newPA02降噪效果

图 31　几种放电参数降噪效果对比

表 9　等离子体降噪量对比

降噪效果对比	PA01	newPA01	newPA02
△ SPL@3070Hz/dB	16.24	13.58	13.15
△ SPL@3830Hz/dB	18.27	13.36	12.63
△ OASPL/dB	2.5	3.2	3.2

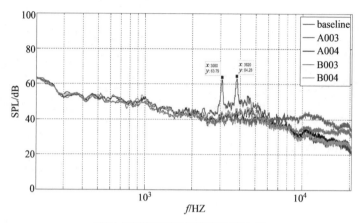

图 32　不同湍流网在不同位置降噪效果对比

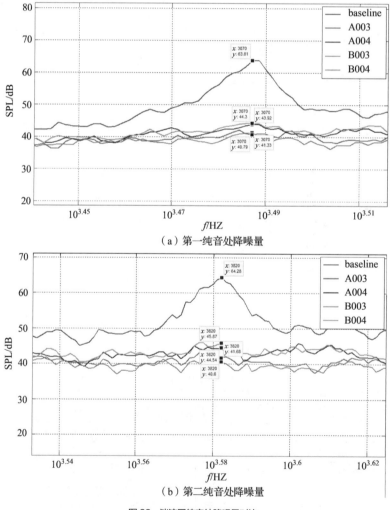

（a）第一纯音处降噪量

（b）第二纯音处降噪量

图 33　湍流网纯音处降噪量对比

从表10及图32中可以看出，在第一纯音处，湍流网 A 在 3 位置最大降噪量为23dB；在第二纯音处，湍流网 B 在 3 位置最大降噪量可达 23.7dB。

表10　湍流网纯音处降噪量对比

降噪效果对比	A03	A04	B03	B04
△ SPL@3070Hz/dB	23.0	19.9	22.5	19.5
△ SPL@3830Hz/dB	22.6	19.7	23.7	18.4

在 90°极方向角处 OASPL 降噪量对比见表11。

表11　各极方向角湍流网 OASPL 降噪量对比

极方向角 / (°)	A03-baseline/dB	A04-baseline/dB	B03-baseline/dB	B04-baseline/dB
45	-9.4	-8.8	-11.1	-8.5
54	-7.3	-6.9	-8.8	-6.7
63	-8.4	-8.0	-10.0	-7.7
73	-6.5	-6.7	-8.3	-6.4
81	-4.1	-4.7	-6.0	-4.6
90	-4.3	-5.2	-6.5	-5.0
99	-6.3	-5.9	-8.0	-5.6
108	-8.4	-8.4	-10.7	-8.2
117	-5.3	-7.5	-8.7	-7.5
126	-3.5	-4.8	-5.5	-4.6
135	-3.6	-3.8	-4.7	-3.6
平均降噪量	-5.9	-6.2	-7.8	-6.0

从图33中可以看出，湍流网 B 在 3 位置的 OASPL 降噪效果最优，平均降噪量可达 7.8dB。

3 结论

（1）针对简化翼增升装置模型，进行了详细的气动和噪声测量，其中静压测量结果与国外试验吻合良好，证实了本次试验模型和方法的可靠性，在 VALIANT 项目的基础上，开展了额外的气动和噪声测量，本项目开展的气动和噪声测量可为数值模拟人员提供更加详细的验证依据。

（2）针对等离子体降噪研究，开展了不同放电方向和参数的研究，都取得了较为理想的效果，纯音处最大降噪量可达 18.27dB，总声压级平均降噪量可达 3.2dB，一般来看，等离子体放电电压增加在峰值频率可获得更好的降噪效果，但放电电压增大时等离子自噪声的增加会影响总声压级降噪效果，因此需综合考虑放电电压和降噪效果的关系。

（3）本次试验测量的两种湍流网在不同位置都取得了一定降噪效果，湍流网 B 在 3 位置时降噪效果最佳，最大 OASPL 降噪量可达 11dB，总声压级平均降噪量可达 7.8dB，一般来说，湍流网可以将声源区域的涡打碎，使之变成更小尺度的涡，从而降低噪声，一般来说，湍流网越密集，降噪效果越好，但从流动角度考虑，湍流网越密带来的阻力越大，在降噪和减阻之间需要综合考虑。

（4）在噪声控制的同时，需要综合考虑气动性能方面的影响，有必要开展噪声控制措施的更为详细的气动力等变量的测量。

致谢

本文所开展的研究工作是在中欧合作项目"降低飞机噪声源及其辐射的创新方法与技术研究"（Innovative Methodologies for reducing Aircraft Noise Generation and Emission，简称 IMAGE，688971-IMAGE-H2020-MG-2015）的资助下完成的，在此感谢项目中方牵头单位中国飞机强度研究所以及欧方牵头单位查尔姆斯理工大学在研究过程中给予的指导和帮助，感谢冯卡门流体力学研究所在试验模型和状态定义等方面提出的宝贵意见以及分享的试验数据。

参 考 文 献

［1］Schram C. VALidation and Improvement of Airframe Noise prediction Tools［J］.（ACP8-GA-2009-233680），Deliverable D38，Final Publishable Summary Report.

［2］Koike S，Kazunori M，et al. PIV around a NACA0012 Airfoil with a Plasma Actuator for Noise Reduction［J］. AIAA 2010-1412.

［3］Inasawa A，Ninomiya C，Masahito A，Suppression of Tonal Trailing-Edge Noise From an Airfoil Using a Plasma Actuator［J］，AIAA JOURNAL Vol. 51，No. 7，July 2013.

［4］Koike S，Kato H，et al. Time-Resolved PIV Applied to Trailing-Edge-Noise Reduction by DBD Plasma Actuator［J］. AIAA 2010-4352.

［5］Herr M，Bahr C，Kamruzzaman M. Third Workshop on Benchmark Problems for Airframe Noise Computations（BANC-III），Workshop Category 1：Trailing-Edge Noise［J］.

发动机风扇噪声预测及
声衬降噪数值研究

林大楷，张涛

中国商飞北京民用飞机技术研究中心，北京 102211

0 引言

随着民机的发展，噪声适航问题越来越突出，其中发动机噪声是民机噪声的主要来源。随着大型宽体客机的发展，发动机涵道比越来越大，风扇噪声在总体噪声中的比重也越来越大。因此，在设计研发阶段对民机的风扇噪声的精确预测就变得非常重要。

针对风扇噪声的预测，科研人员发展了计算气动声学（computational aero-acoustics，CAA）方法。其主要思路是在给定的风扇声源条件下，通过有限差分方法求解线化欧拉方程，模拟噪声在近场中的传播过程，从而得到风扇噪声的预测结果。风扇噪声预测结果的精度，主要取决于数值格式的精度。在 CAA 方法中，需要用到高精度空间离散格式和时间推进格式。在空间离散格式方面，Hixon 等在标准紧致格式的基础上发展了一种高精度预系数紧致格式[1, 2]。Ashcroft和 Zhang Xin 在 Hixon 基础上进一步提出了优化的预系数紧致格式[3]。Kim 对紧致格式在边界上保持格式精度和系数关系进行了研究[4]。Tam 等提出了一种频散关系保持（dispersion-relation-preserving finite difference Schemes，DRP）格式[5]。时间推进格式方面，Hu 等提出了一种低频散低耗散（low disper-sion and disappear runge-Kutta，LDDRK）46 格式[6]，该格式能够保证 4 阶精度。

除了在计算域中需要高阶格式，在边界条件处的格式同样需要满足高阶精度。CAA 计算中边界条件主要包括入流边界条件、出流和无反射边界条件、固壁边界条件等[7-9]。Richards 和 Zhang Xin 等给出了入流和出流边界条件形式，同时通过给定缓冲区域和合适的阻尼系数，保证反射波在入流和出流边界处达到完全阻尼[10]，实现无反射的目的。但是该边界条件没有严格的理论推导，Hu[11] 等采用完全匹配层（perfectly matched layers，PML）的方法，其思路是通过完全吸收进入匹配层的声波达到无反射边界条件的目的。林大楷将其扩展到非线性声学问题领域[12]。对固壁边界条件的处理，Tam 和 Dong 推导了在正交坐标系下的高精度固壁边界条件[13]，该边界条件等效于在固壁处施加一个压力使得固壁处法向速度为 0，对除压力之外的变量偏导数采用 7 点一侧差分求解，对压力的偏导数采用一层鬼点进行处理，通过求解鬼点上的压力偏导数使得动量方程满足法向速度为 0 的条件。Chung 和 Morris 提出了另外解决思路，即在固壁边界处给定一个无穷大的阻抗值，使得声波完全反射[14]。针对曲面固壁边界条件处理，Hixon 推导了在笛卡儿坐标系下的曲面固壁边界处满足的控制方程形式[15]。Kim 和 Lee 推导了非黏性和黏性条件下固壁边界的一般形式，并且给出了物理坐标系和计算坐标系下的方程转换形式[16]。Tam 等认为通过坐标变化的方法处理边界并非最佳方式，并且可能会产生伪声反射和散射，取而代之提出了一种在正交网格上通过寻找与边界相邻网格点上多个鬼点值的方式进行固壁边界条件处理的方法[17]。针对风扇进气道噪声的预测问题，Huang Xun 和 Zhang Xin 等使用二维半维线化欧拉方程对进气道风扇噪声进行了数值研究[18-20]，风扇声源采用管道模态方法计算，获得了自由场中风扇噪声的预测结果，但没有考虑地面反射对声传播计算的影响。在风扇后传噪声的数值方法方面，X.Huang 等基于声扰动方程模拟了有流动条件下管道后传声的问题[21]。李晓东等采用基于频散相关保持格式的结构求解器研究和分析了排气噪声的数值不稳定性问题[22]。Leneveu 等基于间断伽辽金方法模拟分析了航空发动机的排气噪声问题[23]。为降低发动机噪声尤其是风扇噪声，工程上常用的方法是在短舱流道内安装声衬。在计算气动声学方法中，对声衬的模拟需要使用时域阻抗边界条件，其中 Fung&Ju[24-26]推导了一种基于反射的时域阻抗边界条件，能够考虑平均流动的影响，在边界和计算域之间保持时空关系上的连续，无须人为添加数学上的约束和人工边界。

本文计算了不考虑和考虑地面反射条件下进气道风扇噪声预测结果，并与试验结果进行对比分析和研究。利用二维半维线化欧拉方程对风扇前传和后传噪声声衬降噪效果进行了数值研究。

1 发动机风扇噪声预测方法

1.1 主控方程

笛卡儿坐标下二维半维线化欧拉方程形式

$$\frac{\partial \rho'}{\partial t} + \frac{\partial(\rho' u_0 + \rho_0 u')}{\partial x} + \frac{\partial(\rho' v_0 + \rho_0 v')}{\partial r} - \frac{m\rho_0}{kr} w_t' + \frac{\rho' v_0 + \rho_0 v'}{r} = 0$$

$$\frac{\partial u'}{\partial t} + u_0 \frac{\partial u'}{\partial x} + v_0 \frac{\partial u'}{\partial r} + u' \frac{\partial u_0}{\partial x} + v' \frac{\partial u_0}{\partial r} + \frac{\partial p'}{\rho_0 \partial x} - \frac{\rho' \partial p_0}{\rho_0^2 \partial x} = 0$$

$$\frac{\partial v'}{\partial t} + u_0 \frac{\partial v'}{\partial x} + v_0 \frac{\partial v'}{\partial r} + u' \frac{\partial v_0}{\partial x} + v' \frac{\partial v_0}{\partial r} + \frac{\partial p'}{\rho_0 \partial r} - \frac{\rho' \partial p_0}{\rho_0^2 \partial r} = 0 \qquad (1)$$

$$\frac{\partial w_t'}{\partial t} + u_0 \frac{\partial w_t'}{\partial x} + v_0 \frac{\partial w_t'}{\partial r} + \frac{mk}{\rho_0 r} p' + \frac{w_t' v_0}{r} = 0$$

$$w_t' = \frac{\partial w'}{\partial t}$$

三维线化欧拉方程形式如下

$$\frac{\partial \rho'}{\partial t} + \frac{\partial(\rho_0 u' + u_0 \rho')}{\partial x} + \frac{\partial(\rho_0 v' + v_0 \rho')}{\partial y} + \frac{\partial(\rho_0 w' + w_0 \rho')}{\partial z} = 0$$

$$\frac{\partial u'}{\partial t} + \frac{\partial(u_0 u' + p'/\rho_0)}{\partial x} + v_0 \frac{\partial u'}{\partial y} + v' \frac{\partial u_0}{\partial y} + w_0 \frac{\partial u'}{\partial z} + w' \frac{\partial u_0}{\partial z} = 0$$

$$\frac{\partial v'}{\partial t} + u_0 \frac{\partial v'}{\partial x} + u' \frac{\partial v_0}{\partial x} + \frac{\partial(v_0 v' + p'/\rho_0)}{\partial y} + w_0 \frac{\partial v'}{\partial z} + w' \frac{\partial v_0}{\partial z} = 0$$

$$\frac{\partial w'}{\partial t} + u_0 \frac{\partial w'}{\partial x} + u' \frac{\partial w_0}{\partial x} + v_0 \frac{\partial w'}{\partial y} + v' \frac{\partial w_0}{\partial y} + \frac{\partial (w_0 w' + p'/\rho_0)}{\partial z} = 0$$

$$\frac{\partial p'}{\partial t} + \gamma p_0 \left(\frac{\partial u'}{\partial x} + \frac{\partial v'}{\partial y} + \frac{\partial w'}{\partial z} \right) + \gamma p' \left(\frac{\partial u_0}{\partial x} + \frac{\partial v_0}{\partial y} + \frac{\partial w_0}{\partial z} \right) + \qquad (2)$$

$$\left(u_0 \frac{\partial p'}{\partial x} + v_0 \frac{\partial p'}{\partial y} + w_0 \frac{\partial p'}{\partial z} \right) + \left(u' \frac{\partial p_0}{\partial x} + v' \frac{\partial p_0}{\partial y} + w' \frac{\partial p_0}{\partial z} \right) = 0$$

式中，u，v，w 表示速度的三个分量；p 表示压力；ρ 为密度；γ 为空气的比热［容］比 1.4；t 为时间；m 为声源的周向模态。

方程中相关量均无量纲化。上标"$'$"和下标"0"分别表示声场的脉动量和平均量。

1.2　边界条件

线化欧拉方程的固壁边界条件为滑移壁面，满足法向速度为 0。在固壁边界处，将方程（1）中动量方程整理为法向动量方程，按照 Tam 等的理论，等价于在固壁处求解法向压力的偏导数[13, 15]，方程可变为如下形式

$$\frac{1}{\rho_0} \frac{\partial p'}{\partial n} = \frac{\rho'}{\rho_0^2} \frac{\partial p_0}{\partial n} - \frac{\partial v'_n}{\partial n} (u_0 + v_0 + w_0) - \frac{\partial v'_{0, n}}{\partial n} (u' + v' + w') \qquad (3)$$

式中，n 代表法向。

在边界处压力的法向偏导数满足上式即可满足高精度固壁边界条件。

在 CAA 计算中，声衬的作用通过声阻抗边界条件实现。采用 Fung&Ju 的 TDIBC 边界条件[26]，公式如下

$$u^-(t) \approx -u^+(t) + \sum_{k=1}^{N} [I_{2k-1}(t) + I_{2k}(t)]$$

$$I_{2k-1}(t) = \mu_{2k-1} \frac{\Delta t}{2} [u^+(t) + e^{i\omega_{2k-1}\Delta t} u^+(t - \Delta t)] + e^{i\omega_{2k-1}\Delta t} I_{2k-1}(t - \Delta t)$$

$$I_{2k}(t) = \mu_{2k} \frac{\Delta t}{2} [u^+(t) + e^{i\omega_{2k}\Delta t} u^+(t - \Delta t)] + e^{i\omega_{2k}\Delta t} I_{2k}(t - \Delta t) \qquad (4)$$

$$u_n = \frac{1}{2} [u^+(t) + u^-(t)]$$

$$p = \frac{1}{2} [u^+(t) - u^-(t)]$$

式中，u^+，u^- 为入射波和反射波；Δt 为时间步长；μ，ω 为声阻抗相关量；$Z(\omega)$ 为频域中的声阻抗。

有背景流动情况下，其阻抗按照下式修正

$$Z' = Z(1 + M_0 \sin\theta) \qquad (5)$$

式中，Z' 为修正后阻抗值；M_0 为背景流动无量纲速度；θ 为入射角度，壁面法向和波阵面的夹角。

方程的边界条件和其他边界条件主要为入流边界条件[27]和出流边界条件[20]。

1.3　离散格式

方程的空间离散采用 Hixon 发展的 6 阶预系数紧致格式[1]。对任一点的偏导数有

$$D_i = \frac{1}{2} (D_i^F + D_i^B) \qquad (6)$$

在计算域内，6 阶格式可以写成如下的形式

$$\frac{1}{2}D_j^F = \left[\frac{b}{2\Delta x(1-a)}(f_{j+1} - f_j) + \frac{1-b}{2\Delta x(1-a)}(f_j - f_{j-1})\right] - \frac{1}{2}\left(\frac{a}{1-a}\right)D_{j+1}^F \quad (7)$$

$$\frac{1}{2}D_j^B = \left[\frac{b}{2\Delta x(1-a)}(f_j - f_{j-1}) + \frac{1-b}{2\Delta x(1-a)}(f_{j+1} - f_j)\right] - \frac{1}{2}\left(\frac{a}{1-a}\right)D_{j-1}^B \quad (8)$$

式中：Δx 为网格间距；D_i^F 和 D_i^B 为前差分和后差分；a，b 为紧致格式的系数。

在边界上的离散分为两种情况：①一侧边界面，包括固壁边界和外边界等，采用 7 点一侧差分格式；②内部边界面，包括相邻块交界面、对称边界、周期边界等，采用 11 点中心差分格式[1]。

时间推进格式采用 4/6 步龙格 – 库塔方法。具体实现步骤是在迭代次数为单数时采用 4 步方法，迭代步数为双数时采用 6 步方法[6]。使用 4/6 步龙格 – 库塔方法，保持 6 阶紧致格式稳定的 CFL 数小于 1.266。本文的计算过程中 CFL 数控制在 0.5 以内。为保证数值计算稳定，每时间步采用过滤器方法进行滤波。

2 进气道风扇噪声预测

2.1 进气道风扇噪声预测和分析

2.1.1 计算条件和网格

进气道风扇噪声计算模型来自中欧合作项目 IMAGE 中进气道风扇噪声实验模型，该实验在半消声室环境中完成。进气道直径为 0.5m，对应的风扇叶根处直径为 0.285m，进气道中心线离地面高度为 1.65m。远场噪声采用弧形阵列测试，该阵列包括 16 支麦克风，弧形中心位于进气道出口平面的中心位置，半径为 5m，麦克风安装高度和进气道中心线一致。进气道噪声实验中使用的风扇转子数 19，静子数 18，对应叶片通过频率下主要的声源模态为（1，0）。模态幅值根据 IMAGE 项目中风扇进气道实验测试结果确定[28]。实验中测试了多种工况，计算采用的风扇功率分别为 80% 和 100%，详细工况如表 1 所示。

表 1 计算参数

序号	N1C	转速 /（r/min）	质量流量 /（kg/s）	BPF/Hz	幅值 /dB
1	80%	2385	4.18	756	109.0
2	100%	2973	6.38	941	111.2

不考虑地面反射计算采用二维半模型，其计算网格为二维网格形式，计算域如图 1（a）所示。采用多块结构网格，共 75 块，网格点数为 481411，满足计算频率下分辨率要求，网格细节如图 2（a）所示。考虑地面反射影响的计算域如图 1（b）所示。地面和进气道管道壁面采用固壁边界条件，进气道风扇入口处采用入流边界条件，其他外边界采用出流边界条件。考虑地面反射的声传播计算采用全三维网格，共 43 块，在进气道附近采用 O 形贴体网格，总网格点数为 2899776，单位波长上网格点数大于 10，满足计算频率下的分辨率要求，三维网格局部细节如图 2（b）所示。

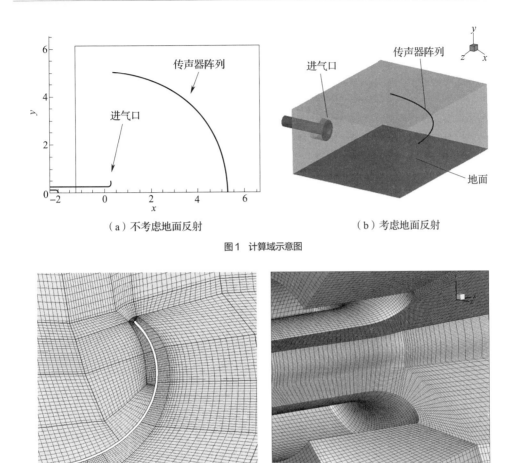

（a）不考虑地面反射　　　　　　　（b）考虑地面反射

图1　计算域示意图

（a）二维半计算网格　　　　　　　（b）三维计算网格

图2　进气道风扇噪声传播计算网格

2.1.2　计算结果及分析

在方程（1）和方程（2）中包含和平均流场相关的量。在声传播计算之前先使用CFD软件计算得到进气道及近场的平均流场结果，边界条件按照表1中流量条件给定。平均流场结果如图3所示，图中显示的是风扇转速为2973r/min条件下$z=0$截面上无量纲速度值。

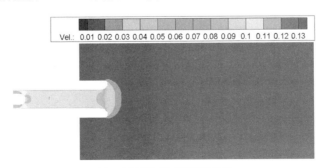

图3　风扇进气道及近场平均流场

入射声波到达地面处产生反射，而在其他外边界处无声波反射，如图4所示，图中显示风扇转速2973r/min，分别显示的是截面 $z=0$ 和地面上的声压云图结果。不考虑地面反射的声压级云图如图5（a）所示，将二维半计算结果旋转270°显示。考虑地面反射的声压级云图结果如图5（b）所示。图5显示结果对应的风扇转速为2973r/min。图6显示了半径 $R=5m$ 位置处的噪声计算结果，从计算结果明显看出：在0°附近，计算结果与试验测量结果有较大误差，误差接近10dB，而采用全三维计算，能够明显改善0°附近的计算结果，对比结果说明了这种误差主要是由地面反射造成的。计算结果同时也说明了：在主要的声传播角度，是否考虑地面反射对计算结果没有太大影响。但是全三维模型的计算时间是二维半模型的10倍以上。如果考虑计算时间的因素，可以采用二维半线化欧拉方程计算，得到主要声传播角度上的噪声预测值。

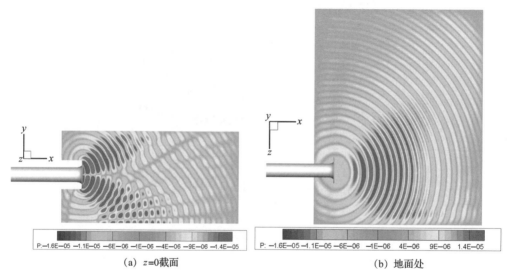

（a）$z=0$截面   （b）地面处

图4 $z=0$ 和地面处声波的传播

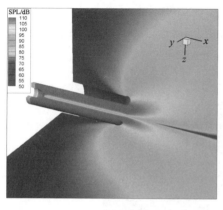

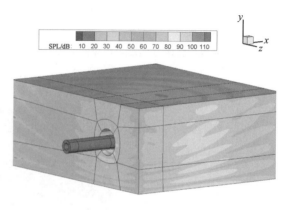

（a）不考虑地面反射   （b）考虑地面反射

图5   声压级云图

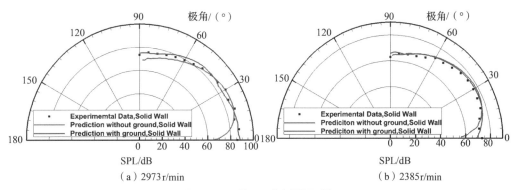

（a）2973r/min　　　　　　　　　（b）2385r/min

图6　R=5m 处 SPL 指向性结果对比

声衬的影响在 CAA 计算中通过阻抗边界条件实现，阻抗值为（0.87–0.58j），来自 IMAGE 项目欧方参研伙伴 CFDB 的优化结果。声衬降噪效果评估通过二维半程序计算得到，声压云图如图7 所示。从计算结果分析，针对单个频率上的纯音，降噪量能达到 25dB，实验测试值在 20～23dB 左右，如图 8 所示，其中"ULD"表示均匀声衬在测量装置下游，"ULU"表示声衬在测量装置上游。

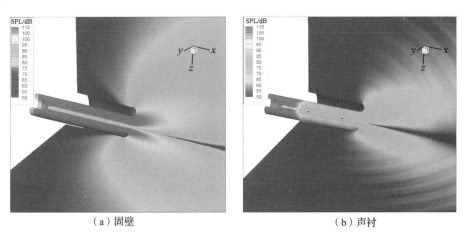

（a）固壁　　　　　　　　　　　（b）声衬

图7　考虑声衬影响的进气道噪声云图（2973r/min，BPF，模态（1，0））

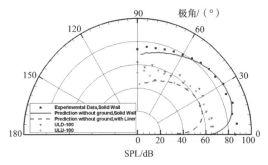

图8　R=5m 远场噪声指向性对比（2973r/min，BPF）

3 排气道风扇噪声预测和分析

排气道算例选择了某一双涵道真实发动机管道模型，该模型包含了发动机的外涵和内涵管道，以及管道壁面和声衬等。

飞机降落阶段风扇噪声是主要的声源之一，综合考虑降落阶段发动机和飞机的工作状态，分析风扇后传噪声问题。降落阶段发动机和飞机的工况如表2所示。采用商用软件Fluent计算分析降落阶段发动机周围的流场信息，插值到声学网格，计算非均匀背景流下的风扇后传噪声问题，发动机周围的流场如图9所示。

表2　风扇后传噪声计算工况

	Ma 马赫数	速度 /（m/s）	密度 /（kg/m³）	压力 /Pa	温度 /K
Bypass	0.43	150	1.180	101598	300
Core	0.21	110	0.500	100450	700
Flight	0.21	70	1.225	101325	288

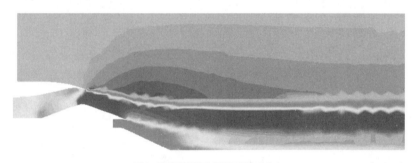

图9　降落阶段发动机周围的速度分布

采用上述计算工具，计算分析有无声衬作用下的风扇后传噪声问题。图10为风扇后传噪声问题的近声场声压云图，可以看出整个模拟过程中在边界处未出现声波反射现象，在剪切层处没有速度梯度导致的数值不稳定波出现，充分说明了计算的可靠性。

如图11所示，有无声衬对于声传播的方向没有产生影响，但是声衬大大消弱了声波的幅值，充分说明了声衬出色的降噪效果。为了进一步地分析声衬的降噪效果，计算分析了远场指向性的分布，外涵道中布置的声衬在单频的状态下有10dB左右的降噪效果。

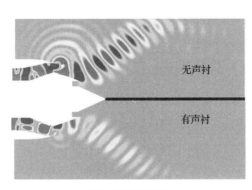

图10 近场声压云图

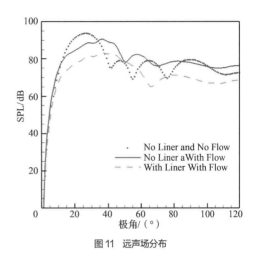

图11 远声场分布

4 结论

（1）地面反射对某些指向性角度上的预测结果有很大的影响，采用全三维模型计算可以模拟地面反射，改善噪声的预测结果。

（2）是否考虑地面反射对主要声传播角度上的噪声预测结果影响不大，如果考虑计算时间成本，可以采用二维半线化欧拉方程进行噪声预测。

（3）声衬能够有效降低风扇噪声水平，在 CAA 方法中阻抗边界条件能够准确模拟声衬的作用，预测结果与实验值较为接近。

（4）某真实发动机排气管道的风扇后传噪声问题，在实际应用中不会出现边界反射和剪切层的不稳定问题，为下一步的声衬设计提供了方法储备。

致谢

本研究得到了中欧航空技术合作项目 IMAGE 的支持。IMAGE 项目（降低飞机噪声及其传播的创新方法及技术研究）是中欧航空科技合作项目，欧方参研单位由欧盟在地平线 2020 项目框架下提供资助（合同号 668971–IMAGE–H2020–MG–2015688971–IMAGE），中方参研单位由工业和信息化部提供资助。

参 考 文 献

［1］Hixon R. Prefactored small–stencil compact schemes［J］. Journal of Computational Physics，2000，165：522–541.

［2］Hixon R，TURKEL E. Compact implicit maccormack–type schemes with High Accuracy［J］. Journal of Computational Physics，2000，158：51–70.

［3］Ashcroft G，Zhang X. Optimized prefactored compact schemes［J］. Journal of Computational Physics，2003，190：

459–477.

[4] Kim J W. Optimised boundary compact finite difference schemes for computational aeroacoustics [J] . Journal of Computational Physics, 2007, 225: 995–1019.

[5] Tam C K W, Webb J C. Dispersion–Relation–Preserving Finite Difference Schemes for Computational Acoustics [J] . Journal of Computational Physics, 1993, 107 (2): 262–281.

[6] Hixon R. A new class of compact schemes [C] . 36th AIAA Aerospace Science Meeting and Exhibit. January 1998. AIAA 98–0367.

[7] Tam C K W. Computational aeroacoustics: issues and methods [J] . AIAA Journal, 1995, 33 (10): 1788–1796.

[8] Hixon R. Radiation and wall boundary conditions for computational aeroacoustics: a review [J] . International Journal of Computational Fluid Dynamics, 2004, 18 (6): 523–531.

[9] Tam C K W. Advances in numerical boundary conditions for computational aeroacoustics [J] . Journal of Computational Acoustics, 1998, 06 (04): 377–402.

[10] Richards S K, Zhang X, Chen X X, et al. The evaluation of non–reflecting boundary conditions for duct acoustic computation [J] . Journal of Sound and Vibration, 2004, 270: 539–557.

[11] Hu F Q. On Absorbing Boundary Conditions for Linearized Euler Equations by a Perfectly Matched Layer [J] . Journal of Computational Physics, 1996, V129: 201–219

[12] Lin D K, Li X D, Hu F Q. Absorbing boundary condition for nonlinear Euler equations in primitive variables based on the Perfectly Matched Layer technique, Computers and Fluids, 2011, 201 (40): 333–337.

[13] Tam C K W, Dong Z. Wall boundary conditions for high–order finite–difference schemes in computational aeroacoustics [J] . Theoretical and Computational Fluid Dynamics, 1994 (6): 303–322.

[14] Chung C, Morris P J. Acoustic scattering from two– and three–dimensional bodies [J] . Journal of Computational Acoustics, 1998, 06 (03): 357–375.

[15] Hixon R. Curvilinear wall boundary conditions for c–omputational aeroacoustics [C] . 35th AIAA/ASME/SA–E/ASEE Joint Propulsion Conference and Exhibit, Los Angeles, CA, June, 1999. 99–31194.

[16] Kim J W, Lee D J. Generalized characteristic boundary conditions for computational aeroacoustics, part 2 [J] . AIAA Journal, 2004, 42 (1): 47–55.

[17] Kurbatskii K A, Tam C K W. Cartesian boundary treatment of curved walls for high–order computational aeroacoustics schemes [J] . AIAA Journal, 1997, 35 (1): 133–140.

[18] Huang X, Zhang X, Richards S K. Adaptive mesh refinement computation of acoustic radiation from an engine intake [J] . Aerospace Science and Technology, 2008 (12): 418–426.

[19] Richards S K, Chen X X, Zhang X. Parallel computation of 3D acoustic radiation from an engine intake [C] . 11th AIAA/CEAS Aeroacoustics Conference (26th AIAA Aeroacoustics Conference), Monterey, California, May, 2005. 2005–2947.

[20] Richards S, Zhang X, Chen X. Acoustic radiation computation from an engine inlet with aerodynamic flow field [C] . 40th AIAA/ASME/SAE/ASEE Joint Propulsion Conference and Exhibit, Fort Lauderdale, FL, July, 2004. 2004–0848.

[21] Huang X, Chen X, Ma Z, et al. Efficient Computation of Spinning Modal Radiation Through an Engine Bypass Duct [J] . AIAA Journal, 2008, 46 (6): 1413–1423.

［22］李旦望，李晓东，胡方强 . 管道后传声数值模拟的不稳定波抑制［J］. 工程热物理学报，2011.

［23］Leneveu R，Schiltz B，Laldjee S. Performance of a DGM scheme for LEE and applications to aircraft engine exhaust noise ［C］. AIAA– 2008–2884.

［24］Fung K Y，Hongbin Ju，BhanuPrakash Tallapragada. Impedance and Its Time–Domain Extensions［J］. AIAA Journal，2004，38（1）：30–38.

［25］Hongbin Ju，Fung K Y. Time–Domain Impedance Boundary Conditions with Mean Flow Effects［J］. AIAA JOURNAL，2001，39（9）：1683–1690.

［26］Fung K Y，Hongbin Ju. Time–domain Impedance Boundary Conditions for Computational Acoustics and Aeroacoustics［J］，International Journal of Computational Fluid Dynamics，2004，18（6）：503–511.

［27］Richards S K，Zhang X，Chen X X，et al. The evaluation of non–reflecting boundary conditions for duct acoustic computation［J］. Journal of Sound and Vibration，2004，270：539–557.

［28］许坤波，乔渭阳，霍施宇，等. 基于旋转轴向阵列的风扇宽频噪声实验研究［J］. 航空学报，2017，38（x）：121–132.

IMAGE 项目最佳实践
指南（BPG）报告

英基勇[1]，林大楷[2]，张涛[2]，王星博[1]

1. 中国航发商用航空发动机有限责任公司，上海 200241
2. 中国商飞北京民用飞机技术研究中心，北京 102211

0 引言

　　民用客机的主要噪声源有以下几大类：发动机噪声、机体噪声以及动力装置与机体的干扰噪声等。其中发动机噪声包括风扇噪声、喷流噪声、涡轮噪声以及核心噪声等。机体噪声包括增升装置噪声、起落架噪声以及动力装置与机体干扰噪声。随着常规布局先进大涵道比涡扇发动机（ATF）民用客机的商业运行，涡轮风扇发动机民用客机的喷流噪声和叶轮机械的单音噪声得到了有效控制。当代以大涵道比民用航空发动机为动力装置的民用客机的累积噪声裕度相对于 ICAO 附件 16 第 4 章的累积噪声裕度已经达到了 20EPNdB 以上。2017 年 12 月国际民航组织颁布了 ICAO 附件 16 第 14 章的噪声限值标准，对应于美国联邦航空条例（FAR）36 部的第 5 阶段噪声限制要求，相对于 ICAO 附件 16 第 4 章的噪声限值的累积噪声裕度达到了 7EPNdB。

　　随着超大涵道比齿轮传动风扇 GTF 发动机、超扇发动机、背置发动机、分布式动力装置、翼身融合设计等新概念降噪技术的提出，民用喷气式飞机机体和发动机产生的宽频噪声特性愈发突出。降低飞机噪声源及其辐射的创新方法与技术研究"Innovative Methodologies and technologies for reducing Aircraft noise Generation and Emission"（简称 IMAGE 项目）瞄准发展机体和发动机降噪的创新技术，并发展与之相关联的噪声仿真、噪声试验和降噪技术，为未来潜在的工业应用提供技术基础。

　　机体噪声和发动机噪声是 IMAGE 项目研究的主要对象。起落架（landing gear，LG）和增升装置（high lift derices，HL）一直是机体噪声的主要声源，与发动机噪声一起成为飞行器噪声的主要贡献者。风扇和喷流是飞机起飞过程中远场噪声的主要噪声源，着陆过程中的主要噪声源是机体噪声。近年来，对发动机噪声和机体噪声的研究持续不断地增加，对两者主要的噪声产生机理有了一定的了解。IMAGE 项目的研究主要瞄准发动机和机体主要噪声源。分别选取起落架和增升装置噪声，以及发动机风扇和喷流作为关注对象开展研究。此外，IMAGE 项目还将对由于发动机喷流 / 机体安装效应所引起的干涉噪声问题开展了研究。

　　IMAGE 项目聚焦大型民用客机和大涵道比涡扇发动机先进数值预测技术和创新性低噪声设计技术，在现有中欧航空科技合作平台基础上，针对起落架降噪设计、机翼 / 增升装置降噪设计、发动机消声声衬降噪设计、喷流增升装置干涉降噪设计四大类技术发展先进气动噪声测试技术，包括新型 Beamforming、新型管道声模态测试和分解技术，以及先进声衬阻抗测试技术，提升通过测试手段开展气动噪声机理分析的能力。发展先进气动噪声 CFD/CAA 数值预测技术，分析并揭示本项目提出的新型低噪声设计概念的降噪机理，探索新型低噪声设计技术，并通过基础仿真与基础实验相结合的方法验证新型低噪声设计，完成新概念低噪声设计手段的基础实验验证。IMAGE 项目的具体研究目标是：

（1）探讨能够有效地抑制机体和发动机噪声产生和传播的创新技术和策略；

（2）理解掌握上述噪声抑制技术背后的物理机制；

（3）改进发展航空声学测量技术和数值仿真方法；

（4）通过探索低噪声设计（或构型），提出未来进一步降低噪声的技术，并通过对气动力特性、载荷和成本方面的评估，探讨未来在航空设计中的应用；

（5）加强欧盟与中国在处理有关飞机噪声问题中的合作与相互理解。

深入理解具有潜在应用价值的噪声控制方法并对其进行建模分析，是 IMAGE 项目的关键目标，这将有力促进该领域的重大技术进步，为航空工业提供可靠的新的噪声优化方法和工具。

在中欧航空科技合作——降低飞机噪声源及其辐射的创新方法及技术研究项目中除展开相关的技术研究工作外，还联合工业界（包括空客技术中心、中国商飞、航空工业一飞院、中国航发商发）专门设定了创新特色的技术评估和技术沉淀的最佳实践指南工作包。该工作包针对该项目形成的实验技术、数值仿真技术和低噪声设计技术成果开展了技术评估，形成了最佳实践指南，从工业方的角度评估了各项技术成果在工业中的潜在应用和技术成熟度等指标。

工作包中用于进行技术沉淀的最佳实践指南的主要目标是从数值计算和实验两方面的工作中总结出有用的指南，收集在实验和解析 / 数值计算方面用到的方法和技术经验教训，进行综合和评估，形成技术成果应用的"最佳实践指南"（best practice guideline）。在项目周期内编制了文件模板并与所有参研单位共享，以便收集所采用实验技术及数值计算方法的最佳实践。对所有参研单位收集到的反馈进行综合整理，并听取工业界的意见，总结得到最终的最佳实践指南。

工作包中对 IMAGE 项目中产生的基础成果形成了技术评估。技术评估报告从工业界的角度总结了 IMAGE 技术的技术评估结论，该评估报告的目的不是评价某项技术的好坏。IMAGE 项目的技术因为是技术成熟度非常低的基础研究内容，所以评估的结论不适用于判断所产生的新技术的好坏与否，也很难给出其对飞机级噪声水平的贡献量。需要注意的是，技术评估报告从工业界的角度评价的所有的技术的结论不能保证 100% 的公平，但是可以给工业界建立一个宏观的技术状态来描述工业方跟基础研究之间的技术发展的位置关系，也可以为后续开展基础预研活动的方向提供一个参考依据。

1 IMAGE 项目的新型降噪技术

IMAGE 项目主要涉及下列装置噪声的降噪设计技术。

1.1 起落架噪声降噪技术

开展起落架噪声简化的串列圆柱结构的噪声机理和控制方法研究：湍流网和等离子体作动器降噪方法。图 1 是用串列圆柱风动模型开展低噪声设计机理分析和降噪设计技术的实验装置。低噪声设计方法包括湍流网和等离子体作动器降噪设计。低噪声设计的实验件分别对应的是 TC-01A 串列圆柱等离子体作动器降噪设计、TC-01B 串列圆柱湍流网降噪设计件。

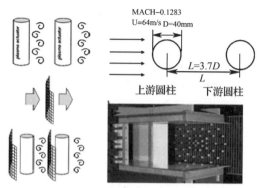

图 1　起落架简化串列圆柱构型和降噪控制策略：湍流网和等离子体作动器

1.2 增升装置噪声降噪技术

开展二维简化机翼结构的噪声机理和控制方法研究：湍流网和等离子体作动器降噪方法。图 2 是用二维襟翼增升装置风洞模型开展低噪声设计机理分析和降噪设计技术的实验装置。低噪声设计方法包括阻尼网和等离子体作动器降噪设计。低噪声设计的实验件分别对应的是 TC-02A 襟翼增升等离子体作动器降噪设计、TC-02B 襟翼增升湍流网降噪设计、TC-02C 圆柱 – 硬壁面翼型 / 软壁面翼型干涉的湍流网降噪设计、TC-02C 圆柱 – 硬壁面翼型 / 软壁面翼型干涉的软壁面翼型穿孔设计和曲线声波导管设计。

1.3 发动机消声声衬降噪技术

用小型一级缩尺压气机和管道模态发声器开展进气道、外涵道声衬消声机理和降噪方法。图 3 是用小型一级压气机和管道模态发声器开展进气道、外涵道声衬消声设计机理分析和降噪设计技术的实验装置。低噪声设计方法是穿孔板消声声衬低噪声设计技术。低噪声设计的试验件分别对应的是 TC-03A 声阻抗测量流管实验、TC-03B 进气道声衬降噪设计、TC-03C 外涵道声衬降噪设计。

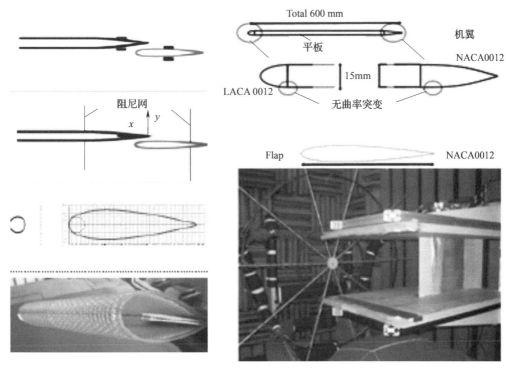

图 2　增升装置简化机翼构型降噪控制策略：湍流网和等离子体作动器

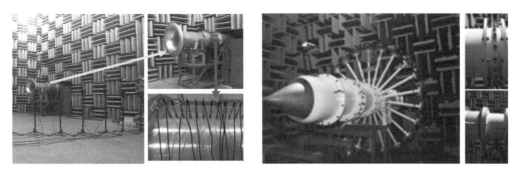

图 3　进气道、外涵道先进声衬消声设计技术

1.4　喷流增升装置干涉噪声降噪技术

开展简化发动机喷流和机翼构型的噪声机理和控制方法研究。图 4 是用二维襟翼和喷流风洞模型开展低噪声设计机理分析和降噪设计技术的实验装置。低噪声设计方法是等离子体作动器降噪设计。低噪声设计的实验件对应的是 TC–04 喷流增升装置干涉等离子体作动器降噪技术。

IMAGE 项目组针对上述降噪设计技术的评估任务，成立了以工业界代表、商业软件公司代表、高等院校代表、技术咨询公司和研究院所代表组成的技术评估委员会，确定了表 1 所示的被评价降噪技术的清单。

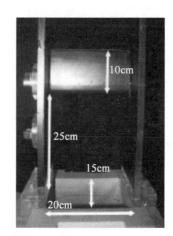

图 4 喷流增升干涉噪声实验装置

表 1 被评价降噪技术清单

序号	IMAGE 技术	IMAGE 实验	IMAGE 应用 / 实验设置	飞机级的应用
1	等离子体激励	TC-01A	串列圆柱	起落架降噪
2	湍流网	TC-01B	串列圆柱	
3	等离子体激励	TC-02A	VALIANT 项目机翼实验件	机翼 / 增升装置降噪
4	湍流网	TC-02B	VALIANT 项目机翼实验件	
5	湍流网	TC-02C	圆柱 – 硬壁面翼型 / 软壁面翼型	机翼 / 增升装置降噪
6	多孔材料	TC-02C	圆柱 – 硬壁面翼型 / 软壁面翼型	安装效应
7	弯曲声波导管	TC-02C	圆柱 – 硬壁面翼型 / 软壁面翼型	新型推进
8	声阻抗测量	TC-03A	实验室 / 缩尺管道	发动机 进气 / 排气
9	进气声衬	TC-03B	实验室 / 缩尺管道	发动机进气
10	排气声衬	TC-03C	实验室 / 缩尺管道	发动机风扇排气
11	等离子体激励	TC-04	翼型 / 喷流	安装效应 喷流 / 机翼

2 最佳实践指南的总体概述

2.1 最佳实践指南的模板结构及内容

在 IMAGE 项目执行过程中，首先制定了相应的最佳实践指南文件模板和表格用于收集最佳实践指南的关键信息。其中关于数值计算方法的最佳实践指南文件模板包括如下内容。

（1）预测方法概述。

（2）在 IMAGE 项目中的应用。

（3）方法描述。

（4）数值计算设置。

（5）计算网格需求。

（6）使用的边界条件。

（7）IMAGE 项目中获得的成果。

（8）计算性能。

（9）对今后工作的建议。

实验技术方面的最佳实践指南文件模板结构包括：

（1）实验方法概述。

（2）在 IMAGE 项目中的应用。

（3）实验方法描述。

（4）实验设备和设施需求。

（5）实验设置。

（6）IMAGE 项目中取得的数据。

（7）对今后工作的建议。

根据以上的模板结构，最终最佳实践指南文件的结构：

（1）提供在 IMAGE 项目中所有应用的研究技术和相关噪声控制技术的成果列表。

（2）对于每个应用 / 噪声控制技术，列出应用于 IMAGE 项目相关的预测 / 实验方法。

（3）对于每种预测 / 实验方法，将提供主要物理再现、适用范围研究、获得的结果和相对精度的简短总结。

（4）将对这些方法进行具体比较，以突出相对优势、缺点、互补性、成本等，改进幅度和对今后工作的建议。

IMAGE 项目的测试算例包括：串列双圆柱、简化机翼、风扇进排气噪声和机翼 / 喷流安装效应等。采用的降噪技术包括湍流网、等离子体、多孔材料 / 声衬降噪等。最佳实践指南从噪声产生机理研究、声传播研究两大类进行总结，每一类中均包含实验方法和数值方法。

2.2 提供最佳实践指南的参研单位

IMAGE 项目的参研单位至少应用了 8 种实验方法和 28 种解析 / 数值方法。

中方参研单位包括：航空工业强度所、航空工业气动院、北航、清华大学、西工大、中科院力学所、中国商飞北研中心、航空工业一飞院、中国航发商发。

欧方参研单位包括：瑞典查尔姆斯理工大学（Chalmers）、CFDB 公司（CFDB）、西班牙国际数值方法研究中心（CIMNE）、瑞典皇家工学院（KTH）、荷兰宇航院（NLR）、马德里理工大学（UPM）、德国亚琛大学 RWTH 研究所（RWTH）、法国宇航院（ONERA）、TUK、冯·卡门研究所（VKI）和空客集团创新部（AGI）。

3 噪声产生机理研究的最佳实践指南

3.1 实验方法

IMAGE 项目的主要目标之一是研究边界层分离、自由剪切层和涡脱落、尾迹、剪切层扫掠下游圆柱表面、边界层和尾迹汇合产生噪声的机理。波束成形技术适合噪声源定位，强度所使用 CLEAN-SC 方法，气动院使用常规波束成形方法（考虑了剪切层校正），VKI 中使用 GIBF 方法。高速 PIV（强度所、气动院）可测量速度分布，传感器可记录压力脉动，并推导出壁面压力的 PSD，热线测量湍流动能。所有的这些通过实验测量的量都能识别噪声源，揭示噪声产生机理。测量设备如图 5 和图 6 所示。

 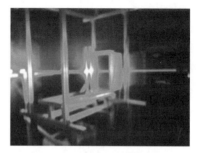

（a）63 通道相位麦克风阵列　　　　　　（b）高速 PIV

图 5　63 通道的相位麦克风阵列（波数成形技术）和 PIV

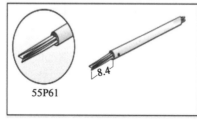 

（a）热线仪　　　　　　　　　（b）热线仪安装

图 6　热线仪及安装

采用上述方法可以测量在高雷诺数下大分离问题，其基本特征是在边界层外区域、自由剪切层和尾迹中存在大尺度湍流波动，以及物体表面的流动压力脉动。实验中最佳实践指南如下。

（1）其实验应在风洞和消声环境中进行，串列圆柱和机翼模型构型应使用湍流粗糙带。用于识别噪声源的波束成形技术，并基于不同的方法（GIBF、CLEAN-SC）。在实验中，麦克风应采用防风保护，以避免流动空气冲击麦克风。对于等离子体驱动器，电极应沿气流分离线安装。

（2）对于机翼 – 襟翼模型，如果襟翼偏角太小，频谱中没有纯音噪声，也无法观察到气流分离，因此施加等离子体可能无法达到预期的降噪效果，但由于等离子体的自噪声会带来一些额外的噪声。在这种情况下，等离子体噪声控制措施只能在 5° 以上襟翼角度下达到预期的效果。

（3）对于多孔材料降噪措施，噪声级增加了约 2dB，普遍认为是由进入空腔的气流带来的。应用于串列圆柱和杆 – 翼型模型的湍流网降噪是有效的，湍流网的参数对降噪效果有很大影响，孔隙率越小，降噪效果越好，但气动阻力越大。

对于简化机翼模型，还研究了阻尼网、等离子体、多孔材料 / 声衬等降噪措施，针对这些措施的最佳实践如下。

（1）用于串列圆柱（强度所）和机翼 – 襟翼模型（气动院）的等离子体作动器，最佳实践指南表明等离子体驱动器应放置在分离线上。只有存在流动分离和纯音噪声才能取得良好的降噪效果。

（2）用于串列圆柱（强度所）和杆 – 翼型模型（气动院）噪声控制的湍流网是有效的，根据湍流网的结果，孔隙率越小，噪声控制效果越好，但气动力损失越大。

（3）用于控制噪声的声衬 / 多孔材料，用于杆 – 翼型模型。弯曲波导结构（curved waveguide）和多孔蜂窝结构已应用于机翼前缘。使用这种噪声控制措施，必须非常小心以避免将气流带入腔体，否则可能会增加噪声。

3.2　数值方法

3.2.1　RANS-LES 混合方法

针对噪声源产生机理的数值方法研究方面，采用基于 IDDES（Chalmers，清华大学）和其他类似的 RANS-LES 混合计算方法（如 CIMNE 的 VMS、UPM 和力学所的 LES/DES、ONERA 的 ZDES、NUMECA 的 DDES、一飞院的 RANS/LES 混合方法）成功模拟了流致噪声的产生机理，如图 7 和图 8 所示。

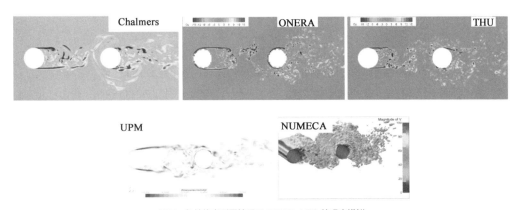

图 7　各单位串列圆柱采用 RANS-LES 的噪声模拟

在应用这些数值计算方法时，必须特别注意网格分辨率和时间步长、边界条件和数值设置，一般情况下其最佳实践指南如下。

（1）必须在壁面附近、间隙和尾部区域细化网格，以支持湍流的尺度。网格分辨率在展向方向和弦向方向上应相似，足够精细以捕捉上游物体（如第一个圆柱体）产生的涡流，$y+<1$。还应限制网格增长率，以避免数值反射。为控制数值耗散 / 频散，例如，采用适当的网格细化，并在 LES 这一类方法中采用低耗散 / 频散数值格式。

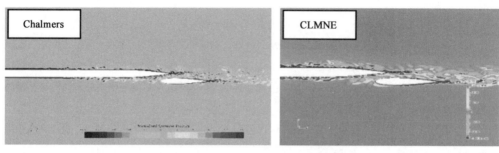

图 8 采用 RANS-LES 方法对简化翼型模型的模拟

（2）时间步长选择应使 CFD 解捕捉气流的主要特征以及声音的传播特征。作为一般规则，应进行不同的测试，以确保最终结果与所用时间步长和用于声学计算所记录的总时间足够独立。

（3）应仔细确定计算域的大小，以便使结果尽可能独立于展向长度（S/D）和计算域大小。例如，串列圆柱展向长度建议最小为 $4D$。

（4）入口处的湍流剖面会显著影响计算结果，因此需要仔细调整，特别是对于简化机翼模型情况。这一点很重要，因为如果在实验中引入了一定程度的湍流强度，那么在计算中也应该包含这种扰动水平。

（5）边界层的边界条件要能够恰当地表达边界层的行为，特别是如果使用了壁面律。在一些计算（如 ONERA）中，为了保证和加快解的收敛速度，建议使用 TBLE 壁面律和一维 SA 方程。

（6）必须使用合适的无反射边界条件，以避免边界处的声反射。计算域应足够大，以使声波入射方向与外边界近似正交。

（7）采用 VMS 求解器大规模求解会很困难，通过选择合适的求解器和预条件，可解决这些问题。

（8）与 RANS/LES 方法相关的计算成本通常很高，建议在计算集群上完成计算。

（9）预测串列圆柱结构上等离子体效应，采用体积力方法是一种很方便的策略，因为它允许调整参数使产生的力与实验力相等，即使不是所有的数据设置都可从实验中获得。为能够包含一个平滑的体积力，施加体积力位置附近的网格应该有一个局部加密。重要的一点是，需要进行验证以证明等离子体模型产生了什么，以及它如何工作在不同网格密度的边界层中。

（10）对简化机翼模型的模拟，观察到当翼型在零迎角、流速为 50m/s 时，没有明显的流动分离现象，且 DES 方法不适合模拟，因为它得到了统计上稳态的结果（一飞院，力学所）。在这种情况下，应使用 LES 方法。对串列圆柱噪声使用湍流网降噪的预测时，强烈建议在金属丝网附近进行适当的网格加密。

西工大使用了混合 LES 方法应用于发动机进气道的数值模拟。该方法可以重构单个叶片、叶栅或风扇 / 压气机转子和静子的宽频噪声辐射，以及叶片、叶栅或风扇 / 压气机转子和静子声源区的流动细节结构。根据西工大的最佳实践，有必要使用适当的网格加密和足够大的展向长度，以捕捉最大扩散涡的结构（建议 20% 叶片弦长）。西工大使用同样的方法模拟了喷流噪声。在相同的实验情况下，西工大还采用了 URANS/GOLDSTERIN 混合方法模拟了风机 / 压气机和涡轮中的转子 - 静子干涉噪声和叶片表面压力脉动。

RWTH 采用 LES/CAA 混合（APE 求解）方法研究了多孔材料在简化机翼模型（杆 – 翼型或网格 – 翼型模型）实验中的声学影响，该方法基于对多孔材料的微观结构进行建模。除了对多孔材料及其与流体区域的交界面应用正确的模型外，RWTH 同样对多孔区域的高分辨率网格、时间步长（由高频波确定），适合低频声学计算的时间步长给出了最佳实践。

3.2.2 LES 方法

LES 方法（一飞院和力学所使用）能够预测气动噪声，但是所需的网格量较大，与之相比 NLAS 方法（力学所使用）所需的网格量较小。通过 LES 得到的结果对网格分辨率非常敏感，获得更好的计算结果需要对网格加密。NLAS 方法可以在相对较少的网格上预测噪声。

北航采用了一种基于 LES 的方法来模拟喷流噪声的产生以及喷流 / 机翼之间的相互作用。在剪切层和壁面区域，网格应相对较密，与物面正交。噪声频率分辨率受计算中使用的网格尺寸限制。网格分辨率和数值耗散 / 频散格式对解的影响为低灵敏度。时间步长由最小网格尺寸决定，这使得计算非常缓慢。采用多时间步长的方法可以加速计算，计算需要在集群上运行。采用 GPU 计算技术可以提高计算速度。

3.2.3 随机自适应谱重构（stochastic adaptive spectral reconstruction，SASR）方法

相对于高精度但代价昂贵的方法，NUMECA 开发了一种低精度、低成本的方法（稳态 RANS+ASR）来随机重构由湍流产生的宽频噪声源。该方法考虑了湍流场的频率和不同湍流尺度的空间互相关性，重构了湍流速度和相关声源项（Lamb 矢量）。由于 ASR 方法的湍流随机性，它以可承受的计算代价提供近似解，因此可以有效地用于在计算资源有限的情况进行初步评估（见图 9）。在 IMAGE 项目中，该方法已应用于简化机翼模型基准情况和带有进气道声衬的算例测试。

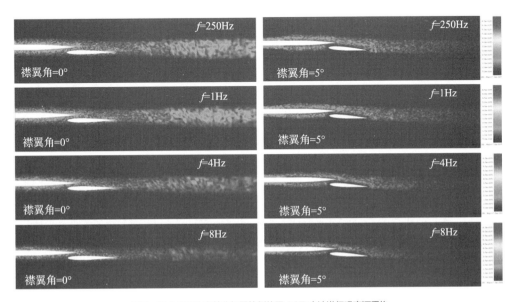

图 9　NUMECA 在简化机翼算例使用 ASR 方法进行噪声源重构

应用 ASR 方法的最佳实践指南的主要部分如下。

（1）ASR 重构特别适用于位于边界层以外、远离强剪切流的区域，目前基于 Von Karman Pao 各向同性湍流谱的重构。各向异性谱的实现是今后研究的方向。噪声源重构可限制在源区内，包括机翼 / 襟翼间隙和尾迹延伸区。

（2）重构过程中应使用足够数量的傅里叶模态，以获得辐射噪声的收敛解（默认为 50 个模态）。

（3）噪声源在求解器中自动生成的笛卡儿网格上重构。应开展网格灵敏性研究，以确定提供收敛解的最佳网格分辨率。可以进行几个独立的随机重构，并对结果进行平均，以获得更具代表性的结果。

（4）采用随机 ASR 方法的计算成本较低，计算通常在功能强大的台式 PC 机或小型集群上运行。

3.2.4 非线性谐波法（NLH）和 RANS 方法

NUMECA 将 NLH 方法成功地应用于发动机进气道噪声预测，计算了基于风扇几何和旋转的纯音噪声产生和传播过程（见图 10）。该方法重现了风扇的转子 – 静子相互作用的噪声产生和沿管道内的声传播，包括固壁表面的声反射、阻尼材料的吸声、尖锐边缘的声绕射、散射（由于横截面变化、软硬壁面过渡）、非均匀平均流的对流、折射（由于温度变化）等物理现象。

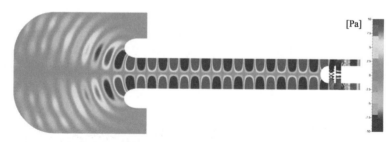

图 10　NUMECA 使用 NLH 方法计算 BPF 频率的风扇噪声

由于风扇进气道比较长，因此数值计算遵循以下指南。

（1）充分利用风扇叶片的方位周期性和谐波扰动的性质来获得 360° 全流解，将风机进气道的几何模型简化为完全轴对称，并考虑了风扇进气道内平均流场在方位角方向上的均匀性。基于这些假设，实验结果中出现的某些散射模态在数值计算中不能完全再现。这些散射模态是由实验过程中轴对称几何形状和流动条件不理想造成的。

（2）为控制数值耗散，在扇形求解区域内提供的高分辨率计算网格上获得 NLH 解，而声波随后通过有限元方法计算在长管道内传播。扇形求解区域中每个波长至少需要 10 个点。

北航应用一种基于 RANS 的喷流噪声计算方法。该方法解对网格分辨率和边界条件的灵敏度较低。采取噪声控制措施的计算时需要在剪切层和靠近壁面区域进行网格使用、网格自适应。

3.3　工业界观点

飞机低噪声设计更为重要，因此更为关注噪声源控制措施。采用多孔材料 / 声衬降噪技术比其他两个具有更高的优先级，因为它更容易在飞机上实现，但是同样有必要精心设计，以避免带来额外的气动力损失。等离子体降噪技术可以应用于某些场合，如增升装置，既要设计用于噪声控制，还要设计用于流动控制。湍流网具有噪声控制的作用，但如何将其集成到飞机上是一个难题。

4 声传播研究的最佳实践指南

4.1 实验方法

IMAGE 项目的另一个主要目标是分析和控制降低发动机噪声的产生和排放。研究的重点是利用声衬控制风扇在发动机进排气道中传播的噪声和考虑机体 / 发动机喷流噪声的安装效应。为此，开展了声衬阻抗提取（KTH、NLR、北航）、模态分解技术（西工大、强度所）、发动机管道声衬（西工大、强度所）和机翼喷流安装效应（ASI）实验研究（见图 11 ~ 图 13）。

实验中的最佳实践指南如下。

（1）实验应在风洞和消声环境中进行，以便进行声传播试验，并消除声波在壁面上的反射。

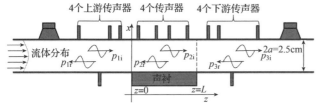

（a）声衬阻抗提取

（b）声衬样本

图 11　声衬阻抗提取实验和样本

图 12　旋转麦克风阵列（模态分解）

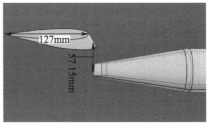

（a）出口声衬测试　　　　　　（b）喷流机翼噪声安装效应

图 13　管道出口声衬测试和喷流机翼噪声安装效应

（2）对于线性阻抗的衰减，流动对线性阻抗有影响，实验测试应与流动测量一起进行。扬声器段应与实验段柔性连接，避免振动的传递。传声器应齐平安装在测试管道的壁面上。麦克风的安装也可以用薄膜前面的小孔和空腔来完成。应测量管道中的流动速度剖面。测试过程中应持续监测温度。测试中应满足低背景流动噪声。麦克风阵列中麦克风数量建议为 16 个。管道壁足够厚，以减少传输损耗，避免结构共振。实验段前采用较长管道，使得湍流充分发展。管道的入口和出口均与消声终端相连，以改善内部声学环境。

（3）对于模态分解，可分解的最高噪声频率受传感器数量的限制。为了避免传感器对流动和噪声的影响，建议在进气管道中使用壁面旋转传感器阵列。传声器信号的采样频率必须满足最高测量噪声对频率的要求。

（4）风扇出口需要消声处理，以消除排气中的混响。管道及其内部组件（如支撑等）的几何形状应仔细设计，以避免二次噪声源和不必要的模态散射。进气锥、唇口和声衬样品应同心。传声器安装在管道上应为自由振动状态。

（5）湍流转捩带于主机翼前缘的下游，用于发动机喷流机翼的安装效应噪声的测量。

（6）在实验测试中，最好记录较长的测试时间。

4.2 数值方法

声类比方法（如 FW-H）已被大多数 IMAGE 项目的参研单位用于远场噪声预测。求解线化 Euler 方程（LEE）和求解对流波动方程（无旋平均流）的有限元方法可应用于发动进排气噪声的近场和管道内声传播计算。

4.2.1 FW-H方法

FW-H 方法已被 Chalmers、UPM、NUMECA、ONERA、一飞院和力学所应用于串列圆柱和机翼简化模型的声辐射计算。参研单位制定的最佳实践指南强调，有必要考虑到不同噪声源的影响，并考虑关键的流动现象，对积分表面位置进行灵敏度分析。数值耗散也可能影响 FW-H 可渗透积分面所在区域的 CFD 解的精度。在串列圆柱算例中，Chalmers 强调，对于距离第一个圆柱中心 $2.5D$ 以上的表面，由于湍流会导致解的不确定度降低。在同一个测试算例中，NUMECA 发现，考虑固壁面和渗透积分面后，得到的结果差别有限。在这两种情况下，为了避免尾流区域的扰动通过积分面产生的影响，圆柱下游的可渗透积分面没有封闭，如图 14 所示。另一个需要考虑的重要方面是 FW-H 积分面网格需要足够的分辨率，以及 CFD 结果向积分面网格的精确插值。

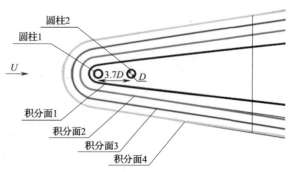

图14 串列圆柱算例中典型的 FW-H 积分面位置

4.2.2　LEE 方法

　　LEE 方法（北航、商飞北研、CFDB）被广泛应用于计算包含非均匀平均流及安装声衬环境（如发动机进气道）中的声传播问题（见图 15）。

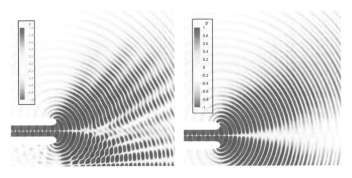

（a）有地面反射　　　　　　　　（b）无地面反射

图 15　北航计算得到的进气道风扇噪声传播

　　常规结构的声衬通常被认为是局域反应，在空间和频域上可能具有复杂的阻抗分布。带有声衬的发动机进气道噪声计算的最佳实践指南如下。

　　（1）网格应尽可能均匀和正交（低扭曲度和长宽比），以获得高精度的解。尤其是壁面附近网格的正交性有利于提高精度。对于复杂的结构，建议采用 Chimera 嵌套网格方法。每个波长至少需要 8 个单元，建议使用 12 个单元。应在声衬表面对网格进行加密。

　　（2）过于稀疏的网格会导致更强的耗散和错误的频散。这会导致对解的声压幅值预测不足。全局加入的人工阻尼或低通滤波会使解稳定，但会导致非物理的声能量耗散。错误的频散会导致声音传播失真。

　　（3）低质量网格也会产生数值不稳定性和发散。为了保证获得一个稳定解，时间步长必须选择足够小的最小网格尺寸。为获得最佳结果，CFL 值应小于 0.75（CFDB），商飞北研的报告中提到使用的 CFL 数小于 0.5。Kelvin–Helmholtz 不稳定波在风扇后传噪声传播数值模拟（北航）中观察到。

　　（4）声源通常定义为直接从实验数据中提取的管道模态。

　　（5）对于有流动的计算，边界层应通过 CAA 网格进行捕捉，不采用 Myers 边界条件，Myers 边界条件会带来计算不稳定。声衬模型仅限于应用于线性响应区域。

　　（6）在数值耗散和频散方面，精确的声波传播必须用优化的高阶格式（如 DRP 格式）。这些特性也应保持在非均匀曲线 / 曲面网格上。解对无反射边界条件产生的反射非常敏感。

　　（7）通常需要高性能集群（一些参研单位报告说，使用 CAA 方法进行阻抗优化相对较慢）。固态磁盘（SSD）更高效，因为在计算过程中能够提供更好的性能来存储数据。

　　强度所对进气道声衬进行了 2D、2.5D 和 3D 的 LEE 计算，从报告了解到对边界条件（如声衬阻抗）的精度有非常高的灵敏度，对网格分辨率同样有高灵敏度，对数值耗散、色散和扩大计算域有中等灵敏度。2D 和 2.5D 计算是在台式机上进行的，而精确的三维计算需要一个集群。中国航发商发还使用 ACTRAN 的 DGM 方法对进气道噪声进行了计算。

4.2.3 有限元方法

NUMECA 和中国航发商发（使用 ACTRAN 软件）模拟了在非均匀平均流动和有声衬情况下发动机进气道的声传播。NUMECA 还将此方法应用于简化机翼模型（基准）构型的仿真（见图 16）。以下是详细的最佳实践指南：

（1）NUMECA 从对发动机管道结构进行的管道内和近场传播分析中获得了非常好的结果（在 BPF 下，沿整个极弧 0°~90° 的测量中，纯音噪声导致远场在几分贝内）。

（2）当使用完全匹配层（PML）边界条件时，吸收层的厚度应至少为半波长，以能够对入射声波充分吸收。当声波垂直冲击 PML 内表面时，PML 精度较高。

（3）有限元网格应为每个波长提供至少 6 个点。使用每个波长至少 10 或 12 个点和低长宽比（尽可能小于 5）的更密的网格，可以观察到有限元迭代求解器的收敛速度加快。中国航发商发报告中使用了更密的网格，通常每个波长有 15~20 个单元。

（4）其他可能影响解的相关参数/设置包括每个模态的偏移量（当噪声源根据管道模式定义时）、麦克风的准确位置、平均流动对线性阻抗的影响（如 Myers 边界条件）。

（5）需要高性能的小型集群或台式电脑。

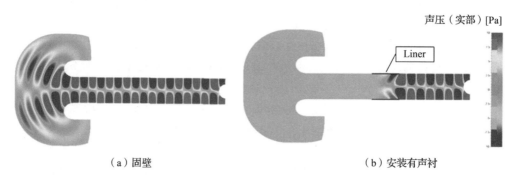

声压（实部）[Pa]

（a）固壁　　　　　　　　　（b）安装有声衬

图 16　NUMECA 使用有限元计算进气道噪声传播

4.3 工业界观点

降低声传播过程中的噪声是控制噪声的最佳措施。声衬对纯音噪声和宽频噪声的抑制是有效的，声衬的设计方法是关键，另一个重要的问题是需要验证方法的正确性。声衬制造同样重要，声衬的加工精度会对实际降噪效果产生影响。多段式声衬结构适合宽带降噪，可以有效拓宽声衬实际使用的工况适应性。

研究发动机喷流/机翼的安装效应对低噪声飞机的设计具有指导意义。

5　技术评估结论

IMAGE 项目技术评估委员会针对本项目中产生的实验类技术成果、仿真类技术成果和降噪设计类技术成果（详见表 1）建立了从工业界角度判断相关技术在未来应用性的评价指标，主要包括 TRL 技术成熟度、实验技术途径的保守程度、降噪设计技术的降噪程度、实验技术飞机级实现的复杂程度、实验技术适航合格审定的复杂度、数值仿真技术的实用性、数值仿真技术的复杂度、数值仿真技术的有效性。除了技术成熟度的评价指标以 NASA 定义的 TRL 水平为依据，其他的技术评价指标满分为 5。相关的技术评估结论如下。

（1）TRL 技术成熟度。需要说明的是鉴于 TRL 在工业方和基础研究方的定义不一致，本报告以 NASA 定义的代表工业界评价各项技术的 TRL 水平为依据，但是考虑到 IMAGE 项目是属于基础预研项目，TRL 评价仅用于技术状态的描述。图 17 是 IMAGE 项目结束后的技术成熟度。需要说明的是 IMAGE 项目发展的技术成果的技术成熟度要跟其他项目发展的技术成果的技术成熟度区分开来。比如其他项目发展的采用湍流网控制起落架噪声的技术成熟度已经发展到了 5 或者 6，有的项目都已经开始准备飞行试验了。在 IMAGE 项目中所有的技术的成熟度都发展到了 3 以上，本项目产生的技术成果最高的技术成熟度（比如进气道声衬）的 TRL 水平也达到了 TRL5。

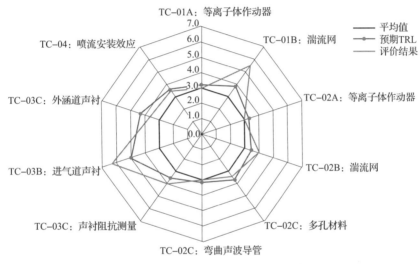

图 17　IMAGE 项目降噪设计技术的成熟度

（2）实验技术途径的保守程度。用于评价该技术对比现行技术是更激进还是相对比较保守的程度，越保守表示越不复杂，得分越高。因此图 18 的结果是常用的声衬消声设计技术得分最高，因为目前都有成熟的应用基础，而等离子体作动器降噪技术得分相对较低。

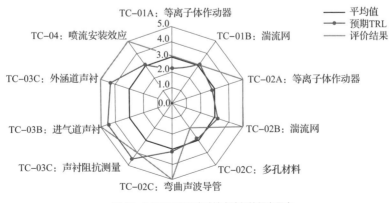

图 18　IMAGE 项目实验技术途径的保守程度

（3）降噪设计技术的降噪程度。通过对比采用和未采用降噪设计技术的插入损失，表明该项技术的降噪量。很显然声衬技术相对等离子体激励技术具有相对较高的评价分数，因为有些在工程中都成熟应用了。只有弯曲声波导管技术的评分低于平均水平。图19给出了评价结果。

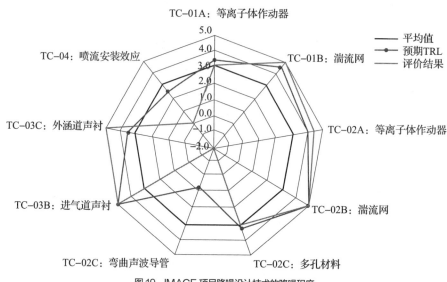

图19　IMAGE 项目降噪设计技术的降噪程度

（4）飞机级实现的复杂度（实验技术）。该指标并不意味着在将来的飞机级降噪设计中存在后续的噪声适航验证问题，仅用于评价是否需要更多的子系统级验证和更多的真实环境条件下的验证。图20给出了评价结果。声衬降噪因已经有了成功的应用，不存在太多的噪声适航验证问题。对于等离子体降噪技术评价结果显示在飞机上的技术实现还有相当远的距离。而湍流网降噪技术也被评价为需要很多噪声适航验证的工作。

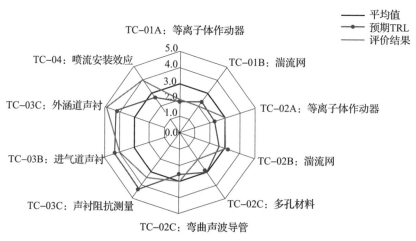

图20　IMAGE 项目技术飞机级实现的复杂度

（5）实验技术适航合格审定的复杂度。该项降噪技术对飞机和发动机的适航合格审定方面可能的安全性影响。即便是该项技术表现出非常好的降噪水平，其适航性也许还面临着巨大的挑战。图 21 的评价结果显示声衬降噪设计技术具有最小的适航性风险。而等离子体降噪和湍流网降噪技术的适航性虽然跟其安装位置相关，但是还是存在很大的适航性风险。

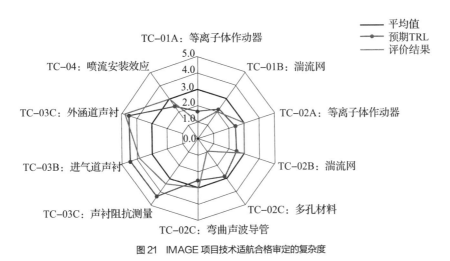

图 21　IMAGE 项目技术适航合格审定的复杂度

（6）数值仿真技术的实用性。并不是任何数值仿真技术适用于所有的气动声学问题的分析。数值仿真技术的实用性评价的是跟某一项降噪技术试验结果对比的效果。图 22 显示了各项技术的实用性评价结果。不出意外，声衬降噪设计技术因为其相关的 CFD/CAA 数值预测已经得到了相当多的验证。对于喷流安装效应，对于工业界来说是一项较新的技术，同时也是表现出非常有应用前景的技术。

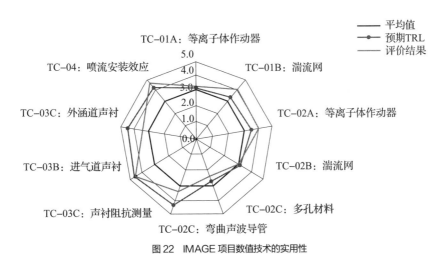

图 22　IMAGE 项目数值技术的实用性

（7）数值仿真技术的复杂度。评价一项数值仿真技术的指标是复杂度。如果数值仿真技术不能跟大量的实验和飞行试验建立有用的联系，该项技术将来就会在学术和工业应用方面被放弃。图 23

提供了 IMAGE 项目的数值仿真技术的复杂性评价结果。可以看出大部分的数值仿真技术具有合理的复杂度。只有多孔材料表面的数值仿真需要更加复杂和精确的方法。

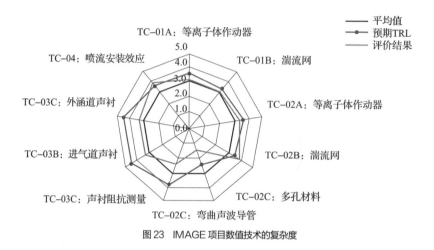

图 23　IMAGE 项目数值技术的复杂度

（8）数值仿真技术的有效性。数值仿真技术的一个重要特征是必须经过试验的有效验证，并且数值技术经过某一种实验验证并不意味着该项数值技术适用于所有的气动噪声数值分析问题。技术评估团队应评估被评价技术是否在某一项气动声学问题上得到了必要的验证。图 24 的评价结果表明所有 IMAGE 项目数值技术在项目中都经过的验证。图中对最优值 "4" 的偏差是可接受的范围，主要是由评审团队成员个别评价分数的偏离导致的。

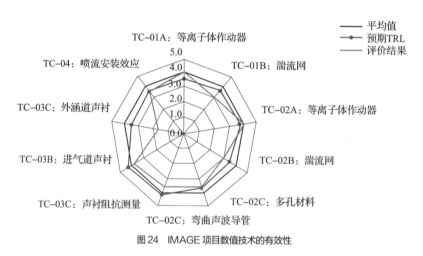

图 24　IMAGE 项目数值技术的有效性

6　结论

通过对 IMAGE 项目所关注的起落架降噪设计、机翼 / 增升装置降噪设计、发动机消声声衬降噪设计、喷流增升装置干涉降噪设计四大类技术评估，利用不同的简化模型试验验证的 IMAGE 项目所研究的技术对于实现"Flight Path2050"的目标所需的"第二代关键技术"非常重要。这些先进的技术需要在现有可用的技术上有所突破。体现在本项目中开展的新概念等离子体降噪技术、湍流网降噪技术、先进声衬的设计和建模技术。因此从工业界的角度看来，IMAGE 项目涵盖了超越当前先进技术的新概念降噪设计技术。但是当前的先进技术跟 IMAGE 项目中的技术也大不相同，比如消声声衬的设计和仿真在工业界已经有了成熟应用，而新概念等离子体降噪技术、湍流网降噪技术尚未在飞机上得到应用，技术成熟度还处在较低的水平。用于控制起落架噪声和增升装置噪声的湍流网降噪和多孔材料降噪目前已经完成了飞行试验验证，IMAGE 项目以外的相关技术的成熟度已经发展到了 TRL6～7。而喷流增升装置干涉的安装效应噪声控制技术目前在好多项目也开展了大量的技术研究，IMAGE 产生的相关研究成果还需要进一步的研究才可能在工业界得到推广。

通过最佳实践总结，对 IMAGE 项目所关注的起落架降噪设计、机翼／增升装置降噪设计、发动机消声声衬降噪设计、喷流增升装置干涉降噪设计 4 大类技术的噪声源产生机理和声传播研究的实验和数值计算方法两方面的最佳实践指南进行了总结；并综合工业界的意见，对技术发展的优先级、可实现的程度进行了评估；本项目形成的最佳实践指南（BPG）可对下一步噪声源产生机理研究和声传播研究方向进行指导。

第三篇　绿色及多功能复合材料航空应用技术

　　本篇介绍了航空用生物质复合材料、环保多功能复合材料和结构的开发项目（ECO-COMPASS）总体情况，总结了国内在绿色复合材料、多功能复合材料及其纤维与树脂的研究以及仿真计算、试验验证、全寿命周期评价等方面取得的最新成果，并对绿色及多功能复合材料的后续研究内容与应用前景提出了建议。

　　该项目聚焦绿色与多功能复合新材料的创新研究，有效推动了具有中国资源特色和技术创新的绿色新材料和新技术走出国门，研究成果对加速我国绿色与多功能复合材料技术在航空应用具有重要的参考价值。

航空用生物质复合材料、
环保多功能复合材料和结构的开发

——ECO-COMPASS 项目白皮书

益小苏[1, 2]，Jens Bachmann[3]，韦家虎[4]，刘畅[2]

1. 宁波诺丁汉大学理工学院，浙江宁波 315100
2. 中航复材（北京）科技有限公司，北京 101300
3. 德国航空航天研究院（DLR），德国 Braunschweig
4. 北京航空材料研究院，北京 101300

1 立项背景与研究动机

世界范围内，民用航空材料及其制件当前的一个重要发展趋势是绿色化。采用可再生、可循环的天然资源研制生态友好型新材料，以及开发多功能复合材料并应用于飞机制造，将可能推动飞机制造业的转型升级。在欧盟 2013 年启动的最大一项科研创新框架计划——"地平线 2020"（Horizon 2020）中，"可持续发展与天然资源"在 5 个重点资助领域中排名第二，包括绿色航空；而 2010 年欧盟针对航空业的"航迹 2050"（Flightpath 2050）计划中，研究开发资源、环境友好型的"绿色材料"被正式确定为一个新的研究方向。我国政府的"国民经济十三五发展规划"和"中国制造 2025"规划中也多处提出"绿色制造"等新概念和新指标，航空工业作为中国制造的主要产业之一，也正在向"航空绿色材料"和"航空多功能材料"的方向发展。

基于以上背景，根据 2014 年中欧政府联合发布的《中欧航空科技联合研究项目指南》，在与欧洲合作伙伴先期开展的 GReener Aviation Industry Networking 2（"绿色航空工业网络交流计划"，GRAIN 2）项目基础上，中欧双方项目团队以先期的产学研合作为基础，联合申报"航空用生物质与多功能复合材料及其制件的开发与应用技术研究"，该申报于 2016 年 4 月得到欧盟和中国政府的正式批准，项目英文名称为 Ecological and Multifunctional Composites for Application in Aircraft Interior and Secondary Structures，简称 ECO-COMPASS。

在飞机减重推动的减排方面，航空复合材料发挥了不可磨灭的里程碑作用。与传统的金属材料相比，以轻质为特征的复合材料具有出色的比刚度、比强度、耐腐蚀性和抗疲劳性能等，其另一重要优点是能够根据不同设计要求和功能指标进行定制。ECO-COMPASS 项目的立项目的就是要研究确认能否用可再生的"绿色"复合材料制造飞机的内饰结构或次承力结构等[1-2]。ECO-COMPASS 项目的总体思路是新材料的"技术推动"与"应用牵引"相结合，其中，新材料主要包括绿色复合材料和结构 – 导电一体化复合材料，也包括结构阻尼复合材料等；而应用牵引主要指飞机内饰和飞机次承力结构等，其项目目标是将新材料的技术成熟度从现有的 1 ~ 2 级提升到 3 ~ 4 级。作为一个大型国际合作项目，ECO-COMPASS 强调整合国际合作伙伴的技术特长和资源，推动具有中国资源特色和技术创新的新材料和新技术走出国门，向国际航空工业展示中国在绿色与多功能复合材料及其制件制造方面的研发实力，展示绿色与多功能复合材料在航空技术领域的领先应用可行性[3]。

2019 年，经过中欧合作项目团队的共同努力，ECO-COMPASS 项目圆满结题验收，其研究成果得到中欧双方政府和产业界的一致好评。在此基础上，根据欧盟主管部门的要求，项目组于 2020 年完成了《航空用生物质与多功能复合材料及其制件开发与应用技术研究白皮书（英文版）》初稿。该初稿对 ECO-COMPASS 主要研究成果进行了简要总结，阐述了使用生物质和多功能复合材料替代当前航空材料的优点及其面临的挑战，就如何进一步提高绿色和多功能复合材料的性能提出了建议，呼吁政府、社会和航空工业的决策者加大对绿色复合材料和多功能复合材料的研发投入，推动这种新材料在民用航空工业中的应用。本文的主要内容取自该《白皮书》初稿，但有所聚焦，有所侧重。

2 ECO-COMPASS 项目主要研究进展

ECO-COMPASS 项目的总目标是对生物质绿色和多功能复合材料等针对航空环境的适用性进行研制和初步评估[4]。首先，研究开发了一种源于可再生植物资源的"生物源"高性能环氧树脂，主要是松香酸酐固化的环氧树脂，用以取代传统的环氧树脂应用于飞机复合材料的制造[5-6]。目前，中国科学家研究开发的生物源松香酸酐环氧树脂已取得突出进展，分别开发成功 130 ℃和 180 ℃固化两个材料品种，其综合性能完全达到目前石油源双酚 A 环氧树脂的水平，某些性能指标如玻璃化转变温度等甚至更高[7-8]。同时，中欧双方科学家还分别开展了多种纳米改性树脂基体的研究，例如，用纳米颗粒、碳纳米管和纳米黏土等改善环氧树脂的热性能、力学性能和导电性能等，初步验证了纳米改性的可行性[9-10]；也开展了热解回收碳纤维混杂植物纤维改性环氧树脂复合材料等[11]。但是，为了尽可能减少生态影响，纳米材料的选择和应用应格外小心，严格评估。

将植物纤维增强复合材料应用于飞机内饰是 ECO-COMPASS 项目的一个重要目标。植物纤维用作复合材料增强材料时，由于其复杂的化学和结构特性，不仅具有轻质、价廉和可生物降解的特点[12]，同时还拥有独特的力学、声学和阻尼性能[13-14]。然而，亲水的植物纤维与疏水的聚合物基体之间的界面性能较差，导致其力学性能偏低[15]。如果考虑用植物纤维部分取代玻璃纤维作为增强体，这将成为其结构应用的一项主要障碍。为了充分发挥植物纤维增强材料的特征优势，弥补其不足，中国科学家提出了多种材料结构模型[16]，并采用纳米粒子接枝、纳米改性、组分杂化等措施，不仅提高了绿色复合材料的断裂韧性、界面剪切强度、拉伸强度和模量等力学性能，而且也提高了材料的抗菌性能和阻燃性能等[17-18]。

众所周知，植物纤维易燃，中国科学家在 ECO-COMPASS 项目里重点研究了植物纤维 / 生物源环氧树脂基复合材料的阻燃特性，并在多项阻燃指标上取得进展[19]，但到目前为止，绿色复合材料在热释放率和烟密度等航空内饰用复合材料特别关注的阻燃指标方面还不能兼顾，还必须继续攻关。值得注意的是，现行飞机内饰复合材料主要用的是玻璃纤维 / 酚醛树脂，而环氧树脂的阻燃特性本来就不如酚醛树脂，因此就不难理解，利用易燃的植物纤维和相对易燃的环氧树脂制造阻燃复合材料所面临的双重挑战。如果将阻燃处理的植物纤维与酚醛树脂复合，或将阻燃的生物源环氧树脂与不燃的碳纤维或玻璃纤维复合，研制"半"绿色的复合材料，将有助于降低研制难度。

植物纤维不仅可以用作复合材料增强体，而且也可以用于造纸，再进一步制造蜂窝。除了增强纤维和树脂基体外，绿色复合材料家族的另一个重要成员就是蜂窝材料及其夹芯复合材料。目前全世界航空工业使用的蜂窝材料主要是芳纶纸蜂窝，而中国科学家和工程技术人员却在 ECO-COMPASS 项目里另辟蹊径，开发了一种以植物纤维、合成纤维和少量芳纶纤维制成的混合纸，并研制成所谓"绿色"蜂窝（见图 1）。绿色蜂窝以及夹芯复合材料的结构力学性能及制造工艺条件与传统蜂窝及其复合材料相似，但其原材料成本稍低，经阻燃处理，绿色蜂窝夹芯复合材料的燃烧性能也与传统芳纶蜂窝夹芯复合材料近似。不仅如此，中国科学家还研究发现了绿色蜂窝复合材料独特的结构 – 阻尼特性，而这正是飞机内饰结构复合材料所迫切需要的。总之，这种绿色蜂窝及其夹芯复合材料有望成为未来航空夹芯复合材料的一个新选择。

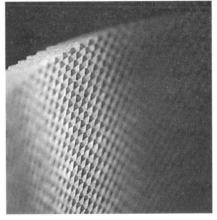

图 1 中方团队研制的绿色蜂窝芯材照片

植物纤维不仅可以用作复合材料增强材料，还可以应用于复合材料的制造过程。例如，复合材料的真空成形必须使用透气毡，现行的透气毡完全由合成纤维制成。中国科学家在 ECO-COMPASS 里率先开发了一种黄麻纤维混杂制成的"绿色透气毡"，经中欧双方合作伙伴的测试评价（见图 2），绿色透气毡的工艺使用性能不亚于现行的合成纤维透气毡，甚至更好。此外，透气毡是一种工艺耗材，一次性使用后即抛弃，成为工业垃圾，而绿色透气毡则可多次重复使用，之后还可以继续用作塑料材料的填充物，最后，还可以通过燃烧回收能量。这些特点和优势显然是传统的合成纤维透气毡所没有的，因此，绿色透气毡为传统透气毡的局部替代或升级换代提供了一种新的可能性。

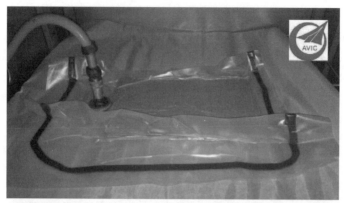

图2　中欧双方合作开展绿色透气毡应用于复合材料成形过程的照片

　　多功能性是未来飞机复合材料的一个重要发展方向，例如，具有导电功能的碳纤维结构复合材料，这种复合材料将首先可能应用于简化飞机的电气环境结构、电磁屏蔽与雷击保护等[20]。基于以往的研究基础[21]，中国科学家首先提出了一种能同时提高复合材料导电性和层间断裂韧性的所谓"层间功能化"新技术（FIT），开发出一种在厚度方向具有很高导电性的碳纤维结构复合材料[22-23]。在 ECO-COMPASS 项目里，中国科学家还建立了一整套雷电－热场－热解耦合模型[24-25]，可以描述碳纤维复合材料的雷击损伤，并试验验证了导电碳纤维复合材料的雷击防护可行性[26]。

　　在以上材料研究成果的基础上，根据计划，中欧双方各将绿色复合材料及导电碳纤维复合材料应用于典型飞机内饰和次承力结构展示件的设计和研制，例如，蜂窝夹芯飞机内饰壁板和窗壁板等（见图3），展示了绿色复合材料在飞机结构上的应用潜力。

　　针对航空材料全寿命（全生命）周期排放特性及其环境友好性评估，ECO-COMPASS 项目采用的一个先进工具是全生命周期评价技术（LCA）[27]。合作研究结果发现[28]，与玻璃纤维及其复合材料的生产排放相比，苎麻纤维及生物源环氧树脂在其全生命周期里的排放值得关注，这里还涉及有关植物的种植与生产。玻璃纤维或碳纤维复合材料的全生命周期排放是一个纯工业生产活动，而植物纤维和生物源树脂、主要是植物源树脂则不仅仅是一个工业生产过程，还同时包括种植、收割和处理等农业生产过程。ECO-COMPASS 项目中 LCA 估算数据来源于一些数据库而非真实的田野调研，这也是今后需要进一步开展的工作。

图 3　中欧双方研发团队研制的绿色复合材料蜂窝夹芯典型件

3 项目实施与组织管理

ECO-COMPASS 项目共有 11 家中国单位和 9 家欧洲单位参加，整个项目被分为 9 个研究工作包（WP），采用矩阵式管理，11 家中方单位与 9 家欧方单位分别被组合进 9 个 WP 工作包，如表 1 所示。

表 1　项目中欧 9 个工作包的负责人与单位列表 *

工作包	欧方		中方	
	负责人	负责单位	负责人	负责单位
WP1	Jens Bachmann	DLR	益小苏	航材院
WP2	Jens Bachmann	DLR	李岩	同济大学
WP3	Joseba Luna	LEITAT	朱锦	中科院宁波所
WP4	Christophe Paris	AGI F	益小苏	航材院
WP5	Clara Frias	UoM	段泽民	合肥航太
WP6	Gabriel Budega	CIMNE	贾玉玺	山东大学
WP7	Christophe Paris	AGI F	刘卫平	商飞上飞
WP8	Jens Bachmann	DLR	咸贵军	哈工大
WP9	Peggy Favier	L-UP	益小苏	航材院

* 表中的缩写，DLR 即德国宇航院，AGI 即空客公司法国创新中心，LEITAT 即意大利 LEITAT 研究中心，UoM 即英国曼彻斯特大学，CIMNE 即西班牙工程数值模拟技术国际中心，L-UP 即法国公司等。

中方团队为保障项目实施满足中欧双方政府的双重要求，成立了项目管理办公室。同时，鉴于本项目大部分工作是以中方开发并提供的材料为基础，特组建了材料交付团队，并且为了加强与应用的衔接并加快项目技术的演示应用，还组建了技术总师团队。

ECO-COMPASS 项目的欧方管理单位 L-UP 公司的作用对中方团队而言是项目管理和实施过程中的一个亮点。在欧方牵头单位 DLR 的领导下，L-UP 专职从事项目的管理，包括建议书的编制、项目计划执行、项目会议组织、宣传策划与实施等，并协助牵头单位对接欧盟的管理性要求，负责向政府提交各类临时、定期或最终的报告，在项目中占用一定额度的经费。L-UP 利用 H2020 项目的协同平台 EMDESK 为国内外参研各单位提供公共的信息交流服务，EMDESK 平台的应用对于项目成员的信息沟通、报告传递与共享、进度可视化等起到了非常积极的作用，对项目按期进行起到了很好的保障作用。与国内科研项目不同，根据欧盟的管理要求，L-UP 还负责 ECO-COMPASS 项目实施各阶段的公众宣传，这无疑大大提高了项目的宣传力度、及时性和社会影响力等。

4 项目的主要发现与建议

尽管 ECO-COMPASS 项目所研究开发的新型材料的应用技术成熟度有所提高，部分复合材料表现出较好的性能潜力，但要在航空领域进行应用仍面临严峻的挑战。

ECO-COMPASS 项目研究的绿色复合材料主要包括两部分：生物源环氧树脂和植物纤维，后者分别用于增强复合材料和制作蜂窝混杂纸。以现行的航空复合材料为基准，绿色复合材料与现行航空复合材料之间显然还存在明显的差距，因此应进一步改善并提高所有基本组分直至复合材料的性能，但目前尚未很好地理解绿色复合材料的组成—结构—性能—工艺条件之间的关系。不过 ECO-COMPASS 项目研究也发现，除各种化学改性和纳米改性之外，一种经济且高效可行的方法可能是将绿色组分与传统材料组分混杂，以充分发挥其协同潜力。这方面的研究应继续加强并深入。

另外，迄今为止还很少涉及绿色复合材料和多功能复合材料的疲劳和老化行为研究，尤其是在恶劣条件下长期使用过程中对绿色复合材料性能的表征、理解和改进，例如，植物纤维的吸水性、紫外线辐射、湿热老化和细菌霉变等。在绿色复合材料适航认证前，需澄清这些环境因素对绿色材料及其组分耐久性的影响，开发相应的材料防护技术如纤维材料的纳米纤维素接枝、等离子体处理和经典化学处理等，同时用真实的数据进行 LCA 及安全健康建模。

在满足航空内饰结构的防火要求方面还需要加大研究的力度和深度[29]。为加速应用，建议将植物纤维与低火敏的树脂复合，或将 E 级或 S 级玻璃纤维与生物源阻燃环氧树脂复合等，总之，可以将一个复杂的材料系统分解成简单的材料组分，然后通过尽可能简易、经济的方法各个击破。

虽然 ECO-COMPASS 项目对所有这种新型材料的拉伸、弯曲、抗冲击等主要力学性能进行了测试，并与现行的复合材料进行了比较，发现了一些值得探索的潜能，但试验测试的工作量还是有限的。还要强调，ECO-COMPASS 项目的建模分析主要局限于试件级别[30]，事实上复合材料的建模范围要复杂得多，如多组分、多尺度、多层次的结构设计与建模[31]；在微观和细观复合材料结构中并入多功能设计；以及飞机服役条件下绿色复合材料和多功能复合材料制件的建模与仿真等。因此，建议今后应进一步甄别和聚焦典型的绿色复合材料和多功能复合材料体系，按照航空复合材料适航认证的要求进行系统的测试和建模分析，同时并行实施这种新型材料的全生命周期评估，确保发挥这种新型材料的特殊优势。

就现行的碳纤维结构复合材料而言，其今后的挑战可能在于在保持其高结构效率的前提下进行多功能开发或结构–功能一体化，这可能带来颠覆性的飞机轻量化战略，即"一材多用"。例如，在电气结构网络（ESN）中，用高导电结构复合材料代替一部分金属导体，进一步减少金属材料的使用量等。ECO–COMPASS 项目已显示了这种可能性与可行性，建议进一步支持和加大这个方向的研究。

循环经济和生命周期评估方法（LCA）可能将应用于今后所有材料研发和生产应用，从选材和研制材料开始就应遵循循环经济（CE）原则，确保在结构报废时重新获得有价值的回收材料[32-33]。为提高全生命周期评估结果的可靠性和重要性，建议在不同原材料生产地点，例如，欧洲和中国，投入更多的精力收集原始数据，这将有助于改进和优化植物纤维种植和生产工艺，从而减少能源、水、肥料和杀虫剂的消耗。对于所有全生命周期评估方案，电力生产组合对能源密集型工艺至关重要，因此，必须考虑各种实际可行的未来能源组合，包括正在讨论的不同区域可再生能源和化石能源等。全生命周期评估的数据透明化倡议将改善可靠数据的获取，因此建议通过中欧合作伙伴的共同努力，建立一个航空材料的公共全生命周期评估数据库。

循环经济的一个重要目标是避免大量耗材，可持续性的另一个重要方面是通过损伤检测和简单可修复性来延长产品的使用寿命。当产品无法修复或直接用于相同用途时，对于无法避免的废弃物，应通过合理的降级回收链进行处理，即闭环处理[34]。一般来说，回收材料及其过程必须具有较低的环境足迹，否则从生态学的角度来看就无回收利用的必要。因此，不仅需要考虑闭环回收，还应考虑开环回收，在开环回收时，回收材料可用于不同的应用。

在循环经济和可持续发展方面，一个有意思的案例就是 ECO–COMPASS 项目研发的绿色透气毡。如前所述，绿色透气毡含有部分黄麻纤维，而黄麻种植有利于改善土壤质量和土地肥力。因此，绿色透气毡项目巧妙地将农业生产和天然纤维改良结合起来，制造出一种新型的工业原材料，这正是绿色复合材料研发的社会意义所在，因为它能够整合整个生态链和整个价值链。ECO–COMPASS 项目的成功实施清晰地显示出国际合作的优势及其协同效应。例如，世界各地都有不同类型的天然材料，其中的一些材料如亚麻和苎麻各自具有很好的应用前景，可作为复合材料的"本地"材料。另一方面，种植黄麻等一些植物可以改良土壤，这样既可以促进农业发展，也能够保障工业原材料的供应。这种工农结合的双赢模式，可以通过国际合作在世界各地"开花结果"。

到目前为止，ECO–COMPASS 的研究主要集中于取代现行民用航空的同类复合材料，下一步似可考虑研究开发适合未来航空的更高效、更有前景的绿色飞行器的设计与应用，例如，用于混合动力或全电力推进的新型飞机结构的绿色复合材料及多功能复合材料等。

最后还必须强调，经济可承受能力是航空航天和其他行业生存的关键，对于绿色复合材料和多功能复合材料当然也不例外。因此，除了对材料生产和复合材料结构制造等过程进行分析和计算模拟外，还建议开发更低成本、更高效率的绿色复合材料和多功能复合材料及其创新性的制造方法。

5 总结

生物源绿色复合材料和多功能复合材料的问世，使人们能够以一种独特的方式将资源和环境与材料和飞机结合起来，不仅可以提供一种航空材料的替换性选择，而且可以扩展更先进的材料技术应用[35]。例如，ECO-COMPASS项目的研究表明，使用碳纤维增强的生物源环氧树脂复合材料就可以被设计用于制造具有雷击防护功能的飞机尾翼侧壁板（见图4），另一个例子是飞机内饰绿色蜂窝夹芯壁板。

图4　中方研发团队研制的绿色复合材料大飞机下壁板典型件

虽然ECO-COMPASS项目的研究工作还只是初步的，但这些研究突出强调了绿色复合材料或导电的碳纤维结构复合材料可能带来的航空应用前景，这项工作还应当继续进行下去，以便进一步优化这些新材料的性能，了解影响其性能变化的基本问题，包括制造过程产生的缺陷的影响等，而且这些问题应该会随着材料和结构的使用逐渐增加。但最重要的是，必须确定绿色复合材料、多功能复合材料与传统复合材料的特性差异，从而最大限度地发挥绿色复合材料和多功能复合材料的潜在优势。

ECO-COMPASS项目的成功实施还表明，国际合作能够有效地改善和提高世界各地特质可再生资源的应用潜力。

致谢

本项目得到中国和欧盟双方政府的资助，中国工信部项目批准文号MJ-2015-H-G-103，欧盟ECO-COMPASS项目批准号690638。本文工作也部分得到宁波市科技局公益项目资助，项目编号2019C50027。特此致谢。

参 考 文 献

[1] Yi X S, Konstantinos T, et al. Ecological and Multifunctional Composites for Application in Aircraft Interior and Secondary Structures. Aerospace. MDPI, ISBN 978-3-03897-690-5（Pbk）; ISBN 978-3-03897-691-2（PDF），https：//doi.

org/10.3390/books978-3-03897-691-2.

［2］Soutis C. Introduction: Engineering requirements for aerospace composite materials. Polymer Composites in the Aerospace Industry, Edited by P.E. Irving & C. Soutis, Elsevier (Woodhead Publishing), (2015), 1-17, ISBN 978-0-85709-523-7.

［3］益小苏 . 航空复合材料科学与技术［M］. 北京：航空工业出版社，2013.

［4］Ramon E, Sguazzo C, Moreira P M G P. A Review of Recent Research on Bio-Based Epoxy Systems for Engineering Applications and Potentialities in the Aviation Sector［J］. Aerospace, 2018, 5（4）: 110.

［5］Li C, Liu X, Zhu J, et al. Synthesis, Characterization of a Rosin-based Epoxy Monomer and its Comparison with a Petroleum-based Counterpart［J］. Journal of Macromolecular Science, Part A: Pure and Applied Chemistry, 2013, 50: 321-329.

［6］Ma S, Liu X, Jiang Y, et al. Bio-based epoxy resin from itaconic acid and its thermosets cured with anhydride and comonomers［J］. Green Chemistry, 2013, 15: 245-254.

［7］Yi X S, Tong Jiangfeng, Zhang Xvfeng F, et al. Bio-Polymers and Bio-Composites. In: Pantelakis S., Tserpes K. (Eds) Revolutionizing Aircraft Materials and Processes. Springer, Cham. 2020. https://link.springer.com/chapter/10.1007/978-3-030-35346-9_9.

［8］Yi X S, Zhang X, Tong J, et al. Development of Bio-Composites for Green Aviation and Ground Vehicles (Feature)［J］. SAMPE Journal, 2018 Jul/Aug: 16-26.

［9］Wang H, Xian G, Li H. Grafting of nano-TiO2 onto flax fibers and the enhancement of the mechanical properties of the flax fiber and flax fiber/epoxy composite［J］. Composites Part A -Applied Science and Manufacturing, 2015, 76: 172-180.

［10］Zhao Z, Zhang B., Du Y, et al. MWCNT modified structure-conductive composite and its electromagnetic shielding behavior［J］. Composites Part B, 2017, 130: 21-27.

［11］Guo Y L, Dong Q, Chen J L, et al. Comparison between temperature and pyrolysis dependent models to evaluate the lightning strike damage of carbon fiber composite laminates［J］. Comp Part A-Appl S, 2017, 97: 10-18.

［12］Wang C, Ren Z, Li S, et al. Effect of Ramie Fabric Chemical Treatments on the Physical Properties of Thermoset Polylactic Acid (PLA) Composites［J］. Aerospace, 2018, 5（3）: 93.

［13］Yang W D, Li Y. Sound absorption performance of natural fibers and their composites［J］. Science China, Technological Science, 2012, 55: 2278-2283.

［14］Zhang J, Shen Y, Jiang B, et al. Sound Absorption Characterization of Natural Materials and Sandwich Structure Composites［J］. Aerospace, 2018, 5（3）: 75.

［15］Li Q, Li Y, Zhou L. A micromechanical model of interfacial debonding and elementary fiber pull-out for sisal fiber-reinforced composites［J］. Composites Science and Technology, 2017, 153: 84-94.

［16］Li Y, Yi X, Yu T, et al. An overview of structural-functional-integrated composites based on the hierarchical microstructures of plant fibers［J］. Advanced Composites and Hybrid Materials, 2018 June, 1（2）: 231-246.

［17］Pooria K, Liu X L, Kim Y T, et al. The effects of microcrystalline cellulose on the flammability and thermal behaviours of flame retarded natural fibre epoxy composite. World Journal of Engineering, (2019) https://doi.org/10.1108/WJE-08-2018-0291.

［18］Yi X S, Zhang X, Ding F, Tong J. Development of Bio-Sourced Epoxies for Bio-Composites. Aerospace, 2018, 5（2）: 65.

［19］Dai J, Peng Y, Teng N, et al. High-Performing and Fire-Resistant Biobased Epoxy Resin from Renewable Sources［J］. ACS Sustainable Chemistry and Engineering, 2018, 6: 7589-7599.

［20］Tserpes K, Tzatzadakis V, Bachmann J. Electrical Conductivity and Electromagnetic Shielding Effectiveness of Bio-Composites［J］. J. Compos. Sci, 2020, 4: 28.

［21］Lin Y E. Functionalized interleaf technology in carbon-fibre-reinforced composites for aircraft applications［J］. National Science Review, 2014, 01, 00: 1-2, 2013.

［22］Guo M C, Yi X S. Preparation of highly electrically conductive carbon-fiber composites with high interlaminar fracture toughness by using silver-plated interleaves［J］. Composites Science and Technology, 2019 May, 176: 29-36, 26.

［23］Yi X S and Guo M. Functionalized Interlayer Technology to make Structural Composites Highly Toughened and Simultaneously Electrically Conductive（Feature）［J］. SAMPE Journal, Vol 54, No1, 2018 Jan/Feb: 6-14.

［24］Dong Q, Guo Y L, Chen J L, et al. Influencing factor analysis based on electrical-thermal-pyrolytic simulation of carbon fiber composites lightning damage［J］. Compos Struct, 2016, 140: 1-10.

［25］Dong Q, Wan G S, Guo Y L, et al. Coupled thermal-mechanical damage model of laminated carbon fiber/resin composite subjected to lightning strike［J］. Composite Structures, 2018, 206: 185-193.

［26］Wan G, Dong Q, Zhi J, et al, Y.Jia. Analysis on electrical and thermal conduction of carbon fiber composites under lightning based on electrical-thermal-chemical coupling and arc heating models. Composite Structures, 229（2019）111486, https: //doi.org/10.1016/j.compstruct.2019.111486.

［27］Bachmann J, Hidalgo C, Bricout S. Environmental analysis of innovative sustainable composites with potential use in aviation sector-A life cycle assessment review［J］. Sci China Tech Sci, 2017, 60: 1301-1317.

［28］Dong S, Xian G, Yi X S. Life Cycle Assessment of Ramie Fiber Used for FRPs［J］. Aerospace, 2018, 5（3）: 81.

［29］Pooria K, Liu X L, Kim Y T, et al. Development of fire retardancy of natural fiber composite encouraged by a synergy between zinc borate and ammonium polyphosphate［J］. Composites Part B, 2018, 159: 165-172.

［30］Tserpes K, Kora C. A Multi-Scale Modeling Approach for Simulating Crack Sensing in Polymer Fibrous Composites Using Electrically Conductive Carbon Nanotube Networks. Part II: Meso-and Macro-Scale Analyses［J］. Aerospace, 2018, 5（4）: 106.

［31］Zhang X, Wu Y, Wei J, et al. Curing kinetics and mechanical properties of bio-based composite using rosin-sourced anhydrides as curing agent for hot-melt prepreg［J］. Science ChinaTechnological Sciences, 2017, 60: 1318-1331.

［32］Tse B, Yu X, Gong H, et al. Flexural Properties of Wet-Laid Hybrid Nonwoven Recycled Carbon and Flax Fibre Composites in Poly-Lactic Acid Matrix［J］. Aerospace, 2018, 5（4）: 120.

［33］Bachmann J, Wiedemann M, Wierach P. Flexural Mechanical Properties of Hybrid Epoxy Composites Reinforced with Nonwoven Made of Flax Fibres and Recycled Carbon Fibres［J］. Aerospace, 2018, 5（4）: 107.

［34］Global Recycling And re-manufacturing of Composites for a circular Economy（GRACE）. Bilateral Collaboration Project co-funded by National Natural Science Foundation of China（NSFC）and UKRI-EPSRC of United Kingdom, under Grand No. 5181101686, 2018.

［35］Bachmann J, Yi X, Gong H, et al. Outlook on ecologically improved composites for aviation interior and secondary structures［J］. CEAS Aeronaut J. 2018, 9: 533-543. https: //doi.org/10.1007/s13272-018-0298-z.

含金属网的碳纤维增强树脂基复合材料
抗雷击性能分析

刘安娜[1]，郭云力[1]，万国顺[1]，董琪[1]，益小苏[2]，贾玉玺[1]

1. 山东大学材料学院，山东济南 250061
2. 宁波诺丁汉大学理工学院，浙江宁波 315100

0 引言

碳纤维增强树脂基复合材料（carbon fiber reinforced polymer, CFRP）具有优异的比强度、比刚度、耐疲劳、耐腐蚀和可设计性，近年来在飞行器中的用量逐年增加。在新一代民航客机波音 787 与空客 A350XWB 中，复合材料的用量已超过 50%，其中大部分是 CFRP 复合材料。然而，CFRP 复合材料的导电性能较差，在遭受雷击时无法像金属一样迅速扩散雷电流，在雷击处产生大量集中的焦耳热，使雷击损伤加剧，引起复合材料烧蚀、开裂和穿孔，严重威胁飞机的飞行安全[1]。因此，研究 CFRP 复合材料雷击损伤及雷击防护具有重要意义。

SAE APR5412[2] 中定义了用于实验室模拟测试雷电对飞机直接和间接影响的一系列电压和电流波形，其中电压波形用来评估雷电附着点或非导体结构的击穿路径，电流波形用来评估雷电环境的直接效应。标准中定义了 4 种电流波形，分别代表不同的雷电环境：电流波形 A 代表第一次回击，峰值高达 200kA，作用积分为 $2 \times 10^6 A^2 \cdot s$；电流波形 B 代表中间电流波形，平均峰值为 2kA，电荷量为 10C；电流波形 C 代表持续电流波形，电流在 200～800A，电荷量为 20C；电流波形 D 代表后续回击电流波形，峰值为 100kA，作用积分为 $2.5 \times 10^5 A^2 \cdot s$。

早期的雷电损伤研究以实验为主。刘志强等[3] 开展了在标准雷电分量 A+B+C+D 组合波形下局部喷铝、全喷铝、铜网防护等不同防护形式的复合材料雷击实验，结果表明三者均有效保护了复合材料板，其中铝层的厚度、喷涂形式和喷涂均匀程度均影响复合材料的损伤程度和损伤分区特性。肖尧等[4] 探究了位于不同飞机雷击分区下的铜网雷击防护效果，证明不同雷击分区应在表面铺设不同厚度的铜网防护层，以达到不同分区的最优防护效果。Guo 等[5] 探究了在标准雷电分量 D 下具有铜、铝扩展金属网防护的 CFRP 复合材料的损伤情况，结果表明扩展金属网具有良好的雷击防护性能，优化设计了各向异性扩展金属网的铺设方向，提高了其防护效果。除传统的金属材料外，Guo 等[6] 还研究了镀镍碳毡作为飞机雷电 2 区的碳纤维复合材料结构件雷击防护表层的防护作用，并与相同质量的商用扩展铜网对比，结果表明在标准 C 波和标准 D 波下，镀镍碳毡的雷击防护效率均优于扩展铜网。

由于雷击实验的高成本和高度复杂性，复合材料的雷击损伤数值模拟成为研究雷击损伤机理和雷击防护的有效方法。Ogasawara 等[7] 以温度定义材料热解损伤，采用电–热耦合分析方法模拟了 CFRP 复合材料的雷击损伤过程。Dong 等[8]引入热解度概念，将材料的电－热物理性能参数与热解度相关联，对 CFRP 复合材料进行了电－热－化学耦合分析，计算了雷击作用下的 CFRP 复合材料热解损伤。在雷击防护方面，Dong 等[9]提出了层间改性的方案，通过建立导电改性的富树脂层的 CFRP 层合板模型进行雷电损伤分析，证明了更高电导率的改性中间层可以获得更好的雷击防护效果。Abdelal 和 Murphy[10]提出了铜网热解损伤模型并进行了模拟研究，结果表明引入铜网可以有效减少损伤，提出了在铜网与复合材料之间加入低热导黏合剂可以减少损伤。Lee 等[11]研究了 40kA 雷电流作用环境中在传统铜网（CM）和高导电沥青碳纤维纸（PCFP）防护下的 CFRP 复合材料的电－热损伤，并与无保护层的 CFRP 复合材料进行对比，结果表明两者都有效地降低了 CFRP 复合材料热解损伤，提出了可以通过改变面内和厚度方向的电导率以及 PCFP 到第一层的电接触来改进 PCFP 保护层。

目前对具有金属防护的 CFRP 复合材料雷击数值模拟研究多为低峰值的单电流分量，与实际雷击环境中的多电流、高峰值不符，难以判断金属防护层的实际防护效果。因此，开展在高峰值电流下金属防护层的防护效果及防护机理研究非常重要。本文通过建立雷电弧模型、CFRP 复合材料热解损伤本构模型和金属汽化模型，在 ABAQUS 软件中对表面铺设铜网的 CFRP 复合材料和未铺设铜网的 CFRP 复合材料进行 100kA 的雷电流波形 D 雷击过程的电－热－化学耦合有限元分析，对比研究损伤特征，探究铜网的雷击防护性能。

1 基础理论模型

1.1 雷电弧模型

雷电弧模型描述了雷电弧的根半径扩张、雷电弧的电流密度和雷电弧的热流密度。

雷电弧的根半径与电流强度的关系有多种表达式，本文采用以下表达式描述雷电分量 D 中雷电通道的扩张[12]

$$R(t) = \omega \rho_0^{-1/6} \left[I(t) \right]^{1/3} t^{1/2} \tag{1}$$

式中：ω 为常数，ω=0.102；ρ_0 为 0℃、一个标准大气压下的空气密度，ρ_0=1.29kg/m^3；$I(t)$ 为峰值电流强度，A；t 为时间，s。

一些研究提出了雷电弧引起的电流密度 $J(r, t)$ 和热流密度 $Q(r, t)$ 表达式。本文作者先前的工作[13]总结了表达式的详细推导，最终形式如下

$$\begin{cases} J(r,t) = -\dfrac{\ln(0.1)}{0.55^2} \dfrac{1}{1-\mathrm{e}^{\frac{\ln(0.1)}{0.55^2}}} \dfrac{I(t)}{\pi R^2(t)} \mathrm{e}^{\frac{\ln(0.1)}{(0.55R(t))^2}r^2}, & r \leqslant R(t) \\[4mm] Q(r,t) = -\dfrac{\ln(0.1)}{0.55^2} \dfrac{10}{1-\mathrm{e}^{\frac{\ln(0.1)}{0.55^2}}} \dfrac{I(t)}{\pi R^2(t)} \mathrm{e}^{\frac{\ln(0.1)}{(0.55R(t))^2}r^2}, & r \leqslant R(t) \end{cases} \tag{2}$$

1.2 电－热耦合本构方程

CFRP 复合材料中雷电流的传导过程由 Maxwell 稳态电荷守恒方程控制

$$\int_S J \cdot n \mathrm{d}S = \int_V r_c \mathrm{d}V \tag{3}$$

式中，V 为控制单元体积；S 为控制单元表面；r_c 为单位体积内体积电流源；n 为表面 S 的法向量；J 为电流密度。

电流密度用欧姆定律描述

$$J = \boldsymbol{\sigma}(T, f^{\alpha}) \cdot E(x) = -\boldsymbol{\sigma}(T, f^{\alpha}) \cdot \frac{\partial \varphi}{\partial x} \tag{4}$$

式中：$E(x)$ 为电场强度；φ 为电势；$\boldsymbol{\sigma}$ 为电导率矩阵。将式（4）代入式（3），变分得到有限元模型中的电场控制方程

$$\int_V \frac{\partial \delta \varphi}{\partial x} \cdot \boldsymbol{\sigma} \cdot \frac{\partial \varphi}{\partial x} \mathrm{d}V = \int_S \delta \varphi \, \bar{J} \mathrm{d}S + \int_V \delta \varphi \, r_c \mathrm{d}V \tag{5}$$

其中

$$\bar{J} \stackrel{\triangle}{=} -J \cdot \boldsymbol{n} \tag{6}$$

1.3 温度场控制方程

在 CFRP 复合材料中传导的雷电流的电能以焦耳热的形式部分转换为热能，焦耳定律则描述了电流流经导体耗散的电功率，可表示为

$$P_e = J \cdot E = \frac{\partial \varphi}{\partial x} \cdot \boldsymbol{\sigma} \cdot \frac{\partial \varphi}{\partial x} \tag{7}$$

这样，由焦耳热产生的内热源可表示为

$$\theta_e = \eta P_e \tag{8}$$

式中，η 为能量转换系数。

CFRP 复合材料在雷击过程中发生热解反应所产生的反应热源可以表示为

$$Q_p = -\rho H_s \frac{\mathrm{d}\alpha}{\mathrm{d}t} \tag{9}$$

式中，ρ 为密度；H_s 为树脂热解反应焓；α 为热解度。

在进行电 – 热耦合模拟分析中，焦耳热源和热解反应热源共同作为材料内部热源，与热边界条件一起影响热传导过程。

根据 Fourier 热传导方程，温度场的控制方程可以表示为

$$\rho c_p \frac{\partial T}{\partial t} = \nabla \cdot (k \nabla T) + \theta \tag{10}$$

式中，c_p 为比定压热容；k 为热导率矩阵；θ 为内热源项。

1.4 热解反应动力学模型

本文采用热解度（α）的概念描述 CFRP 复合材料在高温下的热解行为。热解度即为在某一时刻的质量损失与其最终损失的比值，热解度 α 的表达式为

$$\alpha = \frac{W_i - W}{W_i - W_f}, \quad 0 \leqslant \alpha \leqslant 1 \tag{11}$$

式中，W 为 CFRP 复合材料的当前质量；W_i 为 CFRP 复合材料的初始质量；W_f 为高温热解后 CFRP 复合材料的质量不再明显减少时的剩余质量。

热解反应符合 n 级反应动力学方程

$$\frac{\mathrm{d}\alpha}{\mathrm{d}t} = k(T)(1-\alpha)^n \tag{12}$$

式中，t 为热解时间；n 为热解过程反应级数；T 为热力学温度；$k(T)$ 为阿累尼乌斯（Arrhenius）方程决定的动力学速率常数。

$$k(T) = A\exp\left(\frac{-E_a}{RT}\right) \tag{13}$$

通过上式，α 的积分形式可以表示为

$$\alpha = 1 - \left[(n-1)A\exp\left(-\frac{E_a}{RT_1}\right)\Delta t + 1\right]^{\frac{1}{1-n}} \tag{14}$$

1.5 金属汽化模型

具有扩展铜网防护层的复合材料在遭受雷击时，大量的雷击热能会导致扩展铜网熔融、烧蚀和汽化。由于金属在快速加热到高温的条件下多发生汽化，故认为汽化是主要的烧蚀机理[14]。可以采用 Hertz–Knudsen（H–K）模型预测扩展铜网的汽化速率。H–K 模型如下[10]

$$\nu(T) = (1-\beta)\sqrt{\frac{m}{2\pi k_B T}}\frac{p_0}{\rho}\exp\left[\frac{L_V}{k_B}\left(\frac{1}{T_{BT}} - \frac{1}{T}\right)\right] \tag{15}$$

式中，β 是黏附系数；m 为材料的相对原子质量；k_B 是玻耳兹曼常数；ρ 是材料密度；L_V 是材料汽化潜热；T 是温度；T_{BT} 是材料在 p_0 压力下沸腾的瞬变温度。

2 有限元模型的建立和验证

2.1 有限元模型的建立

图 1 为 CFRP 复合材料层合板雷击损伤的电 – 热 – 化学耦合有限元分析模型，其有限元模型的建立与 Guo 等[5] 的实验保持一致。CFRP 复合材料层合板的几何尺寸为 300mm × 300mm，单向铺层厚度为 0.125mm，铺层方式 [45/0/−45/90]$_{2s}$，表面铺设厚度为 0.051 mm 的扩展铜网。雷电流波形与实验保持一致，采用峰值电流 100 kA，14/42μs，作用积分 $2.5 \times 10^5 A^2 \cdot s$ 的电流波形 D。

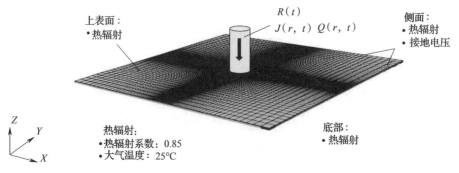

图 1 有限元模型

在温度未达到碳的升华温度（3316℃）时，设定 CFRP 复合材料性能参数与热解度有关，随着 CFRP 复合材料热解程度的增加，材料性能退化，见表 1。当温度高于碳的升华温度 3316℃时，树脂

热解生成的残炭以及碳纤维发生升华变成气体逸出，带走大量的热并使雷电流通道的电流和热流直接作用于下一层材料。有限元模拟中，当温度大于3316℃时通过设定已升华材料单元在厚度方向极高的电导率和热导率、面内方向极小的电导率和热导率来模拟材料升华后电流、热流载荷直接作用于下层材料这一过程，其材料性能参数见表2。

表1 CFRP 复合材料性能参数（$T<3316℃$）

热解度 /%	密度 / (kg/m³)	热容 / (J/ (kg·K))	热导率 / (W/ (m·K))			电导率 / (S/m)		
			k_{xx}	k_{yy}	k_{zz}	σ_{xx}	σ_{yy}	σ_{zz}
0	1520	1065	11.8	0.609	0.609	26730	4.401	0.406
100	1100	2100	1.736	0.1	0.1	26730	200	200

表2 CFRP 复合材料性能参数（$T\geqslant 3316℃$）

密度 / (kg/m³)	热导率 / (W/ (m·K))			电导率 / (S/m)		
	k_{xx}	k_{yy}	k_{zz}	σ_{xx}	σ_{yy}	σ_{zz}
1100	10^{-3}	10^{-3}	1000	2	2	10^{6}

对于扩展铜网，为了提高计算效率，由具有相同宏观尺寸的均质片层代替网状结构，其热物理性能参数由参考文献［5］和［11］给出，用于 H–K 模型的扩展铜网性能参数见表3。

表3 用于 H–K 模型的扩展铜网性能参数[11]

普朗特常数，k_B/ (J/K)	重均分子量 / (g/mol)	质量分数 / (m/kg)	密度，ρ / (kg/m³)	汽化热 / (kJ/kg)	汽化温度，T_{BT}/K
$1.38×10^{-23}$	63.55	$1.06×10^{-25}$	1437	$4.80×10^{3}$	2840

本文中定义了雷击保护层发生完全烧蚀的两个标准：①局部最高温度超过扩展铜网的临界烧蚀温度（8000℃）；②汽化烧蚀深度达到雷击保护层的深度。扩展铜网的总烧蚀深度由烧蚀速率与当前时间增量的乘积在积分后得出。当烧蚀深度大于保护层厚度时，雷电保护层被完全移除。

2.2 模型有效性的验证

为了验证在扩展铜网防护下的有限元模型的有效性，将模拟结果与参考文献［5］实验结果进行对比，无防护的 CFRP 复合材料与扩展铜网防护的 CFRP 复合材料的实验与仿真的烧蚀损伤对比如图2所示。

由图2（a）所示的无防护 CFRP 复合材料的实验与仿真烧蚀对比图可以看出，在0°、+45° 和90° 三个方向上的模拟结果与超声 C 扫描得到的损伤区域边界吻合度较高，在深度方向上的模拟结果与超声 B 扫描得到的损伤区域吻合也相对良好。

由图2（b）所示的扩展铜网防护 CFRP 复合材料的实验与仿真烧蚀对比图可以看出，模拟结果与超声 C 扫描得到的严重损伤区域边界相对吻合，但是由于在数值模拟时以均质平板代替菱形边框，导致损伤所需要的热量增加，模拟损伤面积小于实验损伤面积。在深度方向，CFRP 复合材料的模拟结果与超声 B 扫描得到的损伤区域也呈现出相对较好的吻合性，均只有一两个铺层存在轻微烧蚀。

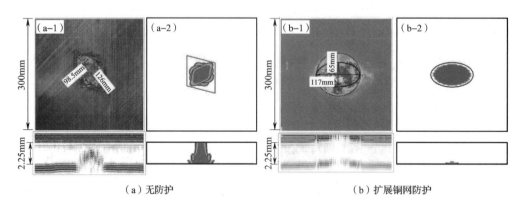

（a）无防护　　　　　　　　　　　　　　（b）扩展铜网防护

图 2　CFRP 层合板实验与仿真的烧蚀损伤对比图：（1）实验；（2）仿真

而在图 2（a–1）中无防护 CFRP 复合材料的 –45° 方向和图 2（b–1）虚线部分的烧蚀情况均与仿真结果相差较大，这是因为雷击过程对复合材料层合板造成的面内损伤不仅有热烧蚀还存在热应力、电磁力、声波冲击以及热解气体的爆炸反冲等。

综上所述，本文建立的 CFRP 复合材料热解烧蚀模型和金属汽化烧蚀模型均具有良好的普适性，可以用于 CFRP 复合材料的雷击损伤预测、金属的雷击防护性能研究、基于有限元法的机理分析和影响因素研究。

3 结果分析

3.1 电场的有限元模拟结果

碳纤维增强树脂基复合材料和扩展金属网都具有温度依赖的导电性。雷电流导致的焦耳热取决于局部电流密度（ECD）和电势（EPOT）。在有限元模拟分析中分别计算了扩展金属网防护层和碳纤维层合板的 ECD 和 EPOT。

图 3 为在雷电流波形 D 作用峰值时刻（20μs），扩展铜网层、扩展铜网防护的碳纤维层合板第一铺层、无防护碳纤维层合板第一铺层的 ECD 和 EPOT 分布云图。由图 3（a）可知，由于扩展铜网层具有良好的导电性能，层内电流密度高达 38330A/mm^2，将大部分电流沿着扩展铜网的 L 方向导出，避免电流下渗到 CFRP 复合材料层，电压最高值为 –5060V。由图 3（c）可知，无防护的 CFRP 复合材料第一铺层的最大电压值为 –5847V，与扩展铜网层相差不大，但是由于其电导率较低，最大电流密度仅为 7137A/mm^2，导致电流无法迅速导出。由图 3（b）可知，对于扩展铜网防护的 CFRP 复合材料的第一铺层，最大电压值仅为 –1035V，约为无防护的五分之一，电流密度最大值为 576A/mm^2，比无防护的 CFRP 复合材料小了一个数量级。两者的电压和电流都呈现了与纤维方向明显的相关性；

而对于扩展铜网防护下的 CFRP 复合材料，由于受扩展铜网电压和电流值的影响，面内各区域的电压值和电流值比较平均。

上述结果表明：在扩展金属网的防护下，雷电弧冲击试样时，电流迅速在金属面内传导，避免了电流向下渗透到碳纤维复合材料，进而抑制了碳纤维复合材料产生的焦耳热量，避免了碳纤维复合材料的损伤。

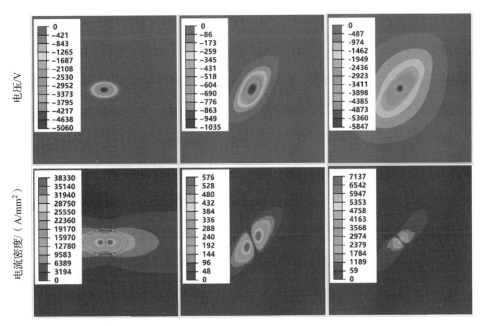

（a）扩展铜网层　　（b）扩展铜网防护的CFRP第一铺层　（c）无防护的CFRP第一铺层

图3　20 μs 时 EPOT 和 ECD 分布图

3.2　温度场与热解度场的有限元模拟结果

图 4 为无防护的 CFRP 复合材料层合板在雷电流波形 D 作用峰值时刻（20μs）与结束时刻（250μs）的各个铺层的温度分布云图。可以看到，由于 CFRP 复合材料在沿着纤维方向的导电性和导热性最好，所以雷电流在冲击试样时，会由附着点沿着纤维方向进行传导，因此产生沿着纤维方向的高温区域，CFRP 复合材料在高温区域发生热解反应，形成雷电流下行通道，使下一铺层产生类似的高温区域。由图 4 可知，在 20μs 时 CFRP 前 8 个铺层温度明显上升，最高温度可以达到碳纤维完全热解的温度 3316℃；随着铺层深度的增加，CFRP 的温度逐渐降低。在 250μs 时，随着各个铺层间导热的进行，前 11 个铺层温度都明显上升。

图 5 为在雷电流波形 D 作用峰值时刻与结束时刻扩展铜网与前两铺层 CFRP 复合材料的温度分布云图。可以看到，在雷电流冲击试样时，扩展铜网首先受到冲击，温度迅速到达 8000℃，发生汽化烧蚀。由于扩展铜网的熔融和汽化带走大量的热量，扩展铜网防护的 CFRP 复合材料温度远低于无防护的 CFRP 复合材料温度，只有前两个铺层的 CFRP 复合材料有温度的明显上升现象，最高温度为 250μs 时第一铺层的 2949℃。

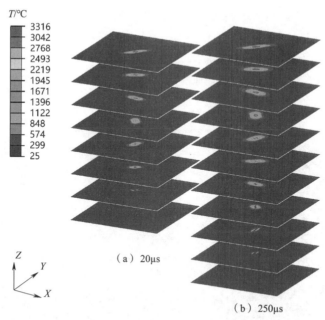

图 4　标准雷电流波形 D 作用下无防护 CFRP 层合板的各铺层温度云图

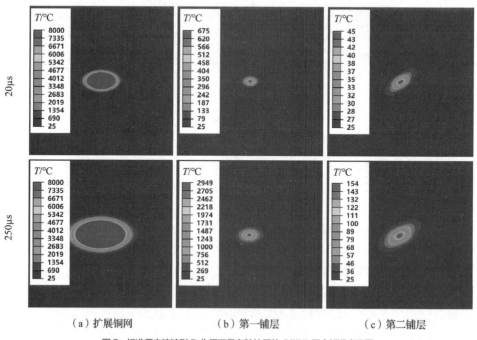

（a）扩展铜网　　　　　　（b）第一铺层　　　　　　（c）第二铺层

图 5　标准雷电流波形 D 作用下具有防护层的 CFRP 层合板温度云图

可以看出，扩展铜网的存在可以有效地避免雷电高温等离子通道直接附着在 CFRP 复合材料上。同时，其优良的面内导热性能以及熔融和汽化时带走的大量热量，使得 CFRP 复合材料的温度较低，有效地避免了高温引起的碳纤维复合材料烧蚀损伤。

图 6 为无防护和扩展铜网防护的 CFRP 复合材料的前 3 个铺层的热解损伤图。可以看到，无铜网防护的 CFRP 复合材料的热解损伤严重，呈现出明显的沿纤维方向烧蚀的特点；随着铺层深度的增加，CFRP 复合材料的热解损伤逐渐减小。而扩展铜网防护的 CFRP 复合材料的热解损伤只存在于前两个铺层，并受扩展铜网损伤影响，呈现出明显的椭圆形。

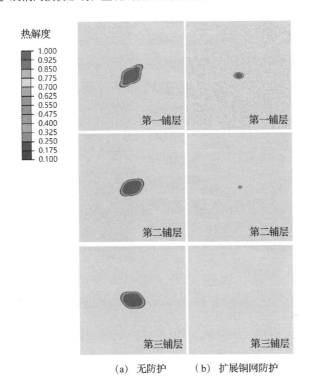

（a）无防护　（b）扩展铜网防护

图 6　标准雷电波形 D 作用下 CFRP 层合板的前三铺层热解度分布云图

图 7 分别展示了无防护和扩展铜网防护的 CFRP 复合材料雷击中心区域 +45° 斜截面各个时刻的热解损伤，详细显示了在雷电流分量 D 作用及散热阶段的 CFRP 热解损伤的发展过程。从图 7（a）中可以看到，在雷电流分量 D 的作用阶段（小于 250μs），无防护的 CFRP 复合材料热解区域沿 +45° 呈现出两头尖的葫芦形，在深度方向形成两个向深度方向扩展的热解峰，长度、宽度和深度均随时间增加而扩大。在散热阶段（大于 250μs），在雷击附着区残余热量的作用下，热解区域在长度方向没有明显变化，但宽度方向热解区域逐渐扩大，表层形貌由两头尖的葫芦形发展成为中间粗的纺锤形，中心区域深度方向的热解区域继续加深；当散热至第 10s 时，热解区域的形状、面积、深度几乎全部都不再发生变化，热解反应基本结束。从图 7（b）中可以看到，具有扩展铜网防护的 CFRP 在 100μs 时有椭圆状的热解损伤，随时间的增加，椭圆逐渐扩大，但在深度方向没有明显变化。到第 10s 时，热解区域不再变化，热解反应基本结束。通过比较最终厚度方向的热解损伤可知，无防护的 CFRP 复合材料的 16 个铺层都具有明显的热解损伤，而具有防护的 CFRP 复合材料只有前两个铺层有热解损伤。

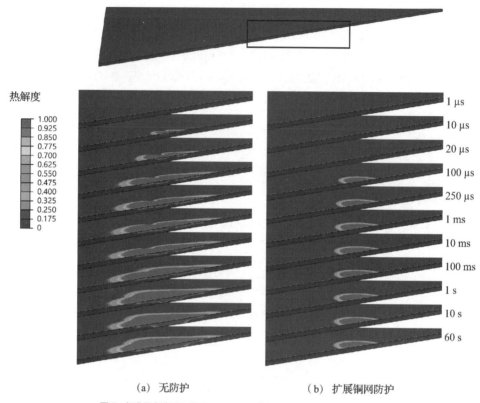

热解度

1.000
0.925
0.850
0.775
0.700
0.625
0.550
0.475
0.400
0.325
0.250
0.175
0

1 μs
10 μs
20 μs
100 μs
250 μs
1 ms
10 ms
100 ms
1 s
10 s
60 s

（a）无防护　　　　　　　　　　（b）扩展铜网防护

图7　标准雷电波形D作用下CFRP层合板不同时刻的热解度分布云图

　　随着温度的升高以及相伴的树脂热解、碳纤维升华，CFRP复合材料的力学性能逐渐降低。CFRP复合材料面内纤维方向的力学性能主要取决于碳纤维，垂直纤维方向和厚度方向力学性能主要依靠树脂，发生热解的CFRP雷击损伤区域无法承受各个方向的应力，同时也无法向周围传递应力和应变，使得发生了热解的CFRP雷击损伤区域里的层间和层内力学性能几乎完全退化。对于无防护的CFRP复合材料，16铺层都有明显的热解损伤，结构受损严重，力学性能退化严重；对于扩展铜网防护的CFRP复合材料，CFRP仅有两个铺层损伤，结构相对完整，力学性能退化显著减小。

　　通过上述的热解损伤图可以看出，扩展铜网防护的CFRP复合材料的雷击损伤在面积和深度方面都远小于无防护的CFRP复合材料，说明扩展铜网能有效地保证CFRP结构完整性，实现雷击防护。

4　结论

　　（1）分析了CFRP复合材料雷击过程的损伤机理，建立了雷电弧模型、CFRP复合材料热解模型和金属汽化烧蚀模型，定义了扩展金属网的损伤判据。与实验结果对比发现，该分析模型能预测防护层的防护效果与CFRP复合材料雷击损伤情况。

（2）相比于未防护 CFRP 复合材料，扩展铜网防护下 CFRP 复合材料的电场和温度场峰值及范围都大幅度降低；扩展铜网防护下的 CFRP 复合材料的热解损伤面积及深度也远小于未防护 CFRP 的，说明扩展铜网能实现有效的雷击防护。

致谢

工信部民用飞机专项科研（MJ-2015-H-G-103）和国家自然科学基金（51973105）资助项目。

参 考 文 献

［1］Karch C, Metaner C. Lightning protection of carbon fibre reinforced plastics–An overview［C］. 2016 33rd International Conference on Lightning Protection（ICLP）, 2016: 1–8.

［2］SAE Aerospace. ARP5412 Aircraft lightning environment and related test waveforms［S］. London, UK, SAE International, 2005.

［3］刘志强，岳珠峰，王富生，等. 不同防护形式复合材料板雷击损伤分区特性［J］. 复合材料学报, 2015, 32（01）: 284–294.

［4］肖尧，尹俊杰，李曙林，等. 雷电流组合波形下碳纤维 / 环氧树脂基复合材料层压板雷击损伤试验［J］. 复合材料学报, 2018, 35（06）: 1436–1442.

［5］Guo Y L, Xu Y Z, Wang Q L, et al. Enhanced lightning strike protection of carbon fiber composites using expanded foils with anisotropic electrical conductivity［J］. Composites Part A: Applied Science and Manufacturing, 2019, 117: 211–218.

［6］Guo Y L, Xu Y Z, Wang Q L, et al. Eliminating lightning strike damage to carbon fiber composite structures in Zone 2 of aircraft by Ni–coated carbon fiber nonwoven veils［J］. Composites Science and Technology, 2019, 169: 95–102.

［7］Ogasawara T, Hirano Y, Yoshimura A. Coupled thermal – electrical analysis for carbon fiber/epoxy composites exposed to simulated lightning current［J］. Composites Part A: Applied Science and Manufacturing, 2010, 41（8）: 973–981.

［8］Dong Q, Guo Y L, Sun X C, et al. Coupled electrical–thermal–pyrolytic analysis of carbon fiber/epoxy composites subjected to lightning strike［J］. Polymer, 2015, 56: 385–394.

［9］Dong Q, Wan G S, Xu Y Z, et al. Lightning damage of carbon fiber/epoxy laminates with interlayers modified by nickel–coated multi–walled carbon nanotubes［J］. Applied Composite Materials, 2017, 24（6）: 1339–1351.

［10］Abdelal G, Murphy A. Nonlinear numerical modelling of lightning strike effect on composite panels with temperature dependent material properties［J］. Composite Structures, 2014, 109: 268–278.

［11］Lee J, Lacy T E, Pittman C U, et al. Thermal response of carbon fiber epoxy laminates with metallic and nonmetallic protection layers to simulated lightning currents［J］. Polymer Composites, 2018, 39（S4）: E2149–E2166.

［12］Braginskii S I. Theory of the development of a spark channel［J］. Journal of Experimental and Theoretical Physics of The Academy of Sciences of the USSR, 1958, 7（6）: 1068–1074.

［13］Dong Q, Wan G S, Guo Y L, et al. Damage analysis of carbon fiber composites exposed to combined lightning current components D and C［J］. Composites Science and Technology, 2019, 179: 1–9.

［14］Ahuja S, Jespersen N. Modern Instrumental Analysis［M］. Elsevier, 2006, 47.

蜂窝夹芯复合材料的结构－
阻尼综合性能的优化设计

周勇[1]，刘惠[1]，徐永正[1]，刘安娜[1]，益小苏[2]，贾玉玺[1]

1. 山东大学材料液固结构演变与加工教育部重点实验室，山东济南 250061
2. 宁波诺丁汉大学理工学院，浙江宁波 315100

0 引言

　　蜂窝芯复合材料具有较低的体密度和较高的比强度、比刚度，被广泛应用于航空、航天、船舶及包装等质量敏感领域[1-2]。但也正是由于蜂窝夹芯结构高刚、质轻的特点，容易传播振动并辐射噪声[3-4]。然而传统的蜂窝材料尤其是铝蜂窝阻尼值较低，有必要提高蜂窝夹芯复合材料的阻尼性能，从而减小振动幅值并降低由此产生的振动噪声。因此，在尽可能不牺牲力学性能的前提下开展蜂窝夹芯复合材料的阻尼处理及优化设计意义重大。

　　蜂窝夹芯结构制件通常由高刚但薄的蒙皮材料和相对较软但厚的蜂窝芯构成。当前主要有三种有效途径用于改善蜂窝夹芯复合材料的阻尼性能：第一种是主要组分结构参数的改变（如改变蒙皮内纤维取向、蒙皮和蜂窝芯厚度比等）；第二种是主要组分材料参数的改变（如改变蜂窝纸材料）；第三种是引入阻尼材料（如在蒙皮层间插入黏弹性阻尼层）。如下所述，三种方式有各自的优势及局限性。

　　Adams 和 Maheri[5-6]最早通过剪切方式获得蜂窝芯的阻尼性能，探究了蒙皮对蜂窝夹芯复合材料阻尼性能的影响，结果发现复合材料蒙皮中纤维取向和层叠方式对蜂窝夹芯复合材料的阻尼性能有较大影响，如纤维方向与夹芯梁长度方向呈 45° 夹角时，夹芯梁的模态损耗因子最大。针对聚丙烯（PP）蜂窝夹芯板，Nagasankar 等[7-8]就蒙皮材料中的纤维取向、蒙皮与蜂窝芯厚度比以及温度对蜂窝夹芯板的固有频率和模态损耗因子的影响开展了大量的实验研究，结果表明蜂窝芯厚度的增大会提高蜂窝夹芯板的整体阻尼值。

　　除了上述基本的结构设计外，众多科研工作者尝试引入天然材料替换当前的合成材料来制造蒙皮或蜂窝芯，以期在尽可能不增加体积和不牺牲力学性能的前提下提高蜂窝制品的阻尼性能。Petrone 等[9-10]制备了短切亚麻 / 聚乙烯蜂窝和连续亚麻 / 聚乙烯蜂窝夹芯板，和相应的纯树脂蜂窝相比，发现植物纤维的加入虽然提高了力学性能和吸声性能，但在一定程度上降低了阻尼性能。但是，亚麻蒙皮三明治板的阻尼性能整体要优于玻纤蒙皮三明治板。北京航空材料研究院开发了一种植物纤维 / 芳纶短纤混杂纸，用其制造的蜂窝芯具有良好的减振吸音效果[11]。

　　为了进一步提高蜂窝夹芯复合材料阻尼性能，许多研究者在实验室条件下尝试在蜂窝胞室内添加弹性或黏弹性颗粒材料[12-13]，在蒙皮材料中插入阻尼层或进行部分阻尼处理[14-16]。Wang 等[12]将锡球密封于蜂窝孔腔内，在相同的激励下，振幅随着单胞内锡球数量的增加下降明显，但是加入锡球后结构质量增加明显（超过 200%）。Ahmad 等[13]实验研究了丙烯酸颗粒直径、数量和密度等参数对铝蜂窝三明治板阻尼性能的影响，结果表明振幅随着填充率的增加而呈线性下降趋势。Fotsing 等[14]探究了面板内部分阻尼处理方式对碳纤维增强树脂基复合材料蒙皮 /PP 蜂窝夹芯板阻尼性能及增重的影响，发现只要合理控制阻尼处理位置（铺贴至靠近蜂窝芯且变形最大的位置），和单层、双层全阻尼处理方式相比较，部分阻尼处理方式在增重相对低 50% 的情况下，一阶、三阶和四阶模态损耗因子值仍然相当。考虑到实验研究周期和成本的限制，在过去的近 20 年间，针对附加黏弹性阻尼材料这类阻尼处理方式，众多科研工作者尝试采用有限元法（FEM）和优化算法相结合的方式就层合板或夹芯板的固有频率和模态损耗因子的最大化开展优化设计[17-19]。Marco 等[17]通过结合 FEM 和遗传算法，针对对称弹性－黏弹性层合板的弹性层数量、纤维取向、厚度比以及黏弹性层的相对位置等设计变量进行优化，最终获得前五阶模态损耗因子最大时所对应的结构参数。类似的研究见参考文献［18］和［19］。

由上述三种阻尼处理方式的研究结果可知，合理的选材和结构设计能够使蜂窝夹芯复合材料获得相对更优的综合性能。整体而言，蜂窝夹芯复合材料主要组分结构参数的改变和材料的替换对阻尼性能的提升幅度相对较小，且带来了更多的不确定因素，在工业中大规模应用需要的周期很长；而附加阻尼材料的阻尼处理方式（尤其是在蒙皮内插入黏弹性阻尼材料）则能够大幅度改善制件的阻尼性能，容易快速在工业中推广应用，但是额外增加了结构的体积，并在一定程度上降低了结构的力学性能。受蒙皮内阻尼处理方式的启发，本文以玻璃纤维增强环氧树脂（GFRP）蜂窝为研究对象，采用实验验证了的有限元模型，围绕蜂窝芯内阻尼处理方式对蜂窝夹芯复合材料综合性能的影响展开研究，并与当前经典的蒙皮内阻尼处理方式进行对比，分析其阻尼机理及各自的适用范围。在此基础之上，探究相对比较恰当的蜂窝芯阻尼处理配置。本文提出的阻尼处理策略及相应结果对其他蜂窝材料的设计和制造同样具有参考价值。

1 实验

1.1 实验材料及装置

蒙皮材料为 1060 铝片，厚度为 0.92mm；蜂窝芯由单层正交编织玻纤布 / 环氧树脂预浸料（山东德州富润复合材料有限公司）热压后黏结而成；环氧胶膜（PG–2C）由上海芃冀复合材料有限公司提供；阻尼层采用二甲基硅橡胶，厚度为 0.1mm；硅橡胶表面处理剂为 ergo5180；黏结剂采用 ergo5800。

热压装置采用平板硫化机（尺寸规格为 350mm×350mm，青岛光越橡胶机械制造有限公司）；模态参数测试采用动态信号分析仪（DH5922N，江苏东华测试技术股份有限公司）。

1.2 蜂窝夹芯复合材料主要组分的制造

经阻尼处理的蜂窝芯在实验室条件下的制造过程如图 1 所示。具体而言，将单层正交编织 GFRP 预浸料铺贴于半六角钢模具内，合模后置于平板硫化机中，在 85℃下预固化 0.5 h，而后升温至 130℃固化 1h，该过程施加的压力为 0.6MPa。自然冷却至 60℃以下释放压力取出备用。将预制的半六角 GFRP 蜂窝芯片材按照所需的蜂窝芯厚度（注意预留出一定厚度）进行裁切，再将经表面活性剂处理后的阻尼层黏结于蜂窝片材指定位置。然后按照设计次序将带有阻尼层的半六角蜂窝堆叠黏结，制成所需尺寸的蜂窝芯。最后通过抛光机将蜂窝芯的上下表面磨平。本工作中蜂窝芯厚度为（12.5±0.4）mm，蜂窝孔格边长为4.3mm，蜂窝斜边壁厚约为0.2mm，未经阻尼处理的蜂窝芯体密度约为134.8kg/m³。

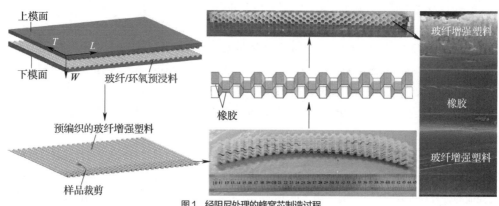

图1　经阻尼处理的蜂窝芯制造过程

将10层GFRP预浸料按照相同取向叠放，在与上述蜂窝芯相同的固化工艺下热压获得GFRP层合板，按照0°（或90°）和45°方向切割得到尺寸为310/280/250mm×25mm×2mm的GFRP层合梁，以测试其基础力学参数。参照标准GB/T 18258—2000，制备了GFRP/橡胶/GFRP夹芯梁，面内尺寸为320/290/260mm×25mm，用于橡胶层阻尼参数的测试。蜂窝夹芯梁由铝蒙皮和GFRP蜂窝芯通过环氧胶膜黏结而成。为了直观探究蜂窝芯界面阻尼处理的影响，本文研究的均为W向（见图2（a））蜂窝夹芯梁，即蜂窝芯W向平行于梁的长度方向。考虑到蜂窝芯孔格边长较大，按照试样宽度方向上至少包含四个完整孔格的原则（GB/T 1455—2005），本文所采用的GFRP蜂窝夹芯梁的试样宽度为50mm。蜂窝夹芯复合材料主要组分的性能如表1所列，其中铝蒙皮的材料性能参见铝合金手册[20]，成型后的GFRP材料性能通过实验/数值混合法（拟合不同取向GFRP层合梁的实测和计算固有频率[21]）获得。

1.3　模态参数的表征

上述结构件的模态参数由锤击法获得，为尽可能地减小边界的影响[22]，所有结构件均采用自由边界条件。加速度传感器（1A801E）通过502速干胶与待测试样刚性黏结。黏结位置靠近试样底端，以保证捕捉尽可能多的振动模态。具体如图2（b）所示，其体积小、重量轻（约1g），而且相应的连接线非常细，对所测试结构件的振动响应影响甚微。采用的频率分辨率为0.391Hz，该频率分辨率足够保证记录得到较为平滑的频响曲线[23]。对每个测点均测试10次，然后计算其线性平均值，采用半功率宽带法计算模态损耗因子。

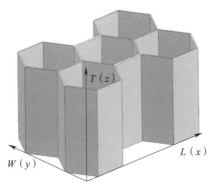

（a）蜂窝芯坐标系

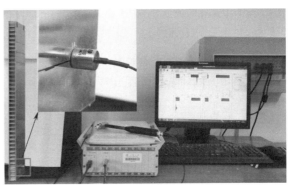

（b）振动测试装置

图 2　蜂窝芯坐标系及蜂窝夹芯复合材料的振动测试装置

表 1　蜂窝夹芯复合材料主要组分的材料性能

材料	E_1, E_2/GPa	E_3/GPa	ν_{12}	ν_{13}, ν_{23}	G_{12}/GPa	G_{13}, G_{23}/GPa	ρ/(kg/m^3)
GFRP	28.5	10.0	0.24	0.30	5.3	5.1	1969.3
铝蒙皮	69.0	69.0	0.33	0.33	25.9	25.9	2705.0

2 蜂窝夹芯复合材料阻尼计算理论及有限元模拟

2.1 蜂窝夹芯复合材料模态损耗因子

由于蜂窝芯组成材料和铝蒙皮均为薄壁材料，其厚度方向（33）及横向剪切方向（44 和 55）的应变能可以忽略不计[24-25]。假设试样振动幅值较小，阻尼参数与应变幅值无关[6]。根据模态应变能法，Al/GFRP 蜂窝夹芯复合材料的第 r 阶模态损耗因子 η_{sw} 可由式（1）获得

$$\eta_{SW}^r = \frac{\Delta U_{SW}^r}{U_{SW}^r} = \frac{\eta_{skin}^r U_{skin}^r + \eta_{11,c}^r U_{11,c}^r + \eta_{22,c}^r U_{22,c}^r + \eta_{66,c}^r U_{66,c}^r}{U_{skin}^r + U_{11,c}^r + U_{22,c}^r + U_{66,c}^r} \tag{1}$$

式中，η_{skin} 和 U_{skin} 分别表示蒙皮的阻尼参数及模态应变能；$\eta_{11,c}$、$\eta_{22,c}$ 和 $\eta_{66,c}$ 分别表示 GFRP 纤维方向、垂直于纤维方向和面内剪切方向的模态损耗因子；$U_{11,c}$、$U_{22,c}$ 和 $U_{66,c}$ 分别表示 GFRP 纤维方向、垂直于纤维方向和面内剪切方向的模态应变能。其中，铝蒙皮和 GFRP 阻尼参数由振动测试获得。

由于 GFRP 为正交编织结构，其 0° 方向阻尼值与 90° 方向阻尼值认为是相等的。对于单向 GFRP 层合梁，其第 r 阶模态损耗因子 η^r 可由式（2）获得

$$\eta^r(\theta^\circ) = \frac{\eta_{11}^r(U_{11}^r + U_{22}^r) + \eta_{66}^r U_{66}^r}{U_{11}^r + U_{22}^r + U_{66}^r} \tag{2}$$

对于 0°（或 90°）GFRP 梁的弯曲振动，其纤维方向应变能约等于梁结构的整体应变能。因此，

0°方向 GFRP 梁弯曲模态损耗因子即为 GFRP 材料的 η_{11}。任意裁取非 0°（或 90°）的 GFRP 梁，将阻尼测试结果及 η_{11} 代入式（2）即可获得 GFRP 材料的 η_{66}。

2.2 蜂窝夹芯复合材料固有频率

对于自由边界条件下均质细长梁的弯曲振动，其各阶固有频率可由式（3）获得[26]

$$f=\frac{\lambda_i^2}{2\pi L^2}\left(\frac{EI}{m}\right)^{1/2} \tag{3}$$

式中，λ_i 为与边界约束相关的无量纲参数；L 为试样长度；EI 为梁结构的弯曲刚度，m 为梁结构线密度。对于蜂窝夹芯梁，如果其厚度相对于长度小得多，则可由式（3）进行粗略估算，此时等效弯曲刚度和等效线密度则由式（4）和式（5）计算获得

$$EI = \sum_k 2E_k b \int_{t_{k-1}}^{t_k} y^2 \mathrm{d}y \tag{4}$$

$$m = \sum_k 2\rho_k b \int_{t_{k-1}}^{t_k} \mathrm{d}y \tag{5}$$

式中，b 为试样宽度；E_k、t_k 和 ρ_k 分别为第 k 层的弹性模量、厚度及密度。由此可知，当蜂窝夹芯结构的边界及试样尺寸确定后，其弯曲固有频率主要取决于结构的整体弯曲刚度。因此，本文将固有频率作为蜂窝夹芯复合材料力学性能的一个代表性参数。

2.3 蜂窝夹芯复合材料的有限元模型

本工作采用了细节建模（见图 3（a）），所有结构均采用实体单元 C3D8R 进行网格划分。基于商业软件 ABAQUS 6.12，计算获得了式（1）和式（2）中各组分应变能的分量。以铝蒙皮 / 未经阻尼处理的 GFRP 蜂窝夹芯复合材料为例，其各组分应变能占比如图 3（b）所示。由计算结果可知，在较大的频率范围内（1500Hz 以上），蜂窝芯的应变能占比超过 50%，这意味着蜂窝芯内阻尼处理是一种潜在的更加有效的阻尼处理方式。当然这也受附加阻尼层与蜂窝芯模量比值的影响，具体分析见 3.3.1 节。

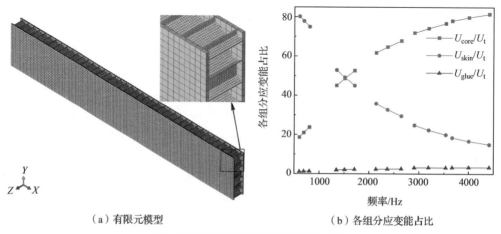

（a）有限元模型　　　　　　　　　　（b）各组分应变能占比

图 3　未经阻尼处理的铝蒙皮 /GFRP 蜂窝夹芯梁

3 结果与讨论

3.1 蜂窝夹芯梁主要组分的阻尼参数

铝蒙皮和 GFRP 的阻尼参数如图 4 所示，它们的阻尼参数均表现出一定的频率依赖性。此外，铝蒙皮的阻尼值比 GFRP 低约一个数量级。这些阻尼参数将用于 GFRP 蜂窝夹芯结构阻尼性能的计算。

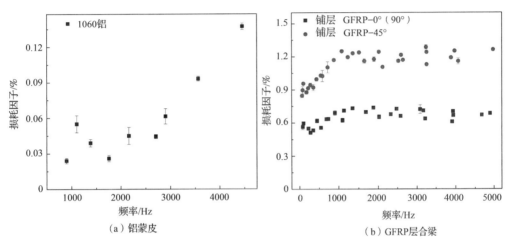

（a）铝蒙皮　　　　　　　（b）GFRP 层合梁

图 4　铝蒙皮 /GFRP 蜂窝夹芯复合材料主要组分的损耗因子

阻尼层的阻尼参数和弹性模量如图 5 所示。在 500 ~ 5000Hz 的频率范围内，其损耗因子约为 10%，弹性模量为 4.5 ~ 10MPa。

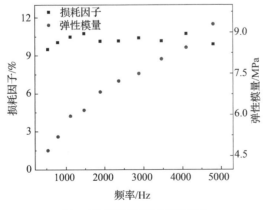

图 5　阻尼层的损耗因子和弹性模量

3.2 有限元模型的验证

采用实验和数值计算两种方式获得了未经阻尼处理以及经过蜂窝芯阻尼处理的 GFRP 蜂窝夹

芯结构的模态参数。目的是在研究蜂窝芯阻尼处理方式对模态参数影响的同时，对本文所建立的蜂窝芯有限元模型的可靠性进行验证。两种蜂窝夹芯结构的实测和计算结果如图6所示。未经阻尼处理和经阻尼处理的 GFRP 蜂窝夹芯复合材料的前五阶模态损耗因子的平均值分别为 1.5179% 和 1.8115%，阻尼处理后平均阻尼值提升了 19.34%。

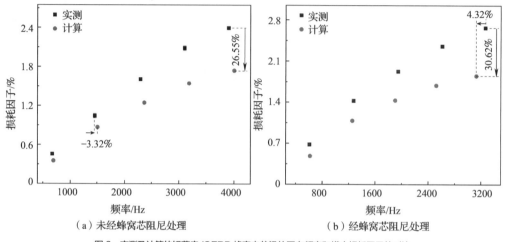

（a）未经蜂窝芯阻尼处理　　　　（b）经蜂窝芯阻尼处理

图6　实测及计算的铝蒙皮 /GFRP 蜂窝夹芯梁的固有频率和模态损耗因子的对比

与实测结果相比，计算结果整体偏低，这主要是由于空气阻尼的影响[27]。通常制件表面积越大，对应的附加空气阻尼越大。因此在各组分阻尼参数获取中应尽可能保证测试试样尺寸与蜂窝夹芯结构的试样尺寸一致。与此同时，在各组分基础阻尼参数获取过程中，相应的测试试样最好具有较大的长宽比（不低于 10∶1），以减少弯曲形变中混有的其他形变，从而保证测试结果的准确性[28]。然而，如 1.2 节所述，蜂窝夹芯梁试样宽度不宜过低，其宽度为 50mm。若使各组分试样尺寸与蜂窝夹芯结构的一致，相应的试样长度超过 500mm，这超出了该实验所用的热压设备的尺寸规格。因此本文在 1060 铝及 GFRP 层合梁的基础阻尼参数获取中采用了小尺寸的试样，这意味着相应主组分的阻尼值在代入式（1）时，使得计算结果在理论上整体偏低。此外，制造过程中的偏差以及黏结剂的引入均给蜂窝夹芯复合材料带来一定的附加阻尼。两种蜂窝夹芯复合材料模态损耗因子对应的最大偏差分别为 26.55% 和 30.62%，各阶模态损耗因子偏差基本分布在 20%~30%。从固有频率的角度比较计算结果与实验结果，能够发现偏差小很多，两种蜂窝夹芯结构的各阶固有频率相应的最大偏差分别为 –3.32% 和 4.32%。综合来看，计算结果和实测结果基本吻合，说明该有限元模型可以满足工程需求。

采用厚度为 0.1mm 的阻尼层对蜂窝芯进行阻尼处理之后，蜂窝夹芯复合材料整体增重 1.082%，前 5 阶模态固有频率下降 15.13%。如上所述，前 5 阶模态损耗因子的平均值提升 19.34%。这意味着蜂窝芯阻尼处理方式在较小附加质量的前提下具有大幅度改变蜂窝夹芯复合材料力学性能以及阻尼性能的潜力。然而，尽可能小的力学损失是结构 – 阻尼综合性能优化的一个重要前提。需要指出的是，相对于工程中常用的黏弹性阻尼材料，本工作所采用的二甲基硅橡胶的力学性能（模量约 7MPa）和阻尼性能（损耗因子仅 0.1 左右）均偏低。蜂窝夹芯复合材料阻尼性能的提升不仅取决于黏弹性阻尼材料的阻尼值，也会受黏弹性阻尼材料应变能占比的影响，而后者直接由黏弹性阻尼层的模量决定。此外，阻尼处理后蜂窝芯复合材料的力学性能直接受黏弹性阻尼层模量的影响。因此，接下来首先重点探究黏弹性阻尼材料模量的影响。与此同时，计算了经典的蒙皮内阻尼处理方式所对应的模态参数，比较了两种阻尼处理方式的阻尼处理效果及各自的优缺点。

3.3 阻尼处理方式的优化设计及适用范围研究

3.3.1 阻尼层模量的影响分析

如 3.2 节所述，蜂窝芯内阻尼处理的有限元模型是基本可靠的。对于蒙皮内的阻尼处理方式，大量工作[15-16, 29]证实了基于模态应变能法的蒙皮内阻尼处理的有限元计算结果能够和实测结果吻合较好，这里不再进行验证。为了涵盖尽可能多的黏弹性阻尼材料，本文计算了在阻尼层模量为 5～640MPa 时两种阻尼处理方式所对应的蜂窝夹芯结构的模态参数。对于蜂窝芯阻尼处理，蜂窝芯的每个黏结界面均引入一层阻尼材料（如图 1 所示）；对于蒙皮内阻尼处理，这里将阻尼层统一放置于上、下蒙皮材料的中性面位置。为保证附加阻尼层的质量尽可能一样，上述两种阻尼处理方式所对应的阻尼层厚度分别设置为 0.1mm 和 0.05mm，相应的蜂窝夹芯复合材料分别增重 1.082% 和 1.085%。黏弹性阻尼材料的阻尼值统一定义为 0.1，这是一种极理想的设定。考虑到在阻尼处理后蜂窝夹芯复合材料的阻尼性能主要受黏弹性阻尼层应变能占比的影响，因此本节工作的目的之一是通过分析蜂窝夹芯复合材料的阻尼性能的变化来判断黏弹性阻尼层应变能占比在何时达到最大。此外，直接对比两种阻尼处理方式在不同黏弹性层模量下的阻尼处理效果。

相比于未经阻尼处理的蜂窝夹芯复合材料，两种阻尼处理方式所对应的平均固有频率和损耗因子的变化如图 7 所示，两种阻尼处理方式的优缺点明显。蒙皮内阻尼处理方式对结构力学性能的影响相对小得多，当黏弹性阻尼层弹性模量超过 80MPa 后，蜂窝夹芯结构的各阶固有频率不再有明显地下降，其与未经阻尼处理的对照试样的偏差达到一个较低值（2% 以内）。但是在蒙皮内阻尼处理后的蜂窝夹芯复合材料的阻尼提升效果逐渐下降，这主要是蒙皮内黏弹性层的应变能占比随其模量的增大而下降导致的（如图 8（b）所示）。当黏弹性层模量较低（低于 14.3MPa）时，蒙皮内阻尼处理展现出一定的优势。综合考虑力学性能的损失，当黏弹性层模量在 5～14.3MPa 时，蒙皮内阻尼处理具有一定的应用前景。

如图 7 所示，对于蜂窝芯内的阻尼处理方式，蜂窝夹芯结构的力学损失同样随着黏弹性层模量的增加而下降，但是整体损失程度要高于蒙皮内阻尼处理。蜂窝芯内的阻尼处理方式的优势在于能在较宽的阻尼层模量范围内（14.3MPa 以上），蜂窝芯阻尼处理都展现出相对较高的阻尼提升效果。换言之，在力学损失要求比较宽松而对阻尼性能提升需求较高的应用场景中，比如大部分内饰结构件，当黏弹性层模量超过 14.3MPa 时，应当优先采用蜂窝芯内阻尼处理方式。在图 8（b）的基础之上，从 80MPa 到 160MPa，间隔 5MPa，进一步计算了相应阻尼层模量下所对应的应变能占比。当黏弹性层模量为 95MPa（略小于蜂窝芯横向剪切模量）时，蜂窝芯内阻尼层的应变能占比达到最大（8.014%），阻尼处理后的蜂窝夹芯复合材料阻尼提升的潜力很大。而阻尼层模量在 95MPa 左右时，蜂窝芯阻尼处理所对应蜂窝夹芯梁的力学损失仍较大，需要进一步提升。

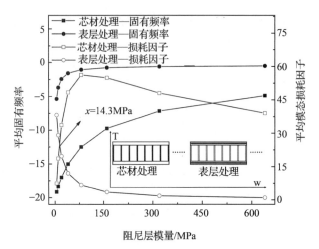

图7 阻尼层模量对蜂窝夹芯结构的前5阶平均固有频率及模态损耗因子的影响

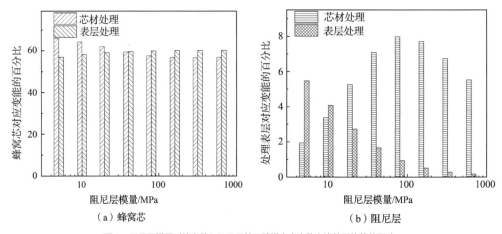

图8 阻尼层模量对蜂窝芯和阻尼层前五阶模态应变能占比的平均值的影响

3.3.2 阻尼层厚度的影响分析

采用参考文献[29]报道的黏弹性插层材料参数（弹性模量约70MPa，关键材料参数见表2），考虑黏弹性阻尼材料参数的频率依赖性，进一步计算了在不同厚度下两种阻尼处理方式所对应的蜂窝夹芯复合材料的固有频率和损耗因子，计算结果如图9所示。使用该黏弹性插层材料后，蜂窝芯内阻尼处理方式可将蜂窝夹芯结构的阻尼性能提升50%以上，而蒙皮内阻尼处理方式对蜂窝夹芯复合材料阻尼性能的提升效果相对低得多（16.5%以下）。此外，与后者相比较，蜂窝芯内阻尼处理方式所对应的蜂窝夹芯复合材料性能的改变与阻尼层厚度呈现出明显的非线性关系，意味着存在一定的优化空间。综合考虑力学性能的损失和附加质量的最小化，相应插层材料的厚度应该控制在100μm以内，但是这会给相应的阻尼材料的制造带来工艺上的挑战。因此，接下来进一步探究了在保持一定黏弹性层厚度（0.1mm）的前提下，通过改变阻尼处理密度来探索相对最佳的阻尼处理配置。

表2　不同频率下黏弹性阻尼材料的材料参数[29]

频率 /Hz	弹性模量 /MPa	阻尼值 /%
500	63.99	24.39
1000	68.87	22.72
2000	74.12	21.05
4000	79.77	19.37

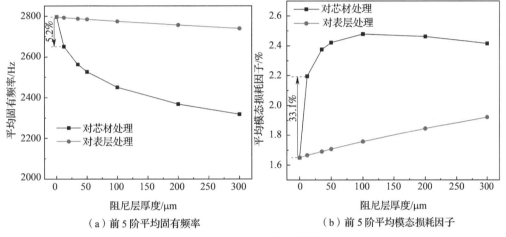

（a）前5阶平均固有频率　　　　　　（b）前5阶平均模态损耗因子

图9　阻尼层厚度对蜂窝夹芯结构性能的影响

3.3.3　阻尼层处理密度的影响分析

　　上述工作对蜂窝芯所有黏结界面进行了阻尼处理，本节尝试改变阻尼层处理密度来寻找相对最佳的阻尼处理配置。同样采用表2的阻尼层材料参数，进一步计算了阻尼处理密度为1/3、1/2、2/3和3/4时的蜂窝夹芯复合材料的模态参数。阻尼处理分布示意图见图10，红色填充部分（在黑白印刷中为黑色填充部分）表示对该黏结界面进行阻尼处理，其中1/3表示每相邻的三排界面只处理其中的一排，其他三组阻尼处理方式以此类推。具体结果如图10所示。可见，对于宏观上均匀分布的蜂窝芯阻尼处理，蜂窝夹芯复合材料的平均损耗因子及固有频率和阻尼处理密度呈现近似线性关系。因此在工程应用中，可以结合下图，根据实际需要选择合适的阻尼处理方式。比如要求增重不能超过1%、平均固有频率损失不能超过5%、阻尼层厚度适中（如本文采用的0.1mm），那么对应的阻尼层处理密度可以设置为0.44%，相应的蜂窝夹芯复合材料增重0.47%，平均损耗因子提升18.4%。

　　本文提出的蜂窝芯内阻尼处理方式在推广至工业生产时，比如通过拉伸法制备蜂窝芯的过程中，需要在印胶之前将指定宽度的连续带状阻尼层黏结到芳纶纸、铝箔或其他蜂窝骨架材料上，而后在该阻尼层上印胶，再进行后续的叠合压制等操作。当然真正用到工业生产中，除了工艺外，还要考虑阻尼层与蜂窝材料及芯条胶的界面黏结性。

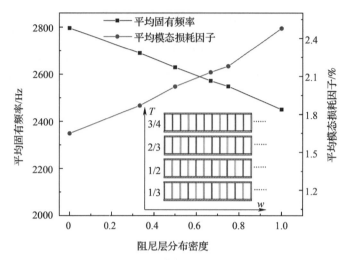

图 10　蜂窝芯内阻尼层分布密度对蜂窝夹芯结构的前五阶平均固有频率及模态损耗因子的影响

4 结论

（1）提出了一种新颖的蜂窝芯阻尼处理方式，通过实验和数值模拟证实了该阻尼处理方法的有效性。该方法在较小附加阻尼层质量的前提下具有大幅度提高蜂窝夹芯复合材料阻尼性能的明显优势和应用潜力，适用于对力学性能要求不高的内饰件。

（2）阻尼层模量在略小于蜂窝芯横向切变模量时，相应的黏弹性阻尼层应变能占比达到最大。这意味着模量值与蜂窝芯横向切变模量相近且自身阻尼值较高的黏弹性材料是较好的候选阻尼材料。

（3）在对力学性能损失有严格要求的应用场景中，可以通过合理设置阻尼层厚度和阻尼处理密度，使得蜂窝夹芯复合材料获得相对较优的结构 – 阻尼综合性能。

致谢

工信部民用飞机专项科研（MJ–2015–H–G–103）和国家自然科学基金（51973105）资助项目。

参 考 文 献

［1］Bitzer T. Honeycomb Technology：Materials，Design，Manufacturing，Applications and Testing［M］. London：Chapman & Hall，1997.

［2］Zhang Q C，Yang X H，Li P，et al. Bioinspired engineering of honeycomb structure – Using nature to inspire human innovation［J］. Progress in Materials Science，2015，74：332–400.

［3］Sargianis J，Suhr J. Effect of core thickness on wave number and damping properties in sandwich composites［J］. Compos. Sci. Technol.，2012，72（6）：724–730.

［4］James J S, Hyung-Ick K, Erik A, et al. Sound and vibration damping characteristics in natural material based sandwich composites ［J］. Compos. Struct., 2013, 96: 538-544.

［5］Adams R D, Bacon D. Effect of fibre orientation and laminate geometry on the dynamic properties of CFRP ［J］. J. Compos. Mater., 1973, 7（4）: 402-428.

［6］Ni R G, Adams R D. The damping and dynamic moduli of symmetric laminated composite beams-theoretical and experimental results ［J］. J. Compos. Mater., 1984, 18（2）: 104-121.

［7］Nagasankar P, Balasivanandha Prabu S, Velmurugan R. Role of different fiber orientations and thicknesses of the skins and the core on the transverse shear damping of polypropylene honeycomb sandwich structures ［J］. Mech. Mater., 2015, 91: 252-261.

［8］Nagasankar P, Balasivanandha Prabu S, Velmurugan R. Role of temperatures and fiber orientations on transverse shear damping of polypropylene honeycomb sandwich structures［J］. Journal of Reinforced Plastics and Composites, 2015, 34（9）: 696-707.

［9］Petrone G, Rao S, De Rosa S, et al. Initial experimental investigations on natural fibre reinforced honeycomb core panels［J］. Composites Part B-Engineering, 2013, 55: 400-406.

［10］Petrone G, D'alessandro V, Franco V, et al. Damping evaluation on eco-friendly sandwich panels through reverberation time（RT60）measurements ［J］. J. Vib. Control, 2014, 21（16）: 3328-3338.

［11］中航复材科技. 第24届中国国际复材展今日开幕我司绿色蜂窝获优秀创新产品奖［EB/OL］. https://mp.weixin.qq.com/s/8IgGuoL82jxrHz_YN49-6g, 2018-09-15.

［12］Wang B, Yang M. Damping of honeycomb sandwich beams ［J］. Journal of Materials Processing Technology, 1999, 105: 67-72.

［13］Ahmad N, Ranganath R, Ghosal A. Modeling and experimental study of a honeycomb beam filled with damping particles［J］. J. Sound. Vib., 2017, 391: 20-34.

［14］Fotsing E, Sola M, Ross A, et al. Lightweight damping of composite sandwich beams: Experimental analysis ［J］. J. Compos. Mater., 2013, 47（12）: 1501-1511.

［15］Yang J S, Xiong J, Ma L, et al. Vibration and damping characteristics of hybrid carbon fiber composite pyramidal truss sandwich panels with viscoelastic layers ［J］. Compos. Struct., 2013, 106: 570-580.

［16］Ma L, Chen Y L, Yang J S, et al. Modal characteristics and damping enhancement of carbon fiber composite auxetic double-arrow corrugated sandwich panels ［J］. Compos. Struct., 2018, 203: 539-550.

［17］Montemurro M, Koutsawa Y, Belouettar S, et al. Design of damping properties of hybrid laminates through a global optimisation strategy ［J］. Compos. Struct., 2012, 94（11）: 3309-3320.

［18］Grewal J S, Sedaghati R, Esmailzadeh E. Vibration analysis and design optimization of sandwich beams with constrained viscoelastic core layer ［J］. Journal of Sandwich Structures & Materials, 2013, 15（2）: 203-228.

［19］Xu C, Lin S, Yang Y. Optimal design of viscoelastic damping structures using layerwise finite element analysis and multi-objective genetic algorithm ［J］. Computers & Structures, 2015, 157: 1-8.

［20］王祝堂, 田荣璋. 铝合金及其加工手册 ［M］. 长沙: 中南大学出版社, 1989.

［21］Zhou Y, Wang Q L, Guo Y L, et al. Effect of phenolic resin thickness on frequency-dependent dynamic mechanical properties of Nomex honeycomb cores ［J］. Composites Part B: Engineering, 2018, 154: 285-291.

［22］Rueppel M, Rion J, Dransfeld C, et al. Damping of carbon fibre and flax fibre angle-ply composite laminates ［J］.

Compos. Sci. Technol., 2017, 146: 1–9.

［23］Zhou Y, Xu Y Z, Liu H, et al. Debonding identification of Nomex honeycomb sandwich structures based on the increased vibration amplitude of debonded skin ［J］. Composites Part B: Engineering, 2020, https: //doi.org/10.1016/j.compositesb.2020.108233.

［24］Maheri M, Adams R, Hugon J. Vibration damping in sandwich panels ［J］. J. Mater. Sci., 2008, 43（20）: 6604–6618.

［25］Rébillat M, Boutillon X. Measurement of relevant elastic and damping material properties in sandwich thick plates ［J］. J. Sound. Vib., 2011, 330（25）: 6098–6121.

［26］Blevins R. Formulas for natural frequency and mode shape/ Reprint ed ［M］. Krieger Pub. Co., 2001.

［27］Wesolowski M, Barkanov E. Air damping influence on dynamic parameters of laminated composite plates ［J］. Measurement, 2016, 85: 239–248.

［28］Adams R D, Maheri M R. Dynamic flexural properties of anisotropic fibrous composite beams ［J］. Compos. Sci. Technol., 1994, 50（4）: 497–514.

［29］Berthelot J, Sefrani Y. Damping Analysis of Unidirectional Glass Fiber Composites with Interleaved Viscoelastic Layers: Experimental Investigation and Discussion ［J］. J. Compos. Mater., 2006, 40（21）: 1911–1932.

椰壳纤维及其混杂复合材料的
低速冲击性能研究

王鸿雁，李岩，沈轶鸥

同济大学航空航天与力学学院，上海 200092

0 引言

与人造纤维相比，植物纤维来源于大自然，具有重量轻、比强度和比模量高、阻尼性能好、吸声隔热性能优异等特点，且植物纤维具有多层级的微观结构特点。近年来，国内外学者针对植物纤维复杂的多层级结构，开展了一系列植物纤维增强复合材料的力学行为和失效机制研究。研究发现，植物纤维的多重失效机制使得其增强复合材料在失效过程中呈现出多层次的破坏模式[1]。复合材料层合板的抗冲击性能主要取决于纤维的性能与复合材料的失效模式，要实现纤维增强复合材料的强韧化，特别是对于具有多层级结构特征的植物纤维来说，研究其冲击损伤机理及失效模式至关重要。Singleton等[2]研究了亚麻纤维增强高密度聚乙烯复合材料的 Charpy 冲击性能，试验发现亚麻纤维增强复合材料在冲击过程中会发生纤维滑移、基体开裂、纤维劈裂、纤维断裂以及纤维拔出等多层次、多尺度的失效模式。同时在冲击过程中亚麻细胞纤维的初生壁首先发生脆断，随着裂纹的萌生和扩展，亚麻纤维会发生劈裂。

目前已有多项研究围绕树脂基体、增强体种类与性质、纤维/基体界面以及层间性能四个方面开展改善植物纤维增强复合材料低速冲击性能的研究[3-5]。另外，将高强与高韧的纤维混杂也可有效提升复合材料抗冲击性能[6-7]。Nisini 等[8]制备了碳纤维、玄武岩纤维和亚麻纤维的三元混杂纤维增强环氧复合材料，并采用不同的铺层顺序显著改变了其在冲击载荷下的断裂模式以及不同组分的能量吸收比例。Jamshaid[9]制造了基于纯玄武岩和玄武岩/黄麻织物的天然纤维混杂复合材料，研究表明混杂复合材料中纤维/基体界面性能更加优异。然而，目前广泛应用的植物纤维，如亚麻、苎麻、黄麻等虽具有强度和模量的优势，但由于其微纤丝螺旋角较小，普遍小于 20°，因此断裂延伸率很低，韧性较差[10-13]。椰壳纤维虽然强度和模量相较于其他植物纤维较低，但其微纤丝螺旋角可达 84°[14]，断裂延伸率可达 45%[15]，远大于其他植物纤维和人造纤维，是一种理想的增韧纤维。因此，通过强韧混杂，将椰壳纤维与其他强度更高的植物纤维进行混杂，可获得既强又韧的植物纤维复合材料，更好地发挥植物纤维力学性能的优势。目前，椰壳纤维主要用于制造椰壳纤维增强复合材料和纳米晶须提取，对于椰壳纤维增韧特性的应用研究还不完善[16-17]。

因此，本文主要针对植物纤维多层级的微观结构特征，研究不同种类植物纤维微观结构对其力学性能的影响，以及植物纤维增强复合材料低速冲击损伤模式和吸能机理。结合椰壳纤维出色的韧性，进行植物纤维间复合材料的混杂研究，旨在实现植物纤维增强复合材料的强韧化，进一步扩展其应用领域。

1 实验材料及方法

1.1 原材料

本研究采用单向苎麻、亚麻、剑麻和椰壳纤维的单向织物作为增强材料，4 种植物纤维织物的厚度、面密度及来源详见表 1。基体材料采用江阴万千化学品有限公司的双酚 A 型 E-51 环氧树脂（环氧值 0.48~0.5），与 MeTHPA 酸酐类固化剂以及 DMP-30 叔胺类促进剂按质量比 100:80:3 均匀混合。

表 1 纤维织物参数

纤维	纤维素 /%	纤维密度 / (g/cm³)	织物厚度 / mm	织物面密度 / (g/m²)	来源
苎麻	68.6~76.2	1.40	0.45	360	江西井竹麻业有限公司
亚麻	71	1.45	0.25	200	浙江宏成纺织整理有限公司
剑麻	67~78	1.35	0.50	285	广东东方剑麻集团有限公司
椰纤	46~63	1.03~1.50	0.50~0.75	265	天津市佳加绿色产品科技有限公司

1.2 复合材料制备过程

采用热压成形工艺制备植物纤维增强复合材料，包括苎麻（R）、亚麻（F）、剑麻（S）及椰壳纤维（C）增强环氧树脂复合材料，这 4 种复合材料分别由 RFRP、FFRP、SFRP 和 CFRP 表示。另外，制备了 4 种由不同植物纤维混杂的复合材料，分别为亚麻 / 椰纤 / 亚麻（F/C/F）、苎麻 / 椰纤 / 苎麻（R/C/R）、剑麻 / 椰纤 / 剑麻（S/C/S）和椰纤 / 亚麻 / 椰纤（C/F/C）混杂复合材料。其中，对亚麻 / 椰纤 / 亚麻（F/C/F）混杂复合材料设置了三种混杂比，本研究所制备的复合材料混杂比和铺层顺序列于表 2。根据表 2 中的混杂比和铺层顺序将经过预浸树脂的苎麻、亚麻、剑麻和椰壳纤维织物铺覆在模具中，在 90℃下预热 30min 后，加压 1.2MPa，并在 120℃下保温保压 2h 固化成形。制得复合材料的体积含量为 45% 左右，厚度为（5.00±0.02）mm。

表 2 植物纤维增强复合材料层合板的铺层顺序

复合材料种类	混杂比	铺层顺序
RFRP	—	[0/90/0/90/0/90]
FFRP	—	[0/90/0/90/0/90/0/90]
SFRP	—	[0/90/0/90]
CFRP	—	[0/90/0/90]

表2（续）

复合材料种类	混杂比	铺层顺序
F/C/F	1:1	$[0_F/90_F/90_C/0_C/90_C/0_C/90_F/0_F/90_F]$
	1:1	$[0_C/90_F/0_F/90_F/0_F/90_F/0_F/90_C/90_C]$
	1:2	$[0_F/90_F/0_F/90_C/0_C/90_C/0_C/90_F/0_F]$
	2:1	$[0_F/90_F/0_F/90_F/0_F/90_C/0_C/90_C/0_F/90_F/0_F/90_F/0_F]$
R/C/R	1:1	$[0R/90_C/0_C/0_C/90_R]$
S/C/S	1:1	$[0_S/90_S/90_C/0_C/0_C/90_S/0_S]$
C/F/C	1:1	$[0_C/90_C/0_C/90_F/0_F/90_F/90_C/0_C/90_C]$

1.3 测试仪器及条件

首先，制备4种植物纤维的环氧浇注体试样，打磨抛光得到清晰的纤维横截面，利用电子显微镜及 QuantLab–MG 软件对纤维横截面的微观结构进行分析，提取不同植物纤维的截面结构参数。然后，根据 ASTM D3379—1975 标准，利用万能试验机（H5K–S）对四种植物进行单纤维拉伸测试，拉伸速率为 1mm/min，每组测试 30 根试样，在拉伸测试前通过显微镜测量每根纤维的直径。根据 ASTM D3039 标准进行复合材料的拉伸性能测试，试样的名义尺寸为 250mm×15mm×3mm，加载速率为 2mm/min，每组测试 5 根试样。根据纤维增强复合材料低速冲击测试标准 ASTM D7136，利用落锤冲击试验机（Instron CEAST 9350）对复合材料进行低速冲击测试，试样尺寸为 150mm×100mm×4mm，直径为 16mm 的半球形冲头连接在 5.5kg 的重物上，用于冲击试样的中心，冲击速度和冲击能量分别为 9.81m/s 和 10J，每组测试 5 个试样。利用扫描电子显微镜（Quanta 200 FEG 型）观察低速冲击测试后试样破坏处横截面的微观形貌。

2 实验结果与分析

2.1 植物纤维的微观结构与拉伸性能

2.1.1 微观结构

图1为4种植物纤维横截面的微观结构形貌。由图1可见，不同种类植物纤维的长度、直径、细胞纤维个数，以及空腔比例差异都很大。表3给出了通过电子纤维镜提取的4种植物纤维单纤维横截面微观结构参数的统计数据，可以发现，由于植物自然生长的特点，4种植物纤维中所含有的细胞纤维个数、纤维的横截面面积、横截面周长等各项参数均有明显不同，且都显示出了很大的离散性。表4给出了4种植物纤维中细胞纤维微观结构的参数，不同种类纤维的细胞纤维形状与空腔等参数也有明显区别。由表3和表4可知，苎麻和亚麻纤维的直径较小，纤维中细胞纤维的个数也较少，而单根剑麻和椰壳纤维的直径较大，其中的细胞纤维个数也较多，造成不同种类植物纤维微观结构差异的主要原因与其所承担的功能密切相关，是由自然选择所致。

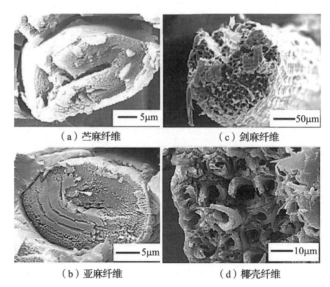

图1 4种植物纤维横截面的微观结构形貌

表3 4种植物纤维单根纤维的横截面结构参数

纤维	苎麻	亚麻	剑麻	椰壳纤维
平均细胞纤维个数	1	20	134	204
面积 /μm²	224~1014	236~1271	12535~36988	17305~405420
周长 /μm	62~132	56~163	420~721	230~1432
长轴 /μm	23~57	27~49	144~256	89~400
短轴 /μm	11.5~27.1	13~24	99.7~204.7	64~260

表4 4种植物纤维细胞纤维的结构参数

纤维		苎麻	亚麻	剑麻	椰壳纤维
细胞纤维	面积 /μm²	66.6~270	152~1043	100.7~334.1	104~537
	周长 /μm	34.8~67.2	46.5~132	36.2~69.5	37~89
	长轴 /μm	12.1~25.1	18.2~57.9	11.9~25.1	13~29
	短轴 /μm	8.4~15.1	8.9~27.1	8.31~20.0	7.8~24
空腔	长轴 /μm	1.7~11.4	8.33~42.6	3.5~17.5	36~18
	短轴 /μm	0.85~5.85	0~5.04	1.2~9.54	2.7~10.4
空腔率 /%		6.7	5.3	17.5	19.3

2.1.2 拉伸性能

表5给出了4种纤维的单纤维拉伸性能，可以发现这4种植物纤维的力学性能差异较大。其中，亚麻纤维的拉伸强度和拉伸模量最高，但其断裂延伸率却相对较低。椰壳纤维的拉伸强度和模量是

4 种纤维中最低的，然而其断裂延伸率却可达 40% 以上，远大于其他三种纤维。造成植物纤维力学性能差异的主要原因为植物纤维中纤维素的含量和微纤丝螺旋角的大小，纤维素含量越高则植物纤维的力学性能越好，螺旋角越大，植物纤维的强度越低，但韧性越大。由表 1 可知，椰壳纤维的纤维素含量相比其他三种纤维较低，然而由于其微纤丝螺旋角可达 80° 以上，其断裂延伸率为 45%，具有优异的延伸性。

表 5   4 种植物纤维单纤维的拉伸性能

纤维种类	拉伸强度 /MPa	拉伸模量 /GPa	断裂延伸率 /%
芒麻	400.96 ± 16	11.86 ± 4	7.19 ± 0.9
亚麻	572.36 ± 23	27.5 ± 5	5.21 ± 1.3
剑麻	335.47 ± 17	8.01 ± 4	8.03 ± 1.1
椰壳	163.38 ± 32	2.21 ± 1.5	45.23 ± 13

另外，椰壳纤维的直径具有较大的分散性，对 7 组不同直径范围的椰壳纤维进行单纤维拉伸测试，其性能如图 2 所示。可以发现，椰壳纤维的拉伸性能分散性很大，且对纤维直径有明显的依赖性，其拉伸强度随纤维直径的增大而下降，断裂延伸率则随纤维直径的增大而升高。这是由于椰壳纤维单纤维是由一束细胞纤维通过果胶黏结组成，纤维的直径越大，内部的细胞纤维数量越多，细胞纤维之间的界面也越多，因此纤维的强度较低。同时，由于纤维在承受纵向载荷时，会发生纤维断裂、细胞纤维间的脱黏和微纤丝撕裂等破坏模式，具有较大直径的纤维中发生这些破坏模式的比例更大，因此断裂延伸率也更大。

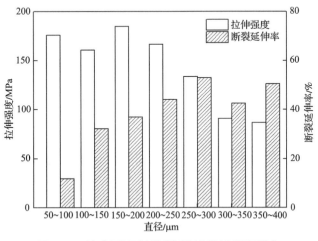

图 2   不同直径范围的椰壳纤维单纤维拉伸强度和断裂延伸率

2.2 植物纤维增强复合材料的力学性能

2.2.1 拉伸性能

由表 6 中 4 种单向植物纤维增强复合材料的拉伸性能可以发现，在与树脂基体制造成复合材料之后，椰壳纤维增强复合材料与其他三种纤维增强复合材料的拉伸性能差异相比单纤维拉伸性能的差异有所减小，这是由于环氧树脂的断裂延伸率较低，层间基体变形较小，限制了椰壳纤维的大变形行为，但椰壳纤维增强复合材料依然表现出了优异的断裂延伸率（11%）。另外，由图3可见，不同种类植物纤维增强复合材料的破坏模式存在较大差别，亚麻纤维增强复合材料主要以纤维的脆断为主，破坏断面较为平整；从苎麻纤维增强复合材料的断面可观察到苎麻纤维的断裂和拔出；剑麻纤维增强复合材料除了纤维拔出、纤维断裂等破坏模式以外，还有剑麻纤维自身内部细胞纤维之间界面的破坏；椰壳纤维与剑麻纤维的微观结构比较相似，但纤维中空腔直径和微纤丝螺旋角更大，在拉伸过程中，除纤维断裂、拔出和细胞纤维之间脱黏外，还发生了微纤丝撕裂，并且观察到少量纤维空腔内树脂拔出和断裂的现象，这些破坏模式也导致了椰壳纤维增强复合材料表现出优异的延伸性。

表6　4种单向植物纤维增强复合材料的拉伸性能

纤维种类	拉伸强度 /MPa	拉伸模量 /GPa	断裂延伸率 /%
苎麻	149.01±10.9	13.48±1.3	2.2±0.5
亚麻	266.77±17	23.75±2.3	1.5±0.2
剑麻	140.89±11	10.75±1.4	2.3±0.5
椰壳	107.43±3.4	1.584±0.4	11.0±2.0

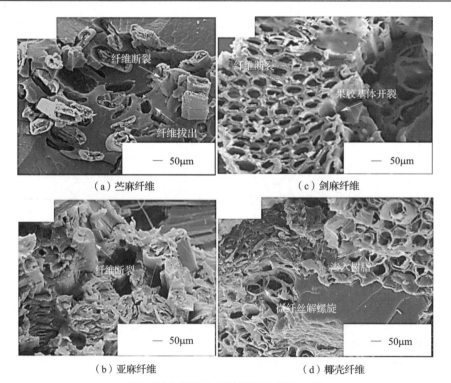

（a）苎麻纤维　　　　　　　　　（c）剑麻纤维

（b）亚麻纤维　　　　　　　　　（d）椰壳纤维

图3　植物纤维增强复合材料拉伸断面的微观形貌

2.2.2 低速冲击性能

图4（a）给出了4种植物增强复合材料在10J冲击能量下的典型冲击载荷—位移曲线图。从图中可以发现，不同植物纤维增强复合材料在相同能量下冲击的动态响应有很大区别。首先，4种复合材料的冲击载荷都随着试样整体变形的增大而上升，但复合材料的刚度有明显的差异，其中FFRP的刚度最大。4种复合材料的冲击载荷在达到第一个峰值后，均发生了不同程度的下降，这时复合材料内部出现分层破坏。随后，载荷继续上升直至最大冲击载荷，并发生第二次急剧下降，复合材料下表面的纤维发生断裂。当冲击响应结束后，除椰壳纤维增强复合材料被穿透以外，其他复合材料均发生了回弹。通过积分计算载荷位移曲线下的面积可以得到几种复合材料在冲击过程中吸收的能量。由图4（b）可见，FFRP的最大冲击载荷和吸收能量在4种复合材料中最高，而CFRP的最低。这是由于在复合材料受到外力冲击时，上表面和下表面的纤维分别遭受横向压缩和纵向拉伸应力，由于亚麻纤维在四种纤维中具有最低的空腔率和最高的拉伸强度，其纤维结构相比其他种类纤维不易发生变形，因此抗冲击性最好。另外，FFRP复合材料主要通过亚麻纤维的断裂、纤维结构破坏和复合材料分层等破坏模式吸收冲击能量，由于亚麻纤维强度高，初始损伤阈值相比其他复合材料也高很多（见图4（a）），因此这种复合材料的吸能能力也最好。对于RFRP来说，苎麻纤维的强度和分层载荷阈值相比亚麻纤维略低，虽然这种复合材料还通过纤维拔出吸收一部分能量，但其能量吸收能力仍不及FFRP。SFRP与CFRP中的剑麻和椰壳纤维强度较低，这两种复合材料虽然通过较大的整体变形、分层、纤维断裂和纤维结构破坏等多种破坏模式吸收能量，但是其吸能能力不到FFRP的80%。

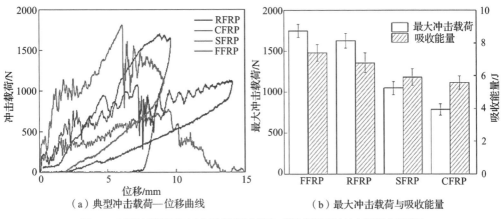

（a）典型冲击载荷—位移曲线 　　　　（b）最大冲击载荷与吸收能量

图4　4种植物纤维增强复合材料的典型冲击载荷—位移曲线和最大冲击载荷与吸收能量

2.3 混杂植物纤维增强复合材料的低速冲击性能

2.3.1 纤维组分的影响

图5（a）为几种混杂和单一植物纤维增强复合材料的典型冲击载荷随位移的变化曲线，可以发现在三种混杂复合材料中，外表面为亚麻和苎麻的F/C/F及R/C/R混杂复合材料具有较高的初始损伤阈值，且F/C/F的最大冲击载荷和能量吸收在三种混杂复合材料中最高，如图5（b）所示。可以发现与椰壳纤维混杂后，由于亚麻和苎麻纤维自身具有较高的刚度和强度，将其置于复合材料外层

对抵御外力引起的损伤和破坏能力明显高于外层为剑麻的复合材料。值得注意的是，在内层引入椰壳纤维对最大冲击载荷并无明显影响。而且，三种混杂复合材料所吸收的能量相比单一复合材料分别有10%、6%和22%的上升。这是由于椰壳纤维内部细胞纤维数量大、空腔率高，因此纤维结构的变形和破坏都会额外吸收能量，因此与椰壳纤维混杂的复合材料不仅能够保持其原有的抗冲击性能，还展现出更好的吸能能力。

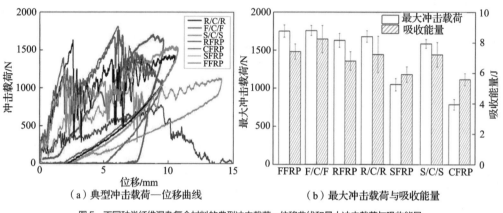

（a）典型冲击载荷—位移曲线　　（b）最大冲击载荷与吸收能量

图5　不同种类纤维混杂复合材料的典型冲击载荷—位移曲线和最大冲击载荷与吸收能量

2.3.2　混杂比的影响

图6（a）为具有三种混杂比的F/C/F复合材料典型冲击载荷随位移的变化曲线。混杂复合材料的损伤阈值随着亚麻纤维含量的增加而增加，而复合材料的变形则随椰壳纤维含量的增加而增大，当椰壳纤维占复合材料中整体纤维体积分数的2/3时，复合材料发生穿透。另外，如图6（b）所示，当亚麻与椰壳纤维的比例为1∶1时，复合材料吸收的冲击能量最多。这是由于具有该混杂比的复合材料通过整体变形，纤维断裂、结构变形及破坏所吸收的能量最多。通过对比这三种混杂复合材料的宏观破坏形貌（如图7所示）可以发现，层合板的破坏主要呈十字形。当亚麻纤维体积含量较高时，复合材料的韧性较低，复合材料的破坏形式主要以纤维断裂为主，破坏裂纹基本沿直线扩展。随着椰壳纤维含量的增加，分层破坏增加，裂纹出现偏移，结构整体变形吸能增加。这是因为椰壳纤维的荷载传递效应主要表现在早期的阻裂效应中，即钝化裂缝尖端的应力集中，约束裂缝的扩展，从而有效地提升复合材料的抗冲击性能。因此，适量增加椰壳纤维的体积含量可提高复合材料的冲击韧性。但是，当椰壳纤维含量过高时，由于其纤维强度低，不仅会造成复合材料抗冲击的性能降低，其吸能能力也随之降低。

2.3.3　铺层顺序的影响

图8（a）为亚麻纤维在外层和椰壳纤维在外层，亚麻与椰壳纤维混杂比为1∶1混杂复合材料的典型冲击载荷随位移的变化曲线。由图8（a）和（b）可知，亚麻纤维在外表面的F/C/F复合材料，其刚度、冲击损伤阈值、最大载荷及吸收能量皆明显高于椰壳纤维在外表面的C/F/C复合材料，而C/F/C复合材料虽整体变形较大，但由于外层椰壳纤维首先发生断裂和纤维结构破坏，因此其抗冲击性能与吸能能力相对较差。这是由于层合板在受到冲击时，其上下表面因受到不同的拉压载荷而发

生变形或断裂。当椰壳纤维在外层时，由于纤维强度较低，会在较低的载荷下发生断裂失效，无法起到使复合材料整体变形吸能的作用，因此吸能能力较低。

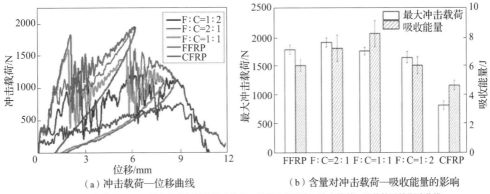

（a）冲击载荷—位移曲线　　　　　　（b）含量对冲击载荷—吸收能量的影响

图6　不同混杂比 F/C/F 混杂复合材料的冲击载荷—位移曲线和含量冲击载荷—吸收能量的影响曲线

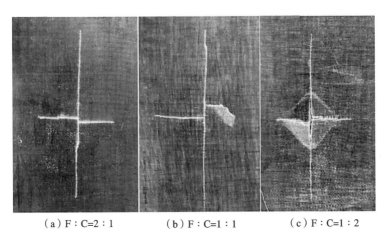

（a）F∶C=2∶1　　　（b）F∶C=1∶1　　　（c）F∶C=1∶2

图7　不同混杂比的 F/C/F 混杂复合材料层合板的宏观破坏形貌

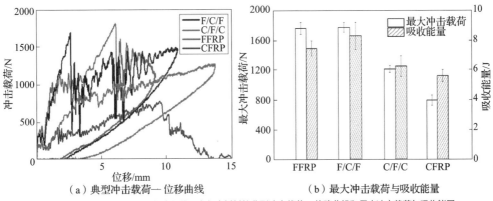

（a）典型冲击载荷—位移曲线　　　　　　（b）最大冲击载荷与吸收能量

图8　不同铺层顺序的亚麻/椰壳纤维混杂复合材料的典型冲击载荷－位移曲线和最大冲击载荷与吸收能量

3 结论

本研究将具有较高强度和高韧性的几种植物纤维进行混杂制备复合材料以提升其低速冲击性能。通过研究混杂纤维组分、混杂比和铺层方式对混杂复合材料低速冲击响应、最大冲击载荷和能量吸收的影响，获得了兼具较强抗冲击性能和能量吸收能力的混杂植物纤维增强复合材料。研究发现以下几点。

（1）当亚麻纤维在外层，椰壳纤维在中间，二者的混杂比为1:1时，复合材料可在保持抗冲击性能基本不变的情况下，提升10%左右的吸能性能。

（2）当亚麻纤维在外表面时，可有效保持复合材料的刚度及冲击载荷，由于引入高韧性的椰壳纤维，其纤维结构的变形、破坏以及复合材料整体变形的增大使混杂复合材料能量吸收能力有所提高。

（3）当椰壳纤维在混杂复合材料中的体积含量过高或者过低时，均不利于提升复合材料的抗冲击性能和能量吸收能力。

致谢

本研究由工信部中欧航空科技专项（工信装联装［2016］92号）和国家自然科学基金项目（1177020300）资助完成。

参 考 文 献

［1］益小苏，李岩. 生物质树脂、纤维及生物复合材料［M］. 北京：中国建材工业出版社，2017.

［2］Singleton A，Baillie C，Beaumont P，et al. On the mechanical properties，deformation and fracture of a natural fibre/recycled polymer composite［J］. Composites Part B: Engineering，2003，34B（6）：519–526.

［3］Jalóna E，Hoanga T，Rubio–Lópezb A，et al.Analysis of low–velocity impact on flax/PLA composites using a strain ratesensitive model［J］. Composite Structures，2018，202：511–517.

［4］Oksman K，MathewA，Långström R，et al. The influence of fibre microstructure on fibre breakage and mechanical properties of natural fibre reinforced polypropylene［J］. Composites Science and Technology，2009，69（11）：1847–1853.

［5］Tong Y，Isaac D. Impact and fatigue behaviour of hemp fibre composites［J］.Composites Science and Technology，2007：673300–673307.

［6］Zhafer S，Rozyanty A，Shahnaz S，et al. Flexural Properties and Impact Strength of Kenaf–Glass Fiber Unsaturated Polyester Hybrid Composites［M］.Melville：AMER INST PHYSICS，2017.

［7］Zivkovic I，Fragassa C，Pavlovic A，et al. Influence of moisture absorption on the impact properties of flax，basalt and hybrid flax/basalt fiber reinforced green composites［J］. Composites PartB: Engineering，2017，111：148–164.

［8］Nisini E，Santulli C，Liverani A. Mechanical and impact characterization of hybrid composite laminates with carbon, basalt and flax fibres［J］. Composites Part B：Engineering，2017：12792–12799.

［9］Jamshaid H，Rajesh M，Jiri M，et al. Mechanical，Thermal and Interfacial Properties of Green Composites from Basalt and Hybrid Woven Fabrics［J］. Fibers and Polymers，2016，17（10）：1675–1686.

［10］Fratzl P，Weinkamer R. Nature'shierarchical materials［J］. Progress in Materials Science，2007，52（8）：1263–1334.

［11］Gorshkova T，Salnikov V，Svetlana B，et al. The snap point：A transition point in Linum usitatissimum bast fiber development［J］.Industrial Crops and Products，2003，18（3）：213–221.

［12］Gorshkova T, Morvan C. Secondary cell-wall assembly in flax phloem fibers：role of galactans［J］. Planta，2006，223（2）：149–158.

［13］Li Y，Hu Y，Hu C，etal.Microstructures and Mechanical Properties of Natural Fibers［J］. Advanced Materials Research，2008，33–37：553–558.

［14］谢文雅. 椰壳管状纤维与纳米原纤的分离提取及其结构分析［D］.上海：东华大学，2016.

［15］Faruk O，Bledzki A，FinkH，et al. Bio-composites reinforced with natural fibers：2000–2010［J］. Progress in Polymer Science，2012，37（11）：1552–1596.

［16］Silva E，Marques M，Velasco F，et al. A new treatment for coconut fibers to improve the properties of cement-based composites – Combined effect of natural latex/pozzolanic materials［J］.Sustainable Materials and Technologies，2017：1244–1251.

［17］Kumar P，Suresha B，Rajini N，et al. Effect of treated coir fiber/coconut shell powder and aramid fiber on mechanical properties of vinyl ester［J］.Polymer Composites，2018，39（12）：4542–4550.

磷系阻燃剂对苎麻 / 松香基环氧树脂复合材料阻燃及力学性能影响研究

于涛，潘俊臣，李岩

同济大学航空航天与力学学院，上海200092

0 引言

为了飞机减重和提高装饰件的工艺性能，在现代民用飞机的舱内装饰中使用了大量的复合材料，目前使用最多的是玻璃纤维增强酚醛树脂复合材料。酚醛树脂是由酚类与醛类缩聚而成的热固性树脂。随着化石资源的日益消耗，以及酚醛树脂制备反应中存在的废水污染，对其经济性和环保性提出了巨大挑战。而玻璃纤维无法自然降解，会污染环境，虽然目前开发出一些玻璃纤维废弃物的回收再利用方法，但是成本高回报小。所以有必要寻求玻璃纤维增强酚醛树脂复合材料的替代材料，植物纤维增强生物质环氧树脂复合材料是一个较好的选项。

植物纤维主要由纤维素、木质素、半纤维素、果胶、蜡质等组成，不仅价格低廉，来源丰富，比强度和比模量高，而且可回收、可降解，是一种生态环保的可再生资源[1-2]。植物纤维包括麻纤维、竹纤维、木纤维、棉纤维等多种纤维。麻纤维又包括苎麻纤维（ramie fiber），黄麻纤维（jute fiber）、剑麻纤维（sisal fiber）、亚麻纤维（flax fiber）、洋麻纤维（kenaf fiber）大麻（hemp fiber）等。

近年来，出于对环境影响的考虑，来源于松香酸、植物油、衣康酸、大豆蛋白质等生物原材料制备环氧树脂被研制出来，有望代替传统石油基环氧树脂。Liu XQ 等采用马来海松酸酐与对氨基苯甲酸合成了二元酸 RMID，然后将其进一步与环氧氯丙烷反应得到双官能团的缩水甘油酯型环氧树脂，与通用型环氧树脂相比该类环氧树脂的玻璃化转变温度和热分解温度均有所提高[3]。紧接着，Liu XQ 等又以松香酸为起始原料制备马来海松酸酐三缩水甘油酯，并合成环氧树脂。该环氧树脂同时含有刚性的稠脂环结构和三个活性环氧基团，具备了合成高耐热、高强度环氧树脂固化物的潜力[4]。Li C 等以脱氢松香胺为原料，直接与环氧氯丙烷反应得到脱氢松香胺基环氧树脂（DGDHAA），研究表明，由于庞大氢菲环结构的存在，DGDHAA 经过六氢苯酐固化之后所得固化物的玻璃化转变温度远高于同类的 DGBA 固化物的玻璃化转变温度[5]。Ma SQ 等以衣康酸为起始原料，直接与环氧氯丙烷在碱性条件下合成了衣康酸环氧树脂（EIA），之后设计合成了三官能团的衣康酸基环氧树脂单体（TEIA），随后又合成了含磷的衣康酸基环氧树脂（EADI）[6-8]。

植物纤维增强生物质环氧树脂复合材料具有很好的环境友好性，但是，其具有易燃性，在飞机上的大量使用增加了飞机的火灾风险性，尤其在飞机碰撞后所产生的火势蔓延到复合材料时，这些复合材料将迅速燃烧，产生的大量热量、烟气、毒气和固体颗粒都会对机上人员造成极大的伤害。

这就需要对植物纤维增强生物质环氧树脂复合材料进行阻燃处理。传统的无卤阻燃复合材料是通过引入含磷、氮、硅等化合物来达到阻燃的目的，这些方法存在一些劣势，诸如阻燃剂添加量大，造成材料的热稳定性和力学性能的恶化。开发新型阻燃剂，使其在提高材料阻燃性能的同时，减少对材料力学性能的影响，是亟待解决的问题。

9，10- 二氢 -9 氧杂 -10 磷杂菲 -10- 氧化物（DOPO）及其衍生物由于分子结构中含有联苯环和菲环结构，特别是侧磷基团以环状 O=P—O 键的方式引入，比一般的未成环的有机磷酸酯热稳定性和化学稳定性更高，阻燃性能更好。若作为反应型和添加型阻燃剂，合成的阻燃剂无卤、无烟、无毒，不迁移，阻燃性能持久[9-13]。但是，DOPO 阻燃剂加入后，容易破坏植物纤维和环氧树脂间的界面，因此，需要寻找办法，减少阻燃剂对复合材料界面的影响。

本文根据植物纤维和环氧树脂的特点，首先合成带有羧基的 DOPO-MA，然后对苎麻／生物质环氧树脂复合材料进行阻燃处理，研究了 DOPO-MA 阻燃处理对复合材料阻燃性能和力学性能的影响。

1 实验材料及方法

1.1 实验材料

本文所使用的实验材料包括：DOPO，工业级，广东惠州盛世达科技有限公司；马来酸，分析纯，国药集团化学试剂有限公司；甲苯和乙醇，分析纯，国药集团化学试剂有限公司；四氢呋喃和丙酮，化学纯，国药集团化学试剂有限公司；苎麻织物，湖南华升洞庭麻业有限公司；脱氢松香胺基环氧树脂（DGDHAA）和固化剂（六氢苯酐），中航复合材料有限公司；酸酐和环氧基团反应固化。

1.2 DOPO-MA 的合成

在四口烧瓶中加入 86.4g（0.4mol）DOPO、160mL 甲苯和 160mL 四氢呋喃，搅拌，并加热至回流状态。当 DOPO 完全溶解后，将 46.4g（0.4mol）马来酸 1h 内分批加入到烧瓶中，保持回流状态恒温反应 20h，自然冷却至室温，抽滤所得沉淀物用四氢呋喃和乙醇（体积 1∶1）洗涤三次，于 120℃干燥 8h，自然冷却至室温，得到 DOPO-MA 白色粉末（熔点 225～227℃），合成过程如图 1 所示。

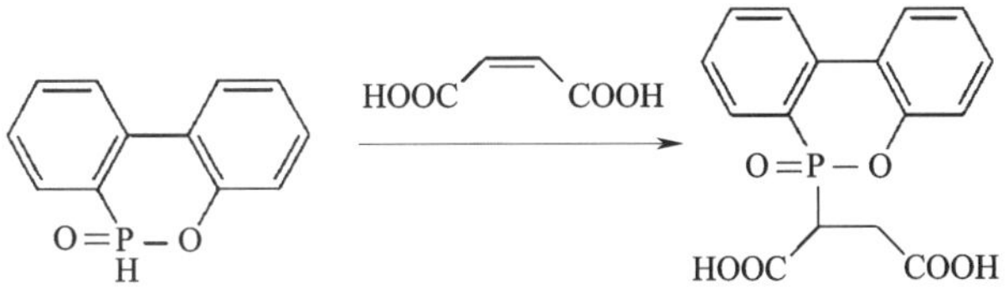

图 1 DOPO-MA 合成反应

1.3 苎麻织物的阻燃处理

将 DOPO-MA 按一定比例配制 DOPO-MA/ 乙醇溶液，并将苎麻纤维布浸泡其中，24h 后将苎麻纤维布取出，并在 60℃下干燥 24h 后，密封保存备用。

1.4 阻燃生物质复合材料的制备

配制丙酮 /DOPO-MA 悬浊液，将悬浊液倒入生物质环氧树脂，使阻燃剂、树脂和固化剂三者混合均匀。采用热压成形工艺，制备苎麻纤维增强酚醛树脂复合材料。成形温度为150℃，成形压力为2MPa。复合材料厚度约4mm，纤维体积分数约65%，阻燃剂质量分数分别为0%、5%、10%、15%、17.5%、20%。

1.5　结构表征与性能测试

红外光谱测试（IR）：采用美国BRUKER公司的EQUINOXSS/HYPERION2000型号红外光谱仪，在400～4000 cm^{-1}范围内扫描，采用ATR法进行测试。

差示扫描量热分析（DSC）：采用美国TA公司Q20型差示扫描量热仪，先以10℃/min的速度升温达到200℃，并保持该温度10min以消除热历史，随后以10℃/min的速度降到20℃，保温5min后，开始以10℃/min的速度升温至200℃进行测试。

热失重分析（TGA）：采用德国NETZSCH公司STA449C热分析仪，测试范围为室温至600℃，升温速率为10℃/min，测试气氛为氮气。

极限氧指数性能测试：按照GB/T 2406—1993在氧指数分析仪（5800型，昆山阳屹测试仪器有限公司）上进行，试样尺寸为100mm×10mm×4mm，每组5个试样。

垂直燃烧性能测试：按照GB/T 2408—2008在水平 – 垂直燃烧试验机（5400型，昆山阳屹测试仪器有限公司）上进行，试样尺寸为127mm×13mm×4mm，每组5个试样。

拉伸性能测试：按照GB/T 1040.2—2006在2tf①级电子万能试验机（ETM-5020型，深圳万测试验设备有限公司）上测试，并通过引申计测出材料的断裂过程中的应变，标距为50mm。测试采用位移控制方式，加载速率为2mm/min。试样尺寸为170mm×10mm×4mm，每组5个试样。

复合材料微观形貌观察：采用扫描电子显微镜（SEM，VEGA TS 5136 MM型，捷克TESCAN公司）对冲击性能测试试样的断口形貌进行观察，试样观察前需进行喷金处理。

▌2　结果与讨论

2.1　DOPO-MA 的合成

2.1.1　DOPO-MA 的 IR 分析

阻燃剂DOPO和DOPO-MA的红外谱图如图2所示。DOPO红外谱图中，在2385cm^{-1}处的尖锐特征吸收峰为P—H键的伸缩振动峰，在956cm^{-1}和1149cm^{-1}处的特征吸收峰为P—O—Ph吸收峰，在1585cm^{-1}和1450cm^{-1}处的特征吸收峰为P—Ph伸缩振动吸收峰，在1209cm^{-1}处为P=O伸缩振动峰，在752cm^{-1}处为苯环二取代的C—H面外弯曲振动峰。同时，可以发现在3345cm^{-1}处具有吸收峰，此处应为羟基吸收峰，这表明DOPO样品中可能含有水分。

与DOPO红外谱图相似，可以发现，DOPO-MA红外谱图中，在931cm^{-1}和1110cm^{-1}处的P—O—Ph吸收峰，在1450cm^{-1}和1580cm^{-1}处的特征吸收峰为P—Ph伸缩振动吸收峰，在1210cm^{-1}处为P=O伸缩振动峰，在754cm^{-1}处为苯环二取代的C—H面外弯曲振动峰。但是，在2385cm^{-1}处的P—H键的吸收峰消失，而在3340cm^{-1}出现吸收峰，此处应为COOH的吸收峰。在2920cm^{-1}处出现

---

① 1tf（吨力）≈ 9.8kN。

吸收峰，此处为 C—H 键伸缩振动吸收峰；在 1700cm^{-1} 和 1730cm^{-1} 处出现吸收峰，此处为 C＝O 伸缩振动峰。以上分析表明，羧基已接枝到 DOPO 分子上。

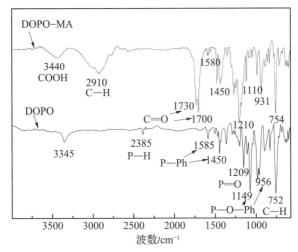

图 2　DOPO 和 DOPO-MA 红外谱图

2.1.2　DOPO-MA 的 DSC 分析

图 3 为阻燃剂 DOPO 和 DOPO-MA 的 DSC 的测试曲线。由图 3 可见，DOPO 的 DSC 曲线有两处尖锐的吸热峰。其中，在 118.96℃应为 DOPO 的熔融峰，而 98.23℃处的熔融峰应为水分子产生的吸收峰，这也证明了 DOPO 样品中含有水分，与红外光谱图分析结果相吻合。DOPO 的熔融峰峰形较窄，表明 DOPO 的熔程较短。DOPO-MA 的 DSC 曲线中，118℃附近的吸热峰消失，在 213.91℃处出现吸热峰，此处为 DOPO-MA 的熔融峰，同样证明，COOH 已成功接枝在 DOPO 分子上。

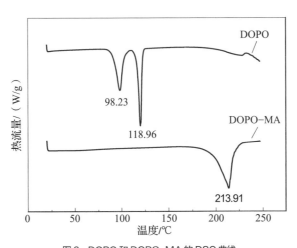

图 3　DOPO 和 DOPO-MA 的 DSC 曲线

2.1.3　DOPO-MA 的 TG 分析

图 4 为 DOPO 和 DOPO-MA 的 TG 曲线，DOPO 和 DOPO-MA 热分解温度如表 1 所示。

由图 4 和表 1 可知，DOPO 在 201℃时开始分解，当温度为 376℃时，出现最大失重，到 600℃时剩余质量仅为原质量的 1.5%。DOPO-MA 分解速率明显低于 DOPO 分解速率，且 DOPO-MA 的开始分解温度为 473℃，表明 DOPO-MA 的热稳定性高于 DOPO。600℃时，DOPO-MA 剩余质量为原质量的 4.7%，表明 DOPO-MA 的成炭能力强于 DOPO。DOPO-MA 的起始分解温度低于 DOPO，可以更好地发挥阻燃作用。

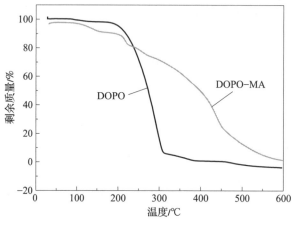

图 4 DOPO 和 DOPO-MA 的 TG 曲线

表 1 阻燃剂 DOPO 和 DOPO-MA 的热分解温度

样品编号	T_{onset}/℃	T_{max}/℃	剩余质量 /%
DOPO	201	376	1.5
DOPO-MA	126	473	4.7

2.2 阻燃性能

图 5 为加入不同量 DOPO-MA 的复合材料层合板极限氧指数测试结果。由于环氧树脂和苎麻均属于易燃材料，因而苎麻 / 生物质环氧树脂复合材料也是易燃材料，未添加 DOPO-MA 的复合材料极限氧指数只有 21.5%。随着苎麻增强生物质环氧树脂复合材料中 DOPO-MA 含量的增加，复合材料的极限氧指数也逐渐增加。当改性阻燃剂质量分数为 17.5% 时，极限氧指数已经达到 28.4%。

在 UL-94 测试中，不添加阻燃剂的试样由于不能自熄，且燃烧势头猛烈，达不到 UL-94 等级划分标准，没有等级。通过对苎麻纤维进行阻燃处理，情况有所改善（表 2）。添加 5% 阻燃剂的试样第一次点火即可点燃，30s 内无法自熄，但燃烧相较于不添加阻燃剂的试样，燃烧势头有所减缓，如图 6 所示；添加 10% 阻燃剂的试样第一次点火仍然可点燃且 30s 内无法自熄，但燃烧势头明显变得缓慢；添加 15% 阻燃剂的试样第一次点火不能点燃，第二次点火 30s 内能自熄，阻燃等级达到 V-1；添加 17.5% 阻燃剂的试样第一次点火不能点燃，第二次点火 9s 内能自熄，阻燃等级达到 V-0。

从试样燃烧后对比照片（见图 7）可以发现，未见阻燃剂试样，复合材料几乎炭化；加入 17.5% 阻燃剂后，复合材料炭化情况较轻，表明阻燃剂加入后减轻了火焰的传播速度。

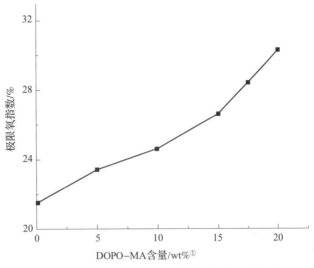

图 5　添加不同含量 DOPO-MA 的复合材料的极限氧指数

表 2　不同阻燃剂含量苎麻纤维增强生物质环氧树脂复合材料垂直燃烧测试结果

DOPO-MA 质量分数 /%	t_1/s	t_2/s	t_1+t_2/s	熔滴	阻燃等级
0	>30	—	>250	无	—
5	>30	—	>250	无	—
10	>30	—	>250	无	—
15	0	<30	<250	无	V-1
17.5	0	<10	<50	无	V-0
20	0	<5	<50	无	V-0

（a）未加阻燃剂试样　　（b）加质量分数5%阻燃剂试样

图 6　不同 DOPO-MA 含量的试样燃烧 3s 的照片

---

① 根据 GB 3101—1993《量和单位》的规定，质量百分或体积百分在单位符号上不加任何信息，如 %（ *m/m* ）、%（ *V/V* ）。正确的表示为"质量分数为 0.67 或 67%"。本书未修改。

（a）未加阻燃剂试样　　（b）加质量分数17.5%阻燃剂试样

图7　不同DOPO-MA含量的试样燃烧后试样

　　通过比较未处理和经过阻燃处理后的复合材料的热失重曲线（见图8），可以看出，经过阻燃处理后，复合材料在高温下的残炭量有所增加。这可能是因为，DOPO-MA在加热的过程中生产磷酸，促使复合材料脱水炭化，导致阻燃处理后的复合材料残炭量增加，起到了凝聚相阻燃作用，复合材料的阻燃性能得到提高。加入阻燃剂的复合材料的 T_{onset}（热失重达到5%时）和 T_{max}（热失重速率达到最大时）均低于未加阻燃剂的复合材料。这是因为DOPO-MA分解温度低于复合材料，有利于发挥阻燃作用。

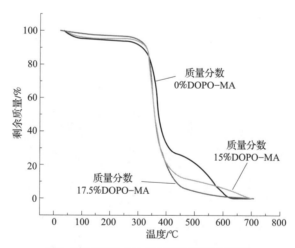

图8　不同DOPO-MA含量的复合材料热失重曲线

2.3　力学性能

　　未添加阻燃剂和添加DOPO-MA阻燃剂的复合材料的拉伸强度如图9所示，此外，图9中给出了添加DOPO的复合材料的拉伸强度作为对比。由图9可以看出，复合材料的拉伸强度随着DOPO-MA含量的增加呈现出先略微上升后缓慢下降的趋势，而添加了DOPO的复合材料拉伸强度则呈现一直下降，且下降幅度均明显超过添加同含量的DOPO-MA的复合材料。拉伸强度的下降主要是由于阻燃剂的加入破坏了纤维和基体间的界面结合度，同时降低了环氧树脂的交联度。加入 DOPO-MA 的复合材料的强度高于加入 DOPO 的复合材料，主要是由于 DOPO-MA 的羧基与植物纤维的羟基的氢键作用，使得 DOPO-MA 对界面的影响好于 DOPO。由图 10 可以看出，加入 5% 的 DOPO-MA 的复合材料的界面好于加入 DOPO 的复合材料的界面。

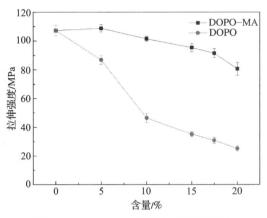

图 9　不同 DOPO-MA 含量的复合材料拉伸强度

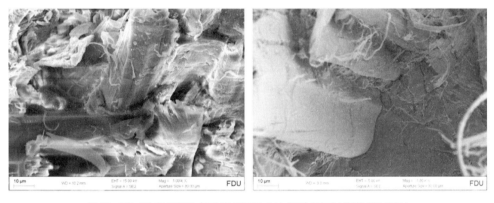

图 10　加入 5% 的 DOPO（左）和 DOPO-MA（右）的复合材料的 SEM 照片

3 结论

本文对磷系阻燃剂 DOPO 的分子进行改性，合成了 DOPO-MA 阻燃剂，热失重结果表明 DOPO-MA 的成炭能力强于 DOPO。将 DOPO-MA 加入到苎麻／松香基环氧树脂复合材料中，阻燃测试结果表明，加入阻燃剂 DOPO-MA 后，复合材料的阻燃性能明显提高。且随着阻燃剂含量的增加，复合材料的阻燃效果明显增加。当阻燃剂含量为 17.5% 时，复合材料的阻燃性能可达到 UL-94 V-0 级。加入阻燃剂 DOPO-MA 之后，虽然会引起复合材料的力学性能的下降，但是由于 DOPO-MA 的羧基与植物纤维的羟基的氢键作用，复合材料力学性能下降幅度明显好于添加 DOPO 的复合材料。

参 考 文 献

［1］Li Y, Li Q, Ma H. The voids formation mechanisms and their effects on the mechanical properties of flax fiber reinforced epoxy composites［J］. Composite Part A, 2015, 72: 40–48.

［2］Yu T, Hu C Q, Chen X J, et al. Effect of diisocyanates as compatibilizer on the properties of ramie/poly（lactic acid）（PLA）composites［J］. Composites Part A, 2015, 76: 20–27.

［3］Liu X Q, Zhang J W. High-performance biobased epoxy derived from rosin［J］. Polymer International［J］, 2010, 59: 607–609.

［4］Liu X Q, Huang W, Jiang Y H, et al. Preparation of a bio-based epoxy with comparable to those of petroleum-based counterparts［J］. Express Polymer Letter, 2013, 4: 293–298.

［5］Li C, Liu X Q, Zhu J, et al. Synthesis, Characterization of a rosin-based epoxy monomer and its comparison with a petroleum-based counterpart［J］. Journal of Macromolecular Science Part A: Pure and Applied Chemistry, 2013, 50: 321–329.

［6］Ma S Q, Liu X Q, Jiang Y H, et al. Bio-based epoxy resin from itaconic acid and its ther-mosets cured with anhydride and comonomers［J］. Green Chemistry, 2013, 15: 245–354.

［7］Ma S Q, Liu X Q, Fan L B, et al. Synthesis and properties of a bio-based epoxy resin with high epoxy value and low viscosity［J］. ChemSusChem, 2014, 7: 555–562.

［8］Ma S Q, Liu X Q, Jiang Y H, et al. Synthesis and properties of phosphorus-containing bio-based epoxy resin from itaconic acid［J］. Science China-Chemistry, 2014, 57: 379–388.

［9］Jian R K, Wang P, Duan W S, et al. Synthesis of a novel P/N/S-containing flame retardant and its application in epoxy resin: thermal property, flame retardance, and pyrolysis behavior［J］. Industrial and Engineering Chemistry Research, 2016, 55（44）: 11520–11527.

［10］Lin C H, Chang S L, Wei T P, et al. Facile, one-pot synthesis of phosphinate -substituted bisphenol A and its alkaline-stable diglycidyl ether derivative［J］. Polymer Degradation and Stability, 2010, 95（7）: 1167–1176.

［11］Yu T, Tuerhongjiang T, Sheng C, et al. Phosphorus-containing diacid and its application in jute/poly（lactic acid）composites: Mechanical, thermal and flammability properties［J］. Composites Part A, 2017, 97: 60–66.

［12］Yu T, Ding D, Sheng C, et al. Enhanced mechanical properties and flame retardancy of short jute fiber/poly（lactic acid）composites with phosphorus-based compound［J］. Science China-Technological Sciences, 2017, 60（11）: 1716–1723.

［13］Li L, Cai Z S. Flame-retardant performance of transparent and tensile-strength-enhanced epoxy resins［J］. Polymers, 2020, 12（2）: 317.

可持续热固性树脂研究：
从绿色原料到安全使用

刘敬楷[1, 2]，代金月[1]，刘小青[1]

1. 中国科学院宁波材料技术与工程研究所，浙江宁波 315201
2. 中国科学院大学，北京 100049

0 引言

　　热固性树脂是一种常见且常用的树脂，由于其固化后能形成高度交联或网络状的聚合物，它们通常具有比热塑性材料更优良的一些性能，如好的尺寸稳定性、耐化学腐蚀性、可观的热性能和力学性能等特性[1]。环氧树脂是一种常见的热固性树脂，其通常含有两个或两个以上的环氧基团，在含活泼氢的固化剂存在下可以固化交联形成一种网状结构的材料。环氧树脂具有优异的综合性能，因此它有着非常广泛的用途，如航空航天、涂料、黏结剂、电路封装等领域。

　　然而，一方面，目前商用的绝大多数的环氧树脂，其原材料或固化剂都是取自不可再生的石油甚至含有毒性，如双酚 A、邻苯二甲酸酐等，这将对人体及环境都将造成危害。使用可再生的生物质及其衍生物（平台化合物）可以有效地缓解对石油资源的依赖，但由于这些可再生化学品结构复杂且难以调控，所得的树脂也通常难以达到商用的性能要求。另一方面，即便达到了与商用环氧树脂相媲美的综合性能，环氧树脂仍旧面临着易燃的通用问题，如普通环氧树脂的氧指数通常为 22 左右，这意味这它容易燃烧且燃烧速度较快，因此在原料绿色的基础上进一步提升环氧树脂的阻燃性能对于它安全使用及拓宽应用是必要的。

　　本文将介绍一系列生物基环氧树脂的设计及阻燃性提升方法。为替代传统石油基的双酚 A 环氧树脂及酸酐类固化剂，我们分别选用绿色可再生的衣康酸制备了低黏度生物基环氧树脂前驱体（EIA）及三官能度环氧树脂前驱体（TEIA），并利用 D–A 反应改性松香酸得到两种环氧固化剂（MMP 和 MPA）。此外，为达到树脂的安全使用目的，在设计本征阻燃的生物基环氧树脂或环氧阻燃剂上也做了相关探索，并成功制备了 DOPO 修饰的衣康酸环氧树脂（EADI）及含 DOPO 基元的木质素基环氧树脂阻燃剂（DGEDBD）。

1 绿色环氧树脂的设计、合成与性能

　　自然界中广泛且丰富的生物质及其平台化合物都是合成生物基环氧树脂的潜在原料。由于环氧树脂的制备通常有三种方法：①酸性基团与环氧氯丙烷反应；②双键的环氧化；③酸性基团接枝烯

基后环氧化。因此，含有醇羟基、酚羟基、羧基及双键的生物基平台化合物理论上都能被用来制备环氧树脂。

在现有的生物基平台化合物中，植物油是被用得最多的平台化合物，因为它产量大且具有丰富的双键[2-3]。然而，由于脂肪链较长，环氧基团的反应性较低，环氧植物油总是导致交联材料不良、热性能或力学性能不理想。来自碳水化合物的甘油、山梨醇、异山梨醇等也被用来合成商用环氧树脂，但它们的柔性结构通常导致玻璃化转变温度低，很难单独用作结构和工程塑料。一些含有刚性基团的环氧树脂，又容易具有分子量大迁移率低、难加工等问题。

衣康酸是一种由碳水化合物发酵得来的不饱和脂肪族二酸，它是一个完全可持续的工业产品，也被美国能源部列为12种最具潜力的生物基平台化合物之一[4]。它分子中存在的两个羧基及吊坠的双键是潜在的环氧化反应位点。因此，衣康酸无疑是一种绿色且有潜力的环氧树脂原料。对此，我们首先合成了具有一定分子量的衣康酸基环氧树脂前驱体（EIA）[5]。其合成路线及结构如图1所示。所得的环氧树脂具有0.625的高环氧值。

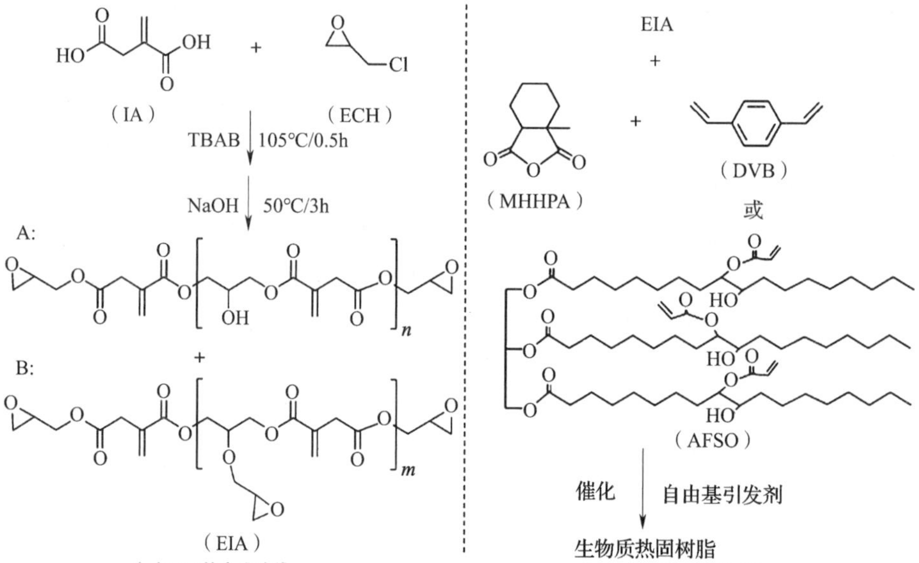

（a）EIA的合成路线　　（b）EIA的固化过程

图1　衣康酸基环氧树脂

在此结构中，EIA中的环氧基团可以被环氧固化剂固化，同时，衣康酸中吊坠的碳碳双键被保留，因此，它还可以与含双键的化学物共聚。本研究中采用商用的甲基六氢苯酐（MHHPA）作为固化剂，同时，将其与两种活性稀释剂二乙烯基苯（DVB）或丙烯酸酯化环氧大豆油（AESO）共聚得到生物基环氧树脂交联网络，如图1所示。由不同的反应物配比可得到七种固化体系，分别为EIA0、EIA-DX（X=5，10，20，代表100份EIA中加入了X份DVB），EIA0、EIA-AX（X=5，10，20，代表100份EIA中加入了X份AESO），及纯DGEBA体系（双酚A类环氧树脂），此外，各体系中还有相当于环氧基团摩尔数的75%的固化剂。

作为代表，纯EIA体系、纯DGEBA及分别混有10份DVB和AESO的混合体系4个体系的固化温度及加工性能被研究。4 种体系的 DSC 曲线被记录在图 2（a）中，由图 2 可见，4 个体系都展示了相似的放热峰，这是由于环氧基团在酸酐的作用下开环。同时，相比纯 DGEBA 体系，以 EIA 为主体的体系其固化峰出现在了更早的温度，说明了 EIA 具有比 DGEBA 更高的固化活性，这使得 EIA 的固化只需在更温和的环境即可固化。此外，在 EIA-D10 和 EIA-A10 体系中可以观察到一个 110℃左右的放热峰，这是由于双键之间的自由基聚合导致的。图 2（b）可以观察到类似的结果，随着温度的升高，各个体系都展示了相同的黏度变化趋势，而 EIA 为主体的体系在更早的温度开始上升，这说明 EIA 相对于 DGEBA 更易于加工。

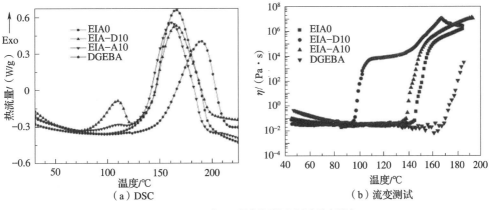

图 2　DGEBA 及含 EIA 混合体系的 DSC 和流变测试

此外，聚合物的热性能、热机械性能和力学性能也被进行了探讨。表 1 汇总了不同聚合体系的热性能及力学性能。由表 1 可见，无论是基于 DMA 或是 DSC 的结果，以 EIA 为主体的聚合物体系的玻璃化温度（T_g）都比纯 DGEBA（即商用双酚 A 类环氧树脂）的玻璃化温度要高，这可能是由于其具有较高的交联密度。此外，该系列体系的力学性能也被测试，如图 3 所示，几乎所有以 EIA 为主体的聚合物体系都展示了相当甚至更高的拉伸、弯曲性能，尤其是纯 EIA 体系，在此方面展示了优于纯 DGEBA 的数据。因此，该种衣康酸基环氧树脂在综合性能上具有替代商用石油基环氧树脂的潜力。

表 1　DGEBA 及含 EIA 混合体系的热性能

体系	E'/MPa（T_g+60℃）	v_e/（mol/m³）	T_g/℃		$T_{d5\%}$/℃	
			DMA	DSC	N₂ 中	空气中
EIA0	124.8	10794.1	130.4	111.2	325.9	311.1
EIA-D5	152.6	13137.9	132.6	115.2	322.9	304.8
EIA-D10	224.6	19050.8	139.4	117.2	331.5	310.3
EIA-D20	477.2	40266	142	119.5	336.8	317.9
EIA-A5	60.1	5232	127.4	108.5	310.4	295.6

表1（续）

体系	E'/MPa ($T_g+60℃$)	$v_e/$ (mol/m³)	$T_g/℃$		$T_{d5\%}/℃$	
			DMA	DSC	N_2中	空气中
EIA-A10	48.2	4245.8	126.7	107.7	319.6	295.5
EIA-A20	38.3	3339.3	122	100.1	320.1	288
DGEBA	32	2796.1	125.7	107.8	353.8	323.2

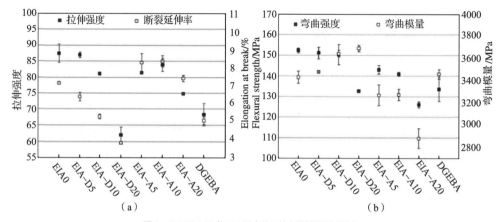

图3 DGEBA及含EIA混合体系的力学性能测试结果

衣康酸中的双键不仅可以其他含双键的单体进行自由基聚合与形成共聚物，也可以在两步法的过程中直接被环氧化，可得到三官能度的衣康酸基环氧树脂（TEIA），其环氧值得到了进一步的提升（1.16），合成路线如图4所示[6]。由于其低分子量的无芳香结构，该单体也展示了极低的黏度（0.92Pa·s），远低于DGEBA的10.2Pa·s，这将有利于流延、注塑等操作。TEIA与DGEBA分别与两种商用固化剂（D230和MHHPA）以活泼氢和环氧值0.75：1混合，得到4种体系，并对其进行了流变测试，如图5所示相比于DGEBA在160℃左右开始黏度上升，TEIA/D230体系和TEIA/MHHPA体系的黏度分别于70℃和90℃左右开始上升，证明TEIA的加工所需温度被大大降低，因此，更低的能耗下就能被加工成形。

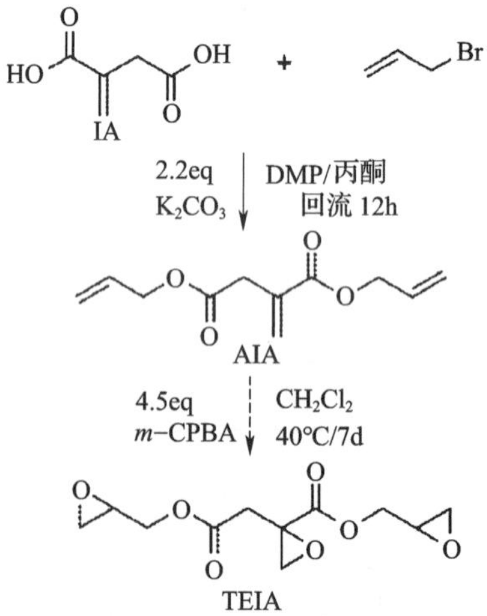

通过比较4种体系的热性能、热稳定性和力学性能（见表2）可以看出，TEIA/D230体系相比于DGEBA/D230具有较低的T_g和热稳定性，但拉伸强度差不多，拉伸模量和断裂延伸率远高于DGEBA体系。而TEIA/MHHPA体系与它的石油基对应物相比，除了稍差的热稳定性之外，几乎所有的性能都要更优。因此，该种树脂也极具替代双酚A环氧树脂的地位。衣康酸是一种绿色且可用的环氧树脂前驱体。

图4 三官能度衣康酸基环氧树脂（TEIA）的合成路线

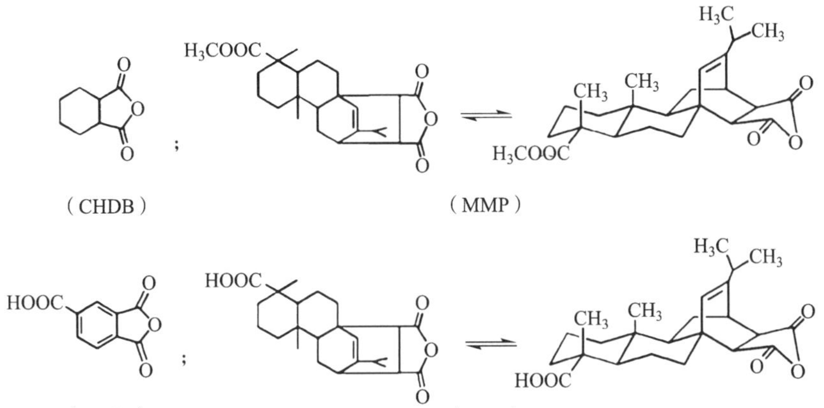

（a）MMP和MPA与CHDB和BTCA的对比

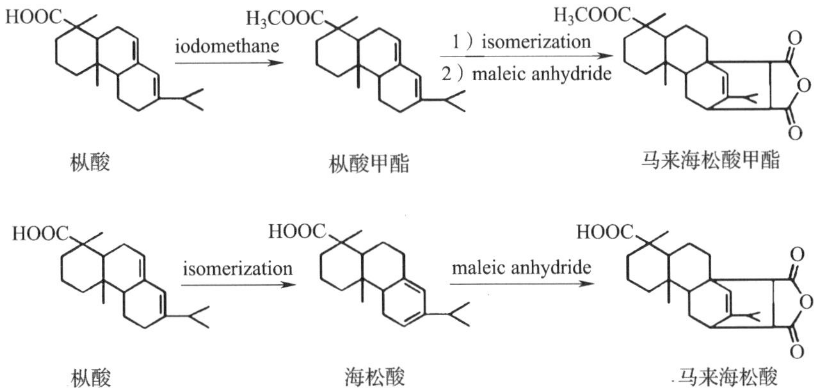

（b）MMP和MPA的合成路线

图5 松香酸基固化剂（MMP和MPA）与石油基固化剂（CHDB和BTCA）的对比（a），
MMP和MPA的合成路线（b）

表2 4种体系的热性能和力学性能

体系	T_g/℃	$T_{d5\%}$/℃		拉伸强度 /MPa	拉伸模量 /MPa	断裂延伸率 /%
		In N_2	In air			
DGEBA/D230	97.9	366.0	322.3	121.0±0.7	2950±18	12.7±1.7
TEIA/D230	61.6	268.6	266.3	117.8±2.0	3600±77	20.8±0.9
DGEBA/MHHPA	109.5	368.3	340.1	131.6±23.2	3390±34	4.4±1.3
TEIA/MHHPA	135.2	329.1	319.7	157.2±17.6	3640±32	5.0±0.9

2 绿色环氧固化剂的设计与合成

目前商用的环氧树脂固化剂，基本上都为石油基产品，如上述研究所涉及的 D230 和 MHHPA，此外还有邻苯二甲酸酐、4，4-二氨基二苯甲烷、顺 -4-环己烯 -1，2-二羧酸酐、1，2，4-苯三甲酸酐等。一方面，它们大多数含有刚性的结构，另一方面，这些固化剂的合成通常经历许多复杂且不环保的过程，如顺 -4-环己烯 -1，2-二羧酸酐（CHDB）的合成需要防止二烯的均聚和二烯与琥珀酸酐的共聚，且需要高选择性的催化剂来避免酸酐基上的副反应。此外，1，2，4-苯三甲酸酐（BTCA）的合成需要一系列的重金属催化剂。因此，设计绿色环氧固化剂，不仅要考虑其合成简单绿色工艺，还需要寻找同时含刚性结构又具有可将环氧开环的基团或可被进一步修饰成开环功能的化合物。

松香是一种松树和针叶树的渗出物，也是一种硫酸盐浆工艺的副产品，它是一种混合物，其中90% 是松香酸[7]。由于松香酸具有较大的氢化菲环结构，其刚性与石油基环脂肪族或芳香族化合物相似，聚合物不但有高玻璃化温度，还具有形状记忆潜力和良好的疏水性[8-9]。此外，松香酸是一种萜类，它可以在特殊条件下进行异构化，形成环内二烯结构，这种结构可以与亲双烯发生 D-A 反应，使得含活泼氢的基团可以被接枝上去。因此，松香酸是一种极具潜力的可用作制备环氧固化剂的生物基平台化合物。

针对石油基的两种固化剂顺 -4-环己烯 -1，2-二羧酸酐（CHDB）和 1，2，4-苯三甲酸酐（BTCA），通过松香酸的化学改性得到了它们的类似物（MMP 和 MPA，图 5（a））[10]。该反应通过松香酸的异构化及 D-A 反应的简单过程得到（见图 5（b）），绿色环保，且保留了松香酸中刚性的氢化菲环结构。

将上述 4 种固化剂分别与商用环氧树脂 DER332 混合，以测试固化剂的性能。由此得到了 4 种体系，即 CHDB/DER332、MMP/DER332、BTCA/DER332、MPA/DER332，这些体系的反应活化能被Kissinger[11] 和 Ozawa[12] 公式计算，此外，固化体系的玻璃化转变温度（基于 DMA）及热稳定性也被测试，相关数据被记录在表 3 中。由于 MPA/DER332 体系含有两个固化活性不同的基团，即羧基和酸酐，因此，两个阶段的固化将出现，则反应活化能分别有对应两个峰值温度的数值。即便如此，两种松香基固化剂的环氧固化体系仍然展示了石油基固化剂近似的固化活化能，因此，这几种固化剂在加工性能上没有明显的差别。此外，两种含松香酸固化剂的体系都展示了比它石油基对应物更高的玻璃化转变温度，MPA/DER332 体系更是达到了 186 之高，然而，其热稳定性（$T_{5\%}$ 和 $T_{10\%}$）相比石油基的体系稍微逊色，这可能是由于缺少芳环结构，但仍然达到了大多数的使用要求。

总之，有可再生物质松香酸合成的两种固化剂，其合成过程简单，不涉及到有毒化学品、重金属催化剂等的使用，且相比石油基固化剂能一定程度上提升聚合物的玻璃化温度且不影响其加工，热稳定性略低于商用固化剂但仍能满足大部分应用要求，是一种绿色且实用性高的环氧固化剂。

表3 松香酸固化剂及其石油基固化剂对应体系的固化动力学及热性能数据

体系	Ea/（kJ/mol）		DMA/℃	TGA/℃	
	Kissinger	Ozawa	T_g	$T_{5\%}$	$T_{10\%}$
CHDB/DER332	74.8	75.6	113.7	330.3	351.2
MMP/DER332	73.3	76.9	123.6	312.1	334.9
BTCA/DER332	67.5	69.8	178.0	339.8	356.4
MPA/DER332	76.3	78.6	186.1	319.5	340.7
	72.9	74.2	—	—	—

3 可安全使用的绿色环氧树脂的设计、合成与性能

环氧树脂使用广泛，性能优良，但普通的环氧树脂极易被燃烧，使得它在很多对防火有需求的领域无法应用。因此，要使得环氧树脂在可持续生产的基础上进一步被安全使用，还需要加强防火性能。

目前，部分阻燃剂已经被成功地用来提升环氧树脂的阻燃性，但由于卤化阻燃剂的毒性和不环保性，开发更高效更环保的有机磷阻燃剂已经逐渐成为主流。然而，一方面，有些含磷阻燃剂需要复杂的合成过程才能得到，且涉及有毒试剂或不环保原料的使用，尤其是有机溶剂，另一方面，部分含磷阻燃剂无论是反应型还是添加型，需要与环氧树脂混合使用，还可能导致相容性差、降低聚合物性能、分相等弊端。

此外，有少数研究开发了几种不需要额外改性就具有本征阻燃特征的生物基环氧树脂，如大豆苷元、柚皮素等，但这仍然只适用于少数生物质。本节所介绍的两种阻燃型环氧树脂，其化学修饰策略具有一定的通用性，可为设计类似功能的生物基环氧树脂提供借鉴意义。

在所有的磷系阻燃基元中，9，10- 二氢 -9- 氧杂 -10- 磷杂菲 -10- 氧化物（DOPO）因其廉价且低毒的特点吸引了很多学者。同时，其结构中的磷氢键具有一定的化学反应活性，使得它可以被化学接枝在各类生物基结构中。有部分研究将 DOPO 或其衍生物作为添加型阻燃剂改性商用环氧树脂，虽然易于加工，但相对来说使用反应型阻燃剂得到的产品具有持久阻燃性和稳定的热机械性能。

基于衣康酸基环氧树脂的高性能及结构中吊坠的双键，可将 DOPO 与该双键通过迈克尔加成在简单的条件（二甲苯中加热回流）下发生反应。得到一种含有磷系阻燃基元的生物基环氧树脂（EADI），其合成路线如图6所示[13]。由于其本身附带的环氧基团，EADI 既可以用作反应型阻燃剂与商用环氧树脂共混，也可以单独作为一种阻燃环氧体系。

将纯的 EADI 体系、纯 DGEBA 体系及三种不同比例混合的 EADI 和 DGEBA 体系用 MHHPA 固化，并测试了其热性能、力学性能和阻燃性能。其配方和性能数据被记录在表4及表5中。相比纯 EADI 体系和纯 DGEBA 体系，混合体系的热稳定性、玻璃化转变温度、阻燃性能和力学性能都有一定提升，但是其阻燃等级并没有达到 UL-94 测试的 V-0 级别。总的来说，改性效果不显

著，混有高比例 EADI 的双酚 A 环氧树脂体系仍然没有达到 V-0 级，即便是纯 EADI 体系其氧指数仍然较低，成碳较差，或许是由于缺少芳环结构的原因。但该改性思路是可以应用于多数生物基平台化合物中的，如富马酸、马来酸、丁香酚、腰果酚等含双键结构可引发磷氢加成反应的可再生原料。

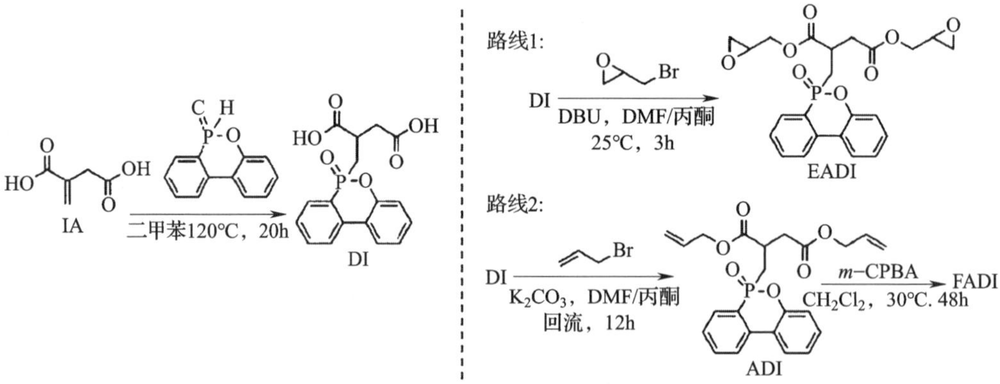

图 6　衣康酸基环氧阻燃剂（EADI）的合成路线

表 4　纯 DGEBA、纯 EADI 及 EADI/DGEBA 混合体系的配方、磷含量及热性能

体系	DGEBA/EADI/MHHPA 的重量比	磷含量 /%	$T_{d5\%}$/℃	R800/%	T_g/℃
DGEBA-P0	100/0/67.61	0	340.1	0.16	109.5
D/E-P0.5	87.7/12.3/66.06	0.5	347.4	1.00	110.5
D/E-P1.0	75.6/24.4/64.54	1.0	358.0	2.21	114.9
D/E-P2.0	52.2/47.8/61.60	2.0	360.1	5.55	119.8
EADI-P4.4	0/100/55.04	4.4	288.5	5.29	101.9

表 5　纯 DGEBA、纯 EADI 及 EADI/DGEBA 混合体系的阻燃性能和力学性能

体系	UL-94 标准（燃烧时间 1st +2nd）	极限氧指数 /%	弯曲强度 /MPa	拉伸模量 /MPa	断裂延伸率 /%
DGEBA-P0	—	19.6	131.6 ± 23.21	3390 ± 33.7	4.48 ± 1.27
D/E-P0.5	99+4	25.2	132.2 ± 8.38	3479 ± 24.3	4.14 ± 0.36
D/E-P1.0	81+4	28.5	119.7 ± 11.64	3596 ± 4.2	3.55 ± 0.36
D/E-P2.0	27+36	31.4	117.6 ± 15.81	3672 ± 32.0	3.43 ± 0.50
EADI-P4.4	1+2	22.8	125.5 ± 12.8	4004 ± 49.3	3.28 ± 0.36

为了在绿色原料的基础上，设计出更有效的催化剂，进一步考虑了含芳环的木质素衍生物愈创木酚、香草醛，利用 DOPO 中磷氢键的反应活性，一步缩合得到类似双酚结构且含 DOPO 单元的二酚（BDB），并进一步将其制成环氧（DGEBDB）[14]。该反应不需要额外的溶剂，愈创木酚可直接作为溶剂，且可在反应后进行原位回收，不仅原料可持续，合成过程也绿色环保。其反应路线如图 7 所示。

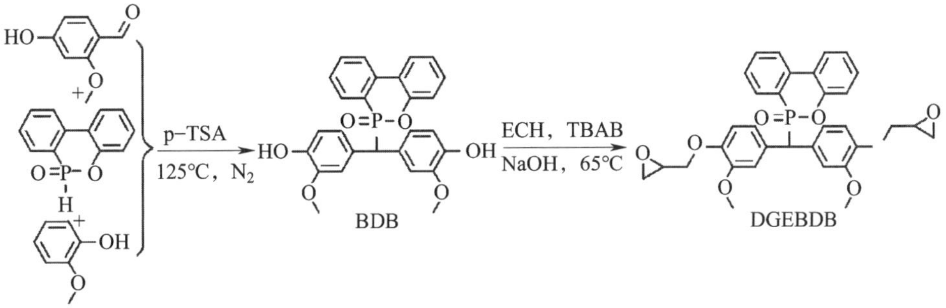

图 7 木质素基阻燃剂（DGEBDB）的合成路线

通过与商用双酚 A 型环氧树脂（DER332）混合，再配合商用环氧固化剂（DDM）制备了 4 种体系，即纯 DGEBA 体系，BxDy 体系（$x:y$ 等于 DGEBDB 与 DGEBA 的摩尔比），其热性能、力学性能和阻燃性能被记录在表 6、表 7 中。由表可知，在加入 DGEBDB 后，聚合物体系的热分解温度（$T_{d10\%}$）及玻璃化温度即便没有明显的提升，但也没有较大的差别，但成碳率（R800%）提升比较明显，B3D7/DDM 体系相较纯 DGEBA 体系提升了 56% 之多。力学性能和阻燃性能方面，加入了 DGEBDB 后，拉伸强度和弯曲强度都呈现了相似的提升趋势，此外，阻燃性能明显上升，仅仅 0.67% 磷含量的体系 UL-94 测试就达到了 V1 级别（燃烧时间 7.2+4.2），氧指数也达到了 30.2，当磷含量为 1.27% 时，阻燃性能已经相当可观，达到了 V-0 级别和 32.5 的氧指数，总热释放（THR）也相对纯 DGEBA 体系降低了 20%。

总体来说，该种生物基阻燃剂具有合成绿色且高效的特征，相比于衣康酸基阻燃环氧树脂，具有更好的阻燃效果，同时，成碳率和力学性能也被提升，其他性能的影响不大，混入其他环氧树脂体系，可有效使其更安全地使用。

表 6 纯 DGEBA 及 DGEBDB 环氧阻燃剂混合体系的配方、磷含量及热性能

体系	DGEBA/DGEBDB/DDM 的摩尔比	磷含量 /%	$T_{d10\%}$/℃	R800 /%	T_g/℃
DGEBA/DDM	10/0/5	0	379.6	14.9	177.8
B1D9/DDM	9/1/5	0.67	385.5	19.1	176.4
B2D8/DDM	8/2/5	1.27	376.1	21.2	169.2
B3D7/DDM	7/3/5	1.81	375.3	23.3	168.9

表7　纯 DGEBA 及 DGEBDB 环氧阻燃剂混合体系的阻燃性能和力学性能

体系	UL-94 标准（燃烧时间 1st +2nd）	极限氧指数 /%	热释放 / (kJ/g)	拉伸强度 /MPa	弯曲强度 /MPa
DGEBA/DDM	—	24.2	25.1	74	105
B1D9/DDM	7.2+4.2	30.2	22.1	84	107
B2D8/DDM	3.5+1.2	32.4	20.5	87	118
B3D7/DDM	0.8+1.1	33.4	18.4	91	124

4 结论

本论文概述了一系列基于绿色原料的环氧树脂、环氧固化剂及环氧阻燃剂，其中，衣康酸基环氧树脂、松香酸基环氧固化剂基木质素基环氧阻燃剂都在相关领域展示了替代石油基产品的潜力，这使得从绿色原料到安全使用成为可能，此外，本篇概述还为合成生物基相关产品并在绿色的前提下制备更安全的树脂体系提供了设计思路。

参 考 文 献

[1] Pascault J P, Sautereau H, Verdu J, et al. Thermosetting polymers[M]. CRC press, 2002.

[2] Ronda J C, Lligadas G, Galià M, et al. Vegetable oils as platform chemicals for polymer synthesis[J]. Eur J Lipid Sci Technol, 2011, 113（1）：46–58.

[3] Desroches M, Escouvois M, Auvergne R, et al. From Vegetable Oils to Polyurethanes：Synthetic Routes to Polyols and Main Industrial Products[J]. polymer reviews, 2012, 52（1）：38–79.

[4] Saha B C. Emerging biotechnologies for production of itaconic acid and its applications as a platform chemical[J]. journal of industrial microbiology & biotechnology, 2017, 44（2）：303–15.

[5] Ma S, Liu X, Jiang Y, et al. Bio-based epoxy resin from itaconic acid and its thermosets cured with anhydride and comonomers[J]. Green Chem, 2013, 15（1）：245–54.

[6] Ma S, PROF., #X, et al. Synthesis and Properties of a Bio - Based Epoxy Resin with High Epoxy Value and Low Viscosity[J]. Chemsuschem, 2014, 7（2）：555－62.

[7] Negro V, Mancini G, Ruggeri B, et al. Citrus waste as feedstock for bio-based products recovery：Review on limonene case study and energy valorization[J]. Bioresour Technol, 2016, 214（806–15.

[8] Huo L, Wang D, Liu H, et al. Cytoxicity, dynamic and thermal properties of bio-based rosin-epoxy resin/ castor oil polyurethane/ carbon nanotubes bio-nanocomposites[J]. J Biomater Sci, Polym Ed, 2016, 27（11）：1100–14.

[9] Li T, Liu X, Jiang Y, et al. Bio-based shape memory epoxy resin synthesized from rosin acid[J]. Iranian Polymer Journal, 2016, 25（11）：1–9.

[10] Liu X, Xin W, Zhang J. Rosin-based acid anhydrides as alternatives to petrochemical curing agents[J]. Green Chem,

2009, 11（7）: 1018–25.

[11] Kissinger H E. Reaction kinetics in differential thermal analysis[J]. Anal Chem, 1957, 29（11）: 1702–6.

[12] Ozawa T. A New Method Of Analyzing Thermogravimetric Data[J]. Bull Chem Soc Jpn, 1965, 38（11）: 1881–+.

[13] Ma S, Liu X, Jiang Y, et al. Synthesis and properties of phosphorus–containing bio–based epoxy resin from itaconic acid[J]. Science China Chemistry, 2014, 57（3）: 379–88.

[14] Liu J, Dai J, Wang S, et al. Facile synthesis of bio–based reactive flame retardant from vanillin and guaiacol for epoxy resin[J]. Composites Part B: Engineering, 2020, 107926.

香草醛基易回收热固性树脂
及其碳纤维复合材料研究

马松琪，朱锦

中国科学院宁波材料技术与工程研究所，浙江宁波 315201

0 引言

热固性树脂是一种通过化学交联得到的具有三维网状结构的不溶不熔的高分子材料[1]，具有优异的热力学性能及尺寸稳定性，在高性能涂料、胶黏剂、橡胶、LED灯罩、电子封装、复合材料等领域得到广泛应用，并且很难用热塑性材料所取代[2]。在 2010—2015 年间，热固性树脂占所有高分子材料的 18% 左右，世界年产量达 6500 多万吨[3]。

由于共价交联的网络结构，传统的热固性材料不能通过加热和溶剂溶解等进行重塑或重新加工[2-4]，更难以回收处理。随着人们可持续性意识及环保义务的不断提高，热固性材料使用后的回收利用变得非常重要和必要。并且在某些消耗大量热固性树脂的领域如电子设备和纤维增强高分子复合材料等，其贵金属元器件及昂贵纤维等的无损坏回收也需要热固性树脂首先得到妥善的回收处理[5-6]。在热固性树脂交联网络中引入可逆共价键，可以实现易回收性能，被认为是解决热固性树脂回收问题的一条重要途径。易回收热固性树脂主要分为两大类，可降解热固性树脂和可重塑热固性树脂。可降解热固性树脂主要是在热固性树脂的交联网络中引入一些可降解结构，如酯键[7]、二硫醚键[8]、缩醛结构[9]、半缩醛酯键[10]、缩醛胺结构[4]、双环原酸酯结构[11]等，在一定的作用下，这些结构可以打开，树脂交联网络降解成为小分子或低聚物[12]。可重塑热固性树脂（CAN 或 Vitrimers）在外界刺激（如热、光、力、pH 等）作用下，动态共价键的断裂与重组可诱导交联网络动态调整，从而实现像热塑性塑料那样回收再加工利用[13-14]；当刺激消除，表现出传统热固性树脂般的高稳定性[15]。虽然取得了很多研究进展，然而相对传统热固性树脂，易回收热固性树脂普遍存在热力学性能低、耐水性差、易蠕变等问题，严重限制了其在结构材料中的应用。

热固性树脂的另一个普遍问题是原料几乎都来源于不可再生、当前消耗又非常迅速的化石资源。最近 20 年间迎来了采用生物质可再生资源制备高分子的热潮，证明采用生物质资源制备高分子材料不仅可以节约化石资源，同时又可以降低二氧化碳的排放。很多生物基原料，如木质素、松香、腰果酚、衣康酸、异山梨醇等被广泛地用于热固性树脂方面的研究[1]。其中木质素是唯一一种有望大规模提取含苯环化合物的生物质来源[16]。香草醛作为当前唯一一个规模化生产的木质素来源的单苯环化合物，已经在高分子领域表现出了巨大的潜力[17]，我们在前期研究中也证明香草醛适合设计合成高性能的热固性树脂[18]。

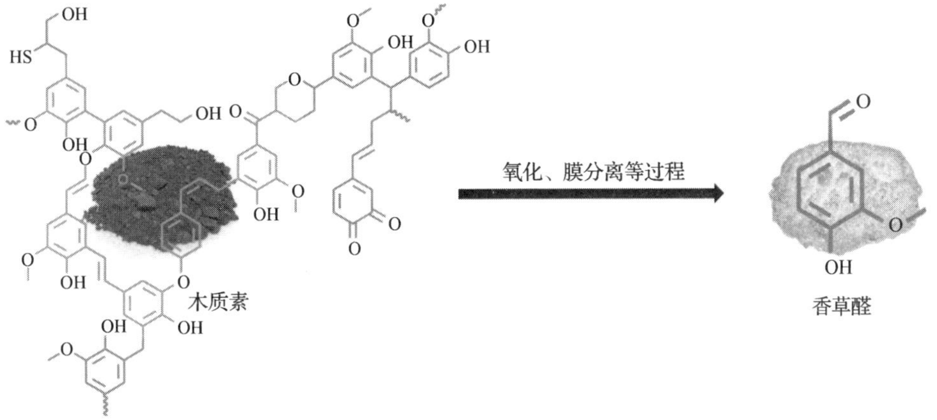

图 1　木质素和香草醛的结构示意图

针对热固性树脂的回收及原料不可持续问题，中国科学院宁波材料技术与工程研究所生物基高分子材料团队，近年来以香草醛为原料，通过分子设计合成了系列基于苯联环缩醛及苯环共轭席夫碱、动态腙等可逆共价结构的易回收热固性树脂，以期解决当前易回收热固性树脂热力学性能低、耐水性差及易蠕变的问题。

1　香草醛基苯联环缩醛热固性树脂

缩醛是一种 pH 快速可控降解的基团，然而目前报道的缩醛热固性树脂如环氧树脂，缩醛结构存在两个醚键且在分子主链上，导致分子很柔、刚度不够，从而导致它们的 T_g（<110℃）和模量都远低于现在通用的双酚 A 环氧树脂[9, 19]。为此，申请人将易降解的缩醛结构环化，并与苯环（刚性大且疏水）相联，设计合成了系列苯联环缩醛结构，以及高热机械性能、耐水性好的易降解回收热固性树脂。

以香草醛为原料，通过与季戊四醇性缩醛反应得到苯联螺环二缩醛二酚，进而与环氧氯丙烷反应合成了系列苯联螺环二缩醛环氧单体（见图 2），^{1}H NMR 和 ^{13}C NMR 谱图如图 3 所示。将其与异佛尔酮二胺固化后，得到的固化物在 0.1 mol/L 盐酸溶液中可以快速地降解，升高温度或提高酸性都会进一步提高降解速度；同时研究发现，有机溶剂的种类，以及有机溶剂与水的比例也会大大影响降解速度，此树脂在丙酮、丁酮或四氢呋喃为有机溶剂，与水的摩尔比为 9.5/0.5 和 9/1 时的酸性溶液中，降解速度相对较快。引入了可逆共价键，树脂的稳定性受到质疑，因此，我们将此树脂固化物分别放于水、1mol/L 氢氧化钠水溶液、丙酮与水的混合溶剂（9/1，*V/V*）中浸泡 10h，树脂固化物的玻璃化转变温度没有变化；同时研究了树脂在空气气氛下的热失重曲线，发现其与双酚 A 环氧树脂的热稳定性相媲美。这些结果说明，这种螺环二缩醛环氧树脂在中性或碱性水溶液中以及加热情况下稳定性很好。树脂的玻璃化转变温度（T_g）及拉伸性能数据如表 1 所示，可以看出，树脂的 T_g、杨氏模量、热降解质量分数 50% 的温度（$T_{d50\%}$）都比陶氏的 DER331 双酚 A 环氧树脂高，拉伸强度和热降解质量分数 5% 的温度（$T_{d5\%}$）与其相当[20]。

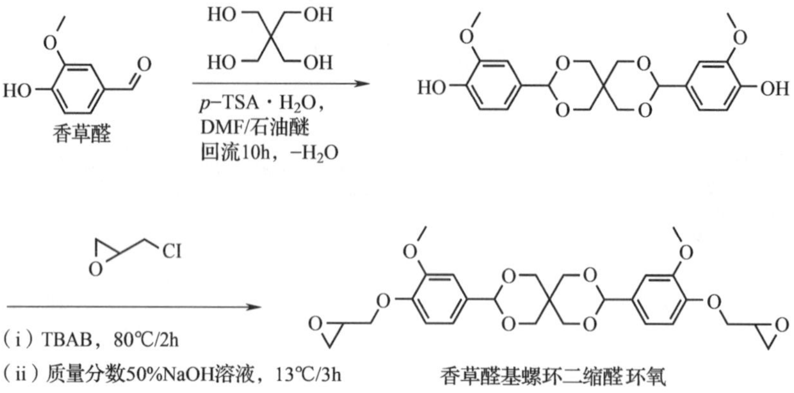

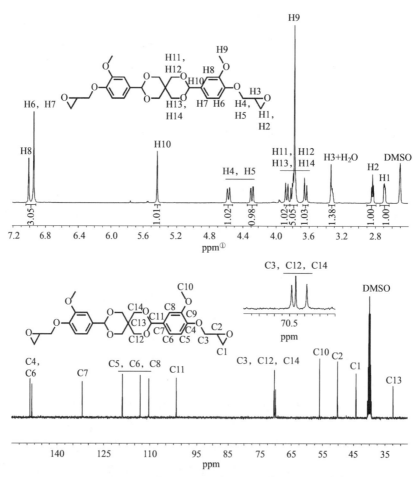

图 2　香草醛基螺环二缩醛环氧单体的合成路线

图 3　香草醛基螺环二缩醛环氧单体的 ^{1}H NMR 和 ^{13}C NMR 谱图[20]

① 1 ppm（百万分率）$=10^{-6}$。

表1 香草醛基缩醛环氧树脂的热学、力学性能

样品	T_g/℃		拉伸强度 /MPa	拉伸模量 /MPa	$T_{d5\%}$/℃	$T_{d50\%}$/℃
	DSC	DMA				
螺环二缩醛环氧	164	169	85	3131	278	429
DER331	157	164	87	2779	282	413

为了进一步提高树脂的生物基含量以及拓宽环缩醛的结构，以生物来源的赤藓醇代替上述季戊四醇，与香草醛反应，进而与环氧氯丙烷反应得到了苯联并环二缩醛环氧单体，反应过程如图4所示。虽然环缩醛的结构不一样，但固化物仍表现出优异的降解性能，在1mol/L盐酸丙酮/水（9/1，V/V）溶液中，40min内就可以降解并溶于溶液中。与此同时，苯联并环二缩醛结构刚性大，导致树脂的模量、硬度等明显高于相同固化剂固化的陶氏双酚A环氧树脂[21]。

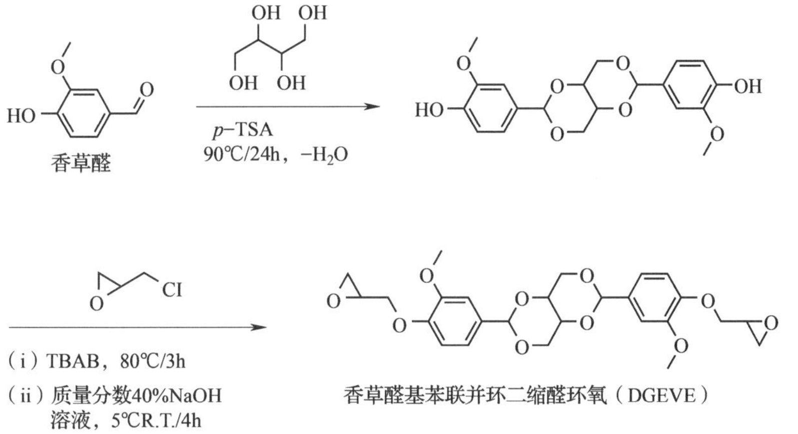

图4 香草醛基苯联并环二缩醛环氧（DGEVE）的合成路线

考虑到原料的成本以及树脂的加工性能，以生物来源、价格相对低廉的甘油为原料与香草醛进行缩醛反应得到苯联单环缩醛二羟基化合物（HMDO），进而与环氧氯丙烷反应得到了苯联单环缩醛环氧（DGHMDO）。甘油与香草醛的反应，采用了以磷酸为催化剂，无溶剂的合成方法，通过蒸发水分及结晶，实现了高的转化率及HMDO的选择性，整个反应绿色高效，后处理简便（见图5）。由于分子中只有两个环，此树脂的熔点为111.5℃，相对上述两种缩醛环氧要低。此树脂与4，4′-二氨基二苯基甲烷（DDM）固化后，固化物的T_g与DER331双酚A环氧树脂相当，而力学性能特别是拉伸强度与断裂能远高于双酚A环氧树脂（见表2）。这种又强又韧的性质主要是由于单环缩醛的构象转变与甲氧基形成的氢键造成的。通过分子模拟计算，非平面的单环缩醛可以发生构象转变，从而可吸收外部能量并改善聚合物材料的分子运动，从而提高了聚合物的韧性；苯环上的甲氧基可以与氨基固化环氧产生的羟基形成氢键，形成八元环，当升温或外力下，此氢键会发生断裂，也可以吸收缓冲能量[22]。除此之外，树脂的前驱体HMDO，也可以与六亚甲基二异氰酸酯三聚体交联反应，得到热固性聚氨酯，同样表现出优异的热学、力学及降解性能。HMDO与双酚A结构很相似，

但细胞毒性比双酚 A 低，同时由于其在胃酸酸性条件下 3min 内即可降解为基本无毒的香草醛和甘油[22]，说明 HMDO 有望成为双酚 A 的绿色低毒替代物，用于合成环氧树脂、聚氨酯及聚碳酸酯等。

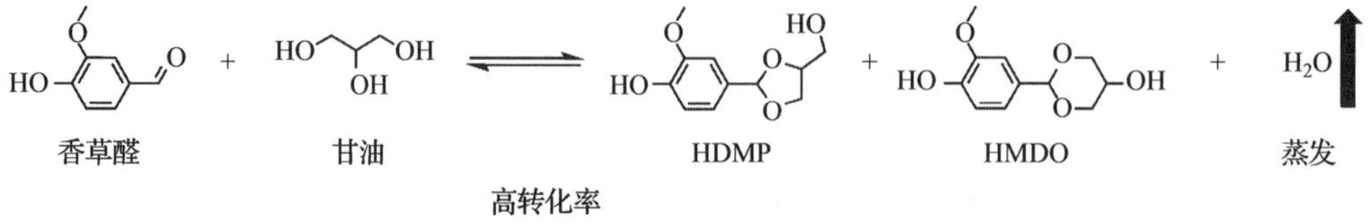

（a）苯联单环缩醛二羟基化合物 HMDO 的合成路线

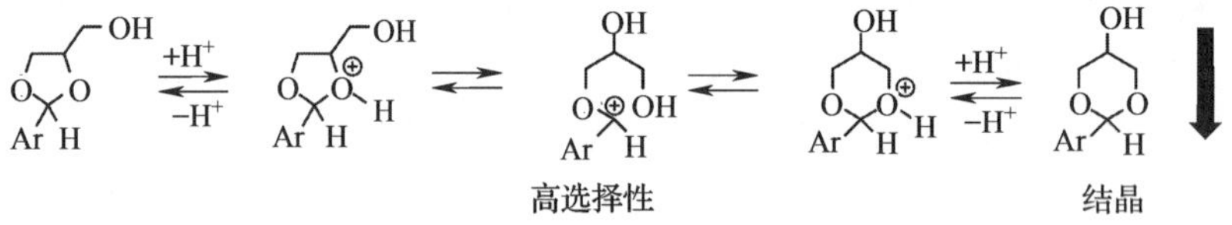

（b）HMDO 与 HDMP 的相互转变机理

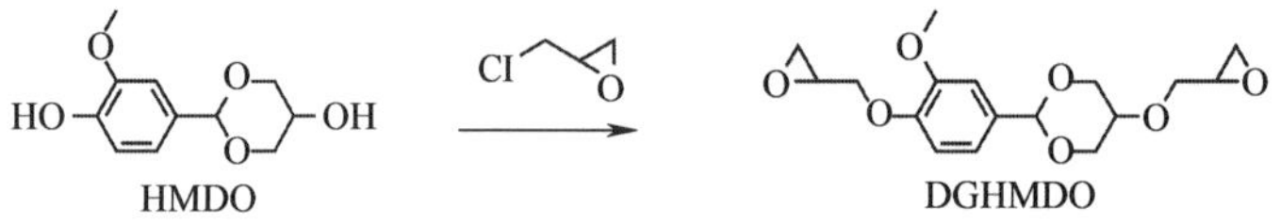

（c）苯联单环缩醛环氧 DGHMDO 的合成路线

图 5 （a）苯联单环缩醛二羟基化合物 HMDO 的合成路线；（b）HMDO 与 HDMP 的相互转变机理；（c）苯联单环缩醛环氧 DGHMDO 的合成路线

表 2 DGHMDO-DDM 和 DER331-DDMR 的力学性能

样品	拉伸强度 /MPa	弹性模量 /MPa	断裂延伸率 /%	断裂能 /（J/m²）
DGHMDO-DDM	104.9±5	2165±132	9.9±0.4	700.8
DER331-DDM	76.4±6	1893±140	7.4±0.5	349.2

2 香草醛基席夫碱热固性树脂

席夫碱是另一种 pH 快速可控降解的基团，也是一种动态化学键，同时它与苯环等芳环结构共轭可赋予高分子材料高性能。基于此，实验室科研人员以香草醛为原料，通过与三氯氧磷反应，以三乙胺作为缚酸剂，合成了一种三醛基单体 TFMP，进而通过与商业化的二胺单体之间的席夫碱反应制备了一系列席夫碱热固性树脂 TFMP-M、TFMP-P、TFMP-H（见图 6）。由于席夫碱键的存在，该类热固性树脂展现出了优异的热延展性，其在玻璃化转变温度以上通过席夫碱结构的交换可以实现快速的应力松弛，并且通过阿累尼乌斯方程对松弛时间拟合得到其键交换的活化能在 49~81 kJ/mol 之间。在 180℃热压下，10min 内就可重新加工成型回收（见图 7），并且在重塑后，其主体化学结构能够保持，力学性能没有明显的下降。目前已经有许多关于可降解的热固性树脂的研究报道，可是绝大部分工作不能实现对单体的回收。回收单体有助于实现材料的循环利用，可以降低成本，节约资源，保护环境。该树脂可在温和酸性条件下水解，实现了热固性树脂的降解以及单体的回收（见图7）。同时该席夫碱热固性树脂解决了已报道的可延展性热固性树脂热学、力学性能低的问题，T_g达约178℃，拉伸强度达约69MPa，拉伸模量达约1925MPa。并且在结构中引入了有机磷结构，解决了热固性树脂的易燃问题，所得席夫碱热固性树脂具有优异的阻燃性，垂直燃烧试验达到了V–0和V–1级别，有限氧指数在30%附近[23]。与当前报道的T_g在50℃以上的可重塑热固性树脂相比，该类席夫碱热固性树脂热学、力学性能相对更好，重塑快，同时它具有部分生物基来源、可回收单体以及阻燃等优点（见表3）。

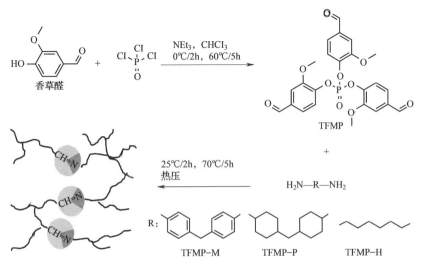

图6 香草醛基三醛基化合物及其席夫碱热固性树脂的合成路线

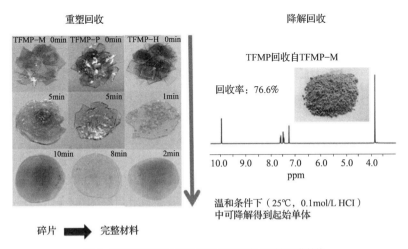

图7 席夫碱热固性树脂的重新加工回收过程及降解回收单体

表3　与当前报道的 T_g 在50℃以上的可重塑热固性树脂的性能对比

含不同动态结构的热固性树脂	T_g/℃	拉伸强度/MPa	弹性模量/MPa	重塑温度/℃	重温时间/min	生物基	单体回收	阻燃
—COO—R[2, 24-30]	51～118	15～60	250～1800	90～250	15～600	Yes	No	No
Si—O—Si/C[31][32]	83～125	12～47	1300～2200	130～190	15～360	No	No	No
S—S[33, 34]	62～130	11～88	1990～2600	100～200	5～60	No	No	No
三唑鎓[35]	60	1	10	160	60	No	No	No
间乙烯胺脂[36]	87	91	2100	150	30	No	No	No
烷氧基胺[37]	60	—	—	130	780	No	No	No
Diels-Alder加合物[38, 39]	55～100	14-37	511～1546	120～140	30	Yes	No	No
—NH—COO—[40, 41]	51-61	40～72	1870～3000	100～160	20～580	No	No	No
O—B—O[14, 42]	67	18～33	500～768	110～190	10	No	Yes	No
C=N[43-45]	52～61	13～42	166～1530	80～120	5～240	No	Yes	No
本研究[23]								
TFMP-M	178	69	1925	160-180	10-35	Yes	Yes	Yes
TFMP-P	128	54	1620	140-180	8-45	Yes	Yes	Yes
TFMP-H	87	35	1426	70-180	2-15	Yes	Yes	Yes

考虑当前碳纤维复合材料用基体主要还是环氧树脂，实验室科研人员以一种简单的方法将席夫碱与环氧树脂结合起来。以香草醛为原料，得到了单官能度环氧单体 MB（见图8），进而通过4，4′–亚基双环己胺（PACM）固化，得到了席夫碱环氧树脂 MB-PACM。由于在固化过程中，席夫碱扩链反应的存在，香草醛基席夫碱环氧树脂的交联密度低于陶氏 DER331 环氧树脂，同时由于席夫碱与环氧固化反应双交联机制的存在，产生大小网孔结构，导致其断裂延伸率（15%）要大大高于陶氏 DER331 环氧树脂（8.6%）；同时由于席夫碱 – 苯环共轭结构以及相应的氢键作用，使得其拥有与 DER331 相当的 T_g（172 ℃）、拉伸强度（81 MPa）和模量（2112 MPa）。由于席夫碱的动态化学键性质，得到的香草醛基席夫碱环氧树脂具有优异的可重塑性能，180 ℃热压 20 min 即可以使碎片样品重新变成完整的材料。通过不同温度下的松驰曲线经阿累尼乌斯方程拟合计算得到拓扑结构冻结温度（T_v）为 70 ℃（见图9）[46]。

为了进一步提高稳定性，实现可控降解的目的，以香草醛为原料，制备了双苯环共轭的席夫碱环氧 VBE，如图 10 所示。由 4，4′-二氨基二苯基甲烷（DDM）固化后的环氧树脂在 23℃的 0.1 mol/L 盐酸溶液中几乎不降解，而在 50℃的 0.1mol/L 盐酸溶液中快速降解，实现了环氧树脂的可控降解（见图 11）。同时在溶剂中、中性/碱性溶液中以及湿热环境中稳定性很好。得益于席夫碱与双苯环共轭结构的刚性，固化后的材料的热学、力学性能相较于双酚 A 环氧树脂有比较大的提升（表 4），同时还具备较高的抗菌性能。为了进行对比，也选择了对羟基苯甲醛代替香草醛，合成了不含甲氧基的双苯环共轭席夫碱环氧 PBE（见图 10）；研究发现，热学、力学性能得到进一步提升，降解性能变化不大，但抗菌性能（杀菌率）从香草醛环氧的 91% 下降至 78%[47]。

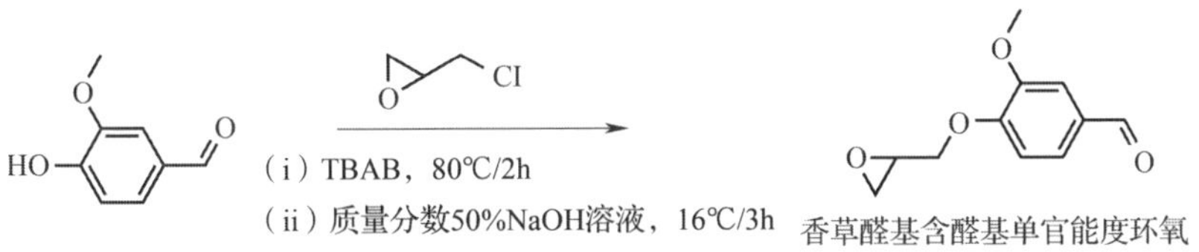

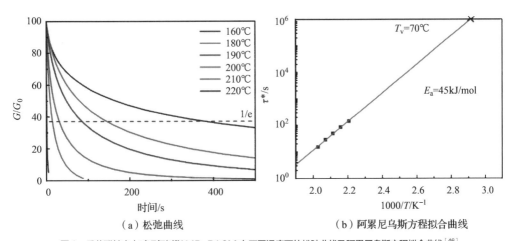

图 8　香草醛基含醛基单官能度环氧的合成路线

图 9　香草醛基席夫碱环氧树脂 MB-PACM 在不同温度下的松弛曲线及阿累尼乌斯方程拟合曲线[46]

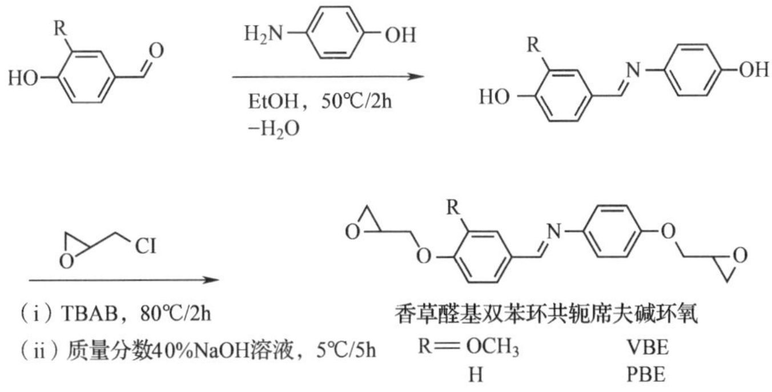

（a）松弛曲线　　　　　　　　（b）阿累尼乌斯方程拟合曲线

图 10　双苯环共轭席夫碱环氧 VBE 和 PBE 的合成路线

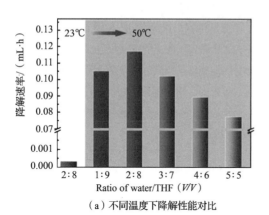

（a）不同温度下降解性能对比

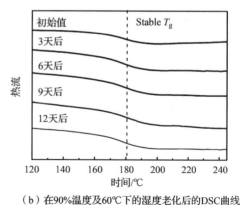

（b）在90%温度及60℃下的湿度老化后的DSC曲线

图11 双苯环共轭席夫碱环氧树脂 VBE-DDM 在不同温度下降解性能对比和在 90% 湿度及 60℃下的湿热老化后的 DSC 曲线[47]

表4 双苯环共轭席夫碱环氧树脂 PBE-DDM、VBE-DDM 以及双酚 A 环氧树脂 DER331-DDM 的玻璃化转变温度和拉伸性能

样品	T_g /℃		弹性模量 /MPa	拉伸强度 /MPa	断裂延伸率 /%
	DSC	DMA			
PBE-DDM	206	204	2646±101	122±9	8.7±0.3
VBE-DDM	181	196	2196±89	93±5	6.3±0.2
DER331-DDM[51]	166	174	1893±140	76±6	7.4±0.5

3 香草醛基含腙结构的热固性树脂

由于动态可逆共价键的存在，使得易回收热固性树脂普遍在较低温度下即会发生蠕变，导致尺寸稳定性差，从而限制了其在结构材料中的应用。

为此，研究人员设计合成了兼具稳定性与可逆性质的动态腙（C=N—N=C）结构，发展了基于腙结构的新型可重塑热固性树脂，初始蠕变温度可达约105℃。首先，以木质素衍生物香草醛为原料，利用其结构中醛基与肼的反应制备含有腙基的二酚，进而环氧化得到含腙键的环氧单体 HBE（见图12）。其次，分别使用柔性固化剂聚醚胺 D400 和刚性固化剂异佛尔酮二胺（IPDA）固化制备出玻璃化转变温度分别为76℃和146℃的可重塑热固性树脂（HBE-D400 和 HBE-IPDA），初始蠕变温度可达约105℃（见图13），说明蠕变不受玻璃化转变温度控制；继续升高温度，树脂又可发生松弛，从而拥有重塑回收性能。小分子模型研究发现，动态腙本身在100℃下不发生动态交换反应，说明了高温抗蠕变性能主要由动态腙本身决定（见图14）。此外，腙键的引入还赋予了该种可重塑热固性树脂优异的可控降解回收性、抗菌性及热力学性能[48]。

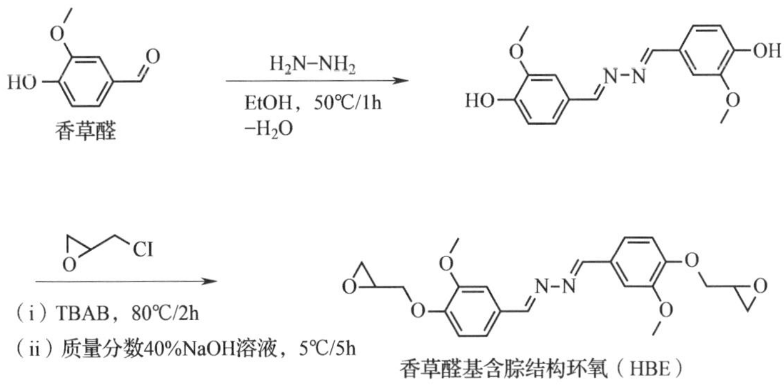

图12 香草醛基含腙结构环氧（HBE）的合成路线

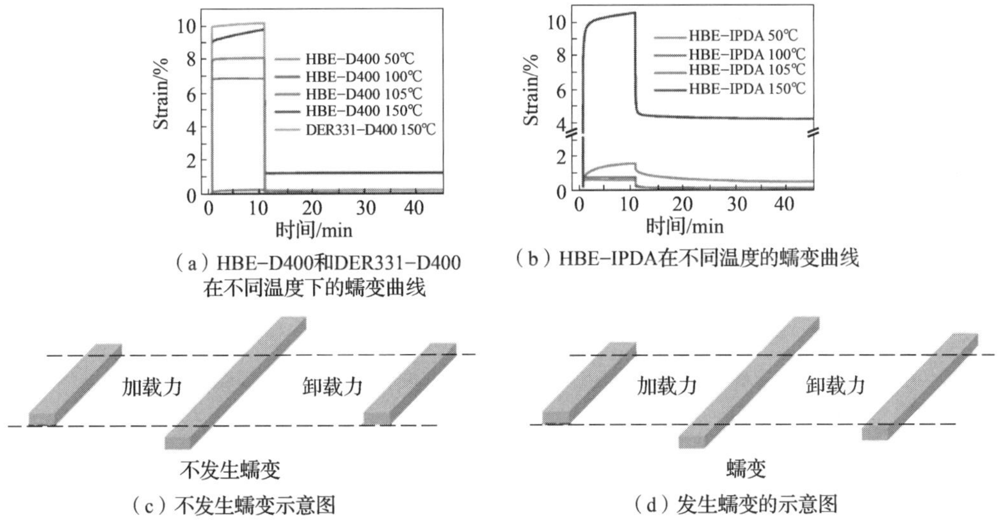

（a）HBE-D400和DER331-D400
在不同温度下的蠕变曲线

（b）HBE-IPDA在不同温度的蠕变曲线

（c）不发生蠕变示意图

（d）发生蠕变的示意图

图13 （a）HBE-D400和DER331-D400,（b）HBE-IPDA在不同温度下的蠕变曲线;
蠕变测试中（c）不发生蠕变和（d）发生蠕变的示意图[48]

4 在碳纤维复合材料中的应用研究

碳纤维复合材料作为一种高性能的结构材料，其回收再利用具有重大的环境和经济意义；然而其基体树脂普遍采用热固性树脂，与碳纤维难分离，造成回收高质量碳纤维困难。因此研究人员选择了碳纤维复合材料作为结构材料及复合材料的代表去评价与验证合成的易回收热固性树脂。如上所述的苯联螺环二缩醛环氧、苯联单环缩醛二羟基化合物及环氧、含醛基单官能度环氧等，制备了系列易回收碳纤维复合材料，与传统热固性树脂基碳纤维复合材料相比，回收条件温和、低能耗、回收设备要求低、回收碳纤维品质高（见图15）。以苯联螺环二缩醛环氧单体为例，其碳纤维复合材料，力学性能与传统双酚A环氧基复合材料相当，在50℃的0.1mol/L HCl 水／丙酮（1/9，V/V）溶液中浸泡30min，即可无损回收碳纤维，回收碳纤维的织构、表面形貌及化学结构、单丝拉伸与原始碳纤维基本一样[20]。

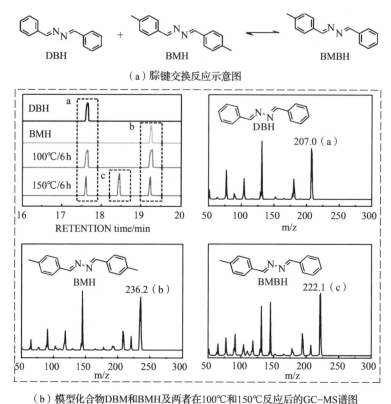

（a）腙键交换反应示意图

（b）模型化合物DBM和BMH及两者在100℃和150℃反应后的GC-MS谱图

图14 （a）腙键交换反应示意图；（b）模型化合物DBH和BMH及两者在100℃和150℃反应后的GC-MS谱图[48]

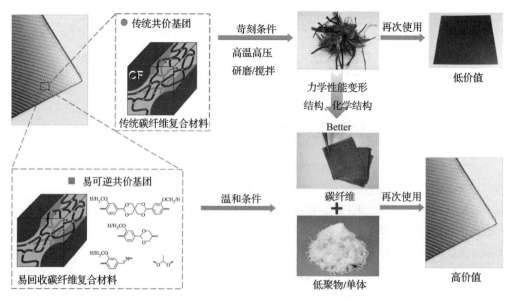

图15 易回收固性树脂基碳纤维复材与传统热固性树脂基碳纤维复材回收及再利用[49]

5 结论

木质素衍生物香草醛适合制备高性能、易回收的热固性树脂。苯联环缩醛结构、苯环共轭席夫碱结构及动态腙结构设计，可实现可以构筑高热力学性能、高耐水性及高温抗蠕变的易回收热固性树脂。苯环共轭席夫碱热固性树脂易于降解和重塑双回收，双苯环共轭可大幅提升稳定性。苯环共轭的腙结构兼具稳定性与可逆性质，适于合成高温抗蠕变可重塑热固性树脂。香草醛基易回收热固性树脂可用于制备碳纤维复合材料，性能与双酚 A 环氧碳纤维复合材料相当，同时可实现碳纤维的无损回收。

参 考 文 献

[1] Ma S, Li T, Liu X, et al. Research progress on bio-based thermosetting resins [J]. Polymer International, 2016, 65 (2): 164-173.

[2] Montarnal D, Capelot M, Tournilhac F, et al. Silica-Like Malleable Materials from Permanent Organic Networks [J]. Science, 2011, 334 (6058): 965-968.

[3] Ma S, Webster D C. Naturally Occurring Acids as Cross-Linkers To Yield VOC-Free, High-Performance, Fully Bio-Based, Degradable Thermosets [J]. Macromolecules, 2015, 48 (19): 7127-7137.

[4] Garcia J M, Jones G O, Virwani K, et al. Recyclable, Strong Thermosets and Organogels via Paraformaldehyde Condensation with Diamines [J]. Science, 2014, 344 (6185): 732-735.

[5] Jung Y H, Chang T H, Zhang H L, et al. High-performance green flexible electronics based on biodegradable cellulose nanofibril paper [J]. Nature Communications, 2015, 6: 7170.

[6] Oliveux G, Dandy L O, Leeke G A. Current status of recycling of fibre reinforced polymers: Review of technologies, reuse and resulting properties [J]. Progress in Materials Science, 2015, 72: 61-99.

[7] Halpern J M, Urbanski R, Weinstock A K, et al. A biodegradable thermoset polymer made by esterification of citric acid and glycerol [J]. Journal of Biomedical Materials Research Part A, 2014, 102 (5): 1467-1477.

[8] Johnson L M, Ledet E, Huffman N D, et al. Controlled degradation of disulfide-based epoxy thermosets for extreme environments [J]. Polymer, 2015, 64: 84-92.

[9] Hashimoto T, Meiji H, Urushisaki M, et al. Degradable and chemically recyclable epoxy resins containing acetal linkages: Synthesis, properties, and application for carbon fiber-reinforced plastics [J]. Journal of Polymer Science Part a-Polymer Chemistry, 2012, 50 (17): 3674-3681.

[10] Khosravi E, Iqbal F, Musa O M. Thermosetting ROMP materials with thermally degradable linkages [J]. Polymer, 2011, 52 (2): 243-249.

[11] Sanda F, Hitomi M, Endo T. Synthesis and cationic polymerization of bicyclo orthoester-based poly(epsilon-caprolactone) macromonomer and depolymerization of the obtained graft copolymer [J]. Macromolecules, 2001, 34 (16): 5364-5366.

[12] Ma S, Webster D C. Degradable thermosets based on labile bonds or linkages: A review [J]. Progress in Polymer

547

Science, 2018, 76: 65-110.

[13] Zhang Z P, Rong M Z, Zhang M Q. Polymer engineering based on reversible covalent chemistry: A promising innovative pathway towards new materials and new functionalities [J]. Progress in Polymer Science, 2018, 80: 39-93.

[14] Röttger M, Domenech T, Van Der Weegen R, et al. High-performance vitrimers from commodity thermoplastics through dioxaborolane metathesis [J]. Science, 2017, 356 (6333): 62-65.

[15] 陈兴幸, 钟倩云, 王淑娟, 等. 动态共价键高分子材料的研究进展 [J]. 高分子学报, 2019, 50 (5): 469-484.

[16] Tuck C O, Pérez E, Horváth I T, et al. Valorization of Biomass: Deriving More Value from Waste [J]. Science, 2012, 337 (6095): 695-699.

[17] Yuan W, Ma S, Wang S, et al. Research Progress on Vanillin-based Thermosets [J]. Current Green Chemistry, 2018, 5 (3): 138-149.

[18] Wang S, Ma S, Xu C, et al. Vanillin-Derived High-Performance Flame Retardant Epoxy Resins: Facile Synthesis and Properties [J]. Macromolecules, 2017, 50 (5): 1892-1901.

[19] Yamaguchi A, Hashimoto T, Kakichi Y, et al. Recyclable carbon fiber-reinforced plastics (CFRP) containing degradable acetal linkages: Synthesis, properties, and chemical recycling [J]. Journal of Polymer Science Part A: Polymer Chemistry, 2015, 53 (8): 1052-1059.

[20] Ma S, Wei J, Jia Z, et al. Readily recyclable, high-performance thermosetting materials based on a lignin-derived spiro diacetal trigger [J]. Journal of Materials Chemistry A, 2019, 7 (3): 1233-1243.

[21] Yuan W, Ma S, Wang S, et al. Synthesis of fully bio-based diepoxy monomer with dicyclo diacetal for high-performance, readily degradable thermosets [J]. European Polymer Journal, 2019, 117: 200-207.

[22] Wang B, Ma S, Li Q, et al. Facile synthesis of "digestible", rigid-and-flexible, bio-based building block for high-performance degradable thermosetting plastics [J]. Green Chemistry, 2020, 22 (4): 1275-1290.

[23] Wang S, Ma S, Li Q, et al. Robust, Fire-Safe, Monomer-Recovery, Highly Malleable Thermosets from Renewable Bioresources [J]. Macromolecules, 2018, 51 (20): 8001-8012.

[24] Zhang B, Kowsari K, Serjouei A, et al. Reprocessable thermosets for sustainable three-dimensional printing [J]. Nature Communications, 2018, 9 (1): 1831.

[25] Zhou Y, Goossens J G P, Sijbesma R P, et al. Poly (butylene terephthalate) /Glycerol-based Vitrimers via Solid-State Polymerization [J]. Macromolecules, 2017, 50 (17): 6742-6751.

[26] Liu T, Hao C, Wang L, et al. Eugenol-Derived Biobased Epoxy: Shape Memory, Repairing, and Recyclability [J]. Macromolecules, 2017, 50 (21): 8588-8597.

[27] Demongeot A, Groote R, Goossens H, et al. Cross-Linking of Poly (butylene terephthalate) by Reactive Extrusion Using Zn (II) Epoxy-Vitrimer Chemistry [J]. Macromolecules, 2017, 50 (16): 6117-6127.

[28] Lu L, Pan J, Li G. Recyclable high-performance epoxy based on transesterification reaction [J]. J. Mater. Chem. A, 2017, 5 (40): 21505-21513.

[29] Chen Q, Yu X, Pei Z, et al. Multi-stimuli responsive and multi-functional oligoaniline-modified vitrimers [J]. Chem Sci, 2017, 8 (1): 724-733.

[30] Brutman J P, Delgado P A, Hillmyer M A. Polylactide Vitrimers [J]. ACS Macro Letters, 2014, 3 (7):

607–610.

［31］Nishimura Y, Chung J, Muradyan H, et al. Silyl Ether as a Robust and Thermally Stable Dynamic Covalent Motif for Malleable Polymer Design［J］. Journal of the American Chemical Society, 2017, 139（42）: 14881–14884.

［32］Wu X, Yang X, Huang W, et al. A Facile Access to Stiff Epoxy Vitrimer with Excellent Mechanical Properties via Siloxane Equilibration［J］. Journal of Materials Chemistry A, 2018, 6（22）: 10184–10188.

［33］Ruiz De Luzuriaga A, Martin R, Markaide N, et al. Epoxy resin with exchangeable disulfide crosslinks to obtain reprocessable, repairable and recyclable fiber–reinforced thermoset composites［J］. Materials Horizons, 2016, 3（3）: 241–247.

［34］Ma Z, Wang Y, Zhu J, et al. Bio–based epoxy vitrimers: Reprocessibility, controllable shape memory, and degradability［J］. Journal of Polymer Science Part A: Polymer Chemistry, 2017, 55（10）: 1790–1799.

［35］Obadia M M, Mudraboyina B P, Serghei A, et al. Reprocessing and Recycling of Highly Cross–Linked Ion–Conducting Networks through Transalkylation Exchanges of C‒N Bonds［J］. Journal of the American Chemical Society, 2015, 137（18）: 6078–6083.

［36］Denissen W, Rivero G, Nicolaÿ R, et al. Vinylogous Urethane Vitrimers［J］. Advanced Functional Materials, 2015, 25（16）: 2451–2457.

［37］Jin K, Li L, Torkelson J M. Recyclable Crosslinked Polymer Networks via One–Step Controlled Radical Polymerization［J］. Advanced Materials, 2016, 28（31）: 6746–6750.

［38］Cai C, Zhang Y, Zou X, et al. Rapid self–healing and recycling of multiple–responsive mechanically enhanced epoxy resin/graphene nanocomposites［J］. RSC Advances, 2017, 7（73）: 46336–46343.

［39］Kuang X, Liu G, Dong X, et al. Facile fabrication of fast recyclable and multiple self‐healing epoxy materials through diels‐alder adduct cross‐linker［J］. Journal of Polymer Science Part A Polymer Chemistry, 2015, 53（18）: 2094–2103.

［40］Fortman D J, Brutman J P, Hillmyer M A, et al. Structural effects on the reprocessability and stress relaxation of crosslinked polyhydroxyurethanes［J］. Journal of Applied Polymer Science, 2017, 134（45）: 44984.

［41］Zhang Y, Ying H, Hart K R, et al. Malleable and Recyclable Poly（urea–urethane）Thermosets bearing Hindered Urea Bonds［J］. Advanced Materials, 2016, 28（35）: 7646–7651.

［42］Ogden W A, Guan Z. Recyclable, Strong, and Highly Malleable Thermosets Based on Boroxine Networks［J］. Journal of the American Chemical Society, 2018, 140（20）: 6217–6220.

［43］Taynton P, Yu K, Shoemaker R K, et al. Heat– or Water–Driven Malleability in a Highly Recyclable Covalent Network Polymer［J］. Advanced Materials, 2014, 26（23）: 3938–3942.

［44］Zou Z, Zhu C, Li Y, et al. Rehealable, fully recyclable, and malleable electronic skin enabled by dynamic covalent thermoset nanocomposite［J］. Sci Adv, 2018, 4（2）: eaaq0508.

［45］Li H, Bai J, Shi Z, et al. Environmental friendly polymers based on schiff–base reaction with self–healing, remolding and degradable ability［J］. Polymer, 2016, 85: 106–113.

［46］Wang S, Ma S, Li Q, et al. Facile in situ preparation of high–performance epoxy vitrimer from renewable resources and its application in nondestructive recyclable carbon fiber composite［J］. Green Chemistry, 2019, 21（6）: 1484–1497.

［47］Xu X, Ma S, Wu J, et al. High–performance, command–degradable, antibacterial Schiff base epoxy thermosets:

synthesis and properties ［J］. Journal of Materials Chemistry A, 2019, 7（25）: 15420-15431.

［48］Xu X, Ma S, Wang S, et al. Dihydrazone-based Dynamic Covalent Epoxy Networks with High Creep Resistance, Controlled Degradability, and Intrinsic Antibacteria from Bioresources ［J］. Journal of Materials Chemistry A, 2020, 8（22）: 11261-11274.

［49］Wang B, Ma S, Yan S, et al. Readily recyclable carbon fiber reinforced composites based on degradable thermosets: a review ［J］. Green Chemistry, 2019, 21（21）: 5781-5796.

生物基异黄酮类本征阻燃环氧树脂

代金月，刘敬楷，刘小青

中国科学院宁波材料技术与工程研究所，浙江宁波 315201

0 引言

环氧树脂是最通用的一类热固性树脂材料，以优异的力学性能、电绝缘性能、耐化学品性能和使用工艺的灵活性而著称，在电子、航空航天、黏结剂以及涂料等领域有着广泛的应用[1-3]。据统计，截至 2017 年全世界环氧树脂产量已接近 300 万吨。但是，绝大多数市售的环氧树脂都是源于石化资源，其中双酚 A 缩水甘油醚环氧树脂（DGEBA）占其中的九成[4]。同时，双酚 A 缩水甘油醚环氧树脂最主要的原材料双酚 A（BPA）被归类为一种内分泌干扰物，对人体的生殖系统有潜在毒副作用[5]。因此，开发和探索新的可持续、可再生原料替代 BPA 制备环氧树脂变得越来越迫切。目前，大量有关生物基环氧树脂的文献被报道出来[6]。但大多数生物基环氧树脂与 DGEBA 一样，存在极限氧指数（LOI）低，易燃烧的问题，这极大限制了生物基环氧树脂的发展与应用。

近年来阻燃型生物基环氧树脂得到了业界越来越多的关注，各种类型的生物基阻燃环氧树脂被制备出来，但大多数的生物基阻燃性环氧树脂由于阻燃元素的大量引入，不仅导致其固化物热学和力学性能的下降，还造成了生物基含量大幅度的降低[7-9]。对于生物基材料而言，生物基含量更是评价其综合性能的关键指标之一。如何在保持较高生物基含量的同时，赋予其优异的热力学性能和阻燃性能，是生物基阻燃环氧树脂当前面临的难题之一。立足于这一问题，根据前期的文献调研，我们发现了一类具有固有的高碳化率的聚合物，该类聚合物中含有的脱氧安息香结构在高温下能够脱水形成炔键，并进一步形成稠环联苯结构，增加聚合物成碳性，从而能够提高聚合物阻燃性能（见图 1）。同时，该类聚合物还表现出了优异的热力学性能[10-12]。

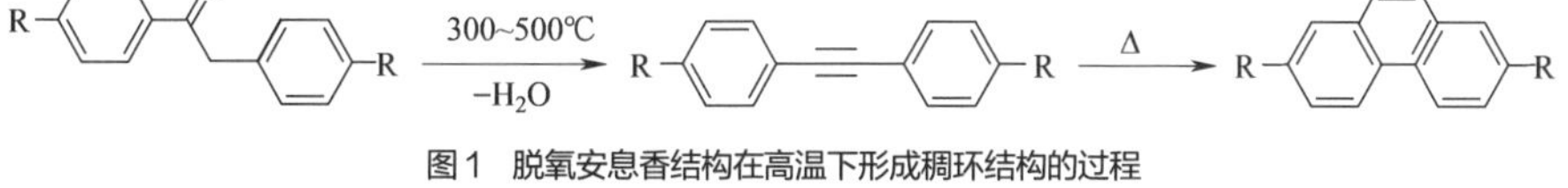

图 1 脱氧安息香结构在高温下形成稠环结构的过程

大量的事实已经证明，利用天然可再生原料的结构多样性可以制备得到具有优异性能的生物基材料。在此，我们通过对天然产物的筛选，发现在天然黄酮类化合物中同样存在着脱氧安息香结构[13]。基于此，我们选取了天然异黄酮类化合物中的大豆苷元与染料木素为原料，合成了本征阻燃生物基环氧树脂单体（生物基含量 > 70%），并在与固化剂进行固化后对其固化物的热力学与阻燃性能进行了详细的评价。

1 材料与方法

1.1 材料和仪器

1.1.1 材料

大豆苷元和染料木素，购自陕西龙洲生物科技有限公司；四丁基溴化铵（TBAB）、环氧氯丙烷（ECH）和4，4′－二氨基二苯甲烷（DDM），购自阿拉丁试剂（上海）有限公司；无水硫酸钠、二氯甲烷和氢氧化钠，购自国药集团化学试剂有限公司；双酚 A 环氧树脂（DGEBA，环氧当量0.51mol/100g），来源于中国石化集团巴陵石油化工有限责任公司环氧树脂事业部。

1.1.2 仪器

ADVANCE 核磁共振仪（400MHz），德国－瑞士布鲁克科技有限公司；Instron5569A 万能材料试验机，美国英斯特朗集团；DMAQ800 动态热机械分析仪型，美国 TA 仪器公司；5400 UL–94 垂直燃烧仪，苏州阳屹沃尔检测技术有限公司；5801 LOI 极限氧指数仪，苏州阳屹沃尔检测技术有限公司；6801 锥形量热仪，苏州阳屹沃尔检测技术有限公司。

1.2 环氧单体的合成

将大豆苷元（25.4g，0.1mol）与环氧氯丙烷（185.0g，2.0mol）以及相转移催化剂四丁基溴化铵（2.1g，混合物质量分数 1%）一起加入到装配有磁力搅拌、冷凝回流管、恒压滴液漏斗和温度计的500mL 四口烧瓶内，将体系温度加热至 110℃，并在此温度保持 1h。等待体系冷却至 50℃后，将氢氧化钠水溶液（质量分数 40%，8.8g，0.22mol）通过恒压滴液漏斗缓慢加入体系中，控制滴加时间在 0.5h 内，随后继续搅拌 2h。反应完毕后，对体系进行过滤除去过量的氢氧化钠和反应生成的氯化钠固体，随后用大量的饱和食盐水萃取多次。最后，经无水硫酸镁干燥后旋蒸得到白色的固体（产率 91%），命名为 DGED。化学结构式如图 2（a）中所示。

^{1}H NMR（CDCl3，δ，ppm）：8.19，8.16（d，H），7.89（s，H），7.48，7.46（d，2H），7.01，6.99（d，H），6.97，6.95（d，2H），6.86，6.85（d，H），4.97–3.93（m，4H），3.38–3.35（m，4H），2.94–2.88（m，2H），2.79–2.75（m，2H）。

^{13}C NMR（CDCl3，δ，ppm）：175.7（s，1C），162.7（s，1C），158.4（s，1C），157.7（s，1C），152.2（s，1C），130.1（s，1C），127.8（s，1C），124.7，124.6（d，2C），118.6（s，1C），114.7（s，1C），114.6（s，1C），101.1（s，1C），69.2（s，1C），68.8（s，1C），50.1（s，1C），49.7（s，1C），44.6（s，1C），44.5（s，1C）。

基于染料木素的生物基环氧树脂，采用与上述相似的制备路线，产物为浅黄色固体（产率 87%）命名为 DGEG，化学结构式如图 2（b）中所示。

^{1}H NMR（CDCl3，δ，ppm）：12.7（s，H），7.89（s，H），7.44，7.42（d，2H），6.98，6.96（d，H），6.40，6.39（d，2H），6.36，6.35（d，H），4.30–4.21（m，4H），4.00–3.95（m，2H），3.35–3.31（m，2H），2.90–2.87（m，2H），2.74–2.72（m，2H）。

^{13}CNMR（CDCl3，δ，ppm）：180.7（s，1C），164.2（s，1C），162.7（s，1C），158.7（s，

1C），157.4（s，1C），152.8（s，1C），130.1（s，1C），123.4（s，1C），114.8，106.5（d，2C），98.6（s，1C），93.0（s，1C），69.2（s，1C），68.8（s，1C），50.1（s，1C），49.7（s，1C），44.6（s，1C），44.5（s，1C）。

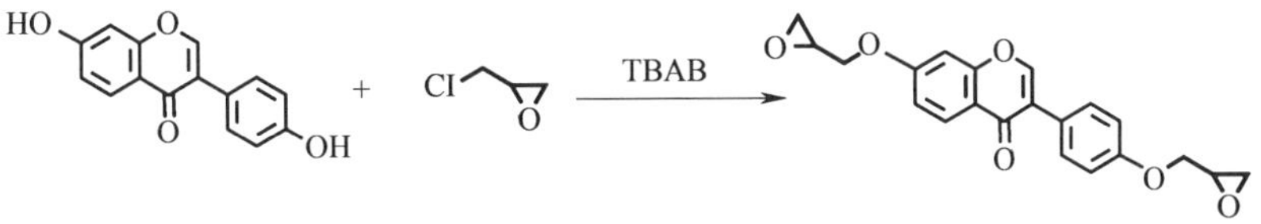

（a）缩水甘油醚大豆苷元DGED的合成路线

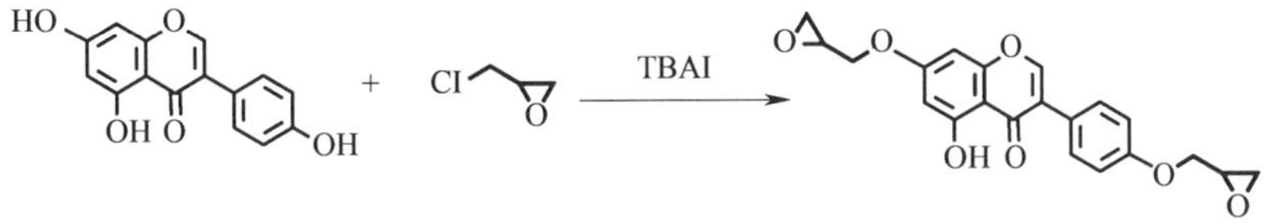

（b）缩水甘油醚染料木素DGED的合成路线

图2 （a）缩水甘油醚大豆苷元 DGED 与（b）缩水甘油醚染料木素 DGEG 的合成路线

1.3 固化物制备

在此，我们选用了经典的芳香胺类固化剂 DDM 与上述生物基环氧树脂和商用环氧树脂 DGEBA 进行固化。固化流程以 DGED/DDM 固化物的制备为例：首先，将 DGED 和 DDM 按照氨基活泼氢与环氧基团等摩尔进行混合；然后将混合物快速转移到事先已经在 120℃的烘箱中预热好并喷涂有脱模剂的模具中，模具填充完整后转移至 120℃的鼓风烘箱中进行梯度升温固化；固化程序为 140℃、160℃、180℃和 200℃下各 2h 以确保得到完全固化的材料。最后将材料慢慢退火至室温后取出进行热力学与阻燃等相关性能测试。DGEG/DDM 以及 DGEBA/DDM 体系，采用同样的方法制备得到环氧树脂固化物进行相关测试。

1.4 性能表征

固化产物的拉伸性能通过 Instron5569A 型万能材料试验机来测定，测试温度为 25℃，拉伸速率设定为 10mm/min。最终的性能数据为五次测试的平均值。

固化产物的动态力学测试在 TA Q800 型动态力学性能测试仪上进行，在拉伸模式下进行测定，升温速度设定为 3℃/min，温度扫描范围从 −80℃到 200℃，测试频率为 1Hz。

固化产物的热稳定性是由梅特勒 – 托利多 TGA/DSC1 热重分析仪测定，以高纯氮气作为气氛，氮气流速为 50mL/min，升温速度设定为 20℃/min，温度扫描范围从 50℃到 800℃。

▊2 结果与讨论

2.1 结构表征与分析

图 3 为 DGED 和 DGEG 的红外谱图。观察 DGED 的红外谱图，826cm⁻¹、910cm⁻¹、1027cm⁻¹ 和 1047cm⁻¹ 处的峰是代表环氧基团的特征吸收峰。同时，谱图中在 3400~3500cm⁻¹ 附近未见到明显的酚

羟基吸收峰。同样，对于DGEG的红外谱图，在834cm⁻¹、910cm-1、1029cm⁻¹和1056cm⁻¹处的峰处对应的是上染料木素结构上接枝的环氧基团的特征吸收峰。以上这些结果可以初步判断两种化合物上成功地接枝上了环氧官能团。为了进一步判断所得产物是否为DGED和DGEG，我们通过核磁谱图准确地确认产物的结构，图4（a）和图4（b）分别展示了DGED和DGEG的1H-NMR核磁谱图。如图所示，图中的化学位移与相应的质子已经进行了一一归属。综上所述，两种环氧单体已被成功地制备。

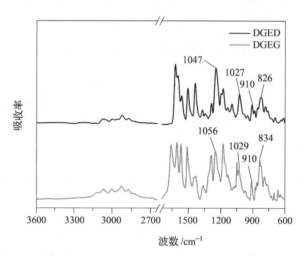

图3 生物基环氧单体DGED和DGEG的红外谱图

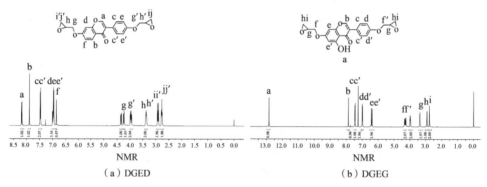

（a）DGED （b）DGEG

图4 核磁谱图（a）DGED与（b）DGEG

2.2 固化行为监测与分析

在此，我们采用FTIR技术来对该体系的固化过程进行监测和分析。在此，以DGED/DDM为例来对生物基环氧固化体系的固化过程进行研究。首先，使用涂布器将配制好的DGED/DDM溶液涂覆在KBr薄片上面，薄膜厚度大约为100μm。随后，将制备好的薄膜置于烘箱中进行梯度固化，固化程序如1.3节中所述。图5展示了DGED/DDM在固化前后的红外光谱，由图5可以看出代表环氧基团的特征吸收峰（912cm⁻¹、1027cm⁻¹和1256cm⁻¹）以及代表苯并吡喃酮结构上碳碳双建的特征吸收峰（862cm⁻¹和1631cm⁻¹），在固化完成后均消失了。这一现象说明了，在固化过程中不仅发生了环氧基团与活泼氢的开环反应，同时结构中双键也发生了聚合。

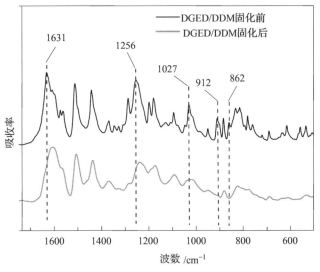

图 5　DGED/DDM 体系固化前后的核磁谱图

2.3　机械性能测试与结果分析

为了对这两种新型的生物基环氧固化物的力学性能进行系统的评价，我们采用双酚 A 型环氧 DGEBA/DDM 作为对照组，对所有环氧固化物进行了拉伸和弯曲性能测试。图 6 显示了所有环氧固化物的拉伸和弯曲曲线，对应的性能参数汇总于表 1 中。由图 6 中可以看出，所有的样品均表现出热固性树脂典型的脆性断裂现象，在整个测试过程中没有任何屈服现象的产生。显而易见，两种生物基环氧树脂的机械性能要明显优于石油基环氧树脂。其中 DGEG/DDM 体系表现出了最优的综合性能，其拉伸强度和弯曲强度分别可达 92.0MPa 和 141.0MPa，远远大于 DGEBA/DDM 体系。造成这种现象的主要原因是，DGED/DDM 和 DGEG/DDM 体系交联网络中存在的异黄酮结构，上面的苯并吡喃酮环结构能够赋予交联网络更强的刚性。

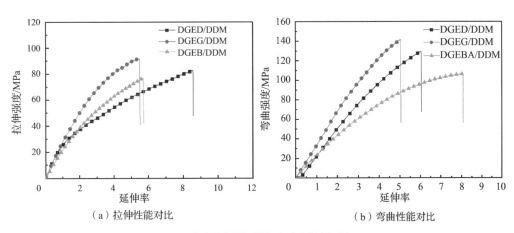

（a）拉伸性能对比　　　　　　　　　　　（b）弯曲性能对比

图 6　（a）拉伸性能对比与（b）弯曲性能对比

表1　固化物的拉伸和弯曲性能对比

样品	拉伸 /MPa		弯曲 /MPa	
	强度	模量	强度	模量
DGED/DDM	83.0	2972	131.8	2980
DGEG/DDM	92.0	2940	141.0	3412
DGEBA/DDM	77.0	2381	100.6	2340

2.4　动态机械性能的测试与结果分析

动态机械性能测试（DMA）是一种用于评价热固性树脂材料黏弹性的有效手段。图7中展示了三种环氧树脂固化物的 DMA 曲线，从中我们可以发现，所有的固化体系均表现出了类似的 DMA 行为，这说明这些环氧树脂固化物均具有相似的形态变化规律。详细的 DMA 数据均已汇总在表2中。

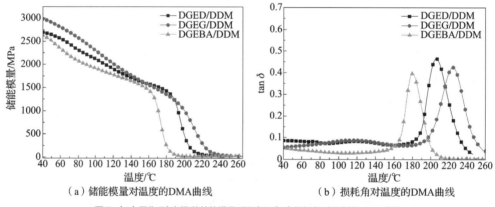

（a）储能模量对温度的DMA曲线　　　　　　　（b）损耗角对温度的DMA曲线

图7　（a）固化环氧树脂的储能模量对温度和（b）损耗角对温度的 DMA 曲线

表2　固化树脂的热力学性能对比

样品	DMA		
	T_g/℃	E' /（MPa）	$\tan\alpha$ 的峰宽度 /℃
DGED/DDM	205	2778	27
DGEG/DDM	223	3037	31
DGEBA/DDM	172	2706	19

从图7（a）中可以观察到生物基环氧树脂的储能模量在整个测试周期内总是高于石油基环氧树脂的储能模量，这一结果与前面机械性能部分的结果是相符合的，这是因为 DGED/DDM 和 DGEG/DDM 体系交联网络中存在的异黄酮结构能够赋予交联网络更强的刚性。

玻璃化转变温度（T_g）是决定热固性树脂使用领域的一个关键指标。图7（b）展示了所有环氧树脂固化产物在相同测试条件下的损耗因数（$\tan\delta$）随温度变化的曲线。如图7（b）所示，tan δ 曲线均呈现出尖锐的单峰，峰值处对应的温度定义为环氧树脂的玻璃化转变温度 T_g。可明显地看出，生物基环氧树脂的 T_g 均远高于石油基环氧树脂。值得一提的是，DGED/DDM 和 DGEG/DDM 体系的 T_g 分别达到了 205 ℃和 223 ℃。从上述数据来看，这些树脂是非常具有吸引力的，因为 T_g 是热固性树脂工作温度的上限，具有非常重要的指标意义。同时，根据文献报道，迄今为止只有少数的生物基环氧树脂在具有高生物基含量（>60%）的同时其固化产物的 T_g 可以达到 200 ℃以上。而我们基于异黄酮结构制备得到的生物基环氧树脂的生物基含量均在 70% 以上，这些结果说明异黄酮基环氧树脂的综合性能在本领域处于领先地位，有着非常良好的应用前景。

2.5 阻燃性能的测试与结果分析

通过垂直燃烧（UL-94）和极限氧指数（LOI）对所有的环氧树脂固化物的阻燃性能进行了表征，其结果如图 8 和表 3 中所示。从表 3 中可知，与大多数的聚合物一样，环氧树脂固化物 DGEBA/DDM 无任何燃烧等级，极限氧指数仅为 24.5%，且在燃烧过程中会发生滴落现象。而基于异黄酮结构的生物基环氧树脂固化物均表现出了优异的阻燃性能，DGED/DDM 和 DGEG/DDM 体系均通过了 UL-94 测试（见图 8），并且均达到了最高的 V-0 级别，在燃烧过程中均无滴落现象发生。此外，DGEG/DDM 体系的 LOI 值高达 33.1%，远远高于 DGEBA/DDM 体系。综合以上结果说明：基于异黄酮结构的热固性树脂在不引入额外的阻燃元素，在不需要牺牲本体性能的前提下能够实现优异的阻燃性能。

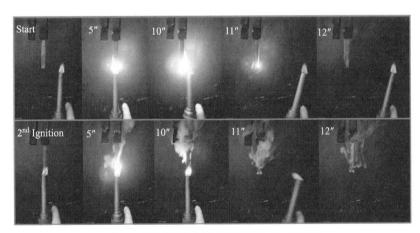

图 8　DGED/DDM 或 DGEG/DDM 的 UL-94 测试

表 3　固化物的阻燃性能对比

样品	LOI/%	t_1+t_2	UL-94	滴落现象	PHRR/（kW/m²）	THR/（MJ/m²）	TSP/m²
DGED/DDM	31.6	2.9	V-0	none	—	—	—
DGEG/DDM	33.1	1.8	V-0	none	693	50.2	7.4
DGEBA/DDM	24.5	—	NR	yes	1099	97.4	20.8

图 9 中展示的是 DGED/DDM 和 DGEBA/DDM 固化体系在 UL-94 测试前后的照片。从图 9 中可以看出，DGEBA/DDM 固化体系在测试后试样的长度变得很短。造成这种现象的原因是 DGEBA/DDM 非常容易燃烧，而且在燃烧过程中产生严重的滴落现象。而生物基环氧体系（以 DGED/DDM 为例）在测试前后样条的尺寸几乎没有发生变化。

为了更深入地分析造成以上现象的原因，我们利用 SEM 观察测试后样品的微观结构，结果如图 9 所示。从图 9 中可以看到，DGED/DDM 试样表面形成了完整致密的碳层，这些致密的碳层能够阻止燃烧过程中热量和氧气的传递，从而保护内部基体。同时也可以观察到 DGEBA/DDM 燃烧后的残渣存在大量疏松的多孔结构，这种多孔结构难以抑制着火后的传热和火焰蔓延过程。以上这种形貌特征与它们的可燃性完全相符。

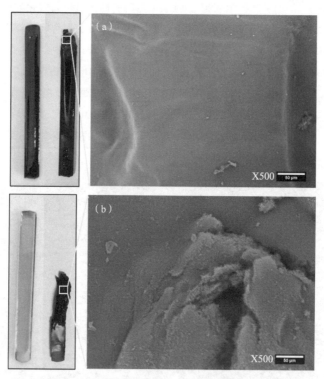

图9　DGED/DDM 和 DGEBA/DDM 在 UL-94 燃烧测试后碳层的 SEM 图片

锥形量热法是一种用于实际火灾中高聚物可燃性和火灾安全性评价的高效测试方法。因此，为了更加真实地对该类异黄酮基热固性树脂的阻燃性能进行评价，我们采用锥形量仪对 DGEG/DDM 和 DGEBA/DDM 体系进行阻燃性能测试，结果如图 10 和表 3 中所示。从图 10 中，我们可以发现 DGEG/DDM 体系的热释放速率（PHRR）、总热释放速率（THR）以及烟密度（TSP）均远低于 DGEBA/DDM 体系。其中，DGEG/DDM 体系的 PHRR、THR 和 TSP 分别仅为 693kW/m^2、50.2MJ/m^2 和 7.4m^2。这些结果说明了黄酮基热固性树脂在阻燃防火应用领域有着非常好的应用潜力。

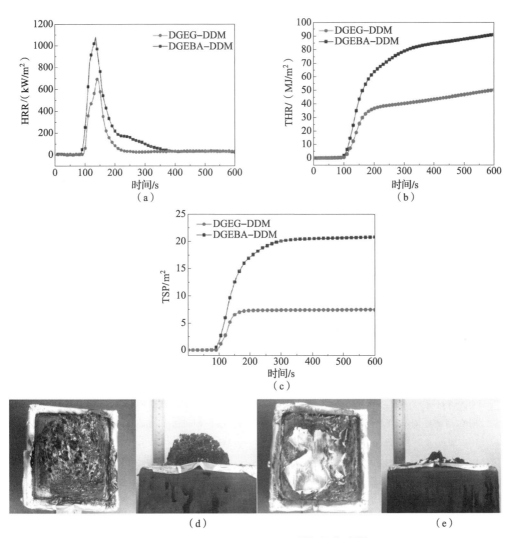

图 10　DGEG/DDM 和 DGEBA/DDM 的锥形量热测试结果

3 结论

在本研究工作的过程中，我们发现该类型的异黄酮基热固性树脂在不含任何阻燃元素的情况下可以通过 UL-94 测试并达到 V-0 级别，且氧指数（LOI）最高可以达到 33.1%。更重要的是，其固化物的 T_g 均在 200℃以上，最高达到了 223℃，力学强度和模量均高于同等固化条件下的双酚 A 型环氧树脂。因此，我们认为其他具有与大豆苷元或染料木素类似结构的天然异黄酮类化合物，同样可以用于合成这种仅仅含有 C、H、O 的自阻燃环氧树脂，为无须添加任何阻燃元素的环保型阻燃环氧树脂的制备提供一种全新的策略。

参 考 文 献

[1] Mcfadden P D, Frederick K, Argüello L, et al. UV fluorescent epoxy adhesives from noncovalent and covalent incorporation of coumarin dyes [J]. ACS Applied Materials & Interfaces, 2017, 9 (11): 10061-10068.

[2] Zhao S, Huang X, Whelton A, et al. Formaldehyde-free method for incorporating lignin into epoxy thermosets [J]. ACS Sustainable Chemistry & Engineering, 2018, 6 (8): 10628-10636.

[3] Zhang Q, Molenda M, Reineke T M. Epoxy resin thermosets derived from trehalose and β-cyclodextrin [J]. Macromolecules, 2016, 49 (22): 8397-8406.

[4] Auvergne R, Caillol S, David G, et al. Biobased thermos ettingepoxy: present and future [J]. Chemical Reviews, 2013, 114 (2): 1082-1115.

[5] Chen D, Kannan K, Tan H, et al. Bisphenol Analogues Other Than BPA: Environmental Occurrence, Human Exposure, and Toxicity-A Review [J]. Environmental Science & Technology, 2016, 50 (11): 5438-5453.

[6] Raquez J M, Deléglise M, Lacrampe M F, et al. Thermosetting (bio) materials derived from renewable resources: A critical review [J]. Progress in Polymer Science, 2010, 35 (4): 487-509.

[7] Liu L, Huang G, Song P, et al. Converting Industrial Alkali Lignin to Biobased Functional Additives for Improving Fire Behavior and Smoke Suppression of Polybutylene Succinate [J]. ACS Sustainable Chemistry & Engineering, 2016, 4 (9): 4732-4742.

[8] Shi Y, Yu B, Zheng Y, et al. Design of reduced graphene oxide decorated with DOPO-phosphanomidate for enhanced fire safety of epoxy resin [J]. Journal of Colloid and Interface Science, 2018, 521: 160-171.

[9] Shi Y, Yu B, Zheng Y, et al. A combination of POSS and polyphosphazene for reducing fire hazards of epoxy resin [J]. Polymers for Advanced Technologies, 2018, 29 (4): 1242-1254.

[10] Ryu B Y, Moon S, Kosif I, et al. Deoxybenzoin-based epoxy resins [J]. Polymer, 2009, 50 (3): 767-774.

[11] Ellzey K A, Ranganathan T, Zilberman J, et al. Deoxybenzoin-based polyarylates as halogen-free fire-resistant polymers [J]. Macromolecules, 2006, 39 (10): 3553-3558.

[12] Mir A A, Wagner S, Krämer R H, et al. Deoxybenzoin-containing polysulfones and polysulfoxides: Synthesis and thermal properties [J]. Polymer, 2016, 84: 59-64.

[13] Li H Q, Xue J Y, Shi L, et al. Synthesis, crystal structure and antimicrobial activity of deoxybenzoin derivatives from genistein [J]. European Journal of Medicinal Chemistry, 2008, 43 (3): 662-667.

石墨烯改性碳纤维 /PDMS
柔性膜及其电热性能研究

张旭锋[1]，仝建峰[1]，益小苏[1, 2]

1. 中航复材（北京）科技有限公司，北京 101300
2. 宁波诺丁汉大学理工学院，宁波 315100

0 引言

电热材料是通过焦耳热将电能转化为热能的功能性电阻材料[1]。在日常生活中电热材料及器件广泛应用在防除冰、地板加热、汽车镜面除雾、交通工具窗户除霜、智能加热纤维等领域[2]。传统的电热材料如 Fe–Cr–Al 合金、Ni–Cr 合金、铜和氧化铟锡（ITO）等都具有较高的热力学性能并且被广泛应用。尤其氧化铟锡（ITO）由于具有较高的电导率和很好的透光性引起了研究人员广泛关注[4]。但是，金属加热材料密度大、加热不均匀、高耗能、高成本、易腐蚀等缺点，在一定程度上限制了其应用[5]。

与传统的金属基电热材料相反，碳基加热材料具有重量轻、易传热、电阻率低、电能转化效率高、耐腐蚀、环境友好、原材料容易获得等诸多优点[1]。这类新型的碳加热材料已引起了研究人员关注，是一种潜在的理想的电热材料。碳基电加热材料的加热原理主要是在电场作用下带电颗粒相互碰撞摩擦产生热量，因此电流和材料电阻是影响加热性能的主要因素[16]。一般碳基加热材料可以从碳纤维膜[6]、导电炭黑[7]、碳纳米管[8-9]、导电石墨[10]、石墨烯[11-14]或三维石墨烯泡沫[26]中选取。在所有的碳基加热材料中，石墨烯是一种二维的纳米材料，是一种理想的热和电导体，其电流密度约为 $2 \times 10^9 A/cm^2$ [12]，热导率（导热系数）约为 5300W/（m·K）[15]。石墨烯优异的热导率性能使其具有快速的温度响应并且温度分布均匀，是理想的电热原材料，而且以石墨烯为基础原料的电热材料具有较低的对流传热系数，石墨烯上述性能使其成为具有应用前景的高效电加热材料。Lei Fu 报道在陶瓷基底上制备了厚度在原子级的石墨烯分子结构，系统研究了其加热性能，在 7.5V 电压下可加热到约 600℃。Weiwei Zhou[17] 报道了石墨烯纳米片通过缝隙涂片后用热塑性材料封装的方法制备了轻质柔性的电热膜，该电热膜电阻低，可应用于可穿戴的智能电子产品，在 3~5 V 低电压下加热速率高达 25~65 ℃ /min。James M. Tou[18] 以环氧树脂为基体制备了石墨烯纳米带导电复合材料，当石墨烯纳米带的含量为 5% 时电导率大于 100S/m，该材料通过焦耳效应可用于结构件表面除冰，其加热功率密度为 0.5W/cm²。

然而，大多数由石墨烯制备的加热器具有电阻大、输入电压高的缺点，通过气相沉积制备的石墨烯膜发催、强度低，很难与带有曲面的加热器件随型。电热材料的柔韧性或随型铺覆是实际应用中须具备的重要特性，比如应用在飞行器中的防除冰结构中、需加热的传感器、管件或容器等。对于上述应用，碳纤维膜是较理想的材料，它可以应用在复合材料结构中而且与曲面具有较好的贴合性，同时具备电阻低和耐腐蚀的性能。但是将碳纤维作为加热材料，其加热效率和温度分布均匀性不是很理想。

本文通过采用石墨烯分散液喷涂改性和热固性材料封装固化的方法制备了碳纤维/聚二甲基硅氧烷柔性电加热膜[19]。首先将无缺陷的石墨烯纳米片分散在丙酮中获得均一的分散液，并将石墨烯纳米片分散液喷涂在碳纤维膜表面自然晾干至溶剂完全挥发。然后将PDMS树脂均匀地刷在涂有石墨烯的碳纤维膜表面，并热压固化。将碳纤维膜和石墨烯结合在一起能有效地降低电热材料的电阻，同时由于石墨烯和碳纤维表面的 $\pi-\pi$ 作用有助于石墨烯在碳纤维表面分散。为了对比，同时制备了无改性的碳纤维/PDMS膜。重点研究了加热膜的面密度和加热电压对升温速率、加热功率密度、平衡温度的影响。为了实验验证电加热材料的操作稳定性和可靠性，研究了电加热膜在受力变形状态和循环电压下的电加热性能。文中制备的电加热材料容易与复合材料整体成型，在复合材料结构防除冰应用中具有潜在的应用前景。

1 实验

1.1 材料

石墨烯纳米片由中国科学院煤炭化学研究所提供，未做处理直接使用。该石墨烯纳米片由化学插层和热膨胀方法制备，通过还原进一步去除含氧基团。纳米片的平均厚度约为550nm，由3~5层石墨烯组成，电导率为2000~4000S/m。碳纤维膜面密度为 $55g/m^2$、$35g/m^2$、$20g/m^2$，由德州卡本梵博有限公司提供。聚二甲基硅氧烷（PDMS）包括固化剂Sylgard 184，由道康宁生产，主要用做柔性耐高温的树脂基体。导电胶黏剂（约 $5 \times 10^3 S/cm$）自制，用于黏接电极。其他化学试剂购买后直接使用未做进一步处理。

1.2 石墨烯改性碳纤维/PDMS膜的制备

柔性电热膜通过下述方法制备。首先制备浓度为2mg/mL的石墨烯纳米片丙酮分散液，并用超声分散40min，确保石墨烯纳米片完全分散。然后将分散均匀的石墨烯分散液50 mL用便携式商用喷枪喷涂在尺寸 $20cm \times 20cm$ 的碳纤维膜上。喷枪喷涂压力为0.2MPa，石墨烯分散液在喷嘴的流速为 $1mL/cm^2$。涂有石墨烯的碳纤维膜在室温下干燥24h备用。石墨烯的喷涂量是碳纤维膜重量的10%。然后将0.35μm厚的铜电极用环氧银导电胶黏剂黏结在碳纤维膜两侧。最后将聚二甲基硅氧烷与固化剂按重量比10∶1配置并混合均匀后涂刷在导电膜表面，再用热压机在0.2MPa压力，120 ℃条件下热压固化1h。固化后加铜导线与铜箔电极连接完成电热膜的制备。石墨烯改性碳纤维/PDMS电热膜的制备方法如图1所示。石墨烯改性碳纤维/PDMS电热膜（面密度55~20g/m²）标记为G–CFx/PDMS，x表示碳纤维膜的平均面密度，G意为石墨烯改性，例如，CF55/PDMS表示为未改性的加热膜。

1.3 测试表征

采用扫描电镜（FEI Quanta 600）表征石墨烯纳米片改性碳纤维/PDMS电加热膜的形貌和微观结

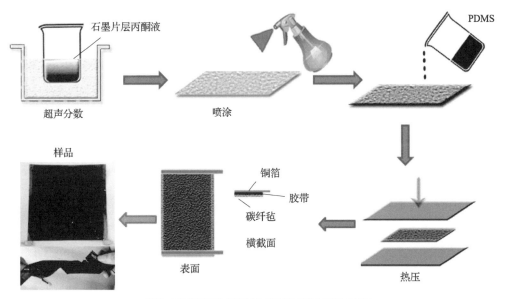

图1 石墨烯喷涂改性碳纤维 /PDMS 加热膜制备示意图

构。差示扫描量热法（differential scanning calorimetry，DSC）测试采用动态扫描，仪器型号 NETZSCH DSC214，升温速率 10℃ /min，保护气体 N₂，流速 50mL/min，100mL/min。体积电阻由 Fluke F1508 绝缘式电阻器测量。碳纤维膜的面电阻采用苏州晶格电子有限公司型号为 ST2258A 的四探针测试仪测试。电热膜表面温度由 K 型热电偶检测。红外热成像图由 FOTRIC 225 红外热成像仪检测，温度检测范围为 –25~400℃。加热电压由单相接触电压调节器（型号，TDGC2–3KVA）提供。交流电压通过黏结的铜电极施加到电热膜上。电加热功率密度（P_s）由公式 $P_s=UI/S$ 计算，U 是加热电压，I 是相应的加热电流，S 是加热膜的面积[17]。

2 结果讨论

2.1 石墨烯改性碳纤维 /PDMS 膜的制备

与普通的电热材料和器件相比，石墨烯改性的碳纤维 /PDMS 膜加热器件制备方法简单易行，制备过程不需要复杂的设备。由碳纤维、石墨烯纳米片及 PDMS 制备柔性电加热膜的方法如图1所示。简要介绍如下，将均匀的石墨烯丙酮分散液喷涂在碳纤维表面制备石墨烯改性的碳纤维膜。充分晾干后将 PDMS 均匀地涂刷在喷涂有石墨烯的碳纤维膜表面得到柔性的碳纤维 / 石墨烯电加热膜。柔性电加热膜制备中选用材料的主要原因如下：①碳纤维膜具有高的电导率、优良的电热性能、铺覆性和热稳定性。图2为碳纤维膜的光学显微镜照片，膜中碳纤维直径 5~10 μm，碳纤维长度 2cm。碳纤维膜中碳纤维是石墨烯的载体，同时可增加以 PDMS 为基体的复合材料的强度[20]。②石墨烯具有较高的热导率和电流密度，热损失相对较小，这些性能使石墨烯是理想的电热材料。如图4所示，石墨烯纳米片是层状堆积材料，具有较大的比表面积，很容易涂覆在碳纤维表面，可大大提高碳纤维膜的电流和热能的传输。③ PDMS 无毒,是一种性能稳定、具有弹性、透明的聚合物,非常适合应用于具有弹性、能够伸缩的电子器件。由于分子结构中主链是 Si—O 无机键,侧链是甲基,因此在高温下比一般的有机聚合物具有更高的稳定性。文中选用这三种材料具备的性能特点非常适合制备柔性好、强度高、电热效率高的电热器件[21-22]。将固化后的 PDMS 膜做 DSC 分析,如图 2(a)所示,在室温约 450℃的温度范围内未发现熔融峰或热降解峰,说明 PDMS 膜具有良好的热稳定性。将复合后的电热膜裁剪为 200mm × 20mm 的薄膜短条测拉伸实验,位移—载荷曲线如图 2(b)所示。由图 2(b)可看出,随着拉伸位移增大,薄膜的拉伸力先快速上升,而后缓慢增加,当载荷达到 500.97N 时薄膜断裂,断裂延伸率为 126.44%,以碳纤维增强 PDMS 的复合加热膜具有较好的强度和形变特性。

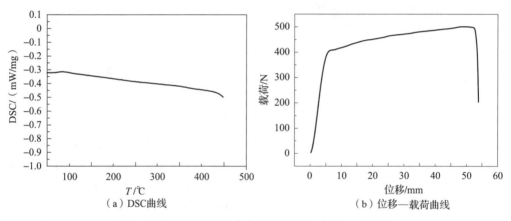

图 2 碳纤维 /PDMS 加热膜(a)DSC 曲线和(b)位移—载荷曲线

2.2 石墨烯改性碳纤维 /PDMS 膜的微观结构

由扫描电镜观察石墨烯改性碳纤维 /PDMS 加热膜的微观结构和形貌,加热膜表面和横截面典型结构如图 4 所示。由图 4 可看出石墨烯纳米片均匀地沉积并包裹在碳纤维表面,在碳纤维相互搭接处也填充有石墨烯纳米片,形成了一种串列结构。由于石墨烯 sp^2 二维构型的层状结构,使其容易与碳纤维表面形成较强的 π–π 相互作用。这种较强的界面作用有助于热和电的传输[27-28]。图 5 是 G–CF/PDMS 加热膜表面和横截面扫描电镜照片。从图 5(a)中可看出 PDMS 完全浸透了碳纤维膜并包裹在碳纤维表面,主要得益于 PDMS 低黏度和良好的浸润性。从 G–CF/PDMS 加热膜的横截面(图 5(b))中可观察到 PDMS 与碳纤维间的界面结构,可以确定 G–CF/PDMS 加热膜结构在受力作用下保持稳定主要是因为碳纤维与 PDMS 间较强的界面作用。同时 PDMS 进一步加强了碳纤维与石墨烯间的结合力,以防止加热膜变形后石墨烯从碳纤维表面剥离脱落[7]。这种以 PDMS 为基体,石墨烯改性碳纤维为增强相的复合材料结构有助于电加热膜中电流传热和热量传输。

由欧姆表测试复合加热膜的体电阻,表 1 为石墨烯改性或未改性的碳纤维膜的体电阻。从表 1 中可看出石墨烯改性碳纤维膜的电阻与未改性的碳纤维膜相比下降了约 80%,主要是因为石墨烯的高导电率有效降低了碳纤维膜的电阻[23]。

（a）×1000　　　　　　　　　　　（b）×100

图 3　碳纤维膜的光学显微镜图（a）×1000（b）×100

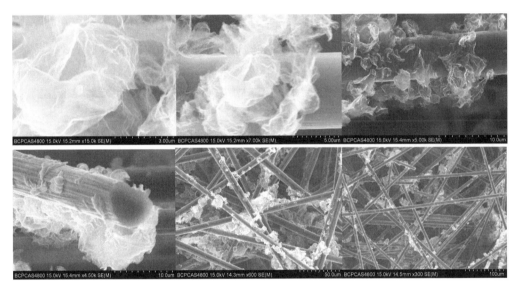

图 4　石墨烯改性碳纤维膜的表面和横截面 SEM 图

（a）膜表面　　　　　　　　　　（b）横截面

图 5　G-CF/PDMS 膜表面（a）和横截面（b）SEM 图

表1　石墨烯改性或未改性的碳纤维膜的体电阻

项目	体电阻/Ω	项目	体电阻/Ω
CF55/PDMS*	19.1±0.49	G-CF55/PDMS	9.4±0.47
CF35/PDMS	26.4±0.52	G-CF35/PDMS	9.5±0.51
CF20/PDMS	38.0±0.62	G-CF20/PDMS	16.3±0.58
注：* 样品尺寸：20cm×20cm。			

2.3　石墨烯改性碳纤维/PDMS膜的电热性能

　　柔性加热膜温度变化由贴在加热膜表面中心的 K 型热电偶检测，研究了不同面密度、石墨烯改性或未改性加热膜在 10~65 V 加热电压、室温环境下的电热性能。图 6（a）、（b）、（c）是面密度分别为 55g/m²、35 g/m²、20gm² 碳纤维膜的加热温度—时间曲线，图 6（d）、（e）、（f）是石墨烯改性后碳纤维加热膜的加热温度—时间曲线。由图 6 中曲线可看出，在第一阶段，电热膜表面的温度在临界电压以上快速增加并达到近似恒温状态。在第二阶段温度基本保持恒定。根据能量守恒定律，在第二阶段加热膜获得的电能与热辐射和热导率损失的热能相等，当切断输入电压后加热膜表面的温度开始急速下降。在升温阶段，G-CF/PDMS 膜电加热升温速率与加热电压和碳纤维膜的电阻相关。加热电压固定，加热膜电阻越低，电热膜功率密度越大，平衡状态下的温度越高。

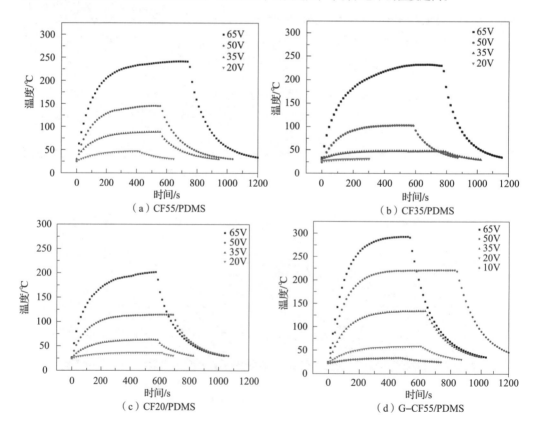

（a）CF55/PDMS　　（b）CF35/PDMS　　（c）CF20/PDMS　　（d）G-CF55/PDMS

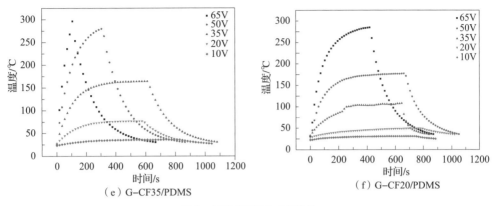

（e）G–CF35/PDMS   （f）G–CF20/PDMS

图6　电加热膜的温度—时间曲线

石墨烯改性或未改性的碳纤维加热膜的温度—电压曲线如图7（a）所示，由图7（a）中曲线可看出电热膜最大加热温度随加载电压的升高呈线性增加。石墨烯改性碳纤维加热膜的稳态最高加热温度及加热速率远高于没有改性的碳纤维膜的最高加热温度和加热速率，这主要是因为石墨烯纳米片优异的电和热的传导性能提高碳纤维膜的电加热效率。加热膜表面的温度主要取决于加热功率密度和环境温度[2]。加热功率密度由方程 $P_s=UI/S$ 或 $P_s=U^2/(RS)$ 计算，式中 R 和 S 分别是电加热膜的电阻和加热尺寸。图7（b）是加热膜的功率密度 – 加热电压曲线。由曲线可看出加热功率密度随着电压升高几乎呈线性增加，因此可以通过加热电压来调节加热性能。G–CF/PDMS 加热膜的功率密度远高于未改性的碳纤维膜的功率密度，其中 G–CF35/PDMS 加热膜在 65V 电压下功率密度最大可达到 12kW/m²，最高温度可达到 300℃。波音 787 飞机的电热防除冰系统要求在 –18℃ 环境温度下稳态温度为 6℃，在不考虑复合材料结构吸收热能的前提下功率密度要求为 11.8kW/m²[24]。因此，石墨烯改性电加热膜的加热功率密度可满足 –18℃ 环境温度下防冰的加热要求。

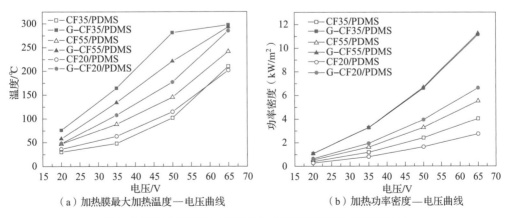

（a）加热膜最大加热温度—电压曲线　　　（b）加热功率密度—电压曲线

图7　加热膜最大加热温度—电压曲线（a）和加热功率密度—电压曲线（b）

加热响应时间是指加热膜从室温加热至稳定状态时需要的时间。为了量化确定与电热性能相关的热响应速率、能量转化效率等特征参数，通过经验方程从温度—时间曲线中拟合计算升温阶

段、温度平衡阶段和降温阶段中的加热特性参数[21]。在第一阶段，温度与时间的关系用公式（1）描述

$$\frac{T_t - T_0}{T_m - T_0} = 1 - \exp(-t/\tau_g) \qquad (1)$$

式中，T_0 和 T_m 分别指初始室温和稳态时的温度；T_t 是时间 t 时刻的实际温度；τ_g 是特征增长时间常数，可通过从升温阶段温度—时间曲线中拟合获得。

恒温阶段，在固定电压下的最高温度由于能量守恒保持恒定，电热膜获得的电能等于通过热辐射和热传导损失的热能，由热辐射和热传导损失的热能 h_{r+c} 表达为

$$h_{r+c} = \frac{I_c V_0}{T_m - T_0} \qquad (2)$$

式中，I_c 是稳态时的电流；V_0 是加载电压。

降温阶段，切断电压后温度迅速降低，温度与时间的关系方程如式（3）所示

$$\frac{T_t - T_0}{T_m - T_0} = \exp(-t/\tau_d) \qquad (3)$$

式中，τ_d 是时间衰减特征常数，从温度—时间实验曲线拟合获得。计算获得的参数 τ_g、τ_d、、h_{r+c} 列在表 2。石墨烯改性加热膜的参数 τ_g、τ_d 与没有改性的碳纤维加热膜相比数值更小，说明经石墨烯改性后加热膜的电热响应速度更快[21]。

表 2　加热膜温度响应度和能量转化速率特征参数

样品代码	电压 / V	τ_g/s	τ_d/s	加热速率 /（℃ /s）	最高温度 /℃	功率密度 /（kW/m²）	h_{r+c}/（mW/℃）
CF20	65	100	113	0.85	201.7	2.71	0.63
CF20	50	94	108	0.57	114.7	1.61	0.71
CF20	35	110	60	0.2	63.1	0.78	0.80
G-CF20	65	96	102	1.7	285.1	6.60	1.15
G-CF20	50	88	93	1.41	177.1	3.91	1.12
G-CF20	35	90	41	0.45	107.9	1.91	1.15
CF35	65	120	127	1.25	232	4.01	0.8
CF35	50	99	123	0.52	102	2.37	1.58
CF35	35	110	111	0.08	48	1.16	2.74
G-CF35	65	118	95	2.37	297.4	11.11	2.42
G-CF35	50	89	90	1.72	281.3	6.57	1.49
G-CF35	35	100	89	0.77	164.3	3.23	1.38
CF55	65	98	129	1.08	241.5	5.50	0.66

表2（续）

样品代码	电压 / V	τ_g/S	τ_d/S	加热速率 /（℃/s）	最高温度 /℃	功率密度 /（kW/m²）	h_{r+d}/（mW/℃）
CF55	50	98	132	0.68	145.3	3.25	0.73
CF55	35	100	124	0.38	88.7	1.59	0.70
G-CF55	65	95	109	1.65	292.9	11.23	1.66
G-CF55	50	93	120	1.02	221	6.65	0.98
G-CF55	35	97	116	0.75	134.1	3.25	1.17

2.4 柔性电加热膜的电热稳定性及加热速率

温度均匀性是电热器件重要的性能，传统的金属网或金属材质的加热器件在加热过程中会产生局部过热区域或过热点。文中通过红外热成像仪检测 G-CF/PDMS 加热膜的温度分布。其中，G-CF35/PDMS 加热膜在 35V 电压下不同加热时间的红外热成像图如图8所示。红外热成像图显示了加热膜整个加热过程，从图8可以看出从室温加热至200℃仅需要40s时间，加热速率为5℃/s。测试结果显示 G-CF35/PDMS 加热膜的温度分布较均匀，温度分布均匀区域占整个加热膜面积的80%以上。温度分布均匀主要是加热膜中碳纤维和石墨烯分布均匀。

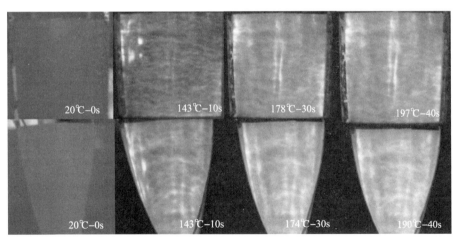

图8 G-CF35/PDMS 加热膜在 35V 电压展开与卷曲状态下温度分布红外热成像图

柔韧性和热稳定性是新型电热材料和器件的关键性能[25]。用红外热成像仪测试了 G-CF/PDMS 加热膜展开和卷曲状态对电热性能的影响。图9为柔性电加热膜在卷曲状态加载35V 电压的温度—时间曲线。由图可看出加热膜在展开状态下加热曲线与卷曲状态下的加热曲线基本一致，说明 G-CF35/PDMS 加热膜在变形状态下电加热性能较为稳定，从红外热成像图可看出展开与卷曲状态下温度分布也较为一致。

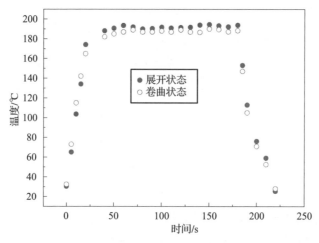

图9　红外热成像仪测试的 G-CF35/PDMS 加热膜温度—时间曲线

　　为进一步测试柔性电热膜在受力变形状态下的电热稳定性，测试了 G-CF35/PDMS 加热膜（20cm×1.5cm）在卷曲变形和展开状态下的电热性能，如图10所示。由图10可看出加热膜在360°卷曲变形下的温度—时间加热曲线与展开状态下的曲线基本保持一致。卷曲和展开状态下温度分布均匀，这主要归因于复合加热膜稳定可靠的电热特性，主要是石墨烯、碳纤维及聚合物树脂基体间结合强度高，加热膜结构稳定。

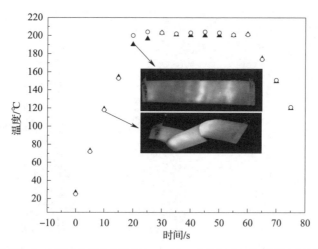

图10　G-CF35/PDMS 加热膜（20cm×1.5cm）卷曲和展开状态下的电热性能

　　电热重复性也是电热材料和器件重要的性能。为了评估电加热膜在重复加热—降温过程中的加热稳定性和热响应性，实验检测了加载循环电压在反复加热—冷却过程中的电热性能。图11是G-CF35/PDMS 柔性电加热膜分别在 35V、20V、10V 电压下测试三个循环的温度—时间曲线。每个电压下加热 15min 然后关闭电源降温至室温。每种电压下稳定状态下的最大加热温度、加热温度响应速率基本保持一致。在给定加载电压下，无论大电压还是小电压在热平衡状态下的最高加热温度都保持一致。由以上分析可看出电加热膜反复加热—冷却历史对其电热性能没有影响，这主要是石墨烯改性的碳纤维加热膜具有较好的热—力学稳定性。

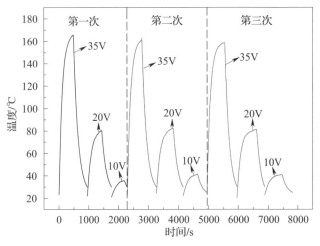

图 11　G-CF35/PDMS 加热膜循环加热—冷却性能测试

3　结论

文中通过碳纤维和石墨烯的协同电热效应制备了具有快速温度响应性的柔性电加热膜，制备方法简单、易操作，制备过程不需要价格昂贵的设备，主要结论如下。

（1）石墨烯纳米片均匀地包覆在碳纤维表面或填充在碳纤维搭接处，有效地降低了碳纤维膜的电阻。

（2）石墨烯改性碳纤维柔性电加热膜显示了优异的电热性能，稳态状态下的最高加热温度高达297℃，最快加热速率为5℃ /s，加热响应时间仅为40s，最大加热功率密度为 11.11kW/m^2。

（3）柔性电加热膜的最高加热温度可以通过加热电压或加热功率来调节，加热膜在不同电压重复加热过程中具有较好的电热稳定性，加热膜在受力变形如展开和卷曲状态下对电热性能没有影响。

致谢

该项目得到了中欧合作项目 ECO–COMPASS 项目的支持，项目号 MJ 2015–H G–103。

参 考 文 献

［1］Janas D，Koziol K K. A review of production methods of carbon nanotube and graphene thin films for electrothermal applications［J］. Nanoscale，2014，6：3037–3045.

［2］Yan J，Jeong Y G. Multiwalled carbon nanotube/polydimethylsiloxane composite films as high performance flexible electric heating elements［J］. Applied Physics Letters，2014:105：051907.

［3］Mohseni M，Amirfazli A. A novel electro-thermal anti-icing system for fiber-reinforced polymer composite airfoils［J］. Cold Regions Science and Technology，2013，87：47-58.

［4］Hongyan Suna，Ding Chena，Chen Yeb，et al，Large-area self-assembled reduced graphene oxide/electrochemically exfoliated graphene hybrid films for transparent electrothermal heaters［J］. Applied Surface Science，2018，435：809-814.

［5］Li C，Xu Y T，Zhao B，et al. Flexible graphene electrothermal films made from electrochemically exfoliated graphite［J］. J. Mater. Sci，2015，51（2）：1043-1051.

［6］Taejin K，Chung D D L. Carbon fiber mats as resistive heating elements［J］.Carbon，2003，41：2427-2451.

［7］Chen F F，Zhu Y J，Xiong Z C，et al. Hydroxyapatite Nanowire-Based All-Weather Flexible Electrically Conductive Paper with Superhydrophobic and Flame-Retardant Properties［J］. Applied Materials & Interfaces，2017，9（45）：39534-39548.

［8］Sharma S，Singh B P，Chauhan S S. Enhanced Thermomechanical and Electrical Properties of Multiwalled Carbon Nanotube Paper Reinforced Epoxy Laminar Composites，Composites Part A Applied Science & Manufacturing 104（2017）.

［9］Dawid J，Krzysztof K K. Rapid electrothermal response of high-temperature carbon nanotube film heaters［J］. Carbon，2013，59：457-461.

［10］Xin G，Sun H，Hu T. Large-area freestanding graphene paper for superior thermal management. Advanced Materials，2014，26（26）：4521-4526.

［11］Zhang Q Q，Yu Y K，Yang K C，et al，Mechanically Robust and Electrically Conductive Graphene-Paper/Glass-Fibers/Epoxy Composites for Stimuli-Responsive Sensors and Joule Heating Deicers［J］.Carbon，2017，124：296-307.

［12］Chen L，Zhang Y D，Wu Q. Effect of Graphene Coating on the Heat Transfer Performance of a Composite Anti-/Deicing Component［J］.Coatings，2017，7（10）158.

［13］Guo Y，Dun C C，Xu J W，et al. Ultrathin，Washable，and Large-Area Graphene Papers for Personal Thermal Management［J］.Small，2017，13（44）：1702645.

［14］Zhang T Y，Zhao H M，Wang D Y. A super flexible and custom-shaped graphene heater［J］. Nanoscale，2017，9（38）：14357.

［15］Novoselov K S，FalKo V I，Colombo L，et al. A roadmap for grapheme［J］. Nature，2012，490（7419）：192-200.

［16］Jiang J W，Wang J S. Joule heating and thermoelectric properties in short single-walled carbon nanotubes：electron-phonon interaction effect［J］.J Appl Phys，2011，110（12）：124319.

［17］Jiang H，Wang H T，Liu G，et al. Light-weight，flexible，low-voltage electro-thermal film using graphite nanoplatelets for wearable/smart electronics and deicing devices［J］. Journal of Alloys and Compounds，2017，699：1049-1056.

［18］Raji A R，Varadhachary T，Nan K，et al. Composites of graphene nanoribbon stacks and epoxy for joule heating and deicing of surfaces［J］. Applied Materials & Interfaces，2016，8（5）：3551.

［19］Luo J，Lu H，Zhang Q，et al. Flexible carbon nanotube/polyurethane electrothermal films［J］. Carbon，2016，110：343-349.

［20］Taejin K，Chung D D L. Carbon fiber mats as resistive heating elements［J］.Carbon，2013，41：2427-2451.

［21］Jing Y，Young G J. Highly elastic and transparent multiwalled carbon nanotube/polydimethylsiloxane bilayer films as electric heating materials［J］. Materials and Design，2015，86：72-79.

［22］Chen F F，Zhu Y J，Xiong Z C，et al. Hydroxyapatite Nanowire-Based All-Weather Flexible Electrically Conductive Paper with Superhydrophobic and Flame-Retardant Properties［J］. Applied Materials & Interfaces，2017，9（45）：39534-39548.

［23］Kongahage D，Foroughi J，Gambhir S. Fabrication of a graphene coated nonwoven textile for industrial applications［J］. Rsc Advances，2016，6（86）：82685.

［24］Yao X D，Stephen C. Hawkins a，b，Brian G. Falzon，An advanced anti-icing/de-icing system utilizing highly aligned carbon nanotube webs［J］. Carbon，2018，136：130-138.

［25］Sui D，Huang Y，Huang L. Flexible and transparent electrothermal film heaters based on graphene materials［J］. Small，2011，7（22）：3186-3192.

［26］Bustillos J，Zhang C，Boesl B，et al. Three-dimensional graphene foam‐polymer composite with superior deicing efficiency and strength［J］. Acs Applied Materials & Interfaces，2018，10（5）：5022-5024.

［27］Wan S J，Fang S L，Jiang L，et al. Strong，Conductive，Foldable Graphene Sheets by Sequential Ionic and π Bridging［J］. Adv. Mater，2018，30（36）：1802733.

［28］Song P G，Xu Z G，Wu Y P，et al. Super-tough artificial nacre based on graphene oxide via synergistic interface interactions of π-π stacking and hydrogen bonding［J］. Carbon，2017，111：807-812.

碳纳米管改性的结构－导电一体化 复合材料及其电磁兼容特性

赵中杰[1, 2]，张宝艳[1]，杜宇[1]，益小苏[1, 2]，仝建峰[1, 2]，王晋[1]，余金光[1]

1. 中航复材（北京）科技有限公司，北京 101300
2. 宁波诺丁汉大学理工学院，宁波 315100

0 引言

　　碳纤维增强树脂基复合材料（复材）受到其高分子基体的限制，电磁兼容性能较差。作为现代航空工业的主要材料，为弥补碳纤维复合材料的上述局限，必须对飞机和航空电子系统进行专门的电磁防护[1]。否则，在飞机接近雷雨云、遭直接雷击，以及受到民用/军事电磁干扰的情况下，飞机航电系统将受到干扰和过载，部分静电敏感位置可能产生火花，甚至被引燃[2-3]。

　　针对上述问题，现行的解决方案是在特定区域采用导电的其他材料，如航空铝合金或钛合金；或在复合材料部件的表面上添加导电层（例如，铁/钴抗静电涂层、轻质金属网等），这些方案可以显著提高材料的电磁兼容性能，减小材料的趋肤深度[4-5]。然而，使用导电材料将增加整机重量，表面附加的导电层则会显著增加复合材料的成本和复杂性，降低制造工艺的可靠性[6]。此外，在复材表面的附加结构通常和材料本体的一体性较差，可能剥落并降低结构整体的一体性[7]。

　　在此基础上，当前科研的前沿在于制造一种导电的复合材料。通过导电改性剂，可以将复合材料中的绝缘组分（即树脂基体）导电化，和本体导电性能优良的碳纤维复合后，即可实现材料的整体导电[8-9]。然而，在多数情况下，由改性填料引入树脂基体中的大量弱界面会降低树脂的内聚强度，填料对树脂强度的影响随着其添加量提高而增大[10-11]。为保障复合材料整体的结构强度不下降，应优选改性填料的种类，并对其尺度、形状，以及添加量进行优化。例如，碳纳米管（CNT）具有良好的本体导电性能和较高的长径比，是最适于对高性能聚合物进行导电改性的材料之一[12]。

　　CNT 是饭岛澄男在 1991 年发现的具有单原子层空心管结构的纳米碳材料[13]。利用其独特的几何结构和物理性能，CNT 在环氧树脂中的渗流阈值可降低到（0.01~15）%；也就是说，在添加量只有（0.01~15）% 的情况下，CNT 就可以使高分子导通。据文献报道，其改性的高分子的电导率可达 50 S/m[14]。用这种聚合物制成 10μm 厚的各向同性涂层，其表面方阻低于 $2 \times 10-2\Omega/\square$[15]。

　　目前，国内外的科研工作者正在研究多种将 CNT 高效利用的方法[16]。A. B. Ripoll 等将含 CNT 的环氧树脂纺成超轻导电膜，利用其与碳纤维复合，制备了导电预浸料及导电复合材料试样。据称该导电复合材料可承受 500kA 的雷电压[17]。CNT 的另一个典型用例是将 CNT 压合制成无纺纸

（bucky 纸）。J. G. Park 等用三层 15μm 厚的无规取向 bucky 纸与环氧树脂基复合材料结合复合，制成复合材料，该复合材料导电性能优异，最大电磁屏蔽（electro-magnetic shielding，EMS）效能可达 70dB[18]。Gong 等通过喷涂的工艺在复合材料层间插入无规的厚 CNT 层，复合材料的 EMS 效能得到了显著提升，在 8~12GHz 频段，材料的 EMS 效能可达 73dB[19]。然而，大量 CNT 形成的致密结构将显著降低复合材料的强度，Gong 等报道的材料层间剪切强度仅为 12MPa[19]。

尽管 Gong 等的工作揭示了碳纳米管加入对复合材料结构强度带来的不利影响，但其他研究表明，通过对树脂配方的优化，少量 CNT 实际上可作为纳米增强相提高复合材料的强度[20]。Ren Yi 等最近的研究表明，均匀分散的 CNT 在环氧树脂基体中可以吸收裂纹能量，阻止微裂纹的扩展。同时，有限元分析结果表明，在电磁屏蔽、抗静电等弱电磁环境中，连续碳纤维即可对复合材料导电性能作出可观的贡献，对树脂本体导电性能的要求较一般的导电高分子更低[20]。在此前提下，经过对 CNT 添加量、分散方式的优化设计，可以有限的 CNT 实现对复合材料电磁兼容性能和结构强度的同时提升，实现结构－导电一体化。

近年来，随着对 CNT 研究的深入和工业领域对复合材料电磁兼容性能要求的不断提高，CNT 工业化的速度在不断提升，如 bucky 纸等较成熟的 CNT 产品已经得到了较广泛的应用[22-23]。然而，对 CNT 在多相高分子材料体系中的作用，以及其和材料整体的相互作用机理尚未得到清楚的阐释。本文基于优化后的多壁碳纳米管（MWCNT）/ 环氧树脂体系，研制了结构－导电一体化的复合材料，并对其力学性能、导电性能和电磁兼容特性的影响进行了表征和讨论。

1 实验

1.1 材料

多壁碳纳米管购自清华大学，航空级高性能环氧树脂 5229 及其胺类固化剂购自北京航空材料研究院，化学纯四氢呋喃和二氯乙烷购自国药北京化学试剂有限公司，12K T700SC 碳纤维购自东丽公司。

1.2 MWCNT 改性环氧树脂的制备

分别采用 N2 吸附法、气相色谱法、X 射线光电子能谱法对碳纳米管的比表面积、表面能和表面氧含量进行了分析，碳纳米管的比表面积、总表面能和表面氧含量分别达到了 180~250m²/g、190~200 mN/m 和（1.0~3.0）%。首先，将未改性的 5229 环氧树脂溶于氯乙烷中，配成 0.5g/mL 的溶液。为表征碳纳米管添加量对材料导电性能的影响[24]，按不同添加量在溶液中加入 MWCNT，并通过超声进行分散。然后将超声过的溶液高剪切分散 24h。将混合均匀的树脂溶液在室温下干燥 72h，然后将树脂转移到 100℃烘箱中 48h，除去挥发分。将烘箱加热的树脂冷却至 50~60℃，通过三辊研磨机在 5229 树脂中加入固化剂。

1.3 预浸料生产

将 MWCNT 改性环氧树脂涂成胶膜，涂膜温度为 55℃，树脂胶膜的面密度为（33±5）g/m²。用两层树脂膜在 70℃通过热熔法生产 T700SC 单向碳纤维预浸料。碳纤维的面密度为（133±10）g/m²，预浸料的面密度为（200±5）g/m²。MWCNT 改性预浸料的生产工艺如图 1 所示。

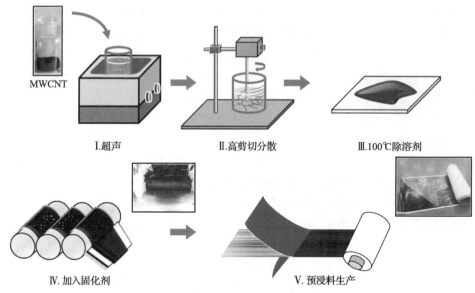

I.超声　　　　　　　　Ⅱ.高剪切分散　　　　　　Ⅲ.100℃除溶剂

Ⅳ. 加入固化剂　　　　　　　　　　　Ⅴ. 预浸料生产

图1　MWCNT 改性预浸料的生产工艺示意图

1.4　复合材料试样的制备

将 MWCNT 改性导电预浸料按所需铺层方式铺贴后，置于热压罐中，保持 0.3MPa 压力，在 180℃固化 150min。热压罐升降温速率均为 1~1.5K/min。复合材料试样在采用扫描电镜观察前，需事先浸入四氢呋喃和二氯乙烷中超声处理 10min，以蚀刻去除树脂中的热塑性组分。

1.5　性能表征

在本文中对未改性的 5229 树脂和 MWCNT 改性后的树脂的流变学和热力学性能进行了测试，获取了树脂的反应动力学数据，并分析了 MWCNT 的增强机理。观察了 MWCNT 和 MWCNT–CFRP 的微观形貌，进一步阐明了 MWCNT 与聚合物体系的相互作用。使用 Netzsch 公司的 DSC 214 差示扫描量热仪进行反应热力学分析；使用 Anton Paar Physics MCR 101 流变仪测定树脂黏度；使用 FEI Quanta 600 扫描电镜观察树脂及复合材料样品的显微形貌。

本文测试和评价了 MWCNT 改性复合材料的高温性能和静态力学性能，并与未改性的空白组进行了比较分析。使用 Instron 公司 5948 万能试验机测试进行力学性能测试，用 Netzsch 公司的 DMA 242E 进行动态热力学分析。

本文表征了 MWCNT 改性复合材料及其空白对照的电导率、电磁屏蔽效能和抗静电性能，分析了不同组分对材料电磁兼容性能的贡献。使用安捷伦公司的 34410A 高精度万用表测试了材料的表面方阻和体积电阻率。材料的电磁屏蔽效能采用 EMS 有效性测试采用安捷伦公司的 EXA signal analyzer N9010A 进行测试。使用 Monroe 公司的 ME279 测试试验件的静电电位，按照 MIL–DTL–83528C[25] 进行碳纤维复合材料的电磁屏蔽效能测试，分别按照 ASTM D3039、ASTM D6641、ASTM D790 和 ASTM D2344[26–29] 进行碳纤维复合材料的拉伸强度、压缩强度、弯曲强度和层间剪切强度测试。

采用复合材料试验件内部燃油的油面电位作为其抗静电性能变化的指标。将 MWCNT 改性的预浸料、空白对照，以及喷涂防静电漆的空白对照组制成三个尺寸为 800mm×800mm×300mm 的立方容器，容器侧壁厚度为 2.5mm，底板厚度为 12.5mm。所有容器均通过上表面的进口孔填充航空煤油，油面高度为 200mm。随后，容器装在晃动试验机上开始晃动，晃动的角度、频率和试验时间分别为 ±15°、0.27 Hz 和 1h。在晃动过程中，通过浮在油面中心的空心铜球获得油面电位；铜球通过塑料包覆的绝缘线连接到 ME279 静电电位计，如图 2 所示。

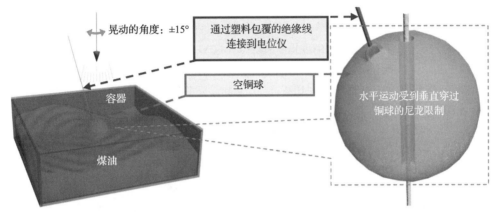

注：空心铜球随着煤油表面的晃动可以自由升降，但其水平运动受到垂直穿过铜球的尼龙绳限制。

图2　MWCNT 改性复合材料的抗静电试验示意图

2 结果讨论

2.1 MWCNT 改性环氧树脂和复合材料的基本物理性能

本文中采用的 MWCNT 平均壁厚为 4~10nm，根据报道，多层单原子壁和相对较高的长径比可以为高分子提供较高的电导率和较低的电阻抗[30]。采用扫描电镜和透射电镜对 MWCNT 的形态和尺寸进行了观察。可以看出，MWCNT 的平均外径为 15~30nm，平均长度为 8~15μm，长径比高达 150。通过超声空化作用和高剪切力，占树脂总质量 3.0% 的 MWCNT 在环氧树脂中得到了均匀分散，如图 3 所示。

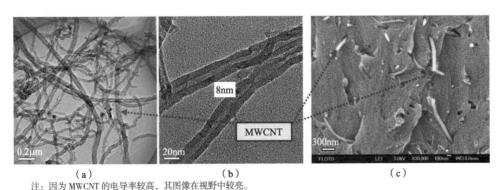

注：因为 MWCNT 的电导率较高，其图像在视野中较亮。

图3　MWCNT 的透射电镜（a）、（b）图像和 3.0% 含量的 MWCNT 分散在环氧树脂中的扫描电镜（c）图像

在固化前，环氧树脂中的 MWCNT 可能通过影响环氧树脂／塑性增韧剂的相分离过程与复相高分子体系相互作用。如图 4（a）所示，在 80~120℃之间，材料的 DSC 曲线上出现了解结晶的放热峰，同时未改性树脂的表观黏度随着温度的升高而升高，这是由于聚合物链段从其初始的结晶状态展开后，热固性环氧树脂分子和热塑性增韧剂分子链的互穿，阻碍了它们的相对运动[31]。对于未改性的 5229 树脂，其黏度随着温度的升高和两类高分子的互溶迅速降低。然而，MWCNT 的加入明显加大了分子链相对运动的位阻，MWCNT 改性树脂的黏度显著高于其未改性的对照组，在 102℃时形成了一个宽峰。因此，可以认为 MWCNT 参与了环氧树脂固化过程中的相分离。用扫描电镜观察经过化学蚀刻的 MWCNT 改性环氧树脂，可以看到大量部分被固化的环氧树脂球覆盖的碳纳米管，形成了"串珠"型，表明 MWCNT 的裸露部分最初被热塑性相覆盖。微型的环氧树脂球产生于固化过程中复相高分子的分相阶段[32]，因此可以合理地推断 MWCNT 在分相阶段曾已经反复穿透树脂的热固性和热塑性区域；对复相高分子体系进行了强化。

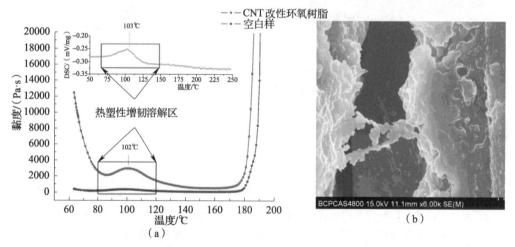

图 4 MWCNT 改性环氧树脂和未改性 5229D 的黏—温曲线和 DSC 曲线（a）和
MWCNT 改性复合材料 SEM 图像中串珠型 MWCNT-环氧树脂复合体（b）

在添加量较小时，MWCNT 可以提高树脂基体的内聚强度。从图 5（a）中可以看出，随着 MWCNT 质量分数的增加，环氧树脂的强度和导电性能同时增强了。当 MWCNT 的质量分数达到 1.0% 时，电阻率迅速下降，表明材料中的导电填料添加量达到了渗流阈值。在此基础上，如果导电填料的长径比更高，则渗流阈值还可能进一步降低[24, 33]。根据图 5（a），确定了在当前工艺下 MWCNT 改性复合材料的最优添加量为 3.0%。

在低添加量时，MWCNT 通过桥联和锚固机制增强了环氧树脂。采用扫描电镜（见图 5（b））观察了 MWCNT 改性复合材料的断口形貌。从扫描电镜中可以看到大量典型的碳纳米管拉断和桥联树脂的形貌，符合高分子的短纤维增韧机理（见图 5（c）、图 5（d））。然而，过量的 MWCNT 最终降低了复合材料的力学性能，这可能是由于大量 MWCNT 在体系中引入了过多的弱界面，并形成了团聚。

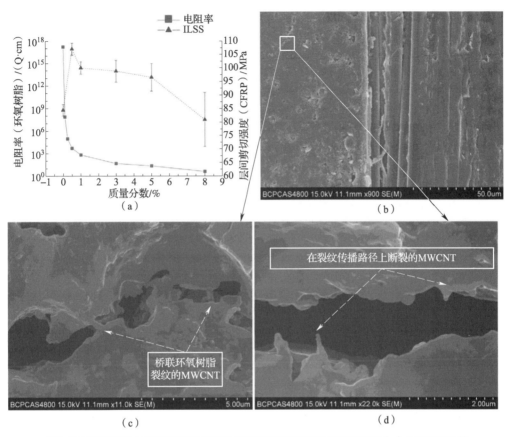

图5 环氧树脂的体积电阻率和改性复材的层间剪切强度随碳纳米管添加量的变化规律（a）；MWCNT 改性
复合材料的断口形貌（b）；桥联环氧树脂裂纹的 MWCNT（c）；在裂纹传播路径上断裂的 MWCNT（d）

　　除层间剪切强度外，添加量 3.0% 的 MWCNT 改性复合材料的其他典型静态力学性能与空白
对照组相比也有所提高，见表 1。这可以归因于 MWCNT 提高环氧树脂基体强度带来的普遍影响。
MWCNT 的增强作用主要影响树脂主导的复合材料性能（压缩强度和层间剪切强度分别增加 29% 和
17%），对于纤维主导的复合材料性能，如拉伸强度和弯曲强度方面，MWCNT 的影响相对较小。

表1 MWCNT 改性复合材料（MWCNT-CFRP）与其空白对照（Blank CFRP）的力学性能对比

测试	空白对照 /MPa	MWCNT-CFRP/MPa
拉伸强度	2418±91	2453±101
压缩强度	1154±106	1488±129
弯曲强度	1852±101	1902±157
层间剪切强度	84.4±2.1	98.8±4.1

2.2 MWCNT 改性环氧树脂和复合材料的导电性能

　　如图 6 所示，未改性的复合材料是各向异性的，它们沿纤维的导电性显著高于其他方向（见表 2）。

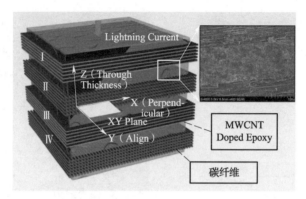

注：其中标注了纤维在 II 层中的取向，嵌入的扫描电镜图像为复合材料截面的实际形貌。

图 6 MWCNT 改性复合材料结构的示意图

表 2 MWCNT 改性复合材料与其空白对照在不同方向的导电性能对比

铺层方式	测试方向	表面方阻 */（Ω/□）		体积电导率/（S·m）	
		空白对照	MWCNT-CFRP	空白对照	MWCNT-CFRP
单向	轴向	13.6±12.6	1.53±0.67	1594±277	1770±210
	面内垂直纤维方向			565±239	699±161
	厚度方向			0.16±0.12	16.4±9.1
准各向同性	面内	2.41±0.18	0.15±0.02	1954±363	2346±152
	厚度方向			0.04±0.08	13.3±3.7

注：* 导电测试时预先打磨样品，去除材料表面的树脂，以降低数据的标准差。

如图 6 所示，以第 II 层为例，沿 X 和 Z 方向的电导率将显著低于 Y 方向，主要的导电媒介——碳纤维是不连续的，纤维被束间和层间存在的大量富树脂局域隔开了。在实际应用中，复合材料面内的各向异性可以通过正交（$[0/90]n$）或准各向同性（$[0/45/90/-45]n$）的铺层设计得到补偿。与之相比，沿复合材料厚度方向的导电性能最差，其电导率比面内电导率低大约 3 个数量级（表 2）。对于电磁屏蔽应用来说，垂直于入射波的平面内，即复合材料的面内导电性能最为重要[34]。

比较了 MWCNT 改性复合材料及其空白对照组的表面方阻和体积电导率，见表 2。两种材料的厚度相同，铺层方式均包括单向（$[0]_{16}$）、正交（$[45/45]_{4S}$）和准各向同性（$[0/45/90/45]_{2S}$）。MWCNT 改性后，复合材料的表面电阻显著降低，体积电导率提高。其中，材料导电性能在厚度方向的改善最为显著（两个数量级）。相比之下，在单向铺层中碳纤维不连续的 90°方向（垂直于纤维），体积电导率也提高了 24%。其原因如图 6 所示，层间富树脂区比束间的富树脂区宽得多，因此 3% MWCNT 的加入对需要跨过层间富树脂区的厚度方向导电性能的影响更加显著。

2.3 MWCNT 改性复合材料的电磁屏蔽效能

测试了不同铺层方式的 MWCNT 改性复合材料和空白对照组电磁屏蔽效能。MWCNT 改性复合材料的铺层方式和厚度分别为 $[0]_4$（0.5mm）、$[0]_8$（1.0mm）、$[0]_{12}$（1.5mm）、$[0]_{16}$（2.0mm）、

$[45/-45]_S$（0.5mm）、$[45/-45]_{2S}$（1.0mm）、$[45/-45]_{4S}$（2.0mm）、$[0/45/90/-45]_S$（1.0mm） 和 $[0/45/90/-45]_{2S}$（2.0mm）。空白对照组的铺层方式为$[0/45/90/-45]_{2S}$。

　　不同厚度的 MWCNT 改性复合材料电磁屏蔽效能的变化趋势与表 2 中电阻和电导率的变化趋势一致。准各向同性铺层与正交铺层相比，由于面内的纤维取向更为均匀，（见图 7（a）），屏蔽效能增大。图 7（a）中所有样品的厚度一致（$[0]_{16}$、$[45/-45]_{4S}$ 和 $[0/45/90/-45]_{2S}$ 均为 16 层）。其中，单向复合材料的电磁屏蔽效能较差。这是由于发射源发出的电磁波偏振方向涵盖了空间中垂直于波传播方向的 360° 范围内。其中，偏振面与单向复合材料纤维取向平行的电磁波理论上可以毫无损耗地通过复合材料，换句话说，单向复合材料对特定偏振方向的电磁波没有屏蔽能力。然而，从图 7（a）中可以看出 MWCNT 改性的单向复合材料在高频段的屏蔽效能仍然超过了其等厚的准各向同性对照组。这是因为随着电磁波频率升高，其电磁响应更依赖于导体的电极化损耗和反射，MWCNT 作为具有高导电型的碳材料，在高频段与空白对照组相比有更明显的优势。

　　对于不同铺层的 MWCNT 改性复合材料来说，随着层数和碳纤维的取向增加，其电磁屏蔽效能稳步增大。这是因为垂直于波入射方向的导电介质增多了（见图 7（b））。如上节所述，MWCNT 的加入对复合材料整体电磁屏蔽效能的提升有直接帮助。与 Gong 等在文献中报道的 bucky 纸改性复合材料相比，MWCNT 改性复合材料在相同铺层方式下（$[0/45/90/-45]_S$）电磁屏蔽效能相当，但在强度方面有显著优势[19]。

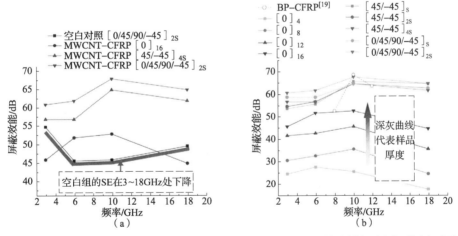

图 7　不同铺层方式（$[0]_{16}$、$[45/-45]_{4S}$ 和 $[0/45/90/-45]_{2S}$）MWCNT 改性复合材料和准各向同性空白对照组
（$[0/45/90/-45]_{2S}$）的屏蔽效能对比（a），文献报道的 Bucky 纸改性的准各向同性复合材料（BP-CFRP）和
不同铺层方式（$[0]_4$、$[0]_8$、$[0]_{12}$、$[0]_{16}$、$[45/-45]_S$、$[45/-45]_{2S}$、$[45/-45]_{4S}$、
$[0/45/90/-45]_S$、$[0/45/90/-45]_{2S}$）的 MWCNT 改性复合材料的屏蔽效能对比（b）

　　综上，虽然 MWCNT 在很大程度上提高复合材料的整体屏蔽效能，但连续碳纤维的作用仍是不可替代的。对于具有各向异性铺层设计的复合材料结构，MWCNT 改性复合材料有较大优势，如 2mm 单向 MWCNT 改性复合材料的最大屏蔽效能可达 55dB。已超过通用电磁屏蔽结构的 40dB 屏蔽效能要求（即电磁波衰减到 1%[34]）。相对的，即使采用更厚的未改性单向复合材料板仍可能无法满足此要求。如前所述，MWCNT 对材料的电磁屏蔽效能的提升机理可以归因于电磁吸收[35]。此外，

根据图 7（b），可以设计出特定屏蔽结构所需的铺层。如单向 MWCNT 改性复合材料在厚度为 0.5mm 时的最小屏蔽效能为 18dB（电磁波频率 18GHz），对于厚度大于 0.5mm 的单向复材，估计每 1 mm 屏蔽效能增益为 18dB（即 1.0mm、1.5mm 和 2.0mm MWCNT 改性复合材料的屏蔽分别为 25dB、36dB 和 45dB）。而垂直 / 准各向同性铺层的 MWCNT 复合材料的每 0.5mm 屏蔽效能增益大于 50dB（本次测试中材料屏蔽效能最大值不到 70dB，这与屏蔽效能的窗口法测试流程有关）。

2.4 MWCNT 改性复合材料的抗静电性能

测试了 MWCNT 改性复合材料试验件、其空白对照组和喷涂抗静电涂层的空白对照组作为航空煤油容器时的抗静电性能。试验件的制造方案和试验方法见 2.4 节。

在晃动试验过程中，煤油的累积静电电荷将通过容器的内表面传导耗散，因此容器内表面的导电性能对燃油的静电耗散速度至关重要。MWCNT 改性环氧树脂和碳纤维束堆积体的表面方阻分别为 $(2~4) \times 10^3 \Omega / \square$ 和 $0.1~1 \Omega / \square$。未改性的环氧树脂绝缘，抗静电涂层的表面方阻为 $(4~8) \times 10^6 \Omega / \square$。

抗静电试验结果见图 8（a）。从试验结果可以看出，MWCNT 改性复合材料对静电荷的耗散能力最强，其装载煤油的油面电位在试验的全部时间段内都保持最低；未改性复合材料容器中的煤油电位更高，增大了静电起火的可能性。

与防静电涂层保护的对照组相比，MWCNT 改性复合材料和空白对照组的静电电位都随着试验的进程缓慢升高。这表明在试验过程中，防静电涂层保护的对照组的静电积累 / 耗散达到了动态平衡，而另两组试验过程中煤油表面积累的静电荷在不断增加。这可能是由容器内表面的粗糙度不同引起的。与喷涂了抗静电涂层的复合材料相比，未经表面处理的材料表面明显更粗糙（见图 8(b)），使煤油和容器之间摩擦产生的静电荷增多。

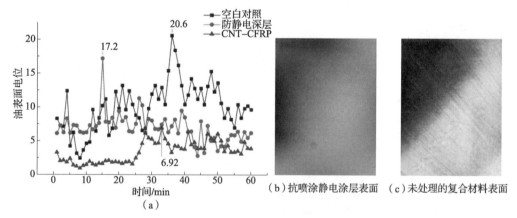

图 8　MWCNT 改性复合材料试验件、其空白对照组和喷涂抗静电涂层的空白对照组的抗静电性能对比（a）；
抗喷涂静电涂层与未处理的复合材料表面粗糙度对比（b）

3　结论

本文制备了 MWCNT 改性环氧树脂，并用改性树脂与碳纤维复合，制成了具有优良力学性能和电磁兼容性能的结构－导电一体化复合材料。通过显微形貌观察和树脂本体、复合材料的理化性能分析，本文证明了 MWCNT 在作为导电相增强树脂本体导电性能的同时，还通过短纤维桥联和锚固机理，使环氧树脂的力学性能得到了改善。改性后复合材料的压缩强度和层间剪切强度得到了显著提高（29% 和 17%）。

通过导电改性复合材料层间和束间绝缘的富树脂区，MWCNT 显著改善了复合材料的电各向异性状态。复合材料在垂直于纤维方向的电导率显著增加。与空白对照相比，在 3~18GHz 频段内，MWCNT 改性复合材料的电磁屏蔽效能增加到约 68dB，超过了当前国内外的文献报道值。此外，MWCNT 改性复合材料的抗静电性能也由于表面电阻降低而增强，其对静电的耗散效果优于现行复合材料专用的抗静电涂层。

综上所述，本文证明了 MWCNT 环氧树脂基复合材料的良好改性材料，可以同时提高复合材料的力学强度和电磁兼容性能，从而使成形工艺更简单，综合性能更优的结构－导电一体化复合材料制品成为可能。在航空航天工业中，本文提出的新研 MWCNT 改性复合材料为新一代功能复合材料的设计和研发指明了新的前景。

致谢

该项目得到了中欧合作项目 ECO–COMPASS、国家自然科学基金和科技部政府间合作项目的支持，项目号分别为 MJ–2015–H–G–103、51803202 和 2016YFE0132800。

参 考 文 献

［1］Soutis C. Fiber reinforced composites in aircraft construction［J］. Prog. Aerosp. Sci., 2005, 41（2）: 143–151.

［2］Willett J C, Park G, Krider E P, et al. Triggered lightning risk assessment for reusable launch vehicles at the southwest regional and Oklahoma spaceports［J］. 86th AMS Annual Meeting, Atlanta, Georgia, 2006: 2–4.

［3］Perala R A, Rudolph T, Erolsen F. Electromagnetic Interaction of Lightning with Aircraft［J］. IEEE T. Electromagn. C., 1982, 24（2）: 173–203.

［4］Yurkov G Y, Fionov A S, Kozinkin A V, et al. Synthesis and physicochemical properties ofcomposites for electromagnetic shielding applications: a polymeric matrix impregnated with iron– orcobalt–containing nanoparticles［J］. J. Nanophotonics, 2012, 6（1）: 1717.

［5］Tunáková V, Techniková L, Militký J. Influence of washing/drying cycleson fundamental properties of metalfiber–containing fabrics designed for electromagnetic shielding purposes［J］. Text. Res. J., 2017, 87（2）: 175–192.

［6］Ely J, Nguyen T, Szatkowski G. Aircraft Lightning Electromagnetic Environment Measurement［M］. Virginia, NASA Langley Research Center, 2011.

［7］Chemartin L, Lalande P, Peyrou B, et al. Lago. Direct Effects of Lightning on Aircraft Structure: Analysis of the Thermal, Electrical and Mechanical Constraints［J］. Aerospacelab., 2012, 5: 1–15.

［8］Mallick P K. Fiber–reinforced composites［M］. Florida: CRC Press Inc., 2007.

［9］Shi F H, Li J, Zhang B Y, et al. Preparation and Electrical Properties of Graphene/PEK–c Films［J］. Adv. Mater. Res., 2015, 1102: 107–112.

［10］Ghosh K，Maiti S N. Mechanical properties of silver-powder-filled polypropylene composites［J］. J Appl Polym Sci，1996，60（3）：323–331.

［11］Zhao Z J，Yi X S，Xian G J. Fabricating structural adhesive bonds with high electrical conductivity［J］.Int. J. Adhes. Adhes.，2017，74：70–76.

［12］Bauhofer W，Kovacs J Z. A review and analysis of electrical percolation in carbon nanotube polymer composites［J］. Compos. Sci.Technol.，2009，69（10）：1486–1498.

［13］Iijima S. Helical microtubules of graphitic carbon［J］.Nature，1991，354：56–58.

［14］Tasis Z S D，Papagelis K，Galiotis C. Carbon nanotube - polymer composites：Chemistry，processing，mechanical，and electrical properties［J］.Prog. Polym. Sci.，2010，35：357–401.

［15］Al-Saleh M H，Sundararaj U. A review of vapor growth carbon nanofiber/polymer conductive composites［J］.Carbon，2009，47：2–22.

［16］Li Y J，Shimizu H. High-shear processing induced homogenous dispersion of pristine multiwalled carbon nanotubes in a thermoplastic elastome［J］.Polymer，2007，48：2203–2207.

［17］Ripoll A B，Murciano F S，Loscertales I G，et al. Method of producing nanofibers of epoxy resin for composite laminates of aeronautical structures to improve their electromagnetic characteristics［P］. Unite states Patent，US2010/0203315，2010–08–12.

［18］Park J G，Louis J，Cheng Q F，et al. Electromagnetic interference shielding properties of carbon nanotube buckypaper composites［J］.Nanotechnology，2009，20：415702.

［19］Gong S，Zhu Z H，Arjmand M，et al. Effect of Carbon Nanotubes on ElectromagneticInterference Shielding of Carbon Fiber Reinforced［J］.Polym. Compos.，2016，doi：10.1002/pc.24084.

［20］Ren Y，Li F，Cheng H M，et al. Tension - tension fatigue behavior of unidirectional single-walled carbon nanotube reinforced epoxy composite［J］.Carbon，2003，41：2159–2179.

［21］Wasselynck G，Trichet D，Ramdane B，et al. Interaction Between Electromagnetic Field and CFRP Materials：A New Multiscale Homogenization Approach［J］.IEEE T. Magn.，2010，46（8）：3277–3280.

［22］Endo M，Muramatsu H，Hayashi T，et al. Dresselhaus，Nanotechnology：'Buckypaper' from coaxial nanotubes［J］.Nature，2005，433（7025）：476.

［23］Chen H Y，Chen M H，Di J T，et al，Architecting three-dimensional networks in carbon nanotube buckypapers for thermal interface materials［J］.J. Phys. Chem. C.，2012，116：3903–3909.

［24］Kotsilkova R，Ivanov E，Bychanok D，et al. Effects of sonochemical modification of carbon nanotubes on electrical and electromagnetic shielding properties of epoxy composites［J］.Compos. Sci.Technol.，2015，106：85–92.

［25］MIL-DTL-83528C，4.5.12.（2001）.Gasketlng Material，Conductive，Shielding Gasket，Electronic，Elastomer，Emi/Rfi General Specification for.

［26］ASTM D3039.（2014）.Standard Test Method for Tensile Properties of Polymer Matrix Composite Materials.

［27］ASTM D6641/6641M.（2014）.Standard Test Method for Compressive Properties of Polymer Matrix Composite Materials Using a Combined Loading Compression（CLC）Test Fixture.

［28］ASTM D790.（2015）.Standard Test Methods for Flexural Properties of Unreinforced and Reinforced Plastics and Electrical Insulating Materials.

［29］ASTM D2344.（2015）.Standard Test Method for Short-Beam Strength of Polymer Matrix Composite Materials and Their

Laminates.

［30］Kuzhir P P，Paddubskaya A G，Shuba M V，et al. Electrotromagnetic Shielding Efficiency in *Ka*–Band：Carbon Foam Versus Epoxy/Carbon Nanotube Composites ［J］. J. Nanophotonics，2012，6（1）：1–19.

［31］Atrazhev V V，Burlatsky S F，Dmitriev D V，et al Stalled Phase Transition Model of High–Elastic Polymer ［J］. J. Stat. Mech.–Theory E.，2013，2004：2–24.

［32］Yi X S，An X，Tang B，et al. Ex–situ formation periodic interlayer structure to improve significantly the impact damage resistance of carbon laminates ［J］. Adv. Eng. Mater.，2010，5（10）：729–732.

［33］Kuzhir P，Paddubskaya A，Plyushch A，et al. Epoxy composites filled with high surface area–carbon fillers：Optimization of electromagnetic shielding，electrical，mechanical，and thermal properties ［J］. J. Appl. Phys.，2013，114：164304–7.

［34］Vinoy K J，Jha R M. Radar Absorbing Materials：From Theory to Design and Characterization ［M］. Netherland：Kluwer Academic Publishers，2011.

［35］Batrakov K，Kuzhir P，Maksimenko S，et al. Enhanced microwave–to–terahertz absorption in grapheme ［J］. Appl. Phys. Lett.，2016，108：123101–4.

植物纤维表面纳米粒子改性及其对
增强树脂基复合材料性能的影响

王安妮[1, 2, 3]，咸贵军[1, 2, 3]

1. 哈尔滨工业大学结构工程灾变与控制教育部重点实验室，黑龙江哈尔滨 150090
2. 哈尔滨工业大学土木工程智能防灾减灾工业和信息化部重点实验室，黑龙江哈尔滨 150090
3. 哈尔滨工业大学土木工程学院，黑龙江哈尔滨 150090

0 引言

　　植物纤维具有成本低、比强度 / 模量高、环境友好、来源广等优势，特别是植物纤维的环境友好性能涵盖了从生长到服役结束，如全生命周期评估分析表明，植物纤维不仅可以降低对不可再生能源的依赖性，温室气体的排放量也远远低于合成纤维，并且可通过生物降解或焚化回收能源[1]。在一些工程结构应用领域，植物纤维已经替代玻璃纤维等合成纤维作为复合材料的增强纤维，如植物纤维增强树脂基复合材料（natural fiber reinforced polymer composites，NFRP）在汽车、建筑、体育及园艺用品等领域被广泛应用[2-4]。

　　植物纤维复杂的化学组成及结构导致植物纤维与树脂基体（特别是热塑性树脂）的界面黏结性能较差，且具有较高的吸湿性能，这影响了植物纤维复合材料的结构应用[5]。植物纤维的主要成分包括纤维素、半纤维素、木质素及果胶等[6-7]，其中，纤维素是由 D– 吡喃葡萄糖单元通过葡萄糖苷键连接在一起的半结晶多糖，半纤维素是具有多支链完全无定形的葡萄糖分子链，通过氢键与纤维素结合在一起[8]。纤维素和半纤维素中大量的羟基基团赋予植物纤维较高的极性与高亲水性，如苎麻纤维复合材料浸泡在 40℃蒸馏水中时的吸水率高于质量分数 10%[9]，使得植物纤维 – 树脂界面黏结性能易吸湿退化[10-11]，降低了纤维复合材料的力学性能与尺寸稳定性。

　　通过对纤维表面进行处理，改善植物纤维与树脂基体的界面性能被广泛接受与采纳，如酸处理、碱处理、过氧化物处理等[12]。纤维表面化学处理可以使纤维细胞壁的尺寸稳定性提高，并减少对水分子的吸附，增加纤维与树脂基体之间的化学键"桥接"[13]。植物纤维表面碱处理可以去除纤维表面的低分子物质，增加纤维的表面粗糙度，提高纤维与树脂基体之间的机械咬合力[14]；在碱化处理的同时施加一定的预应力，可以改变纤维内纤维素微晶的取向，提高纤维本身的强度[15]。利用偶联剂对植物纤维进行处理，偶联剂分子分别与纤维和基体发生化学反应形成共价键，在纤维与基体之间形成化学桥接，可以有效增强纤维与基体的界面黏结性能[16]。特别需要指出的是，偶联剂小分子可以渗入植物纤维的细胞壁内与细胞壁的纤维素、半纤维素等分子结构的羟基发生反应，降低水分子在细胞壁内的吸附与扩散[17]。

近年来的研究表明，植物纤维表面纳米粒子接枝方法对提升植物纤维复合材料性能方面具有重要的潜力。植物纤维与树脂基体界面区域的纳米颗粒，可以有效提高纤维与树脂的界面黏结性能，提高植物纤维与树脂基体间的应力传递，延迟界面裂纹的传播与扩展[18]。如陈海燕等以碱处理的黄麻纤维为基底，正硅酸乙酯为硅源，氨水为催化剂，通过水热法在黄麻纤维表面沉积生长了纳米二氧化硅，显著改善了黄麻纤维与聚丙烯树脂基体的界面黏结性能[19]；YanLi 等[20]通过浸泡 – 喷涂工艺将羧基化的碳纳米管涂覆到亚麻纤维表面，亚麻纤维的羟基与碳纳米管的羧基反应形成氢键，亚麻 – 环氧树脂的界面剪切强度提高了 26%；ForkanSarker 等[21]在黄麻纤维束表面涂覆氧化石墨烯，可将黄麻纤维的拉伸强度提升 96%。这可能是由于纤维表面接枝氧化石墨烯减少了植物纤维表面的微裂纹。

近年来，哈工大土木工程学院 FRP 纤维复合材料与结构课题组系统研究了植物纤维复合材料通过植物纤维表面接枝纳米颗粒的高性能化方法，提出了植物纤维表面接枝不同纳米颗粒的接枝技术，研究了不同纳米颗粒接枝的方法原理，获得了纤维表面纳米颗粒接枝改性对植物纤维及其树脂基复合材料的力学性能与耐湿热性能的影响规律与机理。本文总结分析了近年来课题组在植物纤维表面纳米粒子改性方面的研究工作。

1 植物纤维的预处理方法

植物纤维的主要承力组分为纤维素微纤。螺旋状纤维素微纤被包裹在半纤维素、果胶等小分子内形成植物纤维的细胞壁[22]。未处理的植物纤维表面含有油脂、灰尘、低分子量物质（如蜡、果胶等），这些物质影响了植物纤维的力学性能，同时不利于植物纤维与树脂基体的界面黏结[14]。

碱处理是植物纤维最常用的纤维处理方法之一。碱处理可以溶解植物纤维中一部分的木质素、蜡以及覆盖在纤维外表面的油脂，增加纤维表面粗糙度，提高纤维与树脂基体间的机械咬合力[23-24]；碱化处理还可去除纤维表面的一些缺陷，使纤维均质化，提升纤维的力学性能[5-25]；增加纤维素微纤暴露比率，增加植物纤维表面的化学反应活性位点[26]。在碱溶液的作用下，植物纤维的细胞壁发生溶胀，高度堆积的结晶纤维的有序方向发生改变，增加化学试剂进入纤维细胞壁的渗透途径[5]。此外，在碱化处理过程中对植物纤维施加一定的张力，可使纤维素分子链沿外力方向伸展，降低纤维素微纤与细胞中心轴的夹角，从而提高纤维的力学性能[15]。

利用 1%~5% 的氢氧化钠溶液对植物纤维进行碱处理，在超声波的作用下适当升高温度可以提高处理效率。亚麻纤维分别在 2% 和 5% 的碱溶液中处理，碱溶液浓度越高，亚麻纤维表面杂质及小分子的溶解量越大，纤维表面的沟壑越明显（见图 1）。碱溶液浓度过高或处理时间过长，固定包裹纤维素微纤的小分子物质被大量去除，这将导致纤维拉伸性能的下降[27]。

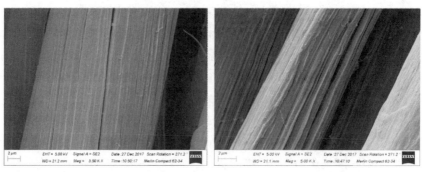

（a）2%氢氧化钠溶液　　　　　　　（b）5%氢氧化钠溶液

图1　碱处理亚麻纤维的电镜照片（a）2%氢氧化钠溶液（b）5%氢氧化钠溶液

2 线状纳米颗粒接枝方法

碳纳米管作为一种典型的一维纳米材料，具有较高的长径比和优异的力学性能[28]，接枝在纤维表面的碳纳米管可以提高树脂与纤维间的应力传递效率，抑制裂纹的扩展。Min Zhao等发现均匀分布在碳纤维上的碳纳米管可将碳纤维复合材料的界面剪切强度提高117.7%[29]。碳纳米管接枝到植物纤维表面，可以增加纤维与树脂之间的相互作用[20]。利用硅烷偶联剂实现碳纳米管与植物纤维之间的化学键连接[30]。碳纳米管易大量团聚，引起界面应力集中，导致界面过早失效。因此，如何使碳纳米管在植物纤维表面均匀分散是纤维表面改性需要解决的关键问题。

2.1　苎麻纤维表面碳纳米管接枝工艺

目前，植物纤维接枝表面碳纳米管一般采用植物纤维在碳纳米管悬浮液里浸泡的方法。如LazarosTzounis等将碱处理后的黄麻纤维分散在蒸馏水中并滴加多壁碳纳米管悬浮液，在室温条件下剧烈搅拌24h，实现了碳纳米管的接枝[31]。Li等通过"浸泡和喷涂干燥"工艺将羧基化的碳纳米管涂覆到亚麻纤维表面[20]。虽然已有研究者提出了在碳纤维表面生长线状碳纳米管或纳米氧化锌的方法[36]，但由于需要在高温条件下进行，故该方法并不适用于植物纤维。

为获得较好的碳纳米管接枝效果，首先对羟基化的碳纳米管表面进行修饰，获得分散均匀的碳纳米管悬浮液（如图2所示）。在室温下将0.5%的碳纳米管缓慢加入到1%硅烷偶联剂溶液中，磁力搅拌10 min后将0.5%的聚乙烯吡咯烷酮混入到该悬浮液中，在超声波中分散10 min后在60℃条件下保温4h。

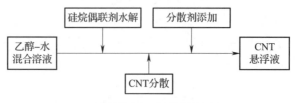

图2　碳纳米管（CNT）悬浮液制备过程

　　将上述的碳纳米管悬浮液喷涂至苎麻纤维表面，即可以实现在植物纤维表面均匀接枝碳纳米管（见图3）；对苎麻纤维布双面均匀喷涂一遍，纤维表面碳纳米管的含量约为2g/m²。多次喷涂可以提高碳纳米管接枝率。喷涂后，放置于110℃环境箱2 h，即可获得碳纳米管接枝的苎麻纤维布。

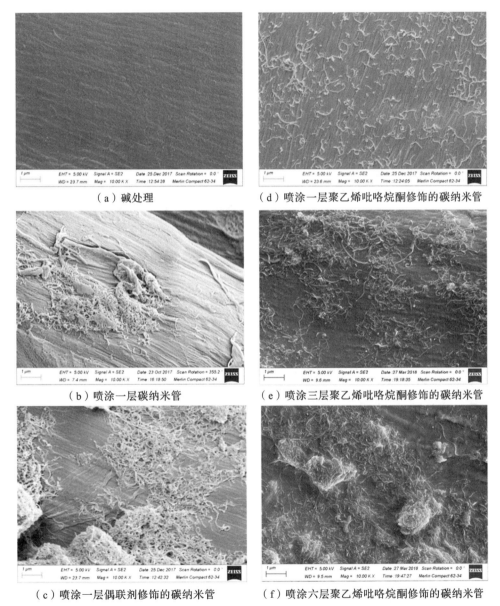

（a）碱处理　　　　　　（d）喷涂一层聚乙烯吡咯烷酮修饰的碳纳米管

（b）喷涂一层碳纳米管　　　（e）喷涂三层聚乙烯吡咯烷酮修饰的碳纳米管

（c）喷涂一层偶联剂修饰的碳纳米管　　（f）喷涂六层聚乙烯吡咯烷酮修饰的碳纳米管

图3　碳纳米管接枝前后的苎麻纤维电镜照片

　　如图3（b）～图3（d）所示，利用上述简单的喷涂方法，可以有效地将碳纳米管接枝到苎麻纤维表面。碳纳米管在纤维表面的分布与其在悬浮液中的分散程度有关。未经过修饰的碳纳米管以及仅硅烷偶联剂修饰的碳纳米管悬浮液喷涂到纤维表面会出现团聚现象。而聚乙烯吡咯烷酮可以吸附到碳纳米管表面形成超分子，超分子的位阻效应可以通过降低表面张力并克服碳纳米管之间的范德华力，阻止碳纳米管的团聚[33-35]，故聚乙烯吡咯烷酮修饰的碳纳米管悬浮液喷涂到苎麻纤维表面后可以得到分散均匀的碳纳米管。图3（d）~图3（f）显示了喷涂层数对纤维表面形态的影响，随着喷涂层数的增加，碳纳米管在纤维表面的团聚现象越发明显。

采用喷涂的方法进行纳米颗粒的接枝，不仅有效简化接枝工艺流程，缩短接枝时间，且纳米颗粒的接枝效率高。经过喷涂法接枝到纤维表面的纳米颗粒在纤维表面分散均匀，纳米颗粒的粒度相近，对植物纤维复合材料的界面性能改善效果明显。

2.2 苎麻纤维表面碳纳米管接枝机理

预处理后的苎麻纤维表面含有大量活性较高的游离羟基，使得羟基化的碳纳米管与苎麻纤维之间形成了化学键的连接[36]。如图4所示，硅烷偶联剂水解后的羟基与苎麻纤维、碳纳米管表面的羟基形成 C—O—Si，将碳纳米管和植物纤维连接在一起。此外，加热可促进硅烷醇基团的缩合，在细胞壁上形成固体聚硅氧烷网络。

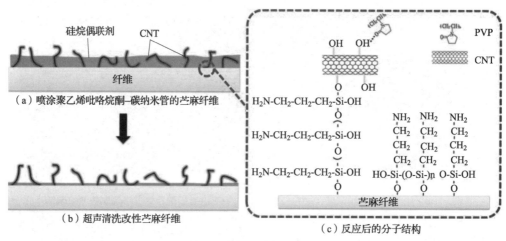

图4 示意图

2.3 苎麻纤维表面碳纳米管接枝作用效果与机理

植物纤维复合材料力学性能的提高主要在于纤维强度和界面黏结性能的提高。界面黏结性能的改善主要通过树脂与纤维的吸附、化学键作用以及机械咬合力的提高[37]。碳纳米管接枝苎麻纤维改善界面性能的原因如下：①苎麻纤维表面的硅烷偶联剂可与纤维及树脂分别发生化学反应，在纤维与树脂之间形成化学键；②增加了纤维表面的粗糙度，增加了纤维与树脂基体之间的机械咬合力；③碳纳米管自身较好的力学性能可有效阻止界面裂纹的扩展，起到良好的应力传递作用。如图5所示的微滴脱黏实验结果可见，未处理的苎麻纤维与树脂之间发生剥离，且纤维表面较光滑。碳纳米管接枝处理后的苎麻纤维表面残留树脂基体，表明纤维与树脂基体之间的黏结增强，界面薄弱区转移到纤维表皮或者基体内部。喷涂三层分散较好的碳纳米管，苎麻纤维复合材料的抗弯强度和模量较未处理的苎麻纤维复合材料提高 38.4% 和 36.8%[32]。

一维的碳纳米管因其自身表现出较好的力学性能，在改善植物纤维与树脂基体的界面黏结性能上相比其他类型的纳米颗粒具有较大的优势。快捷的喷涂法使得纳米接枝技术工业化成为可能。未来的研究中若能实现碳纳米管在植物纤维表面生长，可在现有基础上进一步增加纤维与树脂的咬合力，对复合材料性能的提升作用将更为显著。

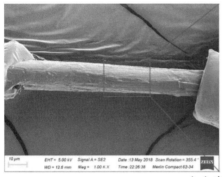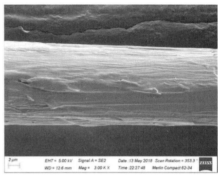

（a）未处理纤维

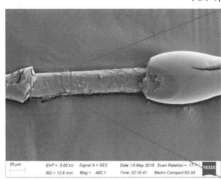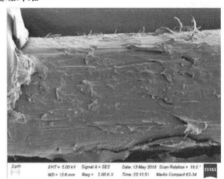

（b）碳纳米管接枝

图 5　苎麻纤维 – 环氧树脂微脱黏界面形貌（a）未处理纤维（b）碳纳米管接枝[32]

3 球状纳米颗粒处理

为增强纳米颗粒与纤维表面的化学作用，通常选用表面含有大量羟基基团的球形颗粒（如纳米二氧化硅、纳米二氧化钛等）用于植物纤维接枝，其微观结构如图 6 所示。球状的纳米颗粒更易填充植物纤维的孔隙、凹槽和沟壑等，较大的比表面积可增加纤维与树脂之间的有效接触面积。通过真空加压浸渍的手段，可将纳米颗粒充填在纤维细胞壁和细胞腔，提高植物纤维复合材料的拉伸性能[38]。

3.1 亚麻纤维表面纳米 TiO_2/SiO_2 接枝工艺

球状纳米颗粒的接枝方法主要分为两种：一种是通过

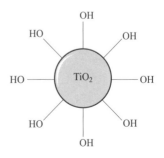

图 6　球状纳米二氧化钛化学结构示意图

水热法让球状纳米颗粒在纤维表面原位生长。Liu 等[39]将黄麻纤维作为基底，正硅酸乙酯为硅源，氨水为催化剂，通过水热法使得纳米二氧化硅在黄麻纤维表面成核并生长，实现了对黄麻纤维表面的缺陷修补[40]，提升了黄麻纤维的强度，且可改善黄麻纤维与聚丙烯之间的界面黏结[19]。

另一种接枝方法为纳米颗粒在植物纤维表面的自由沉积即溶液浸泡法。以纳米二氧化钛为例，将纳米二氧化钛颗粒在缓慢搅拌下混合到硅烷偶联剂溶液中，获得稳定的纳米二氧化钛悬浮液。随后将亚麻纤维浸入纳米悬浮液，在超声波作用下处理 15min 后，用乙醇和蒸馏水洗涤 1h，除去悬浮在亚麻纤维布表面的纳米颗粒，避免纳米颗粒的"虚接枝"。

如图 7（a）~图 7（b）所示，未处理的亚麻纤维表面较为光滑，而碱处理后的亚麻表面出现了凹凸不平的现象。图 7（c）~图 7（f）显示了各种含量的纳米颗粒在亚麻纤维表面的吸附状态。纳米二氧化钛接枝到亚麻纤维表面出现团聚，随着纳米二氧化钛的浓度增加，其表面粗糙度增加，颗粒状物质清晰可见且逐渐增多。

溶液浸泡的接枝方法在纳米颗粒接枝领域应用广泛，该方法较为简单且易于操作。但通过此种方法接枝易引起纳米颗粒在纤维表面分布不均匀，纤维表面纳米颗粒的接枝量具有不确定性，与溶液浓度、接枝时间等有较大的关系，且溶液沉积法会造成大量纳米颗粒的浪费，纳米颗粒的有效利用率较喷涂法低。

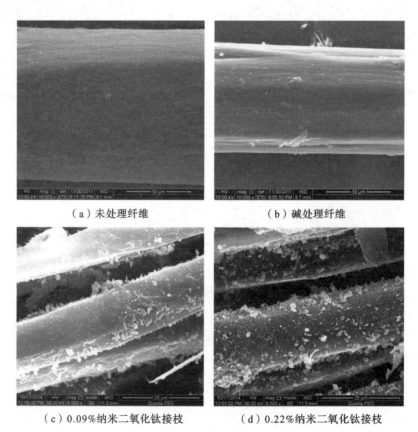

（a）未处理纤维　　　　　　　　　　（b）碱处理纤维

（c）0.09%纳米二氧化钛接枝　　　　　（d）0.22%纳米二氧化钛接枝

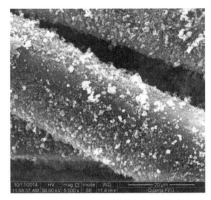

（e）0.43%纳米二氧化钛接枝　　　　　　　　（f）0.87%纳米二氧化钛接枝

图7　亚麻纤维电镜照片（a）未处理纤维（b）碱处理纤维（c）0.09%纳米二氧化钛接枝（d）0.22%纳米
二氧化钛接枝（e）0.43%纳米二氧化钛接枝（f）0.87%纳米二氧化钛接枝[41]

3.2　亚麻纤维表面纳米 TiO₂/SiO₂ 接枝机理

纳米二氧化钛接枝亚麻纤维的接枝机理如图8所示。硅烷偶联剂在乙醇体系下发生多步水解反应生成具有活性的硅羟基。纳米二氧化钛表面含有大量羟基基团可与水解后的硅烷偶联剂发生化学键合生成 Ti—O—Si 键。将亚麻纤维投入纳米二氧化钛悬浮液中，由于亚麻纤维每个葡萄糖上含有三个活性羟基，纳米二氧化钛表面的羟基可与亚麻发生缩合反应，同时硅烷偶联剂也可与亚麻纤维表面羟基发生缩合反应。因此，亚麻纤维、硅烷偶联剂和纳米二氧化硅之间形成了化学分子网络，纳米颗粒在纤维表面的吸附作用增强。

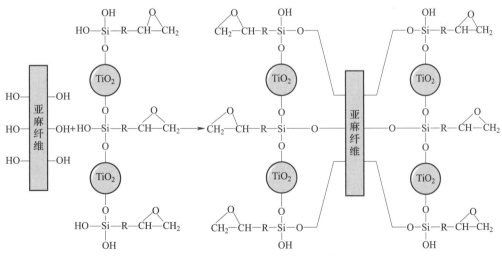

图8　亚麻纤维与纳米二氧化钛的接枝反应[41]

3.3　亚麻纤维表面纳米 TiO₂/SiO₂ 接枝作用效果

纳米二氧化钛接枝亚麻纤维可改善亚麻与环氧树脂之间的界面性能，提升复合材料的力学性能。当亚麻纤维表面接枝 2.34% 纳米二氧化钛，亚麻纤维复合材料的界面剪切性能提高 40.5%，弯曲强度较未改性复合材料提高27.2%[42]。球状纳米二氧化钛作用于亚麻纤维表面时，表面包裹的硅烷偶联剂一端可以与纤维表面的羟基发生化学反应，另一端的环氧基与环氧树脂相容性较好，提高了纤维与环氧树脂之间的化学作用。另外，球状的纳米颗粒沉积到纤维表面，纤维的比表面积及与树脂的接触面增大、相互作用力增加[39]。纳米颗粒填充在纤维表面的沟壑和裂纹中，与渗入的树脂形成齿合结构，增强了纤维与树脂的机械互锁作用[43]。

采用类似的方法在苎麻纤维表面接枝纳米二氧化硅，也取得了同样的效果。硅烷偶联剂的种类也对接枝效果有影响，将十二烷基硫酸钠（SDS）、3-氨丙基三甲氧基硅烷（APS）以及3-环氧丙基三甲基硅烷（GPS）修饰后的纳米二氧化硅接枝到苎麻纤维表面，当纳米二氧化硅含量为1%时，苎麻纤维复合材料的弯曲强度分别提高20.53%、25.73%以及32.88%[44]。这是由于不同的硅烷偶联剂种类与树脂基体的相互化学作用的不同而引起的。

4 片层状纳米颗粒处理

片层状纳米颗粒在微观结构上因范德华力而相互堆积呈规则的多片层排布，层间距较小，片层宽厚比较大。常见的片层纳米颗粒包括纳米黏土及石墨烯。Zhang 等[45]将氧化石墨烯引入到单根碳纤维表面，当引入5%的氧化石墨烯片层，碳纤维复合材料的层间剪切性能显著提高。Forkan Sarker等[21]通过自由沉积的方法在黄麻纤维表面涂覆了氧化石墨烯薄片，纤维与石墨烯之间形成黏合。与未处理的纤维相比，纤维与树脂之间的界面剪切强度提高约236%。Mohan 等[46]将纳米黏土接枝到香蕉纤维，使得其拉伸强度及模量分别提高12.5%和35.7%。

4.1 亚麻纤维表面纳米黏土接枝方法

目前片层状纳米颗粒接枝一般使用溶液浸泡法进行接枝。片层过多的堆积会影响纤维的接枝效果，因此通常在接枝前会对纳米颗粒进行分散。利用超声的作用将有机蒙脱土分散于含有硅烷偶联剂的介质溶液中，一方面超声的作用可破坏片层间的部分化学键，另一方面偶联剂分子可进入到蒙脱土片层中，增加蒙脱土片层的层间距。

图9（a）为硅烷偶联剂处理纤维的电镜图，图9（b）~图9（d）显示分别用0.5%、1%和1.3%纳米黏土溶液处理的亚麻纤维。纤维表面附着有团聚的纳米颗粒，随着纳米黏土溶液浓度的增加，在纤维表面上形成了更多的颗粒。图9（d）~图9（f）之间的比较表明，纳米黏土的大小从几纳米到几百纳米不等。悬浮液中纳米黏土含量的增加导致纤维表面纳米颗粒的聚集。

4.2 亚麻纤维表面纳米黏土接枝机理

如图10所示，经过硅烷偶联剂修饰的纳米黏土，黏土层与硅烷偶联剂的氨基之间彼此吸附[48]。在超声空化作用下，纳米黏土的层间距会增加，偶联剂小分子也可进入纳米黏土的层间发生反应。经过该过程的纳米黏土被引入到纤维表面以后，与纳米黏土相连的硅烷偶联剂另一端可与亚麻纤维发生化学反应，生成共价键或形成氢键而吸附在纤维表面。

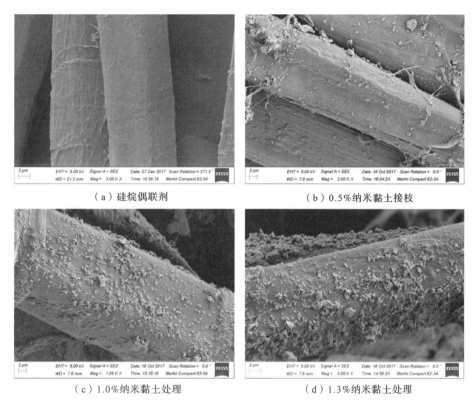

（a）硅烷偶联剂　　　　　　　　　　　　（b）0.5%纳米黏土接枝

（c）1.0%纳米黏土处理　　　　　　　　　　（d）1.3%纳米黏土处理

图9　亚麻纤维电镜照片（a）硅烷偶联剂（b）0.5%纳米黏土接枝（c）1.0%纳米黏土处理（d）1.3%纳米黏土处理[47]

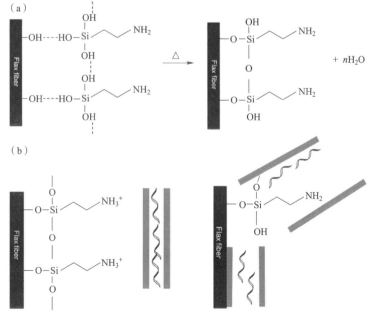

图10　亚麻纤维与纳米黏土的接枝机理图（a）偶联剂与亚麻纤维反应机理（b）偶联剂与纳米黏土反应机理[47]

4.3 亚麻纤维表面纳米黏土接枝作用效果与机理

纳米黏土在界面对裂纹扩展的阻碍作用以及应力传递作用较石墨烯弱，导致其改性效果较石墨烯差。最优纳米黏土接枝浓度（1.3%）接枝亚麻纤维获得的亚麻纤维复合材料的弯曲强度较未改性亚麻纤维复合材料提高 20.7%[47]。

与线状碳纳米管以及球状纳米二氧化钛、纳米二氧化硅相比，片层状的纳米黏土对复合材料弯曲强度的改善效果较差。但因其特殊的结构，纳米黏土对亚麻纤维复合材料的耐湿热性能有较明显提升。如图 11 所示，在温度为 70℃、湿度为 80% 的环境中，与未处理和硅烷偶联剂处理相比，纳米黏土接枝的亚麻纤维复合材料饱和吸水率分别降低了 38.4% 和 15.4%，扩散系数降低了 13.2% 和 56.6%[49]。这是由于：①纳米颗粒接枝过程中，硅烷偶联剂利用亚麻纤维的羟基进行反应，使得羟基含量降低，水分子的吸附率降低；②纤维与树脂界面黏结性能的提高，减少了界面的孔隙，自由水的储存降低；③片层状的纳米黏土附着在纤维表面，增加了水分子的扩散路径，降低了水分子扩散速率。

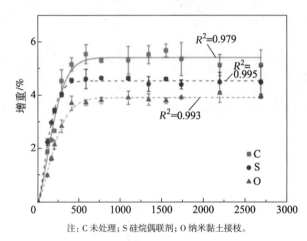

注：C 未处理；S 硅烷偶联剂；O 纳米黏土接枝。

图 11　亚麻纤维复合材料 70℃ 80% 湿度下水吸收过程[49]

5　结论

通过植物纤维表面接枝纳米颗粒可以有效改善植物纤维复合材料的力学性能与耐湿热性能，总结了针对不同纳米颗粒的接枝方法，并系统研究了接枝机理及其对纤维复合材料性能的影响。综上，可得到如下结论。

（1）植物纤维表面均匀接枝碳纳米管的喷涂法的关键是制备稳定的碳纳米管悬浮液，然后将悬浮液喷涂到植物纤维表面。表面接枝碳纳米管有利于植物纤维与树脂基体的界面应力的传递，大幅提升界面黏结强度，同时改善了植物纤维复合材料的力学性能。

（2）表面含有大量羟基的球状纳米二氧化钛和二氧化硅通过溶液浸泡法，在硅烷偶联剂的作用下，可与植物纤维表面的活性羟基生成化学键接。纤维与树脂界面黏结性能提高，植物纤维及其复合材料的力学性能均有效改善。

（3）经超声分散的片层状纳米黏土通过溶液浸泡法，沉积到植物纤维表面。片状结构使得纳米黏土可有效地阻碍水分子在植物纤维－树脂界面的扩散，降低了复合材料的水吸收率与扩散系数。

参 考 文 献

［1］Joshi S V，Drzal L T，Mohanty A K，et al. Are natural fiber composites environmentally superior to glass fiber reinforced composites［J］. Composites Part A：Applied Science and Manufacturing，2004，35（3）：371-376.

［2］Sanjay M R，Madhu P，Jawaid M，et al. Characterization and properties of natural fiber polymer composites：A comprehensive review［J］. Journal of Cleaner Production，2018，172：566-581.

［3］Yusriah L，Sapuan S M，Zainudin E S，et al. Characterization of physical，mechanical，thermal and morphological properties of agro-waste betel nut（Areca catechu）husk fibre［J］. Journal of Cleaner Production，2014，72：174-180.

［4］Ramnath B V，Manickavasagam V M，Elanchezhian C，et al. Determination of mechanical properties of intra-layer abaca‐jute‐glass fiber reinforced composite［J］. Materials & Design，2014，60：643-652.

［5］Kabir M M，Wang H，Lau K T，et al，Chemical treatments on plant-based natural fibre reinforced polymer composites：An overview［J］. Composites Part B：Engineering，2012，43（7）：2883-2892.

［6］Shah D U，Natural fibre composites：Comprehensive Ashby-type materials selection charts［J］. Materials & Design（1980-2015），2014，62：21-31.

［7］Dicker M P M，Duckworth P F，Baker A B，et al，Green composites：A review of material attributes and complementary applications［J］. Composites Part A：Applied Science and Manufacturing，2014，56：280-289.

［8］Alvarez V A，Ruscekaite R A，Vazquez A. Mechanical Properties and Water Absorption Behavior of Composites Made from a Biodegradable Matrix and Alkaline-Treated Sisal Fibers［J］. Journal of Composite Materials，2003，37（17）：1575-1588.

［9］Wang H，Xian G，Li H，et al. Durability study of a ramie-fiber reinforced phenolic composite subjected to water immersion［J］. Fibers and Polymers，2014，15（5）：1029-1034.

［10］Singh B，Gupta M，Verma A，Influence of fiber surface treatment on the properties of sisal-polyester composites［J］. Polymer Composites，1996，17（6）：910-918.

［11］Dilfi K F A，Balan A，Bin H，et al. Effect of surface modification of jute fiber on the mechanical properties and durability of jute fiber-reinforced epoxy composites［J］. Polymer Composites，2018，39（S4）：E2519-E2528.

［12］马红亮，陈健，孔振武. 复合材料用天然植物纤维改性研究进展［J］. 生物质化学工程，2019，53（04）：50-58.

［13］Belgacem M N，Gandini A. The surface modification of cellulose fibres for use as reinforcing elements in composite materials［J］. Composite Interfaces，2005，12（1-2）：41-75.

［14］Li X，Tabil L G，Panigrahi S. Chemical Treatments of Natural Fiber for Use in Natural Fiber-Reinforced Composites：A Review［J］. Journal of Polymers and the Environment，2007，15（1）：25-33.

［15］夏媛媛. 改性亚麻纤维复合材料及其约束混凝土柱的轴压性能研究［D］. 哈尔滨：哈尔滨工业大学，2016.

［16］Cantero G，Arbelaiz A，Llano-Ponte R，et al. Effects of fibre treatment on wettability and mechanical behaviour of flax/polypropylene composites［J］. Composites Science and Technology，2003，63（9）：1247-1254.

［17］Xie Y，Hill C A S，Xiao Z，et al，Silane coupling agents used for natural fiber/polymer composites：A review［J］.

Composites Part A：Applied Science and Manufacturing，2010，41（7）：806–819.

［18］Sarker F，Potluri P，Afroj S，et al. Ultrahigh Performance of Nanoengineered Graphene–Based Natural Jute Fiber Composites［J］. ACS Applied Materials & Interfaces，2019，11（23）：21166–21176.

［19］陈海燕. 黄麻纤维表面水热沉积纳米 SiO_2 及其增强聚丙烯复合材料的研究［D］.南京：南京航空航天大学，2019.

［20］Li Y，Chen C，Xu J，et al. Improved mechanical properties of carbon nanotubes–coated flax fiber reinforced composites ［J］. Journal of Materials Science，2015，50（3）：1117–1128.

［21］Sarker F，Karim N，Afroj S，et al. High–Performance Graphene–Based Natural Fiber Composites［J］. ACS Applied Materials & Interfaces，2018，10（40）：34502–34512.

［22］Bourmaud A，Morvan C，Baley C. Importance of fiber preparation to optimize the surface and mechanical properties of unitary flax fiber［J］. Industrial Crops and Products，2010，32（3）：662–667.

［23］Mahjoub R，Yatim J M，Mohd Sam A R，et al. Tensile properties of kenaf fiber due to various conditions of chemical fiber surface modifications［J］. Construction and Building Materials，2014，55：103–113.

［24］Van de Weyenberg I，Truong T C，Vangrimde B，et al. Improving the properties of UD flax fibre reinforced composites by applying an alkaline fibre treatment［J］. Composites Part A：Applied Science and Manufacturing，2006 37（9）：1368–1376.

［25］李平平，戴卫国，何建新. 苎麻纤维的碱处理与环氧交联改性［J］.纤维素科学与技术，2012，20：（01）：52–57.

［26］Ashori A，Ornelas M，Sheshmani S，et al. Influence of mild alkaline treatment on the cellulosic surfaces active sites［J］. Carbohydrate Polymers，2012，88（4）：1293–1298.

［27］Wang B，Panigrahi S，Tabil L，et al，Pre–treatment of Flax Fibers for use in Rotationally Molded Biocomposites［J］. Journal of Reinforced Plastics and Composites，2007，26（5）：447–463.

［28］Lee W J，Clancy A J，Fernández–Toribio J C，et al. Interfacially–grafted single–walled carbon nanotube / poly（vinyl alcohol）composite fibers［J］.Carbon，2019，146：162–171.

［29］Zhao M，Meng L，Ma L，et al. Layer–by–layer grafting CNTs onto carbon fibers surface for enhancing the interfacial properties of epoxy resin composites［J］. Composites Science and Technology，2018，154：28–36.

［30］Dilfi K F A，Che Z，Xian G. Grafting ramie fiber with carbon nanotube and its effect on the mechanical and interfacial properties of ramie/epoxy composites［J］.Journal of Natural Fibers，2019，16（3）：388–403.

［31］Tzounis L，Debnath S，Rooj S，et al. High performance natural rubber composites with a hierarchical reinforcement structure of carbon nanotube modified natural fibers［J］. Materials & Design，2014，58：1–11.

［32］Wang W，Xian G，Li H. Surface modification of ramie fibers with silanized CNTs through a simple spray–coating method ［J］.Cellulose，2019，26（13）：8165–8178.

［33］Yadav S P，Singh S. Carbon nanotube dispersion in nematic liquid crystals：An overview［J］. Progress in Materials Science，2016，80：38–76.

［34］Wang B，Liu S，Zhu Y，et al. Influence of polyvinyl pyrrolidone on the dispersion of multi–walled carbon nanotubes in aqueous solution［J］. Russian Journal of Physical Chemistry A，2014，88（13）：2385–2390.

［35］Kim S W，Kim T，Kim Y. S，et al. Surface modifications for the effective dispersion of carbon nanotubes in solvents and polymers［J］.Carbon，2012，50（1）：3–33.

［36］Sandler J，Shaffer M S P，Prasse T，et al. Development of a dispersion process for carbon nanotubes in an epoxy matrix and the resulting electrical properties［J］. Polymer，1999，40(21)：5967-5971.

［37］Orue A，Jauregi A，Unsuain U，et al. The effect of alkaline and silane treatments on mechanical properties and breakage of sisal fibers and poly (lactic acid) /sisal fiber composites［J］. Composites Part A：Applied Science and Manufacturing，2016，84：186-195.

［38］Shi J，Shi S Q，Barnes H M，et al. Kenaf Bast Fibers ─ Part II：Inorganic Nanoparticle Impregnation for Polymer Composites［J］. International Journal of Polymer Science，2011，2011：736474.

［39］Liu X，Cui Y，Lee S K L，et al. Multiscale modeling of nano-SiO$_2$ deposited on jute fibers via macroscopic evaluations and the interfacial interaction by molecular dynamics simulation［J］. Composites Science and Technology，2020，188：107987.

［40］Liu X，Cui Y，Hao S，et al. Influence of depositing nano-SiO$_2$ particles on the surface microstructure and properties of jute fibers via in situ synthesis［J］. Composites Part A：Applied Science and Manufacturing，2018，109：368-375.

［41］Wang H，Xian G，Li H. Grafting of nano-TiO$_2$ onto flax fibers and the enhancement of the mechanical properties of the flax fiber and flax fiber/epoxy composite［J］. Composites Part A：Applied Science and Manufacturing，2015，76：172-180.

［42］王宏光. 亚麻纤维复合材料及其加固钢筋混凝土梁的抗剪性能研究［D］. 哈尔滨：哈尔滨工业大学，2016.

［43］郝森捷. 表面纳米化修饰的黄麻纤维及其增强聚丙烯复合材料研究［D］. 南京：南京航空航天大学，2018.

［44］Dilfi K F A，Che Z j，Xian G j. Grafting of nano-silica onto ramie fiber for enhanced mechanical and interfacial properties of ramie/epoxy composite［J］. Journal of Zhejiang University-SCIENCE A，2019，20(9)：660-674.

［45］Zhang X，Fan X，Yan C，et al. Interfacial Microstructure and Properties of Carbon Fiber Composites Modified with Graphene Oxide［J］. ACS Applied Materials & Interfaces，2012，4(3)：1543-1552.

［46］Mohan T P，Kanny K. Mechanical and Thermal Properties of Nanoclay-Treated Banana Fibers［J］. Journal of Natural Fibers，2017，14(5)：718-726.

［47］Wang A，Xia D，Xian G，et al. Effect of nanoclay grafting onto flax fibers on the interfacial shear strength and mechanical properties of flax/epoxy composites［J］. Polymer Composites，2019，40(9)：3482-3492.

［48］Jia Q X，Wu Y P，Wang Y Q，et al. Enhanced interfacial interaction of rubber/clay nanocomposites by a novel two-step method［J］. Composites Science and Technology，2008，68(3)：1050-1056.

［49］Wang A，Xian G，Li H. Effects of Fiber Surface Grafting with Nano-Clay on the Hydrothermal Ageing Behaviors of Flax Fiber/Epoxy Composite Plates［J］. Polymers，2019，11(8)：1278.

表面接枝碳纳米管的苎麻纤维
生命周期评价研究

董少策[1, 2, 3]，王婉茹[1, 2, 3]，咸贵军[1, 2, 3]

1. 哈尔滨工业大学结构工程灾变与控制教育部重点实验室，黑龙江哈尔滨 150090
2. 哈尔滨工业大学土木工程智能防灾减灾工业和信息化部重点实验室，黑龙江哈尔滨 150090
3. 哈尔滨工业大学土木工程学院，黑龙江哈尔滨 150090

0 引言

纤维增强树脂基复合材料（fiber reinforced polymers，FRP）因其具有轻质、高强、耐腐蚀和耐疲劳等特点，在航空航天、汽车等领域得到了广泛的应用[1]。传统的 FRP 材料主要由碳纤维、玻璃纤维、芳纶纤维、玄武岩纤维等人造纤维增强环氧树脂、聚酯或乙烯基脂等组成。但传统的增强纤维在生产过程中需要消耗大量的能源及化学用品，例如，玻璃纤维生产过程需要进行高温熔融拉丝成形，会耗费大量的能源，产生很大的环境污染。随着可持续发展的观念深入人心，近年来开发具有绿色、可再生、可自然退化的植物纤维增强树脂基复合材料（natural fiber reinforced polymers，NFRP）成为当前研究的热点。

植物纤维因其独特的结构和化学组成，具备与传统人造纤维不同的特性。植物纤维一般由初级细胞壁、次级细胞壁和内腔组成[2]。植物纤维的细胞主要由纤维素、半纤维素、果胶和木质素等组成，其中纤维素为主要的承载部分[3-4]。植物纤维中的麻类纤维（苎麻、亚麻、黄麻、大麻等）因具有较高的力学强度及与玻璃纤维相当的比模量而在复合材料中得到了广泛的应用。尤其是苎麻纤维，因其具有麻类纤维中最高的力学性能、优良的耐虫蛀、耐霉菌性能以及产量 90% 以上来自中国的特点，赢得了"中国宝""Chinese Grass"等美誉。

植物纤维主要成分中纤维素和半纤维素因表面含有大量的羟基，所以其吸湿性较大，耐久性较差，并且半纤维素黏在纤维表面，会阻止反应剂与纤维素分子的黏结，造成 NFRP 的纤维/树脂间界面黏结性能较弱的问题。因此，制备 NFRP 时需要对植物纤维进行改性，以提高其纤维/树脂间的黏结性能和耐久性能。常用的改性方法主要包括：化学方法、物理方法和生物方法[5]。而化学方法因其简单易行，受到了广泛关注。例如通过碱液去除植物纤维表面的低分子物质，增加纤维粗糙度，减少羟基，提高耐久性[6-7]；通过硅烷偶联剂提高纤维/树脂之间的黏结作用，从而提高 NFRP 的力学性能[8]；接枝纳米粒子到纤维表面形成纳米层，使复合材料内部应力的传递更加均匀等[9]。而本文所基于的实验，是针对现有植物纤维表面接枝纳米粒子工艺繁琐、耗时长、效率低下、易团聚等缺点提出的新型接枝方法，具体的接枝工艺可以参考文献[10]。

针对植物纤维改性方法的研究很多，但是很少有研究关注不同改性方法的环境影响性能。

Michael George 等比较了新型磺酸处理大麻纤维方法与文献中的丝光处理、醋丙酸酐处理大麻方法的环境影响，得出新型磺酸处理方法有更好的环保优势[11]。但关于碳纳米管接枝处理苎麻纤维的环境影响尚未见报道。基于 ISO 14040[12] 和 ISO 14044[13] 等规范，本文使用"从工厂大门到工厂大门（gate-to-gate）"的生命周期评价方法研究了苎麻纤维表面接枝碳纳米管改性方法的环境影响，并与硅烷偶联剂改性苎麻纤维方法的环境影响进行了对比。评价方法为 ReCiPe，影响类别包括气候变化（Climate Change，简称 CC）、平流层臭氧消耗（stratospheric ozone depletion，SOD）、陆地酸化（Terrestrial Acidification，简称 TA）、水体富营养化（freshwater eutrophication，FREU）、人体毒性（Human Toxicity，简称 HT）和水体生态毒性（freshwater eco-toxicity，FREC）。

1 生命周期评价方法

生命周期评价（life cycle assessment，LCA）方法是国际通用的环境影响评价方法，其定义为：在一个产品系统的整个生命周期内，对其输入、输出和潜在的环境影响进行汇编与评价。LCA 一般包括 4 步，即目标及界限定义（goal and scope definition）、全寿命清单分析（life cycle inventory analysis，LCI）、环境影响评价（life cycle impacts assessment，LCIA）和解释（interpretation），其框架如图 1 所示[12]。从图 1 可以看出，LCA 研究过程是一个迭代的过程，LCI、LCIA 及解释阶段的工作受到目标及界限定义的限制，同时，根据后续三个阶段的反馈，也可以重新对目标及界限定义进行修改。

LCA 的作用主要包括：在产品生命周期的各个阶段发现提升产品环境性能的机会、在工业、政府及非政府组织决策时提供数据支持、选择环境表现的相关指标和量测手段、市场营销（例如，环保声明、生态标签方案或环保产品声明）。LCA 的用户包括工业界、政府部门以及大学和科研机构等。

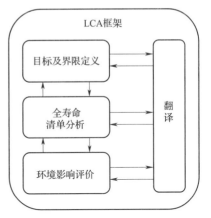

图1 LCA 框架图

1.1 目标及界限定义

根据 ISO 14040 的定义，目标及界限定义为进行一个 LCA 研究的第一步。目标的定义与 LCA 可能的应用、潜在的用户等相关。本文 LCA 的目标是比较表面接枝碳纳米管改性苎麻纤维方法和传统硅烷偶联剂改性苎麻纤维方法的环境影响，并获得两种改性方法中环境影响贡献最大的物质。

界限定义需要明确系统功能、功能元、系统边界。本文 LCA 研究的系统的功能为改性苎麻纤维，提高其纤维/树脂间界面强度。功能元为 1 kg 改性后的苎麻纤维。系统的边界是考虑改性过程中化学用品及试剂、电能的消耗，因此本文的 LCA 为"从工厂大门到工厂大门"（gate-to-gate）类型的生命周期评价。

1.2 全寿命清单分析

清单分析是 LCA 的第二个阶段，它指的是对给定产品系统在其整个生命周期或单个过程中的输入和输出进行汇编和量化。清单分析包括数据收集和数据汇编两部分。

数据收集是全生命周期各个阶段中最耗时间、工作强度最大的阶段，它包含收集系统中每个单独过程的定量和定性数据。在进行清单计算之前，需进行数据验证、将数据与单个过程结合、将数据与功能元相结合。数据验证是个连续的过程，这可以通过质量或能量平衡以及与类似数据的比较来实现。

本文接枝所用的碳纳米管为多壁碳纳米管（Multi-Walled Carbon Nanotube，简称 MWNT）。在苎麻纤维表面接枝 MWNT 的流程为：①制备硅烷偶联剂修饰的 MWNT 悬浮液；②对苎麻纤维布进行碱处理；③将上述悬浮液手动喷涂至碱处理后的苎麻纤维布，并进行烘干；④真空辅助注射成型制备苎麻纤维增强树脂基复合材料（ramie fiber reinforced polymers，RFRP）板；⑤用三点弯曲实验对界面黏结强度进行表征。

苎麻纤维硅烷偶联剂改性处理的流程为：①制备硅烷偶联剂水解溶液；②对苎麻纤维布进行碱处理；③将经碱处理后的苎麻纤维布浸入硅烷偶联剂水解溶液中进行超声处理并烘干；④真空辅助注射成型制备苎麻纤维增强树脂基复合材料板；⑤用三点弯曲实验对界面黏结强度进行表征。具体的数据可参考文献［10］和［14］表 1 和表 2 分别总结了用两种不同改性方法处理 1 kg 苎麻纤维布所需要的化学试剂、电能消耗。其中废水考虑的是碱处理阶段的废液排放，废液主要包括氢氧化钠、木质素等小分子物质。在 GaBi 中建模的时候，由于没有完全符合的排放流，所以选择了"Water（wastewater，unspecific）"流作为排放。两种处理方法消耗电能差异较大在于硅烷偶联剂处理方法采用了超声波处理（浴比 1∶30），消耗了大量的偶联剂水解溶液，而偶联剂在水解的过程中需要使用磁力搅拌器进行搅拌，因此，硅烷偶联剂的电能消耗较表面接枝碳纳米管方法更多。

表 1　1kg MWNT 接枝处理的苎麻纤维布的输入和输出

输入物	单位	数量
未经处理的苎麻织物	kg	1
氢氧化钠	kg	1.5
硅烷偶联剂（KH550）	kg	0.057
蒸馏水	kg	58.78
自来水	kg	60
乙醇	kg	2.51
MWNT	g	14.29
聚乙烯吡咯烷酮（Polyvinyl Pyrrolidone，简称 PVP）	g	14.36
电能	kW·h	8.85
处理后的苎麻纤维	kg	1
废水	kg	118.5

表2　1kg 硅烷偶联剂处理的苎麻纤维布的输入和输出

输入物	单位	数量
未经处理的苎麻织物	kg	1
氢氧化钠	kg	1.5
硅烷偶联剂（KH550）	kg	0.6
蒸馏水	kg	61.44
自来水	kg	60
乙醇	kg	26.46
电能	kW·h	33.10
输出物	单位	数量
处理后的苎麻纤维	kg	1
废水	kg	118.5

如本 LCA 研究的界限所定义，本研究中未考虑苎麻纤维本身的影响，只考虑化学试剂和电能消耗所带来的环境影响。其中氢氧化钠、蒸馏水、自来水、乙醇、电能的环境影响都来自于 GaBi 软件数据库，而电能的结构参考 2017 年中国电能的结构。PVP 的环境影响估算基于文献[15, 16]，MWNT 的环境影响则由文献[17-20]进行估算。而硅烷偶联剂的环境影响，因为商业机密的原因，在 GaBi 的数据库和文献中都未见报道。由于本文主要是比较接枝 MWNT 改性方法和硅烷偶联剂改性方法的环境影响，并且硅烷偶联剂在接枝 MWNT 改性中使用量较在硅烷偶联剂改性中更少，而接枝 MWNT 改性的环境影响反而更小，所以本文关于两种方法环境影响对比的结论是可靠的。由于接枝 MWNT 采用人工喷涂的办法，所以喷涂过程的环境影响不需考虑。

1.3　生命周期环境评价

LCIA 主要作用为确定和评估从 LCI 阶段产生潜在环境影响的数量和重要性。输入和输出首先被分配到影响类别，然后根据特征因子量化其潜在影响[12]。

进行生命周期评价的影响评价方法有很多，由不同的学术团体基于不同理论提出，并且仍然在不断地发展和优化。影响评价方法一般可以分为问题导向方法（中点方法）和破坏导向方法（终点方法）。在问题导向方法中，LCI 阶段的排放被归类到它们所贡献的环境影响类别。而破坏导向方法也从将 LCI 阶段的排放归类到各种影响类别开始，再将影响类别进一步归类为对人类健康的破坏、对生态系统质量的破坏或对资源的破坏等终点类别[12]。

LCIA 的强制步骤包括影响类别选择、归类和表征。影响类别的选择与生命周期评价研究的目标有关，并且所选的影响类别需要能够覆盖所研究产品系统的环境影响。LCI 的结果包含许多不同的排放，在相关影响类别选择之后，需将 LCI 结果进行归类和分配，如果某些物质对一个以上的影响类别有贡献，它们必须被归类为所有相关类别的贡献者。表征主要描述并量化所分析产品系统的环境影响。将 LCI 结果分配给影响类别后，必须将特征因子应用于相关数量，其具体计算公式为

$$Z = \sum_{i=1}^{n} w_i n_i \tag{1}$$

式中，Z 为影响类别指标值；w_i 为污染物的排放量；n_i 为环境影响类别指标中的特征因子。

LCIA 阶段还有很多可选的步骤，如标准化、评估、分组和权重。标准化指的是计算指标值对于参考量的相对大小。分组包括影响类别的选择和排序。权重基于价值选择，而不是科学原则，用于根据重要性比较不同的影响指标结果。

在本文的 LCIA 阶段，选择了 GaBi 软件中内嵌的 ReCiPe 2016 v1.1 Midpoint（H）环境评价方法和 6 个环境影响类别，包括气候变化、平流层臭氧消耗、陆地酸化、水体富营养化、人体毒性和水体生态毒性。

1.4 解释

在解释阶段，会对结果进行检查和评估，以确保其符合目标和界限定义，并且研究是完整的。这个阶段主要包括两步，即发现重大问题和评估。发现重大问题指的是确定对每个产品、过程或服务的 LCI 和 LCIA 结果贡献最大的"重大问题"或数据元素。评估指的是进行完整性评估、敏感性评估和一致性评估。生命周期解释阶段的目标是得出结论，确定局限性，并为生命周期评价的预期受众提出建议。

2 结果

2.1 两种纤维处理方法环境影响对比

当不考虑处理工艺对 RFRP 界面黏结（用三点弯曲强度表征）强度的提升作用时，两种处理方法的环境影响类别指标值如表 3 所示。表 3 中的数据，来源于 GaBi 软件的计算结果。从表 3 可以看出，表面接枝碳纳米管改性方法在 6 个影响类别指标值上面都较硅烷偶联剂改性方法更低，在气候变化、平流层臭氧消耗、陆地酸化、水体富营养化、人体毒性和水体生态毒性这 6 个类别上降低的比例依次为 26.1%、27.7%、15.3%、69.6%、73.0%、73.1%。而两种改性方法在环境影响上有如此大差异的主要原因是接枝碳纳米管改性采用的是喷涂的办法，大大减少了硅烷偶联剂修饰碳纳米管悬浮液的使用量。而硅烷偶联剂改性的办法则采用超声波处理的办法（浴比 1∶30），所以使用了大量的乙醇等化学试剂，造成了较大的环境污染。

表 3　表面接枝碳纳米管改性方法及硅烷偶联剂改性方法的环境影响类别指标值

环境影响类别	单位	接枝碳纳米管改性方法	硅烷偶联剂改性方法
气候变化	kg CO_2 eq.	66.1	89.5
平流层臭氧消耗	kg CFC-11 eq.	2.05×10^{-5}	2.84×10^{-5}
陆地酸化	kg SO_2 eq.	6.83×10^{-2}	8.06×10^{-2}
水体富营养化	kg P eq.	5.54×10^{-5}	1.82×10^{-4}
人体毒性	kg 1，4-DB eq.	8.10×10^{-3}	3.00×10^{-2}
水体生态毒性	kg 1，4-DB eq.	3.56×10^{-3}	1.32×10^{-2}

事实上，在考虑不同改性方法的环境影响时，是不能忽略不同方法改性效果的差异的。由于纤维改性的目的是获得更好的纤维／树脂间的界面性能，所以在考虑改性效果时，本文选用了"环境影响类别指标值／改性后 RFRP 三点弯曲强度提升率"这个指标对两种改性方法的环境影响进行评价。本 LCA 所基于的改性实验表明，当采用 2%KH550 水解溶液及 0.5%MWNT 悬浮液处理之后，RFRP 的三点弯曲强度较未处理分别提升了 9.3% 和 22.5%。表 4 为考虑提升效率后，两种处理方法的环境影响类别指标值。从表 4 可以看出，当考虑改性对纤维／树脂界面的提升作用后，表面接枝碳纳米管改性方法在 6 个影响类别指标值上面较硅烷偶联剂改性方法进一步降低，在气候变化、平流层臭氧消耗、陆地酸化、水体富营养化、人体毒性和水体生态毒性这 6 个类别上降低的比率依次为 69.5%、70.1%、65.0%、87.4%、88.8%、88.9%。虽然本文缺失了 KH550 的环境影响，但是偶联剂的用量在接枝碳纳米管改性方法中反而更少，所以接枝碳纳米管改性的环境影响较偶联剂的环境影响小的结论是可靠的。

表 4　考虑改性方法对纤维／树脂界面提升作用后表面接枝碳纳米管改性方法及硅烷偶联剂改性方法的环境影响类别指标值

环境影响类别	单位	接枝碳纳米管改性方法	硅烷偶联剂改性方法
气候变化	kg CO$_2$ eq.	294	962
平流层臭氧消耗	kg CFC-11 eq.	9.12×10^{-5}	3.05×10^{-4}
陆地酸化	kg SO$_2$ eq.	0.30	0.87
水体富营养化	kg P eq.	2.46×10^{-4}	1.96×10^{-3}
人体毒性	kg 1, 4-DB eq.	0.04	0.32
水体生态毒性	kg 1, 4-DB eq.	1.58×10^{-2}	0.14

2.2　碳纳米管接枝改性方法的环境影响贡献分析

由于 LCA 的一个作用是发现产品系统中环境污染较大的环节，所以本文计算了碳纳米管接枝改性方法和硅烷偶联剂改性方法中，不同化学物质及电能生产对其环境影响的贡献率。图 2 是接枝碳纳米管改性方法的环境影响贡献分析，从图 2 可以看出，碳纳米管接枝改性的环境影响主要来自于 MWNT 的生产，其在 CC、SOD、TA、FREU、HT 和 FREC 这 6 个环境影响类别中的占比分别达到了 78.3%、78.1%、78.0%、37.4%、51.5% 和 54.9%。而乙醇生产的环境影响对 FREU、HT 和 FREC 这三个环境影响类别贡献较多，其占比分别为 27.5%、32.1% 和 32.6%。

2.3　硅烷偶联剂改性方法的环境影响贡献分析

图 3 显示了硅烷偶联剂改性处理方法中不同化学物质和电能对整个改性方法的环境影响贡献。从图 3 中可以看出，硅烷偶联剂改性处理方法的环境影响主要来自于乙醇生产的环境影响，其对 CC、SOD、TA、FREU、HT 和 FREC 这 6 个环境影响类别的贡献分别为 70.1%、71.8%、64.9%、88.3%、91.5% 和 92.5%。而电能对 CC、SOD 和 TA 这三个环境类别的贡献较高，分别为 28.1%、26.3% 和 31.0%。乙醇对各个环境类别贡献巨大的原因在于，硅烷偶联剂处理采用了 1∶30 的浴比进行超声波处理，使用了大量的乙醇，这点也可以在表 2 中看到。

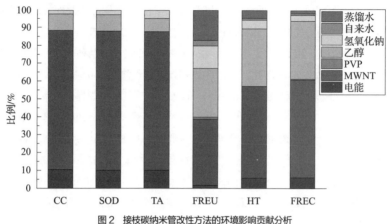

图2 接枝碳纳米管改性方法的环境影响贡献分析

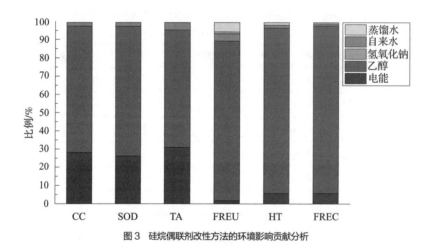

图3 硅烷偶联剂改性方法的环境影响贡献分析

3 结论

（1）接枝碳纳米管改性处理方法在6个环境影响类别上的指标值都较硅烷偶联剂改性方法更低，其降低率的范围为15.3% ~73.1%。而考虑改性方法对RFRP纤维/树脂界面强度的提升作用后，接枝碳纳米管改性处理方法的环境优势更加明显。

（2）接枝碳纳米管改性处理方法环境影响较小的原因是采用了喷涂处理方法，相比于超声波处理，节约了大量的试剂。

（3）接枝碳纳米管改性处理方法的环境影响主要来自于MWNT的生产。

（4）硅烷偶联剂处理方法的环境影响主要来自于乙醇的生产。

参 考 文 献

［1］Mallick P K. Fiber Reinforced Composites：Materials，Manufacturing，and Design［M］. CRC Press，2007.

［2］George M C M，Bressler D C. Composite materials with bast fibres：Structural，technical，and environmental properties［J］. Progress in Materials Science，2016，83：1–23.

［3］马丽. 植物纤维/ABS木塑复合材料的制备、结构与性能研究［d］. 广州：华南理工大学，2012.

［4］尹鹏. 苎麻纤维增强树脂基复合材料的耐湿热老化性能研究［D］. 哈尔滨：哈尔滨工业大学，2013.

［5］Gurunathan S M T，Sanjay K N. A review of the recent developments in biocomposites based on natural fibres and their application perspectives［J］. Composites Part A：Applied Science and Manufacturing，2015，77：1–25.

［6］Arbelaiz C G A，Fernandez B，et al. Flax fiber surface modifications：effects on fiber physico mechanical and flax/polypropylene interface properties［J］. Polymer Composites，2005，26（3）：324–332.

［7］Kabir W H M M，Lau K T，et al. Chemical treatments on plant–based natural fibre reinforced polymer composites：An overview［J］. Composites Part B：Engineering，2012，43（7）：2883–2892.

［8］Choi L J S H Y. Effects of surface treatment of ramie fibers in a ramie/poly（lactic acid）composite［J］. Fibers and Polymers，2012，13（2）：217–223.

［9］Dittenber G H V S D B. Critical review of recent publications on use of natural composites in infrastructure［J］. Composites Part A：Applied Science and Manufacturing，2012，43（8）：1419–1429.

［10］Xian G，Wang W R，Li H. Surface modification of ramie fibers with silanized CNTs through a simple spray–coating method［J］. Cellulose，2019，26：13–14.

［11］George D C B M. Comparative evaluation of the environmental impact of chemical methods used to enhance natural fibres for composite applications and glass fibre based composites［J］. Journal of Cleaner Production，2017，149：491–501.

［12］ISO 14040–2006，Environmental management–Life cycle assessment–Principles and framework［S］.

［13］ISO 14044–2006，Environmental Management–Life cycle assessment–Requirements and guidelines［S］.

［14］王婉茹. 苎麻纤维表面碳纳米管接枝改性研究［D］. 哈尔滨：哈尔滨工业大学，2018.

［15］Eckelman L P A M J. Comparative life cycle assessment of silver nanoparticle synthesis routes［J］. Environmental Science Nano，2015，2：361–369.

［16］Haynes W M. CRC Handbook of Chemistry and Physics［M］. CRC PRESS，2014.

［17］Griffiths J P O B O G，Laura Torrente–Murciano，Matthew D.Jones，et al. Identifying the largest environmental life cycle impacts during carbon nanotube synthesis via chemical vapour deposition［J］. Journal of Cleaner Production，2013，42：180–189.

［18］Kim M O S. Energy in chemical manufacturing processes：gate–to–gate information for life cycle assessment［J］. Journal of Chemical Technology and Biotechnology，2003，78：995–1005.

［19］王修福. 一种三氯化铁生产工艺及生产设备［P］. 中国专利：CNIO3288142 A，2013–09–17.

［20］GB/T 2589–2008 综合能耗计算通则［S］.

绿色复合材料各向异性雷电防护试验研究

司晓亮[1]，张松[1]，孙国庆[1, 2]，李志宝[1]，段泽民[1, 2]

1. 中国航空工业合肥航太，安徽合肥 230001
2. 合肥工业大学，安徽合肥 230001

0 引言

自 20 世纪 70 年代以来，因碳纤维复合材料（CFRP）质量轻、强度高等优越的力学特性，航空工业一直在提升其在航空制造业的使用率，大力开发其在机翼、油箱、发动机等结构上的应用。近年来已有机型的机身实现全复合材料制造，但居高不下的制造成本及制造过程的不环保一直是限制 CFRP 应用的短板[1-3]。近年来，中国与欧盟合作项目中包括开发航空绿色复合材料，即开发利用低成本生物质原材料的新型 CFRP 材料及环保制造技术，该项目受到极大重视，成果受到业界的一致高度评价。

一直以来，航空碳纤维复合材料的雷电防护能力都是人们关注的热点。CFRP 材料的电阻率约是铝合金等金属材料的 1000 倍量级，且具有明显的各向异性，遭雷击带来的损伤由电、磁、热、力、化学等复杂多物理场的耦合决定，往往更严重也更难预测[4-5]。以层压板为例，每层电导率最大的方向一般是沿碳纤维长度的方向，其余方向电导率随夹角增加而降低，垂直方向电导率较小，数值取决于基底树脂材料特性。雷电流试验中发现，在注入点附近范围，无防护复材板表面损伤分布与表面电导率分布趋势一致，表明雷电流的分布会受电导率各向异性影响；而一定波形、作用积分的雷电流直接注入复材后，电流传导路径与密度决定了电热功率的分布特性，且热量传导缓慢，短时间内爆炸性的能量会使树脂基材发生热解，进而使纤维材料高温升华、膨胀乃至爆炸，结合声冲击波效应使层合板断裂、结构件损伤[6-7]。

当绿色复合材料用于飞机制造，尤其是机翼、油箱、发动机等位置时，适航机构要求其满足标准要求的雷电防护能力，并必须通过相关适航验证试验[8-13]。为了提升 CFRP 板材的雷电防护能力，研究人员对碳纤维复合材料的电参数和防护措施开展了大量的研究。

目前国内外对碳纤维复合材料雷电损伤研究主要集中在损伤范围与深度，通常采用两种研究方法：一是用雷电流发生器对碳纤维复合材料结构件进行雷电流注入或传导试验，并对试验后试验件采用无损检测 / 有损检测进行损伤评估，通常采用超声波探伤这类无损检测方法分析损伤面积和损伤深度，或直接测试残余力学性能这种有损检测方式分析雷击后试验件能否满足力学性能要求；二是通过各种有限元仿真软件对碳纤维复合材料进行建模，模拟注入雷电流波形，通过仿真分析试验件的损伤情况。

在碳纤维复合材料人工模拟雷击实验方面，美国的 P. Feraboli 分别对有无紧固件的 CFRP 层压板试验件注入不同缩比雷电分量，通过超声波扫描和残余力学性能测试发现雷击损伤对材料性能影响弱于机械冲击损伤[14]。日本的 Y. Hirano 发现低环境气压能加强电弧根部附着的分散性从而降低损伤程度[15]。国内的研究中，航空工业合肥航太与合肥工业大学联手完成了大量各种型号的碳纤维复合材料结构件的雷电防护试验和设计研究。司晓亮等对 CFRP 油箱结构件注入了不同的雷电流波形，研究损伤面积、深度与雷电流波形的关系，建立了碳纤维复合材料雷电损伤预测的参数模型[16]。胡好等对 CFRP 进行雷电直接效应试验，研究不同雷电防护形式、不同几何结构对 CFRP 雷击损伤的影响[17]。

在碳纤维复合材料的雷击仿真研究上，日本的 T. Ogasawara 等采用 Abaqus 有限元仿真软件，模拟注入多组不同峰值的脉冲电流波形，分析温度场对 CFRP 层合板雷击损伤面积的影响，认为雷电流产生的大量焦耳热使得纤维分层、树脂烧蚀，并且高温使碳纤维升华从而造成材料断裂，损伤面积主要与雷电流产生的焦耳热有关[18]。国内的丁宁采用 Ansys 仿真软件通过定义单元生死模拟计算了碳纤维复合材料的雷击电热损伤过程，并且认为电导率对烧蚀形貌的发展存在很大影响，热导率对烧蚀结果基本无影响，比热容只有增加到一定程度才会降低碳纤维的烧蚀损伤[19]。付尚琛等通过仿真结合试验参数对碳纤维复合材料层合板注入不同峰值 8/20 电流波形，认为碳纤维损伤和注入电流的峰值正相关，且表层损伤程度不如内部[20]。

一部分学者认为通过改善碳纤维复合材料本身的电导率可以减少雷击损伤[21-22]。李润田通过 Ansys 有限元仿真软件证明 CFRP 的电阻率是影响雷电损伤特性的重要因素[23]。D. K. Chakravarthi 在双马体系碳纤维复合材料中添加镀镍单壁碳纳米管可以增加复合材料整体电导率，并通过模拟雷击试验证明提高 CFRP 本体的电导率可以加强其雷电防护性能[24]。益小苏等通过在复合材料插层上附载纳米级导电填充物，可以提高复合材料的导电性[25]。

在 CFRP 雷击电流分布特性方面也有一些专家学者进行了相关探索。巴西的 J. Pissolato 等模拟了结构接缝处的交叉编织的碳纤维复合材料，分析雷电流注入下该连接处的电流密度受铺层间电容效应的影响，上升沿快于注入波形[26]，日本的 J. Kanata 等通过对交叉编织的 2m × 1m 的 CFRP 一端注入脉冲电流，采集板上不同位置的传导电流波形，认为远离雷电流注入点后，雷电流沿流入流出路径的分布趋于均匀[27]。

近年来，部分学者也开始开展对有防护的碳纤维复合材料的雷击损伤研究，吴志恩指出网箔保护法、表面层保护法、综合保护法与成套电路保护法是目前大型飞机结构中常用的防雷击措施[28]。刘志强等对碳纤维增强环氧树脂基复合材料注入 1B 区雷电组合波形，发现出现有利于诱发二次附着现象的全喷涂铝和铜网防护方式保护能力最强[29]。

综上所述，为了明确绿色 CFRP 材料雷击损伤特性，必须通过试验和仿真研究其电导率各向异性对雷电流注入点附近雷电流分布和电热损伤的耦合影响规律，这也是建立绿色 CFRP 材料雷击损伤多物理场统一耦合模型的基础。

1 航空绿色复合材料雷电流试验方法

国际适航审查所用飞机雷电防护标准包括美国汽车工程师学会（SAE）和欧洲航空安全局

（EASA）各自推出的标准体系，内容基本一致，本文以美国 SAE ARP 5412/5414/5416 系列标准等为依据开展仿真与试验，主要介绍外部雷电环境及雷电分区与试验布置。

1.1 外部雷电环境及雷电分区

20 世纪 80 年代，美国国防部颁布了 MIL–STD–1757A《航空航天飞行器和硬件雷电鉴定试验技术》，SAE 和 EUROCAE 委员会颁布的 SAE ARP5412A 和 EUROCAE ED–84《飞机雷电环境与相关试验波形》自 1999 年以来被用于飞行器设计和审定[9-13]，并且被美国联邦航空局（FAA）与欧洲联合航空局（JAA）认可，美国国防部也直接采用 SAE 颁布的相关标准，按照 SAE ARP5412A 中规定，雷电直击电流环境定义为 A、B、C、D 4 个分量。这 4 个分量分别对应雷电流发展中 4 个过程各自的特征参数。

定义雷电通道与飞机的接触点为雷电附着点，通常在平均持续时间百微秒左右的整个雷击过程中，普通民航客机以巡航速度（$Ma0.75$）飞过的距离大概是 25m 左右，这就造成了雷电附着点会沿飞行相反方向发生扫掠，表现为机身上不连续的斑点扫掠路径，直到附着点扫掠至飞行器结构末端并持续悬挂为止。

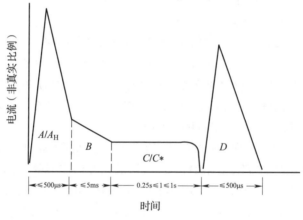

图 1　雷电电流分量

在雷击时，由于飞行器上的不同部位雷电附着的概率不同且持续的时间也不一样，为了达到雷电防护和避免过防护带来的超重，根据对自然雷电参数的统计和对飞行器遭雷击的概率分布对飞行器进行雷电分区。美国机动车学会（SAE）AE–2 委员会出版的 SAE ARP 5414《飞机雷电分区》标准对飞行器雷电区域进行了定义[9]。

1A 区：首次雷击区；

1B 区：首次雷击区，并有长时间悬停；

1C 区：首次回击过渡区；

2A 区：扫掠通道区；

2B 区：扫掠通道区，并有长时间悬停；

3 区：不属于雷电 1A、1B、1C、2A 和 2B 区里，也不可能是雷电附着的表面。此外，这些区域通常在其他区域下部或两个区域之间，传导雷电流。

1.2 雷电流试验方法及布置

1.2.1 绿色 CFRP 雷电流分布无损试验

CFRP 雷电防护实验中 CFRP 板材会受到一定的损伤，每块板材只能做一次损伤试验，且没有测量电流分布的实验布置。为了解决这些问题，设计了一套无损雷电流分布特性试验装置，如图 2 所示。

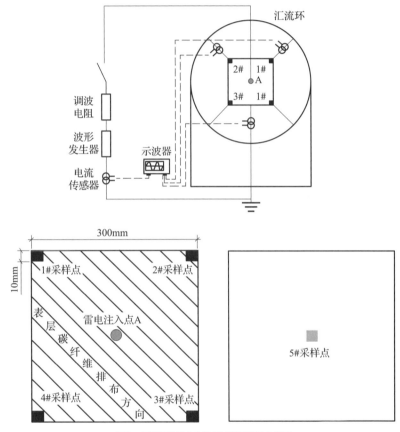

图 2 无损雷电流分布特性试验原理及布置图

试验时，板材上表面 4 角固定有接地压板，同时底面中心点也有一接地点，电流可通过 5 个接地点形成电流通路。每个接地点按照 1~5 编号并连有一根接地线，1~4 号 4 根等长接地线共同连接到一半径 1m 的汇流环上，最终与 5 号接地线在环外汇流接回发生器端。该设计的优点是在板材本身阻抗极小（mΩ 量级）的情况下，排除常规接地电阻（Ω 量级）的干扰，使外部回路阻抗尽量小以削弱对电流分布的影响，从而获得各向异性电导率与电流分布的关系。

由于该试验为无损试验，兼顾不同波形要求前提下，注入电流峰值一般不超过 2kA。电流波形通过各接地线上的电流互感器采集并由示波器输出。未来应对圆形板材开展试验，进一步减少板材几何特征的干扰；同时为了明确感抗、容抗对电路分布的影响，不仅要加大试验件尺寸，还要设计减小试验电路分布参数的方法。

1.2.2 绿色 CFRP 雷电防护损伤试验

本文所用 CFRP 板材视为安装在 2A 区，采用雷电流波形为 D+B+C 模拟对应雷电流环境，考虑试验设备仪器性能及安全，要求试验环境温度 −10~40℃，大气压 84~107kPa，湿度 80% 以下。

图 3 为碳纤维复合材料雷电直接效应试验的现场布置情况。由于冲击电流发生器输出电流幅值与负载特性相关，为了满足标准要求，绝大多数情况下试验板材尺寸不大于 2m×2m（大部分情况下更小）。试验时，将板材放置在绝缘板上或悬空，底面 4 边固定有接地压板，电流可从上下表面边缘流入接地极形成电流通路。雷电流通过电极从板上表面中心 3cm 高处注入。试验波形通过各电流发生器输出线路上的电流互感器采集并由示波器显示，保证试验过程符合 SAE ARP 5412/5416 标准。

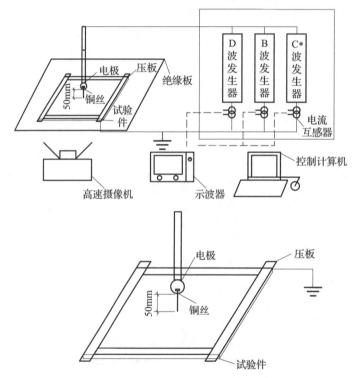

图 3　碳纤维复合材料雷电直接效应试验现场布置

试验过程除了记录电流波形参数，还需要记录试验后 CFRP 板材损伤情况，包括拍照、测量表面损伤情况和后续的超声波无损扫描检测，前者可以看出表面损伤的面积、形状、分布特征，后者可以得到损伤深度随位置的分布规律和各铺层的损伤体积信息。

2 航空绿色复合材料雷电电热损伤效应仿真研究

2.1 仿真理论基础与模型参数

该仿真重点研究典型 CFRP 的雷电流电热损伤效应，基于 CFRP 的电流分布和热传导规律，结合材料的非线性分段式电热损伤特性，在 COMSOL 多物理场仿真工作室中建立 CFRP 雷电直接效应电热耦合仿真模型，仿真了无防护、铜网和表面喷涂铝三种板材模型（图 4），复合材料的铺层结构为 $[45/0/{-}45/90]_{2S}$。

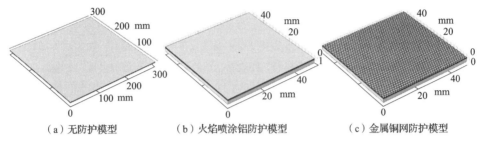

（a）无防护模型　　　　（b）火焰喷涂铝防护模型　　　　（c）金属铜网防护模型

图 4　不同防护方式的 CFRP 电热损伤模型

仿真所用电场传导方程、热传导方程、对外辐射方程如下

$$\nabla \cdot (\overleftrightarrow{\sigma} \nabla V) = -\nabla \cdot \partial(\overleftrightarrow{\varepsilon} \cdot \nabla V)/\partial t \tag{1}$$

$$c_p \frac{\partial T}{\partial t} + \rho\, c_p u \cdot \nabla T + \nabla \cdot q = Q + Q_{\text{ted}} \tag{2}$$

$$-n \cdot q = \varepsilon \sigma (T_{\text{ext}}^4 - T^4) \tag{3}$$

将上述公式联立可得到模型的电 – 热场多物理场耦合控制方程

$$\rho\, c_p \frac{\partial y}{\partial x} + \rho\, c_p u \cdot \nabla T = \nabla \cdot (k\, \nabla T) + Q_e \tag{4}$$

$$Q_e = J \cdot E \tag{5}$$

根据该仿真耦合控制方程，仿真结果包括电势、电流密度分布以及温度分布。

由于复合材料、铜和铝的电导率、导热系数都会随温度的变化而变化（见表 1），且中间伴随物态更替（融化、汽化）带来的雷电流传导方式的改变，都会影响电流分布和损伤特性。

表 1　典型复合材料电参数随温度变化

温度 /℃	电导率 /（S/m）			导热系数 /（W/（m·K））			比定压热容 /（J/（kg·K））	密度 /（kg/m³）
	x	y	z	x	y	z		
25	35970	1.145	0.003876	8	0.67	0.67	1065	1520
343	35970	1.145	0.003876	2.608	0.18	0.18	2100	1520
500	35970	200	200	1.736	0.1	0.1	2100	1100
510	35970	200	200	1.736	0.1	0.1	1700	1100
1000	35970	200	200	1.736	0.1	0.1	1900	1100
3000	35970	200	200	1.736	0.1	0.1	2509	1100
> 3000	200	200	2.5×10^4	1.101	1.101	1.101	9×10^9	1100

2.2 仿真结果与分析

图 5（a）、（b）、（c）分别为 $D+B+C*$ 波注入下无防护、0.05mm 火焰喷涂铝防护和铜网防护的碳纤维复合材料层合板各层温度场分布情况。对于无防护碳纤维复合材料，当 D 分量注入后，第 1~8 层碳纤维层中心温度均超过 3000℃，碳纤维出现升华并断裂，此时雷电电弧已经附着到第 9 层处。每层的温度场主要受电流密度分布的影响，与该层和上一层的纤维铺层方向有关，例如，第 1 层温度分布沿着该层的铺层方向 45° 集中，第 2 层的温度分布则处在该层 0° 和上层的 45° 方向之间。对于火焰喷涂铝防护的碳纤维复合材料，在表层，铝的温度场分布近似呈现一个圆形，这与试验中的铝的损伤形貌相似，此时表面铝层中心处的温度已达到 2467℃，铝发生升华，且第 1 层碳纤维的温度分布基本和表层一致。对于铜网防护的碳纤维复合材料，由于模型尺寸较小，并不能完全呈现铜网全部的温度场情况，但通过分析温度变化趋势可以看出，铜网上的温度分布呈现为两个水滴叠加在一起的特别形状，中间叠加处的温度也较高，因此在损伤判定时连在一起形似菱形。第 1 层碳纤维的温度分布也与铜网相似，随着碳纤维层数的增加，在尺寸范围内可以观察到全部的温度场分布，此时的损伤形貌越来越趋向菱形。

模型采用的电－热耦合仿真，雷电损伤的表征方式即通过温度来分析损伤情况，对于火焰喷涂铝和金属铜网，当温度超过该金属材料的熔点时，材料发生熔化，此时定义该金属防护层出现损伤，当温度超过该金属材料的沸点，则该处金属材料升华，防护层彻底失效；对于火焰喷涂铝定义超过 660℃（933.15K）时即为损伤，超过 2467℃（2740.15K）时材料烧蚀升华，防护层失效，该层被击穿，雷电弧附着于下一层；同理对于金属铜网，超过 1083℃（1356.15K）时材料出现损伤，超过 2567

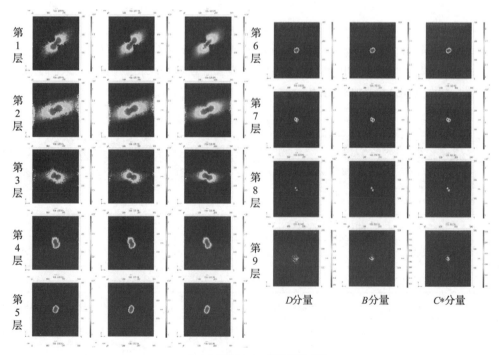

（a）无防护CFRP各铺层温度场

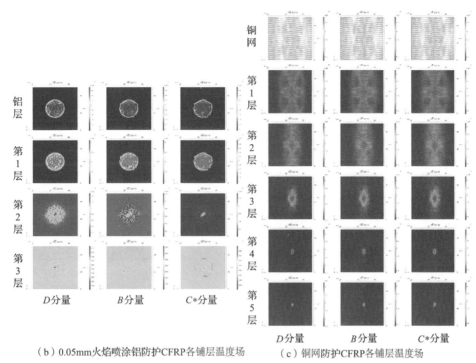

（b）0.05mm火焰喷涂铝防护CFRP各铺层温度场　（c）铜网防护CFRP各铺层温度场

图5　不同防护方式的CFRP电热损伤结果

（2840.15K）时材料烧蚀升华。对于碳纤维复合材料，当温度超过300℃，填充的树脂材料开始出现热解现象，达到600℃时有机物热解完全，因此定义碳纤维复合材料600℃（873.15K）为损伤，超过3000℃（3273.15K）则发生碳纤维升华、断裂，该层被击穿。

结合温度场分布进行雷电热损伤分析。D分量对试验件的损伤较大，而后续注入的B、$C*$分量基本对损伤无影响，这是由于B、$C*$分量相较于D分量的峰值极小且持续时间长，因此产生的焦耳热极少。从碳纤维的温度分布情况来看，火焰喷涂铝和铜网防护下，损伤深度和面积均大幅减少。与试验中对应的复合材料的损伤形状相似，无防护层表层的损伤集中在45°方向上，火焰喷涂铝则成一个圆形，铜网由于模型的尺寸问题未能完全观察到，但从其表面的温度分布趋势和内部纤维层的损伤形貌分析近似呈现菱形。但对于采用金属层防护的碳纤维复合材料中的第1层碳纤维的温度分布与表层金属层基本一致，这是由于材料定义里面，金属的导电性和传热性都极强，因此与金属层直接接触的第1层碳纤维的温度分布与表层金属基本一致，但在实际试验中，由于金属层被树脂包裹，并不直接与碳纤维相接触，故实际的第1层碳纤维损伤相较于仿真较小。

3 航空绿色复合材料雷电流试验结果分析

3.1　CFRP无损雷电流分布结果分析

试验件参数见表2。试验件的尺寸均为300mm×300mm。无防护碳纤维复合材料与铜网防护碳纤维复合材料的基材为常见的T300型号，其铺层方向均为 $[45/0/-45/90]_{2s}$。铜网选择为按照2A区设计要求的73g/m² 铜网，以保护膜的形式敷设在碳纤维基材上，铜网的LWD边沿着纤维的0°方向。按照前述试验方法及布置，对两块板材及一块同尺寸铝板进行试验，结果见图6。

表2　板材尺寸与雷电流分布结果

试验件类型	采样点电流占总电流百分比			尺寸
	1#/%	2#/%	5#/%	
无防护 CFRP	32.28	7.84	9.02	300 mm × 300 mm × 2.50 mm
铜网防护 CFRP	24.18	22.61	1.13	300 mm × 300 mm × 2.62 mm

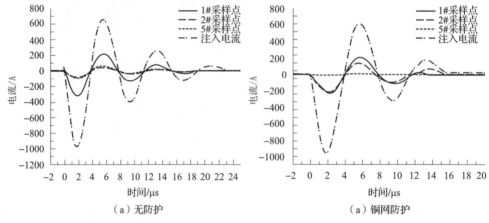

图6　碳纤维复合材料无损雷电流分布试验波形

（1）无防护 CFRP。注入峰值电流 1 kA 及以下峰值电流波形时，由于试验件尺寸小，试验件电感效应不明显，各采样点处的电流波形与注入电流波形一致，其中 1#、2# 和 5# 采样点电流峰值分别占注入电流峰值的 32.28%、7.84% 和 9.02%。说明本试验布置下，CFRP 无损情况时雷电注入电流大部分通过表层流通，板厚度方向电导率很小，但由于注入点与 5# 点距离极小（仅厚度），所以其电流幅值与垂直于表层碳纤维铺层方向的 2# 接地点相近。

（2）铜网防护 CFRP。铜网防护下的碳纤维复合材料层合板与铝板的各采样点处的电流波形与注入电流波形基本一致。对于铜网防护的碳纤维复合材料层合板，其 1#、2# 和 5# 采样点电流峰值分别占注入电流峰值的 24.18%、22.61% 和 1.13%。这表明铜网整体上呈现电导率的各向同性（与微观不同），同时因为铜网电导率远大于复材电导率，绝大多数电流都通过铜网传播，只有很少一部分穿透了复材板。

3.2　CFRP 雷电防护损伤结果分析

本文试验所用板材尺寸均为 300mm × 300mm，厚度超过损伤深度，数值随防护方式不同而略有变化，试验方法如前述内容。试验分为两组，第一组为环氧体系固定旋转角铺层方向板材有无防护条件下的雷电损伤对比试验；第二组试验件为双马体系板材，相较于传统环氧体系板材其热分解温度更高，在完成单一铺层方向板材的雷电损伤分析后，开展了不同防护方式下，固定旋转角铺层结构板材的雷电损伤对比试验。

3.2.1　环氧体系板材雷电流损伤特性

板材铺层方式为［45/0/-45/90/45/-45/0/90/0/45/0/45/0/-45/45/90/-45/0］s，制造方式为先制备新研防护材料，铺在试样表面，然后进热压罐一体形。该防护每平方米增重170g。

表3　环氧板材参数

编号	试样	铺层种类	增厚 /mm	增重 /（g/m²）
1	空白	［45/0/-45/90］₂s	—	—
2	某型表面防护	［45/0/-45/90］₂s	0.1	170

试验结果如图7所示。可以看到无防护时，板材表面纤维破裂、翘曲、烧蚀等损伤效应呈现明显的方向性，大部分损伤沿电导率大的方向分布；超声波扫描显示厚度方向的损伤也集中在以电流注入点为圆心的纺锤形区域内，最大损伤深度达2.1mm。新研表面防护损伤区域以电流注入点为圆心均匀分布，损伤深度相比于无防护时低得多，最大损伤深度约1.6mm，且损伤形式以烧蚀为主，没有明显的纤维翘曲、爆裂现象。

下面将开展更高热分解温度的双马体系CFRP试验作为对比。

（a）无防护　　　　　　　　　　　　　　　（b）某型新研表面防护

图7　环氧复合材料直接效应试验后试样及超声波扫描图片

3.2.2　双马体系板材雷电流损伤特性

将双马体系板材按照铺层结构分为两类，第一类铺层方式为［0］16（各层同向铺层），各向异性电导率在体内均匀分布；第二类是［45/0/-45/90］₂s，每层旋转45°，即各向异性电导率在体内分布不均匀。各自开展雷电防护试验，板材编号、参数见表4，试验结果如下（见图8）。

表4　双马体系板材参数

编号	1	2	3	4	5	6	7
试样防护形式	空白	铜网防护	表面喷涂铝	两层导电毡	导电毡夹喷涂铝	表面导电毡	表面热防护
铺层种类	异向	异向	异向	异向	异向	同向	同向
增重 /（g/m²）	—	275	100	150	250	108	177

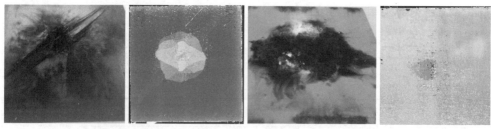

（a）铺层方向不同的空白无防护与表面铜网防护板材雷电损伤与扫描图

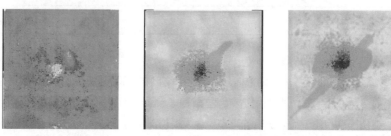

（b）铺层方向不同的表面喷涂铝、两层导电毡、导电毡夹喷涂铝防护板材雷电损伤扫描图

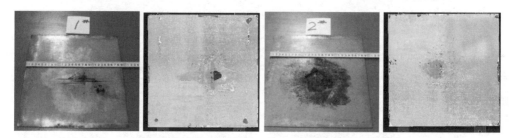

（c）铺层同向的表面导电毡与表面热防护板材雷电损伤与扫描图

图8 双马体系碳纤维复合材料雷电直接效应照片与扫描结果

对1#无防护板材雷电损伤图像分析，其表面损伤严重，损伤线度几乎覆盖板材对角线长度，沿最上层表面碳纤维铺层方向出现严重的烧蚀、翘曲和炸裂状伤痕；深层损伤呈现中心对称的纺锤形，每层的损伤分布都与该层电导率分布特性相关。虽然该试验中仅有表层铺层损伤延伸较远距离，但该特性可能随雷电流幅值的增加而变化。后续开展了不同防护形式的雷电防护性能验证试验，在本次特定的防护参数设置中，防护性能从高到低排列为表面铜网、表面喷涂铝、双层导电毡、导电毡夹喷涂铝。

目前流行的防护方式其原理是一致的，都是分散板材表面的电流密度以减少CFRP的损伤。由损伤的超声波扫描图可以看到表层喷涂铝可以有效增强弧根的分散性，尽管喷涂铝层损伤面积较大，达到844mm²（分散性强），但对CFRP层板起到了良好的保护作用；下层碳纤维铺层单层损伤面积最大仅442mm²，最大损伤深度约0.5mm；铜网也是一样的作用，且由于本试验中每平方米铜网增重约是喷涂铝增重的2.5倍，因此单位面积铜网吸收的雷电能量更大，防护作用还要更好。

金属材质防护对于材料形变、抖动等机械效应的适应性不够强及防护成本问题也促使人们研究新的手段。如3#试验件采用了基于碳材料的双层导电毡，其表面防护层损伤面积11078mm²，下层碳纤维铺层损伤面积最大达 6010mm²，最大损伤深度约 1.1mm。防护性能不尽如人意，且单位面积增重也大于喷涂铝。在此基础上又开发了双层导电毡夹喷涂铝的形式，但其表面防护层损伤面积 18450mm²，下层碳纤维铺层损伤面积最大约 11760mm²，最大损伤深度约 1.1mm，没有体现相比于双层导电毡形式的优越性。

但上述防护方式下，厚度方向不同层的损伤都与各自电导率特性相关联，有各自的形状分布特性。为此，对单一铺层结构的表面导电毡及热防护 CFRP 板开展对比损伤试验，探究各层铺层方向对损伤特性的影响。

由图 8（c）中可以看出，采用导电毡防护方式的 6#CFRP 板材，其表层沿纤维铺层方向的损伤增加，延伸长度提升且最大损伤深度约 1mm，同时垂直于铺层排列方向上的损伤大大减弱，也就是电流分布的各向异性被大大强化。而采用热防护材料的 7# 板材，表面损伤形状与深度分布近乎于圆形，可以理解为热防护材料将雷电流均匀地向四周发散，减弱了各向异性的影响，同时损伤深度约 0.7mm。

3.2.3 损伤试验结果分析

对比不同树脂材料的 CFRP 板材，热分解温度更高的双马体系 CFRP 板材对雷电直接效应具有更强的抵抗力，损伤面积、深度、程度都更低。

对比有无雷电防护的 CFRP 损伤试验结果，发现无防护时损伤体积最大、程度最高，但表层损伤形状受表层铺层的各向异性电导率影响，呈狭长裂缝状，但电流注入点周围仍有较大损伤区域。而从不同铺层结构的 CFRP 试验结果的对比中可以看出，在各层铺层方向一致时，各层损伤形状大致相似，整体类似狭长菱形，各层铺层方向不同时，每层的损伤分布受各自各向异性电导率影响，依托铺层角度而旋转，显示出各向异性电导率在损伤分布中的重要作用。

对比相同材料结构不同防护方式的试验结果，发现电导率越大，且各向同性越好的防护材料越有利于雷电流密度的分散分布。在 CFRP 材料一致前提下，损伤面积、体积和程度都更小，但防护层本身的损伤与其热分解温度、厚度或单位增重相关联。为了保证经济性并防止过防护，进一步研究各向异性对实用 CFRP 雷电损伤特性的影响有重要实际应用意义。

4 结论

本文针对广泛应用于飞机上常见的碳纤维复合材料层压板试验件，采用 COMSOL 有限元仿真软件，建立三种不同防护方式的复合材料层合板模型，得出来雷电损伤时的温度场分布情况；进行了无损电流分布试验研究；然后在标准化雷电试验环境下，开展了不同防护方式下碳纤维复合材料层压板试验件的飞机雷电 2A 区雷电注入试验，研究了不同防护方式的碳纤维复合材料的损伤特性，并通过无损检测得出了复合材料的雷电损伤深度和面积。可得到如下结论。

（1）建立了三种碳纤维复合材料层合板的电 – 热耦合仿真模型，通过对材料属性定义函数模拟随着雷击过程的热效应所带来的属性衰退。同时通过不同的建模方式模拟了金属铜网和火焰喷涂铝防护层，以及定义该防护层的材料防护特性与相变对热量的影响，结果表明，仿真中的损伤形貌与试验结果相类似。从电流密度分布分析，金属材料在烧蚀升华后，依然可以将电流向周围传导出去，而碳纤维材料在烧蚀升华后，电流主要向更深层传导。火焰喷涂铝的厚度影响雷击损伤面积和损伤层数，随着火焰喷涂铝厚度的增加，损伤面积和损伤层数逐渐减少。

（2）当脉冲电流注入时，对于无防护碳纤维复合材料，由于碳纤维材料物理性能具有各向异性并与纤维的铺层方向密切相关，其表层的电流密度分布与其纤维铺层方向有关，沿着纤维铺层的方向的电流密度分布集中。当电流进入下一层时，会在上层电流密度分布的影响下同时沿着本层铺层方向扩展。当碳纤维复合材料表层采用铜网防护时，电流主要沿着铜网向四周传导至接地。如果采用传统的物理性能具有各向同性的金属铝板，电流分布更加均匀。

（3）在飞机雷电 2A 区作用下，火焰喷涂铝和金属铜网均可以减少碳纤维复合材料基材的损伤深度和损伤范围，火焰喷涂铝的防护效果更佳。从试验件的损伤形貌分析，无防护碳纤维的损伤与铺层方向密切相关，火焰喷涂铝防护下损伤呈现圆形，铜网防护下呈现菱形。

参 考 文 献

［1］合肥航太电物理技术有限公司 . 航空器雷电防护技术［M］. 北京：航空工业出版社，2013.

［2］Sean B，李璇 . 波音 787 维修市场分析与预测［J］. 航空维修与工程，2015（12）：24-25.

［3］马立敏，张嘉振，岳广全，等 . 复合材料在新一代大型民用飞机中的应用［J］. 复合材料学报，2015，32（02）：317-322.

［4］段泽民 . 法航 '61' 空难简析与飞机雷电防护标准［J］. 雷电防护与标准化，2004（3）：72-75.

［5］Ogasawara T，Hirano Y，Yoshimura A . Coupled thermal‐electrical analysis for carbon fiber/epoxy composites exposed to simulated lightning current［J］. Composites Part A Applied Science & Manufacturing，2010，41（8）：973-981.

［6］Abdelal G，Murphy A. Nonliner numerical modelling of lightning strike effect on composite panels with temperature dependent material properties. Compositr Structures，2014，109：268-278.

［7］李毅超 . 编织复合材料在特种环境下雷击损伤特性研究［D］. 武汉：华中科技大学，2016.

［8］CCAR-25-R4. 运输类飞机适航标准［S］. 北京：中国民用航空局，2011.

［9］SAE Aerospace. Aircraft Lightning Zoning：SAE ARP5414A［S］. Warrendale：Society of Automotive Engineers，2005.

［10］MIL-STD-1757A.Lightning Qualification Text Techniques For Aerospace Vehicles And Hardware［S］，vol.D. o. Defense，editor，1983.

［11］MIL-STD-1795A.Lightning Protection of Aerospace Vehicles And Hardware［S］，vol. D. o. Defense，editor，1989.

［12］SAE Aerospace. Aircraft lightning environment and related test waveforms：SAE ARP5412A［S］. Warrendale：Society of Automotive Engineers，2005.

［13］EUROCAE. Aircraft lightning environment and related test waveforms standard：EUROCAE ED-84［S］. 1997.

［14］Feraboli P，Kawakami H . Damage of Carbon/Epoxy Composite Plates Subjected to Mechanical Impact and Simulated Lightning［J］. Journal of Aircraft，2010，47（3）：999-1012.

［15］Hirano Y，Katsumata S，Iwahori Y，et al. Artificial lightning testing on graphite/epoxy composite laminate［J］. Composites Part A Applied Science & Manufacturing，2010，41（10）：0-1470.

［16］司晓亮，李志宝，刘辉平，等 . 碳纤维复合材料雷电损伤预测［J］. 高电压技术，2017，43（05）：1453-1459.

［17］胡好，姚红，司晓亮，等.飞机复合材料板雷电损伤的试验研究［J］.合肥工业大学学报（自然科学版），2014，37（04）：402–406.

［18］Ogasawara T，Hirano Y，Yoshimura A . Coupled thermal‐electrical analysis for carbon fiber/epoxy composites exposed to simulated lightning current［J］. Composites Part A Applied Science & Manufacturing，2010，41（8）：973–981.

［19］丁宁，赵彬.复合材料层合板雷击烧蚀损伤影响因素分析［J］.材料热处理学报，2014，35（02）：186–192.

［20］付尚琛，周颖慧，石立华，等.碳纤维增强复合材料雷击损伤实验及电–热耦合仿真［J］.复合材料学报，2015，32（01）：250–259.

［21］郭云力.碳纤维增强树脂基复合材料的雷击防护［D］.济南：山东大学，2019.

［22］卢翔，罗名俊，赵淼，等.基于热力耦合层合板雷击损伤特性分析［J］.航空材料学报，2020，40（01）：35–45.

［23］李润田.电阻率对碳纤维复合材料雷电损伤特性影响［D］.合肥：合肥工业大学，2018.

［24］Chakravarthi D K，Khabashesku V N，Vaidyanathan R，et al. Carbon Fiber‐Bismaleimide Composites Filled with Nickel–Coated Single–Walled Carbon Nanotubes for Lightning–Strike Protection［J］. advanced functional materials，2011，21（13）：2527–2533.

［25］益小苏，李俊梅.结构复合材料的多功能化［J］.航空制造技术，2014（15）：116–117.

［26］Pissolato J，Thomas D，Christopoilous C. Current Density Distribution in Carbon Fiber Composites Following Lightning Strikes in Aircraft［C］// International Conference on Lightning and Static Electricity. Nagoya，Japan：2017.

［27］Kanata J，Ametani A，Yamamoto K . Current distribution characteristic of a quasi–isotropic CFRP panel［C］// International Symposium on Lightning Protection. IEEE，2014.

［28］吴志恩.飞机复合材料构件的防雷击保护［J］.航空制造技术，2011（15）：88–91.

［29］刘志强，岳珠峰，王富生，等.不同防护形式复合材料板雷击损伤分区特性［J］.复合材料学报，2015，32（01）：284–294.

第四篇 金属构件近净成形高效率制造技术

本篇介绍了航空用金属部件近净成形高效率制造技术项目（EMUSIC）的研究进展，总结了基于增材制造、近净成形热等静压与熔模精密铸造等精密成形工艺制备航空钛合金、高温合金构件等方面取得的最新成果，汇集了项目团队对相关领域关键技术与重要科学问题的独特见解。

项目研究成果对加速我国增材制造、近净成形热等静压和熔模铸造等先进精密制造技术在航空航天工业领域的应用具有重要的参考价值。

增材制造、近净成形热等静压及熔模精密铸造高效率制造技术研究

南海，纪志军，李能，刘娜，鲍芳芳，张国庆

北京航空材料研究院，北京 100095

1 项目背景

增材制造、近净成形热等静压及熔模精密铸造高效率制造技术研究项目（efficient manufacturing for aerospace components using additive manufacturing, near net shape HIP and investment casting, EMUSIC）属于航空领域中欧国际合作项目（Research and Innovation Action），该项目在"地平线 2020"的编号为 MG–1.10–2015（International Cooperation in Aeronautics with China, MG.1.10–2015 under Horizon 2020），所属领域为航空用金属部件增材制造技术和资源效率制造工艺。项目中具有实际前景和需要开展研究的技术包括：

（1）钛合金 / 高温合金增材制造技术（additive manufacturing, AM）。

（2）钛合金 / 高温合金粉末近净成形热等静压技术（near net shape HIP, NNSHIP）。

（3）钛合金熔模精密铸造技术（investment casting, IC）。

根据工业与信息化部下发《关于 2015 年民用飞机专项科研项目建议书立项批复的通知》（工信部联装［2016］92 号），《增材制造、近净成形热等静压及熔模精密铸造高效率制造技术研究》项目于 2015 年 5 月 16 日正式立项批复。项目参加单位见表 1。

表 1　EMUSIC 项目参加单位

序号	参加单位中英文名称	国家
1	伯明翰大学 University of Birmingham（UoB）	英国
2	空中客车集团（空客） Airbus Group（AG）	法国
3	罗罗公司（罗罗） Rolls-Royce（RR）	英国
4	伊萨集团（伊萨） ESI group（ESI）	瑞士
5	工程数值国际研究中心（工程中心） International Centre for Numerical Methods in Engineering（CIMNE）	西班牙

表1（续）

序号	参加单位中英文名称	国家
6	中国航发北京航空材料研究院（航材院） Beijing Institute of Aeronautic Materials（BIAM）	中国
7	航空工业北京航空制造技术研究院（制造院） Beijing Aeronautical Manufacturing Technology Research Institute（BAMTRI）	中国
8	中国科学院沈阳金属研究所（金属所） Institute of Metal Research（IMR）	中国
9	清华大学 Tsinghua University（TSIN）	中国
10	英国焊接学会（焊接学会） TWI Ltd	英国
11	工业涡轮推进器公司（推进器公司） ITP	西班牙
12	弗劳恩霍夫研究所 Fraunhofer ILT（ILT）	德国
13	华中科技大学（华中科大） Huazhong University of Science & Technology（HUST）	中国
14	UTAS 公司 UTAUTC（UTAS）	英国
15	中国商飞商用航空发动机有限责任公司（商发） （ACAE）（包含：设计所和机加厂）	中国
16	中国商飞上海飞机设计研究院（商飞） （COMAC SADRI）（包含：设计所和机加厂）	中国
17	CALCOM ESI 公司（CALC 伊萨） （CALC ESI）	瑞士

1.1 研究目标与主要研究内容

本项目以航空发动机外机匣前段、压气机匣、框形连接件和轴承毂，以及飞机机体导向槽和平衡环为研究对象，通过增材制造（AM）、近净成形热等静压（NNSHIP）及熔模精密铸造（IC）等三种高效率制造技术的对比分析和优化研究，采用最优化的工艺路径制造最终样件；通过对样件及试样的成分、组织、性能、尺寸、冶金质量、表面质量、成本等方面进行评价，获得各种工艺的优缺点和成本的对比；样件通过各类检测应满足最终用户提出的技术指标要求，如图1所示。

Compressor Casing，RR
压气机匣，罗罗

Outer Casing，ACAE
外机匣前段，商发

Bearing Hub，ITP
轴承毂，ITP公司

Guide Groove，COMAC
导向槽，商飞

Frame Connector，RR
框形连接件，罗罗

Gimbal，UTAS
平衡环，UTAS公司

图1　项目最终用户的典型样件

本项目的主要研究内容如下。

1.1.1　钛合金和高温合金增材制造技术研究

（1）采用不同增材制造技术下的堆积速率变化对样品质量的影响。

（2）增材制造用粉末优化。

（3）影响增材样品质量的不同参数测量及数值模拟优化工艺参数。

（4）采用优化工艺制备的模拟力学性能和尺寸检测。

（5）展示样件制造成本分析。

1.1.2　高温合金粉末近净成形热等静压技术研究

（1）高温合金粉末的成本和质量评估。

（2）低成本包套设计研究。

（3）采用优化工艺参数制造出符合技术要求的展示样件，通过无损检测，评估其质量，并检测力学性能和尺寸。

（4）展示样件制造成本分析。

1.1.3　钛合金熔模精密铸造技术研究

（1）提高铸件尺寸精度技术研究。

（2）减少铸件性能发散技术研究。

（3）热等静压后铸件试样力学性能测试及铸件缺陷的无损检测。

（4）检测采用最佳工艺条件生产的展示样件力学性能和尺寸。

（5）展示样件制造成本分析。

1.2　主要技术指标和要求

1.2.1　欧方主要技术指标

（1）被选样件的制造技术比现行技术环境更友好。

（2）应用轻质材料减少燃料能耗。

（3）制造和维护零部件的成本降低。

（4）通过零部件设计优化，实现零部件功能增强和进一步减重。

（5）实现全尺寸展示件的制造，提高技术成熟度。

（6）实现中欧双方的合作伙伴在飞行器市场占有率的提升。

1.2.2　中方主要技术指标

（1）两件钛合金紧急舱门导向槽，尺寸 140mm×70mm×40mm，壁厚 2mm，分别采用激光选区熔化和精密铸造工艺制造。

（2）两件高温合金环形机匣，高 140mm、直径 ϕ630mm、壁厚约 2.5mm；采用粉末冶金近净成形热等静压工艺。

（3）5 件钛合金平衡环，尺寸约 120mm×120mm×40mm，由 Ti6Al4V（AMS 4928）制成用于不同系统的安装接口，建议使用电子束选区增材制造、电子束熔丝增材制造、近净成形热等静压和精密铸造来识别最优制造工艺。

（4）一件钛合金 BR 压气机匣，采用精密铸造工艺。

（5）一件钛合金 T900 框形连接件，采用精密铸造工艺。

（6）一件 IN718 轴承毂，采用激光选区熔化增材制造工艺。

2　项目整体实施方案

2.1　工作包描述

项目以 9 个工作包（work packag e1-9，WP1-9）的形式，将所有研究工作和参加单位进行划分组合和开展工作。

工作包 1（WP1）

工作包编号	1	开始日期：第 1 个月
工作包名称	技术管理	
机构代码	1	7
参与单位	伯明翰大学	航材院
工作量/（人·月）	18	15

工作包目标
（1）管理整个项目，确保各个工作包研究顺利进行，按时向中欧双方政府管理部门交付各项报告和阶段成果，与各个工作包负责单位一起管理项目。
（2）组织各种会议，确保项目组内部交流通畅。
（3）建立合作伙伴间有效的交流机制，以确保技术管理的各个方面运行良好。

工作包2（WP2）

工作包编号	2				开始日期：第1个月			
工作包名称	零件技术条件和鉴定及其工艺路线确认							
机构代码	2/6	11/12	1	9/7	3/13	15/14	16/8	17/18
参与单位	空客	工程中心／焊接学会	伯明翰大学	金属所／航材院	罗罗／推进器公司	华中科大／弗劳恩霍夫研究所	UTAS公司／制造院	商发／商飞
工作量/（人·月）	0.5	0.5	0.5	0.5	0.5	0.5	0.5	0.5

工作包目标
（1）最终用户确定构件数模以及相关技术条件和技术规范。
（2）明确各个构件制造工艺。

工作包3（WP3）

工作包编号	3				开始日期：第1个月		
工作包名称	增材制造技术研究						
机构代码	1	9	12	14	8	7	15
参与单位	伯明翰大学	金属所	焊接学会	弗劳恩霍夫研究所	制造院	航材院	华中科大
工作量/（人·月）	13	21	22	26	18	16	25

工作包目标
（1）通过模拟计算优化增材制造工艺。
（2）制备用于评估的试样和展示样件。

工作包4（WP4）

工作包编号	4				开始日期：第1个月
工作包名称	粉末冶金近净成形热等静压技术研究				
机构代码	1	11	9	7	15
参与单位	伯明翰大学	工程中心	金属所	航材院	华中科大
工作量/（人·月）	2	18	3	6	3

工作包目标
（1）选择粉末近净成形热等静压构件，优化工艺后研制演示样件。

工作包5（WP5）

工作包编号	5		开始日期：第1天
工作包名称	离心铸造和重力铸造技术研究		
机构代码	9	15	7
参与单位	金属所	华中科大	航材院
工作量/（人·月）	17	12	21

工作包目标
（1）获得铸造和熔模数值模拟用数据。
（2）提供试验件和演示样件。

工作包 6（WP6）

工作包编号	6				开始日期：第1天		
工作包名称	三种工艺路线的计算机建模和模拟技术研究						
机构代码	4	10	15	8	11	1	19
参与单位	伊萨	清华大学	华中科大	制造院	工程中心	伯明翰大学	CALC 伊萨
工作量 /（人·月）	12	24	12	6	24	14	24
工作包目标 （1）在前期工作的基础上开发本项目所有相关工艺路线的计算机模型。							

工作包 7（WP7）

工作包编号	7				开始日期：第1天		
工作包名称	初始样件和最终样件的显微组织、性能、尺寸的评估						
机构代码	1	9	7	11	8	6	12
参与单位	伯明翰大学	金属所	航材院	工程中心	制造院	空客集团	焊接学会
工作量 /（人·月）	2	12	9	4	4	2	3
工作包目标 （1）对照技术条件评价零部件。							

工作包 8（WP8）

工作包编号	8				开始日期：第30个月		
工作包名称	验证件的工业评估研究；成本和环境利益						
机构代码	2	3	13	16	18	6	17
参与单位	空客公司	罗罗	推进器公司	UTAS 公司	商飞	空客集团	商发
工作量 /（人·月）	1	1	1	1	1	3	1
工作包目标 （1）由工业合作伙伴评估构件的尺寸、表面质量、力学性能等。 （2）由工业合作伙伴评估预计成本。 （3）由工业合作伙伴总结项目输出。							

工作包 9（WP9）

工作包编号	9					开始日期：第1天			
工作包名称	宣传和推广								
机构代码	1	7	2	3	13	18	12	16	17
参与单位	伯明翰大学	航材院	空客	罗罗	推进器公司	商飞	焊接学会	UTAS 公司	商发
工作量 /（人·月）	0.5	1	1	1	1	1	1	0.5	1
工作包目标 （1）向合作伙伴和（知识保护后的）公共领域传播项目的成果。 （2）将项目中开发的合适的技术向工业转化。									

2.2 技术方案描述

项目技术方案、流程、路线如图 2~6 所示。

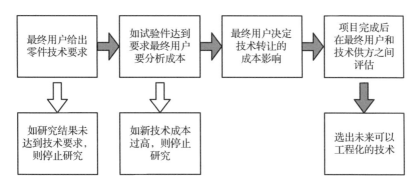

图 2   总体技术方案

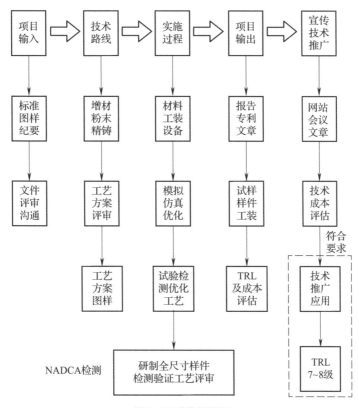

图 3   项目总体实施流程

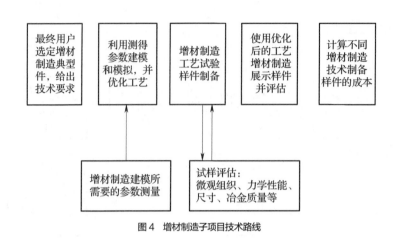

图 4　增材制造子项目技术路线

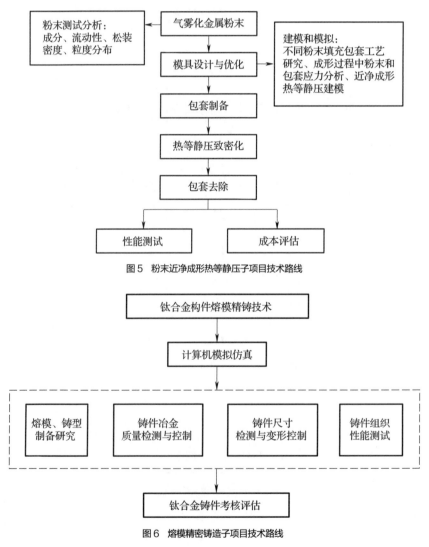

图 5　粉末近净成形热等静压子项目技术路线

图 6　熔模精密铸造子项目技术路线

3 项目实施情况

3.1 项目管理（WP1、WP2）

按照项目计划要求，2018 年 8 月 24 日工业和信息化部产业发展促进中心在北京组织专家组对本研究任务书进行了评审。评审会由航材院承办，相关参研单位参加了评审会。专家组听取了项目承担单位的汇报，审阅了相关评审材料，经过质询与讨论，同意研究任务书通过评审。

各参研单位定期进行工作汇报和交流，按照计划节点，顺利完成全体参研单位工作会议，具体为 2018 年 3 月由金属所承办的 24 个月工作会议（地点沈阳）、2018 年 9 月由英国焊接学会（TWI）承办的 30 个月工作会议（地点英国罗瑟海姆）。此外，各分项目开展了具体项目交流会议或邮件沟通，其中航材院与罗罗公司于 2018 年 3 月、9 月、12 月分别在北京、英国德比、北京开展多次压气机匣精密铸造技术交流会，有力地推动了罗罗公司 – 航材院的钛合金铸造领域的合作。2019 年 3 月在英国伯明翰召开了 EMUSIC M36 中欧工作交流会议暨项目总结会。2019 年 6 月在西班牙巴塞罗那 EMUSIC 欧盟项目验收会上，项目顺利通过欧方验收，获得了好评。

图 7　24 个月工作会议

图 8　30 个月工作会议

图9 航材院与罗罗公司项目技术交流会

（左图 – 北京，2018.3；中图 – 英国德比，2018.9；右图 – 北京，2018.12）

工作包2（WP2）内容为零件技术条件和鉴定及其工艺路线确认。根据最终用户需求，罗罗、商飞、商发等公司根据研究内容，分别设计了钛合金 BR 压气机匣、T900 框形连接件、钛合金紧急舱门导向槽、高温合金环形机匣、钛合金平衡环、IN718 轴承毂零件数模，提供了技术要求、工艺要求和检测要求等。

3.2 增材制造技术研究（WP3）

3.2.1 激光选区增材制造导向槽研究——航材院

完成三轮 Ti6Al4V 导向槽激光选区增材制造工艺研究，通过测量增材制造现场的工艺参数，结合有限元分析，对 0° 和 45° 两种工艺路线放置的零件进行增材制造过程变形模拟仿真，主要针对零件的应力分布和变形量进行了模拟计算和数据预测，如图10、图11所示。从成形工艺和支撑设计方案提出了对第一轮工艺试验参数优化的建议，预测了两种工艺的变形量，结合激光功率、扫描速率等工艺进行正交试验，根据样品密度值和硬度值，选定合适的工艺参数，最终完成了激光选区工艺优化试验。对制备的零件进行尺寸测量和微观组织分析，结果显示零件尺寸和内部质量基本满足技术指标要求，工艺优化合理有效，完成了三轮样品的研制和交付，如图12所示。

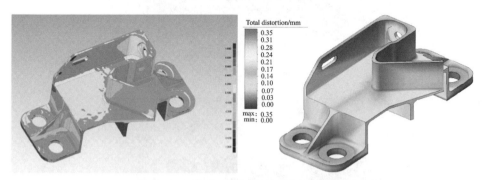

图10 激光选区增材制造导向槽零件尺寸扫描及模拟计算结果对比（0°）

3.2.2 激光选区增材制造轴承毂研究情况——制造院

完成了激光选区熔化 In718 材料的室温与高温力学性能测试与断口分析，并制备了轴承毂零件。对 In718 材料进行断口分析显示，成形材料中有少量的气孔，但并未影响材料的强度与塑性，如图13所示。成形态材料的拉伸性能较低，而经过固溶时效热处理后（980℃/1h+720℃/8h+620℃/8h），材料性能达到 AMS 5662 标准，制备出了符合指标要求的轴承毂零件，如表2所示。

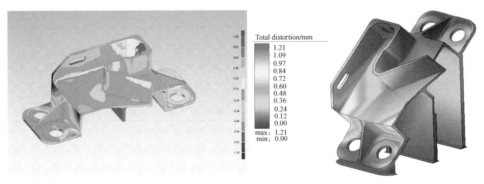

图 11　激光选区增材制造导向槽零件尺寸扫描及模拟计算结果对比（45°）

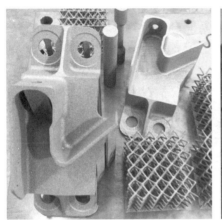

图 12　激光选区增材制造导向槽零件实物及宏观组织形貌

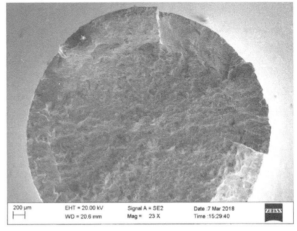

（a）激光选区熔化In718轴承毂　　　　　　（b）拉伸试样断口SEM图片

图 13　In718 轴承毂及其拉伸试样断口图片

表2　激光选区熔化 In718 拉伸性能

样品状态	测试温度	σ_b / MPa	$\sigma_{0.2}$ / MPa	A / %
成形态	室温	1074+10	719+84	21.8+2.8
固溶时效态		1453+8	1197+32	17.0+2
AMS 5662		1241	1034	12
固溶时效态	650℃	1141+20	958+36	11.0+1.5
AMS 5662		965	862	10

3.2.3　电子束选区增材制造平衡环研究——航材院

完成三轮 Ti6Al4V 平衡环电子束选区增材制造工艺研究，在恒定功率密度的情况下，通过电子束电流强度、单层厚度、搭接率、扫描速率等工艺进行正交试验，根据样品的表面质量、微观组织和力学性能，选定合适的工艺参数，获得效率最高的工艺参数，最终完成电子束选区工艺优化试验，如图14所示。对制备的零件进行尺寸测量和微观组织分析，结果显示零件尺寸和内部质量基本满足技术指标要求，工艺优化合理有效，完成三轮样品研制和交付，如图15、图16所示。

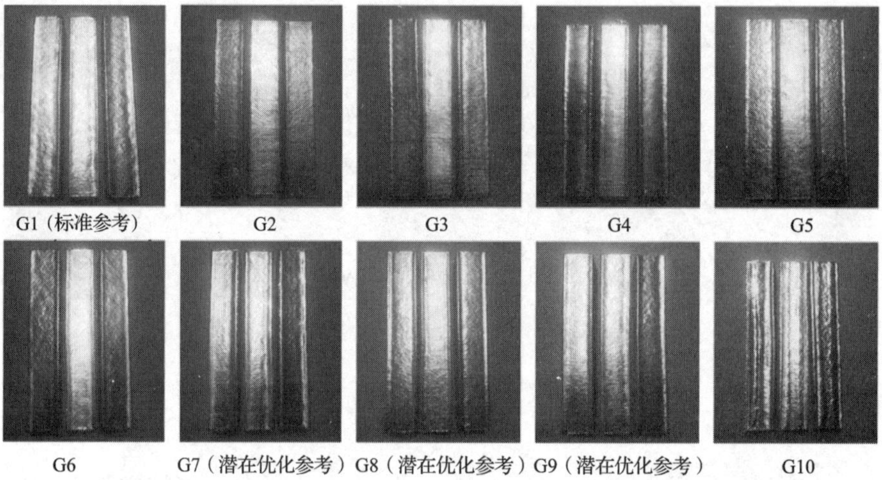

G1（标准参考）　G2　G3　G4　G5
G6　G7（潜在优化参考）G8（潜在优化参考）G9（潜在优化参考）　G10

图14　平衡环电子束选区零件工艺参数优化试验

G1（Standard）　G2　G3　G4　G5
G6　G7　G8　G9　G10

图15　平衡环电子束选区零件工艺参数优化试验微观组织

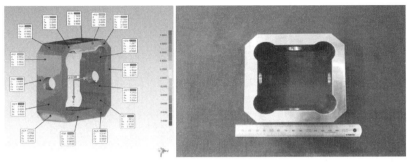

图16   平衡环电子束选区零件尺寸测量及加工实物

3.2.4 电子束熔丝增材制造平衡环研究情况——制造院

完成了 6 件电子束熔丝 Ti6Al4V 平衡环的制造与加工，X 射线探伤显示，零件内部未发现气孔与未熔合等缺陷。材料经过 900℃ /2h 热等静压与 960℃ /2h+500℃ /4h 固溶时效热处理后，室温拉伸性能达到 ASTM–F2924 标准，如表 3 所示。对制备的零件进行尺寸测量和无损检测，结果显示零件尺寸和内部质量基本满足技术指标要求，工艺优化合理有效，完成三轮样品研制和交付，如图 17 所示。

表3   电子束熔丝 Ti6Al4V 材料室温拉伸性能

样品状态	σ_b / MPa	$\sigma_{0.2}$ / MPa	A / %
固溶时效态	908+12	848+12	11.0+1.4
AMS 5662	895	825	10

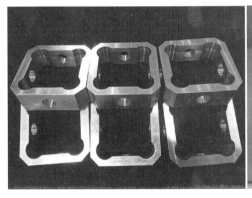

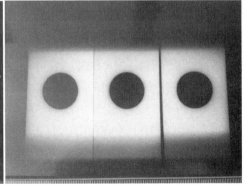

（a）电子束熔丝平衡环　　　　　　　　　（b）X射线探伤底片

图17   电子束熔丝平衡环及其 X 射线探伤底片

3.2.5 选择性激光烧结（SLS）压气机匣蜡模研究——华中科技大学

针对机匣零件存在大量凸台、SLS 成形后易产生翘曲变形的问题，从 SLS 工艺优化、添加热源平衡支撑、多点温控预热三个方面改进，以提升蜡模精度。首先，采用 81 点矫正算法，提高 SLS 成形精度，最大尺寸 800mm 的测试件，误差值控制在 0.15mm。其次，在机匣件突变的部位添加密集网状热源平衡支撑，结合数值模拟结果优化支撑结构和布置参数，减小成形过程中凸台突变部位的温度变化梯度，抑制该部位的翘曲变形。最后，采用12点温控技术，整个SLS成形面工作温度100℃温差不超过2℃，能有效抑制整体零件的翘曲变形程度，提高大尺寸蜡模的SLS成形精度，符合熔模精铸的技术要求。优化过程如图18所示。

（a）SLS成形台面81点矫正现场 　　（b）机匣蜡模凸台热源平衡支撑添加后的CAD模型

（c）SLS成形腔体12点温控预热现场 　　（d）优化后打印的机匣蜡模零件的凸台细节

图18　SLS成形机匣蜡模优化过程

3.3　近净成形热等静压技术研究（WP4）

3.3.1　近净成形热等静压外机匣前段研究——金属所

针对研制中粉末近净成形热等静压外机匣可能出现的前段局部区域尺寸超差问题，进行尺寸补充及收缩率设计，结合计算机模拟确定尺寸控制方案，在此基础上，设计和制作了近净成形热等静压用模具，在此基础上，开展粉末充填完整性和致密性、封焊和高温高压约束下热等静压成形等研究，以及去除包套机加和化铣技术研究。通过多次工艺试验和优化工艺，构件尺寸精度提高明显。完成了制备出构件的组织性能评估、尺寸测量和无损检测，结果显示零件尺寸和内部质量基本满足技术指标要求，工艺优化合理有效，交付了构件，如图19所示。

3.3.2　近净成形热等静压外机匣前段研究——航材院

在IN718合金近净成形热等静压成形工艺研究基础上，开展粉末热等静压成形IN718合金热处理工艺研究，建立了粉末件组织调控性能固溶热处理工艺，并对IN718合金的组织和力学性能进行了评估，IN718合金室温和650℃拉伸性能满足技术要求，如图20和表4所示，为粉末近净成形IN718合金外机匣前段研制奠定了基础。

图 19 近净成形热等静压外机匣前段件

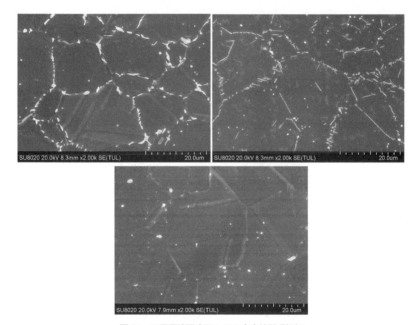

图 20 不同固溶温度下 In718 合金的微观组织

表 4 不同温度固溶处理 + 相同双时效的 In718 合金室温和 650℃拉伸性能

固溶温度 / ℃	测试温度 / ℃	0.2% YS/MPa	UTS / MPa	EL / %	RA / %
960	23	1137.5	1400	19.5	31
980	23	1186.5	1413	21	29
1000	23	1209	1419	18	25
标准	23	≥ 1034	≥ 1276	≥ 12	≥ 15
960	650	962.5	1140	18.25	20.75
980	650	997.5	1165	16.75	18.5
1000	650	1010	1165	14.25	16.25
标准	650	≥ 862	≥ 1000	≥ 12	≥ 15

3.4 熔模精密铸造技术研究（WP5）

3.4.1 精密铸造压气机匣研究——航材院

完成三轮 Ti6Al4V 压气机匣重力精密铸造工艺研究，通过对铸造过程充型凝固温度场、流场和应力场模拟，完成浇注系统优化设计，优化蜡模快速成形工艺、浇注工艺、表面吹砂工艺，最终完成三轮铸件浇注完整成形研究部分过程场景如图 21、图 22 所示，同时开展剖切研究，将剖切试样交付罗罗公司进行性能测试，测试结果表明铸件各部位性能均匀一致，满足客户要求；铸件完成尺寸、组织、性能、无损等检测并形成相关报告，结果显示铸件尺寸、表面质量和内部质量基本满足技术指标要求，工艺优化合理有效，铸件整体质量每一轮次均有显著提升。2019 年 2 月完成样件交付。

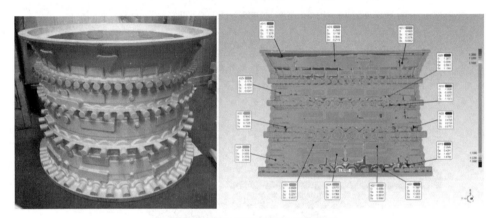

图 21 第二轮压气机匣铸件及尺寸扫描情况

图 22 第三轮压气机匣金属蜡模模具及放置拼接工装

3.4.2 精密铸造导向槽、平衡环研究——航材院

针对两类铸件尺寸结构特点和低成本设计考虑，设计了两种铸件组合一体浇注方案，完成三轮 Ti6Al4V 导向槽、平衡环重力精密铸造工艺研究，通过对铸造过程充型凝固温度场、流场和应力场模拟，完成浇注系统优化设计，开展 SLS 与 SLA 蜡模增材制造快速成形工艺对比研究，优化浇注工

艺、表面吹砂工艺，最终完成第二轮铸件浇注完整成形，如图23所示，同时开展了剖切研究；第二轮铸件完成尺寸、组织、性能、无损检测并形成相关报告，结果显示铸件尺寸、表面质量和内部质量基本满足技术指标要求，工艺优化合理有效，铸件整体质量每轮均有显著提升，证明了采用SLA光敏树脂蜡模外观，尺寸、质量等优于SLS聚乙烯蜡模，如图24所示。2019年2月完成样件交付。

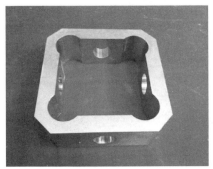

图23 第二轮导向槽平衡环铸件

图24 SLS与SLA蜡模尺寸精度对比

3.4.3 精密铸造平衡环、框形连接件研究——金属所

在前两轮实验基础上，改进设计离心精密铸造平衡环的冒口补缩方案，有限元模拟分析进一步优化冒口设计，以此方案离心精密铸造的平衡环铸件消除厚大部位的缩孔缺陷；对连接件蜡模的局部尺寸进行补充，改进模壳制备工艺，连接件凹腔底部的表面质量得到明显提升，连接件的尺寸满足技术要求。开展平衡环铸件的造型方案设计，清华大学的铸造模拟表明设计方案可有效消除平衡环4个壁的铸造缩孔；第三轮次铸件热等静压后经宏观检验，4个厚壁区未出现凹坑，铸件尺寸保持完好，如图25所示；在铸件本体厚壁区取样进行拉伸性能测试，结果达到指标要求。T900连接件第三轮次铸造研究对比了B含量对铸件组织的影响，制备的铸件尺寸满足技术要求，分析B含量对铸件组织和性能的影响。结果表明，添加B可以有效消除铸件中的大尺寸晶粒，铸件的晶粒均匀性得以改善；同时提升铸件厚壁区域拉伸强度约50MPa，解决了厚壁区因晶粒粗大而拉伸强度不达标问题；当B质量分数为0.06%时，在晶界析出较多的TiB相，因此B的有效添加量质量分数为0.03%。图26为B质量分数为0和0.03%时铸件壁厚最大区域的组织对比。铸件的尺寸检测，达到技术指标要求。

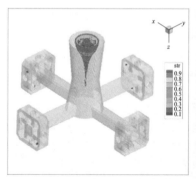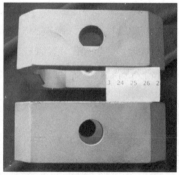

图 25　平衡环模拟结果和铸件厚壁区有无凹坑对比

图 26　B 质量分数为 0 和 0.03% 时铸件壁厚最大区域的组织对比

3.5　数值模拟技术研究（WP6）

3.5.1　增材制造数值模拟研究——清华大学

　　为了更好地控制激光选区增材制造导向槽的残余变形以及便于去除辅助支撑结构，设计了两种辅助支撑结构：方案 1——导向槽与基板成水平取向；方案 2——导向槽与基板成 45°倾斜，如图 27 所示。采用两种辅助支撑结构下成形钛合金导向槽，其实验测量的变形云图和模拟预测的变形如图 28、图 29 所示，数值模拟预测的残余变形分布基本上与实验测量结果相符。数值模拟研究结果表明在工艺方案 1 下导向槽的残余变形量较小，最大变形量只有 0.36mm，且分布均匀；相对于工艺方案 1，方案 2 下的残余变形有所增大。但从后处理的难易程度来看，方案 1 中支撑结构去除难度较大，而方案 2 中的支撑结构，相对来说较为便利去除。利用模拟优化后的工艺方案获得的蜡模质量符合铸造要求。

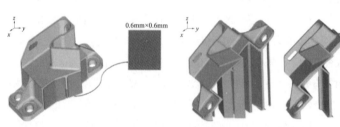

　（a）方案1—导向槽与基板水平取向　　　　（b）方案2—导向槽与基板成45° 倾斜

图 27　设计的导向槽辅助支撑结构

（a）实测的翘曲变形云图

（b）模拟预测结果变形云图

图28 方案1导向槽变形的模拟与实测结果对比

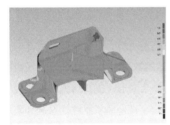

（a）实测的翘曲变形云图

（b）模拟预测结果变形云图

图29 方案2导向槽变形的模拟与实测结果对比

3.5.2 近净成形热等静压数值模拟研究——华中科技大学

鉴于粉末近净成形热等静压机匣结构较为复杂，设计两种热等静压方案。方案1采用外壁控形、内壁驱动的方式。所设计的包套，内壁较薄、外壁较厚。在热等静压过程中内壁变形较大，从而驱动粉末进行致密化。而外壁变形较小，有效控制零件形状。法兰等特征通过扩散链接的方式加工到方案1所得的热等静压件上。方案2采用内壁控形、外壁驱动的方式。其包套与方案1恰好相反，内壁较厚、外壁较薄。从而达到外壁变形驱动致密化，而内壁控制零件形状的目的。模拟使用修正的shima模型，相关参数通过试验获得，能较精准预测变形及粉末密度变化。方案1的模拟结果见

图 30（a）。它粉末的最终致密情况与方案 2 不同，最终零件的致密度分布非常均匀，整体的致密效果比较好。而方案 2 的模拟结果如图 30（b）所示。可以看到法兰等部位的相对密度较低，不能满足产品的性能需求。综合考虑下，最终确定采用方案 1 加工机匣，即外壁控形、内壁驱动，法兰单独加工后，采用扩散链接加工到主体上。利用模拟优化后的工艺方案获得的机匣质量符合设计要求。

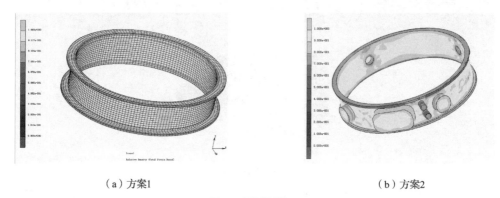

（a）方案1　　　　　　　　　　　　　　　　　　　（b）方案2

图 30　数值模拟结果

3.5.3　熔模精密铸造数值模拟研究——清华大学

在前期模拟研究的基础之上，重新设计三种浇注系统。模拟研究表明增大机匣顶部和底部的冒口尺寸，可以增加冒口移除孔洞缺陷的能力，减少机匣内残余孔洞缺陷数量，如图 31 所示；在机匣内壁添加的辅助，对残余缺陷的影响很小，但是却可以增加机匣的残余变形，提高熔模铸造过程中机匣的尺寸稳定性，如图 32 所示。利用模拟优化后的工艺方案，制定了钛合金机匣浇注系统和防变形设计，所获得的铸造钛合金机匣性能、尺寸、内外部质量基本符合设计要求。

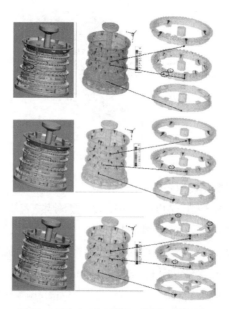

图 31　不同浇注系统下模拟预测的孔洞缺陷分布

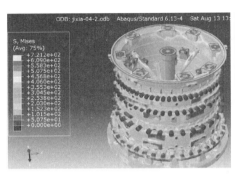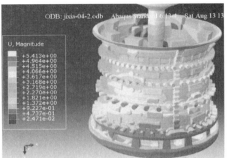

图 32　模拟预测的机匣变形与残余应力

4 项目取得的成果

EMUSIC 项目加强了中欧各优势单位在增材制造、粉末热等静压和熔模精密铸造领域的交流和合作，使中欧双方的科研单位的研究生产部门与国际知名的航空企业建立了更加紧密的联系。中方在研究过程中展示了技术上的能力和自信，项目的顺利推进促成了多个转包项目在国内的落地，实现了技术转化，将我国航空构件推向国际市场，既获取了经济效益，又扩大了国际影响力。此外，通过国际合作与交流，引进了欧方材料及其成形技术研究理念、模拟仿真技术、各类航空结构设计方法和技术标准规范以及考核评定方法，促进我国航空制造技术水平提升，强化与中欧航空领域的合作共赢。

EMUSIC 项目培养了我国钛合金精密铸造、增材制造和粉末冶金等制造和模拟仿真领域的科研人员，使我国高性能、高效率、多技术和交叉先进制造技术达到国际先进水平，为我国航空航天制造技术多样性发展奠定了基础。

EMUSIC 项目获得的科研成果已应用于相关科研生产中。罗罗公司压气机匣的研究成果作为中欧航空科技合作项目的亮点之一，展现了航材院在铸造钛合金技术和生产能力在全球的领先地位，该成果应用于罗罗公司与航材院开展的多种型号商用航空发动机机匣及连接件的研发，促使航材院于 2018 年正式成为罗罗公司的供应商。未来双方将争取进一步合作，以罗罗公司未来新一代航空发动机钛合金铸件需求为目标，为世界新一代发动机早日应用奠定基础。

4.1 发表学术论文

［1］Tao P, Shao H, Ji Z J, et al. Numerical simulation for the investment casting process of a large–size titanium alloy thin–wall casing, Progress in Natural Science［J］. Materials International，2018，28（14）：520–528.

［2］Chen P, Tang M C, Zhu W, et al. Systematical mechanism of Polyamide–12 aging and its microstructure evolution during laser sintering［J］. Polymer Testing, 2018, 67（5）：370–379.

［3］Tao P, Li H, Huang B, et al. Tensile behavior of Ti6Al4V alloy fabricated by selective laser melting: effects of microstructures and as–built surface quality［J］. China Foundry, 2018, 15（4）：243–252.

［5］Chen P, Wu H Z, Zhu W, et al. Investigation into the processability, recyclability and crystalline structure of selective laser sintered Polyamide 6 in comparison with Polyamide 12［J］. Polymer Testing, 2018（69）：366–374.

［6］Teng Q, Wei Q, Xue P, et al. Effects of processing temperatures on FGH4097 superalloy fabricated by hot isostatic pressing: Microstructure evolution, mechanical properties and fracture mechanism［J］. Materials Science and Engineering: A, 2019, 739: 118-131.

［7］Tao P, Li H, Huang B, et al. The crystal growth, intercellular spacing and microsegregation of selective laser melted Inconel 718 superalloy［J］. Vacuum, 2019, 159: 382-390.

［8］汪敏, 殷亚军, 周建新, 等. 粉末热等静压制备 Ti6Al4V 合金在 α+β 两相区的热压缩行为［J］. 机械工程材料, 2018, 42（07）: 45-52.

［9］黄英, 殷亚军, 纪志军, 等. 特征结构对 SLS 成形件尺寸精度的影响［J］. 特种铸造及有色合金, 2018, 38（08）: 889-893.

［10］冯新, 马英杰, 李建崇, 等. 铸造、锻造和粉末冶金 TC4 钛合金损伤容限行为对比研究［J］. 精密成形工程, 2018, 10（3）: 71-76.

［11］赵鹏, 吴国清, 南海, 等. 钛合金熔模精密铸件表面微裂纹形成过程研究［J］. 精密成形工程, 2018, 10（3）: 46-54.

［12］滕庆, 李帅, 薛鹏举, 等. 激光选区熔化 Inconel 718 合金 高温腐蚀性能研究［J］. 中国有色金属学报, 2019, 29（7）: 1417-1426.

4.2 申请发明专利

［1］魏青松, 蔡道生, 田乐, 毛贻椶. 一种铸型三维喷印成形方法: 中国, ZL201611220527.0［P］. 2016-12-26.

［2］杨光, 杨洋, 杨帆, 巩水利. 一种提高电子束熔丝成形零件精度的成形方法: 中国, ZL201611196422.6［P］. 2016-12-22.

［3］董伟, 杨光, 杨洋, 杨帆. 一种低应力电子束快速成形方法及装置: 中国, ZL201710003716.0［P］. 2017-1-4.

［4］杨光, 杨帆, 巩水利. 电子束熔丝增材制造工艺的应力变形控制方法及装置: 中国, ZL201811358844.8［P］. 2018-11-15.

［5］史玉升, 蔡超, 严倩, 薛鹏举, 魏青松, 宋波. 一种基于增材制造的热等静压成形方法: 中国, ZL 108421980A［P］. 2018-3-16.

［6］魏青松, 陈辉, 朱文志, 薛鹏举, 袁伟豪, 史玉升. 一种生成具有晶粒尺寸连续变化结构的热等静压成形方法: 中国, ZL 109093121A［P］. 2018-9-6.

4.3 研究/测试报告

（1）中欧航空科技合作项目"增材制造、近净成形热等静压及精密铸造高效率制造技术研究"项目中期评估会议中方报告集, 1 份

（2）压气机匣精密铸造阶段研究总结报告, 1 份

（3）导向槽精密铸造阶段研究研究总结报告, 1 份

（4）压气机匣、导向槽、平衡环铸件尺寸、成分、性能、无损测试报告, 3 套

（5）激光选区熔化 IN-718 轴承毂材料显微组织与力学性能分析报告, 1 份

（6）T900 连接件和平衡环铸件尺寸、成分和性能检测报告, 3 套

（7）外机匣前段尺寸、成分和性能测试报告，3套

4.4 实物样件及工装

4.4.1 实物样件

（1）电子束熔丝增材制造平衡环，6件

（2）电子束选区增材制造平衡环，2件

（3）激光选区熔化导向槽，2件

（4）激光选区 IN-718 轴承毂，1件

（5）近净成形热等静压外机匣前段件，1件

（6）精密铸造压气机匣样件，1件

（7）精密铸造导向槽，2件

（8）精密铸造平衡环，2件

（9）精密铸造 T900 框形连接件，2件

（a）导向槽

（b）外机匣前段

（c）平衡环

（d）压气机匣

（e）框形连接件

（f）轴承毂

图33　硬件成果

4.4.2 模具工装

（1）压气机匣蜡模金属模具，1套

（2）压气机匣蜡模放置拼接工装，1套

（3）压气机匣热等静压防变形工装，1套

（4）导向槽热等静压防变形工装，1套

（5）机匣焊接工装，1套

（6）热处理矫形工装，1套

Ti6Al4V 合金多层多形凸台大壁厚差压气机匣熔模铸造重力浇注成形工艺研究

纪志军，南海，闫金，崔新鹏，张国庆

北京航空材料研究院，北京 100095

0 引言

先进航空航天飞机机体及发动机设计趋向大型化、整体化、复杂化，以实现飞行器减重，增强飞行器机动性、生存能力及续航能力，提高零件的可靠性和结构寿命。钛合金精密铸造技术可满足飞行器薄壁复杂结构件的整体成形，提高零件的整体设计、结构刚度，同时实现成本降低[1-2]。20世纪 80 年代中期，美国开始研究大型薄壁整体钛合金结构件技术，成功研制出了 F100、CFM56、CF6-80 等发动机的中介机匣、风扇机匣、高压压气机机匣等大型薄壁整体钛合金机匣。代表铸钛技术最高水平的美国 PCC 公司研制的钛合金精铸机匣，其工艺过程稳定、质量高、成本低、周期短，铸件满足长寿命、高可靠性要求，已实现批量化生产[3-4]。我国通过对国外先进技术的跟踪和自主研制，目前已基本掌握航空发动机用钛合金机匣的基本理论、研制工艺和配套生产设备，但研制的钛合金精铸机匣仍存在冶金质量波动大、尺寸精度低、研制周期长、成本高等问题。

针对大型薄壁复杂钛合金机匣结构件，为实现铸件复杂薄壁部位的完整成形，国内普遍考虑优先采用离心铸造[5-9]，但当离心铸造离心转速较高时，由于前端液流型壳内充型速度较快，易形成湍流和飞溅，从而增加了形成流痕、冷隔、气孔、夹杂等缺陷的风险。而国外先进企业，对于大型薄壁复杂钛合金机匣结构件，通常采用静止浇注工艺，使得金属液充型过程平稳，表面流痕较少，为避免铸件本体薄壁区域出现欠铸、热节部位出现缩孔 / 缩松，合理设计内浇口和冒口的位置和大小。本研究以罗罗公司商用航空发动机 Ti6Al4V 合金压气机匣为对象，采用重力浇注工艺方法和SLS 聚苯乙烯快速成形熔模，通过数值模拟和浇注试验，研究重力铸造工艺对铸件成形和内外部质量的影响，实现 Ti6Al4V 合金压气机匣熔模铸造完整成形和快速研制，为该类机匣结构件采用重力铸造工艺研制提供依据。

1 试验材料和方法

1.1 铸件结构及技术难点分析

压气机匣结构如图 1 所示，该机匣为左右对开型结构，外形尺寸 $\phi 620mm \times 435mm$，最小壁厚 3mm，质量约 27.5kg，外侧有大量密集的多层多形安装凸台，凸台按形状分类包括 4 种圆柱形凸台、一种三角形凸台以及 6 种矩形凸台，最大凸台厚度为 30mm。铸件合金材料要求为 Ti6Al4V，同炉附铸试样化学成分和力学性能要求满足 AMS 4985 要求，铸件质量等级要求符合 AMS 2175 中 I 类 A 级要求，铸件轮廓度最小公差达到 2.2mm。由于压气机匣外形尺寸较大、结构复杂、存在大面积薄区，导致铸件可能存在一定的欠铸风险；铸件外侧设计了大量密集的凸台和沟槽，导致液态金属凝固过程中凸台位置产生大量热节，从而产生大量的内部缩孔 / 缩松，因此压气机匣的内部缺陷控制难度大。基于上述分析，压气机匣铸件最大的风险在于铸件内部冶金质量控制难度大。

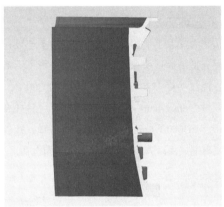

图 1　压气机匣示意图

1.2　浇注系统设计

钛合金由于化学特性活泼，为确保充型过程平稳，减少金属液对型腔的冲刷，减少金属与型腔的反应，通常选用底注式 + 开放式浇注系统[10-11]。根据压气机匣铸件结构特点，设计了环形底雨淋式浇注系统，如图 2（a）所示，包括浇口杯、直浇道、横浇道、内浇口。其中，浇口杯内腔为漏斗形；直浇道为圆柱形；横浇道数量为 12 个；内浇口数量为 10 个。该浇注系统各组元横断面积的比例关系为 $S_{直浇道} : S_{横浇道} : S_{内浇口} = 1 : 2.2 : 2.6$，为开放式浇注系统，阻流截面在直浇道上。

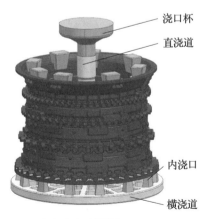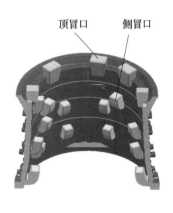

（a）浇注系统设计　　　　　　　　　（b）冒口设计

图 2　压气机匣浇注系统设计示意图

由于铸件外侧面存在大量的凸台结构，会导致铸件在浇注凝固过程存在大量的热节无法提缩，而底雨淋式浇注系统也不利于压气机匣铸件的顺利凝固，因此，需针对铸件热节特点和位置，设计合理的冒口。针对铸件上法兰边三角形凸台特点，设计了8个顶冒口，设置于热节对应铸件内侧的法兰边上沿；针对机匣外侧壁厚的矩形凸台特点，设计了28个侧冒口，设置于热节对应铸件的内侧面，如图2（b）所示。针对其他尺寸较小的矩形凸台和圆柱形凸台，虽然不设置冒口会导致热节部位凝固后出现尺寸较小的缩孔／缩松，但考虑到冒口设置部位较多及冒口去除工艺和成本的性价比不高，则针对壁厚较小的矩形凸台和圆柱形凸台，不设置冒口，其内部产生的尺寸较小的缩孔／缩松可通过热等静压进行愈合[12]。

1.3 充型凝固过程数值模拟分析

清华大学基于上述浇注系统和浇注工艺设计方案，采用不规则网格有限差分法（UFDM）对压气机匣充型凝固过程和内部缩孔分布进行了预测[13]，模拟结果如图3和图4所示。相关模拟参数如下：浇注温度1720℃，型壳预热温度300℃，浇注时间5.5s，离心转速0r/min，型壳厚度12mm，网格尺寸2mm×4mm，铸件单元数量为1593129（2mm）、219566（4mm），型壳单元数为2799935（2mm）、163000（4mm）。由模拟结果可知，钛合金熔液首先由浇杯口和直浇道进入底部横浇道，再通过底雨淋式浇口进入铸件型腔，由下而上实现平稳充型，充型过程钛合金熔液温度较高，完成充

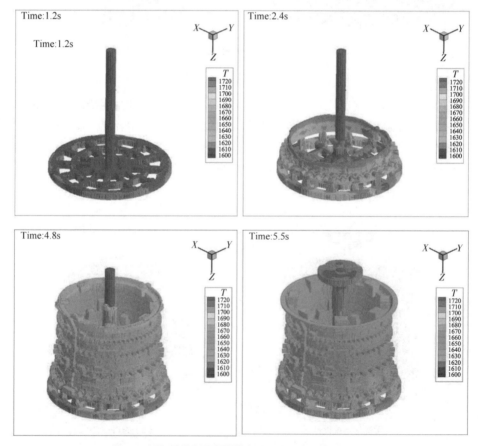

图3　压气机匣浇注充型过程模拟（t=1.2s、2.4s、4.8s、5.5s）

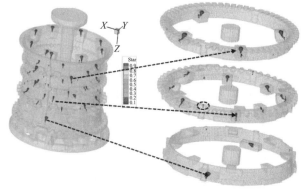

图 4 压气机匣集中缩孔分布预测

型后铸件温度处于 1660℃左右，Ti6Al4V 的合金液相线为 1650℃，可知钛液的流动性较好，实现了铸件完整成形；从集中缩孔分布预测结果来看，设置的冒口可有效消除铸件中较大的集中缩孔。因此数值模拟结果显示，压气机匣浇注工艺和浇注工艺设计方案可行。

1.4 SLS 快速成形熔模制备

试验采用选择性激光烧结（selective laser sintering，SLS）技术制备了压气机匣精密铸造用整体熔模。试验所用材料为 PS 粉末，颜色为白色，密度为 $1.05g/cm^3$，收缩率为 0.3% ~ 0.5%，玻璃化转变温度为 100 ~ 110℃，黏态流动温度为 178 ~ 190℃，分解温度 >300℃[14]。试验设备为武汉华科三维科技有限公司的 HKS1000 设备，该设备采用 100W CO_2 激光器，成形台面为 1000mm × 1000mm。采用 SLS 技术制备的熔模需进行渗蜡处理，实现其强度和表面粗糙度的提升，确保涂料的涂挂性，以满足钛合金压气机匣精铸制壳的要求。采用 SLS 技术制备压气机匣快速成形熔模过程中，遇到大型复杂构件面临的局部精度难控制以及翘曲变形难抑制等问题，如圆柱形凸台变形导致圆度不足和表面轮廓度超差，针对该问题，采用满幅面多点矫正结合视觉检测技术保证扫描精度，根据图形特征添加热源支撑抑制突变部位的翘曲变形，结合复合预热方式减小构件成形过程中的内应力，实现了抑制构件翘曲变形、提高尺寸精度的目的。采用三维扫描设备 PowerScan-Pro5M 进行扫描，结果显示蜡模尺寸精度基本可达到 ±0.5mm，如图 5 所示。

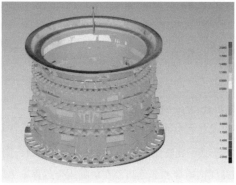

图 5 SLS 快速成形熔模及其扫描结果

1.5 型壳制备及浇注工艺参数

针对 SLS 压气机匣熔模进行浇注系统和冒口的组模，采用专用机械沾浆淋砂工装，进行型壳制备，面层材料采用氧化钇，背层材料采用莫来石。制备的型壳在 300℃ 下进行脱蜡，1050℃ 下进行焙烧。将焙烧后的陶瓷型壳内腔进行清洁和检验，封堵脱蜡口，在台车炉中预热至 300℃ 保温 6h，之后采用 150kg 真空自耗电极电弧凝壳炉进行熔炼浇注，浇注工艺参数为：型壳预热温度 300℃ ±10℃，起弧真空度 ≤ 3.0Pa，熔炼真空度 ≤ 6.0Pa，熔炼电流 18～20kA，熔炼电压 30～50V，离心转速为 0 r/min，浇注金属量约 130kg，浇注时间 5～6s。铸件浇注后对模组进行清壳和浇道切割，铸件毛坯进行吹砂处理。之后，采用热等静压工艺对铸件内部缩孔／缩松进行愈合，热等静压参数为保温温度 920℃，保温时间 2h，保温压力 130MPa，炉冷至 250℃ 以下出炉。

2 试验结果和讨论

2.1 铸件浇注成形

采用 SLS 快速成形蜡模，按照上述组模方案、型壳制备和浇注工艺方案，完成了铸件浇注，浇注过程平稳无异常。对浇注后型壳进行清理，浇注系统切割后，铸件毛坯经吹砂后，实物照片如图 6 所示。铸件结构成形完整无欠铸，表面质量良好，结构清晰，无冷隔和流痕。说明采用重力浇注工艺和底注式浇注系统设计方案，钛合金熔液实际的充型速度快、流动性好，可实现压气机匣完整成形，且表面质量较好。

图 6　浇注后铸件毛坯实物照片

2.2 铸件内部冶金质量控制

针对多层多形凸台大壁厚差机匣结构特点，在凸台部位存在最后凝固部位——热节，极易在凸台中心形成缩孔缺陷，如果不设计合适的冒口，则该部位缩孔缺陷在热等静压过程中，会出现大尺寸缩孔无法压合和部分凸台在缺陷压合过程中出现局部缩陷变形问题，这些问题都是导致机匣内部质量和外形尺寸不合格的因素，必须解决。如果冒口设置在凸台一侧，虽然可以避免机匣内壁设置冒口的加工难度，但是会存在缩孔提出不完全，凸台根部和凸台背部缩孔存在，在热等静压时，局部缺陷压合导致根部和背部的凹陷和变形问题。这些凹陷在后续补焊修复中会带来变形和组织性能不均匀问题。因此本研究中，设计了如图7所示的在机匣内壁、凸台背部设置冒口补缩的新思路。

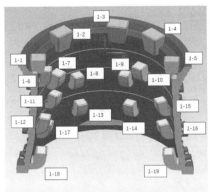

图7　压气机匣冒口编号及 X 射线检验照片

　　依据 ASTM E1742 分别对浇注后热等静压前和热等静压后的压气机匣铸件进行 X 射线检验。压气机匣铸件浇注后热等静压前的 X 射线检验情况表明，铸件内部未发现尺寸较大的集中缩孔，设置于厚大区域的冒口可有效实现热节部位的提缩，如图 8 ~ 11 所示。其中，顶冒口 1–1 ~ 1–5 实现了机匣上法兰边三角形凸台的提缩，部分顶冒口中的缩孔如图 8 中圆圈所示；侧冒口 1–6 ~ 1–19 实现了机匣侧壁矩形凸台的提缩，部分侧冒口中的缩孔如图 9 中圆圈所示。但对于无冒口的法兰边、尺寸较小的圆柱形凸台和矩形凸台则出现尺寸小于 15mm×15mm 的疏松和尺寸小于 ϕ5mm 的缩孔，如图 10 中圆圈所示。压气机匣热等静压后 X 光检验表明，铸件内部无疏松和缩孔，说明疏松和缩孔通过热等静压已愈合，如图 11 所示。以上结果表明压气机匣铸件冒口设计方案合理有效。

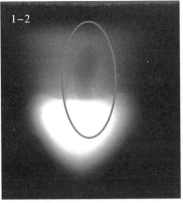

图8　压气机匣顶冒口 X 射线检验照片

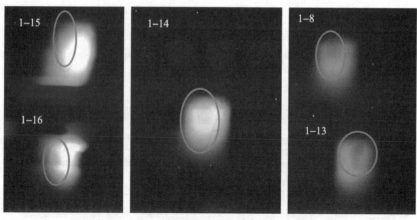

图 9　压气机匣侧冒口 X 射线检验照片

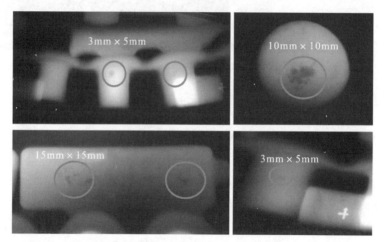

图 10　其他未加冒口典型部位的 X 射线检验照片

图 11　热等静压后压气机匣 X 射线检验照片

2.3 铸件表面质量控制

钛合金对表面状态、表面完整性非常敏感，表面缺陷易成为裂纹源，而产生微裂纹，影响铸件的拉伸性能和疲劳寿命。由于铸件铸造表面易出现冷隔、流痕、气孔、砂眼等缺陷，铸件表面粗糙度较高；且钛合金铸造凝固过程中，型壳材料中的 O、N 等元素由型壳与铸件的界面向铸件内部扩散，形成高硬度、高脆性的富氧污染层（即表面 α 层），并在后续的加工、使用过程中，易产生表面裂纹并延伸到基体中，造成对使用材料的破坏；因此钛合金铸件的表面质量必须在铸件后精整阶段加以控制，以满足航空发动机机匣长寿命、高可靠性的要求。铸件表面质量检验主要包括外观检验、荧光检验、表面粗糙度检测及表面沾污层检查。

压气机匣浇注后，通过初步外观检验可知，铸件表面轮廓清晰，无明显流痕、冷隔，说明压气机匣重力浇注工艺和浇注系统设计合理，铸件浇注过程铸型平稳充型，有利于铸件表面冶金质量控制。为实现压气机匣表面质量满足技术要求，铸件毛坯采用吹砂和打磨的方式对铸件表面进行清理；热等静压后对铸件表面进行深酸洗，酸洗溶液通常采用 HF 和 HNO₃ 按照合理的配比进行配制，以完全去除铸件表面 α 层，并尽可能降低钛合金铸件的吸氢量，酸洗的化学反应式如式（1）所示[15]；酸洗后对铸件进行外观检验，针对凹陷、孔洞、裂纹等缺陷进行真空补焊，并对铸件表面进行全面打磨精整；铸件经真空退火后进行表面荧光渗透，按照 ASTM 1417 相关要求进行荧光渗透检验，按照 AMS 2175 中 I 类 A 级要求对铸件表面荧光显示进行评判，针对超标的孔洞和线性缺陷进行清缺、补焊和打磨，并对焊点进行 X射线透照、退火及荧光复验；铸件在最终入库前，采用 80 目棕刚玉砂进行表面吹砂处理，以进一步降低表面粗糙度。综合采取上述控制方法，压气机匣铸件最终表面光滑连续，铸件表面满足 AMS 2175 中 I类 A 级要求，表面无沾污层，表面粗糙度满足 $Ra \leqslant 6.3\mu m$ 的要求，如图 12 所示。

$$3Ti+4HNO_3+12HF \longrightarrow 3TiF_4+8H_2O+4NO \uparrow \qquad (1)$$

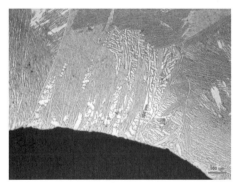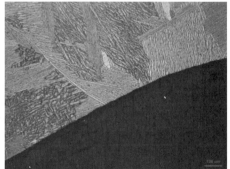

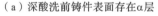

（a）深酸洗前铸件表面存在α层　　　　　（b）深酸洗后铸件表面无α层

图 12　压气机匣铸件不同状态下表面沾污层检测

2.4 铸件终检

铸件经热等静压、酸洗、精整及退火后，完成铸件 X 射线检验、荧光检验，结果符合 AMS 2175 中 I 类 A 级要求。选取横浇道上的附铸试样（见图 13），进行化学成分、室温力学性能和金相组织检测，其中化学成分、室温力学性能均满足 AMS 4985 中相关技术要求，实测数据如表 1、表 2 所示；金相组织如图 14 所示，为典型 Ti6Al4V 合金特征的魏氏组织，具有由初生 β 晶粒转变的

α+β 片层状集束组织和原始 β 晶界转变的 α 相。采用 GOM 设备对最终铸件进行扫描，如图 15 所示，实际铸件扫描结果显示，铸件轮廓度基本满足 ±1.1mm 尺寸公差要求。铸件铸造表面粗糙度实测值 Ra 为 3.4～4.5μm，满足 Ra ≤ 6.3μm 的要求。

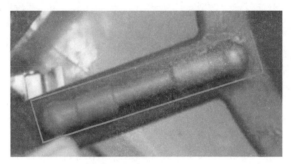

图 13　横浇道附铸试样用于力学、化学及金相检测

表 1　化学成分检测结果（≤，%）

验收标准	Al	V	Fe	O	C	N	H	Y	其他元素	
									单 – 含量	总含量
AMS 4985	5.50 ~ 6.75	3.50 ~ 4.50	0.30	0.20	0.1	0.05	0.01	0.005	0.10	0.40
实测值	6.44	4.12	0.14	0.17	0.010	0.020	0.0044	<0.001	—	—

表 2　附铸试样室温拉伸性能（≥）

验收标准	抗拉强度 σ_b / MPa	屈服强度 $\sigma_{0.2}$ / MPa	延伸率 δ_{4D}/%
AMS 4985	861.8	772.2	5
实测值 1	942	856	8.2
实测值 2	934	850	9.2

（a）200×　　　　　　　　　　　　　（b）500×

图 14　铸件显微组织照片

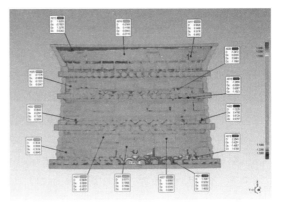

图15　压气机匣样件（左）及其尺寸扫描结果（右）

2.5　关于重力浇注与离心浇注的讨论

　　针对大型薄壁复杂钛合金机匣结构件，为实现铸件复杂薄壁部位的完整成形，国内普遍考虑优先采用离心铸造[5-9]。但当离心铸造离心转速较高时，由于前端液流型壳内充型速度较快，易形成湍流和飞溅，尤其对于大型铸件，金属液对铸型的热冲击较大，如型壳强度及惰性不足时，则会导致型壳破损甚至破裂，从而致使铸件掉砂、沾污、气孔、夹杂等缺陷增多，甚至会导致铸型跑火的严重事故；当离心转速较低时，钛合金液充型力不足，会导致浇不足、流痕、冷隔等铸造缺陷；从装炉的便捷性来讲，离心浇注对铸型的装卡和炉膛的尺寸要求较高，安全性较低。而国外先进企业，对于大型薄壁复杂钛合金机匣结构件，通常采用静止浇注工艺，使得金属液充型过程平稳，表面流痕较少，为避免铸件本体薄壁区域出现欠铸、热节部位出现缩孔/缩松，合理设计内浇口和冒口的位置和大小。本研究针对罗罗公司商用航空发动机 Ti6Al4V 合金压气机匣，通过采用重力浇注工艺及合理的浇冒系统，实现了铸件的平稳完整成形，铸件表面轮廓清晰，无明显流痕、冷隔，与参考文献［5］～［9］中离心浇注的大型铸件相比，成形完整性与离心浇注相当，但表面质量优于离心铸造。这说明重力浇注工艺结合合理的浇注系统设计，实现了铸件浇注过程铸型平稳充型的同时，可有效减少表面粘砂、冷隔、流痕等缺陷，有利于铸件冶金质量的控制，而且对浇注炉膛尺寸及铸型装卡要求较低。

3 结论

　　（1）采用熔模铸造重力浇注工艺，设计合理的开放式浇注系统、底雨淋式浇口及冒口，实现了多层多形凸台大壁厚差压气机匣铸件完整成形，同时铸件平稳有序充型和凝固，有利于铸件内外部冶金质量的控制，本研究中压气机匣铸造成形工艺可为其他大型薄壁复杂环形钛合金铸件的完整成形提供借鉴意义。

　　（2）采用选择性激光烧结（SLS）成形技术制备了聚苯乙烯快速成形熔模，针对熔模局部变形的问题，采用满幅面多点矫正结合视觉检测技术、局部添加热源支撑、结合复合预热方式减少内应力等方式，实现快速成形熔模尺寸精度达到 ±0.5mm 的要求，同时结合有限差分法对压气机匣的充型过程、内部缩孔／缩松缺陷进行了数值模拟预测和验证，实现了大型复杂钛合金熔模精铸件的低成本快速研发。

（3）设计了在机匣内壁、凸台背部设置冒口补缩的新方法，解决了凸台根部和凸台背部缩孔在热等静压时，由于局部缺陷压合导致根部和背部的凹陷和变形问题。

参 考 文 献

［1］南海，谢成木.国外铸造钛合金及其铸件的应用与发展［J］.中国铸造装备与技术，2003（6）：1-3.

［2］周廉，赵永庆，王向东，等.中国钛合金材料及应用发展战略研究［M］.北京：化学工业出版社，2012.

［3］张美娟，南海，鞠忠强，等.航空铸造钛合金及其成型技术发展［J］.航空材料学报，2016，36（3）：13-19.

［4］张美娟，鞠忠强，高富辉，等.我国航空领域钛合金专利现状及对策研究［J］.特种铸造及有色合金，2015，35（4）：376-379.

［5］赵鹏，南海，莫晓飞.飞机舱门钛合金精铸件浇注工艺研究［J］.铸造，2018，67（7）：629-632.

［6］李飞，赵彦杰，李玉龙，等.钛合金中介机匣快速熔模铸造工艺研究［J］.特种铸造及有色合金，2019，39（6）：637-639.

［7］南海，谢成木，魏华胜，等.大型复杂薄壁类钛合金精铸件的研制［J］.中国铸造装备与技术，2001（2）：12-14.

［8］楚玉东，常辉，黄东，等.ZTC4钛合金机匣构件离心铸造过程的数值模拟［J］.特种铸造及有色合金，2012，32（2）：133-136.

［9］邵珩.大型复杂薄壁Ti6Al4V合金铸件离心熔模铸造过程数值模拟［D］.北京：清华大学，2017.

［10］李晨希.铸造工艺及工装设计［M］.北京：化学工业出版社，2014.

［11］John Campbell.铸造手册大全：金属铸造工艺、冶金技术和设计（Complete Casting Handbook Metal Casting Processes, Metallurgy, Techniques and Design）［M］.哈尔滨：哈尔滨工业大学出版社，2018.

［12］谢成木.钛及钛合金铸造［M］.北京：机械工业出版社，2005.

［13］Tao P, Shao H, Ji Z J, et al. Numerical simulation for the investment casting process of a large-size titanium alloy thin-wall casing, Progress in Natural Science: Materials International, 2018, 28（14）：520-528.

［14］黄英.压气机匣精密铸造熔模的SLS成形工艺及数值模拟研究［D］.武汉：华中科技大学，2018.

［15］郑锋，程挺宇，张巧云.钛及钛合金的酸洗技术［J］.稀有金属与硬质合金，2009，37（3）：26-28.

标准热处理对粉末冶金 Inconel 718 高温合金组织和性能的影响研究

刘娜，张国庆，李周，郑亮，刘玉峰

北京航空材料研究院，北京100095

0 引言

Inconel 718 合金（国内牌号 GH4169）具有优良的综合力学性能和抗疲劳、抗氧化、耐腐蚀性能，因而在航空、航天和核能领域得到了广泛的应用，用于制造涡轮盘、轴、紧固件及叶片等高温部件[1-2]。Inconel 718 合金成分中的 Nb 元素含量达到 4.7% ~ 5.5%，导致合金铸锭凝固结晶时形成宏观偏析，从而引起冲击性能和塑性急剧降低，使合金锭在开坯过程中容易开裂[3]。航空航天飞行器的迅猛发展对发动机热端旋转部件用高温结构材料提出了越来越高的要求，需进一步提高 Inconel 718 合金的组织均匀和稳定性。粉末冶金作为一种先进材料制备技术，在高温合金制备方面具有十分明显的优势，它可以解决高温合金铸锻件凝固偏析严重等问题，同时具有组织均匀、晶粒细小、力学性能优异和热加工性能好等特点，并可实现近净尺寸成形，材料利用率高[4-5]。

高质量的高温合金粉末是先进高温合金构件的基础。目前，高温合金粉末制备主要有两种方法，一种是氩气雾化法制粉（AA 粉）；另一种是等离子旋转电极法制粉（PREP 粉）。从国内外技术发展趋势和使用情况看，为提高可靠性、耐久性、经济性，先进发动机粉末涡轮盘等热端部件主要采用 AA 粉末。国外对采用氩气雾化粉末制备 Inconel 718 合金的组织及性能开展了研究，并有少量报道[6-7]，而国内粉末冶金 Inconel 718 合金的研究较少，并且集中在采用 PREP 粉末制备 Inconel 718 合金中的原始颗粒边界问题方面[8]。本文采用氩气雾化 Inconel 718 合金粉末热等静压成形，并研究了标准热处理对粉末冶金 Inconel 718 合金微观组织和力学性能的影响，从而获得性能更加优良的粉末冶金 Inconel 718 合金，满足高性能航空航天发动机对高温结构材料的研制需求。

1 实验

采用氩气雾化法制备出 Inconel 718 高温合金粉末，其主要化学成分如表 1 所示。图 1 所示为气雾化 Inconel 718 高温合金粉末表面形貌，粉末的球形度较好，颗粒表面的胞晶和枝状晶清晰可见。对制备的气雾化 Inconel 718 高温合金粉末的物理性能进行测试，其中粉末的松装密度为 $4.47g/cm^3$，达到理论合金理论密度的 55%，振实密度为 $5.49g/cm^3$，达到理论密度的 67%（理论密度 $8.24g/cm^3$），流动性为 20s/50g。

表1　氩气雾化 Inconel 718 高温合金粉末化学成分（质量分数）

成分	Cr	Mo	Ti	Al	Ni	Nb	C	O	Fe
质量分数 / %	18.66	3.04	1.02	0.52	52.60	5.30	0.037	0.0082	Bal.

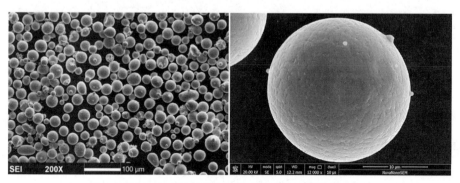

图1　气雾化 Inconel 718 高温合金粉末表面形貌（左）及放大图（右）

将 Inconel 718 高温合金粉末筛分后装入不锈钢包套中，将包套在 500℃、真空度 < 10^{-2}Pa 下高温真空除气抽气 18h，随后进行封焊，然后在 1200℃、140MPa 压力下保持 3h 热等静压致密化成形。对致密化所得的 Inconel 718 高温合金进行标准热处理，制度为 980℃ /1h，空冷 +720℃ /8h，50℃ /1h 炉冷至 620℃ /8h，空冷的双级时效制度。将热等静压态和热处理态的合金加工成标准拉伸试样，标距段尺寸为 ϕ5mm × 25mm，测试室温及 650℃ 拉伸性能。采用金相显微镜（OM）和扫描电镜（SEM）以及（TEM）观测合金试样的微观组织和断口形貌。

2 结果与讨论

2.1 热等静压态微观组织

采用排水法检测气雾化 Inconel 718 合金粉末热等静压后的密度为 8.2g/cm³，获得的合金组织如图 2 所示，热等静压后合金的平均晶粒度为 15μm。从合金的金相照片可以看出，热等静压后获得的组织具有很高的致密度，没有发现孔洞，晶粒内部存在部分孪晶。孪晶是由塑性变形形成，或是塑性变形后退火的结果。热等静压的高温高压作用导致粉体致密化，主要是由于施加的切应力导致颗粒发生快速塑性变形，随后是粉末颗粒的蠕变、边界扩散和体扩散等随时间的变化过程[9]；在热等静压缓冷阶段，致密化材料形成退火孪晶。热等静压态合金中孪晶的存在可以改善合金的力学性能。一方面，孪晶晶界可以作为位错运动的阻碍，从而提高屈服强度；另一方面，孪晶引起的晶体取向变化，使原来不利于取向的滑移系转变为新的有利取向，激发晶体的进一步滑移，提高合金的塑性。

由图 3 可以看出热等静压态的 Inconel 718 合金晶界干净，晶界与晶内弥散分布白色颗粒状析出物。经透射电镜和能谱分析，白色颗粒状析出物为富含 Nb 和 Ti 等元素的 MC 碳化物。图 3（c）是 MC 碳化物的透射明场相形貌，尺寸约为 1μm。分布在晶界的碳化物相可以阻碍晶粒在热等静压温度下发生长大。粉末在冷却过程中会出现一定数量的偏析，同时会形成不同程度的氧化物质点，这

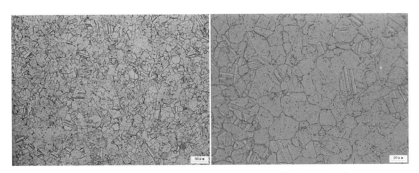

图2　热等静压态 Inconel 718 合金的金相组织（左）及放大图（右）

些氧化物会加速表面富集元素形成稳定第二相颗粒。第二相颗粒严重时会形成连续的网膜，并沿着粉末颗粒边界析出，从而保留原始粉末颗粒的形貌，表现为粉末颗粒边界（PPB）。PPB 的析出程度与粉末的氧含量有关，粉末的氧含量越高，PPB 析出越严重[10-11]。本文采用的气雾化 Inconel 718 合金粉末的氧含量整体偏低，因此所制备的 Inconel 718 合金中基本没有 PPB 的存在。

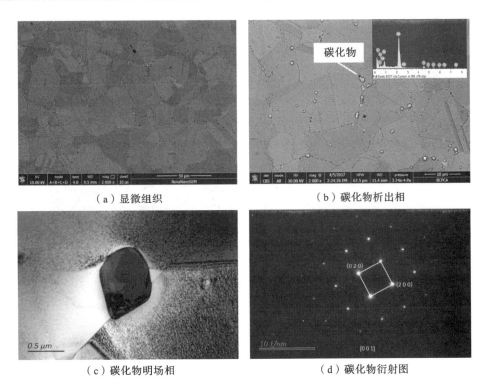

（a）显微组织　　　　　　　　　　　　（b）碳化物析出相

（c）碳化物明场相　　　　　　　　　　（d）碳化物衍射图

图3　热等静压态 Inconel 718 合金

2.2　热处理态微观组织

经过固溶和时效处理后，粉末冶金 Inconel 718 合金的显微组织除了碳化物相，还析出了 δ 相、γ″ 与 γ′ 相。由图4可以看出，980℃固溶处理后，合金中 δ 相以片层状在晶界析出。晶内的颗粒状 δ 相会降低基体的强度，而晶界析出的适量 δ 相则有钉扎晶界的作用。

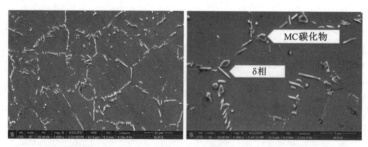

图 4　标准热处理后粉末冶金 Inconel 718 合金的显微组织（左）及 δ 相和碳化物（右）

图 5（a）是热处理固溶过程中沿晶界析出的条状 δ 相透射电镜形貌，时效处理后基体中析出弥散分布的 γ″ 相（Ni₃Nb）和 γ′ 相（Ni₃Ti）（见图 5（c））。γ″ 相和 γ′ 相是合金的主要强化相[12]，γ″ 相为亚稳相，在长期时效过程中，会转变为热力学上稳定的 δ 相。适量的 δ 相，对提高合金塑性和消除缺口敏感性以及防止应力集中具有一定的作用。但 δ 相含量过多，会导致合金的冲击性能、持久性能和蠕变性能降低。

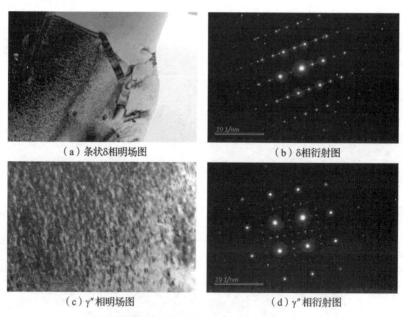

（a）条状δ相明场图　　　　　　　　　（b）δ相衍射图

（c）γ″相明场图　　　　　　　　　（d）γ″相衍射图

图 5　标准热处理后粉末冶金 Inconel 718 合金中析出相

2.3　力学性能

粉末冶金 Inconel 718 合金经固溶处理 + 双级时效标准热处理后，热等静压态和热处理态的合金样品室温和 650℃下的屈服强度、抗拉强度以及伸长率等如表 2 和表 3 所示。在室温拉伸性能方面，热处理后合金的屈服强度和抗拉强度明显提升，屈服强度由热处理前的 968MPa 增加至热处理后的 1187MPa，约增加了 23%，抗拉强度由热处理前的 1312MPa 增加至热处理后的 1413MPa，约增加了 8%，热处理后塑性略有降低，但均在 20% 以上。高温拉伸性能展现出与室温拉伸类似的规律，热处理后，合金的屈服强度大幅提升，抗拉强度略有增加，延伸率则变化不大。

表2　粉末冶金 Inconel 718 合金室温拉伸性能

Material condition	0.2%YS / MPa	UTS / MPa	EL / %	RA / %
As-HIPed	968	1312	24.5	30.0
HIP + heat treated	1187	1413	21.0	26.5
specification for wrought Inconel 718	≥ 1034	≥ 1276	≥ 12	≥ 15

表3　粉末冶金 Inconel 718 合金室温和650℃的拉伸性能

Material condition	0.2%YS / MPa	UTS / MPa	EL / %	RA / %
As-HIPed	850	1110	15.5	17.0
HIP + heat treated	998	1165	16.8	18.5
specification for wrought Inconel 718	≥ 862	≥ 1000	≥ 12	≥ 15

　　标准热处理后，时效处理过程中 γ″ 和 γ′ 强化相的析出会使合金的强度提升，塑性降低，而固溶处理中析出的 δ 相，在析出的过程中会占用析出相 γ″ 所需的 Nb 元素，其析出数量的增加会导致合金的强度的降低，同时会使合金的塑性有所提高。本研究制备的粉末成形 Inconel 718 合金经标准热处理后，析出的一定量的 δ 相与 γ″ 和 γ′ 强化相配合，使得合金具有良好的室温、高温拉伸强度和塑性，性能优于变形 Inconel 718 合金。

2.4　断口形貌

　　图6为热处理后粉末冶金 Inconel 718 合金在室温下的拉伸断口形貌。断口主要表现为穿晶断裂形貌（见图6（a）），普遍存在大量细小韧窝，如图6（b）所示。

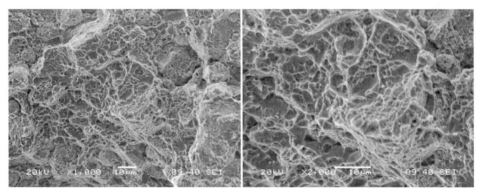

（a）穿晶断裂形貌　　　　　　　　　　　　（b）大量韧窝

图6　热处理态粉末冶金 Inconel 718 合金室温拉伸断口形貌

　　热处理后合金的高温拉伸断口形貌如图7所示，与常温拉伸断口不同的是，合金650℃高温拉伸断口呈现沿晶与穿晶混合断裂形貌，断口可观察到一些颗粒小平台，晶粒与晶粒之间存在着二次裂纹。合金元素的固溶强化作用及时效过程中析出的 γ″ 相和 γ′ 相的强化作用使晶粒内部强度较高，晶界反而较为薄弱，高温下晶界的弱化程度更甚，在晶界处容易萌生裂纹。

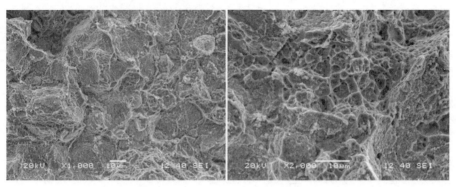

（a）沿晶与穿晶混合断裂形貌　　　　　　（b）局部韧窝

图7　热处理态粉末 Inconel 718 合金 650℃高温拉伸断口形貌

3 结论

（1）采用氩气雾化法制备出 Inconel 718 高温合金粉末，粉末以球形为主，其显微组织为快速凝固的胞状晶和树枝晶组织，粉末具有较低的氧含量，以及良好的物理性能和流动性。

（2）气雾化 Inconel 718 高温合金粉末经热等静压后可实现全致密，组织细小均匀，平均晶粒尺寸约为 15μm，晶界与晶内弥散分布白色颗粒状碳化物，晶粒内部存在部分孪晶。

（3）标准热处理态和热等静压态 Inconel 718 合金相比，热处理后，合金的室温及 650℃高温拉伸强度增加，塑性变化不明显。粉末冶金 Inconel 718 合金经标准热处理后，析出的一定量的 δ 相与 γ″ 和 γ′ 强化相配合，使得合金具有良好的室温、高温拉伸强度和塑性，性能优于变形 Inconel 718 合金。

参 考 文 献

［1］ Jewett R P, Halchak J A. The use of alloy 718 in the space shuttle main engine［C］//Proceedings of the Second International Symposium on Superalloys 718, 625, and Various Derivatives. Warrendale PA：TMS, 1991：749-760.

［2］ Schafrick R E, Ward D D, Groh J R. Application of alloy 718 in GE aircraft Engines：Past, present and next five years ［C］//Loria E A. Proceedings of the Fifth International Symposium on Superalloys 718, 625, 706 and Various Derivatives. Warrendale PA：TMS 2001：1-12.

［3］ 庄景云, 邓群, 杜金辉. 变形高温合金 GH4169［M］. 北京：冶金工业出版社, 2006：13-43.

［4］ Raisson G. Evolution of PM nickel base superalloy processes and products［J］. Powder metallurgy, 2008, 50（1）：10-13.

［5］ Green K A, Pollock T M, Harada H, et al. Superalloys 2004［M］. Warrendale PA：TMS, 2004：381-390.

［6］ Rao G A, Prasad K S, Kumar M, et al. Characterization of hot isostatically pressed nickel base superalloy Inconel 718［J］. Materials Science and Technology, 2013（19）：313-321.

［7］ Rao G A, Srinivas M, Sarma D S. Effect of thermomechanical working on the microstructure and mechanical properties of hot isostatically pressed superalloy Inconel 718[J]. Materials Science and Engineering A, 2004, 383：201-212.

［8］姚草根, 孟烁, 李秀林, 等. 粉末氧含量对热等静压 FGH4169 合金力学性能与组织的影响[J]. 粉末冶金材料科学与工程, 2017, 22（1）: 33-40.

［9］Elrakayby H, Kim H K, Hong S S, et al. An investigation of densification behavior of nickel alloy powder during hot isostatic pressing[J]. Advanced Powder Technology, 2015, 26（5）: 1314-1318.

［10］刘明东, 张莹, 刘培英, 等. FGH95 粉末高温合金原始颗粒边界及其对性能的影响[J]. 粉末冶金工业, 2006, 16（3）: 1-5.

［11］Rao G A, Srinivas M, Sarma D S. Effect of oxygen content of powder on microstructure and mechanical properties of hot isostatically pressed superalloy Inconel 718［J］. Materials Science and Engineering A, 2006, 435－436: 84－99.

［12］谢锡善, 董建新, 付书红, 等. γ″ 和 γ′ 相强化的 Ni-Fe 基高温合金 GH4169 的研究与发展[J]. 金属学报, 2010, 46（11）: 1289-1302.

电子束选区熔化高效制备 Ti6Al4V 合金工艺优化研究

李能，赵梓钧，张国栋，张学军，张国庆

北京航空材料研究院，北京 100095

0 引言

Ti6Al4V 钛合金作为飞机和发动机结构件的主要材料之一，由于其强度很高且热导率较低，在传统机械加工过程中容易出现刀具磨损和零件精度较低的问题，导致加工成本高、周期长，这在一定程度上限制了它更广泛的应用[1]。增材制造（Additive Manufacturing）作为一种周期短、工序少、低成本、净成形的技术，其成形构件力学性能优良，具有重大的科研价值和经济效益[2]。

电子束选区熔化成形技术（electron beam selective melting，EBSM）是一种粉末床沉积技术，是增材制造技术发展到 21 世纪的一种子技术，该技术基于离散堆积原理，以电子束为热源，在计算机的控制下选择性地熔化金属粉末，逐层熔化，层层叠加，最终形成致密的复杂形状三维金属零部件[3-5]。该成形方式具有的优点为：采用真空保护，成形产品更加干净；电子束熔深大，成形熔化充分，产品内部质量好；电子束能量利用率高，可成形高导电及难熔材料；热应力得到控制，成形产品热变形及残余应力小，可成形脆性材料；不消耗惰性气体，对粉末粒度无特殊要求，运行成本低。因此广泛运用于航空航天、生物医疗等领域，采用 EBSM 技术成形钛合金零件省时、省料，对航空制造企业吸引力巨大[6-8]。

在过去的几年里，国内外很多大学、研究机构、企业针对 EBSM 制造的 Ti6Al4V 合金进行了大量研究，旨在建立原材料—成形工艺—显微组织—力学性能之间的关系，确定加工工艺窗口并改善性能稳定性[9-15]。韩建栋等[16]研究发现电子束选区熔化成形技术中对 Ti6A4V 粉末进行预热可以明显提高粉末在一定电子束束流下的抗溃散临界扫描速度，增强其抗溃散性能；同时提高表面质量，降低层厚；对层间结合情况有明显改善。齐海波等[17]研究发现旋转与反向扫描相结合可以改善电子束选区熔化 Ti6Al4V 成形件内部的温度分布均匀程度，从而降低由于热应力而产生的翘曲变形。刘海涛等[18]研究发现扫描线宽与电子束电流、加速电压和扫描速度等电子束选区熔化工艺参数呈明显的线性关系，通过调节搭接率和扫描路径可以获得较好的层面质量。锁红波等[19]研究了 EBSM 制备的 Ti6Al4V 试件的硬度和拉伸强度等力学性能，结果表明成形过程中 Al 元素损失明显，低的氧气含量及 Al 含量有利于塑性提高；硬度在同一层面内和沿熔积高度方向没有明显差别，均高于退火轧制板的硬度水平。H.K.Rafi 等[20]对比研究了采用激光熔化与电子束熔化技术成形的 Ti6Al4V 的组织与力学性能。结果表明，通过激光选区熔化成形的组织只有 α' 马氏体相，而电子束熔化成形的组织主要是 α 相以及少量的 β 相。而组织的不同是由成形过程中的成形条件不同导致的冷却的速度不同造成的。N. Hrabe 等[21] 研究发现 EBSM 垂直生长的试样与水平生长的试样相比，虽然在抗拉强度与屈服强度上没有太大的变化，但是延伸率低了 30%。延伸率的不同是由拉伸方向相对于组织取向方向以及被延长的原始 β 晶粒的方向不同导致的。L. E. Murr 等[22] 研究发现，沿试样堆积方向，靠近顶端的组织较为粗大，α 片层厚度随试样直径的减小而减小。J. Karlesson 等[23] 研究不同粒径范围的粉末对 SEBM 成形 Ti6Al4V 合金性能的影响，粒径分布分别为 25～45μm 和 45～100μm。结果表明，采用不同粒度分布的粉末所成形的合金，性能差别不大。但是，采用粉末粒度分布为 45～100μm 所成形的合金表面质量较好。Antonysamy 等[24] 研究发现，由于粉末床的形核与散热作用，EBSM 制备的 Ti6Al4V 合金，较厚的试样中部生成平行于沉积方向的粗大柱状晶，而试样表面生成的 β 晶粒方向则是杂乱无章的。Al-Bemani 等[6] 研究发现，随着底板预热温度的提高，EBSM 成形的 Ti6Al4V 合金的显微组织会逐渐粗化。

本文针对 EBSM 成形的 Ti6Al4V 合金，研究了工艺参数对材料显微组织的影响，并对其拉伸性能和缺陷形式进行了评估，通过微观分析和性能对比，探讨了在恒定能量密度下加工效率与加工质量之间的关系，为电子束选区熔化高效制备高质量的 Ti6Al4V 合金的工艺优化提供了基础数据和初步分析。

1 试验材料与方法

本试验采用惰性气体雾化的 Ti6Al4V 粉末作为原材料（如图 1 所示），其化学成分如表 1 所示。粉末的粒度范围为 45～105μm，其 D（10）、D（50）、D（90）分别为 50.1μm、75.5μm 和 108.2μm。

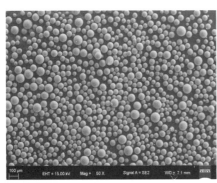
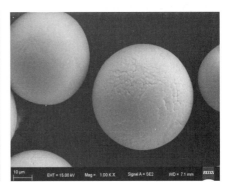

| （a）低倍照片 | （b）高倍照片 |

图 1　气雾化 Ti6Al4V 粉末

表 1　Ti6Al4V 原始粉末化学成分（质量分数 / %）

成分	Al	V	Fe	Y	O	C	N	H	Ti
质量分数	6.39	4.47	0.25	< 0.001	0.13	0.008	0.005	0.0023	Balance

采用清华大学研制的 QbeamLab 真空电子束设备进行 Ti6Al4V 合金粉末的增材制造，实验装置图如图 2（a）所示。该设备成形零件的最大尺寸为 200mm×200mm×240mm，束斑直径为 0.1mm，零件成形精度在 ±0.2mm；设备扫描速度为 15～800m/s；粉末层厚为 0.05～0.2mm。

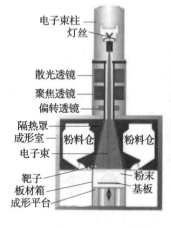

（a）设备照片   （b）设备原理示意图

图 2 QbeamLab 电子束选区熔化设备

如图 2（b）所示，电子枪的灯丝受热发出电子，电子在加速电压的作用下进行加速，形成高速电子束，电子束通过电磁透镜聚焦成一点，随后通过偏转透镜进行偏转，在计算机的控制下选择性地熔化金属粉末，从而实现零部件的快速成形。粉末材料通过 EBSM 成形时，粉末在靶子系统的作用下均匀地铺展在基板上，系统利用低电流和低扫描速度的散焦电子束对粉末进行预热，随后采用更大的电流和扫描速度对粉末进行熔化，熔化完成后成形平台下降一个层厚的距离再次进行铺粉—预热—熔化循环，直至整个零部件在真空下成形完成。

本实验在成形前首先利用电子束对基板进行预热，增加粉末黏性，提高其防溃散能力，当基板预热到 700℃时开始逐层铺粉，电子束以弓字形扫描方式熔化每一层粉末，而相邻两层粉末的扫描线方向相互垂直。其长轴沿堆积方向，设备工作过程为：铺粉器铺放设定厚度的 Ti6Al4V 粉末，电子束扫描并熔化粉末材料，扫描完成后成形台下降，铺粉器重新铺放新一层粉末，这个逐层铺粉—熔化的过程反复进行直到试样成形完毕。整个成形过程中成形腔内温度保持在 730℃。

金相试样采用传统方法制备，采用腐蚀剂（HF、HNO_3、H_2O 体积比为 1∶2∶13）腐蚀精抛后的 Ti6Al4V 试样 10s，采用光学显微镜（Leica DMI 5000M）与场发射扫描电子显微镜（JSM-7001F）和 Pegasus XM2 能谱仪对显微组织和微区成分进行观察和分析。

室温棒材拉伸试样的选取参照 ASTM E8/E8M-11，如图 3 所示。测试了屈服强度、抗拉强度、断裂延伸率、断面收缩率等几个性能指标。测试在 MTS 810 型（100kN）电液伺服试验机上进行，加载速率为 0.5mm/min。

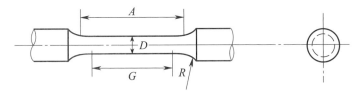

A=45mm，D=9mm，G=36mm，R=8mm

图 3　拉伸试样标准参照 ASTM E8/E8M-11

2 试验结果与分析

2.1 化学成分分析

对于 EBSM 制备的钛合金而言，要严格控制氧、氮、氢等气体杂质元素在合金中的含量，因为这些元素会与钛形成间隙或置换固溶体，过量时形成脆性化合物。这些间隙元素是使钛的强度提高、塑性降低的原因，是它们与钛形成固溶体后，钛的晶格发生畸变，阻碍了位错运动；同时，使钛晶格的 c 轴增加多，α 轴增加少，致使轴比 c/α 增大。当轴比增大到接近理论值（1.633）时，钛的滑移系减少，从而失去良好的塑性。

本验的材料标准为 AMS 4928U，表 2 为材料标准、原始粉末与成形试样的化学成分分析结果。

表 2　Ti6Al4V 材料标准、原始粉末与成形试样的化学成分（质量分数 /%）

成分	Al	V	Fe	Y	O	C	N	H	Ti
标准（AMS 4928U）	5.50~6.75	3.50~4.50	≤ 0.30	≤ 0.005	≤ 0.20	≤ 0.08	≤ 0.05	≤ 0.0125	Balance
粉末	6.39	4.47	0.25	< 0.001	0.13	0.008	0.005	0.0023	Balance
样品	5.77	4.12	0.23	< 0.001	0.18	0.026	0.028	0.0044	Balance

从表 2 中可以看出，原始粉末和成形样品的化学成分均符合 AMS 4928U 中的要求，对比粉末和样品的结果，粉末的 Al 元素含量为 6.39%，而 EBSM 样品的 Al 含量降低为 5.77%，Al 元素出现了明显的烧损现象。这主要是因为 Al 元素的熔点低、蒸气压高，在 EBSM 熔化粉末的同时，也导致了 Al 元素的挥发，因此 Al 元素含量有所下降，但仍然符合标准中的要求，而 V 元素的含量基本保持不变。

由于 Ti 元素在高温下的强氧化性，在试样的成形过程中，会有或多或少的氧气进入成形仓内导致氧含量的升高。根据表 2 结果，粉末的氧含量为 0.13%，而 EBSM 成形样品氧含量增加到了 0.18%，但是仍然低于标准中规定的 0.20%。需要指出的是，氧含量不是越低越好，适当的氧含量可以对零件起到强化的作用，使零件的强度提高，但是当氧含量过高时，会增加零件的冷脆性，从而降低零件的断裂韧性。

2.2 填充线熔化工艺优化

电子束能量密度作为填充线熔化的主要工艺参数，直接影响着电子束选区熔化成形。电子束能量密度公式如下式所示：

$$\varepsilon = \frac{P}{\pi R^2}\frac{2R}{V}\frac{2R}{s}$$

式中，ε 为能量密度；P 为束流功率；R 为束流直径；V 为扫描速率；s 为扫描线间距。通过合并简化，可以得到如下公式

$$\varepsilon = \frac{UI}{VsH}$$

式中，U 为工作电压；I 为束流电流；H 为粉末层厚。

在填充线熔化工艺优化过程中，工作电压 U（6000V）、扫描速率 V（1m/s）、扫描线间距 s（0.1mm）以及粉末层厚 H（75μm）为定值，通过控制电流 I 来改变能量密度 ε，从而研究电子束能量密度对电子束选区熔化成形的影响。

由图1可见，若束流过小，粉末熔化不充分，易产生多孔表面；若束流过大，会发生过烧现象，从而形成波浪形表面。通过比较，当束流为 7mA 时，电子束选区熔化 Ti6Al4V 合金表面紧密平实，成形较好。

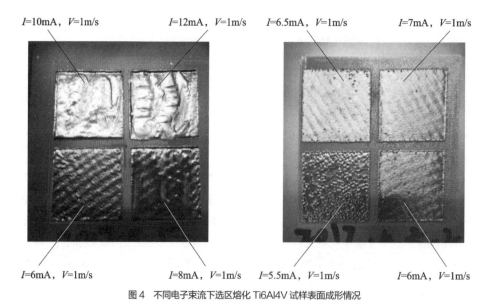

图4 不同电子束流下选区熔化 Ti6Al4V 试样表面成形情况

2.3 加工效率对电子束选区熔化 Ti6Al4V 合金质量的影响

为高效制备高质量的电子束选区熔化 Ti6Al4V 合金，需在恒定能量密度下，研究加工效率与加工质量之间的关系。加工效率 W 可以用下式表示

$$W=3600VsH$$

由上式可见，加工效率与工作电压 U 和束流电流 I 无关。以填充线熔化工艺优化后的工艺参数为基准参数，设计了 10 组工艺参数，如表 3 所示。

表 3　工艺参数表

试验组	标准组	不同扫描速率			不同扫描线间距			不同层厚		
	G1	G2	G3	G4	G5	G6	G7	G8	G9	G10
束流电流 I/mA	7	3.5	10.5	14	3.5	10.5	14	3.5	10.5	14
扫描速率 V/（m/s）	1	0.5	1.5	2	1	1	1	1	1	1
扫描线间距 s/mm	0.1	0.1	0.1	0.1	0.05	0.15	0.2	0.1	0.1	0.1
粉末层厚 H/μm	75	75	75	75	75	75	75	37.5	112.5	150
能量密度 ε/（J/mm³）	56000	56000	56000	56000	56000	56000	56000	56000	56000	56000
加工效率 W/（mm³/h）	27000	13500	40500	54000	13500	40500	54000	13500	40500	54000

2.3.1　宏观形貌

图 5 所示为 10 组工艺参数下电子束选区熔化 Ti6Al4V 合金试样的宏观形貌。在 G1、G2、G3、G4 中，G1 表面成形较好，G2 表面局部呈现出明显的不平整形貌，G3、G4 表面具有明显的条纹状形貌。相比于 G1，G5 表面平整度更差，而 G6、G7 两组试样表面更平整，条纹状形貌较浅。对于 G1、G8、G9、G10，G8 表面平整度比 G1 更好，G9 表面平整度相对较差，G10 表面甚至出现较深沟壑。

（a）G1

（a）G2

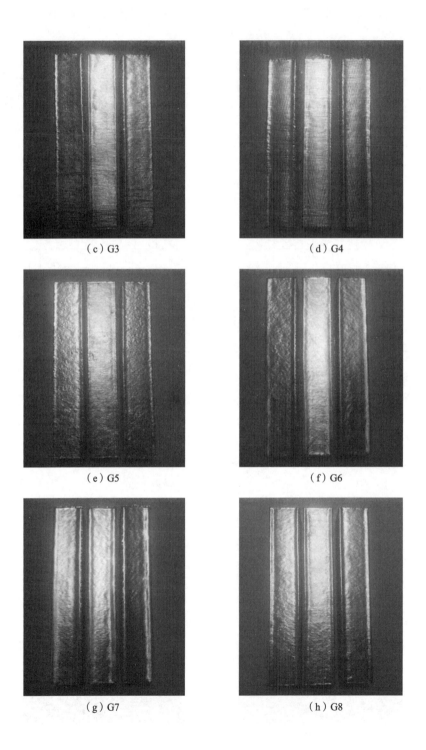

（c）G3

（d）G4

（e）G5

（f）G6

（g）G7

（h）G8

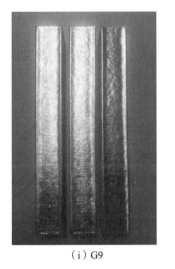 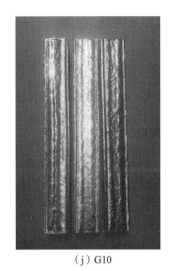

（i）G9　　　　　　　　　　　（j）G10

图 5　不同工艺参数下试样成形情况

2.3.2　微观组织

图 6（a）~图 6（j）所示分别为 G1~G10 试样横截面的宏观形貌。由图可见，十组试样的中部组织主要呈现为柱状晶和多晶特征，均较为致密，上表面均存在暗色区。

（a）G1　　　　　　　　　　　（b）G2

（c）G3　　　　　　　　　　　（d）G4

（e）G5　　　　　　　　　　　（f）G6

（g）G7　　　　　　　　　　　（h）G8

（i）G9　　　　　　　　　　　（j）G10

图 6　不同工艺参数下试样横截面的宏观形貌

图 7（a）～图 7（j）更清楚地展示出 10 组试样中部组织。由图可见，低束流下的试样（G1、G2、G5、G8）的组织主要为柱状晶特征，晶界清晰，内部无明显再结晶。高束流下的试样（G3、G4、G6、G7、G9、G10）的组织中出现细小晶粒，从而使得柱状晶晶界变得模糊。

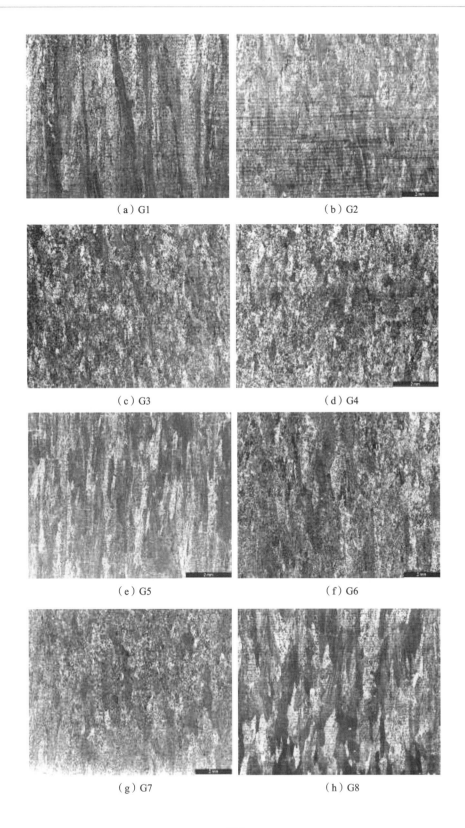

（a）G1

（b）G2

（c）G3

（d）G4

（e）G5

（f）G6

（g）G7

（h）G8

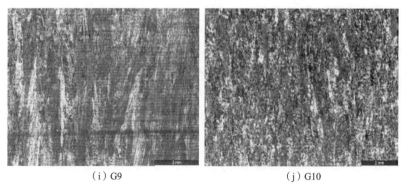

（i）G9 （j）G10

图7　不同工艺参数下试样中部的低倍组织

分析认为，采用低束流进行电子束选区熔化时，前一层熔覆层与后一层熔覆层形成温度梯度，正好有利于柱状晶沿热流相反的方向生长，从而形成界面清晰的柱状晶；相比于低束流选区熔化，高束流下的试样温度可能高于材料的再结晶温度，使得在柱状晶生长的同时，晶粒内部发生再结晶，进而形成细小晶粒。

图8（a）~图8（j）所示分别为十组试样中部组织的微观照片。由图可见，10组试样的微观组织均存在网篮或片层状 α 相，并且G5、G8、G9试样中存在点状 β 相。这说明电子束选区熔化过程中，处于高温状态的 β 相在冷却过程中基本上都转化为 α 相。同时，试样组织形态均介于片层/网篮之间，低束流下近网篮组织细小，片层薄；随着束流升高，片层厚度逐渐增加，组织向片层状发展。图3中标注出了各试样 α 片层尺寸，可见各试样的 α 片层厚度形态不同。整合不同参数下各试样中部组织状态，可得到表1。

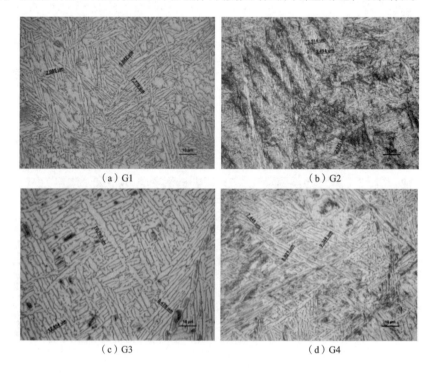

（a）G1 （b）G2

（c）G3 （d）G4

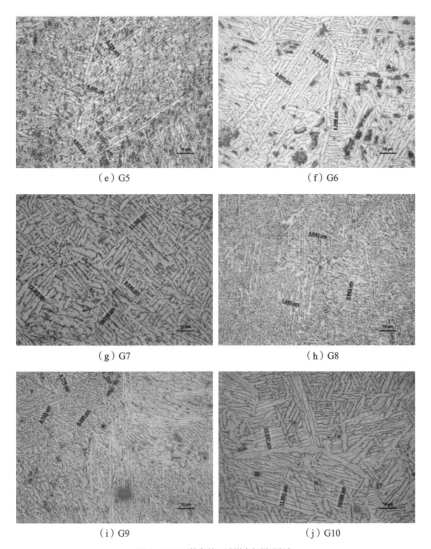

（e）G5　　　　　　　　　　（f）G6

（g）G7　　　　　　　　　　（h）G8

（i）G9　　　　　　　　　　（j）G10

图 8　不同工艺参数下试样中部微观组织

由表 4 可见，相比于高束流下的试样，低束流下试样的柱状晶以及晶内 α 片层尺寸更细小，但是由公式可知，束流过低会导致加工效率过低，因此综合考虑，G1、G8、G9 试样更优。

表 4　不同工艺下试样的组织情况

样号	柱状晶	末端柱晶宽度 / μm	柱状晶晶界 α 相	多晶	多晶晶界 α 相	组织形态	片层厚度 / μm
1	清晰	均：250	明显	无 / 不明显	无 / 不明显	中等网篮 / 片层	1.1~1.6
2	较明显	均：150	部分	无 / 小晶粒	无 / 不明显	极细小网篮	0.5~0.7
3	较不明显	均：400	明显	小晶粒	无 / 不明显	粗网篮 / 片层	1.8~2.4

表4（续）

样号	柱状晶	末端柱晶宽度 / μm	柱状晶晶界 α 相	多晶	多晶晶界 α 相	组织形态	片层厚度 / μm
4	较不明显	均：500	部分	较大晶粒	无 / 不明显	较粗网篮 / 片层	1.6～1.9
5	明显	均：150	部分细小	无 / 不明显	无 / 不明显	细小网篮 / 片层、点状 β	1.0～1.2
6	不明显	均：350	不明显	较大晶	明显	粗片层 / 网篮	1.6～2.0
7	不明显	均：250	不明显	较大晶	明显	粗片层 / 网篮	2.0～2.4
8	明显	均：200	部分	无 / 不明显	无 / 不明显	细小片层、点状 β	1.0～1.5
9	明显	均：200	明显	无 / 不明显	无 / 不明显	细小网篮、点状 β	1.0～1.3
10	较明显	均：200	明显	较大晶	明显	粗片层 / 网篮	2.0～2.2

图9所示为试样顶层的暗色区，可见与中部组织相比，暗色区组织更为细小。分析认为，与铸件的表面激冷层类似，由于顶层为选区熔化结束区，在顶层熔覆结束后，该区域没有下一层熔覆层的再次加热，冷却速度过快，形成大量非均质形核，进而形成极细小的组织。

图9 试样顶层暗色区

2.3.3 缺陷

由图6可见，部分试样沉积起始区内部存在较多裂纹、孔隙等缺陷，图10所示为该缺陷典型形貌。分析认为，沉积起始区为试样与基板的结合区，基板与起始粉末层预热不充分，导致基板与试样分别产生不同程度的热变形，从而产生裂纹缺陷；此外起始粉末层预热不充分还可能导致该层粉末部分熔化，形成孔隙等缺陷。

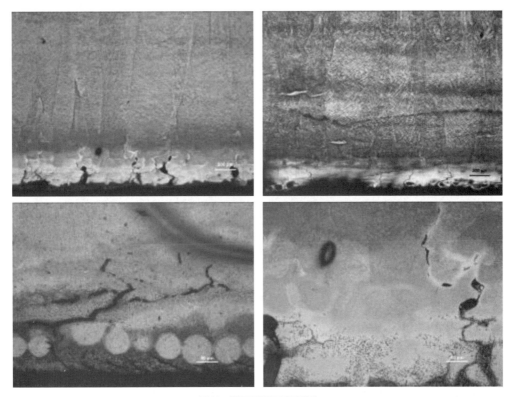

图10　样沉积起始区典型缺陷

10组试样均分布有缺陷，G2、G5、G8缺陷较多，特别是G8样品中多未熔合孔洞和粉末缺陷，这说明低束流下的温度较低，试样中缺陷产生概率更高。缺陷主要包括夹杂、异常组织区、未熔合条状孔洞、内部未熔粉末球以及细小圆形气孔。缺陷的典型形貌如图11~图13所示。图中夹杂呈球状或近球状，说明该夹杂在电子束选区熔化过程中并未完全熔化；异常组织区呈带状或不规则面状，并与周围组织发生了明显结合；内部未熔化粉末通常位于未熔化条状孔洞中，分析认为可能是由于铺粉过程中粉末不够密实，导致部分区域粉末无法充分熔化，从而形成未熔合条状孔洞；细小孔洞较为分散，数量较少，图14所示为其中一个试样的CT扫描结果，试样的致密度达到99.96%。

图15所示为球状夹杂形貌及其化学成分。可见该夹杂主要元素为Ti元素，此外还含有W、Co等高熔点元素。分析认为粉末中混有富W、Co的高熔点杂质粉末，而电子束只能使其部分熔化，因此该夹杂中既含有Ti元素，又含W、Co等高熔点元素，这也正好证明了前面对夹杂形状的分析。

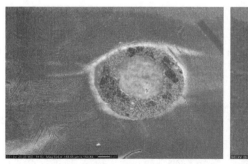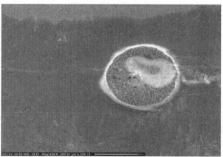

图 11　球状 / 近球状夹杂

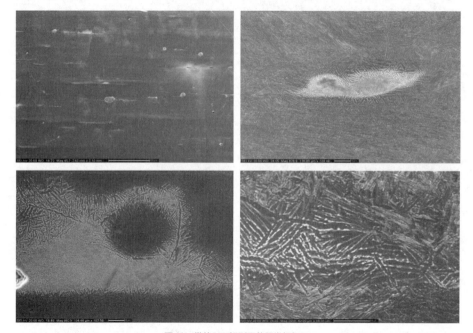

图 12　带状和不规则面状异常组织区

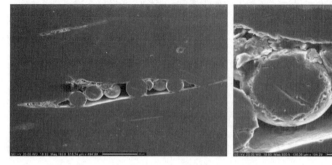

图 13　未熔合不规则条状孔洞和内部未熔粉末球

图 14　微纳 CT 扫描结果

图 16 所示为不规则面状的异常组织区及其化学成分，可见该区域除 Ti 元素之外，还含有 Cu 元素，分析认为在电子束作用之前，该区域存在含 Cu 的杂质，在电子束作用过后，该杂质熔化，并且与周围熔化的 Ti6Al4V 粉末发生熔合，形成不同于其他区域的异常组织区。

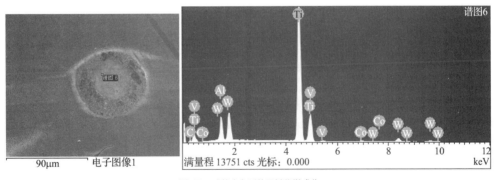

图 15　球状夹杂形貌及其化学成分

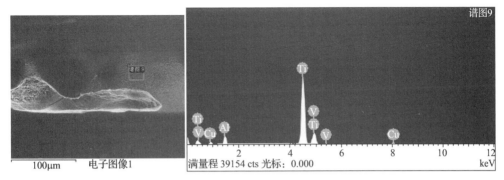

图 16　不规则面状的异常组织区及其化学成分

2.3.4　力学性能

　　图 17~图 20 分别表示 10 组试样的抗拉强度、屈服强度、延伸率以及断面收缩率。所有的性能都达到了增材制造 Ti6Al4V 材料的标准 ASTM F2924 的要求（抗拉强度 ≥ 895MPa，屈服强度

681

≥ 825MPa，延伸率≥ 10%），根据抗拉强度、屈服强度以及延伸率可以发现，相比于高束流下的试样（G3、G4、G6、G7、G9、G10），低束流下的试样（G1、G2、G5、G8）的强度更高，延伸率普遍更好。根据前面的组织分析可知，相比于高束流下的试样，低束流下试样中的网篮状组织及片层状组织更细小，因此其强度和延伸率更好。

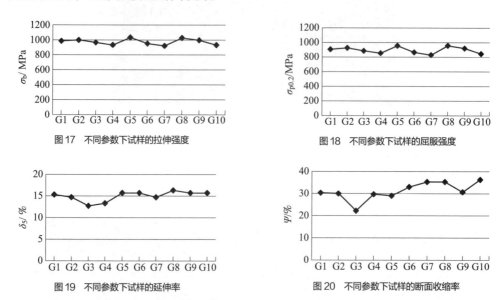

图17　不同参数下试样的拉伸强度

图18　不同参数下试样的屈服强度

图19　不同参数下试样的延伸率

图20　不同参数下试样的断面收缩率

　　根据G1、G2、G3、G4 4组试样以及G1、G8、G9、G10 4组试样的断面收缩率对比，可发现随着束流增大，试样的断面收缩率呈先降低后增加的趋势；根据G1、G5、G6、G7 4组试样的收缩率对比可发现，束流越大，其作用下的试样的收缩率越大。分析认为试样中柱状晶为影响试样收缩率的主要影响因素，对于G1、G2、G3以及G1、G8、G9，随着束流的增加，其柱状晶尺寸增加，进而降低了试样的断面收缩率；随着束流的继续增加（G4、G10），试样中柱状晶内部发生再结晶，因而试样断面收缩率得到提高。对于G1、G5、G6、G7，再结晶细小晶粒对试样断面收缩率的作用大于柱状晶对其的作用，因此断面收缩率随束流的增加而增加。

　　结合微观组织、力学性能、成形效率等多方面因素综合考虑，G9参数下的综合性能表现最佳，成形效率达到了40500mm³/h，无明显缺陷，最终成为选定的工艺参数。

　　本项目主要的研究目的是在恒定能量密度的条件下，探讨平衡提高加工效率与加工质量的工艺优化，因此本文中获得的电子束选区熔化 Ti6Al4V 合金组织性能，与公开参考文献［19］~［23］报道中电子束选区熔化制备的 Ti6Al4V 合金组织性能相近，微观组织均为 α 相以及少量的 β 相，合金的拉伸强度超过传统铸造工艺的性能，达到了锻件的标准。另外，与激光选区熔化工艺制备的 Ti6Al4V 合金相比［20］，由于电子束选区熔化工艺使用的粉末粒径和热输入量都要高于激光工艺，因此激光工艺制备的合金晶粒尺寸更为细小，拉伸性能也相对更高一些，但是激光制备试样的延伸率要低于电子束工艺的试样。在具体的科研生产工作中，应该根据实际的需要，选择合理的工艺条件。

3 结论

（1）电子束选区熔化制备 Ti6Al4V 合金试样，存在着 Al 元素烧损的现象。在原材料选择的时候应考虑这点，适当选择 Al 元素接近牌号上限要求的粉末作为增材制造原材料。

（2）电子束线能量密度直接影响着电子束选区熔化成形。线能量密度主要由束流强度、扫描速率、扫描线间距、粉末层厚等参数决定。束流强度是最关键的影响因素。束流过小，粉末熔化不充分，易产生多孔表面；若束流过大，会发生过烧现象，从而形成波浪形表面。

（3）电子束选区熔化的试样存在生长方向平行于粉末沉积方向的柱状晶，其物相呈细针状相互交错，低束流下的组织主要为柱状晶特征，晶界清晰，内部无明显再结晶。高束流下的组织中出现细小晶粒，所有的试样组织形态均介于片层/网篮之间，低束流下近网篮组织细小，片层薄；随着束流升高，片层厚度逐渐增加，组织向片层状发展。

（4）通过优化束流强度、扫描速率、扫描线间距、粉末层厚等工艺参数，获得了 10 组性能数据，所有的力学性能都满足标准要求，但结合微观组织、力学性能、成形效率等多方面因素综合考虑，G9 工艺参数成为选定的工艺参数，其具体内容为束流电流 10.5mA，扫描速率 1m/s，扫描线间距 0.1mm，粉末层厚 112.5μm。

参 考 文 献

［1］Arrazola P J，Garay A，Iriarte L M，et a1. Maehinability of titanium alloys（Ti6Al4V and Ti555.3）［J］. Journal of Materials Processing Technology，2009，209（5）：2223-2230.

［2］祁萌，李晓红，胡晓睿，等 . 增材制造技术在国外国防领域的发展现状与趋势［J］. 国防制造技术，2013，10（5）:12-18.

［3］Murr L E，Quinones S A，Gaytan S M，et a1. Microstructure and mechanical behavior of Ti6Al4V produced by rapid layer manufacturing for biomedical applications［J］. Journal of the Mechanical Behavior of Biomedical Materials，2009，2（1）：20-32.

［4］Wang P，Sin W J，Nai M L S，et al. Effects of processing parameters on surface roughness of additive manufactured Ti6Al4V via electron beam melting［J］. Materials，2017，10（10）：1121.

［5］Bruno J，Rochman A，Cassar G. Effect of build orientation of electron beam melting on microstructure and mechanical properties of Ti6Al4V［J］. Joumal of Materials Engineering and Performance，2017，26（2）：692-703.

［6］Al-Bermani S S，Blackmore M L，Zhang W，et al. The origin of microstructural diversity，texture，and mechanical properties in electron beam melted Ti6Al4V［J］. Metallurgical and Materials Transactions A-Physical Metallurgy and Materials Science，2010，41（13）：3422-3434.

［7］Murr L，Gaytan S，Ceylan A，et al. Characterization of titanium aluminide alloy components fabricated by additive manufacturing using electron beam melting［J］Acta Materialia，2010，58：1887-1894.

［8］Tan X，Kok Y，Tan Y J，et al. Graded microstructure and mechanical properties of additive manufactured Ti6Al4V via electron beam melting［J］. Acta Materialia，2015，97：1-16.

［9］汤慧萍，王建，逯圣路，等．电子束选区熔化成形技术研究进展［J］．中国材料进展，2015（3）：225-235.

［10］Guo C，Ge W J，Lin F. Effects of scanning parameters on material deposition during electron beam selective melting of Ti6Al4V powder［J］. Journal of Materials Processing Technology，2015，217：148-157.

［11］巩水利，锁红波，李怀学．金属增材制造技术在航空领域的发展与应用［J］．航空制造技术，2013（13）：66-71.

［12］Juechter V，Scharowsky T，Singer R F，et al. Processing window and evaporation phenomena for Ti6Al4V produced by selective electron beam melting［J］. Acta Materialia，2014，76：252-258.

［13］Heinl P，Mailer L，Ktirner C，et al. Cellular Ti6Al4V structures with interconnected macro porosity for bone implants fabricated by selective electron beam melting［J］. Acta biomaterialia，2008，4（5）：1536-1544.

［14］Cheng X Y，Li S J，Murr L E，et al. Compression deformation behavior of Ti6Al4V alloy with cellular structures fabricated by electron beam melting［J］. Journal of the Mechanical Behavior of Biomedical Materials，2012，16：153-162.

［15］颜永年，齐海波，林峰，等．三维金属零件的电子束选区熔化成形［J］．机械工程学报，2007，43（6）：87-92.

［16］韩建栋，林峰，齐海波，等．粉末预热对电子束选区熔化成形工艺的影响［J］．焊接学报，2008，9（10）：70，80+177.

［17］齐海波，杨明辉，齐芳娟．扫描路径对电子束选区熔化TC4成形件性能影响的数值模拟［J］．焊接学报，2009，30（8）：5，8+113.

［18］刘海涛，赵万华，唐一平．电子束熔融直接金属成形工艺的研究［J］．西安交通大学学报，2007，41（11）：1307-1310，1325.

［19］锁红波，陈哲源，李晋炜．电子束熔融快速制造Ti6Al4V的力学性能［C］// 中国机械工程学会特种加工分会．第13届全国特种加工学术会议论文集．哈尔滨：哈尔滨工业大学出版社，2009，535-539.

［20］Rafi H K，Karthik N V，Gong H J，et al. Microstructures and Mechanical Properties of Ti6Al4V Parts Fabricated by Selective Laser Melting and Electron Beam Melting［J］. Journal of Materials Engineering and Performance，2013，22（12）：3872-3883.

［21］Hrabe H，Quinn T. Effects of processing on microstructure and mechanical properties of a titanium alloy（Ti6Al4V）fabricated using electron beam melting（SEBM）. Part2：Energy input，orientation，and location［J］. Material science and engineering A，2013（573）：271-277.

［22］Murr L E，Gaytan S M，Ramirez D A，et al. Metal fabrication by additive manufacturing using laser and electron beam melting technologies［J］. Journal of Materials Science & Technology，2012，28（1）：1-14.

［23］Karlsson J，Snis A，et al. Characterization and comparison of materials produced by Electron Beam Melting（EBM）of two different Ti6Al4V powder fractions［J］. Journal of Materials Processing Technology，2013，213：2109-2118.

［24］Antonysamy A A，Meyer J，Prangnell P B. Effect of build geometry on the β grain structure and texture in additive manufacture of Ti6Al4V by selective electron beam melting［J］. Materials Characterization，2013，84：153-168.

B 含量对铸造 Ti6Al4V 合金的组织和力学性能的影响

崔玉友，杨锐

中国科学院金属研究所，辽宁沈阳 110016

0 引言

Ti6Al4V 合金密度低，具有优异的材料性能，成为航空航天中很多复杂形状的重要零部件的主要铸造材料[1]。熔模精密铸造特别适用于成形因复杂形状限制而无法加工和焊接的结构件，或者虽然可以加工和焊接，但因加工量太大经济上难以承受的结构件。熔模精密铸造是铸造钛合金的主要发展方向。钛合金在熔融状态下具有较高的化学活性，几乎可与所有氧化物耐火材料发生化学反应。还原出的氧在凝固过程中向铸件内部扩散，在铸件表面形成反应层，使铸件性能恶化，影响铸件尺寸精度，甚至导致铸件报废。很多研究表明，Y_2O_3 的化学稳定性好，是最适于制作钛合金精密铸造型壳的面层材料[2-3]。离心力可加速浇注过程中熔液流动，是改善铸造充型的有效措施；同时，离心力显著减小铸件中的缩孔和气孔等缺陷尺寸，大幅度提高铸件表观密度和铸件质量[3]。Y_2O_3 等氧化物陶瓷材料具有较低的热导率，虽然利于精密铸件的成形，但是也易导致铸件中壁厚较大区域组织粗大，进而导致铸件的性能分散性大[4]，影响铸件的应用。为细化 Ti6Al4V 合金铸件壁厚较大区域的晶粒尺寸，进而提高 Ti6Al4V 合金铸件的组织均匀性，减小性能的分散性，本文拟以 T900 框形连接件为实验件，采用熔模离心精密铸造工艺，研究 B 含量对铸造 Ti6Al4V 合金组织和力学性能的影响，以优化 B 含量，得到性能优异的 T900 框形连接件铸件。

1 实验方法

以 Y_2O_3 为面层和刚玉为背层制备 T900 框形连接件的型壳，两次真空自耗熔炼制备 Ti6Al4V 母合金，采用水冷铜坩埚感应熔炼和离心浇注 T900 框形连接件铸件，工艺参数为，型壳预热温度 150℃、离心转数 400 r/min。B 以 TiB_2 粉的形式在水冷铜坩埚感应熔炼时加入，设计的 B 含量分别为 0、0.04 和 0.06。T900 框形铸件经切除内浇口后，进行 930℃ /130MPa/3h 热等静压。分别在壁厚 7mm、12mm 和 19.5mm 的三个壁厚特征区域取样，进行组织分析和拉伸性能测试，其中组织分析为 10mm×10mm 试样；拉伸性能测试 2# 和 3# 区为 M10 试样，1# 区为 M6 试样，取样方向如图 1 所示。采用 Image-pro 软件统计晶粒尺寸，因多数晶界 Image-pro 软件无法有效识别，采用 Photoshop 软件对金相照片上的晶界进行描涂处理（见图4）。采用优化的B含量再次进行铸件制备及组织和性能分析测试，检验优化B含量的T900框形铸件的组织均匀性和拉伸性能的一致性。

图1　T900框形连接件的结构和三个典型壁厚区域的拉伸试样取样位置示意图

2 实验结果和讨论

浇铸的不同B含量及优化B含量的T900框形连接件铸件的成分分析结果见表1，均满足AMS 4985规范要求。铸件的组织为粗大的网篮状组织，当B含质量分数0.019wt%（下同）时，组织中析出大量针状和颗粒硼化物相，主要分布在晶内，少量存在于晶界，见图2（a）；当B含0.06wt%时，硼化物相主要分布在晶界，少量于晶内，见图2（b）；硼化物相EDS成分分析结果为Ti–47.5B–5Al–1.7V（at.%，原子分数），因此可以判定硼化物相为TiB相，见图3。由图4和图5可见，B含量为0的铸件2#和3#区晶粒比较粗大，均匀性差，平均晶粒尺寸为：1#区835.76μm，2#区835.76μm，3#区1008.84μm；B含量为0.019的铸件晶粒均匀性有所改善，平均晶粒尺寸为：1#区254.38μm，2#区353.16μm，3#区660.84μm；B含0.06wt%的铸件晶粒比较均匀，平均晶粒尺寸为：1#区129.33μm，2#区151.11μm，3#区228.84μm。晶粒尺寸统计表明，加B质量分数0.019wt%即可有效细化晶粒和改善晶粒尺寸的均匀性，以及减小铸件壁厚对晶粒尺寸的不利影响。B含量为0的铸件2#和3#区的屈服强度和断裂强度均较低，接近AMS 4985规范的指标值，极易导致铸件的力学性能不达标；随B含量的增加铸件的屈服强度和断裂强度均有所增加，相对技术指标具有了一定的裕度；铸件的塑性有所降低，尤其当B含0.06wt%时，铸件的塑性降低比较明显，见图6。显微组织分析表明，B含0.06wt%的铸件在原始β晶界上析出大量TiB相（见图2（b）和图3），它将影响铸件的塑性，组织分析和力学性能测试结果基本一致。Singh[5]和Yu[6]等研究也表明过量的B将影响铸造Ti6Al4V合金的力学性能。结合T900铸件的组织分析和拉伸性能测试结果，B的理想添加量为0.02。以此为基础制备的T900框型铸件，其成分分析见表1，B含0.022wt%。表2所示为在三个特征区域取样测试的拉伸性能，结果表明其性能分散性较小，均达到了AMS 4985规范的指标值要求，也证明了添加B质量分数0.02%对提升T900铸件的组织均匀性和拉伸性能一致性的有效性。

表 1 不同 B 含量和优化 B 含量的 T900 框型铸件的化学成分分析结果

成分	Ti	Al	V	Fe	C	O	N	H	Y	B
含量 / （wt％）	余	6.17	4.15	0.06	<0.02	0.15	0.0066	0.0042	<0.003	<0.001
	余	6.17	4.15	0.055	<0.02	0.19	0.0076	0.0041	<0.003	0.019
	余	6.18	4.06	0.056	<0.02	0.17	0.0086	0.0044	<0.003	0.06
	余	5.92	4.0	0.07	<0.02	0.14	0.009	0.0016	0.003	0.022

（a）B 含量为 0.019wt%   （b）B 含量为 0.06wt%

图 2 T900 铸件的显微组织

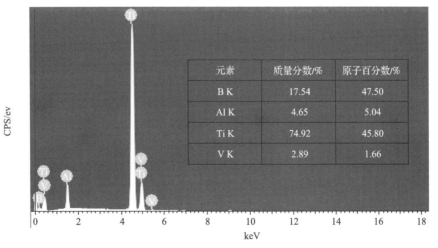

元素	质量分数/%	原子百分数/%
B K	17.54	47.50
Al K	4.65	5.04
Ti K	74.92	45.80
V K	2.89	1.66

图 3 图 2（b）中箭头指示析出相的 EDS 成分分析结果

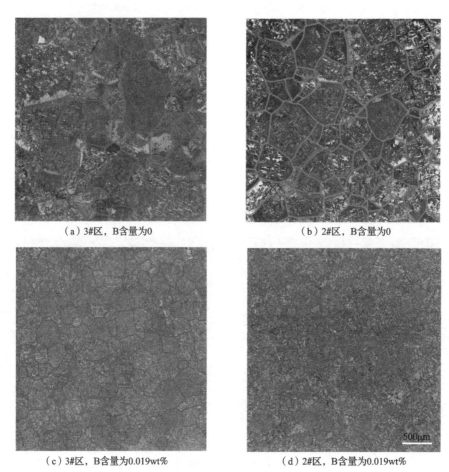

（a）3#区，B含量为0　　　　　　　　　（b）2#区，B含量为0

（c）3#区，B含量为0.019wt%　　　　　　（d）2#区，B含量为0.019wt%

图4　B对T900铸件2#和3#区晶粒尺寸的影响

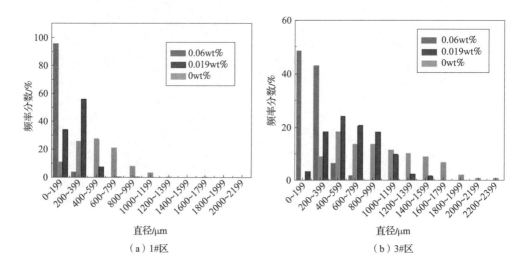

（a）1#区　　　　　　　　　　　　　　　（b）3#区

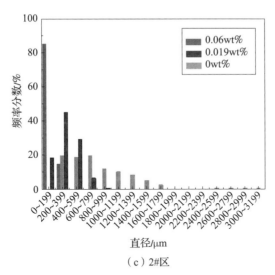

（c）2#区

图 5　不同 B 含量的 T900 铸件特征区的晶粒尺寸分布

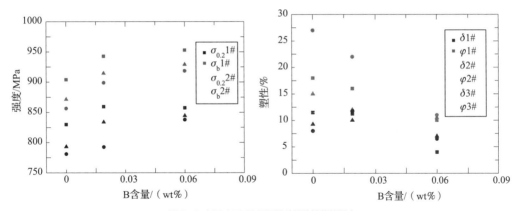

图 6　B 含量对 T900 框形铸件拉伸性能的影响

表 2　T900 铸件三个特种区域的拉伸性能

区域	样品号	$\sigma_{0.2}$ / MPa	σ_b / MPa	δ_5 /%	φ / %
1#	1-1	784	886	10.0	17
	1-2	790	887	10.0	18
	1-3	778	879	11.5	21
	均值	784	884	10.5	18.7
2#	2-1	773	871	9.5	17
	2-2	777	876	7.0	15

表2（续）

区域	样品号	$\sigma_{0.2}$/MPa	σ_b/MPa	δ_5/%	φ/%
2#	2-3	767	870	9.5	25
	均值	772.3	872.3	8.7	19
3#	3-1	777	875	12.5	23
	3-2	775	879	12.0	17
	3-3	773	876	12.0	23
	均值	775	876.7	12.2	21

3 结论

（1）B可有效细化Ti6Al4V合金T900铸件的晶粒并改善组织均匀性，B含质量分数为0.019wt%时，TiB相以针状和颗粒状主要分布在晶内，B含质量分数0.06wt%时，TiB相主要分布在晶界上。

（2）添加B可以提升T900铸件的拉伸强度，使T900铸件的强度相对AMS 4985规范的指标具有了一定的裕度。

（3）综合考虑B对铸件强度和塑性的影响，B理想添加质量分数为0.02%，此添加量的T900铸件显示出良好的拉伸性能一致性。

参 考 文 献

［1］张美娟，南海，鞠忠强，等.航空铸造钛合金及其成型技术发展［J］.航空材料学报，2016，36（3）：13-19.

［2］Saha R L, Nandy T K, Misra R D K, Jacob K T. On the evaluation of stability of rare earth oxides as face coats for investment casting of titanium［J］. Metall Trans B, 1990, 21: 559-566.

［3］Suzuki K. The high-quality precision casting of titanium alloys［J］. JOM, 1998, 20-23.

［4］张亮，程琴.Ti6Al4V合金铸件拉伸性能差异原因分析.精密成形工程，2018，10（3）：40-45.

［5］Singh G, Gaddam R, Petley V, Datta R, Pederson R, Ramamurty U. Strain-controlled fatigue in B-modified Ti6Al4V alloys［J］. Scripta Mater, 2013, 69: 698-701

［6］Yu Yang, Li Chenlin, Fu Yanyan, Hui Songxiao, Ye Wenjun. Effect of trace boron addition on microstructure and properties of as-cast Ti6Al4V alloy［J］. Rare Metal Materials and Engineering, 2014, 43（12）: 2908-2911.

Inconel 718 合金粉末的致密化行为、组织优化和力学性能研究

吴杰，徐磊，崔潇潇，崔玉友，杨锐

中国科学院金属研究所，辽宁沈阳 110016

0 引言

Inconel 718 合金，是以体心四方 γ''（Ni_3Nb）为主要强化相和面心立方 γ'（Ni_3（Ti，Al））为次要强化相的沉淀强化镍基高温合金[1-3]。Inconel 718 合金在 –253 ~ 650℃温度范围内具有良好的综合力学性能；在 650 ℃时具有强度高、抗疲劳、抗辐射、抗氧化、耐腐蚀、热加工性能和焊接性能好的特点，在航空、航天、核能和石油工业中得到了极为广泛的应用。Inconel 718 合金的另一特点是显微组织和综合力学性能对热响应敏感，通过掌握合金中相溶解和析出规律及组织与性能之间的关系，设计不同的成形工艺，满足不同服役环境对材料的综合性能需求[4-7]。

传统的 Inconel 718 合金成形工艺有铸造和锻造，但对于具有复杂型腔结构和大型薄壁回转体构件来说，缩孔、疏松以及模壳材料夹杂和成分宏观偏析等铸造缺陷难以彻底消除；而锻造工艺后续机加工周期长、材料利用率低、经济性差[8-11]。粉末冶金工艺能够解决铸造 Inconel 718 组织不均匀、宏观成分偏析和典型铸造缺陷难以彻底消除等缺点；而且粉末冶金近净成形技术突破了铸锭尺寸和热变形设备能力的局限对变形 Inconel 718 合金尺寸及形状的限制，能够成形更大尺寸及形状复杂的构件，制备的粉末合金具有组织细小均匀、综合性能良好等优点。此外，粉末冶金近净成形技术材料利用率大大提高（通常超过 80%），成本效应凸显。因此近些年来，利用粉末冶金热等静压工艺制备 Inconel 718 合金构件受到越来越多的关注，逐渐成为国内外研究的热点领域[2, 12-17]。

在粉末高温合金研究和生产领域，俄罗斯与美国同时开展研究工作[1, 7, 10, 12-13]。美国普遍采用氩气雾化制粉＋热等静压＋热变形工艺流程制备粉末高温合金复杂部件；俄罗斯普遍采用等离子旋转电极工艺制粉＋直接热等静压工艺流程制备粉末高温合金复杂部件[14-17]。热等静压是在较高的温度和压力下保持足够长的时间使粉末合金的相对密度接近理论全致密度。包套是粉末合金热等静压成形所需的容器，将直接影响粉末热等静压制品的冶金质量和外观尺寸[18-20]。在实际复杂构件进行热等静压致密化时，热等静压温度、压力、升温速率和降温速率工艺参数的变化均会导致致密化进程的差异，从而会造成粉末构件各部位力学性能的散差[18, 21]。本文旨在采用氩气雾化制粉＋直接热等静压近净成形工艺方法，研究热等静压加载路径对 Inconel 718 合金拉伸性能的影响，为成形出综合力学性能接近锻件水平的粉末制件奠定理论基础。基于连续介质模型的有限元方法进行热等静压的数值模拟，采用

ABAQUS 软件里自带的多孔金属模型，对 Inconel 718 粉末压坯的热等静压致密化过程进行模拟，具体研究内容包括：① Inconel 718 预合金粉末的表征；② Porous metal plasticity 模型介绍；③低碳钢包套材料及粉末 Inconel 718 合金力学性能及热物理性能数据库的建立；④以 Porous metal plasticity 模型为基础，对 Inconel 718 预合金粉末 HIP 成形过程进行有限元模拟，对粉末的致密化过程进行分析。

1 实验材料及方法

采用无坩埚感应熔炼超声气体雾化法（electrode induction melting gas atomization，EIGA）制备了 Inconel 718 预合金粉末，粉末的形貌如图 1 所示，粉末表面由胞晶和树枝晶组成，呈现快速凝固特征，这类粉末化学成分均匀，通常不存在成分偏析，粉末的化学成分如表 1 所示。

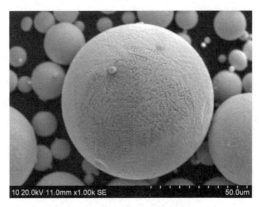

图 1　Inconel 718 预合金粉末形貌

表 1　Inconel 718 预合金粉末化学成分（质量分数 / %）

元素	C	Mn	Si	S	P	Cr	Mo	Co	Nb	Al
含量	0.055	0.027	0.11	0.0008	0.005	18.72	3.01	0.023	4.92	0.42
元素	Ti	Fe	Ni	B	Cu	Mg	O	N	H	—
含量	0.90	余量	53.67	0.0034	0.13	0.0005	0.0097	0.013	0.0014	—

粉末合金的制备过程[19-21]：在大气环境中将 Inconel 718 预合金粉末装入圆柱形低碳钢包套内，经过振实、真空除气和封焊等过程得到热等静压坯料，热等静压致密化成形在 RD（Z）–1–850 和 RD（Z）–1–1250 型热等静压炉中进行。热等静压制度为：随炉升至 1200～1265℃，压力大于 100MPa，保温时间 0.5～2h；然后随炉冷至 1080～1130℃，压力大于 100MPa，保温 2～6h，炉冷。固溶热处理条件为 955℃ ±20℃保温 1～4h，氩气冷却或炉冷，降到室温的时间不少于 1h。时效热处理条件为 720℃ ±10℃保温 8h，然后随炉冷至 620℃ ±10℃保温 8h，氩气冷却或炉冷，降到室温的时间不少于 1h。在 Shimadzu 型拉伸试验机上进行室温拉伸及高温拉伸性能试验，拉伸试样标距长度为 25mm，直径为 5mm。室温及高温拉伸性能试样形状及尺寸如图 2 所示，室温及高温拉伸试样数量均不少于 4 支。

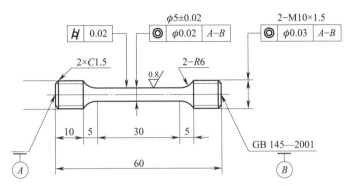

图 2　粉末冶金 Inconel 718 合金拉伸试样的形状及尺寸

2　有限元建模

2.1　Porous metal plasticity 模型介绍

采用 ABAQUS 软件内嵌的 porous metal plasticity 模型[22-23]来模拟 Inconel 718 粉末的热等静压致密化过程，该模型是基于 Gurson's 多孔金属塑性模型建立起来的，后由 Tvergaaard（1981）修正，模型的屈服方程如下

$$\varphi = \left(\frac{q}{\sigma}\right)^2 + 2q_1 f \cosh\left(-\frac{3}{2}\frac{q_2 p}{\sigma}\right) - (1 + q_3 f^2) = 0 \tag{1}$$

式中，q 是 Mises 应力；p 为静水压；f 是孔隙率，即孔隙体积占整个材料体积之比；σ_y 是致密金属的屈服强度，该屈服强度为等效塑性应变 $\bar\varepsilon_m^{pl}$ 的函数。其中 q_1、q_2 和 q_3 为常数且 $q_3 = q_1^2$。当 $f = 0$ 时，表示材料是全致密的；当 $f = 1$ 时，表示该材料全是孔隙，不具备加载应力的能力。本模拟中的初始相对密度为 0.65，q_1、q_2 和 q_3 的值分别为 1.6、1 和 2.56[21]。

2.2　热物理性能数据库的建立

热等静压模拟采用热-力耦合分析步，模拟过程需输入随温度变化的材料热物理性能和力学性能。图 3 是粉末 Inconel 718 合金热物理性能[2]，图 4 是低碳钢包套材料的热物理性能[18]，图 5 是 Inconel 718 和低碳钢的流变曲线。

2.3　有限元网格的划分、初始条件及边界的设置

采用 ABAQUS 软件里内嵌的 porous metal plasticity 模型，对 Inconel 718 预合金粉末的热等静压致密化过程进行二维模拟。包套体的实际形状及尺寸如图 6 所示，包套内径为 160 mm，包套高度为 120 mm，包套壁厚为 6 mm。

根据对称性，创建 1/2 轴对称模型，该模型有限元网格划分的结果如图 7 所示。粉末体和包套体的单元采用的均是 CAX4RT 单元，包套体和粉末体总单元数为 5676 个，单元尺寸为 1 mm。包套体和粉末体之间未设置接触属性（焊为一体）。另外，实际的包套体的上端盖与包套壁之间为焊缝，而且在端盖的中央部位会焊接除气管，这两个因素在建模的过程中予以忽略。实际的热等静压（HIP）工艺曲线以幅值曲线形式赋予 ABAQUS 软件的压力和温度边界条件。

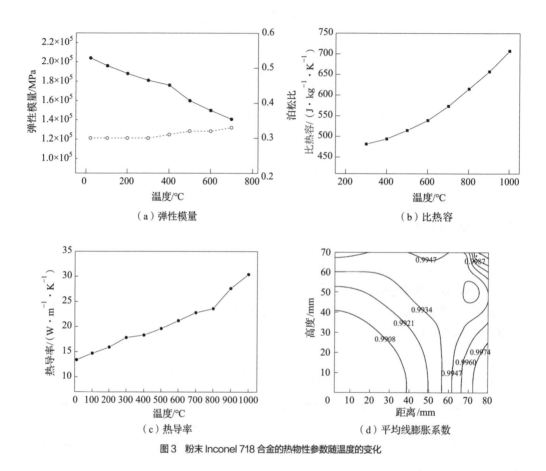

（a）弹性模量　　　　　　　　　　（b）比热容

（c）热导率　　　　　　　　　　（d）平均线膨胀系数

图3　粉末 Inconel 718 合金的热物性参数随温度的变化

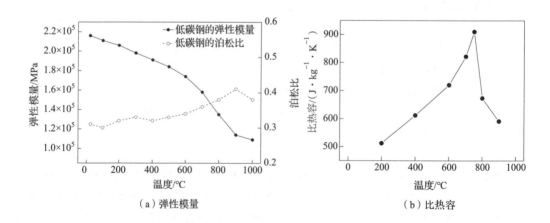

（a）弹性模量　　　　　　　　　　（b）比热容

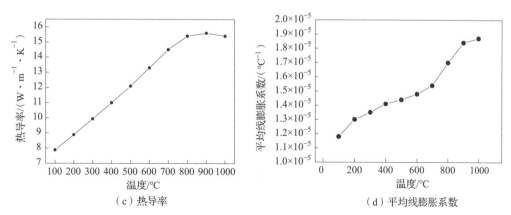

（c）热导率　　　　　　　　　　　　（d）平均线膨胀系数

图4　低碳钢包套材料的弹性模量、比热容、热导率和平均线膨胀系数随温度的变化

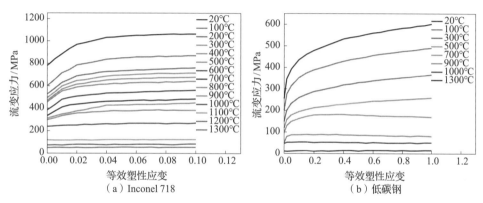

（a）Inconel 718　　　　　　　　　　（b）低碳钢

图5　Inconel 718 和低碳钢的流变曲线

图6　包套体的实际形状及尺寸（d=160 mm，h=120 mm，τ=6 mm）

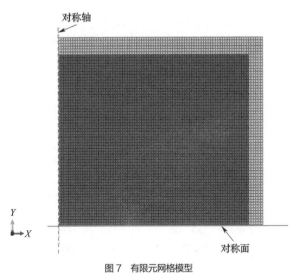

图7 有限元网格模型

接触条件、初始条件、分析步和任务提交的设置，如表2所示。

表2 有限元计算初始条件及边界条件的设置

条件类型	具体参数设置
初始条件	节点初始温度20℃，粉末单元的初始相对密度0.65
边界条件	采用轴对称建模，并在底面施加关于Y轴对称的边界条件
分析步	总加载时间是36000s；采用热－力耦合分析步；自动增量步算法；自动增量步中初始增量步5s，最小增量步10^{-9}s，最大增量步60s，每个增量步允许的最大温度变化为30℃

由于实际热等静压炉及粉末构件尺寸的差异，热等静压炉升温（压）及降温（压）速率必然不尽相同，这也会造成粉末Inconel 718合金构件在热等静压过程中不均匀致密化的现象。设计了两种热等静压工艺曲线，由图8可见，热等静压曲线2：1升温升压速率要慢。

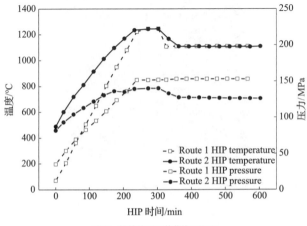

图8 热等静压工艺曲线1和2

③ 结果分析与讨论

ABAQUS 求解成功后，通过后期处理可以分析粉末的致密化过程，主要包括以下两种[21-25]：粉末体不同时刻的密度云图的对比以及绘制典型节点的致密化曲线。密度云图能定性地反映整个包套体的密度分布概况，致密化曲线则定量地计算节点的致密化程度和过程，两种方法结合能更全面准确地反映粉末的致密化规律。

图 9 和图 10 给出了采用不同热等静压工艺途径制备的粉末 Inconel 718 合金经过固溶时效热处理后的拉伸性能，由图 9 和图 10 可见，热等静压工艺途径的变化对粉末 Inconel 718 合金室温及 650℃ 拉伸强度影响不显著，但对室温及 650℃ 塑性影响显著，相对于热等静压工艺途径 1 而言，采用热等静压工艺途径 2 制备的粉末 Inconel 718 合金室温和高温塑性约高出 80%。

为了解释图 9 和图 10 中不同热等静压工艺途径制备的粉末 Inconel 718 合金持久寿命的差异，采用 ABAQUS 软件模拟了不同热等静压工艺途径制备的粉末 Inconel 718 合金相对密度分布，图 11 给出了数值模拟结果。由图 11 可以看出，采用热等静压工艺途径 2 制备的粉末 Inconel 718 合金内部各个位置致密度均比热等静压工艺途径 1 高约 0.6%，致密度的不同最终影响材料的室温及高温塑性。粉末主要致密化任务在热等静压升温升压阶段，粉末压坯内部大量孔隙在此阶段消除[21,26-28]，因此为了获得综合力学性能优异的粉末 Inconel 718 合金，在粉末热等静压过程中，升温升压阶段需要缓慢进行。

通过优化的热等静压工艺制备的大尺寸薄壁 Inconel 718 环件如图 12（a）所示。环件内部质量采用 X 射线检验，按 GJB 1187A—2001 B 级进行，不存在孔洞、夹杂和裂纹等缺陷，X 射线检验结果如图 12（b）所示。此外，粉末制件的表面质量采用荧光检验，荧光渗透检验按 GJB 2367A—2005 进行，不存在裂纹、未充填满、穿透性缺陷等。粉末制件经目视检查，不存在显著缺陷、飞边、毛刺、模具残留等。

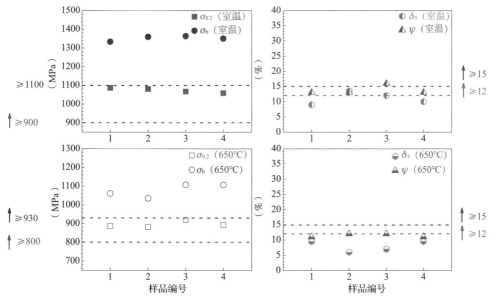

图 9　采用热等静压工艺途径 1 制备的 Inconel 718 合金室温及 650℃ 拉伸性能

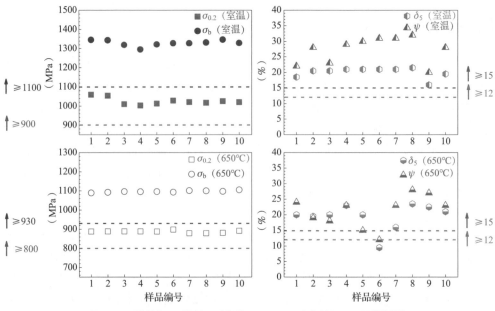

图10 采用热等静压工艺途径2制备的Inconel 718合金室温及650℃拉伸性能

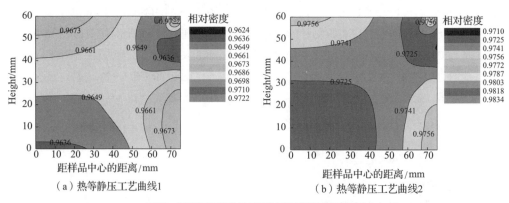

（a）热等静压工艺曲线1　　（b）热等静压工艺曲线2

图11 热等静压工艺曲线1和2条件下的相对密度分布

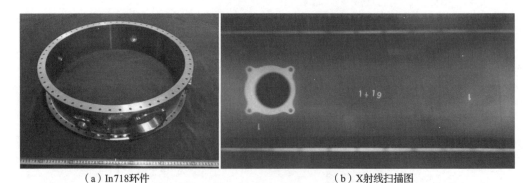

（a）In718环件　　（b）X射线扫描图

图12 大尺寸薄壁Inconel 718环件及其X射线扫描图

4 结论

（1）采用氩气雾化法制备的预合金粉末表面由胞晶和树枝晶组成，呈快速凝固特征。

（2）热等静压参数变化都会影响粉末 Inconel 718 合金的室温及高温拉伸性能，特别是塑性，结合 FEM 分析发现，热等静压过程中的致密度的差异是导致材料塑性发生改变的原因。

（3）采用热等静压成形工艺制备出大尺寸薄壁 Inconel 718 环件，构件表面光滑，环件经 X 射线及荧光检测，不存在孔洞、夹杂和裂纹等缺陷。

致谢

感谢工信部 / 欧盟地平线 2020 中欧航空科技合作项目资助（项目 No.MJ–2015–H–G–104）。

参 考 文 献

［1］胡本芙，刘国权，贾成厂，等 . 新型高性能粉末高温合金的研究与发展［J］. 材料工程，2007，2：49–53.

［2］庄景云，杜金辉，邓群，等 . 变形高温合金 GH4169［M］. 北京：冶金工业出版社，2006.

［3］杜胶义 . GH4169 镍基合金粉末选区激光熔化基础工艺研究［D］. 太原：中北大学，2014.

［4］刘明东，张莹，刘培英，等 . FGH95 粉末高温合金原始颗粒边界及其对性能的影响［J］. 粉末冶金工业，2006，16（3）：1–5.

［5］张义文，上官永恒 . 粉末高温合金的研究与发展［J］. 粉末冶金工业，2004，14（6）：30–43.

［6］赵军普，陶宇，袁守谦，等 . 粉末冶金高温合金中的原始颗粒边界（PPB）问题［J］. 粉末冶金工业，2010，20（4）：43–49.

［7］张义文，刘建涛 . 粉末高温合金研究进展［J］. 中国材料进展，2013，32（1）：1–11.

［8］白秉哲，杨鲁义，赵耀峰 . GH4169 合金"等温锻造＋直接时效"工艺探讨［J］. 稀有金属，2002，26(1)：7–11.

［9］孔永华，胡华斌，李龙，等 . GH4169 合金不同锻造工艺的组织与性能［J］. 稀有金属材料与工程，2011，40（S2）：225–228.

［10］邹金文，汪武祥 . 粉末高温合金研究进展与应用［J］. 航空材料学报，2006，26（3）：244–250.

［11］杜博睿，张学军，郭绍庆，等 . 激光快速成形 GH4169 合金显微组织与力学性能［J］. 材料工程，2017，45（1）：27–32.

［12］常立涛 . 洁净高温合金粉末的制备及其热等静压工艺研究［D］. 沈阳：中国科学院大学，2014.

［13］Chang L T, Sun W R, Cui Y Y, et al. Effect of heat treatment on microstructure and mechanical properties of the hot–isostatic–pressed Inconel 718 powder compact［J］. Journal of Alloys and Compounds, 2014, 590: 227–232.

［14］张国庆，张义文，郑亮，等 . 航空发动机用粉末高温合金及制备技术研究进展［J］. 金属学报，2019, 55(9)：1133–1144.

［15］成雅徽 . GH4169 合金粉末选区激光熔化成形数值模拟及试验研究［D］. 太原：中北大学，2016.

［16］姚草根，孟烁，李秀林，等 . 粉末氧含量对热等静压 FGH4169 合金力学性能与组织的影响［J］. 粉末冶金材料科学与工程，2017, 22（1）：33–40.

［17］王博. 粉末冶金 FGH4169 高温合金的制备、组织、力学性能及热加工性能研究［D］. 长沙：中南大学，2014.

［18］Wu J，Guo R P，Xu L，et al. Effect of hot isostatic pressing loading route on microstructure and mechanical properties of powder metallurgy Ti2AlNb alloys［J］. Journal of Materials Science & Technology，2017，33（2）：172–178.

［19］徐磊，郭瑞鹏，吴杰，等. 钛合金粉末热等静压近净成形研究进展［J］. 金属学报，2018，54（11）：69–84.

［20］刘巧沐，吴杰，陈玉龙，等. 热等静压温度和粉末粒度对 Ti$_2$AlNb 合金组织与性能的影响［J］. 材料研究学报，2019，33（3）：161–169.

［21］吴杰. 粉末冶金 Ti–22Al–24Nb–0.5Mo 合金的制备和性能调控［D］. 沈阳：中国科学院大学，2016.

［22］郭瑞鹏. 粉末冶金钛合金力学性能与热等静压致密化研究［D］. 沈阳：东北大学，2014.

［23］邬军. Ti–5Al–2.5 Sn ELI 预合金粉末热等静压致密化行为研究［D］. 沈阳：中国科学院金属研究所，2011.

［24］刘国承. 金属粉末热等静压致密化数值模拟与试验研究［D］：华中科技大学，2011.

［25］侯志强，史玉升，刘国承，等. 热等静压包套变形与粉末致密化的研究［J］. 材料与冶金学报，2011，10（2）：136–141.

［26］Chang L T，Sun W R，Cui Y Y，et al. Influences of hot–isostatic–pressing temperature on microstructure，tensile properties and tensile fracture mode of Inconel 718 powder compact［J］. Materials science & Engineering：A，2014，599：186–195.

［27］Wu J，Xu L，Lu Z G，et al. Microstructure design and heat response of powder Metallurgy Ti2AlNb alloys［J］. Journal of Materials Science & Technology，2015，31（12）：1251–1257.

［28］Xu L，Guo R P，Bai C G，et al. Effect of hot isostatic pressing conditions and cooling rate on microstructure and properties of Ti6Al4V alloy from atomized powder［J］. Journal of Materials Science & Technology，2014，30（12）：1289–1295.

多点矫正结合热源支撑优化的大尺寸蜡模 SLS 工艺研究

文世峰，滕庆，闫春泽，殷亚军，魏青松

华中科技大学材料科学与工程学院，湖北武汉 430074

0 引言

在航空航天、军工、汽车、船舶等重要领域，其核心部件一般为金属或轻质复合材料的复杂结构零件，相当多的零件不但具有尺寸大的特点，而且形状上是非对称性的、有着不规则曲面或复杂内部结构[1-3]。这些大尺寸、复杂零部件制造的基本问题体现在零件的材质、结构难以用现有的加工手段制造，或可以加工成形但效率低、周期长，导致生产成本高[4]。

采用传统的模具开发制造时，产品的定型往往需要多次设计、测试和改进，不仅周期长、费用高，而且从模具设计到加工制造是一个多环节的复杂过程，返工率高，一些复杂结构甚至无法制造，这成为高端产品开发和制造的"瓶颈"[5-6]。大型复杂零部件按空间形状可分为箱体类、壳体类、薄壁壳体类和异形零件等，生产中从模具设计到加工制造是一个多环节的复杂过程。在传统铸造生产中，模板、芯盒、压蜡型、压铸模的制造往往采用机加工的方法来完成，有时还需要钳工进行修整，其周期长、耗资大，略有失误就可能会导致全部返工。特别是对一些形状复杂的铸件，如叶片、叶轮、发动机缸体和缸盖等，模具的制造更是一个难度非常大的过程，即使使用 5 轴以上高档数控加工中心等昂贵的装备，在加工技术与工艺可行性方面仍存在很大困难，因此极大地限制了航空航天、军工、汽车、船舶等重要领域大型复杂零部件的研发和生产[7-8]。

选择性激光烧结（selective laser sintering, SLS）技术，属于增材制造（或称 3D 打印）技术的一种，可在无需模具的情况下，快速制造出各种材料的复杂结构，是解决上述传统模具在制造复杂零件时所面临难题的重要手段[9]。SLS 技术具有成形材料多样化（高分子、陶瓷、金属、覆膜砂及其复合粉末等均可作为成形材料）、用途广泛、成形过程简单、材料利用率高等优点[10-11]，特别是不受零部件形状复杂程度的限制，可以在没有工装夹具或模具的条件下，迅速制造出形状复杂的功能件或铸造用蜡模和砂型（芯），是最具发展前景的增材制造技术之一[12-13]。

但目前整体成形大型制件存在大幅面扫描精度难以控制问题，成形过程中大范围预热情况下，大尺寸制件在冷却收缩过程中极易产生严重翘曲变形，导致制件精度下降，甚至报废。本研究采用全幅面多点矫正结合视觉检测技术保证扫描精度，根据图形特征添加热源支撑抑制突变部位的翘曲变形，结合复合扫描方式减小构件成形过程中的内应力，最终达到抑制构件翘曲变形提高精度的目的。解决我国乃至世界范围内重要领域中大尺寸复杂零部件难加工或无法加工的难题，对加速重要领域新产品的研制与生产具有重大意义。

1 全幅面多点矫正方法

为整体成形大尺寸机匣构件，采用武汉华科三维科技有限公司的HKS1000设备。该设备采用100W CO$_2$激光器，成形台面为1000mm（长）×1000mm（宽）。为保证最终成形构件的精度，首先需要将工作面上的扫描精度校准。如图1所示，刮板的下母线为实际工作过程中扫描系统的扫描面，我们采用81点标准板的方式进行扫描矫正。首先在移动刮板过程中，通过调节放置于工作面上的可调支撑柱，让支撑柱顶部与刮板的下母线接触，找到放置标准板的基准面，为后续的扫描矫正做好准备。

图1　标准板方式的全幅面多点矫正

由于全幅面的大型标准板加工非常困难，难以保证标准板的基准精度，所以我们采用500mm×500mm大小的标准板对整个幅面进行分区矫正。将整个扫描面均分为4个区域，每个区域按照81个标准坐标点进行校准。校准过程中，激光扫描每一个标准点，通过视觉测量方式计算每一个标准点和实际激光扫描点之间的偏差，将偏差反馈回扫描系统。

每一次校准需要对全幅面所有的点偏差进行测量，扫描软件记录所有的偏差信息，然后反馈回矫正软件进行计算。一次矫正完成后需要重新将新的矫正文件输入扫描系统，然后在标准板上再次测量每一个激光扫描点和标准点之间的偏差，反复迭代直到每一点的扫描偏差都在允许范围之内。

在标准板准备基础上，我们设计了专用于校准的软件系统，如图2所示。

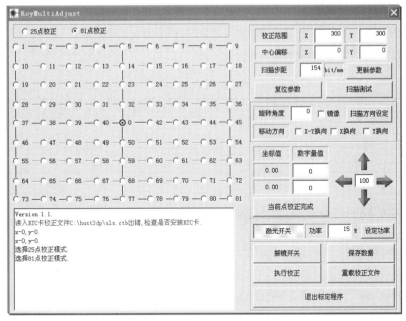

图2 多点矫正软件

软件系统中对标准板上的每一点进行编号，通过点击点编号的方式可以移动激光进行点扫描。然后对每个激光扫描点进行检测，通过移动激光光斑的方式计算每个实际扫描点和标准点之间的偏差，并记录数据。全幅面所有扫描点检测完成后，数据被全部保存下来。然后将新生成的矫正文件重新加载到扫描系统，进行第二次矫正。经过多次矫正后，整个幅面的扫描偏差可控制在 0.1mm 以内，满足后续构件对后续扫描成形的要求。

全幅面多点矫正完成后，需要通过成形实际标准构件来检测和进一步校准。如图 3 所示为标准测试样，通过分区域测量标准测试样的精度可以进一步检测扫描系统的扫描偏差，同时可以计算材料本身的收缩率。将标准测试样的偏差数据反馈回矫正软件系统，对扫描系统再次进行矫正。

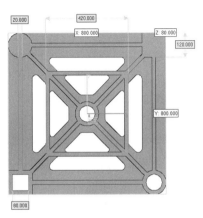
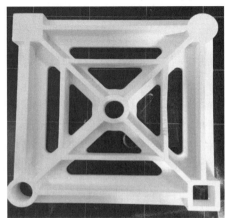

图3 标准测试样

如表 1 所示，通过标准测试样的多次迭代成形和测试，按照本研究需求，当标准测试样的各部位尺寸精度控制在 ±0.2mm 以内时，认为整个装备的扫描精度可以满足要求。最终得到可用于下一步实际构件成形的矫正文件和材料收缩率。

表1　标准测试样检测值

	A	B	C	D	E	F
标准值 /mm	80.00	120.00	800.00	420.00	800.00	20.00
测量值 /mm	80.10	120.24	800.18	420.15	800.15	20.08

2　随截面图形变化的热源支撑

在激光烧结过程中，构件的翘曲变形是影响最终精度和性能的关键因素，尤其是在成形过程中出现突变截面，如图 4 所示。突变截面层由于层下粉末未经烧结温度较低，且为松散粉末无法对当前突变截面层形成较好的支撑，所以容易在突变截面层发生翘曲变形。通常情况下可以通过提高突变截面层的预热温度，使成形层温度与粉末温度梯度减小，以及粉末在高预热温度下对突变层的支撑强度提高，从而达到抑制翘曲变形的目的。但是提高预热温度会使得粉末结块甚至板结，虽然在一定程度上可以抑制翘曲变形，但是后期构件的清理会非常困难，对于复杂构件可能完全无法清理，从而导致构件报废。

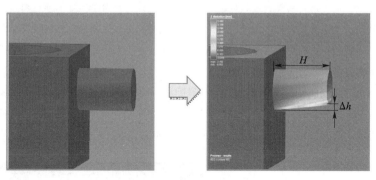

图4　突变截面示意图

本研究中机匣构件整体结构并不复杂，但是外部存在大量的凸起，如图 5 所示，在选择性激光烧结过程中形成大量的凸变截面，如果为了抑制这些凸起翘曲变形而提高突变截面的预热温度，会导致构件成形后处理非常困难。预热温度提高会使材料黏结严重，清理过程中易损坏构件表面，从而降低构件的精度，温度过高甚至完全无法清理。

因此本研究在突变的部位添加热源支撑，减小成形过程中突变部位的温度变化梯度，抑制该部位的翘曲变形，如图 6 所示。本研究中预先识别模型中的突变截面，根据识别的信息预设需要添加的热源支撑高度，一般为 5mm 左右。在保证热源支撑强度的同时需要考虑去除方便，不影响构件本身，因此本研究中采用密集网状支撑结构，支撑顶部与零件表面点状接触，在起到热源支撑作用的同时易于去除，不影响零件表面质量。

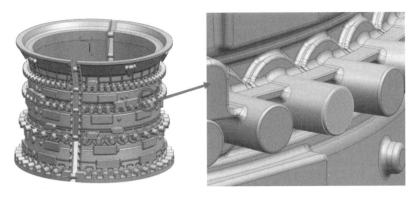

图 5 机匣构建模型及局部放大示意图

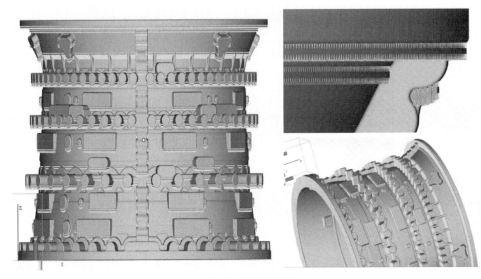

图 6 突变部位热源支撑

采用密集网状热源支撑结构，支撑本体结构具有一定强度，在预热粉末层的同时能够对在支撑结构上成形的突变截面产生一定的固定支撑作用，抑制突变截面的变形，如图 7 所示。通过调节网状支撑的密集程度，以及支撑顶部嵌入突变截面的深度，找到最优的热源支撑参数，能够很好地支撑构件，降低温度梯度，同时易于去除，不影响构件表面质量。

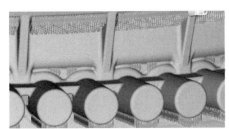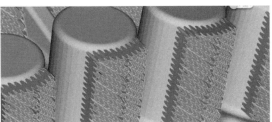

图 7 密集网状热源支撑

3 复合预热可控降温方式

　　粉床预热温度场的均匀性是影响 SLS 成形件质量及精度的重要因素，粉床预热温度场不均匀会导致零部件出现翘曲变形现象，甚至完全无法制造。要实现均匀的正方形大范围预热温度场，必须采用较为复杂的多层加热技术，而且多层加热装置需要由多个不同加热元器件组成，在装备内部不同空间不同区域的散热情况不同，因此对各个加热源器件分别进行控制，以实现大工作面粉床的均匀加热，如图 8 所示。本研究采用基于数值模拟方法优化设计的多层可调式预热装置，以及基于区域自适应切片的预热温度场模糊控制方法，使整个大型 SLS 装备的正方形台面（1000mm×1000mm）粉床预热温度场均匀性控制在 ±5℃以内。

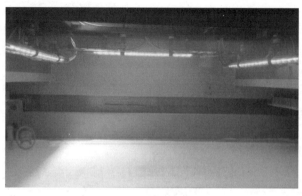

图 8　复合预热方式

　　SLS 装备工作缸的立体均匀预热是保证制件精度的关键因素之一。在 1000mm×1000mm 台面内各个区域的预热及散热条件差异很大，如果采用单一控温或者分少数几个特征区域控温，整个台面的预热温度差异将会很大，从而影响制件精度甚至完全无法成形。本研究分析整个预热温度场的预热及散热条件，提取台面内的关键点及特征点，对其预热温度分别进行测量；同时将预热元件进行合理细分，对不同的区域可以进行独立预热。在以上基础上，对各个独立的测温及预热系统进行合理整合，使其能协同预热，以达到整个预热温度场的温度均匀性。同时对整个缸体进行保温隔离以及多点预热，保证成形过程中工作缸的立体温度场的温度均匀性。

　　在 SLS 成形过程完成后，一般需要冷却后才能将成形件取出进行后续处理，其在冷却过程中如果各个方向冷却速度不均匀，成形件将翘曲变形，影响其精度，甚至报废。因此，必须摒弃传统的自然冷却方式，对 SLS 成形件的整个冷却过程进行监控，对冷却速度较快的方向进行温度补偿，同时对整个 SLS 成形件的冷却速度进行调控，保证其均匀冷却，抑制翘曲变形现象的发生。

4 大型机匣构件蜡模成形

　　在以上研究基础上，采用武汉华科三维科技有限公司的 HKS1000 设备成形大型机匣蜡模，如图

9 所示。从图中可以看出，机匣蜡模向外凸起部位的翘曲变形得到很好的抑制，且热源支撑去除后，构件保持了较好的表面质量。如图 10 所示，采用视觉测量技术对成形后的机匣蜡模进行检测，最大偏差处小于 1mm，尺寸精度满足设计需求。

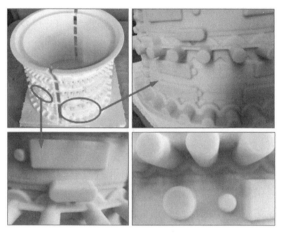

图 9　大型机匣蜡模

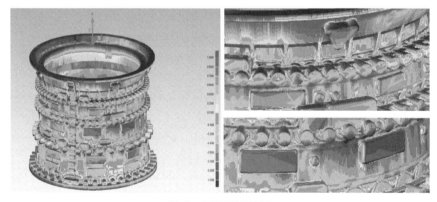

图 10　大型机匣蜡模测量

5　结论与分析

（1）SLS 成形中首先要保证扫描系统的精确扫描，由于机械安装以及光路系统本身的畸变，扫描范围越大精度越难保证。本研究中采用全幅面多点矫正方法，对工作面内的特征点进行逐点校准，可有效矫正大幅面扫描系统的精度，满足后续工艺的要求。

（2）SLS 过程中激光加热高分子材料烧结成形，烧结层在烧结高度方向、扫描线前后端存在明显的空间非均匀性温度场分布，加上各区域的约束和散热条件不同，造成不同区域不一致的体积收缩率，引起制件内部应力。尤其是突变截面部位由于温度梯度大，容易发生局部翘曲变形，一旦制件发生翘曲变形，将严重影响制件精度。为此，本研究采用基于截面信息变化的热源支撑方法抑制变形的发生或减小变形的程度。采用密集网状热源支撑，可减小突变截面处由于温度场梯度大造成的收缩和非均匀应力，最终改善制件精度。

（3）在 SLS 过程中高分子材料被加热烧结成形，成形完成后冷却，在此过程中整个预热温度场的均匀性是决定最终构件精度和性能的关键因素之一，尤其是大幅面预热温度场难以控制。本研究中采用多层预热、多点控温以及受控降温等方式结合，保证成形过程以及冷却过程中温度场的均匀性，从而保证最终构件的精度和性能。

（4）在上述多点矫正、热源支撑以及复合预热方法等单元技术研究基础上，利用 SLS 法制作了多批次的机匣蜡模，精度满足后续铸造要求。

参 考 文 献

［1］Lee C W, Chua C K, Cheah C M, et al. Rapid investment casting: direct and indirect approaches via fused deposition modelling ［J］. Int J Adv Manuf Technol, 2004, 23: 93–101.

［2］Dotchev K D, Soe S. Rapid manufacturing of patterns for investment casting: improvement of quality and success rate ［J］. Rapid Prototyping Joural, 2006, 12 (3): 156–164.

［3］Pattnaik S, Karunakar D B, Jha P K. Developments in investment casting process–A review ［J］. Journal of Materials Processing Technology, 2012, 212: 2332–2348.

［4］Dimov S S, Pham D T, Dotchev K D, et al. Dimensional accuracy of castForm polystyrene patterns produced by selective laser sintering ［C］. 2nd International Conference on Advanced Research in Virtual and Rapid Prototyping, VRAP, ROLAND, Taylor and Francis/Balkema, 2005.

［5］Hock T S, Trevor S, Christodoulou P. Experimental studies on the accuracy of wax patterns used in investment casting. Proc. Inst. Mech. Eng. B: J. Eng. Manuf., 2003, 217(2): 285–289.

［6］Caulfield B, McHugh P E, Lohfeld S, Dependence of mechanical properties of polyamide components on build parameters in the SLS process ［J］. J. Mater. Process. Tech, 2007a, 182 (1–3): 477–488.

［7］Xu Z F, Zhang J, et al. Morphology and mechanical properties of PS/Al2O3 nanocomposites based on selective laser sintering ［J］. J. Mater. Sci. Technol., 2005, 21(6): 866–870.

［8］Dotchev K D, Dimov S S, Pham D T, et al. Accuracy issues in rapid manufacturing CastFormtm patterns ［J］. Proceedings of the Institution of Mechanical Engineers, Part B: Journal of Engineering Manufacture, 2007, 221: 53–67.

［9］Caulfield B, McHugh P E, Lohfeld S. Dependence of mechanical properties of polyamide components on build parameters in the SLS process ［J］. J. Mater. Process.Technol., 2007b, 182 (1–3): 477–488.

［10］Ho H C H, Gibson I, Cheung W L. Effects of energy density on morphology and properties of selective laser sintered polycarbonate ［J］. J. Mater. Process. Technol., 1999, 89–90 (19): 204–210, 5.

［11］Zhang S. Recent progresses on real–time 3–D shape measurement using digital fringe projection techniques ［J］, Opt. Laser Eng., 2010, 48 (2): 149–158.

［12］Giovanna Sansoni, Marco Trebeschi, Franco Docchio. State–of–The–Art and applications of 3D imaging sensors in industry, Cultural Heritage, Medicine, and criminal investigation ［J］. Sensors, 2009, 9 (1): 568–601.

［13］Hartley R I. Theory and practice of projective rectification ［J］. International Journal of Computer Vision, 1999, 35 (2): 115–127.

粉末热等静压数值模拟研究

殷亚军，汪敏，张朋，周建新，魏青松

华中科技大学材料科学与工程学院，湖北武汉 430074

0 引言

　　粉末热等静压成形技术通过耦合粉末冶金与现代模具制造技术可以一次整体近净成形出结构复杂零件，同时成形零件的微观组织晶粒大小接近原始粉末颗粒尺寸，可以通过控制初始粉末颗粒尺寸、温度压力及其作用时间来实现组织的调控，在航空航天高性能复杂零件制造成形方面极具发展潜力。但是目前对粉末热等静压成形过程的控形控性机理并没有很成熟的研究，传统的实验手段能够反应特定工艺下粉末热等静压成形零件的组织形貌及力学性能，但是受限于粉末热等静压过程中的高温密闭特性，无法实时动态研究其粉末致密化过程且难以方便快速地为工艺优化设计提供指导，而数值模拟却能够克服这方面的困难。经典的基于连续介质力学的热弹塑性有限元方法能够预测宏观整体变形及致密化程度，但是其模拟结果的准确性严重依赖所建立模型的准确性，且难以反应粉末颗粒的运动变形情况。粉末热等静压的本质是离散态的粉末颗粒在高温高压的作用下转变为连续体，同时粉末颗粒的变化过程也直接决定最终的成形组织形貌。离散有限元方法通过耦合离散元与有限元的技术优点，能从颗粒层面进行数值建模分析热等静压过程中颗粒的运动及变形规律。组织决定性能，通常在热等静压之后原始的颗粒边界形成了大量的动态再结晶晶粒，改善成形零件的微观组织进而影响最终的综合力学性能。传统的实验方法能够借助于显微镜进行动态再结晶分数的预估，但是难以捕捉到特定的再结晶形核、长大时刻，难以准确系统地揭示粉末热等静压微观组织形成与转变机理。元胞自动机方法通过对微观组织转变的物理本质进行数学建模，能实现微观组织形成及演变过程动态模拟，可以为深入理解粉末热等静压过程组织演变及调控提供指导。

1 粉末热等静压宏观尺度研究

　　粉末热等静压过程是一个多物理场耦合作用下，集材料大压缩比、异种形态材料耦合变形的复杂非线性过程，目前对粉末热等静压成形过程的控形控性机理并没有得到很成熟的研究。粉末热等静压的本质是离散态的粉末颗粒在热压耦合作用下转变成宏观的连续体。这一过程中包套的塑性变形驱使内部粉末发生致密化，而内部粉末的致密化进程反过来又决定包套的塑性变形，宏观上的整体变形是细观颗粒运动变形的累积，要实现精确的控形效果必须清楚了解包套塑性变形驱使粉末颗粒运动变形的整个过程。但是热等静压过程发生在密闭的高温高压炉内，实时动态研究其致密化过程十分困难，为了能够更好地理解粉末致密化机理和成形中包套、粉末的形变规律，数值模拟技术与相关的实验检测手段是目前研究该问题的一个重要方法，通过数值模拟可以方便快速预测包套在热等静压过程的变形情况，不但可以减少大量的人力、物力以及财力成本，同时还可以通过对热等静压过程的动态再现，实时追踪热等静压过程中致密度、应力应变的更新情况，深入理解粉末在热等静压过程中致密化机制，为制定合理的热等静压工艺以及设计更加高效的成形方案提供指导，而实验手段可以从更直观的角度来反应特定工艺下成形零件组织及性能的变化情况及其影响机理。

1.1 数值模拟宏观有限元模型

粉末热等静压技术作为粉末冶金工艺的拓展，其数值模拟技术也是在传统粉末冶金数值模拟基础上发展起来的，由于粉末体的颗粒特性，在填充完成后颗粒之间的孔隙保证了在粉末成形过程中整体的可压缩性，而在传统的热塑性加工数值模拟过程中通常是基于体积不可压缩假设，这就使得粉末热等静压成形过程的数值建模更加困难。在目前的粉末成形数值模拟上，大多是基于粉末整体是一个带有内部孔隙的弹塑性连续体的假设，采用连续介质的有限元进行数值分析，这方面的研究可以参考 Olevsky 的总结[1]。在早期的粉末冶金研究上大多认为粉末材料是一个多孔的连续材料，日本 Mori 等采用刚塑性有限元法，基于多孔材料屈服准则，计算了圆柱形多孔材料在压制过程中孔隙分布情况，同时采用实验验证了模拟结果的准确性[2]。在初始多孔材料的制备上，他们采用粉末烧结的方式成形，采用所建立的数值模拟系统分析了多孔材料在轧制过程中的变形规律[3]。随着工业制造技术的不断进步，压力作为一个工艺参数开始引入到粉末成形中，Henderson 等将橡胶包套引入到粉末冷等静压的成形模拟中，区别与传统的刚塑性有限元计算方法，对粉末体采用弹塑性有限元方法，考虑了在压制过程中的弹性效应，对内部粉末采用椭球屈服准则，而橡胶包套则使用了经典的 Mooney–Rivlin 有限变形理论，分析冷等静压过程异种形态材料耦合作用下的成形过程[4]。对粉末HIP 成形过程的计算机仿真分析起步于 20 世纪 80 年代，数值仿真的重点主要还是寻求更加精确的数值模型来分析 HIP 过程中的致密化规律。目前对于金属粉末成形这类同时存在体积收缩与塑性变形的成形过程，成熟的做法是基于多孔介质的屈服特性，将相对密度和静水压力引入到屈服准则的修正，即

$$f(J_1, \ J_2', \ R) = 0 \tag{1}$$

屈服准则具有如下形式

$$AJ_2' + BJ_1^2 = \delta Y_0^2 = Y^2 \tag{2}$$

其所对应的流动法则为

$$\mathrm{d}\varepsilon_{ij} = \frac{\mathrm{d}\bar{\varepsilon}_R}{2Y_R}(A\sigma_{ij}' + 2BJ_1\delta_{ij}) \tag{3}$$

式中，A、B、δ 为相对密度 R 的函数；Y_0 为基体材料流动应力；Y_R 为金属粉末流动应力。

从 20 世纪 70 年底开始，各国学者就开始研究粉体多孔材料屈服准则，各学者依据不同的材料及工作状况，得到了不同的屈服准则表达式。各学者表达式详见表 1。

表1 各学者提出的粉末体屈服准则

提出学者	A	B	δ
Kuhn, Downey[5]	$2+R^2$	$\dfrac{1-R^2}{3}$	/
Green[6]	3	$-\dfrac{1}{4\{\ln(1-R)\}^2}$	$\dfrac{3\left[1-(1-R)^{1/2}\right]^2}{3-2(1-R)^{1/4}}$
Oyane[7]	$\dfrac{R^2}{3}$	$\dfrac{1}{\left(1+\sqrt{R/(1-R)}\right)^2 R^2}$	R^2
Shima, Oyane[8]	3	$\dfrac{2.49(1-R)^{0.514}}{9R^2}$	R^5
Gurson[9]	$\dfrac{12}{5-R}$	$\dfrac{1-R}{5-R}$	$\dfrac{4R^2}{5-R}$
任学平[10]	3	$\dfrac{16(1-R)^2}{1+10(1-R)^2}$	$k(R-R)^{\frac{1}{2}}$
Kim, Lee[11]	$2+R^2$	$\dfrac{1-R^2}{3}$	$\left(\dfrac{(R-R_{cr})}{(1-R)}\right)^2$
Park[12]	$2+2\nu$	$\dfrac{1-2\nu}{3}$	$\dfrac{1.44-R^5}{2.44-R}$
华林[13]	$2+R^2$	$\dfrac{1-R^2}{3}$	/

注：ν 为泊松比；R_{cr} 为临界相对密度，当 $R=R_{cr}$ 时，$Y_R=0$。

1.2 粉体致密度变化过程

图1（a）、（b）、（c）、（d）分别表示圆柱件粉末热等静压进行到2h、2.5h、3h和9h时粉体致密度的分布情况。由于圆筒结构的对称性，热等静压过程中粉末体致密度也呈现出左右上下对称，热等静压结束后全局的致密度基本上在95%以上。在圆筒中间位置的粉体致密度显然高于边角处。这是由于圆筒包套结构细长，在等静压的作用下，包套中间部分率先发生塑性变形驱使粉末致密化，而包套壁与上下盖交汇的区域，由于上下盖较厚，该区域的等效刚度较大，对等静压的屏蔽作用加大，在等静压的作用下发生的塑性变形小，边角区域的粉末承受的致密化驱动作用较小，HIP后期其粉体相对密度较低。

取图2中所示的取样线 L_1 和 L_2，取样线 L_2 为圆柱试样厚度一半沿 xoz 平面分布，取样线 L_1 为圆柱形粉末对角线一半，在分析过程中，选取取样线 L_1 上的4个区域 A_1、A_2、A_3 和 A_4 来取样，区域物理量的数值为该区域4个节点的平均值，选取取样线 L_2 上的每个节点来进行数据分析。

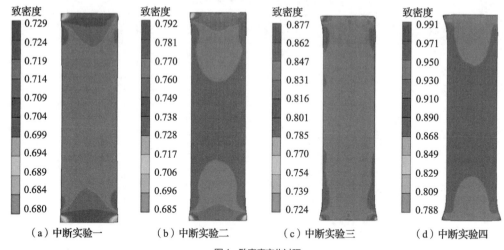

（a）中断实验一　　（b）中断实验二　　（c）中断实验三　　（d）中断实验四

图1　致密度变化过程

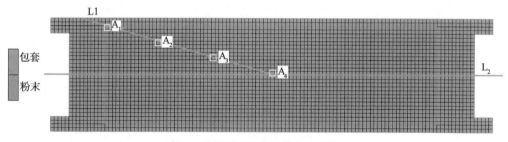

图2　网格模型图与数值分析点位置示意图

图3为热等静压结束后测试线 L_1 和 L_2 上特征节点相对密度的分布情况。由图可知，取样线 L_2 所有节点的相对密度随着时间的延长稳步增加，在特定时刻，取样线 L_2 所有节点的相对密度基本相同，但是靠近上下盖处的节点其相对密度较小，而位于粉末体中心部位的节点其相对密度较高。热等静压结束后，圆筒内合金粉末相对密度基本上在 0.97 以上。由图3（a）可知测试线 L_1 上区域 A_2、A_3 和 A_4 相对密度变化曲线基本重合，其数值大于区域 A_1 的相对密度。从相对密度变化曲线可以看出，在热等静压早期，存在一个相对密度减小的过程，这是因为初始阶段，等静压力较小对包套产生的挤压作用小于此时因温度的升高而引起包套内粉末产生热膨胀效应而致使粉末体的相对密度降低。这一阶段持续时间较短，对整体影响较小。

随着压力和温度的上升，粉末的相对密度度呈现出一个快速上升的阶段，这一阶段粉体的相对密度从原始的 0.68 快速增长到 0.85 以上，并进入保温保压阶段。这是因为随着温度和压力的升高，包套在高压作用下发生变形以驱动内部粉末颗粒快速流动，此外，随着温度和压力的增加，粉末受到的包套驱动力将超过合金粉末颗粒的屈服强度，粉末颗粒发生明显的塑性变形而挤压内部孔隙。当热等静压过程进入到保温保压后期，此后粉末体的致密度虽有所提升，但是升高的速率较低，这是因为在此阶段粉末颗粒的塑性变形已经基本达到饱和状态，粉末颗粒已经相互连接成为一个整体，此时主要依靠扩散和蠕变效应进行缓慢的致密化行为。

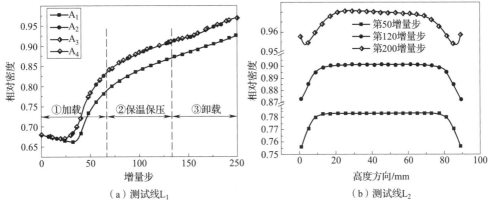

（a）测试线L₁   （b）测试线L₂

图3　不同位置相对密度

1.3　粉末运动规律

图4为圆柱体粉末热等静压不同时刻包套及粉末各节点的位移云图和矢量图的叠加效果，图中左半部分为位移云图，不同颜色代表位移量的大小，图的右半部分则代表了各个节点当前时刻的运动方向。图4（a）为热等静压进行到1620s时的节点运动位移及运动情况，从右半部分的矢量图可以看到此时节点的运动方向向外，整个零件处于热膨胀过程，对应在初始时刻粉体相对密度出现降低情况，同时从左半部分的云图可以看到，在热膨胀阶段包套及粉体的运动位移较小，与后期包套产生的塑性变形相比几乎可以忽略。当热等静压过程进行到6804s时，如图4（b）所示，此时包套壁已经发生了明显的塑性变形，从粉末节点位移云图可以看到越接近包套壁处的节点位移量越大，越靠近包套中心区域的节点位移量越小，而接近粉末内部区域的节点位移量几乎为零。从节点速度矢量图中可以看到，在热等静压的快速升温升压阶段，包套上各节点已经发生显著的压缩运动，且包套壁中部的节点几乎以垂直于包套的运动方向压缩内部粉末，在靠近包套中心区域的节点运动速度较大，在包套与上下盖交接处粉末节点的运动速度很小，粉末颗粒由包套中部区域被压缩流向包套与上下盖的拐角处。此阶段中由于包套塑性变形程度相对较小，且温度与压力并没有达到最大值，此时粉末体致密度的提高主要依靠颗粒间位置的重排与配位数的提高。当热等静压过程进行到25270s时，如图4（c）所示。由于已经经过了3h的保温保压阶段，施加在包套上压力已经超过了包套的屈服强度，包套发生了显著的塑性变形，从位移云图可以看出，各节点的位移量较大。同时由于包套的大程度变形，上下盖也被拖拽着往中心区域运动，反应在位移矢量图中即为各节点都朝粉末中心区域运动，同时在粉末热等静压后期，在温度压力卸载过程中，由于温度的降低将使粉末与包套发生收缩效应而压缩内部孔隙。

1.4　包套对等静压的屏蔽效应

在热等静压过程中，热等静压炉内的高压气体并不是直接作用在粉末体上，而是通过包套的塑性变形而驱使内部粉末不断致密，也就是说在HIP过程中施加的等静压力将通过包套变形向粉末传递。由于包套有一定厚度和刚性，在传递过程中必然对炉内等静压力产生屏蔽效应，即粉末承受的有效驱动力并不是炉内设定的等静压力。包套屏蔽压力的大小与许多因素有关，董平[14]采用解析法

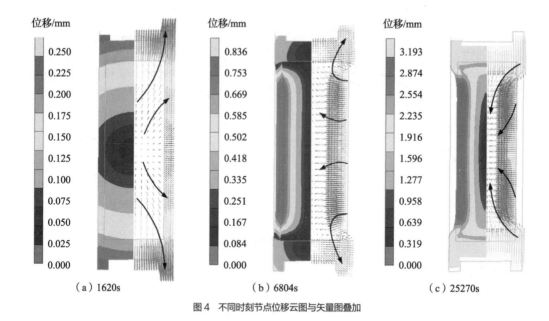

图 4　不同时刻节点位移云图与矢量图叠加

精确的推导了在热等静压过程中球形包套和圆柱形包套对等静压力的屏蔽作用。在实际的粉末热等静压成形中，为了便于包套加工成形，包套的形状多为简单的方形和圆柱形，由于这些包套的形状简单，通常将研究的重点放在包套壁厚对等静压的屏蔽作用上。对于圆柱形包套，外径为 b，内径为 a，假设作用在包套外表面上的压力为 p_{out}，因包套对压力屏蔽作用致使作用在包套内表面的压力为 p_{in}，包套材料的屈服强度为 σ_s，可以得到作用在包套外表面与内表面上的压力之间存在如下关系

$$p_{out} = p_{in} + \frac{(b+a)t}{\sqrt{3}\,b^2}\sigma_s \qquad (4)$$

式中，t 为包套壁厚。

引入包套壁厚与内径之比 $d=t/a$，可以得到包套对压力的屏蔽作用 p_{shield} 为

$$p_{shield} = \frac{1}{\sqrt{3}}\left[1-(1+d)^{-2}\right]\sigma_s \qquad (5)$$

从上式可以看出包套材料的选用以及包套的设计是影响屏蔽力的主要因素，所选材料的屈服强度越大，包套的厚度与内径比越大屏蔽效果越强。也就是说在热等静压过程中过厚的包套壁将会对炉内等静压力起到较大的屏蔽作用，从而使作用在粉体上的有效压力较小，难以使粉末致密化。图 5（a）给出了不同温度、不同壁厚与内径比条件下包套对等静压力的屏蔽作用。可以看到，对于内径较大而壁厚较薄的圆柱形包套，其对等静压的屏蔽作用较弱，在相同的内径下，包套壁厚越厚，其对外部压力的屏蔽作用就越明显。虽然随着温度的升高，包套材料的屏蔽压力会有所降低，但是在较高的温度作用下，包套壁依然对外部压力存在屏蔽作用。在热等静压的初期和后期，温度较低而此时包套的屈服强度较大，外界的压力不足以使包套发生塑性变形，即使发生了塑性变形，由于压力较小，塑性变形量也会比较小，所以在这两个阶段包套的屏蔽作用明显。而当温度和压力升高到

热等静压工艺的极大值时，在高温下包套的屈服强度较小，包套迅速进入塑形状态，此阶段包套对等静压力的屏蔽最小。目前，粉末热等静压过程中包套材料大多为304不锈钢，因此由材料因素导致的压力屏蔽作用无法避免，下文将通过两种壁厚的圆柱形包套来研究包套壁厚对热等静压过程中压力的屏蔽效应。两种包套的壁厚分别为2mm和4mm。

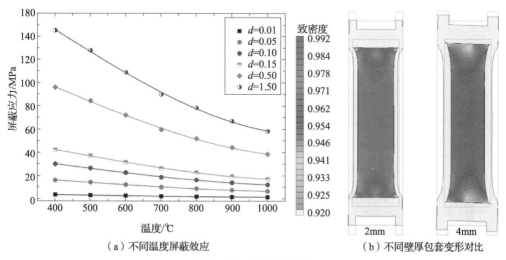

（a）不同温度屏蔽效应　　　　　　　（b）不同壁厚包套变形对比

图5　不同 d 值包套屏蔽作用

图5（b）为两种不同厚度包套热等静压完后圆柱体致密度的分布云图。图中颜色越深的地方粉体的致密度越大，由于包套上下盖较厚且受力面积较小，在整个热等静过程中基本没有发生塑性变形，上下部的粉末致密度明显低于包套中心部位的粉体致密度。由于2mm壁厚的包套壁对压力的屏蔽作用弱，其发生的变形程度大，内部粉体的致密度更高。但是也可以清楚地观察到，包套壁厚越小，包套壁与上下盖的连接处发生的畸变程度越大，在实际的HIP过程中，容易导致包套壁的开裂。因此在粉末HIP包套的设计过程中，一方面要减小包套壁的厚度来降低包套对等静压的屏蔽作用，但同时要兼顾包套强度以确保在整个HIP过程中包套不发生破裂。

1.5　不同刚度控形型芯效果

粉末HIP技术可以实现复杂零件整体近净成形，尤其是对于那些具有复杂内部型腔结构的零件，传统的机加工手段难以整体成形，而主流的精密铸造方法成形性能有待进一步提高。而粉末HIP技术可以通过型芯的引入解决这一问题。型芯的引入不可避免地会对整体的成形成性造成极大的影响。在实际的生产过程中，控形型芯大多采用碳钢或者不锈钢材料，在要求更为严苛的环境下，也会选用石墨以及陶瓷等刚度更大的材料。从数值模拟角度来看，两者之间的区别在于以石墨、陶瓷为代表的刚度较大的型芯材料，在模拟中认为其受到固定约束，在整个模拟过程中不发生任何位移；而以不锈钢等为代表的控形型芯，认为其在粉末HIP过程中存在一定的变形。

图6对比分析了不同型芯在典型涡轮盘类零件二维尺寸上的控形效果，从零件的整体致密化程度来看，两种情况下粉末体致密化程度均较高，但是在一些特殊的拐角位置使用不锈钢型芯的粉末体致密化程度更高，而石墨型芯在这些特殊位置处的致密度偏低。这是因为不锈钢型芯在HIP过程

中，在高温作用下发生软化，强度变低，在受到其周围粉末的挤压作用后会发生一定程度的变形，其周围的粉末会同时受到变形型芯以及外部包套的双重挤压作用，因此致密化程度更高。而对于在高温下仍具有极高强度的石墨型芯，在热等静压过程中，粉末的挤压作用难以使其发生塑性变形，其周围粉末的致密化完全依靠施加在包套上等静压力的逐层传递，压力在逐层传递的过程中又会不断减小，致使最终的致密化程度略低。从控形效果来说，石墨等高强度型芯效果更好；但是从成形零件力学性能上来说，不锈钢类型芯却略胜一筹。

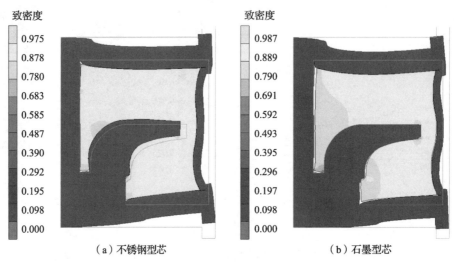

（a）不锈钢型芯　　　　　　　　　　　（b）石墨型芯

图6　不同型芯控形效果对比

1.6　温度、压力及作用时间对致密度影响

热等静压初期的热膨胀作用与后期的塑性变形相比对致密度的影响较弱，为了便于分析 HIP 温度和压力对粉末致密度的影响，通常忽略热膨胀的作用，按照相对密度将热等静压过程分为两个阶段[15-16]。在第一阶段相对密度低于 0.92，在此阶段中粉末致密度的提高主要依赖于粉末颗粒配位数的提高以及在高温高压作用下颗粒塑性变形来填充孔隙。在第二阶段当粉末体的相对密度超过 0.92 后，由于颗粒的塑性变形程度已经达到了极限，此时高温高压的作用并不能使颗粒之间的微小孔隙发生进一步的填充，此阶段粉末体的致密化速率降低，粉末体致密度的提高主要依靠高温高压作用下粉末颗粒的蠕变及扩散作用。

1.6.1　蠕变模型

当外界作用的压力在高温下驱使粉末体聚集时，在颗粒相互接触的区域就会出现蠕变，由蠕变导致的粉末颗粒聚集变形程度可以表达成如下关系

$$\dot{\varepsilon} = A\sigma^n \tag{6}$$

式中，$\dot{\varepsilon}$ 为变形速率；σ 为施加的压力。

Molerus[15] 在他的研究中指出

$$A = \frac{\dot{\varepsilon}_0}{\sigma_0^n} = \frac{A' b D_y}{k T \mu^{n-1}} \tag{7}$$

式中，$\dot{\varepsilon}_0$ 是室温下的变形速率；σ_0 是室温下的屈服强度。

很多学者研究了在粉末热等静压两个阶段当中，蠕变对粉末致密度的影响。Ashby[17] 对蠕变引起的致密化过程做了较为详细的研究。但是他们计算得到的结果普遍比实际值偏大。因此 L.Redouani 和 S.Boudrahem[18] 采用堆积球模型来讨论蠕变效应对小球致密度的影响。得到在塑性变形时两个阶段的致密化速率的表达式如下

$$\dot{D}_{creep}^{I} = 2A \left(\frac{D_0}{D}\right)^{1/3} \left[\frac{D\ (D-D_0)}{D_0}\right]^{1-n} \left(\frac{P}{6}\right)^n$$

$$\dot{D}_{creep}^{II} = \frac{3}{2}A\ \frac{D\ (1-D)}{[1-(1-D)^{1/n}]^n} \left(\frac{3}{2n}P\right)^n$$

（8）

1.6.2 扩散模型

在粉末热等静压的后期，由于外部施加压力的作用，颗粒之间已经很致密，此时在高温的作用下，颗粒之间会发生烧结作用，也就是说位于烧结颈处的物质会迁移到其邻近的孔洞之中，这个过程中物质的扩散主要包括晶界扩散和晶格扩散。两种扩散机制对两个阶段中体系致密化速率的贡献如下。[19]

（1）由晶界扩散导致的粉末致密化速率为

$$\dot{D}_{bund}^{I} = 72D_b\ \frac{\Omega\delta}{kTR^3}\ \frac{D_0^{5/3}D^{1/3}}{(D-D_0)g\ (D)}P$$

$$\dot{D}_{bund}^{II} = 27\delta D_b\ \frac{\Omega}{kTR^3}\ \frac{D^2}{\{1-\ 5\ [\ (1-D)\ /5D]^{2/3}\}}P$$

（9）

（2）由晶格扩散导致的粉末致密化速率为

$$\dot{D}_{lattice}^{I} = 72D_v\ \frac{\Omega}{kTR^2}\ \frac{D_0^{5/3}D^{1/3}}{(D-D_0)^{1/2}g\ (D)}P$$

$$\dot{D}_{lattice}^{II} = 15D_v\ \frac{\Omega}{kTR^2}\ \frac{D^2\ [\ (1-D)\ /5D]^{1/3}}{\{1-5\ [\ (1-D)\ /5D]^{2/3}\}}P$$

（10）

其中

$$g(D)\ = \left[\left(\frac{D}{D_0}\right)^{1/3}-1\right]\left\{2Z_0+C\left[\left(\frac{D}{D_0}\right)^{1/3}-1\right]\right\}$$

式（7）~式（10）中的相关参数及其含义见表2。基于上述计算公式，将 HIP 过程分为两个阶段来考虑温度及压力对 HIP 过程中致密度的影响。构建了如图7所示的热等静压图。

表2　蠕变机制及扩散机制中各符号意义及单位

符号	物理意义	单位
μ_0	300K 时的切变模量	MPa
β	切变模量的温度相关系数	/

表2（续）

符号	物理意义	单位
σ_{y0}	300K 时的屈服应力	MPa
α	屈服应力的温度相关系数	/
Ω	原子体积	m^3
D_{0v}	晶格扩散系数	m^2/s
Q_v	晶格扩散激活能	kJ/mol
δD_{0b}	晶界扩散系数	m^3/s
Q_b	晶界扩散激活能	kJ/mol
n	蠕变指数	/
A'	多恩常数	/
$\boldsymbol{b}$	博格斯矢量	m
Z_0	原始粉末颗粒配位数	/
C	RDP 模型径向分布函数	/
R	粉末颗粒平均半径	m
D_0/D	初始 / 相对密度	/
D	致密化速率	s^{-1}
A	稳态幂律蠕变常数	/
$\dot{\varepsilon}_0$	室温下的应变速率	/
σ_0	室温下的屈服强度	MPa

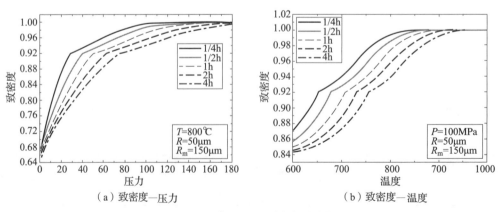

（a）致密度—压力　　　　　（b）致密度—温度

图7　不同温度压力作用下致密度分布曲线

图 7（a）是在压力 100MPa 下保温时间分别为 0.25h、0.5h、1h、2h 和 4h 下粉末致密度随温度变化曲线；图 7（b）是在温度为 800℃下保温时间分别为 0.25h、0.5h、1h、2h 和 4h 下粉末致密度随压力的变化曲线；各图的右下方列出了粉末体的相关参数。从致密度的变化曲线可以看出，随着保温时间的延长，温度与压力越高粉末体致密度越高。而且从致密化曲线的斜率可以看出第二阶段的致密化速率明显小于第一阶段的致密化速率。这是因为在数值建模上第一阶段中主要是考虑因靠粉末颗粒之间配位数的变化以及颗粒塑性变形填充原始孔隙；而在第二阶段的致密化过程中，数值模型主要是考虑因烧结作用引起的扩散与蠕变导致的粉体致密化，因此致密化速率较慢。从上图可以看出，对于 Ti6Al4V 合金粉末热等静压，930℃的温度、120MPa 的压力以及 3h 的作用时间能够获得较为理想的致密化效果。

1.7 保温平台对致密度的影响

在粉末热等静压过程中，保温保压平台的长短是一个至关重要的工艺参数，不但影响合金粉末热等静压成形零件的最终形状和致密度，而且还决定其内部的组织形态及力学性能。上文中断实验三与中断实验四的主要区别就是中断实验四中有 3h 的保温保压平台。从模拟与实验结果来看，存在保温保压平台工艺合金粉末最终的致密化程度更高，也就是说当延长高温高压的持续时间，可以适当提高成形零件最终的致密化程度。图 8 给出了保温保压平台对成形零件最终微观组织的影响。图 8（a）为中断试验三条件下成形零件的微观组织形貌，图 8（b）为中断试验四条件下成形零件最终的微观组织形貌。从微观组织可以看到，在两种工艺下均未发现明显的孔隙，最终成形零件的致密化程度都比较高。两种工艺下成形零件的微观组织均呈现典型的网格状结构，网格边界由一圈等轴结构组成，网格内部由片层结构组成，网格的大小与粉末颗粒的尺寸接近。但是明显地可以看出，在施加保温保压平台的情况下，微观组织的片层结构和等轴结构均有所长大而形成接近棒状相互交织在一起，粉末颗粒的辨识度降低。保温时间的延长不但使晶粒发生长大，也会使粉末合金中元素的扩散程度发生变化，依据是菲克扩散定律，如下式所示

$$\frac{\partial C}{\partial t} = \frac{\partial}{\partial x}\left(D_x\,\frac{\partial C}{\partial x}\right) + \frac{\partial}{\partial y}\left(D_y\,\frac{\partial C}{\partial y}\right) + \frac{\partial}{\partial z}\left(D_z\,\frac{\partial C}{\partial z}\right) \tag{11}$$

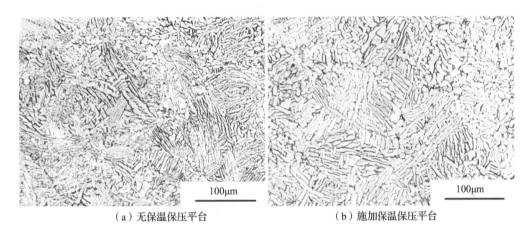

（a）无保温保压平台　　　　　　　　　（b）施加保温保压平台

图 8　保温平台对微观组织的影响

式中，C 表示浓度；D 表示扩散系数；t 表示扩散时间。

在保温平台的影响下合金粉末中相关元素的扩散程度将增加，元素的扩散将导致合金结构发生改变，陈建勋[21]在其研究中指出，对于 TiAl 合金，在一定的温度作用下合金中的 Al 元素会向 Ti 元素中扩散，产生所谓的 Kirkendall 效应，形成富 Al 的 Ti 相，同时由于 Al 元素的扩散效应使得合金中会有空洞生成，在高温高压下合金晶粒向空洞中心运动，导致裂纹产生。上述分析可知保温平台是一把双刃剑，一方面它可以强化扩散蠕变的效果而使最终的致密化程度更高，但是另一方面保温保压的时间越长越容易诱导内部微裂纹的产生。因此在 Ti6Al4V 粉末 HIP 过程中，可以通过延长保温保压时间提供成形零件的致密度，同时控制晶粒的生长，但要防止较长保温保压时间下内部微裂纹的产生。

1.8　初始密度对最终成形件的影响

在粉末 HIP 成形零件中，致密化程度将直接决定最终零件的质量，初始密度的不同又能直接导致包套在等静压作用下的形变差异。以下将研究初始密度的差异对最终成形零件的影响。以圆筒形包套为例，在粉末填充的过程中由于振动不均匀，通常会导致圆筒下部粉末的初始密度会大于上部。图 9 是两个计算案列，第一个粉末零件自上而下的初始密度依次为：0.65（2/9）、0.70（3/9）、0.75（4/9），第二个零件的初始密度为 0.7。

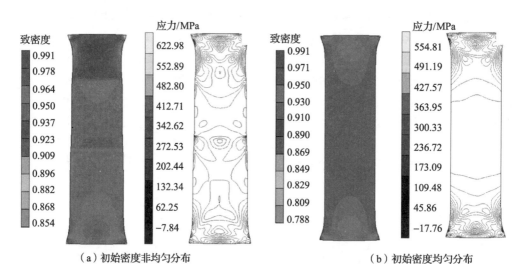

（a）初始密度非均匀分布　　　　　　　　　（b）初始密度均匀分布

图 9　初始密度对成形的影响

图 9 显示了不同初始密度条件下零件致密化最终结果，图 9（a）左图为初始密度分布不均时最终致密度分布，右图表示最终 Mises 应力的分布情况，图 9（b）表示的则是初始密度均匀分布时的最终致密化程度与 Mises 应力的分布情况。可以看出，由于圆筒上部的初始密度小于下部，经过热等静压之后圆筒上部发生更大的体积收缩，而且上部最终的致密化程度比圆筒下部更低，在初始密度分界的地方依旧表现出明显的界面，经过热等静压之后原始的界面并没有连续过渡。在最终的成形零件中这些致密度非连续过渡的地方将会成为裂纹源萌生的地方，应当尽力避免。从应力的分布来看，由于初始密度分布不均，包套的变形程度不尽相同，自上至下因包套的塑性变形而在粉末内部发生剪切作用，而粉末颗粒会产生相应的内力以抵抗该作用。在初始密度均匀分布的圆筒内部，

由于包套整体塑性变形均匀，颗粒内部产生的抵抗力更小，Mises 屈服应力分布更加均匀。从上文的对比分析可知，较高的初始相对密度在同样的热等静压工艺下会得到致密化程度更高的最终零件，初始相对密度分布越不均匀，包套最终将会发生不同程度的塑性变形，由非均匀变形引起的剪切作用使粉末内部产生的抵抗内应力更大，粉末颗粒越容易破碎。

2 粉末热等静压细观尺度研究

在粉末热等静压过程中，粉末颗粒在包套的驱使下配位数不断提高，当配位数提高到一定程度的时候，颗粒发生塑性变形，随着颗粒塑性变形过程的进行，颗粒与颗粒之间的孔隙被不断填充导致致密度不断提高。在粉末热等静压过程中虽然包套作为压力承载及传递的介质，热等静压炉内的等静压力施加在包套上使其发生变形，但是由于不同包套结构的差异，使得在等静压的作用下包套并不是均匀变形的，在一些结构强度较低的地方，包套将优先发生塑性变形，而在一些结构强度较高的地方，包套的变形量很小。从更细观的角度来看，包套塑性变形驱使粉末致密化过程可以分解为大量不同形式的粉末压制过程。在颗粒尺度的数值模拟方面，Gethin[22-24] 等将有限元方法与离散元方法相结合，以结合两者的优点来系统全面地描述粉末冶金过程颗粒的运动变形行为。该方法同时保留了离散元与有限元的基本思想，对每个粉末颗粒进行单独的数值建模（大多采用圆形 / 球形），颗粒之间的相互作用通过离散元思路进行求解以反应其运动规律；对每个颗粒体进行有限元网格划分，每个颗粒是一个有限元计算单位，通过有限元方法计算粉末颗粒因相互作用而导致的变形行为。该方法融合了两种方法的优点，能够充分反应粉末冶金过程中粉末颗粒的力学性能，更准确地从颗粒角度研究整个粉末冶金过程。

2.1 高温压制过程颗粒变形程度分析

图 10 示意了规则排列的粉末颗粒在 4000N 压力作用下的致密化过程。图 10（a）是颗粒的原始状态，图 10（b）~ 图 10（f）的压制时间依次是：0.5s、3s、10s、40s、60s，可以看到在第 10s 时模具的位移已经接近极大值，后面继续施加压力时顶部压制模具的位移量很小，此时由压制作用而引起的致密化作用并不明显。从粉末压制结束后节点的位移情况可以看出，越接近模具区域的粉末颗粒节点位移量越大，越靠近底部的粉末颗粒位移量越小，同时由于侧模具的摩擦作用，侧模具会阻止粉末颗粒的垂直运动。也就是说在压制过程中与轴向压制力越接近的地方，粉末颗粒的塑性变形程度越大，颗粒位移越大，越远离轴向力作用区域的粉末颗粒，变形程度越小。在粉末 HIP 过程中虽然包套承受的是等静压的作用，但是由于包套在各处的结构强度并不一致而使 HIP 过程中包套变形不均匀，因此就会出现致密度分布不均的情况。

从颗粒变形的位移云图可以看出，在压力作用的初始时刻粉末颗粒致密化速率最快，颗粒在由包套传递过来的压力的作用下迅速往内部运动，颗粒塑性变形较大。且越靠近包套壁面处的颗粒发生塑性变形的程度越大，致密化程度越高，随着压制过程的推进，外部粉末颗粒将压制力传递到粉末体内部，内部粉末逐步发生致密化行为，在粉末压制后期，虽然内部粉末之间依然存在着较大的孔隙，但是由于此时外部粉末已经被压制成接近为致密化的连续体，对包套施加的压制力的屏蔽作用越来越强，粉末致密化驱动力减小。而且随着保压时间的延长并不能有效地改善对内部粉末的

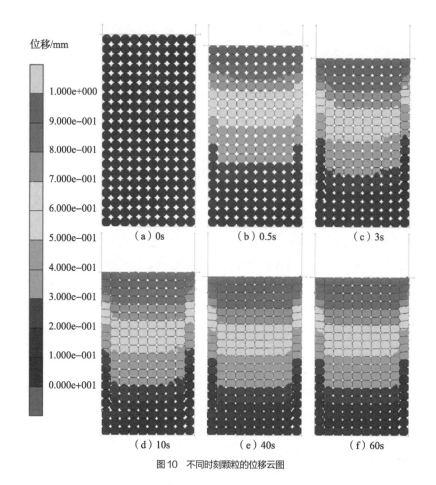

图 10　不同时刻颗粒的位移云图

压制效果。为了研究在热压制过程中单个颗粒的变形情况，可以采用一个 20 行 10 列的矩阵来描述上文中的压制模型。例如［5，4］表示第 5 行第 4 列的颗粒。选取编号［10，5］的颗粒来研究压制过程中其形状的变化，如图 11 所示。

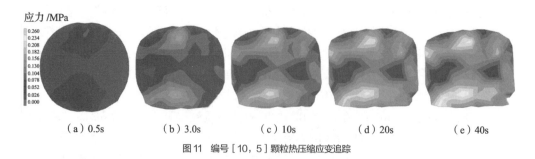

图 11　编号［10，5］颗粒热压缩应变追踪

从图中可以看到颗粒变形大致经历三个阶段：第一阶段持续时间很短，颗粒形状变化很小，基本上可以忽略，这是由于在初始阶段粉末颗粒之间存在一定的孔隙，颗粒会发生一定的物理位移。在第二个阶段里可以观察到粉末颗粒发生较大的变形。这是由于在高温作用下粉末发生软化，压制

力是轴向传递，而侧压力相对较小，颗粒沿着轴向被压扁，颗粒上下接触区域产生较大的塑性变形而横向流动，但是由于所采用的是均匀密堆积的粉末颗粒，粉末颗粒的横向流动将受到周围颗粒的阻碍，因此，上下边界处的变形只能运动到颗粒与颗粒之间的孔隙处，从而使原始的圆形颗粒变成方形。随着压制时间的进一步持续，可以看到粉末颗粒的变形量并没有继续增加，此时颗粒变形进入第三阶段，在此过程中粉末颗粒难以继续变形，致密化主要依赖高温高压作用的蠕变及扩散效应。

上文分析可知，在粉末压制过程中粉末颗粒的变形不但与其承受的压力相关，而且其变形情况还受到周围颗粒的影响，为了进一步研究在压制过程中粉末颗粒受其周围环境的影响，选取压制过程中不同区域的颗粒来进行研究，如图12所示。图12（a）~（e）分别代表压制过程中0.5s、2s、3s、5s、100s 时的颗粒形貌。

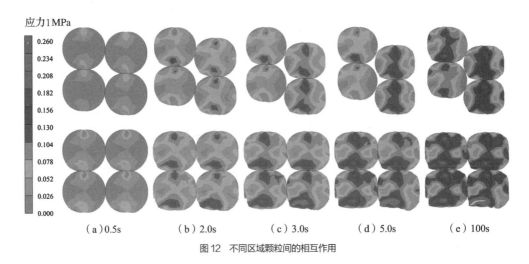

（a）0.5s　　　（b）2.0s　　　（c）3.0s　　　（d）5.0s　　　（e）100s

图12　不同区域颗粒间的相互作用

其中第一排的右下角颗粒编号为［6，2］第二排的右下角颗粒编号为［15，6］，显然第一排的颗粒靠近模具，而第二排颗粒位于压制区域的中心部位。中间部分的颗粒在整个变形过程中由于其周围颗粒与其自身的变形历程相似，颗粒受到的剪切作用较小，颗粒间的孔隙随着塑性变形的增大而逐渐被填充，而边界处的颗粒由于侧模具的摩擦作用颗粒的运动变形历程有所差异，靠近边界处的颗粒运动受阻，颗粒间的剪切作用增强，在压制过程中颗粒之间由四个颗粒围绕形成的孔隙（定义为 A 型孔隙）会被剪切分散成为两个有三个颗粒围绕形成的孔隙（定义为 B 型孔隙），可以看到在整个粉末压制过程中，由于轴向压力的逐层传递，整体区域中在侧模具附近主要是 B 型孔隙，内部区域基本上都为 A 型孔隙。B 型孔隙的存在使得区域内的孔隙分布得更加弥散，有利于粉末颗粒的致密化，但是在粉末热等静压后期这些弥散分布的孔隙点将会是夹杂物堆积的主要区域，会影响零件的整体性能。因此在实际应用中为了避免零件出现局部致密度较低的情况，应当优化包套的设计方案，改善等静压有效压力的传递、减小不同区域的压力差。

2.2　颗粒堆积方式对致密化影响

在实际的粉末 HIP 过程中，颗粒的大小并不相同，颗粒的尺寸满足一个均值附近的正态分布，而且真实情况下的粉末颗粒也不可能是密堆积的，初始的粉末颗粒将根据初始填充状态在保证受力平衡的条件下随机分布，为了真实地反应粉末 HIP 过程中颗粒本身的变形行为以及颗粒之间的相互作用，对上文中提到的随机分布的粉末颗粒进行了压制研究。不同时刻的粉末体等效应变如图 13 所示。

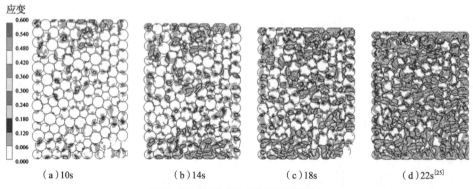

图13　随机分布的 200 个粉末颗粒等效应变

从应变云图可知，位于上层的颗粒率先发生粉末致密化行为，但是与均匀分布的等径颗粒不同的是，随机分布的粉末颗粒在压制过程中压制力并不是由外向内逐层传递进来，随着压制的进行，整个粉体的不同区域会同时发生一定的塑性变形，也就是说部分位于底部的颗粒会先于上部颗粒发生塑性变形，这主要是因为非等大的粉末颗粒随机分布造成内部孔隙较大，颗粒在承受驱动力时可以进行横向移动，导致粉末颗粒的运动轨迹变得随机，某些局部孔隙会率先发生致密化。同时由于颗粒尺寸的随机分布，在压力作用下一些小的颗粒会率先发生塑性变形。同时可以观察到在压制过程中等效应变大部分都集中在颗粒的边界处。

对于大小不同的两层颗粒的压制过程，如图 14 所示，在压制结束后颗粒发生大量的塑性变形，原先的孔隙被变形的颗粒所填充。颗粒的塑性变形率先发生在颗粒边界处，压制结束后在其边界区域会出现大量的动态再结晶晶粒。从图中可以看到，位于上层的小尺寸颗粒层的塑性变形量相比于下部的大颗粒会更小，而且致密化后的颗粒的形状更加接近正多边形。下部的大尺寸颗粒塑性变形均匀性差，局部区域会出现较大的应变能累计，而且部分颗粒会沿着某个方向发生较大的塑性变形，在压制结束颗粒形状更加复杂。也就是说在压制过程中细小的颗粒可以获得更加均匀的微观组织。

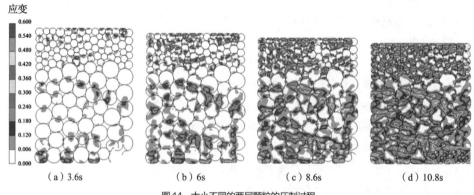

图14　大小不同的两层颗粒的压制过程

3 粉末热等静压微观尺度研究

在粉末热等静压过程中，由于粉末颗粒表面污染物的存在，以及粉末颗粒边界处累积大量的塑性应变能，两者的耦合作用将诱发动态再结晶（dynamic recrystallization，DRX）的发生。因此在热等静压之后原始的颗粒边界形成了大量的动态再结晶晶粒进一步改善微观组织。图15所示为热等静压过程中组织形成过程简图。动态再结晶能够显著地改善成形零件的微观组织，而微观组织将直接决定产品最终的综合力学性能。如何准确描述粉末HIP过程动态再结晶现象对于调控和改善粉末HIP成形组织具有重要的指导作用。传统的实验方法能够借助于显微镜进行动态再结晶分数的预估，通过对大量数据的拟合可以得到以变形量等为基本变量的计算特定条件下再结晶分数的经验公式，但是实验难以捕捉到特定的再结晶形核、长大时刻，而且通常只能对晶粒长大的若干个过程进行分析，无法实现实时动态研究，因此传统的实验方法难以准确系统地揭示粉末热等静压过程微观组织形成与转变机理。随着近年来数值分析水平的不断提高，以元胞自动机为代表的数值分析方法在热加工微观组织演变中得到了广泛的应用，目前较为成熟的元胞自动机方法将特定材料微观组织转变的物理本质进行数学建模，结合相应材料的物性参数，实现微观组织形成及演变过程动态模拟。

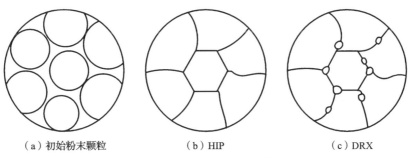

（a）初始粉末颗粒　　　　　　（b）HIP　　　　　　（c）DRX

图15　粉末热等静压过程组织演变简图

3.1　DRX元胞自动机模型

3.1.1　DRX演变的CA模型

DRX晶粒的长大模拟过程中决定DRX晶粒演变的主要因素是元胞的状态以及对应的转变规则。在DRX模拟过程中，边长为2μm的元胞包含的主要状态变量是位错密度，位错密度的大小将直接决定当前元胞是否满足DRX形核条件以及DRX形核后晶粒长大的动力学条件。在DRX计算过程中，要同时考虑加工硬化和动态软化两个因素对位错密度的影响，元胞的位错密度由KM公式进行计算，当元胞成为DRX核心时，其位错密度将变为初始位错密度。还有一个比较重要的状态量就是晶粒取向变量，因为要对晶粒内部元胞和界面元胞进行区分以确保DRX过程的晶界形核，因此必须引入晶粒取向这一状态量来区分不同的晶粒，为了数值计算的方便，将取向不同的晶粒之间的边界视为晶界，晶界由两层元胞网格组成，并引入晶界变量这一状态量来区分晶界与内部晶粒。同样的，决定DRX晶粒演化行为准确性的就是转变规则，依据DRX演变的物理意义，构建了如下的DRX晶粒长大转变规则：

（1）晶粒长大驱动力大于 0，即 $f > 0$。

（2）DRX 晶核位于晶界，且 DRX 晶核周围存在再结晶次数更高的元胞。

（3）该元胞的再结晶分数变量为 1；当前元胞 DRX 分数为：$f^r_{ij} = 1/l_0 \int_0^t v_i \, \mathrm{d}t$。其中 v_i 是计算得到的当前 DRX 元胞生长速度，l_0 是元胞的边长。

上述三个条件是动态再结晶发生的必要条件，在满足上述转变规则后还要根据其邻居元胞的状态计算其转变概率，目标元胞发生 DRX 演变的概率为 $P=m/4$，其中同 m 为该元胞的邻居中具有相同取向的元胞个数[26]。

3.1.2 DRX 演变的 CA 法流程

DRX 演变过程的 CA 模拟流程如图 16 所示，详细的步骤如下：

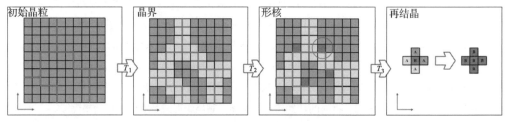

图 16　CA 法模拟 DRX 过程思路

（1）初始条件设置：初始的晶粒组织采用 CA 法进行生成，初始位错密度均匀且设定为初始值 ρ_{ini}，标定初始晶界，晶界包含两层元胞网格。

（2）时间步长 Δt 以及计算步数的确定：本文选取的 Δt 为一个元胞长大所需的最短时间，Δt 计算公式为[27]

$$\Delta t = l_0/v_{\max} = k_2^2 l_0 / M\tau k_1^2 \tag{12}$$

结合预设的应变量 ε 和应变速率 $\dot{\varepsilon}$ 可以计算得到元胞自动机的总模拟步数为

$$n_{\mathrm{CA}} = \varepsilon / \dot{\varepsilon} \Delta t \tag{13}$$

（3）利用位错密度增长模型计算因应变的改变而导致的位错密度的变化。

（4）再结晶形核。随着热加工变形的增加，采用 KM 模型更新元胞位错密度，当元胞的位错密度累积达到会诱发 DRX 形核的临界值时进行形核判定。需要注意的是新形核元胞再结晶次数增加一次，密度更改为初始位错密度，同时随机分配晶粒取向，形核完成后重新更新晶粒边界。

（5）DRX 晶粒长大。新生的 DRX 晶粒长大过程通过上文中我们规定的 DRX 晶粒长大的三个条件来控制，当 DRX 晶核的邻居元胞中存在满足条件的临界元胞，则该元胞将会进行 DRX 演变。

在每一个计算步内，对每一个元胞进行 DRX 形核与长大的判断并更新所有元胞的位错密度等状态变量。CA 模拟过程中，初始的组织不断被 DRX 组织所取代，再结晶分数的计算公式为

$$X_{\mathrm{DRX}} = N_{\mathrm{DRX}} / N_{\mathrm{all}} \tag{14}$$

式中，N_{DRX} 为模拟体系中 DRX 元胞总数；N_{all} 为模拟体系总元胞数量。

3.1.3 DRX 演变的 CA 法验证

在 CA 法分析过程中，临界位错密度通常对应着临界应变和临界应力，两者之间可以通过下式

进行计算：

$$\sigma = 0.5\mu_0 \left| 1 - 0.9 \times \frac{T-300}{T} \right| \boldsymbol{b} \sqrt{\frac{1}{N_0} \sum_i^{N_0} \rho_i} \qquad (15)$$

式中，$\boldsymbol{b}$ 是博格斯矢量；μ_0 为材料在 300K 时的切变模量；T_m 表示材料的熔点；N_0 为 CA 模拟中的元胞总数；ρ_i 为第 i 个元胞的位错密度。

借助公式通过追踪所有元胞位错密度的改变便可计算当前条件下的流变应力，据此我们计算了 Ti6Al4V 合金粉末热等静压件在应变速率为 $0.1s^{-1}$、$1.0s^{-1}$ 和 $10.0s^{-1}$，变形温度为 645℃、670℃和 695℃变形条件下的应力—应变曲线并与 Gleeble 压缩试验结果进行对比，如图 17 所示。

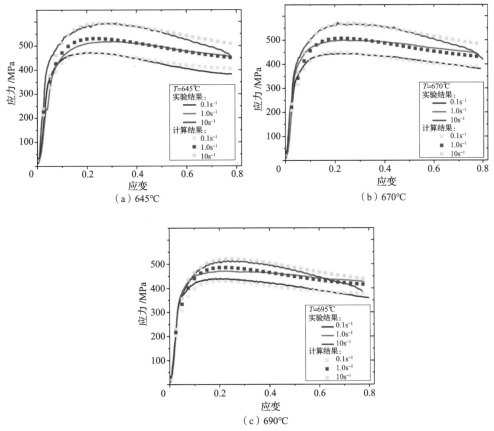

（a）645℃

（b）670℃

（c）690℃

图 17　不同热加工条件下模拟与 Gleeble 结果对比

由图可知，在应变小于 0.7 的情况下，模拟曲线和实验曲线基本吻合，在高应变区域模拟得到结果比实际结果偏高，这是因为 Ti6Al4V 合金在 $\alpha + \beta$ 两相区呈现出典型的片层状结构，在高应变区域，由于晶粒发生了较大的变形，片层结构会发生弯曲甚至折断形成近等轴结构的小晶粒，片层结构的弯曲以及破裂将起到细化晶粒的作用，因此流变应力曲线会下降，而模型中并没有考虑到这种情况，所以实验得到的流变应力比模拟结果偏低，但从曲线整体的吻合程度依旧可以验证数值模拟的准确性。

数值模拟结果与实验结果两者的曲线轮廓吻合度较高，选取流变应力曲线上的峰值应力与峰值应变的数值进行结果对比，结果见图18所示。可以发现，在不同加工条件下计算得到的峰值应力与峰值应变与实验结果基本相同，尤其是峰值应力误差较小，而由于峰值应变数值较小，实验数据的拟合求解也存在一定误差，因此与计算结果存在一定偏差。数值对比进一步验证了CA法模拟结果的可靠性。

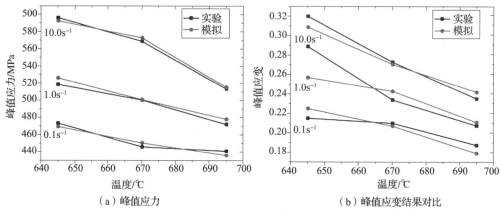

（a）峰值应力　　　　　　　　　　　　　　（b）峰值应变结果对比

图18　不同热变形条件下

3.2　应变量对动态再结晶组织演化的影响

应变量的增加将导致在颗粒边界处塑性应变能的累积，而在原始晶粒边界处又存在一层氧化污染物，两者的耦合作用将促使颗粒边界动态再结晶晶粒的形成，图19反映了不同应变量下动态再结晶晶粒的演变过程，图中白色部分为原始晶粒，彩色部分代表不同的再结晶晶粒并以黑色边界进行区分。可以看到新形成的再结晶晶粒呈链状式分布在原始的晶粒边界处，再结晶晶粒亦呈现出比较规则的多变形形状，图22（a）统计了模拟区域中晶粒的平均尺寸以及再结晶分数随着应变变化的曲线。可以看到在达到临界应变之前，体系内没有再结晶现象发生，在超过临界应变之后由于细小的再结晶晶粒突然出现，将迅速拉低体系内晶粒的平均尺寸，而随着应变量的增加平均晶粒尺寸降低速度趋缓，而再结晶分数却在不断增大，这是因为应变量的增加，一方面提高了体系的塑性应变能导致更大的形核概率，另一方面保证了较长的再结晶晶粒长大时间。

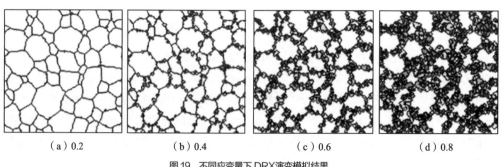

（a）0.2　　　　　　（b）0.4　　　　　　（c）0.6　　　　　　（d）0.8

图19　不同应变量下DRX演变模拟结果

3.3 应变速率对动态再结晶组织演化影响

应变速率在热加工过程中表示加工过程的快慢，而在粉末热等静压技术中粉末的变形是依靠包套塑性变形进行传递的，那么这里应变速率就是包套变形的快慢，而包套变形的快慢最直接的影响因素就是升温升压速率。在热加工过程中应变速率主要是通过改变形核轮次和晶粒长大时间来改善微观组织。图20给出温度为695℃，应变量为0.8，不同应变速率 $1s^{-1}$ 和 $0.1s^{-1}$ 时模拟得到的 Ti6Al4V 粉末 HIP 试样动态再结晶微观组织形貌。可以看出，应变速率低时在原始的晶粒边界处形成了更多的再结晶晶粒，而且在 CA 模拟图中反应的是新形成的再结晶晶粒尺寸更大，图22（b）描述了两种应变速率下晶粒平均尺寸和动态再结晶体积分数变化之间的差异。可以看出，在相同的变形温度及变形量下，当应变速率较小时，晶粒的平均尺寸更小，再结晶分数更大，且随着应变量的增加再结晶分数增大的速率更快，但是晶粒的平均尺寸反而更小，这种差异是因为高应变速率将导致更短的变形时间，在当前的生长周期内动态再结晶形核数量少且动态再结晶晶粒难以进行充分的长大，从而使整体的动态再结晶晶粒比例减少。当应变速率降低到 $0.1s^{-1}$ 时，在相同的变形量下需要更长的时间来完成变形过程，在形核概率一定的情况下，再结晶形核的轮次增加了，因此会有更多的再结晶形核数目，而初始的再结晶晶粒经历更长时间的长大，表现在形貌上为较低的应变速率下再结晶晶粒更加粗大，但是由于有大量的新动态再结晶晶粒形核长大，两者耦合作用下较小的应变速率得到的平均晶粒更加细小。

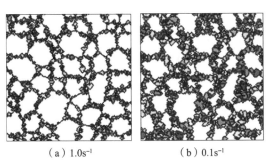

（a）1.0s⁻¹　　　　　　（b）0.1s⁻¹

图20　不同应变速率下再结晶微观组织

3.4 温度对动态再结晶组织演化影响

温度作为影响微观组织最直观的变量也是粉末热等静压过程中最容易控制的变量，较高的温度通过改变原子的激活能使原子更容易跃迁到新的状态，从而影响形核及长大过程。图21显示了应变量为0.7，应变速率为 $0.1s^{-1}$，不同变形温度695℃和720℃时模拟得到的 Ti6Al4V 粉末 HIP 试样动态再结晶微观组织形貌。图22（c）描述不同温度下平均晶粒尺寸和再结晶分数的差异。由图21可知，720℃条件下新生成的动态再结晶晶粒更多，动态再结晶分数更高，而且从形貌上来看晶粒更加粗大。这是因为对于形核过程来讲，首先，温度越高原子越不稳定，更容易克服能量势垒跃迁到新的状态从而发生更多数量的再结晶形核；其次，目前主流的观点认为孕育周期主要取决于基体位错密度的变化，温度变高基体内位错为代表的亚结构活性变强，易于发生攀移和对消，位错的累积速率变小，因此较高的温度可以降低材料发生动态再结晶所需要的孕育时间，也能够增加再结晶的形核数。对于晶粒长大来说，较高的温度会使晶粒粗大，而再结晶晶粒的长大将会覆盖初始的基体组织。

综合这两方面的因素，较高的温度下可以获得再结晶分数更高的微观组织，而且由于新生的再结晶晶粒数量大，所得到的平均晶粒尺寸也更小。

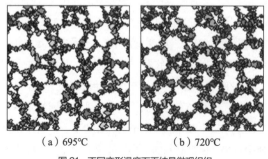

（a）695℃　　　　　（b）720℃

图21　不同变形温度下再结晶微观组织

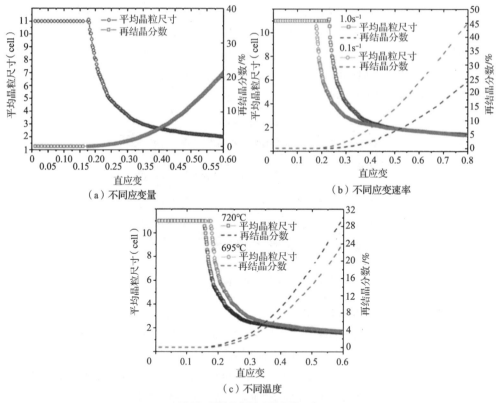

（a）不同应变量　　　　（b）不同应变速率

（c）不同温度

图22　再结晶分数与平均晶粒尺寸

4 结论

（1）宏观尺度研究表明：包套对等静压力的屏蔽效果与壁厚及材料的屈服强度成正比；刚度大的石墨型芯控形效果更好，但局部区域致密度较低；较长的保温平台可以获得更高的致密度，但是容易导致晶粒粗大，微裂纹增多；初始密度分布不均将导致包套非均匀变形而对内部粉末产生剪切作用使颗粒破碎。

（2）细观尺度研究表明：在细观颗粒运动变形研究上，发现了等静压力逐层传递压缩粉末边界变形的规律，揭示了因边界塑性应变能累积及颗粒表面污染物耦合导致的再结晶原因，阐明了网格状粉末热等静压微观组织形成的物理过程。

（3）微观尺度研究表明：初始的 Ti6Al4V 合金粉末主要由针状 α' 相和弥散分布的 β 相组成，在热等静压过程中，颗粒尺寸大小影响颗粒变形规律，小尺寸颗粒变形更加均匀，且颗粒的塑性变形及塑性应变能大部分累积在粉末颗粒的边界处。

参 考 文 献

［1］Olevsky E A. Theory of sintering: from discrete to continuum ［J］. Materials Science and Engineering: R: Reports, 1998, 23（2）: 41–100.

［2］Mori K, Shima S, Osakada K. Finite element method for the analysis of plastic deformation of porous metals ［J］. Bulletin of JSME, 1980, 23（178）: 516–522.

［3］Mori K, Osakada K. Analysis of the forming process of sintered powder metals by a rigid–plastic finite–element method ［J］. International journal of mechanical sciences, 1987, 29（4）: 229–238.

［4］Henderson R J, Chandler H W, Akisanya A R, et al. Finite element modelling of cold isostatic pressing ［J］. Journal of the European Ceramic Society, 2000, 20（8）: 1121–1128.

［5］Kuhn H A, Downey C L. Deformation characteristics and plasticity theory of sintered powder materials ［J］. International Journal of Powder Metallurgy, 1971, 7（1）: 15–25.

［6］Green R J. A plasticity theory for porous solids ［J］. International Journal of Mechanical Sciences, 1972, 14（4）: 215–224.

［7］Oyane M, Shima S, Kono Y. Thoery of Plasticity for Porous Metals ［J］. Bulletin of JSME, 1973, 16（99）: 1254–1262.

［8］Shima S, Oyane M. Plasticity theory for porous metals ［J］. International Journal of Mechanical Sciences, 1976, 18（6）: 285–291.

［9］Gurson A L. Continuum theory of ductile rupture by void nucleation and growth: Part I — Yield criteria and flow rules for porous ductile media ［J］. Journal of engineering materials and technology, 1977, 99（1）: 2–15.

［10］任学平. 粉末金属屈服准则和流动应力的研究 ［D］. 哈尔滨工业大学, 1989.

［11］Lee D N, Kim H S. Plastic yield behaviour of porous metals ［J］. Powder Metallurgy, 1992, 35（4）: 275–280.

［12］Park J J. Constitutive relations to predict plastic deformations of porous metals in compaction ［J］. International journal of mechanical sciences, 1995, 37（7）: 709–719.

［13］华林, 秦训鹏. 粉末烧结材料屈服条件研究和进展 ［J］. 武汉理工大学学报. 2004（04）: 1–5.

［14］董平. 包套对等静压压力的屏蔽效应分析 ［J］. 金属成形工艺. 2002（03）: 12–14.

［15］Molerus O. Theory of yield of cohesive powders ［J］. Powder Technolog, 1975, 12（3）: 259–275.

［16］Wilkinson D S, Ashby M F. Pressure sintering by power law creep ［J］. Acta Metallurgica, 1975, 23（11）: 1277–1285.

［17］Helle A S, Easterling K E, Ashby M F. Hot-isostatic pressing diagrams: new developments ［J］. Acta Metallurgica, 1985, 33（12）: 2163-2174.

［18］Redouani L, Boudrahem S. Hot isostatic pressing process simulation: application to metal powders ［J］. Canadian Journal of Physics, 2012, 90（6）: 573-583.

［19］Mason G. Radial distribution functions from small packings of spheres ［J］. Nature. 1968, 217（5130）: 733-735.

［20］Wang M, Yin Y, Zhou J, et al. A multi-scale study of Inconel 625 powders HIP process and construction of HIP maps［J］. The International Journal of Advanced Manufacturing Technology, 2017: 90（9-12）: 3055-3066.

［21］陈建勋, 黄伯云, 周科朝, 等. 热等静压保温保压时间对 TiAl 合金有关性能的影响［J］. 粉末冶金材料科学与工程, 2001（02）: 146-152.

［22］Ransing R S, Gethin D T, Khoei A R, et al. Powder compaction modelling via the discrete and finite element method ［J］. Materials & Design, 2000, 21（4）: 263-269.

［23］Cameron I M, Gethin D T. Exploration of die wall friction for powder compaction using a discrete finite element modelling technique ［J］. Modelling and Simulation in Materials Science and Engineering, 2001, 9（4）: 289-307.

［24］Gethin D T, Lewis R W, Ransing R S. A discrete deformable element approach for the compaction of powder systems ［J］. Modelling and simulation in Materials Science and Engineering, 2002, 11（1）: 101-114.

［25］Duan W, Yin Y, Zhou J, et al. Dynamic research on Ti6Al4V powder HIP densification process based on intermittent experiments ［J］. Journal of Alloys and Compounds, 2019: 489-497.

［26］Wang M, Yin Y, Zhou J, et al. Cellular automata simulation for high temperature austenite grain growth based on thermal activation theory and curvature-driven mechanism ［J］. Canadian Journal of Physics, 2016, 94（12）: 1353-1364.

［27］Kugler G, Turk R. Modeling the dynamic recrystallization under multi-stage hot deformation ［J］. Acta Materialia, 2004, 52（15）: 4659-4668.

［28］Wang M, Zhou J, Yin Y, et al. Hot deformation behavior of the Ti6Al4V alloy prepared by powder hot isostatic pressing ［J］. Journal of Alloys and Compounds, 2017. 15（721）: 320-332.

Ti6Al4V 合金导向槽 SLM 成形过程的数值模拟及实验研究

夏鹄翔，陶攀，许庆彦

清华大学材料学院，北京 100084

0 引言

正如汽轮机、电灯泡、核能、微芯片、互联网等改变我们的世界一样，增材制造（addtive manu-facuring，AM）技术，也被称为 3D 打印，正在悄无声息地给我们的世界带来革命性的变化[1]。根据美国材料与试验协会（American society of testing materials，ASTM）对 AM 技术的定义，AM 是指根据物体的三维模型采用逐层累加的方式将材料相互连接起来成形物体的工艺过程[2]。相对传统的减材工艺与成形制造技术，AM 技术可以实现个性化定制与按需制造，具有生产周期短、交付时间快、材料利用率高、零件制造速度快与结构设计的自由度大等优点，在未来新产品的开发与制造业的转型升级过程中扮演着不可或缺的角色，也被誉为带来"第三次工业革命"的技术[3]。我国在 2015 年推出了国家增材制造产业发展推进的相关计划，在政策上支持国内 3D 打印技术的发展[4]。

在众多 AM 技术中，SLM 是一种利用高能激光束选择性地逐层熔化粉末的粉末床熔化工艺。它具有许多明显的技术优势[5]。SLM 的数值模拟研究在国内外已经有大量的相关报道。在国内，殷杰[6]考虑了材料状态的转变以及不同材料状态下能量吸收率的差异，模拟研究了工艺参数对 SLM 成形纯 Ni 多道次成形过程中温度场及熔池形貌的影响。姜献峰等[7]模拟研究了 SLM 成形 316L 不锈钢在不同搭接率下相邻扫描道次之间温度的相互影响。李昊等[8]研究了激光扫描路径对 SLM 不锈钢温度场的影响，指出扫描线端部的高温度梯度与不对称温度分布会导致边界处出现球化。姜毅[9]模拟研究了功率、扫描速度、搭接率对 SLM 成形 316L 不锈钢在多层多道次过程中温度场的影响。在国外，Ilin 等[10]探讨了激光功率、扫描速度以及零件几何形状对 SLM 成形 316L 不锈钢的熔池形貌，模拟结果表明零件几何形状的变化会使得熔池附近散热条件发生变化，进而导致熔池形貌与熔池内温度分布发生变化。Hussein 等[11]数值模拟研究了 SLM 成形 316L 悬垂层中的温度场特征。Roberts 等[12]模拟 Ti6Al4V 合金 SLM 多层沉积过程中的温度变化，认为在 SLM 扫描区内均会经历相似的加热冷却循环、当前层的沉积会重新加热已沉积层。Loh 等[13]在温度场数值模型中考虑了体积收缩与材料汽化，探讨了不同扫描速度和激光功率下 SLM 成形 6061 铝合金熔池尺寸的变化规律。

Ti6Al4V 合金具有优异的比强度、良好的生物兼容性与耐腐蚀性等特性，因而广泛地应用于国防、航空航天以及生物医疗等领域[14]。出于减轻重量、改善燃油效率、提高散热能力、增强隐身能力等方面的考虑，当前航空航天工业对具有复杂几何结构的 Ti6Al4V 合金构件的需求也越来越大。然而，采用传统的加工制造工艺如熔模铸造、锻造以及机械加工等，不仅工艺周期长，而且成本高、材料利用率低，难以满足实际需求。通过 SLM 工艺可以非常高效、低成本地成形任意复杂形状的 Ti6Al4V 合金构件，因此越来越受到人们的重视。目前，关于 SLM 成形 Ti6Al4V 合金的实验研究已经非常多，但大多集中于工艺参数的优化与材料表征方面，而以实际工程应用为背景，以实际零件为对象，采用数值模拟与实验研究相结合的手段，围绕零件显微组织、力学性能和尺寸精度控制方面的研究报道还较少。

中欧合作项目组从众多用于航空航天的 Ti6Al4V 合金零件中，选择了具有典型代表性的导向槽零件为研究对象，旨在比较分析采用熔模铸造与 SLM 两种工艺成形 Ti6Al4V 合金导向槽在显微组织、力学性能、尺寸精度以及生产周期、成本等方面的优缺点，以期实现工程应用。

本文建立了 SLM 温度场模拟模型，分析了 SLM 成形工艺下熔池形貌，以及成形过程中 Ti6Al4V 合金每层沉积过程的温度变化。通过热力耦合模拟探讨了不同支撑结构对导向槽残余变形的影响。通过实验研究了 SLM 成形 Ti6Al4V 合金的宏观组织形态与力学性能。

1 数学模型

1.1 温度场

为了便于建模，在 SLM 温度场模拟研究之前，做了如下假设：

（1）忽略真实的粉末颗粒形状，将粉床视为连续体，其热物性参数取决于疏松率。一般而言，粉床的疏松率在 0.4～0.6 之间，取决于粉末颗粒的尺寸特征以及堆落方式，本文假定粉末床的初始疏松率为 0.5。

（2）忽略了粉末熔化而引起的体积收缩。鉴于粉层厚度太小，在模型中考虑体积收缩，会增加模型的复杂性。

（3）忽略了熔池内的流动。通过提高熔池内液体的热导率，近似地考虑熔池内流动对温度分布的影响。

（4）假设材料的能量吸收率为常数。实际上，吸收率不仅与温度相关，还取决于局部微区的表面形貌。

（5）不考虑材料汽化导致的能量和质量损失。有研究表明在选区熔化工艺过程中材料汽化的质量非常少，可以忽略不计。在简化模型中，粉床吸收激光束的能量后熔化，通过导热、对流和辐射的方式向周围散热，然后冷却凝固成实体。

基于以上模型假设，Ti6Al4V 合金 SLM 工艺过程中的瞬态非线性温度变化，可以通过传热控制方程来描述

$$\rho(T)c(T)\frac{\partial T}{\partial t} = \nabla \cdot (k(T)\nabla T) + Q\ (x,\ y,\ z,\ t) \tag{1}$$

式中，ρ 为密度；c 为比热容，且通过等价比热容的方式考虑了材料的熔化潜热；k 为热导率；T 为温度；t 为时间；$Q(x,\ y,\ z,\ t)$ 为单位体积的内部生成热。

Δt 表示时间步长，Δx 表示有限差分网格尺寸。根据显式差分方程的稳定性条件，时间步长应该满足

$$\Delta t < \frac{\Delta x^2}{8a_0} \tag{2}$$

式中，a_0 为最小热扩散率，可以表示为

$$a_0 = \frac{k_{max}}{c_{min} \cdot \rho_m} \tag{3}$$

在初始时刻，整个计算域的温度为环境温度。在计算域的底部，施加固定温度约束条件，作为基板预热温度。在当前沉积层的上表面，施加对流和辐射边界，如公式（4）所示

$$-k\frac{\partial T}{\partial z} = h_0 \left(T_0 - T_{surf} \right) + \psi\sigma_b \left(T_{surf}^4 - T_0^4 \right) \tag{4}$$

式中，h_0 为自然对流传热系数；T_{surf} 为表面温度；ψ 为辐射率；σ_b 为斯忒藩-玻耳兹曼常量 $5.6697 \times 10^{-8} W/ \left(m^2 \cdot K^4 \right)$。在计算域的其他表面上，施加绝热边界。

本文中用高斯体热源模型来描述激光束的能量分布，其表达式如公式（5）所示

$$Q \left(x, y, z, t \right) = \frac{8\lambda P}{\pi D^2 \delta} exp\left[-8\frac{\left(x-vt \right)^2 + y^2}{D^2} \right] exp\left[-\frac{|z|}{\delta} \right] \tag{5}$$

式中，λ 表示能量的吸收率；P 为激光功率；D 为束斑半径；δ 为热源渗透深度；v 表示扫描速度；t 表示时间。

本文温度场模型中所用 Ti6Al4V 合金实体的热物性参数包括比热容、密度以及热导率如图 1 所示。粉床的等效材料属性[15] 表示为

$$c_p = \begin{cases} c_s & T \leq T_s \\ c_s + \dfrac{L_f}{T_1 - T_s} & T_s < T \leq T_1 \\ c_s & T > T_1 \end{cases} \tag{6}$$

$$\rho_p = \begin{cases} \left(1-\varphi \right)\rho_s & T \leq T_s \\ \dfrac{\rho_s \left(T_1 \right) - \rho_s \left(T_s \right)}{T_1 - T_s} \left(T - T_s \right) + \rho_p \left(T_s \right) & T_s < T \leq T_1 \\ \rho_s & T > T_1 \end{cases} \tag{7}$$

$$k_p = k_s \left(1-\varphi \right)^2 \tag{8}$$

式中，T_1、T_s 为 Ti6Al4V 合金的液相线与固相线温度；c_s、ρ_s、k_s 为 Ti6Al4V 合金实体的比热容、密度及热导率；c_p、ρ_p、k_p 为 Ti6Al4V 合金粉末的比定压热容、密度及热导率；L_f 为 Ti6Al4V 合金的熔化潜热；φ 为疏松率。

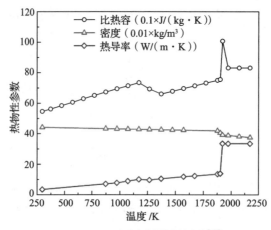

图1 Ti6Al4V 合金实体的热物性参数[16]

1.2 应力应变

SLM 应力应变数值模拟遵守热弹塑原理，每一步计算出的温度场作为应力分析的输入条件，对应力应变求解。为节省计算时间，忽略金属塑性变形对温度场的影响，其应力应变的关系如下

$$\{\sigma\} = [\boldsymbol{D}]\{\{\varepsilon\} - \{\varepsilon^{p}\} - \{\varepsilon^{th}\}\} \tag{9}$$

式中，$\{\sigma\}$ 是应力向量；$[\boldsymbol{D}]$ 是弹性矩阵；$\{\varepsilon\}$、$\{\varepsilon^{p}\}$、$\{\varepsilon^{th}\}$ 是分别总应变矢量、塑性应变向量和热应变矢量。其中，热应变矢量可由所在单元的温度 T 与热膨胀系数 α（T）计算求解

$$\varepsilon^{th} = \int_{T_{ref}}^{T} \alpha(T)\,\mathrm{d}T \tag{10}$$

式中，T_{ref} 为参考温度。

通过 Mises 屈服准则计算单元的等效应力

$$\sigma_{equ} = \sqrt{\frac{1}{2}\left[(\sigma_1 - \sigma_2)^2 + (\sigma_2 - \sigma_3)^{2+}(\sigma_3 - \sigma_1)^2\right]} \tag{11}$$

式中，σ_1、σ_2 和 σ_3 为 3 个方向上的主应力。同理，其等效应变为

$$\varepsilon_{equ} = \sqrt{\frac{1}{2(1+\mu)^2}\left[(\varepsilon_1 - \varepsilon_2)^2 + (\varepsilon_2 - \varepsilon_3)^2 + (\varepsilon_3 - \varepsilon_1)^2\right]} \tag{12}$$

式中，ε_1、ε_2 和 ε_3 为三个方向上的应变；μ 为泊松比。

为了提高计算效率，本文采用基于 CUDA（compute unified device architecture）平台的 GPU 并行算法进行求解。所使用的计算器操作系统为 Win7 64 位、内存为 64G、CPU 为 Intel（R）Xeon（R）E5-2620 2.10GHz，显卡为 NVIDIA GTX 1080。

2 实验条件

Ti6Al4V 合金导向槽源于国内某在研大型商用客机舱门部件，其三维几何模型如图 2 所示。导向槽的长为 140mm，宽为 70mm，高为 40mm，最小壁厚为 2mm。

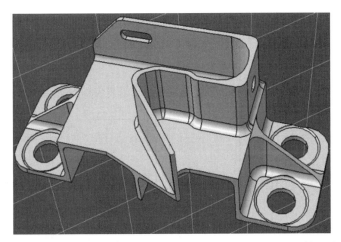

图2　Ti6Al4V 合金导向槽的三维几何模型，其尺寸为 140mm×70mm×40mm（长 × 宽 × 高）

实验中所采用的 Ti6Al4V 合金粉末是由气体雾化制备而成，粉末颗粒近似呈球形，尺寸呈高斯分布，粒径主要集中在 23.1 ~ 56.7μm 的范围内，在部分颗粒的表面上会黏结一些小尺寸的"卫星"粉颗粒，如图 3 所示。在 EOS280 SLM 设备上成形，采用的成形工艺参数为：激光功率 280W，扫描速度 1200mm/s，光斑直径 0.1mm，粉层厚度 0.03mm，行间距 0.14mm，基板温度 298K，扫描方式采用交叉扫描且相邻层间旋转 67° 角。为了评价 SLM 成形 Ti6Al4V 合金的显微组织与力学性能，成形了若干个垂直取向和水平取向的力学性能试样，其几何尺寸如图 4 所示。

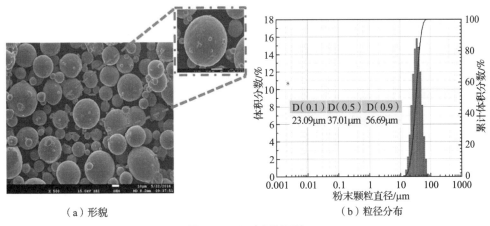

（a）形貌　　　　　　　　　　　（b）粒径分布

图3　Ti6Al4V 合金粉末颗粒

Ti6Al4V 合金金相通过机械打磨方式获得，并使用 Kroll 试剂腐蚀。使用蔡司光学显微镜（OM）观察材料的宏观组织结构。通过扫描电镜（SEM）与 FEI Tecnai-G2 透射电镜（TEM）表征分析合金的枝晶形貌。利用电子万能材料试验机测量合金力学性能。

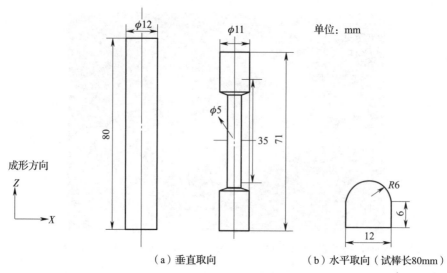

（a）垂直取向　　　　　　　（b）水平取向（试棒长80mm）

图4　SLM 成形 Ti6Al4V 合金的力学性能测试试样的几何尺寸

3 实验结果及讨论

3.1 温度变化

3.1.1 单道扫描

图 5 是不同线能量密度下熔池宽度和深度的模拟预测值与 Zielinski 等[17]的实验测量值，本文所采用的 SLM 工艺参数的线能量密度或者体能量密度在文献所涉及的数据范围内。从中可以发现，在相同的线能量密度下，当基板上无粉时熔池横截面的宽度与深度均大于基板上存在单层粉末的情况，这是因为熔化粉末需要吸收一部分激光束的能量。从图 5（a）中可以发现，熔池宽度的模拟值均与实验测量值吻合得比较好。

Tang 等[18]基于 Rosenthal 方程，推导出了 SLM 成形过程中熔池宽度 W 的解析公式

$$W \approx \sqrt{\frac{8\lambda P}{\mathrm{e}\pi\rho_0 c_0 \left(T_\mathrm{f} - T_1\right) v}} \tag{13}$$

式中，T_f 表示合金的熔点温度；T_1 表示远离熔池的温度；ρ_0 为合金的室温密度；c_0 合金的室温比热容。

基于上述熔池宽度的解析公式，计算出了不同线能量密度下熔池宽度的范围如图 5（a）中的浅绿色区所示，可以发现不同线能量密度下熔池宽度的实验值与模拟值均落在浅绿色区。此外，熔池宽度 W 近似地与线能量密度的平方根 $\sqrt{P/v}$ 成正比关系，在无粉情况下熔池的宽度与吸收率 λ =0.5 时解析公式的计算值吻合较好，而在有粉情况下熔池宽度与吸收率 λ =0.4 时解析公式的计算值吻合较好。

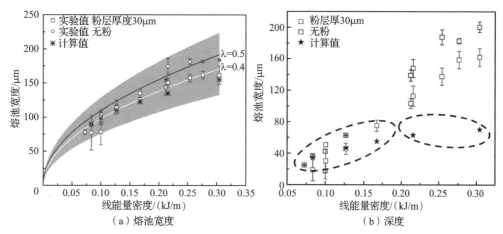

图 5　不同线能量下单道扫描中实验测量与模拟预测值

图 5（b）是不同线能量密度下熔池深度的实验测量值与模拟预测值，可以发现在线能量密度小于 0.175kJ/m 时，模拟预测的熔池深度与实验测量值大体上吻合良好；而当线能量高于 0.175kJ/m 时，模拟预测的熔池深度要比实验测量的小，误差较大。这主要是当前的温度场模型只考虑了导热模式，并没有考虑汽化以及小孔效应。因此，在能量密度较低的情况下，模拟预测的熔池深度与实验测量吻合良好；而当线能量密度较高的时候，预测的熔池深度较小，与实际测量偏差较大。从另外一个角度来讲，最优的 SLM 成形工艺应该保持 SLM 成形过程中熔池的稳定，避免小孔效应的出现。

图 6 是模拟的不同线能量密度下单道次扫描过程中距起始位置 1/4 长度处的温度—时间曲线。从模拟结果可以发现，不同线能量密度下温度—时间曲线的形状是相似的，均包括快速加热和快速冷却阶段。在冷却过程中，最高冷却速率可以达到 1×10^7K/s 的数量级，在大约 0.1s 的时间内从最高温度迅速冷却至室温，由于潜热的释放使得温度－时间曲线有一个明显的平台。在液相凝固后，冷却速率随着温度的降低而减小，比如在 120W/900mm/s 的工艺条件下冷却速率由在温度 1878K 时的 3.01×10^6K/s，减小到温度 848K 时的 3.23×10^5K/s。

3.1.2　多道多层扫描

基于已建立好的温度场模型，采用与实验一致的工艺参数，模拟的温度场熔池形貌如图 7（a）所示。模拟熔池宽度为 145μm，解析公式计算值为 150μm，二者吻合良好。在凝固过程中沿熔池深度方向上的温度梯度和凝固速率如图 7（b）所示，可以发现凝固起始于柱状晶区，随着凝固的进行逐渐由柱状晶区过渡到柱状晶 + 等轴晶的混合区。

A 点在单层沉积过程中的温度—时间曲线如图 8（a）所示，可以发现在冷却过程中在马氏体形成起始温度 848K 处，瞬态冷却速率高达 2.1×10^5K/s，远高于形成马氏体 α′ 所需的最小冷却速率 410K/s。采用以 67° 旋转的扫描方式，模拟的多层沉积过程中 A 点处的温度—时间曲线，如图 8（b）所示。模拟结果表明第 5 层沉积的峰值温度为 820K，从第 1 层到第 5 层之间的平均冷却速率依然大于 410K/s。基于以上数值模拟结果，可以大致地判断 SLM 成形 Ti6Al4V 合金的显微组织中包含柱状晶或者等轴晶和马氏体 α′ 。

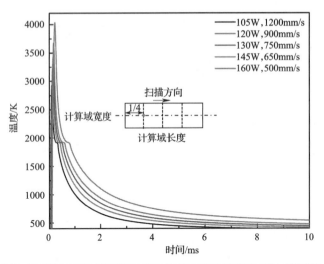

图6 Ti6Al4V合金在不同线能量下的SLM单道次扫描过程中的温度—时间曲线

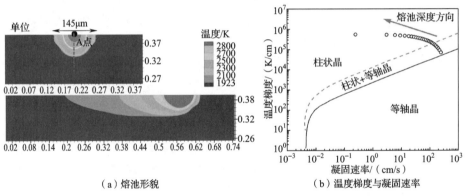

（a）熔池形貌　　　　　　　（b）温度梯度与凝固速率

图7 模拟的温度场熔池形貌及熔池深度方向上的温度梯度与凝固速率变化

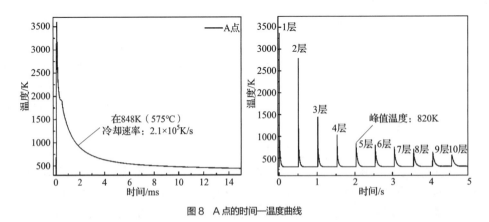

图8 A点的时间—温度曲线

采用交叉扫描路径模拟了SLM成形Ti6Al4V合金沉积10层过程中的温度场，并提取了第1层第三扫描道次中间位置处的温度变化，如图9（a）所示。从模拟计算结果可以发现，随着沉积层的增加，温度提取点所能达到的峰值温度逐渐减小，由沉积第 1 层时 3334K 逐渐减小到沉积第 10 层时的 524K。为了比较清晰地分析每层沉积过程中的温度变化，将每一层沉积的起始时间设为零，如图 9（b）所示。尽管后续沉积层对温度提取点处的热影响逐渐减小，但由于激光沿着单一方向交叉扫描，使得每层沉积过程中温度提取点处的温升温降趋势一致。此外，由于边界条件的变化使得温度提取点处第 1 层扫描后的冷却速率较大，而在后续沉积层中的冷却速率较小。

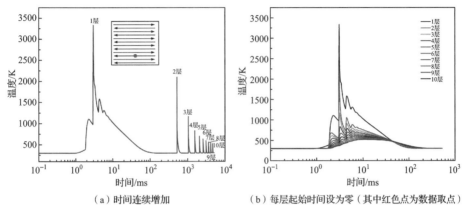

（a）时间连续增加　　　　　　　　（b）每层起始时间设为零（其中红色点为数据取点）

图 9　模拟计算的在交叉扫描方式下 SLM 成形 Ti6Al4V 合金沉积 10 层过程中温度—时间曲线

67° 角旋转扫描是实际 SLM 工艺中更为常见的一种扫描方式。相邻三层沉积过程中的温度场模拟结果如图 10 所示，可以发现由于层间的旋转使得每层沉积过程冷却方向在不断地变化，相对于零件来说，可以认为温度场是均匀分布的。在相同位置处的温度变化如图 10（a）所示，虽然整体上看与交叉扫描方式并没有太大的差异，然而层间旋转使得每层沉积过程中的温度变化更加无序如图 10（b）所示。

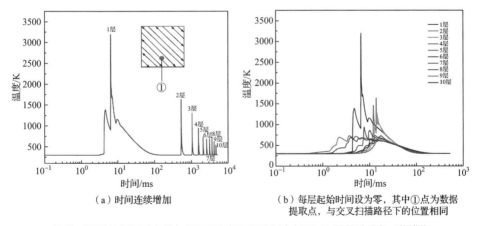

（a）时间连续增加　　　　　　（b）每层起始时间设为零，其中①点为数据
　　　　　　　　　　　　　　　提取点，与交叉扫描路径下的位置相同

图 10　模拟计算的在 67° 扫描方式下 SLM 成形 Ti6Al4V 合金沉积 10 层过程中温度—时间曲线

本文进而模拟研究了不同预热温度（298K/373K/473K）下 SLM 成形 Ti6Al4V 合金沉积 10 层过程中的温度场，提取了每层沉积过程中温度点经历的峰值温度如图 11 所示。对于 Ti6Al4V 合金而言，其马氏体 α′ 回火分解的最小温度为 673K [19]。因此，可以认为当峰值温度 <673K 时，对显微组织

的影响可以忽略不计。模拟计算结果表明，在 Ti6Al4V 合金 SLM 多层沉积过程中，随着基板预热温度的升高，沿成形方向上热影响深度也逐渐增大；当基板预热温度为 298K 时，沿成形方向上的热影响深度为 4~5 层；当预热温度升高至 473K 时，热影响深度增加至 9~10 层。

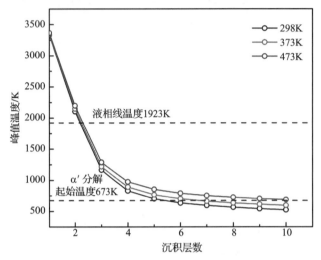

图 11　不同预热温度下交叉扫描路径下每层沉积的峰值温度

3.2　残余变形

为了防止成形过程中出现变形或者开裂、提高零件的尺寸精度，在成形之前往往需要依据零件的几何形状和成形取向，设计合理的辅助支撑结构。这些支撑结构将和目标零件一起成形。因此，为了能够成形出 Ti6Al4V 合金导向槽，本文设计了两种支撑结构，如图 12 所示：一种是零件与基板呈 0° 倾角；另一种是零件与基板呈 45° 倾角。

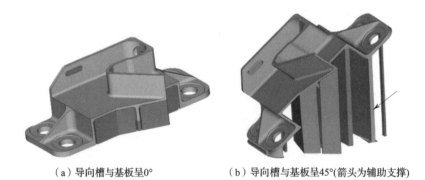

（a）导向槽与基板呈0°　　　　　（b）导向槽与基板呈45°(箭头为辅助支撑)

图 12　设计的两种辅助支撑结构

利用 Simufact additive 商业软件模拟预测了不同支撑结构下 SLM 成形 Ti6Al4V 合金导向槽的残余变形分布，如图 13 所示。从模拟结果可以发现，在与基板呈 0° 倾角的成形方案下，导向槽的残余变形较小，且分布均匀；而在另一种辅助支撑下导向槽的残余变形较大，最大变形量达到 1mm，如图 13（b）中虚线框所示。

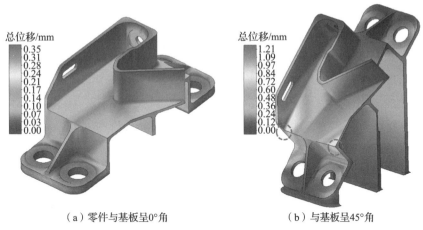

（a）零件与基板呈0°角　　　　　　　（b）与基板呈45°角

图 13　模拟预测不同支撑结构下 SLM 成形导向槽的残余变形

3.3　微观组织与力学性能

通过打印出图 4 中的金属试棒，并选取其中心位置的组织，得到 SLM Ti6Al4V 合金沉积态的宏 –微观组织，如图 14 所示。在基体上没有发现明显的孔洞缺陷，基体组织由宽度为（139.7 ± 11.2）μm 的细小原始 β 柱状晶组成。在组织基体上没有观察到熔池轮廓，无法分辨清楚熔池内的枝晶特征。在原始柱状 β 晶内纵横交错地分布着细小的针状马氏体 α′，如图 14（b）所示，实验结果与模拟计算大体上吻合，同时在高倍透射电子显微镜下还观察到了形变孪晶，如图 14（c）所示。一方面，Ti6Al4V 合金具有密排六方结构，由于可动滑移系较少，其塑性变形往往伴随着滑移与孪生同时发生；另一方面，由于高的温度梯度和冷却速率，在 SLM 成形过程中会在基体内产生较大的内应力，在基体上产生大量的位错，位错发生滑移与塞积。当位错的塞积应力值达到孪生变形的临界应力值时，形成孪生变形，进而产生孪晶。

（a）三维宏观OM组织（沿z方向沉积）　　　　（b）高倍SEM组织

（c）TEM显微组织

图14　SLM Ti6Al4V 合金沉积态宏 – 微观组织

　　沉积态 Ti6Al4V 合金的拉伸力学性能如表 1 所示，可以发现沉积态 Ti6Al4V 合金在各个成形方向上的平均屈服强度均大于 1000MPa，平均抗拉强度在 1300MPa 以上，高于 Ti6Al4V 合金的铸态强度（（776.54±0.5）MPa）与锻态强度（（1023.50±6.0）MPa）。但沉积态 Ti6Al4V 合金的韧性较差，平均延伸率只有 6.5%～8.5%，在各成形方向上的平均断面收缩率在 21.0%～28% 之间。虽然已经满足了当前 Ti6Al4V 合金导向槽的性能要求，却低于 Ti6Al4V 合金锻件的力学性能标准。不同加工状态 Ti6Al4V 合金力学性能的差异，是由不同热加工条件导致的组织差异造成的。沉积态 SLM Ti6Al4V 合金的显微组织更加细小。细小的柱状 β 晶、针状马氏体 α' 以及高密度的晶体缺陷使得沉积态 Ti6Al4V 合金具有非常高的室温屈服强度和抗拉强度，同时完全马氏体 α' 的基体组织增加沉积态 Ti6Al4V 合金的脆性。

表1　Ti6Al4V 合金的室温拉伸力学性能

材料状态	弹性模量 E/GPa	屈服强度 $\sigma_{0.2}$/MPa	抗拉强度 σ_b/MPa	延伸率 EL/%	断面收缩率 RA/%
沉积方向	103±0.4	1036.70±133.7	1309.5±8.2	8.7±2.8	28.6±2.6
垂直于沉积方向	104±3.9	1187.80±35.8	1307.5±7.4	6.8±1.1	21.3±1.7

　　此外，从表 1 所列的实验结果中，还可以发现测量得到的沉积态力学性能波动性较大，这是因为 SLM 成形 Ti6Al4V 合金的力学性能不仅取决于基体的显微组织状态，还与测试试样的内部冶金质量有关。由于 SLM 逐层沉积的工艺特点，使得即使采用同一个设备同一批合金粉末不同批次成形试样的力学性能也会存在一定的波动性。SLM 成形构件力学性能的稳定性差也是其大规模工业化应用的阻碍之一。

　　为了评价沉积态 Ti6Al4V 合金室温拉伸力学性能的各向异性[20]，采用公式（14）计算力学性能在各个方向上的差异性

$$Dr = \frac{|TP_V - TP_H|}{|TP_V + TP_H|/2} \times 100\% \qquad (14)$$

式中，Dr 各向方向上拉伸性能的差异率；TP$_V$ 和 TP$_H$ 分别为垂直方向和水平方向上的平均力学性能。

沉积态 Ti6Al4V 合金室温拉伸力学性能的各向异性如图 15 所示，可以发现力学性能的各向异性主要体现在延伸率、断面收缩率以及屈服强度上，而抗拉强度和弹性模量的各向异性非常小。

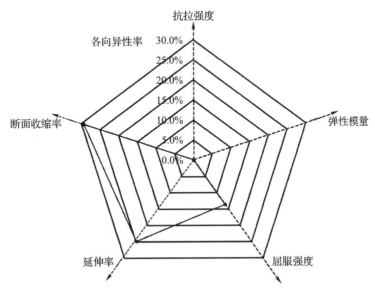

图 15　沉积态 Ti6Al4V 合金室温拉伸力学性能的各向异性

图 16 为沉积态 Ti6Al4V 合金拉伸断口的纵截面，可以直接地观察到当加载方向平行于柱状晶长轴时断面裂纹相对弯曲，而当加载方向垂直于柱状晶长轴时断面裂纹相对平直。此外，还发现了萌生于柱状晶边界处的微裂纹，并沿着晶粒边界拓展，如图 16（a）所示。

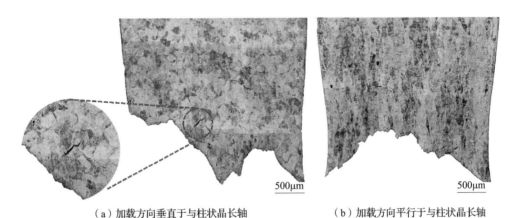

（a）加载方向垂直于与柱状晶长轴　　　　　（b）加载方向平行于与柱状晶长轴

图 16　拉伸试样断口的纵截面

Vilaro 等[21]的研究表明当试样中存在未熔合的孔洞缺陷时，沿成形方向上的延展性会比垂直于成形方向的差。这类孔洞缺陷具有尖角边界，近似一层薄的裂纹垂直于成形方向，当沿成形方向施加拉伸载荷时，未熔合孔洞缺陷会减小载荷的有效承载面积，导致应力集中。当前实验结果与

Vilaro 等的研究结论相反，即沿成形方向的延展性比垂直于成形方向的延展性好，从侧面地说明了在当前工艺条件下沉积态 Ti6Al4V 合金试样内几乎没有明显的未熔合缺陷产生。

4 结论

本文以 Ti6Al4V 合金导向槽为研究对象，通过模拟和实验的手段研究了在 SLM 成形工艺下零件的温度场特征，残余变形和力学性能。主要有如下结论：

（1）模拟研究了不同线能量密度下 Ti6Al4V 合金 SLM 单道扫描过程中的熔池形貌及温度变化，模拟预测的熔池宽度与实验测量及理论公式预测结果相符，熔池宽度近似地与线能量密度的平方根呈正比。

（2）基于多道多层温度场模拟分析了 SLM 成形 Ti6Al4V 合金时每层沉积过程的温度变化，研究发现沿成形方向上的热影响深度为 4~5 层；相对于交叉扫描路径，67° 角层间旋转会使得多层沉积过程中的温度变得更加无序；随着预热温度的提高，在成形方向上的热影响深度逐渐增大。

（3）依据导向槽的形状与成形取向，设计了两种支撑结构，并通过数值模拟预测了其残余变形分布规律，模拟结果表明在与基板呈 0° 倾角的成形方案下残余变形较小，模拟结果与实验测量吻合良好。

（4）通过光学显微镜，扫描电镜和投射电镜观察发现，沉积态 Ti6Al4V 合金的显微组织主要以细长的柱状晶为主，马氏体 α' 占据在柱状晶内，并未发现等轴晶。由于冷却过程中发生了固态相变 $\beta \rightarrow \alpha'$，并未观察到熔池轮廓以及枝晶形貌，但在基体上发现了少量的形变孪晶。

（5）沉积态 Ti6Al4V 合金的室温强度高于铸锻件，平均屈服强度 $\sigma_{0.2}$：1036~1187MPa，平均抗拉强度 σ_b：1308MPa，但延展性较差，平均延伸率 EL：6.8%~8.7%，平均断面收缩率 RA：21.0%~28%，其性能各向异性主要体现在屈服强度和延展性上。

参 考 文 献

［1］Campbell T，Williams C，Ivanova O，et al. Could 3D printing change the world?，Technologies，Potential，and Implications of Additive Manufacturing［M］. Washington，DC：Atlantic Council，2011.

［2］ASTM Standard F279–12a. Standard Terminology for Additive Manufacturing Technologies［M］. West Conshohocken，PA：ASTM International，2012.

［3］Wohlers T，Caffrey T. Annual worldwide progress report of additive manufacturing and 3D printing state of the industry［M］. USA：Wohlers Associates，2015.

［4］工信部，国家发展和改革委员会，财政部. 国家增材制造产业发展推进计划（2015—2016 年）［J］. 机电加工与模具，2015，（S1）：68–70.

［5］Gu D，Meiners W，Wissenbach K，et al. Laser additive manufacturing of metallic components：materials，processes and mechanisms［J］. International Materials Reviews，2012，57（3）：133–164.

［6］殷杰. 激光微烧结金属粉末的温度场和应力场的数值模拟研究［D］. 武汉：华中科技大学光学与电子信息学院，2014.

［7］姜献峰, 宋荣伟, 熊志越, 等. 316L 金属粉末选择性激光熔化瞬态温度场的模拟［J］. 应用激光, 2015, 35(6)：648–651.

［8］李昊, 沈以赴, 李守卫, 等. 激光扫描路径对直接金属激光烧结温度场的影响［J］. 南京航空航天大学学报, 2005, 37（5）：638–642.

［9］姜毅. 选区激光熔化成形过程的应力场模拟及实验研究［D］. 武汉：华中科技大学光学与电子信息学院, 2012.

［10］Ilin A, Logvinov R, Kulikov A, et al. Computer aided optimisation of the thermal management during laser beam melting process［J］. Physics Procedia, 2014, 56：390–399.

［11］Hussein A, Hao L, Yan C, et al. Finite element simulation of the temperature and stress fields in single layers built without–support in selective laser melting［J］. Materials & Design(1980–2015), 2013, 52：638–647.

［12］Roberts I A, Wang C, Esterlein R, et al. A three–dimensional finite element analysis of the temperature field during laser melting of metal powders in additive layer manufacturing［J］. International Journal of Machine Tools and Manufacture, 2009, 49（12）：916–923.

［13］Loh L E, Chua C K, Yeong W Y, et al. Numerical investigation and an effective modelling on the Selective Laser Melting（SLM)process with aluminium alloy 6061［J］. International Journal of Heat and Mass Transfer, 2015, 80：288–300.

［14］Banerjee D, Williams J. Perspectives on titanium science and technology［J］. Acta Materialia, 2013, 61（3）：844–879.

［15］Li Y, Gu D. Thermal behavior during selective laser melting of commercially pure titanium powder：Numerical simulation and experimental study［J］. Additive Manufacturing, 2014, 1：99–109.

［16］Mills K C. Recommended values of thermophysical properties for selected commercial alloys［M］. Sawston, Cambridge：Woodhead Publishing, 2002.

［17］Zielinski J, Mindt H W, Düchting J, et al. Numerical and Experimental Study of Ti6Al4V Components Manufactured Using Powder Bed Fusion Additive Manufacturing［J］. JOM, 2017, 69（12）：2711–2718.

［18］Tang M, Pistorius P C, Beuth J L. Prediction of lack–of–fusion porosity for powder bed fusion［J］. Additive Manufacturing, 2017, 14：39–48.

［19］Mur F G, Rodriguez D, Planell J. Influence of tempering temperature and time on the α′–Ti6Al4V martensite［J］. Journal of Alloys and Compounds, 1996, 234（2）：287–289.

［20］Wei K, Wang Z, Zeng X. Effect of heat treatment on microstructure and mechanical properties of the selective laser melting processed Ti–5Al–2.5Sn α titanium alloy［J］. Materials Science and Engineering：A, 2018, 709：301–311.

［21］Vilaro T, Colin C, Bartout J–D. As–fabricated and heat–treated microstructures of the Ti6Al4V alloy processed by selective laser melting［J］. Metallurgical and Materials Transactions A, 2011, 42（10）：3190–3199.

Ti6Al4V 平衡环电子束熔丝
成形及组织性能研究

吴凡，陈玮，李志强，杨帆，杨光

北京航空制造技术研究院，北京，100024

0 引言

钛合金的比强度高、生物相容性好、低温性能和抗腐蚀性优异，因此被广泛应用于航空航天、生物医疗及海洋工程等领域[1-3]。Ti6Al4V 合金具有良好的综合性能，是应用最为广泛的钛合金[4-5]。在航空工业中，Ti6Al4V 合金主要用于飞机的筋板结构、支座、吊耳、框梁、起落架结构以及航空发动机的风扇、低压压气机等结构件上，钛合金熔炼、铸造、铸造工艺复杂，其零件的材料利用率通常不到 10%，导致零件加工成本高、周期长[6-8]。

增材制造是一种新兴的近净成形可大幅提高钛合金零件的利用率，缩短制造周期并降低成本[9-10]。电子束熔丝成形（electron beam wire deposition，EBWD）是当前增材制造技术的重要发展方向之一[11-12]，它首先对零件的 CAD 模型进行分层处理并生成加工路径，采用电子束熔化送进的金属丝材，并按照预定路径层层堆积制造出近净成形的零件，其基本原理如图 1 所示。与传统的热机械加工方法不同，EBWD 技术可在短时间内获得性能优良的零件毛坯，经过少量的加功处理即可使用状态。在研制阶段，EBWD 技术能够及时验证设计者的方案可行性，从而缩短零件研制周期；在生产阶段，它可以简化生产工序，提高生产效率；此外，EBWD 技术可快速修复破损零件，节省备件制造与更换的成本[13-15]。

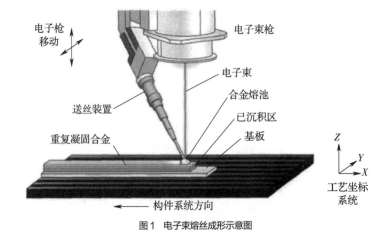

图 1 电子束熔丝成形示意图

Karen 等[16] 研究了电子束熔丝成形 Ti6Al4V 合金的力学性能，发现在成形的高真空环境中 Al 元素蒸发剧烈，会导致成形材料的整体强度降低；丝材的进给速率越高，Al 元素蒸发量越大。汤群等[17] 系统研究了电子束熔丝成形材料中的缺陷形成机理，发现内部缺陷主要分为两类：第一类是未熔合缺陷，形成原因是熔池温度分布不均匀，该类缺陷主要受成形工艺影响；第二类为气孔缺陷，其形成机制是合金内部溶解的气体在成形过程中逃逸出；或者是液态金属凝固时体积收缩，在界面处形成显微缩孔。因此缺陷的控制与消除是获得高质量电子束熔丝成形构件的关键：一方面，可通过成形工艺参数优化来减少缺陷；另一方面，可通过热等静压工艺，消除未熔合缺陷并减少气孔，改善合金的力学性能。

本文研究 Ti6Al4V 合金电子束熔丝成形工艺参数对材料显微组织的影响，揭示显微组织的演化规律及其与力学性能之间的关系，阐明成形材料的失效机理，并在此基础上优化了成形工艺与热处理制度，实现了 Ti6Al4V 合金平衡环的制造。

1 实验材料及方法

电子束熔丝成形实验在中国航空制造技术研究院的 ZD60-10A 型设备上进行，如图 2 所示；该设备由电子枪、高压电源、真空系统、观察系统、三维工作台、含三轴对准装置的送丝系统以及综合控制系统组成。在试验过程中，电子枪、送丝系统和三维工作台通过综合控制协调工作，保证熔丝成形过程的稳定进行。用于电子束熔丝成形的填充丝材为 $\phi 2$ mm 的 Ti6Al4V 合金丝材，其化学成分如表 1 所示。成形基板为厚度 4 mm 的 Ti6Al4V 合金板材。

图2　ZD60-10A 电子束熔丝成形设备

表1　Ti6Al4V 丝材元素含量（wt%）

元素	Al	V	Fe	H	O	N	Ti
含量	5.95	4.34	0.25	0.0018	0.16	0.0026	Bal.

本文中采用的成形工艺参数为：加速电压 60kV，聚焦电流 820mA，电子束流 110~140mA，运动速度 10mm/min，送丝速度 35mm/min。成形完成后，对成形材料进行 920℃/110MPa/2h 的热等静压处理并随炉冷却至室温。

采用线切割切取成形材料制备金相试样，使用配比为 2mL HF+4mL HNO₃+100mL H₂O 的 Kroll 试剂进行腐蚀，腐蚀时间 10s。利用光学显微镜（Leica DMI 5000M）对不同成形高度区域的显微组织进行宏观分析，随后在扫描电子显微镜（ZEISS SUPRA–55）上进行显微组织特征分析。利用万能力学实验机进行室温力学性能测试，并采用扫描电镜对断口形貌进行观察，分析其断裂机制。

2 结果及讨论

2.1 构件宏观形貌

分别采用了单道次堆积路径和多道次堆积路径进行了 Ti6Al4V 合金的电子束熔丝成形。其中，单道次堆积成形只沿高度方向进行堆积，而多道次堆积成形则是按照一定路径对 XY 平面沿成形高度方向堆积成形。成形材料的宏观组织如图 3 显示，两种堆积路径的材料显微组织包含基板区、过渡区和成形区。由于多道次堆积材料在成形时受到周围其他道次的热影响，其中的 α 板条较宽。

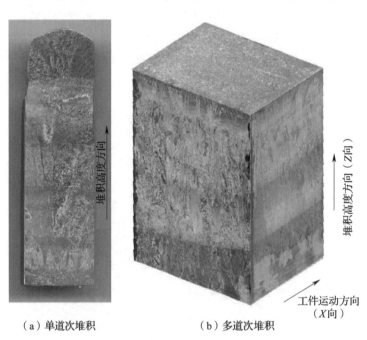

（a）单道次堆积　　　　　（b）多道次堆积

图 3　EBWD 成形 Ti6Al4V 合金宏观组织

多道次堆积试块采用"回"形成形路径，如图 4（a）所示，其宏观组织呈现出与堆积路径的相似性（见图 4（b））。

对成形工艺进行了优化，基于优化后的工艺完成了平衡环毛坯件的电子束熔丝成形（见图 5（a）），经过后处理及机械加工后的平衡环如图 5（b）所示。

（a）"回"形堆积路径

（b）宏观组织

图4 EBWD 成形 Ti6Al4V 合金试块

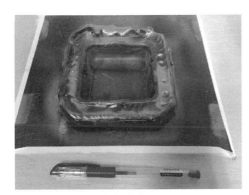

（a）成形态

（b）机加后

图5 电子束熔丝成形的 Ti6Al4V 合金平衡环

图6为电子束熔丝成形 Ti6Al4V 合金沿成形高度方向（Z 向）的组织全貌，由基板区、过渡区和成形区组成。在成形过程中，成形区经历了熔化后沿 Z 方向快速冷却的过程，显示出快速凝固和外延生长而形成的柱状晶组织；过渡区为等轴 β 晶粒组织（见图6中 B 区域和 C 区域所示），这是由于过渡区的温度也达到了 β 相变点之上，基板中的轧制态组织在冷却过程中发生再结晶，转变为等轴 β 晶粒。在成形区与过渡区的界面处，可以清楚观察到成形区晶粒的生长类似于"联生结晶"，即成形区的柱状晶在凝固过程中以过渡区中的等轴晶粒为基础，沿散热最快的方向生长，形成几乎贯穿整个零件高度方向的柱状晶。

2.2 微观组织

图7为成形 Ti6Al4V 合金构件不同区域的显微组织。其中，图7（a）为基板显微组织，主要由 α 板条和 β 相组成；图7（b）为过渡区显微组织，由等轴 β 晶组成，其内部为细小的 α′ 马氏体；图7（c）为成形区显微组织，主要由柱状晶组成，而柱状晶内部为 α′ 马氏体；图7（d）为两个相邻堆积层界面区域的组织，界面下方的 α 板条较粗，这是由于该区域的 α 板条受后续层熔化过程中的热影响而长大。因此，在每一个堆积层内部，显微组织中的 α 板条厚度由下到上逐渐减小。

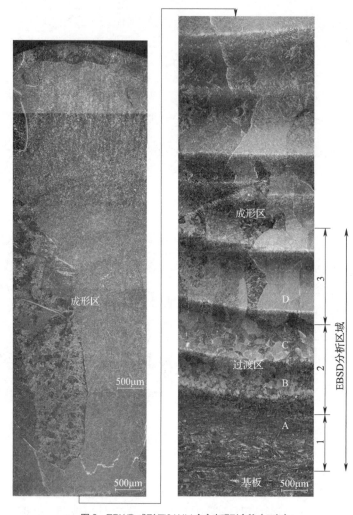

图6　EBWD 成形 Ti6Al4V 合金宏观形全貌（Z向）

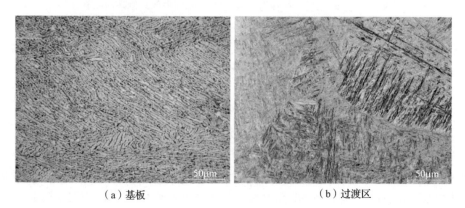

（a）基板　　　　　　　　　　　　　　　（b）过渡区

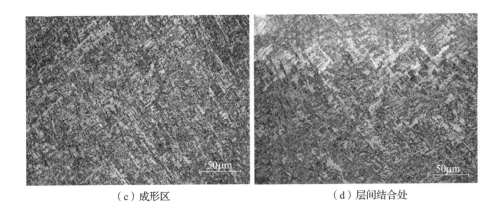

（c）成形区　　　　　　　　　　　　　　（d）层间结合处

图 7　EBWD 成形 Ti6Al4V 合金构件不同区域的显微组织

图 8 为不同电子束流下成形 Ti6Al4V 合金的显微组织，其内部组织相似，均为细小的针状 α 板条和 β 相组成的网篮状组织。可以看出，在板条集束间分布有粗大的 α 相，这是由于成形过程中界面附近不同位置经历了不同热循环导致的；在较高电子束流下（140mA），显微组织中的粗大 α 相较少，这是由于电子束流增大导致熔积层界面处温度更接近 β 单相区，因此 α 相板条易溶解变成 β 相，不易粗化成块状。

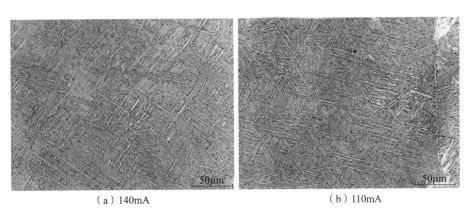

（a）140mA　　　　　　　　　　　　　　　（b）110mA

图 8　两种电子束流成形 Ti6Al4V 合金微观组织

采用 EBSD 对电子束熔丝成形 Ti6Al4V 材料各区域进行了分析（见图 9）。结果显示，基板区中有较大片的同色区域相连，表明这一区域取向相同的晶粒较多（见图 9 中 1 区域），这是由于基板的显微组织为经轧制变形后的退火态组织，存在较强烈的织构。然而，过渡区中颜色分布较均匀，未出现同种颜色大片相连的情况（见图 9 中 2 与 3 区域），说明材料织构不明显，这是由于过渡区的显微组织经历了在 β 单相区的热循环，冷却再结晶过程使得织构大幅减弱。

成形区的 EBSD 取向图显示（见图 10），α′板条存在两种晶体学取向，其微区织构较强。这主要是由于成形区 β 晶粒沿着 <100> 方向择优生长，因而 β 晶粒内部的 α′板条在马氏体相变过程中也呈现出一定的择优取向。板条取向在马氏体相变过程中也呈现出一定的择优取向。

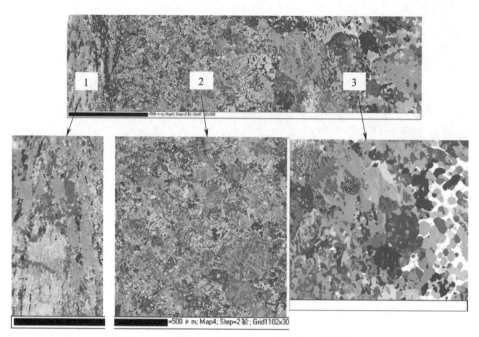

图9　EBWD 成形 Ti6Al4V 合金构件各区域的 EBSD 取向图

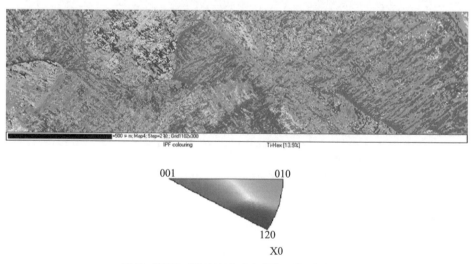

图10　EBWD 成形 Ti6Al4V 合金成形区晶粒取向分布图

　　不同区域的晶界取向差分布（见图 11）显示，基板区以小角晶界为主，α 晶界取向差在 20° 内的占大多数（见图 11（a）），对于过渡区和成形区的显微组织，其 α 板条间的晶界取向角差较大，集中在 60° 和 90°（见图 11（b）、~ 图 11（d））。

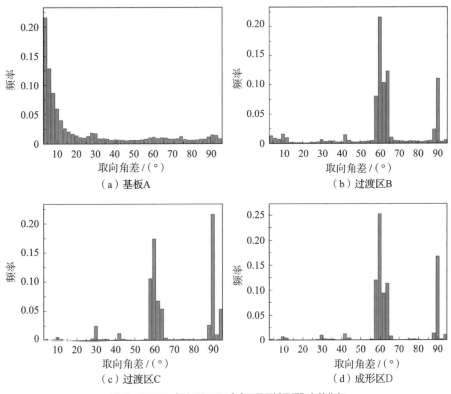

图 11　EBWD 成形 Ti6Al4V 合金不同区域晶界取向差分布

2.3　成形过程中的铝元素烧蚀

Al 元素烧蚀是钛合金电子束熔丝成形的一个重要工艺特征[18]。采用 9 点法分析电子束熔丝成型 Ti6Al4V 材料的成分分布（见图 12）。

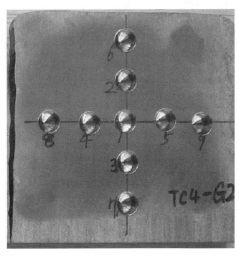

图 12　电子束熔丝成形 Ti6Al4V 化学成分测试取样位置

从表 2 可以看出，与 Ti6Al4V 丝材成分（Al 质量分数为 5.95%，V 质量分数为 4.34%）相比，成形材料的 Al 含量出现 1% 左右的烧损，而 V 含量无明显变化。在后续研究中可在丝材的成分设计上进行 Al 元素补充，保证材料的化学成分与力学性能。

表 2　电子束熔丝成形 Ti6Al4V 元素分布特征（质量分数）

位置	G2-AL/%	G2-V/%
1	4.87	4.26
2	4.86	4.23
3	4.88	4.27
4	4.88	4.26
5	4.90	4.24
6	4.93	4.28
7	4.90	4.24
8	4.92	4.27
9	4.92	4.27

2.4　X 射线探伤

对热等静压后的 EBWD Ti6Al4V 平衡环进行 X 射线探伤（见图 13），零件内部未发现未熔合、气孔或裂纹等缺陷。

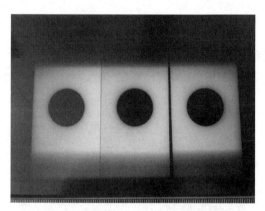

图 13　EBWD Ti6Al4V 平衡环 X 射线检测

2.5　拉伸性能

表 3 为成形态 Ti6Al4V 合金材料沿不同方向的室温拉伸性能。X 向、Y 向的强度与延伸率接近锻件标准（GB/T 25137—2010）；而 Z 向的强度低于锻件标准，但延伸率较高。上述结果表明，成形材料的拉伸性能呈现各向异性，X 向、Y 向的强度高于 Z 向，但延伸率低于 Z 向，这主要是由于成形材料的组织不均匀性造成的。在成形的过程中，晶粒沿最大温度梯度方向择优生长，形成沿着 Z 方向的柱状晶，导致该方向上强度下降而塑性提高。表 4 为经过热等静压处理后材料的室温力学性能，可以看出，热等静压后，材料的拉伸强度出现一定程度的下降，但塑性有所提高，各项异性程度降低。

表3　EBWD 成形 Ti6Al4V 室温力学性能

样品方向	$Rp_{0.2}$/MPa	R_m/MPa	A/%	Z/%
X向	848±12	908±18	11.0±1.8	35.0±15.8
Y向	814±24	886±21	10.2±1.8	36.9±11.8
Z向	786±26	855±10	14.3±1.4	39.8±10.4
锻件	828	895	10	25

表4　热等静压后 EBWD 成形 Ti6Al4V 合金的室温拉伸性能

样品方向	$Rp_{0.2}$/MPa	R_m/MPa	A/%	Z/%
X向	731±19	810±15	13.4±1.4	33.9±7.9
Y向	718±17	794±21	17.4±1.8	48.7±7.7
Z向	725±10	817±8	18.3±1.9	42.4±6.3

2.6　断口分析

　　拉伸断口形貌如图 14 所示，X 向材料的断口相对平整（见图 14（a）），表面均匀分布着细小的等轴状韧窝（见图 14（b）），显示出韧性断裂的特征。从图 14（c）看以看出，Z 向材料拉伸断口发生明显的颈缩，其断裂模式同样为韧性断裂（见图 14（d））。

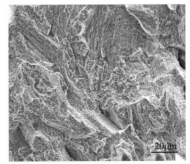

（a）X方向

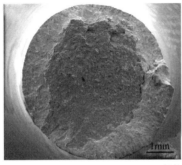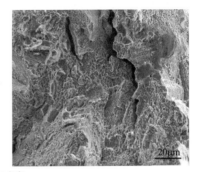

（b）Z方向

图 14　EBWD 成形 Ti6Al4V 合金拉伸断口形貌

3 结论

（1）电子束熔丝成形 Ti6Al4V 具有沿 Z 方向外延生长并贯穿多个沉积层的粗大 β 柱状晶组织，柱状晶内部为细小的 α 板条与 β 相组成的网篮状组织。电子束流大小对成形 Ti6Al4V 材料的显微组织没有明显影响。

（2）在基板区与成形区的界面附近呈现不均匀的显微组织，这个过渡区中的 α 板条厚度从下到上逐渐减小，这是由于下方的 α 板条受上层熔化过程中的热影响而长大。与单道堆积的材料相比，多道堆积材料受到周围其他道次的热影响，其中的 α 板条较宽。

（3）EBSD 分析显示，成型 Ti6Al4V 的显微组织呈现出较强的微区织构，这主要是由于成形区 β 晶粒沿着 <100> 方向择优生长，因而 β 晶粒内部的 α′ 板条在马氏体相变过程中也呈现出一定的择优取向。

（4）成形 Ti6Al4V 强度呈现各向异性，其中 X 向与 Y 向的强度较高，而 Z 向的塑性最好。经热等静压处理后，材料的拉伸强度下降，但塑性提高，各向异性减弱，拉伸断口呈现出韧性断裂的特征。

参 考 文 献

［1］张喜燕，赵永庆，白晨光. 钛合金及应用［M］. 北京：化学工业出版社，2005.

［2］王金友. 航空用钛合金［M］. 上海：上海科学技术出版社，1985.

［3］杨健. 钛合金在飞机上的应用［J］. 航空制造技术，2006，011：41–43.

［4］刘莹，曲周德，王本贤. 钛合金 TC4 的研究开发与应用［J］. 兵器材料科学与工程，2005（01）：53–56.

［5］李瑞婷，郭伟，朱颖，等. TC4 钛合金超塑成形研究现状及其发展展望［J］. 航空制造技术，2012，015：91–94，99.

［6］赵树萍，吕双坤. 钛合金在航空航天领域中的应用［J］. 钛工业进展，2002，006：18–21.

［7］彭艳萍，曾凡昌. 国外航空钛合金的发展应用及其特点分析［J］. 材料工程（10 期）：3–6.

［8］刘风雷. 我国航空钛合金紧固件的发展［J］. 航空制造技术，2000（6）：39–40.

［9］张文毓. 钛合金近净成形技术研究进展［J］. 国防制造技术 2009（2）：54–56.

［10］王涛，龙剑平，杨绍利等. 钛及钛合金粉末近净成形技术研究进展［J］. 钛工业进展，2015，（005）：7–12.

［11］Erik Tempelman，Hugh Shercliff，Bruno Ninaber van Eyben. Additive Manufacturing［M］// Manufacturing and Design. 2014.

［12］Gibson I，Rosen D，Stucker B. Additive Manufacturing Technologies［M］. Springer US，2015.

［13］黄志涛，巩水利，锁红波，等. 电子束熔丝成形的 TC4 钛合金的组织与性能研究［J］. 钛工业进展，2016，033（005）：33–36.

［14］刘征，刘建荣，赵子博，等. 电子束快速成形制备 TC4 合金的组织和拉伸性能分析［J］. 金属学报，2019，055（006）：692–700.

［15］刘征. 电子束熔丝成形 TC4 合金的组织和拉伸力学行为研究［D］. 合肥：中国科学技术大学，2019.

［16］Taminger, Karen. Electron Beam Freeform Fabrication［J］. Advanced Materials & Processes, 2009.

［17］汤群. 钛合金电子束快速成形缺陷形成机理研究［D］. 武汉：华中科技大学, 2015.

［18］Heck D, Slattery K, Salo R, et al. Electron Beam Deposition of Ti 6-4 for Aerospace Structures［C］// Aiaa Space Conference & Exposition. 2007.

［19］赵林博, 徐珊珊, 雷鸥, 等. 无损检测新技术在钛合金 SPF/DB 结构检测中的应用研究［J］. 新技术新工艺, 2012（3）：77-79.